中国科学院科学出版基金资助出版

现代物理基础丛书·典藏版

近代晶体学

(第二版)

张克从　著

科学出版社
北　京

内 容 简 介

本书系统地论述晶体与近代晶体学、晶体结构周期性点阵描述、晶体对称性理论、晶体形态学、晶体的衍射效应及其应用、晶体结构及其形成、晶体的物理性质、晶体生长、晶体缺陷、磁晶与磁群、准晶体、纳米晶体、液晶等.

全书共 14 章. 第一至十章多属于经久不衰、长期起作用的晶体学理论及其应用. 第十一至十四章为近代晶体学发展拓宽的内容.

本书可供从事晶体学、晶体物理、晶体化学、材料科学等研究、教学和应用的人员及高等院校有关专业的师生参考.

图书在版编目(CIP)数据

近代晶体学/张克从著. —2 版. —北京: 科学出版社, 2011
(现代物理基础丛书·典藏版)
ISBN 978-7-03-031275-4

Ⅰ. ① 近… Ⅱ. ① 张… Ⅲ. ① 晶体学 Ⅳ. ① O7

中国版本图书馆 CIP 数据核字(2011) 第 101512 号

责任编辑: 胡 凯 刘凤娟 / 责任校对: 钟 洋
责任印制: 吴兆东 / 封面设计: 陈 敬

科学出版社 出版
北京东黄城根北街 16 号
邮政编码: 100717
http://www.sciencep.com
北京凌奇印刷有限责任公司 印刷
科学出版社发行 各地新华书店经销
*
1987 年 2 月第一版 开本: B5 (720 × 1000)
2011 年 5 月第二版 印张: 38 1/4
2022 年 1 月印 刷 字数: 735 000

定价: 198.00 元
(如有印装质量问题, 我社负责调换)

第二版前言

作为《凝聚态物理学丛书》之一,《近代晶体学基础》(上、下册,共 12 章)第一版于 1987 年出版,对推动我国近代晶体学及相关学科的发展起到积极的促进作用.

第一版内容反映了 20 世纪 90 年代中期以前近代晶体学发展的学科水平. 20 多年来, 现代科学技术特别是电子计算技术的迅速发展,促成近代晶体学向各个相关学科渗透. 渗透的结果不仅使近代晶体学本身进一步向深层次的研究方向发展,而且相继出现了与近代晶体学密切相关的新兴学科,明显将近代晶体学的研究领域拓宽.

为了使本书更有系统性、时代性, 更能反映出近代晶体学发展的全貌,作者根据 20 多年来近代晶体学取得的研究成果以及最近的研究进展,以第一版为基础,完成《近代晶体学》一书的撰写工作.

《近代晶体学》第二版共 14 章, 以第一版为基础, 通过补充、删改和重写,形成第二版第一至十章.

第一版与第二版第一至十章阐述的研究对象都是具有周期性结构的晶体,但后者涉及的研究对象被拓宽,不仅阐述一般的无机物、低分子质量的有机物、络合物等晶体的生长、结构、性质及其应用等,而且重点、概括性地阐述和描绘极其复杂多变的非生物和生物聚合物晶体的结构、生长等. 近代晶体学日益朝着更深层次的研究方向发展,表明所要解决的研究课题是本学科存在的科学难题. 典型的实例包括蛋白质类晶体的生长、结构、功能性质及其相互联系等. 对于此类科学难题, 哪怕是获得部分有进展的研究成果,不论是当前、长远, 都是人们极其需要的珍贵科学财富.

第二版第一至十章与第一版相比,在所包含的章节先后次序与其内涵方面做了合理系统的调整与安排,以便更易于理解近代晶体学发展的历史进程与发展全貌. 第二版新增第十一至十四章, 论述四种不同类型的晶体,它们都是由近代晶体学理论框架及其运用的类同研究工具引申出来,各有特点. 现在分别简要地加以言明:

(1) 磁晶: 磁晶是带有磁性的晶体. 磁晶最显著的特点是具有双重对称性,这类晶体不仅具有晶体学对称群——点群、平移群和空间群,而且具有磁对称群——磁点群、磁平移群和磁空间群. 这两种对称性理论密切相关, 但又不同. 同一种晶体学对称群可引申出相应的几个甚或数十个不同的磁对称群.

(2) 准晶：准晶是准晶体的简称，存在三种类型：

一维准晶：在所占有的三维空间中，原子排列规律在二维方向是周期性的，在另外一维方向呈准周期性分布.

二维准晶：在所占有的三维空间中，原子排列规律在一维方向是周期性的，在另外二维方向呈准周期性分布. 在二维准晶中，由两个准周期方向形成的原子平面在其法线方向的原子排列是周期性的. 实际上已发现，二维准晶有5次、8次、10次和12次旋转轴准晶. 二维准周期平面的特征可以用具有周期性的旋转对称轴来表征.

三维准晶：在所占有的三维空间中，原子排列规律在三维方向都是准周期性的.

(3) 纳米晶：纳米晶是纳米晶体的简称，是在一定的环境条件下生成的具有特殊形态和特殊原子数目的纳米级微小晶体. 纳米晶的表面原子数占有率远远大于相应块状晶体的表面原子数占有率，从而产生一系列特殊效应.

(4) 液晶：液晶是处于液态与晶态间的中间态物种，具有液体/固体双重物性. 流动性类同液体，光学、电学和力学性质类同晶体. 液晶这个名称，在发现初期，就是从晶体学科的角度命名的. 液晶是各种各样显示器件的心脏，在国际上，每年都产生巨大的经济效益. 当前获得广泛应用的液晶，均是具有长棒状分子的液晶.

在第二版撰写过程中，承蒙：中国科学院科学出版基金资助；北京工业大学环境与能源工程学院领导给予大力支持；中国科学院物理研究所梁敬魁院士、清华大学化学工程系沈德忠院士积极向中国科学院科学出版基金委员会推荐；本书第一版责任编辑——科学出版社李义发编审建议与帮助；王希敏教授经常与作者进行有益的讨论，及时提出建议；常新安副教授对本书编写大纲给予协助，并提出宝贵建议. 借此机会，对上述这些同志所付出的辛勤劳动、大力支持与帮助表示衷心的感谢.

由于作者学术水平有限，书中内容涉及的知识面甚广，参考文献很多，难以全面概括，书中不妥之处在所难免，恳请广大读者批评、指正.

张克从

2011年3月

第一版丛书序

《凝聚态物理学丛书》序

以固体物理学为主干的凝聚态物理学，通过半个世纪以来的迅速发展，已经成为当今物理学中内容最丰富、应用最广泛、集中人力最多的分支学科. 从历史的发展来看，凝聚态物理学无非是固体物理学的向外延拓. 由于近年来固体物理学的基本概念和实验技术在许多非固体材料中的应用也卓有成效，所以人们乐于采用范围更加广泛的“凝聚态物理学”这一名称.

凝聚态物理学是研究凝聚态物质的微观结构、运动状态、物理性质及其相互关系的科学. 诸如晶体学、金属物理学、半导体物理学、磁学、电介质物理学、低温物理学、高压物理学、发光学以及近期发展起来的表面物理学、非晶态物理学、液晶物理学、高分子物理学及低维固体物理学等都是它的分支学科，而且新的分支尚在不断迸发. 还有，凝聚态物理学的概念、方法和技术还在向相邻的学科渗透，有力地促进了材料科学、化学物理学、生物物理学和地球物理学等学科的发展.

研究凝聚态物质本身的性质和它在各种外界条件(如力、热、光、气、电、磁、各种微观粒子束的辐照乃至各种极端条件)下发生的变化，常常可以发现多种多样的物理现象和效应，揭示出新的规律，形成新的概念，彼此层出不穷，内容丰富多彩，这既体现了多粒子体系的复杂性，又反映了物质结构概念的统一性. 所有这一切对人们的智力提出了强有力的挑战，更重要的是，这些规律往往和生产实践有着密切的联系，在应用、开发上富有潜力，有可能开辟出新的技术领域，为新材料、元件、器件的研制和发展，提供牢固的物理基础. 凝聚态物理学的发展，导致了一系列重要的技术突破和变革，对社会和科学技术的发展将产生深远的影响.

为了适应世界正在兴起的新技术革命的需要，促进凝聚态物理学的发展，并为这一领域的科技人员提供必要的参考书，我们特组织了这套《凝聚态物理学丛书》，希望它的出版有助于推动我国凝聚态物理学的发展，为我国的四化建设做出贡献.

主　编　葛庭燧

副主编　冯　端

第一版丛书序

《凝聚态物理学丛书》序

以固体物理学为主干的凝聚态物理学，通过半个世纪以来的迅速发展，已经成为当今物理学中内容最丰富、应用最广泛、投入人力最多的分支学科。从历史的发展来看，凝聚态物理学是由固体物理学向外延拓，由于近年来固体物理学的[illegible]概念、实验技术在许多新体系和材料中的应用也卓有成效，使得人们乐于采用这个更加广泛的"凝聚态物理学"这一名称。

凝聚态物理学是研究凝聚态物质的微观结构、运动状态、物理性质及其相互关系的科学。它包括固体学、金属物理学、半导体物理学、磁学、电介质物理学、低温物理学、高压物理学、发光学以及近期发展起来的无序物理学、非晶态物理学、液晶物理学、聚合物物理学及准晶体物理学等许多重要的分支学科，而且新的分支仍在不断涌现。[illegible]有力地促进了材料科学、化学物理学、生物物理学和地球物理学等学科的发展。

由于凝聚态物质本身的性质和它在各种外界条件（如力、热、光、电、磁和微观粒子束的相互作用等条件）下发生的变化，常常可以表现出多种多[illegible]

第一版序言

当前，世界正面临着一场新技术革命. 无论哪个国家，都要碰到信息、能源、材料问题. 信息能反映人们的思想、社会存在和科学技术的发展等；能源既是人类生活的基础，也是每个国家的经济、科学技术发展的基础；材料是决定科学技术发展的关键之一，材料的种类和性能的优劣直接影响到科学技术发展的深度与广度.

材料之所以能够日新月异地发展，形成一门新兴学科——材料科学，在很大程度上得益于晶体在微观尺度上的结构理论所提供的知识与观点.

历史上，人们很早就发现晶体，但在早期，人们只能通过观察晶体外形去探测其组成与结构. 1912 年德国科学家劳厄(M. von Laue)发现晶体的 X 射线衍射现象以来，人们对晶体的研究经历了从宏观到微观的更深层次发展阶段，并用实验方法证明了晶体结构的几何理论和原子在晶体结构中的点阵式周期性排列等. 在发现晶体的 X 射线衍射现象以前，物质的固体状态是各种状态中最不易处理的状态；但在发现衍射现象以后，物质的晶态成为测定其结构或原子不同层次相互作用的不可缺少的条件.

由于晶体的 X 射线衍射现象的发现，在晶体学中形成 X 射线晶体学. 几十年来，通过 X 射线对晶体结构的测定，积累大量的结构数据，总结出原子间的键长、键角及其变异规律. 分子结构的知识主要来源于 X 射线晶体学，特别是近年来，晶体结构的测定设备改进与发展很快，当把晶体的 X 射线衍射与电子计算机等新技术相结合时，晶体结构测定的精度、速度和广度大为提高，过去技术工作中的经验解法，由于有了高精度的结构数据，就可由理论计算来代替. 同时，由于测定生物大分子晶体结构的效果显著提高，促成 X 射线晶体学与分子生物学的关系变得更密切.

近代晶体学向化学渗透，结果形成晶体化学. 它的任务在于研究化合物或单质晶体中的原子、离子的分布规律，研究晶体的组成、结构及其物理化学性质之间的联系和晶体结构的变异规律等. 利用晶体化学的原理，对晶体进行改性工作，这在晶体材料的应用中有着比较重要的现实意义.

几十年来，随着近代科学技术的发展，晶体学已成为固体物理的基础，固体物理成为固体理论发展的基础. 同时，用晶体制成的各种电、磁、光、热与力等敏感功能器件的应用范围越来越广，各种各样的新功能晶体材料不断涌现，所有这些都促进晶体物理的发展.

晶体的物理性能与其结构缺陷有着密切的关系，晶体结构缺陷的基础是点阵结构,晶体结构缺陷的发生与变化等是以其所在的基质晶体结构为基础的. 晶体结构缺陷使晶体的某些动态行为(如晶体导电、扩散、生长、强度以及反应性能等)明显地偏离了理想晶态,这就是晶体结构敏感性能的来源与其关键的所在之处.

材料的种类繁多, 有详细的分类. 任何一种材料,都有其组成、结构、性能及其相互关系, 都有其形成的规律. 因此,对于任何一种材料,都可以采用近代晶体学的观点与方法来加以分析和处理.*

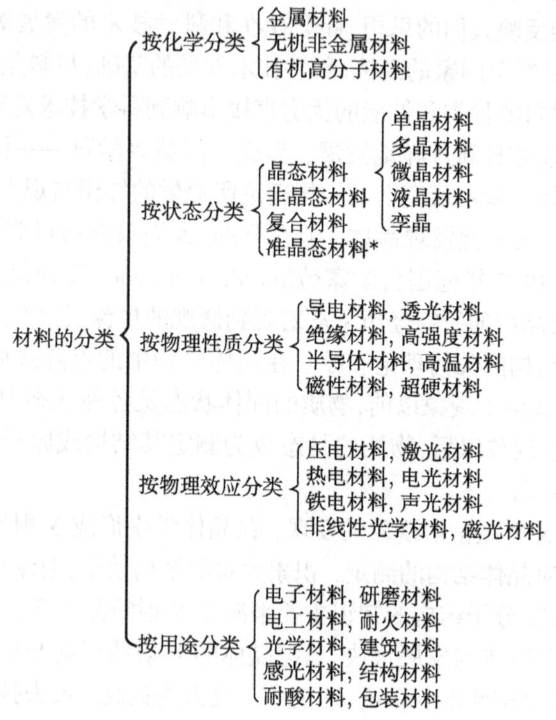

关于晶体材料的研制和发展,除对现有晶体材料进行工业生产、改进和扩大品种等外, 在全世界范围内,现在的发展方向是:由研制晶体材料扩展到研制非晶态材料,由研制块状单晶材料逐渐转向研制薄膜晶体材料,由研究完整晶体转向逐渐重视研究晶体缺陷,由研究通常的晶格转向研究半导体超晶格,由简单配比组分且较易生长的晶体转向多组分、较难生长的晶体,由研究单一功能晶体转向研究多功能晶体,由研究晶体的体内性质转向研究晶体的表面性质,由研究高对称性晶体转向研究低对称性晶体. 在研究范围方面,由无机晶体扩大到一般有机晶体和有机

* 准晶态是近一两年来利用快冷技术发现的,这一新的发现将对凝聚态物理学发生重大的影响,将导致对现有的固体量子理论的重新评述. 可以预期, 在不久的将来,可能研制出准晶态材料,从而导致一门新兴分支学科——准晶态材料与物理的诞生

高分子晶体等.

一般来说，晶体材料属于较贵重的材料，用量不大，但功能显著. 可以肯定，近代一切尖端科学技术的发展，在很大程度上取决于晶体材料的种类、性能及其能否适应这些尖端技术不断提出的各种高、精、尖的技术要求.

生物大分子体系的结构、功能和信息是相互关联的. 20 世纪 50 年代，逐步建立分子生物学，这要归功于生物大分子(核酸盐、蛋白质等)晶体结构的 X 射线测定结果.

晶体学既是一门比较古老的基础学科，又是一门正在发展的学科，从经典晶体学发展到近代晶体学. 各学科之间相互渗透，相互促进，促进多种学科和技术的全面发展.

该书作者张克从同志多年来从事晶体学教学和晶体生长的科研工作，主编《晶体生长》[①]等书. 他是读者熟悉的著者之一. 作者为了更好、更快地发展晶体生长和晶体材料等学科，花费了大量的精力和时间，承担该书的编写任务，使该书得以与广大读者见面，这是一件非常令人高兴的事.

值得指出的是，作者在编写的过程中，克服重重困难，努力奋斗，终于在较短时间内完成了这项艰巨的任务，以自己的实际行动为振兴中华作贡献，这种精神令人钦佩.

吴乾章

1985 年 8 月

①张克从，张乐潓主编. 晶体生长. 科学出版社，1981

目　　录

第一章　晶体与近代晶体学

晶体与非晶体之间的主要差别在于是否具有用于描述其原子或分子周期性排列的点阵结构. 晶体的各种性质,无论是物理、化学性质还是几何形态性质,都与晶体内部的点阵结构密切相关,从而显示出晶体具有各种优异的功能性质,这些性质使晶体成为发展高新技术所需要的新型材料[1-40].

晶体学是凝聚态物理学中的一门基础学科,具有悠久的发展历史. 近代晶体学广泛地向各个有关学科渗透,相互渗透的结果不仅促使近代晶体学本身出现了新的学科分支,而且促进了各个相关学科的发展,开拓出新的科研领域,推动了整个自然科学的发展.

§1.1　晶　　体

晶体是由原子、离子或分子(结构基元)在三维空间呈周期性排列的固体物质. 或者说,晶体是由化学元素、化合物或混合物经过固化后形成的物体,晶体内部结构的原子呈周期性排列,外部经常表现为具有平滑表面的固体.

晶体结构的基本重复单位称为晶胞. 晶胞的大小与形状取决于所属的晶体结构,它是由晶胞参数($a,b,c,\alpha,\beta,\gamma$)所确定的. 晶胞通过平移对称操作便可构成整体的晶体结构.

1.1.1　晶体与非晶体相比，晶体所具有的基本性质[1]

(1)晶体的各向异性:晶体的宏观物理量.

弹性系数、导电率、膨胀系数和折射率等随着测量方向的不同而改变其大小的性质,称为晶体的各向异性. 这是非立方晶系晶体的一种基本性质.

(2)晶体的自限性.

晶体具有自发形成规则的几何多面体的特性,此种特性称为晶体的自限性. 晶体在理想的条件下生长,具体表现出的晶体几何多面体外形的特征是晶面、晶棱和顶点, 这三者之间的关系为

$$\text{晶面数}(f) + \text{顶点数}(h) = \text{晶棱数}(l) + 2$$

但晶体在强制或在不适宜的条件下生长,大都不具有规则的几何多面体外形. 因此多面体外形只是晶体生长的一种特性,不能作为鉴别晶体真伪的依据. 影响晶体生长形态的因素大致有两个方面:其一为晶体内部结构,其二为晶体生长时的外

部物理化学条件.

(3)晶体的对称性.

晶体所表现出来的物理化学性质在几个相互联系的特定方向上完全相同,称为晶体的对称性. 对称性是晶体最重要的属性,早在19世纪末期就已形成了一套完整的晶体对称性理论,即晶体对称群,长期以来对推动整个自然科学的发展起到了巨大的作用.

(4)晶体具有固定的熔点.

晶体之所以能够具有固定的熔点,是因为晶体具有最小内能. 晶体内部结构基元为长程有序排列,均处于平衡位置,其内能最小. 内能最小的物理状态是最稳定的状态,晶体处于物质的最稳定状态. 具有最小内能的晶体加热熔化时要吸热,开始熔化后所加于晶体的热能,就全部消耗在状态转变上,温度不升高,因此表现出晶体具有固定的熔点. 但当晶体全部熔化后,所加的热能才用于熔体的温度升高.

(5)晶体的均匀性.

一块单晶体在其中任何部位所测得的密度等性质都相同,这种性质称为晶体的均匀性. 晶体既具有各向异性,又具有均匀性,只因晶体内部具有点阵结构.

1.1.2 天然晶体与人工晶体[2]

(1)天然晶体.

根据晶体具有点阵结构的概念来鉴别物质时,不难发现在地球上存在的固体物质大多数具有晶体结构,其中包括单晶、多晶、微晶和孪晶等.

单晶:单晶的内部结构基元处于不间断的长程有序的排列,即晶体的结构基元为周期性的排列,具有规则而显著的X射线衍射效应,有固定的熔点,能显示出晶体的各向异性.

多晶:多晶由许许多多取向不同而随机排布的小单晶组合而成,或者说多晶由许许多多的小晶粒(颗粒)所组成,具有X射线衍射效应,有固定的熔点,但显示不出晶体的各向异性.

微晶:微晶的线度量级约为微米,如磁记录材料γ-Fe_2O_3磁粉,其颗粒度约0.1μm,很难观察到微晶的X射线衍射效应.

孪晶:孪晶是由两个或两个以上单晶(单体)按一定的对称关系生长在一起的晶体. 消除孪晶与鉴别孪晶的类型,有益于晶体的应用.

地球上存在的矿石,大多是矿物晶体,在国际上已确认的最大尺寸的矿物晶体标本列入表1.1.

最突出的矿物晶体的例子,如赤铁矿、磁铁矿、石英石、金刚石等,这些天然资源具有巨大的经济效益,是国家的宝藏. 另外, 在地球上,常年出现的冰、雪等都是天然生成的晶体. 不仅地球上到处都有无机物晶体和有机物晶体,而且在宇宙

表 1.1 国际上已确认的最大尺寸矿物晶体标本[3]

矿物	已确认的最大尺寸晶体
金(Au)	$30cm^3$
黑色金刚石(多晶)(black diamond)	3148carat[4]
辉锑矿(stibnite)	60cm×5cm×5cm
方铅矿(galena)	25cm×25cm×25cm
刚玉(corundum)	65cm×40cm×40cm
萤石(fluorite)	2.13m(直径)
方解石(calcite)	7m×7m×2m
石膏(gypsum)	3.05m×0.43m×0.43m
钒铅矿(vanadinite)	12.7cm(直径)
钼铅矿(wulfenite)	61cm(直径)
白钨矿(scheelite)	33cm(直径)
锂辉矿(spodumene)	14.33m×0.8m×0.8m

注:1carat = 200mg

空间中也广泛地存在着结晶物质,如飞落到地球上的陨石,基本上也是由晶体组成的. 现已发现在火星上存在着磁链,天体生物学家认为这是生物已存在的象征①. 晶体物质不仅统摄着无生命世界,而且存在于有生命的物质中. 在无数生物物质中,蛋白质占有显著的特殊地位. “生命是蛋白质的存在方式”,蛋白质是形成动物组织的主要物质,人们经过半个多世纪的研究,对蛋白结晶的理论与实践已取得重大成就,现今仍不断地结晶出新的蛋白质晶体. 揭开生命的起源,这是人们一直在追求解决的重大研究课题.

(2) 人工晶体[4,5].

所谓人工晶体,即人们采用现有的晶体生长原理与技术,自然生长出来的晶体. 人工晶体所涉及的研究范围甚广. 天然已存在的晶体,如各种宝石(金刚石(C)、蓝宝石(Al_2O_3)、金绿宝石($BeAl_2O_4$)、翡翠($Be_3Al_2Si_6O_{18}$)、黄玉($Al_2SiO_4(F,OH)_2$)、绿宝石(complex borosilicate)、钛酸锶($SrTiO_3$)、石英(SiO_2)等晶体),人工能够生长出来. 天然不存在的晶体(如 YVO_4、Nd:YVO_4、Ce:YAG、Cr:YAG、Nd:YAG、Mg:Cr:$LiTaO_3$、$PbMoO_4$、GaN、Cr:Al_2O_3、Zr:GGG、$K_{1-x}Li_xNbO_3$、$PbTiO_3$、TGS、$MnFe_2O_4$、$Bi_{12}GeO_{20}$、$NdAl_3(BO_3)_4$、CsD_2AsO_4 等),人工也能够生长出来.

20 世纪 50 年代以来,大量事实已证明,人工晶体是一类重要的新型材料,人

① NASA researchers said monday, studies: Martian crystals may show life

工晶体对发展高新科技的作用越来越大,人工晶体的品种越来越多,对晶体生长技术与设备的要求越来越高,所涉及的学科领域越来越广. 人工晶体现已成为近代晶体学的一个分支学科,是化学家、物理学家、光电子学家与广大人工晶体工作者多年来辛勤劳动的智慧结晶,同时也是科学家们与广大人工晶体工作者通力合作的丰硕成果. 当今人类已进入以计算机为先导的信息科学时代,更显示出发展与研究新型人工晶体的重要性.

1.1.3　晶体内涵的拓宽

根据近代晶体学的不断发展,晶体的内涵也随之拓宽,具体表现为以下几个方面.

(1)磁晶(magnetic crystals)[1,6].

过去较长的历史时期,人们把常用的磁性物质统称为磁性材料,很少提到磁晶这个专业名词.

具有磁性的晶体统称磁晶. 磁晶可分为磁单晶、磁多晶和磁微晶(即通常所说的磁粉)等.

磁晶有两种结构:其一,与正常晶体结构相同,具有位置对称性,采用正常晶体的点群与空间群来描述其所具有的位置对称性,即晶体结构基元的排列方式服从晶体点阵结构理论. 其二,磁晶除具有位置对称性外,还具有状态对称性,即磁晶具有磁的反对称性. 在磁结构中同类原子具有指向相反的磁矩,即具有反对称的性质. 因此在描述磁晶的磁结构时,要采用描述状态对称(±1)的磁点群与磁空间群来阐明.

属于同一种晶体点群或同一种空间群的磁晶,不一定属于同一种磁点群或同一种磁空间群. 同一种晶体点群或同一种空间群,可能有多种磁点群或几十种磁空间群. 因此关于确定磁晶所属磁群的问题,与确定正常晶体所属的点群或空间群相比,增加了困难性.

(2)准晶(quasicrystals)[7].

准晶的内部结构不服从正常晶体原子结构的几何理论,即准晶的结构基元排列无周期性,但具有长程位置序. 准晶可具有五重、十重、八重、十二重对称轴,完全违反了多年来人们所熟知的晶体对称性定律.

自1984年发现准晶以来,在晶体学中所产生的这一新的分支学科生长点发展得十分迅速,出现了非周期性晶体学,其中包括准晶、非公度调制晶体、非公度复合晶体、非公度液晶等. 这些晶体的共同特点是结构基元在三维空间中至少有一维是非周期性的排列.

描述准晶体的结构,涉及高维空间(维数 $n>3$)的概念,因此,论证准晶结构与正常晶体结构相比,增加了困难性. 这也意味着近代晶体学理论的发展方向之一指向了高维度空间.

(3)纳米晶(nanocrystals)[8].

纳米晶的维度尺寸在1~100nm,由于纳米晶的尺寸甚小,本身具有表面效应、小尺寸效应、量子效应和宏观量子隧道效应等,因此纳米晶显现出许多特殊性能,在光、电、磁和催化等方面具有广阔的应用前景.

根据纳米晶的特性可分为:金属纳米晶、半导体纳米晶、磁性纳米晶、氧化物纳米晶、量子化纳米晶和胶体纳米晶(colloidal nanocrystals)等.

纳米晶现已成为纳米材料的重要组成部分. 在纳米材料中半导体纳米晶发展最快,有的已得到广泛应用, 例如, 碳纳米管就是一个典型的例证.

(4)液晶(liquid crystals)[9, 10].

液晶是介于液体与晶体之间的中间产物. 当胆甾醇苯酸酯(cholesteryl benzoate, $C_6H_5CO_2C_{27}H_{45}$)晶体加热到145.5℃时,便熔化为混浊不清的液体,继续加热到178.5℃时,该液体便突然变成清亮的液体. 后来进一步研究发现许多有机化合物当加热到一定温度时,都会出现这类混浊不清的液体. 这类液体具有流动性,类同普通液体;在光学性质方面又有各向异性,类同晶体. 因此便命名这类混浊不清的液体为流动晶体,后简称为液晶.

液晶的发现已有100多年的历史,随后由于未能获得实际应用,对液晶的研究一直停留在实验室研究阶段,直到20世纪60年代以后,发现了液晶在热成像显示等方面有广泛的应用前景,才蓬勃地发展起来,不久少数液晶就变成了商品. 现已出现了许多新型液晶,聚合物液晶(liquid crystal polymers)就是一个例子. 此种液晶聚合物具有优异的物理性能[11].

物质中存在着两种基本的有序性:其一为方向序,其二为位置序. 晶体结构基元具有周期性的排列,因此晶体结构既具有方向序,又具有位置序. 如果将固体物质加热,它可能沿着两种途径转变为各向同性的液体. 其一是先失去了方向序,而保留了位置序,结果变成了塑晶;其二是先失去了位置序,而保留了方向序,具有这种性质的材料称为液晶. 描述液晶的方向序,一般用指矢量 $\boldsymbol{n}$ 来标明.

§1.2 近代晶体学

近代晶体学是在经典晶体学与X射线晶体学基础上来研究晶体的一门自然科学,它不仅研究非生物晶体的成核、生长、外部形态和内部结构、晶体缺陷、物化性能等,而且还研究生物高分子的结晶. 它不仅研究地面上生长的晶体,而且还研究宇宙空间生长的晶体. 它不仅研究具有三维(3D)周期性结构的晶体,而且还研究非公度结构的晶体,不仅研究天然已有的晶体,而且还研究人工设计生长的晶体. 与此同时,随着近代科学技术的迅速发展,对上述各种晶体所运用的研究工具日益更新，使其研究范围日益扩大，学科交叉性更强，鲜明地体现出学科发展的时代性，并产生了几门分支学科，内涵更加丰富多彩，并显现出学科发展的重要作用.

现简要叙述一下近代晶体学发展的历史阶段与其作用.

1.2.1　经典晶体学[12]

晶体学作为一门学科是从17世纪中期开始萌芽的. 1669年丹麦学者斯丹诺(N. Steno)在研究石英和赤铁矿的过程中，发现了面角守恒定律，从而奠定了晶体几何学发展的基础. 1801年法国学者阿羽依(R. J. Haüy)基于对方解石($CaCO_3$)晶体沿解理面破裂现象的观测，发现了晶体学最基本的定律之一——有理指数定律，较圆满地解释了晶体外部形态与其内部结构间的相互联系，推动了晶体结构研究的发展. 1805年德国学者外斯(C. S. Weiss)以实验的方法确定了晶体中存在着不同的对称轴，总结出晶体对称性定律，并发现了晶带定律. 1837年英国学者米勒(W. H. Miller)提出了表示晶面在三维空间位置的方法——米勒指数(后称晶体符号). 1830年德国学者赫塞尔(I. F. C. Hessel)推导出晶体多面体的32种对称类型. 1887年俄国学者加多林(A. B. Гачояцн)对32种对称类型做出了严格的数学推导，32种对称类型就是由点对称操作组合成的32种点群，故32种对称类型又称为32种点群. 1858年法国学者布拉维(A. Bravais)根据三维点阵(晶格)的对称性，提出了晶体结构中一切可能的空间点阵类型共有14种. 从群论的意义来讲，这14种类型的空间点阵，都是晶体的平移对称群的几何图像，故这14种空间点阵又叫做14种平移群. 1889年俄国晶体学家费多罗夫(E. C. Фёдоров)推导出晶体结构的对称性，共230种空间群. 几乎在同一时期，德国数学家申弗利斯(A. M. Schönflies)和英国的巴洛(W. Barlow)相继以不同的途径推导出所有空间群. 因此，到了19世纪末期，晶体原子结构的几何理论基本成熟，从而为以后的晶体学的发展奠定了理论基础，加深了人们对晶体本质的认识，对推动近代科学技术的发展产生了深远的影响与作用.

1.2.2　X射线晶体学[17]

1895年伦琴(W. C. Röntgen)发现了X射线. 1912年德国科学家劳厄(M. von Laue)成功地发现了X射线对晶体的衍射效应，这一开创性的研究成果对以后晶体学的发展，可以说具有划时代的意义，它不但证明了X射线为电磁波(波长为0.02~100Å①). 更重要的是，它还证实了晶体点阵结构理论的正确性，同时，也使人们认识到X射线是了解晶体微观结构的重要手段. 随后，劳厄提出了满足X射线衍射条件的劳厄方程. 1913年英国晶体学家布拉格父子(W. H. Bragg(父)、W.

①1Å=0.1nm

L. Bragg(子))和俄国晶体学家乌尔夫(Г. В. Вулъф)分别独立地推导出 X 射线对晶体衍射最基本的公式:$n\lambda = 2d\sin\theta$,后来称为布拉格-乌尔夫反射公式. 从此便逐步兴起了一门新生学科——X 射线晶体学. 利用 X 射线测定晶体结构的工作,近百年来已取得了巨大的成果,而且在测定晶体结构成果的基础上产生了多门学科. 尤其是自 20 世纪 60 年代起,随着电子计算机的迅速发展,计算机控制的单晶四圆衍射仪和粉末衍射仪的问世,使收集衍射数据的速度和精度惊人地提高,加之自 60 年代起,在测试方法上,由重原子法转变为直接法,并且众多直接法计算程序相继问世,具有快速和自动化等明显优势,更加速了 X 射线晶体学的发展. 根据 Crystallographic database—Wikipedia, the free encyclopedia 的最近统计,时至 2008 年,已有 70 多万种晶体被测定出结构,当前每年发表的晶体结构方面的论文总数在 5 万篇以上,这些数目包括新发表的和重新发表的论文数目. 晶体结构数据的重新发表,改正了以前有关晶体对称性、晶胞参数和衍射技术或实验条件等方面所出现的错误.

晶体结构是材料科学的典型研究领域,其中包括有机物、金属合金、无机物和蛋白质等. 这些晶体,不管是天然晶体还是人工晶体,当今一经发现,大都能够很快地测定出结构. 最近十多年来,在各种类型的数据库所存储的结构数据,以有机物晶体所发表的论文数目最多,而且增长速度也最快,所积累的大量晶体结构数据包括晶胞参数、原子间的键长、键角和分子构型、空间群等. 在国际范围内已建立起的大型晶体学数据库就有 5 种之多,即剑桥晶体结构数据库、无机晶体结构数据库、蛋白质晶体数据库、粉末衍射数据库和金属晶体数据库. 这些晶体学数据库所存储的晶体数据,现已成为自然科学知识宝库的重要组成部分,对人们考察和了解晶体的各种特性、结构与性质关系、分子与分子间的相互作用和化学键的性质等均提供了强有力的依据,对材料设计和晶体工程学的发展已起到关键性的作用.

晶体学数据的大量积累,推动了新学科的建立和发展. 早在 20 世纪 30 年代,戈尔德施米特(V. M. Goldschmidt)就提出了结晶化学定律. 鲍林(L. Pauling)发表了鲍林规则. 这些原理和规则推动了无机化合物中化学键的研究. 为无机结构化学的发展奠定了基础. 更应当提到的是, 20 世纪 60 年代起, 人们开始用 X 射线衍射法进行蛋白质晶体结构的研究, 相继测定了若干个氨基酸的晶体结构、胰岛素的晶体结构以及人工合成的各种蛋白质晶体结构等,当前人们对蛋白质结晶的理论与实践已经具有相当深刻的认识,为进一步剖析生命的起源打下一定的理论基础.

1.2.3 晶体生长科学与技术[4]

人类同晶体打交道是从史前时期开始的,蓝田猿人及北京猿人在 50 万年前所用的工具就是石英晶体. 人工晶体在我国历史上很早就出现了,最明显的例子就是食盐(NaCl)结晶. 汉董仲舒著《演繁露》记载:“盐已成卤水,暴烈日中,即成方印,洁白可爱,初小渐大,或数十印累累相连. ”这就是从过饱和水溶液中,采用蒸发法生长晶体的例子. 又如, 明朝李时珍著《本草纲目》中,收集了200 多种矿物,已注意到矿物晶体的形态与物理特性等. 此说明我国古代学者对晶体生长已有所研究. 现将常用的一些单晶生长方法的创始人、起始年代、所能生长的单晶类型列入表1.2,以便说明这门既古老又年轻的晶体生长科学与技术有着悠久的历史发展过程.

表1.2 单晶生长方法

单晶生长方法	创始人	起始年份	生长单晶举例
熔体提拉法[13]	J. Czochralski	1918	Si、Ge、GaAs、GaP、$LiNbO_3$、Nd: YAG、$LiTaO_3$ 等
熔体泡生法[14]	S. Kyropoulos	1926	$KNbO_3$、$BaTiO_3$ 等
水平区熔法[15]	W. G. Pfann	1952	GaSb、InSb 等
熔体浮区法[16]	W. R. Cook Jr., et al.	1953	CdTe、TiC、$MnFe_2O_4$、$CaWO_4$ 等
坩埚下降法[17]	P. W. Bridgman	1925	NaI(Tl)、CsI(Tl)、CaF_2、$Bi_4Ge_3O_{12}$、Ni^{2+}: MgF_2、$ZnWO_4$ 等
水热法[4]	Spezio	1905	α-SiO_2、α-$AlPO_4$、$KTiOPO_4$ 和一些化合物单晶
高温溶液(助熔剂)法[19]	J. P. Remeika	1954	$BaTiO_3$、YIG、BBO、LBO、$KTiOPO_4$、KN 等
焰熔法[4]	A. Verneuil	1902	α-Al_2O_3、Cr_2O_3、Al_2O_3、GGG、$SrTiO_3$、ZrO_2 等
高温高压法[20]	F. P. Bundy	1955	金刚石(C)、BN 等
气相外延生长法[21]	J. W. Mathews	1975	GaAs 等
金属有机气相生长法[22](MOVPE)	H. M. Manasevit	1968	GaAs/AlGaAs、AlGaAs、$Al_xGa_{1-x}As$ 等
分子束外延法[23](MBE)	K. G. Günther, et al.	1958	Ⅲ-Ⅴ族、Ⅳ族、Ⅱ-Ⅵ族半导体晶体

表1.2 所列的晶体生长方法,从20 世纪60 年代起,所用的育晶设备随着电子计算机的快速发展,都逐步得到了极大的改进. 以计算机控制晶体生长过程的温度变化的精度与自动化的程度等现已成为多学科高技术的综合产物,从而也大大提高了生长晶体的完整性与其高品质的要求,有力地推动了现代光电子、微电子等高新技术的发展,同时也促进了晶体材料向产业化的方向发展,使其在自然科学领

域中的应用占有一定的地位.

晶体生长作为一门科学,在理论研究方面,多年来也做了大量工作,提出了一些晶体生长理论模型,诸如,早在1927年由科塞尔(W. Kossel)提出[24],后来由I. N. Stranski和R. Kaischew等加以发展的完整光滑面生长理论模型. 1949年由弗兰克(F. C. Frank)提出[25],后来由I. N. Stranski等加以发展的螺旋位错生长理论模型. 1958年由K. A. Jackson[26]提出的粗糙界面生长理论模型. 1966年由D. E. Temkin[27]提出的扩散界面生长理论模型. 1988年由H. J. Coles[28]提出的高聚物晶体生长模型,以及1995年由Michael B. Berry[29]总结出的蛋白质结晶理论等. 上述这些理论模型对推动当代晶体生长理论的发展都起到显著的作用.

先后召开三届国际晶体生长会议,即2001年在日本东京(Tōkyō)召开的ICCG-13[30]、2004年在法国格勒诺布尔(Grenoble)召开的ICCG-14[30′]和2007年在美国盐湖城(Salt Lake City)召开的ICCG-15[30″]. 从这连续三届国际晶体生长会议上发表的论文摘要和专题报告来看,晶体生长科学和技术仍强劲、不间断地向前发展,所涉及的研究内容更为广泛,所研制的晶体类型更为齐全. 大致包括以下各个方面:

(1)自组装纳米结构量子点、量子线材料;

(2)宽带隙晶体材料、GaN、氮化物、SiC等;

(3)外延生长磁性半导体材料、铁电薄膜、光学薄膜生长;

(4)多组分化合物晶体生长,氧化物、氟化物晶体生长,黄铜矿系列磁性材料等;

(5)晶体生长基础——理论与实验;

(6)大块晶体生长和工业结晶;

(7)蛋白质和生物结晶;

(8)计算机模拟晶体生长和微重力条件下的晶体生长;

(9)表面与界面,固液界面多层模型,质量与热量输运;

(10)一般晶体生长——熔体生长、溶液生长、气相生长、助熔剂生长、水热法生长;

(11)晶体生长技术;

(12)转换磁场应用于熔体中大块晶体生长;

(13)在模板上控制生物大分子晶体成核和生长;

(14)新型晶体和晶体表征等.

当前对晶体生长理论的研究也有所发展,已经出现了晶体生长与溶解的非线性理论、晶体生长或溶解时界面浓度统计速率理论、表面弛豫对晶体平衡生长形态的影响以及根据固液界面结构分析预期晶体生长形态等. 另外,近30多年来通过在宇宙微重力条件下生长晶体实验,加深了人们对晶体生长过程的理解. 改进了在地面生长晶体的设备与技术,诸如,使用密封剂来限制坩埚下降法、提拉法或浮区法等晶体生长过程中的对流,显著地提高了生长的晶体质量. 从总的情况来看,由于晶体材料属于高新科技发展所需要的材料,这些材料质量的优劣决定着技术水平的高低,而且只有材料性能有所突破,才能希望技术本身有所突出. 一般来讲,晶体材料用量不大,但要求晶体的质量高,从而使人们极为重视晶体生长技术与理论的研究工作.

1.2.4　非周期性晶体学[31-33]

大量实验事实现已证明,不是所有的晶体结构都具有 3D 周期性,即使这些晶体的衍射图存在着较锐利的衍射峰,有些晶体结构是非周期性的. 但这些晶体结构的非周期性一直拖延到 1974 年,却无人去研究.

1974 年 de Welf 等对非周期性晶体结构才做出了合理的解释,提出了高维($n>3$)空间晶体周期性的概念以及晶体的超空间理论. 按照此理论,如果晶体点阵在高维空间切割的结果是一无理数,这样所产生的结构便是非周期性的. 否则,便形成了周期性的(超)结构.

最近 20 多年来,这一理论的应用已扩展到准晶、无公度复合晶体、无公度调制晶体以及无公度液晶等领域,并已深入到 X 射线晶体学. 超空间直接法可用来剖析无公度晶体结构,现在非周期性晶体学已成为近代晶体学中发展很快的一门分支学科.

1.2.5　纳米晶体学[34]

纳米晶体学是一门新生的近代晶体学的分支学科,它具有多学科交叉的性质,其中包括纳米晶的生长、结构、性能和自组装等多方面的研究内容. 3D 纳米结构特性是纳米材料的关键研究课题,特别是了解纳米尺寸材料的整体性质,需要由原子所构成的原子簇建筑块分布的统计性规律. 纳米晶(原子簇)的取向和平均结构,可由衍射实验获得. 纳米晶大小和形状只能用高分辨率的电镜直接成像得到. 利用电子探针可将上述这两种技术结合起来. 使用 3D 外延的纳米晶(原子簇)研究的样板体系,外延的纳米晶(原子簇)在许多不同的纳米体系中是简单的一个. 这样就可有针对性地进行纳米材料的研究工作.

1.2.6　蛋白质晶体学[29-36]

蛋白质晶体学主要研究蛋白质晶体的生长、结构与其功能,以及有关生物大分子结构等,近些年来,蛋白质晶体学有较快的发展,其主要原因有两点:其一,X 射线晶体学的发展、同步辐射源、中子衍射源、原子力显微镜等对蛋白质晶体的研究起到很大的作用; 其二,在宇宙空间中生长蛋白质晶体,生长出的晶体尺寸大、品质高,几十种蛋白质晶体在微重力环境条件下,都已生长出来,有力地推动了测定蛋白质晶体结构与其分子结构研究工作. 当前, 蛋白质结晶有三个主要方面的应用: (i)分子生物学和药物设计; (ii)生物分离的研究; (iii)控制药物在生物体中的输运等, 这深化了人们对生物大分子结构的研究. 蛋白质科学是生命科学的制高点,日益受到人们重视.

另外还有量子晶体学[35,36]、光子晶体材料[37-40]等,在文献中均有所报道,也均有所发展.

§1.3 近代晶体学与其他主要相关学科的联系

近代晶体学与其他相关学科间的联系,促成了学科与学科间相互发展,加深了人类对自然界的认识,使人们在认识上产生了一个又一个的飞跃. 从而推动了整个自然科学的发展.

现仅说明近代晶体学与其他主要相关学科间的联系,如图 1.1 所示.

图 1.1 近代晶体学与其他主要相关学科间的联系

从图 1.1 中不难看出学科与学科间是交叉重叠的.

近代晶体学原始的萌芽,来源于矿物晶体的形态及其物理性质的各向异性,经典晶体学传统上划归为地球科学的一部分,后来由于 X 射线对晶体衍射效应的发现,逐渐形成了 X 射线晶体学,研究的焦点在测定晶体结构方面,X 射线晶体学研究方法的主要使用者变为化学家. 最近 30 多年来,生物晶体学显示出高度的发展,具体表现在生物高分子结构分析与药物设计方面. 由于人类物质文明的需要,晶体学的进展主要又表现在材料科学方面. 从某种意义上来讲,材料的核心问题是近代晶体学. 研究晶体的物理性质以及与其结构的关系,离不开固体物理学. 它们相互渗透,促进了共同发展.

近代晶体学这一学科术语,主要反映在近些年召开的国际晶体学会议上所提出的论文方面,其中包括磁性晶体材料、准晶、纳米晶、液晶以及晶体物理和高压晶体学等方面新的研究内容,也就是说在通常研究晶体学内容方面增加了新的学科内容,体现出晶体学的时代性与其发展的方向性.

参 考 文 献

[1] 肖序刚. 晶体结构几何理论. 第二版. 高等教育出版社,1993.
[2] 张克从. 近代晶体学基础(上、下册). 科学出版社,1998.
[3] Betts J H. Largest Mineral Crystals on Record. Bob Keller John Betts and Bob's Rock Shop, 1998.

[4] 张克从,张乐潓. 晶体生长科学与技术(上、下册). 第二版. 科学出版社,1997.
[5] 张克从,王希敏. 人工晶体的发展. 人工晶体学报,2002,31(3):228-237.
[6] Hurd C M. Variefies of magnetic order in solid. Contemp. Phys,1982,23:469-493.
[7] 周公度,郭可信. 晶体和准晶体的衍射. 北京大学出版社,1999.
[8] 张立德,牟季美. 纳米材料和纳米结构. 科学出版社,2001.
[9] 谢毓章. 液晶物理学. 科学出版社,1998.
[10] 佐佐木昭夫恩等. 液晶电子学基础和应用. 赵静安,郑仁元,杨青基译. 科学出版社,1985.
[11] Brostow W, Sterzynski T, Triouleyre S. Polymer,1996,37:1561.
[12] 仲维卓,华素坤. 晶体生长形态学. 科学出版社,1999.
[13] Czochralski J Z. Phys. Chem. ,1918,92:219.
[14] Kyropoulos S Z. Anorg. Chem. ,1926,154:308.
[15] Pfann W G. Trans AIME,1952,194:747.
[16] Cook Jr W R, Jaffe H. Phys Rev,1953,89:1297.
[17] Bridgman P W. Proc. Amer. Acad. Arts Sci,1925,60:305.
[18] Stockbarger D C. Rev. Sci. Instr,1936,7:133.
[19] Remeika J P. J. Am. Chem. Soc. ,1954,76:940.
[20] Bundy F P et al. Press Release,1955, 2.
[21] Mathews J W. Epitaxial Growth. Academic Press, 1975.
[22] Manasevit H M. Appl. Phys. Lett. ,1968,12:156.
[23] Günther K G. Naturforsch. Z,1958,13A:108.
[24] Burton W K, Cabrera N, Frank F C. Phil. Trans. Roy. Soc. ,1951, 243:299.
[25] Frank F C. Discussion Faraday Soc,1949,5:48.
[26] Jackson K A. Liquid Metals and Solidification,1958,174.
[27] Temkin D E. Crystallization Process,Consultants Bureau,1996,15.
[28] Coles H J. Developments in Crystalline Polymers. Bassett Z D C, ed. Appl. Science,1988.
[29] Berry B. Protein Crystallization: Theory and Practice. W M Keek Center for Computational Biology,Houston:Rice University,Houston TX 9/17/95 Copyright 1995.
[30] ICCG-13/ICVGE-11. Doshisha University, 30 July-4 August 2001.
[30′] ICCG-14/ICVGE-12①. 9-13 August 2004.
[30″] ICCG-15/ICVGE-13②. 5-10 August 2007.
[31] Malovichko G, Grachev V Schirmer O. Radiation effects and defects in solids,1999,150(2): 227-231, 619-623.
[32] Sobolev B P, Krivandina E A Derenzo S E et al. Proceedings of the Material Research Society: Scintillator and Phosphor Materials. (Weber M J,ed). San Francisco CA,1994, 277-283.
[33] Noe D C, Veblen D R. American Mineralogist,1999,84:1088-1098.

① ICVGE-12: 12 届气相生长和外延国际会议
② ICVGE-13: 13 届气相生长和外延国际会议

[34] Zuo J M, Li B Q. Dept of Materials Science and Engineering and Materials Research Laboratory, University of Illinois at Urbana and Champaign ,1304 West Green St. Urbanna, IL 61801.

[35] Huang L, Massa L, Karle J. IBM Journal of Research and Development ,2001,45:453.

[36] Massa L. Quantum Crystallography and Computational Chemistry of Macromolecules . University of California, Davis Physics Department Condensed Matter Seminar , Thursday, 2004, 46 Phy/Geo.

[37] Yablonovith E. Phys Rev Lett, 1987, 58:2059-2062.

[38] 龚旗煌,胡小永.北京大学学报(自然科学版),2006,42(1).

[39] Shelby R A, Smith D R, Schultz S. Science, 2001, 292:77.

[40] 冯志芳,张向东,王义全等.物理,2006,35(1).

第二章　晶体结构周期性点阵描述

晶体最突出的特性是其结构基元(原子、离子或分子)在所占有的空间中作周期性排列,这种周期性排列的规律性,不仅构成了多姿多态各种各样的对称图案,而且制约着晶体的旋转对称性,不可能存在五重(次)或大于六重(次)旋转对称轴[1-20].

晶体结构的周期性可用点阵来描述. 点阵是一种抽象的数学概念,它由为数无限和周围相同的点所组成,也可以说点阵由一组为数无限并按照一定规律排列(布)的几何点所构成,这些点的总称,称为点阵,其中每一个点,均称为阵点. 另外,还有一组与点阵互补的倒易点阵,所有的点阵都有一组互补的倒易点阵.

倒易点阵也是一种抽象的数学概念,它由点阵经过一定的数学转化而推导出来的一组为数无限的倒易点所构成,它所占有的空间称之为倒易空间.

点阵与其倒易点阵两者间互为倒易,又相互制约,此二者都是研究晶体结构周期性不可缺少的重要概念与数学手段[15-17].

晶体结构所占有的空间为真实空间,晶体结构的周期性限定了晶体的对称性.

§2.1　晶 体 点 阵

用于描述晶体结构周期性的点阵,通称为晶体点阵(crystal lattice),又称为晶格.

2.1.1　晶体点阵结构理论发展的简要历史回顾[3,8-10]

晶体学的诞生可以说是从17世纪开始的,1669年丹麦学者斯丹诺首先提出了晶面角守恒定律,意即在相同的热力学条件下,生长同样成分同种晶体之间,其对应的晶面交角恒等. 此定律的提出,不仅为后来人们对晶体形态学的研究奠定了基础,同时,也透露出晶体结构中原子作周期性排列的信息.

1749年俄国科学家洛蒙诺索夫(M. V. Lomonosov)在论文《硝石(KNO_3)的形成和本质》中给出了硝石晶体结构的微粒呈六角形分布,并写道:"假定硝石的组成粒子是球状,并且尽可能密堆积,那就很容易解释,为什么硝石生长成六角晶体."

1801年法国学者阿羽依提出了有理指数的定律,根据这一定律,晶体结构应具有周期性,并有三个轴单位矢量$\boldsymbol{a}$、$\boldsymbol{b}$、$\boldsymbol{c}$,按照它们的方向及其相互间的夹角α、β、 γ 可构成一个初基平行六面体,后来称此种平行六面体为单胞,如图 2.1 所示.

阿羽依假定晶体的"分子"具有这样的形态,他从晶体的解理性得出存在这种微观平行六面体. 同时,他提出,方解石($CaCO_3$)解理成愈来愈小的菱面体,最后可以得到最小的菱面体基元,这种菱面体基元可以填满三维空间,最后形成了具有多面体外形的晶体. 显然,有理指数定律更加透露出这些结构基元在三维空间周期性排列的信息.

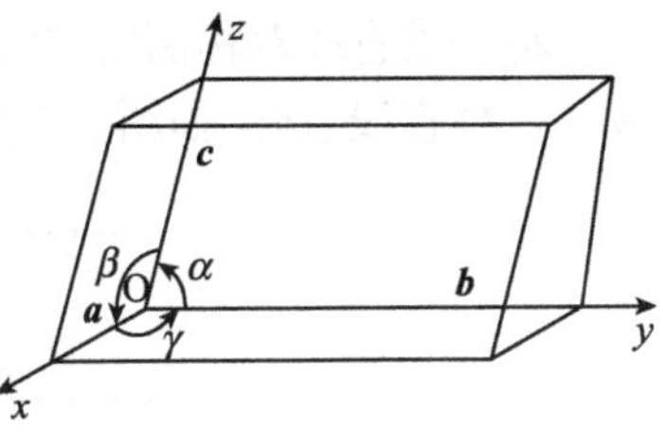

图 2.1　单胞的形状与大小示意图

1842 年德国学者弗兰肯汉姆(M. L. Frankenheim)提出晶体结构应该是按照周期性排列成三维晶格(单胞)来取代阿羽依的"分子"多面体,并推导出 15 种可能存在的空间格子. 随后,法国学者布拉维根据三维晶格的对称性和正交性,修正了弗兰肯汉姆所提出的 15 种空间格子理论,于 1855 年确定了晶体结构中一切可能的空间格子共有 14 种不同类型,这就是在晶体学中占有重要地位的 14 种布拉维空间格子(点阵). 从群论来看,这 14 种布拉维点阵又称为 14 种平移群. 14 种布拉维点阵全面地反映了晶体结构中原子或分子排列的基本规律,它是确定单胞(晶胞)参数($\boldsymbol{a}$、$\boldsymbol{b}$、$\boldsymbol{c}$;α、β、γ)的依据,又是晶体微观对称性——空间群不可分割的组成部分.

从以上所述,不难看出,晶体学的发展与其继承的关系. 有理指数定律和 14 种布拉维点阵类型,虽然已经肯定了晶体是原子在三维空间作周期性堆积,但当时还缺少科学实验的证明.

1912 年德国物理学家劳厄等通过晶体对 X 射线衍射实验,完全证实了晶体点阵结构理论的正确性,并极大地推动了晶体学的发展,同时也说明了实验科学的重要性.

2.1.2　点阵的类型[1,7,11]

自从利用 X 射线研究晶体结构以来,已经具体地揭示了晶体内部结构基元总是按照一定的周期性排列,并形成各种各样的一维、二维和三维空间的对称图案. 对晶体结构基元排列的周期性的描述,总是将每一个结构基元抽象地作为一个相对应的几何点,而不考虑它的实际物质内容,因此可以把晶体结构抽象成一组无限多个作周期性排列的几何点,这种几何点的总体称为点阵(lattice),而将点阵中的每一个几何点称为阵点. 点阵中连接任意两个阵点的矢量进行平移后,均能使点阵复原. 因此,点阵中的每一个阵点都具有相同的几何环境,整个点阵对应着一个无限的对称图案. 若阵点分布在同一直线上,称为一维点阵;若阵点分布在同一平面上,称为二维点阵; 若阵点分布在三维空间,称为空间点阵. 现简要而分别地加以阐明:

(1)一维直线点阵.

将一维直线对称图案中每一个结构基元的等同位置抽象成一个几何点,便形成了一维直线点阵,如图 2.2 所示.

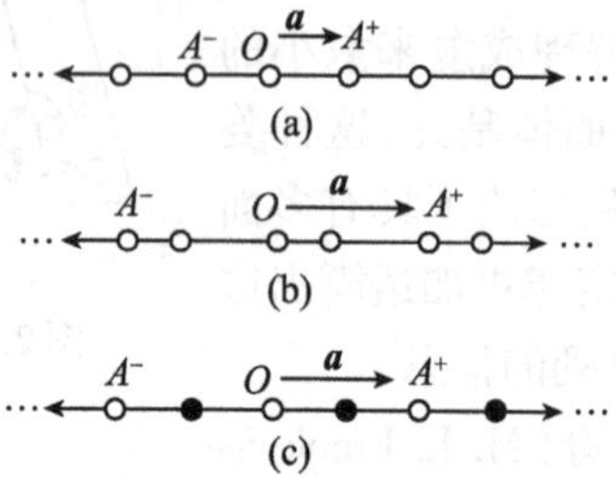

图 2.2　一维(1D)直线点阵的示意图

图2.2(a)~(c)三种不同形式的阵点排列均属于一维直线点阵.

在一维直线点阵中,取任一阵点作为原点 O,A 为相邻的等同阵点,则矢量 $\boldsymbol{a}=OA$称为基矢(初基矢量). 直线点阵中任何两个等同阵点的平移矢量称为矢径,矢径均可表示为

$$\boldsymbol{T}_p = p\boldsymbol{a} \tag{2.1}$$

式中,$p=0, \pm1, \pm2, \pm3, \cdots$.

采用矢径 $\boldsymbol{T}_p$ 可完整而概括地描述一维晶体结构基元排列的周期性.

(2)二维平面点阵.

将二维平面对称图案中每一个结构基元的等同位置抽象成一个几何点,所形成的二维平面点阵,如图 2.3 所示.

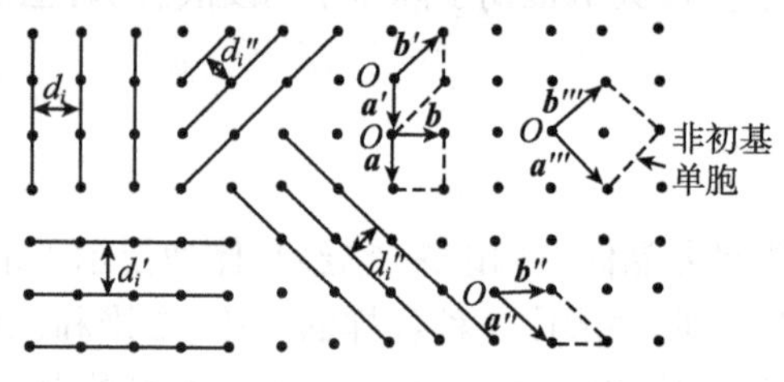

图 2.3　二维(2D)平面点阵示意图

二维平面点阵可分解为一系列平行的点阵直线,在每一组平行的点阵直线中,其间距(d_i)相等. 二维平面点阵也可划分为无限个相互连接的平行四边形(网格),而任何阵点周围的几何环境均完全相同.

在二维平面点阵中,取任一阵点作为原点 O,连接相邻的两个阵点作矢量对,分两种情况,由初基矢量对所围成的平行四边形称为初基单胞;由非初基矢量对所

围成的平行四边形称为非初基单胞,在非初基单胞中至少包含两个阵点,如图 2.3 中所标明的非初基单胞.

初基单胞具有下列性质:

(i)当初基单胞以每一个阵点为原点,作周期性重复时,可以覆盖整个点阵面积.

(ii)不管所选的基矢如何,不同的初基单胞的面积均相等.

(iii)每一个初基单胞均只包含一个阵点,而非初基单胞包含两个或两个以上的阵点.

在二维平面点阵中,任何阵点的矢径均可表示为

$$\boldsymbol{T}_{pq} = p\boldsymbol{a} + q\boldsymbol{b} \tag{2.2}$$

式中,$p, q = 0, \pm 1, \pm 2, \pm 3, \cdots$;$\boldsymbol{a}$ 和 $\boldsymbol{b}$ 为基矢.

矢径 $\boldsymbol{T}_{pq}$ 能完整而概括地描述二维平面对称图案结构基元排列的周期性.

二维平面点阵只具有 5 种不同的排列类型,如表 2.1 所示.

表 2.1　二维平面点阵五种不同的排列类型

单位网格形状	网格参数	特征对称元素
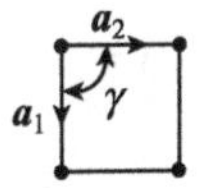 正方形(square)p(四方形)	$\boldsymbol{a}_1 = \boldsymbol{a}_2$　$\gamma = 90°$	4 次轴
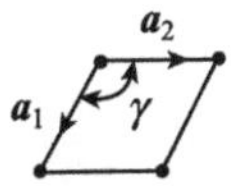 六方形(hexagonal)p(六角形)	$\boldsymbol{a}_1 = \boldsymbol{a}_2$　$\gamma = 120°$	6 次轴
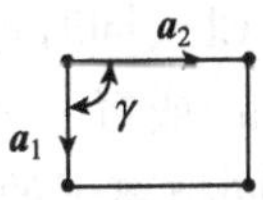 (矩形)(rectangular)p(斜方形)	$\boldsymbol{a}_1 \neq \boldsymbol{a}_2$　$\gamma = 90°$	M(对称线)
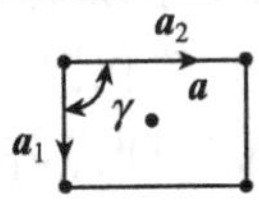 面中心矩形(centered rectangular)c	$\boldsymbol{a}_1 \neq \boldsymbol{a}_2$　$\gamma = 90°$(带心)	M
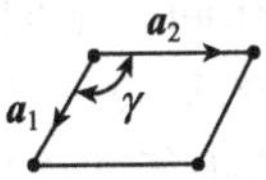 斜交形(oblique)p(斜角形)	$\boldsymbol{a}_1 \neq \boldsymbol{a}_2$　$\gamma \neq 90°, 120°$	2 次轴

(3) 晶体结构与三维空间点阵.

晶体结构是一个三维对称图案,而三维空间点阵是从晶体结构中抽象出来的无限大的几何图像,它概括而完整地描述了晶体结构基元空间分布的周期性,而非晶体的内部结构都不具有这种几何图像. 晶体结构与晶体点阵是两个不同的概念,晶体结构可示意为

$$点阵 + 结构基元 \rightarrow 晶体结构$$

如果晶体由完全相同的一种原子组成,则原子与点阵的阵点重合,这种点阵就是晶格,这种格子称为布拉维格子. 若晶体结构基元不是由一种原子构成,而是由一种以上的多种原子构成时,则在每个结构基元中相同原子都可以构成相应的点阵. 晶体结构是具有具体物质内容的空间点阵结构. 每种晶体都有它特有的结构,但不同种类的晶体(具有不同结构基元)可以具有同种类型的空间点阵型式. 如氯化钠(NaCl)(图 2.4)与氯化钾(KCl)、氯化锂(LiCl)等虽属于不同的晶体,但它们晶体结构的空间点阵形式却是相同的.

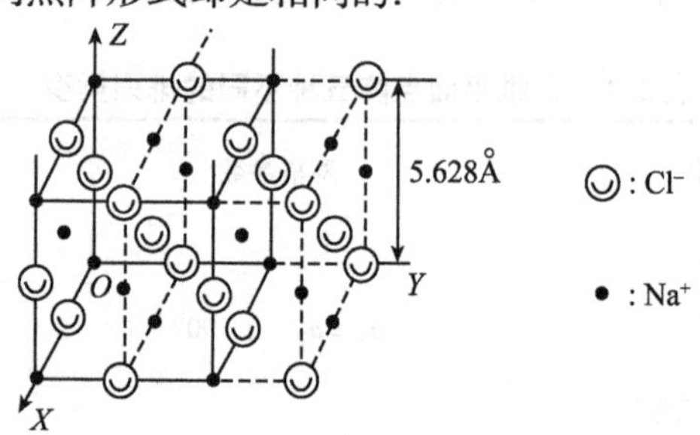

图 2.4　氯化钠晶体结构示意图

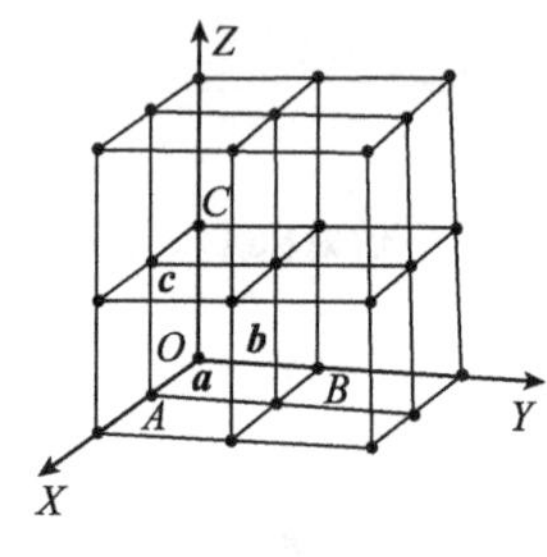

图 2.5　氯化钠晶体结构的三维空间点阵型式

氯化钠晶体是由 Na^+ 和 Cl^- 按一定的几何规律排列成的. 每一个 Na^+ 周围均有 6 个 Cl^-,同时每一个 Cl^- 周围均有 6 个 Na^+,这样,每一个 Na^+ 或每一个 Cl^- 的物质环境与几何环境都是相同的,而同类离子的最小重复周期距离均为5.628Å. 如果在图 2.4 中换上另一个标度,那就可以用它来代表氯化钾(KCl)、氯化锂(LiCl)等晶体结构. 由此可见,这些晶体的三维空间点阵型式是完全相同的,如图 2.5 所示.

在三维空间点阵中,任取不在同一平面上的四个相邻的阵点,标为 O,A,B,C,这四个阵点,均可确定三个方向的基矢. $\overline{OA}=\boldsymbol{a}$,$\overline{OB}=\boldsymbol{b}$,$\overline{OC}=\boldsymbol{c}$,见图 2.5. 用这三个基元可规划出一个体积最小的平行六面体,在其 8 个顶点上各有一个阵点,而每一个阵点为 8 个相同的平行六面体所共有,因此,对于每一个这样的平行六面体而言,只包含一个阵点. 这种平行六面体称为初基单胞.

用这样的初基单胞在三个方向作周期性重复,就可形成整个三维空间点阵.

如果从三维空间点阵中选出任一阵点作为坐标原点,则其任何阵点的矢径均可表示为

$$\boldsymbol{T}_{p,q,r} = p\boldsymbol{a} + q\boldsymbol{b} + r\boldsymbol{c} \tag{2.3}$$

式中, $p,q,r=0, \pm 1, \pm 2, \pm 3, \cdots$. $\boldsymbol{T}_{p,q,r}$完整地概括了晶体结构基元排列的周期性.

在三维空间点阵中,可以划分出无限多个阵点直线族,每一个阵点直线族中的阵点直线均相互平行,而且重复周期相同. 阵点直线在晶体结构中为晶列,在晶体外形上表现为晶棱. 三维空间点阵中也可以划分成无限多个阵点平面族,阵点平面族中的阵点平面互相平行. 阵点平面族有两个重要的特征:一个是空间方向,阵点平面的法线方向就可以代表该阵点平面族的方向;另一个是阵点平面族中相邻平面间距相等. 阵点平面在晶体结构中称为面网,表现在晶体外形上称为晶面.

2.1.3 点阵的矩阵表示[3]

矩阵是一个数学概念,矩阵在线性代数中是一个重要而常用的工具,利用这个工具,任何数列排列或数学符号的矩形排列,可以与其他矩形排列按一定规律相结合. 同时,在书写、计算上有许多方便之处. 而二维、三维空间点阵都可用矩阵表示.

(1)二维平面点阵.

两个不共线的矢径分别可写成

$$\begin{aligned} \boldsymbol{T}_1 &= p_1\boldsymbol{a} + q_1\boldsymbol{b} \\ \boldsymbol{T}_2 &= p_2\boldsymbol{a} + q_2\boldsymbol{b} \end{aligned} \tag{2.4}$$

所构成二维单胞记为$(\boldsymbol{T}_1,\boldsymbol{T}_2)$. 式(2.4)可改写为如下的矩阵形式:

$$\begin{pmatrix} \boldsymbol{T}_1 \\ \boldsymbol{T}_2 \end{pmatrix} = \begin{pmatrix} p_1 & q_1 \\ p_2 & q_2 \end{pmatrix} \begin{pmatrix} \boldsymbol{a} \\ \boldsymbol{b} \end{pmatrix} \tag{2.5}$$

在以初基单胞$\begin{pmatrix} \boldsymbol{a} \\ \boldsymbol{b} \end{pmatrix}$为基本单胞条件下,二维单胞可用矩阵$\begin{pmatrix} p_1 & q_1 \\ p_2 & q_2 \end{pmatrix}$表示,而$(\boldsymbol{a},\boldsymbol{b})$的矩阵为$\begin{pmatrix} 1 & 0 \\ 0 & 1 \end{pmatrix}$. 若设$(\boldsymbol{a},\boldsymbol{b})$面积为$A_0$,则$(\boldsymbol{T}_1, \boldsymbol{T}_2)$的面积为

$$A = \begin{vmatrix} p_1 & q_1 \\ p_2 & q_2 \end{vmatrix} A_0 \tag{2.6}$$

(2)三维空间点阵.

在三维空间点阵中,任何三维空间点阵均可划分为由中空的平行六面体所组成的三维空间点阵. 设若由不共面上的三个基矢 $\boldsymbol{a},\boldsymbol{b},\boldsymbol{c}$ 构成的初基单胞$(\boldsymbol{a},\boldsymbol{b},\boldsymbol{c})$,

则三维空间点阵中任意矢径，均可写成

$$\boldsymbol{T}_{pqr}=p\boldsymbol{a}+q\boldsymbol{b}+r\boldsymbol{c};\quad p,q,r=0,\pm1,\pm2,\pm3,\cdots$$

由不共面的三个矢径：

$$\begin{aligned}\boldsymbol{T}_1&=p_1\boldsymbol{a}_1+q_1\boldsymbol{b}_1+r_1\boldsymbol{c}_1\\ \boldsymbol{T}_2&=p_2\boldsymbol{a}_2+q_2\boldsymbol{b}_2+r_2\boldsymbol{c}_2\\ \boldsymbol{T}_3&=p_3\boldsymbol{a}_3+q_3\boldsymbol{b}_3+r_3\boldsymbol{c}_3\end{aligned}\tag{2.7}$$

所构成的平行六面体（三维单胞），记为$[\boldsymbol{T}_1,\boldsymbol{T}_2,\boldsymbol{T}_3]$.

式(2.7)可改写为矩阵的形式：

$$\begin{pmatrix}\boldsymbol{T}_1\\ \boldsymbol{T}_2\\ \boldsymbol{T}_3\end{pmatrix}=\begin{pmatrix}p_1 & q_1 & r_1\\ p_2 & q_2 & r_2\\ p_3 & q_3 & r_3\end{pmatrix}\begin{pmatrix}\boldsymbol{a}\\ \boldsymbol{b}\\ \boldsymbol{c}\end{pmatrix}\tag{2.8}$$

在以初级单胞$(\boldsymbol{a},\boldsymbol{b},\boldsymbol{c})$为基本单胞的条件下，可用矩阵$\begin{pmatrix}p_1 & q_1 & r_1\\ p_2 & q_2 & r_2\\ p_3 & q_3 & r_3\end{pmatrix}$表示.
$(\boldsymbol{a},\boldsymbol{b},\boldsymbol{c})$也可用单位矩阵$\begin{pmatrix}1 & 0 & 0\\ 0 & 1 & 0\\ 0 & 0 & 1\end{pmatrix}$表示. 若设$(\boldsymbol{a},\boldsymbol{b},\boldsymbol{c})$的体积为$V_0$，则$(\boldsymbol{T}_1,\boldsymbol{T}_2,\boldsymbol{T}_3)$的体积为$V$：

$$V=\begin{vmatrix}p_1 & q_1 & r_1\\ p_2 & q_2 & r_2\\ p_3 & q_3 & r_3\end{vmatrix}V_0\tag{2.9}$$

式(2.9)中行列式的数值等于$(\boldsymbol{T}_1,\boldsymbol{T}_2,\boldsymbol{T}_3)$所含有的阵点数.

2.1.4　点阵对晶体对称轴轴次的限制[4]

假定阵点A和A'由单位矢量$\boldsymbol{a}$所联系，有一个n次对称轴垂直于$\boldsymbol{a}$，并通过阵点. 由于每个阵点的周围几何环境都相同，因此每一旋转对称操作都存在着逆操作. 当以$\boldsymbol{a}$作半径转动角度$\phi=\dfrac{2\pi}{n}$时，必然得到另一个阵点. 设A沿顺时针方向旋转ϕ角，可得到阵点B，绕A'逆时针方向旋转可得到B'，如图2.6所示.

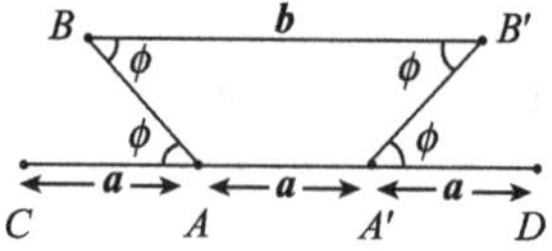

图2.6　点阵结构对晶体对称轴轴次的限制示意图

连接 B 和 B' 成直线，它必然平行于 A 和 A' 连线，即平行于单位矢量 $\boldsymbol{a}$，因而 B 和 B' 间的距离 $\boldsymbol{b}$ 必为 $\boldsymbol{a}$ 的整数倍，即 $\boldsymbol{b}=m\boldsymbol{a}$，$m$ 为整数，这样即可得到

$$\boldsymbol{a}+2\boldsymbol{a}\cos\phi=m\boldsymbol{a}$$

$$\cos\phi=\frac{m-1}{2} \tag{2.10}$$

由于 $\cos\phi$ 的绝对值总是≤1，故 $\left|\frac{m-1}{2}\right|\leqslant 1$，根据这个限制条件，便可得到不同的 m 值所对应的 ϕ 角(表 2.2).

表 2.2　m 值所对应的参数

m	3	2	1	0	-1
$\cos\phi$	1	$\frac{1}{2}$	0	$-\frac{1}{2}$	-1
ϕ	0°(360°)	60°	90°	120°	180°
相应的轴/次	1	6	4	3	2

从上述可见，晶体的旋转对称轴，不管是三维结构的晶体还是二维结构的晶体薄膜，不管是晶体的宏观对称轴还是微观对称轴，旋转对称轴的轴次，只能是一次(重)、二次(重)、三次(重)、四次(重)和六次(重)轴，不可能再有其他轴次的对称轴，这是由于晶体对称轴轴次受到晶体点阵结构限制的结果，此即通常所说的晶体对称性定律，并为晶体对 X 射线衍射效应所证实.

2.1.5　点阵的方向指数[1, 2, 5, 12]

晶体结构中结构基元排列的周期性，促成了各种晶体具有一些共同的性质，最显著的共性是均匀性与各向异性，这只能是，晶体结构基元具有点阵式的排列.

晶体的各向异性反映出点阵的方向性.

(1)一维空间点阵本身就是在一条直线上，其方向性只能是在一条直线上的正、负两个方向.

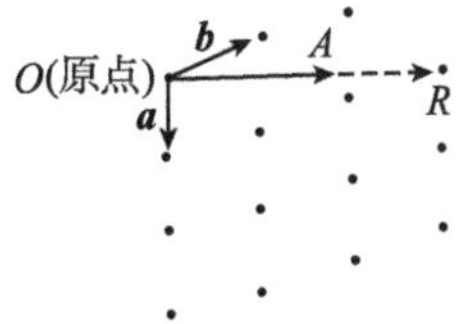

图 2.7　二维平面点阵阵点直线方向指数示意图

(2)二维平面点阵的阵点直线方向指数，如图 2.7 所示. 考虑在平面点阵中(图 2.7)，OA 方向的末端不终止于阵点，因此 $\overline{OA}$ 不是二维平面点阵的平移矢量，若使其延长终止于阵点 R，这时 $\overline{OR}$ 便为二维平面点阵的平移矢量(矢径)，即 $\boldsymbol{T}=\boldsymbol{a}+3\boldsymbol{b}$，于是平移矢量 $\boldsymbol{T}$ 的方向指数可表示为[1 3]. 如果箭头 A 恰恰向相反方向延长，这时 $\boldsymbol{T}=-\boldsymbol{a}-3\boldsymbol{b}$，于是 $\boldsymbol{T}$ 的方向指数可表示为 $[\bar{1}\,\bar{3}]$.

对于平面点阵的阵点直线 $\boldsymbol{T}_{pq}=p\boldsymbol{a}+q\boldsymbol{b}$ 的方向指数可定义为

$$p:q=[p\quad q]$$

但要注意以下三点：

(i)在方向指数$[p\ q]$中,$p:q$仅限于两个互质的整数比.

(ii)$[p\ q]=p:q=\bar{p}:\bar{q}=[\bar{p}\,\bar{q}]$.

(iii)在二维平面点阵中,与$\boldsymbol{T}_{pq}$平行的任何阵点直线方向指数均为$[p\ q]$.

平面点阵方向指数$[p\ q]$有两种求法:

(i) 引出平面点阵中通过坐标原点的阵点直线$\boldsymbol{T}$,写出$\boldsymbol{T}$上任一阵点的坐标,使其数值简化成两个互质整数比,即可求得$[p\ q]$.

(ii) 写出平面点阵中任一阵点直线上的任意两个阵点的坐标,$y_n[(x_1y_1)]$和$[(x_2y_2)]$,将$(x_1-x_2):(y_1-y_2)$简化为两个互质整数之比,即可求得二维平面点阵阵点直线方向指数$[p\ q]$.

(3)在二维平面点阵中,等效方向的数目与其点阵的对称性有关,对称性越高,其等效方向的数目也越多.

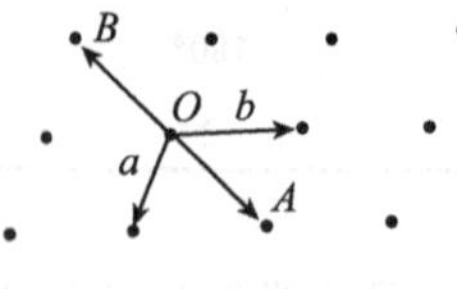

图2.8　一般平行四边形点阵

(i)一般的平行四边形点阵(图2.8). 在一般的平行四边形点阵中,所有的阵点均为对称中心,因此,在图2.8中,A方向与B方向是互为等效的,即:A方向$[1\ 1]=B$方向$[\bar{1}\ \bar{1}]$. 一般情况下,方向指数可写作$[p\ q]=[\bar{p}\,\bar{q}]$.

(ii)矩形点阵(图2.9). 在矩形点阵中,存在一组相互正交的对称面m_1、m_2,A方向$[1\ 2]$通过一组对称面反映或通过一对称中心的反伸与一对称面的反映,均可得出如图2.9中标明的四个等效方向,即

$$[1\ 2]=[\bar{1}\ \bar{2}]=[\bar{1}\ 2]=[1\ \bar{2}]$$

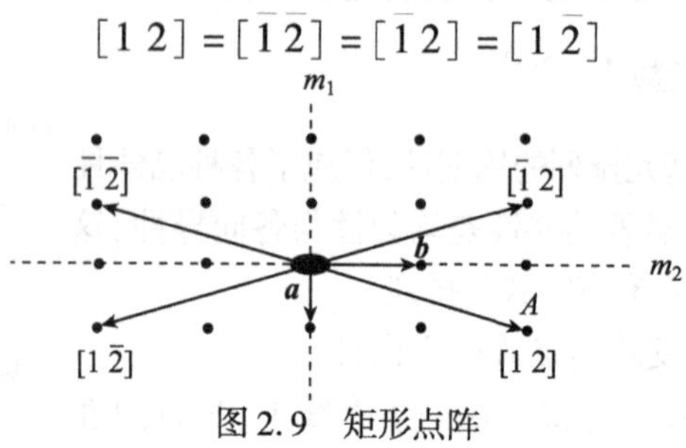

图2.9　矩形点阵

一般情况下,矩形点阵的阵点直线的等效方向指数可表示为

$$[p\ q]=[\bar{p}\,\bar{q}]=[\bar{p}\,q]=[p\,\bar{q}]$$

(iii)正方形点阵(图2.10). 在正方形点阵中,存在着两组互成正交的对称面,即(m_1,m_2),(m_1',m_2')和一个四次对称轴. 在图2.10中,A方向$[1\ 2]$通过两组正交对称面的反映或通过一组正交对称面的反映和四次对称轴的旋转操作,可产生八个等效方向, 即

$$[1\ 2]=[\bar{1}\ \bar{2}]=[\bar{1}\ 2]=[1\ \bar{2}]=[2\ 1]=[\bar{2}\ \bar{1}]=[\bar{2}\ 1]=[2\ \bar{1}]\equiv\langle 1\ 2\rangle_{\text{正方}}$$

一般情况下,正方形点阵的阵点直线等效方向指数可写为

$$[p\ q]=[\bar{p}\ q]=[p\ \bar{q}]=[\bar{p}\ \bar{q}]=[q\ p]=[\bar{q}\ p]=[q\ \bar{p}]=[\bar{q}\ \bar{p}]\equiv\langle p\ q\rangle_{\text{正方}}$$

(iv)六边形点阵(图2.11). 在图2.11中,方向$A[1\ 3]$通过六次对称轴的旋转和六个对称面的反映操作,可产生十二个等效方向, 即

$$[1\ 3]=[\bar{1}\ \bar{3}]=[2\ 3]=[\bar{2}\ \bar{3}]=[3\ 2]=[\bar{3}\ \bar{2}]=[3\ 1]=[\bar{3}\ \bar{1}]=[2\ \bar{1}]=[\bar{2}\ 1]=[1\ \bar{2}]=[\bar{1}\ 2]$$

然而其方向符号没有显示出它们之间的等效性.

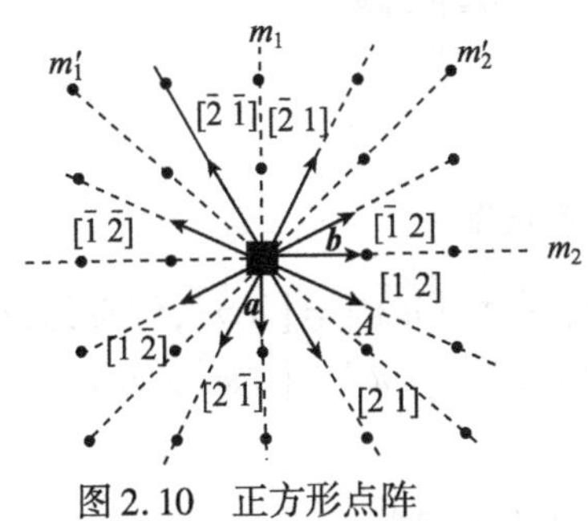

图2.10 正方形点阵

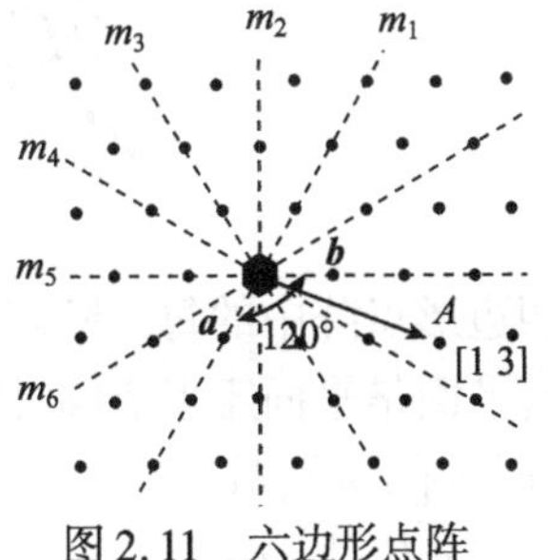

图2.11 六边形点阵

(4)三维空间点阵的阵点直线方向指数.

三维空间点阵的矢径可表示为

$$\boldsymbol{T}_{pqr}=p\boldsymbol{a}+q\boldsymbol{b}+r\boldsymbol{c}$$

式中, $\boldsymbol{a},\boldsymbol{b},\boldsymbol{c}$为三维空间点阵的基矢; p,q,r为阵点$[(p,q,r)]$在$\boldsymbol{a},\boldsymbol{b},\boldsymbol{c}$三坐标轴上的分量,均为有理数. 若把这三个有理数简化成三个互质的整数u,v,w,使$u:v:w=p:q:r$,这样,$[u\ v\ w]$就是三维空间点阵的阵点直线方向指数.

确定阵点直线的方向指数$[u\ v\ w]$的方法有如下两种:

(i)把欲确定方向指数的阵点直线平移,使之通过坐标原点, 求得阵点直线上任一点的坐标分量p,q,r,再将$p:q:r$简化成三个互质整数$u:v:w$,即求得$[u\ v\ w]$方向指数.

(ii)在欲决定方向指数的阵点直线上,取任意两个阵点坐标,如$[(p_1,q_1,r_1)]$和$[(p_2,q_2,r_2)]$,将$(p_1-p_2):(q_1-q_2):(r_1-r_2)$简化为三个互质整数的连比,即得所求的方向指数.

但对于$[u\ v\ w]$方向指数的含义应注意如下两点:

(i)$[u\ v\ w]=u:v:w=\bar{u}:\bar{v}:\bar{w}=[\bar{u}\ \bar{v}\ \bar{w}]$.

(ii)在晶体结构及其对称图形中,一组相互平行的阵点直线的方向指数相同,均可用$[u\ v\ w]$表示.

三维点阵的等效阵点直线的数目与其点阵的对称性有关,对称性愈高,其等效性阵点直线的数目就愈多. 下面列举实例进行说明.

(i)单斜三维空间点阵. 若平行四边形平面点阵均一的堆积过程是上一层的阵点直接地在下一层阵点之上,这样的堆积可形成单斜三维空间点阵,保存有二次对称轴. 初基单斜三维空间点阵单胞的形状如图 2.12 所示.

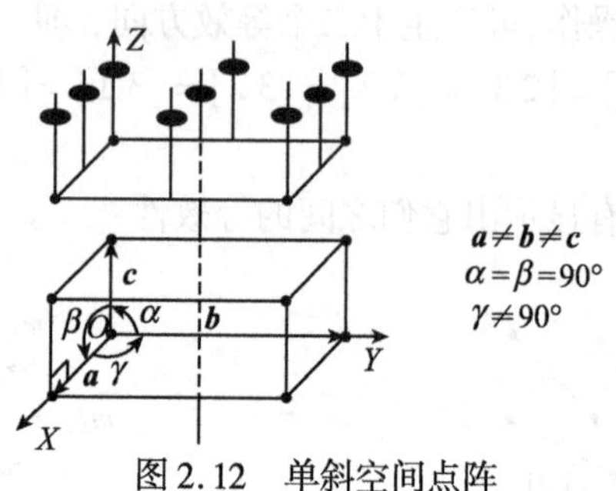

图 2.12　单斜空间点阵

平行四边形点阵中的每一阵点均为对称中心,因此,$[u\ v]=[\bar{u}\ \bar{v}]$,但穿过此点阵的竖直平面是平面矩形点阵,因而有$[v\ w]=[\bar{v}\ \bar{w}]=[\bar{v}\ w]=[v\ \bar{w}]$,$[u\ w]=[\bar{u}\ \bar{w}]=[\bar{u}\ w]=[u\ \bar{w}]$,故

$$[u\ v\ w]=[\bar{u}\ \bar{v}\ \bar{w}]=[u\ v\ \bar{w}]=[\bar{u}\ \bar{v}\ w]=\langle u\ v\ w\rangle_{单斜}$$

并以$\langle u\ v\ w\rangle_{单斜}$代表这四个等效方向.

(ii)正方三维空间点阵. 正方三维空间点阵可视为由阵点对阵点的正方形平面点阵堆积而成,保存有四次对称轴,但层与层间的间距不等于正方形边的长度. 初基正方三维空间点阵单胞的形状,如图 2.13 所示.

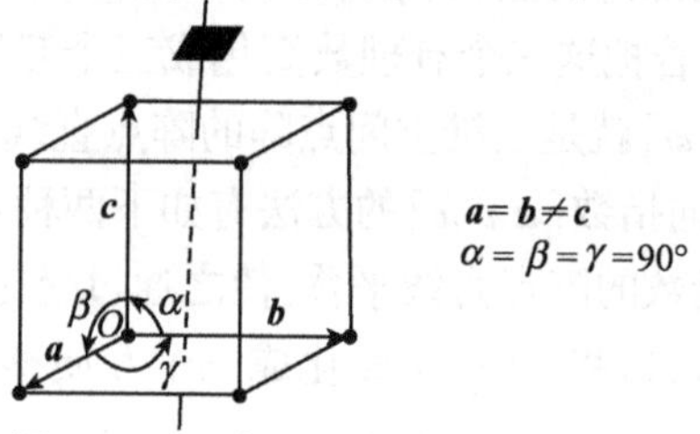

图 2.13　正方空间点阵初基单胞形状

对于由阵点对阵点的正方形点阵堆积而组成的正方三维空间点阵而言,有

$$[u\ v]=[\bar{u}\ \bar{v}]=[u\ \bar{v}]=[\bar{u}\ v]=[v\ u]=[\bar{v}\ \bar{u}]=[\bar{v}\ u]=[v\ \bar{u}]$$

即在此指数中正、负符号与位置均是可变的.

但在保证垂直于正方形点阵的平面点阵为矩形的条件下,仅 v(或 u)和 w 的正、负符号是可变的. 因而有

$$[v\ w]=[\bar{v}\ \bar{w}]=[v\ \bar{w}]=[\bar{v}\ w]$$

$$[u\ w]=[\bar{u}\ \bar{w}]=[u\ \bar{w}]=[\bar{u}\ w]$$

上述这些指数相结合时,对于正方三维空间点阵方向指数而言,在三个指数的

正、负符号和位置的变换中，仅限制 w 指数必须出现在第三个位置上，因而$[u\ v\ w]=[\bar{u}\ \bar{v}\ w]=[\bar{u}\ v\ w]=[u\ \bar{v}\ w]$和同 $\bar{w}$ 重复；$[v\ u\ w]=[\bar{v}\ \bar{u}\ w]=[\bar{v}\ u\ w]=[v\ \bar{u}\ w]$和同 $\bar{w}$ 重复. 最后共得 16 个等效方向，并用$\langle u\ v\ w\rangle_{正方}$表示.

当$[u\ v\ w]$指数中有两个指数为零时，$\langle 100\rangle_{正方}$类型减少到 4 个等效方向，即

$$[100]=[\bar{1}00]=[010]=[0\bar{1}0]$$

对于$\langle 111\rangle_{正方}$类型指数，只有 8 个等效方向

$$[111]=[\bar{1}\bar{1}\bar{1}]=[\bar{1}\bar{1}1]=[11\bar{1}]=[\bar{1}11]=[1\bar{1}\bar{1}]=[\bar{1}1\bar{1}]=[1\bar{1}1]$$

(iii)对于六方和三方三维空间点阵，为了适应其对称特点，阵点直线的方向指数可采用四轴坐标系，其相应的四指数用$[u\ v\ t\ w]$表示. 指数 u,v,t,w 依次分别对应于 $\boldsymbol{a}$ 轴、$\boldsymbol{b}$ 轴、$\boldsymbol{d}$ 轴和 $\boldsymbol{c}$ 轴，如图 2.14 所示.

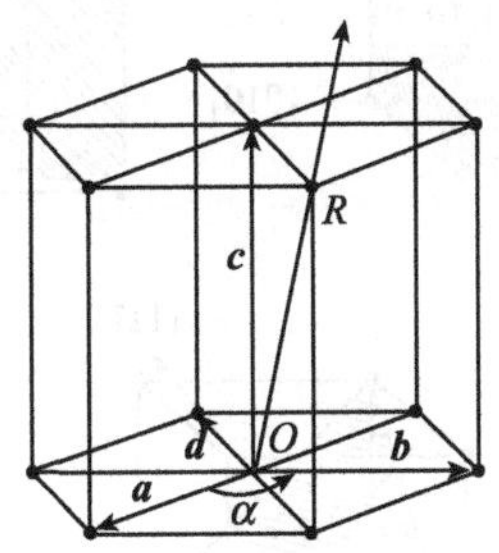

图 2.14 底心六方空间点阵四轴坐标系

$\boldsymbol{a}$ 轴、$\boldsymbol{b}$ 轴和 $\boldsymbol{d}$ 轴在同一个水平面内，而 $\boldsymbol{c}$ 轴则垂直于此水平面，其四轴坐标原点为 O.

u,v,t 和 w 的比值则应等于

$$u:v:t:w=\frac{x_1}{a}:\frac{x_2}{b}:\frac{x_3}{d}:\frac{z}{c}$$

式中，x_1,x_2,x_3 和 z 为通过坐标原点的阵点直线方向上任一阵点 R 的坐标距，与此同时，还规定了

$$x_1+x_2+x_3=0$$

由此即可得出确定的坐标距，从而得出阵点直线的四个方向指数. 可以证明，在$[u\ v\ t\ w]$中的前三个指数 u,v,t 之代数和等于零，即

$$u+v+t=0$$

2.1.6 三维空间点阵的平面指数[1,3,5,7,14,18]

三维空间点阵平面指数(hkl)，首先为米勒于 1839 年引用，因此后来被称为米勒指数. 当晶体选取适当的坐标轴系后，就可标定阵点平面或晶面指数.

标定阵点平面指数的步骤为

(1)选择不在同一阵点平面内的三个坐标轴 X,Y,Z,相应的轴单位分别为 $\boldsymbol{a}$,$\boldsymbol{b}$,$\boldsymbol{c}$,使欲求指数的阵点平面与三个坐标轴相交.

(2)测量阵点平面与坐标轴的交点到坐标轴原点的距离,即求得 $p\boldsymbol{a}$,$q\boldsymbol{b}$ 和 $r\boldsymbol{c}$,p,q,r 称为标轴系数.

(3)取阵点平面在三个坐标轴的标轴系数的倒数,并乘以适当因子,使其换算到三个简单互质整数之连比,即可求得该阵点平面指数(hkl)或晶面指数.

立方初基单胞常出现的一些重要阵点平面,如图 2.15 所示.

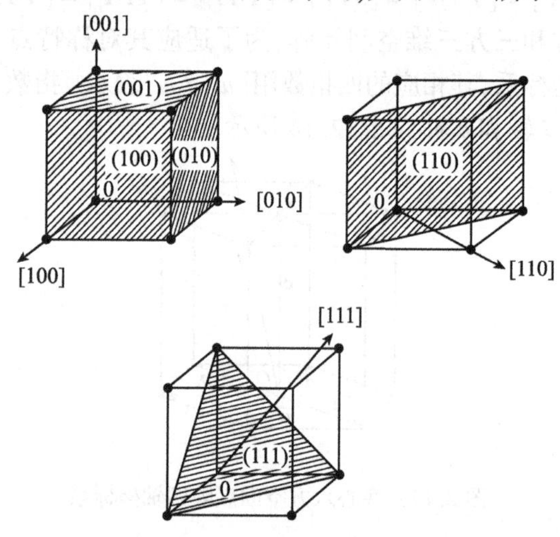

图 2.15　立方初基单胞的阵点平面指数

但对阵点平面族(彼此相互平行的阵点平面)的平面指数(hkl),应说明如下四点:

(i) $(hkl) \equiv h:k:l \equiv \bar{h}:\bar{k}:\bar{l} \equiv (\bar{h}\,\bar{k}\,\bar{l})$.

(ii)当阵点平面平行于 x 轴时,其截距为无穷大个 $\boldsymbol{a}$,这时,$(hkl) \equiv \frac{1}{\infty} : \frac{1}{q} : \frac{1}{r} = 0:k:l \equiv (0kl)$. 同样可以得出:$(h0l)$,$(hk0)$,$(00l)$,$(0k0)$ 和 $(h00)$ 等点阵平面指数.

(iii)在晶体结构中,凡属于同一阵点平面族的平面指数相同,皆为(hkl).

(iv)晶体外形的晶面的平面指数,称为晶面指数(符号)或米勒指数. 但位于原点异侧的二平行晶面,应以不同的指数表示,因此规定

$$(hkl) \neq (\bar{h}\,\bar{k}\,\bar{l})$$

2.1.7　三方及六方晶体的四轴坐标系平面指数[1, 19]

对于三方或六方晶体,为了适应其对称配置,常选用四个坐标轴系来标定平面指数. 在这种定向中,三次对称轴或六次对称轴作为 $\boldsymbol{c}$ 轴,而其他三个坐标轴 $\boldsymbol{a}$

轴、$\boldsymbol{b}$ 轴、$\boldsymbol{d}$ 轴在同一个水平面内，见图 2.14.

在四轴坐标系中，阵点平面指数为($hkil$). 指数 h,k,i 和 l 依次分别对应于 $\boldsymbol{a}$ 轴、$\boldsymbol{b}$ 轴、$\boldsymbol{d}$ 轴和 $\boldsymbol{c}$ 轴，它们的比值等于

$$h:k:i:l \equiv (hkil) \equiv \frac{1}{p}:\frac{1}{q}:\frac{1}{s}:\frac{1}{r}$$

式中，p,q,s,r 为该阵点平面(或晶面)的标轴系数.

平面指数($hkil$)可由该阵点平面在 $\boldsymbol{a}$,$\boldsymbol{b}$,$\boldsymbol{d}$ 和 $\boldsymbol{c}$ 轴上的标轴系数之倒数的连比求得.

由于 $\boldsymbol{a}$,$\boldsymbol{b}$ 和 $\boldsymbol{d}$ 三个坐标轴在同一水平面内，同样地用初等几何学方法不难证明，在 h,k 和 i 三个指数间存在着如下关系：

$$h+k+i=0$$

或

$$i=-(h+k)$$

因此，在 h,k 和 i 这三个指数中，只有两个数是独立的，即在 h,k,i 和 l 四个指数中只有三个数是独立的，这表明在三方及六方晶体的四轴坐标系的效用等于三轴坐标系(定向)的效用.

三方和六方晶体的四轴坐标系标定阵点直线或阵点平面的指数的优越性，在于可以消除三轴坐标系标定阵点直线或阵点平面指数的不规律性. 图 2.16(a)和(b)分别表示在三轴坐标系和四轴坐标系中水平坐标面上，六方柱的六个阵点平面(晶面)和三个二次对称轴.

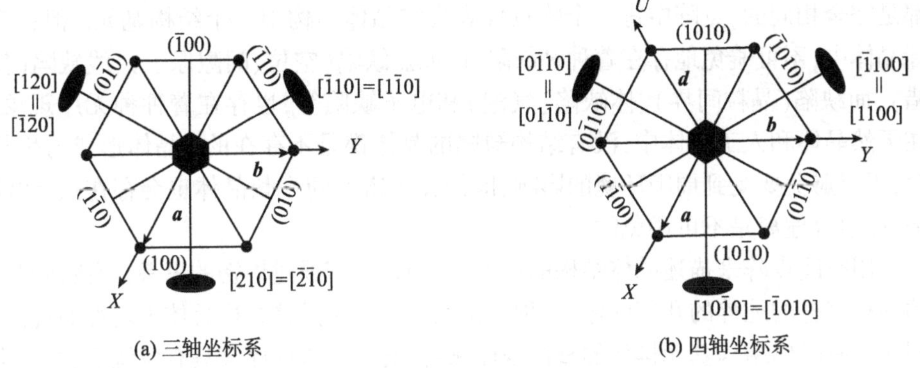

图 2.16 三方和六方晶体的阵点直线和阵点平面指数

通过图 2.16(a)与图 2.16(b)的对比，可以看出，在四轴坐标系中，同样的六个晶面和三个二次对称轴的指数都规律化了. 在四个指数中，它们均由两个 1 和两个 0 组成，除第四个指数数字皆为 0 外，其余三个指数数字按其对称规律而改变其位置及正负符号，见表 2.3. 这是四轴坐标系标定晶面符号、晶棱符号较三轴坐

标系优越之处.

表 2.3　三轴与四轴坐标系标定晶面晶棱符号的比较

四轴坐标系	三轴坐标系
$(10\bar{1}0)$	(100)
$(01\bar{1}0)$	(010)
$(\bar{1}100)$	$(\bar{1}10)$
$(\bar{1}010)$	$(\bar{1}00)$
$(0\bar{1}10)$	$(0\bar{1}0)$
$(1\bar{1}00)$	$(1\bar{1}0)$
$[10\bar{1}0]$	$[210]$
$[\bar{1}100]$	$[\bar{1}10]$
$[0\bar{1}10]$	$[\bar{1}\bar{2}0]$

2.1.8　晶体结构的有序性问题[3]

晶体结构严格的周期性只不过是一个理想的图像,即使在理想的热力学条件下,晶体也会存在与理想结构的偏离. 利用点阵来描述晶体结构的周期性,晶体结构基元在空间的位置和取向也必须是完全一致的,每一个结构基元组成和结构也都是完全相同的,点阵中每一个阵点代表真实晶体结构中一个结构基元. 但在实际晶体中,不可避免地存在着种种缺陷,诸如点缺陷(空位、间隙原子)、线缺陷(位错)、面缺陷(晶粒间界)、体缺陷(气泡)和电子缺陷等,也存在着种种无序现象. 在天然晶体和人工晶体中,没有结构缺陷的晶体都是不存在的. 晶体形成与生长时,不可避免要受到周围环境的影响,即使在宇宙空间生长晶体也会存在点、线缺陷,而组合偏离是不可避免的.

用空间点阵来描述晶体结构的周期性,乃是人们通过周密的思考,而概括起来的一种完整的纯粹的几何图像,这种几何图像说明了晶体结构总体平均性的规律,即从所有晶体结构基元排列的整体规律来看,既具有方向序又具有位置序,并贯穿于晶体结构的整体,而不是仅就晶体的局部区域而言的.

研究晶体结构的有序性问题,对晶体的应用是很重要的,晶体结构的无序性往往强烈地影响晶体的性能,尤其是人工生长晶体,一般要力求生长出完美的晶体,避免缺陷的发生,但也有时为了利用或加强晶体的某种性质,要掺入某些物质,因此,可以说研究晶体结构的有序—无序问题具有双重意义与作用.

§2.2 倒易点阵

倒易点阵(reciprocal lattice),又称倒易晶格,它是一种数学抽象概念,这个科学的抽象概念是形象理解X射线对晶体衍射的几何学基础,诠释晶体的X射线衍射图图谱的强有力的数学工具,也是研究晶体衍射性质的重要根据,它反映出晶体结构中物质和能量分布的一种信息. 也可以说倒易点阵是X射线晶体学的基本内容,论述晶体结构的许多细节,都离不开倒易点阵. 倒易点阵是从晶体点阵经过一定的数学转化,而推导出来的一套抽象点阵. 倒易点阵所占有的空间,称为倒易空间,其中每一个阵点和晶体点阵中各个相应的阵点平面间距存在着对应的倒易关系.

2.2.1 倒易点阵的定义[2,6,13]

假若有两种点阵,它们的基矢分别为 $\boldsymbol{a}$, $\boldsymbol{b}$, $\boldsymbol{c}$ 和 $\boldsymbol{a}^*$, $\boldsymbol{b}^*$, $\boldsymbol{c}^*$,并且这两种基矢间存在着如下关系:

$$\boldsymbol{a}^* \cdot \boldsymbol{a} = \boldsymbol{b}^* \cdot \boldsymbol{b} = \boldsymbol{c}^* \cdot \boldsymbol{c} = 1 \tag{2.11}$$

和

$$\boldsymbol{a}^* \cdot \boldsymbol{b} = \boldsymbol{a}^* \cdot \boldsymbol{c} = \boldsymbol{b}^* \cdot \boldsymbol{a} = \boldsymbol{b}^* \cdot \boldsymbol{c} = \boldsymbol{c}^* \cdot \boldsymbol{a} = \boldsymbol{c}^* \cdot \boldsymbol{b} = 0 \tag{2.11$'$}$$

两种基矢的点乘是个标量,两者互为倒易.

在此情况下,则称基矢 $\boldsymbol{a}^*$,$\boldsymbol{b}^*$,$\boldsymbol{c}^*$ 所确定的点阵为基矢 $\boldsymbol{a}$,$\boldsymbol{b}$,$\boldsymbol{c}$ 所确定的点阵的倒易点阵. $\boldsymbol{a}^*$,$\boldsymbol{b}^*$,$\boldsymbol{c}^*$ 为倒易点阵的基矢. 式(2.11)可用来确定 $\boldsymbol{a}^*$,$\boldsymbol{b}^*$,$\boldsymbol{c}^*$ 的长度. 式(2.11′)可用来确定 $\boldsymbol{a}^*$,$\boldsymbol{b}^*$,$\boldsymbol{c}^*$ 的方向. 从式(2.11′)可知,$\boldsymbol{a}^*$,$\boldsymbol{b}^*$,$\boldsymbol{c}^*$ 基矢分别垂直于 $\boldsymbol{bc}$,$\boldsymbol{ac}$ 和 $\boldsymbol{ab}$ 平面,如图2.17所示.

在直角坐标系中,晶体点阵基矢与其倒易点阵基矢相互平行,方向完全一致. 倒易点阵的定义,还可以用另一种数学公式来表达. 在晶体点阵中,初基单胞的体积(V)为:$V=\boldsymbol{c}\cdot(\boldsymbol{a}\times\boldsymbol{b})$,$\boldsymbol{a}$,$\boldsymbol{b}$,$\boldsymbol{c}$ 为晶体点阵的基矢. 两个矢量 $\boldsymbol{a}\times\boldsymbol{b}$ 的矢积为一矢量. 两个矢量 $\boldsymbol{c}$ 和($\boldsymbol{a}\times\boldsymbol{b}$)的点积为一标量,因此 V 为标量,它是晶体点阵的初基单胞.

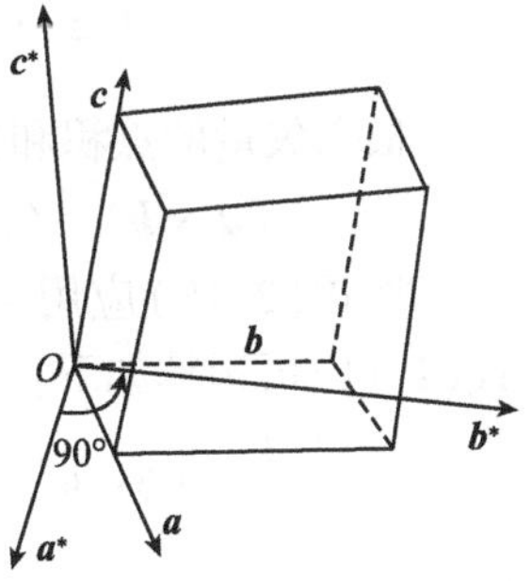

图2.17 $\boldsymbol{a}^*$,$\boldsymbol{b}^*$,$\boldsymbol{c}^*$ 与 $\boldsymbol{a}$,$\boldsymbol{b}$,$\boldsymbol{c}$ 间的关系示意图

由式(2.11)可得出 $\boldsymbol{c}\cdot\boldsymbol{c}^* = 1 = \dfrac{V}{V}$, 故可得到 $\boldsymbol{c}\cdot\boldsymbol{c}^* = \dfrac{\boldsymbol{c}\cdot(\boldsymbol{a}\times\boldsymbol{b})}{V}$,由此不难看出:

$$\boldsymbol{c}^* = \frac{\boldsymbol{a} \times \boldsymbol{b}}{V}$$

对于$\boldsymbol{a}^*$,$\boldsymbol{b}^*$而言,也存在着与$\boldsymbol{c}^*$同样的关系. 因此可获得一组倒易点阵矢量与晶体点阵矢量间的关系式:

$$\begin{aligned} \boldsymbol{a}^* &= \frac{\boldsymbol{b} \times \boldsymbol{c}}{V} \\ \boldsymbol{b}^* &= \frac{\boldsymbol{c} \times \boldsymbol{a}}{V} \\ \boldsymbol{c}^* &= \frac{\boldsymbol{a} \times \boldsymbol{b}}{V} \end{aligned} \tag{2.12}$$

两个矢量的矢积仍为矢量,因此$\boldsymbol{a}^*$,$\boldsymbol{b}^*$,$\boldsymbol{c}^*$均为矢量.

由于晶体点阵与其倒易点阵互为倒易关系,同种方法,可求得一组晶体点阵矢量与倒易点阵矢量间的关系式:

$$\begin{aligned} \boldsymbol{a} &= \frac{\boldsymbol{b}^* \times \boldsymbol{c}^*}{V^*} \\ \boldsymbol{b} &= \frac{\boldsymbol{c}^* \times \boldsymbol{a}^*}{V^*} \\ \boldsymbol{c} &= \frac{\boldsymbol{a}^* \times \boldsymbol{b}^*}{V^*} \end{aligned} \tag{2.13}$$

式中,V^*为倒易点阵的初基单胞,为一标量,因此可获得一组晶体点阵矢量$\boldsymbol{a}$,$\boldsymbol{b}$,$\boldsymbol{c}$.

同时,还要指出,晶体点阵与其倒易点阵两者互为倒易的关系,不仅表现在两者间的矢量关系,而且这种倒易特性还表现在V与V^*之间的关系.

由式(2.11)可知:$\boldsymbol{a}^* \cdot \boldsymbol{a} = 1$,将$\boldsymbol{a}^* = \dfrac{\boldsymbol{b} \times \boldsymbol{c}}{V}$和$\boldsymbol{a} = \dfrac{\boldsymbol{b}^* \times \boldsymbol{c}^*}{V^*}$代入$\boldsymbol{a}^* \cdot \boldsymbol{a} = 1$,可求得

$$\boldsymbol{a}^* \cdot \boldsymbol{a} = 1 = \frac{1}{VV^*}[(\boldsymbol{b} \times \boldsymbol{c}) \cdot (\boldsymbol{b}^* \times \boldsymbol{c}^*)] \tag{2.14}$$

根据矢量的点积和矢积的运算规则,可得到公式的运算关系:

$$(\boldsymbol{a} \times \boldsymbol{b}) \cdot (\boldsymbol{c} \times \boldsymbol{d}) = (\boldsymbol{a} \cdot \boldsymbol{c}) \cdot (\boldsymbol{b} \cdot \boldsymbol{a}) - (\boldsymbol{a} \cdot \boldsymbol{d}) \cdot (\boldsymbol{b} \cdot \boldsymbol{c}) \tag{2.15}$$

将式(2.15)应用于式(2.14),并考虑式(2.11)和式(2.11′)的内涵,这样,式(2.14)可运算如下:

$$\frac{1}{VV^*}[(\boldsymbol{b} \cdot \boldsymbol{b}^*) \cdot (\boldsymbol{c} \cdot \boldsymbol{c}^*) - (\boldsymbol{b} \cdot \boldsymbol{c}^*) \cdot (\boldsymbol{c} \cdot \boldsymbol{b}^*)] = \frac{1}{VV^*} = 1$$

即

$$\begin{aligned} V^* &= \frac{1}{V} \\ V \cdot V^* &= 1 \end{aligned} \tag{2.16}$$

即 V 与 V^* 二者也存在着倒易关系.

上面根据倒易点阵的定义式,给出了倒易点阵基矢 $\boldsymbol{a}^*,\boldsymbol{b}^*,\boldsymbol{c}^*$ 与晶体点阵基矢 $\boldsymbol{a},\boldsymbol{b},\boldsymbol{c}$ 之间关系,这种关系也可以表达为倒易点阵单胞参数($\boldsymbol{a}^*,\boldsymbol{b}^*,\boldsymbol{c}^*;\alpha^*,\beta^*,\gamma^*$)与晶体点阵单胞参数($\boldsymbol{a},\boldsymbol{b},\boldsymbol{c};\alpha,\beta,\gamma$)之间的关系,如图 2.18 所示.

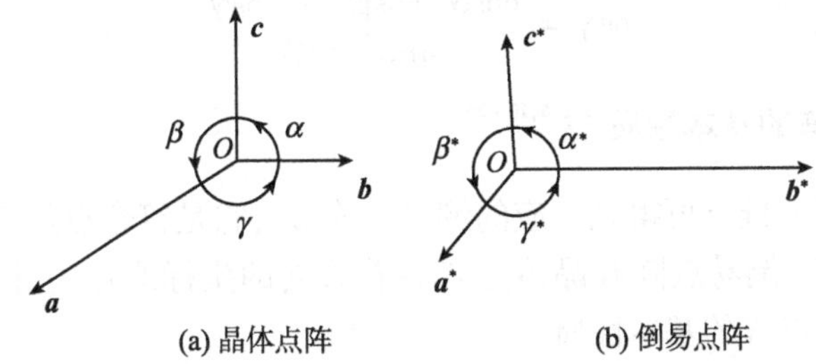

图 2.18 晶体点阵与倒易点阵间单胞参数的关系

两者的坐标轴的取向一致,均为右手坐标系,当坐标系选定后,由式(2.12)便可直接得到

$$\begin{aligned} \boldsymbol{a}^* &= \frac{\boldsymbol{bc}\sin\alpha}{V} \\ \boldsymbol{b}^* &= \frac{\boldsymbol{ca}\sin\beta}{V} \\ \boldsymbol{c}^* &= \frac{\boldsymbol{ab}\sin\gamma}{V} \end{aligned} \tag{2.17}$$

同样,也可由式(2.13)直接得

$$\begin{aligned} \boldsymbol{a} &= \frac{\boldsymbol{b}^*\boldsymbol{c}^*\sin\alpha^*}{V^*} \\ \boldsymbol{b} &= \frac{\boldsymbol{c}^*\boldsymbol{a}^*\sin\beta^*}{V^*} \\ \boldsymbol{c} &= \frac{\boldsymbol{a}^*\boldsymbol{b}^*\sin\gamma^*}{V^*} \end{aligned} \tag{2.18}$$

若利用球面三角学及其余弦定理,则可求得晶体点阵与其倒易点阵的角参数关系:

$$\begin{aligned} \cos\alpha^* &= \frac{\cos\beta\cos\gamma - \cos\alpha}{\sin\beta\sin\gamma} \\ \cos\beta^* &= \frac{\cos\gamma\cos\alpha - \cos\beta}{\sin\gamma\sin\alpha} \\ \cos\gamma^* &= \frac{\cos\alpha\cos\beta - \cos\gamma}{\sin\alpha\sin\beta} \end{aligned} \tag{2.19}$$

同理,可求得

$$
\cos\alpha = \frac{\cos\beta^* \cos\gamma^* - \cos\alpha^*}{\sin\beta^* \sin\gamma^*}
$$
$$
\cos\beta = \frac{\cos\gamma^* \cos\alpha^* - \cos\beta^*}{\sin\gamma^* \sin\alpha^*} \tag{2.20}
$$
$$
\cos\gamma = \frac{\cos\alpha^* \cos\beta^* - \cos\gamma^*}{\sin\alpha^* \sin\beta^*}
$$

2.2.2　倒易点阵的基本性质[1,2,6,18-20]

由晶体点阵 L 推导可得到相应的倒易点阵 L^*,它是符合点阵定义而且有点阵性质的一种点阵. 倒易点阵和晶体点阵有着共同的坐标原点,相同的对称性. 现简要地阐明倒易点阵的基本性质.

(1)在倒易点阵中由坐标原点指向倒易阵点[(hkl)]的倒易矢量为 $\boldsymbol{H}_{hkl} = h\boldsymbol{a}^* + k\boldsymbol{b}^* + l\boldsymbol{c}^*$,$\boldsymbol{H}_{hkl}$必定垂直于晶体点阵中指数为$(hkl)$的阵点平面族.

(2)倒易矢量 $\boldsymbol{H}_{hkl}$的模($H = \sqrt{\boldsymbol{H}\cdot \boldsymbol{H}}$)与晶体点阵中阵点平面族$(hkl)$的面间距 d_{hkl}成反比,即

$$
\boldsymbol{H}_{hkl} = \frac{1}{d_{hkl}} \tag{2.21}
$$

下面来证明以上两个基本性质:

在倒易点阵中作一个最靠近坐标系原点的阵点平面(hkl),此阵点平面(hkl)在坐标轴上所截的线段分别为$\frac{\boldsymbol{a}}{h}, \frac{\boldsymbol{b}}{k}, \frac{\boldsymbol{c}}{l}$,如图 2.19 所示.

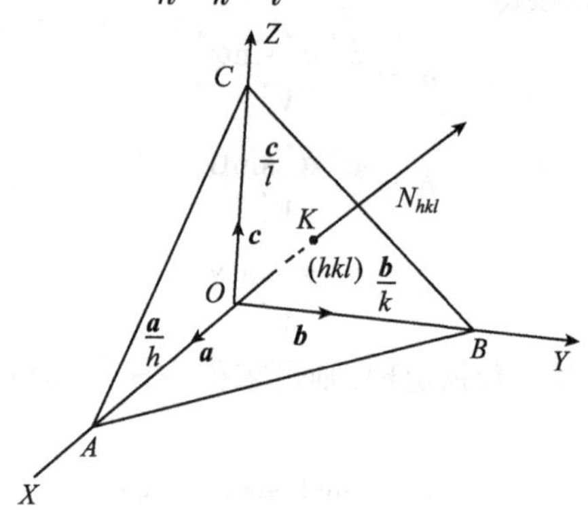

图 2.19　阵点平面(hkl)的法线方向

根据阵点平面族指数(hkl)的定义

$$
\frac{1}{\frac{\overline{OA}}{a}} : \frac{1}{\frac{\overline{OB}}{b}} : \frac{1}{\frac{\overline{OC}}{c}} = h : k : l
$$

$$\overline{OA} = p\frac{1}{h}\boldsymbol{a}$$
$$\overline{OB} = p\frac{1}{k}\boldsymbol{b} \qquad (2.22)$$
$$\overline{OC} = p\frac{1}{l}\boldsymbol{c}$$

式中,p 为比例系数,对于距坐标系原点 O 最邻近的阵点平面(hkl)而言,$p=1$.

从坐标系原点 O 作阵点平面(hkl)的法线$\overline{OK}$,显然

$$|\overline{OK}| = d_{hkl}$$

设 $\boldsymbol{N}_{hkl}$ 为阵点平面(hkl)法线$\overline{OK}$方向上的单位矢量,矢量形式的平面方程式可表示为

$$\frac{\boldsymbol{a}}{h}\cdot \boldsymbol{N}_{hkl} = d_{hkl}$$
$$\frac{\boldsymbol{b}}{k}\cdot \boldsymbol{N}_{hkl} = d_{hkl} \qquad (2.23)$$
$$\frac{\boldsymbol{c}}{l}\cdot \boldsymbol{N}_{hkl} = d_{hkl}$$

或写成

$$\boldsymbol{a}\cdot \boldsymbol{N}_{hkl} = hd_{hkl}$$
$$\boldsymbol{b}\cdot \boldsymbol{N}_{hkl} = kd_{hkl} \qquad (2.23')$$
$$\boldsymbol{c}\cdot \boldsymbol{N}_{hkl} = ld_{hkl}$$

对式(2.23′)两边分别标乘以 $\boldsymbol{a}^*,\boldsymbol{b}^*,\boldsymbol{c}^*$,然后将其左右各项分别相加,可得

$$\boldsymbol{a}^*\cdot(\boldsymbol{a}\cdot \boldsymbol{N}_{hkl}) + \boldsymbol{b}^*\cdot(\boldsymbol{b}\cdot \boldsymbol{N}_{hkl}) + \boldsymbol{c}^*\cdot(\boldsymbol{c}\cdot \boldsymbol{N}_{hkl})$$
$$= d_{hkl}(h\boldsymbol{a}^* + k\boldsymbol{b}^* + l\boldsymbol{c}^*)$$
$$= d_{hkl}\boldsymbol{H}_{hkl} \qquad (2.24)$$

可以证明,式(2.24)的左边等于 $\boldsymbol{N}_{hkl}$:

$$\boldsymbol{a}^*\cdot(\boldsymbol{a}\cdot \boldsymbol{N}_{hkl}) + \boldsymbol{b}^*\cdot(\boldsymbol{b}\cdot \boldsymbol{N}_{hkl}) + \boldsymbol{c}^*\cdot(\boldsymbol{c}\cdot \boldsymbol{N}_{hkl}) = \boldsymbol{N}_{hkl} \qquad (2.25)$$

为了证明式(2.25),用 $\boldsymbol{a}$ 标乘式(2.25)的两边

$$(\boldsymbol{a}^*\cdot \boldsymbol{a})\cdot(\boldsymbol{a}\cdot \boldsymbol{N}_{hkl}) + (\boldsymbol{b}^*\cdot \boldsymbol{a})\cdot(\boldsymbol{b}^*\cdot \boldsymbol{N}_{hkl})$$
$$+ (\boldsymbol{c}^*\cdot \boldsymbol{a})\cdot(\boldsymbol{c}\cdot \boldsymbol{N}_{hkl}) = \boldsymbol{a}\cdot \boldsymbol{N}_{hkl}$$

由于

$$\boldsymbol{a}\cdot \boldsymbol{a}^* = 1$$
$$\boldsymbol{a}\cdot \boldsymbol{b}^* = \boldsymbol{a}\cdot \boldsymbol{c}^* = 0$$

从而得出

$$\boldsymbol{a}\cdot \boldsymbol{N}_{hkl} = \boldsymbol{a}\cdot \boldsymbol{N}_{hkl} \qquad (2.26)$$

将式(2.25)两边标乘上 $\boldsymbol{b}$ 或 $\boldsymbol{c}$ 便可得与式(2.26)相似的恒等式,因此,式(2.25)是正确的,故得

$$\boldsymbol{N}_{hkl} = d_{hkl}\boldsymbol{H}_{hkl} \qquad (2.27)$$

因此,倒易矢量 $\boldsymbol{H}_{hkl}$ 垂直于指数为(hkl)的阵点平面族,由于单位矢量 $\boldsymbol{N}_{hkl}$ 的绝对值等于1,因此,式(2.27)求得的 $\boldsymbol{H}_{hkl}$ 的模为

$$|\boldsymbol{H}_{hkl}| = \frac{1}{d_{hkl}} \tag{2.28}$$

倒易点阵的上述两个基本性质,恰好说明了指数为(hkl)的阵点平面族的方向及其面间距与倒易矢量 $\boldsymbol{H}_{hkl}$ 的直接关系.

(3)倒易点阵的单位,由倒易点阵的基本性质,可得到

$$\boldsymbol{a}^* = \frac{1}{d_{100}},\quad \boldsymbol{b}^* = \frac{1}{d_{010}},\quad \boldsymbol{c}^* = \frac{1}{d_{001}} \tag{2.29}$$

在晶体点阵中,阵点平面的面间距(d_{hkl})的单位为Å,因而倒易点阵的 $\boldsymbol{a}^*$,$\boldsymbol{b}^*$,$\boldsymbol{c}^*$ 的单位为 $Å^{-1}$.

(4)晶体点阵与其倒易点阵间存在着交互变换的性质.

根据晶体点阵与其倒易点阵间的相互变换关系,当晶体点阵为初基单胞时,变换后所对应的倒易点阵的单胞,仍为初基单胞;当晶体点阵为非初基单胞时,变换到相应的倒易点阵时,也是非初基单胞,但两者带心的形式并不一定相同,如图2.20所示.

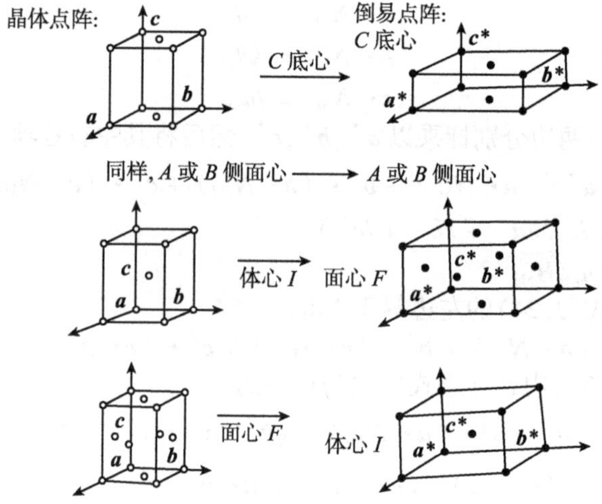

图2.20　带心晶体点阵单胞与其倒易点阵单胞

为什么晶体点阵的体心单胞,而所对应的倒易点阵为面心单胞呢?

现以图2.21(a)、(b)两者所对应的关系予以阐明.

设体心立方单胞边长为 a,这个复单胞可划分出菱面体初级单胞,它的单胞参数用 $\boldsymbol{a}_R$ 表示,其晶胞体积用 V_R 表示,如图2.21(a)所示.

$$\boldsymbol{a}_R = \frac{\sqrt{3}}{2}\boldsymbol{a}$$

$$\alpha_R = 109°28'$$

$$V_R = \boldsymbol{a}_R^3(1 - 3\cos^2\alpha_R + 2\cos^3\alpha_R)^{1/2}$$

$$= \left(\frac{\sqrt{3}}{2}\right)^3 a^3(1 - 0.3333 - 0.0744)^{1/2} = 0.5a^3 \tag{2.30}$$

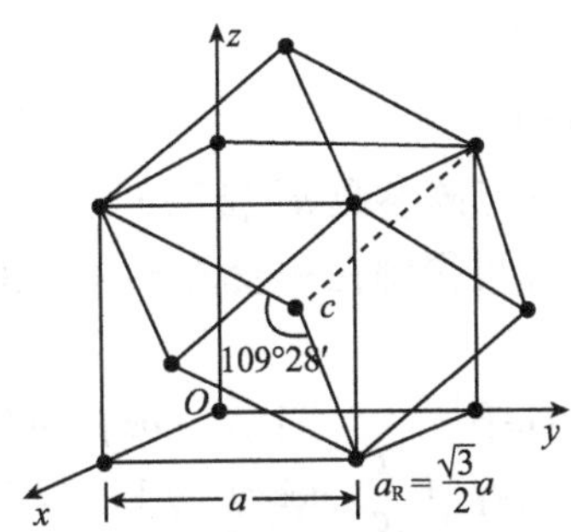

(a) 晶体点阵的体心立方单胞及其菱面体初基单胞示意图

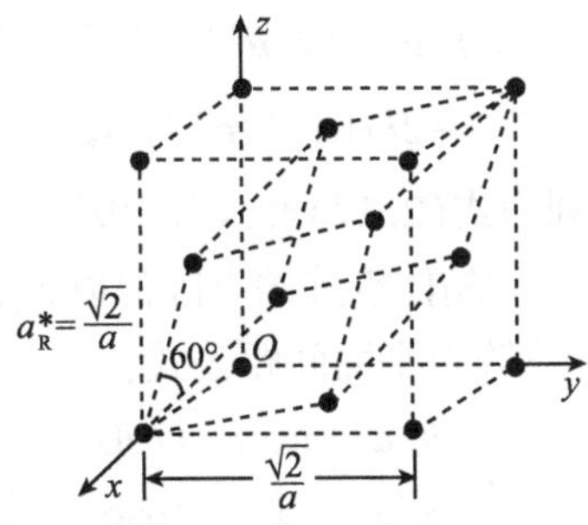

(b) 倒易点阵的面心立方单胞及其菱面体初基单胞示意图

图 2.21 体心立方单胞及其菱面体初基单胞示意图

该菱面体初基单胞的倒易单胞必然也是菱面体初基单胞，它的晶胞参数为

$$\boldsymbol{a}_R{}^* = \frac{1}{V_R}\frac{3}{4}\boldsymbol{a}^2\sin 109°28' = \frac{1}{V_R}(0.707)\boldsymbol{a}^2 = \frac{\sqrt{2}}{\boldsymbol{a}} \tag{2.31}$$

$$\cos\alpha_R{}^* = -\frac{\cos\alpha_R}{1+\cos\alpha_R} = -\frac{\cos 109°28'}{1+\cos 109°28'}$$

得 $\alpha_R{}^* = 60°$

这个倒易菱面体初级单胞 $\boldsymbol{a}_R^* = \frac{\sqrt{2}}{\boldsymbol{a}}$，$\alpha_R^* = 60°$，可按图 2.21(b)所表示的关系，划出倒易面心立方单胞，它的单胞参数为$\sqrt{2}\boldsymbol{a}_R^* = \alpha\left(\frac{1}{\boldsymbol{a}}\right)$，因此，晶胞参数为 $\boldsymbol{a}$ 的体心立方复单胞，其倒易点阵的面心立方复单胞的参数 $2/\boldsymbol{a} = 2\boldsymbol{a}^*$.

同样道理，也可以证明晶体点阵的面心立方复单胞，其对应的倒易点阵的复单胞必为体心立方复单胞.

2.2.3 倒易矢量在晶体学中的应用[1,2,6,22,23]

(1) 推引计算阵点平面间距公式.

由 $|\boldsymbol{H}_{hkl}| = \frac{1}{d_{hkl}}$ 可得

$$\boldsymbol{H}_{hkl}\cdot\boldsymbol{H}_{hkl} = |\boldsymbol{H}_{hkl}|\cdot|\boldsymbol{H}_{hkl}|\cos(\boldsymbol{H}_{hkl}\wedge\boldsymbol{H}_{hkl}) = \boldsymbol{H}_{hkl}^2 = \frac{1}{d_{hkl}^2} \tag{2.32}$$

式(2.32)为倒易矢量的绝对长度 H_{hkl} 与其垂直的阵点平面族的面间距 d_{hkl} 平方公

式. 若倒易矢量 $\boldsymbol{H}_{hkl}$ 的平方用其分量表示,则可写为

$$
\begin{aligned}
\boldsymbol{H}_{hkl}^2 = \frac{1}{d_{hkl}^2} &= (h\boldsymbol{a}^* + k\boldsymbol{b}^* + l\boldsymbol{c}^*)\cdot(h\boldsymbol{a}^* + k\boldsymbol{b}^* + l\boldsymbol{c}^*) \\
&= h^2\boldsymbol{a}^{*2} + k^2\boldsymbol{b}^{*2} + l^2\boldsymbol{c}^{*2} + 2hk(\boldsymbol{a}^*\cdot\boldsymbol{b}^*) + 2hl(\boldsymbol{a}^*\cdot\boldsymbol{c}^*) + 2kl(\boldsymbol{b}^*\cdot\boldsymbol{c}^*) \\
&= h^2\boldsymbol{a}^{*2} + k^2\boldsymbol{b}^{*2} + l^2\boldsymbol{c}^{*2} + 2hk|\boldsymbol{a}^*||\boldsymbol{b}^*|\cos\gamma^* \\
&\quad + 2hl|\boldsymbol{a}^*||\boldsymbol{c}^*|\cos\beta^* + 2kl|\boldsymbol{b}^*||\boldsymbol{c}^*|\cos\alpha^*
\end{aligned} \tag{2.33}
$$

利用式(2.17)和式(2.19),将式中倒易点阵的点阵参数 $\boldsymbol{a}^*,\boldsymbol{b}^*,\boldsymbol{c}^*,\alpha^*,\beta^*,\gamma^*$ 换算成晶体点阵的点阵常数 $\boldsymbol{a},\boldsymbol{b},\boldsymbol{c},\alpha,\beta,\gamma$ 后,即可得到在一般场合的(三斜晶系)计算阵点平面间距公式:

$$
\frac{1}{d_{hkl}^2} = \frac{\dfrac{h}{a}\begin{vmatrix} h/a & \cos\gamma & \cos\beta \\ k/b & 1 & \cos\alpha \\ l/c & \cos\alpha & 1 \end{vmatrix} + \dfrac{k}{b}\begin{vmatrix} 1 & h/a & \cos\beta \\ \cos\alpha & k/b & \cos\gamma \\ \cos\beta & l/c & 1 \end{vmatrix} + \dfrac{l}{c}\begin{vmatrix} 1 & \cos\gamma & h/a \\ \cos\gamma & 1 & k/b \\ \cos\beta & \cos\alpha & l/c \end{vmatrix}}{\begin{vmatrix} 1 & \cos\gamma & \cos\beta \\ \cos\gamma & 1 & \cos\alpha \\ \cos\beta & \cos\alpha & 1 \end{vmatrix}}
$$

三斜晶系的点阵常数为

$$
a \neq b \neq c, \alpha \neq \beta \neq \gamma \neq 90^\circ \tag{2.34}
$$

对于单斜晶系,由于 $a\neq b\neq c,\alpha=\gamma=90^\circ,\beta\neq 90^\circ$,故

$$
\frac{1}{d_{hkl}^2} = \frac{h^2}{a^2\sin^2\beta} + \frac{k^2}{b^2} + \frac{l^2}{c^2\sin\beta} - 2hl\frac{\cos\beta}{ac\sin^2\beta} \tag{2.35}
$$

对于斜方晶系,由于 $a\neq b\neq c,\alpha=\beta=\gamma=90^\circ$,故

$$
\frac{1}{d_{hkl}^2} = \frac{h^2}{a^2} + \frac{k^2}{b^2} + \frac{l^2}{c^2} \tag{2.36}
$$

对于三方晶系,由于 $a=b=c,\alpha=\beta=\gamma\neq 90^\circ$,故

$$
\frac{1}{d_{hkl}^2} = \frac{(h^2+k^2+l^2)\sin^2\alpha + 2(hk+kl+hl)\cdot(\cos^2\alpha - \cos\alpha)}{a^2(1-3\cos^2\alpha+2\cos^3\alpha)} \tag{2.37}
$$

对于六方晶系,由于 $a=b\neq c,\alpha=\beta=90^\circ,\gamma=120^\circ$,故

$$
\frac{1}{d_{hkl}^2} = \frac{4}{3}\frac{h^2+hk+k^2}{a^2} + \frac{l^2}{c^2} \tag{2.38}
$$

对于正方晶系,由于 $a=b\neq c,\alpha=\beta=\gamma=90^\circ$,故

$$
\frac{1}{d_{hkl}^2} = \frac{h^2+k^2}{a^2} + \frac{l^2}{c^2} \tag{2.39}
$$

对于立方晶系,由于 $a=b=c,\alpha=\beta=\gamma=90^\circ$,故

$$
\frac{1}{d_{hkl}^2} = \frac{h^2+k^2+l^2}{a^2} \tag{2.40}
$$

(2)求阵点平面($h_1k_1l_1$)与($h_2k_2l_2$)之间的法线交角,因为

$$\boldsymbol{H}_{h_1k_1l_1}=h_1\boldsymbol{a}^*+k_1\boldsymbol{b}^*+l_1\boldsymbol{c}^*$$

$$\boldsymbol{H}_{h_2k_2l_2}=h_2\boldsymbol{a}^*+k_2\boldsymbol{b}^*+l_2\boldsymbol{c}^*$$

$\boldsymbol{H}_{h_1k_1l_1}\cdot\boldsymbol{H}_{h_2k_2l_2}=|\boldsymbol{H}_{h_1k_1l_1}|\cdot|\boldsymbol{H}_{h_2k_2l_2}|\cos(\boldsymbol{H}_{h_1k_1l_1}\wedge\boldsymbol{H}_{h_2k_2l_2})$故

$$\theta=\arccos\left[\frac{\boldsymbol{H}_{h_1k_1l_1}\cdot\boldsymbol{H}_{h_2k_2l_2}}{|\boldsymbol{H}_{h_1k_1l_1}|\cdot|\boldsymbol{H}_{h_2k_2l_2}|}\right]\text{(因 }\boldsymbol{H}_{h_1k_1l_1}\wedge\boldsymbol{H}_{h_2k_2l_2}\equiv\theta)$$

$$=\arccos\left\{\frac{(h_1\boldsymbol{a}^*+k_1\boldsymbol{b}^*+l_1\boldsymbol{c}^*)\cdot(h_2\boldsymbol{a}^*+k_2\boldsymbol{b}^*+l_2\boldsymbol{c}^*)}{[(h_1\boldsymbol{a}^*+k_1\boldsymbol{b}^*+l_1\boldsymbol{c}^*)^2]^{1/2}\cdot[(h_2\boldsymbol{a}^*+k_2\boldsymbol{b}^*+l_2\boldsymbol{c}^*)^2]^{1/2}}\right\}\tag{2.41}$$

对于立方晶系

$$\theta=\arccos\left(\frac{h_1h_2+k_1k_2+l_1l_2}{\sqrt{h_1^2+k_1^2+l_1^2}\cdot\sqrt{h_2^2+k_2^2+l_2^2}}\right)\tag{2.42}$$

对于正方晶系

$$\theta=\arccos\left[\frac{\dfrac{h_1h_2+k_1k_2}{a^2}+\dfrac{l_1l_2}{c^2}}{\left(\dfrac{h_1^2+k_1^2}{a^2}+\dfrac{l_1^2}{c^2}\right)^{1/2}\cdot\left(\dfrac{h_2^2+k_2^2}{a^2}+\dfrac{l_2^2}{c^2}\right)^{1/2}}\right]\tag{2.43}$$

对于斜方晶系

$$\theta=\arccos\left[\frac{\dfrac{h_1h_2}{a^2}+\dfrac{k_1k_2}{b^2}+\dfrac{l_1l_2}{c^2}}{\left(\dfrac{h_1^2}{a^2}+\dfrac{k_1^2}{b^2}+\dfrac{l_1^2}{c^2}\right)^{1/2}\cdot\left(\dfrac{h_2^2}{a^2}+\dfrac{k_2^2}{b^2}+\dfrac{l_2^2}{c^2}\right)^{1/2}}\right].\tag{2.44}$$

对于六方晶系

$$\theta=\arccos\left[\frac{\dfrac{4}{3}\cdot\dfrac{h_1h_2+\dfrac{h_1k_2+k_1h_2}{2}+k_1k_2}{a^2}+\dfrac{l_1l_2}{c^2}}{\left(\dfrac{4}{3}\cdot\dfrac{h_1^2+h_1k_1+k_1^2}{a^2}+\dfrac{l_1^2}{c^2}\right)^{1/2}\cdot\left(\dfrac{4}{3}\cdot\dfrac{h_2^2+h_2k_2+k_2^2}{a^2}+\dfrac{l_2^2}{c^2}\right)^{1/2}}\right]\tag{2.45}$$

对于三方晶系

$$\begin{aligned}\theta=\ &\arccos([(h_1h_2+k_1k_2+l_1l_2)\sin^2\alpha+(h_1k_2+h_2k_1+h_1l_2+h_2l_1+k_1l_2\\&+k_2l_1)(\cos^2\alpha-\cos\alpha)]/\{[(h_1^2+k_1^2+l_1^2)\sin^2\alpha\\&+2(h_1k_1+h_1l_1+k_1l_1)(\cos^2\alpha-\cos\alpha)]^{1/2}\cdot[(h_2^2+k_2^2+l_2^2)\sin^2\alpha\\&+2(h_2k_2+h_2l_2+k_2l_2)(\cos^2\alpha-\cos\alpha)]^{1/2}\})\end{aligned}\tag{2.46}$$

对于单斜晶系

$$\theta=\arccos\left\{\left[\frac{h_1h_2}{a^2\sin^2\beta}+\frac{k_1k_2}{b^2}+\frac{l_1l_2}{c^2\sin^2\beta}-\frac{(h_1l_2+l_1h_2)\cos\beta}{ac\sin^2\beta}\right]\right.$$
$$\div\left[\left(\frac{h_1^2}{a^2\sin^2\beta}+\frac{k_1^2}{b^2}+\frac{l_1^2}{c^2\sin\beta}-2h_1l_1\frac{\cos\beta}{ac\sin^2\beta}\right)^{1/2}\right.$$
$$\left.\left.\cdot\left(\frac{h_2^2}{a^2\sin^2\beta}+\frac{k_2^2}{b^2}+\frac{l_2^2}{c^2\sin^2\beta}-2h_2l_2\frac{\cos\beta}{ac\sin^2\beta}\right)^{1/2}\right]\right\}\tag{2.47}$$

(3)已知晶体点阵中阵点平面族(100),$(1\bar{1}0)$,(010)(图 2.22),求出相应的倒易点阵的阵点.

由于倒易矢量可表示为

$$\boldsymbol{H}_{hkl}=h\boldsymbol{a}^*+k\boldsymbol{b}^*+l\boldsymbol{c}^*$$

式中,h,k,l 为阵点平面指数,因而在同一坐标原点的情况下,与晶体点阵中的阵点平面族(100),$(1\bar{1}0)$,(010)相应的倒易矢量分别为

$$\begin{aligned}\boldsymbol{H}_{100}&=1\boldsymbol{a}^*+0\boldsymbol{b}^*+0\boldsymbol{c}^*=1\boldsymbol{a}^*\\ \boldsymbol{H}_{1\bar{1}0}&=1\boldsymbol{a}^*-1\boldsymbol{b}^*+0\boldsymbol{c}^*=1\boldsymbol{a}^*-1\boldsymbol{b}^*\\ \boldsymbol{H}_{010}&=0\boldsymbol{a}^*+1\boldsymbol{b}^*+0\boldsymbol{c}^*=1\boldsymbol{b}^*\end{aligned}\tag{2.48}$$

相应的倒易点阵的阵点为[(100)],$[(1\bar{1}0)]$,[(010)],如图 2.23 所示.

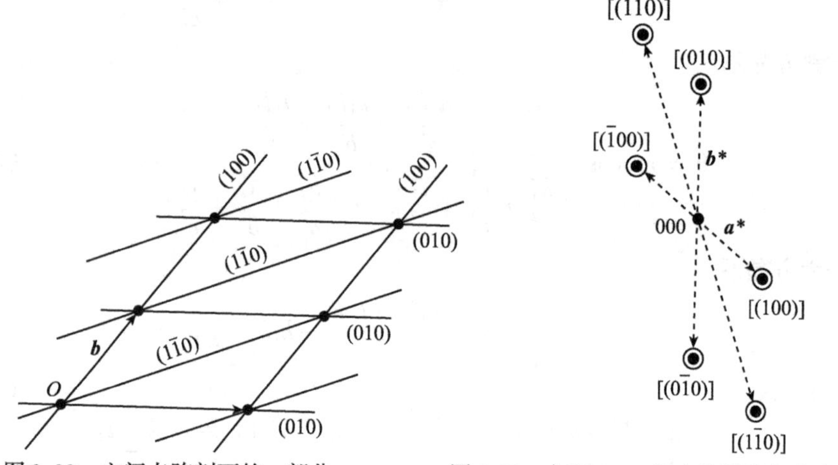

图 2.22　空间点阵剖面的一部分　　　　图 2.23　与图 2.22 相应的倒易点阵阵点

2.2.4　二维倒易点阵的平面类型[3]

在 2.1.2 节已谈到晶体二维平面点阵(格子)有五种不同类型(表2.1). 二维平面点阵单胞的基矢为 $\boldsymbol{a}_1$ 和 $\boldsymbol{a}_2$,$\boldsymbol{a}_1$ 与 $\boldsymbol{a}_2$ 之间的夹角 $\gamma\geqslant 90°$. 对于二维倒易点阵,可依照三维倒易点阵的定义,定义出二维倒易空间的基矢 $\boldsymbol{a}_1^*$ 和 $\boldsymbol{a}_2^*$,即

$$\boldsymbol{a}_1\cdot\boldsymbol{a}_1^*=\boldsymbol{a}_2\cdot\boldsymbol{a}_2^*=1$$

$$\boldsymbol{a}_1 \cdot \boldsymbol{a}_2^* = \boldsymbol{a}_2 \cdot \boldsymbol{a}_1^* = 0$$

从几何意义来讲，$\boldsymbol{a}_1$ 垂直于 $\boldsymbol{a}_2^*$，$\boldsymbol{a}_2$ 垂直于 $\boldsymbol{a}_1^*$，$\boldsymbol{a}_1^*$ 与 $\boldsymbol{a}_2^*$ 之间的夹角 $\gamma^* = 180° - \gamma \leqslant 90°$，就 $\boldsymbol{a}_1^*$ 和 $\boldsymbol{a}_2^*$ 的大小（倒易长度）而言，$\boldsymbol{a}_1 \cdot \boldsymbol{a}_1^* = \boldsymbol{a}\boldsymbol{a}_1^* \cos(\boldsymbol{a}_1 \wedge \boldsymbol{a}_1^*) = 1$ 和 $\boldsymbol{a}_2 \cdot \boldsymbol{a}_2^* = \boldsymbol{a}_2\boldsymbol{a}_2^* \cos(\boldsymbol{a}_2 \wedge \boldsymbol{a}_2^*) = 1$，可得到

$$\begin{aligned} \boldsymbol{a}_1^* &= \frac{1}{\boldsymbol{a}_1 \cos(\boldsymbol{a}_1 \wedge \boldsymbol{a}_1^*)} \quad \text{或}\ \boldsymbol{a}_1 = \frac{1}{\boldsymbol{a}_1^* \cos(\boldsymbol{a}_1 \wedge \boldsymbol{a}_1^*)} \\ \boldsymbol{a}_2^* &= \frac{1}{\boldsymbol{a}_2 \cos(\boldsymbol{a}_2 \wedge \boldsymbol{a}_2^*)} \quad \text{或}\ \boldsymbol{a}_2 = \frac{1}{\boldsymbol{a}_2^* \cos(\boldsymbol{a}_2 \wedge \boldsymbol{a}_2^*)} \end{aligned} \tag{2.49}$$

二维点阵（格子）上的 $d_{(10)}$ 和 $d_{(01)}$ 与 $\boldsymbol{a}_1^*$ 和 $\boldsymbol{a}_2^*$ 的对应关系，如图 2.24 所示.

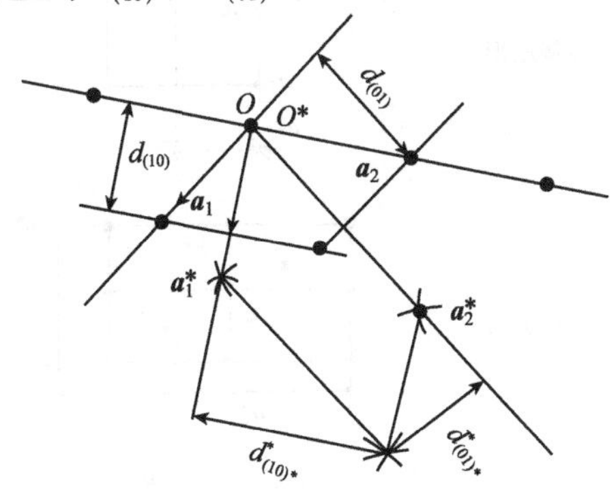

图 2.24 二维初基点阵上的 $d_{(10)}$ 和 $d_{(01)}$ 与其二维倒易点阵的 $\boldsymbol{a}_1^*$ 和 $\boldsymbol{a}_2^*$ 间的对应关系示意图

在图 2.24 中初基平行四边形 $\{\boldsymbol{a}_1\boldsymbol{a}_2\}$ 的 $\boldsymbol{a}_2$ 边上的长度记为 $d_{(10)}$，$\boldsymbol{a}_1$ 边上的长度记为 $d_{(01)}$，则从式(2.49)可导出，$\boldsymbol{a}_1^* = \dfrac{1}{d_{(10)}}$，$\boldsymbol{a}_2^* = \dfrac{1}{d_{(01)}}$. 同种道理，将初基倒易平行四边形 $\{\boldsymbol{a}_1^*\boldsymbol{a}_2^*\}$ 的 $\boldsymbol{a}_2^*$ 边上的长度为 $d^*_{(10)*}$，$\boldsymbol{a}_1^*$ 边长上长度记为 $d^*_{(01)*}$，则有：$\boldsymbol{a}_1 = \dfrac{1}{d^*_{(10)*}}$，$\boldsymbol{a}_2 = \dfrac{1}{d^*_{(01)*}}$. 如果将 $\{\boldsymbol{a}_1\boldsymbol{a}_2\}$ 的面积记为 S，$\{\boldsymbol{a}_1^*\ \boldsymbol{a}_2^*\}$ 的面积为 S^*，则有 $S = \boldsymbol{a}_2 d_{(10)} = \dfrac{\boldsymbol{a}^2}{\boldsymbol{a}_1^*}$，$S^* = \boldsymbol{a}_1^* d^*_{(01)} = \dfrac{\boldsymbol{a}_1^{*2}}{\boldsymbol{a}_2}$，故可得出

$$S \cdot S^* = 1 \tag{2.50}$$

二维晶体点阵的初基单胞 $\{\boldsymbol{a}_1, \boldsymbol{a}_2\}$ 相应的二维倒易点阵单胞仍为初基单胞 $\{\boldsymbol{a}_1^*, \boldsymbol{a}_2^*\}$. 在五种二维晶体点阵中有四个是初基的，而另一个是中心矩形点阵. 根据二维晶体点阵与其二维倒易点阵相互转换的关系，可获得二维倒易点阵类型，列入表 2.4.

另外，倒易点阵在晶体衍射效应中的重要应用，将在本书第五章加以阐明.

表 2.4

二维晶体点阵类型	二维倒易点阵类型	$\{a_1a_2\}$与其$\{a_1^* \ a_2^*\}$图形	倒易点阵的点阵常数
初基斜角 (斜方形)	初基		$a_1^* \neq a_2^*$ $\gamma^* < 90°$
初基矩形 (长方形)	初基矩形		$a_1^* \neq a_2^*$ $\gamma^* = 90°$
中心矩形 (长方形)	中心矩形		$a_1^* \neq a_2^*$ $\gamma^* = 90°$
初基四角 (四方形)	初基四角		$a_1^* = a_2^*$ $\gamma^* = 90°$
初基六角 (六方形)	初基六角		$a_1^* = a_2^*$ $\gamma^* = 60°$

参 考 文 献

[1] 张克从. 近代晶体学基础(上册). 科学出版社, 1998.
[2] 周公度. 晶体结构测定. 科学出版社, 1982.
[3] 肖序刚. 晶体结构几何理论. 高等教育出版社, 1993.
[4] 周公度, 郭可信. 晶体和准晶体的衍射. 北京大学出版社, 1999.
[5] 伐因斯坦 G K. 现代晶体学. 第一卷. 吴自勤译. 中国科学技术大学出版社, 1990.
[6] 伊· 维· 亚沃尔斯基. 倒易晶格空间构造 (上册). 田玉译. 地质出版社, 1959.

[7] 梁栋材. X射线晶体学基础. 科学出版社, 1991.

[8] Windle A H. A First Course in Crystallography. G. Bell and Sons, Ltd, 1977.

[9] Buerger M J. Contemporary Crystallography. McGraw-Hill Book Company, 1970.

[10] Kennon N F. Patterns in Crystals. John Wiley & Sons, 1978.

[11] Kelly A, Groves G W. Crystallography and Crystal Defects. Longman Group Limited, 1970.

[12] Ashcroft N W, Mermin N D. Solid State Physics. Thomson Learning Inc, 1976.

[13] Kittee C. Introduction to Solid State Physics. 3rd ed. Chapter II: 34 – 76. Reciprocal Lattice as Used by Solid – State Physicists, 1966.

[14] Brillouin L. Wave Propagation in Periodic Structure. 2nd ed. 1946.

[15] Asheroft N W, Mermrir N D. Solid State Physics. Holt, Rinehart and Winston, 1976, 85 – 94.

[16] Theo Hahn. International Tables for Crystallography. International Union of Crysta llography 1987.

[17] Reciprocal lattice—Wikipedia, the free encyclopedia.

[18] Phillips C. An Introduction to Crystallography, 3rd ed. An Excellent Introduction to Classical Crystallography. Longman, 1963.

[19] Zachariasen W H. Theory of X-ray Diffraction in Crystals. Reciprocal Lattice As Used by Crystallographers. Dover, 1967.

[20] Rhodes C. Crystallography Made Crystal Clear. Academic Press, ISBN0-12-587072 2000.

第三章　晶体对称性理论

对称性是晶体最重要的属性. 晶体学中最基本的理论是对称性理论,它渗透在整个晶体学中. 晶体学对称性理论是理解和掌握晶体形态、晶体结构、晶体性质以及三者间相互联系的关键性问题[1-46].

群的概念是数学上应用极为广泛的重要概念. 对称性是一种数学规律,与对称性理论对口的数学就是群论. 群论是研究晶体对称性的一个强有力工具,它又是晶体对称规律的高度概括,可用来阐明晶体对称性,使其理论性更加系统.

晶体对称性理论,包括晶体宏观的、微观的、不同层次、不同空间维数以及广义的非晶体学对称理论等. 内容丰富,花样甚多,所涉及的学科范围甚广.

§3.1　对称性概念[1-3]

对称性概念涉及对称性定义、对称操作与对称元素以及对称变换等基本概念,现简要地加以阐述.

3.1.1　对称性定义

对称性是自然界广泛存在的自然规律,但对称性理论基本上是在晶体学中得到发展, 在逻辑上得到完善. 20 世纪物理学的发展,深化了对称性概念,并拓宽了它的应用. 同时, 人们在观察了各种物体特别是生物物体后,非晶体学对称理论也得了发展和应用.

对称性有不同类型,其中包括宇宙对称性(universal symmetry)、物理学对称性(symmetry in physics)、隐含对称性(hidden symmetry)、超对称性(super symmetry)、量子引力(重力)对称性(symmetry in quantum gravity)和晶体学对称性等.

我们所论述的只是晶体学对称性. 晶体对称起源于晶体的外部形态对称性,它是晶体外形的等同部分,按照一定规律重复出现的性质. 例如:晶体在三维空间所占有的几何多面体,通过旋转、反映或反伸使其自身等同部分重合的性质,这种性质就称为晶体外形的对称性. 对称性是晶体结构和晶体性质固有的最基本的规律性.

晶体外形的对称性是晶体内部结构对称性的外在反映. 晶体结构的对称特征,由于受晶体点阵的制约,不含有五次(重)或大于六次(重)的对称轴.

3.1.2 对称操作与对称元素

晶体的理想形态可看做是理想的对称图形,这种图形是其各个几何等同部分所组成的. 当使此图形作规律性重复的动作时,这种动作称为对称操作.

在对称操作时所凭借的固定的几何元素(点、线、面),称为对称元素. 在对称操作中晶体的几何等同部分将依次调换位置. 这种仅有位置调换的对称,称为位置对称,也是通常所说的晶体对称性.

对称操作并不是施加某种动作于晶体,使其发生某种变革,而是用来描述晶体形态的一种抽象思维分析手段. 对称元素也仅是一种抽象的几何元素(点、线、面),而不是真实存在的实体.

3.1.3 对称变换

从几何学的意义来看,晶体的对称性意味着它所占有的空间坐标的变换,变换前与变换后,晶体所占有的几何位置不变. 对称变换有两种等同情况,其一为重合等同、其二为镜像等同,此两种情况的空间变换都满足对称变换定义,因此晶体图形的对称等同概念包括这两种等同. 平移和旋转操作及其组合被称为第一类变换;反映、倒反或旋转倒反的复合操作,被称为第二类变换.

对称变换可用矩阵表示:令 g 表示对空间坐标 x_i 进行变换,即

$$g(x_1, x_2, x_3, \cdots, x_m) = x_1', x_2', x_3', \cdots, x_m'$$

简写成

$$g(x) = x' \cdots \tag{3.1}$$

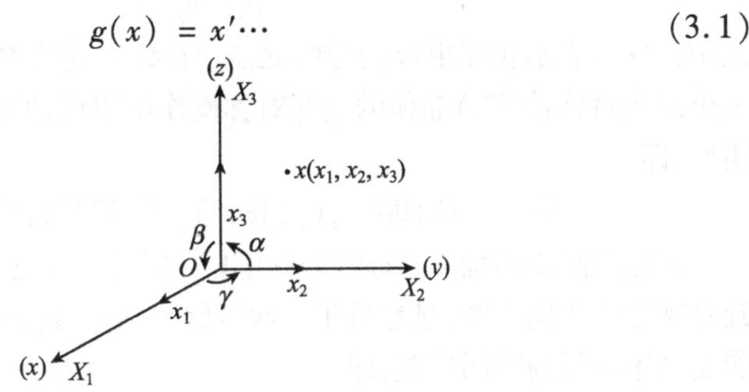

图 3.1 右手坐标系用于描述 x 空间变换

空间坐标 x 进行变换可写成线性方程式的形式:

$$\begin{aligned} x_1' &= \alpha_{11}x_1 + \alpha_{12}y_2 + \alpha_{13}z_3 \\ y_2' &= \alpha_{21}x_1 + \alpha_{22}y_2 + \alpha_{23}z_3 \\ z_3' &= \alpha_{31}x_1 + \alpha_{32}y_2 + \alpha_{33}z_3 \end{aligned} \tag{3.2}$$

矩阵表示为

$$x' = (\alpha_{ij})x_j, \quad i,j = 1,2,3$$

$$\alpha_{ij} = \begin{bmatrix} \alpha_{11} & \alpha_{12} & \alpha_{13} \\ \alpha_{21} & \alpha_{22} & \alpha_{23} \\ \alpha_{31} & \alpha_{32} & \alpha_{33} \end{bmatrix} \tag{3.3}$$

§3.2　群论基础

晶体对称元素系的对称操作的集合,均可形成群 G,这种群称为晶体学对称群. 为了阐明晶体学对称群的原理,首先需要对群 G 所具有的基本性质以及有关的一些基本概念加以阐明[4,8,9,11,12,26,27].

3.2.1　群 G 的基本性质(又称群的公理)

群是某些具有相互联系规律的一些元素的集合. 群的元素可以是字母,数目对称操作,点阵等. 群可以表示为 $G=\{A_1,A_2,\cdots,A_N\}$.

在群 G 中,$A_1,A_2,\cdots,A_N$ 为群 G 的元素,N 为群 G 的阶数,若 N 是一个有限数目,则称群 G 为有限群. 若 N 是一个无限数目,则称群 G 为无限群. 任何一个群 G 都必定具有下述四个基本性质:

(1)封闭性:在群 G 的 N 个不等效元素中,任何两个元素 A_i、A_j 的组合(相乘)或任何一个元素 A_i 的平方都是群 G 中的一个元素. 即

$$A_i \cdot A_j = A_k$$

式中,"·"表示相互组合(相乘)之意,而 A_k 仍为群 G 中的一个元素. 现仅以具有一个四次对称轴(C_4)晶体的全部对称操作所组成的对称群为例,来说明其群的封闭性,即

$$G_4 = \{C_4^1(90°), C_4^2(180°), C_4^3(270°), C_4^4(360°) = E\}$$

首先使晶体围绕 C_4 轴旋转 90°(A_i),接着再围绕 C_4 轴旋转 180°(A_j),这两次旋转操作的作用之和,显然等于一次围绕 C_4 轴旋转 270°(A_k)作用的结果. 先后均能使晶体恢复到等同位置,即

$$C_4^1(90°) \cdot C_4^2(180°) = C_4^3(270°)$$

对称轴(C_4)的旋转操作 90°,180°均为群 G_4 中一个对称操作,而两次旋转操作的作用之和 270°仍属于群 G_4 中的一个对称操作,因此群 G_4 是一个闭集合.

(2)恒等元素:群 G 中一定存有一个元素,它与群 G 中任何元素相组合,其作用之和等于没有组合,这样的一个元素,称为群 G 的恒等元素,一般用字母 E 表示,于是有

$$E \cdot A_i = A_i = A_i \cdot E = A_i$$

在群 G 中,E 显然是一个等于不动的对称操作,任何晶体围绕任一对称轴旋转360°的操作都是一个恒等元素 E,因为任何晶体或图像围绕任一对称轴旋转 360°时,总要恢复其原来位置.

(3)逆元素:在群 G 中每一个元素 A_i,必定有一个相应的逆元素 A_i^{-1},并使得 $A_i \cdot A_i^{-1} = A_i^{-1} \cdot A_i = E$.

例如:群 $G_4 = \{C_4^1(90°), C_4^2(180°), C_4^3(270°), C_4^4(360°) = E\}$ 中先顺时针方向旋转 90°或 180°,再相继逆时针方向旋转 90°或 180°,先后两次旋转操作的作用之和等于恒等元素 E 的对称操作,即

$$C_4^1(90°) \cdot C_4^{-1}(-90°) = C_4^{-1}(-90°) \cdot C_4^1(90°) = E$$

在群 G 中,多个元素组合的逆元素等于各个逆元素按相反次序作用之和,即

$$(A_1 \cdot A_2 \cdot \cdots \cdot A_N)^{-1} = A_N^{1} \cdot \cdots \cdot A_2^{-1} \cdot A_1^{-1}$$

同样,以群 G_4 为例,不难证明这一原理的正确性.

(4)缔合律:在群 G 中的所有元素,均遵守缔合律,意即

$$A_i \cdot A_j \cdot A_k = A_i \cdot (A_j \cdot A_k) = (A_i \cdot A_j) \cdot A_k$$

当 $A_l = A_i \cdot A_j$,$A_m = A_j \cdot A_k$ 时,那么 $A_l \cdot A_k = A_i \cdot A_m = A_i \cdot A_j \cdot A_k$.

在群 G_4 中,先使晶体围绕 C_4 轴旋转 90°和 180°,再紧接着旋转 270°,它们作用之和明显等于先使晶体旋转 180°和 270°,再紧接着旋转 90°,先后两次旋转作用的效果均等于 180°的旋转对称操作.

在群的四个基本性质中,群 G 的封闭性最为重要.

3.2.2 群 G 的乘法表

每一个有限群 G 都可给出一个乘法表,而群 G 的四个基本性质均能在此表中充分地反映出来. 如果群 G 的阶数为 N,则该表的主体由 N 行和 N 列组成. 表中每一行均为群 G 元素标明,每一列同样也用群 G 的元素标明,并按照表的第一行元素 R 作用于表的第一列元素 S 的顺序,在表中的交叉点上可找到 RS 的组合元素.

群 G 的乘法表,有一个重要定理, 这个定理称为元素重排定理,即群 G 的每一个元素在表中的每一行和每一列中仅能被列入一次,在表中不可能有两行或两列是完全相同的,因此表中的每一行和每一列都是群 G 元素的重新排列. 例如:对于一个三阶群 $G_3 = \{E, A_1, A_2\}$,可先将其乘法表中的部分元素写出来,即

G_3	E	A_1	A_2	(R)
E	E	A_1	A_2	
A_1	A_1			
A_2	A_2			
(S)				

如果我们使 $A_1 \cdot A_1 = E$，则 $A_2 \cdot A_2 = E$，于是该乘法表中的元素，就增加为

G_3	E	A_1	A_2	(R)
E	E	A_1	A_2	
A_1	A_1	E		
A_2	A_2		E	
(S)				

的形式，但以后为了填满表中第三行和第三列的元素，势必迫使我们分别承认 $A_1 \cdot A_2 = A_1$，$A_2 \cdot A_1 = A_1$，这样便导致了在表中的第二行和第二列中均出现了重复元素 A_1. 但如果我们选择 $A_1 \cdot A_1 = A_2$，则 $A_2 \cdot A_2 = A_1$，由此便可导出下表形式：

G_3	E	A_1	A_2
E	E	A_1	A_2
A_1	A_1	A_2	A_1
A_2	A_2	A_1	A_1

这样一来，所得到的乘法表，既符合群的乘法表的重排定理，又满足群所应具备的四个基本性质. 为了进一步阐明群的乘法表的来历，现在我们再来讨论一下由一个正方图形的全部对称元素（图 3.2）的对称操作所构成群 C_{4v} 的乘法表.

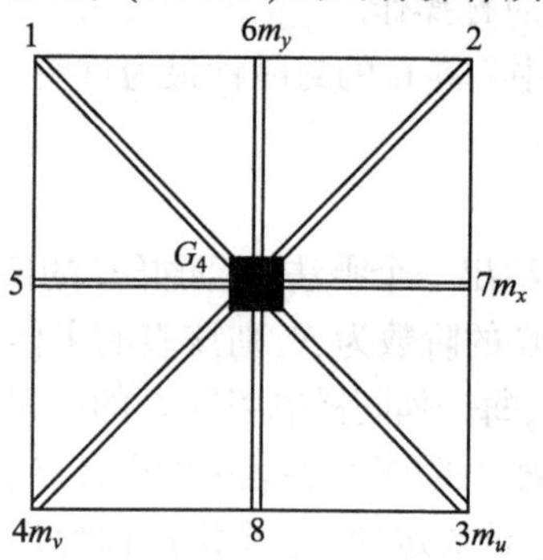

图 3.2　正方形的全部对称元素

现在来验证群 $C_{4v} = \{E, C_4^1(90°), C_4^2(180°), C_4^3(270°), m(m_x), m(m_y), m(m_u), m(m_v)\}$ 的一系列，两个不等效的对称操作的组合操作，是否仍等于群 C_{4v} 中的一个对称操作.

$$C_4^1 \cdot m(m_x) \begin{array}{c} 1\quad\quad 2 \\ \boxed{\begin{array}{cc} a & b \\ d & c \end{array}} \\ 4\quad\quad 3 \end{array} = C_4^1 \cdot \begin{array}{c} 1\quad\quad 2 \\ \boxed{\begin{array}{cc} d & c \\ a & b \end{array}} \\ 4\quad\quad 3 \end{array} = \begin{array}{c} 1\quad\quad 2 \\ \boxed{\begin{array}{cc} a & d \\ b & c \end{array}} \\ 4\quad\quad 3 \end{array} = m(m_u) \cdot \begin{array}{c} 1\quad\quad 2 \\ \boxed{\begin{array}{cc} a & b \\ d & c \end{array}} \\ 4\quad\quad 3 \end{array}$$

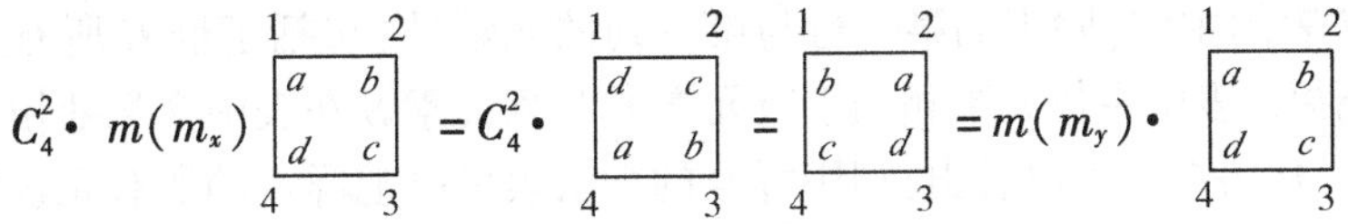

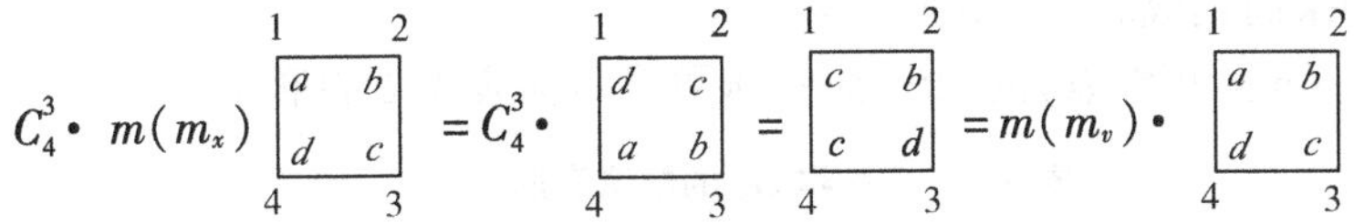

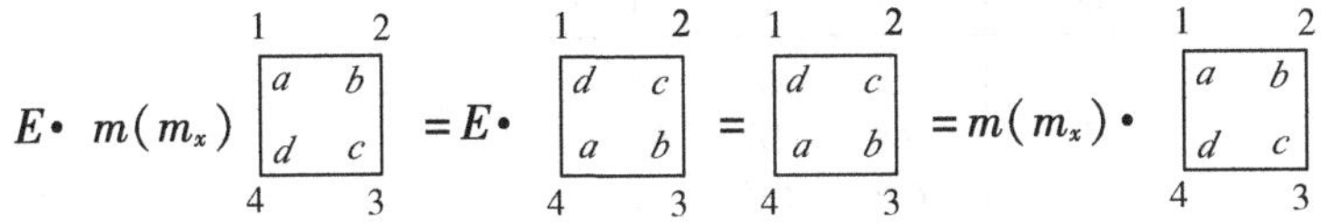

$$C_4^2\cdot\ m(m_x)\begin{array}{c}1\qquad 2\\ \boxed{\begin{matrix}a&b\\d&c\end{matrix}}\\4\qquad 3\end{array}=C_4^2\cdot\begin{array}{c}1\qquad 2\\ \boxed{\begin{matrix}d&c\\a&b\end{matrix}}\\4\qquad 3\end{array}=\begin{array}{c}1\qquad 2\\ \boxed{\begin{matrix}b&a\\c&d\end{matrix}}\\4\qquad 3\end{array}=m(m_y)\cdot\begin{array}{c}1\qquad 2\\ \boxed{\begin{matrix}a&b\\d&c\end{matrix}}\\4\qquad 3\end{array}$$

$$C_4^3\cdot\ m(m_x)\begin{array}{c}1\qquad 2\\ \boxed{\begin{matrix}a&b\\d&c\end{matrix}}\\4\qquad 3\end{array}=C_4^3\cdot\begin{array}{c}1\qquad 2\\ \boxed{\begin{matrix}d&c\\a&b\end{matrix}}\\4\qquad 3\end{array}=\begin{array}{c}1\qquad 2\\ \boxed{\begin{matrix}c&b\\c&d\end{matrix}}\\4\qquad 3\end{array}=m(m_v)\cdot\begin{array}{c}1\qquad 2\\ \boxed{\begin{matrix}a&b\\d&c\end{matrix}}\\4\qquad 3\end{array}$$

$$E\cdot\ m(m_x)\begin{array}{c}1\qquad 2\\ \boxed{\begin{matrix}a&b\\d&c\end{matrix}}\\4\qquad 3\end{array}=E\cdot\begin{array}{c}1\qquad 2\\ \boxed{\begin{matrix}d&c\\a&b\end{matrix}}\\4\qquad 3\end{array}=\begin{array}{c}1\qquad 2\\ \boxed{\begin{matrix}d&c\\a&b\end{matrix}}\\4\qquad 3\end{array}=m(m_x)\cdot\begin{array}{c}1\qquad 2\\ \boxed{\begin{matrix}a&b\\d&c\end{matrix}}\\4\qquad 3\end{array}$$

同理,可使

$m(m_x)\cdot\ m(m_y)=C_4^2(180°),m(m_y)\cdot\ m(m_x)=C_4^2(180°)$

$m(m_x)\cdot\ m(m_u)=C_4^3(270°),m(m_y)\cdot\ m(m_u)=C_4^1(90°)$

$m(m_x)\cdot\ m(m_v)=C_4^1(90°),m(m_y)\cdot\ m(m_v)=C_4^3(270°)$

…

$C_4^1(90°)\cdot\ m(m_x)$组合操作规定$m(m_x)$为第一个操作,而$C_4^1(90°)$为第二个操作,即操作的顺序是由右到左,这样两个不等效的对称操作的组合,仍为群C_{4v}中原来不等效的对称操作. 若将群C_{4v}所有对称元素的对称操作的组合操作排列成表,即可得到群C_{4v}的乘法表,见表3.1.

表3.1 点群C_{4v}的乘法表

C_{4v}	E	C_4^1	C_4^2	C_4^3	$m(m_x)$	$m(m_y)$	$m(m_u)$	$m(m_v)$
E	E	C_4^1	C_4^2	C_4^3	$m(m_x)$	$m(m_y)$	$m(m_u)$	$m(m_v)$
C_4^3	C_4^3	E	C_4^1	C_4^2	$m(m_v)$	$m(m_u)$	$m(m_x)$	$m(m_y)$
C_4^2	C_4^2	C_4^3	E	C_4^1	$m(m_y)$	$m(m_x)$	$m(m_v)$	$m(m_u)$
C_4^1	C_4^1	C_4^2	C_4^3	E	$m(m_u)$	$m(m_v)$	$m(m_y)$	$m(m_x)$
$m(m_x)$	$m(m_x)$	$m(m_v)$	$m(m_y)$	$m(m_u)$	E	C_4^2	C_4^3	C_4^1
$m(m_y)$	$m(m_y)$	$m(m_u)$	$m(m_x)$	$m(m_v)$	C_4^2	E	C_4^1	C_4^3
$m(m_u)$	$m(m_u)$	$m(m_x)$	$m(m_v)$	$m(m_y)$	C_4^1	C_4^3	E	C_4^2
$m(m_v)$	$m(m_v)$	$m(m_y)$	$m(m_u)$	$m(m_x)$	C_4^3	C_4^1	C_4^2	E

在群G的乘法表中,群元素在行与列中的排列次序是无关紧要的. 在表3.1中,所选用的群元素在行与列的排列次序不同,即在第一行中的元素排列次序与第一列相应元素排列次序有些颠倒,这样排列的优点是,主对角线上的元素均为恒等元素E占据着.

群 G 乘法表的主体(除表的第一行与第一列的元素外)包括了群 G 所有元素相互组合的结果. 表中主体元素相当于行元素 R 与列元素 S 在表中交叉处相互组合 RS 的结果. 从表3.1 可以看出,利用群 G 的乘法表可以把群 G 的所有元素彼此相互组合的结果简化成简单形式的元素.

多阶群 G_n(n 为正整数)的乘法表,一般可表示为表 3.2 的形式.

表 3.2　多阶群 G_n 的乘法表形式

G_n	A	B	C …
A	AA	AB	AC …
B	BA	BB	BC …
C	CA	CB	CC …
⋮	⋮	⋮	⋮

3.2.3　群 G 的一些基本概念

(1)子群.

若群 H 的全部元素是群 G 的元素,而且两者的缔合律相同,这时,人们称群 H 为群 G 的子群,而群 G 为群 H 的母群. 例如:群 $C_{4v}=\{E, C_4^1, C_4^2, C_4^3, m(m_x), m(m_y), m(m_u), m(m_v)\}$ 中 4 个元素 $\{E, C_4^1, C_4^2, C_4^3\}$ 或 $\{E, C_4^2, m(m_x), m(m_y)\}$ 都具有群 G 的四个基本性质,因而构成了群 $H_1=\{E, C_4^1, C_4^2, C_4^3\}$ 或 $H_2=\{E, C_4^2, m(m_x), m(m_y)\}$,因此,人们称群 H_1 和群 H_2 均为群 C_{4v} 的子群,而群 C_{4v} 为群 H_1 和 H_2 的母群.

每个群 G 均有两个平庸子群,一个是由恒等元素 E 所构成的一阶群,而另一个是群 G 本身.

子群的阶数 N' 是有限制的,这一限制是由群 G 的基本性质所决定的. N 阶群 G_N 与其 N' 阶子群 C'_N 的阶数关系为

$$N/N' = n$$

n 为正整数,由此也就限制了子群 $G_{N'}$ 的阶数. 例如六阶群 $G_6(C_6)$ 的子群的阶数只能是 1,2,3 三种.

(2)循环群.

若 A 是群 G 的一个元素,而 A 的所有整数幂 $A^2, A^3, \cdots, A^N=E$ 也均为群 G 的元素,那么称这样的群 G 为循环群,N 为群 G 的阶数. 循环群有一个重要性质,即它的所有元素组合都是可以交换的. 不同元素都具有 A^NA^M 形式. N, M 均为正整数,对于所有的 N 和 M 而言,$A^NA^M=A^MA^N$. 显然,所有对称轴 C_n(n 为正整数)的群 G 均属于循环群,可表示为

$$G_N=\{A, A^2, A^3, \cdots, A^N=E\}$$

例如,四次对称轴(C_4)的群 G_4 为循环群:

$$G_4 = \{C_4^1(90°), C_4^2(180°), C_4^3(270°), C_4^4(360°) = E\}$$

(3)同构群和同态群.

(i)同构群. 若两个同阶的群:$G=\{E,A,B,C,\cdots\}$,$G'=\{E,A',B',C',\cdots\}$具有相同形式的乘法表,则群 G 和 G'为同构群. 在同构群 G 和 G'中所有元素,存在着一一对应关系,即 $A\leftrightarrow A'$,$B\leftrightarrow B'$,$C\leftrightarrow C'$,…

在群 G 中,两个元素 A 与 B 的组合,$A\cdot B=C$,这就意味着在群 G'中必然存在 $A'\cdot B'=C'$,群 G'的乘法表就可由群 G'的元素简单地置换群 G 的乘法表中相对应元素而得到,例如:四次对称轴的群 $G_4=\{E,C_4^1,C_4^2,C_4^3\}$和数群

$$G' = \{1\cdot \mathrm{i}(=\sqrt{-1}), -1, -\mathrm{i}(=-\sqrt{-1})\}$$

均为四阶群,而且两者具有相同形式的乘法表,见表3.3. 因此,群 G_4 与数群 G'两者互为同构群.

表3.3 四阶群的乘法表

G	E	A^1	A^2	A^3
E	E	A^1	A^2	A^3
A^1	A^1	A^2	A^3	E
A^2	A^2	A^3	E	A^1
A^3	A^3	E	A^1	A^2

群 G_4 和群 G'中元素间一一对应关系为

$$1\leftrightarrow E,\quad \mathrm{i}\leftrightarrow C_4^1,\quad -1\leftrightarrow C_4^2,\quad -\mathrm{i}\leftrightarrow C_4^3$$

在群 G_4 中,$C_4^2\cdot C_4^3=C_4^1$,对应于群 G'中,$(-1)\cdot(-\mathrm{i})=\mathrm{i}$,相应元素组合的结果,其对应关系仍保持相同,即:$C_4^1\leftrightarrow \mathrm{i}$. 不难证明,任何同阶的循环群一定是同构群. 例如,四次对称轴和四次反轴的对称群,都是四阶循环群,因此,表3.3乘法表也适用于四次反轴对称群.

(ii)同态群. 两个不同阶的群,不能构成同构群,但可能构成同态群.

现有两个群 G 与 G'.

$$G = \{E,A,B,C,\cdots\}$$

其阶数为 g,而

$$G' = \{E_1,E_2,\cdots,E_n;A_1,A_2,\cdots,A_n,\cdots\}$$

其阶数为 ng,在群 G'中,仅 E_1 为其恒等元素. 若群 G 与群 G'元素间存在着 $n:1$ 对应关系,即

$$E_1,E_2,\cdots,E_n\leftrightarrow E$$

$$A_1,A_2,\cdots,A_n\leftrightarrow A$$

$$\cdots$$

$A_i\cdot B_j=C_k$,$1\leqslant k\leqslant n$,对应 $A\cdot B=C$,于是

$$C_1,C_2,C_3,\cdots,C_n\rightarrow C$$

这样,我们称群 G 与 G' 两者为同态群.

例如:群 C_{4v} 的两个子群:

$$C_{2v} = \{E, C_4^2; m_x, m_y\}$$
$$C_s = \{E, m_x\}$$

互为同态群. 群 C_{2v} 和 C_s 元素之间存在着 2 : 1 的对应关系

$$E, C_4^2 \leftrightarrow E; m_x, m_y \leftrightarrow m_x$$

群 C_{2v} 的阶数为 4,而群 C_s 的阶数为 2.

(4)交换群.

若群 G 中的两个元素 A_i, A_j 按照先后不同顺序进行操作,而得到不同的效果,即 $A_i \cdot A_j \neq A_j \cdot A_i$ 这样的两个元素为非交换元素. 例如, 在群 C_{4v} 中, 有两个元素 C_4, m_x.

$$C_4^1, m(m_x)\cdot \begin{array}{ccc} 1 & & 2 \\ & \boxed{\begin{array}{cc} a & b \\ d & c \end{array}} & \\ 4 & & 3 \end{array} = C_4^1 \cdot \begin{array}{ccc} 1 & & 2 \\ & \boxed{\begin{array}{cc} d & c \\ a & b \end{array}} & \\ 4 & & 3 \end{array} = \begin{array}{ccc} 1 & & 2 \\ & \boxed{\begin{array}{cc} a & d \\ b & c \end{array}} & \\ 4 & & 3 \end{array}$$

$$m(m_x)\cdot C_4^1 \begin{array}{ccc} 1 & & 2 \\ & \boxed{\begin{array}{cc} a & b \\ d & c \end{array}} & \\ 4 & & 3 \end{array} = m(m_x)\cdot \begin{array}{ccc} 1 & & 2 \\ & \boxed{\begin{array}{cc} d & a \\ c & b \end{array}} & \\ 4 & & 3 \end{array} = \begin{array}{ccc} 1 & & 2 \\ & \boxed{\begin{array}{cc} c & b \\ c & d \end{array}} & \\ 4 & & 3 \end{array}$$

故 $C_4^1 \cdot m(m_x) \neq m(m_x) \cdot C_4^1$,即 C_4^1 与 $m(m_x)$ 为群 C_{4v} 的两个非交换元素. 但有些对称群,其中每两个元素 A_i 和 A_j 按先后不同顺序进行操作时,所得到的效果是一样的,即

$$A_i \cdot A_j = A_j \cdot A_i$$

这样的两个群元素称为交换元素,具有这种性质元素的群 G,被称为交换群 G. 例如,三次对称轴(C_3)的群 G_3:

$$G_3 = \{E, C_3^1, C_3^2\}$$

在群 G_3 中,任选其中的两个对称操作,如 C_3^1 和 C_3^2,按照先后不同的顺序进行操作,其所得效果相同,即

$$C_3^1 \cdot C_3^2 \cdot \begin{array}{ccc} & 1 & \\ & a & \\ 3\ c & & b\ 2 \end{array} = C_3^1 \cdot \begin{array}{ccc} & 1 & \\ & b & \\ 3\ a & & c\ 2 \end{array} = \begin{array}{ccc} & 1 & \\ & a & \\ 3\ c & & b\ 2 \end{array}$$

$$C_3^2 \cdot C_3^1 \cdot \begin{array}{ccc} & 1 & \\ & a & \\ 3\ c & & b\ 2 \end{array} = C_3^2 \cdot \begin{array}{ccc} & 1 & \\ & c & \\ 3\ b & & a\ 2 \end{array} = \begin{array}{ccc} & 1 & \\ & a & \\ 3\ c & & b\ 2 \end{array}$$

故 $C_3^1 \cdot C_3^2 = C_3^2 \cdot C_3^1$,因此群 G_3 为交换群. 不难证明,所有的循环群均为交换群. 交换群在量子力学中有比较广泛的应用.

(5)子群 H 的陪集.

今有一个 N 阶群 G_N 的 N' 阶子群 H

$$H = \{H_1(=E), H_2, H_3, \cdots, H_{N'}\}$$

现令 X 为群 G_N 中任一元素,使 X 与群 H 中所有元素构成组合

$$X \cdot H = (XE, XH_2, \cdots, XH_{N'})$$

这样,就可能发生两种情况,X 是群 H 中的一个元素和 X 不是群 H 中的一个元素.若 X 是群 H 中的一个元素,那么根据群的封闭性,XH 也必然均属于群 H 中的元素,这样 X 与 H 相结合的结果只不过是将群 H 中的诸元素再重新排列而已,这可表示为:当 X 属于群 H 时, 则

$$XH = H$$

若 X 不是群 H 中的元素,那么,XH 组合构成的元素,就不会有属于群 H 的.这里我们可作一个相反的假设,假若 $XH_i(1 \leqslant i \leqslant N')$ 属于群 H 的元素,由于 H_i 是一个群元素,H_i^{-1} 也必然属于群 H,因而 $(XH_i)H_i^{-1} = X$,X 是在群 H 中,这样就与 X 不是群 H 中的元素的原始假设相矛盾,从而证明了 H 与 XH 两者没有共同的元素.

当 X 不是群 H 的元素时,集合 XH 就 X 而论,称为群 G_N 中子群 H 的左陪集.类似地,我们也可以定义群 G 中子群 H 的右陪集

$$HX = \{EX, H_2X, \cdots, H_NX\}$$

由于 X 和 H_i 均属于群 G_N 的元素,因此不管群 H 的左陪集或右陪集的所有元素,均属于群 G_N 的元素.

陪集具有以下几点性质:

(i)群 G 中的每一元素,不是出现在子群中,就是出现在子群的陪集中;

(ii)在群 G 中,同一子群的两个不同陪集没有共用元素;

(iii)在群 G 中,子群及其陪集不共有相同的元素;

(iv)在陪集中的同一元素,不能重复出现.

群 $G = C_{3v} = \{E, C_3^1, C_3^2; m(m_1), m(m_2), m(m_3)\}$ 的子群 H

$$H = \{E, C_3^1, C_3^2\}$$

子群 H 的右陪集:$Hm_1 = \{m(m_1), m(m_2), m(m_3)\}$. 在这个右陪集 Hm_1 中,虽然它的元素数目同子群 H 一样多,但 Hm_1 不是群.

(6)不变子群和因子群.

(i)不变子群(自轭子群).

设 H 为群 G 的一个子群,如果就群 G 的任一元素 X 而言,子群 H 的左陪集和右陪集相等,即

$$XH = HX$$

或

$$X^{-1}HX = H$$

那么,这样的子群 H 称为群 G 的不变子群,或称为群 G 的自轭子群,这种相互交换的情况,也可以表示为

$$XH_i = H_jX$$

从而给出

$$X^{-1}XH_i = X^{-1}H_jX$$

即 $H_i = X^{-1}H_jX$,这表明元素 H_i 与 H_j 之间存在着共轭关系. 如果元素 H_i 属于群 G 的不变子群,那么共轭于 H_i 的元素 H_j 也必属于 H. 可以说一个不变子群是由群 G 的完整群类所组成. 反之亦成立,如果子群 H 包含了群 G 的完整群类,那么,子群 H 就是群 G 的不变子群.

群 $C_{2v} = \{E, C_4^2, m(m_x), m(m_y)\}$ 是群 $C_{4v} = \{E, C_4^1, C_4^2, C_4^3; m(m_x), m(m_y); m(m_u), m(m_v)\}$ 的不变子群,然而群 $C_s = \{E, m(m_x)\}$ 则否.

(ii)因子群.

群 G 的一个不变子群 H 的一切陪集 $HX, HX_2, \cdots, HX_n, X, X_2, \cdots, X_n$ 为群 G 的除群 H 的元素以外所有其余元素. 这些陪集所构成的群,称为群 G 的因子群(有的称为商群),记为 $k = G/H$. 若群 G 的阶数为 g,而群 H 的阶数为 k,那么因子群 K 的阶数为 $n = g/k$.

群 C_{4v} 的一个不变子群,$K_1 = \{E, C_4^2\}$,再使群 C_{4v} 的所有其余元素与不变子群 K_1 构成不同陪集

$$K_1 = \{E, C_4^2\}, \quad K_2 = \{C_4^1, C_4^3\}$$

$$K_3 = \{m(m_x), m(m_y)\}, \quad K_4 = \{m(m_u), m(m_v)\}$$

在一般情况下,两个陪集的组合(相乘)仍为已构成的陪集,而具有群 G 的封闭性质. 例如:

$$\begin{aligned} K_2 \cdot K_3 &= (C_4^1, C_4^3) \cdot (m(m_x), m(m_y)) \\ &= (m(m_u), m(m_v), m(m_u), m(m_v)) \rightarrow (m(m_u), m(m_v)) = K_4 \end{aligned}$$

同样,类似地可以证明,陪集的组合(乘积)也满足群的其他基本性质,从而,$K = \{K_1, K_2, K_3, K_4\}$ 是一个群,其中 K_1, K_2, K_3, K_4 是群 K 的元素. 就群 C_{4v} 的不变子群 K_1 而言,群 K 是群 C_{4v} 的因子群.

(7)群 G 的共轭元素,共轭子群和群类.

(i)群 G 的共轭元素.

现在考虑群 G 中三个元素 A, B, C,而它们之间存在着下列关系:

$$C = A^{-1}BA$$

则 C 称为 B 按 A 变换所得到的元素,或称 C 为 B 的共轭元素,类似的变换为 $B = ACA^{-1}$,则 B 称为 C 按 A 变换所得到的元素,或称 B 为 C 的共轭元素.

群 G 的共轭元素具有下列重要性质:

(a)每一个元素与其自身共轭 $A = X^{-1}AX$, X, A 均为群 G 的元素.

(b)若 A 与 B 共轭,则 B 与 A 亦共轭. $A = X^{-1}BX$; A, B, X 均为群 G 的元素. B

$=Y^{-1}AY$; A,B,Y 均为群 G 的元素.

(c)若 A 与 B 两元素共轭,同时 B 也与 C 元素共轭;那么,A 与 C 也必为共轭元素,A、B 和 C 三个元素均互为共轭.

例如:群 $G=C_{4v}=\{E,C_4^1,C_4^2,C_4^3;m(m_x),m(m_y);m(m_u),m(m_v)\}$ 中

$$C_4^{-1}m(m_x)C_4^1 = m(m_y), C_4^{-1}m(m_u)C_4^1 = m(m_v)$$

$$C_4^{-1}m(m_y)C_4^1 = m(m_x), C_4^{-1}m(m_v)C_4^1 = m(m_u)$$

这表明在群 C_{4v} 中的 $m(m_x)$ 与 $m(m_y)$,$m(m_u)$ 与 $m(m_v)$ 两元素均互为共轭.

(ii)群 G 的共轭子群.

若 N 阶的群 G 中有一个子群 H,$H=\{X_1,X_2,X_3,\cdots,X_{N'}\}$,群 G 中除了有子群 H 的所有元素外,还有 $Y_1,Y_2,Y_3,\cdots,Y_{N'}$ 个元素,这些元素又通过元素 z 与子群 H 的元素 $X_1,X_2,\cdots,X_{N'}$ 共轭.

$$Y_1 = Z^{-1}X_1Z$$

$$Y_2 = Z^{-1}X_2Z$$

$$Y_3 = Z^{-1}X_3Z$$

$$\cdots$$

$$Y_{N'} = Z^{-1}X_{N'}Z$$

可以证明,这些元素一定也形成群 G 中的另一个子群 H',即

$$H' = \{y_1,y_2,y_3,\cdots,y_{N'}\}$$

这样,子群 H' 称为子群 H 的共轭子群,并可表示为

$$H' = Z^{-1}HZ$$

例如,群 C_{4v} 中的群 $C_s=\{E,m_x\}$ 和 $C_s'=\{E,m_y\}$ 两个子群,群 C_s' 称为群 C_s 的共轭子群.

(iii)群类.

共轭元素的一个完整集合称为群类,一个群 G 可分离成集合(其中的元素存在有缔合律),每个集合的所有元素均彼此互为共轭,但没有不同集合的两个元素相互共轭. 群 G 中这样集合的元素称为共轭类或简称群类.

任何群 G 中的恒等元素 E,均自成为一个群类,因为对于群 G 的任何元素 A_i,均存在着下列关系:

$$A_i^{-1}EA_i = E$$

在群 $G=C_{4v}$ 中,存在的群类如下:

$$(E),(C_4^1,C_4^3),(C_4^2),(m(m_x),m(m_y)),(m(m_u),m(m_v))$$

(8)有限群 G 的生殖元素.

群 G 中的一组最小集合元素组成群 G 的生殖元素,而生殖元素的幂或其相互间乘积可构成群 G 中的所有元素.

从受 $A^n=E$ 关系制约的 A 元素出发,而产生一个群 G. n 为群 G 的阶,它是正整数. A^n 称为 A 的 n 次幂. 由于 A 是群 G 中的一个元素,所以 A 的所有整数幂也必在群 G 内,这样便可产生一系列新的元素 $A^2,A^3,\cdots,A^n=E$ 为止. 但当 A 的整数幂比 n 更高时,就不再产生群 G 的新元素,$A^n=E,A^{n+k}=A^k(n>k)$,A^{n+k} 与 A^k 二者操作的效果相同,结果可得到

$$G=\{A,A^2,A^3,\cdots,A^n=E\}$$

但若 n 的数值为无限时,群 G 就成为一个无限群.

下面再看群 C_{3v} 的生殖元素的数目:

$$G_{3v}=\{E,C_3^1,C_3^2;m(m_v),m(m_u),m(m_w)\}$$

群 C_{3v} 除上面括号中诸元素外;不再包含其他新的元素. 例如:

$$C_3^3=E,m(m_u)^2=m(m_v)^2=m(m_w)^2=E$$

$$C_3^{-1}m(m_u)C_3^1=m(m_u),C_3^2=C_3^1C_3^1$$

$$C_3^2m(m_u)=m(m_v),C_3^1m(m_u)=m(m_w)$$

$$m(m_u)m(m_v)=C_3^1,\cdots$$

$C_3^1m(m_u)C_3^2=C_3^1m(m_u)C_3^2=m(m_u)C_3^1=C_3^2m(m_u)=m(m_v),C_3^{-1}m(m_u)C_3^1=m(m_u),C_3^1C_3^2=E,\cdots$

一个群 G 的生殖元素,均排列在群 G 的乘法表中的第一行和第一列中,而其他元素的组合,均排列在表的主体内,但不会有新的元素产生.

(9)群 G 的直接积.

设有两个独立的群

$$H=\{H_1\equiv E,H_2,H_3,\cdots,H_h\}$$

$$K=\{K_1\equiv E,K_2,K_3,\cdots,K_k\}$$

式中,h,k 分别为群 H、群 K 的阶数. 在群 H 和群 K 中,除恒等元素 E 外,再没有其他共有元素. 那么,直接积群 G 可表示为

$$G=H\otimes K=\{E,EK_2,EK_3,\cdots,EK_k;H_2K_2,\cdots,H_2K_k,\cdots,H_hK_k\}$$

显然,群 H 与群 K 均为群 G 的子群. 例如, 群 $C_{2v}=\{E,C_2^1,m(m_x),m(m_y)\}$ 为群 $\{E,m(m_x)\}$ 与 $\{E,m(m_y)\}$ 的直接积群,并可写为

$$C_{2v}=\{E,m(m_x)\}\otimes\{E,m(m_y)\}=\{E,C_2^1,m(m_x),m(m_y)\}$$

群 G 的直接积是扩大群的一种最简单方法,这个概念可直接应用于研究物理体系的对称性,诸如:研究原子、分子、原子核和基本粒子等体系的对称性.

§3.3　32 种晶体学点群

晶体几何外形是一种有限对称图像,它由若干个等同部分,按照一定规律排列组成,欲使其等同部分作有规律的重合,必须凭借晶体的(设想的)宏观对称元素,

通过一定的对称操作方能完成. 在进行对称操作时,必须至少保持晶体中的一点不动,这些对称操作组合的结果,所形成的群,称为晶体学点群[21],总共可获得 32 种. 在保持晶体中的一点不动的前提下,晶体对称元素的集合不能构成群,不能称为点群,可称为晶体的对称类型,有时又称为晶类, 总共可获得 32 种对称类型. 但 32种晶体学点群与32种对称类型呈一一对应关系,故通常可用晶体对称元素的集合来表示抽象的点群. 并用晶体的对称元素的组合来推导晶体学对称群,其中包括 32 种点群和 230 种空间群[3-7, 13-19].

3.3.1　晶体的宏观对称元素

晶体几何外形虽然千变万化,但能够使它们作有规律重合的对称操作所凭借的对称元素,仅有四种类型,现分别加以叙述.

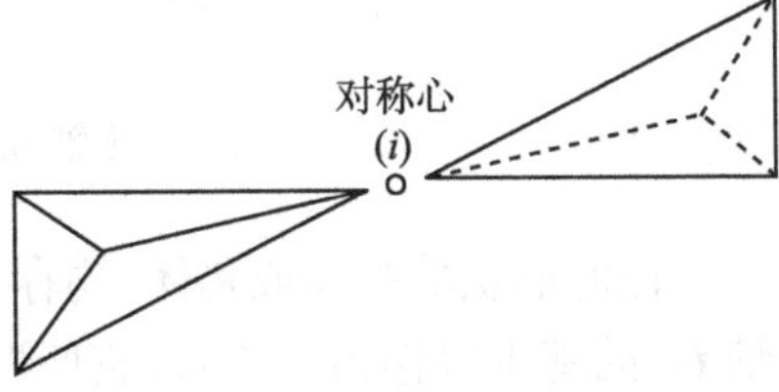

图 3.3　对称心(i)所构成的对称图像

(1)对称心(i): 对称心(i)的对称操作为倒反 $i(i)$,它所形成的点群为: $G=\{i(i), [i(i)]^2=E\}$. 由对称心(i)所构成的对称图像,如图 3.3 所示.

(2)对称面(m): 对称面(m)的对称操作为反映 $m(m)$,由它所构成的点群为

$$G=\{m(m),[m(m)]^2=E\}$$

对称面(m)所构成的对称图像,如图 3.4 所示.

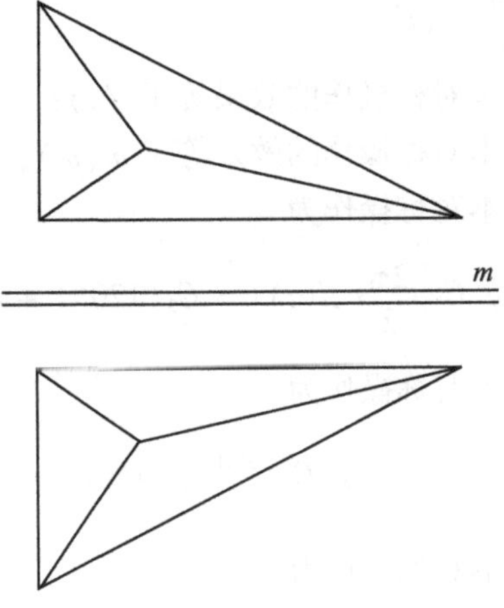

图 3.4　对称面(m)所构成的对称图像

(3)对称轴(C_n): 当晶体围绕对称轴 C_n 旋转,并使其等同部分相互重合时,所要求旋转的最小角度称为基转角 α, $\alpha=\frac{2\pi}{n}$. 例如, 二次对称轴 C_2 的 $\alpha=180°$,四次对称轴 C_4 的 $\alpha=90°$等.

由对称轴 C_2, C_3, C_4 和 C_6 所构成的对称配置,如图 3.5 所示.

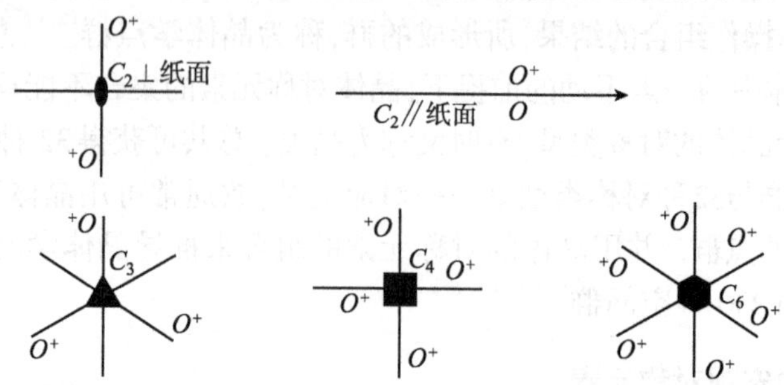

图 3.5　对称轴 $C_n(n=2,3,4,6)$ 所构成的对称配置

任何形状的晶体或物体,均存在着一次对称轴 C_1,故就无所谓对称配置. 对称轴 C_n 的基本操作为 $C_n(\alpha)$,它所形成的点群为

$$G = \{C_n(\alpha), C_n^2(\alpha), C_n^3(\alpha), \cdots, C_n^n(\alpha) = E\}$$

在此,n 不仅代表对称轴的轴次,而且也表示群 G 的阶数.

(4) 反轴(I_n):反轴(I_n)的轴次 n 同对称轴 C_n 的情况一样,由于受晶体点阵结构的制约,n 亦只能为 1,2,3,4 和 6 五种,基转角 α 与相应 C_n 轴的相同. 反轴(I_n)的对称操作为旋转加倒反,而且这两种操作紧密连接而不可分开. 反轴(I_n)的基本对称操作为 $I_n\left[C_n\left(\frac{2\pi}{n}\right), i(i)\right]$.

一次反轴(I_1)的基本对称操作的效果等于 $i(i)$;

二次反轴(I_2)的基本对称操作的效果等于 $m(m)$;

三次反轴(I_3)的基本对称操作为

$$I_3\left[C_3\left(\frac{2\pi}{3}\right), i(i)\right] = C_3(120°) + i(i)$$

四次反轴(I_4)的基本对称操作为

$$I_4\left[C_4\left(\frac{2\pi}{4}\right), i(i)\right]$$

六次反轴(I_6)的基本对称操作为

$$I_6\left[C_6\left(\frac{2\pi}{6}\right), i(i)\right] = C_3\left(\frac{2\pi}{3}\right) + m(m_\perp)$$

反轴(I_n)所构成的对称配置,如图 3.6 所示.

当反轴(I_n)的轴次 n 为奇数时,它所形成的点群为

$$G = \{I_n^*, I_n^2, \cdots, I_n^{2n-1}, I_n^{2n} = E\}$$

阶数为 $2n$.

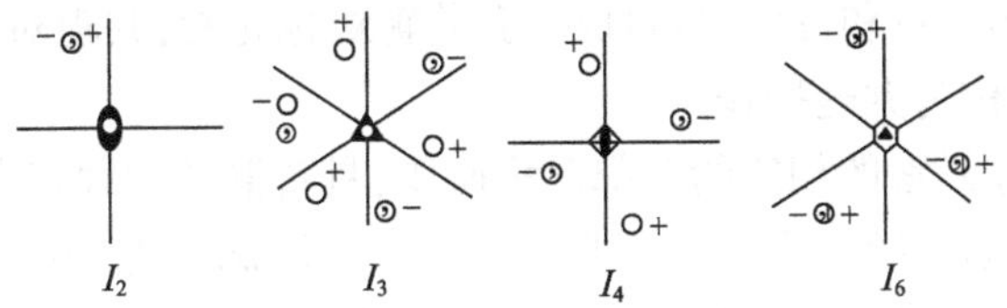

图3.6 反轴(I_n)($n=2,3,4,6$)构成的对称配置示意图

当反轴(I_n)的轴次 n 为偶数时,它所形成的点群为

$$G = \{I_n^*, I_n^2, \cdots, I_n^n = E\}$$

阶数为 n.

也可以采用另一种反轴,即旋转反映轴(S_n),它的对称操作为旋转加反映,这两种操作紧密连接而不可分开,其基本操作为

$$S_n\left[C_n\left(\frac{2\pi}{n}\right), m(m)\right]$$

旋转倒反轴(I_n)与旋转反映轴(S_n)两者的对称操作效果是互通的,其效果关系为

$$S_1 = I_2,\quad S_2 = I_1,\quad S_3 = I_6,\quad S_4 = I_4,\quad S_6 = I_3$$

晶体的宏观对称元素仅只有上述四种形式,即对称中心(i)、对称面(m)、对称轴(C_n)和反轴(I_n)四种.

在晶体的理想外形上是比较容易看出这些对称型式的存在,而相应的对称操作均形成一个有限群——点群.

3.3.2 晶体宏观对称元素的组合

在3.3.1节中已见到任何宏观对称元素的全部对称操作都形成一个点群,从而每一种对称元素均可以单独地存在于晶体的几何外形中. 但晶体的几何外形也可以同时存在着若干个对称元素,例如:一个具有立方体外形的晶体,它同时存在有 $4C_3$,$3C_4$,$6C_2$,9(m)和(i),对于这种图像,当我们凭借着其中的一个对称元素施行对称操作时,不仅晶体的各等同部分作有规律的重合,而且其中一些假想的对称元素也必然按照某种方式作有规律的重合,即晶体中各个对称元素之间,必然存在着相互关联的对称配置. 在立方体中,对称元素的对称配置如图3.7所示.

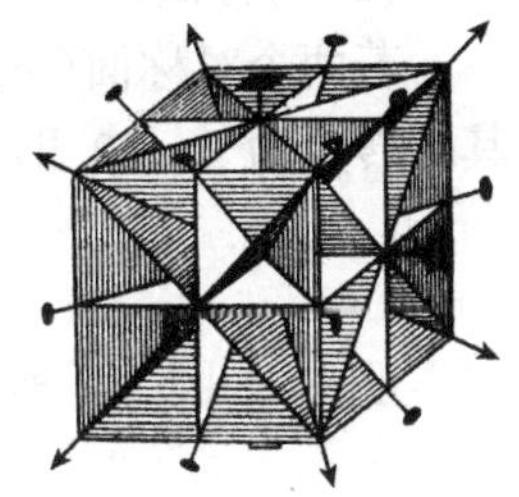

图3.7 立方体对称元素的对称配置

晶体几何外形中,凭借其中一个对称元素施行对称操作时,可使其他一些对称元素相互重合,这些相互重合的对称元素,彼此称为共轭对称元素, 在立方体图像

中,$4C_3$,$3C_4$,$6C_2$,9(m)和(i)均各自成一套共轭对称元素,共轭对称元素的对称操作是相似的操作,称为共轭操作.

晶体全部对称元素的相应的全部对称操作,具备群的四种基本性质,能满足成群的条件,这种群通常统称为点对称群(点群),它们概括地阐明了晶体几何外形的对称性. 晶体的全部对称元素的对称配置是相互制约,同时又是相互协调的,它也是受群论规律所制约的一个完整体系.

现将对称操作进行分类,然后再来论证晶体的宏观对称元素的几个重要组合定理.

(1)对称操作的类型.

对称操作是使晶体作一种运动,完成这种运动后,晶体的等同部分相重合,但这种等同部分的重合,可用两类不同的对称操作来完成. 旋转后使晶体的等同部分重合,此种旋转称为第一类对称操作. 其所相应的对称元素,称为第一类对称元素,记作:(+)号. 由第一类对称操作所构成的点群,称为第一类点群. 反映,倒反或旋转倒反的复合操作,可使晶体的两个等同部分重合,统称这些操作为第二类对称操作,其所相应的对称元素称为第二类对称元素,记作(-)号. 由第二类对称操作所构成的点群称为第二类点群.

两个第一类对称元素相组合的结果,必然产生第一类对称元素,即(+)·(+)=(+). 两个第二类对称元素相组合的结果,也必然产生第一类对称元素,也即:(-)·(-)=(+). 但第一类和第二类对称元素相组合的结果,却产生第二类对称元素,即(+)·(-)=(-).

(2)对称面(m_1)和对称面(m_2)组合定理.

若两个对称面(m_1)和(m_2)相交成θ角,则此两者的交线必然是对称轴(C_n),其基转角为 $\alpha=2\theta$,即

$$m_1 \cdot m_2(\Lambda\theta) = C_n(\alpha), \quad n = \frac{2\pi}{2\theta}$$

证明:如图 3.8 所示.

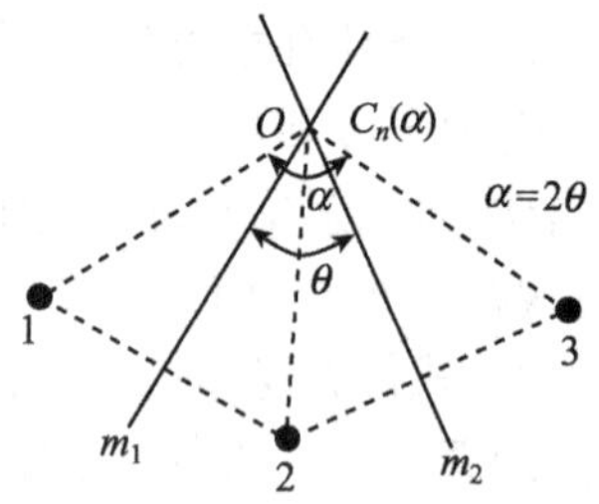

图 3.8　两对称面组合定理的证明示意图

在图 3.8 中,通过对称面(m_1)与(m_2)两次反映操作的效果,等于垂直于纸面

O 点的对称轴 $C_n(\alpha)$ 的一次旋转操作:

$$点1 \xrightarrow{m_1} 2 \xrightarrow{m_2} 3$$

$$点1 \xrightarrow{C[C_n(\alpha)]} 3$$

同时,不难看出

$$(m_1) = C_n(\alpha)\cdot(m_2^{-1}),(m_2) = (m_1^{-1})\cdot C_n(\alpha)$$

若有一个对称面 m_v 通过 $C_n(\alpha)$,则必有 n 个对称面 (m) 同时能过 $C_n(\alpha)$,即

$$C_n(\alpha)\cdot m_v = C_n(\alpha),(m_1),(m_2),(m_3),\cdots,(m_n)$$

$C_n(\alpha)\cdot m_v$ 组合后所形成的点群 G 可表示为

$$G = C_{nv} = \{E,C_n^1,C_n^2,\cdots,C_n^{n-1};m(m_1),m(m_2),\cdots,m(m_n)\}$$

推论:旋转基转角为 2θ 的对称轴 $(C_{2\theta})$,可用通过它并相交成 θ 角的对称面 m_1 和 m_1 来代替.

(3) 对称轴 $C_n(\alpha)$ 和对称轴 $C_{n'}(\beta)$ 的组合定理.

通过两个对称轴 $C_n(\alpha)$ 和 $C_{n'}(\beta)$ 的交点,必然能找到第三个对称轴 $C_{n''}(w)$,其后者的对称操作作用等于前者之和,即

$$C_n(\alpha)\cdot C_{n'}(\beta) = C_{n''}(w)$$

此定理的证明,如图 3.9 所示.

在图 3.9 中:

$$(m_1)\cdot(m_2)\left(\Lambda\frac{\alpha}{2}\right) 和 (m_3)\cdot(m_4)(\Lambda\beta)$$

可分别代替 $C_n(\alpha)$ 和 $C_{n'}(\beta)$.

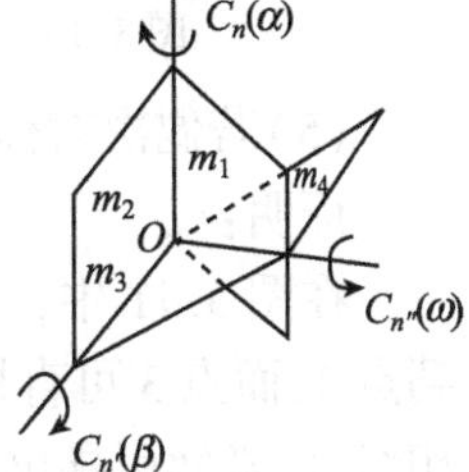

图 3.9 $C_n(\alpha)$ 与 $C_n'(\beta)$ 组合定理的证明示意图

(m_2) 与 (m_3) 成反向重合,即 $(m_2)\cdot(m_3) = E$ 对称操作作用相消. m_1 与 m_4 相交,其交线即为对称轴 $C_{n''}(w)$.

$$\begin{aligned}C_{n''}(w) &= (m_1)\cdot(m_4) = (m_1)\cdot E\cdot(m_4)\\ &= (m_1)\cdot(m_2)\cdot(m_3)\cdot(m_4) = C_n(\alpha)\cdot C_{n'}(\beta)\end{aligned}$$

(4) 若对称面 (m) 通过 n 次对称轴 (C_n),则必然有 n 个对称面 (m) 通过 C_n 对称轴,分成两种情况.

证明:

其一,当 n 为奇数时,运用 C_n 的旋转对称操作,即可引导出互成 $\frac{2\pi}{n}$ 的 n 个对称面 (m),如图 3.10(a)所示.

当 n 为奇数时 $(n=3)$,利用 C_3 轴旋转对称操作,便可引导出互为相交 $120°$ $\left(\frac{2\pi}{3}\right)$ 的 3 个对称面 (m).

其二，当 n 为偶数时，由 C_n 的对称操作，能引导出 $n/2$ 个相交为 $2\pi/n$ 对称面(m)；如图 3.10(b) 中 m_1 与 m_3，但 $C_n\left(\frac{2\pi}{4}\right)$ 对称轴的作用可用两个相交成 $\frac{\pi}{2}$ 的对称面(m)来取代. 因而在已引导出的相交成 $\frac{2\pi}{n}$ 的两个对称面(m)之间还存在一个与它们相交成 $\frac{\pi}{2}$ 的对称面(m)，如图 3.10(b) 中的 m_2，再用 $C_n\left(\frac{2\pi}{2}\right)$ 旋转对称操作，即可推导出 n 个通过 C_n 轴的对称面 m_1, m_2, m_3 和 m_4.

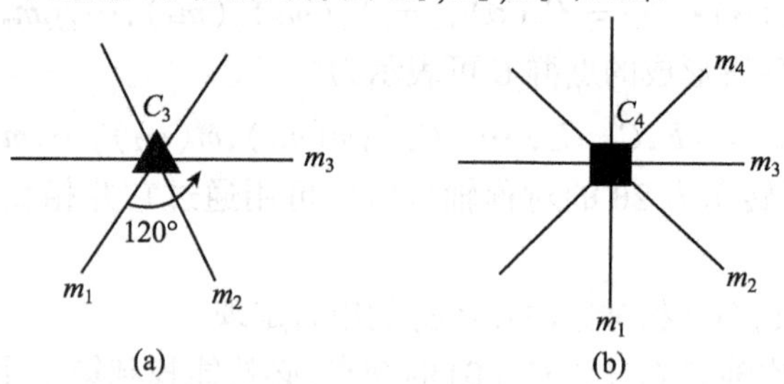

图 3.10 对称面(m)通过 n 次对称轴的两种情况

(5) 若偶次对称轴 C_{2n} 垂直于对称面 m，则此二者的交点必有对称心(i).

证明：

在图 3.11 中，点 1 经 C_2 对称轴旋转操作到点 2，再经过垂直于 C_2 轴的反映到点 3，而点 3 可直接由点 1 倒反到点 3，因而 C_2 轴与垂直于 C_2 轴的对称面(m)相组合，必然引导出了对称心(i).

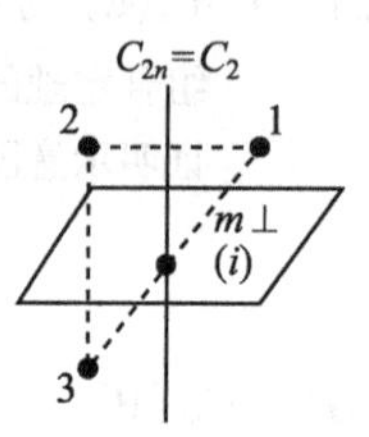

图 3.11 证明 C_{2n} 垂直对称面($m_\perp$)，产生对称心(i)示意图

推论：偶次对称轴(C_{2n})与其垂直的对称面($m_\perp$)和对称心(i)三者中，任何两者相组合时，均必然产生第三者.

(i) $i(i) = m(m_\perp)\cdot C_2(180°) = C_2(180°)\cdot m(m_\perp) = m(m_\perp)\cdot C_{2n}^n = C_{2n}^n\cdot m(m_\perp)$；

(ii) $m(m_\perp) = i(i)\cdot C_2(180°) = C_2(180°)\cdot i(i) = i(i)\cdot C_{2n}^n = C_{2n}^n\cdot i(i)$；

(iii) $C_{2n}^n = C_2(180°) = m(m_\perp)\cdot i(i) = i(i)\cdot m(m_\perp)$.

从对称操作的效果来看，$i(i)$ 与 $m(m_\perp)$，$m(m_\perp)$ 与 $C_{2n}^n \equiv C_2$ 和 C_{2n}^n 与 $i(i)$ 等对称操作都是可以相互交换的对称操作.

3.3.3 32 种晶体学点群

出现在晶体几何外形的对称元素，由于受到晶体点阵结构的制约，只能是有限的几种,即对称轴 $C_n(n=1,2,3,4,6)$、对称面 (m)、对称心 (i) 和反轴或旋转反映轴. 这些对称元素,可以单独地存在于晶体几何外形中,也可以彼此间相互组合而存在于晶体几何外形中(假想的). 由于晶体几何外形是一个有限的对称图像,对称元素相互组合时,至少相交于一点,因此,组合的数目是一定的. 晶体的几何外形虽然多种多样,但就其对称性而言,相互组合的结果,仅有 32 种,通称为晶体的 32 种对称类型. 每种晶体的几何外形的对称性必定属于这 32 种中的一种. 晶体几何外形的对称元素的点对称操作的集合所形成的群称为点群,共 32 种点群.

由于晶体的 32 种对称类型与 32 种晶体学点群一一对应,故可用对称元素的集合来表示抽象的点群. 通常用晶体宏观对称元素及其组合来推导 32 种晶体学点群.

(1)点群的推导.

晶体学点群分为两类,即第一类点群和第二类点群.

(i)第一类点群.

晶体的第一类点群是由第一类对称元素推导出来的. 这一类点群只包含对称轴系,现分三种情况来进行讨论.

(a)只包含一个对称轴 $C_n(n=1,2,3,4,6)$ 的点群:C_1,C_2,C_3,C_4 和 C_6 五种. 这 5 种点群均为循环群,一般用 C_n 表示,这里 n 不仅表示对称轴的轴次,而且还代表循环群的阶数. 群 C_n 的生殖元素可表示为 $\{C_n\}$.

(b)含有一个以上的对称轴 C_n,但其中的高次对称轴 $(n>2)$ 的个数只是一个的点群,为了不产生多于一个高次对称轴,高次对称轴只能与它相垂直的 2 次对称轴相组合. 这样相组合的结果,所产生的点群为 (C_2),$3C_2$,$C_3 3C_2$,$C_4 4C_2$,$C_6 6C_2$ 共 5 个点群,这类点群称为双面群,符号为 D_n(Dihedral),$n=2,3,4,6$,(C_2) 重复不计其内. D_n 的生殖元素可表示为 $\{C_n, C_2^{(1)}\}$.

(c)高次对称轴 $C_n(n>2)$ 多于一个的点群. 在一个有限对称图像中,如果存在着一个以上的高次对称轴,则该对称图像一定是一个正多面体,而正多面体是由相等的正多边形及其围成的多面角构成. 一个凸多面角至少须由三个面组成,而且面角之和须小于 360°,因此,围成正多面体的正多边形,只能为正三角形、正方形、正五边形,其中正三角形可围成正四面体、正八面体和正三角二十面体. 正方形可围成立方体. 正五边形可围成正五角十二面体. 图 3.12 示出这 5 种正多面体的形状.

正三角二十面体和正五角十二面体均具有 5 次对称轴 C_5,它与晶体的对称性不相容(即根据点阵结构理论是不存在 5 次对称轴的),因此不予考虑. 而正八面体和立方体所具有的对称轴系组合相同,这样一来,在这 5 种正多面体给出的对称轴系中,只有与正四面体和正八面体或立方体相应的两种对称轴系,才能存在于晶体几何外形中. 正四面体所具有的对称轴系为 $3C_2 4C_3$,符号为 T(Tetrahedral). 而正八面体或立方体所具有的对称轴系为 $3C_4 4C_3 6C_2$,符号为 O(Octahedra), 这两种对称轴系的极射赤平投影[①]图如图 3.13(a)、(b)所示.

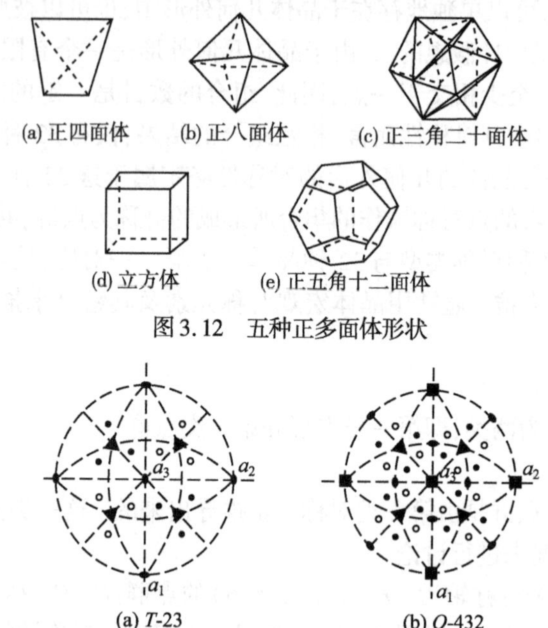

图 3.12　五种正多面体形状

图 3.13　点群 T-23 和点群 O-432 极射赤平投影图

点群 T-23 的生殖元素可表示为 $\{C_2^{a_3}, C_3^{a_1a_2a_3}\}$. 点群 O-432 的生殖元素可表示为 $\{C_4^{a_3}, C_3^{a_1a_2a_3}\}$.

(ⅱ)第二类点群.

第二类点群是由第一类点群适当地与第二类对称元素相组合而构成的.

(a)对称轴 C_n 与对称心(i)相组合,能产生 5 种点群.

当偶次对称轴 $C_n(n=2,4,6)$与对称心(i)相结合时,必然产生垂直于偶次轴的对称面(m_h),即

$$C_n \otimes (i) = C_{nh}(h\text{ 来自 horizontal})$$

这样便得到 3 个点群,即 C_{2h}, C_{4h}, C_{6h},它们的极射赤平投影图分别如图3.14(a)~(c)所示.

点群 C_{nh} 的生殖元素可表示为 $\{C_n, mh\}$.

当奇次对称轴 $C_n(n=1,3)$与对称心(i)相组合时,可产生两种点群,即

$C_1 \otimes (i) = (i)$ 和 $C_3 \otimes (i) = C_{3i} = \bar{3}$,$C_{ni}$ 的生殖元素为 $\{C_n, i\}$,点群的阶数为 $2n$(n 为奇数 1,3). 例如点群 C_{3i}-$\bar{3}$ 的阶数为 6,点群 $\bar{3}$ 的极射赤平投影图如图 3.15 所示.

①关于极射赤平投影原理, 见 4.2.2 节

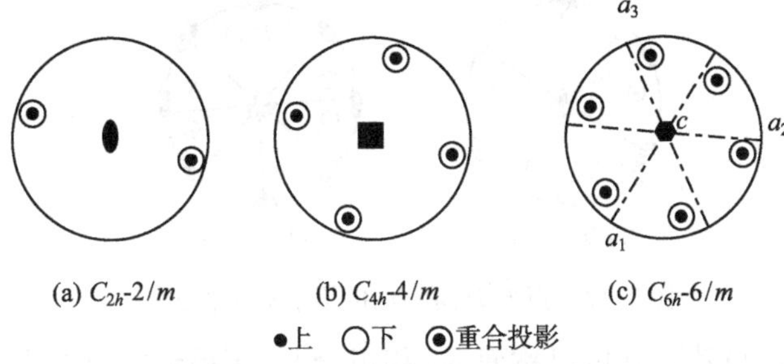

图 3.14 $C_{2h}-2/m$、$C_{4h}-4/m$ 和 $C_{6h}-6/m$ 极射赤平投影图

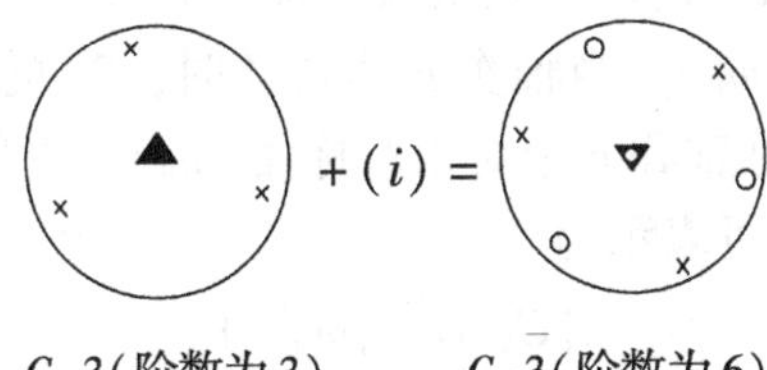

图 3.15 点群 C_{3i}-$\bar{3}$ 的极射赤平投影图

(b)对称轴 C_n 与其平行的铅直对称面相组合,可产生 5 种点群,$C_n \cdot m_v = C_{nv}$,$C_{1v}=m$,C_{2v},C_{3v},C_{4v}和 C_{6v}(v:vertical). 群 C_{nv}的生殖元素可表示为:$\{C_n, m_v^{(1)}\}$.

点群 C_{3v}(C_3-3m)、C_{4v}(C_4-4m)的极射赤平投影图,分别如图 3.16(a)、(b)所示.

图 3.16 C_{3v}-3m 点群和点群 C_{4v}-4m 极射赤平投影

(c)点群 D_n 与水平对称面(m_h)相组合时,可得 4 个点群

$$D_n \cdot m_h = D_{nh}$$

$$D_{2h}\text{-}mmm,\quad D_{3h}-\bar{6}2m,\quad D_{4h}-4/mmm,\quad D_{6h}-6/mmm$$

当水平对称面 m_h 与 D_n 对称轴系相组合时,产生 n 个竖立的对称面 m_v,因此,D_{nh}点群不必再与 m_v 相组合了. 此外,当对称轴 C_n 的轴次 n 为偶数时($n=2,4,6$),在点群 D_{nh}中出现对称心(i),同时,偶次对称轴数目总和等于其中对称面(m)的个数,点群 D_{nh}的生殖元素表示为

$$\{C_n, C_2^{(1)}, m_h\}$$

点群 $D_{3h}-\bar{6}2m$ 与 $D_{4h}-4/mmm$ 的极射赤平投影图分别如图 3.17(a)、(b)所示.

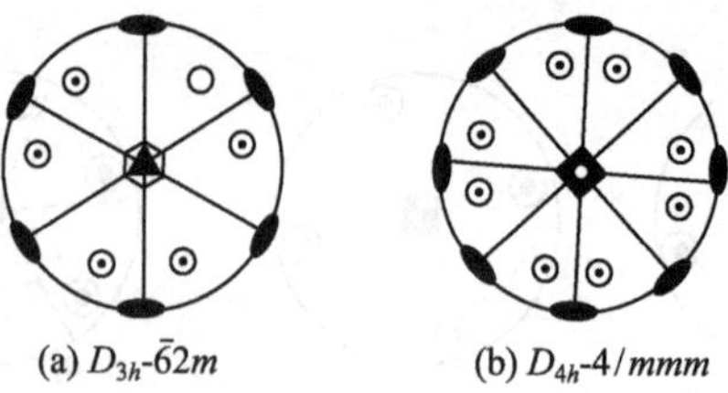

(a) D_{3h}-$\bar{6}2m$　　(b) D_{4h}-$4/mmm$

图 3.17　点群 D_{3h} 和 D_{4h} 的极射赤平投影图

(d)点群 D_n 与其平分角对称面 m_d 相组合时,所得到的第二类点群为 D_{nd}(d 由 diagonal 而来).

当轴次 n 为偶数时,D_{nd} 的对称元素系存有一个 $2n$ 次反轴(I_{2n}),n 个 2 次对称轴和 n 个平分角对称面(m_d). 当轴次 n 为奇数时, D_{nd} 的对称元素系存有一个 n 次反轴(I_n)、n 个 2 次对称轴和 n 个对角对称面(m_d), 并存有对称中心(i).

点群 D_{nd} 的生殖元素可表示为

$$\{C_n, C_1^{(1)}, m_d^{(12)}\}$$

对于晶体学点群而言,只能有 D_{2d}-$\bar{4}2m$ 和 D_{3d}-$\bar{3}m$ 两种点群. D_{2d} 和 D_{3d} 的极射赤平投影图分别如图 3.18(a)、(b)所示.

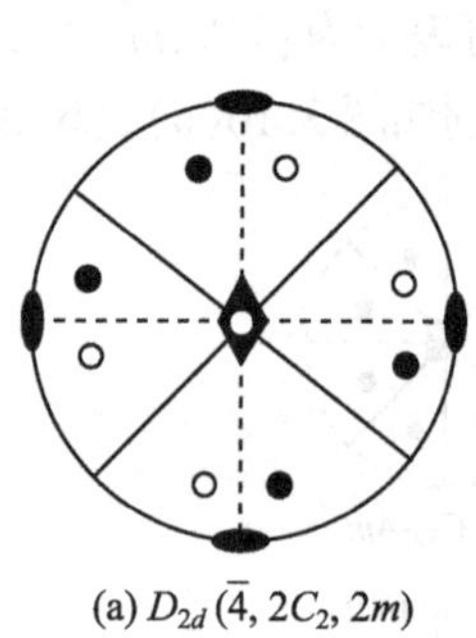

(a) D_{2d} ($\bar{4}$, $2C_2$, $2m$)

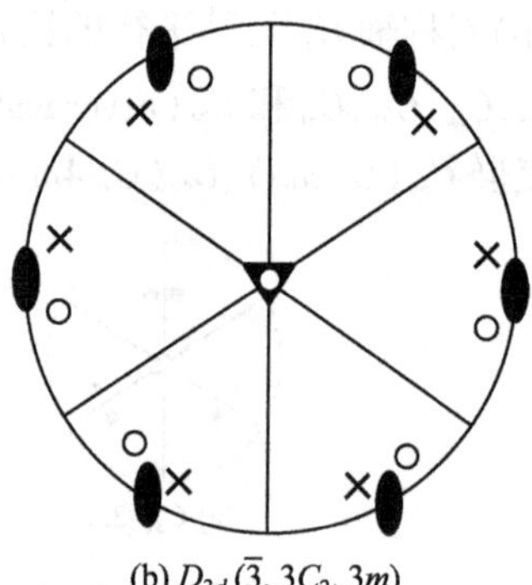

(b) D_{3d} ($\bar{3}$, $3C_2$, $3m$)

图 3.18　点群 D_{2d} 和 D_{3d} 的极射赤平投影图

(e)只包含 1 个反轴(I_n)或 S_n 的点群.

在反轴(I_n)中所包含的倒反操作中,仅使一个方向的两端互换位置,而不改变其空间的取向,不难证明:

$$I_1 = (i), \quad I_2 = m, \quad I_3 = C_{3i}$$

另外尚有 $I_4 = S_4 = \bar{4}$ 和 $I_6 = C_{3h} = \bar{6}(C_3 \cdot m_h)$ 两种前面尚未出现的点群. 点群(I_n)的生殖元素可表示为$\{I_n\}$.

点群 I_4 和 I_6 的极射赤平投影分别如图 3.19(a)、(b)所示.

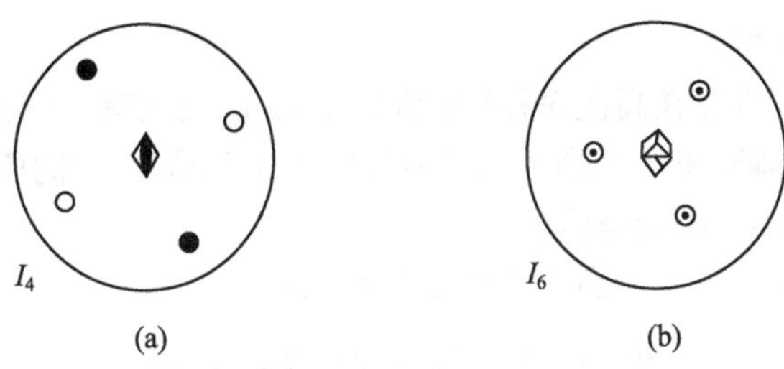

图 3.19　点群 I_4-$\bar{4}$ 和 I_6-$\bar{6}$ 的极射赤平投影图

若取反轴 I_4 与其他对称元素相组合时,其结果并没有新的点群产生.

(f)由点群 T 引申出点 T_h 和 T_d.

当 $T \xrightarrow{(i)} T_h(4C_3,3C_2,3m_h,i)$ 时,点群 T_h 的生殖元素可表示为:$\{C_2^z, C_3^{xyz}, i\}$.

当 $T \xrightarrow[(或\ m_d)]{m // C_3} T_d(4C_3,3I_4(C_2),6m)$ 时, 点群 T_d 的生殖元素可表示为:$\{I_4^z, C_3^{xyz}\}$.

点群 T_h 和点群 T_d 的极射赤平投影图分别如图 3.20(a)、(b)所示.

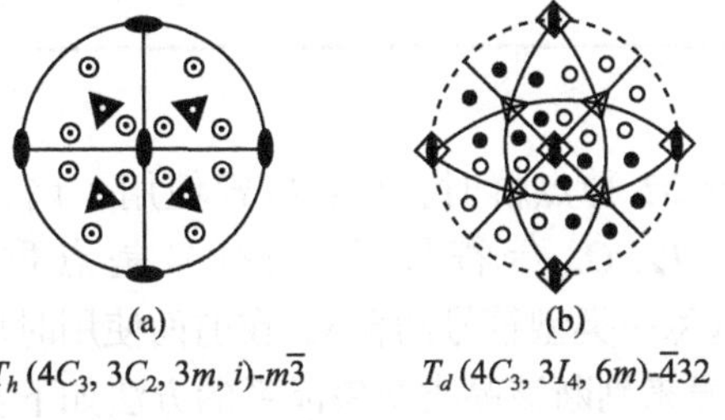

图 3.20　点群 T_h、T_d 的极射赤平投影图

(g)由点群 O 引申出点群 O_h. 点群 O 与对称心(i) 相组合,可得到点群 O_h:

$$O \xrightarrow[(或\ m_h)]{(i)} O_h(3C_4,4C_3,6C_2,9m,i)$$

点群 O_h 的生殖元素可表示为$\{C_4^z, C_3^{xyz}, i\}$,点群 O_h-$m3m$ 的极射赤平投影图如图 3.21 所示.

总结以上推引的结果便可得到 32 种晶体学点群.

(2)晶系与晶族的划分.

晶体的外形虽然千变万化,但它们的对称性总不会超出 32 种点群范围,而且每一品种的晶体必然属于其中的一种点群. 根据这一点,我们可以对晶体进行科学分类,把凡具有同一种点群的晶体归并为一类,称为晶类,这样晶体学中共有 32 种晶类.

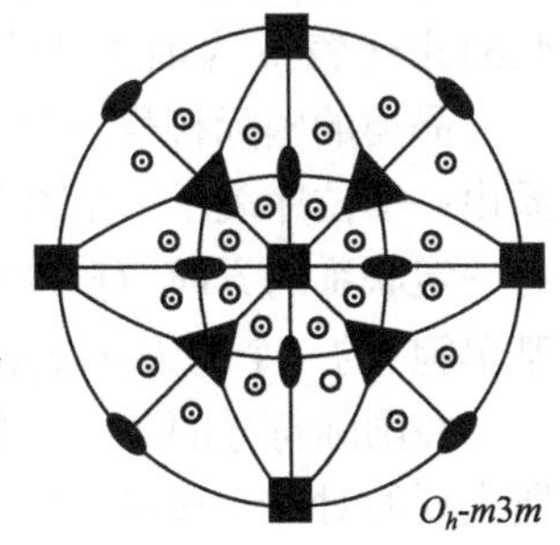

图 3.21　点群 O_h 的极射赤平投影图

根据晶类的特征对称元素,可把 32 种晶类划分为 7 个晶系. 在每一个晶系中,对称性最高的晶类,称为这

个晶系的全对称类型.

根据晶类中是否存在高次对称轴(轴次 $n>2$),或仅有一个高次对称轴,抑或多于一个高次对称轴,将7个晶系的晶体分属于3个晶族,它们所对应的光率体分别为球、旋转椭球和二轴椭球体.

晶体的7个晶系与3个晶族的划分见表3.4.

表3.4　7个晶系与3个晶族的划分

晶系	特征对称元素	晶族	对称特征
三斜 单斜 斜方	无 唯一的 C_2 3个相互垂直的 C_2 或两个相互垂直的($m_\perp$)	低级	无高次对称轴($n>2$)
正(四)方 三方 六方	唯一的 C_4 唯一的 C_3 唯一的 C_6	中级	有一个高次对称轴($n>2$)
立方(等轴)	4个 C_3	高级	高次轴($n>2$)多于1个

(3)点群的符号.

前面,当我们推导32种点群时,对点群曾使用了诸如 C_n, D_n, C_{nh}, C_{nv}, D_{nh}, D_{nd}, C_{nv}, S_4, T, O, T_h, T_d, O_h 等符号,这些符号是点群的申弗利斯(A. M. Schöenflies)符号,而这每一类型符号的含义,在前面使用时均已作说明.

按照申弗利斯符号来判断该晶类所属晶系的方法如下:

T 与 O 晶类属于立方晶系,又称等轴晶系.符号的右下标出现3,4或6者表示该晶类分别属于三方、正方(四方)和六方晶系.但 C_{3h}($=\bar{6}$)和 D_{3h} 晶类例外.此二者不属三方晶系,而是属于六方晶系.符号右下标的数字若为1,2,或者根本没有数字的晶类,则属于低级晶族中的斜方,单斜和三斜晶系.但 D_{2d} 例外,它属于正方晶系.

当前,应用最广泛的晶类符号是国际符号,晶类的国际符号中所使用的对称元素为对称面,对称轴和反轴等.对称面用 m(mirror)代表.对称轴用 n($n=1,2,3,4,6$)来代表,n 为轴次,反轴用 $\bar{n}$ 来代表,按照轴次大小分别用 $\bar{1},\bar{2},\bar{3},\bar{4},\bar{6}$ 代表.

晶类的国际符号一般由3个位序组成,但三方晶系由2个位序,单斜和三斜晶系由一个位序表示.在国际符号中,每一个位序都代表一个与特征对称元素取向有一定联系的方向,符号的每一位序在每个晶系中所代表的单位平行六面体(初基单胞)的三个基矢 $\boldsymbol{a},\boldsymbol{b},\boldsymbol{c}$ 方向见表3.5.

在国际符号的某一个位序上所标出的对称元素就代表在该位序相应的方向上所出现的对称元素;在某一位序上标出的对称轴是指与此位序相应方向平行的对称轴或反轴;在某一个位序上所标出的对称面就代表在此位序的相应方向是对称面的法线方向.当在某一位序方向上,同时存在有对称轴与其垂直的对称面时,则用$\frac{n}{m}$表示，如$\frac{2}{m}$，$\frac{4}{m}$等.

表 3.5 晶类的国际符号的位序的代表方向

晶系	符号位序	位序所代表的基矢方向
立方	1	$\boldsymbol{a}$
	2	$\boldsymbol{a}+\boldsymbol{b}+\boldsymbol{c}$
	3	$\boldsymbol{a}+\boldsymbol{b}$
六方	1	$\boldsymbol{c}$
	2	$\boldsymbol{a}$
	3	$2\boldsymbol{a}+\boldsymbol{b}$
三方	1	$\boldsymbol{a}+\boldsymbol{b}+\boldsymbol{c}$
	2	$\boldsymbol{a}-\boldsymbol{b}$
正方	1	$\boldsymbol{c}$
	2	$\boldsymbol{a}$
	3	$\boldsymbol{a}+\boldsymbol{b}$
斜方	1	$\boldsymbol{a}$
	2	$\boldsymbol{b}$
	3	$\boldsymbol{c}$
单斜	1	$\boldsymbol{b}$
三斜	1	

晶类的国际符号只表示出起主导作用的生殖对称元素，而其余的对称元素则可以由此生殖对称元素推导出来，利用生殖对称元素的极射赤平投影图便能做到这一点.

按照国际符号来判别晶类属于哪一种的方法如下：

在低级晶族中，三斜晶系只可能是 1 或 $\bar{1}$；单斜晶系出现了 2 或 m，但符号位序只有一位；斜方晶系虽然也只出现 2 或 m，但符号的位序多于 1. 在中级晶族中，符号第一位序出现了 3 或 $\bar{3}$，4 或 $\bar{4}$，6 或 $\bar{6}$，这分别属于三方、正方和六方晶系. 在符号第二个位序上出现 3 次对称轴或 $\bar{3}$ 轴，只能是立方晶系晶体.

(4) 点群的表示.

点群的表示可定义为是由一组矩阵（方阵）组成. 因此，在阐明点群的表示之前，首先需要说明每一个对称元素的对称操作是如何利用矩阵来描述的. 对称操作在数学意义上，就是熟知的线性变换，在变换时，坐标原点，轴单位和轴间夹角（轴角）等保持不变，进行一次操作，在数学上就等于进行一次坐标线性变换.

(i) 恒等操作 E 的变换矩阵.

当卡氏坐标点 x,y,z 被恒等操作 E 作用后，新坐标点和原始坐标点的位置不

变,即

$$x,y,z \xrightarrow{(E)} x,y,z$$

坐标点的变换矩阵方程为

$$\begin{pmatrix} x \\ y \\ z \end{pmatrix} = \begin{pmatrix} 1 & 0 & 0 \\ 0 & 1 & 0 \\ 0 & 0 & 1 \end{pmatrix} \begin{pmatrix} x \\ y \\ z \end{pmatrix}$$

因此,恒等操作 E 的变换矩阵为 $\begin{pmatrix} 1 & 0 & 0 \\ 0 & 1 & 0 \\ 0 & 0 & 1 \end{pmatrix}$,相应的行列式为 $\begin{vmatrix} 1 & 0 & 0 \\ 0 & 1 & 0 \\ 0 & 0 & 1 \end{vmatrix} = +1.$

(ii)对称心(i)的对称操作——倒反的变换矩阵.

当坐标点 x,y,z 经过倒反操作变换后,新坐标点与原始坐标点的关系为

$$x,y,z \xrightarrow{i(i)} -x,\ -y,\ -z$$

坐标点的变换矩阵方程为

$$\begin{pmatrix} \bar{x} \\ \bar{y} \\ \bar{z} \end{pmatrix} = \begin{pmatrix} -1 & 0 & 0 \\ 0 & -1 & 0 \\ 0 & 0 & 1 \end{pmatrix} \begin{pmatrix} x \\ y \\ z \end{pmatrix}$$

因此,对称心(i)的倒反操作的变换矩阵为

$$\begin{pmatrix} -1 & 0 & 0 \\ 0 & -1 & 0 \\ 0 & 0 & -1 \end{pmatrix}$$

相应的行列式为

$$\begin{vmatrix} -1 & 0 & 0 \\ 0 & -1 & 0 \\ 0 & 0 & -1 \end{vmatrix} = -1$$

(iii)对称面(m)的对称操作——反映的变换矩阵.

若一对称面(m)与坐标平面(XY)或(XZ)或(YZ)重合,原始坐标点 x,y,z 经反映操作变换后则垂直于坐标平面的原始坐标点的有关坐标改变符号,而重合于坐标平面的原始坐标点的有关坐标保持不变,新坐标点与原始坐标点的坐标关系为:

当对称面(m)与坐标平面(XY)重合时,$x' = x$, $y' = y$,$z' = -z$;相应的变换矩阵为

$$\begin{pmatrix} 1 & 0 & 0 \\ 0 & 1 & 0 \\ 0 & 0 & -1 \end{pmatrix}$$

当对称面(m)与坐标平面(XZ)重合时,

$$x' = x, \quad y' = -y, \quad z' = z$$

相应的变换矩阵为

$$\begin{pmatrix} 1 & 0 & 0 \\ 0 & -1 & 0 \\ 0 & 0 & 1 \end{pmatrix}$$

当对称面(m)与坐标平面(YZ)重合时

$$x' = -x, \quad y' = y, \quad z' = z$$

相应的变换矩阵为

$$\begin{pmatrix} -1 & 0 & 0 \\ 0 & 1 & 0 \\ 0 & 0 & 1 \end{pmatrix}$$

以上这些反映操作的变换矩阵的相应行列式为

$$\begin{vmatrix} 1 & 0 & 0 \\ 0 & 1 & 0 \\ 0 & 0 & -1 \end{vmatrix} = \begin{vmatrix} 1 & 0 & 0 \\ 0 & -1 & 0 \\ 0 & 0 & 1 \end{vmatrix} = \begin{vmatrix} -1 & 0 & 0 \\ 0 & 1 & 0 \\ 0 & 0 & 1 \end{vmatrix} = -1$$

(iv)对称轴(C_n)的对称操作——旋转的变换矩阵.

若对称轴 C_n 与坐标系 Z 轴重合,显然,绕 Z 轴的任何旋转,都不会改变原始坐标点的 z 坐标,而所能改变的只是 x、y 坐标而已. 现使坐标轴 X、Y 绕 Z 轴旋转角度 θ,如图 3.22 所示.

绕 Z 轴旋转 θ 角后,新坐标点与原始坐标点间的关系为

$$x' = x\cos\theta + y\sin\theta, \quad y' = -x\sin\theta + y\cos\theta$$

$$z' = z$$

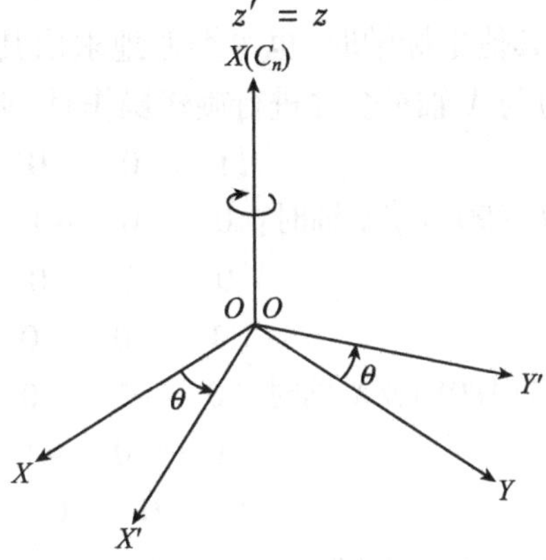

图 3.22 绕 $Z(C_n)$ 轴旋转 θ 角后,新、原始坐标轴的相对位置

因此,所对应的坐标变换矩阵为

$$\begin{pmatrix} \cos\theta & \sin\theta & 0 \\ -\sin\theta & \cos\theta & 0 \\ 0 & 0 & 1 \end{pmatrix}$$

晶体对称轴的基转角 $\theta=\frac{2\pi}{n}$,由此便可写出相应的坐标变换矩阵. 例如:四次对称轴的基转角 $\theta=90°$,因而它所相应的变换矩阵为

当 $C_4/\!/Z$ 轴时

$$\begin{pmatrix} 0 & 1 & 0 \\ -1 & 0 & 0 \\ 0 & 0 & 1 \end{pmatrix}$$

同时,也可求出四次对称轴的其他对称操作的变换矩阵:

绕 C_4(Z 轴)的对称操作有:$C_4(90°)$,$C_4^2(180°)$,$C_4^3(270°)$和 $C_4^4(360°)=E$. 各自所相应的变换矩阵为

$$C_4(90°):\begin{pmatrix} 0 & 1 & 0 \\ -1 & 0 & 0 \\ 0 & 0 & 1 \end{pmatrix},\quad C_4^2(180°):\begin{pmatrix} -1 & 0 & 0 \\ 0 & -1 & 0 \\ 0 & 0 & 1 \end{pmatrix}$$

$$C_4^3(270°):\begin{pmatrix} 0 & -1 & 0 \\ 1 & 0 & 0 \\ 0 & 0 & 1 \end{pmatrix},\quad E:\begin{pmatrix} 1 & 0 & 0 \\ 0 & 1 & 0 \\ 0 & 0 & 1 \end{pmatrix}$$

这些变换矩阵相应的行列式为

$$\begin{vmatrix} 0 & 1 & 0 \\ -1 & 0 & 0 \\ 0 & 0 & 1 \end{vmatrix}=\begin{vmatrix} -1 & 0 & 0 \\ 0 & -1 & 0 \\ 0 & 0 & 1 \end{vmatrix}=\begin{vmatrix} 0 & -1 & 0 \\ 1 & 0 & 0 \\ 0 & 0 & 1 \end{vmatrix}=\begin{vmatrix} 1 & 0 & 0 \\ 0 & 1 & 0 \\ 0 & 0 & 1 \end{vmatrix}=+1$$

当对称轴 C_n 平行于其他坐标轴时,也可类似地求出其旋转操作的变换矩阵. 例如:当四次对称轴(C_4)与 X 轴重合并进行旋转操作时,所对应的变换矩阵:

$$C_4(90°)/\!/X\text{ 轴时}:\begin{pmatrix} 1 & 0 & 0 \\ 0 & 0 & -1 \\ 0 & 1 & 0 \end{pmatrix}$$

$$C_4^2(180°)/\!/X\text{ 轴时}:\begin{pmatrix} 1 & 0 & 0 \\ 0 & -1 & 0 \\ 0 & 0 & -1 \end{pmatrix}$$

$$C_4^3(270°)/\!/X\text{ 轴时}:\begin{pmatrix} 1 & 0 & 0 \\ 0 & 0 & 1 \\ 0 & -1 & 0 \end{pmatrix},E$$

这些变换矩阵所相应的行列式为

$$\begin{vmatrix} 1 & 0 & 0 \\ 0 & 0 & -1 \\ 0 & 1 & 0 \end{vmatrix}=\begin{vmatrix} 1 & 0 & 0 \\ 0 & -1 & 0 \\ 0 & 0 & -1 \end{vmatrix}=\begin{vmatrix} 1 & 0 & 0 \\ 0 & 0 & 1 \\ 0 & -1 & 0 \end{vmatrix}=+1$$

同理,当 C_4 与 Y 轴重合并进行旋转操作时,

$$C_4(90°)\,/\!/\,Y\text{轴}:\begin{pmatrix}0 & 0 & 1\\ 0 & 1 & 0\\ -1 & 0 & 0\end{pmatrix}$$

$$C_4^2(180°)\,/\!/\,Y\text{轴}:\begin{pmatrix}-1 & 0 & 0\\ 0 & 1 & 0\\ 0 & 0 & -1\end{pmatrix}$$

$$C_4^3(270°)\,/\!/\,Y\text{轴}:\begin{pmatrix}0 & 0 & -1\\ 0 & 1 & 0\\ 1 & 0 & 0\end{pmatrix}$$

这些变换矩阵相应的行列式为

$$\begin{vmatrix}0 & 0 & 1\\ 0 & 1 & 0\\ -1 & 0 & 0\end{vmatrix}=\begin{vmatrix}-1 & 0 & 0\\ 0 & 1 & 0\\ 0 & 0 & -1\end{vmatrix}=\begin{vmatrix}0 & 0 & -1\\ 0 & 1 & 0\\ 1 & 0 & 0\end{vmatrix}=+1$$

对于平行于某些特殊方向的对称轴(C_n),也可类似地求出其旋转操作的变换矩阵. 例如:当 $C_3\,/\!/\,[111]$ 方向时

$$C_3(120°):\begin{pmatrix}0 & 1 & 0\\ 0 & 0 & 1\\ 1 & 0 & 0\end{pmatrix},\quad C_3^2(240°):\begin{pmatrix}0 & 0 & 1\\ 1 & 0 & 0\\ 0 & 1 & 0\end{pmatrix},\quad E$$

这些变换矩阵相应的行列式为

$$\begin{vmatrix}0 & 1 & 0\\ 0 & 0 & 1\\ 1 & 0 & 0\end{vmatrix}=\begin{vmatrix}0 & 0 & 1\\ 1 & 0 & 0\\ 0 & 1 & 0\end{vmatrix}=+1$$

通过验证,所有对称轴(C_n)为旋转操作变换矩阵的行列式值均等于 +1,其通式可表示为

$$\begin{vmatrix}a_{11} & a_{12} & a_{13}\\ a_{21} & a_{22} & a_{23}\\ a_{31} & a_{32} & a_{33}\end{vmatrix}=+1$$

这意味着,经过第一类对称元素的对称操作,即旋转操作后,坐标系不变,即原始坐标系为右手坐标系,操作后,仍为右手坐标系.

(v)反轴对称操作的变换矩阵.

反轴的对称操作是旋转和倒反的复合动作,并且两者合不可分. 因此,反轴的对称操作变换矩阵可由相应的旋转操作变换矩阵与倒反操作的变换矩阵直接相乘而得到. 当反轴(I_n)平行于 Z 坐标轴时,此旋转倒反的变换矩阵为

$$\begin{pmatrix} \cos\theta & \sin\theta & 0 \\ -\sin\theta & \cos\theta & 0 \\ 0 & 0 & 1 \end{pmatrix}\begin{pmatrix} -1 & 0 & 0 \\ 0 & -1 & 0 \\ 0 & 0 & -1 \end{pmatrix}$$

$$= \begin{pmatrix} -\cos\theta & -\sin\theta & 0 \\ \sin\theta & -\cos\theta & 0 \\ 0 & 0 & -1 \end{pmatrix}$$

式中，θ 为反轴所旋转的角度. 例如：当 $I_4(4)\,/\!/\,Z$ 轴并进行对称操作时，所相应的变换矩阵为

$$I_4[C_4(90°)\cdot i(i)], \begin{pmatrix} 0 & -1 & 0 \\ 1 & 0 & 0 \\ 0 & 0 & -1 \end{pmatrix}$$

$$I_4^2[C_4^2(180°)\cdot i(i)] = m(m), \begin{pmatrix} 1 & 0 & 0 \\ 0 & 1 & 0 \\ 0 & 0 & -1 \end{pmatrix}$$

$$I_4^3[C_4^3(270°)\cdot i(i)], \begin{pmatrix} 0 & 1 & 0 \\ -1 & 0 & 0 \\ 0 & 0 & -1 \end{pmatrix}$$

$$I_4^4[E, i(i)], \begin{pmatrix} -1 & 0 & 0 \\ 0 & -1 & 0 \\ 0 & 0 & -1 \end{pmatrix}$$

反轴对称操作变换矩阵所相应的行列式为

$$\begin{vmatrix} 0 & -1 & 0 \\ 1 & 0 & 0 \\ 0 & 0 & -1 \end{vmatrix} = \begin{vmatrix} 1 & 0 & 0 \\ 0 & 1 & 0 \\ 0 & 0 & -1 \end{vmatrix} = \begin{vmatrix} 0 & 1 & 0 \\ -1 & 0 & 0 \\ 0 & 0 & -1 \end{vmatrix}$$

$$= \begin{vmatrix} -1 & 0 & 0 \\ 0 & -1 & 0 \\ 0 & 0 & -1 \end{vmatrix} = -1$$

由上述可看出，倒反、反映和旋转倒反等的对称操作变换矩阵的行列式值均等于 -1，其通式可表示为

$$\begin{vmatrix} a_{11} & a_{12} & a_{13} \\ a_{21} & a_{22} & a_{23} \\ a_{31} & a_{32} & a_{33} \end{vmatrix} = -1$$

这表明了坐标系经过对称中心(i)、对称面(m)和反轴(I_n)的对称操作后便发生了变化，即右手坐标系转变为左手坐标系了.

(vi)点群的表示.

晶体对称元素的对称操作可用相应的变换矩阵来表示，每一对称操作对应于

一个矩阵,于是得出,对称操作的组合与其相应矩阵以相同方式的组合所得到的结论是一样的,因此,点群的表示可定义为由一组矩阵组成,而且它也一定是一个与点群 G 同构或同态的群. 例如,点群 $C_{2v}-mm2$ 的全部对称操作为

$$\{E, C_2(180°), m(m_u), m(m_v)\}$$

若选用右手坐标系,代表作用于一个一般点(xyz)的变换矩阵则为

$$E:\begin{pmatrix}1&0&0\\0&1&0\\0&0&1\end{pmatrix},\quad C_2/\!/Z\text{ 轴}:\begin{pmatrix}-1&0&0\\0&-1&0\\0&0&1\end{pmatrix}$$

$$\text{若 } m_u \text{ 与 } XZ \text{ 坐标轴平面重合}, m(m_u):\begin{pmatrix}1&0&0\\0&-1&0\\0&0&1\end{pmatrix}$$

$$\text{若 } m_v \text{ 与 } YZ \text{ 坐标轴平面重合}, m(m_v):\begin{pmatrix}-1&0&0\\0&1&0\\0&0&1\end{pmatrix}$$

点群 C_{2v}-$mm2$ 的乘法表见表 3.6.

表 3.6　点群 C_{2v}-$mm2$ 的乘法表

G_{2v}	E	C_2	m_u	m_v
E	E	C_2	m_u	m_v
C_2	C_2	E	m_v	m_u
m_u	m_u	m_v	E	C_2
m_v	m_v	m_u	C_2	E

容易证明,E, C_2, m_u 和 m_v 所相应的矩阵组合也一定适合 C_{2v}-$mm2$ 的乘法表,从而形成一个与 C_{2v}-$mm2$ 对应的四阶矩阵群,这样的矩阵群称为点群 C_{2v}-$mm2$ 的一个表示.

在点群 C_{2v}-$mm2$ 的乘法表中,$m_u \cdot C_2 = m_v$,而将相应的矩阵相乘,可得到相同的结论.

$$\underset{m_u}{\begin{pmatrix}1&0&0\\0&-1&0\\0&0&1\end{pmatrix}}\underset{C_2}{\begin{pmatrix}-1&0&0\\0&-1&0\\0&0&1\end{pmatrix}}=\underset{m_v}{\begin{pmatrix}-1&0&0\\0&1&0\\0&0&1\end{pmatrix}}$$

在点群 C_{2v}-$mm2$ 中,$[C_2(180°)]^2 = [m(m_u)]^2 = [m(m_v)]^2 = E$,这一结论对于矩阵也是正确的.

$$\begin{pmatrix}-1&0&0\\0&-1&0\\0&0&1\end{pmatrix}\begin{pmatrix}-1&0&0\\0&-1&0\\0&0&1\end{pmatrix}=\begin{pmatrix}1&0&0\\0&-1&0\\0&0&1\end{pmatrix}\begin{pmatrix}1&0&0\\0&-1&0\\0&0&1\end{pmatrix}$$

$$=\begin{pmatrix}-1&0&0\\0&1&0\\0&0&1\end{pmatrix}\begin{pmatrix}-1&0&0\\0&1&0\\0&0&1\end{pmatrix}$$

$$=\begin{pmatrix}1&0&0\\0&1&0\\0&0&1\end{pmatrix}$$

因此,两者的乘法表是通用的. 在这里我们只考虑了在坐标系中任意点的对称变换,就可生成与 C_{2v}-$mm2$ 的对称操作相对应的四阶矩阵群. 下面再列举一个对称性较高的点群 T-23 的例子.

点群 T-23 所具有的对称性为 $4C_3 3C_2$. 4 个三次对称轴 C_3 对坐标为一般点 (x,y,z) 的 8 个变换矩阵为

$$C_3^{(1)}\quad C_3^1:\begin{pmatrix}0&1&0\\0&0&1\\1&0&0\end{pmatrix}\quad C_3^2:\begin{pmatrix}0&0&1\\1&0&0\\0&1&0\end{pmatrix}\quad E:\begin{pmatrix}1&0&0\\0&1&0\\0&0&1\end{pmatrix}$$

$$C_3^{(2)}\quad C_3^1:\begin{pmatrix}0&0&-1\\-1&0&0\\0&1&0\end{pmatrix}\quad C_3^2:\begin{pmatrix}0&-1&0\\0&0&1\\-1&0&0\end{pmatrix},\ E$$

$$C_3^{(3)}\quad C_3^1:\begin{pmatrix}0&1&0\\0&0&-1\\-1&0&0\end{pmatrix}\quad C_3^2:\begin{pmatrix}0&0&-1\\1&0&0\\0&-1&0\end{pmatrix},E$$

$$C_3^{(4)}\quad C_3^1:\begin{pmatrix}0&0&1\\-1&0&0\\0&-1&0\end{pmatrix}\quad C_3^2:\begin{pmatrix}0&-1&0\\0&0&-1\\1&0&0\end{pmatrix},E$$

任意一个三次对称轴 C_3 的对称操作:$C_3^2=C_3^{-1}$,这表明它们的矩阵也应该是互逆的. $C_3^1\cdot C_3^{-1}=C_3^1\cdot C_3^2=E$. 借助于上述 8 个变换矩阵,可以证明,取其中不同的 C_3 对称轴的任意两个变换矩阵相乘,其乘积一定生成一个 $C_2^{(x)}$ 对称轴的变换矩阵. 例如,取 $C_3^{(1)}$ 对称轴的对称操作 C_3^1 和 $C_3^{(3)}$ 对称轴的对称操作 C_3^2 相乘,即

$$\begin{pmatrix}0&1&0\\0&0&1\\1&0&0\end{pmatrix}\begin{pmatrix}0&0&-1\\1&0&0\\0&-1&0\end{pmatrix}=\begin{pmatrix}1&0&0\\0&-1&0\\0&0&-1\end{pmatrix}$$

其乘积矩阵为 $C_2^{(x)}$ 对称轴的变换矩阵.

若 $C_2^{(x)}$ 对称轴的变换矩阵和 $C_3^{(x)}$ 对称轴的 C_3^2 的变换矩阵相乘,即

$$\begin{pmatrix}1&0&0\\0&-1&0\\0&0&-1\end{pmatrix}\begin{pmatrix}0&-1&0\\0&0&1\\-1&0&0\end{pmatrix}=\begin{pmatrix}0&-1&0\\0&0&-1\\1&0&0\end{pmatrix}$$

其乘积矩阵为 $C_3^{(4)}$ 的 C_3^2 的变换矩阵.

若按照这种方法继续,就证明上述8个变换矩阵可构成一个矩阵群. 因而,这就证明矩阵群即点群 T-23 的一个表示. 这个矩阵群中的矩阵是坐标点(x,y,z)的对称变换矩阵,而坐标点(x,y,z)称为这个表示的基,而表示的基是多种多样的,它可以是矢量、代数函数等,因而任意一个点群的表示数目是很大的,但由于它们之间存在着相似的变换,这样总可以通约为若干个确定的不可约表示.

(5)点群的不可约表示及其特征标表[20].

(i)点群的不可约表示. 点群的不可约表示的数学基础是矩阵代数. 假定一个矩阵集合 $A,B,C,\cdots$,它是点群的一个表示. 若有一个以矩阵 X 表示的相似变换,使 $A,B,C,\cdots$变成在主对角线上较低阶的子矩阵,而在其他位置上的矩阵元均为零.

例如

$$X^{-1}AX=A'=\begin{pmatrix} A'_1 & 0 & 0 & 0 & \cdots \\ 0 & A'_2 & 0 & 0 & \cdots \\ 0 & 0 & A'_3 & 0 & \cdots \\ 0 & 0 & 0 & A'_4 & \cdots \end{pmatrix}$$

$$X^{-1}BX=B'=\begin{pmatrix} B'_1 & 0 & 0 & 0 & \cdots \\ 0 & B'_2 & 0 & 0 & \cdots \\ 0 & 0 & B'_3 & 0 & \cdots \\ 0 & 0 & 0 & B'_4 & \cdots \end{pmatrix}$$

$$X^{-1}CX=C'=\begin{pmatrix} C'_1 & 0 & 0 & 0 & \cdots \\ 0 & C'_2 & 0 & 0 & \cdots \\ 0 & 0 & C'_3 & 0 & \cdots \\ 0 & 0 & 0 & C'_4 & \cdots \end{pmatrix}$$

如果子矩阵 $A'_k,B'_k,C'_k,\cdots$是同阶的,那么,我们则说这种表示是可约的. 根据点群乘法表的要求

$$A\cdot B=C$$

于是得到

$$X^{-1}AXX^{-1}BX=X^{-1}CX$$
$$A'\cdot B'=C'$$

但从矩阵的乘法规则可得

$$A'_k\cdot B'_k=C'_k$$

则每一个子矩阵的集合$(A'_k,B'_k,C'_k,\cdots)$满足群乘法表的要求,故为群的表示.

如果找不到一个相似变换,能使一个表示的所有矩阵按上述方式约简,则说这种表示是不可约的,但一般来说,任何表示都能约化为群的不可约表示,现以点群

$$G_{2v}\text{-}mm2 = G = \{E, C_2, m_u, m_v\}$$

的不可约表示为例来阐明群的不可约表示. 在点群 C_{2v}-$mm2$ 中,如果我们选择 C_2 对称轴作为坐标系的 Z 轴,m_u 对称面作为坐标平面 YZ,而 m_v 对称面与坐标平面 XZ 重合,这样,在群 C_{2v} 的对称操作作用下,函数(x,y,z)的变换矩阵的集合为

$$\underset{E}{\begin{pmatrix}1&0&0\\0&1&0\\0&0&1\end{pmatrix}}\underset{C_2}{\begin{pmatrix}-1&0&0\\0&-1&0\\0&0&1\end{pmatrix}}\underset{m_u}{\begin{pmatrix}-1&0&0\\0&1&0\\0&0&1\end{pmatrix}}\underset{m_v}{\begin{pmatrix}1&0&0\\0&-1&0\\0&0&1\end{pmatrix}}$$

也组成了矩阵群.

在这个矩阵集合中,所有矩阵仅在对角线上包含非零元素,而且这些非零元素不是 +1,就是 -1,归之为这种可约表示的每一矩阵均可以分解成(1×1)子矩阵,这些子矩阵组成群的不可约表示. 群的可约表示不计其数,但其不可约表示的数目仅有有限的几种. 在点群 C_{2v}-$mm2$ 中,对应于群元素的一维矩阵(1×1)只可能有 4 组,组成了群的不可约表示,见表 3.7.

表 3.7　点群 C_{2v} 的不可约表示

G_{2v}	E	C_2	m_u	m_v
A_1	(1)	(1)	(1)	(1)
A_2	(1)	(1)	(-1)	(-1)
B_1	(1)	(-1)	(1)	(-1)
B_2	(1)	(-1)	(-1)	(1)

在表 3.7 中,A,B 标志 C_2 对称轴对应的矩阵是(+1)或(-1),而下标 1 或 2 则标志 m_u 对称面对应的矩阵是(+1)或(-1).

点群的不可约表示的三个重要性质如下:

(a)群的不可约表示的数目等于该群中群类的数目.

(b)群的各个不可约表示的维数平方和等于该群的阶数. 例如,在点群 C_{2v}-$mm2$ 中,$1^2+1^2+1^2+1^2=4$.

(c)两个乘法表相同的同构群,它们给出相似的特征标表.

(ii)点群的不可约表示特征标表. 现仅以点群 C_{2v}-$mm2$ 的不可约表示特征表为例来作进一步的说明. 点群 C_{2v}-$mm2$ 有四个群元素和四个群类,故一定有四个

一维表示,这四个不可约表示概括了所有可能的不可约表示类型,这样,表 3.7 中的数组也是不可约表示的特征标,而表 3.7 也就是点群 C_{2v}-$mm2$ 的不可约表示特征标表.

同样,每一个点群均有它相应的特征标表,而同构点群可给出相似的特征标表.

关于点群的不可约表示以及其特征标的性质,对研究分子结构、价键理论等方面均有着重要的作用,如欲进一步理解其原理及应用,可查阅有关专门著作.

(6)点群与晶体宏观物理性能间的联系[24, 25, 34, 35].

晶体对称性可以保证最好的原子结合方式贯彻在整个晶体中. 晶体在宏观物理性能中所表现出来的对称性,一定会继承它所属点群的对称性,而且往往会因物理性能本身的张量性质而有所提高.

光在立方晶系晶体内传播时,速度在晶体内所有方向都是相同的,折射率在所有方向也都一样,因此人们称立方晶系晶体为光学均质体. 对于正方、三方和六方晶系晶体,光如沿着晶体的高次对称轴方向传播, 则不发生双折射现象,这一在光学上均质的方向称为光轴. 因为正方、三方和六方晶系晶体都仅存在一个光轴,故称为光学上的单轴晶体. 当光不是沿着晶体的高次对称轴方向传播时,就会发生光的双折射现象,光速和折射率都会随着入射光方向的不同而改变. 在斜方、单斜和三斜晶系晶体中,均存在两个不发生光的双折射方向,因而也就有两个光轴,所有这样的晶体都称为光学上的双轴晶体.

晶体的压电性、热释电性、旋光性和倍频效应等物理性质都是仅在某些特定的晶类内才能出现的. 在 32 种晶体学点群中,只有 21 种没有对称中心的点群,其中除 O-432 点群外,其余 20 种点群晶体都可能具有压电性,它们是:1,2,m,222,$mm2$,4,422,$4mm$,$\bar{4}$,$\bar{4}2m$,3,32,$3m$,6,622,$6mm$,$\bar{6}$,$\bar{6}m2$,23 和$\bar{4}3m$ 等 20 种. 然而,并不是说,凡属于上述 20 种点群的任何晶体都必定具有压电性,因为压电晶体首先应该是不导电的,而且必须是离子晶体或由络合离子组成的分子晶体. 具有热释电性的晶体,只能出现在那些仅具有一个极性轴的晶类和 C_1-1 及 C_s-m 晶类之中. 在 32 种晶体学点群中,仅有 10 种点群晶体才具有热释电性,它们分别是:1,2,m,$mm2$,4,$4mm$,3,$3m$,6 和 $6mm$,具有对称中心的晶体,不可能具有旋光性. 在 32 种晶体学点群中,仅有 15 种点群晶体才可能具有旋光性,即 1,2,m,222,$mm2$,4,422,$\bar{4}$,$\bar{4}2m$,3,32,6,622,23,432 点群. 在 32 种晶体学点群中,有对称中心的晶类不可能具有倍频效应,只有在无对称中心的点群晶体(除 432,622,422 外)才可能有倍频效应.

另外,晶体的力学性质、热导性、电导性、热膨胀和压缩性等宏观物理性质,均与晶体的对称性有关系,在 32 种晶体学点群中,共 11 种点群具有对称中心. 它们是 $\bar{1}$,$2/m$,mmm,$4/m$,$4/mmm$,$\bar{3}$,$\bar{3}m$,$6/m$,$6/mmm$,$m3$ 和 $m3m$. 晶体可看做是由一

表 3.8　32 种晶体学点群及其性质

晶族	晶系	对称组合	点群符号(申弗利斯-国际)	主导生殖对称元素的方向			阶数	物理效应				劳厄群
				a	b	c		旋光	压电	热电	倍频	
低级	三斜	C_1	C_1-1				1	+	+	+	+	$\bar{1}$
		(i)	G_1-$\bar{1}$				2	–	–	–	–	
	单斜	C_2	C_2-2		2		2	+	+	+	+	$2/m$
		m	C_s-m		m		2	(+)	+	+	+	
		$C_2 \cdot m \cdot i$	C_{2h}-$2/m$		$2/m$		4	–	–	–	–	
	斜方	$3C_2$	D_2 –222	2	2	2	4	+	+	–	+	mmm
		$C_2 \cdot 2m$	C_{2v}-$mm2$	m	m	2	4	(+)	+	+	+	
		$3C_2 \cdot 3m \cdot i$	D_{2h}-mmm	$2/m$	$2/m$	$2/m$	8	–	–	–	–	
中级	正方	C_4	C_4-4	c	a	$a+b$ [110]						$4/m$
				4			4	+	+	+	+	
		I_4	S_4-$\bar{4}$	$\bar{4}$			4	(+)	+	–	+	
		$G_4 \cdot m \cdot i$	G_{4h}-$4/m$	$4/m$			8	–	–	–	–	
		$G_4 \cdot 4C_2$	D_4-422	4	2	2	8	+	+	–	–	$4/mmm$
		$G_4 \cdot 4m$	C_{4v}-$4mm$	4	m	m	8	–	+	+	+	
		$I_4 \cdot 2C_2 \cdot 2m$	D_{2d}-$\bar{4}2m$	$\bar{4}$	2	m	8	(+)	+	–	(+)	
		$C_4 \cdot 4C_2 \cdot 5m(i)$	D_{4k}-$4/mmm$	$4/m$	$2/m$	$2/m$	16	–	–	–	–	
	三方	C_3	C_3-3	c	a	–						
				3			3	+	+	+	+	$\bar{3}$
		I_3	C_{3i}-$\bar{3}$	$\bar{3}$			6	–	–	–	–	
		$C_3 \cdot 3C_2$	D_3-32	3	2		6	+	+	–	+	$\bar{3}m$
		$C_3 \cdot 3m$	C_{3v}-$3m$	3	m		6	–	+	+	+	

续表

晶族	晶系	对称组合	点群符号(申弗利斯-国际)	主导生殖对称元素的方向			阶数	物理效应				劳厄群
				a	b	c		旋光	压电	热电	倍频	
		$I_3 \cdot 3C_2 \cdot m$	D_{3d}-$\bar{3}m$	$\bar{3}$	$2/m$		12	–	–	–	–	$\bar{3}m$
				c	a	$2a+b$ [210]						
		C_6	C_6-6	6	–	–	6	+	+	+	+	$6/m$
		I_6	C_{3h}-$\bar{6}$	$\bar{6}$	–	–	6	–	+	–	+	
	六	$G_6 \cdot m \cdot i$	G_{6h}-$6/m$	$6/m$	–	–	12	–	–	–	–	
	方	$G_6 \cdot 6C_2$	D_6-622	6	2	2	12	+	+	–	–	$6/mmm$
		$G_6 \cdot 6m$	C_{6v}-$6mm$	6	m	m	12	–	+	+	+	
		$I_6 \cdot 3C_2 \cdot 3m$	D_{3h}-$\bar{6}2m$	6	m	2	12	–	–	–	–	
		$C_6 \cdot 6C_2 \cdot 7m(i)$	D_{6h}-$6/mmm$	$6/m$	$2/m$	$2/m$	24	–	–	–	–	
				a	$a+b+c$	$a+b$						
高	立	$4C_3 \cdot 3C_2 4C_3 \cdot$ $3C_2 \cdot 3m \cdot i$	T-23	2	3	–	12	+	+	–	+	$m3$
			T_h-$m3$	$2/m$	3	–	24	–	–	–	–	
级	方	$3C_4 \cdot 4C_3 \cdot 6C_2$	O-432	4	3	2	24	+	–	–	–	$m3m$
		$4C_3 \cdot 3I_4 \cdot 6m$	T_d-$\bar{4}32$	$\bar{4}$	3	m	24	–	+	–	+	
		$3C_4 \cdot 4C_3 \cdot 6C_2 \cdot 9m(i)$	O_h-$m3m$	$4/m$	3	$2/m$	48	–	–	–	–	

系列平行的面网组成,而面网的两侧对 X 射线的衍射具有相同的效应,因此,X 射线对晶体的衍射效应都呈现出对称中心,不管晶体本身是否具有对称中心,在 X 射线衍射劳厄图上都是中心对称,因此,根据劳厄图无法区分晶体有无对称中心.例如,点群 C_s-2 或 C_s-m 由于加入一个对称中心,都会变成 C_{2h}-$2/m$ 点群,因此,所有单斜晶系晶体都具有相同的劳厄群——C_{2h}-$2/m$. 在32 种点群中共有 11 种点群具有对称中心,这 11 种具有对称中心的点群称为劳厄群.

(7)32 种晶体学点群及其性质[23]见表 3.8.

§3.4　14 种晶体学平移群[28-32]

晶体结构基元的周期性可用点阵的平移群来描述,不管是直线点阵、平面点阵还是空间点阵的所有平移矢量的集合,均构成一个平移群. 空间点阵的平移群可表示为

$$\boldsymbol{T}_{m,n,p} = [T(\boldsymbol{a})]^m[T(\boldsymbol{b})]^n[T(\boldsymbol{c})]^p = T(m\boldsymbol{a} + n\boldsymbol{b} + p\boldsymbol{c})$$

式中, $m,n,p = 0, \pm 1, \pm 2, \pm 3, \cdots$;$\boldsymbol{a},\boldsymbol{b},\boldsymbol{c}$ 均为单位矢量,称为基矢. 不难证明,$\boldsymbol{T}_{m,n,p}$符合成群的条件,而且它是一个无限群.

$\boldsymbol{T}_{m,n,p}$的缔合律为矢量加法,且具有群的封闭性;它的恒等元素为零,而其逆元素为相应矢量的反伸.

点阵与相应的平移群之间,存在着如下两个对应关系:

(1)从点阵中某一阵点指向其中任意阵点的矢量必为平移群所包括无遗,这就体现出群的封闭性.

(2)以点阵中任一阵点为原点时,平移群中每一个矢量都指向点阵中的一个阵点.

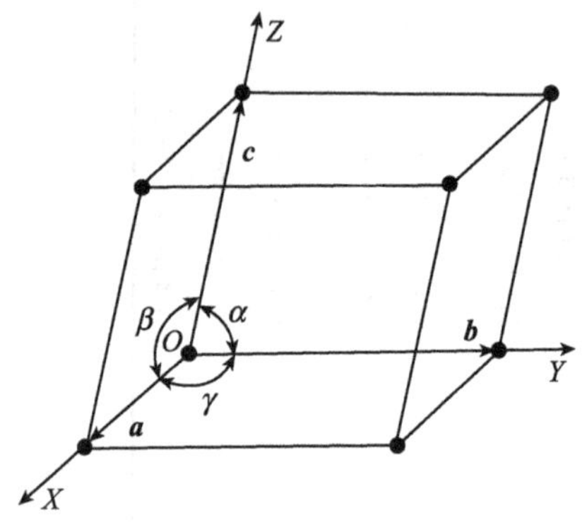

图 3.23　晶体点阵常数示意图

晶体结构是一种空间点阵图像. 空间点阵可由三个不在同一平面内的点阵直线来决定,因而,任何一个平移群都可由三个不共面的点阵直线之组合来予以表征,因此,如果我们确定出了一切可能的空间点阵类型,自然地也就导出了空间点阵中一切可能存在的平移群.

3.4.1　空间点阵类型与晶系的关系

确定空间点阵单位的类型,实际上就是在空间点阵中,如何选取平行六面体单位的问

题,但在空间点阵中可以有无限多个划分平行六面体单位的方式,然而要想划分出既可用来描述晶体结构基元排列的周期性、又能适应阵点的对称性的平行六面体单位,确实是有限的. 布拉维规定了选取平行六面体单位的三条原则:

(1)所选取的平行六面体单位必须能够充分地反映出空间点阵的点群与平移群.

(2)在满足(1)的条件下,应该使所选取的平行六面体单位的棱与棱之间的角度关系尽可能等于直角.

(3)在满足(1),(2)的条件下,所选取的平行六面体单位体积应为最小.

根据布拉维提出的这三条原则,在空间点阵中,划分平行六面体单位的类型只有7种,而且这7种类型与7个晶系相对应,每一种平行六面体单位的对称性都等于对应晶系的最高对称类型,每一种平行六面体单位的形状与大小,都可用此平行六面体单位的棱长(轴单位)$|\boldsymbol{a}|$,$|\boldsymbol{b}|$,$|\boldsymbol{c}|$和棱之间的夹角(轴间角)α,β,γ来标记,如图3.23所示. 一般地称为$\boldsymbol{a},\boldsymbol{b},\boldsymbol{c}$, α,β,γ为点阵常数,或晶格常数,也称为单胞常数,均是用来描述晶体结构的周期性的. 但晶胞是晶体结构的基元,结构基元的具体内容和简单晶胞内容是一致的,而点阵和晶格常数没有涉及晶体结构的具体内容,只是用来反映晶体结构基元在晶体中周期重复的方式. 所以点阵和晶格是一种抽象的用以描述晶体结构周期性的概念,但简单晶胞常数和点阵常数,或晶格常数的划分是一致的,所表示出的具体常数值是一样的.

空间点阵的7种类型与7个晶系的相应关系见表3.9.

同一个晶系的晶体,不管其对称性的高低,相应点阵的对称性始终是一样的,总可选择出同样形状的平行六面体单位. 见表3.9,但由于构成晶体结构基元的对称性有高有低,致使在晶(单)胞形状一样的同一个晶系晶体中,其晶体结构的对称性会从最高对称性的点群到最低对称性的点群的范围内是不一样的.

3.4.2 14种布拉维点阵型式

上述7种点阵类型共含有14种不同形式,在这14种点阵形式中,根据阵点在平行六面体单位中分布的数目和位置不同,可以分为四种情况.

(1)初基点阵(P):阵点只分布在平行六面体单位的8个顶点位置,而每一个阵点同时为8个平行六面体单位所共有,因此,每一个平行六面体单位只占有一个阵点.

(2)底心点阵(C,A或B):这种点阵型式,除了在平行六面体单位的每一个顶点位置上均有阵点外,还在一对面中心各附加一个阵点,此面中心的阵点为两个共面的平行六面体单位所共有,每一个平行六面体共有两个阵点.

(3)体心点阵(I):这种点阵型式除了在平行六面体单位的每个顶点位置上存在阵点外,还在体中心处附加一个阵点,因此,这种点阵型式共占有两个阵点.

(4)面心点阵(F):这种点阵型式除了在平行六面体单位的8个顶点位置上均

存有阵点外，在每一个面中心均附加一个阵点，而每一个面中心的阵点均为两个共面的平行六面体单位所共有，因此，对于这种点阵型式，每一个平行六面体单位占有 4 个阵点.

表 3.9　空间点阵的七种类型与七个晶系的对应关系

晶系	点阵类型（单位平行六面体的形状）	阵点对称性	点阵常数
立方（等轴）	轴单位：$\|\boldsymbol{a}\| = \|\boldsymbol{b}\| = \|\boldsymbol{c}\|$ 轴角：$\alpha = \beta = \gamma = 90°$ 坐标原点：$O(000)$	O_h-$m3m$	$\|\boldsymbol{a}\|$
正方（四方）	$\|\boldsymbol{a}\| = \|\boldsymbol{b}\| \neq \|\boldsymbol{c}\|$ $\alpha = \beta = \gamma = 90°, O(000)$	D_{4h}-$4/mmm$	$\|\boldsymbol{a}\|, \|\boldsymbol{c}\|$
六方	$\|\boldsymbol{a}\| = \|\boldsymbol{b}\| \neq \|\boldsymbol{c}\|$ $\alpha = \beta = 90°$ $\gamma = 120°$	D_{6h}-$6/mmm$	$\|\boldsymbol{a}\|, \|\boldsymbol{c}\|$
三方	(R)　$\|\boldsymbol{a}\| = \|\boldsymbol{b}\| = \|\boldsymbol{c}\|$ $\alpha = \beta = \gamma \neq 90°, O(000)$	D_{3d} - $\bar{3}m$	$\|\boldsymbol{a}\|$ α
斜方	$\|\boldsymbol{a}\| \neq \|\boldsymbol{b}\| \neq \|\boldsymbol{c}\|$ $\alpha = \beta = \gamma = 90°$ $O(000)$	D_{2h}-mmm	$\|\boldsymbol{a}\|, \|\boldsymbol{b}\|, \|\boldsymbol{c}\|$
单斜	$\|\boldsymbol{a}\| \neq \|\boldsymbol{b}\| \neq \|\boldsymbol{c}\|$ $\alpha = \gamma = 90°$ $\beta > 90°, O(000)$	C_{2h}-$2/m$	$\|\boldsymbol{a}\|, \|\boldsymbol{b}\|, \|\boldsymbol{c}\|.$ β
三斜	$\|\boldsymbol{a}\| \neq \|\boldsymbol{b}\| \neq \|\boldsymbol{c}\|$ $\alpha \neq \beta \neq \gamma \neq 90°$,　$O(000)$ （任意形状）	C_i-$\bar{1}$	$\|\boldsymbol{a}\|, \|\boldsymbol{b}\|, \|\boldsymbol{c}\|$ α, β

7 个晶系所对应的 7 种点阵类型，均各占有一个阵点，称为初基点阵(P). 而底心点阵或侧面心点阵、体心点阵和面心点阵均是在初基点阵(P)中附加了阵点而导出的，这种含有两个以上的阵点，称为非初基点阵，是为了保证充分符合选取平行六面体单位的布拉维原则的前提下而经常采用的点阵单位.

14 种布拉维点阵在 7 个晶系中的分布见表 3. 10.

在三维空间点阵中，能够归属为 14 种点阵型式的道理为：

(1)对于平行六面体单位而言，所附加的阵点只能在它的面中心或体中心的位置. 不然它将和空间点阵规律相违背，即破坏了点阵的周期性.

(2)某些点阵型式不可能出现在某些晶系中，否则就破坏了该晶系点阵的对称性. 例如，在立方晶系中，不可能存在立方底心点阵.

表3.10 14种布拉维点阵在7个晶系中的分布

晶系＼点阵型式	初基(P)	底心(C)(侧面心)	体心(I)	面心(F)
立方晶系	 阵点坐标原点:(000)	不可能	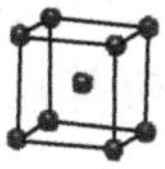 阵点坐标位置 $\left(000;\frac{1}{2}\frac{1}{2}\frac{1}{2}\right)$	 阵点坐标位置 $\left(000;\frac{1}{2}\frac{1}{2}0;\frac{1}{2}0\frac{1}{2};0\frac{1}{2}\frac{1}{2}\right)$
正(四)方晶系	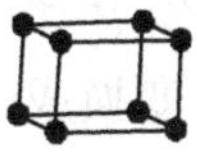	同P点阵	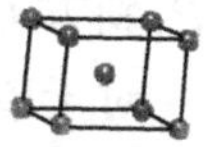 阵点坐标位置 $\left(000;\frac{1}{2}\frac{1}{2}\frac{1}{2}\right)$	同体心(I)点阵
斜方晶系		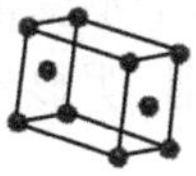 阵点坐标位置 $\left(000;\frac{1}{2}0\frac{1}{2}\right)$	 阵点坐标位置 $\left(000;\frac{1}{2}\frac{1}{2}\frac{1}{2}\right)$	阵点坐标位置 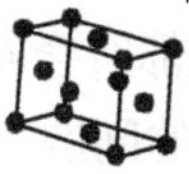 $\left(000;\frac{1}{2}\frac{1}{2}0;\frac{1}{2}0\frac{1}{2};0\frac{1}{2}\frac{1}{2}\right)$
六方晶系	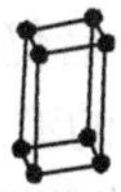	三个六方P点阵合并成C点阵	不可能	不可能
三方晶系	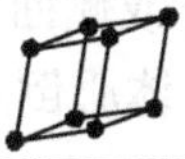	不可能	同初基点阵(R)	同R点阵
单斜晶系		 阵点坐标位置 $\left(000;\frac{1}{2}\frac{1}{2}0\right)$	同底心点阵(C)	同底心点阵(C)
三斜晶系	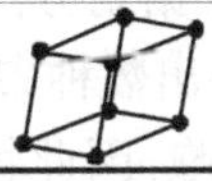	同P点阵	同P点阵	同P点阵

(3)如果所选取的平行六面体单位不是最小,则会出现重复. 例如:在正方晶系中,正方底心点阵C可转换为正方初基点阵P,正方面心点阵F可转换为正方体心点阵I. 因此,在正方晶系中只存在P点阵与I点阵两种型式. 正方初基点阵P完全符合选取点阵的三条原则,但在正方体心点阵I中,所选取的最小体积不是一个正方初基点阵P单位. 而是一个带有体心阵点的复单位,这是因为在正方体心点阵I中,选取初基点阵P单位不是一个正方体单位的缘故. 因此,在正方晶系中,正方P与正方I是截然不同的两种点阵单位的型式.

同样的道理可以说明在立方晶系中只有三种点阵型式,即立方初基点阵 P、立方体心点阵 I 和立方面心点阵 F,它们的单位都是立方体单位. 对于六方晶系而言,仅有六方点阵 P. 考虑到 C_6 的对称性,而又不违反空间点阵的规律性,所选取的单位只可能是由 3 个呈菱方柱形的初基点阵 P 拼合而成的六方底心点阵 C(表 3.10),其中每一个初基点阵 P 的特点为 $|\boldsymbol{a}| = |\boldsymbol{b}| \neq |\boldsymbol{c}|$, $\alpha = \beta = 90°$, $\gamma = 120°$.

对于三方晶系而言,只有三方菱面体单位 R(rhombohedral),三方底心点阵 C 与晶系的对称性不符,而三方体心 I 和面心 F 则都可以变换为初基点阵 R. 对于斜方晶系而言,存在着斜方 P,斜方 C(对于 C_{2v}-$mm2$ 点群还有 A 侧面心点阵),斜方 I,斜方 F 等四种点阵型式. 对于单斜晶系而言,存在着单斜 P 和单斜 C 两种点阵型式,单斜 A 侧面心等于其 C 底心,单斜 B 侧面心点阵可变换成体积减小一半的单斜初基点阵 P,单斜体心 I 和面心点阵 F 分别可转换成体积不变和体积减小一半的单斜底心点阵 C. 三斜晶系的晶体由于不受晶体点阵常数的限制,任意一个初基点阵 P 都符合布拉维规定的三条原则,明显地,这就出现了如何选择初级点阵是唯一性的问题.

14 种布拉维点阵相对应的倒易点阵.

14 种布拉维点阵中 7 种为初基点阵,另外 7 种为非初基点阵. 在 2.2.2 节已谈到晶体点阵与其倒易点阵互为倒易的关系,初基点阵变换后仍为初基倒易点阵,而非初基点阵变换后,也仍为非初基倒易点阵,但单胞带心的型式并不一定相同,非初基底心(C)或侧面心(A,B)点阵变为非初基底心(C)或侧面心(A,B)倒易点阵;而体心点阵(I)变为面心倒易点阵;面心点阵(F)变为体心倒易点阵. 14 种布拉维点阵其相应的倒易点阵也只有 14 种.

3.4.3　约化胞理论[3]

一般来讲,对应于一种单胞只有一种点阵,但反之则不然,对应于一种点阵,单胞的选法却有多种,意即单胞的选法不是唯一的. 如果根据划分三维空间点阵为布拉维点阵所限定的三条原则,对于一种晶体结构能引导出数种布拉维单胞,从而也就不能确定哪一种布拉维单胞才能真实代表晶体的晶胞,因此将空间点阵划分成布拉维单胞的唯一性问题,对晶体结构分析是一个极其重要的原则问题,为此早在 1928 年尼格里(P. Niggli)就借用代数学中的二次型约化理论,提出了 44 种约化胞,后来,又编制成符合尼格里约化胞的电子计算机程序,将晶体空间点阵划分为唯一确定的单胞计算方法,全面地解决了单胞选取唯一性的重要问题.

44 种约化胞同 14 种布拉维单胞一样,同样地分布在 7 个晶系中,而且 14 种布拉维单胞同 44 种约化胞具有一定的对应关系,即约化胞可变换为布拉维单胞. 14 种布拉维单胞全面地反映出晶体结构中原子排列的基本规律性,它是确定晶胞参数的依据. 44 种约化胞全面地消除了划分晶胞的不唯一性问题,晶体可按照约化胞的特征分类,此为晶体分类的基础.

关于约化胞的约化条件与其特征,约化胞类型,尼格里矩阵,约化胞如何变换成布拉维单胞等问题,在晶体结构分析和电子衍射图谱等专著中有较详细论述,在此不作进一步地讨论.

§3.5 230 种晶体学空间群[28-46]

晶体结构可视为一种无限的点阵图像,由晶体结构的对称性元素组合的对称操作所组成的对称群称为空间群,通常以晶体结构的对称元素的相互组合的结果来代表其对称操作的集合,共得 230 种空间群. 在任何一个空间群都必定包含着一个平移群,因此,构成空间群的所有对称元素都按照周期性重复的规律无限地配置在整个空间点阵图像中,晶体结构的对称性决定于它的空间群,利用晶体的衍射效应,可以得出它的空间群. 空间群全面地描述了晶体结构中原子排列的规律性.

3.5.1 晶体的微观对称元素

晶体结构中,除了在宏观上已出现的对称元素外,尚存有点阵、螺旋对称轴和滑移面等微观对称元素.

(1)点阵.

点阵的对称操作为平移,点阵图像平移后,其中的每一个阵点可保持原样不动. 平移必然为无限对称图像所具有的特性. 点阵图像所形成的平移群,必然是一个无限群.

(2)螺旋轴(n_s).

螺旋轴的符号为 n_s,n 为轴次,s 为小于 n 的正整数. 螺旋轴 n_s 的对称操作为旋转与平移的复合操作. 当对称图像围绕螺旋轴 n_s 旋转一定角度后,继而沿轴的平行方向平移一定的距离,可使其对称图像的等同部分重合. 由于受晶体点阵结构规律性的制约,所能出现的螺旋轴的轴次 n 只可能为 1,2,3,4,6 等 5 种,相应的基转角 α 为 360°,180°,120°,90°,60°. 旋转后所平移的矢量 $\tau=\frac{s}{n}\boldsymbol{t}$,$\boldsymbol{t}$ 为与平移矢量 τ 平行的单位矢量,称为基矢.

螺旋轴(n_s)的基本对称操作可表示为

$$C\left(\frac{2\pi}{n}\right)\cdot T\left(\frac{s}{n}\boldsymbol{t}\right)$$

螺旋轴(n_s)的对称群为

$$\left[C\left(\frac{2\pi}{n}\right)\cdot T\left(\frac{s}{n}\boldsymbol{t}\right)\right]^p$$

式中，$p=0, \pm1, \pm2, \pm3, \cdots$，在这种对称群中所包含的平移群为

$$\left[T\left(2\frac{s}{n}t\right)\right]^p$$

表 3.11　螺旋轴(n_s)及其相应的基本操作

轴次	国际符号	基本对称操作	备注
1	1	$C(2\pi)\cdot T(t)$	
2	2_1	$C\left(\frac{2\pi}{2}\right)\cdot T\left(\frac{1}{2}t\right)$	t 为点阵的基矢
3	3_1	$C\left(\frac{2\pi}{3}\right)\cdot T\left(\frac{1}{3}t\right)$	
	3_2	$C\left(\frac{2\pi}{3}\right)\cdot T\left(\frac{2}{3}t\right)$	
	4_1	$C\left(\frac{2\pi}{4}\right)\cdot T\left(\frac{1}{4}t\right)$	
4	4_2	$C\left(\frac{2\pi}{4}\right)\cdot T\left(\frac{1}{2}t\right)$	
	4_3	$C\left(\frac{2\pi}{4}\right)\cdot T\left(\frac{3}{4}t\right)$	同方向旋转
	6_1	$C\left(\frac{2\pi}{6}\right)\cdot T\left(\frac{1}{6}t\right)$	
	6_2	$C\left(\frac{2\pi}{6}\right)\cdot T\left(\frac{2}{6}t\right)$	
6	6_3	$C\left(\frac{2\pi}{6}\right)\cdot T\left(\frac{3}{6}t\right)$	
	6_4	$C\left(\frac{2\pi}{6}\right)\cdot T\left(\frac{4}{6}t\right)$	
	6_5	$C\left(\frac{2\pi}{6}\right)\cdot T\left(\frac{5}{6}t\right)$	

式中，$p=0, \pm1, \pm2, \pm3, \cdots$. 晶体结构中可能存在的螺旋轴($n_s$)和相应的基本对称操作，见表 3.11.

各种螺旋轴(n_s)的对称操作效果，如图 3.24 所示.

通常规定，在同轴次的螺旋轴 n_s 中，凡 $s\leqslant\frac{n}{2}$ 者，称这样的螺旋轴(n_s)为右旋螺旋轴. 凡$\frac{n}{2}<s<n$ 者，称这样的螺旋轴(n_s)为左旋螺旋轴. 凡 $s=\frac{n}{2}$ 者，螺旋轴的左、右旋转是等效的，这样的螺旋轴(n_s)无左右旋之分，称为中性螺旋轴.

(3)滑移面.

滑移面的对称操作为反映和平移的复合操作，其基本对称操作可表示为

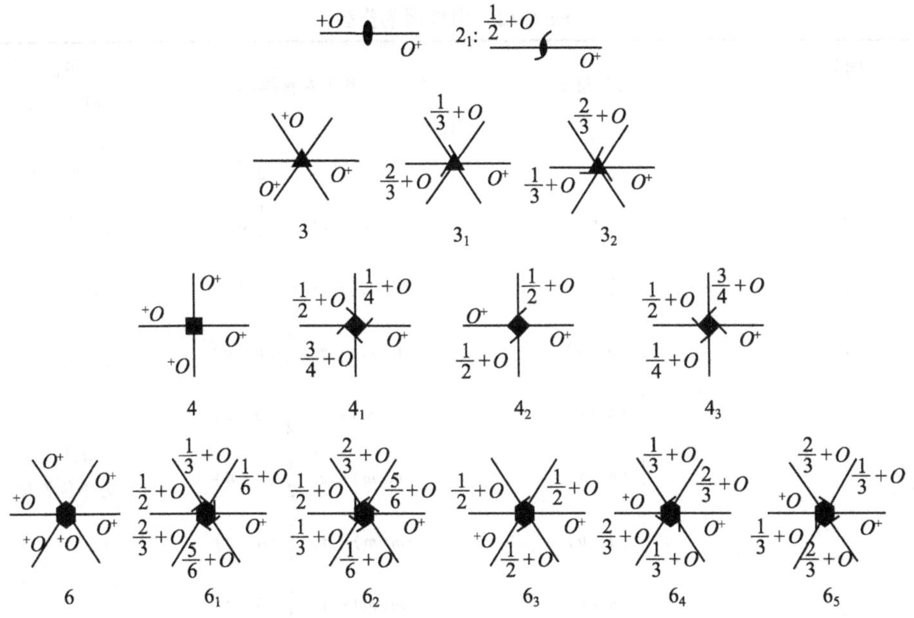

图 3.24　螺旋轴(n_s)的对称操作效果

$M[m(m)\tau]$,τ 为平移矢量. 滑移面的对称群为

$$\{M[m(m),\tau]\}^p$$

式中,$p=0,\pm1,\pm2,\pm3,\cdots$. 拥有滑移面的对称图像为一个点阵图像,因此,在滑移面对称群中的平移群为$[T(2\tau)]^p$,其中 $p=0,\pm1,\pm2,\cdots$.

在晶体结构中,按照反映后平移矢量的不同,可将滑移面分为 5 种,见表 3.12.

b 滑移面与 n 滑移面的滑移图像如图 3.25 所示.

3.5.2　晶体微观对称元素的组合

(1) 两个平行对称面(m_1)和(m_2)的组合.

两个相互平行的对称面(m_1)和(m_2)的连续操作之和,相当于一个平移操作,其平移距离(T)为对称面(m_1)和(m_2)间距(d)的 2 倍,即 $m(m_1)/m(m_2)=T(\tau)$,$|T|=2d$,

其对称图像,如图 3.26 所示.

(2) 对称面(m')或(m'')的产生

对称面(m)与垂直于它的平移 $T(\tau)_{\perp}$ 相组合时,必然产生与此对称面(m)平行的对称面(m')或(m''),即 $m(m)\cdot T(\tau)_{\perp}=m(m')$,或者 $T(\tau)\perp m(m)=m(m'')$.

所对应的对称图像,如图 3.27 所示.

表 3.12　滑移面的类型

国际符号	平移矢量 τ	基本对称操作	备注 滑移图像
a	$\frac{1}{2}\boldsymbol{a}$	$m(m)\cdot\tau\left(\frac{1}{2}\boldsymbol{a}\right)$	$\boldsymbol{a}$:
b	$\frac{1}{2}\boldsymbol{b}$	$m(m)\cdot\tau\left(\frac{1}{2}\boldsymbol{b}\right)$	$\boldsymbol{b}$:
c	$\frac{1}{2}\boldsymbol{c}$	$m(m)\cdot\tau\left(\frac{1}{2}\boldsymbol{c}\right)$	$\boldsymbol{c}$:
n	$\frac{1}{2}(\boldsymbol{a}+\boldsymbol{b})$	$m(m)\cdot\tau\left[\frac{1}{2}(\boldsymbol{a}+\boldsymbol{b})\right]$	n:
	$\frac{1}{2}(\boldsymbol{b}+\boldsymbol{c})$	$m(m)\cdot\tau\left[\frac{1}{2}(\boldsymbol{b}+\boldsymbol{c})\right]$	
	$\frac{1}{2}(\boldsymbol{c}+\boldsymbol{a})$	$m(m)\cdot\tau\left[\frac{1}{2}(\boldsymbol{c}+\boldsymbol{a})\right]$	$\boldsymbol{a},\boldsymbol{b},\boldsymbol{c}$ 为单位矢量
d	$\frac{1}{4}(\boldsymbol{a}+\boldsymbol{b})$	$m(m)\cdot\tau\left[\frac{1}{4}(\boldsymbol{a}+\boldsymbol{b})\right]$	d:
	$\frac{1}{4}(\boldsymbol{b}+\boldsymbol{c})$	$m(m)\cdot\tau\left[\frac{1}{4}(\boldsymbol{b}+\boldsymbol{c})\right]$	
	$\frac{1}{4}(\boldsymbol{c}+\boldsymbol{a})$	$m(m)\cdot\tau\left[\frac{1}{4}(\boldsymbol{c}+\boldsymbol{a})\right]$	

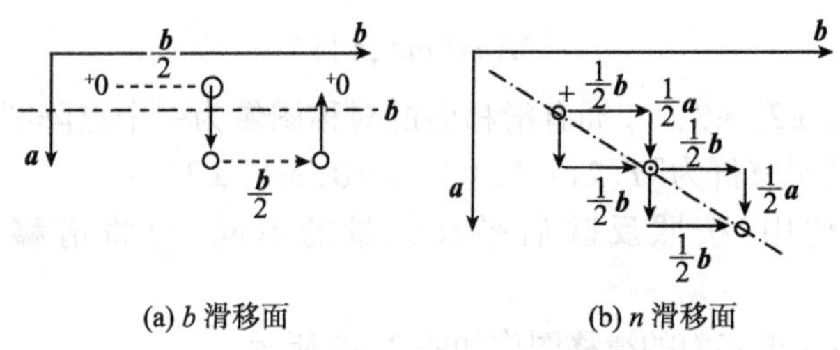

(a) b 滑移面　　(b) n 滑移面

图 3.25　b 滑移面与 n 滑移面的滑移面图像

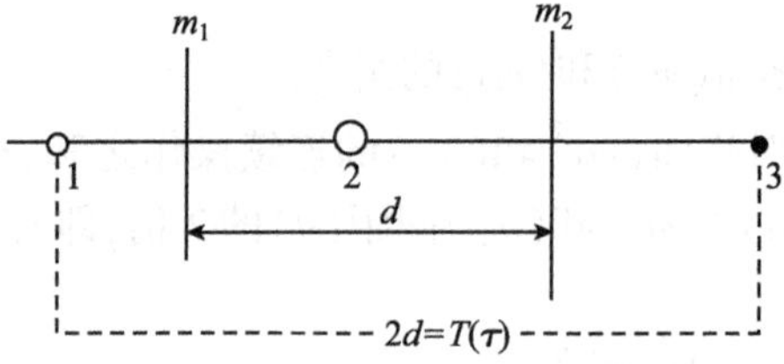

图 3.26　平行对称面(m_1)和(m_2)的组合

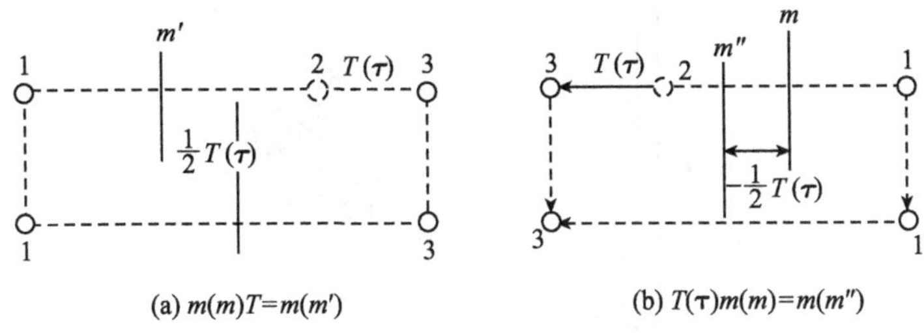

(a) $m(m)T=m(m')$ (b) $T(\tau)m(m)=m(m'')$

图 3.27 $(m)T_\perp$ 的组合定理

(3)对称面(m)与其斜交平移$T(\tau)$的组合.

$T(\tau)$可分解为$T(\tau)=T'(\tau)+T''(\tau)$,式中$T'(\tau)\perp m, T''(\tau)\,/\!/\,m$.这样,在离开对称面$(m)$法线方向$\frac{1}{2}T'(\tau)$处又产生一个对称面$(m')$,再与$T''(\tau)$相组合,对称面$(m')$就变成滑移面,如图 3.28 所示.

$m'[m(m)\cdot T''(\tau)_{/\!/}]$→滑移面.

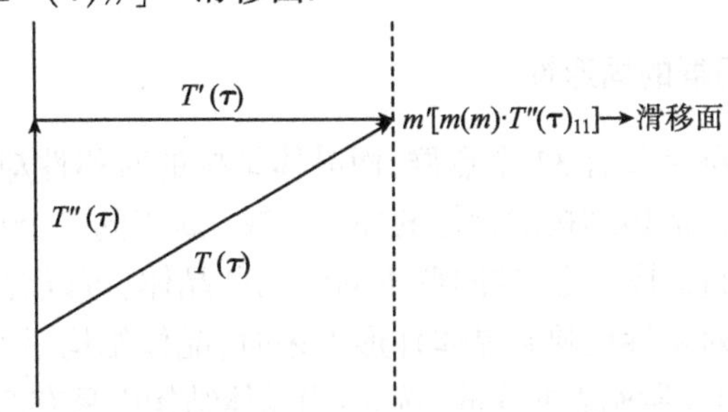

图 3.28 对称面(m)与其斜交平移$T(\tau)$组合定理

(4)对称轴$C'_n(\beta)$或$C''_n(\beta)$的产生.

对称轴$C_n(\alpha)$与其垂直的平移$T(\tau)\perp$相组合时,必然产生另外的对称轴$C'_n(\beta)$或$C''_n(\beta)$,即

$C_n(\alpha)\cdot T(\tau)\perp=C'_n(\beta)$,或者$T(\tau)\cdot C_n(\alpha)=C''_n(\beta)$

这时,当$\alpha=\beta$时,如图 3.29 所示.

将$C_n(\alpha)$的对称操作看做是相交为$\frac{\alpha}{2}$的两对称面(m_1),(m_2)的连续对称操作之和,而将$T(\tau)$看做是相距为$\frac{1}{2}T(\tau)$的两个平行对称面(m_3)、(m_4)的连续操作之和,而且(m_2)与(m_3)重合在一起.

(5)螺旋轴n_s的产生.

对称轴(C_n)与斜交平移:$T(\tau)=T(\tau)_\perp+T(\tau)_{/\!/}$组合的结果,必然产生一个螺旋轴$(n_s)$.

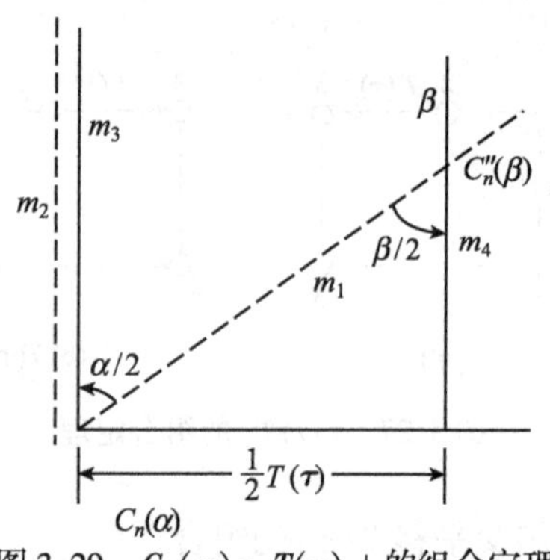

图 3.29　$C_n(\alpha)\cdot T(\tau)\perp$的组合定理

总之,晶体结构的对称元素相组合时,必然产生新的对称元素,这样原始对称元素与新产生的对称元素相互成对称配置,而其对称操作的集合,就构成了无限对称图形的对称群,即空间群.

3.5.3　点群与空间群的同形性

晶体外形的对称性仅有 32 个点群,而晶体结构的对称性却有 230 种空间群. 晶体外形的对称性是晶体结构对称性的外在反映. 属于同一个点群的晶体不一定就属于同一个空间群. 换言之,空间群不同的几种晶体,可以属于同一个点群,这是由于晶体结构的对称性反映到晶体外形上来时,晶体结构对称性中所包含的平移群,都被它的均匀性所掩盖的缘故,例如:当晶体结构中具有四次对称轴时,则不管它是宏观出现的普通四次对称轴,还是四次螺旋轴,在围绕该轴旋转 90°的四个方向中,晶体所表现的宏观物理性能都是一样的,而且把观测位置沿着轴移动一段距离,其所观测到的宏观物理性能也应当是不变的. 这样的两个相互平行的普通的四次对称轴和四次螺旋轴,它们各自的基本对称操作 X 和 Y 存在着如下关系:

$$X = \boldsymbol{T}(t)Y$$

式中, $\boldsymbol{T}(t)$ 为一平移矢量. 当 $T(t)$ 表现在宏观物理性能上来时,它就失去了作用. X 与 Y 称为同形的两个对称操作. 基本对称操作同形的两个对称元素,称为同形对称元素. 上述的普通四次对称轴与四次螺旋轴是两个同形的对称元素. 同理,两个相互平行的同轴次的普通对称轴与螺旋轴是同形的对称元素. 两个相互平行的普通对称面与滑移面也是同形的对称元素,两个平行的同轴次的反轴或两个对称中心均为同形的对称元素.

若某一定点群 G 中每一对称操作都有同形对称操作在某一定空间群 Γ 中,而此一定空间群 Γ 中的每一对称操作也均有同形对称操作在此对应点群 G 中,则称此点群 G 和空间群 Γ 为两个互为同形的对称群. 例如:点群 G_{2h}-$2/m$ 和空间群 G_{2h}^2

-$P2_1/m$ 称为两个互为同形的对称群.

当晶体结构的对称性反映到晶体的宏观物理性质和外形上来时，平移操作就失去了作用. 可以这样设想，将晶体结构中同方向的无数个对称元素平移汇聚，使其最少相交于一点，这样，晶体的空间群与一定的点群同形，但每一点群又可以有若干个同形空间群. 例如：点群 C_{2h}-$2/m$ 就有 6 个同形的空间群：C_{2h}^1-$P2/m$、C_{2h}^2-$P2_1/m$、C_{2h}^3-$C2/m$、C_{2h}^4-$P2/c$、C_{2h}^5-$P2_1/C$ 和 C_{2h}^6-$C2/c$. 32 种点群总共具有 230 种同形空间群，而 230 种空间群仅具有 32 种同形点群.

3.5.4 推引晶体学空间群[10, 22]

关于推引 230 种空间群的工作，早在 1890 年就由俄国晶体学家费多罗夫完成，其后又由德国科学家申弗利斯和英国学者巴洛分别在 1891 年和 1894 年利用不同推引方法，独立地得出了相同的结果. 230 种空间群的两种表达方式(即对称元素系与等效点系)均已收集在《X 射线晶体学国际表》第一卷中.

如果根据群论理论来系统地推引 230 种空间群时，不仅工作量很大，而且前人早已完成这项工作，现在就没有必要进行这项工作，但对于晶体生长工作者来说，为了能够更清楚地理解空间群的投影图像，了解与掌握推引空间群的原理与方法，亲自去推引一下则是完全有益的. 一般所采用的推引空间群方法，大多首先是通过推引简单点群(只含有一个对称元素的)同形的空间群，然后再来推引与复杂点群同形的空间群. 但必须指出的是，在推引过程中，既要避免遗漏，又要避免重复.

(1) 推引与简单点群同形的空间群.

属于同一点群的晶体的空间群可以有所不同. 首先是它们的空间群中的平移群可以不同，其次是空间群中的对称元素(宏观与微观的)系也可以不同，现举出下述例子进行说明.

例 1 点群 C_2-2 同形的空间群.

点群 C_2-2 属于单斜晶系，在该晶系中仅有两种型式的平移群，即单斜初基点阵 P 与单斜底心点阵 C 两种. 在晶体结构中存在的二次对称轴可以是普通的二次对称轴(2)，也可以是二次螺旋轴(2_1). 将该晶系的初基点阵 P 和底心点阵 C 与点群 2 的同形对称元素 2，2_1 相组合后，仅能得到 3 种同形空间群，即

$$P2, P2_1, C2(C2_1)$$

三种. 它们的投影平面图像如图 3.30 所示.

例 2 与点群 C_4–4 同形的空间群.

点群 C_4–4 属于正方晶系，正方晶系有两种点阵，即正方 P 和正方 I 两种. 四次对称轴在晶体结构中可以是普通四次对称轴(C_4)和三种四次螺旋轴 4_1，4_2 和 4_3. 将正方 P、正方 I 与 4，4_1，4_2，4_3 对称性轴组合后，重复的组合合并为一种，这样共得到 6 种空间群，即 $P4$，$P4_1$，$P4_2$，$P4_3$，$I4(I4_2)$，$I4_1(I4_3)$.

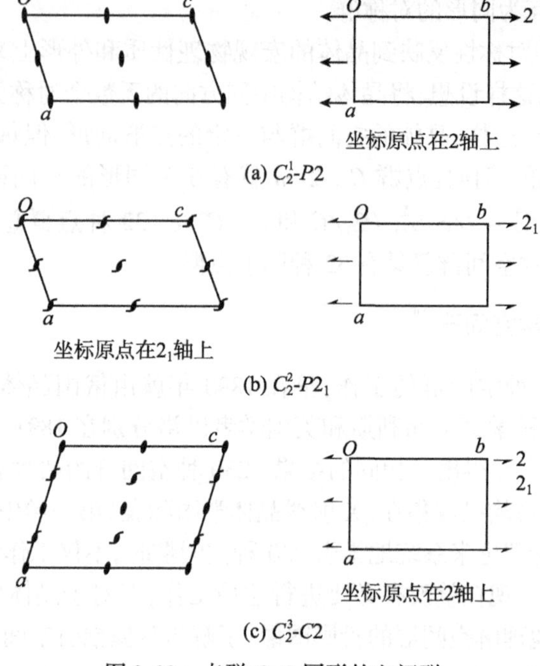

图 3.30　点群 C_2-2 同形的空间群

现在我们再来利用群论的同形陪集与对称元素的组合原理来论证正方 P 点阵与普通四次对称轴组合成空间群 $P4$ 的过程. 现设空间群 $P4$ 的对称元素系有一个四次对称轴通过坐标系原点(0,0),则这个对称轴的 4 个对称操作所形成的对称群为

$$G = \{E, 4^1(0,0), 4^2(0,0), 4^3(0,0)\}$$

群 G 中的四次对称操作必在空间群 $P4$ 中代表下列 4 个同形陪集:

$$\{T\} = T(m\boldsymbol{a} + n\boldsymbol{b} + p\boldsymbol{c})$$
$$\{T\}4^1(0,0)$$
$$\{T\}4^2(0,0)$$
$$\{T\}4^3(0,0)$$

所谓同形陪集,即在空间群 Γ 中有一个不属于平移群 $\{T\}$ 的对称操作 Y,Γ 中与 Y 同形的全部对称操作便组成了一个同形陪集 $\{T\}Y$,在同形陪集 $\{T\}Y$ 中各个对称操作都是与 Y 同形对称的操作,而且相互之间也是同形的对称操作. 鉴于空间群 Γ 的对称元素系本身也是一个能为平移群 $\{T\}$ 复原的点阵图像,因此我们只要考虑每一个正方单位中的对称元素系就够了,很明显,既然在坐标原点(0,0)处存在一个四次对称轴,那么在点阵图像正方单位(0,1),(1,0)和(1,1)处也必然都存在一个四次对称轴. 同时,将四次对称轴与平移 $T(\boldsymbol{a})$ 或 $T(\boldsymbol{b})$ 相结合,还可得到在正

方单位$\left(\frac{1}{2},\frac{1}{2}\right)$处也存在一个四次对称轴，在正方单位

$$\left(\frac{1}{2},0\right),\quad\left(0,\quad\frac{1}{2}\right)$$

处均存在着一个二次对称轴，即

$$T(\boldsymbol{a})4^1(0,0)=4^1\left(\frac{1}{2},\frac{1}{2}\right)$$

$$T(\boldsymbol{a})4^2(0,0)=2^1\left(\frac{1}{2},0\right)$$

$$T(\boldsymbol{b})4^2(0,0)=2^1\left(0,\frac{1}{2}\right)$$

综合以上论证的结果得出，推引空间群 $P4$ 的过程如图 3.31 所示.

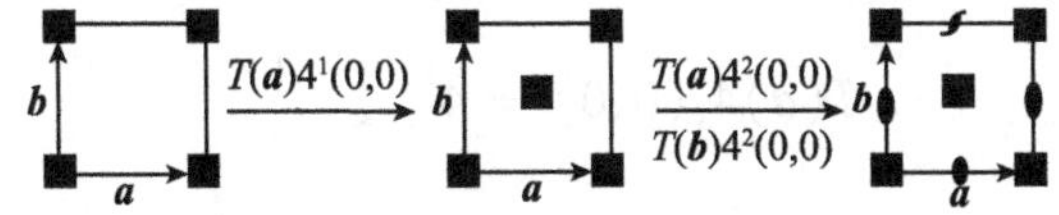

图 3.31　空间群 C_4^1 - $P4$ 的推引

同理，推引空间群 C_4^2-$P4_1$，C_4^3-$P4_2$ 和 C_4^4-$P4_3$ 的过程如图 3.32 所示.

C_4^2 - $P4_1$

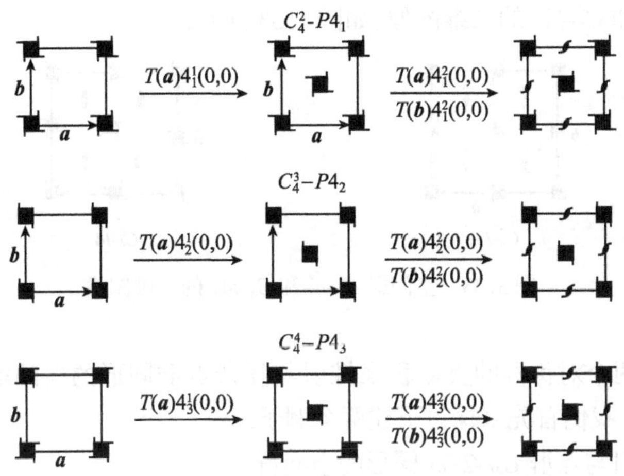

图 3.32　空间群 C_4^2-$P4_1$，C_4^3-$P4_2$ 和 C_4^4-$P4_3$ 的推引

在空间群 C_4^5-$I4$ 的对称元素系中，设四次对称轴通过坐标原点(0,0)，则这个空间群的同形陪集为

$$\{T\}E=T(m\boldsymbol{a}+n\boldsymbol{b}+p\boldsymbol{c})$$

$$T(m\boldsymbol{a}+n\boldsymbol{b}+p\boldsymbol{c}),T\left(\frac{1}{2}\boldsymbol{a}+\frac{1}{2}\boldsymbol{b}+\frac{1}{2}\boldsymbol{c}\right)$$

$$\{T\}4^1(0,0)$$

$$\{T\}4^2(0,0)$$
$$\{T\}4^3(0,0)$$

如同推引空间群 C_4^1-$P4$ 的方法一样,利用四次对称轴与平移 $T(\tau)$ 相组合,便可得到

$$T(\boldsymbol{a})4^1(0,0) = 4^1\left(\frac{1}{2},\frac{1}{2}\right)$$

$$T\left(\frac{1}{2}\boldsymbol{a}+\frac{1}{2}\boldsymbol{b}+\frac{1}{2}\boldsymbol{c}\right)4^1(0,0) = 4_2^1\left(0,\frac{1}{2}\right)$$

$$T\left(\frac{1}{2}\boldsymbol{a}+\frac{1}{2}\boldsymbol{b}+\frac{1}{2}\boldsymbol{c}\right)4^2(0,0) = 2_2^1\left(\frac{1}{4},\frac{1}{4}\right)$$

同样,在空间群 C_4^6-$I4_1$ 中,我们也可以得到

$$T(\boldsymbol{a})4_1^1(0,0) = 4_1^1\left(\frac{1}{2},\frac{1}{2}\right)$$

$$T\left(\frac{1}{2}\boldsymbol{a}+\frac{1}{2}\boldsymbol{b}+\frac{1}{2}\boldsymbol{c}\right)4_1^1(0,0) = 4_3^1\left(\frac{1}{2},0\right)$$

$$T\left(\frac{1}{2}\boldsymbol{a}+\frac{1}{2}\boldsymbol{b}+\frac{1}{2}\boldsymbol{c}\right)4_1^2(0,0) = 2^1\left(\frac{1}{4},\frac{1}{4}\right)$$

空间群 C_4^5-$I4$ 和 C_4^6-$I4_1$ 的二维图像,如图 3.33 所示.

图 3.33　空间群 C_4^5-$I4$ 和 C_4^6-$I4_1$ 的二维图像

(2)作为两个对称群的直接积来推引与复杂点群同形的空间群. 为更好地理解这个问题,我们首先来探讨下述两个例子.

例 1　推引与点群 C_{2h}-$2/m$ 同形的空间群.

对于单斜晶系点群 C_{2h}-$2/m$ 而言,同形的对称元素系有:$2/m$,$2_1/m$,$2/b$ 和 $2_1/b$. 如果将这些同形的对称元素分别与单斜晶系的两种平移群 P 与 B 相组合,便可得到 6 种空间群. 这 6 种空间群可由两个群的直接积求得,即

$$P2/m = P2 \otimes \{1,m\}$$

$$P2_1/m = P2_1 \otimes \{1,m\}$$

$$B2/m = B2 \otimes \{1,m\}$$

$$P2/b = P2 \otimes \{1, b\}$$

$$P2_1/b = P2_1 \otimes \{1, b\}$$

$$B2/b = B2 \otimes \{1, b\}$$

例 2 利用点群 C_{2v}-$mm2$ 的同形对称元素与斜方 P 点阵相组合,就可产生 10 种空间群,这 10 种空间群作为两个群的直接积,可表示为

$$Pmm2 = C_{2v}^1 = C_2^1 \otimes \{E, m\}$$

$$Pmc2_1 = C_{2v}^2 = C_2^2 \otimes \{E, m\}$$

$$Pcc2 = C_{2v}^3 = C_2^1 \otimes \{E\{m \mid c/2\}\}$$

$$Pma2 = C_{2v}^4 = C_2^1 \otimes \{E, m'\}$$

$$Pca2_1 = C_{2v}^5 = C_2^2 \otimes \{E, \{m' \mid c/2\}\}$$

$$Pnc_2 = C_{2v}^6 = C_2^1 \otimes \{E\{m/(b+c)/2\}\}$$

$$Pmn2_1 = C_{2v}^7 = C_2^2 \otimes \{E, m'\}$$

$$Pba2 = C_{2v}^8 = C_2^1 \otimes \left\{E\left\{m'/\frac{b}{2}\right\}\right\}$$

$$Pna2_1 = C_{2v}^9 = C_2^2 \otimes \left\{E, \left\{m' \mid \frac{(b+c)}{2}\right\}\right\}$$

$$Pnn2 = C_{2v}^{10} = C_2^1 \otimes \left\{E\left\{m' \mid \frac{b+c}{2}\right\}\right\}$$

式中, $2, 2_1$ 轴沿坐标轴 z 轴方向, m 垂直于坐标轴 X 轴在 $x=0$ 处, m' 也垂直于坐标轴 X 轴但在 $x=\frac{1}{4}$ 处.

另外,属于点群 C_{2v}-$mm2$ 的同形空间群尚有 12 种: C_{2v}^{11}-$Cmm2$, C_{2v}^{12}-$Cmc2_1$, C_{2v}^{13}-$Ccc2$, C_{2v}^{14}-$Amm2$, C_{2v}^{15}-$Abm2$, C_{2v}^{16}-$Ama2$, C_{2v}^{17}-$Aba2$, C_{2v}^{18}-$Fmm2$, C_{2v}^{19}-$Fdd2$, C_{2v}^{20}-Imm_2, C_{2v}^{21}-$Iba2$, C_{2v}^{22}-$Ima2$. 因此,属于点群 C_{2v}-$mm2$ 的同形空间群共有 22 种.

3.5.5 空间群符号

空间群符号如同点群符号一样,一般也是应用两种,一种是申弗利斯符号,另一种为国际符号.

空间群的申弗利斯符号就是在同形点群符号上添加一个数字(1,2,3,…)指标后,便变成该点群的同形空间群了. 例如:与点群 D_{2h} 同形的空间群为 $D_{2h}^1, D_{2h}^2, D_{2h}^3, \cdots, D_{2h}^{28}$ 等. 符号的数字指标表示出这个空间群在某一定同形点群中的顺序号码,最终号码指明了属于同一点群有多少个同形空间群.

空间群的国际符号由两部分组成. 开头部分的大写英文字母(P, A, B, C, I, F)表示空间群的平移群,在空间群中一定含有作为子群的平移群,用来描述晶体点阵

结构的周期性；符号的第二部分是与其同形点群相对应的同形对称元素系，它们一般由三个位序组成(简单点群的同形空间群由一个位序组成)，这用来表示空间群中的主导方向上的对称元素系，其规定方向与点群国际符号的三个位序相应的方向相同. 例如：在空间群 $P2_1/m$ 中，P 代表平移群，它属于单斜初基点阵，$2_1/m$ 表示在点阵平行六面体单位的 b 轴方向上有一族二次螺旋轴(2_1)和垂直于 b 轴上有一族对称面(m)，反映到宏观上即为点群 $2/m$. 又如：在空间群 $Imm2$ 中，I 代表平移群，它属于斜方体心点阵，$mm2$ 表示在点阵平行六面单位的 a 轴方向是一族对称面(m)法线方向，在其 b 轴方向是另一族对称面(m)的法线方向，在其 c 轴方向上有一族二次对称轴(2)，它们反映到宏观上即为点群 $mm2$. $Imm2$ 为点群 $mm2$ 的同形空间群.

3.5.6　等效点系

在晶体结构中，从一个原始点出发，通过一个空间群的所有对称元素的对称操作，而重复出来的一系列点的总和称为一个等效点系. 一个等效点系中的任何两个点，都可以利用所属空间群中的某一对称元素的对称操作，使它们重合在一起，同时，等效点系的新位置和原始位置也重合在一起. 如果原始点是置于空间群中的一般位置上，即原始点不在任何对称元素上或其规定的特殊位置上，则由该点重复出来的点系称为一般等效点系. 但如果原始点是在相对于空间群中的某一特殊位置上的一个点，则所得到的点系称为特殊等效点系. 例如，空间群 C_{2v}^2-Pmc 中的一般等效点系和特殊等效点系如图 3.34 所示.

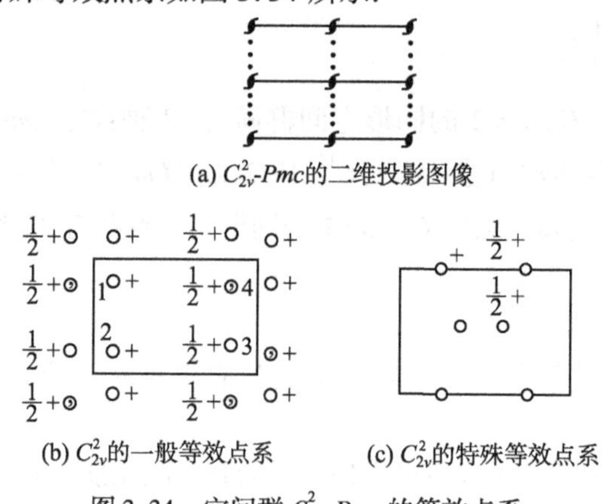

(a) C_{2v}^2-Pmc的二维投影图像

(b) C_{2v}^2的一般等效点系　　(c) C_{2v}^2的特殊等效点系

图 3.34　空间群 C_{2v}^2-Pmc 的等效点系

一般等效点系：点系重复次数为 4，各点的坐标位置分别为

$$1:x,y,z.\ \ 2:\bar{x},y,z.\ \ 3:\bar{x},\bar{y},\frac{1}{2}+z.\ \ 4:x,\bar{y},\frac{1}{2}+z$$

特殊等效点系：有两套重复次数为 2 的特殊等效点系.

(1)坐标为:$0,y,z;0,\bar{y},\frac{1}{2}+z$.

(2)坐标为:$\frac{1}{2},y,z;\frac{1}{2},\bar{y},\frac{1}{2}+z$.

等效点系的符号:

$$\bigcirc,\odot,\bigcirc^{\pm},\frac{1}{2}^{+}\bigcirc,Ⓘ$$

式中,○表示一个等效点;⊙ 表示一个等效点的像点;$\bigcirc^{+}$表示一个等效点在图面以上(+)或在图面以下(-);$\frac{1}{2}^{+}$○表示一个等效点高出图面的的单位距离$\left(\frac{1}{2}\right)$;Ⓘ 表示一个等效点位于另一个等效点之上,并且两者在图面上的投影位置相重叠.

等效点系相当于晶体结构基元(原子、离子、分子或络合离子)在三维空间分布的规律性.

3.5.7　一些常用技术晶体的空间群

(1)空间群 C_2^2-$P2_1$. 此空间群请见图 3.30(b).

实例:酒石酸钾钠(KNT)、硫酸三甘肽(TGS)、硫酸锂(LS)、钛酸镧($LaTi_2O_7$)等晶体均属于此种空间群.

(2)空间群 C_{2v}^{17}-A_{ba2}. 此空间群如图 3.35 所示.

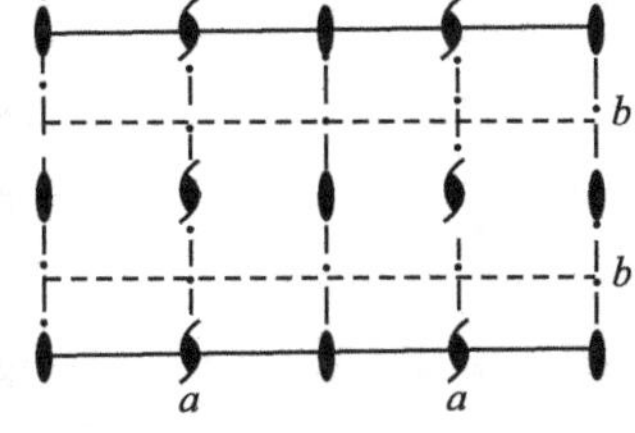

图 3.35　空间群 C_{2v}^{17}的投影图像

图中的坐标原点在二次对称轴 2 上

实例:五硼酸钾($KH_2(H_3O)_2 \cdot B_5O_{10}$)晶体等属于这种空间群.

(3)空间群 C_{2h}^{5}-$P2_1/c$. 此空间群如图 3.36 所示.

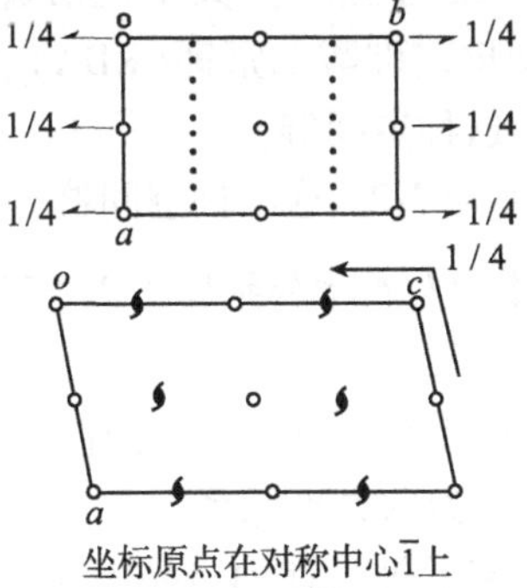

坐标原点在对称中心$\bar{1}$上

图 3.36　空间群 C_{2h}^{3}-$P2_1/c$ 的投影图

实例:五磷酸钕(NdP_5O_{14})系列晶体等属于这种空间群.

(4)空间群 D_{2d}^5-$P\bar{4}m2$. 此空间群如图 3.37 所示.

实例:尿素($CO(NH_2)_2$)晶体等属于这种空间群.

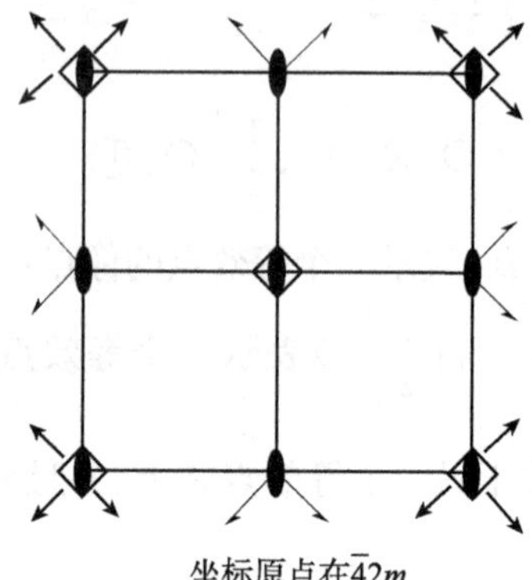

坐标原点在$\bar{4}2m$

图 3.37　空间群 D_{2d}^5-$P\bar{4}m2$ 的投影图

(5)空间群 D_{2d}^{12}-$I\bar{4}2d$. 此空间群如图 3.38 所示.

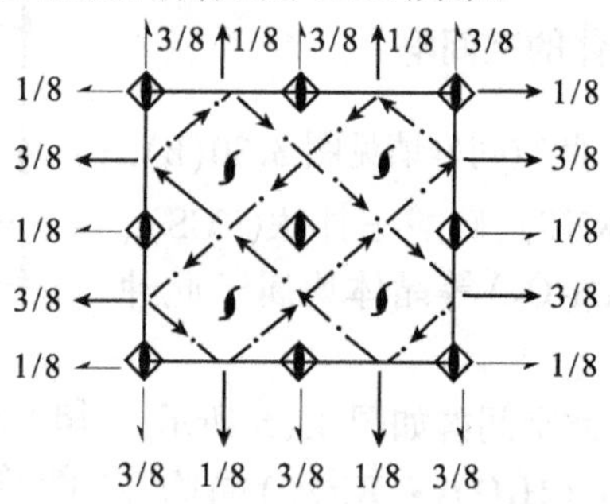

图 3.38　空间群 D_{2d}^{12}-$I\bar{4}2d$ 的投影图

实例:磷酸二氢钾(KDP)结构型晶体,其中包括磷酸二氢钾(KDP)、磷酸二氘钾(KD * P)、磷酸二氢氨(ADP)、砷酸二氘钾(KDA)、砷酸二氢铯(CDA)、砷酸二氘铯(CD * A)等晶体均属于这种空间群.

(6)空间群 D_3^4-$P3_12$ 和 D_3^6-$P3_22$. 这两种空间群分别如图 3.39(a)、(b)所示.

实例:水晶(α-SiO_2)晶体的左右型分别属于以上两种空间群.

(7)空间群 C_{3v}^6-$R3c$.

此种空间群的投影图,如图 3.40 所示. 在图 3.40 中,我们使用了两种坐标系,上方是三方坐标系,而下方为六方坐标系.

实例:铌酸锂($LiNbO_3$)、钽酸锂($LiTaO_3$)晶体等属于这种空间群.

(8)空间群 C_{3v}^6-$P6_3$. 此种空间群的投影图,如图 3.41 所示.

实例:碘酸锂($LiIO_3$)晶体等属于这种空间群.

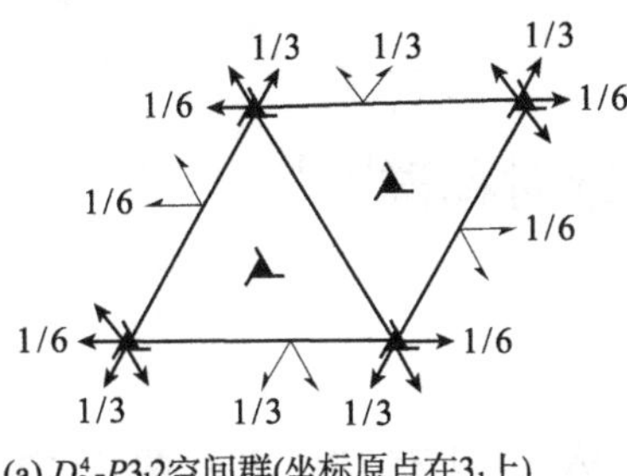

(a) D_3^4-$P3_12$空间群(坐标原点在3_1上)

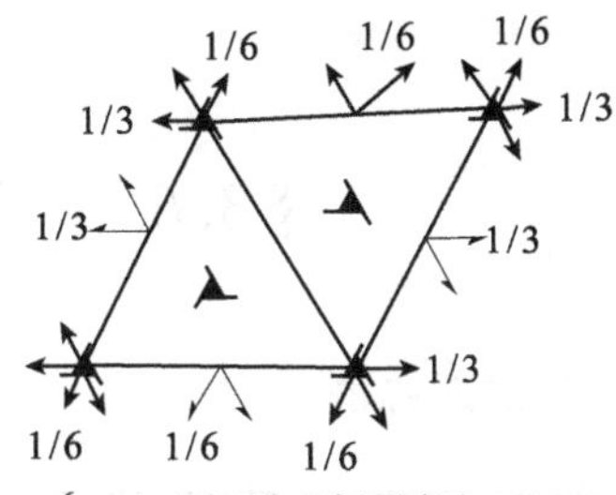

(b) D_3^6-$P3_22$空间群(坐标原点在3_2上)

图 3.39 D_3^4-$P3_12$ 和 D_3^6-$P3_22$ 空间群的投影图

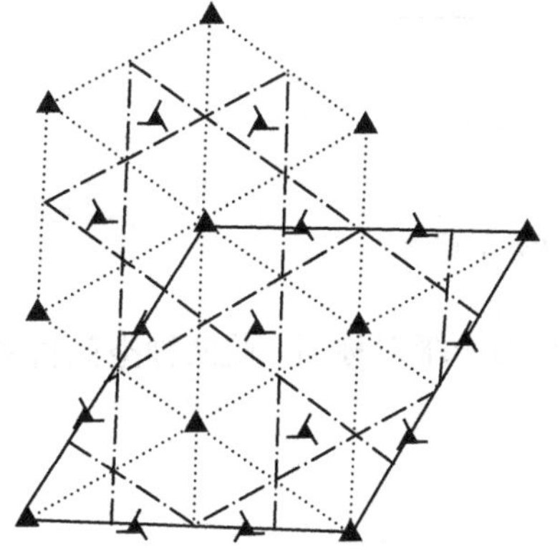

图 3.40 空间群 C_{3v}^6-$R3c$ 的投影图

坐标原点在三次对称轴(3)上

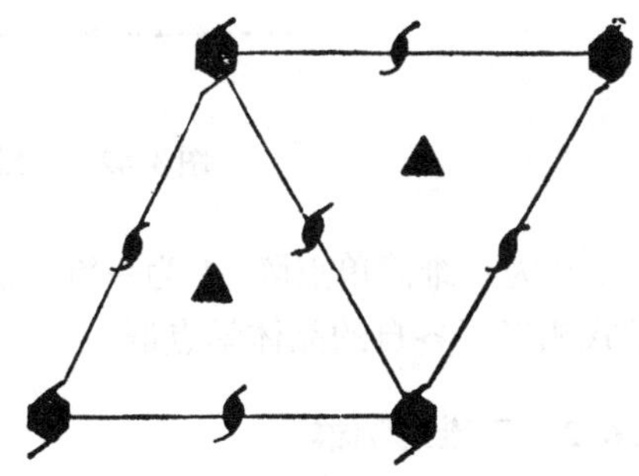

图 3.41 空间群 C_{3v}^6-$P6_3$ 的投影图

坐标原点在 6_3 轴上

晶体的对称性越高,其相应的空间群的对称元素系就越复杂,于是,也就越难于在平面投影图上描述清楚. 例如:氟化钙晶体的空间群为 O_h^5-$Fm3m$、金刚石晶体的空间群为 O_n^7-$Fd3m$、掺钕钇铝钻石榴石(N_a^{3+}:YAG)晶体的空间群为 O_h^{10}-$I\,a3d$ 等,因此就不再将其空间群对称元素系的平面投图一一绘出.

(9)晶体学对称群小结见表 3.13.

表 3.13 晶体学对称群小结

晶系名称	点群的数目	平移群(布拉维点阵)的数目	空间群的数目
三斜	2	1	2
单斜	3	2	13
斜方	3	4	59
四方	7	2	68
三方	5	1	25
六方	7	1	27
立方	5	3	26
总计	32	14	230

§3.6　一维和二维对称群[3,4]

3.6.1　一维对称群

一维对称群又称直线群：一维对称群只有 $P1$、Pm 两个空间群，如图 3.42(a)(b)所示.

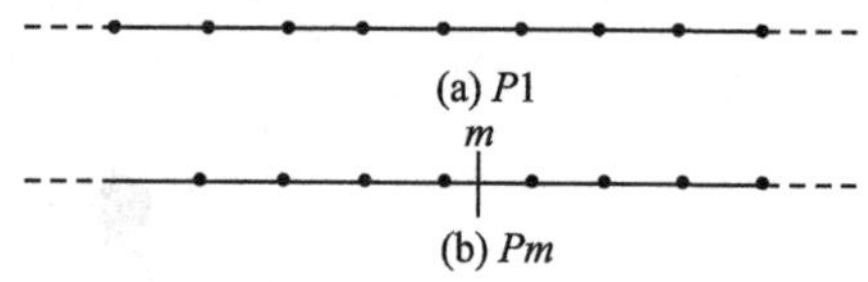

图 3.42　一维对称群 $P1$，Pm 示意图

P 为一维简单点阵，1 为一维一次对称轴，m 为一维对称面. 此两种空间群的型式相当于各自的晶体学点群.

3.6.2　二维对称群

二维对称群包括二维点群、二维平移群(二维点阵在本书 2.1.2 节已谈过)和平面群(二维空间群). 现仅就二维点群、平面群简要地加以阐述.

(1)二维点群.

在晶体所占有的二维平面上，它受二维点阵周期性的制约，只能有 C_1，C_2，C_3，C_4 和 C_6 五种旋转对称轴，这五种对称轴可单独地存在于平面上，而作为点群的对称元素，如图 3.43(a) ~ (e)所示.

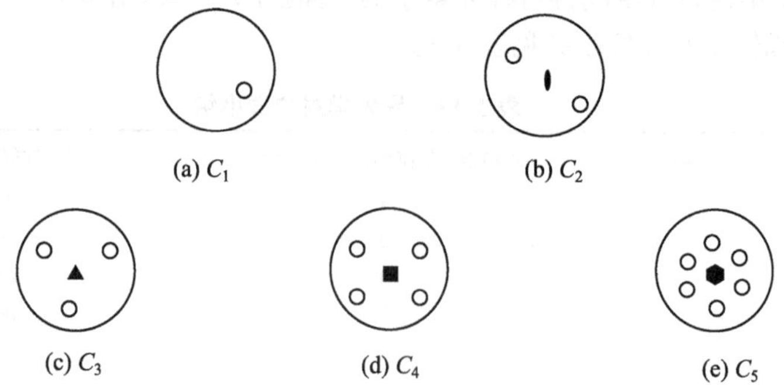

图 3.43　单独存在于二维平面上的 5 种旋转对称轴所构成的 5 种二维点群

如果在上述 5 种点群的每一个点群中添加一条对称线，则分别又出现 5 种二

维点群. 如图 3.44(a) ~ (e)所示.

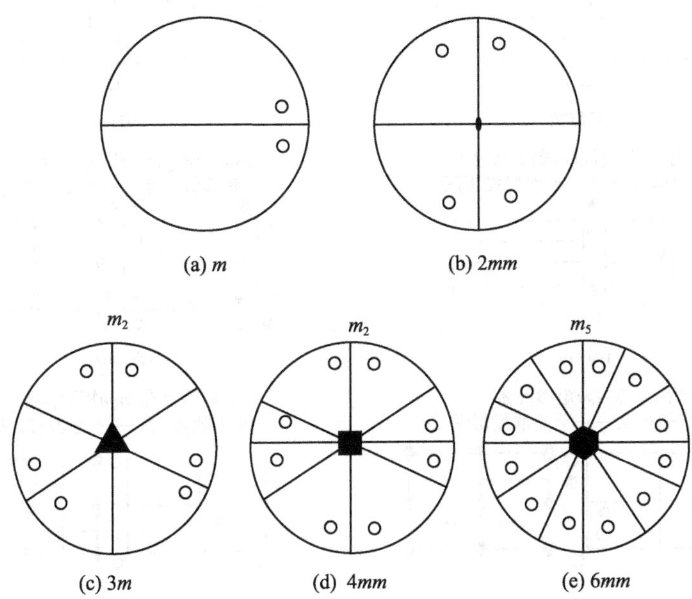

图 3.44 在 1,2,3,4,6 二维点群中分别各添加一条对称线所产生的 5 种二维点群示意图

如果在上述 10 种点群中加入对称点或反轴等将不会导出新的二维点群. 因此,二维点群共有 10 种点群.

(2) 平面群(二维空间群).

若把二维点群与二维点阵结合起来,除了原有的对称元素增殖外,还会产生滑移反映对称操作,平面群就是所有这些对称元素的集合以及它们在平面上的对称配置而成的.

平面群的推导方法是把 10 种二维点群加到相应的二维点阵中,再找出由这种相结合而产生的所有新的对称元素,共获得 17 种平面群,如图 3.45 所示.

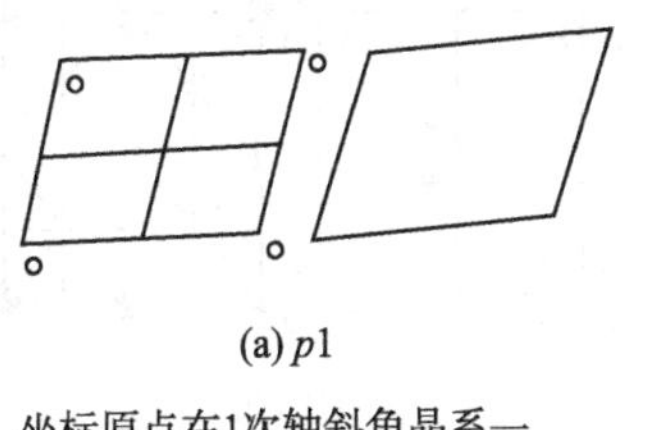

(a) $p1$

坐标原点在1次轴斜角晶系一般等效点系——平面群投影图

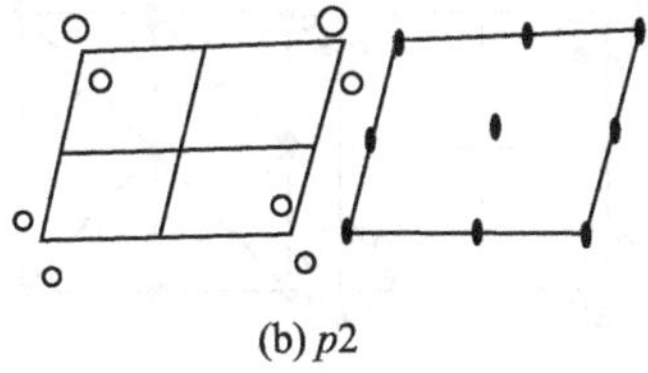

(b) $p2$

坐标原点在2次轴斜角晶系一般等效点系——平面群投影图

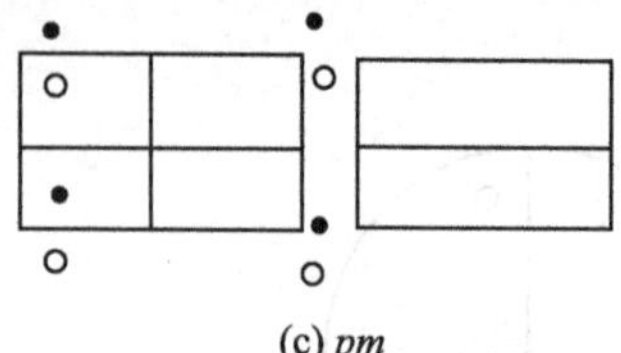

(c) *pm*

坐标原点在*m*(反映线)矩形晶系
一般等效点系——平面群投影图

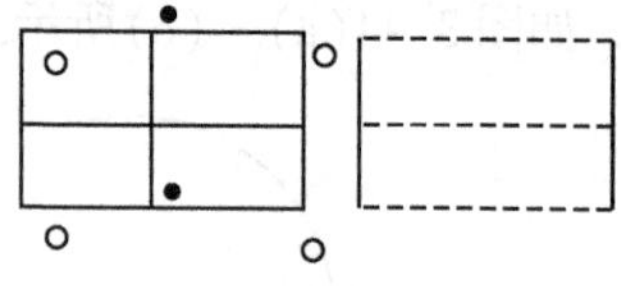

(d) *pg*

坐标原点在*g*(滑移反映线)矩形晶系
一般等效点系——平面群投影图

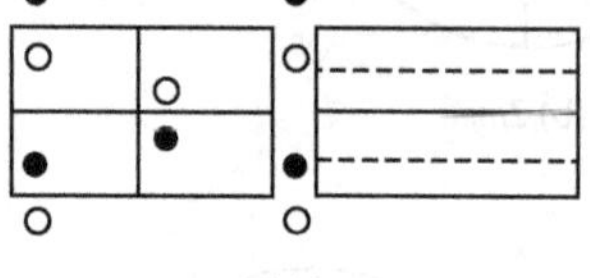

(e) *cm*

坐标原点在*m*矩形晶系
一般等效点系——平面群投影图

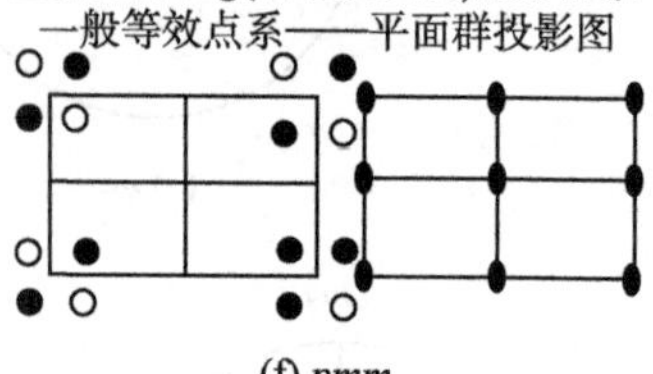

(f) *pmm*

坐标原点在2*mm*矩形晶系
一般等效点系——平面群投影图

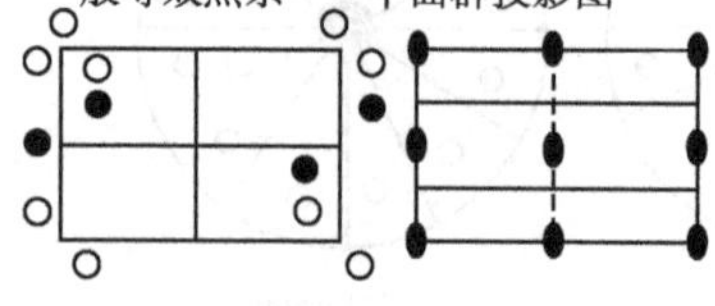

(g) *pmg*

坐标原点在2次轴矩形晶系一
般等效点系——平面群投影图

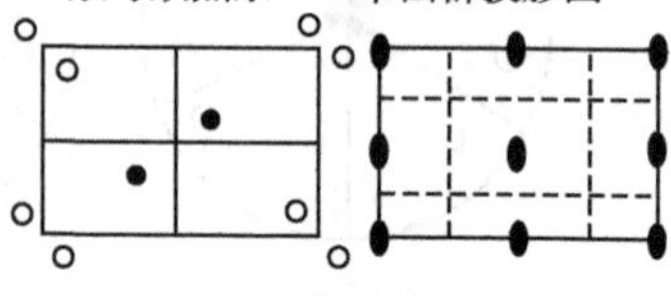

(h) *pgg*

坐标原点在2次轴矩形晶系一
般等效点系——平面群投影图

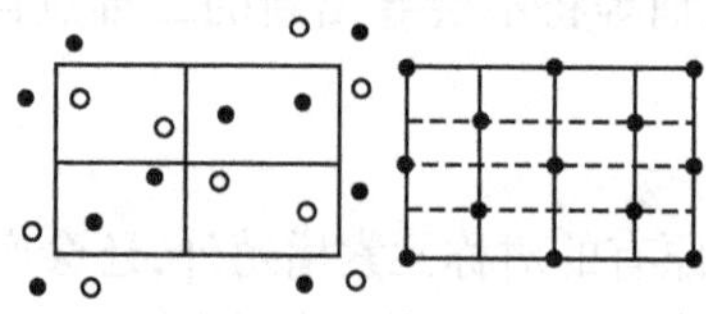

(i) *cmm*

坐标原点在2次轴矩形晶系一
般等效点系——平面群投影图

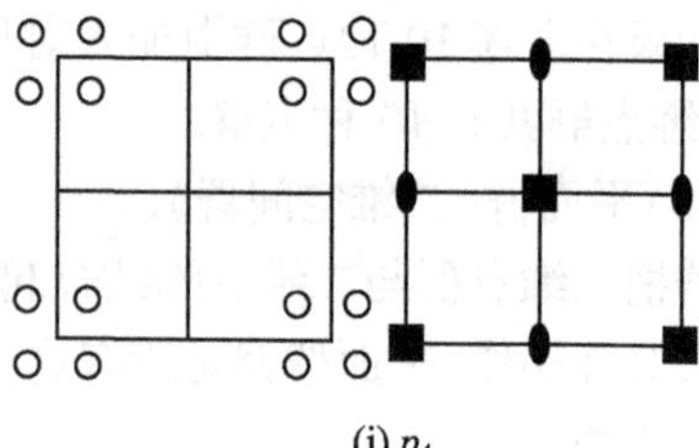

(j) p_4

坐标原点在4次轴正(四)方晶系
一般等效点系——平面群投影图

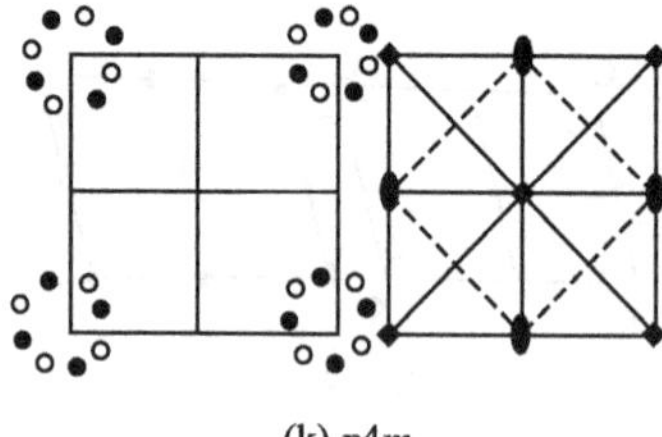

(k) *p4m*

坐标原点在4*mm*正(四)方晶系
一般等效点系——平面群投影图

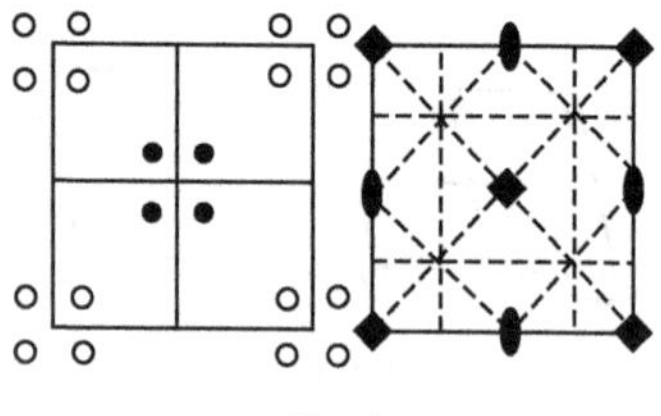

(l) *p4g*

坐标原点在4次轴正方晶系一
般等效点系——平面群投影图

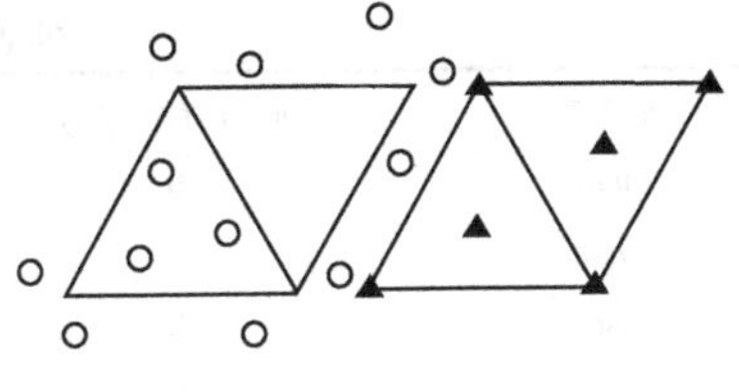

(m) $p3$

坐标原点在3次轴六角晶系一般等效点系——平面群投影图

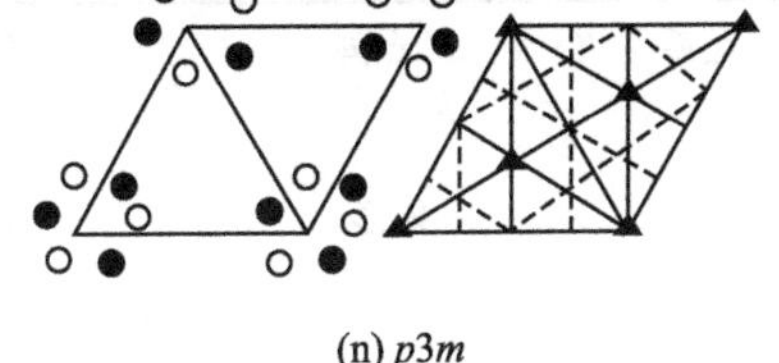

(n) $p3m$

坐标原点在3m次轴六角晶系一般等效点系——平面群投影图

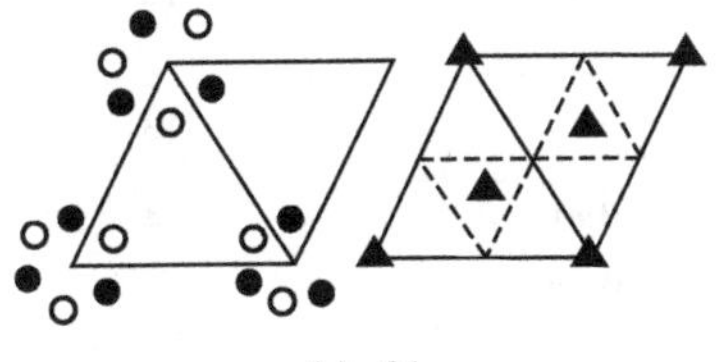

(o) $p31m$

坐标原点在31m六角晶系一般等效点系——平面群投影图

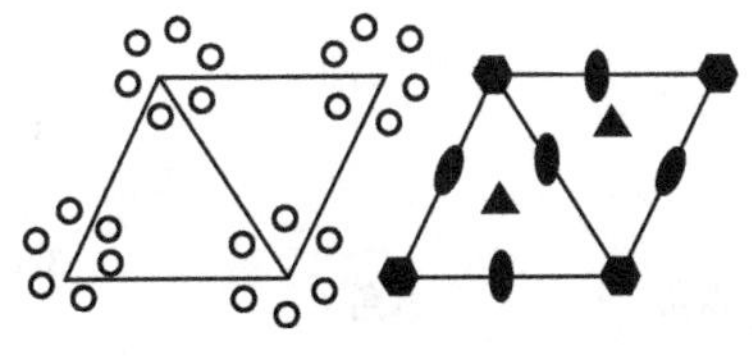

(p) $p6$

坐标原点在6次对称轴六角晶系一般等效点系——平面群投影图

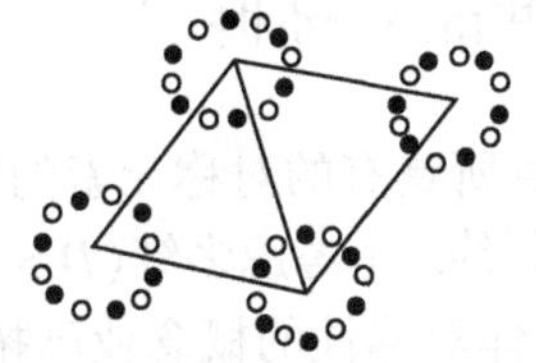

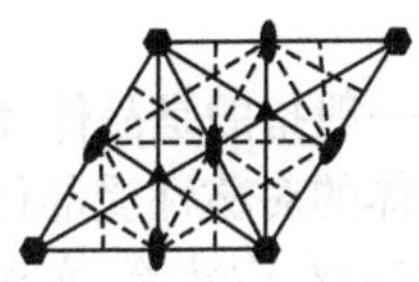

(q) $p6m$

坐标原点在6mm六角晶系一般等效点系——平面群投影图

图 3.45 17 种平面群的投影示意图

(3)二维对称群中 5 种点阵、10 种点群与 17 种平面群(二维空间群)在 4 种晶系中的分布见表 3.14.

表 3.14 点阵、点群、平面群在晶系中的分布

晶系	点阵	点群	平面群	平面群顺序号
斜交	斜交 P	1	P_1	1
	斜交 P	2	P_2	2
		m	pm	3
			pg	4
矩形	矩形 P	1	cm	5

续表

晶系	点阵	点群	平面群	平面群顺序号
	矩形 *C*	2*mm*	*pmm*	6
			pmg	7
			pgg	8
			cmm	9
正方	正方 *p*	4	*p*4	10
		4*mm*	*p*4*m*	11
			*p*4*g*	12
六角	六角 *P*	3	*p*3	13
		3*m*	*p*3*m*1	14
			*p*31*m*	15
		6	*p*6	16
		6*mm*	*p*6*mm*	17

§3.7　二色群和准晶对称群[3,4,41]

晶体对称性,一般指的是晶体经过本身所具有的对称元素的对称操作后的位置不变性,而且晶体的对称性受晶体点阵制约. 不考虑多维($D>3$)空间存在的对称性和晶体的状态的对称性等,实事上,晶体对称性的概念业已拓宽,具体表现在以下多个方面.

3.7.1　二色群:既考虑到晶体的位置对称性,又考虑到晶体的状态对称性

二色群有:

二维二色群,包括二维二色点群、二维二色点阵和二维二色空间群.

三维二色群,包括三维二色点群、三维二色点阵和三维二色空间群.

关于三维二色群,将在第十一章作详细介绍. 现仅就二维二色群作一简要介绍.

(1)二维二色点群(又称二维舒布尼科夫(Shübnikov)点群).

在3.6.1节中已谈到,二维晶体点群共有10个,现以这10个二维点群为基础,可得出31个二维二色点群,并分为三种类型.

第一类型:单色(全黑色或全白色)平面图形共10个,如同二维点群.

第二类型:黑、白混合色平面图形共10个.

第三类型:黑、白二种颜色兼容,这是真正的二维点群共11个.

将上述三种不同类型二维二色点群相加起来,共得出31个二维二色点群,二

维二色点群在诠释电子衍射图中得到了应用.

(2)二维二色布拉维点阵.

二维二色布拉维点阵是在5种晶体学二维点阵(晶格)的棱中点或平行四边形中心添加上二色(黑、白)阵点而构成,在保持二维点阵所属晶系不变的情况下,可获得10种二维二色布拉维点阵,如表3.15所示.

表3.15 10种二维二色布拉维点阵

晶系					
斜角晶系	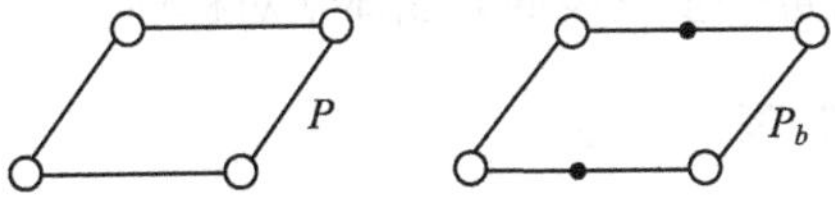 P	P_b			
矩形晶系	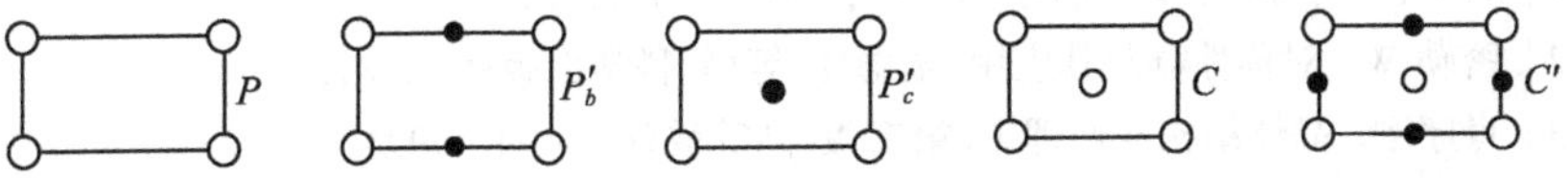 P	P'_b	P'_c	C	C'
正(四)方晶系	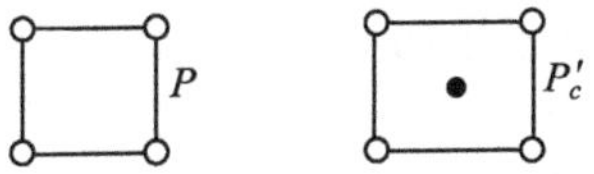 P	P'_c			
六角晶系	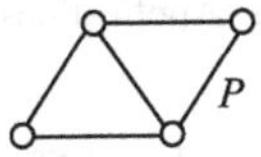 P				

(3)二维二色空间群.

二维二色空间群可分成四种类型:

第一种类型:单色(全黑或全白)空间群:晶体学的平面群共17种.

第二种类型:灰色空间群(混合色空间群):每一种灰色空间群必与一个晶体学平面群相对应,由于反性同操作的结果,也只能有17种.

第三种类型:不具有反平移操作黑、白空间群,在5个二维晶体学平面群为基础上而导出的黑白兼容黑白空间群,共26种.

第四种类型:具有反平移操作的黑白空间群,这是以5个二维黑白点阵为基础而推导出的二维黑白空间群共20种.

将上述四种不同类型二维黑白空间群加起来,共可获得80种二维二色空间群. 这80种二维二色空间群与80种层群互为同构群.

层群是在两个方向上具有周期性的三维物体的对称群,它可用来描述一系列具有层状结构晶体的对称性,诸如:石墨、云母,各种单分子层和生物膜、脂状液晶等大有用途.

3.7.2　准晶对称群

准晶对称群包括一维(1D)、二维(2D)和三维(3D)准晶点群、点阵(类型)和空间群,这些准晶对称群将在本书第十二章中被简要阐明,此关系到高维($n>3$)空间的运用.

另外还有非晶体学点群、晶体中隐含的半群,以及局部对称性,相似对称性,统计对称性等.

这些均属于对称性理论,并有待进一步发展的非晶体学对称性.

参 考 文 献

[1] 唐有祺. 对称性原理. 科学出版社, 1977(一),1979(二).
[2] 密勒 W. 对称性群及其应用. 栾德怀,等译. 科学出版社, 1981.
[3] 肖序刚. 晶体结构几何理论. 第二版. 高等教育出版社, 1993.
[4] 伐因斯坦 Б К. 现代晶体学. 第一卷. 吴自勤译. 中国科学技术大学出版社, 1990.
[5] 周公度,郭可信. 晶体和准晶的衍射. 北京大学出版社, 1999.
[6] 陈难先. 物理, 2006, 35(5): 359 - 361.
[7] 基泰尔 C. 固体物理导论. 项金钟, 吴兴惠译. 化学工业出版社, 2005.
[8] McWeeny R, Symmetry: An Introduction to Group Theory and Its Applications. Pergamon Press, 1963.
[9] Joshi A W. Elements of Group Theory for Physicists. John Wiley & Sons Inc, 1977.
[10] Burns G, Glazer A M. Space Groups for Solid State Scientists. Academic Press, 1978.
[11] Burns G. Introduction to Group Theory with Applications. Academic Press, 1977.
[12] Streitwolf H W. Group Theory in Solid State Physics. MacDonald, 1967.
[13] Vainshtein B K. Modern Crystallography I: Symmetry of Crystals, Methods of Structural Crystallography. Springer Verlag, 1981.
[14] Kleber W. Einführung in Die Kristallographie. Veb Verlag Technik, 1979.
[15] Fedorov E S. Symmetry of Crystals. American Crystallographic Association, 1971.
[16] Lax M. Symmetry Principles in Solid State and Molecular Physics. John Wiley, 1974.
[17] Knox R S, Gold A. Symmetry in the Solid State. Benjamin, 1964.
[18] Weinreich G. Solids: Elementary Theory for Advanced Students. John Wiley, 1979.
[19] Henry N F M, Lonsdale K. International Tables for X-ray Crystallography. Vol. 1. Kynoch, 1965, 1969.
[20] Kovalev O V. Irreducible Representations of the Space Groups. Gordon and Breach, 1965.
[21] Buerger M J. Introduction to Crystal Geometry. McGraw-Hill, 1971.
[22] Terpstra P. Introduction to the Space Groups. Walters Groningen, 1955.
[23] Nye J F. Physical Properties of Crystals. Clarendon. 1957.
[24] Verma A R. Crystallography for Solid State Physics. Wiley Eastern Limited, 1982.

[25] Scott J F, Clark N A. ASl Series, series B:Physics. Vol. 166. Plenum Press, 1989.
[26] McWeeny R. Symmetry: An Introduction to Group Theory and Its Application. Dover Publication INC, 2002.
[27] Nowick A S. Crystal Properties via Group Theory. Cambridge University Press, 1995.
[28] Mirman R. Point Groups, Space Groups, Crystals, Molecules. World Scientific publishing Co. Pte. Ltd, 1999.
[29] Van Praassen B C. Laws and Symmetry. Oxford Uni Press, 1989.
[30] Rosen J. Symmetry in Science: An Introduction to the General Theory. Springer – Verlag, 1995.
[31] Shubnikov A V, Koptsik V A. Symmetry in Science and Art. Plenum Press, 1977.
[32] Cotton F A. Chemical Application of Group Theory. 3rd ed. Wiley, 1990. 25 – 250.
[33] Arfken G. Crystallographic Point and Space Group. 3rd ed. Academic Press, 1985. 248 – 249.
[34] Butler P H. Point Group Symmetry Applications: Method and Tables. Plenum Press, 1981.
[35] Brading K, Castellani E. Symmetry in Physics: Philosophical Reflections. Cambridge University Press, 2003.
[36] Giacovazzo C, Monaco H L, Viterb D et al. Fundamentals of Crystallography. Oxford University Press, 1992.
[37] Buerger M J. Elementary Crystallography. Wiley, 1956.
[38] Arfken G. Crystallographic Point and Space Groups. Academic Press, 1985: 248 – 249.
[39] West A R. Solid State Chemistry and Its Applications. 1995.
[40] Müller U. Inorganic Structural Chemistry. 1992.
[41] Burns G, Glazer A M. Space Group for Solid. State Scientists. 2nd ed. 1990.
[42] Albert F. Cotton Chemical Applications of Group Theory. 3rd ed. 1990.
[43] Hahn T. International Tables For Crystallography (Vol. A).
[44] Shubnikov A V, Belov N V et al. Coloured Symmetry. Academy of Science of U. S. S. R moscow. 1951 – 1958. Translated from Russian by 7 Itzkoff and J. Gollob. Pergaman Press, 1964. 49 – 174.
[45] Hestens D, Holt J. Journal of Mathematical Physics, 2007, 48: 22.
[46] Hestens D, Doerst L, Doran C et al. Point Groups and Space Groups in Geometric Applications of Geometric Algebra with Applications in Computer Science and Engineering. 2002. 39.

第四章　晶体形态学

近代晶体学作为一门严谨而精确的科学,起源于对晶体形态(crystal morphology)的研究,晶体形态是晶体结构和形成时物理化学条件的综合反映. 晶体形态不仅取决于晶体点阵结构和晶体的热力学性质,而且还受到晶体生长过程中动力学及其热量和质量输运等的影响[1-39].

晶体形态不仅能在一定程度上反映晶体结构的一些信息,同时,记录了晶体形成与生长的历程及其外界环境条件的某些变革.

晶体学发展的历史证明,人们对晶体的认识,首先是从晶体外部形态开始的,然后,从感性认识,逐步上升到理性认识,从而促进了近代晶体学发展成一门内容丰富、经久不衰、涉及面广的基础学科. 从近代晶体学发展的历史来看,晶体形态学研究的历史时期最长.

任何一种晶体,不管是天然形成的,还是人工合成的,均存在着形态问题,而且晶体形态、晶体结构与晶体生长或形成机制三者间有着不可分割的密切联系,至今仍有待进一步研究与探讨[9, 11-13].

§4.1　晶体形态学中的几个经典性定律[1-4]

从晶体学发展的历史来看,人们对晶体形态(外形)的研究是从自然界矿物开始的,而将晶体学作为一门科学来进行研究,是从17世纪开始萌芽的,相继发现了几个经典性定律.

(1)晶面角守恒定律.

晶面角守恒定律是作为最早透露出晶体结构的周期性排列的信息,对此定律在§2.1做过阐述.

晶面角守恒定律最明显的作用,就是作为晶体的“特征常数”,建立起晶体几何学的基础,有力地推动了晶体测角术及其投影工作的发展.

(2)有理指数定律.

有理指数定律作为透露晶体的结构基元周期性排列的信息,在§2.1做过阐述.

有理指数定律的具体内容,可这样阐述:

晶体外形呈现出多面体,其任意二晶面,在以三个不共面的棱为坐标轴(参数轴)所截的截距之比,应为一个简单整数比. 此一定律可用图4.1来表示. 在图4.1

中,有理指数定律的含义为

$$\frac{P'_1}{P_1}:\frac{P'_2}{P_2}:\frac{P'_3}{P_3}=A:B:C$$

式中,$A:B:C$ 为简单整数比.

在图4.1中, a、b、c 为单位长度参数,abc 面为单位面,可用于揭示晶体微观结构上的周期性,单位长度参数在晶体外形中不能确定绝对值,但可以确定它们之间的比值以及任意一面的参数是单位面参数的几倍. 如果晶面与一个或两个坐标轴平行,则相应的有理指数参数为无穷大(∞),在标记晶面符号时,记为$\frac{1}{\infty}=0$.

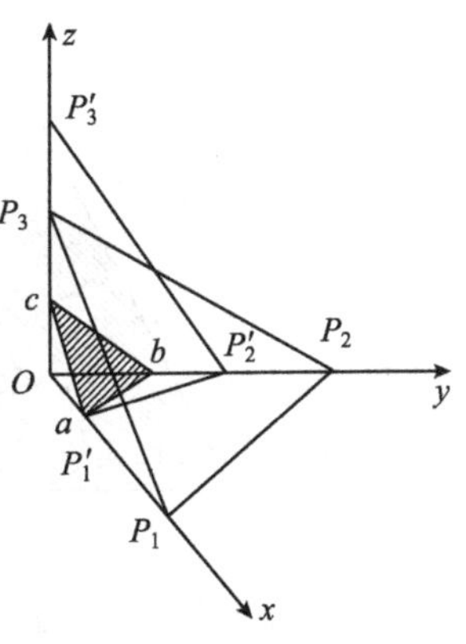

图4.1　有理指数定律说明示意图

这种晶面间有理整数比的关系,不仅揭示出晶体结构基元排列的周期性的信息,同时,为后来标定晶体的晶面与三维空间的方位(晶面符号)和晶棱方位(晶棱符号)奠定了基础,使人们对晶体形态的认识前进了一步.

(3)晶带定律.

晶带定律是德国学者 Weiss 于19世纪初,发现的晶体外形的晶面与晶棱间相互依存的关系,后来称为晶带定律.

晶体多面体的任一晶面至少同属于两个晶带,或者说两个晶带相交的平面必为一可能的晶面. 晶带的概念最初是从晶体外形上引出的,两个晶面相交为一晶棱,数个(三个以上)晶面相交的棱彼此平行时,则谓此数个晶面构成的一晶带. 一般可通过坐标系原点引出一条直线平行于该晶棱方向,此直线称为该晶带的晶带轴. 对于一固定晶带显然只可能引出一个晶带轴,晶带轴的方向足以表示晶带中各个晶面在晶体外形分布的特征,因此,常以晶带轴作为晶带的标志,而晶带轴指数(符号)就被用来表示晶带指数(符号). 例如:立方体有三个晶带,而晶带轴指数分别为

$$[100]=a\text{ 轴方向}$$
$$[010]=b\text{ 轴方向}$$
$$[001]=c\text{ 轴方向}$$

晶带的概念也可用于晶体结构中的点阵平面带上,平行于一特殊方向的所有点阵平面的总体,称为晶带,这一特殊方向称为晶带轴. 一复晶胞中的晶带及其晶带轴方向如图4.2所示,图4.2中晶带的各个平面指数(符号)列入表4.1中,在表4.1中,属于此同一晶带的所有点阵平面指数,存在着 $h+l=0$ 的关系.

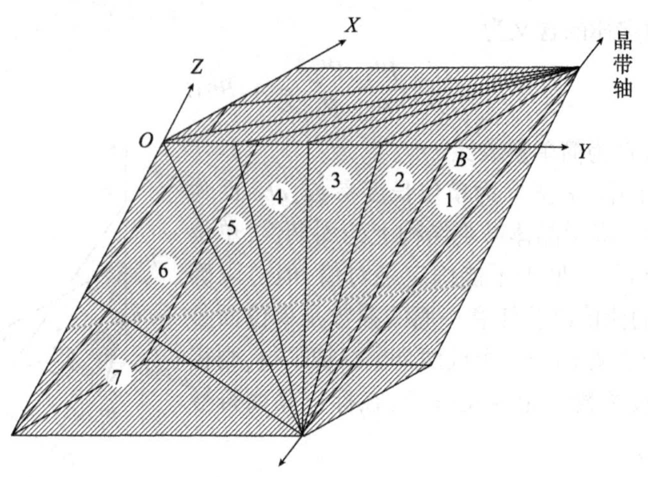

图 4.2　复晶胞中的晶带及其晶带轴方向

表 4.1　图 4.2 中晶带的各个平面指数

平面号数	坐标轴平移给出非零截距	截　距	截距倒数	平面指数
1	无	∞　1　∞	0　1　0	(010)
2	无	-3　$\frac{3}{4}$　3	$-\frac{1}{3}$　$\frac{4}{3}$　$\frac{1}{3}$	$(\bar{1}41)$
3	无	-1　$\frac{1}{2}$　1	-1　2　1	$(\bar{1}21)$
4	无	$-\frac{1}{3}$　$\frac{1}{4}$　$\frac{1}{3}$	-3　4　3	$(\bar{3}43)$
5	平移原点到 B	1　-1　-1	1　-1　-1	$(1\bar{1}\bar{1})$
6	无	$\frac{1}{2}$　-1　$-\frac{1}{2}$	2　-1　-2	$(21\bar{2})$
7	无	1　∞　-1	1　0　-1	$(10\bar{1})$

晶带定律是由其内部点阵结构而决定的. 因为晶带轴为可能的晶棱,亦即点阵直线,两个相交的点阵直线必定能决定一个阵点平面,亦即可能的晶面. 反之,两个阵点平面的交线必平行于一阵点直线,亦即决定了一个晶带轴.

利用晶带定律,可以根据已知晶面相交的晶棱,求得未知晶面的位置,推导出一切可能的晶面在晶体外形分布的状况.

由晶带定律可以推得属于同一平面带的平面指数(hkl)与该平面带的带轴方向指数[uvw]间存在如下关系:

$$hu + kv + lw = 0 \tag{4.1}$$

式(4.1)就是人们通常所说的晶带定律的表达式,根据式(4.1),可以作如下

运算和推导:

设已知二晶面$(h_1k_1l_1)$和$(h_2k_2l_2)$,其交棱为$[uvw]$,则$[uvw]$即为由晶面$(h_1k_1l_1)$和$(h_2k_2l_2)$所决定的晶带轴,后者同时平行于晶面$(h_1k_1l_2)$和$(h_2k_2l_2)$,根据晶带定律的表达式(4.1)可以得出

$$h_1u + k_1v + l_1w = 0, h_2u + k_2v + l_2w = 0 \tag{4.2}$$

解式(4.2)联立方程组则得

$$u:v:w = [uvw] = (k_1l_2 - k_2l_1):(l_1h_2 - l_2h_1):(h_1k_2 - h_2k_1) \tag{4.3}$$

式(4.2)相对值,亦可以用二阶行列式来求得

$$u:v:w = [uvw] = \begin{vmatrix} k_1 & l_1 \\ k_2 & l_2 \end{vmatrix} : \begin{vmatrix} l_1 & h_1 \\ l_2 & h_2 \end{vmatrix} : \begin{vmatrix} h_1 & k_1 \\ h_2 & k_2 \end{vmatrix} \tag{4.4}$$

在计算时,首先将h_1,k_1,l_1和h_2,k_2,l_2作上下两行排列,同时重写两次,将首尾两列以线隔开,去掉首尾两列,将剩下的指数,由"×"连接的对角二指数的乘积,取其乘积之差,即得到二阶行列式之值,可求得的三个差数之连比,即$u:v:w=[uvw]$.

$$\begin{array}{c|ccccccc|c} h_1 & k_1 & & l_1 & & h_1 & & k_1 & l_1 \\ & & \times & & \times & & \times & & \\ h_2 & k_2 & & l_2 & & h_2 & & k_2 & l_2 \end{array}$$

$$u:v:w = (k_1l_2 - k_2l_1):(l_1h_2 - l_2h_1):(h_1k_2 - h_2k_1) = [uvw] \tag{4.5}$$

利用式(4.1)来检验图4.2中晶带轴方向指数,可求得的晶带轴方向指数为[101].同理,若已知二相交晶带$[u_1v_1w_1]$与$[u_2v_2w_2]$,利用晶带定律表达式(4.1),可以求得同时属于此二晶带的晶面指数[(晶面符号)](hkl),于是有

$$\begin{aligned} hu_1 + kv_1 + lw_1 &= 0 \\ hu_2 + kv_2 + lw_2 &= 0 \end{aligned} \tag{4.6}$$

求此晶面指数(符号)(hkl)的方法与求晶带轴符号的方法一样.

解此联立方程组,便可得到相应的晶面符号:

$$\begin{array}{c|ccccccc|c} u_1 & v_1 & & w_1 & & u_1 & & v_1 & w_1 \\ & & \times & & \times & & \times & & \\ u_2 & v_2 & & w_2 & & u_2 & & v_2 & w_2 \\ & & h & & k & & l & & \end{array}$$

如果将上下两行互换,则得出的晶面符号$(\bar{h}\,\bar{k}\,\bar{l})$,它与$(hkl)$代表三维空间的同一方向,但分别位于坐标原点两侧的一对平行晶面.

上述三个经典性定律,实践证明对推动晶体几何学的发展起到了巨大作用.

§4.2 晶面角的测量与投影[3,4]

晶体形态奇异多变,但影响晶体形态变化的主要因素,都不外乎晶体内部结构和生长时外界条件的影响.

成分与结构相同的同种晶体,常常因为受生长环境条件变化的影响,而生长成

不同的形态. 但在一定的生长条件下,成分与结构相同的同一种晶体,其对应的晶面角守恒. 一般所谓晶面角是指晶面法线间所夹的角度,由于同一品种晶体的晶面角不变,晶面角就成为晶体的一种特有常数. 晶面角守恒定律的出现, 促进了晶体测角术的发展,出现了各种晶体测角仪,根据晶体的尺寸,晶面数目,表面质量等,可以采用不同类型的测角仪,最常用的类型有接触测角仪和反射测角仪,二者都可以是单圈和双圈测角仪. 由这些仪器精密测得的晶面角数据,可成为晶体的一种特有常数. 同时,根据晶面角测量的数据,就可进行晶体的投影工作. 同一品种晶体的生长形态可以是各种各样的,但通过晶体的测量与投影后,能够去伪存真,保留下来的是受晶面角守恒定律支配的所有晶面在空间的对称配置,以及许多在三维空间图像上不易测量的数据,例如平面与平面或直线与直线间的交角等. 利用这些所得到的数据信息,便可描述出晶体的理想形态.

4.2.1　晶面角的测量

依据光滑晶面对光线反射原理,早在 100 多年前,先后制成了单圈或双圈量角仪对晶面角进行测量,创始性的单圈和双圈量角仪分别如图 4.3(a)、(b)所示.

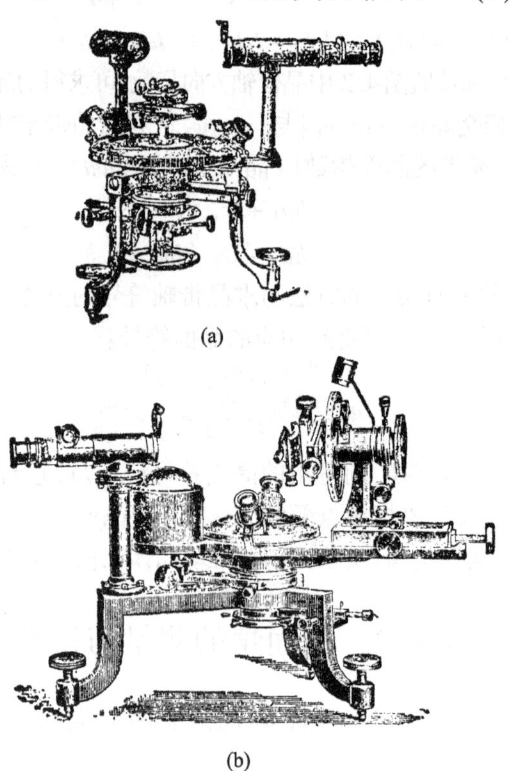

(a)

(b)

图 4.3　创始性的单圈量角仪(a)和双圈量角仪(b)

单圈量角仪能够直接测得晶面角(晶面夹角与晶面角成 180°,因此晶面角为 180° - 晶面夹角)的数据. 但用双圈量角仪所测得的数据,不能直接代表晶面角,而是各个晶面的球面坐标值(ρ,φ),这些值可直接用来作晶体的极射赤平投影图.

如果已知两晶面 A 与 B 的球面坐标值各为(ρ_1,φ_1)和(ρ_2,φ_2),则晶面 A 与 B 的晶面角 α,可由球面三角公式求得,即

$$\cos\alpha = \cos\rho_1\cos\rho_2 + \sin\rho_1\sin\rho_2\cos(\varphi_2 - \varphi_1) \tag{4.7}$$

双圈量角仪的应用大大简化了晶体的测量工作,因此,至今它仍然是研究晶体形态的一种重要测量工具.

4.2.2　晶体的投影

晶体的投影,就是将晶体多面体形态表示在球面上或平面上,以便使晶体的晶面和晶棱的对称分布规律更清楚地显示出来,而使晶棱间或晶面间的夹角更易于测量.

晶体的投影有多种方法,但得到广泛应用的投影方法是极射赤平投影法.

(1)晶体的球面投影.

以晶体的重心 O 为球心,取一定长度 R 为半径作一球体,球面包围着整个晶体,然后从球心出发,作各个晶面的法线,这样晶面与其法线成一一对应关系,各个晶面法线与球面均相交成点,此时球面上的每一个点均与相应的晶面呈一一对应关系,因而球面上的一族投影点就代表了晶体的所有晶面在空间的对称配置. 晶体的任意两个晶面的晶面角,就可用通过该相应两晶面的球面投影点的大圆弧来度量. 晶体的球面投影如图 4.4 所示.

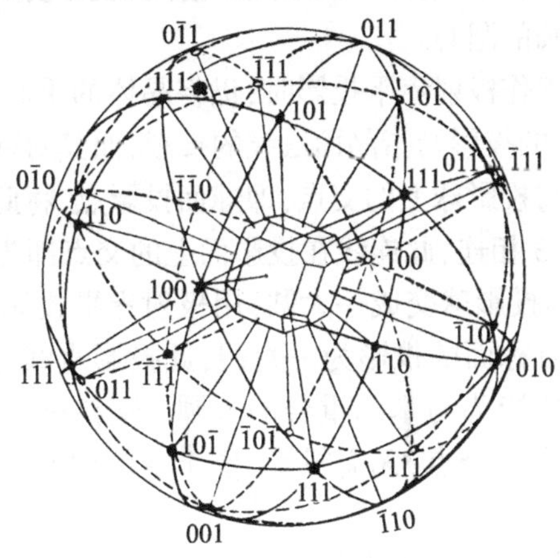

图 4.4　晶体的球面投影

(2)晶体的极射赤平投影(图 4.5).

取晶体的重心(中心)O 作为球心,以一定长度的半径 R 作一个圆球,则称此

圆球为投影球. 通过球心作一个平面 Q,称为投影面 Q. 投影面与球面相交为一大圆,称为赤道圆,又称基圆. 通过球心,并垂直于投影面引出直径 NS,称为投影轴. 投影轴在球面上两个交点 N 和 S 相当于投影球的北极与南极,分别称为上目测点与下目测点. 作晶体的极射赤平投影时,从晶体的重心作各个晶面的法线,这些法线分别相交于球面上一点,即球面投影点. 然后将处于投影球上半球的球面投影点(如 A 点)与下目测点 S 相连,此线必然交投影面 Q 于一点(如 A'点),以○表示;将处于投影球下半球的球面投影点(如 B 点)与上目测点 N 相连,其连线也必然交投影面 Q 于一点(如 B'点),以×表示. A'与 B'点,均称为对应晶面的极射赤平投影点.

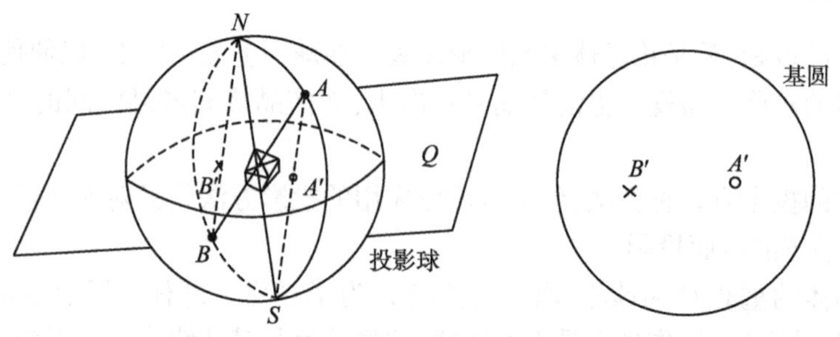

图 4.5　晶体的极射赤平投影示意图

显然,水平晶面的极射赤平投影点必定位于基圆的中心,铅直晶面的极射赤平投影点在基圆上,倾斜晶面的极射赤平投影点必位于基圆内投影面上,而且晶面与投影轴间的夹角越小,则其极射赤平投影点距基圆就越近;反之,其夹角越大时,其投影点就越趋近于基圆的圆心.

当晶体的对称元素作极射赤平投影时,仍将晶体的重心(中心)置于投影球的球心,所不同的是晶面的投影乃指晶面法线的投影,而其对称元素的投影是它本身的投影. 对称轴(C_n)与投影球上的交点,即球面投影点,将此交点与投影球的上目测点 N 或其下目测点 S 相连,此连线在投影面上的交点即为该对称轴的极射赤平投影点. 对称面(m)与投影球交成一大圆,用极射赤平投影法作此大圆上各点的投影,其结果是,铅直对称面的投影为一直线,此投影直线相当于投影圆的直径. 晶体的水平对称面的投影为与基圆重合的大圆. 倾斜对称面的投影为一个大圆弧. 对称中心本身已是一个点,无需投影,位于基圆中心可用一个字母 c 或 i 来表示.

极射赤平投影有如下两个重要性质:

(i)球面上的任意圆,不论大圆或小圆,其极射赤平投影仍为圆.

(ii)球面上两个大圆的夹角,等于其极射赤平投影为图上的相应大圆弧间的夹角,即各晶面的极射赤平投影后的角度关系保持不变.

基于(i)特性,在投影图上出现的线条,一般只是圆弧,而无其他更复杂的投影曲线,从而给其作图带来很大方便. 更重要地是基于(ii)特性,使球面上的各种角度关系能够直接的保留在投影图上,这样特别有利于研究晶体的各种相应的几何关系.

(3)乌尔夫网 在一个球面上绘出同地球仪上相同的经度线和纬度线,再按照极射赤平投影原理,以赤道上某一点为目测点,把与目测点相对应的半球面上的经度线和纬度线投影到赤道平面上(图4.6),这样就构成了一个极射赤平投影网,由于此网为乌尔夫所首创,因此称它为乌尔夫网,如图4.7所示. 乌尔夫网的网面相当于极射赤平投影面,目测点投影于网的中心,圆周即投影球上的水平大圆,即基圆. 网的两个直径,相当于两个相互垂直而且均垂直于投影面的直立大圆的投影. 大圆弧相当于球面上倾斜大圆的投影. 小圆弧相当于球面上平行于横直径,而且垂直于投影面的直立小圆的投影.

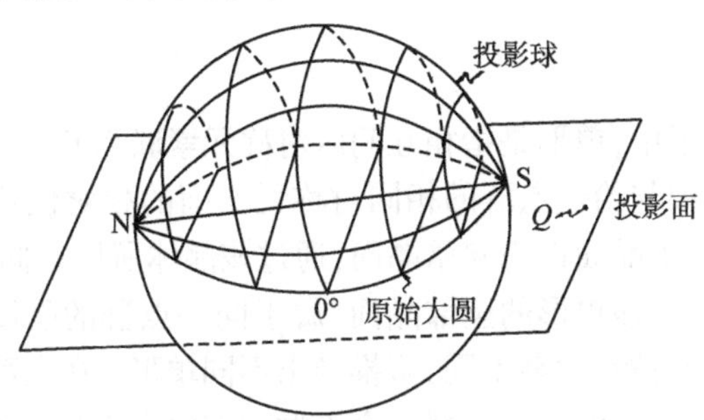

图4.6 乌尔夫网的经度线与纬度的投影示意图

在晶体的实际测量与作图中,一般所使用的乌尔夫网的基圆直径长度为20cm,大圆弧族和小圆弧族的间隔均为2°,使用时,取一张透明纸作为投影平面,在其上也画一直径长度为20cm的圆作为投影基圆,其圆心记为O,相互垂直的两直径记为AB和CD. 乌尔夫网上的圆心记为O',互相垂直的两直径记为$A'B'$和$C'D'$,然后,将透明纸覆盖在乌尔夫网上,使其投影基圆与乌尔夫网上的基圆相重合,即AB与$A'B'$,CD与$C'D'$相重合. 在晶体测量及作图时,将透明纸围绕O点作相对于乌尔夫网旋转,利用乌尔夫网中的角度关系,便可完成所要测量的角度和所要作的极射赤平投影图.

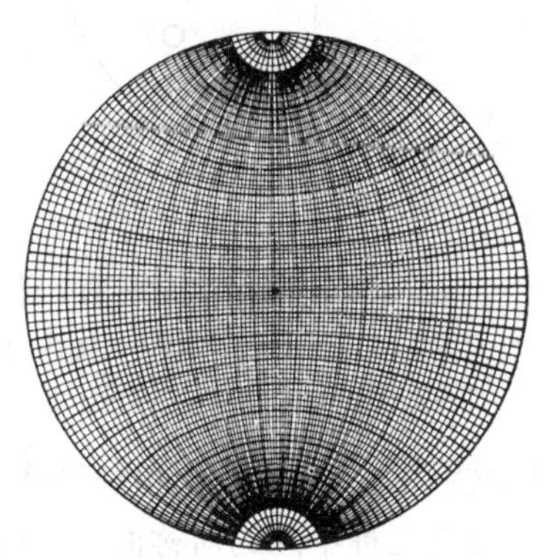

图4.7 乌尔夫网

§4.3　晶体的理想形态[1,4,11,12]

实际晶体的形态千变万化,但经过晶面角测量和极射赤平投影后,能够去伪存真,而描绘出其理想外形. 研究实际晶体的生长形态,首先应当研究它的理想外形,以寻求晶面或晶带在三维空间分布的几何规律性,然后再进一步探索实际晶体外形所出现的外在因素,并为研究晶体形成或生长机制奠定些基础.

晶体的理想外形,可分为单形和聚形. 当晶体在自由体系中生长时,若生长出的晶体外形的各个晶面网结构相同,而且各个晶面都同形等大,这种晶体外形称为单形. 若在晶体的理想外形中,具有的两套以上不同形,也不等大的晶面,这种晶体外形便称为聚形,而聚形是由数种单形构成的.

4.3.1　晶体的单形

在晶体理想外形中,单形是指相互间以对称元素联系起来的一组晶面的总和,同一单形的各个晶面与给定点群的相同对称元素间的相对位置关系都是相同的,因此,可将单形的一个晶面作为起始晶面,通过该晶体所属点群的全部对称元素的对称操作,必能推导出该单形的全部晶面、属于同一点群的晶体,由于起始晶面与相同对称元素的相对位置关系不同,可推导出不同单形. 在点群中对称元素越多,那么属于该点群的单形就越复杂,每一个点群都有符合它自己的一定单形.

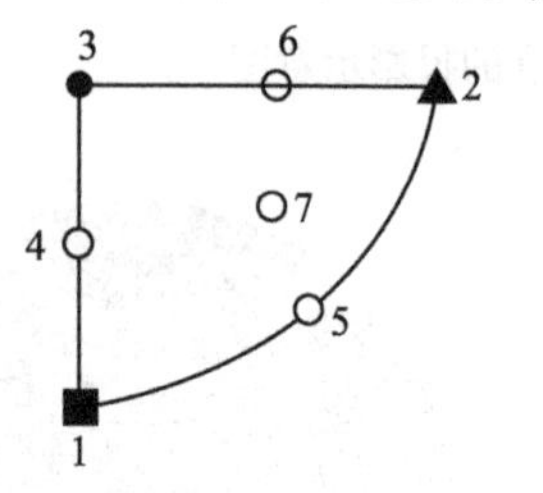

图 4.8　点群 O_h-$m3m$ 的 7 种单形

1. 立方体; 2. 八面体; 3. 菱形十二面体; 4. 四六面体; 5. 四角三八面体; 6. 三角三八面体; 7. 六八面体单体

经推导,晶体学中共有 47 种外形不同的单形,它们的对称性均存在于 32 种点群之中. 一般采用晶体的极射赤平投影法来推导单形,每一种点群最多只有 7 种单形. 例如:在点群 O_h-$m3m$ 中,所有对称元素的极射赤平投影图包含有 48 个三角形,而每一个三角形的组成与作用相同,因此在讨论晶面与对称元素的相互关系时,我们只取其中一个三角形就够了. 这种三角形的三个顶点分别为 C_4,C_3 和 C_2 对称轴的投影,三角形的三个边是三种不同的对称面(m)的投影. 从每个三角形中都可看出,晶面投影与对称元素投影的相对位置关系只有 7 种不同的类型,在这 7 种不同的位置上,通过全部对称元素的对称性操作,可推导出 7 种不同的单形,如图 4.8 所示.

如果我们对晶体 32 种点群逐一地进行推导,总共可得到 146 种不同的单形,这是在一切晶体外形中所有可能出现的全部单形,它们的对称性不同,因此,这

146 种单形都是晶体学上的不同单形. 但同样外形的单形,可出现在不同点群中,例如:立方体是点群 O_h-$m3m$ 中的一个单形,但立方体同时也是立方晶系的其他 4 个点群(T,T_h,T_d,O)的单形. 如果单纯地从几何外形而论,任何立方体都具有 O_h 对称性,但若从晶体学的角度来看,具有同样立方体外形的单形,由于所属晶体的物理化学性质或晶面花纹所表现出来的对称特点不同,上述 5 种点群所表现出的 5 种立方体单形的对称特点应都不相同,而分别地与各自所属的点群相对应. 因此,这 5 种立方体是晶体学的 5 种不同单形. 倘若对 146 种单形来说,不考虑各个单形的对称特点,而仅就它们的几何形状不同而论时,则共可划分出 47 种外形不同的单形.

4.3.2　47 种单形在 32 种点群中的分布

根据 47 种单形的几何特征,按照晶系来划分时,那么,47 种外形不同的单形在 32 种点群中的分布分别列于表 4.2(a) ~ (d)中.

低级晶族中各种单形的几何形状如图 4.9 所示. 正方晶系中各种单形的几何形状如图 4.10 所示.

三方与六方晶系中各种单形的几何形状如图 4.11 所示.

表 4.2　单形在点群中的分布

(a)　三斜、单斜和斜方晶系中的单形

晶系 / 单形名称(晶面数目)	三斜		单斜			斜方		
	点群							
	1	$\bar{1}$	2	m	$2/m$	222	$mm2$	mmm
1. 单面(1)	+		+	+			+	
2. 板面(2)		+	+	+	+	+	+	+
3. 双面(2)			+	+			+	
4. 菱方柱(4)					+	+	+	+
5. 菱方锥(4)							+	
6. 菱方双锥(8)								+
7. 菱方四面体(4)						+		

(b)　正(四)方晶系中的单形

点群 / 单形名称(晶面数目)	4	4	$4/m$	422	$4mm$	$\bar{4}2m$	$4/mmm$
单面(1)	+				+		
板面(2)		+	+	+		+	+

续表

单形名称(晶面数目) \ 点群	4	$\bar{4}$	$4/m$	422	$4mm$	$\bar{4}2m$	$4/mmm$
8. 四方锥(4)	+				+		
9. 四方柱(4)	+	+	+	+	+	+	+
10. 四方四面体(4)		+				+	
11. 四方双锥(8)			+	+		+	+
12. 复四方锥(8)					+		
13. 复四方柱(8)				+	+	+	+
14. 四方偏方面体(8)				+			
15. 四方偏三角面体(9)						+	
16. 复四方双锥(16)							+

(c) 三方与六方晶系中的单形

单形名称(晶面数目)	三方晶系					六方晶系						
	点群											
	3	$\bar{3}$	32	$3m$	$\bar{3}m$	6	$\bar{6}$	$6/m$	622	$6mm$	$\bar{6}2m$	$6/mmm$
单面(1)	+			+		+				+		
双面(2)		+	+		+		+	+	+		+	+
17. 三方锥(3)	+			+								
18. 三方柱(3)	+		+	+			+				+	
19. 六方锥(6)				+		+				+		
20. 六方柱(6)		+	+	+	+	+		+	+	+	+	+
21. 复三方锥(6)				+								
22. 复三方柱(6)			+	+							+	
23. 复六方锥(12)										+		
24. 复六方柱(12)					+				+	+		+
25. 三方双锥(6)			+				+				+	
26. 复三方双锥(12)											+	
27. 六方双锥(12)					+			+	+		+	+
28. 复六方双锥(24)												+
29. 三方偏方面体(6)			+									
30. 六方偏方面体(12)									+			
31. 菱面体(6)		+	+		+							
32. 复三方偏三角面体(12)					+							

（d）　立方晶系中的单形

单形名称 （晶面数目）	点群				
	23	$m3$	432	$\bar{4}3m$	$m3m$
33. 四面体(4)	+			+	
34. 三角三四面体(12)	+			+	
35. 四角三四面体(12)	+			+	
36. 五角三四面体(12)	+				
37. 六四面体(24)				+	
38. 八面体(8)		+	+		+
39. 三角三八面体(24)		+	+		+
40. 四角三八面体(24)		+	+		+
41. 五角三八面体(24)			+		
42. 六八面体(48)					+
43. 立方体(6)	+	+	+	+	+
44. 四六面体(24)			+	+	+
45. 五角十二面体(12)	+	+			
46. 偏方复十二面体(24)		+			
47. 菱形十二面体(12)	+	+	+	+	+

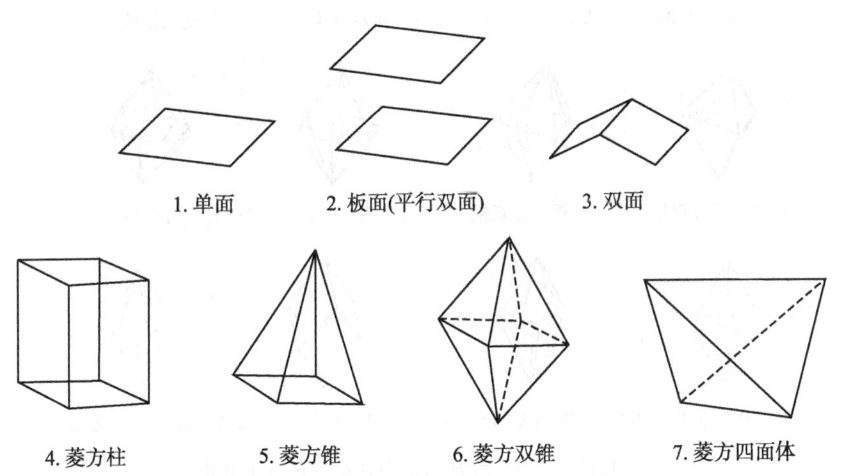

图 4.9　低级晶族各单形的几何形状

立方晶系中各种单形的几何形状如图 4.12 所示.

从不同晶系的单形数目与其几何形状来看反映出以下几种情况：

(1) 单形的数目和形状与其所属点群的对称性有关，晶系的对称性越高，单形

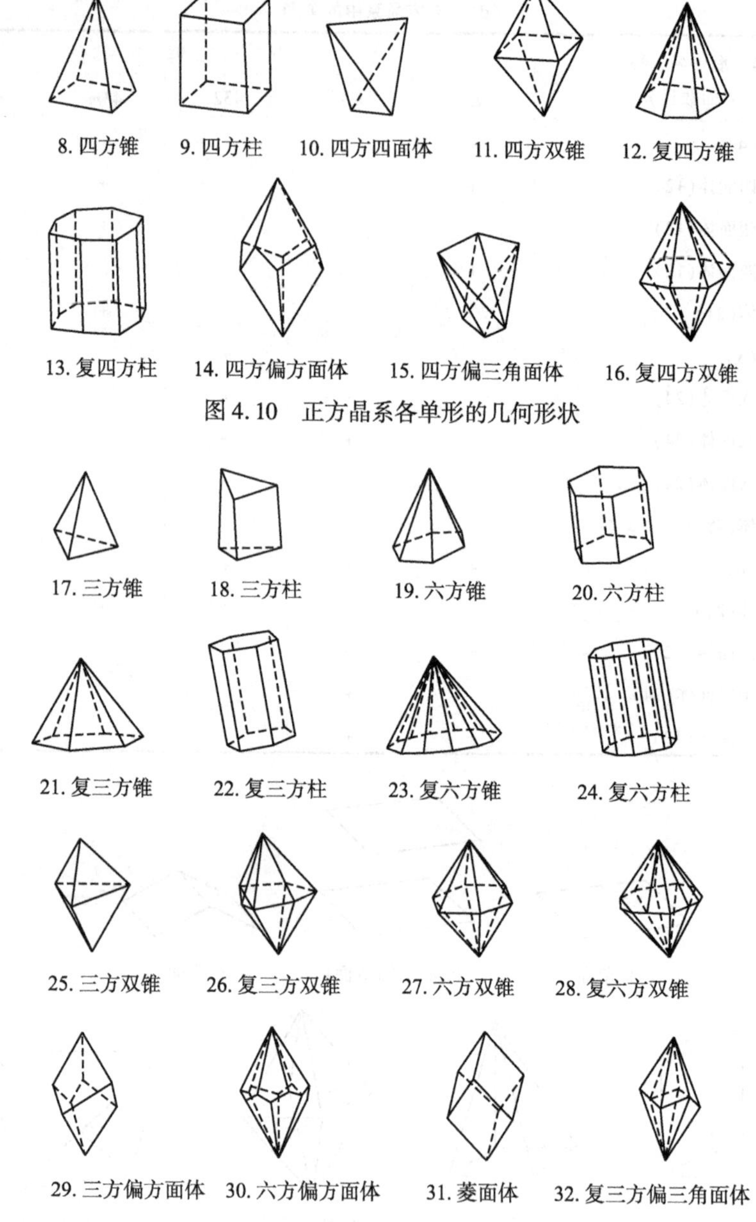

图 4.10　正方晶系各单形的几何形状

图 4.11　三方、六方晶系中各单形的几何形状

的个数就越多，而且多是封闭的几何外形，单形的形状也就越复杂.

(2)若单形的晶面与点群的某些对称元素垂直、平行、或等角度相交，即两者之间具有某种特殊的几何关系，这样的单形称为特形.

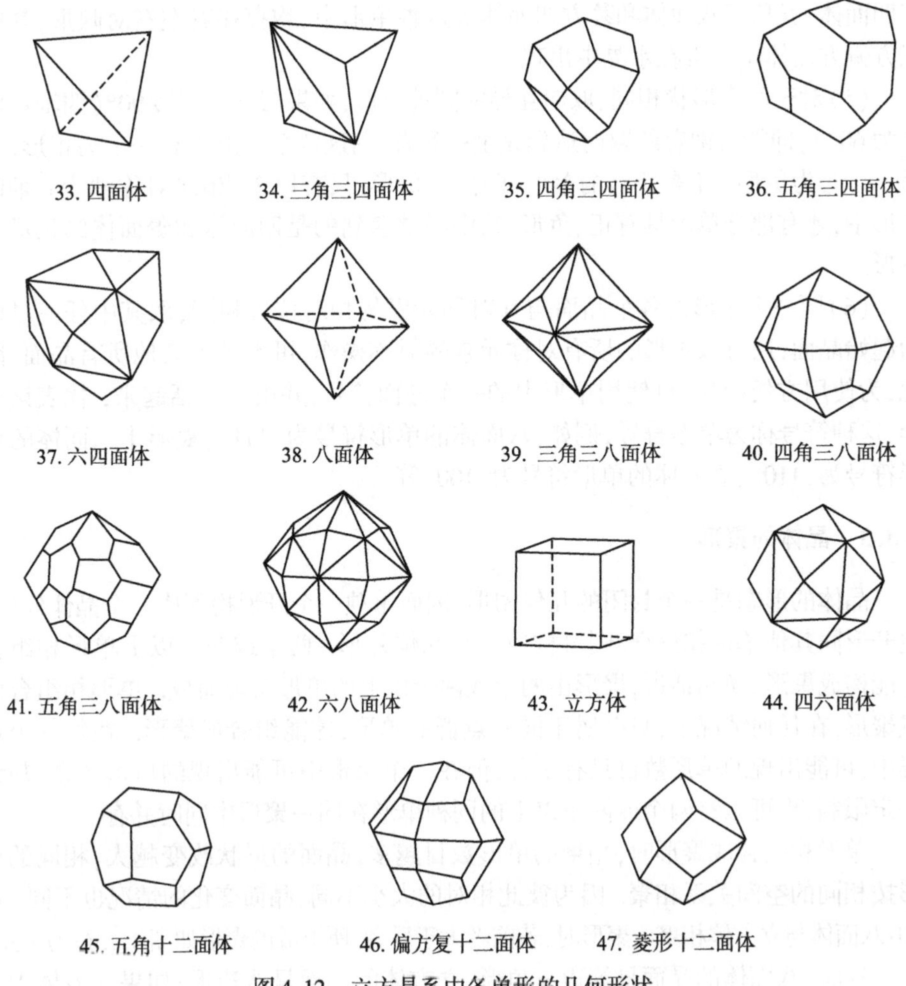

图 4.12 立方晶系中各单形的几何形状

若单形的晶面与相应点群的所有对称元素之间,均无特殊的几何关系,这样的单形称为普形. 例如:在点群 O_h-$m3m$ 中共有 7 种单形(表 4.2(d)),只有六八面体是普形,其余 6 种单形均为特形.

(3)单形的几何形状,不外乎两种类型. 凡单形的全部晶面成不封闭空间的,称为开形. 凡单形自成封闭的几何多面体者,称为闭形. 在 47 种不同几何形状的单形中,单面、板面、双面以及各种柱与锥等 17 种单形均属于开形. 它们存在于低级和中级晶族中. 其余 30 种单形都是闭形,高级晶族的 15 种单形全部都是闭形. 中级晶族中有 13 种闭形,而低级晶族仅有 2 种单形为闭形.

(4)在闭形中,有时会遇到两个单形互成镜像反映关系,这两个单形称为左右对映形,其中一个为左形,而另一个必为右形. 在三方、四方和六方偏方面体、五角三四面体、五角三八面体和菱方四面体等六种单形中,均存在着左右对映形,其中三方偏方面体单形常在水晶中出现.

(5)对于两个形状相同、取向互异的同种单形,如果借助于旋转 90°(四轴定向者为 60°),即能使两者的取向达到完全一致者,则这两个单形中有一个为正形,而另一个必为负形, 不是所有的单形都有正、负形,只有以 3 或$\bar{6}$,$\bar{4}$对称轴为 c 轴的单形中,才有部分单形具有正、负形,其中经常遇到的是四面体和菱面体的正形与负形.

(6)同一个单形的各个晶面与其对称元素的相对位置相同,取其中任一晶面为起始晶面,通过该单形的所有对称元素的对称操作,可推导出其他所有晶面,因此,为使用方便起见,可使用单形中的一个晶面符号,并用{　}括起来, 代表该单形,这种符号称为单形符号,例如,八面体的单形符号为{111},菱形十二面体的单形符号为{110},立方体的单形符号为{100}等.

4.3.3　晶体的聚形

晶体的形态是一个封闭的几何图形,因而单独一个开形构不成一个晶体外形,但开形同其他单形相聚合,则可构成一个晶体外形. 两个或两个以上单形相组合才能构成聚形,换句话说,聚形由两个或两个以上的单形聚合而成. 单形相组合而成聚形,在任何情况下,只有属于同一点群的单形,才能组合成聚形. 在每一个点群中,可能出现的单形数目只有 7 种,但在一个聚形中可能出现的单形个数,却无一定限制,也可以有两个或两个以上的同种单形在同一聚形中同时并存.

单形相组合成聚形时,相聚的单形数目越多,晶面的形状改变越大,相同的单形按相同的空间关系相聚. 因为彼此相对的大小不同,晶面变化的情况也不同. 例如:八面体与立方体相聚成聚形时,若前者大于后者,所形成的聚形如图 4.13(a)所示.

这时,八面体的晶面呈等边三角形,立方体的晶面呈八边形;如果立方体大于八面体,二者相聚成的聚形如图 4.13(b)所示,立方体的晶面是正方形,而八面体的晶面为六边形.

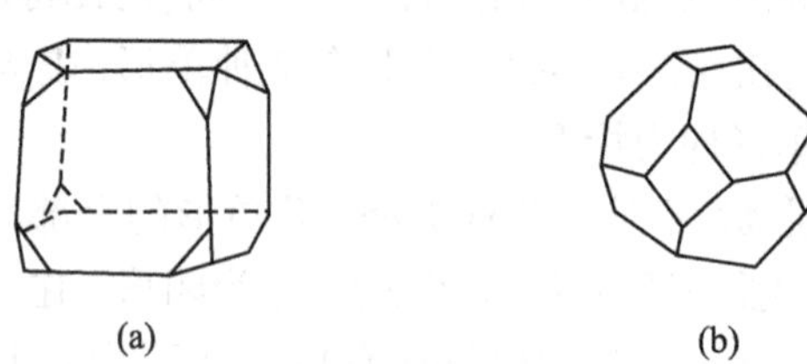

(a)　　　　(b)

图 4.13　八面体与立方体相聚而成的聚形示意图

晶体形态,以单形的形式出现的比较少,大多数晶体是以聚形的形式出现的. 而所有的聚形的对称性,均毫无例外地属于 32 种点群中的一种,因此在分析聚形中所包括的单形时,首先是要解决聚形所属的点群,然后再利用单形所表现出来的特征来决定聚形中所含有的单形,在聚形中,不同单形的晶面是无法借助于晶体对称元素的对称操作而相互联系,因而它们的形状、大小、数量及其物理化学性质等也有所不同.

分析聚形中的单形,不仅可用来鉴别晶体,而且还有助于分析晶体中产生缺陷的起因,任何晶体生长时,都会留下生长扇形界和各种各样结构缺陷,因此,理想完整的晶体可以说是不存在的,但研究理想完整晶体生长形态有助于认识真实晶体的生长过程.

§4.4 几种预测性晶体形态理论模型

从历史上看来,晶体学的发展渊源于对晶体形态几何规律性的研究,并相继地提出了一些预测性晶体形态理论模型,诸如:布拉维-费里德-唐纳-哈尔克(Bravais-Friedel-Donnay-Harker,BFDH)理论模型、连接能(attachment energy,AE)理论模型、最小表面能(surface energy,SE)理论模型、周期键链(periodic bond chains, PBC)理论模型以及近期由仲维卓等提出配位多面体生长基元理论模型等. 这些理论模型总是想方设法来描述晶体形态的形成,以求获得合理的理论解释.

从当前人们研究晶体生长来看,大多是将晶体生长形态与其形成机制紧密地结合起来,以便使晶体生长形态理论更接近现实、更深入地向前发展一步.

现对上述所提出的一些预测性晶体形态理论模型,简要地作一介绍.

4.4.1 BFDH 理论模型[14-16]

此种模型是基于晶体几何学来描述晶体生长形态,这种方法主要利用晶体点阵和对称性来进行几何学的计算,找出一系列可能生长的晶面以及它们相关的生长速率,由此来推导出晶体形态,一般地所观测到的晶体形态受低指数面所支配.

布拉维(1913)和费里德(1907)分别观测到

$$D \sim 1/d \tag{4.8}$$

式中,D 为晶体中心到晶面的距离;d 为点阵面间距.

晶体生长是各面异速的,而晶体生长形态的变化来源于各晶面的相对生长速率的变化,根据布拉维法则,当晶体生长到最后阶段保留下来的一些晶面,出现的概率较高,晶面面积也较大,同时又具有较高的面网密度和较大的面网间距. 唐纳和哈尔克(1937)进一步发展了布拉维法则,提出了可能生长面与晶体对称性相关,并说明平移对称操作符(号)的效应,指出较高指数面优先于低指数面生长,最终决定晶体形态的面是低指数面. 在许多情况下,根据 BFDH 理论模型,在晶体生长过程中,可用于识别所出现的最显著的晶面.

4.4.2　AE 理论模型[18,19]

Docherty 等于 1991 年定义连接能(E_{att})为一个生长基元(薄片)连接到生长晶体表面上所释放出的能量.

E_{att}可用下式表示.

$$E_{att} = E_{latt} - E_{slice} \tag{4.9}$$

式中,E_{latt}为晶格(点阵)能量;E_{slice}为厚度为d_{hkl}生长基元(薄片)的能量.

晶面的生长速率E_{att}即晶面生长与连接能(E_{att})成比例. 具有最低连接能的晶面生长得最慢,因此,这些面是显露最多的形态面. AE 理论模型对无机晶体. 例如,Al_2O_3,α-Fe_2O_3 等晶体生长经计算表明,已获得了显著的成效.

4.4.3　最小表面能理论模型[17]

早在 19 世纪末期,吉布斯(Gibbs)就指出了形成晶体平衡形态的热力学条件,通常称为晶体生长的最小表面能原理:晶体在恒温和等容的条件下,如果晶体的总表面自由能最小时,其相应的晶体形态为平衡形态.

$$\sum_{i=1}^{n} \sigma_i : S_i = \text{最小} \tag{4.10}$$

式中,σ_i 为第 i 个晶面的比表面自由能;S_i 为第 i 个晶面的表面积.

当晶体生长形态趋于平衡时,它将调整自己的形态,使其总表面自由能最小. 小尺寸晶体生长易于趋向平衡形态,但对较大尺寸晶体来说,由于晶体生长基元在晶面上输运的距离不等,因而较大尺寸晶体生长不易趋向平衡形态. 从晶体生长最小表面能原理出发,在理论上可以求得晶面的线性生长速率与该晶面的比表面自由能成比例,这种相应的关系称为吉布斯—乌尔夫晶体生长定律:

$$\frac{\sigma_1}{\gamma_1} = \frac{\sigma_2}{\gamma_2} = \cdots = \frac{\sigma_i}{\gamma_i} = \text{常数} \tag{4.11}$$

式中,γ_i 为自具有平衡形态的晶体中心引向第 i 个晶面的垂直距离;σ_i 为第 i 个晶面的表面自由能.

吉布斯—乌尔夫定律表明,比表面自由能小的晶面,相应的生长速率也小,对应于面网密度大的晶面,比表面自由能小,因此在晶体生长过程中,面网密度大的晶面为最终保留下来的晶面,而形成整个晶体形态. 晶体生长是一个动态过程,如何测定晶体的比表面自由能,直到今天,还是一个很难解决的研究课题. 因此,此定律只能在理论上来说明晶体平衡形态存在的条件.

4.4.4　PBC 理论模型[5,20]

早在 1955 年 Hartman 和 Perdok 在探索晶体形态与其结构关系时,提出了周期键链理论模型,此理论是在晶体化学基础上建立起来的,简称 PBC 理论模型,此种理论认为晶体结构由 PBC 组成,晶体生长最快的方向是化学键最强的方向,晶体生长是在没有中断的强键链存在的方向上,晶体生长过程中可能出现的晶面可划分为三种类型 ,即 *F* 面、*S* 面和 *K* 面,划分面的标准为:

F 面:凡具有两个或两个以上的 PBC 与之平行的面,称为平坦面(flat faces);

S 面:只有一个 PBS 与之平行的面,称为台阶面(stepped faces);

K 面:没有任何 PBC 与之平行的面,称为扭折面(kink faces).

所设想的 PBC 生长理论模型,如图 4.14 所示,在图 4.14 中,假设晶体中具有三种 PBC 矢量,其中 **A** 矢量与[100]方向平行, **B** 矢量与 [010]方向平行,**C** 矢量与[001]方向平行.

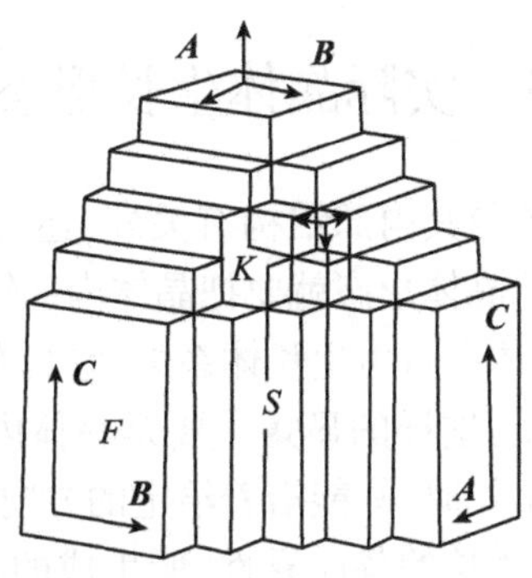

图 4.14　PBC 模型

显然地,*F* 面生长速度最慢,*S* 面生长较慢,*K* 面生长最快,因而 *K* 面是易于消失的晶面,晶体的最终形态多为 *F* 面所包围,其余的面为 *S* 面. 当晶体生长面按 PBC 理论模型来进行分类时,有的晶体生长违反了这种情况,例如:水晶的柱面 $m\{10\bar{1}1\}$ 面是 *F* 面,但水晶的 $S\{11\bar{2}1\}$ 面平行于两个 PBC 矢量,而 $Z\{0001\}$ 面平行于三个 PBC 矢量,若按 PBC 理论模型来进行分类标准,均应为 *F* 面,但从它们生长速率大小的实际情况来看,却分别为 *S* 面和 *K* 面,而二者都不是 *F* 面. 这可能是由于生长基元的大小与生长界面形态等原因所造成的结果. 但在大多数情况下,PBC 理论模型对研究晶体生长形态是大有参考价值的.

4.4.5　配位多面体生长基元理论模型[1, 7]

近些年来我国仲维卓等将晶体形态、晶体结构、晶体生长机制三者有机地结合起来,进行了大量的研究工作,在取得研究成果的基础上,从晶体化学的角度出发,根据晶体中配位多面体结晶方位与晶体形态的关系,提出了晶体生长基元为配位多面体的观点,由于绝大多数配位体都是以负离子配位多面体为主的,故又称为负离子配位多面体生长基元理论模型.

根据不同类型晶体中的配位多面体的结构形式和相互连接的稳定性、取向以及在晶体各面族上联结的稳定性等因素,决定了各族晶面的生长速率和在形态上所显露的程度.

同时又通过对溶液、熔体的拉曼光谱实时观察和测试,已证实了负离子配位多面体生长基元的存在,并且进一步测得在溶液、溶体的不同部位和不同过饱和度时,负离子配位多面体相互缔合成不同维度的生长基元,而不同维度的生长基元向晶体各个面族上叠合率不同,这样就可以根据籽晶取向面,优选出有利于向界面上叠合的生长基元,配合有利于该基元形成的物理化学条件,以便进一步研究人工调控晶体生长.

§4.5　实际晶体生长形态[21,23]

实际晶体生长形态除了与其内部结构有关外,还与晶体生长的物理化学各外界条件有关,因此,研究实际晶体形态就要把晶体内部结构与晶体生长时外部环境条件密切地结合起来,若晶体在自由生长体系中,它具有自发地生长成为一个具有对称性的几何多面体的性质,这样的显露主要是晶体内部结构起了主要作用. 但晶体在强制性生长体系中生长时,只能沿着给定的方向生长,而其他方向的生长便受到限制,从而失去了晶体生长的各向异性,所生成的晶体只能是具有特定形状,例如:从熔体中提拉单晶生长,所生成的晶体外形大多为棒状,不具有几何多面体的形状,这是外界条件对晶体生长的影响所致,但由晶体结构所决定的生长习性并没有改变.

在§4.3 中,我们已阐明了晶体的理想形态,在晶体中属于同一单形的各个晶面均应有同等发育,生长速率相等,形状与大小均应相同,并应保持面平、棱直等几何特征. 就晶体结构而言,结构基元按照空间点阵规律作有序排列,相应点阵中的阵点应全部被同类原子占据,这样的晶体称为理想完整晶体,如果晶体是理想完整的,那么,同一品种晶体(结构与成分完全相同)就应该具有完全相同的物理化学特征,然而,实际晶体样品所表现出来的物理、化学性能是大有差别的,这主要是因为实际晶体是有各种各样的缺陷所造成的. 这种差别,有时称为晶体结构敏感性,晶体缺陷及其组态不仅表现在结构敏感性能方面,也常常反映到晶体形态变化方面,属于晶体的同一单形的各个晶面往往发育不等.

4.5.1　晶体的生长习性[1,22,30]

在相同的外界条件下,同一品种晶体所生长出的晶体外形,理应大致相同,这一性质称为晶体的生长习性. 晶体外形只不过是其内部结构的外在反映,所以晶体生长外形所表现出来的生长习性,必然要受到晶体内部结构的制约,因此,晶体结构是决定晶体生长习性的内因,根据晶体的生长形态特征,晶体的生长习性大致可分为三种基本类型:

(1)单向生长型. 所谓单向生长型是指晶体沿一维方向生长较快,而在其他方向生长较慢,晶体常呈现针状、丝状或长柱状, 中极晶族晶体都具有唯一的高次对称轴,因此,易成单向生长型,例如 KDP 型晶体、水晶等晶体属于这种生长型.

(2)二维生长型. 所谓二维生长型是指晶体沿着两个方向生长较快,而在其他方向上生长很缓慢,以至很难生长,例如, 云母等晶体就是这种生长型的典型, 它的最终形态为片状.

(3)等向生长型. 晶体沿坐标轴三个方向发育大致相等. 一般来讲,晶体的对称性越高,越易成为等向生长型、立方晶系晶体多易成为这种生长型. 例如:石榴石型、白钨矿型等晶体.

显然地,在不同的生长型之间,还存在着各种不同的过渡型.

4.5.2　晶体生长的二型性与多型性

(1)晶体的二型性[1].

如果某一结晶物质存在两种不同的结构型式,则称为该结晶物质具有二型性. 在人工生长单晶时, 常常遇到晶体二型性的问题, 例如: 对于磷酸二氘钾($KD_xH_{1-x}PO_4$, 简称 KD^*P)晶体,由于晶体生长时的同位素效应,KD^*P 晶体有两种异型体,一种是与磷酸二氢钾(KH_2PO_4)(简称 KDP)晶体同型的类质同象体,晶体的点群为 D_{2d}-$\bar{4}2m$;另一种晶体属于单斜晶系,点群为 C_2-2.

KD^*P 晶体二型性的存在,使生长正(四)方相 KDP^* 晶体增加了复杂性. 在晶体生长溶液中,正方相和单斜相 KD^*P 晶体依一定含氘量和温度区间存在,并在一定生长条件下,能通过溶液相互转变或固-固相变,对生长正方相 KD^*P 晶体产生干扰,有时严重地影响到晶体生长工作的正常进行.

在人工生长碘酸锂(α-$LiIO_3$)单晶时,也遇到晶体二型性的干扰问题,α-$LiIO_3$ 晶体的点群为 C_6-6,而 β-$LiIO_3$ 晶体的点群为 C_{4h}–$4/m$,这两种晶体生长形态,如图 4.15(a)、(b)所示.

在 α-$LiIO_3$ 晶体生长时,如果 β-$LiIO_3$ 晶体一旦在溶液中出现,就会迅速生长,并严重地抑制 α-$LiIO_3$ 晶体的生长,以至最后几乎使 α-$LiIO_3$ 晶体停止生长. 相反,当溶液不饱和时,可以看到正方晶体先于六方晶体溶解. 碘酸锂晶体二型性的形成与转变,不仅同温度、压力这些因素有关,而且还和所处的生长环境相关. 例如,溶液中杂质、pH 和过饱和度等有着密切的关系. 又如, 硫化锌(ZnS)晶体也存在二型性,即立方和六方硫化锌晶体.

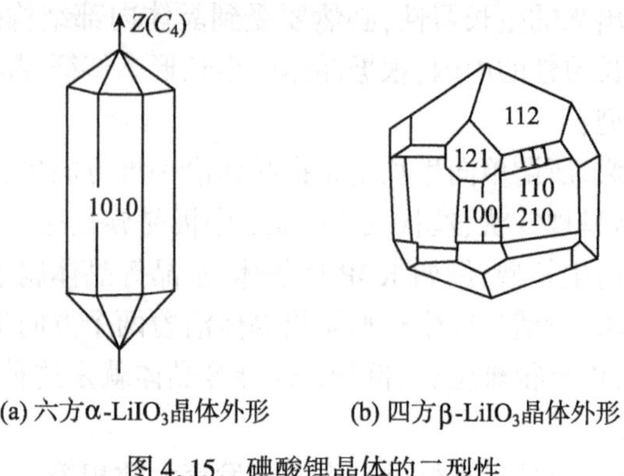

(a) 六方α-$LiIO_3$晶体外形 (b) 四方β-$LiIO_3$晶体外形

图 4.15 碘酸锂晶体的二型性

(2) 晶体的多型性(polymorphism)[1,8,31].

如果一结晶物质存在第三种或三种以上不同结构型式,则称该结晶物质存在多型性(亦称同质多象),例如二氧化钛(TiO_2)有金红石、板钛矿和锐钛矿三种晶型,在这些晶体结构中,钛(Ti)的配位多面体均为(TiO_6)八面体组成. 二氧化硅(SiO_2)也有多种晶型,结构型式可为水晶、磷石英和方英石等. 在有机化合物晶体中,晶体多型现象更是普遍存在,最明显的例子为有机物晶态药物的多型性问题,所谓药物一般指的是具有治疗、预防、缓解、诊断以及调节机体功能的物质,近些年来众多研究结果证明,晶态药物的晶型与药物治疗疾病的疗效有着密切关系,并关系到人们的身体健康与生命安全问题,倍受关注. 药物的晶型不同,影响到药物的溶解度、溶解速率、血药浓度,人身吸收及疗效等. 根据医药有关资料的介绍,在常用的药物中,许多都存在多型性现象. 例如,甾体药物、磺胺类药物、抗生素药物、维生素、消炎痛等药物都存在多型性,而且每种晶态药物所存在的多型性数目也不相同. 例如,维生素 K_3 有三种晶型,利福平有十多种不同晶型. 晶型不同,其性能往往会有不少差异.

4.5.3 类质同象与类质多象[1,4]

(1) 类质同象. 类质同象最初是指与某些化学性质密切相关的化合物,具有相同或相似外形的现象,这一现象最早是在磷酸二氢钾(KDP)型晶体上发现的,磷酸二氢钾(KDP)、磷酸二氢铵(ADP)、砷酸二氢钾(KH_2AsO_4)等晶体的成分虽然不同,但晶体外形均是由正方柱与正方双锥所组成的聚形,其晶体学参数也十分相近,见表 4.3.

从晶体结构来讲,凡是具有相同或相似晶体结构类型的晶体,都统称为类质同象. 例如:铜(Cu)、银(Ag)、金(Au)、氯化钠(NaCl)、硫化铅(PbS)与氮化钪(ScN)等晶体,这些晶体的结构均属于立方面心点阵类型,因此,它们都可称为类质同象.

表4.3 几种KDP型晶体的晶体参数

晶体	晶面角		轴率($a:c$)
	(101)∧(011)	(101)∧(10$\bar{1}$)	
KH_2PO_4(KDP)	57°58′	93°30′	1:0939
KH_2AsO_4(KDA)	57°52′	93°40′	1:0938
$NH_4H_2PO_4$(ADP)	68°10′	89°38′	1:1.0076

后来,有人进一步提出,如果两种结晶物质不仅具有相同或相似的晶体结构,而且能够形成混晶,则称这两种物质为狭义的类质同象,例如:KDP与KD^*P($KDH_{2-x}PO_4$)或($KH_{2-x}D_xPO_4$)混晶,即属于这种类型的晶体. 因此,近代的类质同象概念主要应包含如下两个方面的内容:(i)晶体几何学的相似性,即结构类型的相似性;(ii)混合性,即两种晶体相互间形成混晶.

(2)类质多象. 对于化学式属于同一类型(如AB,ABX_3,…)的系列离子化合物晶体,如它们的负离子相同,当把这些离子化合物中正离子按周期系中某一族进行排列时,随着正离子半径大小、极化性能等逐渐变化到一定程度时,晶体结构型及其外形将发生明显的突变,这一现象称为类质多象(morphotropy,也称为变形性). 例如正离子半径1.33Å→1.52Å→1.70Å

	KDP	RbH_2PO_4	CsH_2PO_4
晶体结构型	—正方型—		单斜型

磷酸二氢钾(KDP)与磷酸二氢铷(RDP)均属于KDP型结构,但到磷酸二氢铯(CDP)晶体时,由于Cs^+半径较大,不能结晶成KDP型,而结晶成单斜型,如图4.16所示. 因此KDP型晶体与磷酸二氢铯晶体属于类质多象.

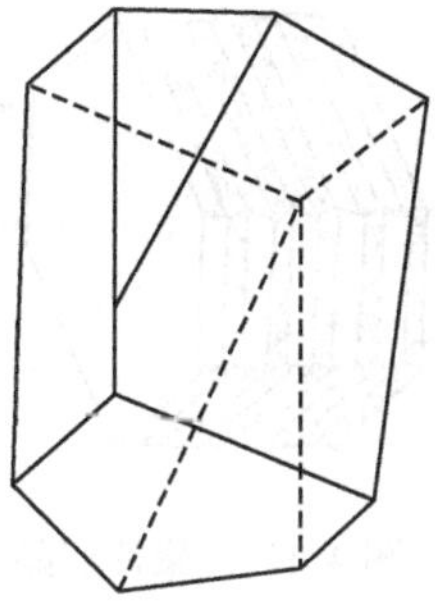

图4.16 磷酸二氢铯晶体外形

4.5.4 双晶[9]

无论是天然晶体还是人工晶体,常常遇到许多晶体连生在一起的问题,晶体连生基本上可分为规则连生和不规则连生两种类型.

同种晶体的规则连生,即构成双晶,又称孪晶. 双晶的具体结合关系,可用双晶面、双晶轴或双晶中心来表征. 反映双晶中,双晶面是使双晶的两个单体通过反映后重合或平行的假想平面. 在旋转双晶中使两个单体重合的旋转轴, 称为双晶轴,在倒反双晶中,能使两个单体通过倒反后相互重合的假想点,称为双晶中心. 双晶面、双晶轴和双晶中心构成了双晶元素,也可以这样说,构成双晶的两个单体相互发生对称重复时,所凭借的几何要素(面、线、点)称为双晶元素. 在此要指出的是:双晶接合面与双晶面是两个不同的概念. 前者是双晶中两个单体间相接触而实际存在的公共界面,而后者是双晶的两个单体借以发生对映重复关系的假想平面. 双晶面是平面,而双晶接合面可能是平面,也可能是非平面.

双晶的两个单体之间的结合规律称为双晶律. 矿物学家考察了自然界矿物中形形色色的各种双晶,总结出了许多双晶律,并赋予各种特殊的名称,有的以该双晶可以作为其特征的矿物的名称来命名. 例如, 在尖晶石中经常出现以(111)为双晶面的双晶,这种双晶已成为了尖晶石的一种特征,于是以(111)为双晶面的双晶,即称为尖晶石律双晶. 此外,还有诸如云母律、钠长石律等. 在双晶律名称中,还有的是以最初发现矿物的地名来命名的, 如道芬律(Dauphiné, France)、卡尔斯巴德律(Carlsbad,Bohemia, Czechoslovakia)等. 也还有的以双晶形状、双晶面或接合面来命名等.

双晶种类繁多,迄今尚无统一分类的方法. 目前,一般应用两种分类方法,即矿物学分类方法和晶体学分类方法.

矿物学分类方法按照双晶单体间接合方式的不同,将其分为不同的双晶类型,主要有如下几种:

(1)简单双晶. 双晶的两个单体以同一种双晶律结合. 按结合方式不同可分为:

(i)接触双晶,即两个单体以明显而规则的接合面相接触;

(ii)贯穿双晶,即两个单体相互穿插,接合面较复杂.

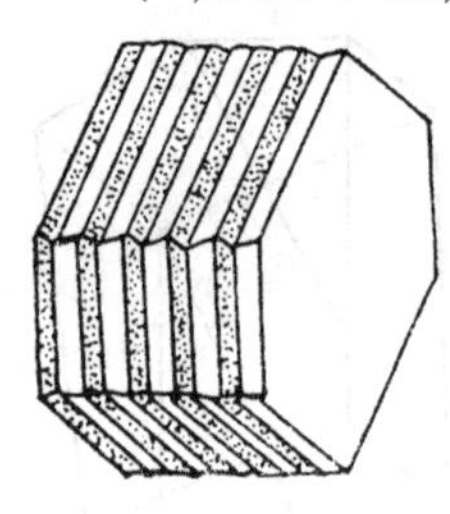

图 4.17　聚片双晶

(2)反复双晶. 由两个以上单体,彼此间按同一双晶律,并多次反复出现而构成的双晶群,其中有聚片双晶、轮式双晶等. 前者表现为一系列接触双晶的聚合,所有的双晶接合面都互相平行,如图 4.17 所示.

而后者由两个以上的单体按同一种双晶律所组成,表现为若干组接触双晶或穿插双晶的组合,各接合面依次成等角度相交,双晶总体呈环状或轮状,如图 4.18 所示.

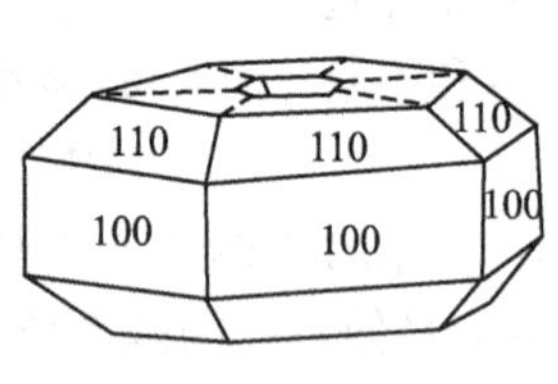

(a) 金红石的环状六连晶

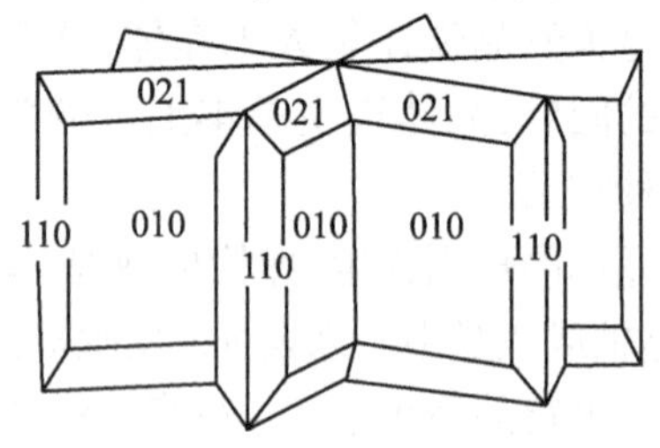

(b) 白铅矿的轮式三连晶

图 4.18　环状与轮状双晶

(3)复合双晶．　由两个以上单体按不同的双晶律所组成的双晶．如图 4.19 所示的斜长石双晶就是按三种不同的双晶律结合在一起而组成的，接合面均为(010)，其中单体 1 与 2 以及 3 与 4 彼此间均按钠长石律结合，双晶轴垂直于(010)；单体 2 和 3 之间按卡尔斯巴律结合，双晶轴平行于 c 轴；于是单体 1 和 4 之间也存在着卡尔斯巴律关系．另外，单体 1 和 3 以及 2 和 4 之间也分别构成一定的双晶关系，双晶轴位于(010)面内，且垂直于 c 轴．这样的双晶关系称为钠长石-卡尔斯巴律．由这样三种双晶律共同组成的复合双晶，称为卡-钠复合双晶．

晶体学分类方法是按照双晶形成的方式来划分的，主要有如下几种：

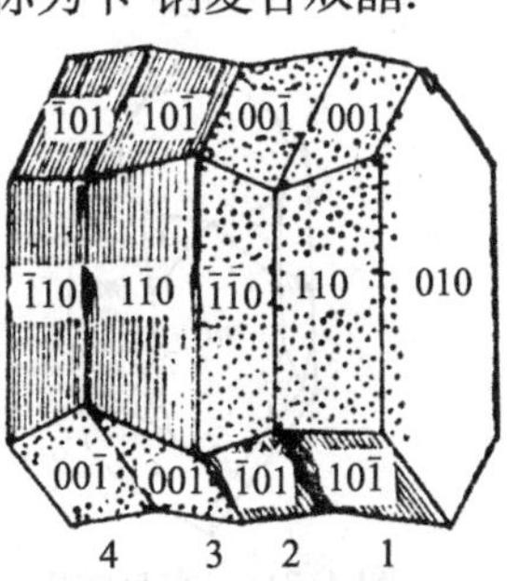

图 4.19　钠长石的卡-钠复合双晶

(1)生长双晶．这种双晶是在晶体生长过程中形成的，大多用来研究双晶形成机制问题．

(2)转变双晶．这种双晶是在晶体同质多象转变中产生的．例如六方的 β 石英，当因温度下降而转变成三方水晶时，经常会产生双晶．

(3)机械双晶．由于受到机械应力作用，使其一部分晶格以孪生的方式发生形变，从而形成双晶．例如对水晶施加某种应力时，往往会产生双晶．

一般来说，生长双晶大多属于原生双晶，机械双晶大多属于次生双晶，但两者难以绝对地划分，如在晶体的生长过程中，由于受到热应力的作用，也可能产生机械双晶．

下面简要介绍人工晶体中所形成的双晶．

(1)人工水晶．人工水晶常出现的一种双晶是道芬双晶，道芬双晶是以道芬律结合起来的双晶，所谓道芬律是专指水晶中这样的一种双晶结合方式，即两个同型晶体(均为左型或均为右型，即旋型一致)以 c 轴为双晶轴所构成的贯穿双晶，而两个单体的极轴方向相反，如图 4.20 所示．这种双晶失去了压电效应，因此，称为电学双晶．这种双晶由于光轴一致，旋光方向相同，故不影响晶体的光学性质．在这种晶体表面上可以看到明显的双晶边界线，它是一条闭合曲线．当将晶体切片用氢氟酸腐蚀后，可以清楚地看见这种不规则的镶嵌结构．水晶的道芬双晶有的是原生，但也有次生的．

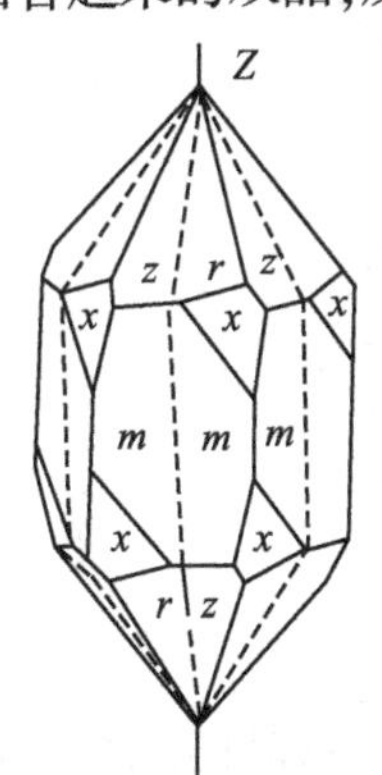

图 4.20 水晶的道芬双晶

水晶中另一种常见的双晶为巴西双晶，巴西双晶是由两个旋型相反、极轴方向也相反、c 轴相互平行的单体，以(11$\bar{2}$0)为双晶面贯穿而构成的，如图 4.21 所示．由于两个单体的旋光性相反，从而使其失去了旋光特性，因此，称这种双晶为光学双晶. 因为巴西双晶的两个单体的极轴方向相反,故也失去了压电效应. 因此在晶体生长过程中,应力求避免产生巴西双晶.

(2)五硼酸钾($KB_5O_8 \cdot 4H_2O$)所形成的双晶. 五硼酸钾($KB_5O_8 \cdot 4H_2O$)(简称 KB_5)晶体属于斜方晶系,点群为 C_{2v}-$mm2$,空间群为 C_{2v}^{17}-Aba,它是一种紫外倍频晶体材料,可采用缓慢降温法从水溶液中生长.

五硼酸钾晶体理想外形如图 4.22 所示.

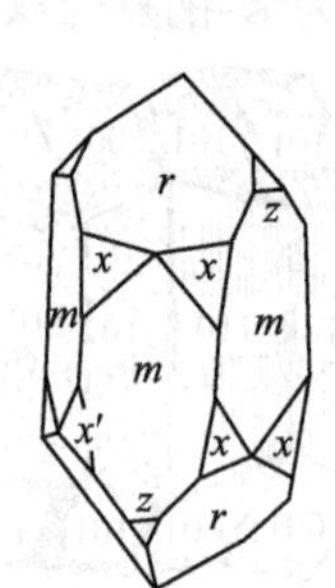

图 4.21　水晶的巴西双晶

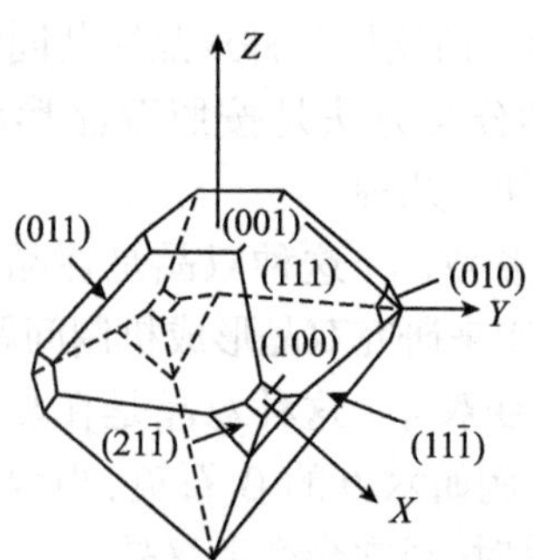

图 4.22　五硼酸钾晶体的理想外形

五硼酸钾晶体在生长过程中很容易产生双晶,这给人工培育完整大单晶造成相当大的困难,经过对此种双晶形态的分析与观察,其双晶形态有下述三种基本类型:

(i)简单接触双晶. 这类双晶由两个单体结合而成,组成双晶的两个单体间互为反映体,这两个单体之间是以简单的平面相接合的,正如图 4.23 所示.

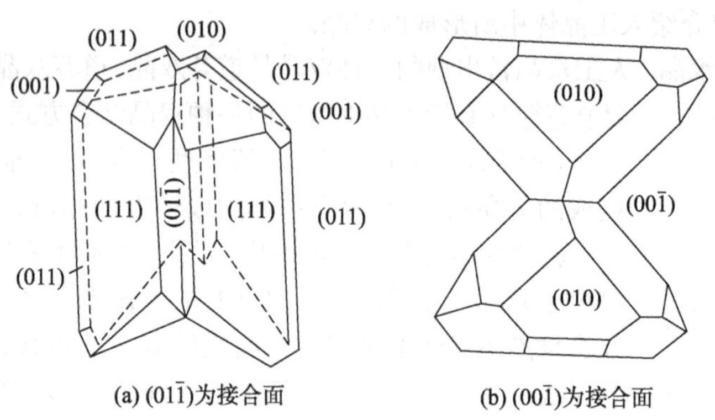

(a) (01$\bar{1}$)为接合面　　(b) (00$\bar{1}$)为接合面

图 4.23　五硼酸钾晶体的简单接触双晶

(ii)三个单体结合成的双晶—反复三连晶. 在这类双晶中,双晶的三个单体分别以双晶面(011)为接合面. 图 4.24 示出了这类双晶.

(iii)三个以上单体结合的双晶—复合双晶. 这类双晶中有 4 个单体结合的 X 形双晶. 五个单体结合的刀形双晶和八个单体结合的十字双晶等. 图 4.25 示出了

这类双晶. 单体之间彼此有着不同的结合方式,通常是以双晶面(01$\bar{1}$),(03$\bar{2}$)等相结合的.

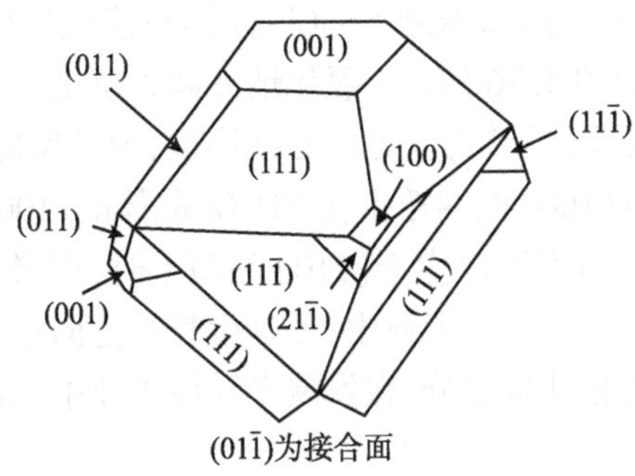

图 4.24 五硼酸晶体的反复三连晶

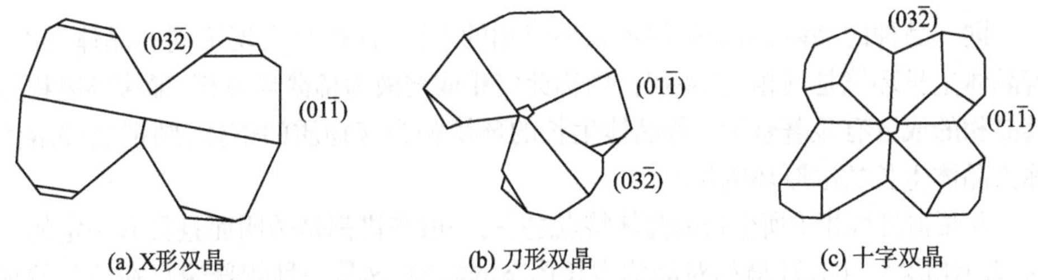

图 4.25 五硼酸钾晶体的复合双晶

KB_5 双晶的形成,除了晶体结构本身存有某些双晶位置,以促成产生双晶的可能性之外,晶体生长的外部条件也是产生双晶的重要因素. 通过对双晶形成过程和生长实验的观察发现,当生长溶液的过饱和度超过一定界限时,易于形成双晶. 自发结晶的晶体多为双晶.

(3)铌酸钡钠(BNN)的微双晶. 从熔体中生长铌酸钡钠单晶时,从高温到室温存在如下两次相变过程:

$$\text{BNN 非铁电相} \xrightarrow{560℃} \text{BNN 正方相} \xrightarrow{260℃} \text{斜方相}$$

在这个相变过程中会出现微双晶(又称微孪晶),这些微双晶将对其倍频效应产生不利影响,因此在使用这种晶体以前,必须去微双晶,去除微双晶是生长这种单晶的一个重要的工艺过程.

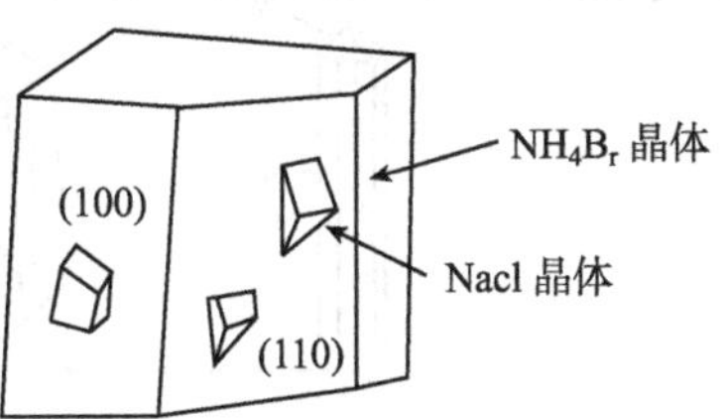

图 4.26 NaCl 晶体在 NH_4Br 晶体上浮生

(4)配向浮生. 异种晶体彼此间有规则的连生,或者同种晶体间以不同单形的晶面相接合而构成的有规则连生,这种晶体生长现象称为配向浮生或简称浮生.

配向浮生产生的原因,其实质并不决定于形成浮生的异种晶体之间具有相同的化学成分或相同的对称性,而主要是由于两者之间存在着晶体结构上相似面网和确定的取向而造成的. 例如氯化钠($NaCl$)晶体在溴化铵(NH_4Br)晶体的(100)和(110)向上的浮生,如图4.26所示. 氯化钠晶体和溴化铵晶体均属于立方晶系,但前者为立方面心结构型,后者为立方体心结构型,为了保持两者面网与其取向的相似性,当$NaCl$晶体以(100)面网浮生在NH_4Br晶体的(100)晶面上时,必定按对角线方向排列;而以(110)面网浮生于(110)晶面上时,两者就绕[110]方向,彼此错开90°,以利于浮生. 在半导体工业中,外延生长是配向浮生原理的重要应用,外延生长有气相外延和液相外延之分,在发展半导体工业中发挥了重要作用.

§4.6　生长环境相对晶体生长形态的影响[31, 32]

同一品种的晶体,由于晶体生长环境相的不同,往往会出现不同的晶体形态. 若晶体生长环境是气相或溶液时,则称此气相或溶液为稀薄环境相,稀薄环境相与其晶相的成分有显著差别. 若晶体生长的环境相为该物质的熔体,则把这种熔体称为晶体生长的浓厚环境相.

从稀薄环境相中所生长的晶体特点之一,一般来讲都是透明而且具有一定的几何多面体形状,生长环境相对晶体生长形态的影响,这是一种较普遍存在的自然现象. 现在仅以溶液中生长晶体为例,简要地说明温度、溶液的过饱和度、溶液的pH,溶液的成分和溶液中的杂质等对晶体生长形态的影响,并一一举例说明.

(1)温度的影响.

(i)水晶(SiO_2):水晶采用水热法生长,高压釜是水热法生长晶体的关键设备,晶体生长的效果与它直接相关,一般水热生长的温度在200~1108℃,压力从200~10 000atm*,水是水热法晶体生长的主要溶剂,水热法生长晶体的主要方法有温差法、降温法和升温法等. 实践证明,在不同的温度条件下,所生长出的水晶形态各有不同,在低温条件下,水晶生长形态为长柱状,随着温度的升高,晶体呈柱状,高温水晶呈双锥状,柱面消失. 如图4.27所示.

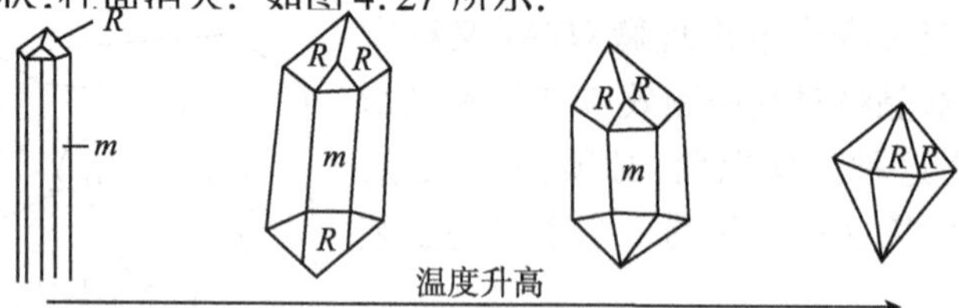

图4.27　水晶(SiO_2)晶体形态变化与温度T的关系示意图

* 1atm = 101 325Pa

(ii)硫酸镁($MgSO_4 \cdot 7H_2O$)在不同温度下结晶,也常常会出现不同的生长形态,如图4.28所示.

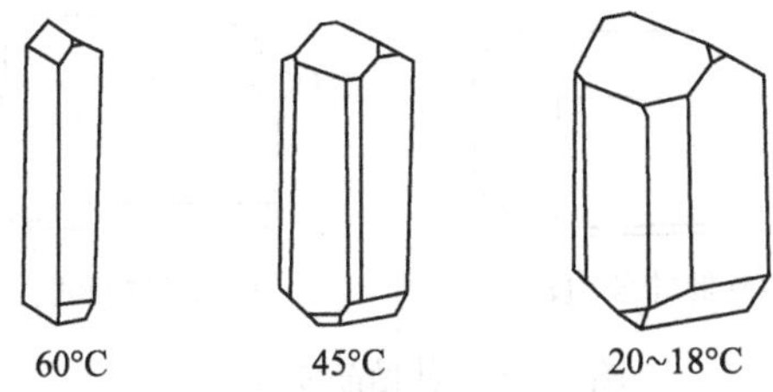

图4.28 $MgSO_4 \cdot 7H_2O$ 晶体外形随生长温度不同而变化的情况

温度的变化导致晶体各个晶面相对生长速率的变化,从而改变了晶体生长形态.

(2)溶液的pH的影响.

晶体从水溶液中生长晶体的一个显著的特点,就是溶液的pH的变化对晶体生长形态的影响.

pH对晶体形态的影响有许多例子,现仅就磷酸二氢钾(KDP)型晶体为例来说明之. KDP型晶体外形为正方双锥和正方柱两种单形所组成的聚形,但由于溶液的pH不同,其生长形态显著的不同,在正常情况下,晶体锥面生长速度较快,而柱面生长速度缓慢,晶体生长外形细而长如图4.29(a)所示;但当增大溶液的pH时,晶体锥面生长速度减慢,而柱面生长速度加快,晶体生长外形粗而短,如图4.29(b)所示.

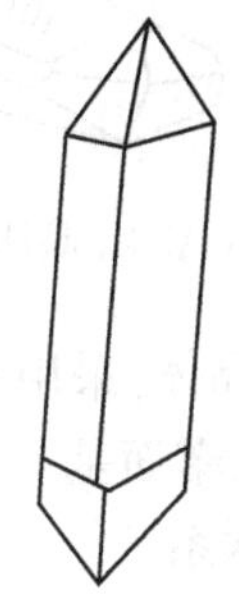

(a) 正常情况下生长的形状

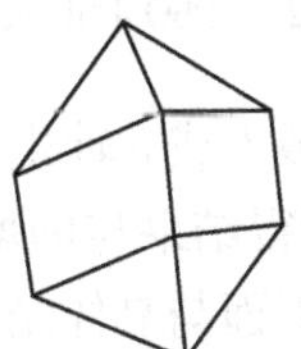

(b) 溶液pH增大情况下生长的形状

图4.29 KDP型晶体生长形态示意图

(3)溶液的过饱和度的影响.

一般来说,晶体生长速率总是伴随着溶液过饱和度的增加而变大. 实验证明,当溶液的过饱和度超过某一临界值时,晶体的生长形态就会发生变化. 例如:当溶液在低过饱和度的情况下,氯化钠(NaCl)结晶成{100}单形,但在高过饱和度的情况下,它便结晶成{111}单形. 又如蔗糖($C_{12}H_{22}O_{11}$)晶体在过饱和度较低的溶液中生长时,晶体所出现的晶面较少;而在过饱和度较高的溶液中生长时,晶体生长形态的晶面较多,如图 4.30 所示.

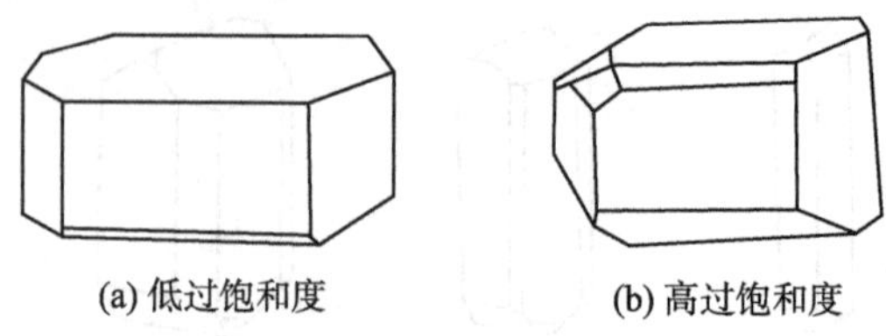

图 4.30　蔗糖晶体外形

(4)溶液的成分的影响.

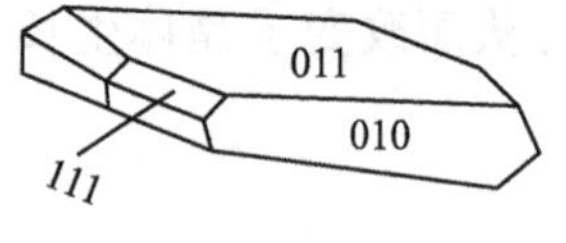

图 4.31　PbO-PbF_2 助熔剂中生长的 Cr^{3+} : $BeAl_2O_4$ 晶体生长外形

当晶体由不同种类的原子组成或含有阳离子和阴离子时,溶液的成分可影响晶体生长形态. 例如:钇镓石榴石晶体($Y_3Ga_5O_{12}$)从富 Y_2O_3 高温溶液中生长,所出现的晶体形态仅为{211}单形,但当从富 Ga_2O_3 的高温溶液中生长时,{110}单形有了发展,又如:在高温溶液中生长掺铬铝酸铍(Cr^{3+}:$BeAl_2O_4$)晶体 ,其助熔剂为 PbO-PbF_2 时,晶体显露面为{010}、{011}和{111},如图 4.31 所示.

但当 Cr^{3+} : $BeAl_2O_4$ 晶体在 PbO-PbF_2-B_2O_3 助熔剂中生长时, 随着助熔剂中 B_2O_3 含量的增多, 则(011)面的面积增大, [110]方向缩短, 如图 4.32 所示.

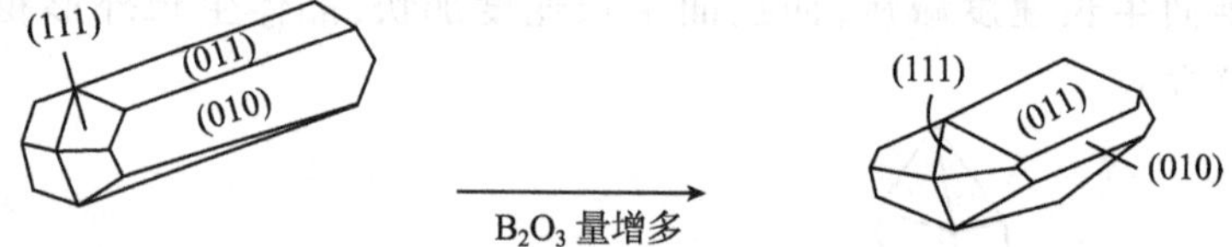

图 4.32　PbO-PbF_2-B_2O_3 助熔剂生长 Cr^{3+} : $BeAl_2O_4$ 晶体外形

用提拉法沿 a 或 b 或 c 轴生长的 Cr^{3+}-$BeAl_2O_4$ 晶体,采用多种方法测定显露面而进行指标化,所得结果与助熔剂法生长晶体的显露面基本上是一致的. 这说明该晶体的这些显露面与晶体结构有着比较直接的联系.

(5)溶液中杂质的影响.

溶液中存在的杂质或掺质常常导致晶体生长形态的改变,早在 1951 年 H. Baclely所著《晶体生长》一书对此问题就做出专门的叙述,这种效应多半由于晶面对杂质或掺质的选择吸附作用,改变了各个晶面的相对生长速率,从而促成了晶体形态的改变. 随后,在国际上,连年积累了杂质对晶体生长影响的文献,成千上万篇. 当晶体生长环境相中存在杂质时,有的杂质对晶体生长极为敏感,当杂质进入晶体后,不仅影响到晶体的物理性能,而且会使晶体改变生长形态,甚至有的杂质能够完全抑制晶面的生长. 若把溶剂也看做杂质,晶体从不同溶剂中生长时,也会具有不同的生长形态.

现仅举TGS晶体生长一例,来说明杂质对晶体生长形态的影响. 当硫酸三甘肽[$(NH_2CH_2COOH)_3 \cdot H_2SO_4$](简称TGS)晶体,由于掺入杂质不同,其晶形便发生了显著的变化,如图4.33所示.

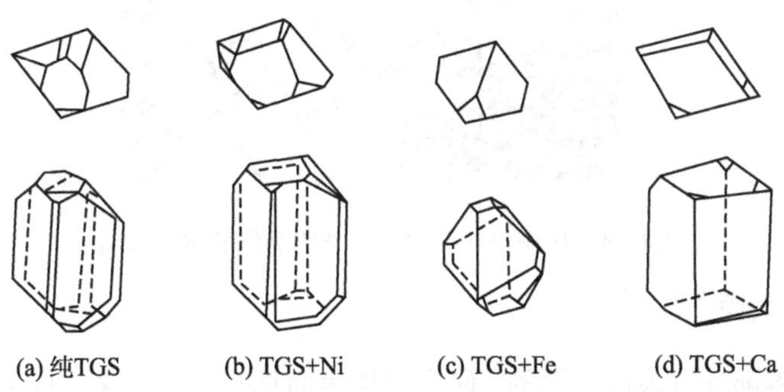

图4.33　杂质对TGS晶体生长外形的影响

§4.7　晶体形态稳定性与晶体表面

4.7.1　晶体形态稳定性[5]

对于晶体形态问题,长期以来人们只是以晶体几何学、热力学和动力学等角度来进行解释,20世纪中期开始,有人提出了晶体形态稳定性理论,晶体生长形态与其生长过程中界面稳定性密切相关,所谓晶体形态稳定性理论,实际上可以说是晶体生长界面稳定性问题,所谓界面稳定性就是要求晶体在生长过程中,始终处于亚状态,当界面上出现微小的干扰时,随着时间的推移而消失. 但若在生长界面上出现了干扰,随着时间的推移而增大,那么这样的界面就是不稳定的,或者说稳定性被破坏了.

晶体生长界面处的质量输运和热量输运情况,显然对界面稳定性有直接影响. 例如,晶体从熔体中生长,若界面前沿存在一个区域,该区域内的熔体温度低于凝固点,即该区域中的熔体处于过冷状态,这时,如果界面上出现干扰,就会在过冷区内迅速增大,从而使界面不稳定,因为这种情况是由于组分浓度变化而产生的,故称为组分过冷. 熔体的组分过冷可使生长界面变成胞状界面,如图4.34所示. 如果熔体的组分过冷严重时,可引起晶体的枝蔓状生长. 胞状界面在许多晶体生长中经常遇到,这对晶体生长质量将发生严重的影响.

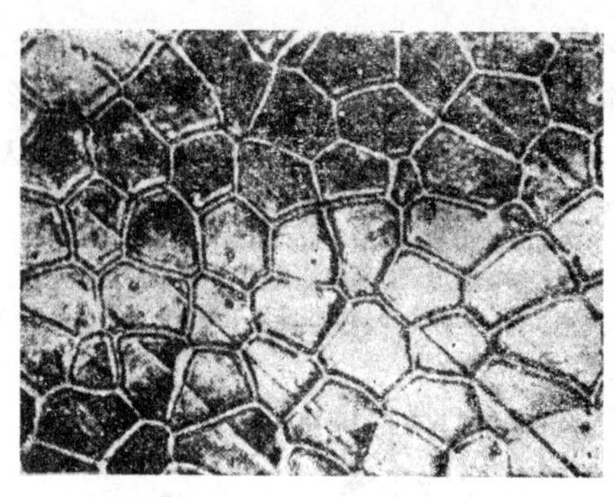

图 4.34　用倾倒法获得的掺杂铝晶体的胞状界面

4.7.2　晶体表面[6,7,9]

实际晶体都是以表面为界的. 研究晶体表面具有双重意义,其一为理论意义,其二为应用价值. 晶体表面所显露出的一些现象,大多是晶体生长终期所遗留下来的痕迹,这些痕迹取决于晶体结构与其生长环境相的变化. 这些表面现象为人们进一步研究晶体生长机制提供了可靠的信息, 同时促进了晶体表面形貌观测设备电子显微术的发展,随后又产生了晶体表面微形貌学这一科学分支.

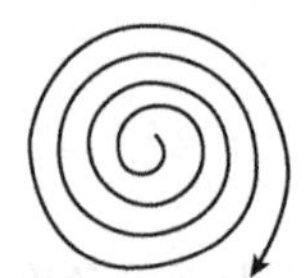

图 4.35　二维螺旋式的生长示意图

晶体生长总是在表面上进行的,早在 20 世纪中期,不少科学家就为了阐明晶体生长机制,提出了不少表面结构模型. 例如, 完整光滑理论模型、螺旋位错理论模型、粗糙界面理论模型、扩散面理论模型等. 在这些理论模型中最见成效的是螺旋位错理论模型,认为晶体生长不需要先形成二维晶核,晶体中的螺旋位错(缺陷)就可提供一个永不消失的台阶源,晶体将围绕着螺旋位错露头点旋转生长,而螺旋式的台阶将不随着原子面网一层一层地铺设而消失,而是一个螺旋式的生长运动,如图 4.35 所示,正是在这个时期,用来观测晶体表面的显微光学仪器出现了相衬显微镜、微分干涉显微镜和多光束干涉测量等现代光学仪器,不仅证实了螺旋位错晶体生长理论的正确性,而且大大地促进了晶体表面形貌的研究. 20 世纪 90 年代初又出现了扫描隧道显微镜(STM)、原子力显微镜(AFM)、磁力显微镜(MFM)等. 高分辨电子显微镜是人类认识微观世界的桥梁,使人们的视觉世界可直接触及更深层次的微观原子世界,这一进展将对表面晶体学的发展起到极大的推动作用[28-30].

从晶体几何学的角度来看,晶体表面是一个几何面,没有厚度,但从原子排列的角度来看,晶体表面不可能是个几何面,而应当有一定厚度的过渡区,这个过渡区同晶体的组成有关,通常认为几个原子层厚度区域,它们的结构明显地不同于晶体内部结构,因而其物化性能不同于晶体内部. 一般来说,晶体表面原子处于不稳定状态,为了使体系能量降低,达到新的平衡状态,表面原子要发生新的调整,可能发生的主要情况有两种:一是表面结构弛豫,原子沿垂直于表面方向移动,表面结构与体内结构基本相同,只有点阵常数略有差异,离子晶体经常出现这种情况;二是结构重构,原子沿平行表面方向移动,表面过渡区的点阵常数与结构都可能有所变化. 为了使表面能尽可能小,所以在重构时,表面区原子排列方式与体内原子仍有一定联系,结果是形成不同于理想表面的二维超点阵(晶格). 重构使原来表面的二维周期性发生了变化,而形成了新的周期结构. 弛豫和重构表面如图4.36所示.

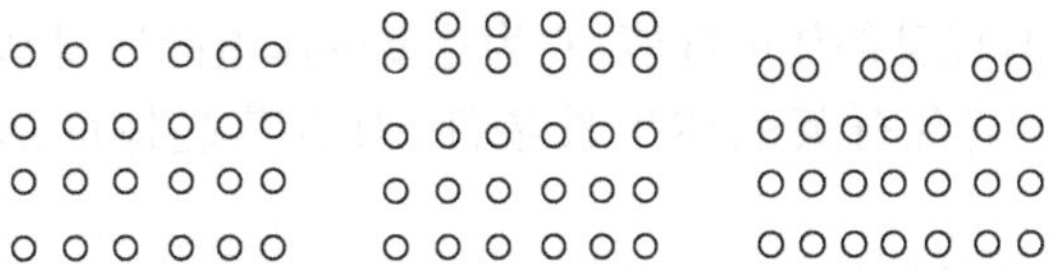

(a) 理想表面 (b) 弛豫表面 (c) 重构表面

图4.36 不同表面示意图

弛豫和重构表面常常不只限于表面第一层原子,还影响到表面层以下几层乃至数十层. 研究晶体表面具有重要的应用价值. 例如,借助离子束、等离子体和激光等新技术,改变晶体材料表面及近表面区的组成、结构和性质,从而可获得传统的冶金和表面处理技术无法得到的新型的薄层材料或者使传统金属合金材料具有更好的功能. 又如研究表面吸附与偏析. 吸附是指气相中的原子或分子聚集在晶体表面,而偏析是指固溶体的溶质原子富集在表面层内,从而引起晶体材料表面的一系列物理、化学性能的变化.

§4.8 计算机模拟晶体形态

计算机模拟(computer simulation)是实际的或物理体系的设计模型,现已变成许多自然科学体系的数学化模型. 实现此种模型要靠数字计算机,其目的是利用计算机的理论与应用技术来仿造真实物种或科学理论的图象.

计算机模拟的工作范围,首先是模型设计、模型制造和模型分析,其次是创建计算机工作程序,程序步骤在数学化的模型中通过时间变化,能够处于革新状态和随事项而变化的.

现在计算机模拟已广泛地用于各种不同学科领域,例如,晶体学、物理学、生物学、化学以及经济学、心理学和社会科学等[33, 34, 37, 38].

由于计算机科学和技术快速地发展,为了节省人们的精力与时间,现已出现各种不同用途的计算机软件(computer software),它是用来描述计算机工作程序、步骤和记录收集的术语,以便在计算机体系中完成一些工作.

上述只是极其简略地阐述一下计算机模拟及其计算机软件术语的含义与用途,有关详细的知识与技术,均有大量专题文献论述,可查阅之. 在此重要的是采用计算机模拟晶体形态,所获得的结果要符合自然形成的晶体形态规律.

现以石英晶体为例,简要地阐明晶体形态的计算机模拟:

石英晶体又称水晶. 石英晶体的对称类型属于三方晶系,点群为:D_{32}-32. 石英晶体可分为天然石英和人工石英,天然石英晶体是从石英石中开采出来的,而人工石英晶体是仿造天然石英的形成原理,采用水热法由人们生长出来的. 石英晶体具有(a)左形与(b)右形两种不同外形,而且左形与右形呈镜像对称,如图4.37所示. 石英晶体具有优良的压电性能,它为重要的压电晶体材料,早已获得广泛的应用. Balitsky[32, 33]结合石英晶体生长条件,对石英晶体的形态进行了计算机模拟.

水热法生长石英晶体的生长条件:温度区间:250 ~ 900℃

压力区间:0.3 ~ 5 kbar

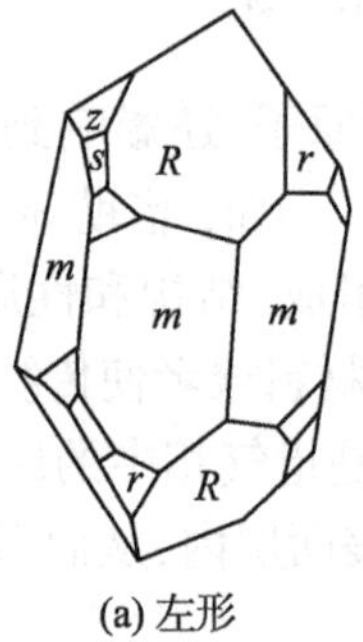

(a) 左形

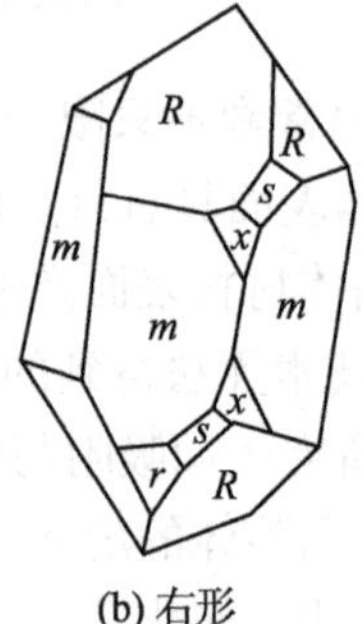

(b) 右形

图4.37　石英晶体形态

原料:无定形硅石(SiO_2),化学纯级

溶液:水溶液(添加剂为 NaCl、NaOH、NH_4F、HF:质量分数0.001% ~5%)

设备:耐热,高压釜(温度 T 800℃, 压力 P 1.6kbar)

石英晶体形态的计算机模拟程序为专门设计的.

计算机模拟的结果表明:

对α-石英晶体所出现的主要小面是菱面体{0111}和{1011}以及六方棱柱体{1010}. 对于β-石英晶体可出现的主要小面为双锥体{1011}和六方棱柱体{1010}. 通过综合分析研究,使其能够建立特有的生长条件,以便确定可形成的小面的生长速率的比值变化,以及在晶体形态中安排变化的相应行列. 同时表明溶液的组成、密度和过饱和度对改变小面生长速率的比值和出现新形成的小面均具有显著的效应.

另外,还要着重指出计算机模拟不仅能有效地用于晶体形态方面的研究,而且还可用于晶体生长机制方面的研究,例如:可采用计算机模拟来研究黑色金刚石

(carbonado diamond)合成机制. 又如利用计算机模拟在均匀溶液中形成液晶、纳米微滴等的研究[22,31].

§4.9 当前研究晶体形态的意义与作用[35, 36]

晶体的规则几何外形,自古以来就引起了人们的极大兴趣和注意,在人类发展的历史过程中,人们对晶体的认识首先也是从其外形开始的. 在晶体学发展历史过程中,晶体对称性以及晶体内部具有点阵结构等都是渊源于对晶体几何形态研究,而得出的结论. 不同品种的晶体往往各自具有特殊形态,因此晶体形态可作为识别不同晶体的一个特征,这点在鉴别矿物上早已被广泛地利用,与此同时,在不同条件下形成的同一品种晶体,其形态往往又是有差别的,从而又可以根据晶体形态来推断晶体生长时的环境相,这点在确定成矿的地质条件方面具有重要价值等. 但就近代晶体学发展到当前的水平而言,我们完全没有必要再去重复历史的过程,而可以充分地利用已有的理论总结,推陈出新,更深入探讨晶体生长机制,从本质阐明晶体形态间的规律. 事实证明当今也是这样发展的, 诸如:利用原子力显微镜(AFM)研究 LAP{100} 的生长形态的所形成的机制. 利用计算机模拟 NiO 晶体形态,以便计算出表面结构与能量关系. 根据固液界面的结构分析来预测晶体的生长形态等. 这些研究工作,说明了人们研究晶体形态, 已更深入地向前发展.

工业结晶不仅要求产品有高的纯度和大的生产率,而且对结晶的晶粒形态和粒度的分布的均匀性均有一定的要求,避免晶体结块. 为了控制杂质或添加物(additive)对晶粒形态的影响,近年来,在国际范围内发表的有关工业结晶文献,可以说有成千上万篇,同时有不少是综述性文章,例如, Davey[24] 发表的晶体生长习性的控制,Boistelle[25] 发表的溶液中晶体生长习性的变更评论,Polywka 等[26] 发表的添加物对晶体形态的控制等大量综述性文章, 均充分地论述了微量杂质或添加物对晶体生长形态的影响等.

在药物结晶方面,严格地控制晶粒、微粉化颗粒(micronized particles)生长形态以及多型性(polymorphism)生长,显得更加重要,这些都关系着药物的疗效[8]. 利用高分辨率的电子显微镜或原子力显微镜(AFM)等现代光学仪器来鉴别药物结晶形态和区别晶粒有无多型性,有不少文章发表,不同的多型性具有不同的物理化学性质,影响药物溶解度、吸附性、熔点和稳定性,在药物工业中为了保持高品质和重复性生产,多型性特征是一个重要参数[27, 28]. 标准药物颗粒尺寸为 0.1 ~ 10μm,颗粒的形态、尺寸大小对生产过程可提供一些有用的信息,颗粒大小影响溶解速率、医疗效果、组成均匀性、稳定性、流动特性和沉积,这些对药物组成和治疗效果有显著的影响,更重要地是避免一切有害生理作用的杂质进入晶体颗粒.

综上所述,当代研究晶体形态,不仅仅是采用肉眼或一般光学显微镜来观察与分析晶体形态的变化,以便推断晶体生长机制,更重要的是采用高分辨率(1Å = 10^{-10} m)电子显微术来观察与分析纳米(nm)级晶体生长形态的变化[10],这是当代研究晶体形态或晶面形貌的主流,这也标志着人们对晶体形态的研究,已进入一个新的发展阶段,紧密地将研究晶体形态学、晶体结构、晶体生长机制以及创造新型晶体材料等诸方面结合起来,不停地进行着探讨[39].

参考文献

[1] 仲维卓,华素坤. 晶体生长形态学. 科学出版社, 1999.

[2] 肖序刚. 晶体结构几何理论. 第二版. 高等教育出版社,1993.

[3] 伐因斯坦 Б К. 现代晶体学. 吴自勤译. 中国科学技术出版社, 1990.

[4] 南京大学地质系岩矿教研室. 结晶学与矿物学. 地质出版社, 1978.

[5] 闵乃本. 晶体生长的物理基础. 上海科学技术出版社, 1982.

[6] 基泰尔 C. 固体物理导论. 项金钟, 吴兴惠译. 化学工业出版社, 2005.

[7] 仲维卓. 人工水晶. 科学出版社, 1983.

[8] 孙积辉, 卢国模主编; 王朝龙等编写. 药物化学. 第二版. 人民卫生出版社, 1994.

[9] 张克从, 张乐潓. 晶体生长. 科学出版社, 1981.

[10] 李建奇. 物理, 2006, 35(2): 47-150.

[11] Schneer C J. Crystal Form and Structure. John Wiley, 1977.

[12] Kelly A, Groves G W. Crystallography and Crystal Perfects. Longmans Group Limited, 1970.

[13] Bennema P J. Crystal Growth. 1996, 166: 17.

[14] Bravais A. Etudes Cristallographiques. 1866.

[15] Donnay J D H, Harher D. Am. Mineral., 1937, 22: 463.

[16] Friedel G. Bull. Soc. Franc. Mineral., 1907, 30: 326.

[17] Gibbs J W. The Collected Works of J. W. Gibbs. Longmans,1928.

[18] Docherty, Roberts R, Cryst K J J. Growth, 1988, 88(159).

[19] Grimbergen R F P, Bennema P, Meekes H. Acta Cryst A, 1998, 54.

[20] Hartman P, Perdok W. Acta Cryst, 1955, 8(49): 521,525.

[21] Geng Y L, Xu D, Sun D L et al. Cryst. Res. Technol., 2004, 39(8): 712 - 717.

[22] Oliver P M, Parker S C, Mackrodt W C. Computer simulation of the crystal morphology of NiO. Modelling and Simulation in Materials Science and Engineering, 1999, 1:755 - 760.

[23] Liu X Y, Boek E S, Briels W J et al. Prediction of growth morphology of crystals based on inter-facial structural analysis. Nature, 1995, 374: 342 - 345.

[24] Davey R J. The control of crystal habit. *In*: de Jong E J, Jancic S J, eds. Industrial Crystallization (7th Symposium, Warsaw). North-Holland, 1979. 169 - 183.

[25] Boistelle R. Survey of crystal habit modification in solution. *In*: Mullin J W, ed. Industrial Crystallzation (6th Symposium, Ustí nad Labem). Plenum Press,1976. 203 - 214.

[26] Davey R J, Polywka L A, Maginn S J. The control of morphology by additives: molecular recognition kineties and technology. *In*: Garside J, Davey R J, Jones A G. Advances in Industrial

Crystallization. Butterworth-Heinemann, 1991. 150 – 165.

[27] Shakesheff K M, Davies M C, Roberts C J et al. The role of scanning probe microscopy in drug delivery research. Crit. Rev. Ther Drug Carrier Syst, 1996, 13(3 – 4): 225.

[28] Russell P, Batchelor D, Thornton J. SEM and AFM. *In*: Complementary techniques for surface investigations. Microscopy and Analysis. 2000, 49:5.

[29] Malkin A J, Land T A, Kuznetsov Yu G et al. Investigation of virus crystal growth mechanisms by *in situ* atomic force microscopy. Phys. Rev. Lett., 1995, 75: 2778.

[30] Bennema P. Growth and Morphology of Crystals. //Hurle D T J, ed. Handbook of Crystal Growth. North-Holland. 1993.

[31] Winn D. Predicting Crystal Shape in Organic Solids Processes. Ph. D. thesis, University of Massachusetts-Amherst, 1999.

[32] Balitsky V S, Bublikov T M, Baliskaya L V et al. Growth of high temperature β-quartz from supercritical Aqueous Fluids. J. of Crystal growth, 1996, 162: 142 – 146.

[33] Balitsky V S, Iwasaki H, Iwasaki F et al. Experimental and Computer Simutation of Morphology of Quartz Crystals in Conduction with Conditions of Their Growth. lnstifute of Experimental Mineralogy. Russian Acaaemy of Sciences Chernogolova. Moscow State University, 1997.

[34] Sakurai T J. Faculty of Education, 1988, 6: 109.

[35] Lwasaki H I, Iwasaki F I. J. of Crystal Growth, 1995, 151: 348.

[36] Berardi R, Costanfini A, Luccioli L et al. J. Chem. Phys., 2009, 126: 26.

[37] Rohn A L. Computer Prediction of Crystal Morphology. Current Opinion in Solid State and Materials Science, 2003, 7: 21 – 26.

[38] Kilo M, Jackson R, Borchardt G. Computer Medelling of Ion Migration in Richardt Philosophical Magazine. 2003, 83: 3309 – 3325.

[39] Berardi R, Costantini A, Muccioli L et al. J Chem Phys, 2007, 126: D44905. Dol:10.

第五章　晶体的衍射效应与其应用

自 1912 年劳厄证实与发现晶体对 X 射线衍射效应以来,近百年来的大量科学事实证明,这一发现不仅对晶体学的发展具有划时代的意义与作用,而且在晶体结构数据的积累及其引导下,相继发展相关学科,例如, 物理学、化学、生物学、冶金学、矿物学等. 同时,促成了新学科的创建,例如, 材料科学、分子生物学、药理学和生命科学等. 自 20 世纪 60 年代起,电子计算机的发展与晶体结构的测定工作,紧密地结合起来,出现了晶体结构分析软件包,大大地节约人们的工作时间,提高研究效果,更促成晶体结构分析的发展[1-32].

晶体能对 X 射线束、电子束和中子束产生衍射效应. 研究衍射图样和原子在空间排布之间关系的衍射理论,对上述三种衍射基本上是相同的,但经常使用的主要是 X 射线对晶体的衍射效应,而将电子衍射和中子衍射作为晶体对 X 射线衍射效应的补充.

本章将扼要地介绍 X 射线衍射的基本原理、基本知识和主要应用,同时,对电子衍射和中子衍射仅作简单介绍,为进一步学习晶体结构分析和观测晶体结构缺陷等提供些基础理论知识与实验基础.

§5.1　晶体的衍射效应

5.1.1　X 射线源与 X 射线性质[1,2]

(1) X 射线源.

X 射线主要有两种来源:一为 X 射线发生器(X 射线机), 二为同步辐射 X 射线源.

(i) X 射线发生器.

它主要由 X 射线管、高压变压器、X 射线管靶冷却装置、控制和稳定 X 射线管电流和电压系统以及各种安全保护电路系统等. 其中 X 射线管是产生 X 射线的关键部件,在 X 射线管中阴极为灯丝钨(W)、通电加热,放出热电子,阳极为导热良好的金属,如:铜(Cu)、铁(Fe)、钼(Mo)、钨(W)等纯金属靶材料. 阴极放出热电子经聚焦后,在高加速下,以高速度冲击在阳极(靶面)上,电子的能量大约只有 1% 左右转化为 X 射线. 高速度电子流与物体相碰撞时,发生两种形式的相互作用,一种是高速度电子流击出物质原子深层次靠近原子核的内层电子,而使原子被电离,外层电子跃迁进入内层空位,而发射出该原子的特征 X 射线,这种 X 射线是由阳极(靶面)材料决定的,具有特定的波长;另一种是波长连续的"白色"X 射线,这是由于电子与阳极材料(靶面)撞击时,穿过一层物质,就要失去一部分速度,而降低它们的动能,穿透的深浅不同,动能降低量亦不同,因此所产生的 X 射线的波长不等.

(ii)同步辐射 X 射线源.

同步辐射 X 射线是电子由同步加速器加速,加速运动的电荷将引起的辐射,产生宽频带连续辐射.同步辐射的连续光谱,可直接引出来使用,也可以采用晶体单色器或光栅在宽广的频谱范围内,选择所需要的波长来应用,不受 X 射线阳极材料所发出的特征辐射波长的制约.

同步辐射源具有的优点为:

a. 同步辐射源具有高强度,它的亮度比常规 X 射源高 $10^3 \sim 10^6$ 倍或更高;

b. 高度偏振性;

c. 光源的焦斑小;

d. 高度稳定性;

e. 再现性良好.

因此,在固体材料研究中,比通常的 X 射线源具有很大的优越性.在单晶结构分析,粉末样品衍射的应用,都能发挥出优异的作用.

(2)X 射线的性质.

X 射线的性质在它与物质间相互作用下才能表现出来,表现出形形色色的颗粒的或波的行为,即具有双重性质.

(i)X 射线在真空中总是直线传播的.同可见光一样,但它的折射率小,穿透力强.

(ii)X 射线与可见光不同,在观察者的肉眼中不直接引起视觉.但它能引起萤光物体发光或使乳胶片感光.

(iii)X 射线通过电场和磁场时,不发生偏转,不同物质发出的光相交,各个光线独立传播,互不影响.

(iv)X 射线的衍射现象,实质上是散射波的干涉现象,这个基本原理同样适用于电子、离子和中子的衍射.

(v)X 射线穿过某一物质时,它的减弱程度与 X 射线阳极材料有关,此表明不同阳极所发生的 X 射线波长不同.X 射线波长越长,吸收越多,穿透能力越小,吸收物质的原子序数(Z)越大,对 X 射线吸收得越多,一般可用下式表示:

$$\mu_m \propto \lambda^3 Z^3 \tag{5.1}$$

式中,μ_m 为质量吸收系数;Z 为原了序数;λ 为 X 射线波长.

(vi)X 射线对人体具有有害的生理作用,X 射线被人体组织吸收后,对人体健康是有害的. 当人体受到过量的X射线照射后,轻的使人体局部组织灼伤, 重者发生X射线病,但是采用适当的防护措施,上述损害可以避免.

(vii)X射线和可见光具有完全一致的性质,既具有颗粒性,又具有波动性. 但两者的主要区别,只是X射线的波长远比可见光的波长短得多. X射线的辐射过程和无线电波及可见光一样, 均是电磁波波动的过程、X射线的颗粒性表现在它与物质相互作用的吸收、散射等.

5.1.2　X射线衍射几何学[3-6]

晶体对X射线发生衍射的基础是晶体具有点阵结构,其重复周期长度与X射线波长属于同一数量级,晶体成为一个自然光栅,当X射线透过晶体时,将发生衍射效应,而衍射线的方向和强度取决于晶体结构,确定一个晶体结构需要两个因素,其一是晶胞的形状和大小;其二是晶胞中原子的排布.

晶体衍射几何学只涉及衍射线束的方向,而不考虑衍射强度. 当晶格面网满足衍射的几何条件时,某些衍射线束的强度可以为零,所以说晶体衍射几何学仅考虑了晶体产生衍射的必要条件,要想观察到晶体产生的衍射线,还必须满足结构因子不为零的这个充分条件.

晶体衍射几何学渊源于X射线衍射,然后相继地推广到中子衍射和电子衍射等方面. 无论是X射线衍射、中子衍射或电子衍射,其衍射几何学的规律是一样的,它们均可以用劳厄衍射方程,布拉格反射公式或埃瓦尔德(P. P. Ewald)作图法来表达.

(1)劳厄衍射方程.

1895年德国科学家伦琴首先发现,当高速运动的电子碰到障碍物时,大部分能量转变为热能,同时还会产生一种射线,但由于当时对这种射线的性质尚未弄清楚,因此称这种射线为X射线. X射线被发现后,科学家们利用光栅做了许多衍射实验,但结果都失败了,失败的关键在于X射线的波长很短,所用的光栅常数过大,故不能产生衍射. 当时对于晶体点阵结构理论已经发展得十分完善,如1890年俄国结晶学家费德罗夫已推导出了230种空间群;1897年巴洛等提出了简单离子晶体结构模型,其相邻原子间的距离在10^{-8}cm的数量级. 所有这些工作启示人们有可能利用晶体作为自然光栅来研究X射线的衍射效应,这就将晶体点阵结构理论与光的波动理论联系到同一个实验上.

1912年劳厄和两个青年学生福里德里(Friedrich)、尼平(Knipping)用硫酸铜($CuSO_4 \cdot 5H_2O$)晶体摄取了世界上第一张X射线衍射图,他们的实验装置原理如图5.1所示.

这项开创性工作的成功,大大促进了晶体学的发展,诞生了两门新兴的学科——晶体X射线学、X射线光谱学.

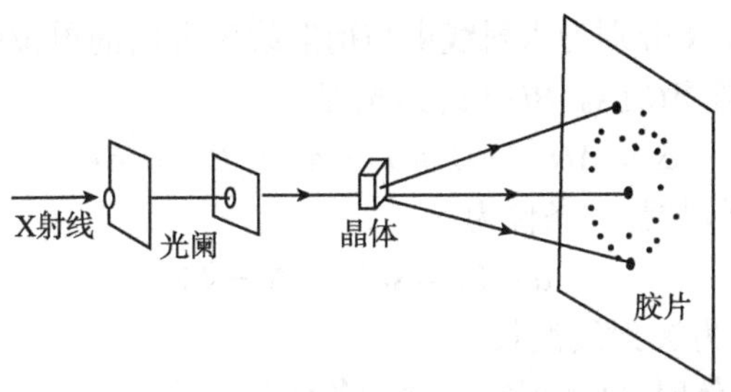

图 5.1　劳厄衍射实验装置原理示意图

晶体对 X 射线的衍射,归根结底是晶体中原子的电子对 X 射线的相干散射. 当 X 射线电磁波作用于电子后, 电子在其电场力作用下,将跟随着 X 射线的电场一起振动,成为一个发射电磁波的波源,其振动频率与 X 射线频率相同,如图 5.2 所示.

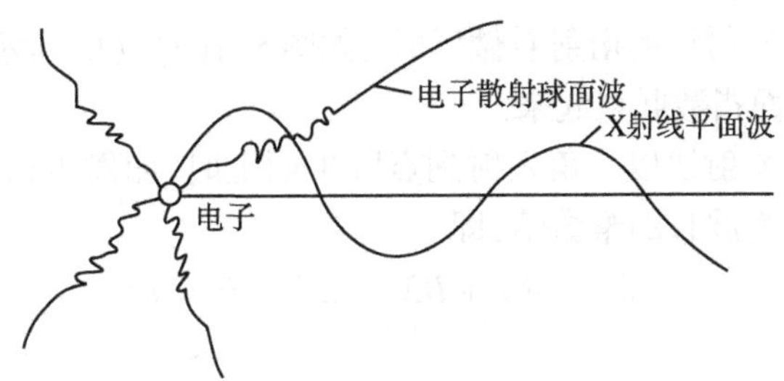

图 5.2　电子随 X 射线的振动情况示意图

显然,一个单原子能使一束 X 射线向空间所有方向散射. 但数目很大的原子在三维空间里呈点阵形式排列成晶体时,由于散射波之间的互相干涉,所以只有在某些方向上才产生衍射.

设有一束平行的单色 X 射线,入射到原子列 A,B 两个相邻原子时,X 射线被 A,B 两个原子散射,当散射线相相位同或两散射线的光程差 Δ 为波长的整数倍时,两散射线相干而加强,如图 5.3 所示.

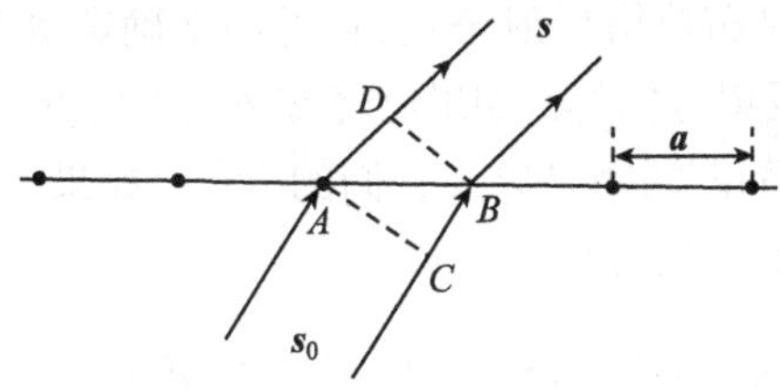

图 5.3　原子列对 X 射线的衍射

在图 5.3 中,$\boldsymbol{s}_0$、$\boldsymbol{s}$ 分别为入射线束与衍射线束方向的单位矢量,$\boldsymbol{a}$ 为点阵单位矢量,自 A,B 分别作 $AC \perp \boldsymbol{s}_0$、$BD \perp \boldsymbol{s}$,其光程差

$$\Delta = AD - BC, AD = \boldsymbol{a} \cdot \boldsymbol{s}, BC = \boldsymbol{a} \cdot \boldsymbol{s}_0$$

这样, 两散射线加强的条件为

$$\boldsymbol{a} \cdot (\boldsymbol{s} - \boldsymbol{s}_0) = \Delta = h\lambda \tag{5.2}$$

式中, h 为整数,λ 为 X 射线波长.

推广到三维晶体时,则衍射线加强的条件为

$$\begin{aligned} \boldsymbol{a} \cdot (\boldsymbol{s} - \boldsymbol{s}_0) &= h\lambda \\ \boldsymbol{b} \cdot (\boldsymbol{s} - \boldsymbol{s}_0) &= k\lambda \\ \boldsymbol{c} \cdot (\boldsymbol{s} - \boldsymbol{s}_0) &= l\lambda \end{aligned} \tag{5.3}$$

式中, $\boldsymbol{a}$,$\boldsymbol{b}$,$\boldsymbol{c}$ 为晶胞单位矢量,h,k,l 均为整数,称为晶体的衍射指数,这个式子称为劳厄衍射方程.

(2)布拉格反射公式.

如果我们将 X 射线的衍射看做反射 ,如图 5.4(a),(b)所示,则必须将衍射指数与晶体点阵的面指数联系起来.

当一束平行 X 射线以 θ 角入射到点阵平面上时,如发生衍射,则要求 A,B 两原子的光程差 Δ 为波长的整数倍,即

$$\Delta = MB + BN = 2d\sin\theta = n\lambda \tag{5.4}$$

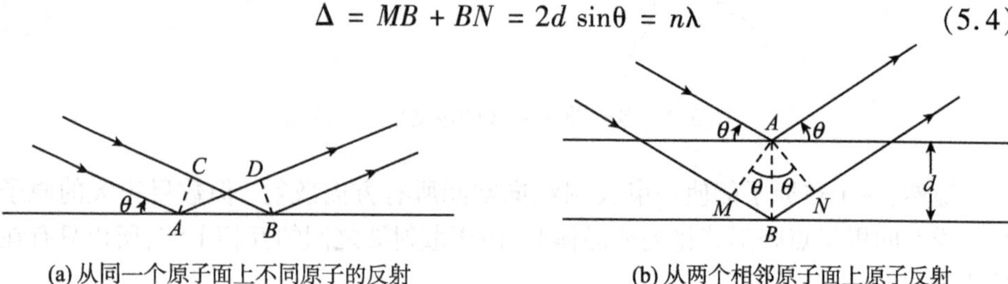

(a) 从同一个原子面上不同原子的反射　　(b) 从两个相邻原子面上原子反射

图 5.4　布拉格反射

式中, d 为面网间距,n 为任意正整数,θ 为掠(反)射角. 当 θ 满足式(5.4)时,将发生反射,式(5.4)就是布拉格反射公式,它可用来确定 X 射线反射方向,也可用来确定电子在晶面上反射方向等. 如果已经知道 X 射线的波长 λ,利用这一公式,通过实验,则可以求得面网间距 d 以及它们的方位. 如果已知晶体的面网间距 d,反过来又可以求得 X 射线的波长.

由于 $\sin\theta \leqslant 1$,所以 $\frac{n\lambda}{2d} \leqslant 1$,当 $n = 1$ 时,则 $\lambda \leqslant 2d$,此时才能得到反射面(hkl)的衍射. 若将式(5.4)改写为

$$2d\sin\theta = \lambda \tag{5.5}$$

这意味着在面网间距为 d 的阵点平面族中,还插入了一组虚构的平面,其面网间距为原来的 $\frac{1}{n}$,光程差为原来的 n 倍,亦即来自面网间距为 d' 的反射面(hkl)的反射,这可作为面网间距 $d=\frac{d'}{n}$ 的(nh,nk,nl)面上的一级反射,nh,nk,nl 为衍射指数. n 为通过相邻点阵平面光程差的波数,又称为衍射级数. 例如晶面(110)可产生110,220,330 反射,而衍射 110,220,330 分别为相应的一级、二级和三级衍射.

劳厄衍射方程和布拉格反射公式都是确定晶体的 X 射线衍射方向,实质上,它们是一样的,只是表达形式不同而已. 在布拉格反射公式中是把衍射看做是反射的,既然可以看做是反射,那么,入射角就应等于反射角,入射线、反射线与反射阵点平面的法线,就应在同一平面上,但是 X 射线的反射与可见光的反射不同. 例如:X 射线反射只有在一定数目的入射角(θ)中才能发生,而可见光波反射,可以在任意入射角都可以发生的. X 射线被晶体的原子平面反射时,不仅是发生在晶体表面上,而且晶体内部的原子平面也同时参与反射, 而可见光的反射则仅仅发生在两种介质的界面上.

(3)埃瓦尔德作图法.

关于倒易点阵的基本概念、性质以及它与原点阵间的相互换算关系等,在§2.2中已做过比较详细的介绍,下面来考察一下倒易点阵在诠释衍射几何条件中的应用.

若有一束波长为 λ 的单色 X 射线,入射到一族阵点平面(hkl)上,入射线方向与衍射线方向的波矢量分别为 $\boldsymbol{k}_0$ 和 $\boldsymbol{k}$,如图 5.5 所示. 可以证明,$\boldsymbol{k}-\boldsymbol{k}_0$ 为晶体倒易空间的矢量,即

$$\boldsymbol{H}_{hkl}=\frac{\boldsymbol{s}-\boldsymbol{s}_0}{\lambda}=h\boldsymbol{a}^*+k\boldsymbol{b}^*+l\boldsymbol{c}^* \tag{5.6}$$

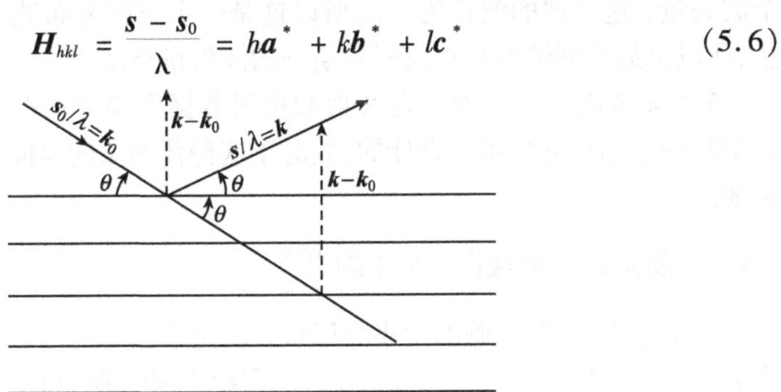

图 5.5 倒易点阵中的衍射条件

式中, $\boldsymbol{H}_{hkl}$ 为倒易矢量,h,k,l 为衍射指数,$\boldsymbol{a}^*,\boldsymbol{b}^*,\boldsymbol{c}^*$ 为倒易点阵中的单位矢量.

由倒易矢量的性质可知,倒易矢量 $\boldsymbol{H}_{hkl}$ 的大小是

$$|\boldsymbol{H}_{hkl}| = \frac{1}{d_{hkl}} = \frac{2\sin\theta}{\lambda} \tag{5.7}$$

或 $2d_{hkl}\sin\theta = \lambda$,

$$\sin\theta = \frac{\frac{1}{d_{hkl}}}{\frac{2}{\lambda}}$$

式(5.7)正是布拉格反射公式中 $n=1$ 时的一种形式.

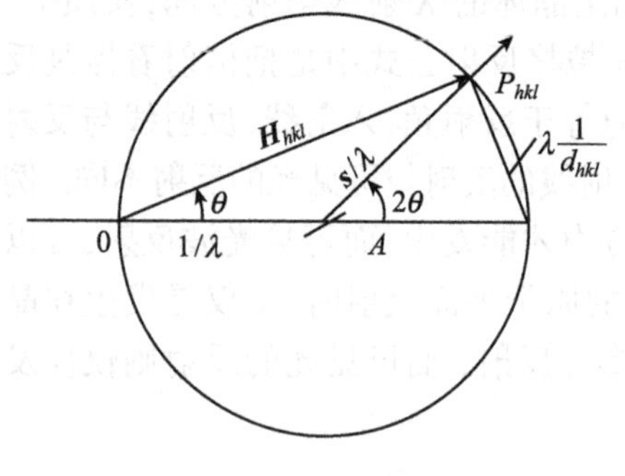

图 5.6 埃瓦尔德作图法

由式(5.6)所表达的衍射条件 $\boldsymbol{H}_{hkl} = \frac{\boldsymbol{s}-\boldsymbol{s}_0}{\lambda} = \boldsymbol{k}-\boldsymbol{k}_0$,可引入一种几何作图法来说明,如图 5.6 所示. 若入射线的波长为 λ, O 是倒易点阵中的原点,以入射线波矢的首端 A 为球心, 以$\frac{1}{\lambda}$为半径作一球体,称为反射球,$\overline{OA}$ 为 X 射线的入射方向,其长度为$\frac{1}{\lambda}$,阵点 O 在反射球面上,倒易点阵与$\frac{1}{\lambda}$采用同一单位. 当反射球与倒易阵点相遇时,即发生衍射. 在图 5.6 中,$\overline{OP_{hkl}}$为倒易矢量 $\boldsymbol{H}=\boldsymbol{k}-\boldsymbol{k}_0$,$\overline{AP}$ 为 X 射线衍射方向,它等于$\frac{\boldsymbol{s}}{\lambda}$. 这一作图法是由埃瓦尔德首创的,因此称作埃瓦尔德作图法,它可用来解释衍射线的方向. 这样,当已知晶体结构和入射线的波长时,就能预言衍射线方向,另外由于 $\boldsymbol{H}_{hkl}=\boldsymbol{k}-\boldsymbol{k}_0$,$\boldsymbol{H}_{hkl}$也应是一个波矢量, 这个波的波长为 d_{hkl},所以这是一个空间分布波,是周期场的波表示方法,所以倒易空间恰好是正空间周期场的波矢量空间.

5.1.4 节将介绍各种收集 X 射线衍射数据方法的基本原理,都是根据反射球与倒易阵点相遇的关系而设计的,故对于这种作图法的全面理解与掌握,显得格外重要.

5.1.3 晶体对 X 射线衍射的影响[1,7,8]

由上节中已知,晶胞的大小与形状等决定了晶体的衍射方向,但没有涉及晶胞中原子的坐标位置及其分布等情况. 现在我们来考察一下晶胞内的原子位置等对 X 射线衍射的影响. 例如, 有两个斜方晶胞点阵形式,一个为斜方体心 I 晶胞,另一个为斜方底心 C 晶胞,在每个晶胞中均有两个同类原子,而且这两个晶胞可用一个原子作$\frac{1}{2}\boldsymbol{c}$ 单位平移相互换. 当 X 射线均在其(001)面反射时,底心晶胞满足衍射条件,散射线 A,A'两者的相位相同,出现(001)面衍射. 但在体心晶胞时,散

射线 A,B 却相位相反,故不出现(001)面衍射,如图 5.7 所示.

同此可见,当晶胞内原子位置有所变动时,同一衍射可以消失. 晶胞内原子的坐标位置决定了衍射强度. 反过来,原子在晶胞中的坐标位置,也只能根据整个晶体衍射强度的数据,才有可能被测定出来. 晶体是由晶胞按三维空间点阵配置排列所组成. 在晶胞中包含着若干个定位的原子,而原子是由原子核与若干个核外电子所组成. 因此,在讨论晶体对 X 射线衍射强度作用时,需要从一个电子的散射强度开始.

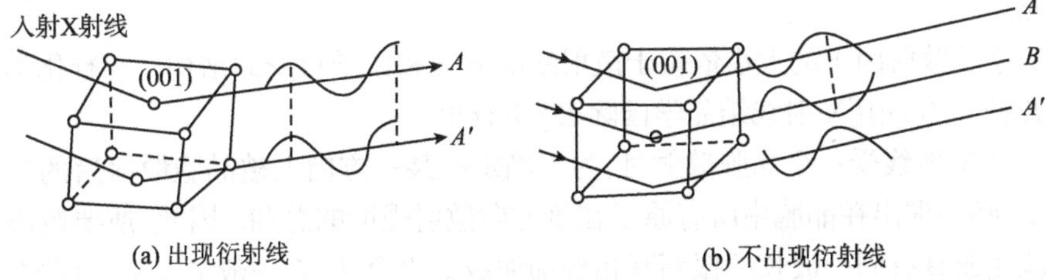

图 5.7 斜方底心(C)与斜方体心(I)在(001)面上的衍射

根据电磁波理论,一个电子对 X 射线的散射强度作用时可表示为

$$I_e = I_0\left(\frac{e^2}{mrc^2}\right)^2\frac{1+\cos^2 2\theta}{2} \tag{5.8}$$

式中,I_0 为原始入射 X 射线的强度,e 为电子电荷,m 为电子质量,c 为光速,2θ 为原始入射线与散射线之间夹角,r 为空间一点与电子的距离,$\frac{1+\cos^2 2\theta}{2}$称为偏振因子,通常用符号 P 表示. 于是式(5.8)可改为

$$I_e = I_0\left(\frac{e^2}{mrc^2}\right)^2\cdot P \tag{5.8′}$$

原子序数为 Z 的原子,含有 Z 个电子,如果入射 X 射线的波长 λ 比原子直径大得多,则一个原子中所有电子散射的射线都可视为同相位,因此,被原子散射后散射线的振幅等于被一个电子散射后散射线振幅的 Z 倍,因为射线的强度与振幅的平方成正比,所以被原子散射后,散射线的强度 I_a 等于被一个电子散射强度的 Z^2 倍,而且,被一个原子散射后散射线的强度也依方向不同而定,故可用式表示:

$$I_a = I_0\frac{(Ze)^4}{r^2(Zm)^2c^4}\cdot\frac{1+\cos^2 2\theta}{2} = I_eZ^2 \tag{5.9}$$

事实上,原子中的电子围绕着原子核成类似壳层分布,而不是集中在某一点上,它的直径与 X 射线波长 λ 的数量级相同,因此,在原子中各个电子所散射的散射线不同,所以原子散射线的强度 I_a 不是简单地等于一个电子的 Z^2 倍. 它将比由式(5.9)计算得到的结果要小些. 为了估量原子的散射本领,常引入一个参量 f_a,称为原子散射因子,它是一个自由电子在相同条件下,散射波振幅的 f_a 倍,并可用

式(5.10)表示：

$$f_a^2 = \frac{I_a}{I_e} \tag{5.10}$$

而

$$f_a = \frac{A_a}{A_e} \tag{5.11}$$

式中，A_a 为受一个原子散射的散射线的振幅，A_e 为受一个电子散射的散射线的振幅.

原子散射因子的大小依赖于散射线的方向和原子自身的结构. 所有化学元素的 f_a 值，均可由《X 射线结晶学国际表》中查出.

当 X 射线受一个晶胞散射时，为了确定在某一方向上被晶胞散射后的散射线强度，必须求出在晶胞中所有原子在该方向散射强度的总和. 因此，所要解决的问题就变成具有同一波长的振幅互相叠加而成的组合波，在一般情况下，这些振动的振幅和相位都是不同的，这个由几个原子的散射线互相叠加而形成的组合波可表示为

$$F_{hkl} = \sum_{j=1}^{n} f_j e^{2\pi i(hx_j + ky_j + lx_j)} \tag{5.12}$$

或写成

$$F_H = \sum_{j=1}^{n} f_j \exp[2\pi i \boldsymbol{H} \cdot r_j] \tag{5.12'}$$

式中

$$\boldsymbol{H} \cdot r_j = hx_j + ky_j + lz_j$$

F_{hkl} 为衍射 hkl 的结构因子，它是由原子的种类和原子在晶胞中的坐标位置 (x_j, y_j, z_j) 决定的. F_{hkl} 模量 $|F_{hkl}|$ 称为结构振幅. $|F_{hkl}|$ 的物理意义可表示为

$$|F_{hkl}| = \frac{\text{一个晶胞内所有原子的散射线振幅 } A_b}{\text{一个电子散射线的振幅 } A_e} \tag{5.13}$$

X 射线受一个晶胞散射的散射线强度，可表示为

$$I_b = F^2 I_e \tag{5.14}$$

结构因子 F_{hkl} 包含两方面的内容：结构振幅 $|F_{hkl}|$ 和相角 α_{hkl}，其关系为

$$F_{hkl} = |F_{hkl}| = e^{i\alpha_{hkl}} \tag{5.15}$$

相角 α_{hkl} 是指某一晶体在 X 射线照射下，晶胞中全部原子产生 hkl 散射线束周相与处在晶胞原点的原子在该方向上散射线束周相，这两者之间的差值.

如果 X 射线受晶体中各个晶体胞的散射，其散射线是互不相干的，则整个晶体(包括 N 个晶胞)散射的散射线强度，可表示为

$$I_e = NI_b \tag{5.16}$$

事实上,X 射线受晶体中各个晶胞散射都是散射线相干的. 振幅相等,其总的散射波振幅是 A_b 的 N 倍,因此总散射强度可表示为

$$I_c = N^2 F^2 I_b \tag{5.17}$$

当晶体中有对称中心存在,而且晶胞的原点置于此对称中心上,这样晶胞中的 n 个原子可分为两半,一半原子的坐标位置为(x_j, y_j, z_j),而另一半原子的坐标位置为$(\bar{x}_j, \bar{y}_j, \bar{z}_j)$,因此结构因子 F_{hkl}变为

$$\begin{aligned} F_{hkl} &= \sum_{j=1}^{n/2} f_j \mathrm{e}^{2\pi \mathrm{i}(hx_j+ky_j+lz_j)} + \sum_{j=1}^{n/2} f_j \mathrm{e}^{-2\pi \mathrm{i}(hx_j+ky_j+lz_j)} \\ &= \sum_{j=1}^{n/2} 2f_j \cos 2\pi(hx_j + ky_j + lz_j) \end{aligned} \tag{5.18}$$

这时

$$F_{hkl} = F_{\bar{h}\bar{k}\bar{l}} \tag{5.19}$$

在 X 射线衍射实验中,只能测出衍射线的强度,也就是说,只能测出 $|F_{hkl}|^2$ 值,模可以直接得到,但相角是无法直接测定的,相角一般只能从衍射强度数据中间接求出,这也是晶体结构测定工作的主要困难所在. 有了结构振幅和相角数据,才能计算电子云密度.

(1)结构因子计算简例.

(i)单质体心结构. 每个晶胞中含有两个原子,其坐标位置为

$$0\quad 0\quad 0\ 和\ \frac{1}{2}\quad \frac{1}{2}\quad \frac{1}{2}$$

单质晶体是由相同原子组成,f_a 均相同,这种晶体的结构因子为

$$F_{hkl} = f_a[1 + \mathrm{e}^{\pi \mathrm{i}(h+k+l)}]$$

当 $h+k+l$ 为偶数时

$$F_{hkl} = f_a(1+1) = 2f_a$$

$$F_{hkl}^2 = 4f_a^2$$

当 $h+k+1$ 为奇数时

$$F_{hkl}^2 = f_a(1-1) = 0, \quad F_{hkl}^2 = 0$$

因此,对于单质体心结构来说,只有当衍射指数之和为偶数时,才发生衍射;当衍射指数之和为奇数时,则衍射消失.

(ii)金刚石结构. 每个晶胞中含有 8 个原子,其坐标位置为 000,$\frac{1}{2}\frac{1}{2}0$,$\frac{1}{2}0\frac{1}{2}$,$0\frac{1}{2}\frac{1}{2}$,$\frac{1}{4}\frac{1}{4}\frac{1}{4}$,$\frac{3}{4}\frac{3}{4}\frac{1}{4}$,$\frac{3}{4}\frac{1}{4}\frac{3}{4}$,$\frac{1}{4}\frac{3}{4}\frac{3}{4}$.

这 8 个原子的散射因子 f_a 都相同,根据式(5.12),将上列 8 组坐标值代入,可得到

$$F_{hkl}=F_{\mathrm{F}}\cdot\left[1+\mathrm{e}^{\frac{\pi}{2}\mathrm{i}(h+k+l)}\right]$$

式中

$$F_{\mathrm{F}}=f_{\mathrm{a}}\left[1+\mathrm{e}^{\pi\mathrm{i}(h+k+l)}+\mathrm{e}^{\pi\mathrm{i}(h+l)}+\mathrm{e}^{\pi\mathrm{i}(k+l)}\right]$$

F_{F} 为立方面心点阵的结构因子,这样求出衍射强度

$$I_{hkl}\neq 0$$

的条件为

(a)当 h,k,l 全为奇数,且 $h+k+l=2n+1$,而 n 为任意整数时,

$$F^2=32f_{\mathrm{a}}^2$$

(b)当 h,k,l 全为偶数,且 $h+k+1=4n$ 时,

$$F^2=64f_{\mathrm{a}}^2$$

如果晶体的衍射面指数不满足上述两个条件,则这些面的衍射消失. 例如,在劳厄衍射照片上不可能找到 321、221 等面的一级衍射斑点,也不可能找到 442 面的衍射斑点.

(iii)氯化铯(CsCl)晶体结构. 在每一个晶胞中含有两个不同类的原子,构成一个简单的立方点阵,Cs 和 Cl 离子的坐标位置分别为

$$\mathrm{Cs}^+:000;\mathrm{Cl}^-:\frac{1}{2}\ \frac{1}{2}\ \frac{1}{2}$$

$$F=f_{\mathrm{Cs}}\mathrm{e}^{2\pi\mathrm{i}(0)}+f_{\mathrm{Cl}}\mathrm{e}^{\pi\mathrm{i}(h+k+l)}$$

当 $h+k+l=$ 偶数时

$$F=f_{\mathrm{Cs}}+f_{\mathrm{Cl}}$$

$$F^2=|f_{\mathrm{Cs}}+f_{\mathrm{Cl}}|^2$$

当 $h+k+l=$ 奇数时

$$F=f_{\mathrm{Cs}}-f_{\mathrm{Cl}}$$

$$F^2=|f_{\mathrm{Cs}}-f_{\mathrm{Cl}}|^2$$

在两种不同原子构成的体心点阵中,所有的晶面都能产生衍射.

(iv)关于具有螺旋轴或滑移面的晶体. 若晶体在 c 轴方向并处在 $x=y=0$ 处有一个二次螺旋轴 2_1,从而晶胞中每一对由它联系起来的等同原子的坐标位置为

$$x,y,z;\bar{x},\bar{y},\frac{1}{2}+z$$

将以上坐标代入

$$F_{hkl}=\sum_{j=1}^{n/2}f_j\mathrm{e}^{2\pi\mathrm{i}(hx_j+ky_j+lz_j)}$$

得到

$$F_{hkl}=\sum_{j=1}^{n/2}f_j[\mathrm{e}^{2\pi\mathrm{i}(hx_j+ky_j+lz_j)}+\mathrm{e}^{2\pi\mathrm{i}[hx_j+ky_j+l(z_j+\frac{1}{2})]}]$$

$$F_{00l}=\sum_{j=1}^{n/2}f_j\mathrm{e}^{\mathrm{i}\pi lz_j}(1+\mathrm{e}^{\mathrm{i}\pi l})$$

当 l 为偶数时

$$F_{00l}=2\sum_{j=1}^{n/2}f_j\mathrm{e}^{\mathrm{i}2\pi lz_j};$$

当 l 为奇数时

$$F_{00l}=0$$

因此,当晶体在 c 方向存在 2_1 轴时,在 $00l$ 型衍射方向中,l 为奇数时,衍射强度为零.

同理,若晶体中垂直于 c 轴方向上有一 b 滑移面,并设它处在 $z=0$ 处,由它联系的两个等同原子的坐标位置为

$$x,y,z;x,y+\frac{1}{2},z$$

$$F_{hk0}=2\sum_{j=1}^{n/2}f_j\mathrm{e}^{\mathrm{i}2\pi(hx_j+ky_j)}(1+\mathrm{e}^{\mathrm{i}\pi k})$$

当 k 为偶数时

$$F_{hk0}=2\sum_{j=1}^{n/2}f_j\mathrm{e}^{\mathrm{i}2\pi(hx_j+ky_j)}$$

当 k 为奇数时

$$F_{hk0}=0$$

这时衍射强度为零.

其他螺旋轴、滑移面也可用同样的方法,推引出衍射强度不为零的条件,这种衍射强度为零的现象,称为消光.

(2)晶体对称性与其衍射效应的关系.

晶体对X射线的衍射效应与其对称性有关. 例如,若晶体结构属于体心点阵型式,在 hkl 型衍射中,当 $h+k+l=$ 奇数时,就出现消光. 根据晶体存在的衍射条件与其对称性的关系,可获得120个衍射群.

现将晶体存在的不消光条件,亦即存在的衍射条件列入表5.1中.

从表5.1中可得知下述几点结论:

(i)根据 hkl 型发生衍射的规律,可了解晶体所属的点阵类型;

(ii)根据 $hk0,h0l,0kl$ 以及 hhl 衍射指数类型存在的衍射规律,可了解晶体结构中的滑移面类型;

(iii)根据 $h00,0k0,00l$ 以及 $hh0$ 衍射类型存在的衍射规律,可了解晶体结构中的螺旋轴类型.

表 5.1　存在的衍射条件

衍射指数类型	产生衍射的条件(n = 整数)	不消光的依据	对应的对称元素	相应的点阵型式
hkl	对 hkl 无限制	点阵类型: 简单初基点阵		P
	$h+k+l=2n$	体的点阵		I
	$h+k=2n$	C 面心点阵		C
	$k+l=2n$	A 面心点阵		A
	$h+l=2n$	B 面心点阵		B
	$\begin{cases} h+k=2n \\ k+l=2n \\ l+h=2n \end{cases}$	面心点阵		F
	$-h+k+l=3n$	三方点阵		R
	$h-k+l=3n$	三方点阵		R
$hk0$	$h=2n$	(001)//滑移面	a	P,B,I
	$k=2n$		b	P,A,B
	$h+k=2n$		n	P
	$h+k=4n$		d	F
$0kl$	$k=2n$	(100)//滑移面	b	P,B,C
	$l=2n$		c	P,C,I
	$k+l=2n$		n	P
	$k+l=4n$		d	F
$h0l$	$h=2n$	(010)//滑移面	a	P,A,I
	$l=2n$		c	P,A,C
	$h+l=2n$		n	P
	$h+l=4n$		d	F,B
hhl	$l=2n$	(110)//滑移面	c	P,C,F
	$h=2n$		b	C
	$h+l=2n$		n	C
	$2h+l=4n$		d	I
$00l$	$l=2n$	[001]//螺旋轴	$2_1,4_2,6_3$	
	$l=3n$		$3_1,3_2,6_2,6_4$	
	$l=4n$		$4_1,4_3$	
	$l=6n$		$6_1,6_5$	
$h00$	$h=2n$	[100]//螺旋轴	$2_1,4_2$	
	$h=4n$		$4_1,4_3$	
$0k0$	$k=2n$	[010]//螺旋轴	$2_1,4_2$	
	$k=4n$		$4_1,4_3$	
$hh0$	$h=2n$	螺旋轴//[110]	2_1	

由于X射线衍射的结果中附加了一个对称心,因此根据衍射线出现的消光规律,不能唯一地确定晶体所属的空间群,几种不同的空间群可以给出完全相同的消光规律. 晶体结构的空间群虽有230种,但根据衍射线的消光规律只有120种X射线衍射群. 在此120种衍射群中,有的与空间群对等. 这样就可通过消光规律唯一地确定晶体所属空间群,但有几种空间群的消光规律是一样的. 例如:斜方晶所属的四种空间群:D_{2h}^{19}、$D_2{}^6$、C_{2v}^{11}、C_{2v}^{14}的消光规律是一样的,那就无法区分晶体属于那一个空间群,遇到这种情况时,可利用衍射强度的统计规律或通过实验测定晶体的某些物理性质来确定晶体所属的空间群.

(3)影响晶体衍射强度的主要因素.

X射线的衍射强度是测量晶体结构主要实验依据. 晶体的衍射强度受许多因素的影响. 例如, 实际晶体不具有理想完整,入射线不可能完全平行与单色,晶体体积大小,晶体中包含的晶胞的数目, 晶体所处的温度,晶体对X射线的吸收等.

在诸多因素中,有的不因衍射指数的不同而异,如入射光的强度,晶体的体积等,这些因素可合并成一个常数项, 以K表示. 另外一些因素随着衍射指数hkl的不同, 衍射角θ不同,对衍射强度有不同的影响. 各个衍射指数hkl的衍射强度I'可表示为

$$I' = KLPTA|F|^2 \tag{5.20}$$

式中, K为不因衍射指数不同而异的常数项;L为洛伦兹(Lorentz)因子, $L=\frac{1}{\sin 2\theta}$; P为偏极化因子(polarization factor),$P=\frac{1+\cos^2 2\theta}{2}$;$T$为温度因子, 温度越高,原子振动越大, 原子散射因子将随$\sin\theta/\lambda$的增加而下降,通常也可用指数函数表达为$\exp[-B(\sin^2\theta/\lambda^2)]$;$A$为吸收因子,$A$对衍射强度影响的可表达为$\exp[-\mu t]$; $|F|^2$为结构振幅模量的平方.

衍射强度I'经PL校正后改用I表示:

$$I = \frac{I'}{PL} = K|F|^2\exp[-2B(\sin^2\theta/\lambda^2)] \tag{5.21}$$

这样一来,若能将式(5.21)中的K,B值求出,就可以从实验测量的相对强度值,引导出结构振幅的绝对值$|F|^2$或$|F|$.

根据衍射强度分布的统计规律,当衍射点数目足够多时,可求得

$$(|F|^2) = \sum_j f_j^2 \tag{5.22}$$

式中, f_j为第j个原子散射因子.

将式(5.22)代入式(5.21), 得

$$I = K\langle|F|^2\rangle\exp[-2B(\sin^2\theta/\lambda^2)]$$

$$= K\left(\sum_j f_j^2\right)\exp[-2B(\sin^2\theta/\lambda^2)] \tag{5.23}$$

$$I/\sum_j f_j^2 = K\exp[-2B(\sin^2\theta/\lambda^2)]$$

$$\ln\left[\frac{I}{\sum_j f_j^2}\right] = \ln K - 2B(\sin^2\theta/\lambda^2) \tag{5.24}$$

若以 $\ln\left[I\sum_j f_j^2\right]$ 和($\sin^2\theta/\lambda^2$)作图,从斜率和截距求 B 和 K 的方法,称为 Wilson 作图法,根据统计规律,一般可得一直线,如图 5.8 所示.

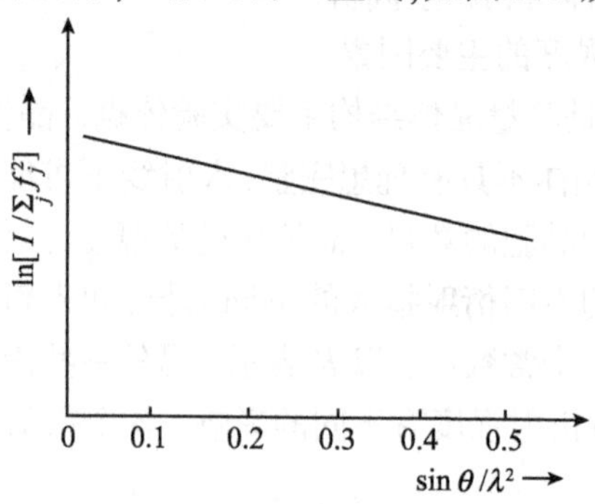

图 5.8　Wilson 作图法求 B 和 K 值

然后,从直线的截距可得到 $\ln K$,由斜率可得到 $-B$,这样即可将衍射强度相对值给予绝对的标度,得到 $|F|$ 的值. 所求得各衍射的 $|F_{hkl}|$,就可为测量晶体结构提供了基本数据.

(4)相角问题.

从衍射强度数据引导出结构振幅 $|F_{hkl}|$ 后,要获得结构因子 F_{hkl} 尚需要相角的数据. 结构因子包含两方面的内容,结构振幅 $|F_{hkl}|$ 和相角 α_{hkl},其关系见式(5.15):

$$F_{hkl} = |F_{hkl}| = e^{i\alpha_{hkl}}$$

有了结构振幅和相角数据,才能计算电子云密度函数

$$\rho(XYZ) = V^{-1}\sum_h\sum_k\sum_l F_{hkl}\exp[-i2\pi(hX+kY+lZ)] \tag{5.25}$$

在一般情况下相角的数据不能像结构振幅那样,直接由实际所收集推出,因此测定衍射点的相角数值,成为测定晶体结构的关键性问题,而且是测定晶体结构时必须解决的问题. 相角 α_{hkl} 的物理意义是指某一晶体在 X 射线照射下,晶胞中全部原子所产生的衍射指数 hkl 的光束周相与处在晶胞原点的电子在该方向上散射光的周相,两者之间的差值. 通常把衍射光周相超前定为正值,落后的定为负值. 选择晶胞原点的位置不同,相角 α_{hkl} 的数值也会不同.

为了解决相角问题,人们相继地提出了一些方法,例如,试差法、直接法、Patterson 函数法、同晶置换法、电子密度数法等. 关于这些方法的详细论述,请参考有关专著.

从当前人们对晶体结构分析研究的情况来看,收集衍射数据多用电子计算机控制的四圆衍射仪,解决相角多用直接法(从结构振幅数据中所包含的信息直接推引出相角数值). 此两者结合起来,已经大大地改变 X 射线晶体学发展的面貌. 而今只要能生长出优质的适当大小单晶体,不论大分子本身复杂性如何,大多数都能很快地测定出分子或晶体的结构,并有力推动了分子生物学的发展.

5.1.4 X 射线数据的收集方法[9-16]

根据记录衍射强度的方法不同,衍射数据的收集方法分为两种类型:一类为 X 射线照相法,另一类为衍射仪法. 这两种方法各有优缺点,但现在同时都在应用之中.

(1)X 射线照相法.

根据 X 射线所照射的晶体样品,可分为单晶照相法和粉末(多晶)照相法.

(i)单晶照相法.

该方法多用于单晶分析. 根据所使用的 X 射线的波长,又分为多色 X 射线的劳厄法和单色 X 射线的方法,在单色 X 射线法中,根据反射球、倒易点阵及胶片的相对运动方式,分为旋转法、回摆法、魏森堡法和旋进法等. 这些方法各有优缺点,可以根据所研究问题的性质来选用不同的方法. 关于这些单晶照相法的具体细节与诠释,可查阅 X 射线晶体学专著及与其有关的文献资料,表5.2仅列出了这些单晶照相法的一般特点.

(ii)粉末照相法.

这种方法所用的 X 射线通常是单色射线,样品为多晶,多晶粉末的取向是机遇的,胶片为圆筒状与平板状,由于样品由数目极多的细小晶粒作无规则排列而组成,它具有无数的各种取向的倒易点阵特点,而每一组倒易阵点 hkl 都变成了一个球面,其球心在原点处,半径 $H=\dfrac{1}{d_{hkl}}$,每一组倒易阵点球面和反射球面相截成一个圆,这个圆与反射球心的连线都是衍射方向,X 射线衍射线形成了一个以入射线为轴的圆锥,因此在粉末法中每一组(hkl)面的衍射线都在同一个圆锥面上,如图5.9 所示.

常用的照相机为德拜-谢勒(Debye-Scherrer)照相机,相机为一金属圆筒,直径(内径)为 57.3mm,114.6mm 或 190mm. 随着相机直径的增大,精度相应提高. 胶片有四种不同形式的装置方法,如图 5.10(a) ~ (d)所示.

表 5.2　单晶照相法的一般特点

方法	X 射线	胶片形状	晶体或胶片运动状态	衍射原理	衍射花样与主要用途
劳厄法	多色	平板状	晶体与胶片均固定不动	反射球半径连续变化$\left(\frac{1}{\lambda_{min}}\rightarrow\frac{1}{\lambda_{max}}\right)$,以增加倒易阵点与反射球相遇的机会	衍射斑点形成一系列晶带曲线. 测定晶体对称性和定向
旋转法	单色	圆筒状	晶体绕某一晶轴旋转,而胶片固定不动	当晶体旋转时,其倒易点阵也转动,倒易阵点与反射球相遇,即产生衍射,参加衍射的倒易阵点都在一直径为 2/λ 的圆筒内	衍射斑点以层线分布. 主要用于测定晶胞参数
回摆法	单色	圆筒状	晶体绕某一晶轴在一定角度(5°,10°,15°…)内来回摆动,胶片固定不动	倒易点阵绕晶轴在一定角度内回摆,使倒易阵点与反射球相遇,原理同上	衍射斑点排列成行,出现层线. 主要用于晶体定向和测定晶胞参数等
魏森堡法	单色	圆筒状	晶体绕某一晶轴转动,胶片沿相机轴线做与晶体转动同步左右移动	倒易点阵绕晶轴旋转,与反射球相遇,利用层线屏分层收集,照相圆筒作与晶体转动同步左右移动,克服衍射斑点的重叠	衍射斑点分布在特定形状网格上,是畸变的倒易点阵平面. 主要用于晶体结构的测定
旋进法	单色	平板状	晶体以入射 X 射线为轴,做旋进运动. 胶片法线与晶轴平行,并和晶体一起作相应的旋进	倒易点阵平面与反射球相交为一个圆,处在圆上和圆内所有阵点都有机会掠进反射球,而产生衍射	衍射斑点的分布与该层倒易阵点的分布形状相似. 可用于了解晶体的对称性、衍射斑点的强度等

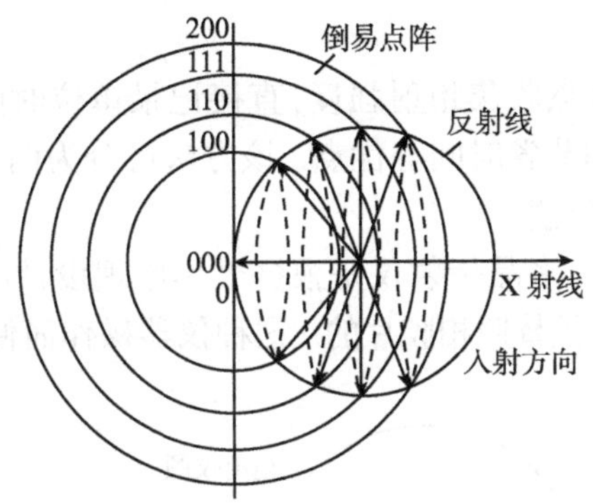

图 5.9 粉末法衍射线束圆锥面的形成

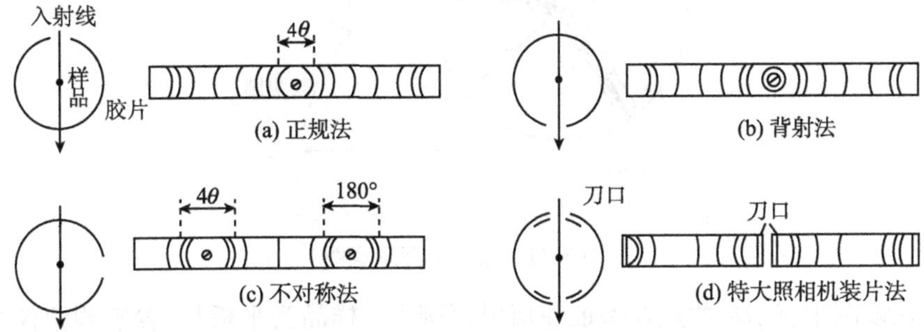

图 5.10 德拜-谢勒法胶片面装置方法示意图

测量任意一对弧线之间的距离，便可算出对应的掠(衍)射角 θ. 根据所用 X 射线的波长 λ，利用布拉格反射公式，可求出面网间距 d_{hkl}.

$$\theta = \frac{L}{L_k} \times 90° \tag{5.26}$$

$$d_{hkl} = \frac{\lambda}{2\sin\theta}$$

L 为任意一条弧线和出光孔中心的距离，L_k 为入射光孔和出光孔间的距离.

根据理论推算，衍射线条的相对衍射强度为

$$I_{相对} = P \cdot F^2 \frac{1+\cos^2 2\theta}{\sin^2\theta\cos\theta} \tag{5.27}$$

式中，P 为多重因子(由对称性联系的衍射面数目)，F 为结构因子，θ 为掠射角.

实际上，一般用目测法(用 d 尺)或测微光度法测定各衍射线的强度(I)，从而获得一组 d-I 数据.

粉末法是一种最常用的照相方法. 它的主要用途是对结晶物质的物相鉴定. 该方法可以测定物相的种类及其成分的含量、晶胞常数的精密测定、多晶物质的织构、晶粒度的大小、应力等.

(2)衍射仪法

衍射仪法一般是逐点收集衍射强度,直接记录单位时间衍射线束的光子数.这种方法具有精度高和节省时间等优点. 该方法可分为两类,一类是单晶衍射仪法,另一类是多晶衍射仪法.

(i)多晶衍射仪法　多晶衍射仪是根据聚焦原理设计的,最早称为 X 射线分光计. 它是用计数器来代替照相胶片的. 这种仪器操作简便,使用广泛,其设计原理如图 5.11 所示.

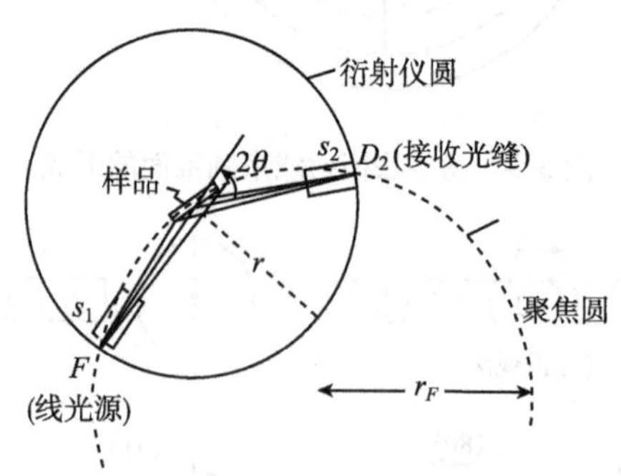

图 5.11　聚焦原理示意图

在该图中,F,D_2 两点要保证在衍射仪圆上. 样品为平板状,置于测角仪的中心. 当样品转动 θ 角度时,接收光缝和探测器应转动 2θ 角,而聚焦圆的半径(r_F)也相应随 θ 角的改变而变化,即

$$r_F = \frac{r}{2\sin\theta} \tag{5.28}$$

式中, r 为衍射仪圆半径.

多晶衍射仪主要由 X 射线机,测角仪及测量记录系统等部分组成. 测角仪中包括精密的机械测角仪、光缝系统、样品座以及探测器的转动系统等部分. 测量记录系统由 X 射线探测器、探测器电源、线性放大器、脉冲幅度分析器、记录仪、定标器和记数速率计等部分组成,其框图如图 5.12 所示.

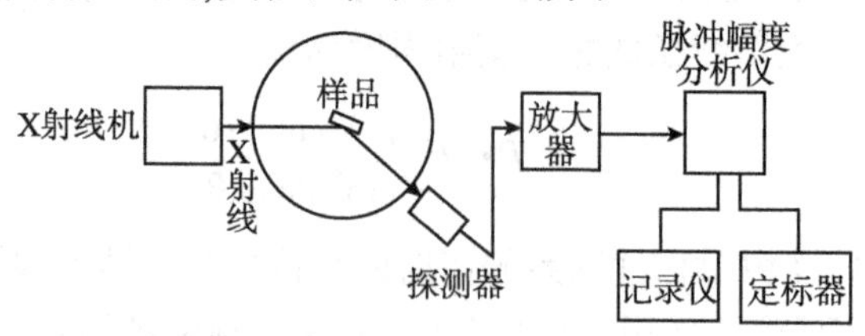

图 5.12　多晶衍射仪简单框图

图 5.13 为 NaCl 的多晶粉末衍射图,根据衍射图中衍射峰所处的位置,读出它的衍射角 2θ,便可以计算面网间距 d 的数值.

多晶衍射仪法与粉末照相法相比具有如下许多优点:分辨能力强,节省时间,可以同时测定几种结晶物质的衍射强度,适用于研究某些物质的相变过程等. 当前采用粉末(多晶)衍射法用于测定晶体结构已有报道.

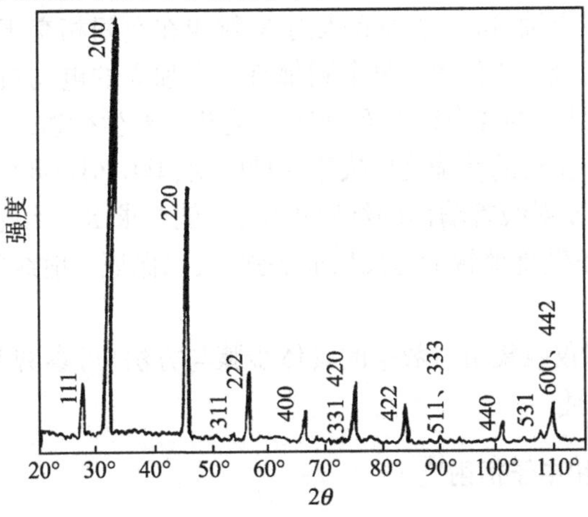

图 5.13 多晶粉末 NaCl 衍射图

(ii)单晶衍射仪 随着近代科学技术的发展,近些年来,又设计成功了各种类型的单晶衍射仪. 例如, 四圆衍射仪、线性衍射仪、魏森堡衍射仪等,但目前广泛应用的是由电子计算机控制的四圆衍射仪. 通过程序控制,自动收集衍射数据,既精确又迅速,提高了晶体结构分析的效率.

四圆衍射仪的构造原理如图 5.14 所示. 所谓四圆系统指有效转动的数目.

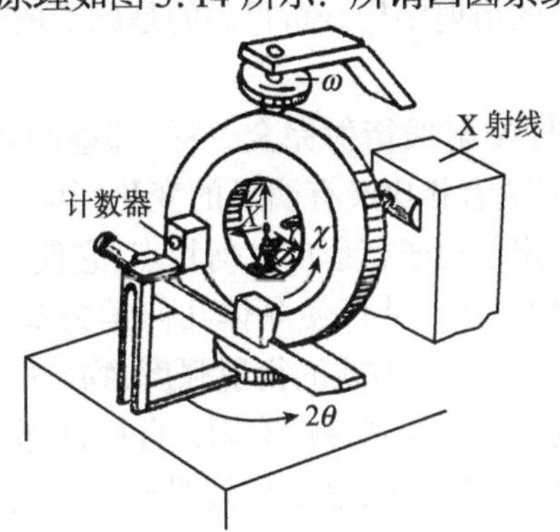

图 5.14 四圆衍射仪构造原理示意图

四个圆分别为:φ 圆、χ 圆、ω 圆和 2θ 圆. 其中,φ 圆为围绕安装晶体的轴旋转的圆,即测角头绕晶轴自转的圆;χ 圆为安装测角头的垂直圆,测角头可在此圆上运动;ω 圆为能使垂直圆绕垂直轴转动的圆,即晶体绕垂直轴转动的圆;2θ 圆为该圆和 ω 圆共轴,是载着计数器转动的圆. φ 圆、χ 圆和 ω 圆是同晶体相联系的三个圆. φ 圆调节晶体的取向,使倒易阵点与反射球相遇. ω 圆和 2θ 圆的作用是使晶体旋转到点阵面产生衍射的位置，同时使衍射线进入计数器. χ 圆调整 φ 圆转动，使与反射球相交的倒易阵点转动到 2θ 圆平面内.

四个圆共有三个轴，这三个轴和入射 X 射线在空间相交于一个点上，这一点即为晶体所处的机械中心位置. 每个圆都有一个独立的电动机带动，通过电子计算机操纵控制，让晶体的各个衍射面(*hkl*)均有机会产生衍射.

用衍射仪能够获得的精确度取决于多种因素，其中很重要的一点是，要在收集数据过程中，保持 X 射线管输出的绝对恒定，这就要求 X 射线管有一个稳定的电源. 此外，还应当不断地监视参考反射面的强度，以保证入射线的强度不随时间发生变化等.

利用单晶衍射仪收集衍射数据的具体步骤与方法，可参阅其他有关的书籍和文献，这里不再叙述.

5.1.5　电子衍射和中子衍射[17-22]

晶体结构的衍射分析，当前仍以 X 射线衍射为主，电子衍射和中子衍射都只是在某些应用方面的补充. 这三种衍射的数学处理基本相同，但此三者射线与物质之间的相互作用的性质则各不相同. X 射线是一种电磁波，它受原子的核外电子或晶体的电子云所散射，从 X 射线衍射数据进行结构分析，得到的是晶体内电子密度的分布衍射图. 使电子产生散射的是晶体中原子核及核外电子所构成的静电场，电子衍射结构分析得到的是电势分布衍射图. 中子衍射是由于原子核力对中子流的散射结果，中子的衍射结构分析得到的是原子核密度分布图.

(1) 电子衍射.

电子衍射的几何学与 X 射线衍射完全一样，都遵循劳厄方程、布拉格反射公式和埃瓦尔德作图法. 但两者相比又有明显的变化，其一为电子的波长比 X 射线的波长短得多，波长短决定了电子衍射的几何特点，它使单晶的电子衍射图变得和倒易点阵的一个二维图像相当. 从而使晶体几何学关系变得简单化了. 其二，物质对电子的散射强度都远高于 X 射线的衍射强度，物质的散射强度决定电子衍射的光学特点，电子束在物质中的穿透深度有限. 自从 20 世纪 50 年代以来，电子衍射得到了很快的发展和广泛的应用，这主要地是电子衍射与电子显微术密切地结合起来，两者各有所长，相互补充，使衍射和成像有机地结合在一起，并进一步促进了衍射理论的发展.

(i) 电子波的性质.

电子具有波动与微粒的二重性，电子的静止质量为 $m_0 = 9.1091 \times 10^{-28}$ (g)，相当于氢原子重量的 $\frac{1}{1838}$，它可用一定波长来描述.

根据量子力学求出的电子波长为

$$\lambda = \frac{h}{mv} \tag{5.29}$$

式中，m 为电子的运动质量，v 为电子运动速度，h 为普朗克（Planck）常数（$h = 6.626 \times 10^{-27} \text{erg} \cdot \text{s}$）.

从式(5.29)中可以看出，电子波的波长与电子运动速度成反比，而电子运动速度与加速电压成正比，因此，可以根据加速电压，计算出电子波的波长，即

$$\lambda = \frac{h}{mv} = \frac{h}{\sqrt{2meV}} = \sqrt{\frac{150}{V}} \tag{5.30}$$

式中，λ 单位为埃（Å），V 单位为伏特，e 为电子的电荷（$e = 4.803 \times 10^{-10}$ 静电单位）. 若电压超过几千伏时，电子运动的速度很快，其质量相应的要发生变化，此时则要考虑相对论的修正

$$\lambda = \frac{h \sqrt{150/eVm_0}}{(1 + eV/1200m_0c^2)} \tag{5.31}$$

式中，m_0 为电子的静止质量，c 为光速.

表5.3列出了几个加速电压与电子波的波长的关系. 从表5.3中可以看出，在同样的电压下，所得到的电子波的波长比通常所用的X射线波要短得多，因而晶体样品对电子束的散射能力强，故所用的晶体样品只能是薄片状，一般不超过几百埃.

表5.3 加速电压与电子波的波长的关系

电压/V	电子波的波长/Å
150	1.0
1 000	0.387 63
10 000	0.122 04
100 000	0.037 01
1 000 000	0.008 72

(ii) 埃瓦尔德作图法和布拉格近似公式.

在电子衍射中，由于加速电压很高，电子束的波长很短，例如，在100kV加速电压条件下，电子波为0.03701Å，根据埃瓦尔德作图法的原则，晶体的倒易点阵矢量长度和反射球的半径长度相比，反射球的半径要大两三个数量级，这就使低指数的倒易阵点只能在很小的衍射角处产生衍射. 这样可将反射球看做一个平面，反射圆的圆周接近于直线，如图5.15所示，此意味着当电子束与薄片晶体表面相垂直时，衍射斑点的图像系由相互正交的两组平行直线的交点组成，衍射

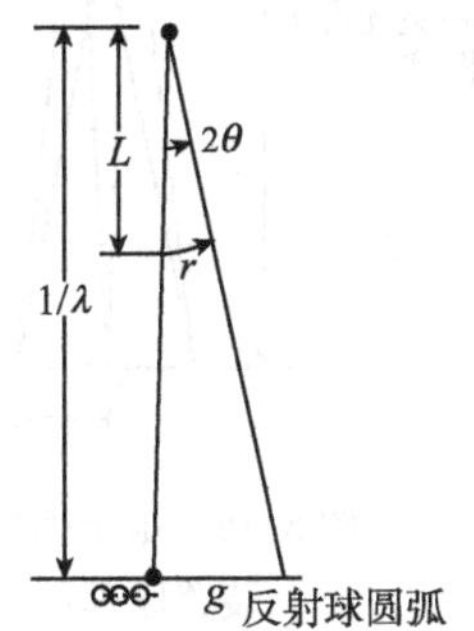

图5.15 反射球面在局部上可近似认为是平面示意图

斑点可看做是方格上放大的阵点.

当收集衍射图像时,若胶片到样品的距离为 L,在胶片上测得的(hkl)面衍射斑点到中心(000)斑点的距离为 r,倒易矢量的长度为 g,从简单的几何关系可知

$$\frac{g}{1/\lambda} = \frac{r}{L}$$

即 $r = gL\lambda$ 或

$$g = r/L\lambda \tag{5.32}$$

式中的 $L\lambda$ 乘积,称为仪器常数.

由式(5.32),可以从衍射花样求得晶体结构的信息. 同时也表明了,电子衍射图像是通过倒易点阵原点,在垂直于入射电子束的倒易平面上倒易阵点的分布,并被放大 $L\lambda$ 倍的结果.

由倒易点阵的性质,可知

$$g = \frac{1}{d}$$

由式(5.32)可得

$$r \cdot d = L\lambda \tag{5.33}$$

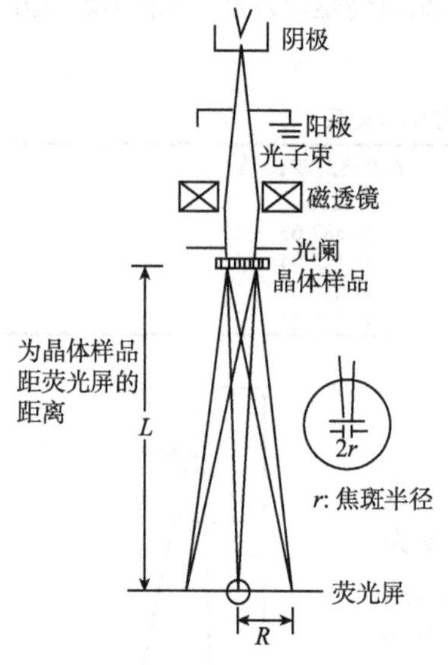

图 5.16　电子衍射仪实验装置原理示意图

式(5.33)可以认为是近似的布拉格反射公式,由于测量对称斑点或对称线的距离比单独测量 r 要精确得多,所以在实验中更常用的公式为

$$2r \cdot d = 2L\lambda \tag{5.34}$$

若从精确布拉格公式出发,来求出近似的差值,则可以得出,当 r 越大时,其差值也越大,所以要进行修正.

(iii)电子衍射仪与扫描电子衍射仪.

(a)电子衍射仪.

电子衍射仪装置示意图,如图 5.16 所示.

在荧光屏上除了观察到中央的透射斑点外,还可以在其周围观察到一系列衍射斑点. 电子束焦斑 r 越小,电子衍射仪的分辨率越高,衍射距离 L 越大,分辨率也越高,分辨系数 η 的定义如下:

$$\eta = r/L \tag{5.35}$$

分辨系数越小,电子衍射仪的分辨率就越高,这就要求 L 要大,r 要小,衍射距离 L 的长度一般在 500 ~ 1000mm. 同时,使用双聚光镜,可缩小焦斑 r.

(b)扫描电子衍射仪.

扫描电子衍射仪方框图如图 5.17 所示,电子束产生的衍射束,经过扫描线圈的偏转作用,逐个扫过入射光阑,而进入电子能量分析仪,不同能量的电子在静电场或磁场的作用下,产生不同程度的偏转而分散开来,再用能量选择光阑把无能量损失的弹性散射电子挑选出来,经探测器接收并转换为电脉冲信号,经放大和数据处理后,再在显像管的荧光屏上出来.

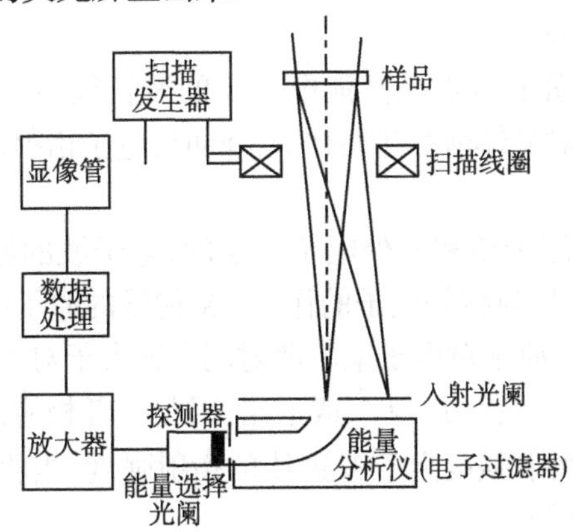

图 5.17 扫描电子衍射仪的方框图

扫描电子衍射仪有下列优点:

(a)接收系统灵敏度高,可做瞬时电子衍射,便于研究全过程,反应过程中的结构变化仅有几秒钟.

(b)可直接得到衍射强度数据,便于进行数据处理和定量分析工作;

(c)可得到衍射图像的背景低,清晰度高的电子衍射图像等.

(iv) 电子衍射图像的对称性.

高能电子衍射能量所显示的都是倒易点阵原点附近某平面上的倒易图像,所以当研究电子衍射图像的对称性时,只要研究平面对称性就可以了. 平面晶体(二维晶体)的点群,只有 10 种,即 C_1-1,C_2-2,C_3-3,C_4-4,C_6-6,C_s-m,C_{2v}-2 mm,C_{3v}-3m,C_{4v}-4mm 和 C_{6v}-6mm.

在电子衍射中,hkl 与 $\bar{h}\,\bar{k}\,\bar{l}$ 衍射具有相同的衍射强度,这相当于在晶体倒易点阵中均引入了一个对称心,但在二维电子衍射图中,则相当于在衍射图像上加上一个二次对称轴,这样,二维平面晶体的 10 种点群,就归并成 6 种对称类型.

这 6 种点群的零层倒易点阵平面的对称性如图 5.18 所示.

根据所摄取的衍射图像,与上述 6 种点群进行比较,便可确定该晶体薄片所属的点群.

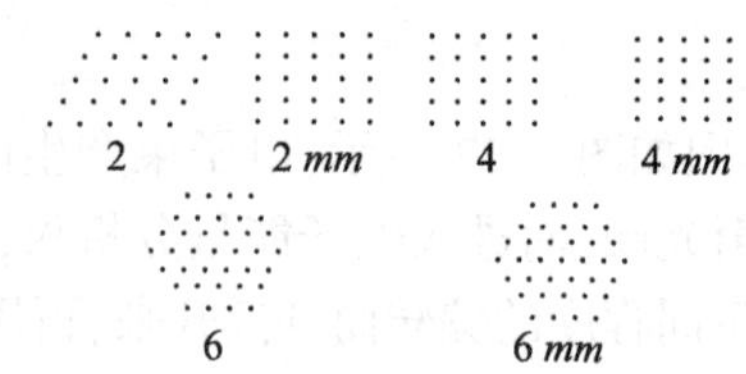

图 5.18　零层倒易点阵平面的对称性

(v)电子衍射的特点.

(a)电子衍射最显著的特点是高能电子波的波长很短,因此晶体对电子波的散射能力强,所以只能对晶体薄片进行研究. 同时,电子衍射对研究晶体表面结构是一种较好的方法.

(b)电子衍射是由原子核和核外电子决定的,电子波的原子散射因子 f_e 能反映出被照射物质的原子核与核外电子的作用. X 射线的原子散射因子 f_x 反映的只是核外电子. 因此,同一原子对电子束的散射能力远大于对 X 射线束的散射能力. $f_e : f_x = 10^3 : 1$;而原子散射强度 I_a 与 f^2 成正比,因此二者相应的散射强度之比约为 $10^6 : 1$,由此可见,电子衍射强度大于 X 射线的衍射强度,当收集电子衍射图像时,曝光时间一般只需几秒钟.

(c)轻元素对电子衍射的贡献要比对 X 射线衍射的贡献明显得多,电子衍射为原子核和核外电子所决定,f_e 又与原子序数 Z 有关,而且 f_e 与 Z 的关系对于不同的衍射角(2θ)是不同的,由于 f_e 与 $Z^{2/3}$ 成正比, X 射线的 $f_x \geqslant Z^{\alpha}$,$\alpha \geqslant 1$,所以利用电子衍射较易确定轻原子在晶体结构中的位置.

(2)中子衍射.

1936 年人们就发现了中子的衍射特性,但直到 1945 年以后,这一衍射技术才获得了快速的发展,这主要是核反应堆技术发展的结果. 中子衍射现已成为研究磁性晶体的结构、普通晶体结构中轻原子位置、生物晶体材料的结构的有力工具,同时它也是识别原子序数相近的晶体结构、晶体缺陷以及液体、玻璃和气体等结构的一种有效的测试方法.

中子是组成原子核的基本粒子, 中子的宏观电荷为零,中子和 X 射线一样具有波动性和粒子性的二象性. 当中子通过结晶物质时,也产生与 X 射线类似的衍射现象.

速度均匀的一束中子,具有一定的波长,中子束的波长 λ 与其速度的关系与电子束的相同,将式(5.29)中的 m 和 v 分别换为中子的质量和速度即可. 从原子能反应堆射出来的中子束,其波长是连续辐射的,为了获得单色的中子波,一般采用晶体进行分光,这样所获得的中子波波长为

$$\lambda = 2d_{hkl}\sin\theta_{hkl}$$

常作为单色化的晶体有氟化钙(CaF_2)、方解石($CaCO_3$)等晶体. 氟化钙晶体

的(111)面的衍射波长为1.54Å,(222)面的衍射波长为0.75Å. 方解石晶体的(220)面的衍射波长为1.16Å等.

(i) 中子衍射原理.

当晶体受到X射线束、中子束照射时,虽然均能产生衍射,但中子衍射与X射线衍射不同,因为中子衍射是中子和原子核相互作用的结果. 就原子的散射而言,若以f_X代表X射线的原子散射因子,f_N代表中子的原子散射因子. f_X是由原子核外电子数目和分布情况所决定,对大多数的原子而言,f_N主要是依赖于原子核. f_X随入射方向和散射方向夹角的增大而迅速衰减,f_X的衰减取决于$\frac{\sin\theta}{\lambda}$,θ为掠(衍)射角;但$f_N$并不随$\frac{\sin\theta}{\lambda}$而衰减,如图5.19所示.

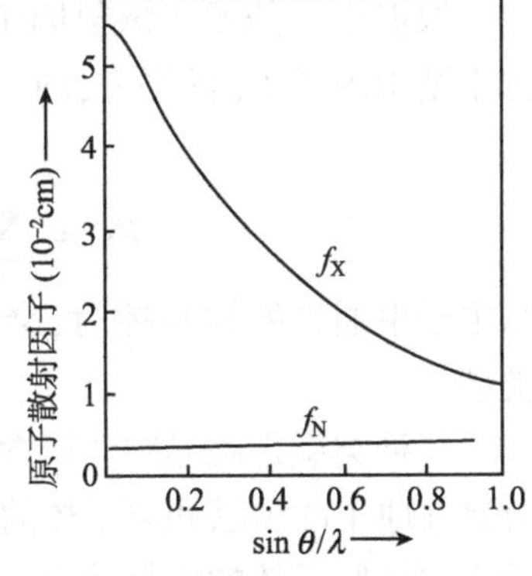

图5.19 钾(K)原子的原子散射因子与$\frac{\sin\theta}{\lambda}$的关系

中子的原子散射因子与其原子序数无直接关系,实验上测定的一些元素的中子散射因子见表5.4.

表5.4 一些元素的中子散射因子f_N

元素	原子序数	特定核	中子散射因子$f_N/10^{-12}$cm
H	1	^{1}H	-0.374
		^{2}H	
C	6	^{12}C	0.667
		^{13}C	0.665
O	8	^{16}O	0.580
		^{17}O	0.578
Cl	17	^{33}Cl	1.18
		^{37}Cl	0.26
Mn	25	^{55}Mn	-0.39
Cu	29	^{63}Cu	0.67
		^{65}Cu	1.11
As	33	^{75}As	0.64
	…	…	…

从表5.4中可看出,同一元素的各种同位素核的大小和结构的不同时,f_N的大小亦不同,甚至会出现不同符号,但对于大多数原子的中子散射因子来说,其差别都在2~3倍.

虽然一般原子的中子散过程是一个与核相互作用的过程,然而对于磁性原子来讲却是一个例外,因为要附加一个散射——称为磁散射,磁散射是中子磁矩和原子磁矩相互作用的结果,只有借助于中子散射才能确定磁性材料的磁性结构,因为如果利用晶体学的空间群理论来确定磁性结构及其对称性时,将会遇到困难.

根据中子的原子散射因子 f_N 和原子坐标来计算结构因子 F_N,而衍射强度正比于结构因子 F_N 的平方,即

$$I_N = F_N^2 \tag{5.36}$$

$$F_N = \sum_j f_{N_j} \exp[2\pi i(hx_j + ky_j + lz_j)]$$

当中子束通过磁性晶体时,会产生磁性中子衍射. 磁性的晶体的磁晶胞有两种类型.

一种类型是磁晶胞和通常晶胞一样大小,意即磁晶胞和通常晶胞相重合. 这时磁性原子的贡献和原子核的贡献一起在衍射强度表达出来,因此要得到磁结构就必须将原子核的贡献减去.

对于磁性晶体而言,(hkl) 衍射的结构因子 F_{hkl} 的平方等于两项之和,这两项分别表示原子核与磁性衍射强度,于是有

$$|F_{hkl}|^2 = \left|\sum_j f_{N_j} \exp[2\pi i(hx_j + ky_j + lz_j)]\right|^2 + \left|\sum_j P_j \exp[2\pi i(hx_j + ky_j + lz_j)]\right|^2 \tag{5.37}$$

式中, 第一项为原子核散射结构因子,第二项为磁散射结构因子; P_j 为第 j 个原子的磁散射结构因子,若用矢量表示,它不仅与磁矩大小有关,而且与磁矩方向有关. 用中子衍射测量磁性晶体的结构时,中子衍射强度是核衍射强度与磁衍射强度之和,即

$$I_{hkl} = I_{hkl}(\text{核}) + I_{hkl}(\text{磁}) \tag{5.38}$$

如果用单晶体进行中子衍射测量,则衍射强度可写成

$$I_{hkl} \propto F_{hkl}^2 / \sin 2\theta \tag{5.39}$$

当收集到衍射强度 I_{hkl} 后,可用傅里叶综合法把欲求的原子坐标参数 (x,y,z) 定出来,其大致步骤如下:先把衍射强度还原为结构因子 $|F_{hkl}|$,再乘上相角数值,然后用傅里叶变换,计算中子衍射密度 $\rho_N(x,y,z)$,一般采用下式计算:

$$\rho_N(x,y,z) = \frac{1}{V} \sum_{h=-\infty}^{+\infty} \sum_k \sum_l |F_{hkl}| e^{i\alpha_{hkl}} \cdot e^{i2\pi(hx+ky+lz)} \tag{5.40}$$

由 $\rho_N(x,y,z)$ 便可了解到晶体中原子位置.

另一种类型是:磁结构晶胞是通常晶胞的整倍数,即它是通常晶胞的超晶胞,这时衍射中的磁贡献表现出新的纯磁性衍射峰,这是由磁性晶胞产生的,并且可以在没有核衍射峰的位置处产生. 磁性晶胞可用磁对称性来描述. 详见本书第十一章磁晶与磁群.

(ii) 中子衍射实验装置.

中子衍射实验装置如图 5.20 所示,由反应堆水平孔道引出的方向混乱的多色

中子束,经过第一准直管准直后射到单色化晶体上,使选定波长符合布拉格反射条件,产生衍射而得到所需的单色中子束,经第二准直管入射到样品台上的样品,由样品发生的衍射线,用探测器(BF_3 等)接收.

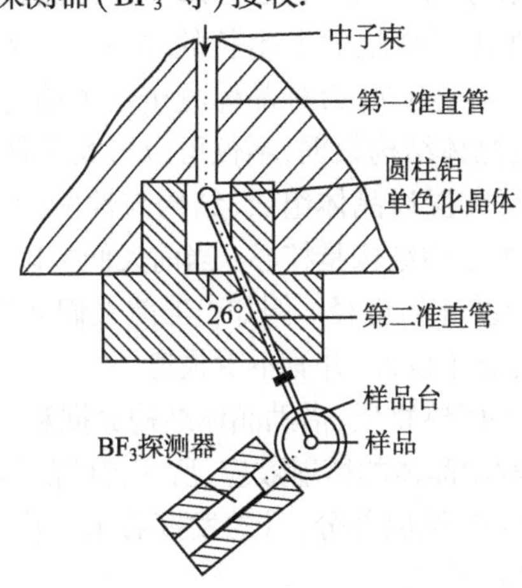

图 5.20 中子衍射实验装置示意图

§5.2 晶体衍射效应的应用

晶体对 X 射线、电子束和中子束所产生的衍射效应,有下列几个方面的应用.

5.2.1 X 射线对晶体结构的测定[23, 24, 26, 27]

一般利用 X 射线衍射方法来测定晶体结构,要解决的问题包括:

(1) 晶胞的形状与大小,亦即确定晶胞参数($a,b,c,\alpha,\beta,\gamma$);

(2) 晶胞中原子的数目;

(3) 晶体的对称类型以及空间群确定;

(4) 将 X 射线衍射图样(斑点或线条)进行指数化;

(5) 根据衍射斑点或线条的强度,来确定晶胞中的原子位置.

X 射线对晶体结构的测定,现将近有上百年的发展历史,尤其是自 20 世纪 60 年代起,随着电子计算机的快速发展,计算机控制的单晶和多晶衍射仪的问世,收集衍射数据的速度、精度和自动化、智能化程度大大提高,同时求解晶体结构的直接法获得很大的发展. 四圆衍射仪和直接法的发展,加速改变了 X 射线晶体学的面貌,大大地节省了测量晶体结构的时间,而且测量的精确度有较大的提高.

X 射线对晶体结构的测定,与晶体对 X 射线衍射效应发现后,头 20 ~ 30 年,所测定的晶体结构,大多是无机物晶体结构. 随后又发展到测定有机物晶体结构,当前已发展到生物聚合物和生物高分子晶体结构的测定,其重点是对蛋白质晶体结构测定. 蛋白质科学是目前国际上激烈竞争的生命科学制高点,其关键问题的焦点在制备蛋白质的晶体样品. 人们为了减少溶液对流对蛋白质晶体生长影响的作用.近些年来,人们开始在宇宙空间生长蛋白质晶体样品,现已有几十种蛋白质晶体生长出来,晶体完整性优于在地面上生长的晶体[31]. 在本书 1.2.2 节已谈到了,根据不完全统计现在已经有 70 万种晶体测定出了结构,积累了大量的结构数据,人们可依靠已获得的晶体结构数据,不仅可以考察了解晶体的各种物理、化学的特性,而且可进一步研究探讨晶体组成、结构与性能的关系. 晶体结构上承组成,下启性能,此三者的关系中结构是核心. 当前人们多以现有的晶体结构数据为基础,探索晶体材料分子设计的途径. 例如, 当前人们多以分子结构和晶体结构为基础,对晶态药物进行分子设计,并有不少报道.

人们也常常对非晶态固体物质,借助晶体结构数据和知识,间接地说明其结构与性质的关系. 可以说利用晶体的衍射效应,所获得的晶体结构数据,已构成了自然科学体系知识宝库的重要组成部分,日益发挥着重要作用. 晶体结构数据的来源于 X 射线对晶体结构的测定.

5.2.2　X 射线形貌术

X 射线形貌术又称 X 射线貌相术,它是利用 X 射线在晶体中衍射的运动学和动力学理论,根据晶体中完整部分和非完整部分衍射衬度变化及消光规律来研究晶体表面和晶体内部结构缺陷的.

X 射线形貌术是一种非破坏性的检测方法,能够拍摄晶体表面和晶体结构的缺陷,并能分层拍摄,以确定晶体缺陷在晶体结构中的位置. 在形貌图中所观察到的图像是晶体结构缺陷在三维空间的投影,比较接近晶体结构中缺陷的实际状态与分布. 能够测定晶体结构中位错的类型与走向,特别是测定伯格斯(Burgers)矢量.

关于 X 射线形貌术优点以及不足之处、X 射线形貌的不同的实验方法、衍衬像(度)和 X 射线形貌术的新进展等内容将在本书第十章(晶体缺陷)做出较详细的阐述.

5.2.3　晶胞常数的精确测量[24]

晶体的晶胞常数是晶态物质的重要参量之一,它与晶态物质的其他一些物理性质密切相关.

X 射线粉末衍射所提供的是结晶物质衍射线的位置、峰形和强度等有关晶体结构的信息. 由准确的衍射线位置,可能求得晶体的精确晶胞常数.

在一定的状态下,任何晶态物质都具有一定的晶胞常数,但当外界物理化学条件改变时,晶胞常数也会发生相应的改变. 精确测定晶态物质的晶胞常数,有许多重要的应用,例如,物相的X射线分析,结晶相图的X射线测量、固溶体化学成分分析以及判断固溶体的类型等研究,均需要精确晶胞常数的数据. 要想精确测定晶态物质的晶胞常数,就必须消除实验结果的一切误差. 误差一般地包括两类:一类是系统误差,这类误差是实验结果随着某一函数作系统的增高或减小;另一类是随机误差,它主要是由于实验时测量的不准确,实验结果比实验数值或高或低,无一定规律存在.

晶胞常数需由已知衍射面(hkl)组的面网间距d计算. 为了精确测定晶胞常数,需要对面网间距d测定中的系统误差进行分析. 根据布拉格反射公式:

$$\sin\theta = \frac{n\lambda}{2d}$$

对此公式进行微分,得到

$$\cos\theta\Delta\theta = -\frac{n\lambda}{2d^2}\Delta d = -\frac{\sin\theta}{d}\Delta d$$

$$\frac{\Delta d}{d} = -\cot\Delta\theta \tag{5.41}$$

表明面网间距d的系统误差取决于衍射θ的测量精度.

根据2.2.3节所叙述的点阵平面间距公式,得知:如果晶体属于立方晶系,则$a = d\sqrt{h^2+k^2+l^2}$,晶胞常数a的面网间距d成正比关系,即

$$\frac{\Delta d}{a} = \frac{\Delta d}{d} = -c + \cot\theta\Delta\theta \tag{5.42}$$

从式(5.42)可知,当$\theta = 90°$时,$\cot\theta = 0$,故

$$\frac{\Delta a}{d} = \frac{\Delta a}{a} = 0$$

这意味着当θ接近90°时,由Δθ产生的Δd趋向于零. 因此,为了精确测定晶胞常数,应当尽可能采用大角度衍射线的数据.

衍射角θ测定中的系统误差来源有两个方面:一是由X射线本身带来的,如X射线的折射、波长色散的影响等;二是测量方法的几何因素引起的,如用德拜-谢勒相机照相时,相机半径、胶片收缩和伸长、样品的偏心及其吸收作用等,均产生系统误差. 若用衍射仪进行精确测定,光源宽度、接收狭缝宽度、样品平板形状、入射光束的轴向发散、样品的透明度等几何因素,也均能引起衍射角θ测量中的系统误差.

总之晶胞常数的精确测定,必须尽量消除误差. 为了消除误差,一是要改善实验条件,设计精密度很高的照相机,或用内标法来校正待测试样的d、θ等. 所谓内标法是用晶胞常数已知物质与待测物质以适当的比例均匀混合,做成测试样品,拍摄X射线粉末衍射照片或用衍射仪收集衍射图谱,照片或图谱上将出现两套衍射花样,在相同的实验条件下,可用标准物质所测得的Δd、Δθ来校正测定物质的

Δd、$\Delta\theta$.

5.2.4　物相的 X 射线衍射分析[25,28]

X 射线衍射与晶体内部结构有关，每一种结晶物质都有它自己特定的结构参数，其中包括点阵型式、晶胞大小与形状、晶胞内原子类型、数目和它们所在的位置等，因此，结晶物质不管是单独存在，还是以混合物状态存在，都具有其独特的衍射花样，正像不同的人不可能有相同的指纹一样．根据某一物质的 X 射线衍射花样，不仅可以知道该物质的化学组成，还可以知道它的存在状态．因此，在任何情况下，都可以将结晶物质的化学组成及其存在状态鉴别出来，这就构成了 X 射线衍射作为物相分析的一个依据．在混合物中的各个组分，依照衍射强度的测量，可以获得各种组分的比例，这就是作为物相分析定量的依据．对于固溶体物相，其粉末法衍射花样与化合物相似，但衍射条纹的位置稍有偏移．无定形体和分散度极大的粉末状物质，它们的粉末衍射花样不出现独立的衍射线，而只出现一些弥散的衍射效应．物相分析优于容量、重量、极谱、色谱、光谱等分析方法，因为这些方法只能得出样品中含有那些化学成分及其含量，而不能说明其存在的状态．有些问题（如同质异构的元素或化合物）采用化学分析法是解决不了，但通过物相分析就很容易解决．物相分析法还有迅速、准确、样品用量很小、同时又不受损坏等优点．

物相分析是根据多晶粉末衍射（包括粉末照相法与衍射仪法）所获得的 $d-\frac{I}{I_1}$ 数据与标准粉末衍射数据相互对比来进行鉴定的．其分析步骤如下：

(1) 测量及计算试样中各衍射谱线的 $d-\frac{I}{I_1}$ 数据，I_1 为最强的衍射强度，定标为 100，用它作相对标准，以比较各组晶面衍射谱线的相对强度．

(2) 根据最强衍射谱线 d_1 及次强衍射谱线 d_2，d_3，找到 ASTM 卡片的索引，记下索引的卡片号数，卡片及其索引包括无机物与有机物两大部分．

(3) 按照卡片号数查出卡片，将试样的 $d-\frac{I}{I_1}$ 数据与卡片所列的 $d-\frac{I}{I_1}$ 数据进行对比，如两者完全符合，试样即为卡片所记载的物质．

如果样品是混合物，首先定出衍射最强的 d_1 的物相，并把属于 d_1 物相的全部谱线标出．用同样的方法，再对其余谱线进行物相分析，找出混合物中其他的物相．但有时混合物中的谱线重叠，若最强衍射谱线重叠，可以按次强谱线寻找所属卡片索引，遇到这种情况，必须多加思考，慎重处理．X 射线物相分析，不仅可用于定性分析，也可用于定量分析．根据衍射强度的计算，在多相混合物中，所含各物相的衍射谱线强度，随其含量的增加而加强．若混合物中含有两种物相，可将两相按比例配成各种混合物，再进行粉末衍射，在粉末图谱上找出两相的某些谱线，测出不同组成的衍射谱线的强度比值，绘出相对强度-组成标准曲线，然后对未知样品进行粉末衍射,测量同样谱线的相对衍射强度. 再从标准曲线上求得该样品的相对含量. 若混合物中含有两种以上的物相,欲分析其中的第一物相,需要在样品中加入一种标准物质,与样品组成复合样品,进行X射线分析,这样的分析方法,称为内标法. 在实验过程中,可以先配出一系列样品,其中包含已知一定量的第一物相及适当的标准样品,拍摄粉末图谱,绘出标准曲线. 在分析未知样品中第一物相时,只要测出复合样品中的I_1/I_s之比,I_1为第一物相某一衍射谱线的强度,I_s为标准物质某一衍射谱线的强度, 再对照标准曲线,就可得出混合物中第一物相的百分含量.

5.2.5 结晶相图的X射线测量[25,28]

晶体生长经常遇到结晶相图方面的问题. 例如, 结晶温度的控制、助熔剂的选择,是固液同成分生长还是固液异成分生长, 晶体是化合物还是固溶体等. 这些问题,不仅需要有相图的知识, 而且有时需要测定相图. 测定相图有多种方法,例如,热差分析法、步冷曲线法和X射线衍射法等. 通常,相图是指压力在一个大气压下、晶体组分和温度关系曲线. 图5.21(a)为*A*-*B*二元相图.

在图5.21(a)中分为若干个区域,有单相区(α,β,γ及液相*L*)及两相区(α+γ,γ+β,*L*+α,*L*+γ,*L*+β等). 在两相区中,不同相的结构不同,其X射线衍射花样是两套,有的衍射线条也有可能重叠在一起. 在两相区中,每个相的点阵常数是固定不变的. 在单相区中,当组分改变时,其点阵常数会发生变化,见图5.21(b).

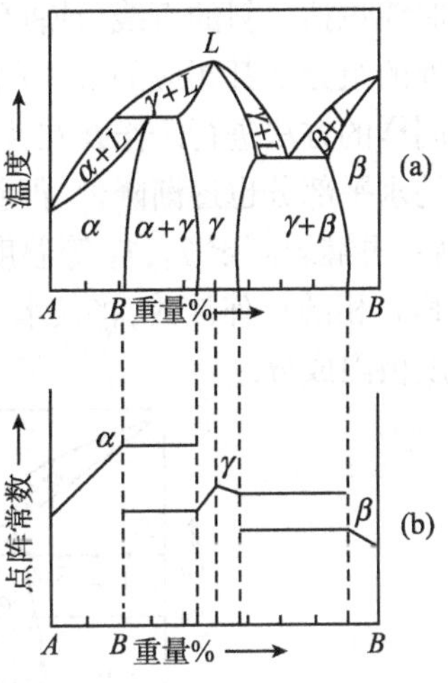

图5.21 *A*与*B*二元相图及其结晶态的各相区的点阵常数与成分关系

在两相区中,当组分改变时,会改变两相含量之比. 这个比值可用杠杆定律计算出来. 正是由于在两相区中两相含量随其组分的改变而改变,所以两相区在衍射花样上,每个相的衍射强度应随该相在两相区中含量的增加而增强. 但由于两相吸收系数不同,故其含量与衍射强度的变化成非线性关系,但饱和相的点阵常数却保持不变,故可利用X射线衍射方法,测定二元或多元相图中的相界位置(即溶质原子的固态溶解度极限),同时,也可测定各相的晶体结构. 至于固-液相界面,可用其他方法进行测定.

利用X射线衍射法测定固溶极限,一般有两种方法,一种为相消失法,另一种为点阵常数法.

(1)相消失法. 利用相消失法来测定*A*-*B*二元相图中的固溶极限,如图5.22

(a)所示. 图 5.22 中, $\alpha+\beta$ 两相区所包含的 α 相与 β 相分量可以利用杠杆定律定出. 欲测相图中 T_2 温度时的 $\frac{\alpha}{\beta+\alpha}$ 相界, 只要配制组分 2,3,4,5 等样品, 将它在 T_2 温度时处理, 使其达到平衡态后, 淬火, 拍摄或用衍射仪记录其衍射图, 分别测定其中 α 相和 β 相中明显的衍射强度 I_α, I_β, 然后将组分与 $\frac{I_\beta}{I_\alpha}$ 关系曲线外推到 $I_\beta/I_\alpha=0$ 点, 这时 β 相消失, 便求得 T_2 温度时, $\alpha/(\beta+\alpha)$ 的相界, 即相当于 B 在 A 中固液极限. 对于其他温度时的相界, 也可用同样方法测量. 由于 I_β/I_α-组分的关系, 并非直线外推, 故一般测量的精度不高, 为了提高外推法的精度, 在配制样品时, β 分量越少越好, 所以称这种方法为相消失法.

(2) 点阵常数法. 在图 5.22(a)中, 单相区 α 相的点阵常数是随其成分的改变而连续地发生变化, 但在两相区 α 相的点阵常数是保持不变的, 即它始终等于在该温度下饱和 α 相的点阵常数. 如欲测量在温度 T_1 时组分 B 在 A 中的固溶度极限, 则需要先配制一系列组分不同的样品, 然后拍摄这些样品在温度 T_1 的衍射花样, 测定各个样品中 α 相的点阵常数, 绘出点阵常数与其组分的关系曲线, 这一曲线包括一斜的直线(或曲线)和水平直线两部分组成, 其交点(或拐点)即为相界处的组分及其相应的 α 相的点阵常数. 测定其他温度时的固溶度极限, 可以采用同样的方法进行. 若 B 在 A 中的固溶度随温度降低而减小, 则图 5.22(b)中曲线的水平部分也逐渐降低, 但斜线部分基本上保持不变, 因此得到温度 T_1 时的曲线后, 再继续测定 T_2, T_3 等温度时的相界, 只需要配制在两相区内的少数样品, 测定其 α 相的点阵常数, 将其水平直线延长与 T_1 曲线的斜线部分相交, 即可得出固溶度极限成分.

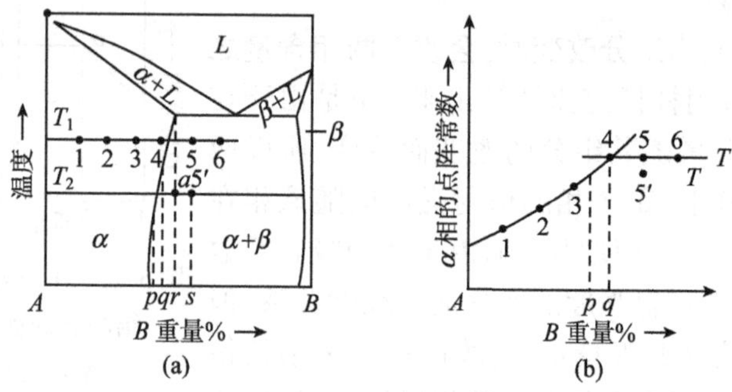

图 5.22　利用 X 射线方法测定二元相图中固溶极限

(3) 三元相图的测定. 由三个组元与温度所组成的相图称为三元相图, 三元相图中的两相组分与温度这三个变量的变化, 一般只能利用立体模型来表示. 测定某一固定温度时的平衡态相图, 即为该温度时的等温截面, 如图 5.23 所示.

三元相图的等温截面可用等边三角形表示, 三角形的三个顶点分别代表纯组

元 A,B,C,三个边表示在该温度时三个二元体系 $A-B$,$B-C$,$A-C$ 的平衡状态,而任何一个晶体成分 P 均可在三角形内相应的位置表示出来. 晶体中所含的 A,B,C 组分之比等于 P 点至对边所作垂线 $PX:PY:PZ$ 之比,$PX+PY+PZ=$ 等边三角形 ABC 之高 $BD=$ 常数(图 5.23). 利用 X 射线测定三元相图的某一等温截面时,先由已知的三个二元相图,估计相区的可能分布,然后在适当的成分点配制样品,利用相消失法或点阵常数法测出各个相界,如图 5.24 所示.

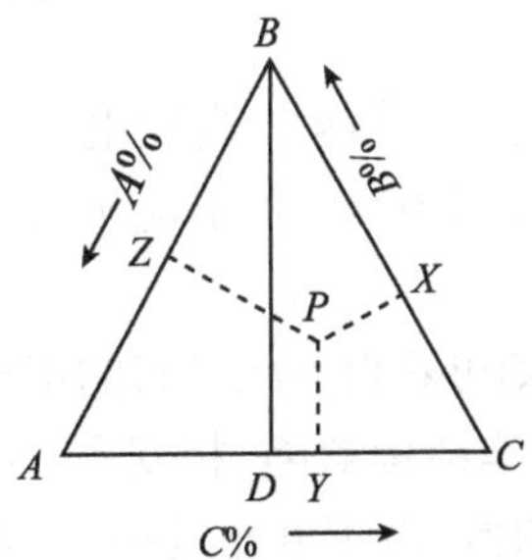

图 5.23 三元相图的等温截面

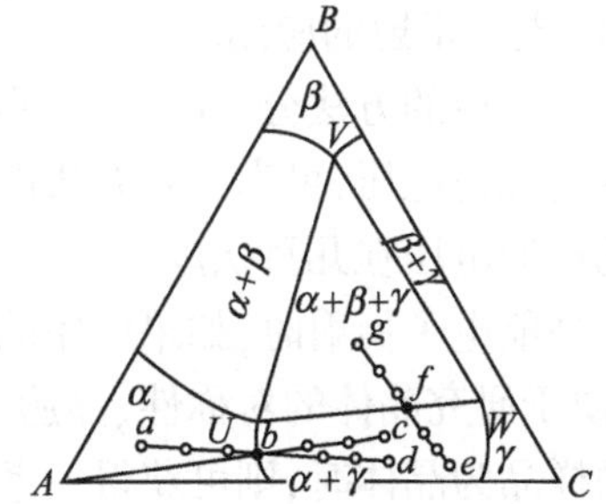

图 5.24 三元相图的一个等温截面所包含的相区

在图 5.24 中,欲测定 $\alpha/(\alpha+\gamma)$ 相界,可以由 A 点开始,沿 Abc 直线配制若干份样品,用 X 射线衍射精确测定 α 相的点阵常数,将所得结果与组分关系作图, 如图 5.25 所示.

此曲线可视为由两条斜线组成,交点组分 b 即为相界位置,由于 bc 线段不是 $(\alpha+\gamma)$ 相区内的连线,故沿 bc 线段上各组分的 α 相点阵常数将随组分的变化而改变,若所选取的组分沿 abd 直线,而 bd 为 $(\alpha+\gamma)$ 相区内的一条连线(见图 5.24),所测得的 α 相点阵常数与组分的关系如图 5.26 所示.

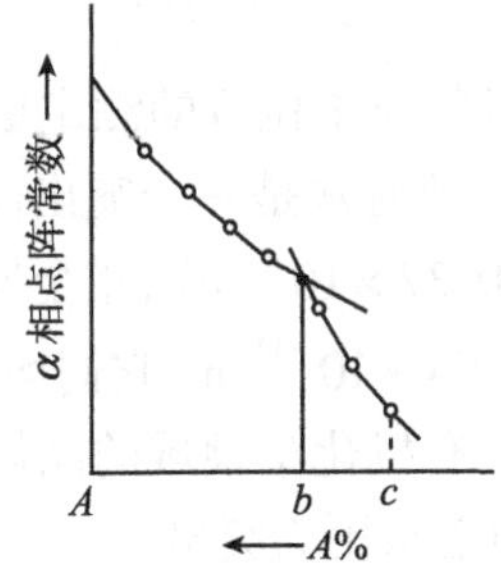

图 5.25 α 相点阵常数与组分关系

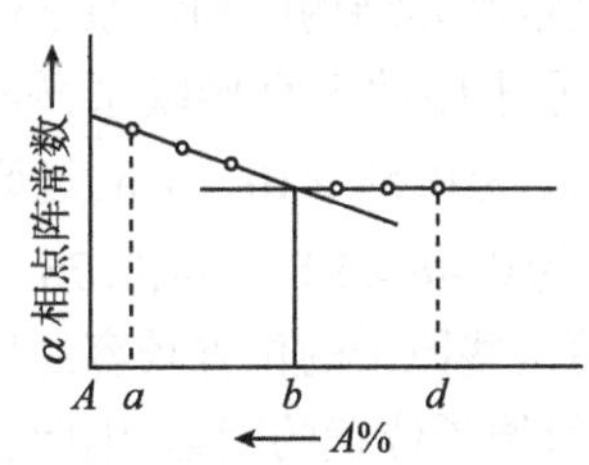

图 5.26 α+γ 相区中 α 相点阵常数与组分 A 的关系

在 bd 直线上所有 α 相的点阵常数不变. 如欲测

$$(\alpha+\gamma)/(\alpha+\beta+\gamma)$$

的相界,要选取 efg 直线上若干组分(图 5.24),配制成样品,测定其 α 相点阵常数,并将其结果与组分关系绘制成曲线,在两相区内各组分 α 相点阵常数随成分不同而改变,但在三相区中所有样品的 α 相点阵常数均不变,且等于成分为 U 处样品 α 相点阵常数,所得曲线与图 5.26 相似,从而能够找到相界 f 的位置. 总之,三元相图的测量与二元相图相比,其原理相似,但难度更大些.

5.2.6　电子衍射与中子衍射的应用[1,17,18,22]

(1) 电子衍射的应用.

电子衍射的方法分为两大类:高能电子衍射和低能电子衍射. 高能电子衍射所需要的加速电压,可高达几万伏以至几十万伏,甚至几百万伏. 低能电子衍射所需要的加速电压在几百伏以下.

在高能电子衍射时,如果所用的样品是单晶薄片,则可获得点状分布的衍射图像,这便于研究晶体的对称性、晶胞大小和形状以及晶体结构缺陷、相变等. 如果所用的样品为晶体时,则可获得一系列同心圆的衍射图像,由于 θ 角度很小,可以利用式(5.33)求得晶体的面网间距 d,即

$$d = \frac{L\lambda}{r}$$

式(5.33)中 r 为衍射圆环的半径.

根据衍射图像可测定各衍射线的衍射强度(I),利用所获得的一组 $d-I$ 的数据就可作为鉴别物相的依据.

低能电子衍射可用来测定金属、无机化合物、半导体以及其他物质表面所生成的反应产物,例如:由于氧化、渗镀、腐蚀、摩擦、沉积等作用所生成的薄膜,研究表面相中外层原子与吸附分子结构和成键等特征.

(2) 中子衍射的应用.

(i) 测定晶体结构中的轻原子位置,尤其是对氢原子位置的测定更为有效,中子衍射与原子序数无直接联系,轻原子的散射因子通常是一个突出问题. 例如,氧原子的 f_N 为 0.58×10^{-12} cm,氢原子的 f_N 为 -0.37×10^{-12} cm,重金属、钨、金、铅的 f_N 分别为 0.48×10^{-12} cm,0.76×10^{-12} cm 和 0.94×10^{-12} cm,它们均为同一个数量级,因而这些原子的位置较容易探测的,在整个有机化学领域的晶体结构,大多都要研究氢原子位置的问题,因此,应用中子衍射需求更为突出.

(ii) 如何识别原子序数相近原子所组成的晶体结构. 利用 X 射线衍射的数据是不可能识别同一化合物中原子序数相近的两种原子. 诸如合金 Fe-Co 中 Fe 和 Co、尖晶石($MgAl_2O_4$)中的 Mg 和 Al 原子等. 但这些原子对中子散射因子是不同的. 因此,根据中子衍射的数据,可以识别同一化合物中原子序数相近的两种原子.

(iii) 磁结构的研究,中子衍射所提供的信息,可以说是独一无二的. 磁性原子(过渡金属元素、稀土元素和锕族元素)的各种自旋有序,它们通过磁结构都影响

散射振幅.

通过对磁性晶体材料的研究,人们发现,具有磁矩的原子会发生中子的磁散射.

在顺性晶体材料中,磁矩的方向在原子间作任意变化,对布拉格衍射峰没有磁性作用.

在铁磁性晶体材料中,铁磁结构的磁矩方向如图 5.27 所示.

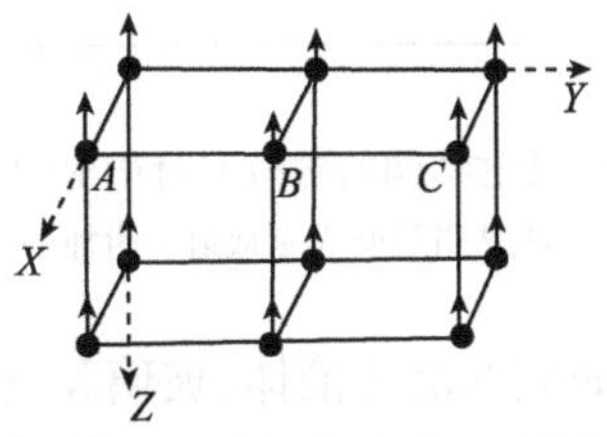

图 5.27　铁磁晶体的磁矩方向示意图

在图 5.27 中,向上箭头"↑"表示磁矩方向,晶胞在 y 轴方向的长度为 AB,在单畴内所有的磁矩指向同一方向,磁性散射峰的峰值准确地出现在和核散射相同角度位置上,于是核散射峰值将被磁性分量加强. 铁磁性晶体材料的磁性散射对中子衍射图谱的影响,如图 5.28 所示.

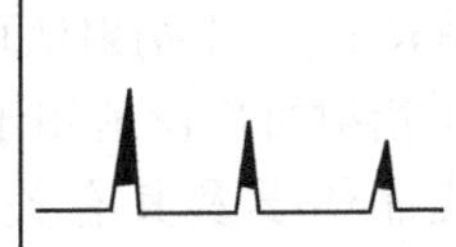

图 5.28　磁性散射对中子衍射图谱的影响示意图

峰值阴影表示磁性分量加强

在反铁磁晶体材料中,反铁磁结构的磁矩方向,如图 5.29 所示.

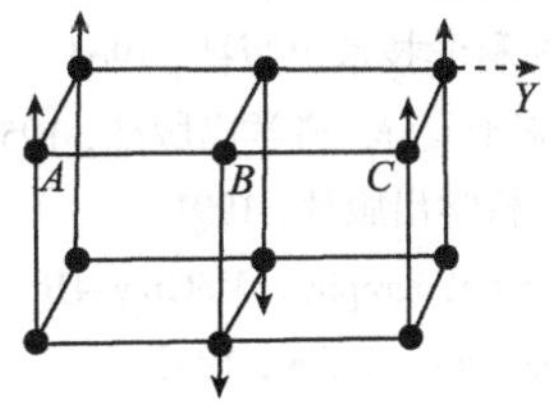

图 5.29　反铁磁结构的磁矩方向

↑和↓均表示磁矩方向

当考虑晶体的磁性时,其主要特征是晶胞在 OY 方向的长度不再是 AB,而是 AC,结果在中子衍射图谱上出现了附加峰,反铁磁性晶体材料的磁散射对中子衍射谱的影响如图 5.30 所示.

(iv)用于分子结构的研究,利用中子衍射研究分子结构的典型实例是对苯

(C_6H_6)的简单衍射物质的研究,研究小分子中氢键的实例是对 α 间苯二酚[n-$C_6H_4(OH_2)$]和 α 型氘化二水草酸($(COOD)_2$· $2D_2O$)分子等,此外中子衍射可用于生物大分子材料的结构等研究.

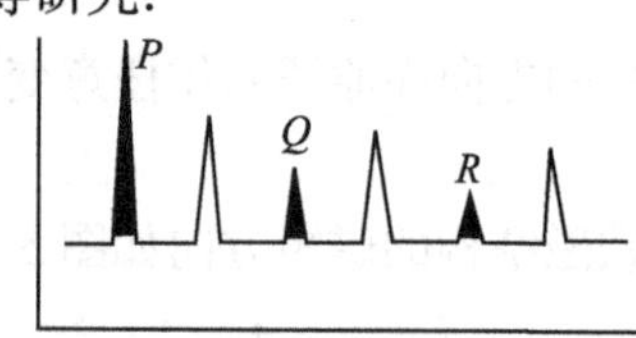

图 5.30　反铁磁结构的磁散射对衍射图谱的影响示意图

P,Q,R 衍射峰为磁散射所附加的衍射峰

(v)中子衍射可用来研究非晶态液体、玻璃和气体的研究.

(vi)一般来讲,由于获得中子束强度比 X 射线束要弱得多,所需要的单晶测试样品要比 X 射线所需要的单晶大得多,通常中子衍射所需的单晶的体积为 20 ~ 100mm^3,而 X 射线只需 0.1mm^3 或更小. 但中子粉末衍射法可消除消光和磁结构的影响,因此粉末衍射在中子衍射结构分析工作中占有特别重要地位.

最后,还要特别指出,晶体衍射效应的发现,虽有上百年的历史,涉及的面广,技术设备日益更新,研究成果极为丰富,至今仍在深入发展,经久不衰. 例如, X 射线衍射效应可用于纳米(nm)晶表征,粉末衍射法可用于晶体结构测定,电子衍射可用于研究准晶的对称性,中子衍射可广泛地用于研究磁性晶体结构与性能等. 无疑地,这些研究对当前近代晶体学及其有关学科的发展仍然起着重要作用[29-32].

参 考 文 献

[1] 周公度. 晶体结构测定. 科学出版社, 1981.

[2] 许顺生. 金属 X 射线学. 上海科学技术出版社, 1964.

[3] 纪尼叶 A. X 射线晶体学. 施士元译. 科学出版社, 1959.

[4] 梁栋材. X 射线晶体学基础. 科学出版社, 1991.

[5] Buerger M J. Contemporary Crystallography. McGraw-Hill Book Company, 1970.

[6] Buerger M J. X-Ray Crystallography. Wiley, 1942.

[7] Taylor A. X-Ray Metallography. Wiley, 1961.

[8] Bragg W L. The Development of X-Ray Analysis. Bell, 1975.

[9] Wilson A J C. Elements of X-Ray Crystallography. Addison-Wesley, 1970.

[10] Lispon H, Steeple H. Interpretation of X-Ray Power Diffraction Patterns. Macmiilan, 1970.

[11] Lispon H, Cochran W. The determination of Crystal Structures. G. Bell, 1966.

[12] Klug H P, Alexander L E. X-Ray Diffraction Procedures for Polycrystalline and Amorphous Ma-terials. 2nd. Ed. Wiley, 1974.

[13] Glusker J P, Lewis M, Rossi M. Crystal Structure Analysis for Chemists and Biologists VCH, New York, 1994.

[14] Giacovazzo C. Fundaments of Crystallography, International Union of Crystallography, Oxford Univ Press, 1991.

[15] Shestwood D. Crystals, X-Ray and Proteins. Longman, 1976.

[16] Jan. Drenth Principles of Protein X-Ray Crystallgraphy. Springer-Verlag, 1994.

[17] Rymer T B. Recent development in electron diffraction. J. Appl. Phys., 1953, 4297 – 4302.

[18] 黄兰友,刘绪平. 电子显微镜与电子光学. 科学出版社, 1991.

[19] Vainshtein B K. Structure Analysis By Electron Diffraction. Pergamon, 1964.

[20] 郭可信, 叶恒强, 吴玉琨. 电子衍射图在晶体学中的应用. 科学出版社, 1983.

[21] 赵伯麟. 薄晶体电子显微象的衬度理论. 上海科学技术出版社, 1980.

[22] Bacon G E. Neutron Diffraction. Clarendon Press, 1975.

[23] 郭常霖. 新型无机材料. 1979, 第七卷二期.

[24] 梁敬魁. 粉末衍射法测定晶体结构(上册、下册). 科学出版社, 2003.

[25] 梁敬魁. 相图与相结构(上册、下册). 科学出版社, 1993.

[26] 伐因斯坦 Б K. 现代晶体学. 吴自勤译. 第一卷. 中国科学技术大学出版社, 1990.

[27] 周公度, 郭可信. 晶体和准晶体的衍射. 北京大学出版社, 1999.

[28] 张克从, 张乐潓. 晶体生长科学与技术(第二版). 1997.

[29] Jens Als – Nielsen, Des McMorrow. Modern X-ray Physics a New Developments. John Wiley & Sons Lta, 2001.

[30] Brumberger H. Modern Aspects of Small-Angle Scattering. Kluwer Acadmic Publishers, 1993.

[31] Drenth J. Principles of Protein X-ray Crystallography. Springer, 1994.

[32] St Nell P D, Chisholm M F, Dellby N et al. Science. 2004, 30(s): 17.

第六章　晶体结构的形成

晶体具有点阵式的结构,晶体结构基元均视为位于阵点上. 晶体最基本的结构基元为原子,而分子或络合离子均是由原子所组成的,因此,一切晶体都可看做是由原子组成的[1-37].

晶体结构中每一个原子都以一定距离与最近邻原子相互作用,而形成化学键,它还通过最近邻原子,间接地与次近邻原子,以至更远离的原子相互作用,最终使晶体所有原子相互间构成了一个整体.

原子结构,尤其是原子核外电子的排布规律和运动状态是晶体键合的基础. 分子晶体的结构基元为分子. 分子晶体结构的对称性与分子的对称性有时是不一致的,分子晶体结构受晶体学对称性定律的制约,不可能出现五次对称轴,而分子的对称性不受晶体学对称性定律的制约,分子可能具有五次对称轴,但当分子组成晶体时,要遵循晶体组成结构的规律.

为了阐述晶体结构是如何形成的,首先需要从原子结构谈起.

§6.1　原 子 结 构[1-5]

原子是由原子核和核外电子所组成,而原子核是由带正电的质子和不带电的中子所组成,原子核的直径为 $10^{-12} \sim 10^{-13}$ cm,但原子的质量几乎都集中在原子核. 在原子序数为 Z 的原子中,原子核正电荷相当于核外 Z 个电子的负电荷,核外电子围绕着原子核做圆周运动,晶体结构基元键合时,原子核外电子起着主要作用.

6.1.1　原子核外电子的运动状态

电子的运动状态,不能用经典力学的基本定律来描述. 电子在运动中,既具有粒子性,又表现出波的波动性,电子质量 m 约等于 9.107×10^{-28} g,或为氢原子质量的 $\frac{1}{1838}$,电子的运动速度 v 约为 $\sqrt{5} \times 10^{8}$ cm/s. 电子的质量 m 与其速度 v 的乘积为电子所具有的动量 P,即

$$P = mv \tag{6.1}$$

所以说电子的粒子性是比较明显的.

通过电子衍射实验可获得电子衍射图谱,从而证明了电子具有波动性,而且和

光子一样,遵循

$$P = \frac{h}{\lambda} \tag{6.2}$$

式中,h 为普朗克常数,λ 为电子表现波动性时的波长.

电子的粒子性与波动性,即通常所说的二象性,可通过下式联系起来:

$$\lambda = \frac{h}{P} = \frac{h}{mv} \tag{6.3}$$

同时,通过电子衍射实验可以证明,这种具有波动性的颗粒,不可能同时用来确定位置与动量,这同牛顿力学的经典质点是完全不同的. 但在量子力学中,物质的微粒运动状态均可用波函数 $\Psi(x,y,z,t)$ 来描述,并且电子在空间分布的概率密度与 $|\Psi(x,y,z,t)|^2$ 成正比,对于能量为一定值的恒稳体系,电子出现的概率不随时间(t)而变化,电子的运动状态可用 $\Psi(x,y,z)$ 来表示,从而电子在空间分布的概率为

$$dP = (x,y,z) = |\Psi(x,y,z)|^2 d\tau \tag{6.4}$$

微观体系的变化规律及其波函数的具体形式,可依靠著名的薛定谔(Schrödinger)方程式

$$\Delta^2\Psi + \frac{8\pi m}{h^2}(E - V) = 0 \tag{6.5}$$

来求解. 式(6.5)中:Δ^2 为拉普拉斯算符,E 为体系的总能量,V 为电子的位能. 每一个微观体系都有一个薛定谔方程,通过求解薛定谔方程式,可求得一系列波函数 $\Psi(x,y,z)$ 和相应的能量 E.

对于多电子原子,在一定的状态下,每一个电子都有它自己的波函数:Ψ_s,Ψ_p,Ψ_d,Ψ_f,… 每一个波函数 Ψ_i 都代表核外电子的某种运动状态,这个运动状态相应地具有确定的能量 E,这样就可以了解到体系的能量及其性质.

薛定谔方程式虽然是一个数学方程式,但它已与实际问题相联系,它确能代表微观粒子运动的规律.

但薛定谔方程式的求解较为复杂,在这里我们没有必要对其求解再作阐述,但需要对用来确定该方程求解波函数 Ψ 的一套参数,即量子数作一些说明.

6.1.2 量子数与轨道

当利用薛定谔方程式来处理氢原子或类氢离子(He^+,Li^+,Be^{3+},…)结构时,求解的结果,最后可求得氢原子或类氢离子中电子的运动状态 $\Psi_{n,l,m}$,这个状态由 n,l,m 三个量子数决定,而 n,l,m 三个量子数之间又有如下关系:

$$n = 1,2,3,\cdots$$

$$n \geq l+1,\quad l = 0,1,2,3,\cdots,(n-1)$$

$$l \geq |m|,\quad m = 0,\ \pm1,\ \pm2,\ \pm3,\cdots$$

式中，n 为主量子数，它决定体系的能量，同时也表示电子在空间运动时所占有的有效体积；l 为角量子数，它决定体系的角动量，同时也标志着轨道的分层数；m 为磁量子数，它决定体系的角动量在磁场方向的分量，同时也表示原子轨道在空间中的伸展方向.

每一个 $\Psi_{n,l,m}$ 都代表着体系的一种状态，它相当于电子绕原子核运动的一个轨道. 由于每一套量子数 n,l,m 规定了一个 $\Psi_{n,l,m}$ 的形式，因此常用一套量子数 n，l,m 来表示电子运动状态或轨道.

主量子数 n 常用大写字母 K,L,M,N 等主层符号来代表. 习惯上，角量子数 l 常用小写字母 s,p,d,f,…，分层符号来代表. 三个量子数 n,l,m 所表征的电子运动的轨道，列在表 6.1 中.

表 6.1　三个量子数(n、l、m)所表征的原子轨道

n	l	分层符号	m	分层中的轨道数	主层中的轨道总数
1 - K	0	1s	0	1	1
2 - L	0 1	2s 2p	0 -1,0, +1	1 3	4
3 - M	0 1 2	3s 3p 3d	0 -1,0, +1 -2, -1,0, +1, +2	1 3 5	9
4 - N	0 1 2 3	4s 4p 4d 4f	0 -1,0, +1 -2, -1,0, +1, +2 -3, -2, -1,0, +1, +2, +3	1 3 5 7	16
…	…	…	…	…	…

从表 6.1 中可以看出，对于其他原子，若上面的推论仍可适用，则 $n=1$ 的轨道有一个(1s)，$n=2$ 的轨道有四个(1 个 2s 轨道，3 个 2p 轨道)，$n=3$ 的轨道有 9 个…，总之. 轨道的个数为 n^2 个. 有时亦可用一套 n,l,m 量子数来鉴别一个特定的原子轨道. 例如，已知某一原子轨道的 $n=2,l=1$ 和 $m=0$，我们就可立即知道它是 L 层上的一个 p 轨道，可写作 2p.

根据泡利(Pauli)不相容原理，每个轨道最多只能为两个自旋方向相反的电子或成双电子所占据，因此，n 层中最多只能容纳 $2n^2$ 个电子，亦即在原子的 K,L,M,N,O 层中，最多各有 2,8,18,32,…个电子，这个结论与从元素周期表中所观察到的事实完全符合.

原子中电子除绕核运动外，还作自旋运动，自旋运动中自旋角动量 p_s 为

$$p_s = \frac{m_s vh}{2\pi} \tag{6.6}$$

式中，h 为普朗克常量，m_s 称为自旋量子数，它只能有两个数值.

$$m_s = \pm \frac{1}{2}$$

电子的自旋量子数虽不能从薛定谔方程中导出，但业已被实验所证实，它标志着两个电子的自旋方向相反.

综上所述，决定电子运动状态的就有 n,l,m,m_s 四个量子数，量子力学已经证明，在同一个原子中，不可能有四个量子数完全相同的电子或其运动状态.

6.1.3 电子云的分布

由于 $|\Psi(x,y,z)|^2$ 表示电子在空间某点 (r,θ,φ) 出现的概率密度，因此，空间各点的 $|\Psi(x,y,z)|^2$ 数值的大小则反映了电子在各点附近出现概率的多少，即 $\Psi(x,y,z)$ 值越大，所出现的电子云密度也就越大. $\Psi(x,y,z)$ 既然是空间坐标 x,y,z 的函数，所以不同的空间坐标值的各空间区域就有不同的电子云密度. 在观测原子的实验中，实际上是观察不到电子真正所处的位置，所观察到的仅仅是电子云的分布. 原子的 s,p,d 基态电子云的角度分布，如图 6.1 所示，而其电子云的径向分布，如图 6.2 所示.

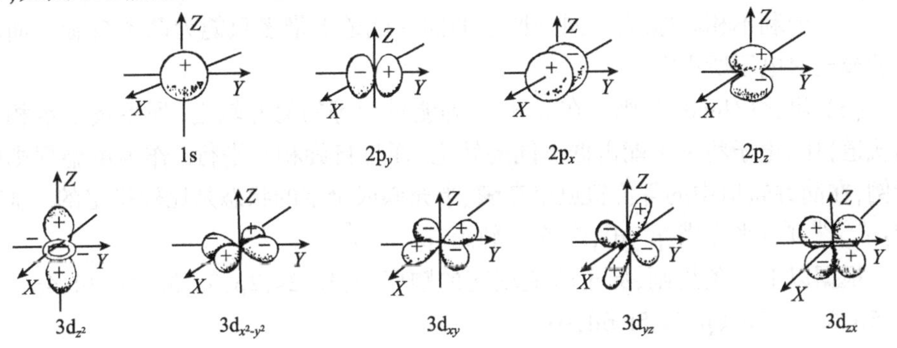

图 6.1 原子的 s,p,d 基态电子云的角度分布示意图

电子云的径向分布与通常所指的电子云概率密度的意义不同，电子云的径向分布图是描述电子在距原子核远近球面层上电子出现的概率分布. 为了对不同球面上电子出现的概率大小进行比较，则以 $2\pi r^2 \cdot \Psi^2$ 对 r 作图，而 r 为电子云与原子核间的距离. 对于基态氢原子的 1s 轨道来说，它的峰值相当于 $r=0.53\text{Å}$ 处.

6.1.4 原子的电子排布

在多电子原子中，核外电子的多少，可由原子序数 Z 求得，原子序数为 Z 的原

子是由带 Z 个单位正电荷的原子核和 Z 个核外电子所组成,核外电子在各个轨道中的排布要遵照以下三条规则:

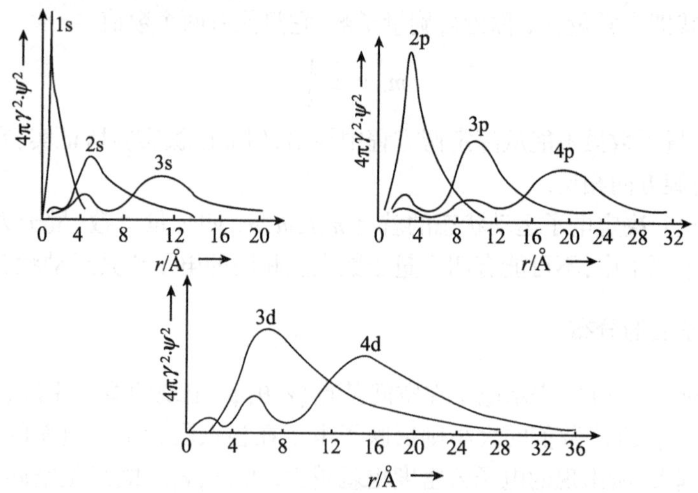

图 6.2　原子 s,p,d 基态电子云的径向分布示意图

(1) 能量最低原理. 电子在不违反泡利不相容原理的条件下,电子的排布尽可能使体系的能量最低,因此,能量最低的轨道首先为电子所占据.

(2) 泡利不相容原理. 同一原子的同一轨道上最多只能为两个自旋方向相反的或成对电子所占据.

(3) 洪德(Hund)规则. 在 p,d,…等能量相等的简并轨道(即主量子数相同的轨道)中,电子将尽可能占据不同的轨道,而且自旋相互平行. 作为洪德规则的特例,在简并轨道中的等价轨道全充满、半充满或全空的状态是比较稳定的. 全充满:p^6,d^{10},f^{14};半充满:p^3,d^5,f^7;全空轨道:p^0,d^0,f^0.

根据以上三条规则,原子轨道填充的顺序为:1s,2s,2p,3s,3p,4s,3d,4p,5s,4d,5p,6s,4f,5d,6p,7s,5f,6d,…

例如:

C(Z=6): 1s(↑↓)2s(↑↓)2p(↑,↑)

O(Z=8): 1s(↑↓)2s(↑↓)2p(↑↓,↑,↑)

Zn(Z=30): 1s(↑↓)2s(↑↓)2p(↑↓,↑↓,↑↓)3s(↑↓)3p(↑↓,↑↓,↑↓)3d(↑↓,↑↓,↑↓,↑↓,↑↓)4s(↑↓)

为了便于记忆,将原子的电子排布顺序列表 6.2.

元素周期表的理论基础是元素的基态核外电子排布的周期性. 元素的电子排布(组态)及其轨道半径值见表 6.3.

表 6.2 原子的电子排布顺序

轨道	s	p	d	f	总电子数目
轨道中电子的最大数目	2	6	10	14	
1	1				2
2	2	3			8
3	4	5	7		18
4	6	8	10	13	32
5	9	11	14	17	32
6	12	15	18	⋮	…
7	16	19	⋮		
8	⋮	⋮			

从表 6.3 中可以看出，惰性气体元素具有最稳定的结构，除 He 外，最外层电子的排布都是 s^2p^6，共排布 8 个电子. 电子数比此较多的金属原子，比较容易失去最外层电子；电子数比此较少的非金属原子，则往往较易形成共用电子，以满足这种形式的电子排布. 根据洪德规则，惰性气体元素的电子排布符合全充满的要求，因此能量较低，体系趋于稳定.

在元素周期表中，主族元素与副族元素的性质有很大的差异，主要表现在主族元素，如 Li，Ca，Mg 等较易失去最外层电子而形成离子；而副族元素，如 Cu，Ag，Zn，Hg 等不易失去电子而较难于形成离子. 从原子的电子排布来看，主族元素的次外层电子排布为 s^2p^6，电子云分布较密集于核的附近，它们对最外层电子有较大的屏蔽作用，致使核电荷对核外最外层电子的吸引能较小，因而最外层电子易于失去. 而副族元素的次外层电子排布为 $s^2p^6d^{10}$，较同周期主族元素多了 10 个电子，虽然也相应地增加了 10 个核电荷，但由于 d 电子云（图 6.2）的伸展较远，对最外层电子的屏蔽作用较小，这样核电荷对外层电子就有较大的吸引能，致使外层电子较难失去.

过渡元素均含有不同数目的 d 电子，如元素 Fe，Co，Ni 的电子组态为

$$Fe(Z=26): 1s^2 2s^2 2p^6 3s^2 3p^6 4s^2 3d^6$$

$$Co(Z=27): 1s^2 2s^2 2p^6 3s^2 3p^6 4s^2 3d^7$$

$$Ni(Z=28): 1s^2 2s^2 2p^6 3s^2 3p^6 4s^2 3d^8$$

过渡元素中含有 1 ~ 9 个 d 电子，最外层都有 2 个或 1 个 s 电子，3d 与 4s 能级相近，4d 与 5s 能级相近，它们可失去 s 电子和不同数目的 d 电子而成离子，由于失去的 d 电子数目不同，而使同种过渡元素有可变的离子价，可见光的光子能够激发离子中的电子，所以过渡元素的离子，普遍带有颜色.

表 6.3　元素的电子排布(组态)及其轨道半径值

原子序数 Z	元素	电子组态	轨道半径 r_0/Å	原子序数 Z	元素	电子组态	轨道半径 r_0/Å
1	H	$1s^1$	0.529	35	Br	[Ar]$3d^{10}4s^24p^5$	0.851
2	He	$1s^2$	0.291	36	Kr	[Ar]$3d^{10}4s^24p^6$	0.795
3	Li	[He]$2s^1$	1.586	37	Bb	[Kr]$5s^1$	2.287
4	Be	[He]$2s^2$	1.040	38	Sr	[Kr]$5s^2$	1.836
5	B	[He]$2s^22p^1$	0.776	39	Y	[Kr]$4d^15s^2$	1.693
6	C	[He]$2s^22p^2$	0.620	40	Zr	[Kr]$4d^25s^2$	1.593
7	N	[He]$2s^22p^3$	0.521	41	Nb	[Kr]$4d^45s^1$	1.589
8	O	[He]$2s^22p^4$	0.450	42	Mo	[Kr]$4d^55s^1$	1.520
9	F	[He]$2s^2sp^5$	0.386	43	Tc	[Kr]$4d^55s^2$	1.391
10	Ne	[He]$2s^22p^6$	0.354	44	Ru	[Kr]$4d^75s^1$	1.410
11	Na	[Ne]$3s^1$	1.713	45	Rh	[Kr]$4d^85s^1$	1.364
12	Mg	[Ne]$3s^2$	1.279	46	Pd	[Kr]$4d^{10}$	0.567
13	Al	[Ne]$3s^23p^1$	1.312	47	Ag	[Kr]$4d^{10}5s^1$	1.286
14	Si	[Ne]$3s^23p^2$	1.068	48	Cd	[Kr]$4d^{10}5s^2$	1.184
15	P	[Ne]$3s^23p^3$	0.919	49	In	[Kr]$4d^{10}5s^25p^1$	1.382
16	S	[Ne]$3s^23p^4$	0.810	50	Sn	[Kr]$4d^{10}5s^25p^2$	1.240
17	Cl	[Ne]$3s^23p^5$	0.725	51	Sb	[Kr]$4d^{10}5s^25p^3$	1.140
18	Ar	[Ne]$3s^23p^6$	0.659	52	Te	[Kr]$4d^{10}5s^25p^4$	1.111
19	K	[Ar]$4s^1$	2.162	53	I	[Kr]$4d^{10}5s^25p^5$	1.044
20	Ca	[Ar]$4s^2$	1.690	54	Xe	[Kr]$4d^{10}5s^25p^6$	0.986
21	Sc	[Ar]$3d^14s^2$	1.570	55	Cs	[Xe]$6s^1$	2.518
22	Ti	[Ar]$3d^24s^2$	1.477	56	Ba	[Xe]$6s^2$	2.060
23	V	[Ar]$3d^34s^2$	1.401	57	La	[Xe]$5d^16s$	1.915
24	Cr	[Ar]$3d^54s^1$	1.453	58	Ce	[Xe]$4f^15d^16s^2$	1.975
25	Mn	[Ar]$3d^54s^2$	1.278	59	Pr	[Xe]$4f^36s^2$	1.942
26	Fe	[Ar]$3d^64s^2$	1.227	60	Nd	[Xe]$4f^46s^2$	1.912
27	Co	[Ar]$3d^74s^1$	1.181	61	Pm	[Xe]$4f^56s^2$	1.882
28	Ni	[Ar]$3d^84s^2$	1.139	62	Sm	[Xe]$4f^66s^2$	1.854
29	Cu	[Ar]$3d^104s^1$	1.191	63	Eu	[Xe]$4f^76s^2$	1.824
30	Zn	[Ar]$3d^104s^2$	1.065	64	Gd	[Xe]$4f^75d^16s^2$	1.713
31	Ga	[Ar]$3d^104s^24p^1$	1.254	65	Tb	[Xe]$4f^96s^2$	1.775
32	Ge	[Ar]$3d^104s^24p^2$	1.090	66	Dy	[Xe]$4f^{10}6s^2$	1.750
33	As	[Ar]$3d^104s^24p^3$	0.982	67	Ho	[Xe]$4f^{11}6s^2$	1.727
34	Se	[Ar]$3d^104s^24p^4$	0.918	68	Er	[Xe]$4f^{12}6s^2$	1.703
				69	Tm	[Xe]$4f^{13}6s^2$	1.681

续表

原子序数 Z	元素	电子组态	轨道半径 r_0/Å	原子序数 Z	元素	电子组态	轨道半径 r_0/Å
70	Yb	$[Xe]4f^{14}6s^{2}$	1.658	88	Ra	$[Rn]7s^{2}$	2.042
71	Lu	$[Xe]4f^{14}5d^{1}6s^{2}$	1.553	89	Ac	$[Rn]6d^{1}7s^{2}$	1.895
72	Hf	$[Xe]4f^{14}5d^{2}6s^{2}$	1.476	90	Th	$[Rn]6d^{2}7s^{2}$	1.788
73	Ta	$[Xe]4f^{14}5d^{3}6s^{2}$	1.413	91	Pa	$[Rn]5f^{2}6d^{1}7s^{2}$	1.804
74	W	$[Xe]4f^{14}5d^{4}6s^{2}$	1.360	92	U	$[Rn]5f^{3}6d^{1}7s^{2}$	1.775
75	Re	$[Xe]4f^{14}5d^{5}6s^{2}$	1.310	93	Np	$[Rn]5f^{4}6d^{1}7s^{2}$	1.741
76	Os	$[Xe]4f^{14}5d^{6}6s^{2}$	1.266	94	Pu	$[Rn]5f^{6}7s^{2}$	1.784
77	Ir	$[Xe]4f^{14}5d^{7}6s^{2}$	1.227	95	Am	$[Rn]5f^{7}7s^{2}$	1.757
78	Pt	$[Xe]4f^{14}5d^{9}6s^{1}$	1.221	96	Cm	$[Rn]5f^{7}6d^{1}7s^{2}$	1.657
79	Au	$[Xe]4f^{14}5d^{10}6s^{2}$	1.187	97	Bk	$[Rn]5f^{9}7s^{2}$	1.626
80	Hg	$[Xe]4f^{14}5d^{10}6s^{2}$	1.126	98	Cf	$[Rn]5f^{10}7s^{2}$	1.598
81	Tl	$[Xe]4f^{14}5d^{10}6s^{2}6p^{1}$	1.319	99	Es	$[Rn]5f^{11}7s^{2}$	1.576
82	Pb	$[Xe]4f^{14}5d^{10}6s^{2}6p^{2}$	1.215	100	Fm	$[Rn]5f^{12}7s^{2}$	1.557
83	Bi	$[Xe]4f^{14}5d^{10}6s^{2}6p^{3}$	1.130	101	Md	$[Rn]5f\,137s^{2}$	1.527
84	Po	$[Xe]4f^{14}5d^{10}6s^{2}6p^{4}$	1.212	102	No	$[Rn]5f^{14}7s^{2}$	1.581
85	At	$[Xe]4f^{14}5d^{10}6s^{2}6p^{5}$	1.146	103	Lr	$[Rn]5f^{14}6d^{1}7s^{2}$	
86	Rn	$[Xe]4f^{14}5d^{10}6s^{2}6p^{6}$	1.090	104	Rf	$[Rn]5f^{14}6d^{2}7s^{2}$	
87	Fr	$[Rn]7s^{1}$	2.447	…			

资料来源：周公度．无机化学丛书．第十一卷．31．无机结构化学．科学出版社，1982．

稀土元素的电子排布特点是含有 $4f^{0}-4f^{14}$ 个电子，例如 La，Nd，Yb 的电子组态为

$$La(Z=57),1s^{2}2s^{2}2p^{6}3s^{2}3p^{6}4s^{2}3d^{10}4p^{6}5s^{2}4d^{10}5p^{6}6s^{2}4f^{0}5d^{1},$$

$$Nd(Z=60),1s^{2}2s^{2}2p^{6}3s^{2}3p^{6}4s^{2}3d^{10}4p^{6}5s^{2}4d^{10}5p^{6}6s^{2}4f^{4},$$

$$Yb(Z=70),1s^{2}2s^{2}2p^{6}3s^{2}3p^{6}4s^{2}3d^{10}4p^{6}5s^{2}4d^{10}5p^{6}6s^{2}4f^{14}$$

根据电子排布的次序可知，能量次序为 $6s<4f<5d$，所以电子先填满 6s 后才逐个填入 4f 上去，待 4f 填满后，再填入 5d．根据洪德规则，在 4f 轨道中，全空、半充满、全充满均是特别稳定的，故 La 的 4f 是全空，而 Gd 的 $4f^{7}$ 是半充满，故均有 1 个电子填入 5d 轨道中去．基态原子的轨道半径 r_0 与原子序数 Z 的关系如图 6.3 所示．

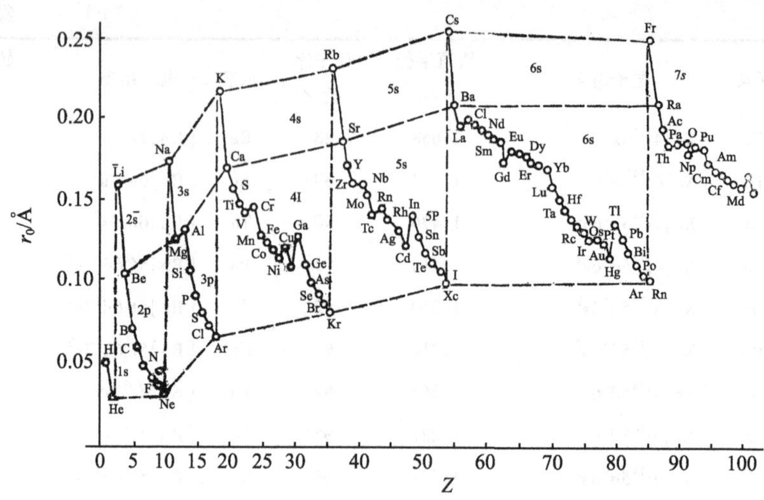

图 6.3　基态原子的轨道半径 r_0 与原子序数 Z 的关系示意图

6.1.5　原子的电离能、电子亲和能及电负性

(1)原子的电离能．气态原子失去 1 个电子变为气态 1 价正离子所需要的能量，称为原子的第一电离能 I_1，气态一价正离子再失去一个电子变为 2 价正离子所需要的能量，称为原子的第二电离能 I_2，第三电离能 I_3，…，I_n 电离能，依次类推．通常所使用的单位为电子伏特(eV)或每克原子若干千卡．原子第一电离能的变化与它们在周期表中的位置有关，如图 6.4 所示．

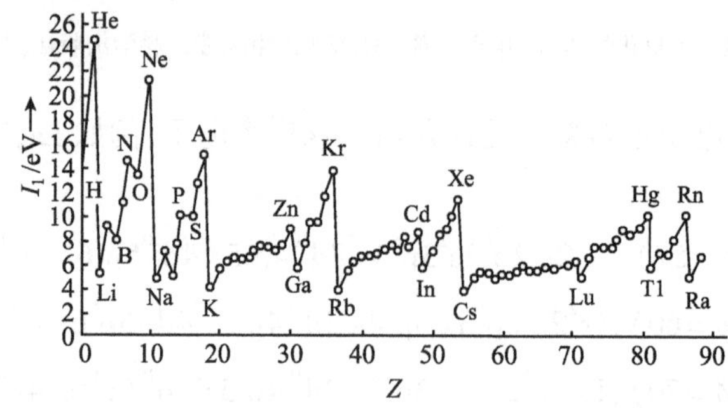

图 6.4　原子的第一电离能 I_1 和原子序数 Z 的关系示意图

除汞(Hg)以外，曲线的极大处都是惰性气体，而极小处都是碱金属．这个事实表明，对惰性气体的电子组态，要使其失去一个电子以破坏其组态是最困难的．而碱金属原子非常容易失去一个电子．对于某一种原子，其电离能总是按 $I_1 < I_2 < I_3 \cdots < I_n$ 的顺序增加的．

(2)原子的电子亲和能．气态原子获得一个电子成为一价负离子时，所放出的能量，称为电子亲和能 E/eV.

电子亲和能实验测定比较困难，数据可靠性较差.

电子亲和能一般都随原子半径的减少而增加，因为半径减小，核电荷对电子的吸引力增加．在元素周期表中同一族的元素，一般按照由上到下的方向减小，如

H(0.75)→Li(0.62)→Na(0.55)→K(0.50)→Rb(0.49)→Cs(0.47)等.

(3)原子的电负性．原子的电负性的概念首先是由鲍林提出的．原始的定义为："电负性是分子中一个原子将电子吸引到自己的能力．"若 A 与 B 两种原子结合成双原子分子时，若 A 原子的电负性大，则生成分子的极性是 A^-B^+，即 A 原子带有较多的负电荷，B 原子带有较多的正电荷．反之，则生成分子的极性是 A^+B^-.

当两个原子相互作用时，它们的电子要重新配置，决定重新配置情况的最主要因素就在于原子接受电子和放弃电子的能力，亦即取决于原子的电离能和电子亲和力两个因素的总和，原子的电负性的概念就是讨论这种现象而建立起来的.

原子的电负性 x 可用原子的第一电离能 I_1 和电子亲和能 E 之和来衡量

$$x = (I_1 + E) \tag{6.7}$$

习惯上，采用 Li 的电负性为 1，或 $I_1 + E$ 数据以 eV 为单位，需乘以 0.18，则

$$x = 0.18(I_1 + E) \tag{6.8}$$

某些原子的电负性值，见表 6.4.

表 6.4 原子的电负性值

H																
2.1																
Li	Be	B											C	N	O	F
1.0	1.5	2.0											2.5	3.0	3.5	4.0
Na	Mg	Al											Si	P	S	Cl
0.9	1.2	1.5											1.8	2.1	2.5	3.0
K	Ca	Sc	Ti	V	Cr	Mn	Fe	Co	Ni	Cu	Zn	Ca	Ge	As	Se	Br
0.8	1.0	1.3	1.5	1.6	1.6	1.5	1.8	1.8	1.8	1.9	1.6	1.6	1.8	2.0	2.4	2.8
Rb	Sr	Y	Zr	Nb	Mo	Tc	Ru	Rh	Pd	Ag	Cd	In	Sn	Sb	Te	I
0.8	1.0	1.2	1.4	1.6	1.8	1.9	2.2	2.2	2.1	1.9	1.7	1.7	1.8	1.9	2.1	2.5
Cs	Ba	La－Lu	Hf	Ta	W	Re	Os	Ir	Pt	Au	Hg	Tl	Pb	Bi	Po	At
0.7	0.9	1.1－1.2	1.3	1.5	1.7	1.9	2.2	2.2	2.2	2.4	1.9	1.8	1.8	1.9	2.0	2.2
Fr	Ra	Ac	Th	Pa	U	Np－Ne										
0.7	0.9	1.1	1.3	1.5	1.7	1.3										

资料来源：引自 Pauling 的 The Nature of Chemical Bond 一书.

原子的电负性概念，对用来判断键的性质和键型以及键的极性等是十分有用的.

如果将各个原子的电负性大小按周期律排列,可获得图 6.5.

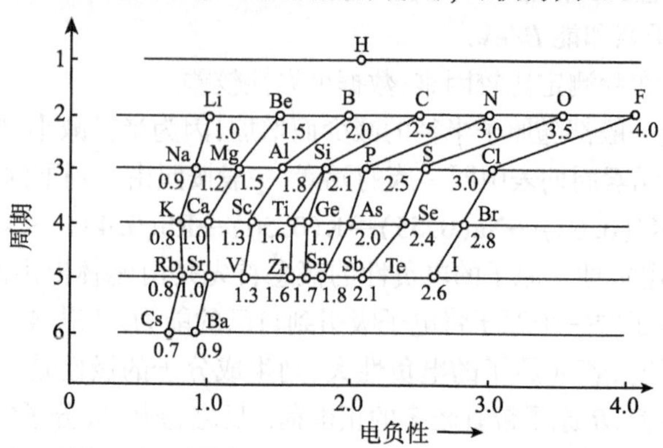

图 6.5　以周期(次序)形式表示的原子电负性

§6.2　晶体的键型[28-30]

原子所以能够形成晶体结构,主要是由于晶体结构基元间相互作用力而引起的,这种相互作用力,通常称为键力.

人们根据半经验性的规律,将晶体的不同键合方式分为不同的键型,其中包括强性键——离子键、共价键和金属键与弱性键——范德瓦耳斯键、氢键,另外还有中间键等.

具有不同键型的晶体,在物理、化学性质等方面存在着显著的差异,现仅就晶体的不同键型及其相关的性质,分别加以阐述.

6.2.1　离子键[6,7,13]

当电离能很小的金属原子(例如碱金属和碱土金属)与电子亲和能很大的非金属原子(例如氧族或卤族元素)相互作用时,前者丢失一定量的外层电子,而变成正离子,就其电子组态而言,转变成与上一个周期的惰性气体元素原子的电子排布相同的组态. 例如, Na 原子($Z=11$,电子组态为 $1s^22s^22p^63s^1$)失去一个电子后,便转变为氖(Ne)原子的电子组态(Ne,$Z=10$,$1s^22s^22p^6$),它是能量较低的稳定状态,所不同的是氖(Ne)原子核上的正电荷数与电子总数相等,而钠(Na)离子却是净带一个正电荷的 Na^+ 离子,这两者是不等的.

在卤族元素中,例如氯(Cl)原子($Z=17$,电子组态为 $1s^22s^23s^23p^5$)获得一个电子后转变为氩(Ar)原子的电子排布($Z=18$,$1s^22s^22p^63s^23p^6$),这时氯(Cl)原子变成 Cl^- 离子.

正、负离子间,由于库仑(Coulomb)力相互吸引,但当它们充分接近时,离子的电子云间将产生排斥力,当吸引力和排斥力相等时,即达到平衡,就形成了离子键.

NaCl 型离子晶体在二维平面上键合模型,如图 6.6 所示

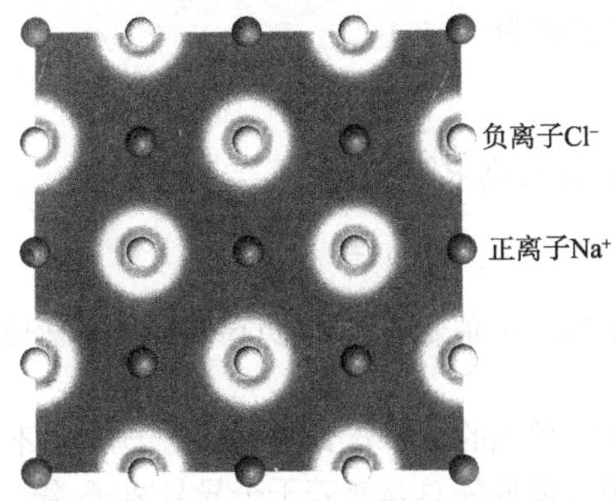

图 6.6 NaCl 型离子晶体在二维平面上键合模型

(1)离子键的形成及其晶格能.

离子键的形成主要是由于离子间静电力的作用所致,根据库仑定律,具有球形对称的两个相距为 r 的正、负离子,如正、负离子的电价分别为 Z_1 和 Z_2,则它们之间存在的相互吸引的位能 $V_{吸引}$ 为

$$V_{吸引} = -\frac{Z_1 Z_2 e^2}{r} \tag{6.9}$$

考虑到两种离子相互接近时,它们的电子云之间将产生排斥作用,玻恩(Born)等从量子力学的观点出发,指出此排斥作用的位能 $V_{排斥}$ 为

$$V_{排斥} = \frac{B}{r^n} \tag{6.10}$$

式中,B 为比例常数. n 为玻恩指数,它可以从晶体的压缩系数中求出.

按照离子的电子构型(视该离子的电子排布与那一种惰性气体元素相类似),n 的数值范围为 5 ~ 12,一般采用 $n=9$. 如果正、负离子属于不同电子构型,则取其平均值,如 Na^+ 与 Cl^- 的电子构型分别与 Ne 和 Ar 相似,而 Ne 的 $n=7$,而 Ar 的 $n=9$,因而 NaCl 的 $n=8$.

正、负离子的总位能 $V_{总}$ 与正负离子间距的关系,可表示为

$$V_{总} = \frac{-Z_1 Z_2 e^2}{r} + \frac{B}{r^n} \tag{6.11}$$

当离子间的吸引力与排斥力相等时,位能最低,此时达到了平衡,这时 r 等于平衡距离 r_0($r=r_0$),则有

$$\left(\frac{\partial V_{总}}{\partial r}\right)_{r=r_0} = \frac{Z_1Z_2e^2}{r_0^2} - \frac{nB}{r_0^{n+1}} \tag{6.12}$$

由式(6.12)求得 B 值为

$$B = \frac{Z_1Z_2e^2r_0^{n-1}}{n} \tag{6.13}$$

将 B 值代入式(6.11),则求得

$$V_0 = \frac{-Z_1Z_2e^2}{r_0}\left(1-\frac{1}{n}\right) \tag{6.14}$$

从式(6.14)所求得的 V_0 值是一对正、负离子间的平衡位能,它还不是离子晶体的晶格能.

在离子晶体中,单独的一个分子(如 NaCl 分子)是不存在的. 因为在离子晶体中,一个离子的第一最近邻总是有若干个异号离子,第二最近邻为若干个同号离子,第三最近邻为若干个异号离子……以此类推,当离子间距离为无穷远时,取其相对位能为零,这样离子晶体的晶格能应该是许许多多离子对间位能代数和的绝对值. 例如:在 NaCl 型(在几何构型上相同,即属于同一结构型)离子晶体中,每一个离子均被 6 个第一最近邻的距离为 r_0 的异号离子所包围,第二最近邻为 12 个距离为 $\sqrt{2}r_0$ 的同号离子,第三最近邻为 8 个距离为 $\sqrt{3}r_0$ 的异号离子,… 例如,在 NaCl 型晶体结构中,每一个负离子的第一、二、三最近邻离子的距离如图 6.7 所示.

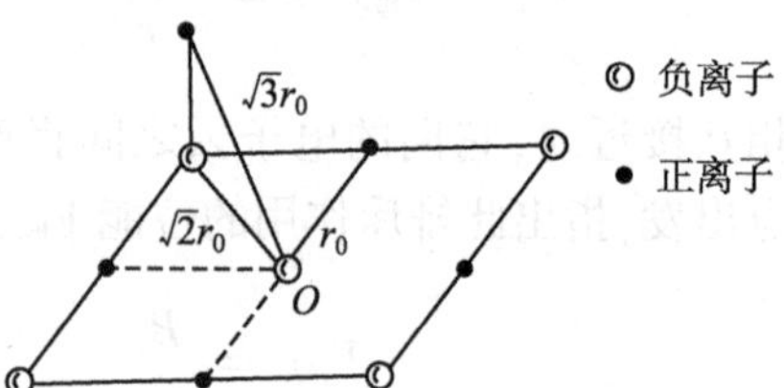

图 6.7　NaCl 型晶体结构中,负离子第一、第二、第三最近邻离子间的距离示意图

因此,对于在 1 mol NaCl 型晶体结构中,每个离子处在一个位能(V)为

$$V = -Z_1Z_2\mathrm{e}^2\left(1-\frac{1}{n}\right)\left(\frac{6}{r_0}-\frac{12}{\sqrt{2}r_0}+\frac{8}{\sqrt{3}r_0}-\frac{6}{\sqrt{4}r_0}+\frac{24}{\sqrt{5}r_0}-\cdots\right) \tag{6.15}$$

的位能场中.

设

$$\alpha = 6-\frac{12}{\sqrt{2}}+\frac{8}{\sqrt{3}}-\frac{6}{\sqrt{4}}+\frac{24}{\sqrt{5}}-\cdots$$

则(6.15)变为

$$V = -\frac{\alpha Z_1Z_2e^2}{r_0}\left(1-\frac{1}{n}\right) \tag{6.15'}$$

式中,α 为马德隆(Madelung)常数. 几种典型的离子晶体的马德隆常数 α 如表6.5所示.

表6.5 几种典型的离子晶体的马德隆常数 α

典型离子晶体	马德隆常数 α	化学式中离子数目 Σ
CsCl	1.763	2
Nacl	1.748	2
六方 ZnS	1.641	2
立方 ZnS	1.638	2
CaF_2	2.52	3
金红石(TiO_2)	2.40	3

从表 6.5 中可看出,α 值随化学式中离子数目 Σ 增大而相应的增加,而$(\alpha/\Sigma)\sim0.8$.

1 mol 总位能

$$V_{总}=-\frac{N_0\alpha Z_1Z_2e^2}{r_0}\left(1-\frac{1}{n}\right) \tag{6.16}$$

式中,N_0 为阿伏伽德罗常量,形成1mol 晶体的晶格能 U 取总位能 $V_{总}$ 的绝对值,即可求得

$$U=\frac{N_0Z_1Z_2e^2}{r_0}\left(1-\frac{1}{n}\right) \tag{6.17}$$

式中,r_0 可由 X 射线衍射法求得,电荷 e 等于 4.802×10^{-10} 静电单位,$N_0=6.023\times10^{23}$,晶格能单位:千卡/克分子,通过能量单位换算可求得

$$U=\frac{331\alpha Z_1Z_2}{r_0}\left(1-\frac{1}{n}\right) \tag{6.18}$$

(2)离子的半径.

晶体的离子半径或原子半径是晶体学中最基本的数据. 晶体中离子半径的大小主要取决于离子的配位数、键的极性和原子中 d 电子或 f 电子的自旋状态等,近代晶体结构分析的方法,已经提供了大量的离子半径或原子半径的实验数据,熟悉这些数据,不仅可以建立原子、离子或分子大小数量的基本概念,而且这些数据对了解晶体结构的稳定性、固溶体的溶解度、多型性相变、离子在固体中的扩散等都大有帮助,同时可了解晶体组成与其结构之间的关系,以及有关性能的变化,并对研究合成具有某种特定性能晶体及探索新型晶体材料等都具有重要作用.

早在 1923 年瓦萨斯雅那(Wasatjerna)按照离子的分子折射率与离子体积成正比的方法,得出了 16 种离子半径,其中氧离子(O^-)和氟离子(F^-)的半径各为1.33Å和 1.32Å. 1927 年戈尔德施米特将瓦萨斯雅那所得出的氧离子和氟离子的半径数据为起点,从各种离子晶体的离子接触距离的数据中推引出 80 多种离子半

径,这样求得的半径称为戈尔德施米特离子半径. 鲍林在 1927 年从另一角度出发, 他认为各种同一电子构型的离子,其大小与其作用于最外层电子的有效核电荷成反比,有效核电荷等于核电荷 Ze 减去屏蔽效应值 Se,并提出了一个半经验公式

$$r_i = \frac{C_n}{Z - S} \tag{6.19}$$

式中, r_i 为离子的单价半径,r_i 越大,离子最外层电子离核越远. C_n 为一取决于离子最外电子层的主量子数 n 的常数,Z 为原子序数,S 为取决于离子的电子构型,称为屏蔽常数. 对于 Ne 型离子 C^{4+}, N^{3-}, O^{--}, F^-, Na^+, Mg^{++}, Al^{3+}, Si^{4+}, P^{5+}, S^{6+}, Cl^{7+} 等来说,$S=4.52$,在氟化钠(NaF)晶体中,Na^+ 与 F^- 的接触间距为

$$Na^+ - F^- = 2.31\text{Å}$$

根据鲍林的半径验公式(6.19),则得到

$$\frac{r_{Na^+}}{r_{F^-}} = \frac{C'_2/(11-4.52)}{C_2/(9-4.52)} = \frac{4.48}{6.48}$$

$$r_{Na^+} + r_F = 2.31\text{Å}$$

解此联立二元方程式即可得出 Na^+ 和 F^- 离子的单价半径: $r_{Na^+} = 0.95\text{Å}$, $r_F^- = 1.36\text{Å}$. 上述离子的单价半径在一价离子的情况下,即为离子晶体的离子半径,如电价为 w 的离子晶体的离子半径 r_w,可通过下式,由单价半径 r_i 导出

$$r_w = r_i w^{-2/(n-1)} \tag{6.20}$$

式中, n 为玻恩指数.

1968 年拉德(Ladd)由电子云密度图获得了离子半径. 现将戈尔德施米特(G)、鲍林(P)和拉德(L)推导出的一些离子半径(Å)列入表 6.6 中以资比较. 当今,由于 X 射线衍射仪测定的点阵参数日益精确,相应地,所获得离子半径也越来越准确. 但通常最常用的为鲍林推导出的离子半径.

表 6.6　戈尔德施米特(G)、鲍林(P)和拉德(L)离子半径(Å)的比较

离子	G	P	L	离子	G	P	L
H	1.54	1.27	1.39	O^{2+}	1.32	1.40	1.25
F^-	1.33	1.36	1.19	S^{2-}	1.74	1.84	1.70
Cl^-	1.81	1.81	1.70	Se^{2-}	1.91	1.98	1.81
Br^-	1.96	1.95	1.87	Te^{2-}	2.11	2.21	1.97
I^-	2.20	2.16	2.12	Co^{2+}	0.82	0.74	0.88
Li^+	0.78	0.78	0.86	Ni^{2+}	0.68	0.69	
Na^+	0.98	0.95	1.12	Cu^{2+}	0.72		
K^+	1.33	1.33	1.44	Bi^{2+}	0.20	0.20	
Rb^+	1.49	1.48	1.58	Al^{3+}	0.45	0.50	
Cs^+	1.65	1.69	1.84	Sc^{3+}	0.68	0.63	

续表

离子	G	P	L	离子	G	P	L
Cu^{+}	0.95	0.96		Y^{3+}	0.90	0.93	
Ag^{+}	1.13	1.26	1.27	La^{3+}	1.04	1.15	
Au^{+}		1.37		Ca^{3+}	0.60	0.62	
Tl^{+}	1.49	1.40	1.54	In^{3+}	0.81	0.81	
NH_4^{+}		1.48	1.66	Tl^{3+}	0.91	0.95	
Be^{2+}	0.34	0.31		Fe^{3+}	0.53		
Mg^{++}	0.78	0.65	0.87	Cr^{3+}	0.53		
Ca^{2+}	1.06	0.99	1.18	C^{4+}	0.15	0.15	
Sr^{2+}	1.27	1.13	1.49	Si^{4+}	0.38	0.41	
Ba^{2+}	1.43	1.35	1.49	Zr^{4+}	0.77	0.86	
Ra^{2+}		1.40	1.57	Ce^{4+}	0.87	1.01	
Cd^{2+}	1.03	0.97	1.14	Ge^{4+}	0.54	0.53	
Hg^{2+}	0.93	1.10		Sn^{4+}		0.71	
Zn^{2+}	0.69	0.74		Pb^{4+}	0.81	0.84	
Pb^{2+}	1.17	1.21		Ti^{4+}	0.60	0.68	
Mn^{2+}	0.91	0.80	0.93	…			
Fe^{2+}	0.83	0.76	0.90				

(3)离子的极化.

一般常把离子看做是一个具有确定半径的球体,而晶体结构就是这些球体按一定方式堆积而成的. 实际上,当离子在外电场的作用下,正、负电荷的重心将离开原子核而不再重合,正电荷将向外电场的阴极方向偏移,而负电荷将向外电场阳极方向偏移,使核外电子云变形,而产生了偶极矩,此时,整个离子将不再呈球体、大小也有所变化,结果就产生了极化现象,这种变化称为离子的极化,其变化过程如图 6.8 所示.

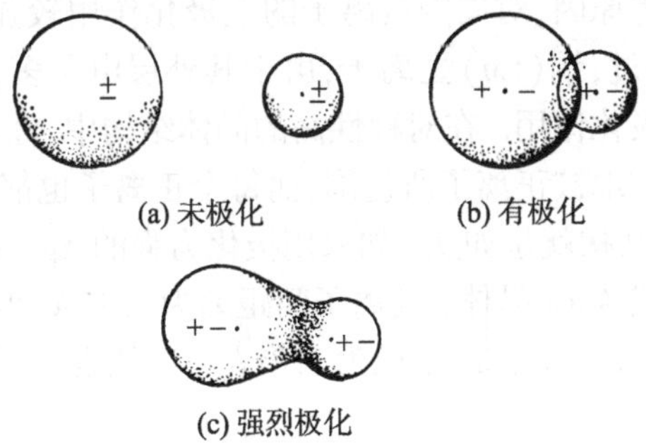

图 6.8 离子极化示意图

在离子晶体中,每一个离子均存在着双重作用,一方面是离子受到周围离子所产生的外电场的作用,导致其极化,称为可极化性;另一方面离子本身极化周围的离子,即主极化,称为极化力. 离子的极化,一般可从键力的加强,键长的减小,键的极性减低,离子配位反常以及有关的其他现象中觉察到. 离子间的键合性质,一般会随极化而改变. 离子晶体的极化程度,一般取决于结构中离子的配位情况和有关离子的可极化性与极化力等.

离子的可极化性,即被极化的大小,可由极化率 α 的大小表示

$$\alpha = \frac{\bar{u}}{E} \tag{6.21}$$

式中,α 称为极化率,它表示在单位强度的电场中产生的偶极矩,一般可采用离子的分子折射率作为 α 的度量,对于一定的离子,α 为一个常数. $\bar{u} = l \cdot e$,称为诱导偶极矩,l 为离子极化后正负电荷间距离,e 为电荷. E 为离子所在位置的有效电场强度.

对于离子的极化能力的大小,则可用极化力 β 来衡量,即

$$\beta = \frac{w}{r^2} \tag{6.22}$$

式中, w 为离子的电价,r 为离子的半径.

不同的离子,由于其电子组态、离子半径和电价等因素不同,因而离子的极化也就有所不同,实验结果证明,存在着如下的规律性:①离子半径越大,极化率也越大,极化力则越小;②正离子的电价越高,极化率就越小,极化力则越大;③负离子电价越高,极化率和极化力越趋于增大;④原子的最外层具有 d^x(即 d 轨道具有 x 个电子)的正离子,极化率和极化力都较大,且随电子数 x 的增加而增大;原子核最外层具有 18,或 18 +2 个电子的正离子,极化力更大;而最外层具有 8 个电子的正离子,极化力最弱.

基于以上规律,总地来看,负离子主要因为半径大,因而易于变形,即容易被极化,且电荷越多,变形性就越大;但另一方面主极化作用则较低. 正离子一般由于半径较小,电荷集中等原因,对周围负离子的主极化作用较强,而正离子本身的被极化的程度较弱. 不过,铜(Cu)型离子,由于其外层电子多,因此,它既易于被极化,又具有较大的主极化作用. 在对称性高的晶体结构中,经常包含极化率小的离子,每个负离子都对称地被正离子所包围,而每个正离子也都对称地被负离子所包围. 例如, NaCl 晶体结构就是如此. 如果用极化力强的 Ag^+ 来代替 NaCl 晶体中极化力弱的 Na^+,则形成 AgCl 晶体, 其离子间距离为 2.77Å,小于 Ag^+ 和 Cl^- 半径之和 2.99Å(Ag^+ 半径为 1.13Å,Cl^- 半径为 1.81Å),这就表明了 Cl^- 的电子壳层发生了变形.

当具有强极化力的离子和强极化率的离子结合在一起时,在它们之间,便发生了强烈的极化作用,而得到结合极其牢固的络合离子,如 CO_3^-,NO_3^-,SO_4^{3-} 等,以致在溶液中或是在溶体中都不易破坏这一络合基团,因此,在晶体结构中,络合离子的排布,宛如单个离子.

离子极化的结果,致使离子间的距离缩短,使晶体结构基元间的键合发生改变,使离子键向共价键过渡,从而导致晶体的一些性质发生变化. 在离子晶体中,离子极化还受到晶体对称性的制约,在极性晶体中,由于晶体中存在着极轴(对称分布的极轴除外),离子极化是不对称的,致使晶体中存在自发极化,在晶体的宏观物理性质表现出极性,晶体的压电效应、热释电效应等都与晶体的自发极化有关. 在外电场的影响下,由于晶体离子极化的结果,也会出现极化现象,晶体极化是造成一些物理效应的根源,特别是一些晶体的非线性极化现象所引起的效应,如电光、变频等效应,这些效应在激光调制、倍频等新技术中得到越来越多的应用.

(4)离子键的特性.

离子键要求周围有较多带相反(±)电荷的离子与之配位. 它不具有方向性与饱和性的特点,并易于电离,由离子键形成的晶体称为离子晶体.

6.2.2 共价键[8-14,28-30]

通俗而言,当两个原子共享价电子对而形成的分子或晶体,这种作用力,称为共价键. 例如:

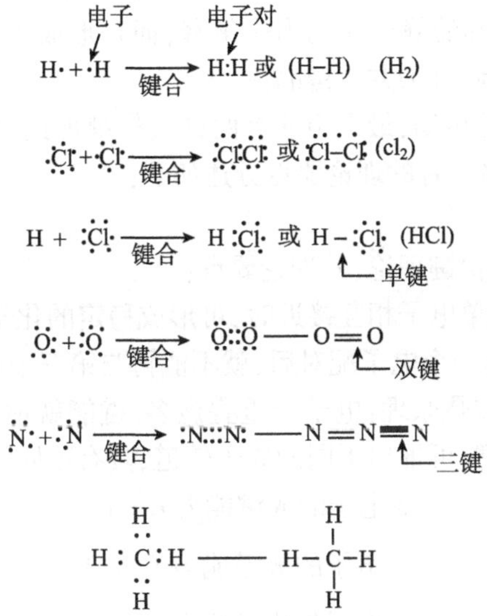

电子 电子对

H· + ·H —键合→ H:H 或 (H–H) (H_2)

:Cl· + ·Cl: —键合→ :Cl:Cl: 或 :Cl–Cl: (cl_2)

H + ·Cl: —键合→ H :Cl: 或 H – :Cl: (HCl)

单键

:O: + :O: —键合→ O::O —— O ═ O

双键

N: + :N —键合→ :N:::N: —— N ≡ N

三键

H : C : H (上下各一个 H) —— H–C–H (上下各一个 H)

根据路易斯(Lewis)的八隅体图,典型共价键晶体——金刚石的键合模型,如图6.9所示.

上述这些原子的价电子和邻近原子的成键电子是共有的,则在围绕原子核的周围区域可到8个电子. 这一形式的规律可解释为形成了自旋相反电子配对的稳定轨道. 这标志着具有双电子配对的分子或晶体是稳定的结构.

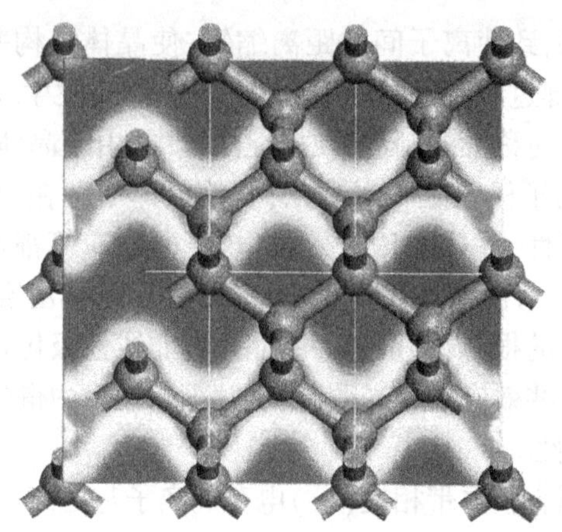

图 6.9　金刚石共价键合模型

关于共价键的本质问题,远比离子键复杂得多,需要从量子力学的理论基础上,才能获得较为圆满的解释.

同种原子或电负性相差很小的原子,形成分子或晶体时,显然地,这种原子间的键合是不能用离子键的静电作用力来解释,而是形成了另一种键,即共价键.由共价键结合成的晶体,称为共价键晶体.

由近代化学键理论可知,最常用的有两种共价键理论:其一为电子配对法,其二为分子轨道法. 现将二者的理论要点分述如下:

(1) 电子配对法.

电子配对法,又称价键理论,其理论要点:

(i) 自旋相反的成单电子相互接近时,可形成稳定的化学键.

(ii) 一个电子与另一个电子配对后,就不能再与第三个电子配对.

(iii) 电子云最大重叠原理:电子云重叠愈多,键能就愈大,共价键愈牢固. 根据电子云最大重叠原理,可推出不同的原子轨道,具有不同的成键能力:

$$\text{s 电子的成键能力 } f_s = 1$$

$$\text{p 电子的成键能力 } f_p = \sqrt{3}$$

$$\text{d 电子的成键能力 } f_d = \sqrt{5}$$

$$\text{f 电子的成键能力 } f_f = \sqrt{7}$$

成键能力较大的原子轨道,所形成的共价键较为牢固,对于主量子数 n 相同的原子轨道形成的共价键来说,p-p 键一般要比 s-s 键稳固些.

根据电子云最大重叠原理,两个原子为了形成一个稳定的键,必须使用相对于键轴具有相同对称性的原子轨道. 例如:对于成单 s 与 p 电子的原子来说,能形成共价键的电子轨道为

$$s\text{-}s, p_x\text{-}s, p_x\text{-}p_x, p_y\text{-}p_y, p_z\text{-}p_z$$

一般来说,上述的电子配对法同样也适用于多原子分子,但也出现了实验与理论的矛盾. 例如,对于金刚石晶体(无限大的分子)而言,C 原子基态的电子组态为:$1s^2 2s^2 2p_x^1 2p_y^1$,其中只有两个未成对的电子,所以只能构成两个共价键. 如果把一个 2s 电子激发到 $2p_z$ 上去,C 原子基态的电子组态(电子构型)就变为

$$1s^2 2s^1 2p_x^1 2p_y^1 2p_z^1$$

这样,就有了 4 个未成对的电子,可以构成 4 个共价键,但在这 4 个未成对的电子中,有 3 个是 p 电子,1 个是 s 电子,所构成的 4 个共价键应是不同的,其中由 p 电子构成的 3 个共价键,根据电子云最大重叠原理,p_x,p_y,p_z 三者都应当相互垂直,而且是有方向性的;但由 s 电子构成的共价键,应是没有方向性的. 而且 p 电子的成键能力较 s 电子为大,因此金刚石中应该有 3 个键比较稳定,1 个键则不够稳定,但实验证明,4 个 C-C 键是完全相等的. 为解决这一理论推算与实验结果的矛盾,早在 1931 年间,鲍林和斯莱特(Slater)就提出了杂化轨道理论,比较完满地解释了单用电子配对法不能说明的许多实验现象.

在金刚石晶体结构中,成键的轨道不是单纯的 $2s'2p'_x2p'_y2p'_z$,而是由它们杂化起来,重新组成 4 个新轨道. 每个新轨道均含有(1/4)s 和(3/4)p 的成分,这样的轨道,称为杂化轨道,即每个 C 原子有 4 个 sp^3 电子组态,这种电子组态体现出 4 个单键,这些键从每一个 C 原子指向四面体的各顶角,而该 C 原子位于四面体的中心点,键角为 109°28′,由于每一个 C 原子和 4 个不处于同一平面内的原子相联结,所以不可能形成封闭的分子,而只能形成一种在三维空间中无限延伸的大分子. 金刚石就是属于这一种典型的共价键晶体.

元素周期系的第一、第二周期元素的杂化轨道,只能是 s 轨道与 p 轨道杂化,所有可能的杂化类型,见表 6.7.

表 6.7 s 轨道与 p 轨道的杂化

杂化类型	sp	sp^2	sp^3
杂化轨道间夹角	180°	120°	109°28′
几何形态	直线型	正三角形	正四面体
实例	CO_2	NO_3^-	金刚石

对于第三周期元素及以后的一些元素,d 轨道和 f 轨道均可参与成键,因此也可以包括 s,p,d,f 电子的杂化轨道形式,这些杂化轨道多在络合物中体现出来. 例如,在 $Ni(CN)_4^{2-}$ 中体现了出 dsp^2 杂化轨道. 在 $Mo(CN)_8^{4-}$ 中体现出 d^4sp^3 杂化轨道. 在 $Ta_6Cl_{12}^{16+}$ 中体现出 p^2d^4fs 杂化轨道形式. 在 $MoSi_2$ 晶体中,Mo 用 $p^3d^4f^2s$ 杂化轨道,有 10 个共价键与 Si 相联,属于 D_{4h}-$4/mmm$ 点群. 包含有 f 轨道的杂化理论对于深入了解我国的丰产元素钼、钨、锑的化合物和钽、铌、铀等的晶体化学是

有很大帮助的.

(2)分子轨道法.

分子轨道法(molecular orbital theory, MO 法)认为原子形成分子后,电子不再属于原子轨道,而是在一定的分子轨道中运动,其情况宛如原子中的电子在原子轨道中运动,价电子不再认为是定域在个别原子之内,而是在整个分子中运动,可以按照原子中电子分布的原则来处理分子中电子的分布. 分子轨道法的要点如下.

(i)分子中每一个电子的状态,可用分子轨道,即用一个波函数 ψ 来描述,而电子在微体积 $d\tau$ 内出现的概率,可有 $\psi^2 d\tau$ 来表示.

(ii)分子的总能量 E,可用下式表示

$$E = \sum_i N_i E_i \tag{6.23}$$

式中, E_i 为第 i 个分子轨道 ψ_i 相应的能量, N_i 是在分子轨道 ψ_i 上的电子数目,N_i $=0,1,2$.

(iii)每一个分子轨道 ψ_i 上只能容纳两个自旋方向相反的电子,服从泡利原理.

(iv)在不违反泡利原理的前提下,分子中的电子将尽先占有能量最低的轨道,而服从能量最低原理.

(v)分子轨道 ψ 可近似地用原子轨道的线性组合来表示,即

$$\psi = C_1\psi_a \pm C_2\psi_b \tag{6.24}$$

或

$$\psi = C_1(\psi_a \pm \lambda\psi_b) \tag{6.24$'$}$$

式中, ψ_a 为 a 原子的原子轨道; ψ_b 为 b 原子的原子轨道; C_1, C_2 为线性系数; $\lambda = \frac{C_2}{C_1}$,若把归一化系数 C_1 略去,则有

$$\psi = \psi_a \pm \lambda\psi_b \tag{6.25}$$

式中,“ + ”号代表成键分子轨道,“ - ”号代表反键分子轨道. 成键分子轨道的能量比原子轨道的能量低,而反键分子轨道的能量比原子轨道的能量高. 原子轨道和分子轨道的相对能级,如图 6.10 所示.

从分子光谱的研究或从量子力学的计算中得知,在两个分子轨道上的电子,如角动量沿键轴(即由二核所构成的方向)的分量为零,这样的分子轨道称为 σ 轨道,两个 σ 轨道中能量较低的 ψ_{I} 称为成键 σ 轨道,以 σ_{1s}表示,而能量较高的 ψ_{II}称为反键 σ 轨道,以 σ_{1s}^* 表示. 成键 σ 轨道的电子云在核间最为密集,而反键 σ 轨道的电子云在核间比较稀疏,它们的界面形状如图 6.11 所示.

在 σ 轨道上的电子称为 σ 电子,在成键 σ 轨道上的电子称为成键 σ 电子,在反键 σ 轨道上的电子称为反键 σ 电子,成键电子使分子稳定,反键电子使分子有

离解的倾向. 由于 σ 轨道上电子的稳定性而构成的共价键,称为 σ 键.

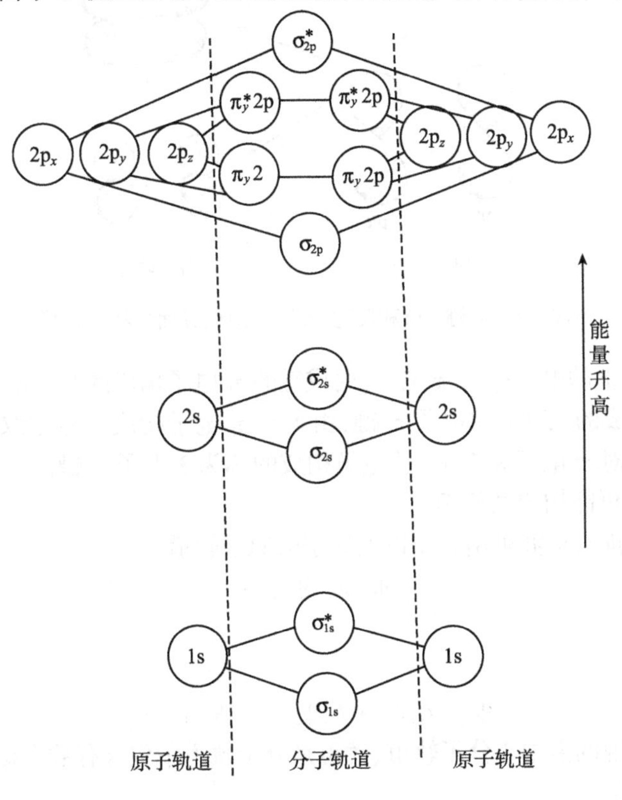

* 反键分子轨道

图 6.10 原子轨道和分子轨道相对能级图

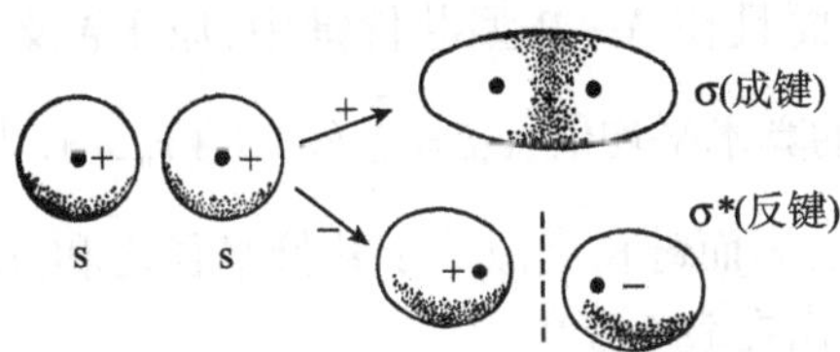

图 6.11 成键(σ)与反键(σ^*)轨道界面形状示意图

在两个分子轨道上的电子,若其角动量沿键轴的分量等于一个单位,这样的分子轨道称作 π 轨道. 在 π 轨道中,能量较低的称为成键轨道,以 π_{y2p} 表示. 能量较高的称为反键 π 轨道,以 π_{y2p}^* 表示.

成键 π 轨道与反键 π 轨道的电子云界面形状如图 6.12 所示,p_x 与 p_z 轨道沿 x 轴互相靠近时,可以构成 π_{z2p} 及 π_{z2p}^* 轨道,形状与性质完全和 π_{y2p} 及 π_{y2p}^* 轨道相同,只不过是在空间的位置相差 90°而已.

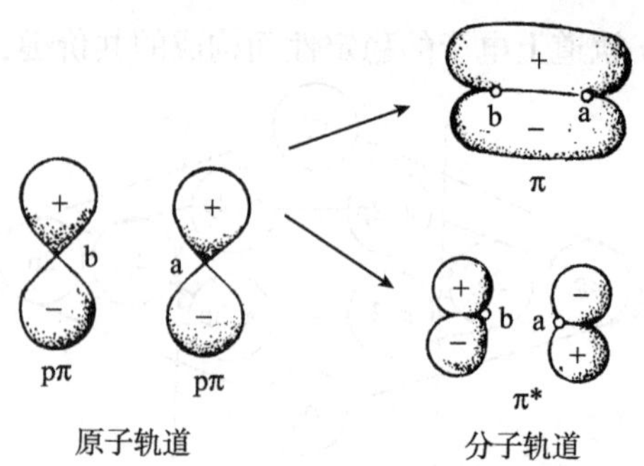

图 6.12　成键(π)和反键(π^*)轨道的界面形状示意图

在 π 轨道上的电子称为 π 电子,由成键的 π 电子构成的共价键称为 π 键. 由 1 个 π 电子构成的则称为单电子 π 键,由 1 对 π 电子构成的称为双电子 π 键,简称 π 键. 由 1 对 π 电子和 1 个 π^* 电子构成的称为 3 电子 π 键. 1 对 π 电子和一对 π^* 电子,不可能构成共价键.

(vi)分子轨道 ψ 亦可由 3 个以上原子的原子轨道

$$\psi_a, \psi_b, \psi_c, \cdots$$

组成,即

$$\psi = C_1\psi_a + C_2\psi_b + C_3\psi_c + \cdots \tag{6.26}$$

这就是通常所说的多中心分子轨道,意思是分子轨道中包含有数个核.

(3)键参数.

(i)键长与原子共价半径　在共价键晶体中,共价键内部作用力是主要的,而键与键之间的相互作用力是次要的. 因此,同类原子的共价键在不同的化合物中,几乎保持一定的键长,而且在 A—B 型共价键中,原子A及 B 间的距离大多等于 A—A 及 B—B 键长间的算术平均值:$r_{AB} = \frac{1}{2}(r_{A-A} + r_{B-B})$. 同类原子间键长的$\frac{1}{2}$,即称为该原子共价半径,因而键长近似等于共价半径之和,即 $r_{A-B} = r_A + r_B$. 一些原子的共价半径(Å)列出在表 6.8 中.

原子共价半径的加和规则,对于某些情况是合适的,但对另一些情况则有偏差,其影响键长的因素有

(a)键型发生变异的影响:有 π 键的双键和三键的键长与单键的不同. 双键和三键各有一套共价半径.

(b)键极性的影响:极性键的键长常较共价键半径加和小,其缩短值约与原子间电负性的差值(Δ)成正比,可用下式来求键长:

$$r_{A-B} = r_A + r_B - 0.09\Delta$$

表 6.8 原子的共价半径(Å)

(a)正常半径

	H	Li	Be	B	C	N	O	F
	H	Li	Be	B	C	N	O	F
单键	0.30	1.34	0.90	0.88	0.77	0.74	0.74	0.72
双键	—			0.76	0.67	0.62	0.62	0.54
三键	—			0.68	0.60	0.55	0.50	
		Na	Mg	Al	Si	P	S	Cl
单键		1.54	1.30	1.18	1.17	1.10	1.04	0.99
双键					1.07	1.00	0.94	0.89
三键					1.00	0.93	0.87	
		K	Ca	Ga	Ge	As	Se	Br
单键		1.96	1.74	1.26	1.22	1.21	1.17	1.14
双键					1.12	1.11	1.07	1.04
		Rb	Sr	In	Sn	Sb	Te	I
单键		2.11	1.92	1.44	1.40	1.41	1.37	1.31
双键					1.30	1.31	1.27	1.23
		Cs	Ba	Tl	Pb	Bi		
单键		2.25	1.98	1.48	1.47	1.46		

(b)四面体半径(sp^3 杂化)

	Be	B	C	N	O	F
	Be	B	C	N	O	F
	1.06	0.88	0.77	0.70	0.66	0.64
	Mg	Al	Si	P	S	Cl
	1.40	1.26	1.17	1.10	1.04	0.99
Cu	Zn	Ga	Ge	As	Se	Br
1.35	1.31	1.26	1.22	1.18	1.14	1.11
Ag	Cd	In	Sn	Sb	Te	I
1.52	1.48	1.44	1.40	1.36	1.32	1.28
Au	Hg	Tl	Pb	Bi		
1.50	1.48	1.47	1.46	1.46		

(c)八面体半径(d^2sp^3 杂化)

Fe^{II} 1.23	Co^{II} 1.32	Ni^{II} 1.39	Ru^{II} 1.33			Os^{II} 1.33			
Fe^{IV} 1.20	Co^{III} 1.22	Ni^{III} 1.30 Ni^{IV} 1.21		Rh^{III} 1.32	Pd^{IV} 1.31		Ir^{III} 1.32	Pt^{IV} 1.31	Au^{IV} 1.40

(d) sp^3d 杂化

Ti^{IV}	Zr^{IV}	Sn^{IV}	Te^{IV}	Pb^{IV}
1.36	1.48	1.45	1.52	1.50

资料来源:R. C. Evans. An Introduction to Crystal Chemistry. 2nd ed. 1963

r_{A-B}为所求的键长,r_A,r_B 分别为 A 原子和 B 原子的共价半径.

(c)键性质的影响:成键电子的性质,也随轨道的杂化情况而不同,当轨道的杂化稍有改变时也会影响到键长.

(d)电荷对键长的影响:在同一周期中的元素,共价半径常随原子序数的增加而变小,这主要是由于有效核电荷的逐渐增加的缘故,因此,凡是能改变有效核电荷对价电子影响的因素,均会改变键长.

(ii)键能　如上所述,在共价键晶体中,共价键内部的相互作用力是主要的,而键与键间的相互作用力是次要的,因此,键能和键长一样,也是具有加和性一些原子间的共价键的键能数值见表 6.9.

表 6.9　原子间的共价键的键能数值(25℃)(单位:kcal/mol)

原子间的键型	键　能	原子间的键型	键　能
H—H	104.2	N—H	93.4
F—F	36.6	P—H	76.8
Cl—Cl	58.0	As—H	66.8
I—I	36.1	Sb—H	60.9
O—O	31.1	C—H	98.8
O═O	118.3	Si—H	76.5
S—S	50.9	Ge—H	69.0
Se—Se	44.0	Sn—H	60.4
Te—Te	33	O—F	44.2
N—N	38.4	N—F	64.5
N≡N	226.0	P—F	116
P—P	46.8	As—F	120
As—As	32.1	Sb—F	107
Sb—Sb	30.1	C—F	117
Bi—Bi	25	Si—F	143
C—C	82.6	B—F	153
C═C	147	O—Cl	48.5
C≡C	194	O—H	110.6
Si—Si	46.4	S—Cl	59.7
Ge—Ge	38.2	N—Cl	47.7
Sn—Sn	34.2	Si—Cl	85.7
B—B	79.3	Ge—Cl	97.5
Li—Li	26.3	N—O	46
Na—Na	18.0	N═O	146
K—K	13.2	C—O	84.0
Rb—Rb	12.4	C═O	174
Cs—Cs	10.7	Si—O	88.2
S—H	81.1	C═N	147
Se—H	66.1	C≡N	213
Te—H	57.5	C═S	119

影响键能的因素如下：

(a)原子轨道的重叠越多，键能越大.

(b)一般来说，原子半径越小，键能越大.

(c)孤对电子间的斥力，可能超过键与键的作用，特别是在原子半径很小的情况下，更加显著. 空轨道可以容纳相邻原子的孤对电子，从而减少了孤对电子的相互作用.

(d)一般来说，随着键的极性的增大，键能亦逐渐增大.

(iii)键角　在具有共价键的晶体结构中，键与键之间的夹角称为键角. 键角是反映晶体空间结构的重要因素之一，有了键长与键角，便可了解原子之间的联系和堆积方式，还可了解到原子的配位数以及配位多面体的联结方式等，从原则上讲，键角也可以由量子力学的近似方法求得，但对复杂的晶体结构而言，目前仍然通过光谱和晶体的衍射实验等来测定其键角.

共价键的方向性，主要取决于原子轨道的方向性，当两个原子键合时，即在此等方向作电子云重叠，换言之，即在此等方向形成分子轨道，所以键角主要取决于各原子轨道或电子云分布的方向性. 很显然，由 2 个 p 电子云构成的 σ 键，其键角应为 90°左右，但要比较彻底地解决键角问题，却需要依赖于杂化轨道的理论.

(a)s-p 两个杂化轨道间的夹角. 在 s-p 两个杂化轨道中，若已知所含 s 成分的百分率各为 α_1，α_2，根据下式：

$$\cos\theta = \sqrt{\frac{\alpha_1\alpha_2}{(1-\alpha_1)(1-\alpha_2)}} \tag{6.27}$$

即可求出键角 θ.

在一般情况下，各杂化轨道所含 s 成分百分率相同，即

$$\alpha_1 = \alpha_2$$

则式(6.27)变为

$$\cos\theta = \frac{\alpha}{1-\alpha} \tag{6.28}$$

式(6.28)对 s-p 杂化轨道的键角的预测很有用处，例如在金刚石晶体结构中，每个 C 原子均有 4 个 sp^3 杂化轨道，$\alpha = \frac{1}{4}$，故可求得键角 $\theta = 109°28'$.

(b)d-s-p 杂化轨道间的夹角. 根据杂化轨道函数的推算，可求得下式：

$$\alpha + \beta\cos\theta + \gamma\left(3/2\cos^2\theta - \frac{1}{2}\right) = 0 \tag{6.29}$$

式中，α，β，γ 分别代表 s，p，d 电子在 d-s-p 杂化轨道中所占有的百分率. 若已知 s，p，d 电子所占有的百分率，则可利用式(6.29)计算 dsp^2 或 d^2sp^3 等杂化轨道的夹角 θ. 在 dsp^2 杂化轨道中，总电子数为 4，其中 s 电子为 1 个，p 电子为 2 个，d 电子

为 1 个,即

$$\alpha = \frac{1}{4},\quad \beta = \frac{1}{2},\quad \gamma = \frac{1}{4}$$

代入式(6.29),即可求得 $\theta = 90°$,在络合离子 $Ni(CN)_4^{--}$ 中存在有 dsp^2 杂化轨道,键角 $\theta = 90°$. 在 d^2sp^3 杂化轨道中,

$$\alpha = \frac{1}{6},\quad \beta = \frac{1}{2},\quad \gamma = \frac{1}{3}$$

代入式(6.29),可求得 $\theta = 90°$,或 180°,在络合离子 $Co(NH_3)_6^{3+}$ 中存在有 d^2sp^3 杂化轨道,6 个配位体 NH_3 对称地分布在 Co 原子周围,其键角 θ 正好为 90°或 180°.

(4)共价键晶体的特点.

(i)在共价键晶体中,既无自由电子,又无离子,故典型的共价键晶体应呈现为一种绝缘体.

(ii)共价键晶体对光具有较大的折射指数和大的吸收系数.

(iii)共价键晶体,由于键力强度很大,因而很坚固,熔点和硬度也比较高.

(iv)当共价键晶体中仅含有成双的电子时,这些晶体即不具有磁力矩,而是逆磁性的,它们不被磁场所吸引,而却为磁场所排斥,与此相反,那些被磁场所吸引的物质,被称为顺磁性物质.

6.2.3　金属键[22,25-27]

金属元素原子一般都倾向丢失外层电子,从而形成正离子,而释放出的电子游移于正离子之间,而且其流动性与活动范围是很广的,这些电子称为自由电子气,这些自由电子气将全部正离子“胶合”在一起,这种键合力称为金属键. 因此,金属键没有饱和性和方向性. 铜(Cu)型金属键二维模型如图 6.13 所示.

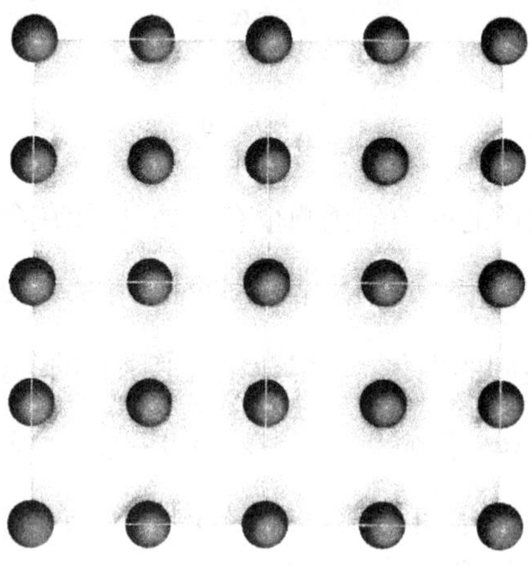

图 6.13　铜(Cu)型金属键二维模型

金属晶体与离子晶体不同之处在于离子晶体中有正、负两种离子，而在金属晶体中却只有正离子，而负离子的作用被自由电子所代替. 金属键与共价键在公有核外层电子方面是相同的，但公有电子的存在范围是不同的，金属原子的外壳层中只有少量电子.

由于金属中存在着松散的自由电子，因而就导致了金属具有很高的电导率与热导率，较强的金属光泽，良好的延展性、不透明以及金属在酸性溶液中能够被 H^+ 离子所置换等性质.

由于金属键没有方向性和饱和性，因此金属晶体具有配位数大和密度高等特征，其晶体点阵结构可看成是由等径圆球紧密堆积而成的. 关于金属键的理论主要是能带理论.

能带理论的基本要点：

计算金属键的方法是能带论. 金属能带论认为，价电子在晶体点阵形成的三维周期性势场中运动. 该理论是研究固体中电子运动的一个主要理论基础. 根据这个理论基础，人们第一次说明了固体为什么有导体和非导体之间的区别，后来，这个理论又发展成为分析与鉴别半导体的理论基础.

(i)金属原子的少数价电子，为了适应金属晶体结构高配位数的要求，成键时，价电子必须是离域的，不再从属于任何一个特定的原子，所有的价电子均属于整个金属晶体，形成的金属键是一种离域的多中心键，这样就可以应用分子轨道理论讨论金属键的本质问题.

(ii)金属晶体是由许许多多金属原子组成的金属大分子所构成的. 每一种原子轨道发展成相应的分子轨道，而相邻分子轨道间的能量差很小，以致可以认为各能级间的能量变化基本上是连续的，称为能带. 根据原子轨道能级的不同，金属晶体中可以有不同的能带，每一能带中包含许多非常靠近的能级，电子稍受激励，即可以从一个能级移向另一个能级. 由已充满电子的原子轨道能级所形成低能量能带，称为满带. 由未充满电子的能级所形成的高能量能带，称为导带. 这两种能带之间的能量差通常很大，电子很难逾越，所以把这两种能级间的能量间隔称为禁带，例如金属锂的电子组态为 $1s^2 2s^1$，其中 1s 能带是个满带，而 2s 能带是个导带，二者之间的能量差比较大，它们之间的间隔称为禁带，如图 6.14 所示.

由于满带与导带之间存在着禁带，因此电子很难从 1s 满带跃迁到 2s 导带，但 2s 能带中的电子稍受激励，就可在相邻能级中自由运动，所以金属锂(Li)具有很好的导电性，而能带的禁带宽度取决于原子结构与晶体结构.

(iii)金属晶体中相邻近的能带，可以互相重叠，这就意味着不同能带中的某些能级的能量相同，例如 Mg($1s^2 2s^2 2p^6 3s^2$)的 3s 能带应该是一个满带，它似乎应该是一个非导体，但由于 Mg 的 3s 能带和空的 3p 能带很接近，从而可以发生重叠，因此，3s 能带中的电子可以升级而进入 3p 能带运动，因而 Mg 仍然是个良好的导体.

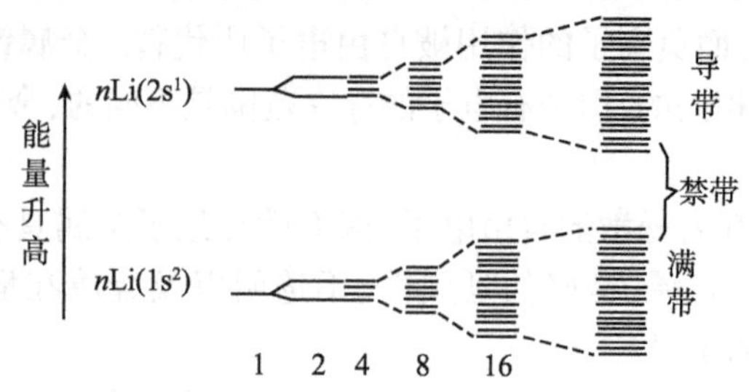

图 6.14　金属锂(Li)的能带模型

根据能带理论的观点,物质的能带之间的能量差和能带中电子填充的情况决定着这一物质是导体、非导体还是半导体. 如果物质的所有能带都全充满,或高能带全空,而且能带间的能量间隔很大,这种物质将是一个非导体. 如果一种物质的价电子能带是半充满或价电子能带与上面一个空的能带互相重叠,诸如 Ag,Cu,Zn 等单质晶体,则是导体. 还有半导体晶体,例如 Si,Ge,GaAs 等晶体,由于在点阵结构中存有点缺陷(空穴、掺质和杂质等),这种点缺陷在晶体中引入了附加能级,从而导致了有条件的导电现象. 半导体的能带与杂质能级关系如图 6.15 所示.

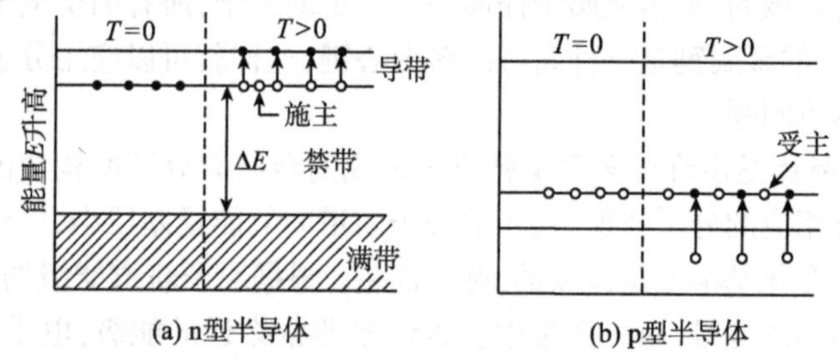

图 6.15　施主能级与受主能级示意图

在图 6.15 中,施主是指杂质(掺质)提供半导体禁带中带有电子的能级“●”,在 Si,Ge 半导体晶体中掺入磷、砷、锑作为杂质,这是施主杂质. 受主是指杂质提供半导体禁带中空的能级“○”,在 Si,Ge 半导体晶体中,掺入少量的铝、镓、铟作为杂质,这是受主杂质.

含有施主杂质的半导体,其导电往往几乎完全是依靠由施主热激发到导带的电子,这主要依靠电子导电的半导体,称为 n 型半导体. 含有受主掺质的半导体,由于满带中有些电子激发到受主能级,而产生许多空穴,半导体的导电性主要依靠空穴,这种主要依靠空穴导电的半导体,称为 p 型半导体.

金属原子半径数据,对于研究金属和合金的结构性能等有着重要作用. 利用 X 射线衍射方法,可求得金属单质晶体的晶胞参数和相邻金属原子的间距,将金属原子的间距等分,即为金属原子半径,金属原子半径(Å)列入表6.10中.

表6.10 金属原子半径(单位:Å)

周期族 配位数	IA	IIA	IIIB	IVB	VB	VIB	VIIB	VIII	IB	IIB	IIIA		
	Li	Be									B		
12	1.56	1.12											
8	1.52	1.07									0.91		
	Na	Mg									Al		
12	1.92	1.60									1.43		
8	1.86	1.55									1.39		
	K	Ca	Sc	Ti	V	Cr	Mn	Fe	Co	Ni	Cu	Zn	Ga
12	2.38	1.97	1.66	1.47	1.36	1.30	1.27	1.26	1.25	1.25	1.28	1.37	1.53
8	2.31	1.91	1.60	1.42	1.31	1.26	1.24	1.23	1.22	1.22	1.24	1.32	1.48
	Rb	Sr	Y	Zr	Nb	Mo	Tc	Ru	Rb	Pd	Ag	Cd	In
12	2.53	2.15	1.82	1.60	1.47	1.39	1.35	1.34	1.34	1.37	1.44	1.54	1.67
8	2.43	2.07	1.76	1.54	1.43	1.36	1.32	1.31	1.31	1.34	1.40	1.49	1.62
	Cs	Ba	稀土	Hf	Ta	W	Re	Os	Ir	Pt	Ar	Hg	Tl
12	2.72	2.24	1.86	1.62	1.49	1.41	1.37	1.35	1.36	1.39	1.46	1.59	1.71
8	2.62	2.17	1.80	1.57	1.44	1.37	1.33	1.31	1.32	1.35	1.42	1.52	1.68

配位数	镧系														
	Ce	Pr	Nd	Pm	Sm	Eu	Gd	Tp	Dy	Ho	Er	Tm	Yb	Lu	
12	1.82	1.82	1.81	—	—	1.98									
8	1.82	1.82	1.81			2.04	1.78	1.77	1.75	1.76	1.73	1.74	1.93	1.73	

配位数	锕系													
	Th	Pa	U	Np	Pu	Am	Cm	Bk	Cf	E	Em	mv	No	
12	1.80	1.60	1.38	1.30	1.64									
8	1.80	1.63	1.54	1.50	1.64									

资料来源:金松寿. 量子化学基础及其应用. 上海科学技术出版社,1980.

6.2.4 范德瓦耳斯键[11,12,21-23]

离子键、共价键和金属键这三种类型的化学键都是相邻原子间比较强的相互作用力,键能为30~150kcal/md,原子间靠这种键结合成晶体. 在物质的聚集态中,分子与分子间还存在着另一种较弱的吸引力,如气体分子能够凝聚成液体和固体,主要依靠这种分子间的作用力. 这种分子间的作用力,称为范德瓦耳斯力,其形成的键,称为范德瓦耳斯键(van der Waals bond),这种键的键能只有几千卡/摩尔,比化学键能小1~2个数量级. 范德瓦耳斯键型晶体的沸点、熔点、汽化热、熔化热、溶解度、表面张力、黏度等物理化学性质与其他键型晶体有明显不同.

对于范德瓦耳斯键的本质的认识,随着量子力学的发展而逐步深入,我国著名化学家唐敖庆教授早在20世纪50年代,从解决数学问题入手,就对范德瓦耳斯键的理论作了全面透彻的阐述.

范德瓦耳斯键主要来源于三种力,现分别叙述如下.

(1)取向力.

取向力发生在极性分子与极性分子之间. 极性分子的偶极之间必然存在着互相吸引,而同时使分子有定向排列的趋势. 分子的偶极矩 μ_i 越大,吸引力越大,温度升高会降低分子定向排列的趋势,从而亦降低偶极间的吸引力. 用经典力学可推引出这种静电作用的平均能量 E_1 为

$$E_1(r) = -\frac{2}{3}\frac{\mu_1^2\mu_2^2}{kTr^6} \tag{6.30}$$

对于同类分子,$\mu_1 = \mu_2$,因此,式(6.30)变为

$$E_1(r) = -\frac{2}{3}\frac{\mu^4}{kTr^6} \tag{6.31}$$

式中, μ_1, μ_2 为两个相互作用分子的偶极矩; r 为相互作用分子间的距离; k 为玻耳兹曼常数; T 为绝对温度; 负值(−)代表能量降低.

(2)诱导力.

在极性分子和非极性分子之间也存在吸引作用,因为非极性分子在极性分子偶极矩电场的影响下,会发生极化作用,即电子云会发生变形,产生诱导偶极矩,这两种偶极矩又必然发生吸引,此种作用力称为诱导作用力(也称为德拜力). 诱导作用的程度,将随极性分子的偶极矩 μ 的大小而改变. 另一分子的极化率 α 越大,此诱导作用亦越大. 用经典力学可推出由于诱导作用所引起的吸引能 E_2 为

$$E_2(r) = -(\alpha_1\mu_1^2 + \alpha_2\mu_2^2)/r^6 \tag{6.32}$$

对于同类分子,则 $\mu_1 = \mu_2, \alpha_1 = \alpha_2 = \alpha$ 则有

$$E_2(r) = -2\alpha\mu^2/r^6 \tag{6.33}$$

式中, $\mu_1, \mu_2, \alpha_1, \alpha_2$ 分别为分子1和分子2的偶极矩与极化率.

(3)色散力.

惰性气体分子的电子云分布是球形对称的,偶极矩等于零,它们之间应该没有静电力和诱导力. 但在很低的温度下,惰性气体仍可凝聚为液体和晶体,这表明惰性气体分子间仍存在着范德瓦耳斯键. 此外,对于极性分子来说,用静电力与诱导力公式计算出来的范德瓦耳斯键要比实验值小得多. 因此,除了取向力与诱导力

这两种作用力以外,一定还存在着第三种力在起着作用的.

早在1930年,伦敦(F. London)用量子力学的近似计算方法,就证明了分子间还存在着第三种作用力,这种作用力和分子对光线的色散相仿,都涉及分子的同一种特征频率 υ_0,因此,把这种力称为色散力,它是一种量子力学的力,其作用能 E_3 近似地等于

$$E_3(r) = -(3/2)\left(\frac{I_1 \cdot I_2}{I_1 + I_2}\right)\left(\frac{\alpha_1\alpha_2}{r^6}\right) \tag{6.34}$$

式中, $I_1, I_2, \alpha_2, \alpha_2$ 分别为分子1和分子2的电离能和极化率. 对于同类分子而言,式(6.34)则变为

$$E_3(r) = -(3/4)\alpha^2 I^2 / r^6 \tag{6.35}$$

色散力可以看做是分子的瞬时偶极矩相互作用的结果,即使原先各分子中的电子云分布是对称的,不显示永久偶极矩,但这种对称分布只是某段时间的统计平均值. 对于某瞬时来说,电子的分布并不见得是均匀的,因而分子便可以有瞬时偶极矩,它使邻近的分子极化;邻近分子的极化,反过来又使瞬时偶极矩的变化幅度增加,分子间的色散力就是在这样的反复作用下产生的.

综上所述,范德瓦耳斯能 E 应为

$$\begin{aligned} E &= E_1 + E_2 + E_3 \\ &= -\frac{1}{r^6}\left[\frac{2\mu_1\mu_2}{3kT} + \alpha_1\mu_2^2 + \alpha_2\mu_1^2 + \frac{3}{4}\alpha_1\alpha_2 I_1 I_2/(I_1 + I_2)\right] \end{aligned} \tag{6.36}$$

对于同类分子而言,则有

$$E = -2/r^6\left[\mu^2/3kT + \alpha\mu^2 + \frac{3}{16}\alpha^2 I\right] \tag{6.37}$$

(4)范德瓦耳斯半径.

测量惰性气体晶体的晶胞大小就能够推导出这些单质原子的范德瓦耳斯半径,这个半径就是分子间以范德瓦耳斯引力结合时,相邻分子的相互接触的原子所表现出的半径. 例如氯晶体,相邻两个分子的相互接触的两个氯原子间的距离约3.6Å,那么氯原子的范德瓦耳斯半径就为1.8Å,比氯原子的共价半径(0.99Å)大约0.8Å,而和氯离子半径1.81Å相近. 这种半径在不同分子结构中的变化范围可高达0.1Å,分子结构会影响其分子内的原子半径,而不像离子、共价或金属半径那样是守恒的,这种半径一般大于同种单质原子的共价半径. 某些原子的范德瓦耳斯半径值列于表6.11.

表 6.11　某些原子的范德瓦耳斯半径(单位:Å)

原子	半径/Å	原子	半径/Å
N	1.5	F	1.35
P	1.9	Cl	1.80
As	2.0	Br	1.95
Sb	2.2	I	2.15
O	1.4	Ne	1.6
S	1.85	Ar	1.92
Se	2.0	Kr	2.0
Te	2.2	Xe	2.2
H	1.2	甲基半径	2.0

资料来源:F. Alabert Cotton, G. Wilkinson. Advanced Inorganic Chemistry, 1972.

利用原子的范德瓦耳斯半径(Å)数据以及其共价半径和键角数据,可以描绘出分子的立体构型,这样对研究分子堆积成晶体的方式是有帮助的.

(5)范德瓦耳斯键与分子晶体的物理化学性质的关系.

气体分子能够凝聚为液体和晶体,范德瓦耳斯键则起着决定性的作用. 以共价键型分子为结构基元,通过分子间作用力而形成的晶体称为分子晶体. 由于范德瓦耳斯键极弱,因此,分子晶体一般具有如下基本性质:低熔点、低硬度、大的热膨胀系数和大的压缩率、高的折射率和透明度、低的导电率以及可以溶解在非极性溶剂中等性质. 分子晶体的光学和电学性质是和晶格内分子的性质相适应的. 这些特点都与范德瓦耳斯键有联系. 在分子晶体中,分子间的范德瓦耳斯键愈强,熔点(T_0)就愈高,熔化热 ΔH_f 就愈大. 晶体熔点的高低取决于溶解自由能 ΔG_f 的大小,而 ΔG_f 为

$$\Delta G_f = \Delta H_f - T\Delta S_f \tag{6.38}$$

式中, ΔH_f 为熔化热,ΔS_f 为熔化熵,前者与范德瓦耳斯键有关,后者与分子的对称性有关. 如果两个分子的范德瓦耳斯键近似相等,那么,对称性较高的分子,其熔化熵 ΔS_f 较小,ΔG_f 较大,所以熔点就较高.

分子晶体一般不导电,熔融态时也不导电,只有那些极性很强的分子型晶体,溶解在极性溶剂(如水)中时,才有可能产生离子而导电.

由于范德瓦耳斯键没有方向性和饱和性,所以一个原子尽可能地被几何学上最大可能的邻近原子数目所包围,因此,所有固态惰性气体晶体,都是一种最紧密堆积的结构,例如, He 晶体具有六方最紧密堆积的结构,而其他惰性气体晶体结构,均为立方最紧密堆积. 另外,在一些单质元素或化合物的晶体中,范德瓦耳斯键常和其他键型共存. 例如, 在碘、硫、Sb_2O_3 等晶体中,先以共价键形成各种独特的分子,然后在分子间,再以范德瓦耳斯键的作用而形成晶体.

6.2.5 氢键[16,17,20]

由于H^+核外没有电子,它很容易受到另一个电负性较大的原子或离子所吸引.

实验结果表明,一些化合物,例如:水、水溶液、醇、酰胺、尿素、含氧酸、酸性盐、氨基酸等,其中的氢原子可同时和两个电负性较大,而原子半径较小的原子x与y相结合,而形成x—H…y形式的键,其中x,y代表电负性较大而半径较小的F,O,N等原子,在x—H…y键中,H与x的结合基本上是共价键,而H与y之间生成一种有方向性的弱键,这种因氢原子而引起的键

x—H…y

称之为氢键.可以说形成氢键是H原子的独特的本领,而这一本领与H原子的体积微小有关.因为x—H的电偶极矩很大,H原子的半径很小(0.3Å),且只有一个1s电子轨道,而不能形成两个共价键,但可以允许带有部分负电荷的y原子来充分接近它,产生静电吸引力,而形成氢键,这种吸引作用的能量,一般在10kcal/mol以下,氢键的大小与范德瓦耳斯键的数量级相同,而稍强一些.但氢键与范德瓦耳斯键相比有两个不同的特点,氢键有饱和性与方向性,氢键的饱和性表现在x—H只和一个y原子相结合,H原子的配位数为2,这是因为H原子的体积微小,而x和y都相当大,如果另有一个y原子来靠近它,则受到x和y的排斥,这种排斥力比受到H的吸引力来得大,所以x—H不能和两个y原子相结合.氢键的方向性表现在x—H…y在同一条直线上,即键角大多接近180°,这是因为只有当x—H…y在同一条直线上的时候,x—H间的电偶极矩与y的相互作用才是最强的缘故.

(1)氢键的键能与键长.

氢键的键能指的是H…y的结合被破坏时,所需要的能量.氢键的键长指的是x到y重心间的距离,在绝大多数氢键中(对称氢键除外),H原子并不在x和y的正中间,而是x—H间的距离小于H…y间的距离.氢键的强弱与x,y的电负性大小有关,电负性愈大,则氢键愈强,而且还与y的半径大小有关,半径愈小愈能接近x—H,因而氢键愈强.如F的电负性最大,而它的半径很小,所以氢键强弱次序为F—H…F>O—H…O>O—H…N>N—H…N. C的电负性较小,一般不形成氢键,而Cl的电负性与N的电负性差不多,但因Cl的半径比N大得多,只能形成O—H…Cl很弱的键.一些常见的氢键键能与键长见表6.12.

(2)氢键的类型.

氢键可分为分子间氢键和分子内氢键.

(i)分子间氢键.分子间氢键的结构有链状、层状和骨架状等.

$NaHCO_3$晶体结构内O—H…O氢键成链状,如图6.16所示.

表 6.12　常见氢键的键能与其键长

氢键	键能/(kcal/g)	键长/Å	化合物
F—H…F	6.7	2.55	$(HF)_n$ ($n≤5$)
O—H…O	4.5	2.76	冰
N—H…F	5	2.68	NH_4F
N—H…O		2.86	CH_3CONH_2
N—H…N	1.3	3.00	NH_3
N—H…Cl	3.9	3.12	N_2H_5Cl
C—H…N	3.28	3.20	$(HCN)_2$
O—D…O		2.76	$(CH_3COOD)_2$

资料来源：徐光宪．物质结构(下册)．人民教育出版社，1961．

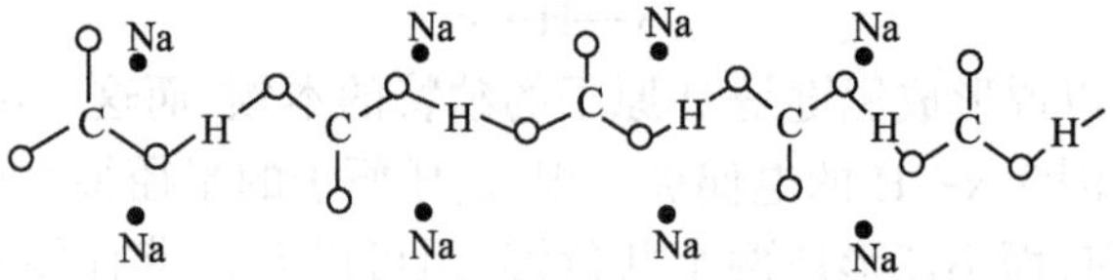

图 6.16　$NaHCO_3$ 晶体的链状氢键

在硼酸(H_3BO_3)的晶体结构中，由 O—H…O 氢键联成层状，如图 6.17 所示．在冰的结构中，则由氢键 O—H…O 联结成骨架状，如图 6.18 所示．

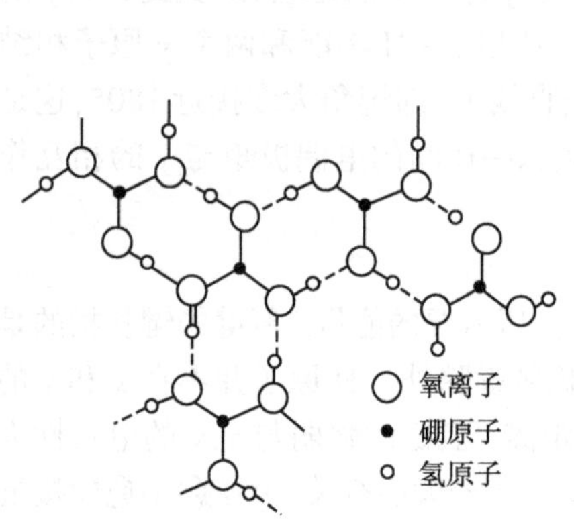

图 6.17　硼酸(H_3BO_3)晶体的层状氢键

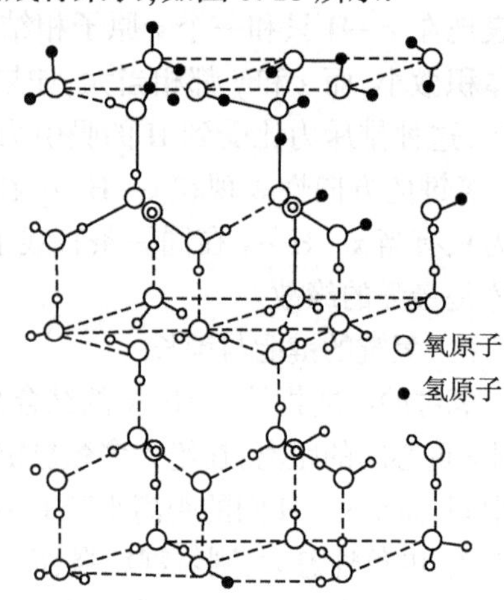

图 6.18　冰的骨架状氢键

在这种结构中，每个氧原子按四面体状与其他四个氧原子相邻接，氧原子与氧原子间的最短距离为 2.76Å，在每一个 O(氧)…O(氧)联线上有一个氢原子，但氢原子并不在两个氧原子的正中央，而比较靠近一个氧原子，氢原子位于距一个氧原子 1.01Å 和距另一个氧原子 1.75Å 处，每个氧原子有两个较近和两个较远的氢原子，但它们有 6 种不同的排列法，其中的两种表示如图 6.19 所示．

图 6.19 冰中围绕一个氧原子的氢原子的两种可有排列

每个氧原子大致以四面体状被 4 个氢原子所包围,氧原子体现出 4 个以四面体状定向排列的 sp^3 杂化轨道,其中两个氢原子属于一个水分子,而其他两个较远离的氢原子则属于其他两个邻接的水分子,基于这种方式,在水分子间即形成了氢键. 由于冰的结构具有四面体状的分子配置,十分封闭,而构成大的容积,因而冰的密度小于水,这可归因于冰的这种封闭的结构,因而也归因于氢键. 如果在冰中只存在范德瓦耳斯键,则冰的密度必然大于水,那么这对于生物界来说,必将造成一个悲惨的结局.

(ii)分子内氢键. 在分子内形成的氢键的例子也很多,并在大多数情况下是不对称氢键,例如:在 HNO_3 分子中就存在着如图 6.20 形式的氢键;但也发现分子内形成对称氢键的情况.

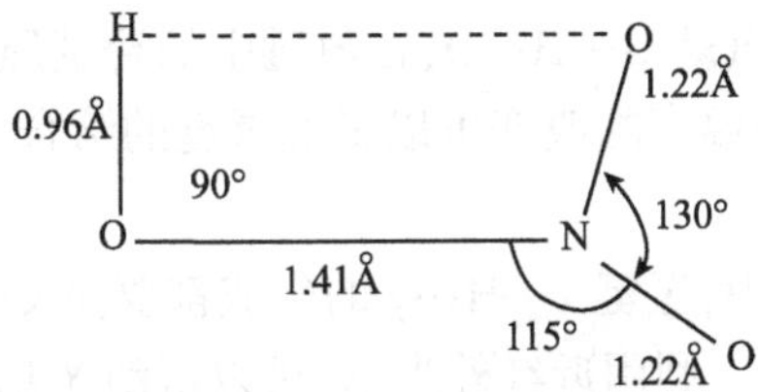

图 6.20 HNO_3 分子内的氢键

如马来酸 $\left(\begin{array}{c}\text{CHCOOH}\\ \|\\ \text{CHCOOH}\end{array}\right)$ 分子内的氢键就是个例子.

晶体中氢原子的位置(或者是直接由中子衍射,或者是间接由宽线核磁共振测得)表明,氢原子是键合于两个原子之间.

(3)氢键对晶体性能的影响.

在许多重要的物质中,如水、醇、酚、酸、羧酸、氨、胺、酰胺、氨基酸、蛋白质等,以及许多重要的技术晶体中,如 ADP,KDP,TGS 等,均含有氢键. 氢键的键能虽然不大,但在决定物质的性质方面却起着重要作用. 因为氢键的键能小,它的形成和破坏所需要的激活能也小,特别容易在常温下引起反应与变化. 例如,对于具有氢键结构的蛋白质来说,温度变化对其结构和性能有着十分灵敏的影响,这是因为氢键发生了变化的缘故. 人类和动植物的生理变化过程和蛋白质在常温下的反应变化是有密切关系的,而氢键在其中起着十分重要的作用. 氢键对物质的各种物理化学性质,诸如:熔点、沸点、熔化热、汽化热、蒸气压,溶解度、黏度、表面张力、密度、pH、偶极矩、介电常数、居里温度、光谱振动频率等都有较大影响. 分子间生成氢键时,一般是物质的熔点、沸点增高,熔化热、汽化热、表面张力、黏度等都增大,而蒸汽压则减小. 分子内生成氢键时,物质的熔点、沸点等降低. 溶质与溶剂生成分子间氢键时,溶解度增大,水与乙醇能任意互溶就是一个例证. 溶质分子如果生成分子内氢键,则在极性溶剂中溶解度减小,而在非极性溶剂中溶解度增大.

氢键对多原子分子的振动光谱的特征频率变化的影响是明显的. 在羧基、羟基、酚基、胺基、酰胺基等的 O—H,N—H 基团常和邻近的氧原子、氮原子等强电负性原子形成氢键,当氢键形成时,基团的振动吸收峰频率变低,同时还往往使峰变宽,频率降低的多少,取决于氢键的强弱,强氢键可降低约 $400cm^{-1}$,在个别情况下,如羧酸成分子间氢键二聚体,O—H 峰降低可超过 $500cm^{-1}$,而且峰变得特别宽. 在核磁共振中,氢键可对质子的化学位移 δ 产生影响,当溶剂和溶质生成氢键时,化学位移 δ(无量纲的量)可增大几个 ppm[①],氘化溶剂可减少溶剂质子的干扰. 氘化溶剂,诸如:三氯氘烷($CDCl_3$)、氘化丙酮$\left(\begin{array}{c}CD_3CCD_3\\ \|\\ O\end{array}\right)$等. 磷酸二氘钾($KD_2PO_4$)的含氘量可用质谱的同位素峰测定出来.

醇分子间可以生成氢键 O—H···O,在氢键中的羟基质子的化学位移 δ 大于不在氢键中的羟基质子,而温度的改变可以影响氢键的缔合和分解,因而影响到羟基质子共振频率的变化.

无论在晶体或溶液中,氢键 x—H···y 的生成都要使 x—H 键的特征频率减小,氢键越强,频率减小越多. 利用近红外光谱,可以帮助 X 射线衍射实验决定晶体中 H 原子的位置,在溶液中可指出形成氢键的功能基团.

利用近红外光谱能够区分分子内和分子间氢键. 分子间氢键有稀释效应,而分子内氢键是没有稀释效应.

(4)氘键.

在含有氢键的化合物中,如果将氘(D)代替氢(H),则可构成氘键. 压电、非线性光学晶体(KD_2PO_4)与 KH_2PO_4 不同之处,就在于 KH_2PO_4 晶体中的氢原子被氘原子所置换,使其氢键变成了氘键,促成了 KD_2PO_4 晶体的电光系数的增大,半波电压降低. 硫酸三甘肽(TGS)晶体是应用很广的热释电晶体,但缺点之一就是居里温度较低,如果将 TGS 晶体中的氢原子用氘原子置换,就可提高该晶体的居里点,从原来的 49℃提高到 62℃左右,这样就可增大该晶体的应用温度范围.

①$1ppm=1\times10^{-6}$

6.2.6 中间型(混合型)键[18]

在前面已扼要地介绍了几种键型,除了氢键不可能在晶体中单独存在以外,其他四种键型均可在晶体结构中单独存在,只有一种键型结合而成的化合物,称为单键型化合物. 例如,氯化钠(NaCl)晶体是由一种离子键结合起来的,因此,它是典型的离子晶体. 金刚石仅由共价键结合起来的,它是典型的共价键晶体. 惰性气体晶体是由范德瓦耳斯键结合起来的,它是典型的分子晶体. 许多金属单质晶体是由金属键结合起来的,它是典型的金属晶体. 关于这些晶体的键型、结构及其物理性质之间的相互联系,见表6.13.

表6.13 晶体的键型、结构及其物理性质之间的相互联系

<table>
<tr><th>键型
性质</th><th>离子键</th><th>共价键</th><th>金属键</th><th>范德瓦耳斯键</th></tr>
<tr><td>结构</td><td>键无方向性,正、负离子具有较大的配位数,正、负离子的电荷相等,晶体呈电中性</td><td>键具有方向性与饱和性,原子具有较低的配位数</td><td>键无方向性,金属原子具有最大的配位数</td><td>键无方向性,分子内多为共价键</td></tr>
<tr><td rowspan="2">键力强度</td><td colspan="2">中强至强</td><td rowspan="2">各种强度
决定于键的电子数和原子间距</td><td rowspan="2">弱
电子组态无影响,键力随原子或分子的大小而变化</td></tr>
<tr><td>决定于离子的电荷和离子间距</td><td>决定于原子的电子组态及原子间距</td></tr>
<tr><td rowspan="2">力学性质—硬度</td><td colspan="3">各种硬度</td><td rowspan="2">极小</td></tr>
<tr><td></td><td>典型共价键晶体具有最大的硬度</td><td>出现滑移</td></tr>
<tr><td>压缩率</td><td colspan="3">中度至微小压缩率</td><td>大的压缩率</td></tr>
<tr><td>热学性质—热延展性</td><td colspan="3">中度至微小热延展性</td><td>大</td></tr>
<tr><td>熔点</td><td>颇高
熔体内为离子</td><td>高
熔体内为分子</td><td>不同熔点</td><td>低
熔体内为分子</td></tr>
<tr><td>电学性质</td><td>中度的绝缘体,熔体能导电</td><td>优良绝缘体,熔体为非导体</td><td>导体
熔体仍为导体</td><td>绝缘体
熔体为非导体</td></tr>
<tr><td>光学性质</td><td>光的折射与吸收基本上和单个离子相同,因而同其溶液相近</td><td>具有高折射率. 光在晶体与其溶液的吸收各不相同</td><td>大的反射率. 具有金属光泽,不透明,物性与熔体相近</td><td>物性为各分子的叠加性质,因而和在溶液或气体中相近</td></tr>
</table>

除具有单键型的晶体外,尚有许多晶体中包含着多键型或处于中间过渡状态,特别明显地表现于离子键与共价键之间、金属键与共价键之间. 还有许多晶体的化学键很难区分是属于何种键型. 要想在键型间划分出鲜明的界限是比较困难的,属于这类键型的键均称为中间型键或称为混合键.

(1)离子键与共价键的中间型键.

立方硫化锌(ZnS)晶体的键型就是属于中间型键的类型. 立方硫化锌属于闪锌矿型结构, 空间群为 $F\bar{4}3m$. 闪锌矿的晶体结构如图 6.21 所示.

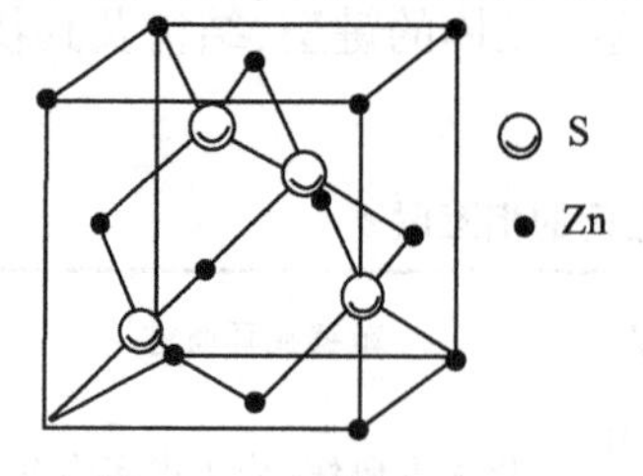

图 6.21　闪锌矿(ZnS)晶体结构模型

闪锌矿具有压电性,若单就这一点来看,可以把它看做是不具有对称中心的离子晶体,但若将这种晶体完全看成是由 Zn^{2+} 与 S^{2-} 通过离子键结合而成的,那也是欠妥当的. 根据 Zn^{2+} 与 S^{2-} 离子半径之比(0.48),闪锌矿应具有 NaCl 型的结构,其配位数应为6∶6,但实际上,无论是 Zn 原子或 S 原子都是以四面体配位的,其配位数均为 4,原子间距的明显缩短是 Zn 原子与 S 原子间共用电子对(2 +6 =8)的结果,四个共用电子对分别朝向四面体顶角方向,而形成四个共价键. 这样,根据所查明的物化性质来判断闪锌矿的键型,它应该既不纯属于离子键,也不纯属于共价键,只有把它当做介乎离子键与共价键之间的中间型键才更为妥善. 离子键与共价键共存于同一晶体的成因,可用离子极化来解释,由于离子极化的结果,正、负离子的电子云相互穿插,从而促成了离子键与共价键的中间过渡状态.

(2)共价键与金属键的中间型键

石墨晶体的层状结构,可作为这类中间型键的典型实例. 石墨晶体的结构如图 6.22 所示. 空间群属于 D_{6h}^{4} -$P6_3/mmc$,在层内碳原子间最短距离为 1.42Å,而层与层间距为 3.40Å. 晶胞常数为 a = 2.46Å,c =6.80Å;Z =4.

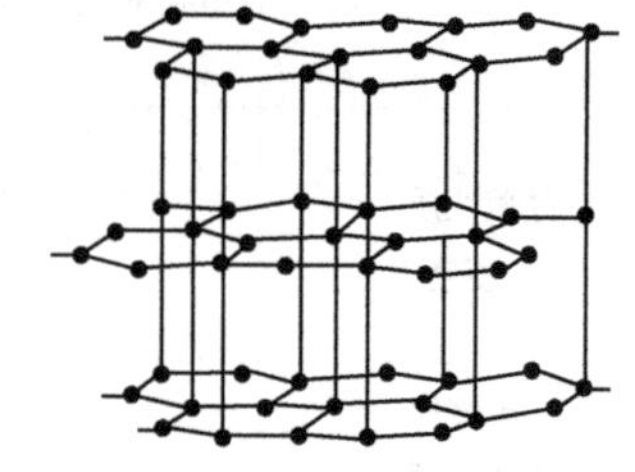

图 6.22　石墨晶体结构模型

石墨层内具有良好的导电性,这证明有自由电子存在,但在垂直于层面的方向上,它是一种非导体, 这是由于在层内碳原子之间存在着共价键与金属键之间的中间型键,但在层与层之间,则依靠范德瓦耳斯键相联,所以层面间距很大,沿层面(0001)方向有很好的解理性,并易滑动,在垂直于层面方向上表现出具有很大的热胀系数和压缩率等.

石墨层内碳原子间的共价键与金属键之间的中间型键形成的原因,可作如下的解释:在石墨层内,每个碳原子均与周围三个原子成三角形分布的碳原子相接触,相邻碳原子之间的间距均为 1.42Å,一般碳原子的电子激发态为 sp^3,但当形成石墨时,其中三个电子成 sp^2 杂化轨道,从每一个碳原子趋向三个最近邻的碳原子而构成定位的 σ 键,而另外的一个 π 电子(即垂直于层面的 p 轨道电子)却并不固定,活动于六边环的上方和下方的一个平面内,这个 π 电子在此平面内所出现的概率到处都一样,这个不固定的 π 电子在层内起着一种近乎金属电子的传导作用. 而在层面之间,电子并不流动,只有范德瓦耳斯键起着主导作用,因此在垂直于层面方向上,石墨并不导电.

对于中间型键的晶格类型的划分,主要依据该晶体中究竟以何种键型占主导地位来定,占主导地位的键型所表现出的物化性质,就足以说明该晶体属于何种键型. 例如, 在方解石晶体结构中, Ca^{2+} 与 CO_3^{2-} 离子间以离子键为主,在 CO_3^{2-} 内是共价键,主要的键性能表现在 Ca^{2+} 与 CO_3^{2-} 离子之间,故方解石晶体仍属于离子晶体. 又如:卤素元素(氯、溴、碘)均是通过共用一个电子对来形成双原子分子,再由这些双原子分子构成晶体,分子之间是范德瓦耳斯键,晶体的键性能主要表现在分子与分子之间的组合上,故这种晶体属于分子晶体. 聚乙烯(Polyethylene)是由长链碳氢分子所组成的固体,在长链碳氢分子内部(C—H,C—C)主要是共价键,在分子与分子间的结合力为范德瓦耳斯键,如图 6.23 所示.

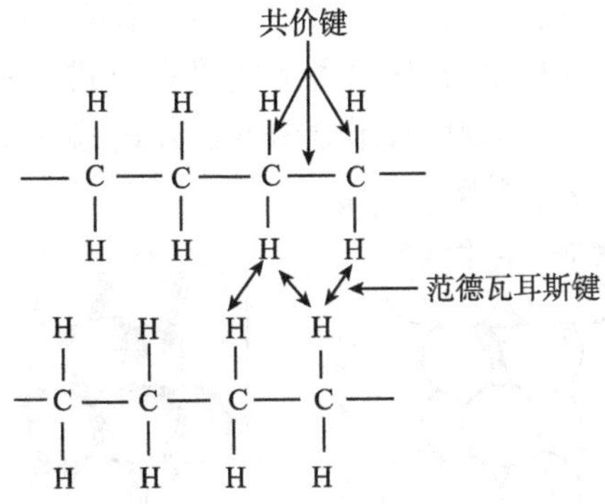

图 6.23 固体聚乙烯的混合键型

聚乙烯由于长链碳氢分子间为弱键,而弱键易于断开,因而此种固体具有低的熔点.

§6.3 无机晶体结构形成原理

人们认识晶体是从无机晶体开始的. 自 20 世纪初关于晶体结构是如何形成的问题,就开始受到科学家们的重视,多少年来,所积累的研究成果最为丰富,并总结出一些有关晶体结构形成的原理,现分别加以阐述.

6.3.1 球紧密堆积原理[17]

一系列金属元素、合金和离子晶体形成时，符合球紧密堆积原理，以降低体系的势能，使晶体结构更为稳定. 球紧密堆积的堆积层，如图 6.24 所示.

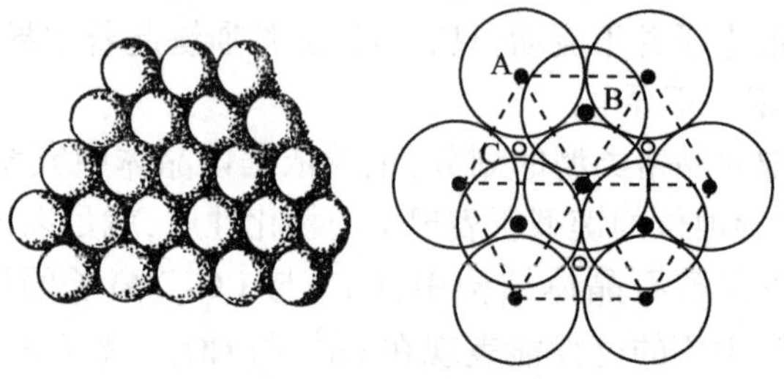

图 6.24　球紧密堆积层结构

在堆积层中，每个球和周围的 6 个球相接触，即配位数为 6，每个球周围有 6 个空隙，每个空隙由 3 个球围着，图中 A、B、C 分别表示紧密堆积层中一个球心和两个三角形空隙的中心位置.

由堆积层进行堆积时，若采用最紧密堆积方式时，则必须使紧密堆积层中球的凸出部分，正好处于相邻的一紧密堆积层中的凹穴部位，意即每个球都同时和相邻一紧密堆积层的三个球相接触，按照这种紧密堆积方式，一层又一层堆积起来，才能形成球的最紧密结构，并出现两种最紧密堆积方式，如图 6.25 所示.

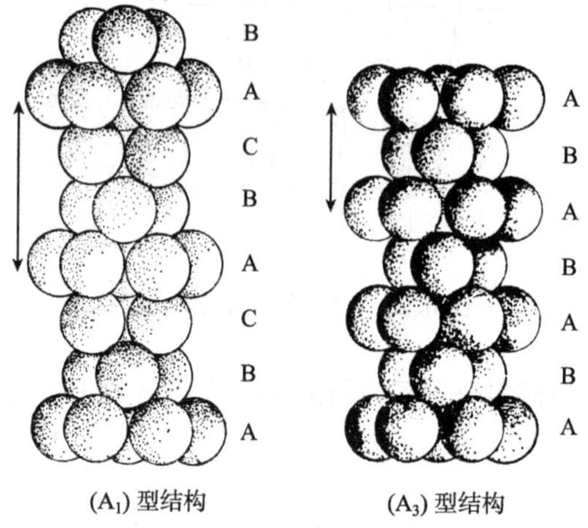

图 6.25　两种最紧密堆积模型

其一，立方最紧密堆积(A_1)，密堆积层相对位置按照 ABC，ABC，ABC，…方式作最紧密堆积，其重复周期为三层，由于这种堆积方式可划分出立方面心晶胞，故称此种堆积为面心立方堆积(fcc)或称为立方紧紧密堆积（ccp)，并标记为 A_1

型结构.

其二,六方最紧密堆积(A_3),密堆积层的相对位置按照AB,AB,AB,…方式作最紧密堆积,其重复周期为两层,由于这种堆积方式,可划分出六方晶胞,故称为六方最紧密堆积(hcp),并标记为A_3型结构.

立方和六方最紧密堆积的每一层的堆积方式是一样的,在一个平面内每一个球均有6个紧密相邻的球.每个球均有12个距离为d的最近邻球,还有6个距离为$\sqrt{2}d$的次近邻球,从次近邻球再远一些的第三近邻球起,两种堆积就表现出一定的差异.这种差异是在六方最紧密堆中,有两个距离为$1.64d$的球,而在立方最紧密堆积中,有24个距离$1.73d$的球,根据计算,由于上述差别所造成的六方最紧密堆积的自由能,可比立方最紧密堆积的自由能低0.01%左右.这两种等径圆球的最紧密堆积方式,它们的空间利用率相同,均为74.05%,每个球的配位数均为12,中心球和12个球的距离相等,球间形成的空隙数目和大小也相同.由N个半径为R的球组成的最紧密堆积结构中,平均有$2N$四面体空隙和N个八面体空隙.四面体空隙可容纳半径为$0.225R$的小球,八面体空隙,可容纳半径为$0.414R$的球.环绕每个球体均有8个四面体空隙和6个八面体空隙,而每个空隙又分别为4个和6个球体所公有的缘故.除上述两种最紧密堆积以外,尚有四种较为复杂的等径圆球最紧密堆积结构,如图6.26(a)~(d)所示.

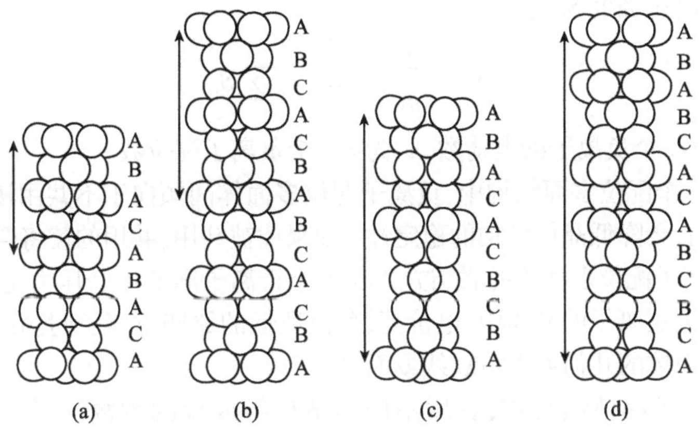

图6.26 四种复杂的紧密堆积结构

圆球的重复周期分别为:ACAB,ACAB,…4层.ABCACB,ABCACB,…6层.
ABCBCACAB,ABCBACAB,…9层.ACBCBACACBAB,…12层

由于金属键是球形对称的,而且不存相邻原子的方向性和化学计量比等的限制,因此组成金属单质晶体的原子倾向于形成最紧密堆积结构,即达到密堆积的最大限度,大多数金属单质晶体属于三种基本点阵类型,其中两种类型组成最紧密的等径圆球堆积,即立方最紧密堆积(A_1)和六方最紧密堆积(A_3),此二者的原子配位数均为12.而第三种的点阵类型为立方体的堆积(A_2),它的配位数为8,许多金

属单质结构采取这种堆积方式,但它并不是最紧密堆积. 这说明影响组成晶体结构的因素,除了空间利用率外,还有其他因素影响着组成的晶体结构. 对于不等径球体的堆积,球体有大有小,这种堆积可看作是由较大球体作等径球体式的最紧密堆积后,而在其空隙位置中填充较小的球体所构成的结构. 这时,若小球的体积较小时,则填充在四面体空隙中,若球体较大时,则填充在较大的八面体空隙中,如果填充的球较八面体空隙更大时,则将堆积方式稍加改变,使其产生较大空隙以便填充. 离子晶体结构可看作是由不等径圆球堆积而成的,大球总是负离子,而小球总是正离子. 在合金中的间隙固溶体,一些较小的原子作为掺质,填充在金属原子紧密堆积所形成的空隙中,碳素钢中的碳(C)就是以这种形式存在的.

6.3.2　鲍林规则[24]

早在20世纪30年代,鲍林从大量无机离子晶体结构数据以及从晶格能公式反映原理中,归纳、推导出鲍林规则(Pauling's rules),至今人们仍在应用.

(1)在正离子周围形成负离子配位多体,配位多面体的形成取决于正、负离子的半径比,而正、负离子间的距离取决于离子半径之和.

(2)在离子晶体中,正、负离子的分布趋于均匀,并呈现电中性,每一个负离子的电价应等于或近乎等于从邻近的正离子至该负离子各静电键强的总和. 第 i 个负离子和静电键强度 S_i 为

$$S_i = \frac{Z_i}{n_i}, \quad Z_i = \sum_i S_i \tag{6.39}$$

式中,Z_i 为第 i 个负离子的电荷数,n_i 为第 i 个负离子配位数.

(3)在一个配位多面结构中,负离子配位多面体间倾向于不共用棱,特别是不共用面,否则,会降低晶体结构的稳定性. 如果棱被共用,共用的棱将会缩短.

(4)负离子配位多面体的联结方式与中心正离子间的库仑斥力密切相关. 在含有一种以上正离子的晶体中,电价高、配位数低的那些正离子间,倾向于不相互共有配位多面体的几何元素:点、线或面.

(5)在离子晶体结构中,密度不同的结构组成者的种数,一般倾向于最小限度.

6.3.3　晶体结构中的配位多面体[16]

如若将晶体结构作为原子球或离子球紧密堆积,则其中每个原子球与其近邻的原子或是每个离子球与其最近邻异号离子球形成某种几何配置, 若将最近邻的这些原子球的球心或者异号离子球心用直线连接起来,则可构成一种几何多面体,这种几何多面体,称为晶体结构中的配位多面体.

在配位多面体中每个中心原子球周围最近邻的原子球的数目,或每个中心离

子球最邻近异号离子球的数目，称为配位数(CN)．稍远一些的原子数目或异号离子数目，称为第二近邻配位数，……

对于结构比较简单和比较对称的晶体，可用多面体的堆积方式来描述，这样可以把复杂的结构简化，从而把结构排列的特点与原子间的相互关系突出来，同时利用配位多面体方式来描述所形成的晶体结构，无需给出各个原子或异号离子位置的详细情况，也不管原子间结合力的性质是离子键还是共价键．

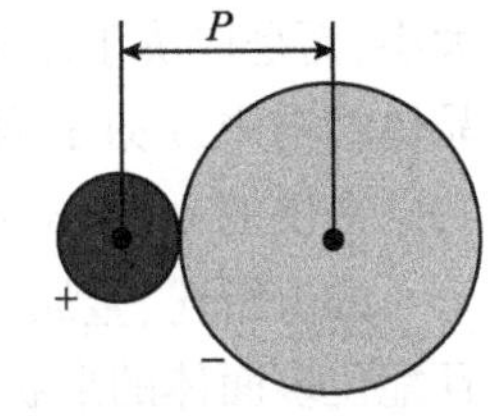

图 6.27　正、负离子的间距示意图

在离子晶体中，阴离子总是大于阳离子，以阴离子堆积成多面体，而阳子填充在多面体的空隙中，因而通常是阴离子围绕阳离子配位，而形成配位多面体．例如，在 NaCl 晶体结构中，每个 Na^+ 被 6 个 Cl^- 所包围，而每个 Cl^- 又被 6 个 Na^+ 所包围，因此，Na^+ 与 Cl^- 的配位数均为 6．如果将包围正离子的等同负离子的中心连接起来，就形成了一个多面体，这样一个想象的多面体称为配位多面体．

在正离子周围形成一个负离子配位多面体，正、负离子的间距取决于半径之和，如图 6.27 所示．

图 6.27 中，P = 正负离子的间距，而其配位数取决正、负离子半径之比．$R_{阳}/R_{阴}$ 值与配位数的关系列入表 6.14．

表 6.14　$R_{阳}/R_{阴}$ 值与配位数的关系

$R_{阳}/R_{阴}$	配位数	阴离子配位多面的形状
0.000～0.155	2	哑铃状
0.155～0.225	3	平面三角形
0.225～0.414	4	四面体
0.414～0.732	6	八面体
0.732～1	8	立方体
1	12	立方或六方最紧密堆积

在实际晶体结构中，由于离子极化、离子半径缩短等因素，会影响配位多面体的形状．

纯金属元素单质晶体结构，可用金属原子球体紧密堆积来阐明原子排列规律．但对于较复杂的合金晶体结构，要用配位多面体来阐明原子排列规律．这时，以半径小的金属原子球为中心，而半径大的金属原子球中心为顶点来构成配位多面体．对于数种金属元素构成的合金晶体结构中，存在着数种大小不等金属原子球，连接这些金属原子之间的金属键受无方向性和无饱和性的限制，因此，更易于调整球与球间堆积的几何关系，从而形成最紧密堆积的更稳定的晶体结构．

对于共价键晶体,由于共价键具有方向性和饱和性,这两个特点对确定共价键晶体结构中的配位多面体形状和配位数多少起着重要作用,不是取决于原子间的大小,而是取决于原子的价态及其所形成键的空间特征分布等原因. 例如,在 CuI 晶体结构中,I 原子围绕着 Cu 原子呈现为四面体排列,这是因为 Cu 原子与 I 原子共同提供的 4 个 sp^3 杂化键的结果.

综上所述,金属合金、离子晶体和共价键晶体结构中均可构成配位多面体,而且配位多面体的形状,可以是规则的配位多面体,也可以是不规则的配位多面体,同时在实际晶体结构中配位多面体还受许多方面的影响,其形状是多变的. 由络合离子(阴离子集团)所出现的配位多面体,在研究含有此种阴离子集团的非线性光线晶体材料时,具有重要的意义与作用. 当此种配位多面体发生微小变形,往往会影响此种非线性光学晶体的非线性光学性能,并出现了非线性光学晶体的阴离子集团理论.

6.3.4　无机晶体形成的一些经验规律

(1)戈尔德施米特定律.

晶体结构取决于原子、离子的种类及其间数目的对比、半径大小对比以及极化性质等,可表示为

$$S(\text{结构}) = f(\Sigma_n, r_A, r_x, \alpha)$$

式中,Σ_n 为结构基元的数目(原子、离子);r_A,r_x 为结构基元大小;α 为极化率.

这一定律是戈尔德施米特于 1927 年提出的,该定律只是基于许多实验事实的总结. 定律本身是对晶体结构形成的定性描述.

(2)格罗思(Groth)定律.

结晶物质的化学组成愈简单,其晶体的对称性愈高,反之,结晶物质的化学组成愈复杂,则其晶体的对称性也就愈低. 元素单质的组成最简单,大多数的金属单质晶体对称性属于立方晶系,原子在晶体中作等径圆球的紧密堆积. 化学组成复杂的硅酸盐和大分子高聚物的结晶,其对称性一般属于低级晶族. 但也有一些例外,如天然单质硫(S)结晶成斜方和单斜晶体,而成分复杂的石榴石晶体,却属于立方晶系.

(3)8 − N 规则,又称格里姆· 索末菲法则.

在非金属单质的分子或晶体结构中,原子间的结合力多为共价键,由于共价键具有饱和性,因而每个原子所形成的共价键的数目受到原子自身电子组态的限制. 从而格里姆· 索末菲总结出 8 − N 规律,N 为非金属元素在周期表中所处的族数,而 8 − N 为非金属元素原子所形成的键数,在第 N 族非金属元素单质中,与每个原子最近邻结合的原子数一般为 8 − N 个.

8－N规则的物理意义：每个第N族非金属元素原子可以提供8－N个价电子，8－N个价电子邻近的原子形成8－N个共价键（单键），在非金属元素单质中，原子首先通过共价键结合成分子，然后再由分子间作用力而形成晶体.

（4）在不同种类的晶体中，若它们的化学键是同型的，则它们的键长和键角应稳定在一定范围，而键长的差别一般不超过0.1Å. 但氢键的键长在不同情况下，可能有较大的差异，强氢键键长较短，而弱氢键键长较长，氢键的强弱有时在晶体的物理效应上反映出来.

在一个稳定的离子晶体结构中，正、负离子的分布一般趋于均匀化，正离子或负离子在空间允许的范围内，尽可能地交替分布，使正离子周围有着等同数目的负电荷，负离子周围有着等同数目的正电荷.

在晶体结构中，凡有可能形成氢键的条件下，总能形成最多的氢键，一般的氢键键能在3～10kcal/mol介于共价键的范德瓦耳斯键之间的值.

（5）磁有序. 具有磁矩的原子间还存在另一种相互作用，除了晶体结构中原子间周期性排列外，还观察到另一类由原子磁矩有规律取向排列的磁有序. 这是由于原子中的电子壳层中未抵消的电子自旋所引起的. 例如，Fe、Co、Ni原子具有这种由3d层来抵消电子引起的磁矩. 稀土元素Gd Dy，Ho等元素则有4f电子引起的磁矩等，在自旋未抵消原子组成的晶体中也有交换作用，并导致原子的磁有序. 在铁磁性晶体中电子自旋取向平行，磁晶胞的总磁矩不等于零，表现出磁有序. 对于反铁磁晶体，电子自旋反平行，磁晶胞的总磁矩等于零，形成了反铁磁性系统.

§6.4 有机晶体结构形成原理

有机晶体大致可分为两类：一类为小分子有机晶体，此类晶体的结构基元为小分子，分子量较低，分子的结构不太复杂，分子的几何构型有线状分子、平面型分子、三维骨架状分子等，这类有机小分子中原子排列的对称规律，可用点群来描述. 另一类为大分子（高分子）有机晶体，此类晶体的结构基元为大分子，分子量从数千amu到数百万amu，具有极其复杂的分子结构，一般不能用一个点群来描述分子中原子排列的对称规律. 为了说明有机晶体结构的形成原理，现只阐述一般有机小分子晶体.

6.4.1 有机分子的结构[16,26,27]

有机分子的结构依赖于分子中原子间具有方向性的共价键，显然，有机分子的键长和键角对研究有机分子的结构是很重要的. 根据分子的键长和键角，可以描绘出分子的构型图，以表达分子的结构，分子的结构关系到晶体中分子排列方式与晶胞的大小及有机分子晶体的性质等问题，形成有机化合物的主要元素是碳、氧、氮、氢和卤素等.

根据晶体结构分析以及电子衍射、分子光谱等便可得到有机分子的键型、键长和键角等重要数据，其中比较典型的共价键型和键长数据列入表 6.15 中.

表 6.15　一些典型有机分子的键型和键长

键　型	键　长/Å	典型实例
C—C	1.54	金刚石
C=C	1.33	C_2H_4
C≡C	1.20	C_2H_2
C—H	1.09	CH_4
C—N	1.47	CH_2NH_2
C=N	1.27	
C≡N	1.16	CH_3CN
C—O	1.44	CH_3OH
C=O	1.24	CH_3COOH
C—F	1.39	CH_3F
C—C	1.78	CH_3Cl
C—Br	1.94	CH_3Br
C—I	2.13	CH_3I
C—S	1.82	CH_3SH
C=S	1.55	CS_2
C—P	1.87	$(CH_3)_3P$
N—N	1.47	N_2H_4
N=N	1.24	$(CH_3N)_2$
N≡N	1.10	N_2
N—O	1.37	NH_2OCH_3
N=O	1.22	CH_3NO_2
O—H	0.94	CH_3OH
O—O	1.48	H_2O_2
O—Cl	1.69	Cl_2O_2
O—S	1.70	
O=S	1.49	

在一般情况下，共价键的键长在不同有机分子中的守恒性较好，最大的误差估计在 ±0.05Å 或更小. 键长守恒性较差的是芳香族化合物和其他具有共轭效应的化合

物及杂环、脂环等化合物.

有机化合物分子的键角具有如下规则:

(1)碳原子的四个单键,一般都接近于四方体取向,在键型 —C—Y(C 下连 X)中 X—C—Y 的键角为109°左右.

(2)键型为 C═C—X 中,C—C—X 的键角为120°~125°.

(3)键型为 C≡C—X 和 C═C═C 中, C—C—X 或 C—C—C 的键角为180°.

(4)在中央原子具有不共享的电子对的场合中,它所形成的各对共价键的键角一般都在90°~109°.

常见的有机化合物分子的键型的键角数据,列入表6.16中分子结构中原子间的共价键长度(键长)和两个共价键间的角度(键角)是描绘分子形态必须考虑的两个参数,根据此两个参数可以确定分子中各个共价键的取向,从而便可描绘出整个分子的结构骨架. 然后再来考虑分子晶体结构中分子与分子间范德瓦耳斯键或形成的氢键的安排.

表6.16 常见的有机化合物分子的键型和键角数据

键 型	键 角	典型实例
X—C—Y	109°	卤代甲烷
C═C—H	120°	C_2H_4
C═C—C	124°	异 CH_4H_4
C═C═C	180°	C_3H_4
C≡C—X	180°	卤代乙炔
C—N—C C—N—H	109°	$(CH_3)_2NH$
C—N—H	107°	估计值
C—O—H	106°	CH_3OH
C—O—C	111°	$(CH_3)_2O$
C—C═O	121°	$(CH_3)_2CO$
O═C—O	124°	CH_3COOH
O—N—O	127°	CH_3NHO_2
O—N—O	180°	CH_3ONO
C—S—H	95°	估计值
C—S—C	100°	—
C—P—C	100°	$(CH_3)_3P$

6.4.2　有机分子的对称性[16]

通常的有机分子常常是具有对称性的，而且它们的对称性不受晶体对称定律的限制，可以具有 5 次(重)、7 次(重)或更高次对称轴，虽然在大多数情况下，对称性的阶数不高，随着有机分子的复杂化，分子变得比较不对称或完全不对称的.

有机分子最常见的点群有：$1, \bar{1}, 2, 3, 222, m, mm2$ 和 mmm. 但也存在较高对称性的点群，例如，六亚甲基四胺($C_6H_{12}N_4$)分子具有 $\bar{4}3m$ 点群的对称性. 特别少有的情况：例如二茂铁[$Fe(C_5H_5)_2$]分子的点群为 $\bar{5}m$ 对称性. 二茂铁分子的结构如图 6.28 所示

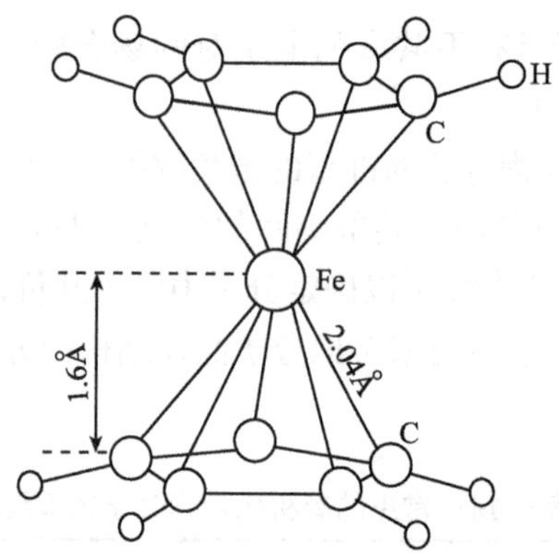

图 6.28　二茂铁分子[$Fe(C_5H_5)_2$]的结构

现已知的有机分子以百万种计，已经研究过的有机晶体结构以万种计，相比之上，研究有机晶体结构与性能及其两者相互关系，还是大有发展前途的广阔的研究领域.

6.4.3　晶体结构中有机分子的堆积[16]

有机晶体的结构基元为有机分子，分子内部原子间的相互作用为共价键，而分子与分子间多为无方向性的范德瓦耳斯键. 有机分子在形成晶体时，也力求堆积成最紧密. 由于分子的复杂外形，在形成紧密堆积时，分子与分子相互靠近时往往是一个分子的凸起部位尽量和另一个分子的凹下部位相互穿插在一起，以便达到最大填充度的位置，分子的固有对称性和它们占据的位置的可能的对称性之间存在着确定的关系，图 6.29 示出的就是三苯基苯的一个紧密堆积层的示意图. 在分子最近邻可以靠近的范围，称为分子的范德瓦耳斯半径，图中用粗线画出了分子周围的情况. 在层内的三苯基苯的配位数为 6. 在这种类型的有机分子晶体中，一般层内配位均为 6，而上下两层对于多数有机分子晶体还有 6 个有机分子配位，即这种有机分子晶体的每一个有机分子的配位数均为 12 或更多.

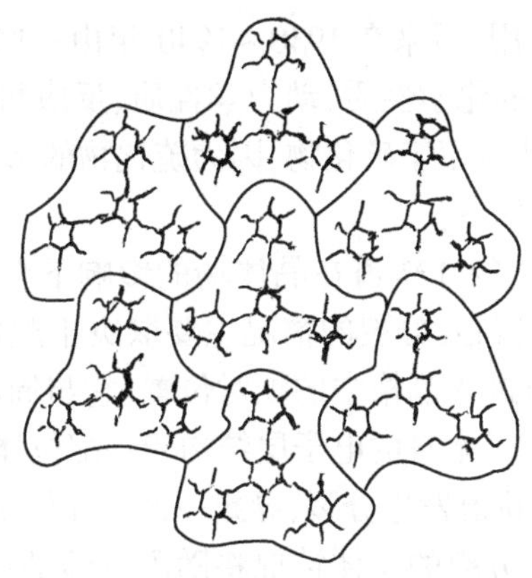

图 6.29 三苯基苯的层状结构示意图

有机分子堆积时,分子与分子间相互穿插堆积的结果,有些有机晶体的空间利用率近于或超过等径圆球最紧密堆积的空间利用率,在层内分子可以是"平行"的"反平行"的或者呈"人字形",而使其配位数达到14,这显然是由于分子的凸起部位和相邻分子的凹入部相位吻合的缘故.

6.4.4 有机晶体结构在空间群中的分布

有机晶体结构可以看作是有机分子的不规则图像的紧密堆积,一般来讲由于参与堆积的分子形状的不规则性,这类紧密堆积,只能形成低级晶族所属的空间群,晶体结构分析的大量实验结果也是如此,在有机晶体中常常出现的空间群有:C_2^2-$P2_1$,C_{2h}^5-$P2_1/c_1$,C_{2v}^5-Pca,C_{2h}^6-$C2/c$,D_{2h}^{15}-$Pbca$,D_2^4-$P2_12_12_1$, S_{2v}^{19}-$PnaD_2^3$-$P2_12_12$,C_{2v}^{12}-Cmc,D_{2h}^{16}-$Pnma$,D_{2h}^{14}-$Pbcm$,等空间群,在上述这些空间群中,又以 C_{2h}^5-$P2_1/c$ 和 $P2_12_12_1$ 空间群,出现的概率最大.

有机晶体中分子的排列规律最全面的物理解释,需要用热力学和晶格动力学进行阐述,这不仅有助于加深对晶体结构形成的认识,而且也关系到对晶体物性的来源问题.

§6.5 晶体场理论与配位场理论[18, 19]

早在1928年贝特(H. Bethe)首先提出了晶体场理论.后来范弗莱克(J. H. Van Vleck)于1935年加以修正,在原子间相互作用中引入了共价作用,这一修正的理论就是常被提出的配位场理论.

6.5.1 晶体场理论

晶体场理论认为络合场中心金属离子与配体之间的相互作用是静电作用,而忽略了所有共价键的作用,后来在 1930 ~ 1940 年由一些科学家们进一步发展,此种理论能够预言络合物的化学性质、动力学性质、反应机制、磁性和光谱性质以及热力学数据,然而它不能应用于硫化物,因为硫化物的形成主要是共价键的作用.

晶体场理论的要点如下:

(1)络合物中心离子的 d 轨道在晶体场的影响下会发生分裂,分裂 d 轨道的能量是晶体场理论中的核心,分裂的情况主要取决于配位体的空间分布. 当一中心离子(过渡金属离子)进入晶格中的配对位置,它与周围的配位体相互作用的结果,一方面, 过渡金属离子本身的电子层结构受到配位体的作用而发生变化,使得原来能量相同的 5 个 d 轨道发生分裂,导致一部分 d 轨道的能量降低,而另一部分 d 轨道的能量则增高,其分裂的具体情况将随配位体的种类和配位多面形状的不同而异;另一方面,配位体的配置也将受到中心过渡金属离子的影响而发生变化,从而引起配位多面体的畸变. 在一般情况下,周围配位体对中心过渡金属离子的影响是主要的,相反的影响只对某些离子才较为显著.

原来能量相等的 5 个 d 轨道,在正八面体晶体场中便分裂成两组,一组是能量较高的 d_{z^2} 和 $d_{x^2-y^2}$ 轨道组,称为 e_g 组轨道;另一组是能量较低的 d_{xy}, d_{xz}, d_{yz} 轨道组,称为 t_{2g} 组轨道,这两组轨道具有不同的能量. d 轨道能量在八面体晶体场中的分裂情况如图 6.30 所示.

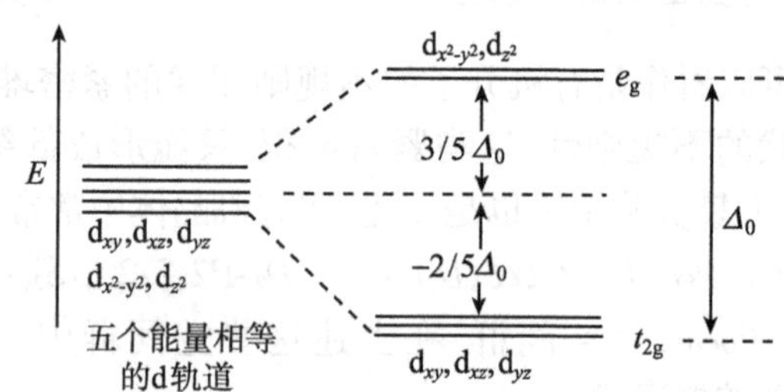

图 6.30　d 轨道能量在八面体型晶体场中的分裂情况示意图

e_g 组轨道中的每一个电子所具有的能量 $E(e_g)$ 与 t_{2g} 组轨道中每一个电子的能量 $E(t_{2g})$ 两者之差,称为晶体场分裂参数 Δ_0,

$$\Delta_0 = E(e_g) - E(t_{2g})$$

Δ_0 因络合物不同而异,但就任何一种离子而言,将配位体按其所产生的 Δ_0 大小排列成一个次序是可能的. Δ_0 值通常可用光谱确定,故称这种顺序为光谱化学系列(spectro-chemical series),诸如

$$I^- < Br^- < Cl^- < SCN^- < F^- < OH^- < H_2O < NH_3 < NO_2^- < CN^-$$

对于第一过渡元素系的两价离子, Δ_0 值约为 12000cm^{-1},而对于三价离子,约为 $20\ 000\text{cm}^{-1}$,而第二和第三过渡元素系的离子则有更大的 Δ_0 的值.

现举一例:二价铁($3d^6$)形成绿色的$[Fe(H_2O)_6]^{2+}$和黄色的$[Fe(CN)_6]^{4-}$的络合离子,前者是顺磁的,而后者为抗磁的,这种磁性反常现象,可用图6.30提供一个简单的解释,其原因在于它们二者之间的Δ_0不同.

如果能量相等的5个d轨道不是在一个正八面体晶体场中,而是在一个正四面体晶体场中,那么,原来能量相等的5个d轨道也将发生分裂,此时d_{z^2}和$d_{x^2-y^2}$轨道恰好插入配位体间隙,而d_{xy},d_{xz},d_{yz}轨道与配位体离得较近,结果产生了与正八面体晶体场的能量状态正好相反的变化,即d_{xy},d_{xz},d_{yz}三个轨道的能量增高,称为t_2组轨道;而d_{z^2},$d_{x^2-y^2}$两上轨道的能量降低,称为e组轨道,d轨道在正四面体晶体场中的分裂情况如图6.31所示,相应的晶体场分裂参数记为Δ_t.

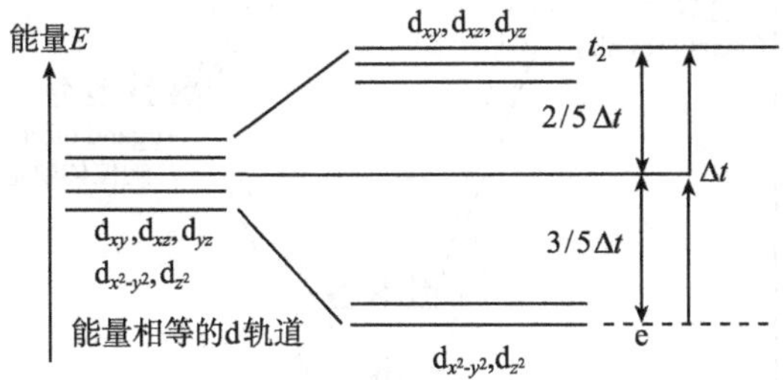

图6.31 d轨道在正四面体晶体场中的分裂情况

(2)晶体场分裂参数Δ_0的大小,主要取决于络合物中心离子的电荷多少、半径大小以及配位多面体的性质等.

(3)根据分裂后d轨道的相对能量,可以计算出过渡金属离子d轨道的总能量.

(4)影响晶体场分裂参数Δ_0大小的因素:

(i)金属的氧化态:金属价态愈高Δ_t值愈大.

(ii)金属离子的属性:Δ_t值以3d,4d,5d的顺序逐渐增大.

(iii)配位体的数量和配位体几何构型,Δ_0比Δ_t约大50%.

(iv)配位体的属性,可将各种配位体按照场强的顺序排列,这一顺序称为光谱化学序列.

对于金属离子(中心离子),其场强顺序,大概顺序为:$Mn^{2+} < Ni^{2+} < Co^{2+} < Fe^{2+} < V^{2+} < Fe^{3+} < Co^{3+} < Mn^{3+} < Mo^{3+} < Rh^{3+} < Ru^{3+} < Pd^{4+} < Ir^{3+} < Pt^{4+}$

6.5.2 配位场理论[15]

配位场理论是在晶体场理论的基础上发展起来的,此种理论的基础,不仅考虑到络合物的中心离子与配位体之间的静电作用效应,而且还考虑到它们之间的共价键性质,因此,配位场理论比晶体场理论更为有功效. 不幸的是,配位场理论也更加抽象了,现仅举一例来说明.

$Co(NH_3)_6^{3+}$金属络合离子,设定在Co上的3d,4s和4p轨道与6个配位体的每一个轨道相重叠,所形成的15个分子轨道,如图6.32所示.

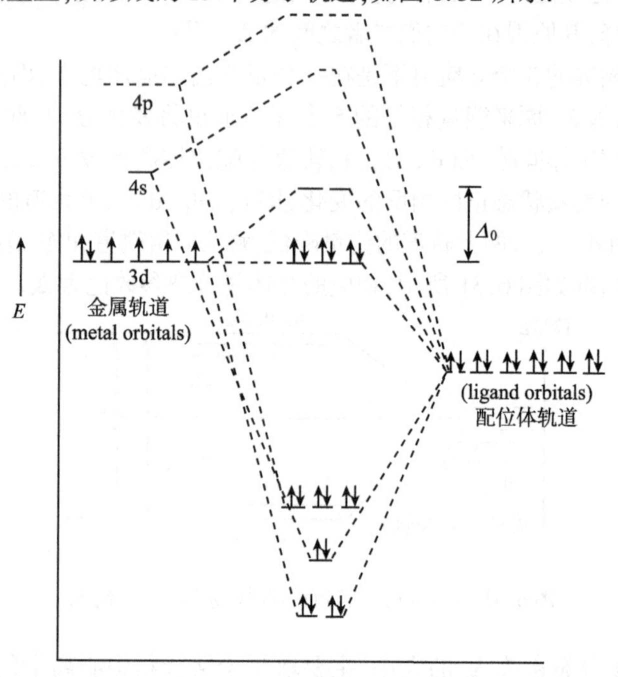

图6.32　配位场理论模型

从图6.32中,可以看出:有6个成键分子轨道,这6个成键分子的能量均小于原始的原子轨道,有6个抗(反)成键分子轨道,它们的能量均大于原始的原子轨道,有3个不成键分子轨道,它们的能量同金属3d原子轨道基本上一样.

若把分子轨道理论与晶体场理论结合起来,便可得到通俗的配位场理论了.

配位场理论在无机化学、结构化学,尤其是配位化学中,有着重要的应用,此可查阅有关原子价键理论的专门著作.

§6.6　晶体工程简介[31-37]

这些年来,由于固体物理、量子化学、计算数学、材料科学等相关学科的发展,加之计算机的计算速度与其模拟效果空前提高,加深了人们对晶体形成的理解,提高了对晶体的组成,结构和性质(能)三者间相互关系的认识,在国际范围内,逐步激起了人们对探索有机的、无机的、聚合物等新型晶体的兴趣,从而出现了大量的有关晶体工程(crystal engineering)方面的文章,已获得了很多有价值的研究成果.

现仅就晶体工程这个学科术语所涉及的研究内容,简要地加以介绍.

晶体工程这一学科术语,首先出现于1971年由施密特(Schmidt)在结晶肉桂酸光学二聚物反应中所采用,后来这个术语的含义得到了拓宽,包含了固态超分子化学多个方面,发展到1989年德司锐驹(Desiraju)对晶体工程这个术语定义为:晶体是基于分子间的相互作用而堆砌成的,按照此一理解,设计具有意图的物理的与化学的新型晶态物质. 当前在百科全书(encyclopedia)中对晶体工程这个术语定义为:基于理解和开发分子间相互作用,晶体工程为具有期望性能(质)的分子的固态结构的设计和合成.

在晶体工程中的两个主要战略是设计和合成,设计先于合成. 设计要进行理论分析与计算,通过计算机进行模拟和在有关数据库中查找有关信息的数据,最后来确定目标化合物. 最先兴起人设计对象多为有机化合物,现已包括无机物晶体、有机物晶体、半有机物晶体和聚合物的生物高分子晶体的设计,从而使人们对晶体结构形成的认识更加全面和深入,当设计的目标化合物确定后,就要进行合成的一系列的研究工作,其中包括:新型晶体原料的合成、单晶体的生长、晶体结构的分析,晶体性能的测定,晶体品质的鉴定等.

从以上叙述,采用晶体工程的策略来研制全新型的晶体,无疑是一项艰巨、多学科交叉、高理论水平、集体性很强的综合性研究,并要一步又步地向前迈进与深入研讨的.

晶体工程属于材料科学中的研究范畴,但具有跨学科的性质. 晶体的组成,结构和性质(能)三者间相互联系,相互制约. 在此三者中,结构上承组成,下启性质(能),结构是晶体工程的最关键的因素,但从晶体工程的发展来看,仅仅由晶体的化学组成,当前还不能预期组成复杂的结构,这是当前在材料科学中存在的科学难题之一.

当前,晶体工程可涉及的研究范围包括:

- 硬度和固体的颜色(hardness and color of solids)
- 分离科学(separation science)
- 催化(Catalyze)
- 光学材料(Optical materials)
- 电子材料(Electronic materials)
- 导电和磁性材料(Conducting and Magnetic Materials)
- 纳米技术(Nanotchnology)
- 晶体生长,多型性(Crystal Grawth,Polymorphism)
- 液晶(Liquid Crystal)
- 分子模拟(mocecular Modeling)
- 蛋白质-粘合接收器(Protein-Receptor Binding)
- 表面活化剂,单分子层、双分子层(surfactants,monolayers, bilayers)

· 超分子器件(supra-molecular devices)

· 固态化学反应(solid state chemical reactivity)等.

晶体工程这一学科术语，已经历了几十年的发展历程. 在不同历史时期，晶体工程的内涵是不同的，人们为了社会的发展，总是在经验规律基础上进行归纳，或从理论进行推算. 今后晶体工程的发展方向为智能化、高速运算的计算机化. 其理论基础为量子化学和材料科学，所涉及的学科范围会越来越广. 其最终的目的是使晶体工程实用化，显然这是人类最终追求的目标，一时还难完全做到.

参考文献

[1] 徐光宪. 物质结构(上册、下册). 第七版. 人民教育出版社，1978.

[2] 谢有畅，邵美成. 结构化学. 人民教育出版社，1979.

[3] 金松寿. 量子化学基础及其应用. 上海科技出版社，1980.

[4] 周公度. 无机化学丛书. 第十一卷,31. 无机结构化学. 科学出版社，1982.

[5] 科顿 F A，威尔金森 G. 高等无机化学(上册、下册). 北京师范大学等译. 人民教育出版社，1980.

[6] Evans R C. 结晶化学导论. 故玉才等译. 人民教育出版社，1983.

[7] 方俊鑫，陆栋. 固体物理(上册、下册). 上海科学技术出版社，1980.

[8] 加特金娜 M E. 分子轨道理论基础. 朱尤根译. 人民教育出版社，1979.

[9] 奥钦 M，雅费 H H. 对称性轨道和光谱. 徐广智译. 科学出版社，1980.

[10] 默雷尔 J N 等. 原子价理论. 文振翼等译. 科学出版社，1978.

[11] 温克勒 H G F. 晶体构造和晶体性质. 邵克忠译. 科学出版社，1960.

[12] 伊莱尔 E L,威伦 S H,多伊尔 M P. 基础有机立体化学. 邓并主译. 科学出版社，2005.

[13] Б. K 伐因斯坦. 现代晶体学(第二卷). 吴自勤译. 中国科学技术出版社，1992.

[14] 肖序刚. 晶体结构几何理论. 高等教育出版社，1993.

[15] 李晖. 配位化学. 化学工业出版社，2006.

[16] 钱逸泰. 结晶化学. 中国科学技术大学出版社，1988.

[17] 陈焕矗. 结晶化学. 山东教育出版社，1985.

[18] Heilbronner E, Dunitz J D. Reflections on Symmtry. VCH, 1993.

[19] Cotton F A. The Crystal Field Theory. *In*: Chemical Applications of Group Theory. 3rd ed. Wiley, 1990. 282 - 287.

[20] Cotton F A, Wilkinson G, Gaus P. Ch. 23 in Basic Inorganic Chemistry ,3rd ed. Wiley, 1995.

[21] Huheey J E, Keiter E A, Keiter R L. Inorganic Chemistry: Principles of Structural and Reactivity. 4th ed. Addison - Wesley, 1993.

[22] Anthony R. West Solid State Chemistry and Its Applications. John Wiley and Sons, 1984.

[23] Mirman R. Point Groups, Space Groups, Crystals, Molecules. World Scientific Publishing Co. Pte. Ltd, 1999.

[24] Pauling L. The Nature of Chemical Bond and the Structure of Molecules and Crystals. Cornell Unirevsity Press,1960.

[25] Pearson W B. The Crystal Chemistry and Physics of Metals and Alloys. John Wiley & Sons Inc., 1972. 663 -709.

[26] Evans R C. An Introduction to Crystal Chemistry. Cambridge university Press, 1952.

[27] Rice F O, Teller E. The Structure of Matter. Wiley, 1949.

[28] Pilar F L. Elementary Quantum Chemistry. McGraw-Hill Book Company, 1968.

[29] Spice J E. Chemical Binding and Structure. Pergamon Press, 1964.

[30] Ziman J M. Principle of the Theory of Solids. Cambridge University Press, 1972.

[31] Ralls K M, Courtney T H, Wulff J. An Introducton to Materials Science and Engineering. John Wiley, 1976.

[32] Вайнштейн Б К, Фридкин В М, Инденбом В Л. Современная, Кристаддография, 2том Структура Кристаддов Издатедьство,《НАУ· КА》,Москва, 1979.

[33] Schmidt G M J. Pure Appl. Chem. ,1971,27: 647.

[34] Venkat R, Thalladi B, Desiraju G R. Chemical Communications. 1996. 401 -402.

[35] Desivaju G R. Crystal Engineering: The Design of Organic Solids. Elsevier Scientific Publishers, 1989.

[36] Desiraju G R. Science, 1999, 278: 404.

[37] Yaghi O M, Li G, Li H. Nature, 1995, 378: 703.

第七章　晶 体 结 构

自1912年劳厄发现了X射线对晶体衍射现象以来,人们通过对无机、有机晶体以及高聚物生物高分子结构等的测定,尤其是自20世纪60年代起,随着电子计算机控制的四圆衍射仪的问世,加之人们可在低温、高温、高压和微重力条件下生长可用于测定结构的微小晶体样品,积累了大量的有关晶体结构数据,诸如:晶胞参数、晶体构型、键长和键角等,极大地丰富了自然科学知识宝库,促使人们能够通过综合分析而归纳出一些结构形成的规律,将物质的组成、结构与性质三者有机地联系起来,从而打开了人们认识晶体微观世界的大门,大大地加深了对物质结构的认识,在晶体结构知识的引导下,相继地形成和发展了一些有关新兴学科,诸如材料科学、分子生物学,药学等. 而且现代物理学、现代化学、现代矿物学等的发展,这都离不开晶体结构的知识,同时,人们对非晶态材料的认识,也可将晶体结构的理论方法加以借鉴. 总之在一定程度来说,由于物质的性能主要地取决其结构,因此结构方面的理论知识对整个自然科学的发展起着难以估量的巨大作用[1-47].

§7.1　晶体结构的主要类型[1,8]

目前已知的晶体结构数目繁多,有多种分类方法,习惯上最常用的分类方法是按照化合物中各类原子的种类与数目进行分类,例如,单质晶体、二元化合物、多元化合物、高分子化合物等,但这种分类方法的缺点是,一些形式上相同,而晶体的对称性和其他性质却截然不同的化合物,却往往被归属为一类. 例如, AX型的NaCl和NiAs晶体结构是不同的,另一方面,不同化学计量比的化合物可以是有同一类型的结构. 例如, $LiFeO_2$和NaCl的结构是同型结构. 凡是晶体结构中结构基元的排列方式相同,且具有相同的空间群,均归属为同一种结构型. 例如, AX型的卤化物,这里A = Li^+,Na^+,K^+,Rb^+,Ag^+等,与NaCl晶体结构为同型,均称为NaCl型结构.

晶体结构也可根据其所属的化学键类型的不同来进行分类. 人们经常用晶体的化学键来考虑其物理化学性质,但若以晶体所属化学键类型来进行分类,目前尚存有明显的不足,其原因为:

(1)有的单质晶体是多键型的,例如石墨(C)结构,在层内为中间型(共价键和离子键)键,但层与层之间为范德瓦耳斯键.

(2)同一结构型的晶体可有不同的化学键,例如:AX型晶体,NaCl晶体为典型的离子键,而属于NaCl型结构的TaC晶体主要是金属键.

(3)许多化合物晶体是具有混合键型,即离子键为主的化合物有共价键成分,或共价键为主的化合物有离子键成分等,关于化学键成分问题,迄今尚没有定量的理论. 基于上述两种晶体结构分类方法的不足,同时也考虑到晶胞的形状与大小以及晶体生长习性等因素,人们提出了第三种分类方法,将晶体结构分为等向型、层型和链型三种主要类型.

本章将根据近代晶体学发展的现状,将晶体结构大体上分为元素单质晶体结构,金属合金结构、无机化合物晶体结构、有机化合物晶体结构、聚合物分子结构与晶体结构,并有重点地加以阐述.

§7.2 元素单质的晶体结构

单质的晶体结构可分为金属单质、惰性气体和非金属单质三种类型进行阐述[2-4].

7.2.1 金属单质的晶体结构[26-29]

在元素周期表中,共有70多种金属元素,典型的金属单质晶体,其原子与原子间的结合力为金属键,由于金属键无方向性和无饱和性,所以在一个金属原子的周围尽可能多地排列邻近原子,即金属单质倾向于高配位数结构,密度也大,堆积的空间利用率高,故典型的金属单质的晶体结构可看做是由等经圆球紧密堆积起来的. 按堆积方式不同可分为三种类型 A_1,A_2,A_3 三种类型,在这三种密堆积类型中有两种属最紧密堆积 A_1 和 A_3. 采取最紧密堆积的金属单质有58种,占金属的大多数. 有些金属单质的结构比较复杂,不能采取密堆积的结构形式,这是因为这些金属单质的键型,大都是由金属键向共价键过渡而形成的.

现举几种金属单质晶体结构实例,如下所述.

(1)铜(Cu)的晶体结构.

铜晶体结构属于立方最紧密堆积(A_1),空间群为 $Fm3m$,晶胞参数:a_0 = 3.608Å;配位数:N = 12;晶胞中原子的数目:Z = 4.

属于铜型单质晶体结构的有 Au,Ag,Pb,Ni,Co,Pt,γ-Fe,Al,Sc,Ca,Sr 等金属.

(2)铁(α-Fe)的晶体结构.

α-Fe 的晶体结构为立方体的 A_2 型,空间群为 $Im3m$,晶胞参数 a_0 = 2.860 Å;配位数:N = 8,晶胞中原子数目 Z = 2;属于立方体心紧密堆积.

属于 α-Fe 型晶体结构的有:W,Mo,Li,Na,K,Rb,Cs,Ba 等单质晶体.

(3)锇(Os)的晶体结构.

锇的晶体结构属于六方最紧密堆积 A_3 型,空间群为 $P6/mmc$,晶胞参数 a_0 = 2.712Å,C_0 = 4.313Å;配位数:N = 12,晶胞中原子数目:Z = 2.

属于镁型晶体结构的有:Mg,Zn,Rh,Sc,Gd,Y,Cd 等单质晶体.

(4)过渡金属单质.

由于d层电子的缘故,其晶体结构有多种变体,如铁(Fe)有三种变体,锰(Mn)有5种变体.

(5)稀土金属单质.

由于其最外电子层为s电子,所有的晶体结构均属于等径圆球的最紧密堆积.

(6)氢(H)与锂(Li)有类似的外层电子构型.

锂为典型的金属,其晶体结构属于 A_2 型,但迄今为止,尚未合成出或发现氢的晶体.

7.2.2　稀有气体的晶体结构

稀有气体以单原子分子形式存在. 稀有气体原子具有全充满的电子层,在低温下,原子与原子间通过微弱的范德瓦耳斯键凝聚成晶体. 晶体结构作等径圆球最紧密堆积的方式,氦(He)晶体结构属于 A_3 型结构,而其余的稀有气体:氖(Ne)、氩(Ar)、氪(Kr),氙(Xe)的晶体结构的属于 A_1 型结构.

7.2.3　非金属单质的晶体结构

在非金属单质的分子中,原子间的结合力多为共价键,由于共价键具有饱和性,因而每个原子所形成的共价键的数目受到原子自身电子组态的限制,意即受到它本身所提供的与其他原子组成共用电子对的数目所制约. 从而人们总结出 $8-N$ 规则,N 为非金属元素在元素周期表中所处的族数,而 $8-N=$ 所形成共价键的数目. 第ⅦA 族卤素原子:氟(F)、氯(Cl)、溴(Br)、碘(I)所形成共价键数目:

$8-7=1$,通过共用一个电子对,而成了双原子分子. 当这些分子组成晶体时,分子间是靠范德瓦耳斯键结合起来的.

第ⅥA 族元素原子:硫(S)、硒(Se)、碲(Te)等原子所形成的共价键数目为:$8-6=2$, 硫(S)的同素异构体甚多. 固、液、气三相的硫的结构之间的关系非常复杂易变. 在硫(S_n)分子中其分子中 S 的原子数:$n=1,2,3,4,5,6,7,\cdots,18,\cdots$而且同一种分子又有几种晶体结构型式,例如:$S_8$ 分子可以形成斜方硫,也可以组成单斜硫.

晶体硫的变体,一种是环状硫,它是由6,8,10或12硫原子组成,另一种为链状硫 S_∞. 硒(Se)和碲(Te)均具有多种同素异构体. 硒有6种晶型:一种为三方型硒,两种单斜型硒(α型和β型)和三种立方晶系晶型. 碲有三种晶型:一种为三方型碲和两种在高压下出现的晶型. 三方晶系的硒和碲晶体结构在常温常压下是稳定存在的晶型,所属空间群为:D_3^4-$P3_12_1$,或 D_3^6-$P3_221$. 其结构模型如图7.1所示.

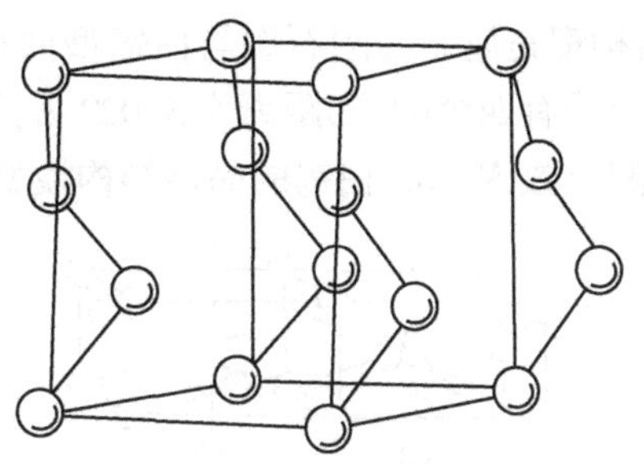

图 7.1 三方硒与碲的晶体结构模型

第 VA 族元素的磷(P)、砷(As)、锑(Sb)、铋(Bi)原子的共价键数目为 8 − 5 = 3. 磷、砷、锑、铋都具有多种同素异构体，在同素异构体中又有多种晶型. 三方晶系的砷、锑、铋在室温下是稳定存在的晶型. 磷在常温常压下稳定存在的晶型是黑磷，它在室温下加压，也可变为三方晶体，这四种三方晶体的空间群均为 $D_{3d}^{5}-R\bar{3}m$. 三方磷、砷、锑、铋的晶体结构模型如图 7.2 所示.

第 IVA 族元素的碳(C)、硅(Si)、锗(Ge)和锡(Sn)原子的共价键数目为 8 − 4 = 4.

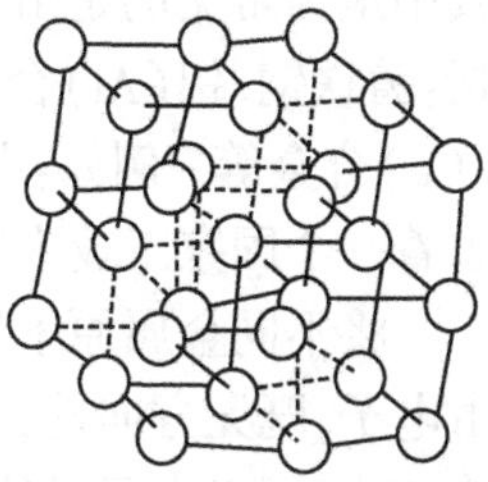

碳具有多种同素异构体，在常温常压下，常见的为立方金刚石和六方石墨晶体，六方石墨结构模型见图 6.22.

立方金刚石的空间群为 O_h^7-$Fd3m$，晶胞参数为 a_0 = 3.5668 Å，在结构中，每个碳原子均按四面体方向和四个碳原子以共价键(sp^3 杂化轨道)相连，C − C 键的键长为 1.544Å，从四面体中心碳原子指向四顶角碳原子的键角为 10 9°28′由于每个碳原子和四个不共面的碳原子相连，因而不能形成封闭的分子，而只能形成一种在三维空间无限延伸的大分子，立方金刚石的结构模型如图 7.3 所示.

图 7.2 三方磷、砷、锑、铋的晶体结构模型

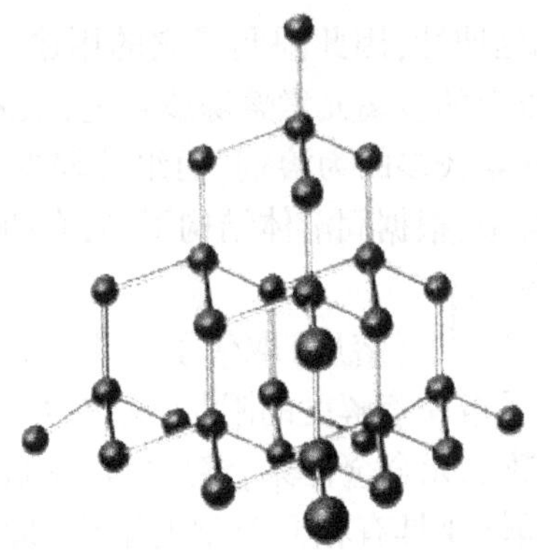

图 7.3 立方金刚石结构模型

硅、锗、锡的晶体结构都是属于金刚石型与白锡型两种结构型，白锡的空间群为 D_{4h}^{19}-I^{4_1}/amd，每个锡原子有四个配位，距离为 3.022 Å，另外还有两个配位，距离为3.182Å，每个原子的配位数 $N=6$. 白锡的晶体结构模型为图 7.4 所示.

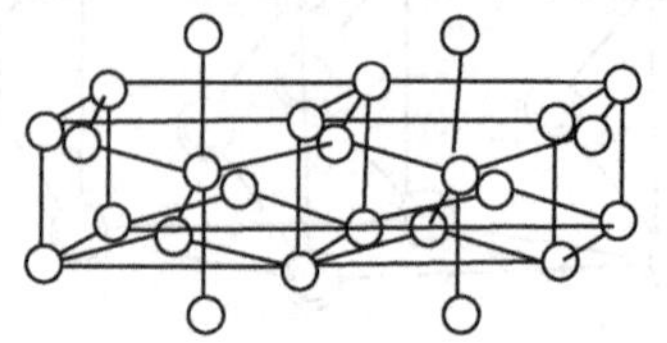

图 7.4　白锡的晶体结构模型

§7.3　金属合金的晶体结构[38-44]

由一种以上金属元素构成的金属材料，称为合金，合金的种类甚多，诸如：Mg，Al，K，Fe，Co，Ni，Cu，Zn，Ga，Zr，Ag，Sn，稀土元素，Au，Hg，Pb，Bi 等均能构成合金，其中最为常见的是由 Fe 构成的各种合金(钢)，通常称为各种钢材. 工程合金包括：铸铁钢、铝(Al)合金. 镁(Mg)合金、钛(Ti)合金、镍(Ni)合金、锌(Zn)合金、铜(Cu)合金等. 例如：由 Cu 和 Zn 构成合金——黄铜(brass). 合金工业的发展，标志着一个国家工业水准. 在国民经济当中占有极其重要地位与作用.

将不同金属原子组合在一起，可以形成不同的金属结构，由于金属键来源于自由电子，既无方向性，又无饱和性，其组成的金属原子的本身性质对合金形成的影响，就不同于离子晶体和共价键晶体形成时那样显著，这意味着金属原子间的化学比的结合是比较松散宽容的. 因此金属间结构，有的可以形成固溶体，有的可以形成金属间化合物，也可以形成电子化合物等.

7.3.1　金属固溶体

纯金属倾向于性软和延伸性，因此限制了它的用途. 增强金属强度的最普通的途径之一，就是将两种以上的金属元素熔炼成合金，最简单类型的合金为二元合金，在熔炼的合金中组分元素较多的为溶剂，而组分较少的元素为溶质，溶质弥散在溶剂中，而形成固溶体合金，根据固溶体结构不同，有两类固溶体，一类为取代固溶体，另一类为间隙固溶体.

取代固溶体是较少组分原子(溶质)取代了主要组分原子(溶剂)的所占有的晶格位置，而取代的多少，受溶质溶解度的限制，从热力学得知，固溶体可分为连续固溶体和有限固溶体. 少数二元合金体系，溶质的溶解度可达 100%，显然，这样的固溶体，溶剂和溶液的晶体要具有相同类型的结构(即同晶型体系)，例如 Cu-Ni 二元合金，Cu 和 Ni 均为面心立方(fcc)晶体结构. Cu-Ni 的固体溶解度为100%，原子大小的差别大约为 2%，两者的电负性相同，价电子数目相等，而形成无限互溶的连续固溶体. 而Cu-Ag合金,两者的原子大小的差别大约为12%,而其他因素是有利的,但只能形成有限固溶体合金. 取代固溶体合金结构如图7.5所示.

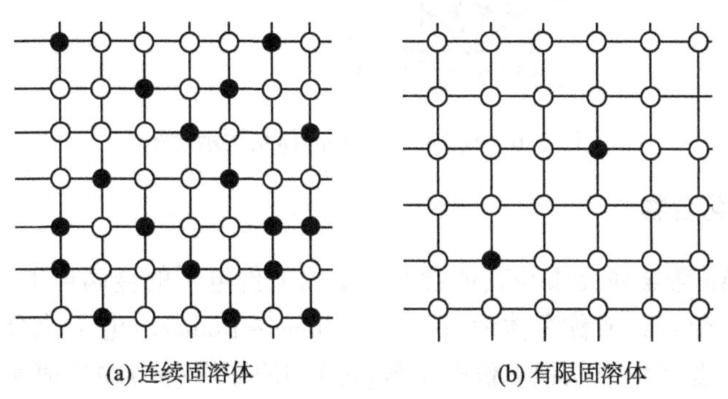

图7.5　取代固溶体合金二维结构示意图

间隙固溶体是溶质原子占据溶剂晶格中的间隙位置,间隙固溶体总是受溶质溶解度的限制,溶质原子必须小于溶剂原子所形成的间隙位置,以便于溶质原子填充进去,但溶剂原子与溶质原子的电负性差值也是一个重要因素. 例如,碳(C)能够适当地进入铁(Fe)原子晶格的间隙位置,而氧原子和氟原子虽然小于碳原子,但不能够进入铁原子晶格的间隙位置.

7.3.2　金属间化合物

金属间化合物均是两种或更多种金属按一定比例的合金,可通过固态合金有序化和从熔体的结晶而形成的新的化合物,这种所得到化合物的化学性质不同于两种合金试剂中的任何一种,提供了附加的效应. 金属间化合物最普通的例子是掺碳体Fe_3C合金钢.

金属间化合物的晶体结构不同于它的组成金属,它的力学性质经常是陶瓷与金属间的性能的折衷,其硬度或抗高温在应用中是很重要的,并能显示出磁性,超导和化学性质,其根源在于金属化合物晶体内部结构有序性、金属键和共价键或共价键和离子键的混合作用.

金属间化合物大都具有高的配位数. 高配位数和高的堆积系数化合物也可以由原子半径显著不同的原子组成,其中小原子填充在大原子间隙中. 例如$MgCu_2$合金,属于立方结构,Mg原子占据金刚石型点阵位置,Cu原子则处在许多空的1/8体积中形成四面体原子团的键链上,如图7.6所示.

金属间化合物已引导出各种各样的新型合金材料,诸如储氢的Al-Ni合金体系、Al-Ti合金体系、Au-Cu合金体系与具有复杂配位多面体的MgZn合金体系等.

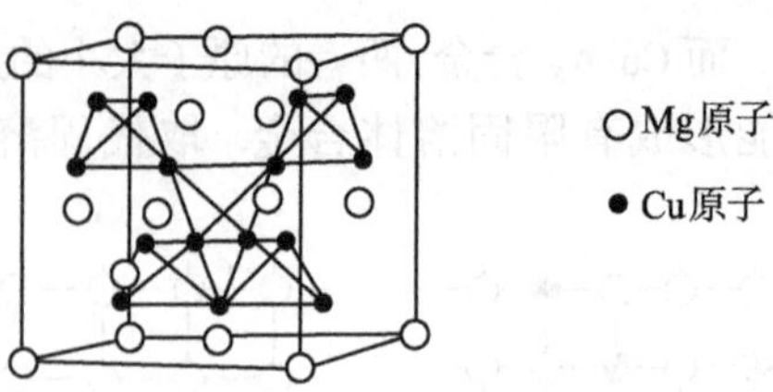

图 7.6　$MgCu_2$ 化合物晶体结构示意图

7.3.3　电子化合物

Cu,Ag,Au 等金属元素与其他含有一个以上价电子的金属可形成一类有趣的合金——电子化合物或称为休谟-罗瑟里(Hume - Rothery)电子化合物,这种合金的晶体结构主要是由于晶胞中价电子数(n_e)和原子数(n_a)的比值所决定的,这一比值 n_e/n_a 称为电子浓度.

理论分析与实验证明:具有 α 相的立方面心(fcc)点阵结构的电子化合物,电子浓度限为 7/5 =1.4. 具有 β 相的立方体心(bcc)点阵结构的电子化合物,电子浓度限为 n_e/n_a =3/2. 有 γ 相的电子化合物的电子浓度限 n_e/n_a =21/13. 此种化合物属于另一种立方面心(fcc)点阵结构类型.

在 Cu-Zn 体系电子化合物晶体结构具有 α、β、γ、ε、η 多种相结构,其中 ε 和 η 相均为六方紧密堆积,前者 c 轴与 a 之比 $\frac{c}{a}=1.55$,而后者为 1.85.

另外, 过渡金属(Cr,Mn,Fe,Co 等)价壳层能够收容 18 个电子,其中在 5 个 α 轨道中每个轨道可分布 2 个电子(总共 10 个电子)在 3 个 p 轨道中每个可分布 2 个电子(共 6 个电子),在 s 轨道中 2 个电子. 实际上,这些轨道不能直接接收电子,然而,这些原子轨道结合配位体轨道,可产生 9 个分子轨道,这些分子轨道既可以使金属配位体键合或非键合,这 9 个能量最低轨道,能够完全充满电子;这些充满的电子既可由金属产生又可来自任何的配位体. 这就是 18 个电子规则的基础.

18 个电子规则,在金属有机化合物研究领域中现已得到了广泛的应用. 现举例说明:

$Fe(CO)_5$ 为一电子化合物,其中电子数目的分配:

Fe:　　　　8　电子

CO:　　　　2　电子　　　因此,在此种化合物总共为 18 电子

5 × CO:　　10　电子.

若 $Fe(CO_2)_5$ 中的一个 CO 被 $CH_2=CH_2$ 所置换:$C_2H_4Fe(CO)_4$,此种金属有机化合物中的电子数目未变. 或者:$CH_2=CH-CH=CH_2$ 置换 2 个 CO,使 $Fe(CO)_5$变成:$(C_4H_6)Fe(CO)_3$ 金属有机化合物,其中的电子数目:4e + 8e + 6e (electron) =18e,电子数目仍未变.

7.3.4 非周期性结构的固相合金

非周期性结构的固相合金,大致可分为两类:一类为非晶态合金,另一类为准晶态合金. 非晶态合金,可采用快速冷却的方法,使合金液态的无序结构冻结下来,便变成非晶态合金,例如 Au_3Si,Pd_4Si 等都可制成非晶态合金. 准晶态合金最显著的特点是具有非晶体学对称性,可具有 5 重(次)或高于 6 重(次)对称轴,此种类型的合金,有的由于具有重量轻,高强度等性能特点,如 Al Mn 系列合金等,在航天航空等工业中有重要应用,现已成为近代晶体学中一支重要的分支学科,近 20 多年来无论是在制造技术或理论探索等方面均发展得很快,关于准晶的问题,将在本书十二章还要作些较详细的专门论述.

§7.4 无机化合物典型的晶体结构[5-12, 14-16]

人们用实验方法来测定晶体结构,可以说是从无机物化合物晶体开始的. 早在 20 世纪 20 年代布拉格父子,利用晶体对 X 射线的衍射效应,测定了一系列无机化合物晶体结构,诸如氯化钠型(NaCl,KCl,KBr,…)、硫化锌(ZnS)型、氯化铯(CsCl)型、萤石(CaF_2)等,随后半个多世纪以来,人们相继地测定了一些无机多元化合物晶体结构,并相应地无机离子晶体结构理论得到了发展.

当前,在整个技术单晶材料范围内,人们所使用的晶体仍多为无机化合物晶体,其中离子晶体和共价键晶体占有显著的重要地位. 对于无机化合物的晶体形态、结构、生长及其物化性质等方面的研究均较为深入,应用的范围较广,所积累的研究成果也最为丰富,并已总结出一些与晶体化学方面有关的规律,为今后设计合成和生长新型无机物晶体奠定了理论基础.

现仅将无机化合物晶体中具有代表性的结构类型,按照其所含有的原子种类与数目的多少以及新发现的晶体,大致分为三类,一类为二元化合物,另一类为多元化合物,第三类为新发现的新型功能晶体结构,分别而扼要地加以概述.

7.4.1 二元化合物典型的晶体结构

(1) AX 型晶体结构.

AX 型化合物最有代表性的结构型是氯化钠(NaCl)型、氯化铯(CsCl)型、硫化锌(ZnS)型和砷化镍(NiAs)型等.

(i) NaCl 型晶体结构,NaCl 晶体是由 Na^+ 和 Cl^- 组成,晶体结构中每个 Na^+ 周围有 6 个 Cl^- 配位,每个 Cl^- 周围有 6 个 Na^+ 配位,形成一个无限的周期性结构,NaCl 晶体结构模型如图 7.7 所示.

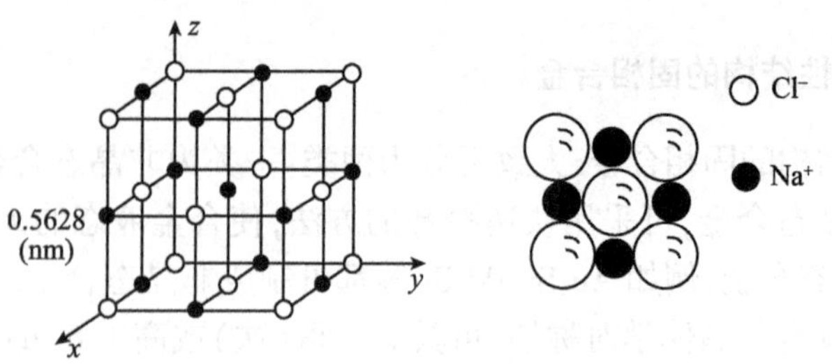

图 7.7　NaCl 晶体结构模型

氯化钠晶体结构属于立方面心点阵，晶胞参数为 $a_0=5.628\text{Å}$，晶胞中含有化学式数目 $Z=4$，Cl^- 和 Na^+ 各占有一套立方面心点阵，两者套叠时，一套点阵配置于另一套点阵间距的中点，Cl^- 和 Na^+ 在晶胞中的坐标位置分别为

Cl^-：$000,\frac{1}{2}\frac{1}{2}0,\frac{1}{2}0\frac{1}{2},0\frac{1}{2}\frac{1}{2}$；

Na^+：$\frac{1}{2}00,0\frac{1}{2}0,00\frac{1}{2},\frac{1}{2}\frac{1}{2}\frac{1}{2}$.

在 NaCl 晶体结构中，晶胞中的十二条棱都是互相公用的.

NaCl 晶体结构也可看作是 Cl^- 作立方最紧密堆积，而 Na^+ 处在全部八面体空隙中，Na^+ 在 Cl^- 周围都是八面体配位. 因此，Na^+ 和 Cl^- 的配位数均为 6，形成一个无限的周期性结构，NaCl 晶体的这种结构形式，可以解释它的许多特有性质. 例如，NaCl 晶体是绝缘体不导电，但当它熔化后变成 Na^+ 和 Cl^-，而变成导电体. 属于 NaCl 型结构的二元化合物晶体有许多种，例如：

(a) 卤化物(AX)：这里 $A=Li^+,Na^+,K^+,Rb^+,\cdots$；$X=F^-,Cl^-,Br^-$ 等离子

(b) 氧化物(AO)：$A=S_r^{2+},Ba^{2+},Ca^{2+},S_r^{2+},Pb^{2+}$ 等离子

(c) 硫化物(AS)：$A=Pb^{2+},Ca^{2+},Ba^{2+},Mg^{2+}$ 等离子

(d) 硒化物(ASe)：$A=Pb^{2+},Ba^{2+},Mg^{2+},Ca^{2+}$ 等离子

(e) 碲化物(ATe)：$A=Ca^{2+},Sr^{2+},Ba^{2+}$ 等离子

…

在上述各类晶体中，LiF，KCl，KBr，NaCl 等晶体为重要的光学晶体材料. LiF 晶体能用于紫外光波段，而 NaCl，KCl，KBr 等晶体适用于红外光波段，可用于制作窗口和棱镜等. PbS 等晶体是重要的红外探测材料等.

NaCl 型结构的稳定区范围应在正、负离子半径比 $r^+/r^-=0.414\sim0.73$ 的范围内. 当 $r^+/r^-<00.414$ 时，AX 型晶体多为 ZnS 型结构，当 $r^+/r^->0.73$ 时，AX 型晶体多为 CsCl 型结构.

(ii) CsCl 型结构，CsCl 晶体结构属于立方初基点阵，空间群为 O_h^1-$Pm3m$，晶胞常数 $a_0=4.110\text{Å}$，晶胞中化学式数目 $Z=1$. Cs^+ 和 Cl^- 在晶胞中的坐标位置为

$$Cl^-:0\ 0\ 0,\quad Cs^+:\frac{1}{2}\ \frac{1}{2}\ \frac{1}{2}$$

CsCl 晶体结构模型,如图 7.8 所示. 在 CsCl 晶体结构中,Cl^- 和 Cs^+ 各占有一套立方初基点阵位置,而整个 CsCl 晶体结构可视为 Cl^- 的立方初基点阵与 Cs^+ 的立方初基点阵套叠而成. 在套叠时,一套点阵配置在另一套点阵的立方晶胞体心. 两种离子的配位数均为 8.

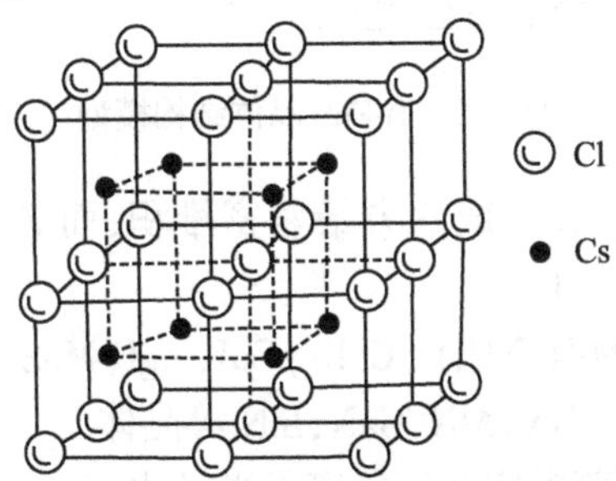

图 7.8 CsCl 晶体结构模型

CsCl 型结构的稳定区应在正、负离子半径比在 $r^+/r^- = 1 \sim 0.73$. 属于这种结构型的晶体有:CsBr,CsI,RbCl,ThTe,TlCl,TlBr,TlI,NH_4Cl,NH_4Br,NH_4I 以及一些合金的晶体结构,如 AgCd,AgMg,…晶体.

(iii)硫化锌(ZnS)型结构. ZnS 晶体结构有两种主要变体,一种为立方闪锌矿型结构,另一种为六方纤维锌矿型结构.

闪锌矿(α-ZnS)的晶体结构为立方面心点阵,空间群为 T_d^2-$F\bar{4}3m$,晶胞常数为 $a_0 = 5.420$Å,晶胞内化学式数目 $Z = 4$. 正、负离子在晶胞中的坐标位置为

$$S^{2-}:0\ 0\ 0,0\ \frac{1}{2}\ \frac{1}{2},\frac{1}{2}\ 0\ \frac{1}{2},\frac{1}{2}\ \frac{1}{2}\ 0.$$

$$Zn^{2+}:3/4\ \frac{1}{4}\ \frac{1}{4},\frac{1}{4}\ 3/4\ \frac{1}{4},\frac{1}{4}\ \frac{1}{4}\ 3/4,3/4\ 3/4\ \frac{1}{4}.$$

α-ZnS 晶体结构模型,见图 6.21. 在 α-ZnS 晶体结构中,S^{2-} 形成立方最紧密堆积,Zn^{2+} 占有 1/2 的四面体空隙,两种离子的配位均为 4.

若将 α-ZnS 晶体结构的 Zn^{2+} 和 S^{2-} 全部用 C 原子取代时,则变化金刚石的结构. 具有 α-ZnS 型结构的晶体有 CuF,CuCl,CuBr,CuI,BeO,BeS,CdS,HgS,BeS,BeTe,ZnSe,HgSe,ZnTe,CdTe,MgTe,AlP,GaP,AlAs,GaAs,AlAs,GaSb,InSb,GaP,BAs,BN,BeB 等晶体,其中有些是重要的红外半导体和电光晶体材料,如 InSb,GaAs,GaP,CdS,CuCl 等晶体,BN 为超硬晶体.

纤维锌矿(β-ZnS)晶体结构属于六方晶系,空间群为 C_{6v}^4-$P6_3mc$,晶胞参数为 $a_0 = 3.84$Å,$c_0 = 5.180$Å,晶胞中化学式数目:$Z = 2$,β-ZnS 晶体结构模型如图 7.9 所示.

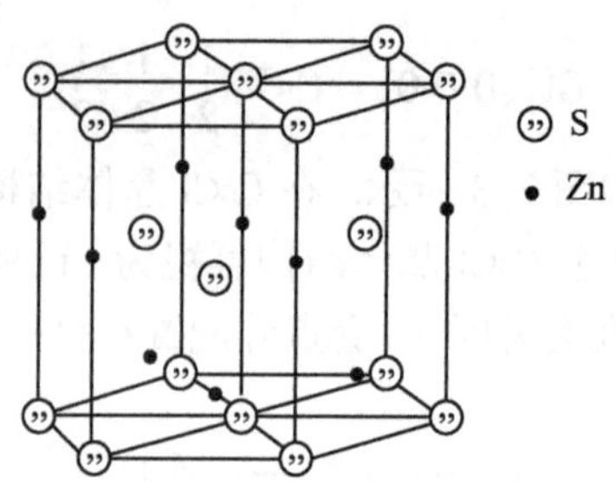

图 7.9 β-ZnS 晶体结构模型

在 β-ZnS 晶体结构中，S^{2-} 成六方最紧密堆积，而 Zn^{2+} 占有 1/2 四面体空隙中，两种离子的配位数均为 4.

属于 β-ZnS 型结构的有 NH_4F, CuBr, CuI, AgI, MnS, MnSe, MnTe, NbN, TaN, ZnO, BeO, CdS, CdSe, ZnTe, BN, AlN, GaN, InN 等晶体.

ZnS 型结构的稳定区范围应在正负离子半径比 $r^+/r^- = 0.414 \sim 0.225$，但很难预言这类二元化合物究竟是属于立方 α-ZnS 型还是属于六方 β-ZnS 型结构，一般来讲，硫族化合物倾向于形成立方 α-ZnS 型结构，如 BeS, ZnSe 等晶体，但氧化物等倾向于形成六方 β-ZnS 型结构，如 BeO, ZnO 等晶体.

ZnS 晶体有多种多层次重复堆积的变体，有的变体多达 50 层次重复堆积，而立方 α-ZnS 和六方 β-ZnS 可以看做是多种变体的两种极限的情况. 多层次重复堆积的结构是介于这二者之间的中间变体.

有些含有氢键的化合物晶体，也属于 ZnS 型结构. 例如，LiSH 和 $LiNH_2$ 等晶体均具有立方 α-ZnS 型结构；而 NH_4F 则属于六方 β-ZnS 型结构，这些晶体结构都与氢键的方向有关.

(iv) 红镍矿(NiAs)型结构，NiAs 型结构是过渡金属元素与较易极化的 A 族部分元素组成的 AX 型化合物的存在形式.

红镍矿晶体属于六方晶系，六方初基点阵，空间群为 D_{6h}^4-$P6_3/mmc$. 晶胞参数为 $a_0 = 3.062$Å, $c_0 = 5.009$Å，晶胞中化学式数目 $Z = 2$. NiAs 晶体结构模型如图7.10 所示.

在 NiAs 晶体结构中，Ni 位于整个六方柱大晶胞的各个角顶、底心、体心以及棱的中央，这样连接相邻的 6 个 Ni 原子，即构成一个三方柱，整个六方柱则划分成上、下各 6 个这样的三方柱，As 原子位于其中相间的 6 个三方柱的体心，因此，每个 As 原子为周围 6 个成三方柱形分布的 Ni 原子所包围，而每个 Ni 原子则位于 6 个成八面体分布的 As 原子的空隙中，Ni, As 原子的配位数均为 6. Ni, As 八面体以共面相连，形成平行于 6 次对称轴的纵列. 位于八面体中心的 Ni 原子，则形成许多平行于 c 轴的链，这种结构的链状特征，表现在 c 轴方向 Ni-Ni 间距(2.52 Å)较 a 轴方向最近邻的 Ni-Ni 间距(3.61Å)小得多，所以 NiAs 晶体中的键链是典型的共价键和金属键的混合键,即中间型键. 一些比较重要的 NiAs 型结构的 AX 型化合物晶体列入表 7.1.

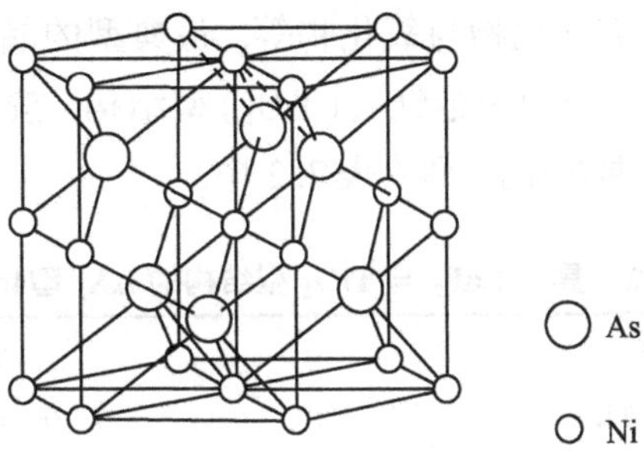

图 7.10 红镍矿(NiAs)晶体结构模型

表 7.1 一些比较重要的 NiAs 型结构的 AX 化合物晶体

TiS	TiSe	TiTe				
VS	VSe	VTe	VP	VAs*		RhBr
CrS	CrSe	CrTe	CrP*	CrAs*	CrSb	
FeS	FeSe	FeTe	FeP*	FeAs*	FeSb	
CoS	CoSe	CoTe	CoP*	CoAs*	CoSb	FeSn
Nis	NiSe	NiTe		NiAs*	NiSb	NiSn
		MnTe	MnP*	MnAs*	MnSb	
		RhTe			RhSb*	RhSn
		PdTe			PdSb	PdSn
					PtBi	PtSn

* 表示畸变的 NiAs 型结构.

对 NiAs 型结构化合物磁性的测量表明,在这类化合物中,有许多晶体具有较大的铁磁性或反铁磁性. 由此可见,这类结构型的晶体结构中有金属键的成分.

另外,有少数化合物晶体呈反 NiAs 结构型,即在晶体结构中金属原子与非金属原子换了位置,例如:NbN,PtB,RhB 等晶体结构就属于反 NiAs 结构型.

根据(i)~(iv)所述,AX 型化合物晶体结构递变规律可总结为:

负离子:由小⟶大

正离子:由大⟶小

离子极化:由弱⟶强

典型离子晶体:中间型键

CsCl→NaCl→α-ZnS
β-ZnS

⟶NiAs

配位数:8 ⟶6 ⟶4

以上所述 AX 型化合物的四种晶体结构型,占据了 AX 型化合物的很大一部分,而且它们的成分均具有不定比性.

(2) AX_2 型化合物的晶体结构型.

AX_2 型化合物主要有氟化物与氧化物等. 最典型的晶体结构型有两种,一种为萤石(CaF_2)型结构,另一种为金红石(TiO_2)型结构. 按正、负离子半径比(r^+/r^-)的大小来区分这两种结构型,列入表 7.2 中.

表 7.2　具有 CaF_2 与 TiO_2 型结构的 AX_2 型化合物

CaF_2 型 $r^+/r^- > 0.732$				TiO_2 型 $r^+/r^- = 0.732 - 0.38$			
BaF_2	0.99	CeO_2	0.72	MnF_2	0.59	PbO_2	0.60
PbF_2	0.88	ThO_2	0.68	FeF_2	0.59	SnO_2	0.51
SrF_2	0.83	PrO_2	0.66	PdF_2	0.59	TiO_2	0.49
($BaCl_2$	0.75)	PaO_2	0.65	($CaCl_2$	0.55)	WO_2	0.47
CaF_2	0.73	UO_2	0.64	ZnF_2	0.54	OsO_2	0.46
CdF_2	0.71	NpO_2	0.63	CoF_2	0.53	IrO_2	0.46
($SrCl_2$	0.63)	PuO_2	0.62	NiF_2	0.51	RuO_2	0.45
		AmO_2	0.61	($CaBr_2$	0.51)	VO_2	0.43
		ZrO_2	0.57	MgF_2	0.48	CrO_2	0.40
		HfO_2	0.56			MnO_2	0.39
						GeO_2	0.38

(i) 萤石(CaF_2)型结构.

萤石(CaF_2)晶体属于立方晶系,立方面心点阵,空间群为 $O_h^5\text{-}Fm3m$,晶胞参数为 $a_0 = 5.45$ Å,晶胞中的化学式数目 $Z = 4$,整个 CaF_2 晶体结构可看做是三个相同的立方面心点阵的固定交错套叠,套叠的结果是使 Ca^{2+} 位于立方面心晶胞的角顶和面心,而 F^- 则位于其晶胞所等分的 8 个小立方体的体心.

Ca^{2+}、F^- 离子在晶胞中的位置为

$$Ca^{2+}: 0\,0\,0, 0\,\frac{1}{2}\,\frac{1}{2}, \frac{1}{2}\,0\,\frac{1}{2}, \frac{1}{2}\,\frac{1}{2}\,0;$$

$$F^-: \frac{1}{4}\,\frac{1}{4}\,\frac{1}{4}, \frac{3}{4}\,\frac{1}{4}\,\frac{1}{4}, \frac{1}{4}\,\frac{3}{4}\,\frac{1}{4}, \frac{3}{4}\,\frac{3}{4}\,\frac{1}{4}, \frac{1}{4}\,\frac{1}{4}\,\frac{3}{4},$$

$$\frac{3}{4}\,\frac{1}{4}\,\frac{3}{4}, \frac{1}{4}\,\frac{3}{4}\,\frac{3}{4}, \frac{3}{4}\,\frac{3}{4}\,\frac{3}{4}$$

CaF_2 晶体的结构模型如图 7.11 所示.

从圆球紧密堆积的角度来看,萤石的晶体结构,可自闪锌矿(α-ZnS)晶体结构中引出,即由 Ca^{2+} 构成立方最紧密堆积,而 F^- 填充在全部四面体空隙中,由于 F^-

的离子半径较大,使 Ca^{2+} 所形成的立方最紧密堆积被挤松散了,因此,每个 Ca^{2+} 被 8 个 F^- 所包围,因而 Ca^{2+} 的配位数为 8,每个 F^- 被 4 个 Ca^{2+} 所包围,其配位数为 4.

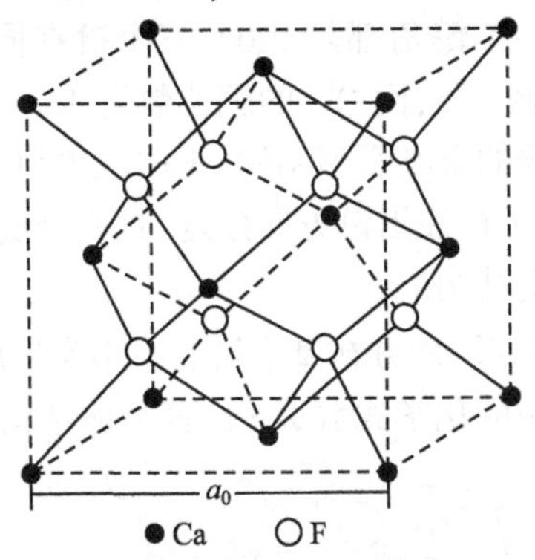

图 7.11 萤石(CaF_2)晶体结构模型

优质的 CaF_2 晶体,它不仅是重要的光学材料,而且是激光基质晶体,掺入 Dy^{2+} 的 CaF_2 晶体是早期实现激光连续输出的工作物质.

与萤石结构相对应的另一类结构型为反萤石型结构,其化学式为 A_2X,即萤石结构中的正离子被负离子所代替,属于反萤石型结构的化合物有:Li_2O,Na_2S,Li_2S,Ag_2S, Cu_2S,Cu_2Se 等晶体,而正、负离子配位数分别 4 和 8.

(ii)金红石(TiO_2)型结构.

金红石(TiO_2)晶体属于正方晶系,正方初基点阵,空间群为 D_{4h}^{14}-$P4_2/mnm$,晶胞常数为 a_0 =4.594Å,c_0 =2.959Å,金红石晶体结构模型如图 7.12 所示.

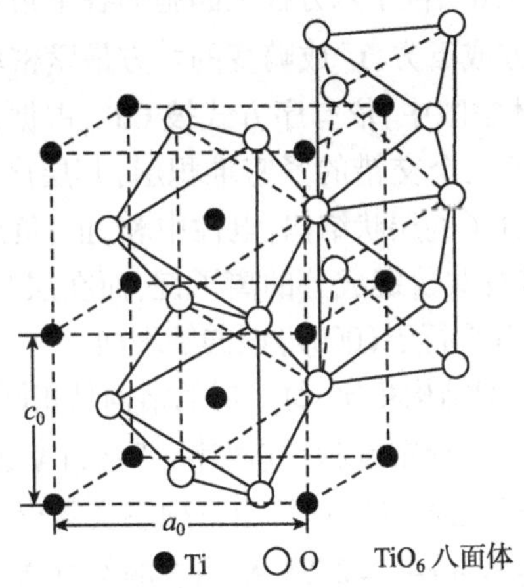

图 7.12 金红石(TiO_2)晶体结构模型

从圆球紧密堆积的角度来看,在金红石晶体结构中,O^{2-} 形成了歪曲的六方最紧密堆积,其半数的八面体空隙为 Ti^{4+} 所占据. 在理想的六方最紧密堆积时,正离子应位于三方柱的三个顶点上，A—X—A 键角相应为 132°，132°，90°，三个键不在同一平面上，X 位于三方柱的体心. 但在金红石晶体的情况下，其结构歪曲成正方对称性，而相应的 A—X—A 键角都是 120°，三个键在同一平面内，其配位八面体也受到歪曲，Ti^{4+} 的配位数为 6，而 O^{2-} 的配位数为 3.

有些过渡元素化合物的金红石型结构，歪曲成单斜晶体. 例如，MoO_2，VO_2 等化合物，结构中的金属离子往往沿链方向接近，具有金属或半导体性质.

(iii) 碘化镉(CdI_2)型结构.

CdI_2 晶体属于三方晶系，六方初基点阵，空间群为 D_{3d}^3-$P\bar{3}m$，晶胞常数为 a_0 = 4.24Å，c_0 = 6.84Å，晶胞中的化学式数 Z = 1，其晶体结构模型如图 7.13 所示.

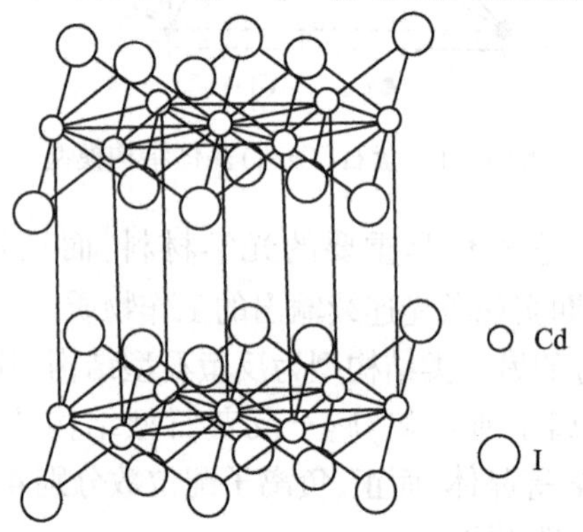

图 7.13　碘化镉(CdI_2)晶体结构模型

在 CdI_2 晶体结构中，Cd^{2+} 位于六方柱大晶胞的各个角顶和底心，而 I^- 则位于 Cd^{2+} 三角柱形重心的上方或下方，I^- 成畸变的六方最紧密堆积，而 Cd^{2+} 则相间成层地填充于半数的八面体空隙中，依有序方式被 Cd^{2+} 占据，如以 A，B，C 和 a，b，c 分别代表负离子与正离子三个交错的紧密堆积层，其层序可表示为 |AbC|AbC|，从而构成了成分为 CdI_2 分子的层状结构，电性中和，正、负离子的配位数分别为 6 和 3. 在层内 A-X 键系带有共价键成分的离子键，而在层与层之间的结合力为范德瓦耳斯键，因此晶体具有平行于(0001)面的解理面.

$CdCl_2$ 型结构与 CdI_2 型结构相比，每一层的结构是相同的，但层与层之间堆积方式却不同，而 Cl^- 成立方最紧密堆积，其层序可写做 |AcB||CbA||BaC|. $CdCl_2$ 型结构比 CdI_2 型结构离子性强一些，这可由下列事实看出，在 $CdCl_2$ 晶体结构中，$r_{Cd^{2+}} - r_{Cl^-}$ = 2.74 Å，而 $r_{Cd^{2+}} + r_{Cl^-}$ = 2.85 Å，两者的差值 Δ = 0.11Å.

在 CdI_2 晶体结构中，$r_{Cd^{2+}} - r_{I^-}$ = 2.98 Å，而 $r_{Cd^{2+}} + r_{I^-}$ = 3.23Å，其差值 Δ = 0.25Å. 由此可见，在 CdI_2 晶体结构中，I^- 的极化率增加了.

属于 CdI_2 型结构的晶体有 $MgBr_2$，$FeBr_2$，$CoBr_2$，MgI_2，CaI_2，MnF_2，FeI_2，CoI_2，

$CoTe_2$，HfS_2，$IrTe_2$，HfSe；$Ca(OH)_2$，$Mg(OH)_2$，$Mn(OH)_2$，$Fe(OH)_2$，$Co(OH)_2$ $Ni(OH)_2$，Cd(OH)Br，Mg(OH)Cl，$Co(OH)_{1.5}Br_{0.5}$等，其中(OH^-)与I^-一样，极化率是很大的.

属于$CdCl_2$型结构的晶体有$MgCl_2$，$MnCl_2$，$FeCl_2$，$CoCl_2$，$NiCl_2$，$ZnCl_2$，$CdCl_2$，$ZnBr_2$，NbS_2等.

在AX_2型化合物中，溴化物介于氯化物与碘化物之间，而氟化物多呈CaF_2型结构.

(iv)辉钼矿(MoS_2)型结构.

MoS_2晶体结构属于六方晶系，六方初基点阵，空间群为D_{6h}^4-$P6_3/mmc$，MoS_2具有与CdI_2型类似的层状结构，其结构模型如图7.14所示.

在这种结构型中，A与X紧密堆积层系按|BaB|AbA|堆积而成. A原子被6个X原子所包围，X原子被3个A原子所包围，A(Mo)的配位多面体为一个三方柱，在这种结构中，层内的结合力主要是共价键. 六个X原子位于三方柱的各个角顶，而层与层间结合力主要为金属键，MoS_2晶体在工业上常被用作在高压工作机器的润滑剂.

以MoS_2型结构存在的AX_2型化合物有钨和钼的硫化物、硒化物与碲化物等晶体.

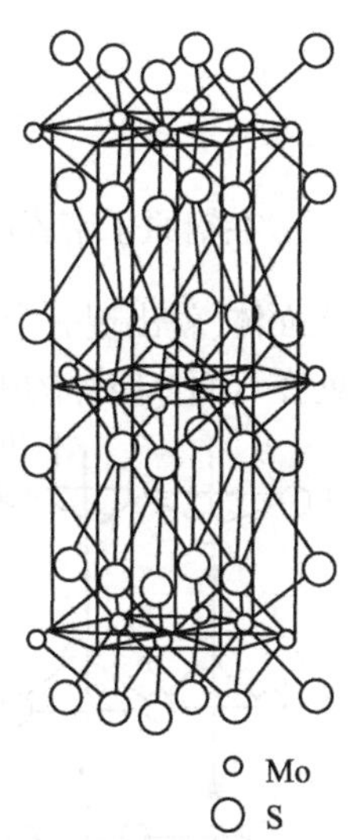

图7.14 辉钼矿(MoS_2)型晶体结构模型

(3)A_nX_m型化合物晶体.

在A_nX_m型化合物晶体中，随着正离子电价的增大，极化性的影响也越来越重要，等向性($a_0/c_0=1$)结构型逐渐地沦为次要，而层状、链状与分子型的结构型就占据了主导地位.

(i)AX_3型化合物. 在AX_3($m=3$)型化合物中，有等向性离子晶体，如BiF_3，ScF_3等晶体，有层状结构的晶体，如LaF_3、$PuBr_3$等晶体. 有分子间以范德瓦耳斯键结合的分子晶体，如BF_3等晶体.

在AX_m型化合物中，当$m>3$时，一般均为分子晶体.

(ii)A_2X_3型化合物，A_2X_3型金属氧化物大都是些离子化合物，在这类化合物的结构型中，最常见的是刚玉(α-Al_2O_3)型结构. 刚玉(α-Al_2O_3)为典型的离子晶体，它属于三方晶系，三方R点阵，空间群为D_{3d}^6-$R\bar{3}c$. 晶胞参数$a_0=5.128$Å，$\alpha=55°20'$.

在三方菱形晶胞中含有两个Al_2O_3化学式，这种三方菱形点阵(R)，也可以划分成复六方点阵，晶胞参数$a_0=4.7628$Å，$c_0=13.0032$Å，在这种六方点阵中包含有6个Al_2O_3化学式.

α-Al_2O_3晶体结构可近似地看作是氧原子按六方最紧密堆积，而铝原子占据2/3八面体空隙，氧原子和铝原子的密置层按|AcBc′|AcBc′|…的方式堆积，其中

Ac 和 Bc′层如图 7.15 所示.

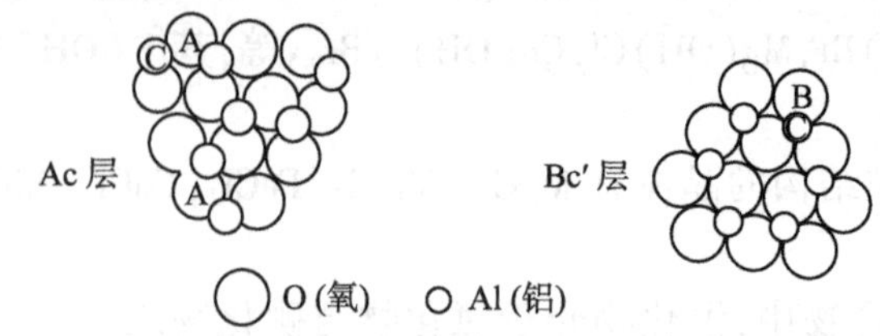

图 7.15　α-Al_2O_3 晶体中氧(O)与铝(Al)原子的密置层

在铝原子密置层中,有$\frac{1}{3}$的位置空着,沿着 c 轴(C_3 对称轴)每隔两个填充铝的八面体,就出现一个空着的八面空隙,而且八面体空隙是有些畸变的,铝原子也并不处在八面体空隙的中心,铝格位的对称性也从 C_{3v}-$\bar{3}m$ 降至 C_3-$\bar{3}$,如图 7.16 所示.

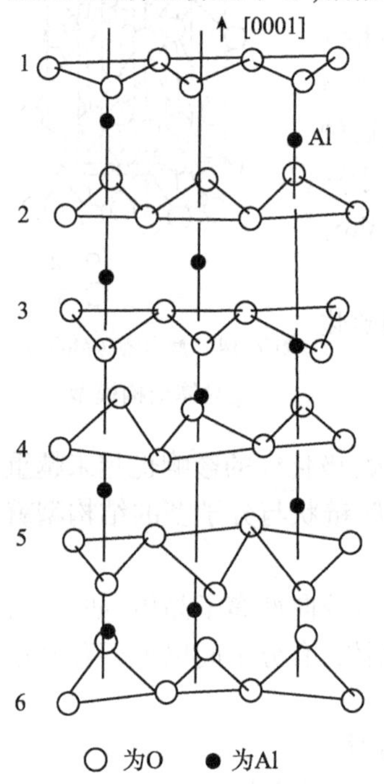

图 7.16　α-Al_2O_3 晶体结构的一部分. 铝原子位于两个氧密置层中间的稍有畸变的八面体空隙中

刚玉(α-Al_2O_3)晶体在工业上有着广泛的用途,例如可把它用作钟表轴承、研磨器件中所用的研磨材料等. 另外,将刚玉晶体中掺入 Cr 原子,就变成一种具有应用价值的激光晶体(Cr^{3+}-Al_2O_3). 红宝石(Cr^{3+}-Al_2O_3)晶体是以 Cr^{3+} 部分地取代 α-Al_2O_3 晶格中的 Al^{3+} 而构成的,Cr 原子外层的电子组态为 $3d^54s^1$,将 Cr 掺入 α-Al_2O_3 晶体中时,便失去 $3d^54s^1$ 中 3 个电子,只剩下 $3d^3$ 的 3 个电子,在晶体中以 Cr^{3+}的形式存在,而使晶体呈现红色,其颜色的深度随所含有的 Cr^{3+}浓度的增大而加深,Cr^{3+} 的含量一般在 0.05% ~ 0.1%(重量%). 红宝石(Cr^{3+}-Al_2O_3)晶体至今仍是一种重要的激光工作物质.

7.4.2　多元化合物典型的晶体结构

多元化合物的晶体结构类型繁多,不胜枚举,现仅就较为典型,而研究得比较深入的,并作为单晶材料来讲,有明显用途的几种不同类型的晶体结构作一阐述.

(1) ABX_3 型化合物.

(i) 钙钛矿($CaTiO_3$)型结构. 钙钛矿型晶体结构是以天然钙钛矿命名的. 在钙钛矿结构中,Ca^{2+} 和 O^{2-} 共同构成近似立方最紧密的堆积,Ca^{2+} 周围有 12 个 O^{2-},每一个 O^{2-} 被 4 个 Ca^{2+} 所包围,Ti^{4+} 占据着由 O^{2-} 形成的全部八面体空隙. $CaTiO_3$ 晶体结构模型如

图7.17 所示.

A,B,X 三种离子构成钙钛矿型结构的先决条件是A离子较大,B离子较小,因此 A^{2+} 和 X(O^{2-})两种离子可一起按立方最紧密堆积排布,较小的正离子B则填充在它们的八面体空隙中. 由于这种立方最紧密堆积是由 A^{2+} 和 X(O^{2-})两种不同的离子组成,所以 $CaTiO_3$ 型结构的对称性较同种原子构成的最紧密堆积的对称性要低,其空间群由 O_h^5-$Fm3m$ 降至 O_h^1-$Pm3m$,钙钛矿型结构化合物比较典型的代表是钛酸钡($BaTiO_3$)晶体,它是工业上重要的铁电材料,具有强的压电效应. 从晶体结构来看,只有当参与晶体结构的各个离子半径满足一定关系时,才能形成理想的钙钛矿型结构,这种关系可由图7.17求出,即

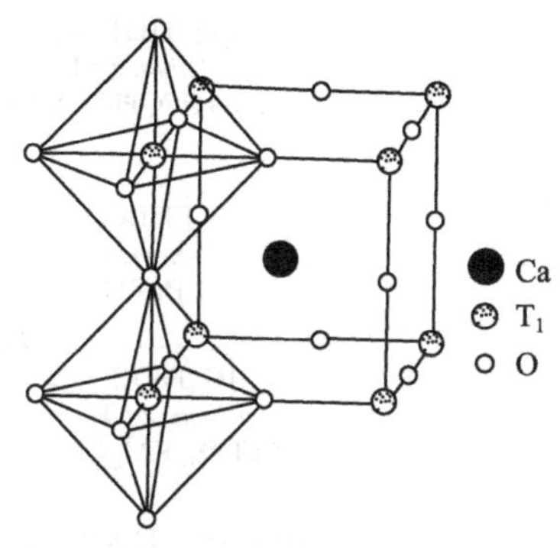

图7.17 钙钛矿($CaTiO_3$)晶体结构模型

$$(r_A + r_X) = \sqrt{2}(r_B + r_X)$$

式中, r_A 为A正离子半径; r_B 为B正离子半径; r_X 为负离子半径.

事实上,这一理想关系式勿需严格地满足,只要满足以下条件即可以:

$$(r_A + r_X) = t\sqrt{2}(r_B + r_X), \quad 0.8 < t < 1$$

t 称为容忍因子,它说明离子晶体中离子间的相对大小,对其结构的影响是十分显著的.

理想的钙钛矿型结构应属于立方晶系,但有许多属于这种结构的晶体却扭曲为正方、斜方甚至成单斜晶系的晶体,这种扭曲与晶体的压电、热释电和非线性光学性质有着密切的关系,这种扭曲的钙钛矿型结构晶体,现已成为一类十分重要的技术晶体.

某些扭曲的钙钛矿型结构,当升高温度时,可以转变为理想的立方钙钛矿结构,如图7.18所示.

另外还有许多化学计量比不是 ABX_3 型的化合物,也能形成钙钛矿型结构,例如: Fe_4N, Mn_4N, Ni_4N 等化合物,在这类晶体结构中,N原子占有 $\frac{1}{4}$ 由Fe(或Mn,Ni等)堆积成的八面体空隙,其原子分布与钙钛矿型十分类似,只是一个Fe(Mn,Ni等)原子起到A原子的作用,而另外三个Fe(Mn,Ni)原子起到X原子的作用,其结构式可写成 $FeNFe_3$ 的形式. 在 Cs_3CoCl_5,或 $KMgCl_3 \cdot 6H_2O$ 的晶体结构中,(Cl^-,$3Cs^+$)或(K^+,$3Cl^-$)形成立方最紧密堆积,而$[CoCl_4]^{2-}$和$[Mg \cdot 6H_2O]^{2+}$分别占有 Cs^+ 和 Cl^- 或 K^+,Cl^- 形成的八面体空隙,这两种化合物可分别写成 $Cl^-(CoCl_4)^{2-}Cs_3$ 和 $K(Mg \cdot 6H_2O)Cl_3$ 化合物的形式,结构是反钙钛矿型结构.

一些具有理想钙钛矿型结构如 ABX_3 化合物,列入表 7.3 中.

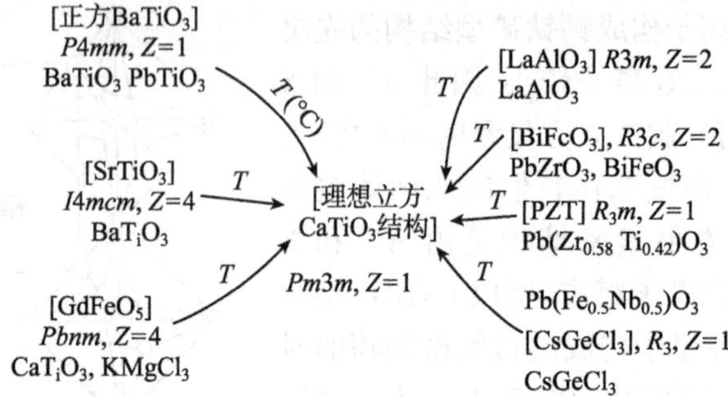

图 7.18　各种扭曲的钙钛矿型结构向理想钙钛矿结构过渡[27]

表 7.3　理想钙钛矿型结构的 ABX_3 化合物

正离子电荷组合	化　合　物	晶胞常数 a_0/Å	其他例子
1—5	KUO_3	4.290	$A^{1+}, B^{5+}O_3$ $CsIO_3, RbUO_3, KUO_3, RbPaO_3, KPaO_3, KTaO_3, KNbO_3$, Ag-$NbO_2, NaNbO_3, NaTaO_3$, …
2—4	$SrTiO_3$	3.905	$A^{2+}B^{4+}O_3, A^{2+}$: Ba, Pb, Sr, Eu, Ca, Cd B^{4+}: Ge, Mn, Cr, V, Fe, Ti, Tc, Mo, Nb, Sn, Hf, ZrA^{2+}: Ba, SrB^{4+}: Pb, Tb, Pr, Ce, Am, Pu, NP, U, Pa, Th, Co
3—3	$LaAlO_3$	3.818	$LaYbO_3, Ln^2O_3$(Ln = La →Gd)
1—2	$KMgF_3$	3.989	$A^{1+}B^{2+}F_3$: A^{1+}: Cs, Tl, NH_4, Rb, K, Ag, Na B^{2+}: Mg, Ni, Zn, Co, V, Fe, Cr, Mn, Cd, Ca, Hg, Sr
2—1	$BaLiF_3$	3.995	
1—2	$KMgH_3$	4.01	
2—1	$SrLiH_3$	3.833	ABX_3(X = Cl, Br, H) $CsPbCl_3, Cs_3GeCl_3, CsHeCl_3, CsCaCl_3, CsCdCl_3, TlMnCl_3$, $KMgCl_3, CsSrCl_3, RbCdCl_3$, $KMnCl_3$
1—2	$CsCaCl_3$	5.396	同上
1—2	$CsPbBr_3$	5.874	同上
反钙钛矿	Mn_3GaC	3.895	$Ln_3InC, Ln_3SnC, Ln_3TlC, Ln_3AlC$, …
反钙钛矿	Mn_2GaN	3.903	Mn_3BN(B = Au, Hg, Sn, Pt, Pd, Rh, Ni, Cu, Zn, Ag, In, Mn), …
反钙钛矿	Ti_3HgO	4.165	$Ti_3AuO_{1-x}, V_3AuO_{1-x}, V_3PtO_{1-x}$
反钙钛矿	Ni_3InB_0	3.773	
1,3—4	$(K_{0.5}Ce_{0.5})TiO_3$	3.889	$(Na_0, La_{0.5}TiO_3, (Li_{0.5}La_{0.5})TiO_3, (K_{0.5}Bi_{0.5})TiO_3$, …)

续表

正离子电荷组合	化 合 物	晶胞常数 a_0/Å	其他例子
2—1,5	$Ba(Na_{0.25}Ta_{0.75})O_3$	4.137	$Sr(Na_{0.25},Ta_{0.75})O_3$,…
2—2,5	$Ba(Zn_{0.33}Nb_{0.67})O_3$	4.094	$Ba(B_{0.35}Nb_{0.67})O_3$,B = Ni,Fe,Cd,Pb, $Sr(Cd_{0.33}Nb_{0.67})O_3$,…
2—3,6	$Pb(Fe_{0.67}W_{0.33})O_3$	3.984	$Ba(Ln_{0.67}Mo_{0.33})O_3$,Ln = Ce →Lu $Sr(Fe_{0.67},W_{0.33})O_3$,…
2—3,5	$Ba(Fe_{0.5}Nb_{0.5})O_3$	4.057	$Ba(Ln_{0.5},Bi_{0.5})O_3$,Ln = La →Lu,Y,Sc,In $Sr(Ga_{0.5}Nb_{0.5})O_3$,…
3—2,4	$La(Mg_{0.5}Ti_{0.5})O_3$	3.932	$La(Ni_{0.5}Ti_{0.5})O_3$…
1—3	Tl_2OF_2	4.59	

资料来源：O. Muller, R. Roy. Crystal Chemistry of Non-Metallic Materials. Edited by R. Rog University Park, PA, USA. 1974.

(ii) 钛铁矿($FeTiO_3$)型结构. 在钛铁矿($FeTiO_3$)型结构中,正离子 A 远比 O^{2-} 要小,所以不可能象钙钛矿型结构那样,由正离子 A 和 O^{2-} 共同构成立方最紧密堆积. 当 $r_A \leqslant 0.85$Å 时,O^{2-} 往往能够单独地构成近似的六方最紧密堆积,而正离子 A 和 B 则有规律地占据着六方最紧密堆积所形成的八面体空隙的 $\frac{2}{3}$ 的位置,因此,可把钛铁矿型结构看做是刚玉(α-Al_2O_3)型结构的变种,Fe 和 Ti 原子分别占据铝原子的位置. 钛铁矿型晶体在天然矿物中的代表是钛铁矿,它属于三方晶系,若以六方坐标划分晶胞,晶胞常数 $a_0 = 5.088$Å,$c_0 = 14.073$Å,$Z = 6$,空间群为 C_{3i}^2-$R\bar{3}$. 在人工晶体中,铌酸锂($LiNbO_3$)与钽酸锂($LiTaO_3$)晶体类似于钛铁矿型结构.

铌酸锂($LiNbO_3$)晶体. 铌酸锂($LiNbO_3$)晶体的熔点为 1253℃,密度为 4.640g/c^3(24℃),在室温下,属于三方晶系,空间群为 C_{3v}^6-$R3c$,晶胞常数 $a_0 = 5.4944$Å,$\alpha = 55°52'$,晶胞中化学式数 $Z = 2$. 晶胞如用六方坐标系表示时,则晶胞常数 $a_0 = 5.1483$Å,$c_0 = 13.863$Å,$Z = 6$. 若用平面投影图来表示时,则三方 R 晶胞与六方晶胞的关系如图 7.19 所示.

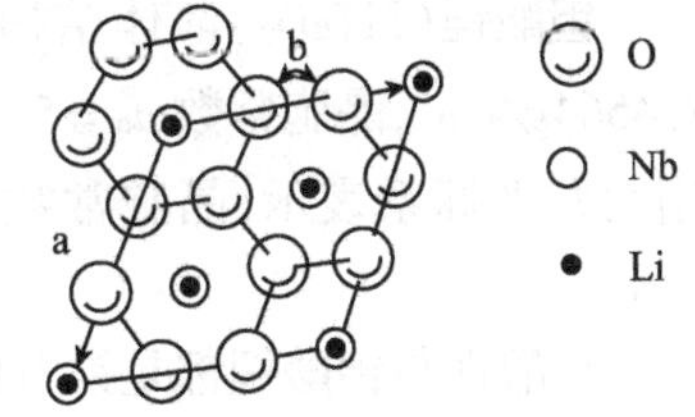

图 7.19 $LiNbO_3$ 晶胞中原子位置投影图(沿六方晶胞 c 轴俯视).

图 7.19 的上方为三方 R 晶胞,下方为六方晶胞. 氧原子是分属于两层氧原子平面的,Li 与 Nb 原子投影重合.

从圆球的紧密堆积角度来看,可以把 $LiNbO_3$ 晶体结构看做是由于氧原子构成的近似六方最紧密堆积,堆积形成的歪斜八面体空隙的中心均在 c_3 对称轴上,换言之,两个歪斜八面体相接的共面是垂直于 c_3 轴,而 Li 和 Nb 原子填充在此八面体空隙中,理想的八面体在(0001)平面上的配置,如图 7.20 所示.

沿 c 轴的氧八面体空间排列方式如图 7.21 所示.

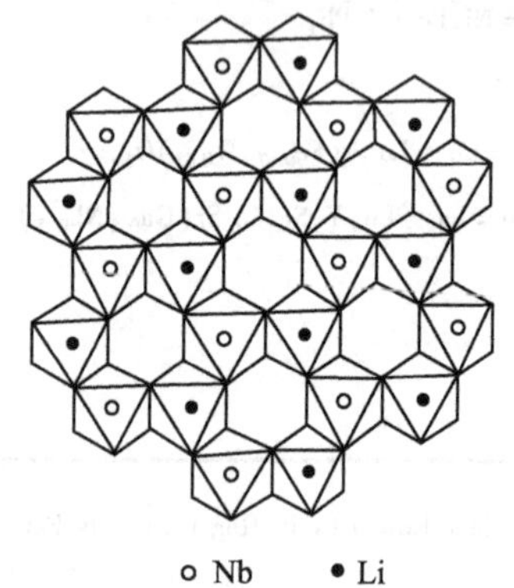

图 7.20　铌酸锂晶体结构的两种八面体(LiO_6,NbO_6)在(0001)平面上的投影配置

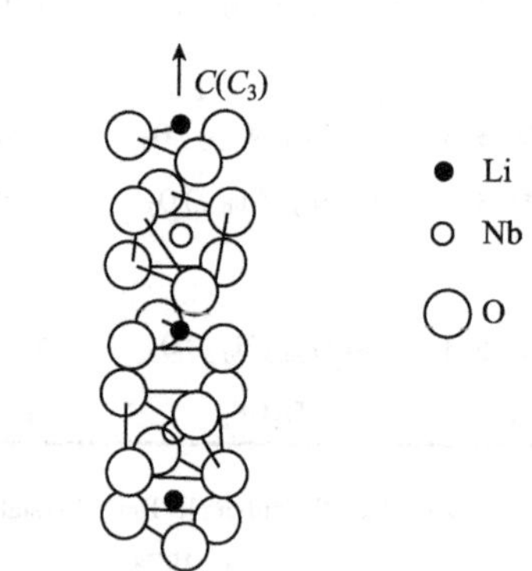

图 7.21　沿 c 轴的氧八面体空间排列方式示意图

氧八面体空隙位置的$\frac{1}{3}$为 Nb 原子占据,$\frac{1}{3}$的位置为 Li 原子占据,还有$\frac{1}{3}$的位置是空位. 如果按理想的六方最紧密堆积,上述八面应为正八面体. 但实际上,所形成的八面体都是畸变的,而且[LiO_6]和[NbO_6]八面体畸变的程度亦不相同,同时 Li 和 Nb 原子也并不位于畸变八面体的中心位置,而是向上或向下作了些位移,这样,在晶体中就产生了偶极矩,呈现出自发极化,自发极化的方向为 c_3 对称轴方向,亦即金属离子位移方向.

钽酸锂($LiTaO_3$)晶体结构与铌酸锂晶体相似,熔点为 1650 ℃,晶体密度为 7.4564g/cm^3,晶胞常数 a_0 = 5.4740Å,α = 56°10′,晶胞中化学式数 Z = 2. 晶胞若用六方坐标系表示,晶胞常数为 a_0 = 5.154Å,c_0 = 13.784Å. 空间群:C_{3v}^6-$R3c$,Z = 6.

铌酸锂与钽酸锂都是铁电体. 在相变温度以上时为非铁电相,晶体对称性均为 D_{3d}^6-$R\bar{3}c$,并存在对称中心. 在相变温度以下时为铁电体,晶体的对称性均为 $R3c$,均无对称中心. 铌酸锂晶体的相变温度为(1210 ± 10)℃. 而钽酸锂晶体的相变温度为(665 ± 5)℃. 在室温下,铌酸锂和钽酸锂都是优良的压电晶体,并具有良好的非线性光学性质,这两种晶体均是已得到广泛应用的技术晶体.

在 $A^{2+}B^{4+}O_3$ 型化合物中,具有钛铁矿型结构的晶体有 A^{2+}:Ni,Mg,Co,Zn,Fe,Mn,Cd;B^{4+}:Ge,Mn,Ti,Sn 等氧化物.

与铌酸锂与钽酸锂晶体类似结构的尚有 $LiUO_3$, $CuTaO_3$, $NiVO_3$, $CuNbO_3$, $CoVO_3$, $CuVO_3I$, $MnVO_3$, $Fe_{0.9}Ti_{1.1}O_3$ 等晶体.

(iii)方解石($CaCO_3$)型结构. 方解石($CaCO_3$)属于三方晶系,空间群为 D_{3d}^6-$R\bar{3}c$,晶胞常数 $a_0=6.361$ Å, $\alpha=46°7'$,晶胞中含有两个化学式 $CaCO_3$, $Z=2$. 方解石晶体的结构模型如图 7.22 所示.

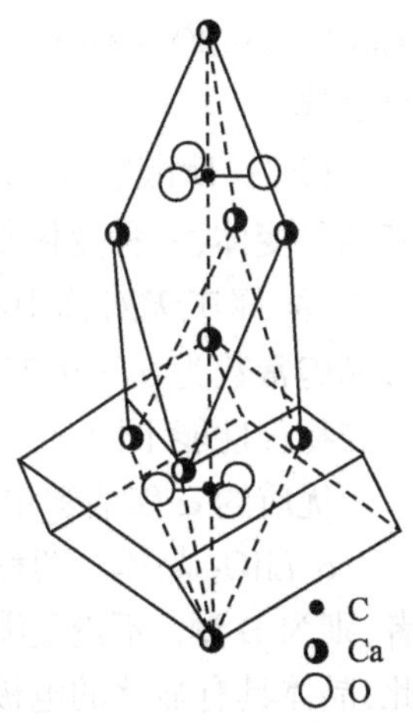

图 7.22　方解石($CaCO_3$)晶体结构模型

这种结构可视为沿体对角线方向压缩了的 NaCl 型结构,Ca^{2+} 代替了 Na^+ 的位置,CO_3^{2-} 代替 Cl^- 的位置,因此,每一个 Ca^{2+} 被 6 个 CO_3^{2-} 所包围,在 CO_3^{2-} 中 O^{2-} 排列成三角形,而较小的 C^{4+} 位于此三角形中心的空隙中,各个 CO_3^{2-} 的三角形平面垂直于 c_3 对称轴. 在 $CaCO_3$ 晶体结构中,Ca^{2+} 和 CO_3^{2-} 之间为离子键,而在络合离子 CO_3^{2-} 内部 C^{4+} 与 O^{2-} 之间形成共价键. 方解石晶体又称为冰洲石,由于它具有大的双折射率,可用于制作各种偏光器件和尼科耳棱镜等,在光学工业上有重要的用途.

一系列碳酸盐(如 Mg, Fe, Co, Zn, Mn, Cd, Sr, Ba 等为 A 离子)、硝酸盐(如 Li, Na, K, Rb 等为 A 离子)以及硼酸盐(如 Sc, Ln, Y 等为 A 离子)等均具有方解石型结构,其中硝酸钠($NaNO_3$)晶体具有大的双折射率,其用途与方解石相同,并能用人工方法生长出较大的光学均匀性好的单晶体.

方解石($CaCO_3$)晶体的变体为文石(霰石),文石的晶体结构的堆积方式和方解石不同. Ca^{2+} 成六方最紧密堆积,而 CO_3^{2-} 位于八面体空隙中,但 CO_3^{2-} 不在空隙的中心,而是在沿 c 轴 $\frac{1}{2}$ 或 $\frac{2}{3}$ 的高处,每 Ca^{2+} 有 9 个最近邻的 O^{2-},而 O^{2-} 位于三个 Ca^{2+} 之间,其晶体结构模型如图 7.23 所示.

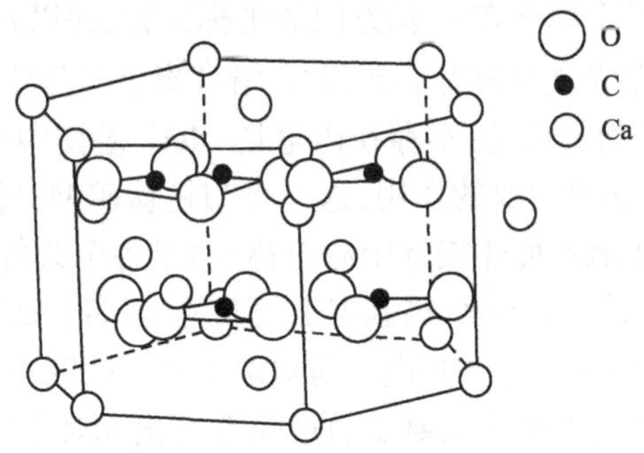

图 7.23　文石晶体结构模型

文石属于斜方晶系,空间群为 D_{2h}^{16}-$Pnma$,晶胞常数为 $a_0=4.959$ Å, $b_0=$

7.968 Å, c_0 = 5.741 Å, Z = 4.

属于文石型结构的化合物有：$LaBO_3$，$CeBO_3$，$PrBO_3$，$NdEO_3$，$PmBO_3$，$EuBO_3$，$AmBO_3$，$SmBO_3$；$BaCO_3$，$PbCO_3$，$SrCO_3$，$CaCO_3$，$SmCO_3$，$EuCO_3$，$YbCO_3$；KNO_3 等化合物晶体.

(iv) α 碘酸锂（α-$LiIO_3$）的晶体结构．在常温常压下，碘酸锂（$LiIO_3$）晶体存在着两种变体，一种变体是 α-$LiIO_3$，空间群为 C_6^6-$P6_3$，晶胞常数为 a_0 = 5.482 Å，c_0 = 5.171 Å，属于无对称中心的极性晶体．另一种变体是 β-$LiIO_3$，空间群为 C_{4h}^4-$P4_2/n$，晶胞常数为 a_0 = 9.733 Å，c_0 = 6.157 Å，属于有对称中心的晶类．因此，这两种变体的物理性能不同.

优质的 α 碘酸锂单晶是一种良好的压电、电光及非线性光学晶体.

α-$LiIO_3$ 晶体有两种绝对构型，其旋光性为左旋者，称为 L 型；若旋光性为右旋者，则为 D 型．不论是哪一种绝对构型，其结构对 c 轴的两个方向都是不对的．因此，晶体具有显著的电极性．这两种绝对构型属于同一空间群 C_6^6-$P6_3$，晶胞中有两个化学式 $LiIO_3$．两种绝对构型在 XY 平面上的投影，如图 7.24 所示.

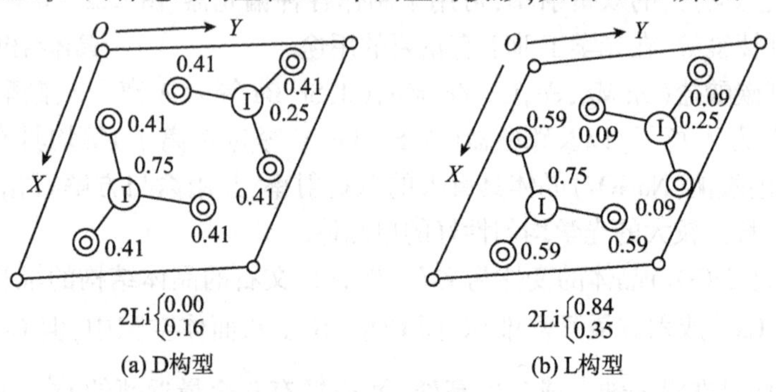

图 7.24　α-$LiIO_3$ 晶体两种绝对构型在 XY 平面上的投影图

图 7.24 标出了各个原子在 c_6 轴方向的坐标位置，并以 c 轴为单位，在这种结构中，Li^+ 和 IO_3^- 间的结合力为离子键，IO_3^- 络合离子呈三角锥形．在 IO_3^- 中的 I 原子与 O 原子的结合为共价键，不存在内电场．IO_3^- 基团中的共价键对晶体的电光和非线性光学效应起着主要的作用，这一点与钙钛矿型晶体有本质的区别．在钙钛矿型晶体中，由于氧八面体接近中心对称，而是各个共价键相互抵消的因素，而在 IO_3^- 中已不存在，同时，I—O 键基本上是共价键，离子键的成分只占很少的部分．另外在 IO_3^- 中碘原子的未共享电子对对电光和非线性光学效应有特别重要的作用．在碘酸盐晶体中，正离子主要是通过线性极化率对电光和倍频系数大小起到作用.

(2) ABX_4 型化合物：ABX_4 型络合离子的空间构型有四面体和变形四面体等.

ABX_4 型较重要的晶体结构型,见表 7.4.

表 7.4 一些比较重要的 ABX_4 型晶体结构型

结构型	化学式	结构特性
重晶石	$BaSO_4$	孤岛状的 SO_4 四面体
白钨矿	$CaWO_4$	孤岛状的 WO_4 四面体
锆石	$ZrSiO_4$	孤岛状的 SiO_4 四面体
有序的 SiO_2	$AlPO_4$	三维相联的 AlO_4 和 PO_4 的四面体
金红石(归化为二元化合物的多元化合物)	$Cr_{0.5}Nb_{0.5}O_2$	CrO_6 与 NbO_6 无序混合,以共棱相联的八面体
萤石(归化为二元化合物的多元化合物)	$(Nd_{0.5}U_{0.5})O_4$	无序的 NdO_8 和 UO_8 的立方体

在 ABX_4 型化合物中,较重要结构型的结构区域如图 7.25 所示.

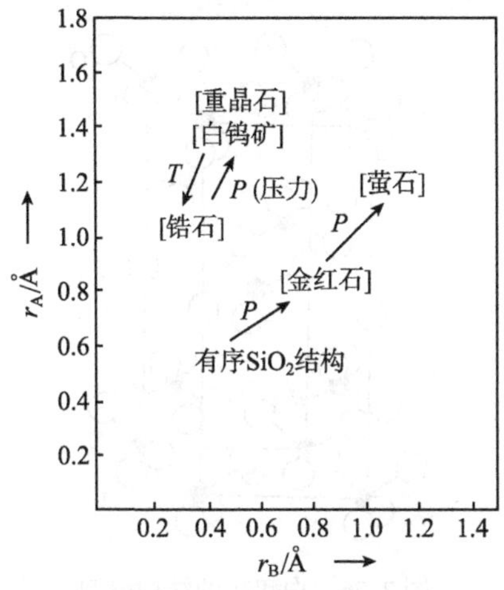

图 7.25 ABX_4 型化合物的结构区域示意图

(i) 锆石型结构. 锆石($ZrSiO_4$)属于正方晶系,空间群为 D_{4h}^{19}-$I4_1/amd$,晶胞常数 $a_0=6.607$Å,$c_0=5.982$Å,Z 为 4 个 $ZrSiO_4$ 分子. 在 Zr—O 间的距离,其中 4 个为 2.131Å,另外 4 个为 2.268Å,SiO_4 为变形的四面体. 锆石型结构的主要化合物见表 7.5.

(ii) 白钨矿的结构模型见图 7.26. 白钨矿($CaWO_4$)中的 WO_4^{2-} 的空间构型为正方四面体形,每个 Ca^{2+} 周围有 8 个氧($C·N=8$),属正方晶系,晶胞常数为:$a_0=5.243$Å,$c_0=11.376$Å,空间群为 C_{4h}^{6}-$I4_1/a$,每个晶胞中包含 4 个 $CaWO_4$ 分子,$Z=4$.

白钨矿晶体是一种激光基质晶体,人工单晶多用提拉法生长. 在这种晶体中

掺入 Nd^{3+},即变为激光工作物质. 掺 Nd^{3+} 的浓度一般控制在 1% ~ 1.5% (重量%)之间.

表 7.5　一些主要的锆石型结构的化合物

正离子电荷组合	化　合　物	晶胞常数/Å	
		a_0	c_0
2—6	$CaCrO_4$	7.242	6.290
3—5	YVO_4	7.123	6.292
4—4	$HfSiO_4$	6.573	5.964
5—3	$TaBO_4$	6.213	5.486
2,4—5	$(Sr_{0.5}Th_{0.5})VO_4$	7.399	6.545
2—2	$CaBeF_4$	6.90	6.07
4—4(水合)	$ThSiO_4 \cdot xH_2O$	7.668	6.260
3—5	$YbPO_4 \cdot xH_2O$	6.84	5.99

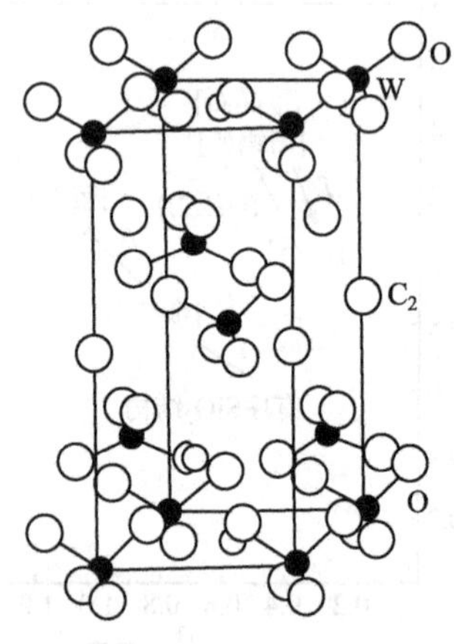

图 7.26　白钨矿的结构模型

Nd^{3+} 可部分地取代 $CaWO_4$ 晶体中的 Ca^{2+} 的位置. 由于 Nd^{3+} 半径(1.15Å)比 Ca^{2+} 的半径(1.06Å)大,而且电价也不相同,因此,在掺 Nd^{3+} 的同时再掺入相同原子数目的 Na^+(半径为 0.97Å),以求得以 Nd^{3+}、Na^+ 共同取代 Ca^{2+},在晶体中生成 $NdNa(WO_4)_2$. 实验表明,掺入 Na^+ 作为补偿离子,容易得到优质的 $Nd^{3+}-CaWO_4$ 激光晶体.

具有白钨矿($CaWO_4$)型结构的主要化合物,见表 7.6.

(iii)重晶石($BaSO_4$)型结构. 重晶石属于斜方晶系,晶胞常数 $a_0=8.884$Å, $b_0=5.458$Å, $c_0=7.154$Å,晶胞中 $BaSO_4$ 化学式数目为 4, $Z=4$, 空间群为 D_{2h}^{16}-*Pnma*, SO_4^{2-} 为孤立四面体,每个 Ba 原子为 12 个氧原子(CN = 12)所包围.

具有重晶石($BaSO_4$)型结构的化合物晶体,见表 7.7.

表 7.6　具有白钨矿($CaWO_4$)型结构的主要化合物

正离子电荷的组合	例　子	晶胞常数/Å	
		a_0	c_0
1—7	$KRuO_4$	5.609	12.991
2—6	$CaWO_4$	5.243	11.376
3—5	$YbAsO_4$	4.94	11.17
4—4	$CeGeO_4$	5.095	11.167
2,4—5	$(Pb_{0.5}Th_{0.5})VO_4$		
1,3—6	$(Na_{0.5}Dy_{0.5})TeO_4$	5.251	11.595
3—4,6	$Y(Si_{0.5}W_{0.5})O_4$	5.00	11.09
1—6	$KCrO_3F$	5.46	12.89
1—8	$KOsO_3N$	5.706	13.094
2—2	$CaZnF_4$	5.323	11.012
3—1	$YLiF_4$	5.175	10.74
1—3	$NaAlH_4$	5.024	11.353

表 7.7　一些具有重晶石($BaSO_4$)型结构的化合物晶体

正离子电荷组合	化合物	晶胞常数/Å			其他例子
		a_0	b_0	c_0	
1—7	$KBrO_4$	8.930	5.92	7.488	$AClO_3$($A = K,Rb,Cs,Tl,NH_4,H_3O,\cdots$) $AMnO_4$($A = K,Rb,C_5,NH_4$) NH_4BrO_4
2—6	$BaCrO_4$	9.103	5.526	7.337	$ACrO_4$($A = Ba,Sr,Pb,Sm,Eu,Sn$) $PbCrO_4,PbSeO_4,BaSeO_4,BaMnO_4,BaFeO_4$
2—5	$BaPO_3F$	8.68	5.63	7.28	
1—5	KPO_2F_2	8.039	6.205	7.635	APO_2F_2($A = K,Bb,Cs,NH_4$)
2—3	$BaBOF_3$	8.78	5.41	7.16	
2—2	$PbBeF_4$	8.435	5.341	6.875	$BaBeF_4$
1—3	KBF_4	8.659	5.480	7.030	ABF_4($A = K,Bb,Cs,Tl$)
1—3	NH_4AlCl_4	11.005	7.065	9.26	

(iv) 有有序的 SiO_2 型结构的 ABX_4 型化合物. 属于这种类型结构的化合物有:$AlPO_4$,$AlAsO_4$,$GaPO_4$,$BAsO_4$ 等化合物晶体.

磷酸铝($AlPO_4$)晶体结构属于三方晶系,空间群为 $P3_121$ 或 $P3_221$.

$AlPO_4$ 晶体是一种优良的压电晶体,它的压电系数和机电耦合系数比广泛应用 α 石英晶体的都大,其热稳定性也远远高于铌酸锂($LiNbO_3$)和钽酸锂($LiTaO_3$). 作为声表面波器件材料,它是一种比较理想的压电晶体材料.

(v) 可归化为金红石(TiO_2)型结构的 ABX_4 型化合物. 金红石结构模型见图 7.12. 其结构可视为氧原子作畸变的六方最紧密堆积,而八面体空隙的 $\frac{1}{2}$ 为钛原子所占据,TiO_6 八面体之间是以共棱相连的,4 个 Ti—O 为1.944Å,2 个 Ti—O 为1.988Å,延伸到 c 方向,相邻串联共顶点,使其形成一个紧密三维网络.

两种正离子电荷组合为 3-5ABX_4 化合物,有的属于金红石型结构. 这两种具有不同电荷的正离子,随机地分布在八面体空隙中 Ti 原子的位置. 一些 ABO_4 型锑酸盐、铌酸盐和钽酸盐属于金红石型结构,见表 7.8.

表 7.8　一些 ABO_4 型锑酸盐、铌酸盐和钽酸盐的金红石型结构(单位:/Å)

A \ B	Sb		Nb		Ta	
	a_0	c_0	a_0	c_0	a_0	c_0
In	4.74	3.215	黑钨矿		黑钨矿	
Sc	4.705	3.17	黑钨矿		黑钨矿	
Rh	4.601	3.100	4.700	3.019	4.696	3.028
Ti			4.712	2.996	4.689	3.070
V	4.58	3.06	4.681	3.033	4.676	3.043
Cr	4.577	3.042	4.646	3.011	4.641	3.018
Fe	4.623	3.011	4.690	3.056	4.683	3.051
Ga	4.59	3.03	$[AlNbO_4]_{str}$		4.568	2.964

另外,还有一些钒酸盐化合物亦属于金红石型结构. 如:$RhVO_4$,$CrVO_4$ 等化合物.

(vi)属于萤石(CaF_2)型结构的 ABX_4 型化合物,见表 7.9.

表 7.9　萤石(CaF_2)型结构的 ABX_4 型化合物

正离子电荷组合	化合物	晶胞常数 a_0/Å	其 他 例 子
2—6	$PbUO_4$	5.600 空间群为 O_h^5-$Fm3m$	
3—5	$LaPaO_4$	5.525	$APaO_4$(A = Pr →Lu, Y, Sc, In, Pu, Am, Cm) $LnUO_4$(Ln = Nd →Lu, Y, Sc, Bi) $LaUO_{4+x}$ $LnNpO_4$(Ln = La, Pr →Lu, Y)
4—4	$CePaO_4$	5.455	$CeNpO_4$, $UZrO_4$
1—3	$NaTlF_4$	5.447	$NaLnF_4$(Ln = Tb →Lu) $KLaF_4$, $KCeF_4$
2—2	$SrCaF_4$	5.62	$BaSrF_4$
2—3	$BaCeOF_3$	6.12	

当 ABX_4 型化合物归化为萤石(CaF_2)型结构时,A,B 正离子可以无序排列,以

保持 CaF_2 型结构中相应原子的分布. 如在高温型 $NaYF_4$ 等晶体中, Na^+, Y^{3+} 正离子由于无序排列,而保持 CaF_2 型结构中 Ca 原子的分布. 同时,A、B 正离子也可以作有序排列,其晶胞参数相当于在一个方向上比立方 CaF_2 晶胞增大一倍时的晶胞参数. 图 7.27 示出 CaF_2 和 $SrCrF_4$ 晶胞中正离子的排列方式,但没有示出负离子的位置.

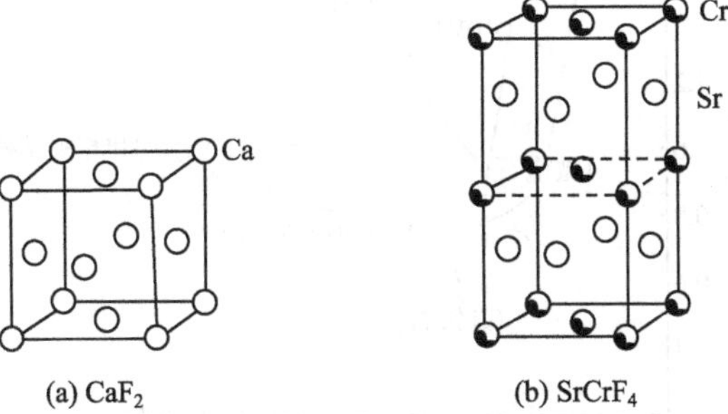

图 7.27 CaF_2 和 $SrCrF_4$ 晶胞中正离子的排列方式

(3) A_2BX_4(或 AB_2X_4)型化合物.

主要 A_2BX_4 型化合物的结构型见表 7.10.

表 7.10 主要 A_2BX_4 型化合物的结构型

结构型	结构特性	同型结构
β-K_2SO_4	孤岛状的 SO_4^{2-} 四面体	硫代钼酸盐,硫代钨酸盐,硫代铬酸盐等
K_2NiF_4	包含层状钙钛矿型结构	A_2BF_4 中,A = 大的正离子;B = 中间大小的正离子
橄榄石 (Mg_2SiO_4)	六方最紧密堆积负离子层	A_2BX_4 中,A = Si,Ge;X = O,S,Se;B = 中间大小正离子
尖晶石 ($MgAl_2O_4$)	立方最紧密堆积负离子层	A_2BO_4 中,A,B = 中间大小正离子
$CaFe_2O_4$	充满 Ca^{2+} 离子管道的八面体网络	在 A_2CaO_4 中,A = 适中大小的正离子,Ln_2BX_4(B = Sr,Ba;x = O,S,Se;Ln = 镧系元素离子)
硅铍石 (Be_2SiO_4)	具有连续圆筒状管道的四面体网络	A_2BO_4 中 A = Be,Zn;B = Si,Ge

主要 A_2BX_4 型晶体结构分布区域图,如图 7.28 所示.

(i) β-K_2SO_4 晶体结构. β-K_2SO_4 晶体属于斜方晶系,晶胞常数为 a_0 = 7.483Å, b_0 = 10.072Å, c_0 = 5.772Å,晶胞中包含的分子数目为 4,即 $Z=4$,空间群为 D_{2h}^{16}-*Pnam*. 孤岛状 SO_4^{2-} 与 K^+ 相关联,存有两套 K^+,其中之一配位 10 个氧原子,而另一套则配位 9 个氧原子. β-K_2SO_4 型结构是在 A_2BX_4 型化合物中最常遇到的一种. 属于 β-K_2SO_4 型结构的化合物有 $A^{1+}B^{6+}O_4$, $A^{2+}B^{4+}O_4$, $A^{1+}A^{2+}B^{5+}O_4$,

$A^{1+}A^{3+}B^{4+}O_4$ 型等晶体.

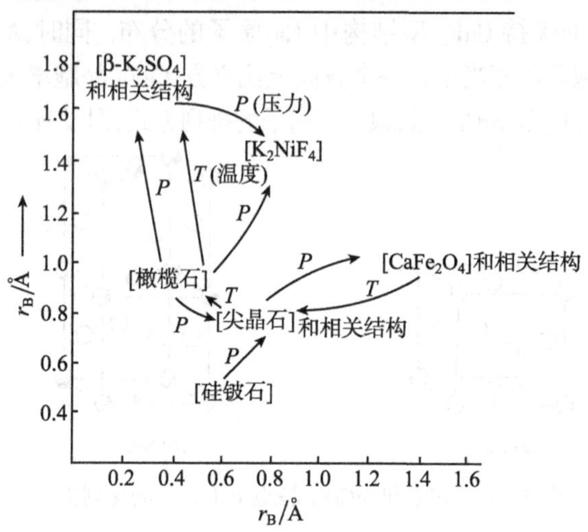

图 7.28　A_2BX_4 型晶体结构型分布区域示意图

（ii）K_2NiF_4 晶体结构. K_2NiF_4 晶体属于正方晶系，空间群为 D_{4h}^{17}-$I4/mmm$，晶胞常数为 $a_0=4.006$Å，$c_0=13.076$Å，$Z=2$.

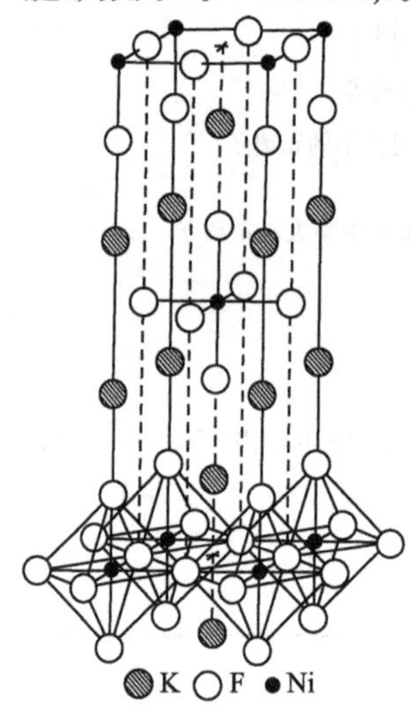

图 7.29　K_2NiF_4 晶体结构模型

NiF_6 八面体彼此以顶点相连，形成二维钙钛矿型排列，这些钙钛矿层在 c 方向上为 KF 层隔开，K^+ 离子的配位数为 9. 在晶体学上有两套不同的 F 原子的排列，其中一套为键合 1 个 Ni 原子与 5 个 K 原子，而另一套为键合 2 个 Ni 原子和 4 个 K 原子. K_2NiF_4 晶体结构模型如图 7.29 所示.

K_2NiF_4 型结构是在 A_2BO_4 型化合物中较普遍存在的一种，其中包括 $A_2^{1+}B^{6+}O_4$，$A^2B^{4+}O_4$，$A_2^{3+}B^{2+}O_4$，$A^{2+}A^{3+}B^{3+}O_4$，$A_2^{3+}B_{0.5}^{1+}B_{0.5}^{3+}O_4$ 以及一些氟化物、氯化物和过氟化物等.

（iii）橄榄石结构. 橄榄石 $(Mg,Fe)_2SiO_4$ 属于斜方晶系，空间群为 D_{2h}^{16}-$Pbnm$. 它的组成主要是由 Mg_2SiO_4 和 Fe_2SiO_4 两种组成所形成的固溶体. 按成分一般可分为如下两种：

（a）铁橄榄石（Fe_2SiO_4），晶胞常数为 $a_0=4.820$Å，$b_0=10.485$Å，$c_0=6.093$Å，$Z=4$.

（b）镁橄榄石（Mg_2SiO_4），晶胞常数为 $a_0=4.756$Å，$b_0=10.195$Å，$c_0=5.891$Å，这与铁橄榄石稍有差别.

镁橄榄石的结构模型如图 7.30 所示.

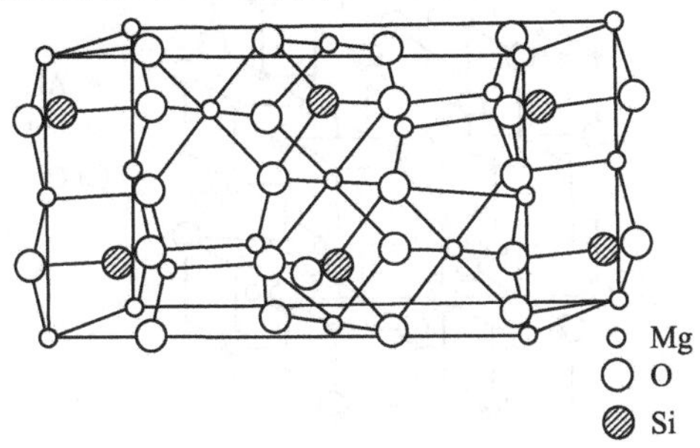

图 7.30 镁橄榄石的结构模型

在橄榄石结构中,弧岛状的 SiO_4 四面体,由金属正离子 Mg^{2+},Fe^{2+} 等联结起来. 氧离子近似成六方最紧密堆积,八面体空隙被二价正离子所占据.

橄榄石型结构的 A_2BX_4 型化合物有 $A_2^{2+}B^{4+}O_4$,$A_2^{3+}B^{2+}O_4$,$A^{2+}A^{3+}B^{3+}O_4$,$A^{1+}A^{2+}B^{5+}O_4$,$A^{1+}A^{3+}B^{4+}O_4$(其中 A = Mg,Fe,Mn,Co,Zn,Ca 和 Pb,除 Ca 之外都可以以类质同象方式代替)以及少数的氟化物、硫化物和硒化物等.

(iv) 尖晶石结构. 尖晶石($MgAl_2O_4$)属 $RO-R_2O_3$ 类型复氧化物,常以类质同象形式出现,能相互代替的三价元素有 Fe^{3+},Al^{3+},Cr^{3+},Mn^{3+};两价元素有 Mg^{2+},Fe^{2+},Zn^{2+},Mn^{2+} 等. 该晶体属立方晶系,空间群为 O_h^7-$Fd3m$,晶胞常数为 $a_0=8.083$ Å,$Z=8$.

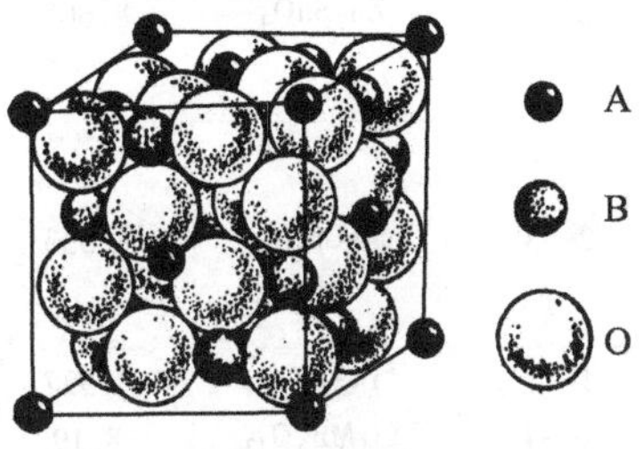

图 7.31 尖晶石的紧密堆积

在尖晶石晶体结构中,氧离子形成立方最紧密堆积,Mg 原子占据$\frac{1}{8}$的四面体空隙,Al 原子占据其$\frac{1}{2}$的八面体空隙,其紧密堆积方式,如图 7.31 所示.

尖晶石结构中各离子的相对位置如图 7.32 所示. Mg 原子的配位数为 4,Al 原子的配位数为 6. 尖晶石的莫氏硬度为 8,熔点为 2150℃. 尖晶石型结构的对称性低于立方最紧密堆积(O_h^5-$Fm3m$),原因是负离子作球体最紧密堆积时所形成的空隙,仅被少数正离子填充,因而使其对称性降低.

具有尖晶石型结构的主要氧化物,见表 7.11;具有尖晶石型结构的主要非氧化物,见表 7.12.

在天然矿物中主要有以下几种尖晶石型矿物:锌尖晶石($ZnAl_2O_4$),铁尖晶石($FeAl_2O_4$)、锰尖晶石($MnAl_2O_4$)和镁铁尖晶石[$Fe^{3+}(MgFe^{3+})O_4$]等.

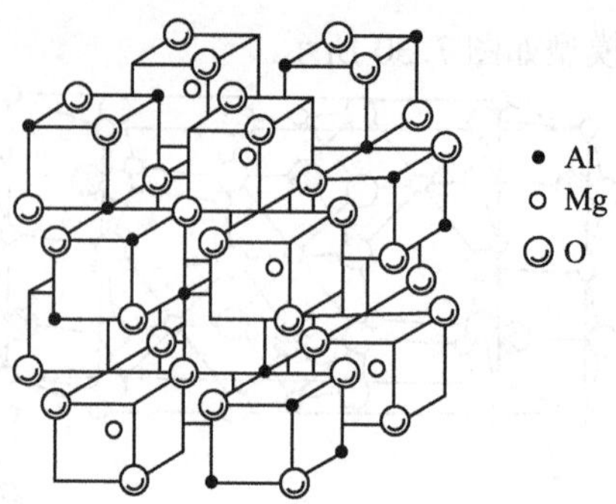

图 7.32　尖晶石结构中各离子的相对位置示意图

表 7.11　具有尖晶石型结构的主要氧化物

正离子电荷组合	化合物	晶胞常数 a_0/Å	其他例子
1—6	Ag_2MoO_4	9.313	Na_2MoO_4, Na_2WO_4, Li_2MoO_4
2—4	Zn_2SnO_4	8.665	$A_2^{2+}=Ni_2^{2+}$, Mg_2^{2+}, $Co_2^{2+}Zn_2^{2+}$, Fe_2^{2+}, Mn_2^{2+} $B^{4+}=Si^{4+}$, Ge^{4+}, Mn^{4+}, V^{4+}, Ti^{4+}, Tc^{4+}, Mo^{4+}, Pd^{4+}, Pt^{4+}, Sn^{4+}
2—3	$MgCr_2O_4$	8.333	$A_2^{3+}=Al_2^{3+}$, Co_2^{3+}, Cr_2^{3+}, Ga_2^{3+} Fe_2^{3+}, V_2^{3+}, Mn_2^{3+}, Rh_2^{3+} $B^{2+}=Ni^{2+}$, Mg^{2+}, Co^{2+}, Zn^{2+}, Fe^{2+}, Cu^{2+}, Mn^{2+}, Cd^{2+}
1—3	$LiAl_5O_8$	7.927	$LiFe_5O_8$, $LiGa_5O_8$, $CuFe_5O_8$, $CuGa_5O_8$
1—4	$Li_4Mn_5O_{12}$	8.19	$Li_4Ti_5O_{12}$
2—5	$Zn_7Sb_2O_{12}$	8.594	$Co_4Sb_2O_{12}$, $Zn_5Co_2-Ta_2O_{12}$
2—6	$Zn_2Co_3TeO_8$	8.548	
1—2—5	$LiMgVO_4$	8.27	$LiNiVO_4$, $LiCoVO_4$, $LiZnVO_4$
1—3—4	$LiCrGeO_4$	8.20	$LiA^3+B^4+O_4$ ($A^{34}=Al, Cr, Mn, Fe, Rh$; $B^{4+}=Ti, Mn$)
1—2—4	$LiCoTi_3O_8$	8.390	α-$Li_2ZnMn_3O_8$

尖晶石型结构的铁氧体,具有广泛的用途,可用于电子计算机技术、电子仪表、电视接收机、电话通信设备和微波技术等方面.

另外,尖晶石型铁氧体也包括透明的 $LiAl_5O_8$-$LiFe_5O_8$ 固溶体.

(4)钨青铜型结构(简称 TB 型结构).

钨青铜型结构的化合物通式为 $A_xB_{10}O_{30}$,A 为一、二、三价的正离子,B 为 Nb,Ta,Ti,W 等正离子,根据 x 值的不同,钨青铜型化合物的晶体结构也不同,可有单斜、斜方、正方、六方和立方等. 现仅对正方钨青铜型结构进行阐述. 正方钨青铜化合物结构的共同特征是,正方原始晶胞中含有 10 个共角顶的 BO_6 八面体,10 个空隙,这种结构在(001)面上的投影图如图 7.33 所示.

表 7.12 具有尖晶石型结构的主要非氧化物

化合物	晶胞常数 a_0/Å	其他例子
Li_2NiF_4	8.313	
$Fe_3O_{3.50}F_{0.50}$	8.416	Cu_2FeO_3F, $A_{0.80}Fe_{0.20}O_{3.3}F_{0.7}$ A = Mg, Co, Ni
Al_3O_3N	7.940	
$ZnCr_2S_4$	9.986	CdY_2S_4, $CdEr_2S_4$, $CdHo_2S_4$, $CrGa_2S_4$, $CuTi_2S_4$ CuV_2S_4, $CuHf_2S_4$, $CuZr_2S_4$, $ZnMn_2S_4$, $CoCu_2S_4$, $FeIr_2S_4$, $CoIr_2S_4$, $NiIr_2S_4$, $CuIr_2S_4$
$LiAl_6S_8$	9.996	AB_5S_8 (A = Ag, Cu; B = Al, In) $AgInAl_4S_8$, $AgGaCr_4S_8$, $AgAlCr_4S_8$ $CuAlSnS_4$, $CuCrZrS_4$
Y_2MgSe_4	11.57	$A_2 = Al_2$, Cr_2, Rh_2, Sc_2, Lu_2 B = Mg, Zn, Cu, Mn, Cd, Hg, Cd, Y_2S_4, …
$CuCr_2Te_4$	11.051	$ZnMn_2Te_4$
$CuCr_2Se_3Br$	10.416	$CuCr_2Se_3Cl$, $CuCr_2Fe_3I$, $CuIn_2Se_3Br$, $AgIn_2Se_3I$

从投影图上不难看出，BO_6 八面体是共用角顶的，所形成的空隙有三种类型，即三角形(A_3)，正方形(A_1)，五边形(A_2).

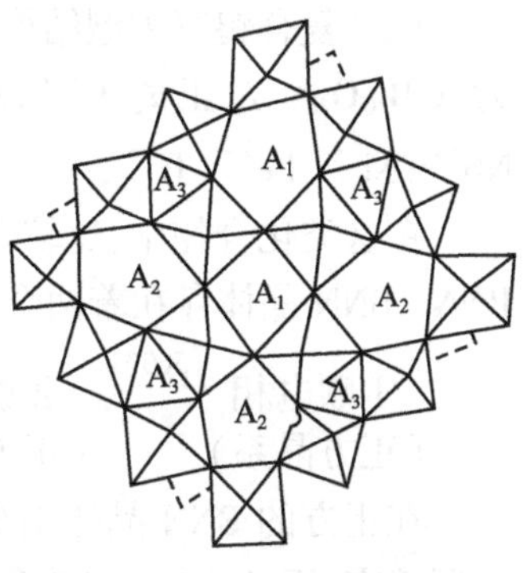

图 7.33 正方钨青铜型结构的晶胞在(001)面上的投影

每个 A_2 周围有 3 个 A_3，而每个 A_3 周围也有 3 个 A_2，因此 $A_2 = A_3$. 而每个 A_1 周围有 4 个 A_2，每个 A_2 周围有 2 个 A_1，因此，$A_1 = \frac{1}{2}A_2 = \frac{1}{2}A_3$. 每个 A_2 是由 10 个 BO_6 八面体构成，而每一个八面体周围又有 4 个 A_2. 因此，八面体数：A_2 = 10 : 4，或者说，八面体数：A_2：A_1：A_3 = 10 : 4 : 2 : 4. A_2 较大，其配位数为 9. A_1 较小，配位数为 12. A_3 最小，其配位数为 3. 每个晶胞中共有 2 个 A_1、4 个 A_2 和 4 个 A_3，这些空隙均可为正离子 A 所占有，而 A 正离子在其中占有数目，取决于电价平衡的要求，以及所存在 A 正离子的种类. 如果 A_1，A_2 空隙未被正离子 A 填充满，则称这种结构为非充满型 TB 结构. 如果 A_1，A_2 空隙均为正离子 A 所填充满，则称为充满型 TB 结构. 若 A_1，A_2，A_3 三种空隙均为 A 正离子所充填，则称这种结构为完全充满型 TB 结构.

钨青铜型结构是一种层状结构，氧原子在接近坐标轴 $Z = 0$ 和 $Z = \frac{1}{2}$ 处，B 原子处在接近于 $Z = 0$ 处，A 原子则处在 $Z = \frac{1}{2}$ 处. 晶胞的平均大小约为 12.5Å × 12.5Å × 4.0Å，晶胞常数 c_0 较 a_0 或 b_0 小. 顺电相的正方钨青铜的空间群为 D_{4h}^5-$P4/mbm$，而铁电相的空间群为 C_{4v}^2-$P4bm$.

钨青铜型化合物大致可分为如下三类：

(i)简单的钨青铜型化合物. $PbNb_2O_6$ 可作为这类钨青铜型化合物的代表,其晶体结构,在顺电相时,空间群为 D_{4h}^5-$P4/mbm$,而在铁电相时,空间群为 C_{2v}^{11}-$Cmm2$.

(ii)由两个简单化合物组成的钨青铜型固溶体. 这类化合物的典型代表为铌酸锶钡($Sr_{1-x}Ba_xNb_2O_6$),简称为SBN,$x=0.25\sim0.75$,所存在的体系为 $SrNb_2O_6$ - $BaNb_2O_6$. 在SBN晶体结构中,A_1 的位置为Sr所占据,A_2 位置为Ba和Sr所占据,其结构属于充满型TB结构,晶胞中含有5个SBN化学式. 晶体的居里温度 T_c 随着 x 值的改变而变化. 例如,当 $x=0.25$ 时,$Sr_{0.75}$,$Ba_{0.25}Nb_2O_6$ 的居里温度 T_c 为 (56±3)℃,但当 $x=0.75$ 时,$Sr_{0.25}Ba_{0.75}Nb_2O_6$ 的居里温度 T_c 便升至205°±3℃.

在室温下,各种固溶体的SBN晶体均为铁电相,空间群为 C_{4v}^2-$P4bm$. SBN晶体为优良的压电和热释电晶体,它还具有很好的电光性能.

(iii)复合钨青铜型结构的化合物. 这类钨青铜型化合物,一般通用的化学式为 $A_6B_{10}O_{30}$. A正离子可以为 K^{1+} Na^{1+},Ba^{2+},Nd^{3+},La^{3+},…,B正离子可以为 Nb^{5+},Ni^{2+},Fe^{3+},Ti^{4+},…

在这类化合物中,比较重要的技术晶体为铌酸钡钠($NaBa_2Nb_5O_{15}$)晶体,简称BNN. BNN晶体存在着两个相变温度,三种结构型.

$$\underset{(正方晶系)}{\text{Ⅰ顺电相}} \xrightarrow{560℃} \underset{(正方晶系)}{\text{Ⅱ铁电相 BNN}} \xrightarrow{300℃} \underset{(斜方晶系)}{\text{(Ⅲ)铁电相 BNN.}}$$

在正方的BNN晶体结构中,A_1 的位置均为Na原子所填充,A_2 位置为Ba原子所填充,因此,它为充满型TB结构. 每个晶胞中含有2个 $NaBa_2Nb_5O_{15}$ 化学式. 在室温下,BNN晶体结构为斜方晶系,斜方晶胞中含有4个BNN化学式.

钨青铜型化合物是一类重要的铁电晶体和非线性光学晶体. BNN晶体具有优良的非线性光学性质,它是比较理想的倍频晶体之一.

具有充满或完全充满型结构的钨青铜型化合物晶体的抗光伤能力,优于非充满型结构晶体的,这一点对激光调制、倍频晶体来说是十分重要的.

“钨青铜”一词来自于 $NaWO_3$ 晶体,因为该晶体具有较深的颜色和金属光泽,还能耐非含氧酸的腐蚀等,与青铜类似,因而得名,后来人们就把具有与 $NaWO_3$ 晶体同型结构的一类化合物都统称为钨青铜型化合物.

(5)含有氢键的KDP型晶体.

磷酸二氢钾(KH_2PO_4)型(简称KDP型)晶体是当前十分重要的一类水溶性压电和非线性光学晶体,也是用途最广的一类水溶性晶体. KDP型结构晶体有十余种,如磷酸二氢铵($NH_4H_2PO_4$,简称ADP)、磷酸二氘钾(KD_2PO_4,简称 KD^*P)、磷酸二氢铷(RbH_2PO_4),砷酸二氢铯(CsH_2AsO_4,简称CDA),砷酸二氘铯

(CsD_2AsO_4,简称 CD*A)等晶体,其中以磷酸二氘钾(KD*P)用量为最多,它广泛地用于激光调制与倍频等方面.

KDP 晶体在室温下属于正方晶系,空间群为 D_{2d}^{12}-$I\bar{4}2d$,晶胞中含有 4 个 KH_2PO_4 分子,KDP 晶的结构模型如图 7.34 所示.

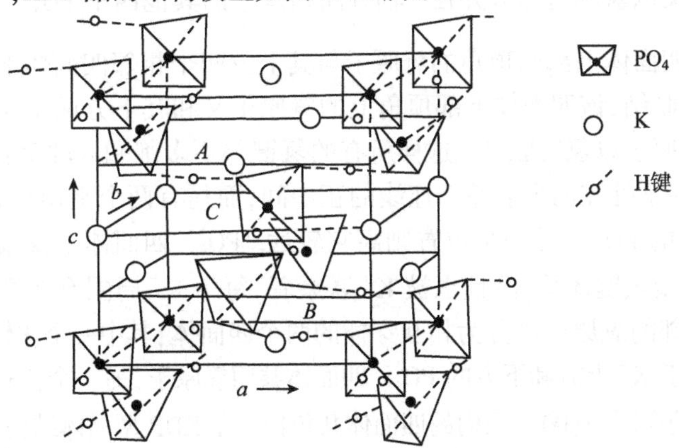

图 7.34 KDP 晶体结构模型

KDP 晶体结构中的氢键连接情况如图 7.35 所示.

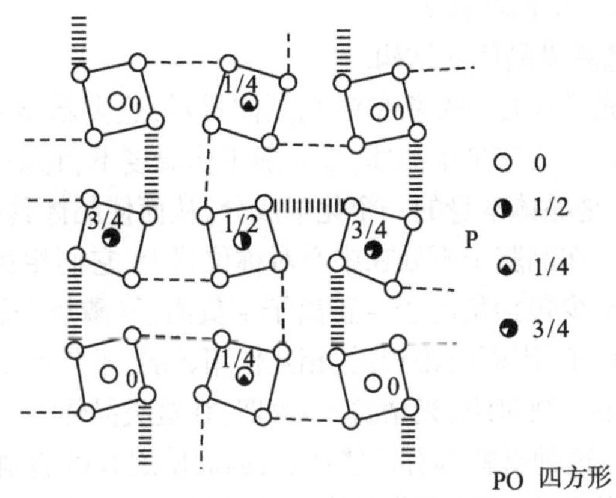

图 7.35 KDP 晶体结构中氢键联结的情况. 氢键将 PO_4 四面体联结成一个骨架型氢键体系

KDP 型晶体在居里温度 T_c(123 °K)以下,晶体结构将发生改变,对称性降低. 例如, KDP 晶体在 123 °K以下时,晶体将由正方晶系转变为斜方晶系,空间群将由 D_{2d}^{12}-$I\bar{4}2d$ 降低到 C_{2v}^{19}-$Fdd2$.

KDP 型晶体是一类以离子键为主的多键型晶体,在其结构中,磷原子(P)和氧原子(O)之间存在着强烈的极化作用,磷原子与氧原子以共价键合成 PO_4^{3-} 离子,每个磷原子被位于近似正四面体的角顶的四个氧原子所包围. 这种近似正四面体形的 PO_4^{3-} 是这样排列的,即 P 和 K 原子沿 c 轴方向以 $\frac{1}{2}c_0$ 的间隔交替地排列,每个 PO_4^{3-} 离子又以氢键与邻近并在 c 轴方向相差 $\frac{c_0}{4}$ 的其他四个 PO_4^{3-} 四面体相连,即每个 PO_4^{3-} 四面体上部两顶角的氧原子与其上方两个相邻四面体下部顶角上的氧原子以氢键联结,该四面体下部顶角上的氧原子又和其下方两个相邻四面体上部顶角上的氧原子以氢键联结. 这样所有的氢键差不多都和 c 轴垂直. 在每个氢键中,氢原子并不处在两个氧原子连线的正中间,而是有两个平衡位置,一个位置接近于所考虑的 PO_4^{3-},另一个位置则离它较远. PO_4^{3-} 四面体不仅彼此被氢键联结成三维骨架型氢键体系,而且也被 K^+ 联系着,每个 K^+ 周围有 8 个相邻的氧原子. 这八个相邻的氧原子可分为相互穿插的两个四面体,其中一个比较陡峭的四面体的角顶和位于 K^+ 上方和下方的 PO_4^{3-} 四面体共用氧原子,另一个比较平坦的四面体则和与 K^+ 处在同一(001)面内的四面体共角顶. 在 KDP 型晶体结构中,虽然存在着共价键与氢键,但我们仍可把它看做是 $(H_2PO_4)^-$ 与 K^+ 所组成的离子晶体.

在 KDP 晶体中,若将氢用氘置换,则氢键就变成氘键. 这时 KDP 晶体也就变成 $K(H_{1-x}D_x)_2PO_4$ 晶体,氘对该结构型晶体的物理性质产生显著的影响,如使其居里温度升高、电光系数增大等.

(6)化学计量激光晶体的结构.

化学计量激光晶体是一类新型激光晶体材料,这类新型激光晶体具有如下一系列独特的性质:第一,它是单晶体,在一般工作温度下,它是稳定的,第二,在这类晶体中,稀土离子是晶体本身的一个化学成分,从而使晶体具有很高的激活离子浓度;第三,稀土离子在晶胞中不处在中心对称位置上,它们相互之间被分隔开,稀土离子之间的连接至少包括负离子 - 正离子 - 负离子(磷氧四面体)连接,即稀土离子之间不共有氧离子,因而间距较远,相互作用较弱,不易产生浓度猝灭,稀土离子的浓度高达 $10^{21}cm^{-3}$ 数量级,光增益大;第四,在这类晶体中,一般不含有吸收荧光的其他离子. 由于这种材料具有这些特点,因而使之有可能制成高效率、低阈值和高稳定性的微小激光器,而这种微型激光器将是长距离单模光纤通信的激光光源,这种光源具有很大的发展前途. 同时,这类激光晶体材料对于研究固体的发光机理、结构与性能之间的关系、激活离子的光谱特性以及激活离子与晶体场的相互作用等问题,也是十分重要的. 至今已研制出这一类型的晶体已有十几种,其主要的化学计量激光晶体的结构列于表 7.13 中.

从表 7.13 中可以看出,在这类激光晶体中,大多数是以 Nd^{3+} 作为激活离子的,而少数为其他种类激活离子. 现以五磷酸钕(NdP_5O_{14})晶体为例来阐明其晶体的结构.

五磷酸钕(NdPP)晶体属于单斜晶系,晶胞中包含有 4 个 NdP_5O_{14}分子,晶体密度为 3.408g/cm^3.

表 7.13 化学计量激光晶体的结构

晶 体	简写	空间群	晶胞常数/Å			β 轴间角/(°)	激活离子最大浓度 $/10^{21}cm^{-3}$
			a_0	b_0	c_0		
NdP_5O_{14}	NdPP	$P2_1/c$	8.75	8.99	13.00	90.5	3.9
$LiNdP_4O_{12}$	LNP	$C2/c$	16.408	7.035	9.729	126.38	4.4
$KNdP_4O_{12}$	KNP	$P2_1$	7.266	8.436	8.007	91.97	4.1
$NaNdP_4O_{12}$	NNP	$P2_1/c$	12.29	13.14	7.22	127°08'	4.2
$NH_4NdP_4O_{12}$		$C2/c$	7.916	12.647	10.672	110.34	
$RbNdP_4O_{12}$		$C2/c$	7.845	12.691	10.688	112.34	
$CsNdP_4O_{12}$		立方晶系	15.10				3.93
$Na_3Nd(PO_4)_2$	SNOP	$Pbc2_1$	15.874	13.952	18.470	90	
$K_3Nd(PO_4)_2$	KNOP	$P2_1/m$	9.532	5.631	7.444	90.95	5.0
$NdAl_3(BO_3)_4$	NAB	单斜晶系				5.4	
$NdGa_3(BO_3)_4$	NGB						
$NdNa_5(WO_4)_4$	NST	$14_1/a$	11.559		11.453		2.6
$CsNdNaCl_6$	CSNC	$Fm3m$	10.889				3.2
$K_5NdLi_2F_{10}$	KNLF	$Pnma$	20.65	7.779	6.902		3.6
$Na_2Nd_2Pb_6(PO_4)_6Cl_2$	CLAP	$P6_3/m$	9.946		7.287		3.4
$K_5Nd(MoO_4)_4$	NKM	$R3m$	5.96		20.49		2.37
PrP_5O_{14}		$R2_1/c$					3.88
$NdTa_2O_{19}$		正方晶系	9.79		12.49		3.10
$Nd_3Na(VO_4)_2$		斜方晶系	5.56	14.2	19.48		2.60
ErP_5O_{14}		$C2/c$	12.3	12.7	10.3		
$Er_3Al_5OH_{12}$							13.8
$KEr(WO_4)_2$							6.5
EuP_5O_{12}		$Pnma$					

五磷酸钕(NdPP)晶体呈链状结构,其负离子结构基元$(P_5O_{14}^{3-})_\infty$为带状,如图7.36 所示.

该带状离子$(P_5O_{14}^{3-})_\infty$含有两个平行四面体链,$(PO_2O_{2/2}^-)_\infty$,平行于$a_0(X)$轴,并无限延伸,每隔一个四面体就有一个 PO_2^+ 离子将两个平行四面体链联系起来,整个带的化学式可表示为

$$2(PO_2O_{2/2}^-)_\infty + \frac{\infty}{2}(PO_2^+) = \frac{1}{2}(P_5O_{14}^{3-})_\infty$$

每个$(P_5O_{14}^{3-})_\infty$带有 8 个四面体或 16 个 P—O 键组成的环,每个环中心为对称中心,$(P_5O_{14}^{3-})$带中的磷氧四面体 P(1),P(3),P(5)中各有两个终止 P—O 键,键长为1.463 ~ 1.477Å,而且各有两个与其他四面体联结的 P ~ O 桥键,键长为1.606 ~ 1.618 Å,而 P(2)和 P(4)则各具有一个终止键,键长分别为 1.455Å 和

1.458Å,且各有 3 个桥键,键长为 1.550～1.560Å,这样,在 14 个独立的氧(O)中,有 6 个是两个四面体共有的(在图 7.36 中用两个数字标明的),而剩下的 8 个(O)则与 Nd 配位. Nd 在 NdPP 晶体结构的位置如图 7.37 所示.

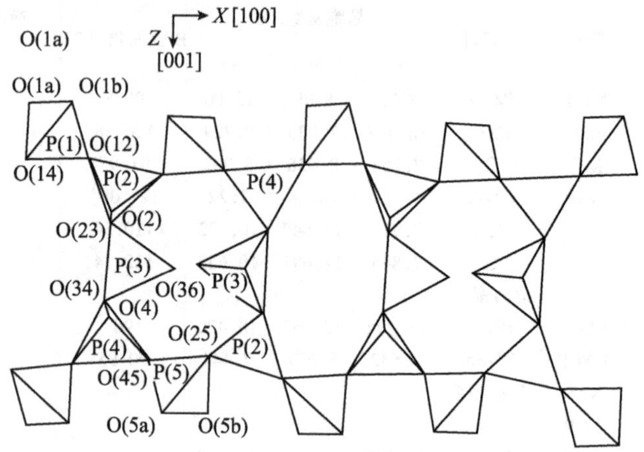

图 7.36　NdPP 晶体中的 $(P_5O_{14}^{3-})_\infty$ 带状结构

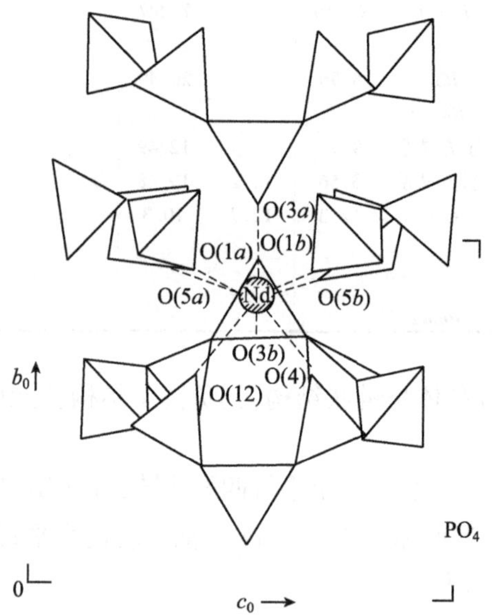

图 7.37　Nd^{3+} 与四个 $(P_5O_{14}^{3-})_\infty$ 相联系的情况(端视)

事实上,NdPP 晶体结构中的 Nd 是与 4 条 $(P_5O_{14}^{3-})_\infty$ 带连接的,所有的带在晶体中都是平行的,而且均沿 a_0 轴无限延伸,每 Nd 原子和下方带有 3 个配位与其上方带有一个配位,与其左右两条带各有 2 个配位,因此对中心 Nd 原子共有 8 个 Nd—O 键(在图 7.37 中用虚线表示).

Nd^{3+}的配位多面体NdO_8,可以用稍有畸变的反四方柱来描述,如图7.38所示. 这种反四方柱具有近似的四方对称.

Nd原子沿a_0轴方向形成曲曲折折的键,Nd—Nd之间的距离为5.194Å和5.945Å,依次交替,这是NdPP结构中最短的Nd—Nd间距. 距离为5.194Å的Nd—Nd之间为4个Nd—O—P—O—Nd键相连;距离为5.945 Å的Nd—Nd之间,则为2个Nd—O—P—Nd键相连,还有两个Nd—O键终止于PO_4四面体,如图7.39所示.

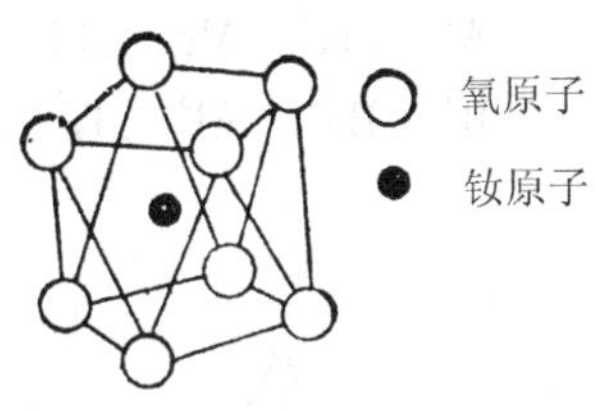

图7.38 NdO_8配位多面体示意图

尽管Nd原子具有这样复杂的键. 但每个Nd^{3+}离子却具有完全相同的几何环境. Nd—O—P—O—Nd键对NdPP的激光性能起着重要影响. 由于Nd与Nd之间存在着Nd—O—P—O—Nd键,原子间距较大,而且没有两个Nd^{3+}共用一个O^{2-},从而减弱了Nd^{3+}—Nd^{3+}对之间的相互作用,因此,虽然在NdPP晶体中,Nd^{3+}的浓度≈4×10^{21} at①/cm^3,而仍不出现荧光猝灭现象,这是五磷酸钕激光晶体材料最显著的优点.

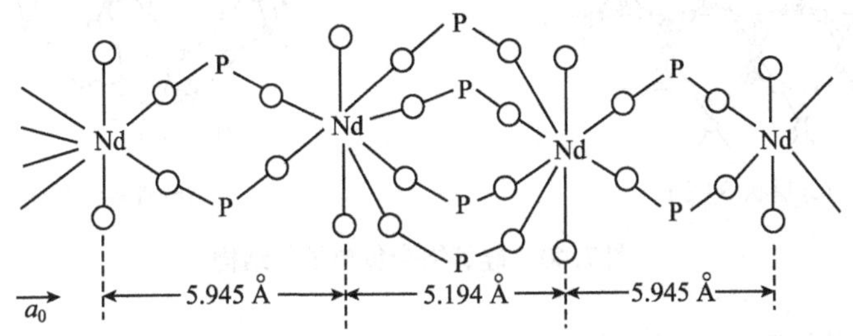

图7.39 Nd^{3+}沿a_0方向所形成的键

(7)硅酸盐.

硅酸盐晶体结构中,硅氧四面体$(SiO_4)^{4-}$为其结构基元. 硅氧四面体在晶体结构中可以以孤立的形式存在,也可以以其四面体的角顶相互连接的形式存在. 根据硅氧四面体连接方式的不同,可以分为岛状、环状、链状、层状和骨架状等,硅氧络合负离子结构如图7.40(a)~(e)所示.

在硅酸盐晶体结构中,往往是铝离子取代了硅氧四面体中的硅,而形成AlO_4^{5-}四面体.

在硅酸盐晶体结构中,还往往有一些附加负离子,如F^-,Cl^-,OH^-,O^{2-}, …离子,其作用是使电荷平衡.

在硅酸盐晶体结构中,还常常含有结晶水,洊离子等.

构成硅酸盐矿物晶体的主要正离子有:

①1 at = 9.80665×10^4 Pa

K^+, Rb^+, Cs^+, Ba^{2+}, …(配位数多为 12);
Zr^{4+}, Na^+, Ca^{2+}, Fe^{2+}, Mn^{2+}, …(配位数多为 8);
Al^{3+}, Ti^{4+}, Mg^{2+}, Li^+, Sc^{3+}(配位数多为 6);
B^{3+}, Be^{2+}, Al^{3+}, Ti^{4+}, Fe^{3+}, Zn^{2+}(配位数多为 4).

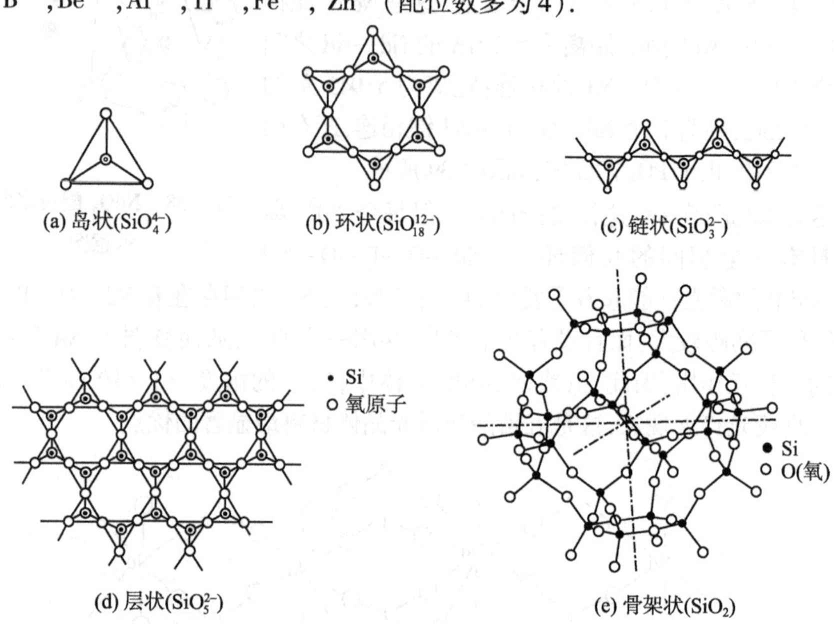

图 7.40　硅氧络合负离子的结构

硅酸盐晶体种类繁多,这里仅选择下面几种有代表性的晶体来简要地加以阐述:

(i)石英(SiO_2)晶体结构.

仅由 SiO_4 四面体构成的化合物是石英(SiO_2)晶体,石英晶体结构包括一系列变体,α 石英、β 石英、鳞石英、方英石等. 在石英(SiO_2)晶体结构型中,Si 与 O 构成 Si—O 四面体,Si 的 4 个 sp^3 杂化轨道分别与 4 个氧(O)的 p 轨道成键,形成 4 个 σ 键,键角为 109°28′. 各个四面体之间彼此以角顶相连,每一个硅(Si)原子被位于四面体各顶角的四个氧原子所包围,而每一个氧(O)原子则与两个硅(Si)原子相连接. 但由于 Si—O 四面体在空间中连接方式的不同,而表现一系列变体,并反映为晶体形态与物理性质等方面的差异.

作为压电晶体材料使用的只有 α-石英(α-SiO_2)晶体,这种晶体又称为压电水晶. 人们很早就发现 α-石英具有优异的压电效应,最初用的压电水晶多为天然水晶. 近几十年来,由于使用量与日俱增,天然水晶远远满足不了需求,在国内外又发展了工业人工水晶. 水晶的熔点为 1750℃,莫氏硬度为 7,空间群为 D_3^4-$P3_12$ 或

D_3^6-$P3_22$，晶胞参数：$a_0=4.90$Å，$c_0=5.397$Å.

α-石英晶体结构在(0001)面上投影如图 7.41 所示.

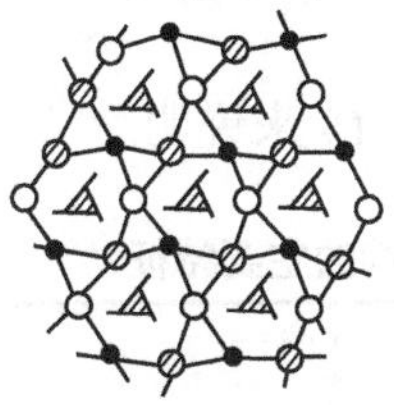

○ Si 原子在 $0c_0$ 高度
⊘ Si 原子在 $(2/3)c_0$ 高度
● Si 原子在 $(1/3)c_0$ 高度
(a) 左形

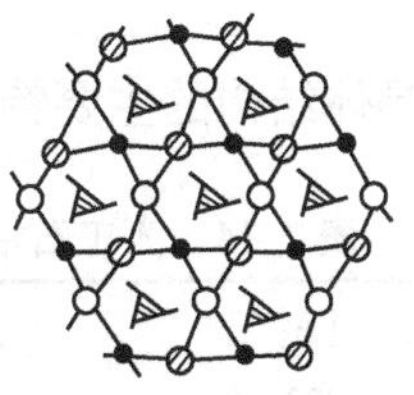

○ Si 原子在 $0c_0$ 高度
⊘ Si 原子在 $(2/3)c_0$ 高度
● Si 原子在 $(1/3)c_0$ 高度
(b) 右形

图 7.41　α-石英晶体结构在(0001)面上的投影示意图

在 α-SiO_2 晶体结构中，Si－O 四面体以其角顶与邻接的四面体角顶相连，按同一方向围绕 3_1 或 3_2 轴旋转排列，α 石英晶体是左形或是右形，即视三次螺旋轴是 3_1 轴或 3_2 轴而定.

石英(SiO_2)的多种晶型的相变关系为

$$\alpha\text{ 石英}\xrightarrow{573℃}\beta\text{ 石英}\xrightarrow{870℃}\text{鳞石英}\xrightarrow{1470℃}\text{方英石}$$

（低温石英）　　（高温石英）

当温度高于 570℃时，三方 α 石英就转变为六方 β 石英，空间群为：D_6^4-$P6_22$ 或 D_6^5-$P6_42$. 温度高于 870℃时，β 石英转变为鳞石英，温度再继续升高时，鳞石英便转变为方英石，结构均不如石英紧密.

(ii) 石榴石型晶体结构.

在矿物学中，石榴石是指一系统的天然矿物，这些矿物的结晶形态很像石榴子，因此称它们为石榴石. 天然石榴石包括一系列成分不同的硅酸盐，其化学成分可用通式：$M_3^{2+}M_2^{3+}(SiO_4)_3$ 来代表，其中 M^{2+} 为二价正离子(Mg，Fe，Mn，Ca 等)，M^{3+} 是三价的正离子(Al，Fe，Ca 等). 天然石榴石主要有以下 6 种主要类型：

钙镁石榴石，镁铝石榴石，铁铝石榴石，钙铬石榴石，锰铝石榴石，钙铝石榴石等. 其中最为典型，而且研究最多的是钙铝石榴石.

实验证明，在石榴石中，Al，Fe，Ga 可以完全取代石榴石中的硅(Si). 钇(Y^{3+})及稀土离子可以取代石榴石中的钙. 这样就可以获得一系列自然界中所没有的人工石榴石晶体，这类石榴石的通式可用 $A_3B_5O_{12}$ 来表示，其中 A 代表 Y^{3+}，Lu^{3+} 或其他一些三价稀土离子，B 代表 Al^{3+}，Fe^{3+}，Ga^{3+} 等三价离子，其中重要的是钇铝石榴石($Y_3Al_5O_{12}$)、钇铁石榴石($Y_3Fe_5O_{12}$)以及钆镓石榴石($Gd_3Ga_5O_{12}$)等.

钇铝石榴石是一种重要的激光基质晶体. 钇铁石榴石为重要的铁磁晶体. 钆

镓石榴石为磁泡衬底晶体、也是激光基质晶体、磁光与致冷晶体等.

在人工石榴石型晶体结构中,现以钇铝石榴石($Y_3Al_5O_{12}$,简称 YAG)为典型实例来说明之.

人工石榴石型晶体结构的主要特征可用表 7.14 来说明.

表 7.14 人工石榴石型晶体结构的主要特征

理想化学式	$[A_3^{3+}]$	$[B_2^{3+}]$	$[C_3^{3+}]$	O_{12}
点对称	222	$\bar{3}$	$\bar{4}$	1
空间群位置	24c	16a	24d	96h
对氧离子的配位数	8	6	4	
配位多面体形状	十二面体(畸变立方)	正八面体	正四面体	

资料来源:International Tables for X-ray Crystallography. Vol. 1. Kynoch Birmingham(1952,1965,1969).

正离子都处在等效点系的特殊位置(24c,16a,24d),而氧离子都处在等效点系的一般位置上.

人工石榴石型晶体是一种复合氧化物,从表 7.14 中可以看出,正离子共分三组,即[A],[B]和[C]. 每个[C]离子周围共有 4 个 O^{2-} 离子,这 4 个 O^{2-} 离子分别处在正四面体的角顶上,而[C]离子则处在正四面体的中心位置. 每个[B]离子的周围共有 6 个 O^{2-} 离子,这 6 个 O^{2-} 离子各自处在八面体的角顶上,而[B]离子则处在正八面体的中心位置,这些正四面体和正八面体所占据的空间,形成一些十二面体的空隙,这些十二面体实际上是畸变的立方体,每个角顶上都有 O^{2-} 离子占据着,中心位置上是[A]离子,故[A]离子的配位数为 8. 对于钇铝石榴石($Y_3Al_5O_{12}$)晶体结构来说,空间群为 O_h^{10}-$Ia3d$,每个晶胞中含有 8 个 $Y_3Al_5O_{12}$ 化学式,晶胞常数 $a = 12.275$Å. [C]的位置是由 Al^{3+} 占据着,[B]的位置也是由 Al^{3+} 占据着,而[A]的位置则由 Y^{3+} 占据着,因此,我们可以这样认为,YAG 的晶体结构是由一些互相联结着的正四面体和正八面体所组成的,这些正四面体和正八面体的顶角都是 O^{2-},而其中心都是 Al^{3+},这些正四面体和正八面体联结起来,构成较大的空隙,这些空隙是畸变立方体,其中心由 Y^{3+} 占据着,这三种配位多面体的形状如图 7.42 所示.

在三维空间中,沿 Z 轴看这些正四面体和正八面体互相联结的情况如图 7.43 所示.

钇铝石榴石中 Y—O 键的长度为 2.45Å,而 Y^{3+} 离子和稀土离子的半径比较接近,使得可以在十二面体格位中有可能掺入一定数目作为激活离子的任何三价稀土离子,例如,Nd^{3+},Ho^{3+},Er^{3+},Tm^{3+} 和 Yb^{3+} 等,而且还可以在八面体格位接受额外的起敏化作用的三价过渡金属离子,例如 Cr^{3+},V^{3+},Mn^{3+} 和 Fe^{3+} 等离子. 在进行上述的掺杂中,以 Nd^{3+}:YAG 和 Nd^{+}:Cr^{3+} ~ YAG 最为广泛使用,这种掺杂的

YAG 晶体,它所发射出来的激光波长为 1.06μm.

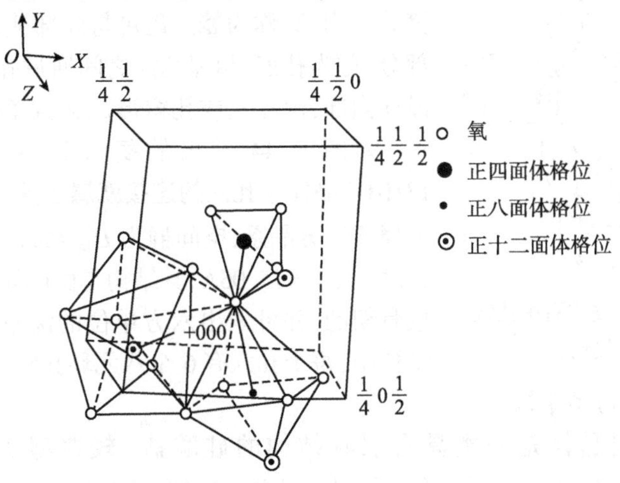

图 7.42 YAG 晶体结构中正四面体、正八面体和正十二面体的配置情况

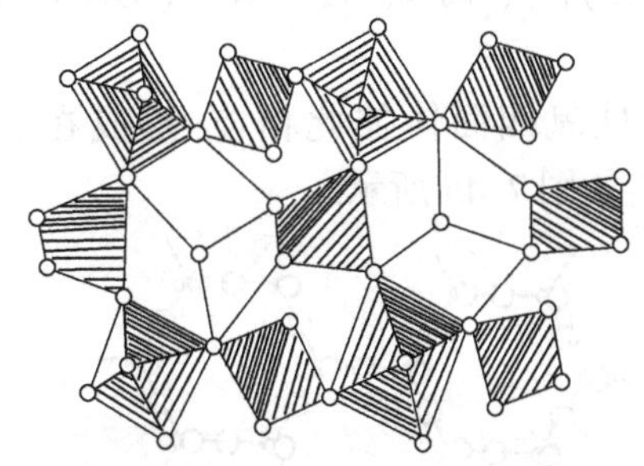

图 7.43 沿 Z 轴方向四面体、正八面体和正十二面体在空间的相互联结示意图

(iii) 分子筛.

有些含水的硅铝酸盐晶体. 它们的结构特征是$[(Al,Si)O_2]_n$骨架的开放性,在其结构中有许多孔径均匀的孔道和内表面很大的孔穴,其中含有水分子,若将它加热,把孔道和孔穴内的水赶出,就能起到吸附剂的作用,直径比孔道小的分子能进入孔穴,直径比孔道大的分子不能进入,于是就起到筛选分子的作用,故称这类硅铝酸盐为分子筛.

沸石具有这种结构特征,它是应用很广的分子筛. 沸石晶体现已能进行人工合成,其组成通常可用下式表示:

$$M^{n+}_{p/n}[Al_pSi_qO_{2(p+q)}]\cdot mH_2O$$

式中, M^{n+}为金属离子,一般为 Na^+, K^+ 或 Ca^{2+}, Mg^{2+}, Ni^{2+}, Ag^+, La^{3+} 等, n 为金属正离子的电荷数, m 是水合的水摩尔数,它的数值可有很大的变动范围.

分子筛中硅氧骨架的连接方式可通过孔穴和孔道来描述,孔穴是指由多个硅

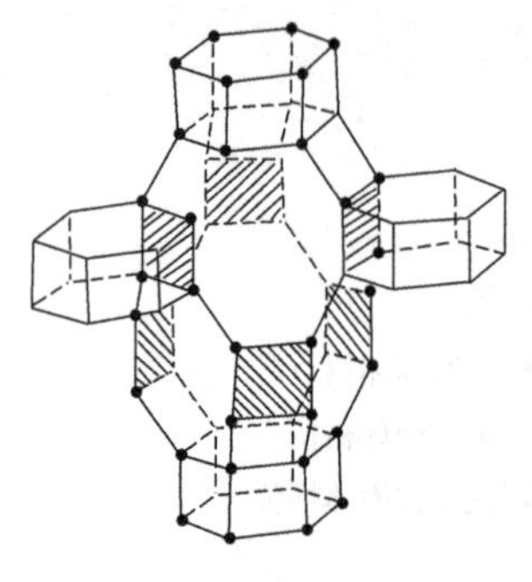
图7.44　菱沸石中孔穴连接情况

氧四面体连接成的三维多面体,这些多面体呈中空的笼状结构,又称为笼. 孔穴与外部或其他孔穴相通的部分,称为孔窗,相邻孔穴之间通过孔窗相互连通. 在晶体内部,由孔穴或孔窗形成无数条的通路就称为孔道. 如图 7.44 示出的菱沸石($Ca_2[Al_4Si_8O_{24}]\cdot 13H_2O$)晶体中孔穴的连接就属于这种情况,菱沸石晶体属于三方晶系,空间群为 D_{3d}^5-$R\bar{3}m$,晶胞常数为 $a_0=13.17\text{Å}$,$c_0=15.06\text{Å}$,其结构是由四元环和六元环等组成骨架的,并可划出六方单位的沸石分子筛. 在这种结构中,每个孔穴有 6 个八元环孔窗.

(iv)云母型结构.

云母型晶体是一类具有层状结构的硅酸盐,较典型的代表有白云母 $[KAl_2(OH)_2(AlSi_3O_{10})]$、金云母 $[KMg(AlSi_3O_{10})(OH)_2]$、黑云母 $[KMg_3(AlSi_3O_{10})(OH)_2]$、锂云母 $[K(AlLi)_3[(SiAl)_4O_{10}](OH_2)]$、珍珠云母 $[CaAl_2(Si_2Al_2O_{10})(OH)_2]$、高岭石 $[Al_2(OH)_4(Si_2O_5)]$、叶腊石 $[Al_2(OH)_2(Si_4O_{10})]$ 等.

在这类晶体结构中,硅氧四面体彼此相连,形成在二维空间无限延伸的 $(Si_4O_{10})_n^{4-}$ 层的层状结构,如图 7.45 所示.

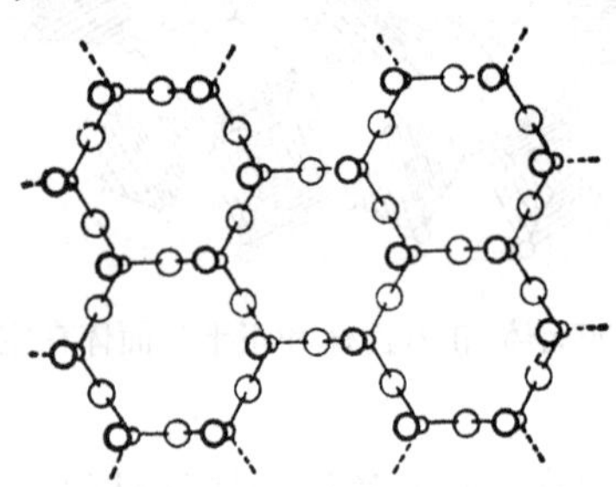
图 7.45　$(Si_4O_{10})_n^{4-}$ 的层状结构

这种硅氧四面体骨架带负电荷,需以(Al + OH)中和以保持其电中性,即介于这些层之间,不仅填入了正离子,而且也有 OH^-.

在白云母等晶体结构中,正离子 Al^{3+} 位于 O^{2-} 与 OH^- 形成的八面体中,且填充了 $\frac{2}{3}$ 的此种八面体空隙,并使两个 $(AlSi_3O_{10})_n^{5n-}$ 层联成一个双层,而电价较低、半径较大的 K^+ 与 O^{2-} 之间的结合力使各个双层联成一个整体. 白云母的晶体结构如图 7.46 所示.

在金云母、锂云母、黑云母等结构中,Mg^{2+},Fe^{2+},Li^+ 和 Al^{3+} 等正离子可填满上述空隙，在珍珠云母中，双层间的结合力系 Ca^{2+}—O^{2-} 键，而在其他云母中都是 K^{+}、Na^{+}—O^{2-} 键合的.

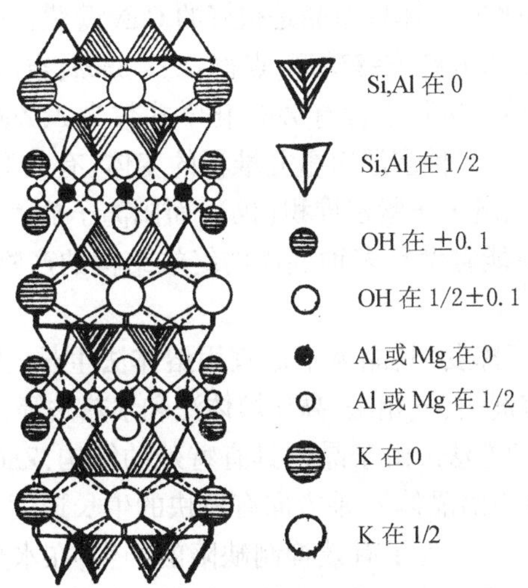

图 7.46　白云母晶体结构示意图

在白云母的三层层积体结构中，有 $\frac{1}{4}$ Si 被 Al 所代替，其负电荷为位于三层层积体之间的 K^{+} 离子所中和.

在云母型晶体结构中，在层体内主要是由共价键牢固地联系着，而在层体之间，只有弱的键力结合着. 在白云母的层体之间存在着 K 离子，具有离子键的作用，但由于层面内正离子数目少，而且是半径很大的一价 K 离子，因此层体之间离子键的强度十分弱. 所以在云母型的晶体中都出现了平行层面的极其完整的解理性. 这些晶体的解理面均垂直于 c 轴(即平行于(0001)面)，表现出各向异性，在平行于层面的方向上表现出最大的折射率，而在垂直于层面的方向上的折射率为最小.

白云母和金云母是主要的工业云母，因为它们具有高的绝缘性和耐热性，强的抗酸性和良好的机械强度，并能解理成具有弹性的透明薄片，故为电气、无线电及航空等工业上不可缺少的重要的晶体材料，而且大面积的云母多是人工合成的.

7.4.3　新型功能晶体结构举例

(1) 氧化锌 ZnO 晶体结构[30-34].

ZnO 晶体具有压电、光电和半导体等多方面的优异性能，ZnO 晶体经磁性离子掺质后，便变成 ZnO 基稀释磁性半导体. 在室温下 ZnO 晶体的禁带宽度为 3.37 eV，激子束缚能高达 60meV，并且能获得光泵紫外激光，能自形成谐振腔，是目前紫外和可见光发光材料的研究热点. ZnO 的熔点主 1975℃，能满足高温、高压、强辐射和大功率的工作要求,勘称为第三代宽禁带半导体材料的重要代表,备受人们的关注. ZnO 与 GaN 类同,均属于硫化锌(ZnS)型结构,且二者的晶格失配率小于(<2.0%),因此 ZnO 体块单晶是很好的 GaN 薄膜衬底材料.

Zno 晶体结构具有六方纤维锌矿型,点群:C_{6v} - 6mm,空间群 $P6_3mc$ 晶胞常数:a_0 =3.84Å,c_0 =5.180Å. 晶胞中含有 ZnO 化学式数为 2,ZnO 晶体属于 ZnS 结构类型,而 ZnS 型晶体具有多种多层次重复堆积的变体,有的变体多达 50 层次重复堆积、晶体在堆积时,阴离子作紧密堆积(砌),而阳离子插入在阴离子堆积的间隙中,而 ZnO 晶体结构只能看做是多种变体的终端结构的产物,其结构具有不稳定存在的因素.

ZnO 在高温时易于挥发,其晶体不适宜用熔体法生长,当前用于生长 ZnO 单晶的方法,主要有助熔剂法、气相法、高压熔体法和水热法等,目前使用水热法生长 ZnO 单晶是较为成功的方法. 由于晶体具有特殊的结构,ZnO 晶体具有极强的极性生长特征,一般条件下沿晶体 C 轴方向有较快的生长速度,过快的生长速度,会导致晶体位错等缺陷产生. 为了有效抑制缺陷的产生,在水热溶液中掺入一定比例的 LiOH 作矿化剂,利用 Li^+ 离子对晶体生长界面的作用,可降低{0001}面的生长速度,使该晶面经常显露,可有效地减少晶体缺陷的产生.

采用水热合成法,并以 KOH 为矿化剂,ZnO 晶体在一般条件下具有十分明显的极性生长特征,生长过程中可自发组织生成形状优异的多种晶形, 如纳米带状晶体、管状、环状、冠状、六角星、铅笔状、六角螺旋状等 ZnO 晶体,这些规则奇异形状的晶体,反映了 ZnO 晶体内部结构和极性生长特征,有力地说明生长过程中具有优良的自我修复完善功能. 形状各异的晶体,对研究 ZnO 晶体结构与其生长环境相对晶体生长形态的影响,具有重要的意义. 并有待进一步研究与论证.

另外,由于 ZnO 薄膜具有气敏、压敏和湿敏等方面的优异性能,而且具有良好的化学稳定性和热稳定性,抗辐射损伤能力强,因此在声表面波谐振器,气敏、压敏和湿敏传感器等领域有较广泛的应用,ZnO 薄膜在可见光区域透过率可达 90% ,是一种优良的透明导电薄膜,可应用于太阳能电池,液晶显示器中,正因为 ZnO 薄膜具有这些特性,近些年来人们对 ZnO 薄膜开展了一系列工艺制作的研究,其中包括有溶胶—凝胶(sol—gel)法、化学气相沉积(CVD)法、分子束外延(MBE)法、脉冲激光沉积(PLD)法、磁控溅射(magnetic sputtering)法等. 在这些工艺制作方法中,由于磁控溅射技术具有成膜均匀,且工艺简单,成本低廉等优点,获得人们较广泛的应用. 研究表明,成膜时基片(衬底)的选择对 ZnO 薄膜的微观结构和光学性能有显著影响,由于蓝宝石(Al_2O_3)的(0001)面具有六角对称结构,同 ZnO 有着相同的对称性,常作为外延生长 ZnO 薄膜的衬底,效果良好. 一般来讲,在蓝宝石衬底上制备外延的 ZnO 薄膜,生长初期为二维层状生长,随后变为三维岛状生长. 所生长出的外延 ZnO 薄膜,常用原子力显微镜(AFM)、X 射线衍射仪(XRD)、拉曼光谱、场发射扫描电镜(SEM)等对氧化锌薄膜的完整性进行了表征.

(2)磷酸钛氧钾($KTiOPO_4$,KTP)型晶体结构[23].

KTP晶体是一种性能优良人工合成的非线性光学晶体材料. 由于KTP晶体结构的多样性,通过掺质晶体生长或离子交换处理,可形成一系列KTP型晶体.

所有KTP型晶体的结构对称性相同,只是晶体组成原子或多或少地有些不同.

KTP晶体的点群为C_{2v}-$mm2$,空间群$Pna2_1$,晶胞参数为:$a=12.804\text{Å}$,$b=6.404\text{Å}$,$c=10.616\text{Å}$.

KTP晶体的结构骨架是由TiO_6畸变八面体和PO_4四面体在三维空间交替连接成螺旋链为特征,形成了…PO_4—TiO_6—PO_4—TiO_6…阵列,在此阵列中存在有—O—Ti—O—Ti—键链,在此键链中Ti—O键的键长并不相等,而且长键和特短键交替出现,长键键长均为2.10Å,而特短键键长均为1.74Å,K原子处在结构骨架的间隙通道中,Ti原子为O原子的6配位,P原子为O原子的4配位,K原子为8配位和9配位,KTP晶体结构也可看做是由结构骨架和K—O原子次晶格两者结合而构成的,KTP晶体结构是多样化的.

KTP晶体结构模型如图7.47所示.

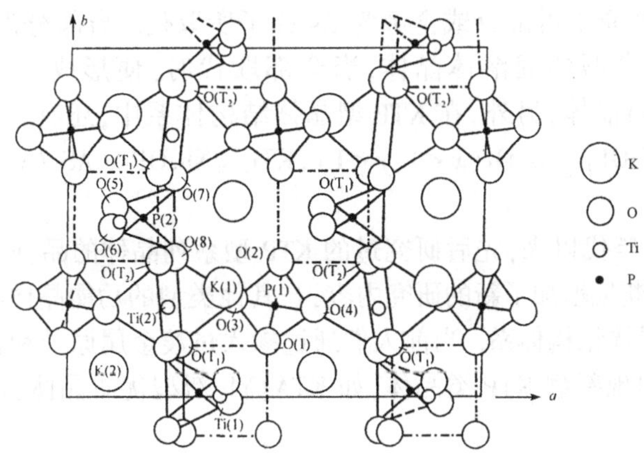

图7.47 KTP晶体结构的c向投影图

在KTP晶体结构中每个晶胞(单胞)中含有两组不等效的$KTiOPO_4$化学式,摩尔数$Z=8$,每两个不等效的$KTiOPO_4$化学式组成一个结构基元,晶胞中共有4个非对称结构基元,每一个结构基元中K,Ti,O和P 4种不同原子均处于所属空间群的一般等效点位置(共4个),因此,每一个晶体胞中均含有两个不等效的K格位[K(1),K(2)]、Ti格位[Ti(1),Ti(2)]、P格位[P(1),P(2)]和10个不等效的O格位[O(1),O(2),O(3),…],这样,在KTP晶胞中可能被其他原子取代的不等效的格位数目,就有16种之多,可变数总会远远大于变数,这种变化多样的结构场,对研究 KTP 晶体结构敏感性能提供了一个极其广泛而又十分不寻常的机会.

KTP 型晶体的来源可以说来自 KTP 晶体. 掺质 KTP 晶体和 KTP 类质同构体,都是从 KTP 晶体派出来的,通过单晶生长技术或离子交换处理可产生出一系列 KTP 型晶体结构体系.

KTP 型晶体结构体系的化学通式可写成 MM' OXO_4 形式,通式中:M 为 K,Na,Ag,Te,Rb,Cs,NH_4;M'为 Ti,Sn,Sb,Zr,Ge,Al,Cr,Fe,V,Nb,Ta,Sc,Ga,Ce,部分稀土金属原子等;X 为 P、As、Si、Ge 等部分过渡金属原子. 化学通式中的 M,M'和 X 原子的类别对 KTP 型晶体的非线性光学行为具有很大的影响作用. 在 KTP 晶体结构中的 K 原子可部分地或全部地为除 K 原子以外 M 原子所取代,如 $K_{1-x}Rb_x$-$TiOPO_4$($x \leqslant 1$),此类型的晶体称为掺质 KTP 晶体,但当 $x=1$ 时,即变成 $RbTiOPO_4$ 晶体,称为 KTP 的类质同构晶体,并给予单独的化合物名称——磷酸钛氧铷(RTP)晶体. 在 KTP 晶体结构中 Ti 原子可部分地为除 Ti 原子以外的 M'原子所取代. 例如, $KTi_{1-x}Nb_xOPO_4$ 晶体($x<1/2$). 有的原子虽然可全部地取代 KTP 晶体结构中的 Ti 原子. 例如, Sn 原子可全部取代 KTP 晶体结构中的 Ti 原子,而形成 $KSnOPO_4$(KSP)晶体,但此种晶体的结构已发生了根本的变化,已转变为近中心对称的晶体,而已离开了 KTP 晶体结构体系,而导致了非线性光学效应的消失. KTP 晶体结构中的 P 原子可部分或全部为 As 原子所取代. 当部分取代时,形成了 $KTiOP_{1-x}As_xO_4$ 类型的固溶体晶体;当全部取代时,便形成了 KTP 类质同构 $KTiOAsO_4$(KTA)晶体,另外,在 KTP 型晶体结构体系中,还有一些双取代型晶体,如 $K_{1-x}Rb_xTiOP_{1-y}As_yO_4$($x<1,y<1$),$KTi_{1-x}Nb_xOP_{1-y}AS_y$($x<1,y<1$)等系列晶体.

20 世纪 80 年代以来,先后研究过的 KTP 型系列晶体的品种,已达到 100 余种,而且仍在不断地增加了新的研究内容,与其他类型的功能晶体相比,可称是一个庞大的人工晶体结构体系. 当前人们通过掺入过渡金属原子和稀土金属原子,仍相继不断地出现新型 KTP 类晶体,如 KTA:Yb 新型优质晶体就是一个很好的例子.

(3)高临界温度(T_c)氧化物超导体(晶体)结构[35,36].

超导体就是在适当的条件下呈现出超导电性,超导电性就是在一定条件下,此种材料的直流电阻为零和具有完全抗磁的性质.

早在 1911 年荷兰物理学家 H. 卡末林-昂内斯(Kamerlingh-Onnes)发现把汞(Hg)冷却到 4.2K 附近时(约零下 269℃)电阻突然消失,这是人类首次发现的超导现象,此后近一个世纪中,新的超导材料相继不断地被发现,其中包括金属元素超导体、合金超导体、化合物超导体等. 氧化物超导体的研究,早在 1933 年 W. 迈斯纳(Meisaner)首先发现了氧化物 N_6O 在 1.2K 转变为超导态,1973 年发现了尖晶石型结构的 $LiTi_2O_4$ 的 T_c 为 13.7 K. 1987 年发现了 $YBaCu_3O_7$ 超导体,此种超导体首先是由美国休斯敦大学的朱经武研究组和中国科学院物理所赵忠贤研究组分别独立所发现的.

$YBa_2Cu_3O_7$ 超导体的发现是材料科学的重大发现,超导温度 $T_c=92K$,首先突破了液氮温区,从而掀起了世界性的研究氧化物超导体的浪潮,可以说这为后来发现新的高 T_c 氧化物超导材料的兴起奠定了基础.

$YBa_2Cu_3O_7$ 简称 YBCO 或 Y-123 氧化物超导体,YBCO 的晶体的结构模型如图 7.48 所示.

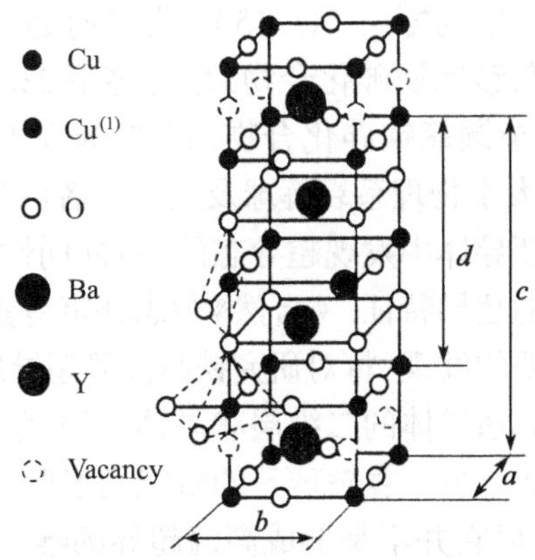

图 7.48 YBCO 的晶体结构模型

YBCO 晶体结构类型为氧缺位的层状钙钛矿型结构,属于斜方晶系,空间群为 P*mmm*. 斜方结构可被认为是由正方晶胞畸变而来的,斜方结构的基本特点,如图 7.48 所示. YBCO 是一种典型的氧缺位化合物,其氧的含量通常随着合成(生长)条件改变而改变,氧离子的分布对其物理性能影响很大. 氧离子分别占据四种格位,其中三种格位的占有率等于 1,而另一种占有率小于 1.

随后相继地发现的高 T_c 氧化物超导体种类甚多,但重要地有三种不同体系,现分别加以简要地阐明:

(i) $RBa_2Cu_3O_7$ 体系. 式中 R = Y,稀土元素(La、Nd、Sm、Eu、Gd、Dy、Ho、Er、Tm、Yb 和 Lu 11 种元素),此种类型的高 T_c 含铜氧化物超导体的对称性:斜方晶系,空间群为 *Pmmm*, $T_c>90K$ 等.

(ii) Tl—Ba—Ca—Cu—O 体系. 简称 TBCCO 系,它是一种含铊的铜基氧化物超导体. 此种类型的超导体的对称性:正方晶系,空间群为 *P4/mmm*.

其中包括: $Tl_2Ba_2CuO_6$, $T_c\approx 90K$; $Tl_2BaCaCu_2O_8$, $T_c=105K$; $Tl_2Ba_2Ca_2Cu_3O_{10}$, $T_c=125K$; $Tl_2Ba_2Ca_3Cu_4O_{12}$, $T_c=113K$,等.

(iii) $Bi_2Sr_2Ca_{n-1}Ca_nO_{2n+4}$体系. 主要包括:

当 $n=1$ 时, $Bi_2Sr_2CuO_6$, $T_c=7-22$ K;

当 $n=2$ 时，$Bi_2Sr_2CaCu_2O_8$，$T_c=85K$；

当 $n=3$ 时：$Bi_2Sr_2Ca_2Ca_2Cu_3O_{10}$，$T_c=110K$；

当 $n=4$ 时：$Bi_2Sr_2Ca_3Cu_4O_{12}$.

此种类型的超导体的对称性：正方晶系，正方体心晶格，空间群为 $I4/mmm$，当前更令人欣喜的是：

2008 年世界十大科技进展新闻——人民网报道，日本和中国科学家们相继发现了一类新的高 T_c 超导材料—铁基超导材料，其中包括日本科学家首先发现的氟掺杂铜氧铁砷氧化物，共 T_c 为零下 247.15℃，即具有超导特性，中国科技大学陈仙辉科研组发现的氟掺杂钐氧铁砷化合物，T_c 为零下 230.15℃、中科院物理所闻海虎科研组发现的锶掺杂镧氧铁砷化合物，其 T_c 为零下 248.15℃等，随后英国《自然》杂志刊登了浙江大学物理系袁辉球及其合作者的最新研究成果：在具有二维层状晶体结构的铁基超导体中发现超导态的"各向同性"，这是首次在二维层状的超导材料中报道三维的超导特征.《自然》杂志评审专家认为，这是超导研究领域的一项非常独特而重要的发现，将对研究铁基高温超导形成机理具有重要意义，之前基于铜氧化合物高温超导体的二维层状晶体结构，学术界一般认为维度的降低是形成高温超导的必备条件. 袁辉球等的研究则表明，低维的晶体结构可能更有利于高温超导的形成，但它并不是形成高温超导的唯一因素. 并认为铁基超导材料虽然也具有二维层状的晶体结构，但其电子结构可能更接近于三维，铁基高温超导的形成应该与其独特的电子结构有关. 多年来人们对新型的高温超导材料的研究，重要的是追求更高的临界温度 T_c 值. 对所有类型的超导材料的研究来看，其中以高 T_c 氧化物超导体系的晶体结构研究的最为深入.

高 T_c 氧化物超导体系的发现，超导临界温度不断被刷新就是证明，实验证明高 T_c 氧化物超导材料有许多共同的结构特征，诸如：(a)它们均具有层状的畸变钙钛矿型结构. (b)氧的非化学计量对样品中的缺陷形式和物理性能有重要影响. (c)都存在着二维 Cu-O 层面，这被认为是超导电性存在的关键. (d)单晶超导体呈现出强烈的各向异性，Cu-O 层是电荷传输面，设 a、b 面传输与沿 c 轴传输电阻率之比为 $\rho_c/\rho_{a/b}=10^5$ 等. (e)所有已知氧化物超导体的对称性，仅限于正(四)方晶系或斜方(正交)晶系，至今尚未见存在于低级晶系(单斜、三斜晶系)中的氧化物超导体. (f)所有铜氧配位多面体的相互连接方式只能采取共顶点的形式，而不能共棱或共面.

多年来世界上科学家们为什么持续不断地对研究高 T_c 氧化物超导体产生如此大的兴趣与追求，着眼于现在和未来的许多方面获得的应用：人们熟知的磁悬浮列车和核磁共振成像技术就是超导技术的实际应用. 还有将在未来的许多方面获得应用，诸如：超导轴承、超导飞轮储能，搬运系统、永久磁体，故障限流器……弱场下的磁屏蔽等.

§7.5 有机化合物典型的晶体结构[13,28]

有机化合物晶体的种类甚多,而且有机分子具有可剪裁的性质,便于进行分子设计、合成、生长新型有机化合物晶体.

有机化合物晶体存在的范围极广,从小分子化合物晶体到高分子化合物晶体,而且日益增多,不胜枚举,现仅就几种较简单的具有特点的有机化学物晶体结构作一简单的阐述.

7.5.1 六次甲基四胺晶体结构

大多数有机化合物晶体的对称性较低,一般多属于低级晶族,但六次甲基四胺($C_6H_{12}N_4$),简称为 HMTA. 晶体的对称性却属于立方晶系,空间群为 T_d^3-$I\bar{4}3m$.

HMTA 晶体结构模型如图 7.49 所示. HMTA 晶体所以能够具有很高对称性,应归因于分子和晶体均具有很高的对称性. $(CH_2)_6N_4$ 分子的对称性属于 T_d-$\bar{4}3m$ 点群,分子中 C—N 键 = 1.54Å, C—N—C 间的键角为 107°19′, N—C—N 间键角为 113°30′. 在晶体中$(CH_2)_6H_4$ 分子按立方体心紧密堆积,晶胞参数 a_0 = 7.02Å,分子间除范德瓦耳斯键,每个分子还通过其 4 个 N 原子的不共享电子对而形成 4 个 N…… H—C—H 型的氢键,将晶体结构中的$(CH_2)_6N_4$ 分子结合在一起.

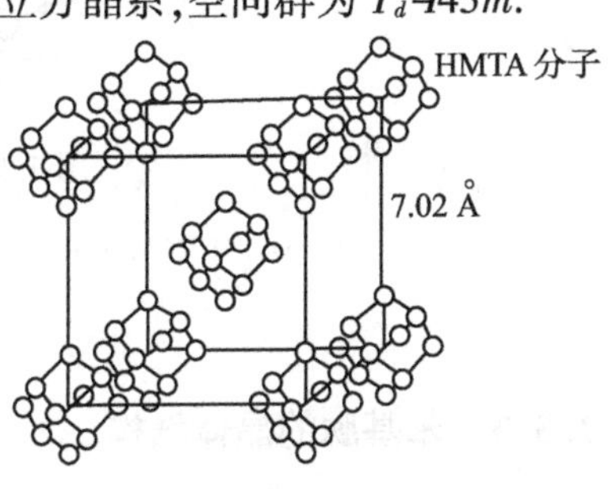

图 7.49 HMTA 晶体结构模型

HMTA 晶体结构是于 1923 年测定出来的,它是最早被测定出来的有机晶体结构. HMTA 晶体是一种电光晶体,由于它的对称性高,因此在使用上是比较方便的.

7.5.2 尿素的晶体结构

尿素[$CO(NH_2)_2$]晶体是一种具有应用价值的非线性光学晶体材料,它的非线性光学系数 d_{36} 是 ADP 晶体的 2.5 倍,在倍频和混频应用中适用范围也较广,其混频输出最短波长可达 212.8Å,并且有较高的抗光损伤阈值,在相同晶体尺寸的情况下,尿素晶体的激光转换效率比 KDP 晶体的要大.

尿素晶体可以从甲醇、乙醇或乙醇、丙酮和水的混合溶剂体系中生长出优质的非线性光学晶体.

尿素晶体属于正方晶系,空间群为 D_{2d}^{5}-$P\bar{4}2m$,正单轴晶,切割和抛光工艺与KDP系列晶体的类似.

尿素晶体结构如图 7.50 所示.

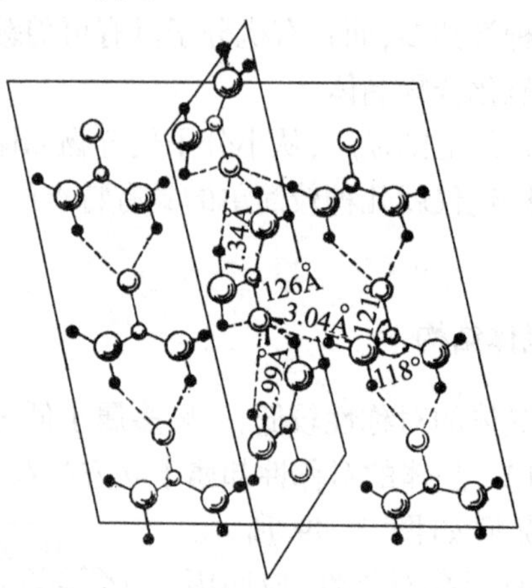

图 7.50　尿素晶体结构示意图

C═O :1.26Å. C—N:1.34Å. N—C—N:118°. 氢键:N—H···O:3.06Å

7.5.3　苯基脲的晶体结构

苯基脲($C_7ON_2H_9$)是一个苯基取代了尿素上的一个 H 原子而得到的化合物,它的分子的对称性属于 C_1-1 点群,具有不对称性强,引起的吸收波段红移小的特点. 采用 1064nm 的基频激光照射苯基脲粉末样品,产生很强的绿色倍频光,定量测量粉末二次谐波发生(SHG)结果为尿素的 11 倍,苯基脲具有如此强的倍频效应,与它的分子结构特点和晶体结构对称特点密切相关,苯基脲分子结构式为

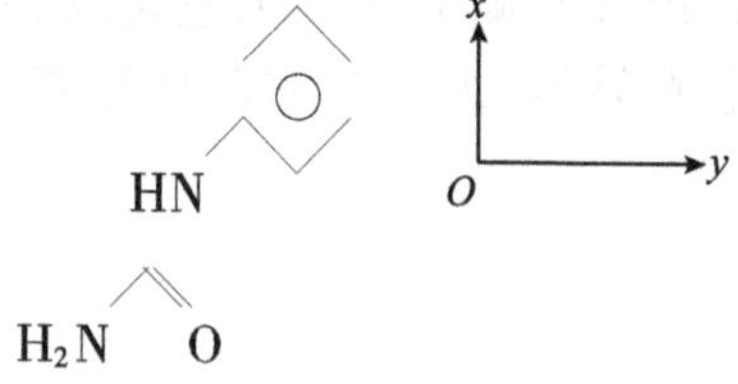

计算结构表明,苯基脲分子的二阶非线性光学系数约为尿素分子的 6 倍,这说明将苯环引入尿素分子对提高微观非线性光学效应起着重要作用. 苯基脲分子具有较大的二阶非线性光学系数,这是苯基脲晶体具有很强的非线性光学效应微观结构的基础.

苯基脲晶体属于单斜晶系,点群为 C_2-2,空间群为 C_2^2-$P2_1$,它是能实现非线性光学效应由微观向宏观转化率最大的 4 个点群之一. 苯基脲晶体结构中苯基脲分

子沿 c 轴以 N—H…O 氢键相连接而成带状,这些带状结构间又以N—H…O相连而成为无限扩大的片状结构.

在苯基脲晶体结构中,氢键起着十分重要的作用,分子间多个氢键的形成,使苯基脲分子间形成一个大的网络体系,这对晶体的热稳定性和倍频都是有利的.

苯基脲分子中苯基是一个温和的供电子基团,羰基是温和的吸电子基团,它们的引入比分子中取代强的施—受电子基团的透光性能更为有利. 利用光声光谱仪测定苯基脲固体样品,在235 ~ 606nm 波段的吸收情况,表明在290nm 以上没有吸收,即 $\lambda_{截止}=290$nm,其透光波的一直延伸到紫外区,具有很宽的透光波段. 抗光损伤实验结果表明,苯基脲粉末样品对 1064nm 激光的抗光损伤阈值大于500mW/cm^2 以上.

苯基脲在丙酮溶液中,通过控制溶剂蒸发速率,可以获得体块状无色透明晶体.

7.5.4　硫酸三甘肽的晶体结构

硫酸三甘肽[$(NH_2CH_2COOH)_3 \cdot H_2SO_4$](简写 TGS)晶体属于单斜晶系,在室温下,其空间群为 C_2^2-$P2_1$,晶胞常数为 $a_0=9.415$Å,$b_0=12.69$Å,$c_0=5.73$Å,$\beta=110°38'$,晶胞中含有 2 个 TGS 化学式.

晶体结构沿 c 轴观察时的图形如图 7.51 所示.

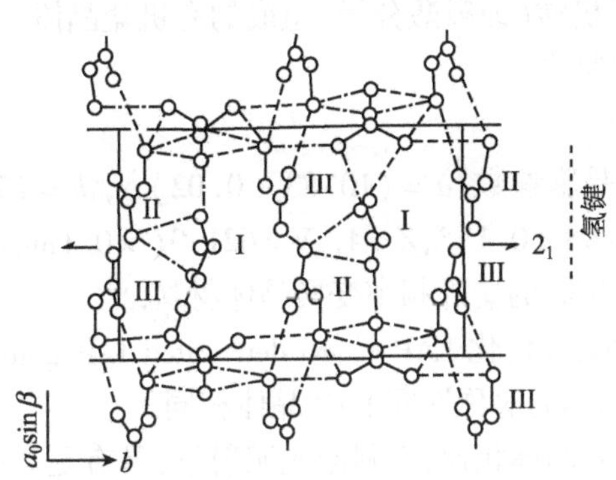

图 7.51　TGS 晶体结构沿 c 轴投影

在 TGS 晶体结构中,存在着三种构型不同的甘氨酸分子,在图 7.51 中以 Ⅰ、Ⅱ、Ⅲ来表示. 这三种不同构型的甘氨酸分子的键长与键角各有所不同. 在甘氨酸分子的不同基团上,同时存在正电荷和负电荷,甘氨酸分子可以写成 $NH_3^+CH_2COO^-$ 的形式.

在 TGS 晶体结构中,甘氨酸分子可有两种形式存在:一种是 C,O,N 三种原子可位于同一平面内,另一种是C,O两种原子位于同一平面内,而N原子偏出C,O原子所形成的平面距离为0.27Å. TGS晶体所包含的H_2SO_4,可对部分甘氨酸分子提供质子(H^+),而SO_4^{2-}呈畸变的四面体,因此可将TGS的化学式写成

$$(NH_3^+CH_2COO^-)\cdot(NH_3CH_2COOH)_2\cdot SO_4$$

的形式. 在TGS晶体结构中,包含的氢键有—O—H…… O< 和 —N—H …… O< 两种类型,在图7.51中用—·—表示,氢键在结构中起着重要作用.

TGS晶体是在1956年发现的一种铁电晶体,由于它在室温下具有热释电系数大(3.5×10^{-8}C/(cm·K)),介电常数低($\varepsilon=40$),以及易于从水溶液中生长出大块优质晶体,从而使TGS晶体成为一种经久不衰的优异的热释电晶体材料,广泛地应用于热释电探测器与热释电摄像管的材料.

7.5.5　L-精氨酸磷酸盐晶体

L-精氨酸磷盐[$(H_2N)_2{}^+CNH(CH_2)_3CH(NH_3)^+COO^-\cdot H_2PO_4^-\cdot H_2O$]晶体(L-Arginine Phosphate Crystal),简称LAP晶体,它是一种由天然碱性氨基酸盐(即精氨酸分子)和无机酸(即磷酸分子)组成的有机盐晶体.

LAP晶体的结构参数:

点群:C_2-2;

空间群:C_2^2-$P2_1$;晶胞参数:$a=(10.83\pm0.02)$Å, $b=(7.91\pm0.01)$Å, $c=(7.32\pm0.02)$Å,$\beta=(98\pm0.1)°$,$Z=4$. V=621.9(×0.1nm).

LAP晶体为性能优异的紫外频率变换晶体材料.

LAP晶体氘化后变成氘化LAP晶体(deuterated L-Arginine Phosphate Crystal)简称为DLAP晶体,晶体的对称性同LAP晶体相同.

DLAP晶体与LAP晶体相比,在强激光照射下,具有更高的激光损伤阈值. 当二者作为紫外频率变换晶体材料时,DLAP晶体显得更为优异.

LAP晶体从水溶液中生长,而DLAP晶体是从重水(D_2O)溶液中生长出来的.

7.5.6　2,4-二硝基苯丙氨基甲酯晶体

(methyl-2, 4-dinitrophenyl-alanine-z-propanoate crystal),简称MAP晶体.

分子结构式：$O_2N-C_6H_3(NO_2)-NH-CH(CH_3)-COOCH_3$ （$C_{10}H_{11}N_3O_6$）

MAP 晶体结构：

点群：C_2-2.

空间群：P_{21}. 晶胞参数：$a=6.829\text{Å}$，晶胞中分子数$=2$，$b=11.121\text{Å}$，$c=8.116\text{Å}$，$\beta=95.59°$.

MAP 晶体是一种性能优良的非线性光学晶体，采用溶液法生长，所用的有机溶液多为有机混合溶剂，如乙酸乙酯和正己烷混合溶剂等.

7.5.7 2-甲基-4-硝基苯胺晶体

简称 MNA 晶体，MNA 的分子结构式：

$O_2N-C_6H_3(CH_3)-NH_2$ （$C_7H_8N_2O_2$）

MNA 晶体对称性：

点群：Cs-m；

空间群：C_5^4-Cc；

晶胞参数：$a=11.17\text{Å}$，$b=11.62\text{Å}$，$c=8.22\text{Å}$，$\beta=139.2°$，$z=4$ 个 MNA 分子.

MNA 晶体不仅具有异常大的电光系数，而且还具有优良的倍频效应，MNA 晶体可采用气相法或以甲醇作为溶剂的溶液法来生长，但由于 MNA 在液体状态下就分解，因此不能用熔解法来生长此种晶体.

有机化合物晶体结构种类千千万万，不胜枚举，均有专门记载，在此不再列举实例阐述.

§7.6 聚合物分子结构与晶体结构

在阐述聚合物的结构之前，首先应当说明，作为研究凝聚态有序原子结构的晶体学，由于近代科学技术的迅速发展，而对晶体学研究的物质对象，也逐步地拓宽了，它不仅能够论述无机物和低分子量的有机物具有三维周期性的晶体结构，而且可以用来研究在其种程度的物质的有序性和某些非晶体学的对称性，呈现出多样化的结构分布，而且这些有机物和无机物的功能性质在工业和技术上的应用，以及在人们生活上的重要性日益显著，这一任务已经被近代晶体学承担了，因为它具备最适宜的研究方法和工具，而使晶体学的应用领域向更宽阔的对象延伸，并将注意力集中在非生物和生物聚合物的结构研究方面.

7.6.1　非生物聚合物[17－22, 24, 25]

非生物聚合物是分子量特别大的有机化合物总称,有时称为高聚物或称高分子化合物. 非生物聚合物在自然界中大量存在,是人类生存的必需物质,吃的淀粉、穿的丝、棉、毛织品,住的和用的竹、木等都是非生物聚合物.

在当前信息科学、能源科学和生命科学等科学领域中,聚合物在提供新材料方面,日益起着重要作用.

非生物聚合物是由大分子链组成,它的结构非常复杂,与低分子物质相比,有如下特点:

(1)高分子链由单体聚合而成,在高分子中含有许许多多结构基元,这些结构基元通过共价键连接在一起,形成不同几何形状的结构——线状的、枝状的和网络状的分子等.

(2)组成高分子主链的化学键,一般地能够自旋转,致使高分链具有柔性.

(3)高分子结构具有不均匀性,由相同的单体在相同条件下聚合的高分子,分子量不是单一的,单体的连接顺序、空间构象等也有不同.

(4)高聚物的分子聚集态结构可分为晶态和非晶态两种凝聚态. 由于高分子移动比较困难,分子的几何学不对称性显著,因此,它较难形成完全的结晶,高分子链的聚集体一般多形成部分结晶.

(1)非生物聚合物的分类与其聚合物链的结构.

根据高分子的化学组成,可将此种聚合物大致可分为三类.

(i)碳链高分子:主链是由碳(C)原子构成,例如:聚乙烯(—CH_2—CH_2—)、聚丙烯(—CH_2—CH—)、聚苯乙烯(—CH_2—CH—)等.

CH_3　　　　　　　　C_6H_5

(ii)杂链高分子:主链除碳(C)原子外,还有氧(O),氮(N),硫(S)等原子,例如聚碳酸酯(—O—⟨苯环⟩—C(CH_3)(CH_3)—⟨苯环⟩—O—C(=O)—)等.

(iii)元素有机高分子:其主链中没有碳原子,而由硅(Si)、氧(O)、氮(N)、铝(Al)、硼(B)、钛(Ti)等原子组成,其侧链则为有机基团,如:甲基,乙基等.

另外,还有功能高分子,例如人工脏器、生物材料、导电高分子等.

(2)非生物聚合物的结构.

组成聚合物的每一个大分子链都是由一种或几种低分子物质重复连接而成的. 例如, 聚乙烯就是由大量小分子乙烯打开双键后再相互连接成大分子链,然后这些众多大分子链聚集成聚乙烯,其反应式:$n(CH_2=CH_2)\xrightarrow{\text{聚合反应}}\left[CH_2-CH_2\right]_n$;聚氯乙烯:$(CH_2=CHCl)\xrightarrow{\text{聚合反应}}\left[CH_2-CHCl\right]_n$;聚苯乙烯:$(CH_2=CH-C_6H_5)\xrightarrow{\text{聚合反应}}\left[CH_2CH(C_6H_5)\right]_n$等.

凡是可以聚合生成大分子链的低分子化合物,称此化合物为单体. 例如聚乙烯的单体是乙烯($CH_2=CH_2$);聚氯乙烯的单体是氯乙烯($CH_2=CHCl$);聚苯乙烯的单体是苯乙烯($CH_2=CH-C_6H_5$)等.

组成大分子链的重复结构单元称链节. 例如, 组成聚乙烯的大分子链的链节是:$\left[CH_2-CH_2\right]$;聚氯乙烯的大分子链的链节是:$\left[CH_2-CHCl\right]$;聚苯乙烯的大分子链的链节是:$\left[CH_2-CH(C_6H_5)\right]$.

在一个大分子链中,链节重复的次数,称为聚合度,聚合度越高,分子链越大,则分子链的链节数也越多.

高聚物是由大量的大分子链集聚而成的. 由一种单体聚合而生成的高聚物,称为均聚物. 由两种或两种以上单体聚合而成的高聚物称为共聚物.

在共聚物中按照单体的分布情况又可分为块状共聚、接枝共聚、无规共聚等,如图 7.52 所示.

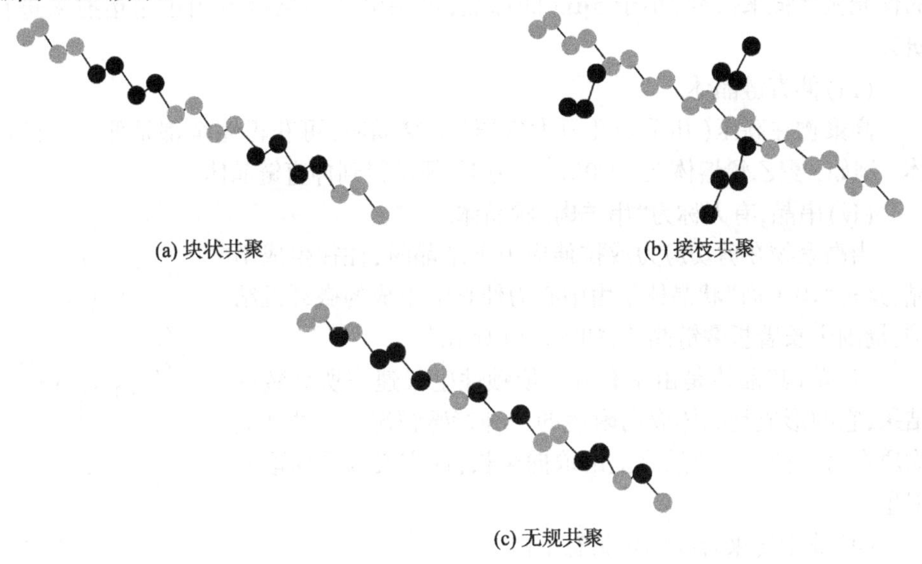

(a) 块状共聚　(b) 接枝共聚

(c) 无规共聚

图 7.52　共聚物结构示意图

当高分子链之间通过支链或化学键相键合,能够成为一个三维网络结构的高分子,如图 7.53 所示.

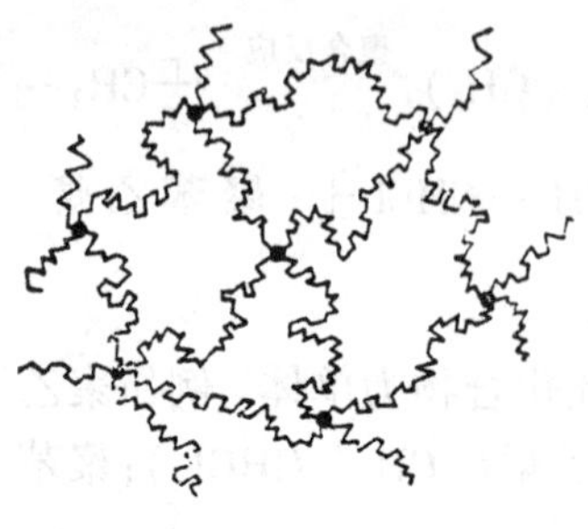

图 7.53　三维网络结构高分子示意图

(3) 非生物聚合物结晶.

在一定条件下,有些聚合物(如聚乙烯等)能够在整体或部分体积内生成晶体,聚合物溶液或熔体过冷时,有序状态的发生既依赖于聚合物的组成和构型,在很大地程度上也依赖于外部生长条件,如溶液的浓度或熔体的过冷度,结晶发生的诱导方法等因素,通常遇到的聚合物晶体形态有下列几种:

(i) 单晶体.

只要有结晶能力的聚合物,在适当溶剂中制成稀薄的熔液(0.01%~0.001%),在接近聚合物熔点时缓慢结晶,可以得到单晶体. 例如,聚乙烯、聚丙烯、聚酰胺、聚甲醛、聚酯等均可生长成单晶体. 这些晶体均具有一定规则形貌的薄片状晶体,它们的电子衍射都呈现出单晶体的典型衍射图.

(ii) 球晶.

从聚合物浓溶液或从熔体冷却时结晶,均倾向于生长成比单晶体更复杂的多晶聚集体,通常呈球状,所以称为球晶. 球晶的直径在 5μm 至 1cm 之间,可用普通的偏光显微镜来研究,小于 5μm 的球晶,可用电子显微镜或用小角衍射来进行研究.

(iii) 伸直链晶体.

高聚物在高压(几千到几万大气压)下结晶时,可获得完全都是伸直链的晶体. 例如,聚乙烯熔体在 3000lb① 压力下,便可得到伸直链晶体.

(iv) 串晶,有人称为"串羊肉"状晶体.

当高聚物在剪切应力或拉伸应力下结晶时,往往生成串晶,这种"串羊肉"状晶体是由中心为伸直链组成的微纤维结构,周围生长着折叠链晶片,如图7.54所示.

"串羊肉"晶体是由于有方向依赖性生长速率所导致的结果,它的形成是晶体取向附生的一种特殊情况. 一种结晶物质在另一种结晶物质之上的取向生长,便定义为晶体取向附生.

(4) 非生物聚合物的聚集态结构.

聚合物中大分子的聚集状态主要有三种:第一种是高聚物大分子链完全无规则的排列,形成无定形状态,这是长程无序而短程有序的结构,第二种是结晶态,这是折叠链片晶

图 7.54　聚合物串晶示意图

①1lb = 0.4536kg.

结构,第三种是无定形状态与结晶态两者相组合的状态,即半结晶结构. 高聚物的主要三种结构,如图7.55所示.

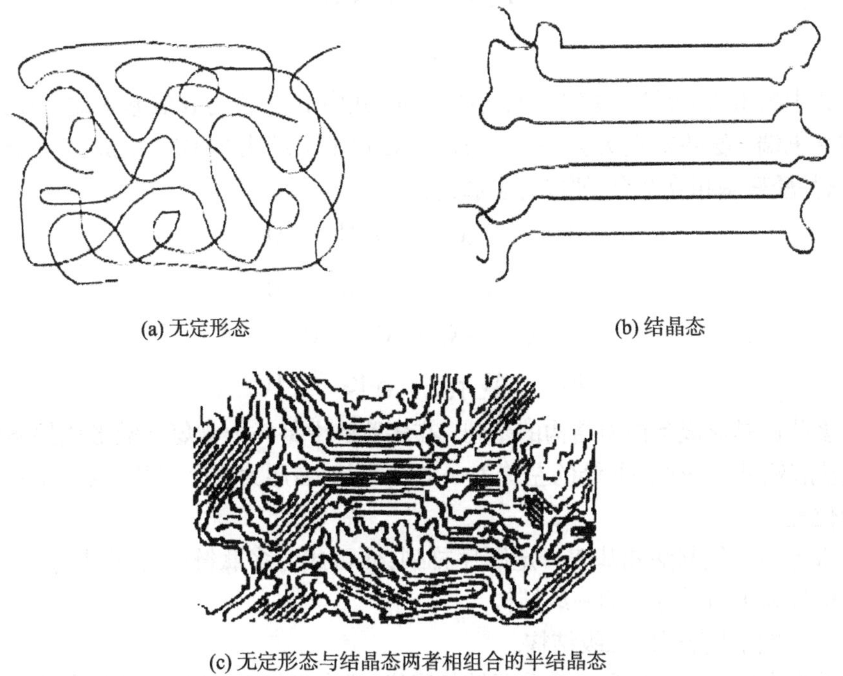

(a) 无定形态

(b) 结晶态

(c) 无定形态与结晶态两者相组合的半结晶态

图7.55 高聚合物的聚集态结构示意图

7.6.2 生物聚合物[45-47]

生物聚合物,又称生物高分子,生物体的结构属于分子生物学的研究领域,也是研究生命科学的主要组成部分. “生命是蛋白质的存在方式”. 现在已知,无论在什么地方,生命总是与蛋白质、核酸与病毒等这类基本物质相联系.

研究生物聚合物结构的这类物质最有效的研究工具是X射线衍射的广义晶体学和高分辨率电子显微术等.

从生物聚合物的X射线衍射象上引起成千上万个衍射斑点数目来看,这一事实本身就说明这类物质中所有大分子是等同的,并且具有有序的内部结构.

(1) 蛋白质分子结构.

蛋白质分子结构一般分为四个层次:一级、二级、三级和四级结构. 现分别说明如下:

(i) 蛋白质分子的一级结构.

蛋白质是由氨基酸残基组成的,分子是很大的长链分子,蛋白质分子链的最小结构基元是α氨基酸,α氨基酸主要共有20种,都可写成的化学结构式为

$$\begin{array}{c} \mathrm{H} \\ | \\ \mathrm{H_2N—C—COOH} \\ | \\ \mathrm{R} \end{array}$$

结构式中的 R 基(侧基)决定它们间的差别. 式中 H_2N 称为 α 氨基末端,COOH 称为羧基末端. 氨基末端失去一个 H 原子,COOH 末端失去 OH,便放出一个 H_2O 后,氨基酸残基相互结合,便成为多肽链:

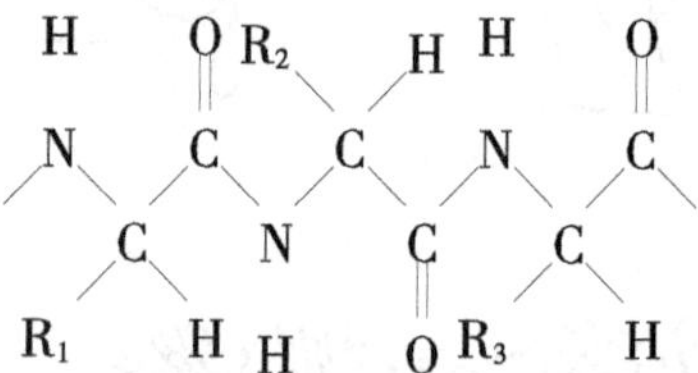

多肽链是形成蛋白质结构的基础. 在多肽链中每一个 α 氨基酸形成的链称为 α 氨基酸残基. 一个多肽链的左首为一个 α 氨基,右尾为一个羧基,或者左右两者调换位置.

将各种 α 氨基酸残基按一定顺序排列,便可成为多肽链的分子结构,此种分子结构称为蛋白质分子的一级结构.

(ii)蛋白质分子的二级结构.

单个多肽分子链与另一个分子链相聚集,或自身折叠,便构成了蛋白质分子的二级结构. 最早见的二级结构是 α-螺旋或折叠片(层).

(iii)蛋白质分子的三级结构.

具有二级结构的多肽链在空间中进一步盘绕折叠,就形成它们的主链和侧基在内的较复杂组态,即蛋白质分子的三级结构,换句话说,蛋白质分子的三级结构是肽,球蛋白或纤维蛋白的多肽链的一种构型 . 三级结构通过同一主链上的氢键和共价键来维持其稳定性.

(iv) 蛋白质分子的四级结构.

当更多的多肽分子链聚集在一起,就形成了四级结构,它是具有三级结构的生物大分子亚单元的缔合物,这样的组合通常具有一定的点对称性,并较易于形成蛋白质分子晶体.

蛋白质分子的层次结构,如图 7.56(a) ~ (d)所示.

(2)蛋白质的晶体结构.

早在 1965 年,我国的科学家们在世界上首次用化学方法合成了具有全部生物活性的蛋白质——结晶牛胰岛素. 1972 年采用 X 射线衍射法测定出猪胰岛素三方二锌晶体结构,得到了 2.5Å 分辨率电子密度图,显示出胰岛素分子结构的许多细节,有力地推动了我国对蛋白质和核酸的研究.

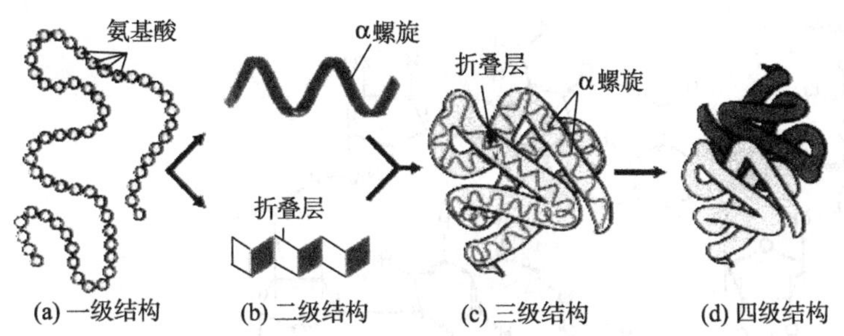

图 7.56 蛋白质分子的层次结构示意图

在蛋白质分子聚集体内的亚基在三维空间中的排布呈现出周期性，则形成了蛋白质分子晶体结构. 如蛋白质分子聚集体内的亚基排布仅有一维或二维周期性，则形成相应的广义的晶体结构. 在高分辨率的电子显微镜下对蛋白质晶体形态可进行观察与研究. 研究蛋白质分子晶体结构，首先遇到的一个问题，就是如何获得符合 X 射线结构分析所需要的单晶尺寸及其完整性，近些年来，人们在宇宙中微重力条件下生长了各种蛋白质单晶样品，相当成功，有力地推动了生命科学的研究.

蛋白质种类繁多，所形成的晶体结构均极为复杂，在国际上受到科学家们的高度重视，此标志着人们认识生命和揭示生命的奥秘正在一步一步地向前迈进.

(3) 核酸的结构.

另一类重要的生物聚合物为核酸，核酸有脱氧核糖核酸(DNA)和核糖核酸(RNA)两类，它们具有储存和传递遗传信息的功能，是生物繁殖的物质基础. 研究核酸的分子结构与晶体结构都已受到人们的重视. 核酸的分子结构与蛋白质分子结构相似，核酸分子的基本结构，也是链状大分子，核酸分子链是以核苷酸为结构基元构成的多核苷酸链，其主链为磷酸-糖基团所构成，多核苷酸链的一般化学结构可表示为

$$-O-\underset{\displaystyle OH}{\underset{|}{\overset{\displaystyle O}{\overset{|}{P}}}}-O-CH_2-\underbrace{C-CH}_{\text{O}-\underset{R_1}{CH}-CH_2}-O-\underset{\displaystyle OH}{\underset{|}{\overset{\displaystyle O}{\overset{|}{P}}}}-O-CH_2-\underbrace{C-CH}_{\text{O}-\underset{R_2}{CH}-CH_2}-$$

DNA 和 RNA 分子链上的侧基是两类含氮碱基：嘧啶类和嘌呤类.

(i) DNA 的分子结构如图 7.57 所示.

(ii) RNA 的三维结构如图 7.58 所示.

虽然核糖核酸(RNA)的分子均是线性高聚合物，它们折叠成缠绕的二级和三级结构，以便来完成它们的生物作用，但不难想像出核酸的分子结构与其晶体结构也是十分复杂而多变的.

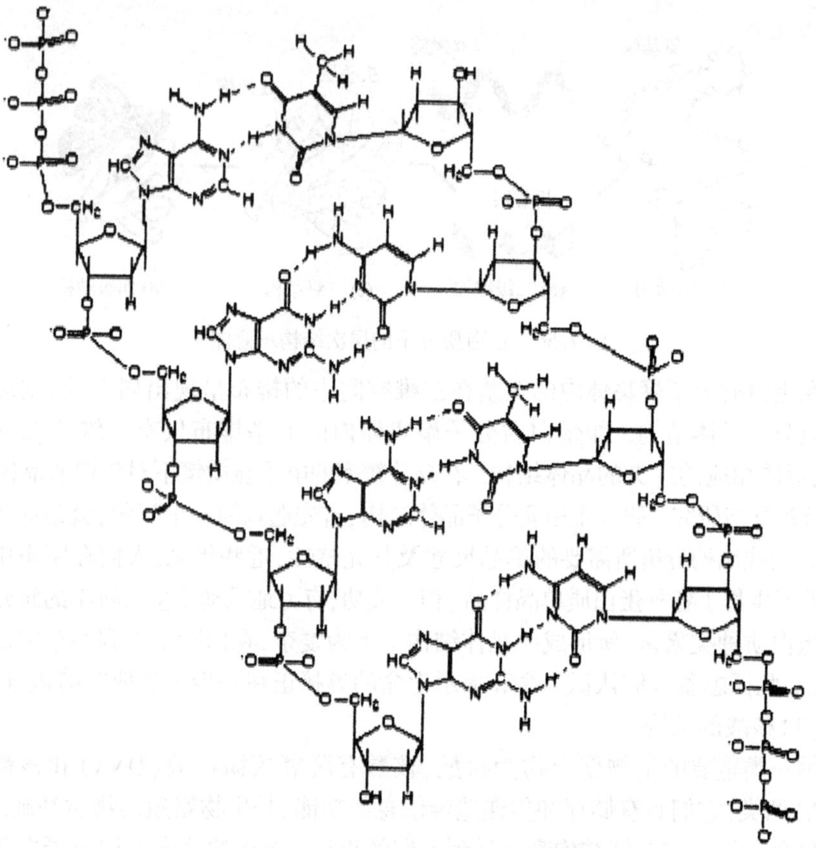

图 7.57　脱氧核糖核酸(DNA)分子结构示意图

图 7.58　RNA 的三维结构形象化的示意图

资料来源:P. D. Bentry IQTQ 和 P. D. Benterty IGID

(4)病毒的结构[37].

病毒是一群非细胞形态的特别的小生物,这些小生物的形态各异. 在电子显微镜下观察病毒的形态,真是多姿多态:球形、杆状、棒状、蝌蚪状等都有,然而它们的组成却颇为简单,主要由脱氧核糖核酸(DNA)或核糖核酸(RNA)和蛋白质组成.

病毒具有生物的基本特征,它们的遗传密码子和其他生物的密码子基本上相同,但病毒是绝对的寄生,只有在寄生主细胞内才能增殖和繁衍后代,脱离寄主则不能进行自我复制,然而并不死亡,一旦侵入寄主又可再复制,病毒甚至将其基因组整合到寄主细胞内基因内潜伏下来,一旦条件适合,就掠夺寄主的代谢物质和能量,按着病毒的遗传指令繁殖起来,造成寄主严重病害. 由于病毒容易发生变异,致使防治病毒甚为困难.

人们对病毒的研究经过上百年的研究,现已形成一门专门学科——病毒学,而且发展很快,它是在分子水平上,来阐明病毒的致病性(pathogenicity)、毒力(virulence)、体内复制和突变机制、致病的组织器官特异性以及病程的潜伏性、持久性、系统性、局部性以及病毒的演化和新病毒的产生等. 为人类生命科学的发展,将会作出越来越大的贡献.

一个成熟的病毒颗粒(virus particle)的基本结构是由蛋白质亚基组成的外壳(capsid)将其基因组核酸包被起来,有的在外壳外还包被一层脂蛋白质外膜. 在电子显微镜下观察与研究的结果表明,病毒颗粒有两种形貌出现,一种为开放型的螺旋结构,另一种为二十面体对称结构.

(i)螺旋结构.

杆状病毒具有螺旋对称性,按此种堆积方式组成它们的蛋白质亚基进行有规则而且对称的排列. 例如烟草嵌镶病毒(TMV)外壳分子的螺旋结构如图 7.59 所示.

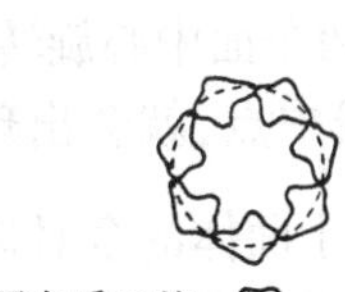

(a) 不对称的蛋白质亚基围绕轴心的对称排列

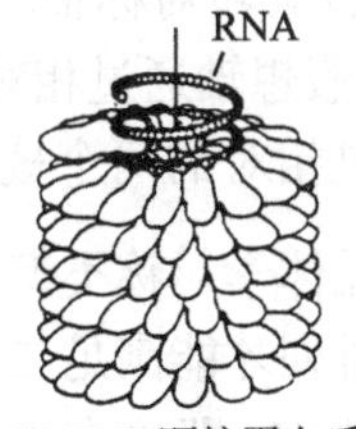

(b) TMV颗粒蛋白质亚基和核酸基因组的结构

图 7.59 TMV 外壳分子螺旋结构

实验证明,很多病毒颗粒外壳是由 60 个以上蛋白质亚基所组成,这样亚基又应如何排列才能满足亚基间等价、自由能最小、最稳定的近球状的结构呢? 唯一的办法是将这些亚基安放在由 20 个等边三角形分割成更小的等边三角形上. 将二十面对称体的每一个面分成若干个更小的相等三角形所遵循的立体几何规律,可用公式表示:

$$T = pf^2$$

式中, T 为所分割的小三角形数目,称为三角剖分数(triangulation), f 为任一整数, p 值由方程式 h^2+hk+k^2 确定, h, k 是一对无共同因子的正整数.

至今人们所观察到的病毒 20 面体的 p 值是 1($h=1,k=0$),3($h=1,k=1$)和 7($h=1,k=2$), $60T$ 个蛋白质亚基上排列大多倾向聚集形成:二聚体、三聚体、五聚体和六聚体等,以便亚基间充分谐调,使其体系的自由能最小,使其成稳定状态.

现以 $T=3$ 的二十面体为例:

180 个蛋白质亚基聚集的排列方式有三种类型:如图 7.60 所示.

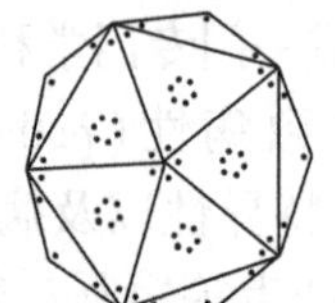
(a) 芜菁黄花叶病毒

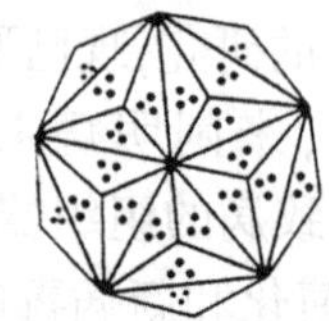
(b) 脊髓灰质火病毒

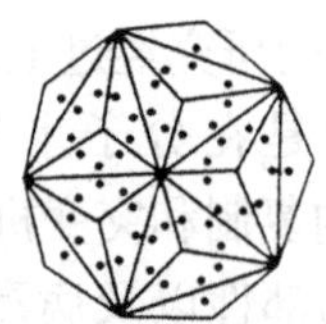
(c) 芜菁皱缩花叶病毒

图 7.60　180 个蛋白质亚基聚集的排列方式示意图

$T=3$ 的二十面体的 180 个蛋白质亚基聚集排列的三种方式:(a)(b)(c).

(ii) 二十面体对称结构.

在电子显微镜下,很多病毒的颗粒呈近似圆形,即由多个蛋白质亚基排列成近圆形的封闭的空壳,基因组核酸即位于其中,经仔细研究后,这种近圆形的图像实际上是二十面体对称结构. 一个 20 面体的是由 20 个等边三角形的面所组成,形成 12 个顶点,30 条棱边线,这样的对称的立体结构有 3 种旋转方式,而具有 2 重(次),3 重(次),5 重(次)旋转对称轴. 若一假想轴通过两个相对顶点旋转,就会出现 5 重旋转对称;若一假想轴通过相对的两个面中心旋转,则会出现 3 重旋转对称,同理,若一假想轴通过相对的两个棱边线中点,就会出现 2 重旋转对称. 病毒颗粒的外壳形态属于准晶体学对称类型. 二十面体的全对称群符号为 $m\bar{3}\bar{5}$. 形状相同的蛋白质亚基如何排列才能满足二十面体对称结构? 只有在每个等边三角形的三个顶点处各有一个亚基,即要有 60 个亚基在顶点处才能构成 12 个五聚体(pentamer),这样所构成的病毒外壳才能使每个蛋白质亚基与其相邻亚基以等价相连,此时所构成的外壳处于自由能最小的稳定状态,人们在电子显微镜下所观察到的大多都是蛋白质亚基的聚集体形态,如五聚体等.

一个最简单而稳定的二十面体病毒颗粒最少应由 60 个蛋白质亚基,即 12 个五聚体组成. 例如, 烟坏死病毒 (tobacco necrosis virus, TNV),如图 7.61 所示.

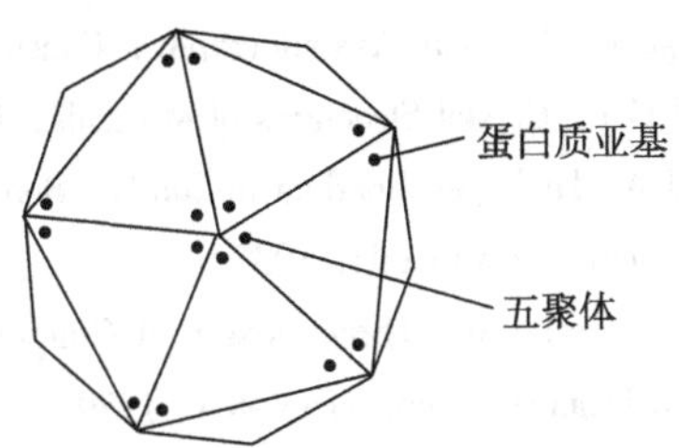

图 7.61 TNV 颗粒外壳的蛋白质亚基构成的对称 20 面体模型

从理论上讲,理论的亚基可以构成四面体、六面体、八面体和十二面体,但这些聚集方式,均不如二十面体的聚集节省遗传信息、能量最小、封闭性严密,而且是最稳定的. 另外,骨骼组织中层次结构:骨骼是高等脊椎动物最重要的沉积硬组织之一. 骨骼是由磷酸钙矿物质和羟磷灰石的一种特殊形式沉淀物,而得到加固的有机母体构成的密度骨用于支持和保护人体结构,而多孔骨骼只具有新陈代谢的功能. 在调节骨骼生长过程中存在四种不同的细胞,即造骨细胞,硬骨细胞、骨细胞和骨连接细胞.

通过电子显微镜,X 射线衍射和小角衍射对骨骼组织进行表征,人们可获得骨骼组织的大量显微结构信息,表现出骨骼组织具有明显的有序的有机和无机物质,骨骼组织的高度的有序结构属于压缩、拉伸强度和韧性等优化结构. 同时骨骼还具有高度的适应性和功能性质. 研究骨骼组织中的层次结构,在医疗科学中占有重要地位. 生物聚合物种类甚多,不再枚举.

参 考 文 献

[1] 唐有祺. 结晶化学. 高等教育出版社, 1957.

[2] 周公度. 无机化学丛书. 第十一卷. 科学出版社, 1982.

[3] 南京大学地质系岩矿教研室. 结晶学与矿物学. 地质出版社, 1983.

[4] 埃文思 R C. 结晶化学导论. 胡玉才等译. 人民教育出版社, 1983.

[5] Allem M A. Phase Diagrams. Vol. 6. Academic Press, Inc., 1978.

[6] Addison W E. Structure Priciples in Inorganic Compound. Longamans, 1961.

[7] Akhmetov N. General and Inorganic Chemistry Translated from the Russian by Alexander Rosinkin, Translation Edited by Campbell H Creighton. Mir Publishers, 1983.

[8] Wyckoff R W G. Crystal Structures. Interscience, 1963.

[9] Bunn C W. Chemical Crystallography. Oxford Clarendon Press, 1972.

[10] Muller O, Roy R. Crystal Chemistry of Non-Metallic Materials. 4th ed. University Park, Springer-Verlag, 1974.

[11] Gilreath E S. Fundamental Concepts of Inorganic Chemistry. McGraw-Hill, 1958.

[12] Wells A F. Structural Inorganic Chemistry. Clarendon Press, 1962.

[13] Kitaigorodskii A I. Organic Chemical Crystallography. Consultants Burean, 1961.
[14] Bragg S L, Claringbull G F. Crystal Structures of Minerals. Bell, 1965.
[15] Hamilton W C, Ibers J A. Hydrogen Bonding in Solids. Benjamin, 1968.
[16] Bragg W L. Atomic Structure of Minerals. 1937.
[17] Ваинщ Б К. Тейи, в м Фрилкин, Иидеибом В Л Совремнная, Крнстаддоярафня, 2 том Структура Крнстаддов Издатедвство. НАУ-КА, 1979.
[18] 伐因斯坦 Б К. 现代晶体学. 第二卷. 吴自勒译. 中国科学技术大学出版社,1992.
[19] 肖序刚. 晶体结构几何理论. 高等教育出版社, 1993.
[20] 周公度. 结构和物性——化学原理的应用. 高等教育出版社, 1996.
[21] 周公度, 郭可信. 晶体和准晶体的衍射. 北京大学出版社, 1999.
[22] 刘孝敏. 工程材料的微细结构和力学性能. 第十章. 高分子材料. 中国科学技术大学出版社,2005.
[23] 张克从, 王希敏. 磷酸钛氧钾(KT_iOPO_4,KTP)型晶体结构敏感性能. 科学通报, 2001, 46(10): 793-801.
[24] 李言荣,恽正中. 材料物理概论. 清华大学出版社, 2001.
[25] 成都科学技术大学, 天津轻工业学院, 北京化工学院. 高分子化学及物理学. 轻工业出版社, 1981.
[26] 赵波, 吴芸, 孙真荣等. 物理学报, 2000, 49(4):730.
[27] 陈焕矗. 结晶化学. 山东教育出版社, 1986.
[28] 钱逸泰 . 结晶化学. 中国科学技术大学出版社, 1988.
[29] 冯端等. 金属物理学(第一卷). 科学出版社, 1987.
[30] 何庆波, 李新华, 徐家跃. 高温溶液中 ZnO 的析晶行为与晶体生长研究. 人工晶体学报, 2008, 37(2).
[31] 孙晓慧, 许毅, 杭寅. 水热法 ZnO 单晶的缺陷和光学特性研究. 人工晶体学报, 2009, 38(1).
[32]蔡淑珍,韦志仁,王伟伟等. 水热法合成奇异形态的 ZnO 晶体. 人工晶体学报, 2007, 36(2).
[33]赵晓峰, 温殿忠, 高束勖. 基于直流磁控溅射室温制备 ZnO 薄膜研究. 人工晶体学报, 2008, 37(2).
[34]周阳,仇满德,付跃举等. 蓝宝石衬底上磁控溅射法室温制备外延 ZnO 薄膜. 人工晶体学报, 2009, 38(1).
[35] 梁敬魁, 车广灿, 陈小龙. 高 T_c 氧化物超导体系的相关系和晶体结构. 科学出版社, 1995.
[36] 刘光华. 稀土材料与应用技术. 化学化工出版社, 2005.
[37] 莽克强,Marcel Beld Ruimany. 基础病毒学. 化学工业出版社, 2005.
[38] Westbrook J H, Fleischer R L. Intermetallic Compounds. John Wiley and Sons, 2002, 1086.
[39] Westbrook J H, Fleischer R L. Intermetallic Compounds—Principle and Practice. Vol 2. John Willy and Sons, 1995, 80.

[40] G Sauthoff. Intermetallic Compounds. Wiley-VCH, 1995, 165.

[41] Schlapbach L, Zuttel A. Nature, 2001, 414: 353.

[42] Kroger A, Hjort P, Kesemo B. J Alloys and Compounds, 1996, 34: 11.

[43] Kyoi J et al. Alloys and Compounds. 2004, 375: 252.

[44] Hafiner K G. J. Phys. Res. B., 1993, 47: 558; 1994, 49:14251.

[45] Michall B. Berry Protein Crystallization: Theory and Practice. W. M. Keck Center, for Computational Biology. Rice University Houston, TX 9/17/95 copyright, 1995.

[46] 龚岳亭等. 科学通报. 1965, 11: 941; 中国科学, 1964, 14: 1710.

[47] 胰岛素结构研究组. 2.5 埃(Å)分辨率胰岛素晶体结构的研究. 物理, 1972, 1: (1).

第八章　晶体的物理性质

多少年来,晶体的物理性质一直为科学家们所注意. 随着科学技术的日益发展,特别是近半个多世纪以来,晶体物理学已从纯学院式的研究,而广泛地进入科学技术应用研究的阶段. 晶体的物理性质无论是在电子学、光学、红外技术、空间科学,还是在其他有关科学技术领域中都得到了广泛的应用,特别是利用晶体的物理性质,研制成功的各种元器件已广泛地应用于国防、科研、工农业生产等方面. 例如:在电子工业中广泛应用半导体晶体管;在无线电工程技术中,利用晶体的压电性质制成的换能器、谐振器、滤波器等;利用晶体的热释电性质,制成的红外探测器、摄像管等;在激光技术中,利用激光晶体制成的固体激光器;利用晶体的电光性能制成的光调制器、Q 开关、偏转器等;利用晶体的非线性光学性质制成的倍频器、参量振荡器等,不胜枚举. 总之晶体的物理性质的应用越来越广,研究的内容也越来越深入,也越新颖[1-52].

晶体的宏观物理性质,取决于它的组成和微观结构,这不仅显示出研究晶体的物理性质的重要性和必要性,而且强有力地推动了相关学科的发展和人工设计合成新型晶体材料.

从晶体的导电性质来区分,晶体可区分为介电晶体、导电晶体、半导体晶体和超导晶体等,本章主要阐述与讨论介电晶体的物理性质,即通常所说的不导电也无磁性的晶体的物理性质.

§8.1　张量的基础知识[2,5]

晶体的宏观物理性质的共同特点是各向异性和对称性(点对称性). 为了描述晶体的物理性质,既能表现出它们的各向异性,又能表现出它们的对称性,最简便的数学方法是采用张量(tensor)来描述.

8.1.1　张量的定义

张量在数学上定义为一些数目或函数的简单的排列. 当坐标系发生改变时,这些简单的排列将按照一定规则而变换. 在物理学中,张量表征物理体系的一些性质,下面将列举一些例子来加以阐明.

在物理学中经常遇到标量、矢量和张量这样一些物理量. 标量与方向无关,例如:物体的温度、密度、比热容等都是标量,这些量用一个简单的数字,就可以表示出它们的大小．矢量是与方向有关系的物理量，它不仅有大小，而且具有一定的方向，例如：电场强度、电位移、温度梯度等都是矢量，矢量常用黑体字母或上方带箭头的字母表示．如电场强度可表示为 $\boldsymbol{E}$ 或 $\vec{E}$．矢量又可用直角坐标系（x_1, x_2, x_3）中三个坐标轴上的分量来确定它的大小和方向．如电场强度 $\boldsymbol{E}$ 就可写成

$$\boldsymbol{E} = [E_1, E_2, E_3], \quad \boldsymbol{E} = E_i, \quad i = 1,2,3, \tag{8.1}$$

式中，字母 E 的下标 1,2,3 分别代表 x_1, x_2, x_3 轴．

张量远比标量和矢量复杂，它的每一个分量将与二个或三个以上的方向有关，而且在坐标系变换时，必须根据一定的变换定律进行变换，现以介电常数张量为例来加以说明．

在各向同性介质中，电场强度矢量 $\boldsymbol{E}$ 和电位移矢量 $\boldsymbol{D}$ 的方向永远保持一致，在电场强度不太高的情况下，$\boldsymbol{E}$ 和 $\boldsymbol{D}$ 呈线性关系，因此，它们之间的关系可直接写成

$$\boldsymbol{D} = \varepsilon \boldsymbol{E} \tag{8.2}$$

式中，ε 为介电常数．

然而在各向异性的晶体介质中，$\boldsymbol{D}$ 与 $\boldsymbol{E}$ 的方向经常不一致，因此，D 在三个坐标轴上的分量都与 E 的三个分量相关，因而 D 的分量可写为

$$\begin{aligned} D_1 &= \varepsilon_{11}E_1 + \varepsilon_{12}E_2 + \varepsilon_{13}E_3 \\ D_2 &= \varepsilon_{21}E_1 + \varepsilon_{22}E_2 + \varepsilon_{23}E_3 \\ D_3 &= \varepsilon_{31}E_1 + \varepsilon_{32}E_2 + \varepsilon_{33}E_3 \end{aligned} \tag{8.3}$$

如果将该方程式中的系数提出来，写成一个方形表：

$$\begin{bmatrix} \varepsilon_{11} & \varepsilon_{12} & \varepsilon_{13} \\ \varepsilon_{21} & \varepsilon_{22} & \varepsilon_{23} \\ \varepsilon_{31} & \varepsilon_{32} & \varepsilon_{33} \end{bmatrix} \tag{8.4}$$

则这个方形表就是一个二阶张量，它有九个分量，每一个分量都与两个方向相关．例如 ε_{11} 就表示在 x_1 方向上加电场 E_1 与在 x_1 方向上产生的电位移 D_1 之间的比例系数；ε_{32} 则表示在 x_2 方向加电场 E_2 与在 x_3 方向上产生的电位移 D_3 之间的比例系数，其他的分量可以此类推，以便解释各个分量的物理意义．

式(8.3)还可以用综合下标 i,j 来表示，即

$$D_i = \sum_{j=1}^{3} \varepsilon_{ij}E_j, \quad i,j = 1,2,3 \tag{8.5}$$

在不引起误解的情况下，常常去掉求和号（$\sum$），但要引入一个求和规则，即当在某一项中有重复出现的下标时，则自动按下标求和，那么(8.5)式就可以写为

$$D_i = \varepsilon_{ij}E_j, \quad i,j = 1,2,3 \tag{8.6}$$

式(8.6)可以按 j 展开，则

$$D_i = \varepsilon_{i1}E_1 + \varepsilon_{i2}E_2 + \varepsilon_{i3}E_3$$

进而写出 $\boldsymbol{D}_i$ 的三个分量，如同式(8.3)．

从以上例子可以说明,在各向异性介质中,任何两个相互作用的矢量之间的线性比例系数都形成二阶张量. 上述二阶张量$[\varepsilon_{ij}]$就是描述晶体的介电性质. 描述晶体物理性质的二阶张量有许多个,例如介质极化率张量,磁化率张量,电导率张量等.

如果用$\boldsymbol{p}$和$\boldsymbol{q}$来代表在各向异性介质中线性相关的两个矢量,$[T]$代表它们之间的比例系数,则可写成

$$p_i = T_{ij}q_j, \quad i,j = 1,2,3 \tag{8.7}$$

展开式为

$$\begin{aligned} p_1 &= T_{11}q_1 + T_{12}q_2 + T_{13}q_3 \\ p_2 &= T_{21}q_1 + T_{22}q_2 + T_{23}q_3 \\ p_3 &= T_{31}q_1 + T_{32}q_2 + T_{33}q_3 \end{aligned} \tag{8.8}$$

在此特别需要指出,用什么字母代表式(8.7)中的下标并不重要,重要的是重复下标的位置,因为在一般情况下,$T_{ij} \neq T_{ji}$. 如果$T_{ij} = T_{ji}$,则二阶张量是对称的,称为对称二阶张量,对于具体的晶体物理性质,T_{ij}是否是对称的,需要用热力学方法或其他方法加以证明.

在各向异性介质中,如果一个矢量与一个二阶张量存在线性关系,则它们之间的比例系数便形成三阶张量. 例如,应力σ_{ij}为二阶张量,它有9个分量,通过压电效应产生的极化强度$\boldsymbol{p}$为矢量,它有3个分量,在一级近似的情况下,$\boldsymbol{p}$的每一个分量将与σ_{ij}的9个分量存在线性关系,如果有d表示它们之间的线性系数,则可写成

$$\begin{aligned} p_1 =& d_{111}\sigma_{11} + d_{112}\sigma_{12} + d_{113}\sigma_{13} \\ &+ d_{121}\sigma_{21} + d_{122}\sigma_{22} + d_{123}\sigma_{23} + d_{131}\sigma_{31} + d_{132}\sigma_{32} + d_{133}\sigma_{33} \\ p_2 =& d_{211}\sigma_{11} + d_{212}\sigma_{12} + d_{213}\sigma_{13} \\ &+ d_{221}\sigma_{21} + d_{222}\sigma_{22} + d_{223}\sigma_{23} + d_{231}\sigma_{31} + d_{232}\sigma_{32} + d_{233}\sigma_{33} \\ p_3 =& d_{311}\sigma_{11} + d_{312}\sigma_{12} + d_{313}\sigma_{13} \\ &+ d_{321}\sigma_{21} + d_{322}\sigma_{22} + d_{323}\sigma_{23} + d_{331}\sigma_{31} + d_{332}\sigma_{32} + d_{333}\sigma_{33} \end{aligned} \tag{8.9}$$

用综合下标i,j,k,来代表1,2,3时,则式(8.9)可简写为

$$p_i = d_{ijk}\sigma_{jk}, \quad i,j,k = 1,2,3 \tag{8.10}$$

式中,d_{ijk}就是三阶张量,它具有27个分量,每一个分量将与三个方向相关.

如果两个二阶张量线性相关,则它们之间的比例系数将形成四阶张量. 例如,应力σ和应变$\boldsymbol{s}$都是具有九个分量的二阶张量,它们的每一个分量将与另一个张量的九个分量成线性相关,如果我们写出$\boldsymbol{s}$的每一个分量将与另一个张量的九个分量线性相关. 如果我们写出$\boldsymbol{s}$的每一个分量,用δ表示它们之间的比例系数,则

$$\begin{aligned} S_{11} =& \delta_{1111}\sigma_{11} + \delta_{1112}\sigma_{12} + \delta_{1113}\sigma_{13} + \delta_{1121}\sigma_{21} + \delta_{1122}\sigma_{22} \\ &+ \delta_{1123}\sigma_{23} + \delta_{1131}\sigma_{31} + \delta_{1132}\sigma_{32} + \delta_{1133}\sigma_{33} \\ S_{12} =& \delta_{1211}\sigma_{11} + \delta_{1212}\sigma_{12} + \delta_{1213}\sigma_{13} + \delta_{1221}\sigma_{21} + \delta_{1222}\sigma_{22} \end{aligned}$$

$$+\delta_{1223}\sigma_{23}+\delta_{1231}\sigma_{31}+\delta_{1232}\sigma_{32}+\delta_{1233}\sigma_{33} \tag{8.11}$$

……

$$S_{23}=\delta_{2311}\sigma_{11}+\delta_{2312}\sigma_{12}+\delta_{2313}\sigma_{13}+\delta_{2321}\sigma_{21}+\delta_{2322}\sigma_{22}$$
$$+\delta_{2323}\sigma_{23}+\delta_{2331}\sigma_{31}+\delta_{2332}\sigma_{32}+\delta_{2333}\sigma_{33}$$

……

以此类推,就可写出 s 的九个分量的表达式. 如果用综合下标 i,j,k,l 来代表1,2,3,则式(8.11)可写为

$$s_{ij}=\delta_{ijkl}\sigma_{kl},\quad i,j,k,l=1,2,3 \tag{8.12}$$

由此可见,式(8.11)共包含九个方程式,每一个方程有九个系数,因此,δ_{ijkl}共 $9\times9=81$ 个分量,这81个分量就是四阶张量的分量,δ_{ijkl}称为弹性柔顺常数张量.

用上述方法,就可确定其他高阶张量.

综上所述,二阶张量有两个下标,9个分量;三阶张量有三个下标,27个分量;四阶张量有四个下标,81个分量. 因此,下标的数目等于张量的阶. 按此规律,标量和矢量也可归属于张量的范畴,那么,标量无下标,可称为零阶张量. 仅有一个分量;矢量有一个下标,三个分量,称为一阶张量.

8.1.2 张量的变换定律

在物理学中,并不是所有与方向有关的物理量都可归为张量. 例如, 晶体的折射率有两个下标,也有9个分量,但它不是二阶张量,因为它不遵循张量的变换定律,更重要的是,在坐标系发生改变时(在这里主要是指正交变换),晶体物理性质本身是不变的,但描述该性质的张量的分量将发生变化,而且新坐标系中的分量必然与旧坐标系中的分量存在固定的联系. 因此,有必要研究一下张量的变换定律.

(1)正交变换.

坐标变换由初等几何学可知,具有相同原点,且轴比例不变的直角坐标系之间的变换称为正交变换. 假定用 x_1、x_2、x_3 表示旧坐标系,x_1',x_2',x_3'表示新坐标系,则新坐标轴的轴长为

$$\begin{aligned} x_1' &= \alpha_{11}x_1+\alpha_{12}x_2+\alpha_{13}x_3 \\ x_2' &= \alpha_{21}x_1+\alpha_{22}x_2+\alpha_{23}x_3 \\ x_3' &= \alpha_{31}x_1+\alpha_{32}x_2+\alpha_{33}x_3 \end{aligned} \tag{8.13}$$

式中, α_{ij}为新旧坐标轴之间夹角的方向余弦,即 $\alpha_{11}=\cos\measuredangle x_1'x_1$, $\alpha_{12}=\cos\measuredangle x_1'x_2$, $\alpha_{13}=\cos\measuredangle x_1'x_3$,其余的 α_{ij}值可以依此类推,如果用综合下标写出时,则式(8.13)可改写为

$$x_i'=\alpha_{ij}x_j,\quad i,j=1,2,3$$

式中, α_{ij}可写成矩阵形式

$$\alpha_{ij} = \begin{bmatrix} \alpha_{11} & \alpha_{12} & \alpha_{13} \\ \alpha_{21} & \alpha_{22} & \alpha_{23} \\ \alpha_{31} & \alpha_{32} & \alpha_{33} \end{bmatrix} \tag{8.14}$$

如果前一种变换称正变换的话,则后一种称为逆变换,α_{ij}与α_{ji}就互为逆矩阵,根据矩阵的性质,如果A与A互为逆矩阵,则$A\,A=1$,而且$\alpha_{ij}\neq\alpha_{ji}$(与$i\neq j$时).

正交变换矩阵的九个分量之间不是独立的,它们必须满足正交变换规则,即

$$\begin{aligned} \alpha_{11}^2 + \alpha_{12}^2 + \alpha_{13}^2 &= 1 \\ \alpha_{21}^2 + \alpha_{22} + \alpha_{23}^2 &= 1 \\ \alpha_{31}^2 + \alpha_{32}^2 + \alpha_{33}^2 &= 1 \end{aligned} \tag{8.15}$$

或写成综合形式

$$\alpha_{ik}\alpha_{jk} = 1, \quad i = j, k = 1,2,3 \tag{8.16}$$

$$\begin{aligned} \alpha_{21}\alpha_{31} + \alpha_{22}\alpha_{32} + \alpha_{23}\alpha_{33} &= 0 \\ \alpha_{31}\alpha_{11} + \alpha_{32}\alpha_{12} + \alpha_{33}\alpha_{13} &= 0 \\ \alpha_{11}\alpha_{21} + \alpha_{12}\alpha_{22} + \alpha_{13}\alpha_{23} &= 0 \end{aligned} \tag{8.17}$$

或写成综合形式

$$\alpha_{ik}\alpha_{jk} = 0, \quad i \neq j, k = 1,2,3 \tag{8.18}$$

式(8.15)和式(8.17)就是正交关系式,或称为正交变换定则. 如果引入了一个单位矩阵δ_{ij}

$$\delta_{ij} = \begin{bmatrix} 1 & 0 & 0 \\ 0 & 1 & 0 \\ 0 & 0 & 1 \end{bmatrix}$$

或写成

$$\delta_{ij} = \begin{cases} 1, & i = j \\ 0, & i \neq j \end{cases} \quad (i,j = 1,2,3) \tag{8.19}$$

则式(8.16)和式(8.18)可综合写成下述方程:

$$\alpha_{ik}\alpha_{jk} = \delta_{ij}, \quad i,j,h = 1,2,3 \tag{8.20}$$

(2)矢量变换定律.

假定矢量$\boldsymbol{p}$在旧坐标系(x_1, x_2, x_3)中有三个分量p_1, p_2, p_3,在新坐标系(x_1',x_2',x_3')中有三个分量p_1',p_2',p_3',如图8.1所示.

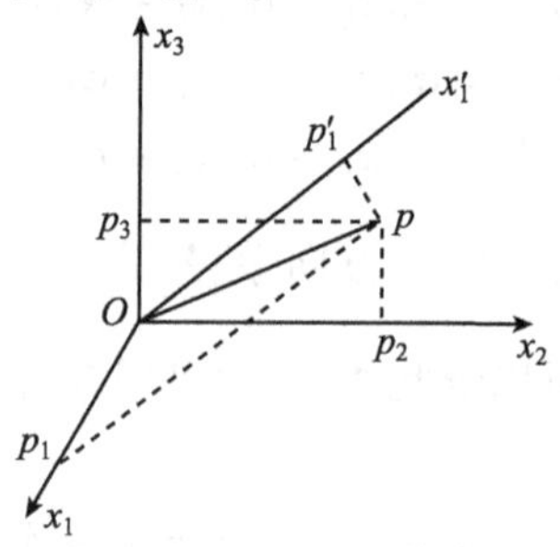

图8.1　矢量变换图解

p'_1 显然是 p_1,p_2,p_3 在 x'_1 轴上的投影之和，因此，有 $p'_1=p_1\cos\measuredangle x'_1x_1+p_2\cos\measuredangle x'_2x_2+p_3\measuredangle x'_3x_3$. 或写成

$$p'_1=\alpha_{11}p_1+\alpha_{12}p_2+\alpha_{13}p_3$$

同理，可写出

$$p'_2=\alpha_{21}p_1+\alpha_{22}p_2+\alpha_{23}p_3$$

$$p'_3=\alpha_{31}p_1+\alpha_{32}p_2+\alpha_{33}p_3$$

用综合下标可写成

$$p'_i=\alpha_{ij}p_j,\quad i,j=1,2,3 \tag{8.21}$$

这就是矢量(一阶张量)的正交变换定律，如果用新坐标系的分量来表示旧坐标系的分量，不难写出

$$p_i=\alpha_{ji}p'_j,\quad i,j=1,2,3 \tag{8.22}$$

这就是矢量的逆变换定律，显然 α_{ij} 和 α_{ji} 也恰是坐标交换矩阵，并且互为逆矩阵.

(3)二阶张量变换定律.

根据方程式(8.7)，在旧坐标系中

$$p_i=T_{ij}q_j$$

但在新坐标系中，这种关系仍然保持不变，而张量 T_{ij} 的分量将发生变化，因此写成

$$p'_i=T'_{ij}q'_j \tag{8.23}$$

式中，T'_{ij} 为新坐标系中的二阶张量，根据矢量变换定律

$$p'_i=\alpha_{ik}p_k \tag{8.24}$$

将方程式(8.7)中的下标符号 i 更换成 k，j 更换成 l，代入式(8.24)，则为

$$p'_i=\alpha_{ik}T_{kl}q_l \tag{8.25}$$

根据矢量的逆变换定律，有 $q_l=\alpha_{jl}q'_j$，代入式(8.25)，则得

$$p'_i=\alpha_{ik}T_{kla jl}q'_j=\alpha_{ik}\alpha_{jl}T_{kl}q'_j \tag{8.26}$$

比较式(8.23)和式(8.26)，不难看出，它们的系数必然相等，因此有

$$T'_{ij}=\alpha_{ik}\alpha_{jl}T_{kl} \tag{8.27}$$

这就是二阶张量的正交变换定律. 总结一下我们的推导过程，就可以写成

$$\boldsymbol{p}'\to\boldsymbol{p}\to\boldsymbol{q}\to\boldsymbol{q}'$$

如果用相反的推导过程，则有

$$\boldsymbol{p}\to\boldsymbol{p}'\to\boldsymbol{q}'\to\boldsymbol{q}$$

于是不难推导出二阶张量的逆变换定律，即

$$T_{ij}=\alpha_{ki}\alpha_{lj}T'_{kl} \tag{8.28}$$

如果坐标变换矩阵 α_{ij} 的各个分量是已知的，那么根据式(8.27)和式(8.28)，不难求出两个坐标系中二阶张量各分量的关系式. 例如旧坐标系中各分量为已知

数,那么新坐标系中各分量就可根据式(8.27)求出,即

$$T_{11}' = \alpha_{11}\alpha_{11}T_{11} + \alpha_{11}\alpha_{12}T_{12} + \alpha_{11}\alpha_{13}T_{13} + \alpha_{12}\alpha_{11}T_{21} + \alpha_{12}\alpha_{12}T_{22} + \alpha_{12}\alpha_{13}T_{23} + \alpha_{13}\alpha_{11}T_{31} + \alpha_{13}\alpha_{12}T_{32} + \alpha_{13}\alpha_{13}T_{33} \tag{8.29}$$

依此类推就可求出其余 8 个分量的表达式.

(4)三阶张量变换定律.

根据式(8.21),式(8.22),式(8.27)和式(8.28),不难推导出三阶张量的变换定律,现在仍以压电效应为例求出 d_{ijk}的变换定律.

根据式(8.10),在旧坐标系中,有

$$P_i = d_{ijk}\sigma_{jk}$$

但在新坐标系中,矢量 P_i'与应力张量 σ_{jk}'仍保持线性关系,因此有

$$P_i' = d_{ijk}'\sigma_{jk}' \tag{8.30}$$

我们采用以下推导程序:

$$P_i' = a_{il}P_l$$

$$P_l = d_{lmn}\sigma_{mn}$$

$$\sigma_{mn} = a_{jm}a_{kn}\sigma_{jk}'$$

将上述三式依次代入前一个方程,则得

$$P_i' = a_{il}d_{lmn}a_{jm}a_{kn}\sigma_{jk}' = a_{il}a_{jm}a_{kn}d_{lmn}\sigma_{jk}' \tag{8.31}$$

式(8.30)和式(8.31)同是描述同一个坐标系中两个物理量的关系. 因此,系数必然相等,于是得到

$$d_{ijk}' = a_{il}a_{jm}a_{kn}d_{lmn} \tag{8.32}$$

这就是三阶张量的正变换定律. 同时,不难求得三阶张量的逆变换定律为

$$d_{ijk} = a_{li}a_{mj}a_{nk}d_{lmn}' \tag{8.33}$$

式(8.32)和式(8.33)都代表由 27 个方程组成的方程组,每个方程组的右边共有 27×27=729 项,由此可看出使用综合下标的优点所在.

(5)四阶张量的变换定律.

利用一阶、二阶和三阶张量的变换定律,采取类似的推导方法即可推导出四阶张量的变换定律.

假定用 T_{ijkl}代表四阶张量,则(推导过程从略)

$$T_{ijkl}' = a_{im}a_{jn}a_{ko}a_{lp}T_{mnop} \tag{8.34}$$

$$T_{ijkl} = a_{mi}a_{nj}a_{ok}a_{pl}T'_{mnop} \tag{8.35}$$

依此类推,就可以导出其他高阶张量的变换定律.

§8.2　晶体对称性对晶体物理性质的影响[2, 5, 26, 27]

8.2.1　诺依曼原则

晶体的任何宏观物理性质必然是晶体微观结构的反映,而晶体的微观对称性

决定了晶体在宏观上所具有的对称性,因此,晶体的物理性质也必然具有一定的对称性. 晶体的对称性与晶体物理性质的对称性之间存在一定的制约关系. 这种关系可以这样阐述:晶体物理性质的对称元素应当包含晶体的宏观对称元素(即点群的对称元素). 也就是说,晶体物理性质的对称性可以高于晶体点群的对称性,但不能低于晶体点群的对称性,而至少二者是一致的. 这在晶体物理学中称为诺依曼(Neumann)原则. 可以举出许多具体例子来说明诺依曼原则是正确的. 例如,三方晶系的 $3m$ 晶类的 $LiNbO_3$ 晶体,它有一个三次对称轴和平行三次对称轴的三个对称面. 表现它的光学性质的光率体是绕三次对称轴的旋转椭球体. 旋转椭球体显然包含了点群的三次对称轴和三个对称面,因为旋转椭球体的旋转轴是一个无限次对称轴,平行于无限次对称轴有无数个对称面,除此之外,旋转椭球体在垂直于无限次对称轴方向上还具有一个对称面和无数个二次对称轴以及对称中心,因此,$LiNbO_3$ 晶体的光学性质不仅包含了点群的对称要素,而且高于点群的对称性.

"晶体物理性质的对称性"的含义在于:首先假定晶体具有某种对称性,然后在某一方向测定其物理性质,接着用假定的对称元素进行操作,在对称的方向上重新测定上述物理性质,如果两次测量结果完全一致,则该晶体的这一物理性质具有所假定的对称性. 当然,对称操作是作用在晶体上还是作用在晶体的物理性质上,这应该是没有差别的.

综合上述,可以得出结论:根据晶体的对称性进行坐标系变换(对称变换)时,不仅晶体物理性质本身保持不变,而且对称变换前后的对应分量也保持不变,即变换前后的张量相等.

8.2.2 晶体的对称性对其物理性质的影响

用以表示晶体物理性质的张量具有对称性,例如介电常数张量,介质极化率张量等都是二阶对称张量;压电系数张量、电光系数张量、非线性极化系数张量等都是三阶张量、弹性柔顺系数常数张量、弹性刚度常数张量、压光系数张量等都是四阶张量. 由于张量的对称性,张量的独立分量数目将减少,二阶张量$[T_{ij}]$在任意坐标系中有九个独立分量,即

$$[T_{ij}] = \begin{bmatrix} T_{11} & T_{12} & T_{13} \\ T_{21} & T_{22} & T_{23} \\ T_{31} & T_{32} & T_{33} \end{bmatrix}$$

当$[T_{ij}]$对称时,$T_{ij}=T_{ji}$,因此,

$$[T_{ij}] = \begin{bmatrix} T_{11} & T_{12} & T_{13} \\ T_{12} & T_{22} & T_{23} \\ T_{13} & T_{23} & T_{33} \end{bmatrix} \tag{8.36}$$

由此可见,二阶对称张量的独立分量数目减至 6 个.

如果三阶张量 d_{ijk} 的后两个下标是对称的,即 $d_{ijk}=d_{ikj}$,则 d_{ijk} 的 27 个分量只剩下 18 个独立分量,即

$$\begin{matrix} d_{111} & d_{112} & d_{113} & d_{211} & d_{212} & d_{213} & d_{311} & d_{312} & d_{313} \\ (d_{121}) & d_{122} & d_{123} & (d_{221}) & d_{222} & d_{223} & (d_{321}) & d_{322} & d_{323} \\ (d_{131}) & (d_{132}) & d_{133} & (d_{231}) & (d_{232}) & d_{233} & (d_{331}) & (d_{332}) & d_{333} \end{matrix} \tag{8.37}$$

式中,带括号的项为非独立分量

对于四阶张量,例如 δ_{ijkl},如果它的前两个下标和后两个下标是分别对称的,即 $\delta_{ijkl}=\delta_{jilk}$,则把它们的 81 个分量全部写出来,消去相等的分量,那么只剩下 36 个独立分量.

描述晶体物理性质的各阶张量是否对称,取决于它所描述的具体物理性质,需要用热力学的方法或其他方法证明.

由于晶体对称性的存在,张量独立分量的数目将进一步减少,甚至全部为零.现举例说明之.

对称心的影响. 如果晶体存在对称心,则对称变换的坐标变换矩阵

$$\alpha_{ij}=\begin{bmatrix} -1 & 0 & 0 \\ 0 & -1 & 0 \\ 0 & 0 & -1 \end{bmatrix}=-1$$

根据一阶张量(矢量)的变换定律:$P_i'=\alpha_{ij}P_j$,代入 $\alpha_{ij}=-1$ 则:$P_i'=-P_j=-P_i$.

由于所进行的是对称变换,故变换前后张量的对应分量应当相等,因此 $P_1=-P_1=0, P_2=-P_2=0, P_3=-P_3=0$.

这就是说,具有对称心的晶体,不存在由一阶张量描述的物理性质. 例如晶体的热释电性质就是由一阶张量描述的性质,因此,凡具有对称心的晶体,就不具有热释电效应. 根据二阶张量的变换定律,有 $T_{ij}'=\alpha_{ik}\alpha_{jl}T_{kl}$ 代入 $\alpha_{ik}=\alpha_{jl}=-1$,则 $T_{ij}'=T_{ij}$.

这就说明,具有对称心的晶体,由于二阶张量所描述的物理性质也是中心对称的,对于三阶张量,例如 d_{ijk},它的变换定律为

$$d_{ijk}'=\alpha_{il}\alpha_{jm}\alpha_{kn}d_{lmn}$$

代入 $\alpha_{il}=\alpha_{jm}=\alpha_{kn}=-1$ 则

$$d_{ijk}'=-d_{ijk}$$

因为是对称变换,故变换前后的对应分量相等,因此,d_{ijk} 的全部分量为零. 也就是说,具有对称中心的晶体不存在由三阶张量所描述的物理性质,例如:不存在正、反压电性质、电光性质、非线性光学性质等.

同理,对于四阶张量,将 $d_{ij}=-1$ 代入变换定律后,有

$$\delta'_{ijkl} = \delta_{ijkl}$$

即具有对称中心的晶体也存在由四阶张量所描述的物理性质.

综上所述,凡具有对称中心的晶体,都不存在由奇阶张量所描述的物理性质,但对偶阶张量都不施加额外的影响.

其他对称要素的影响 点群的其他对称要素对各阶张量具有不同的影响,而且一个点群可能具有多个对称要素,一般需要逐一来考查它们对各阶张量的影响.例如,$\bar{4}2m$ 晶类,它有一个 4 次反轴,两个与之平行的对称面和两个与之垂直的二次对称轴. 首先考查$\bar{4}$轴对张量分量的影响,然后考查二次对称轴和对称面的影响,现在以二阶张量为例来说明其具体的推导过程.

根据晶体物理轴的定向规则,$X_3 /\!/ \bar{4}$,X_1 和 X_2 分别平行于两个垂直的二次轴,因此,用$\bar{4}$轴进行对称变换时,坐标变换矩阵

$$\alpha_{ij} = \begin{bmatrix} 0 & -1 & 0 \\ 1 & 0 & 0 \\ 0 & 0 & -1 \end{bmatrix}$$

根据二阶张量变换定律,有

$$T'_{ij} = a_{ik} a_{jl} T_{kl}$$

展开此式,并代入变换矩阵的分量值,则

$$\begin{aligned} T'_{11} = {} & \alpha_{11}\alpha_{11}T_{11} + \alpha_{11}\alpha_{12}T_{12} + \alpha_{11}\alpha_{13}T_{13} + \alpha_{12}\alpha_{11}T_{21} + \alpha_{12}\alpha_{12}T_{22} \\ & + \alpha_{12}\alpha_{13}T_{23} + \alpha_{13}\alpha_{11}T_{31} + \alpha_{13}\alpha_{12}T_{32} + \alpha_{13}\alpha_{13}T_{33} = T_{22} \end{aligned}$$

依此类推可得

$$T'_{12} = -T_{21}, \quad T'_{13} = T_{23}, \quad T'_{21} = T_{12}, \quad T'_{22} = T_{11}$$

$$T'_{23} = -T_{13}, \quad T'_{31} = T_{32}, \quad T'_{32} = -T_{31}, \quad T'_{33} = T_{33}$$

如果张量$[T_{ij}]$是对称的,则

$$T'_{12} = T'_{21} = -T_{21} = T_{12} = 0$$

$$T'_{23} = T'_{32} = -T_{31} = -T_{13}$$

$$T'_{13} = T'_{31} = T_{23} = T_{32}$$

$$T'_{33} = T_{33}$$

$$[T'_{ij}] = \begin{bmatrix} T_{11} & 0 & -T_{23} \\ 0 & T_{11} & T_{31} \\ -T_{23} & T_{31} & T_{33} \end{bmatrix}$$

由于是对称变换,故

$$[T'_{ij}] = [T_{ij}]$$

因此 $T'_{31} = -T_{23} = T_{31} = T_{23} = 0$,最终得到

$$[T_{ij}] = \begin{bmatrix} T_{11} & 0 & 0 \\ 0 & T_{11} & 0 \\ 0 & 0 & T_{33} \end{bmatrix} \tag{8.38}$$

当然还可以继续用其余对称要素来重复上述变换过程,但对二阶张量来说这已是最终结果. 由此可见,由于受对称性的影响,$\bar{4}2\,m$ 晶类的二阶张量中不等于零的分量只剩下三个,其中二个还是相等的.

用上述方法可以推导所有晶类对各阶张量的影响情况. 总的推导结果见本书附录Ⅲ.

§8.3　晶体的力学性质[1-5,11,16-18,24,26]

晶体的任何力学性质,都取决于晶体结构. 在正常的情况下,晶体结构基元间相互作用力处于平衡状态,亦即处于能量最小状态. 在外力作用下,晶体的能量状态就要发生变化,这种变化反映到宏观上,晶体的形状就要发生变化,因此在晶体内部就会出现使结构基元恢复到平衡位置的力.

8.3.1　晶体的应力与应变

晶体的应力和应变两者具有互为因果关系. 施加应力于晶体,晶体就会产生应变,而应变的产生起因于应力.

(1)应力(stress)在晶体的单位表面上所承受的外力,称为内应力,或简称应力. 如果晶体内具有一定形状的单位表面在相同方向上所承受力的大小,与该表面在晶体内的位置无关,则承受的应力是均匀的.

为了描述应力与方向的关系,在承受均匀应力的晶体内部任取一个单位立方体如图 8.2 所示.

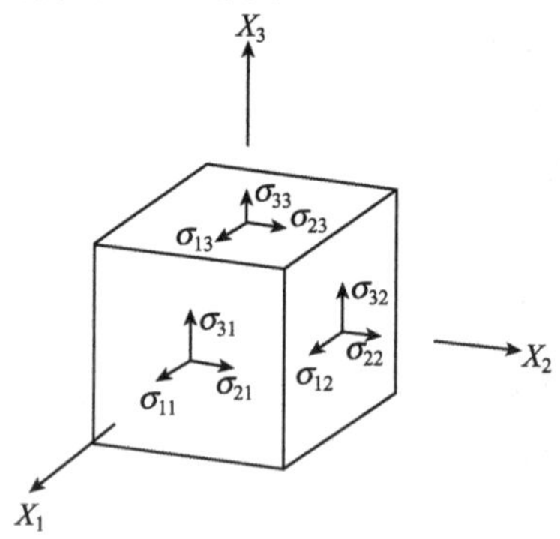

图 8.2　应力分解示意图

那么作用在单位立方体前面的三个面上应力都可以分别分解为三个力. 作用在垂直于 X_1 轴的表面上的力可分解为

$$\sigma_{11},\sigma_{21},\sigma_{31}$$

作用在垂直于 X_2 轴的表面上的力可分解为

$$\sigma_{12},\sigma_{22},\sigma_{32}$$

作用在垂直于 X_3 轴的表面上的力可分解为

$$\sigma_{13},\sigma_{23},\sigma_{33}$$

上述九个分量就是应力的分量,前一个下标表示力的方向,而后一个下标表示力所作用面的位置. 例如 σ_{11} 表示沿 X_1 方向作用在垂直于 X_1 轴的面上的应力；σ_{23} 表示沿 X_2 方向作用在垂直于 X_3 轴的面上的应力；以此类推就可解释其余分量的物理意义. 由于应力是均匀的，背后三个面上的应力分量应当和前面三个面的相应分量大小相等方向相反.

如果我们把这 9 个分量写成

$$[\sigma_{ij}] = \begin{bmatrix} \sigma_{11} & \sigma_{12} & \sigma_{13} \\ \sigma_{21} & \sigma_{22} & \sigma_{23} \\ \sigma_{31} & \sigma_{32} & \sigma_{33} \end{bmatrix} \tag{8.39}$$

则这个方形表就代表应力张量，现在来证明应力张量为二阶张量，为此，我们在应力均匀的物体内部任取一个单位四面体 $OABC$，如图 8.3 所示.

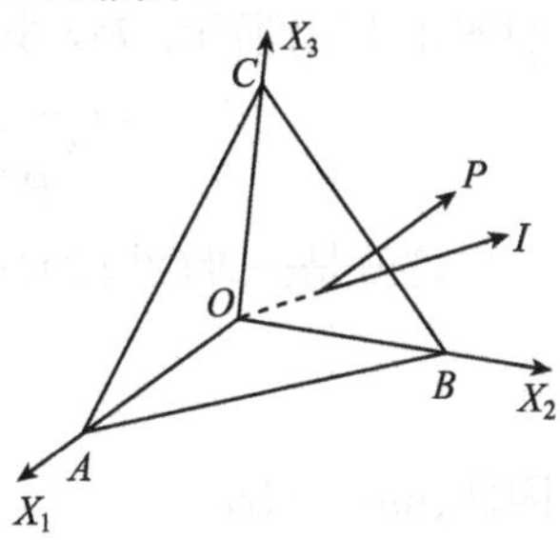

图 8.3 单位四面体 $OABC$ 中各面所承受的力示意图

$\boldsymbol{P}(P_1, P_2, P_3)$ 为作用在 ABC 三角形表面的应力，$\boldsymbol{l}(l_1, l_2, l_3)$ 为 ABC 三角形表面的外法线（单位矢量），由于应力是均匀的，那么沿 X_1 方向作用于 $\triangle ABC$ 面上的力应为

$$P_1 \triangle ABC = \sigma_{11} \triangle BOC + \sigma_{12} \triangle OAC + \sigma_{13} \triangle OAB$$

等式两边同时都除以三角形面积 $\triangle ABC$，则得到

$$\begin{aligned} P_1 &= \sigma_{11} \frac{\triangle BOC}{\triangle ABC} + \sigma_{12} \frac{\triangle OAC}{\triangle ABC} + \sigma_{13} \frac{\triangle OAB}{\triangle ABC} \\ &= \sigma_{11} l_1 + \sigma_{12} l_2 + \sigma_{13} l_3 \end{aligned}$$

由此类推就可得到

$$\begin{aligned} P_2 &= \sigma_{21} l_1 + \sigma_{22} l_2 + \sigma_{23} l_3 \\ P_3 &= \sigma_{31} l_1 + \sigma_{32} l_2 + \sigma_{33} l_3 \end{aligned}$$

或综合写成

$$P_i = \sigma_{ij} l_j \tag{8.40}$$

根据张量定义，线性联系着的两个矢量，它们分量之间的系数形成二阶张量. 而 $\boldsymbol{P}$ 和 $\boldsymbol{l}$ 为线性联系的两个矢量，因此 $[\sigma_{ij}]$ 形成二阶张量.

$\sigma_{11}, \sigma_{22}, \sigma_{33}$ 称为正应力，因为力的方向与作用面的法线方向一致，其余的称为切应力. 在没有体积转矩的情况下，$\sigma_{12} = \sigma_{21}, \sigma_{23} = \sigma_{32}, \sigma_{13} = \sigma_{31}$，因此，$\sigma_{ij}$ 为二阶对称张量，它只有六个独立分量.

由于 σ_{ij} 是二阶对称张量，因此可以主轴化，主轴化后，切应力消失，那么

$$[\sigma_{ij}] = \begin{bmatrix} \sigma_{11} & 0 & 0 \\ 0 & \sigma_{22} & 0 \\ 0 & 0 & \sigma_{33} \end{bmatrix}$$

在此种情况下，$\sigma_{11}, \sigma_{22}, \sigma_{33}$ 称为主应力，如果三个主应力中只有一个不为零，则称为单轴向应力，如果有两个不为零，则称为双轴向应力. 当主应力为正值时，一般

规定为拉伸应力,而为负值时,则称为压缩应力.

(2)应变(strain)

当外力应用于弹性物体时,便产生应力(σ_{ij}),随后此物体便产生变形,此时物体的长度 L 便延长到 $L+\Delta L$,如果施加力是拉力,$\Delta L/L$ 的比率被称为应变,严格地讲,这种应变称为法向应变或纵向应变. 另一方面,当施加的力为压缩力时,物体的长度减小到 $L-\Delta L$,此时应变为 $-\Delta L/L$. 因为应变是两个长度的比率,因此应变的数量是量纲为一的,通常表示一个单位为 1×10^{-6}.

现简要地阐明应变的张量性质,假定一条无限长的弦通过原点 O 在空间固定,在弦上任取一点 P,使 $OP=x_1$,并在 P 点附近取一线段 PQ,使 $PQ=\Delta x_1$,则弦被拉伸时,P 点移至 P'点,Q 点移至 Q',P 点的位移为 u_1,PQ 线段的伸长量为 Δu_1,如图 8.4(a)所示. PQ 线段的相对伸长量为

$$\frac{P'Q'-PQ}{PQ}=\frac{\Delta x_1+\Delta u_1-\Delta x_1}{\Delta x_1}=\frac{\Delta u_1}{\Delta x_1}=l_{11} \tag{8.41}$$

这就是一维(线段)应变的表达式,P 点的应变定义为

$$l=\lim_{\Delta x_1\to 0}\frac{\Delta u_1}{\Delta x_1}=\frac{\mathrm{d}u_1}{\mathrm{d}x_1} \tag{8.42}$$

因此,$\mathrm{d}u_1=l\mathrm{d}x_1$

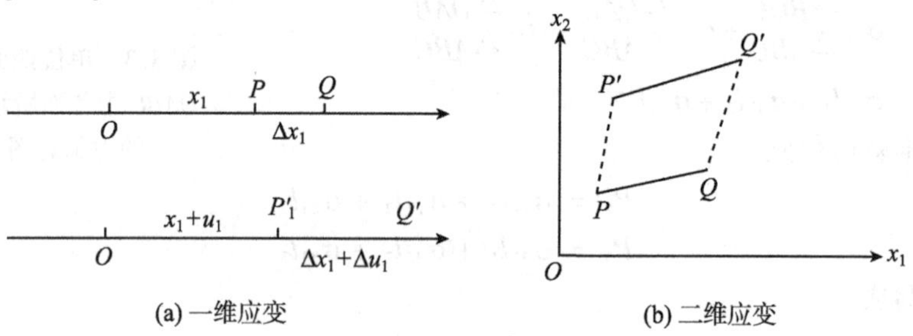

图 8.4　一维应变和二维应变示意图

现在,我们来分析二维应变. 假定在 x_1x_2 平面内有一线段 PQ,如图 8.4(b)所示,在形变后,P 点移至 P'点,Q 点移至 Q'点,P 点的坐标为(x_1,x_2),Q 点的坐标为($x+\Delta x_1$,$x_2+\Delta x_2$),P'点的坐标为(x_1+u_1,x_2+u_2),Q'点的坐标为($x_1+\Delta x_1+u_1+\Delta u_1$,$x_2+\Delta x_2+u_2+\Delta u_2$),$P$ 点的位移矢量 $\boldsymbol{u}$ 的分量为(u_1,u_2),Q 点的位移矢量的分量为($u_1+\Delta u_1$,$u_2+\Delta u_2$)不难看出有

$$\Delta u_1=\frac{\partial u_1}{\partial x_1}\Delta x_1+\frac{\partial u_1}{\partial x_2}\Delta x_2$$

$$\Delta u_2=\frac{\partial u_2}{\partial x_1}\Delta x_1+\frac{\partial u_2}{\partial x_2}\Delta x_2$$

设

$$l_{11} = \frac{\partial u_1}{\partial x_1},\quad l_{12} = \frac{\partial u_1}{\partial x_2},\quad l_{21} = \frac{\partial u_2}{\partial x_1},\quad l_{22} = \frac{\partial u_2}{\partial x_2}$$

则

$$\Delta u_1 = l_{11}\Delta x_1 + l_{12}\Delta x_2$$
$$\Delta u_2 = l_{21}\Delta x_1 + l_{22}\Delta x_2$$

同理,在三维应变的情况下,有

$$\begin{aligned}\Delta u_1 &= l_{11}\Delta x_1 + l_{12}\Delta x_2 + l_{13}\Delta x_3\\ \Delta u_2 &= l_{21}\Delta x_1 + l_{22}\Delta x_2 + l_{23}\Delta x_3\\ \Delta u_3 &= l_{31}\Delta x_1 + l_{32}\Delta x_2 + l_{33}\Delta x_3\end{aligned}\tag{8.43}$$

该方程组可综合地写成

$$\Delta u_i = l_{ij}\Delta x_j \tag{8.44}$$

由于 $\boldsymbol{\Delta u}$ 和 $\boldsymbol{\Delta x}$ 皆为矢量,那么根据二阶张量的定义,l_{ij}形成二阶张量. 在一般情况下,l_{ij}为非对称的二阶张量,但是我们可以把 l_{ij}分解成下列形式:

$$l_{ij} = \frac{1}{2}(l_{ij} + l_{ji}) + \frac{1}{2}(l_{ij} - l_{ji}) = S_{ij} + \omega_{ij} \tag{8.45}$$

式中

$$S_{ij} = \frac{1}{2}(l_{ij} + l_{ji}),\quad \omega_{ij} = \frac{1}{2}(l_{ij} - l_{ji})$$

或

$$[S_{ij}] = \frac{1}{2}\begin{bmatrix} 2l_{11} & l_{12}+l_{21} & l_{13}+l_{31} \\ l_{21}+l_{12} & 2l_{22} & l_{23}+l_{32} \\ l_{31}+l_{13} & l_{32}+l_{23} & 2l_{33}\end{bmatrix} = \begin{bmatrix} S_{11} & S_{12} & S_{13} \\ S_{12} & S_{22} & S_{23} \\ S_{13} & S_{23} & S_{33}\end{bmatrix} \tag{8.46}$$

$$[\omega_{ij}] = \frac{1}{2}\begin{bmatrix} l_{11}-l_{11} & l_{12}-l_{21} & l_{13}-l_{31} \\ l_{21}-l_{12} & l_{22}-l_{22} & l_{23}-l_{32} \\ l_{31}-l_{13} & l_{32}-l_{23} & l_{33}-l_{33}\end{bmatrix} = \begin{bmatrix} 0 & -\omega_{12} & \omega_{13} \\ \omega_{12} & 0 & -\omega_{23} \\ -\omega_{13} & \omega_{23} & 0\end{bmatrix} \tag{8.47}$$

由此可见,S_{ij}为二阶对称张量,而 ω_{ij}称为二阶反对称张量. 上述也证明了任意二阶张量都可以分解为二阶对称张量和反对称张量两部分. 在这里,S_{ij}描述物体的应变,而 ω_{ij}描述物体纯刚体转动.

现在,我们来解释 S_{ij}分量的物理意义. 假定 $\Delta x_2 = \Delta x_3 = 0$,根据方程(8.43)的第一式和方程(8.46)得到

$$S_{11} = l_{11} = \frac{\Delta u_1}{\Delta x_1}$$

由式(8.41)可知,S_{11}就表示平行于 X_1 的线段的相对伸长量. 同理,S_{22}为平行于 x_2 的线段在 X_2 轴方向的相对伸长量,S_{33}为平行于 x_3 的线段在 X_3 轴方向上的相对伸长量. 如果假定在 X_1X_2 平面内,$PQ_1 /\!/ X_1$,$PQ_2 /\!/ X_2$(图 8.5),形变后,PQ_1

移至 $P'Q'_1$, PQ_2 移至 $P'O'_2$，从中可看出，$\tan\theta = \dfrac{\Delta u_2}{\Delta x_1 + \Delta u_1}$，由于我们只研究微小的形变，$\Delta u_1 \ll \Delta x_1$，再根据式(8.43)的第二式，$\Delta x_2 = \Delta x_3 = 0$ 因此

$$\tan\theta \approx \theta = \frac{\Delta u_2}{\Delta x_1} = l_{21}$$

同理

$$\tan\theta' \approx \theta' = \frac{\Delta u_1}{\Delta x_2} = l_{12}$$

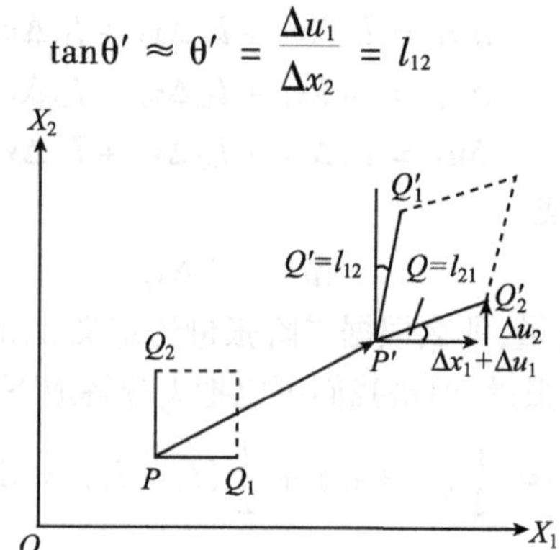

图 8.5　在二维应变中应变分量的含义

由于

$$l_{21} = \frac{1}{2}(l_{12} + l_{21}) + \frac{1}{2}(l_{21} - l_{12}) = S_{12} + \omega_{12}$$

$$l_{12} = \frac{1}{2}(l_{12} + l_{21}) - \frac{1}{2}(l_{21} - l_{12}) = S_{12} - \omega_{12}$$

因此

$$l_{21} + l_{12} = \frac{1}{2}(l_{12} + l_{21}) + \frac{1}{2}(l_{12} + l_{21}) + \frac{1}{2}(l_{21} - l_{12}) - \frac{1}{2}(l_{21} - l_{12}) \tag{8.48}$$

现在，我们用图示法把方程(8.48)示出在图 8.6 中，由此可见，

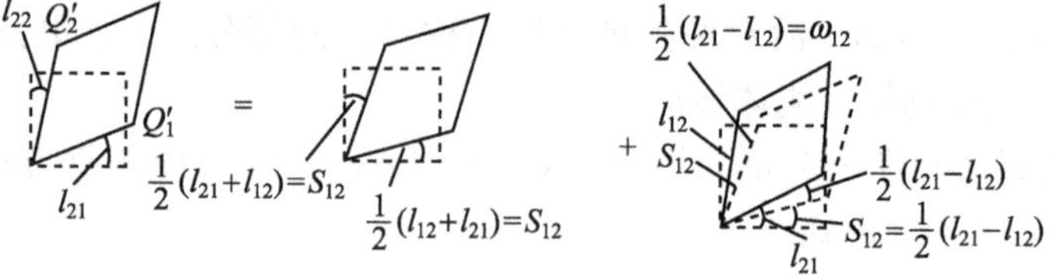

图 8.6　一般形变等于应变加转动的二维示意图

形变后的图形等于在中图的基础上由 X_1 轴向 X_2 轴整个地转动了 ω_{12} 角，同时，这也就证明了反对称张量是描述纯刚体转动的. 因此，形变 = 应变 + 刚体转动. 很明显，S_{12} 表示在纯应变时平行于 x_1 的线段向 X_2 轴的偏转角度(或由 X_2 轴

向 x_1),而 ω_{12} 则表示由 x_1 向 x_2 物体作刚体转动时的转角. 以此类推,就可解释其余分量的物理意义.

由于 S_{ij} 为二阶对称张量,因此可以主轴化. 主轴化后切应变分量消失,而 S_{11},S_{22},S_{33} 就称为主应变. 应变主轴在物体形变时永远保持相互垂直,只有在无刚体转动的情况下,它们才保持不动.

最后,我们需要特别加以说明的是,应力张量或应变张量不一定受晶体对称性的制约,它们相当于对晶体施加的外场. 因此,此类张量称为场张量,场张量不描述晶体的任何物理性质,而受晶体对称性制约的张量称为物质张量. 例如,介电常数张量,压电常数张量,弹性常数张量等等,物质张量是用来描述晶体的物理性质的.

8.3.2　晶体的弹性和范性

(1)晶体的弹性.

固体物质在外力的作用下,都要发生形变,如果物体在小于某一极限值的外力作用之后,仍能恢复原来的形状和大小,这种能力称为物质的弹性,则这种形变称为弹性形变,这种极限值称为弹性限度. 物质的弹性形变遵守胡克(Hooke)定律,即在弹性限度内,物体的应变与应力成正比,胡克定律可简单表示为

$$\begin{aligned} S &= \delta\sigma \\ \sigma &= cS \end{aligned} \tag{8.49}$$

式中,S 为应变,σ 为应力,δ 称为弹性柔顺常数或简称弹性常数,c 称为弹性刚度常数或简称为弹性模量. δ 和 c 都表征物体的弹性性质,前者表示物体拉伸或压缩的难易程度,后者表示抗拉或抗压的能力.

(2)晶体的范性.

在物理学和材料科学中,根据所施加的外力,使材料的形状发生不可逆的变化,这种性质,称为材料的范性,也是材料经受大的形变,而不破碎的一种性质,大多数金属材料都具有这种性质. 材料的弹性行为转变为范性行为,称为屈服,在显微镜下观察,材料的范性是位错的结果.

如果对物体施加超过弹性限度的应力,在应力撤消之后,物体不再恢复原来的形状,这种形变称为范性形变,范性形变是不可逆的,就晶体物质而言,范性形变主要有两种形式,即滑移和机械双晶.

(i)滑移.

滑移是指晶体的一部分相对于另一部分的相对移动,而且晶体的体积保持不变. 一般晶体是沿着一定的晶体学平面和方向进行滑移,相应的平面称为滑移面,滑移前进的方向称为滑移方向,图8.7示出不同类型的滑移模型.

在切应力的作用下(图8.7(a)),滑移面取向不变,但在单轴的张力(图8.7(b))或压力(图8.7(c))的作用下,滑移面的取向将改变.

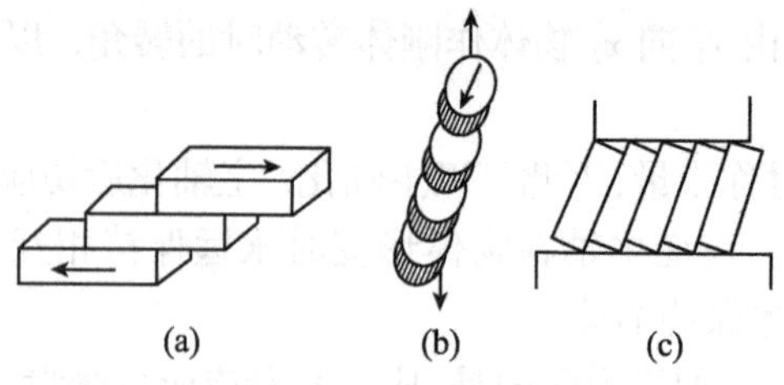

图 8.7　不同类型的滑移模型

滑移面和在滑移面内的滑移方向称为滑移要素，它们组成滑移体系. 晶体中所有等效的滑移面和滑移方向组成一个滑移族.

例如，属于 $m3m$ 点群的 NaCl 晶体，滑移面为{110}，滑移方向为 <1 10>. 一共有 6 个这样的等效滑移面，如果考虑到正(+)负(-)方向的滑移，则有 12 滑移体系，但由于正(+)负(-)方向滑移是等效的，实际上只有 6 个独立的滑移体系.

滑移形变的另一个重要特点是滑移的距离，必然是晶胞常数的整数倍，这是因为在范性形变后，组成晶体的质点必然处于平衡位置，即处在点阵阵点上，弹性形变后和范性形变后的内部点阵结构的变化情况如图 8.8 所示.

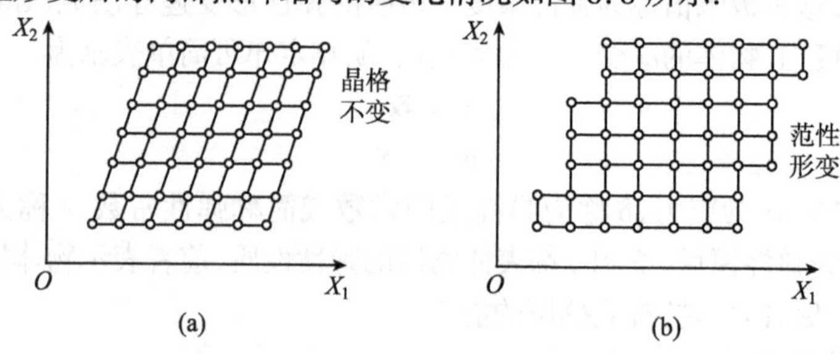

图 8.8　晶格的弹性(a)和范性(b)形变

滑移要素可以根据晶体结构来预言，一般说来，密堆积面为滑移面，而密堆积方向为滑移方向，因为面网密度越大，面网间距也越大，面与面之间的相互作用力也就越弱，因此更容易产生滑移，而密堆积方向的晶格距离为最短，因此移动一个晶格距离所要求的功就越小，于是也就最容易沿此方向滑移. 表 8.1 列出几种晶体的滑移要素实例.

(ii) 机械双晶.

除了在晶体形成过程中可以形成双晶之外，机械应力也可以使已形成的晶体产生双晶，这样形成的双晶称为机械双晶. 机械双晶的形成过程是在外力的作用下(一般用尖劈对晶体加力)，组成晶体的质点相对于某一面网发生相对位移，在外力撤消后，晶体两部分以该面网为对称面，成镜面对称，该对称面称为双晶面. 图 8.9 示出典型的机械双晶模型. 图中 $a-a$ 表示双晶面，图中上半部虚线表示部分与图中下半部为原始晶体的点阵结构. 当由于机械应力而形成双晶时，上半部

表8.1 滑移要素实例

晶　体	点群	格子类型	滑移要素
面心立方金属晶体 Al,Cu 等	$m3m$	F	$<1\bar{1}0>,\{111\}$
金刚石型结构晶体(C,Si)	$m3m$	F	$<1\bar{1}0>,\{111\}$
体心立方金属晶体 α-Fe,Nb,Ta,W,Na,K 等	$m3m$	I	$<1\bar{1}1>,\{110\}$
NaCl 型晶体(NaCl,LiF,MgO 等)	$m3m$	F	$<1\bar{1}0>\{110\}$
刚玉(α-Al_2O_3)	$3m$	R	$<11\bar{2}0>\{0001\}$ 或 $<11\bar{2}0>,\{10\bar{1}0\}$
石墨(C)	$6/mmm$	P	$<11\bar{2}0>,\{0001\}$

质点相对于 $a-a$ 面产生位移,位移方向(称为双晶方向)平行于 $a-a$,位移停止后,上下两部分质点以 $a-a$ 面成镜面对称. 上半部质点的位移距离用箭头示出. 从图中可看出,质点的位移距离与该质点到双晶面的距离成正比,而且不一定等于晶格的整数倍,这一点就表明了双晶与滑移的本质区别. 石英和方解石晶体都能较容易形成上述类型的机械双晶,但机械双晶对范性形变只起到很小的作用.

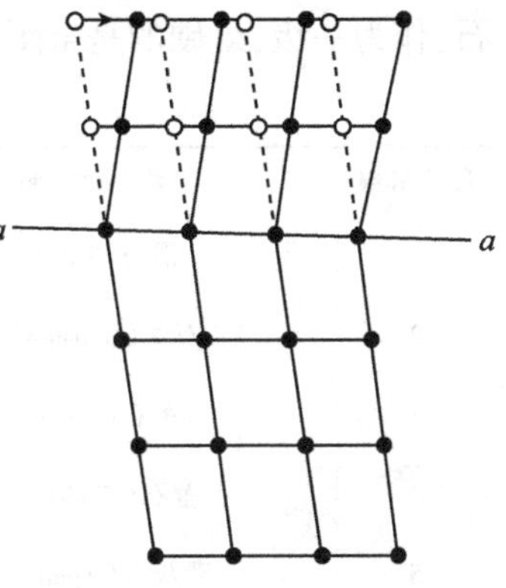

图8.9 机械双晶模型

8.3.3 晶体的解理性

物体在施加外力的作用下,分裂为两部分或更多部分的现象称为碎裂或破裂,碎裂是形变的最后结果,而解理性是碎裂的一种特殊现象,也是晶体的重要力学性质. 晶体沿着某些晶面开裂,以形成光滑表面的现象,称为解理. 相应的晶面称为解理面. 解理具有再现性,意即晶体破裂能够沿着相同平行平面一而再,再而三发生,所有解理必须平行可能的晶面,这意味着晶体的所有解理平面必须与晶体对称性相匹配,相同晶体总是具有相同解理性,等轴晶系晶体或者不解理,或者至少有等同的三个方向解理. 三方、四方或六方晶系晶体潜在地有垂直于主轴解理,或各自的3,4或6方向棱柱的解理. 斜方、单斜或三斜晶系晶体不超过两个相同理解方向.

解理的原因是由于晶体结构存在着密堆积平面网,这些面网间的相互作用力较小,因此在外力作用下易于沿着此种面网开裂成两部分,显然地面网密度越大,面网间的作用力就越小,因此也就越容易解理. 由于晶体结构不同,解理面的多少和解理的程度也有所不同.

通常人们将晶体的解理分为极完全、完全、中等、不完全和极不完全五个等级. 例如:NaCl(食盐)、$CaCO_3$(方解石)、云母、石墨等都具有极好的解理性. 在矿物学中早已广泛地利用解理性来鉴定矿物晶体和确定晶体的结晶方向. 在晶体加工工艺中,也常常注意解理性,例如 NdP_5O_{14} 晶体具有很强的解理性,应特别小心以防止解理. 解理面往往垂直于特定方向,例如 TGS 晶体解理面恰好垂直于热释电轴,因此,可以利用解理性解理成晶片,有利于加工成热释电器件等.

8.3.4 晶体的硬度

迄今为止,关于硬度尚无确切而统一的定义,也没有统一的计量标准,这主要是因为硬度不是一个物理常数,它的大小不仅依赖于物质本身的性质,而且还依赖于测量方法. 通常所说的硬度是指晶体表面抵抗外力侵入的能力,这种抵抗外力的能力依赖于晶体的力学性质,如弹性限度,弹性模量,范性以及表面性质等.

晶体的硬度与其所属的化学键类型密切相关. 一般来讲具有共价键的晶体,其硬度大;具有金属键的晶体,其性能趋于柔软,其硬度较小.

测量晶体的硬度有多种不同方法,最常用以测量方法有刻痕法、压印法、抛磨法等. 莫氏刻痕法是以十种矿物晶体的硬度作为硬度标准,分为十级,最软的是滑石,作为一级,最硬的是金刚石,作为十级. 其他等级矿物晶体列入表 8.2 中.

表 8.2 莫氏相对硬度标准

硬度等级	矿物晶体名称	成分	刻痕的晶面
1	滑石(Talc)	$Mg_3(OH)_2(Si_4O_{10})$	(001)
2	石膏(Gypsum)	$CaSO_4 \cdot 2H_2O$	(010)
3	方解石(Calcite)	$CaCO_3$	$(10\bar{1}1)$
4	萤石(Fluorite)	CaF_2	(111)
5	磷灰石(Apatite)	$Ca_3(PO_4)_3(Fe,Cl,OH)$	(0001)
6	正常石(Orthoclase)	$K(AlSi_3O_8)$	(001)
7	石英石(Quartz)	SiO_2	$(10\bar{1}1)$
8	黄玉(Topaz)	$Al_2(SiO_4)(F,OH)$	(001)
9	刚玉(Corundum)	Al_2O_3	$(11\bar{2}0)$
10	金刚石(Diamond)	C	—

为了更确切些,有人使用莫氏绝对硬度标准度,并列入表 8.3.

测定晶体的硬度最简便的方法是采用莫氏相对硬度的方法. 如果某种晶体被上一级标准矿物晶体所刻痕,而它又能刻痕下一级标准矿物晶体,则这种晶体的硬度处于此两种标准矿物晶体硬度之间.

表 8.3 莫氏绝对硬度标准度

矿物晶体名称	绝对(absolute)硬度标准度
滑石	1
石膏	3
方解石	9
萤石	21
磷灰石	48
正长石	72
石英石	100
黄玉	200
刚玉	400
金刚石	1600

压印法是用标准形状的印针,以不同的压力刺入晶体表面,然后测量压印的面积,印针的形状有球面形、圆锥形,90°的四面斜形等. 由于压印法只能测量局部的硬度,因此用这种方法测量所得的结果又称为显微硬度. 显微硬度除与印针有关外,还与许多测试条件有关,例如:压力的大小,加压的速度,加压的时间,印记的测量精度等.

对晶体而言,晶体的对称性是晶体最重要的属性,因此无论是刻痕法或压印法,所测量的结果都能反映出晶体的对称性和各向异性. 测量矿物晶体的硬度也是鉴别矿物晶体的一种重要方法.

8.3.5 晶体的热膨胀

热膨胀的知识在高温高压情况下是很重要的,它可用于模拟地球内部的状态方程,它也是解决材料科学问题所必要的参数,同时是理解材料内残余应力的关键性所在. 热膨胀联系到其他一些热力学参数,它是描述固体材料的许多重要性质方程的因数.

热胀系数是材料的热力学性质,材料的体积热膨胀系数(β)可用下式表示:

$$\beta = \frac{1}{V}\left(\frac{\partial V}{\partial T}\right)_P = \frac{\rho}{m}\left(\frac{\partial V}{\partial \rho}\right)_P\left(\frac{\partial \rho}{\partial T}\right)_P = \frac{\partial}{m}\left(-\frac{m}{\rho^2}\right)\left(\frac{\partial \rho}{\rho T}\right)_P = -\frac{1}{\rho}\left(\frac{\partial \rho}{\partial T}\right)_P \tag{8.50}$$

式中, T 为温度;V 为体积;ρ 为密度;P 为压力常数;m 为质量.

材料的线性热膨胀系数(α)可表示为

$$\alpha = \frac{1}{L}\frac{\partial L}{\partial T} \tag{8.51}$$

式中, L 为材料的原有长度;T 为温度.

一些常用材料的线性热膨胀系数(α)列入表 8.4.

表 8.4　一些常用材料的线性热膨胀系数(α)(单位:$10^{-6}K^{-1}$)

材料	α(在 20℃)
汞(Hg)	60
铅(Pb)	29
铝(Al)	23
黄铜(Brass)	19
铜(Cu)	17
不锈钢(Stainless steel)	17.3
金(Au)	14
镍(Ni)	13
铁(Fe)	12
碳钢(Carbon steel)	12
混凝土(Concrete)	10.8
铂(Pt)	9
硅(Si)	3
金刚石(C)	1
熔融石英(Quartz,Fused)	0.59
钨(W)	4.5
砷化镓(GaAs)	5.8
玻璃(Glass)	8.5
硬质玻璃(Glass pyrex)	3.3
磷化铟(Indium phosphide)	4.6

现再进一步阐明晶体的热膨胀性质:晶体在温度发生变化时所产生的应变现象称为热膨胀. 这种应变与由应力所产生的应变有着本质的区别. 由应力所产生的应变量是一种场张量所描述的性质,它不一定受晶体对称性的制约,但由温度变化所产生的热应变是由物质张量来描述的,它受晶体对称性的制约,意即外应力可以改变晶体的原有对称性,而温度不能改变晶体的对称性. 因此,在晶体不发生相变的前提下,晶体的对称性与温度无关. 为了区别这两种应变,在这里用 S_{ij}^0 表示热应力:

$$S_{ij}^0 = \alpha_{ij}\Delta T \tag{8.52}$$

式中, α_{ij} 为热膨胀系数.

由于 S_{ij}^0 为二阶对称张量,温度 T 为标量,因此 α_{ij} 也是二阶对称张量. 在一般坐标系中 S_i^0 有 6 个独立分量,由于晶体对称性的影响,独立分量数目还要进一步减少.

由于 α_{ij} 是二阶对称张量,因此可以主轴化,将主轴选为坐标轴时,独立分量只有三个,即

$$\alpha_{ij} = \begin{bmatrix} \alpha_{11} & 0 & 0 \\ 0 & \alpha_{22} & 0 \\ 0 & 0 & \alpha_{33} \end{bmatrix} \tag{8.53}$$

或写成

$$S_{11}^0 = \alpha_{11}\Delta T, \quad S_{22}^0 = \alpha_{22}\Delta T, \quad S_{33}^0 = \alpha_{33}\Delta T$$

在温度升高时,α_{ij}为正值,则表示伸长,α_{ij}为负值时,则表示压缩,方解石的 α_{ij} 就是一例.

$[\alpha_{ij}]$也可以用矩阵法表示,即

$$S_1^0 = \alpha_1\Delta T, \quad S_2^0 = \alpha_2\Delta T, \quad S_3^0 = \alpha_3\Delta T \tag{8.54}$$

式中, $\alpha_1,\alpha_2,\alpha_3$ 称为(主)热膨胀系数.

表8.5 一些常用的晶体的(主)热膨胀系数(单位:$10^{-6}K^{-1}$)

晶体	晶系	主热膨胀系数			测试温度/℃
		α_1	α_2	α_3	
铝酸钇	斜方	9.5	4.3	10.8	
					室温
红宝石	三方	4.78		5.31	
水晶	三方	13.		8	
方解石	三方	-5.6		25	
铌酸锂	三方	16.7		2.0	
磷酸二氢钾	正方	24.9		44.0	-50~50
YAG	立方		6.9		室温
金刚石	立方		0.89		室温
NaCl	立方		40		

需要说明的是 S_{ij}^0或 α_{ij}随温度的变化是非线性的,因此在某一温度附近,温度发生微小变化时,式(8.52)才能成立,也就是说,在不同的温度下,α_{ij}的值是不同的.

§8.4 晶体的介电性质[1,2,5,6,39]

电介质的根本特征是内部电荷都处于束缚状态. 因此,在外场(如电场、应力场、温度场等)的作用下,电介质将产生极化,即物质的偶极矩的总和不为零. 因此极化率是表征电介质的最基本的参量. 由外电场引起的极化现象称为电极化;由应力引起的极化现象称为压电效应;由于温度达到某一特定区间所产生的极化现

象称为自发极化,现分别讨论几种极化现象和它们所对应的物理性质.

8.4.1　电极化

当电场作用引起电介质产生电极化的现象称为晶体的介电性. 等量而异号的电荷与其中心间距的乘积定义为电偶极矩(或简称电矩),单位体积内的电偶极矩定义为电极化强度. 在无外场存在的情况下,普通电介质(包括介电晶体)正负电荷的中心重合,或者固有偶极矩成混乱排列,因此总极化强度为零. 当在外电场的作用下,正负电荷的中心不再重合,固有的偶极矩也会沿外电场方向呈有序排列,因此总的极化强度不再为零,这就是电极化. 大多数离子晶体都属于电介质,对于这类晶体来说,总的电极化强度 $\boldsymbol{P}$ 可表示为

$$\boldsymbol{P} = \boldsymbol{P}_e + \boldsymbol{P}_a + \boldsymbol{P}_d \tag{8.55}$$

式中, $\boldsymbol{P}_e$ 表示在外场的作用下,原子核外层电子云的电荷中心与原子核的电荷中心,不重合所产生的极化强度,称为电子极化强度;$\boldsymbol{P}_a$ 表示正负离子的电荷中心由于外电场作用,而不重合所产生的极化强度,称为离子极化强度;$\boldsymbol{P}_d$ 表示介质内固有偶极矩受外电场的作用,而有序排列所产生的极化强度,称为转向极化强度.

固有极化强度一般由分子形成的,因此又称分子极化强度. 有些晶体能够自发产生偶极矩并有序排列,这种自极化强度称为自发极化强度,一般用 $\boldsymbol{P}_s$ 表示.

8.4.2　晶体的介质极化率和介电常数

根据经典电学理论,电位移 $\boldsymbol{D}$,极化强度 $\boldsymbol{P}$ 和电场强度 $\boldsymbol{E}$ 存在如下关系:

$$\boldsymbol{D} = \boldsymbol{E} + 4\pi\boldsymbol{P} = \varepsilon\boldsymbol{E} \tag{8.56}$$

$$\boldsymbol{P} = \chi\boldsymbol{E} \tag{8.57}$$

式(8.56)中, ε 为介电常数;式(8.57)中, χ 为介质极化率.

而 ε 与 χ 之间的关系为

$$\varepsilon = 1 + 4\pi\chi$$

对各向同性介质,矢量 $\boldsymbol{D}$、$\boldsymbol{P}$、$\boldsymbol{E}$ 方向永远保持一致,因此式(8.56)和式(8.57)是成立的;然而对晶体而言,这三个矢量的方向经常是不一致的,因此,$\boldsymbol{D}$ 和 $\boldsymbol{P}$ 的每一个分量将与 $\boldsymbol{E}$ 的三个分量线性地联系着,如果把它们写成分量的形式,则为

$$\begin{aligned} D_1 &= \varepsilon_{11}E_1 + \varepsilon_{12}E_2 + \varepsilon_{13}E_3 \\ D_2 &= \varepsilon_{21}E_1 + \varepsilon_{22}E_2 + \varepsilon_{23}E_3 \\ D_3 &= \varepsilon_{31}E_1 + \varepsilon_{32}E_2 + \varepsilon_{33}E_3 \end{aligned} \tag{8.58}$$

用综合性下标法可写成

$$D_i = \varepsilon_{ij}E_j \tag{8.59}$$

式中

$$[\varepsilon_{ij}]=\begin{bmatrix}\varepsilon_{11} & \varepsilon_{12} & \varepsilon_{13}\\ \varepsilon_{21} & \varepsilon_{22} & \varepsilon_{23}\\ \varepsilon_{31} & \varepsilon_{32} & \varepsilon_{33}\end{bmatrix} \tag{8.60}$$

根据二阶张量的定义,$[\varepsilon_{ij}]$是联系两个矢量的线性比例系数. 因此,$[\varepsilon_{ij}]$形成二阶张量,称为介电常数张量. 同理,对于极化强度 $\boldsymbol{P}$ 也可写成

$$P_i=\chi_{ij}E_j \tag{8.61}$$

式中,χ_{ij}称为介质极化率张量,并可写成

$$[\chi_{ij}]=\begin{bmatrix}\chi_{11} & \chi_{12} & \chi_{13}\\ \chi_{21} & \chi_{22} & \chi_{23}\\ \chi_{31} & \chi_{32} & \chi_{33}\end{bmatrix} \tag{8.62}$$

ε_{ij}与 χ_{ij}的关系可写成

$$\varepsilon_{ij}=1+4\pi\chi_{ij} \tag{8.63}$$

采用热力学的方法可以证明,ε_{ij}和 χ_{ij}都是二阶对称张量,即 $\varepsilon_{ij}=\varepsilon_{ji}$,$\chi_{ij}=\chi_{ji}$,因此,它们的独立分量数目减少到 6 个. 根据二阶对称张量的性质,ε_{ij}和 χ_{ij}都可以主轴化,主轴化后只剩下三个独立分量,相应地称之为主(轴)介电常数和主(轴)极化率,它们的变化过程可以写成

$$\begin{gathered}\begin{bmatrix}\varepsilon_{11} & \varepsilon_{12} & \varepsilon_{13}\\ \varepsilon_{21} & \varepsilon_{22} & \varepsilon_{23}\\ \varepsilon_{31} & \varepsilon_{32} & \varepsilon_{33}\end{bmatrix}\xrightarrow{\text{对称的}}\begin{bmatrix}\varepsilon_{11} & \varepsilon_{21} & \varepsilon_{31}\\ \varepsilon_{12} & \varepsilon_{22} & \varepsilon_{32}\\ \varepsilon_{13} & \varepsilon_{23} & \varepsilon_{33}\end{bmatrix}\xrightarrow{\text{主轴化}}\begin{bmatrix}\varepsilon_{11} & 0 & 0\\ 0 & \varepsilon_{22} & 0\\ 0 & 0 & \varepsilon_{33}\end{bmatrix}\\ \begin{bmatrix}\chi_{11} & \chi_{12} & \chi_{13}\\ \chi_{21} & \chi_{22} & \chi_{23}\\ \chi_{31} & \chi_{32} & \chi_{33}\end{bmatrix}\xrightarrow{\text{对称的}}\begin{bmatrix}\chi_{11} & \chi_{21} & \chi_{31}\\ \chi_{12} & \chi_{22} & \chi_{32}\\ \chi_{13} & \chi_{23} & \chi_{33}\end{bmatrix}\xrightarrow{\text{主轴化}}\begin{bmatrix}\chi_{11} & 0 & 0\\ 0 & \chi_{22} & 0\\ 0 & 0 & \chi_{33}\end{bmatrix}\end{gathered} \tag{8.64}$$

由于晶体对称性的影响,这两个张量的分量数,还要进一步减少.

现将 ε_{ij}和 χ_{ij}的独立分量在七个晶系中的情况列入表 8.6 中.

介电常数和极化率都是表征电介质晶体的介电性质的很重要的宏观物理量,通过对它们的测量和研究,不仅可以搞清楚晶体材料的极化行为,而且还可以阐明晶体材料的结构变化情况.

8.4.3 极化弛豫和介质损耗

在以上我们阐述了在静态电场下,电介质的极化行为,若在交变电场下,介质的极化行为就与静态电场时有所不同.一般来说,当电介质突然受到外电场的作

表 8.6　ε_{ij} 和 χ_{ij} 的独立分量

晶系	ε_{ij} 和 χ_{ij} 矩阵	简化表示
三斜	$\begin{bmatrix} \varepsilon_{11} & \varepsilon_{12} & \varepsilon_{13} \\ \varepsilon_{21} & \varepsilon_{22} & \varepsilon_{23} \\ \varepsilon_{31} & \varepsilon_{32} & \varepsilon_{33} \end{bmatrix}_{(6)}$　$\begin{bmatrix} \chi_{11} & \chi_{12} & \chi_{13} \\ \chi_{21} & \chi_{22} & \chi_{23} \\ \chi_{31} & \chi_{32} & \chi_{33} \end{bmatrix}_{(6)}$	
单斜	$\begin{bmatrix} \varepsilon_{11} & 0 & \varepsilon_{31} \\ 0 & \varepsilon_{22} & 0 \\ \varepsilon_{31} & 0 & \varepsilon_{33} \end{bmatrix}_{(4)}$　$\begin{bmatrix} \chi_{11} & 0 & \chi_{31} \\ 0 & \chi_{22} & 0 \\ \chi_{31} & 0 & \chi_{33} \end{bmatrix}_{(4)}$	
斜方	$\begin{bmatrix} \varepsilon_{11} & 0 & 0 \\ 0 & \varepsilon_{22} & 0 \\ 0 & 0 & \varepsilon_{33} \end{bmatrix}_{(3)}$　$\begin{bmatrix} \chi_{11} & 0 & 0 \\ 0 & \chi_{22} & 0 \\ 0 & 0 & \chi_{33} \end{bmatrix}_{(3)}$	
正方 三方 六方	$\begin{bmatrix} \varepsilon_{11} & 0 & 0 \\ 0 & \varepsilon_{11} & 0 \\ 0 & 0 & \varepsilon_{33} \end{bmatrix}_{(2)}$　$\begin{bmatrix} \chi_{11} & 0 & 0 \\ 0 & \chi_{11} & 0 \\ 0 & 0 & \chi_{33} \end{bmatrix}_{(2)}$	
立方 各向同性介质	$\begin{bmatrix} \varepsilon_{11} & 0 & 0 \\ 0 & \varepsilon_{11} & 0 \\ 0 & 0 & \varepsilon_{11} \end{bmatrix}_{(1)}$　$\begin{bmatrix} \chi_{11} & 0 & 0 \\ 0 & \chi_{11} & 0 \\ 0 & 0 & \chi_{11} \end{bmatrix}_{(1)}$	

用时,极化强度要经过一定的时间(弛豫时间)才能达到最终值. 这一现象称为极化弛豫(polarized relaxation). 极化强度的三个主要组成部分,即电子极化、离子极化和分子极化的弛豫时间是不同的. 当外加交变电场的频率达到一定程度后,某些极化将跟随不及外场的变化. 因此这些极化对总的极化强度将没有贡献. 极化强度 $\boldsymbol{P}$ 与频率的关系,如图 8.10 所示.

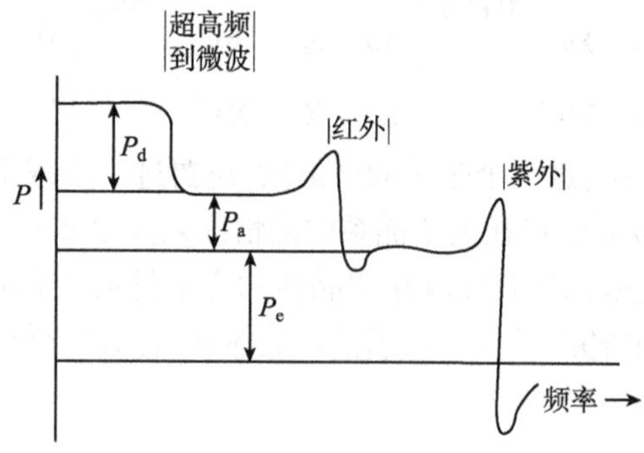

图 8.10　极化强度 $\boldsymbol{P}$ 与频率的关系

从图 8.10 中可以看出,在直流到微波波段,三者都有可能跟随外电场变化而对总极化强度有贡献，而在可见光频波段只有电子极化．根据式(8.56)和式(8.57)推知，介电常数 ε 和介质极化率 χ 也是频率的函数．在直流电场下所测得的 ε 和 χ，称为静态介电常数和静态极化率．在交变电场下所测得的 ε 和 χ，称为动态介电常数和动态极化率．在光频下测量的值分别称为光频介电质数和极化率．极化弛豫的主要原因是因突然加电场后，电子云的畸变，离子的相对位移和介质内固有偶极矩的转向都需要一定的时间．由于电子极化过程相当快，在无线电频率波段，完全跟随外电场的变化，因此极化弛豫主要是由于转向极化所造成的．

为了使介质极化，外电场必须消耗一部分能量，而使电子云产生畸变、正负离子产生相对位移和使固有极化转向．在介质极化过程中，外电场所消耗的这一部分能量称为介质损耗．显然地，介质损耗越大，外电场所消耗的能量就越多．它是电介质的又一个重要物理参数．介质损耗还与电场的频率、介质的温度等因素有关．而介质损耗可用来衡量介质性能的优劣．

§8.5　晶体的压电性质[16－20]

早在 1880 年居里兄弟(P. Curie and J. Curie)发现石英、罗谢尔盐、电气石等单晶体在受到外力作用时，在晶体的某些表面上会呈现出正或负的电荷，而且电荷的密度与机械应力大小成正比．当外力反向时，电荷符号改变，这种由机械应力的作用，而使电介质晶体极化，并形成晶体的表面电荷效应，称为正压电效应．反之，当外加电场于上述晶体时，则晶体会发生形变，这种效应称为逆(反)压电效应，而且这种效应还包括电致伸缩效应(electrostrictive effect)．

具有压电效应的晶体，称为压电晶体，压电晶体只存在于没有对称中心的晶类中，在 32 种晶类中，只有 21 种晶类没有对称中心，但其中 432 晶类虽无对称中心，但由于它的对称性较高，而使其所有压电系数为零，因此，也没有压电效应．这样以来，只有 20 种无对称中心的晶体方可能具有压电性．

8.5.1　压电系数

当沿着压电晶体的某一晶轴施加应力时，不仅晶体发生形变，而且产生极化强度 $\boldsymbol{P}$，$\boldsymbol{P}$ 的大小与所施加的应力成正比，可表示为

$$P_i = d\sigma_{jk} \tag{8.65}$$

式中，d 为压电系数．

应力 σ_{jk} 是一个二阶张量，它有 9 个分量，而晶体的极化强度 P_i 是一个矢量，它有 3 个分量，当一个一般的应力 σ_{jk} 作用于压电晶体时，极化强度 $\boldsymbol{P}_i$ 的每一个分量都与 σ_{jk} 的每一个分量有关，因此 P_1 可写成

$$P_1 = d_{111}\sigma_{11} + d_{112}\sigma_{12} + d_{113}\sigma_{13} + d_{121}\sigma_{21} + d_{122}\sigma_{22}$$

$$+ d_{123}\sigma_{23} + d_{131}\sigma_{31} + d_{132}\sigma_{32} + d_{133}\sigma_{33} \quad (8.66)$$

同样,可写出 P_2,P_3 的相似的方程式. 用求和缩写法,可写成简化式:

$$P_i = d_{ijk}\sigma_{jk}, \quad i,j,k = 1,2,3 \quad (8.67)$$

式中,d_{ijk}称为压电系数,它是一个三阶张量. 可以证明,d_{ijk}的后两个下标是对称的,即 $d_{ijk}=d_{ikj}$. 因而 d_{ijk}的 27 个分量中,只有 18 个独立分量. 而且还可以将对称的双下标更换成单下标,并引入以下规则:

$$d_{ijk} = d_{im}, \quad m = 1,2,3$$

$$2\, d_{ijk} = d_{im}, \quad m = 4,5,6$$

则式(8.67)中的 $\boldsymbol{P}_i$ 的矩阵表达式为

$$\begin{pmatrix} P_1 \\ P_2 \\ P_3 \end{pmatrix} = \begin{pmatrix} d_{11} & d_{12} & d_{13} & d_{14} & d_{15} & d_{16} \\ d_{21} & d_{22} & d_{23} & d_{24} & d_{25} & d_{26} \\ d_{31} & d_{32} & d_{33} & d_{34} & d_{55} & d_{36} \end{pmatrix} \begin{pmatrix} \sigma_1 \\ \sigma_2 \\ \sigma_3 \\ \sigma_4 \\ \sigma_5 \\ \sigma_6 \end{pmatrix} \quad (8.68)$$

由于压电系数受晶体对称性的制约,其独立分量的数目还要进一步减小.

各个晶类的压电系数的独立分量的数目,利用坐标变换或变换下标的方法可以推导出来.

例如, 属于 D_2-222晶类的压电系数矩阵形式和图示形式为

$$\begin{pmatrix} 0 & 0 & 0 & d_{14} & 0 & 0 \\ 0 & 0 & 0 & 0 & d_{25} & 0 \\ 0 & 0 & 0 & 0 & 0 & d_{36} \end{pmatrix}_{(3)}, \quad \begin{pmatrix} \cdot & \cdot & \cdot & \bullet & \cdot & \cdot \\ \cdot & \cdot & \cdot & \cdot & \bullet & \cdot \\ \cdot & \cdot & \cdot & \cdot & \cdot & \bullet \end{pmatrix}_{(3)} \quad (8.69)$$

在图示形式中,· 表示等于零的分量;●表示不等于零的分量;(3)表示独立分量的数目,其他各个压电晶类的压电矩阵的形式见本书附录Ⅲ.

当一外加电场 E_i 作用于压电晶体上,晶体所产生的应变张量 S_{jk}的分量与 E_i 分量成正比,即可写成

$$S_{jk} = d_{ijk}E_i \quad (8.70)$$

应用热力学理论,可以证明逆(反)压电系数 d_{ijk}与正压电系数 d_{ijk}相等. 再根据张量的双下标更换成矩的单下标所规定的规则,即

张量下标:	11	22	33	23,32	13,31	12,21
	↓	↓	↓	↓	↓	↓
矩阵下标:	1	2	3	4	5	6

这样一来,式(8.70)便可改写为矩阵表达式:

$$\begin{pmatrix} S_1 \\ S_2 \\ S_3 \\ S_4 \\ S_5 \\ S_6 \end{pmatrix} = \begin{pmatrix} d_{11} & d_{21} & d_{31} \\ d_{12} & d_{22} & d_{32} \\ d_{13} & d_{23} & d_{33} \\ d_{14} & d_{24} & d_{34} \\ d_{15} & d_{25} & d_{35} \\ d_{16} & d_{26} & d_{36} \end{pmatrix} \begin{pmatrix} E_1 \\ E_2 \\ E_3 \end{pmatrix} \tag{8.71}$$

8.5.2 电致伸缩效应

当施加电场于电介质,而产生相关的电介质的轻微的形状变化或机械形变的现象,这种现象,称为电致伸缩现象(electrostriction effect),但电场的反向不能够使其形变改变方向.

电致伸缩是所有电介质材料的一种性质. 当电场施加于电介质时,增进了它的极化强度(polarization),然后使其变形,这时应变正比于极化强度的平方.

电介质的一些最重要的特性都是非线性的,从弹性非线性状态方程求解来看,电致伸缩系数是最低阶弹性非线性状态方程中非线性响应系数. 它表示应变(或应力)与电场或由电位移二次项间的正比关系. 因此,电致伸缩系数 Q_{ijkl} 是四阶张量,可表示为

$$S_{ij} = Q_{ijkl} \times P_k \times P_l \tag{8.72}$$

式中, S_{ij} 为应变二阶张量; P_k, P_l 为极化强度一阶张量.

由于电致伸缩为四阶张量,它不受晶体对称性的制约,属于任何点群的晶体,以至于非晶态物质都可具有电致伸缩效应,当然晶体的对称性不同时,其四阶张量中的非零分量的个数及其分布情况是不同的.

早在 1881 年就发现了电致伸缩现象,但长期以来因其效应微弱,而未受到人们的重视,直到 1980 年前后才发现一些弛豫铁电体材料具有很强的电致伸缩现象,当前最重要的电致伸缩材料,多为一些弛豫性铁电相变的固溶体陶瓷材料,诸如:$Pb(Zn_{1/3}Nb_{2/3})O_3$-$Pb(Sc_{1/2}Nb_{1/2})O_3$、$SrTiO_3$, $BaTiO_3$-$SrTiO_3$ 等固溶体陶瓷材料.

这些固溶体陶瓷材料在制做电致伸缩施动计(actuator)、多层电容器(MLC)等方面已获得广泛应用. 锆钛酸铅镧(PLZT)在电控光阀和电光显示器件方面已有重要应用.

8.5.3 压电晶体及其应用

(1)压电晶体.

自从 1980 年发现石英、罗谢尔盐晶体具有压电效应以来,现已研究并进行测

量的压电晶体已达上千种之多,但具有广泛使用价值的晶体只有为数不多的几种.

20 世纪 40 年代以来,已完成了对许多压电晶体材料的研究工作,其中除少数只具有压电效应的晶体(如石英)外,其余大多数均是铁电体.

(i)含有八面体结构的铁电晶体:如 $BaTiO_3$, $LiNbO_3$, $LiTaO_3$, $Ba_xSr_{1-x}Nb_2O_6$(SBN), $KNbO_3$, $KTaO_3$ 等晶体.

(ii)含有氢键的晶体:如罗谢尔盐(KNT),酒石酸乙二胺(EDT),磷酸二氢钾(KDP),磷酸二氢铵(ADP),磷酸氢铅($PbHPO_4$),磷酸二氘钾(DKDP),磷酸二氘铅($PbDPO_4$)等晶体.

(iii)含有层状结构的钛酸铋($Bi_4TiO_3O_{12}$)等晶体.

20 世纪 60 年代以来,还研制成功了既具有半导体特性,又具有压电性能的多种晶体,称为压电半导体. 例如:单质晶体硒(Se)和碲(Te);Ⅱ-Ⅵ族化合物 ZnO、CdS、ZnS、CdSe、CdTe 和 ZnTe 等晶体;Ⅲ-Ⅴ族化合物:GaAs, InSb、GaP、LnAs、AlP 等,还有三元化合物,如:Ag_3AsS 等.

另一类重要的压电材料是压电陶瓷:诸如钛酸钡($BaTiO_3$)、铁、钛、酸、铅等. 还有三元体系和四元体系压电陶瓷,诸如 $Pb(Mg_{1/3}, Nb_{2/3})O_3$, $Pb(Zn_{1/3}, Nb_{2/3})$, $xPb(Fe_{1/3}, Sb_{2/3})O_{3-y}PbTiO_{3-z}PbZnO_3$ 等. 它们是各向同性的多晶烧结体.

20 世纪 70 年代以后,又研制了有机高聚物压电材料,1969 年 Kawai 发现单轴拉伸的聚偏氟乙烯有较大的压电性,其压电效应与压电石英在同一个数量级,随后在国际范围内对聚偏氟乙烯及其共聚物薄膜材料的压电性进行了大量研究. 并取得了一定的研究成果,压电高聚物可用于声电换能器、水声换能器等方面.

当前在国际范围内,广泛使用的压电晶体材料主要是压电石英,少数是铌酸锂(LN)和钽酸锂(LT)晶体.

(2)压电晶体的应用.

压电晶体的应用已普及到人们的日常生活的每一角落,从电子手表、打火机到收音机、彩色电视机到处都有压电器件用武之地.

压电晶体在信息技术中占有重要地位,其中包括:

(i)信号发生:压电振动器.

信号发生器:送受话机、拾音器、扬声器、蜂鸣器、水声换能器、超声换能器等.

(ii)信号发射与接收:声纳、超声测声器、超声探测器、扬声器、传声器、振声器等.

(iii)信号处理:滤波器、鉴频器、放大器、衰减器、延迟线、混频器、卷积器、光调制器、光偏转器、光开关、光倍频器、光混频器等.

(iv)信号存储与显示:铁电存储器、光铁电存储显示器、光折变全息存储器.

(v)信号检测与控制,包括:

(a)传感器:微音器、应变器、压电陀螺、位移器等.

(b)探测器:红外探测器、计数器、湿敏探测器、防盗报警器等.

(c)计测与控制器:压电加速表、压电陀螺、压力计、流量计、风速计、声速器.

(vi)高压弱流电源:压电打火机、压电引信、压电变压器、压电电流等等.

半个多世纪以来,由于压电材料日益实用化,不仅强有力地推动了压电效应的进一步发展,而且为人类社会逐步进入信息时代显示出重要作用.

§8.6 晶体的热释电性质[38, 40, 51]

某些晶体内的偶极矩能够自发地有序排列,而形成自发极化强度 P_s,当温度变化时,这种自发极化强度 P_s 将发生变化. 这种现象的发生,称为热释电(或称热电)效应,具有热释电效应的晶体称为热释电晶体.

人们发现热释电效应已有悠久的历史,早在 1824 年布儒斯特(S. D. Brewster)就提出了热释电性(热电性)的现代名称(pyroelectricity). 晶体的热释电效应最早是在电气石($HgNaMg_6B_6Al_{12}Si_{12}O_{62}$)上发现的. 20 世纪 60 年代以后,激光和红外等技术迅速发展,极大地促进了人们对热释电效应及其应用的研究,发展了热释电理论,继续发现与研制出一些具有应用价值的热释电晶体,研制出性能优良的热释电探测器和热释电摄像管等热释电器件,发展了红外探测技术,已成为凝聚态物理研究领域中一个重要组成部分. 现在来看,热释电性确实不是新的概念,但研究新型的热释电材料与其应用,仍在继续发展.

8.6.1 热释电晶体的对称性特点

晶体的自发极化强度 P_i 随温度 T 面改变的现象,称为热释电效应,自发极化强度 P_i 随温度 T 的变化率 $\mathrm{d}P_i/\mathrm{d}T$ 称为热释电系数

$$P_s = \frac{\mathrm{d}P_i}{\mathrm{d}T} \tag{8.73}$$

或写成

$$\Delta P_{si} = \rho_i \Delta T, \quad i = 1,2,3 \tag{8.74}$$

式中, ρ_i 为热释电系数的分量.

根据诺依曼原则,晶体的自发极化强度 P_i 必须与晶体的对称性相一致,因此具有对称中心的晶体不可能具有热释电效应,只有晶体中存在特殊的单向极化轴方向时,才能具有热释电效应. 所谓单向极轴是指轴的两端不能通过该晶体的任何宏观对称要素的对称操作而相互重合. 例如, 石英晶体的点群为 D_3-32,它虽然没有对称中心,而且 3 次对称轴的方向也是单向,但不是极轴,因为 3 次对称轴两端,可通过与其垂直的 2 次对称轴的对称操作,而相互重合. 它的 2 次对称轴是极轴,但不是单向,因此石英晶体只有压电效应,而无热释电效应. 因此,我们知道了晶体所属点群后,就可判别它是否是热释电晶体.

当我们对32种晶类进行分析以后发现,只有10种晶类才能具有热释电性,这些晶类以及对晶体的热释电系数的限制及其分量形式等列入表8.7中.

表8.7　热释电晶类

晶系	晶类	对 P_s 矢量的限制	P_s 三个分量形式
三斜	C_1-1	无任何限制	(P_1, P_2, P_3)
单斜	C_2-2	P_s//唯一的2次对称轴	$(0, P, 0)$
	Cs-m	P_s 在 m 内是任意的	$(P_1, 0, P_2)$
斜方	$C_{2v}-mm2$	P_s//唯一的2次对称轴	$(0,0,P)$
正(四)方	C_4-4	P_s//唯一的4次对称轴	$(0,0,P)$
	$C_{4v}-4mm$	P_s//唯一的4次对称轴	$(0,0,P)$
三方	C_3-3	P_s//唯一的3次对称轴	$(0,0,P)$
	$C_{3v}-3m$	P_s//唯一的3次对称轴	$(0,0,P)$
六方	C_6-6	P_s//唯一的6次对称轴	$(0,0,P)$
	$C_{6v}-6mm$	P_s//唯一的6次对称轴	$(0,0,P)$

晶体的热释电性质来源于晶体的自发极化 P_s,在呈现自发极化的晶体中,根据极化总电场与外部电场的线性与非线性函数关系,可进一步分类. 例如,电气石、硫酸锂和钛酸钾晶体(没有居里点 T_c 的晶体)都是线性晶体材料,这类晶体的热释电特性——自发极化强度 P_i 和热释电系数等均较小,因此多不用作热释电晶体材料. 另一类是非线性晶体材料,它们的自发极化 P_s 方向可被外加电场反向,称这类晶体为铁电晶体,现在有使用价值的热释电晶体几乎都是铁电晶体.

8.6.2　热释电探测器对晶体材料的要求

长期以来,热释电晶体多用热释电探测器与热释电摄像管,当热释电晶体的温度发生变化时,在垂直于自发极化 P_s 的晶体表面上,产生面束缚电荷,其电荷密度 $\sigma_s = P_s$,这些面束缚电荷通常被晶体内部和空气中的自由电荷中和,由于 P_s 的值随温度上升而下降,如用周期调制的红外光照射晶体,而晶体的温度和 σ_s 均将以调制频率 f 作周期性变化,结果在垂直于晶体的 P_s 的两个外表面之间就出现开路交流电压 V,令在晶体表面上镀上电极,再联结到前置放大器,则周期调制红外光就会在前置放大器 A 输入端产生交流信号电压 ΔV,整个装置就成为一个热释电红外探测器. 热释电红外探测器工作原理如图8.11所示.

热释电红外探测器在红外技术中具有特别重要的应用.

如果温度对时间的变化率为 $\mathrm{d}T/\mathrm{d}t$,则 P_s 对时间的变化率为 $\frac{\mathrm{d}P_s}{\mathrm{d}t}$,这相当于外电路上流动的电流. 设电极面积为 A,负载电阻为 R,则出现的交流信号.

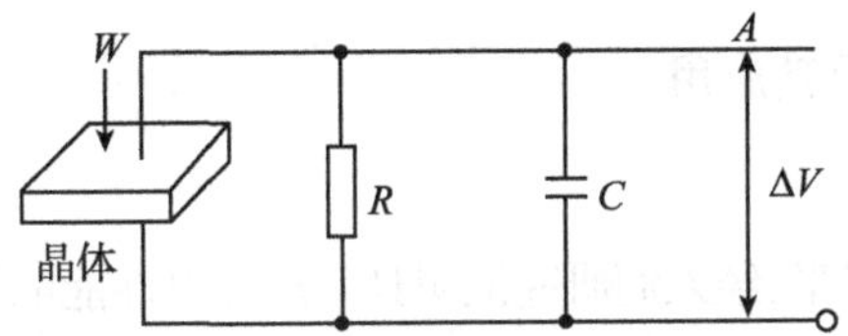

图 8.11　热释电探测器工作原理示意图

电压 ΔV 的大小为

$$\Delta V = A \cdot R\left(\frac{\mathrm{d}P_s}{\mathrm{d}t}\right) = A \cdot R\left(\frac{\mathrm{d}P_s}{\mathrm{d}T}\right)\left(\frac{\mathrm{d}T}{\mathrm{d}t}\right) \tag{8.75}$$

式中，$\frac{\mathrm{d}P_s}{\mathrm{d}T} = P_i$，$P_s$ 为晶体的热释电系数，与 ΔT 比较小时，$\frac{\mathrm{d}P_s}{\mathrm{d}T}$ 可以看做常数，输入信号 ΔV 正比于温度变化的速度，而不取决于晶体与辐射是否达到热平衡.

对于作为红外探测器用的晶体材料，首先要求具有大的热释电系数 P_s. 要求热释电系数大，就要要求 P_s 随温度 T 变化大. 对于作为红外探测器晶体材料来说，还要求受红外线照射后温度上升要快，这就要求晶体对红外光线吸收大，热容量要小. 此外，还要求晶体的介电常数 ε 要小，介质损耗 $\tan\delta$ 要小，特别是在高频应用时，这一点很重要.

热释电探测器的性能，最终将取决于所用晶体材料的优劣. 不同频率下工作的热释电探测器，对晶体材料有不同的选择标准. 在高频大面积的情况下，可采用品质因子 $M_1 = \frac{P_s}{C'\varepsilon}$，式中 P_s 为热释电系数，C' 为比热容，ε 为介电常数. M_1 反映热释电的电压灵敏度. 在低频小面积的情况下，用晶体因子 $M_2 = \frac{P_s}{C'}$ 反映热释电的电流灵敏度. 在介于高频与低频范围之间的中波段时，所用的晶体因子为 $M_3 = \frac{P_s}{C'\sqrt{\varepsilon}}$.

热释电摄像管是以热释电体靶面替代光导靶面，用于红外热成像的摄像器件. 选择摄像管靶面材料所要求的优质因子 $M(n)$ 要高，热扩散率要低，靶电容要小，即要求介电常数要小. 热释电摄像管靶面材料优质因子：$M(n) = \frac{P_s}{\rho c_p \varepsilon^n d^{(1-n)}}$ 式中，指数 n 可为 $0, \frac{1}{2}, 1$；$\rho, c_p, \varepsilon, d, P_i$ 分别为晶体的密度、比热、介电常数、靶的厚度、热释电系数. 另外，还可求晶体的居里温度 T_c 要高，不退极化等.

8.6.3　热释电晶体及其应用

(1)热释电晶体.

20 世纪 60 年代以来,经人们研究证明具有热释电性能的材料甚为广泛,但真正符合实用要求的仅十多种,因此,大量热释电晶体材料研究与探讨的工作仍在发展.

当前,比较有发展前途的热释电材料有几种类型:

硫酸三甘氨酸晶体系列、氧化物单晶,陶瓷材料和有机聚合物材料等,新近发展的有氮化镓(GaN)、硝酸铯($CsNO_3$)、聚氯乙烯、Co-酞青,以及钽酸锂($LiTaO_3$)等各种薄膜热释电材料.

(i)TGS 单晶[$(NH_2CH_2COOH)\cdot H_2SO_4$]系列.

对这一系列单晶的研究是从 20 世纪 60 年代初开始的. 但纯的 TGS 晶体在室温下,热释电系数(P_s)大,介电常数 ε 小,优质因子 P_i/ε 高,而且优质的晶体易于从水溶液中生长,但它的缺点是居里温度 T_c 低,并易于退极化,易于潮解等,随后对 TGS 单晶在实用中的不足,开展了许多改进提高的一系列工作. 例如:

(a)为了提高 TGS 单晶的居里温度 T_c,将 TGS 晶体结构中的氢用氘取代,而生长氘化 TGS 晶, 即 DTGS 晶,可使其 T_c 从 49℃提高到 62℃,扩大了晶体的使用温度范围.

(b)掺 L-α 丙氨酸 TGS,以便形成 α-LATGS 晶体,以弥补 TGS 晶体易于退极化的缺点.

(c)氘化掺 L-α 丙氨酸 TGS,即 LADTGS,这种晶体既提高了居里温度 T_c,又能锁定极化,但缺点是难于生长出优质完整单晶,而且晶体的均匀性较差.

(d)掺 α-L 丙氨酸的硫酸和硒 TGS 混晶($LATGS_{1-x}Se_x$)晶体,这种晶体的热释电性能优于 LATGS 晶体,但缺点是降低晶体的工作温度范围.

(e)另外,还有氟铍酸三甘氨酸,氘化氟铍酸三甘氨酸:(TGFB)和(DTGFB)晶体. 这两种晶体在生长方面与 TGS 晶体的类似,均是从水溶液或重水溶液中生长的. 区别在于用 H_2BeF_4 取代了 H_2SO_4,此两种晶体的热释电系数较 TGS 晶体的小,但它们的介电常数 ε 较 TGS 晶体小. 因此,P_s/ε 和 $P_s/\sqrt{\varepsilon}$均较 TGS 晶体的大,而且它们的居里温度 T_c 较 TGS 晶体高 25 ℃左右,但生长优质的晶体更困难些.

(f)最近报道,在室温下,掺稀土离子 DY^{3+} 和 DL 丙氨酸的 TGS 晶体有更好的热释电性能,有望成为有实用前景的热释电晶体材料.

TGS 单晶系列可以说是一种经久不衰的热释电晶体材料,当今在网络上仍然有许多有关 TGS 晶体的应用的报道. 对发展红外技术已起到了巨大的推动作用.

(ii)正方钨青铜型结构晶体.

这种结构型的典型晶体代表是铌酸锶钡($Sr_{1-x}Ba_xNb_2O_6$)单晶,简称 SBN 单晶体,SBN 单晶为 $SrNb_2O_6$-$BaNb_2O_6$ 相图的固溶体,SBN 晶体的一个特点是 Sr 与 Ba 原子数比例可在一定范围内变化，晶体在 $0.25 \leqslant x \leqslant 0.75$ 范围内是正方钨青铜型结构，点群为 C_{4v}-4mm，晶胞常数：$a = 12.430$ Å，$C = 3.941$ Å，室温下晶体的自发极化强度为 32×10^{-2} C/m^2，晶体的熔点在 1500 ℃左右，晶体的密度为 5.4×10^3 kg/m^3，莫氏硬度为5.5，不潮解，机械性能良好，晶体多采用熔体提拉法生长.

SBN 晶体具有相当大的热释电系数 P_i，有较高的居里点温度 T_c，并随着Sr/Ba 的比例变化而变化，表 8.8 列出了不同的 Sr/Ba 比例的 SBN 晶体的热释电系数 P_i(dp/dT)和居里温度 T_c℃值.

表 8.8 SBN 晶体的热释电系的 P_i 与 T_c 随 Sr/Ba 的变化情况

晶体	$P_i = \frac{dp_s}{dT}/10^{-6}$[C/(cm^2· K)]	居里温度 T_c/℃
$Sr_{1-x}Ba_xNbO_6$		
$x = 0.25$	0.31	40°
$x = 0.33$	0.11	60°
$x = 0.41$	0.07	78°
$x = 0.52$	0.06	105°

对 SBN 晶体掺入 Pb 或镧系元素进行改性取得了一定的效果. 在 $Ba_{0.5}Sr_{0.5}Nb_2O_6$ 中掺入 1mol% La_2O 和 Nb_2O_3，产生的热释电性与 $Ba_{0.33}Sr_{0.67}Nb_2O_6$ 的相同，即具有较高的热释电系数(P_i)与较高的介电常数. 掺 La 和 Nd 的 SBN 晶体比 $Ba_{0.5}Sr_{0.5}Nb_2O_6$ 晶体的优点是不退极化. 掺同量的 Sm、Gd、Lu 对晶体的性能影响较小. 在 $Ba_{0.5}Sr_{0.5}Nb_2O_6$ 晶体中掺入少量的 Pb，除了得到比未掺 Pb 的晶体具有更好的热释电性能外，还可减少激光损伤. 总之，人们通过对晶体掺质的方法，来补偿与提高热释电性能参数，以便更有利于制作热释电探测器件.

(iii) 钽酸锂($LiTaO_3$)和铌酸锂($LiNbO_3$)晶体.

钽酸锂和铌酸锂这两种晶体在结构和性能上极为相似. 都具有多种用途，都属于多功能晶体，这两种均为铁电晶体，多年来一直普遍受到重视，两者的铁电相的点群为 C_{3v}-3m，而顺电相的点群为 D_{3d}-$\bar{3}m$. $LiTaO_3$ 的晶胞常数为 $a = 5.4740$ Å，$\alpha = 56°10'$；$LiNbO_3$ 的晶胞常数为 $a = 5.4944$ Å，$\alpha = 55°52'$.

$LiTaO_3$ 和 $LiNbO_3$ 晶体都是一直受人关注的热释电晶体，这两种晶体均采用熔体提拉法生长，并均能生长出优质大尺寸晶体.

$LiTaO_3$ 晶体的熔点为 1600℃，在室温下，它的热释电效应不如 TGS 晶体，但在低于 0℃和高于 45℃时都比 TGS 晶体好，它的居里温度 T_c 为620℃. 故能在很宽的温度范围内使用，并且具有品质因子高、不退极化，物理化学性能稳定，机械强度高等优点.

$LiNbO_3$ 晶体的熔点为(1240 ± 5)℃，其热释电性能与 $LiTaO_3$ 晶体相比，略有逊色,但生长优质大尺寸晶体较 $LiTaO_3$ 晶体容易.

高掺 Cr^{3+} 的 $LiTaO_3$ 和 $LiNbO_3$ 晶体,可产生一种新的热释电效应,即当光照射时,这类晶体内掺质的电子组态激发,使电偶矩发生变化,因而引起了瞬时的微观极化强度的改变,这种热释电效应是由光激发掺质原子而引起的,而不是由于晶体温度的变化而产生的.

在氧化物中还有锗酸铋($Bi_{12}GeO_{20}$)等晶体的热释电性能也有不少报道.

关于热释电材料——陶瓷材料——铁电氧化物陶瓷与上述单晶相比具有一系列优点. 诸如易制成大面积的材料,且成本低,机械性能和化学性能稳定,且易于加工,居里温度 T_c 高,故在通常情况下没有退极化问题,而且可以进行多种多样的掺质和取代,从而在相当大的范围调节热释电性能,如热释电系数,介电常数,介电损耗等.

从当前热释电材料发展的总趋势来看,热释电薄膜是发展的重点,其中包括单晶薄膜和陶瓷多晶薄膜. 新近已制备出氮化镓(GaN)薄膜,硝酸铯($CsNO_3$)、聚氯乙稀(polyvinyl fluorides)等;以及早期制备出的 PZT、PT、PLT、PLZT 等热释电薄膜材料,制备这些薄膜的方法有溅射法,化学气相沉积法和溶胶-凝胶(sol-gel)等方法.

(2)热释电晶体的应用.

热释电晶体以及各种单晶薄膜材料大多用了红外探测器和红外摄像管方面,自 2004 年起,关于热释电晶体的应用有了新的发展,用热释电晶体所产生的电场来加速重氢(氘)或氚进入氢化物而实现核聚变(热释电聚变),或用热释电晶体产生高能的 X 射线,以及用热释电晶体来加速电子和离子等,在国际上已有日益增多的报道,或将热释电晶体用于医疗等.

§8.7　晶体的铁电性质[7,21-28,37]

铁电性(ferroelectricity)现象发现始于 1921 年,当时法国人 Valasek 发现了酒石酸钾钠($KNaC_4H_4O_6 \cdot 4H_2O$)晶体具有奇异的介电性能,而导出的"铁电性"的概念,铁电体最本质的特征是具有自发极化(spontaneous polarization);而且自发极化可在电场作用下而反向.

在热释电晶体中的某些晶体不但具有自发极化的性质,而且这种自发极化的方向会因外电场的作用而反向,我们称这样一类的热释电晶体为铁电(晶)体,其实,铁电晶体并不含铁,这样称呼的原因,在于铁电晶体能够形成与铁磁体的磁滞回线极相似的电滞回线的缘故.

铁电晶体材料发展到 20 世纪 50 年代,由于铁电晶体——$BaTiO_3$ 和 $BaTiO_3$ 陶瓷等在制造电容器,Q 开关,换能器,传感器,致动器等元件的大量的需要,从而促成了各种铁电材料的迅速发展,同时促进了铁电理论的发展,如铁电软模理论的出现与发展等. 自 50 年代以来,铁电研究论文,每年发表的有几千篇,在国际上定期召开的铁电会议每年不断.

铁电晶体的相变临界现象以及电畴的研究,有助于一般相变理论的发展. 铁电晶体材料的应用,主要表现在铁电体的压电性、热释电性、电光性和非线性光学等诸方面.

8.7.1 铁电晶体的电滞回线

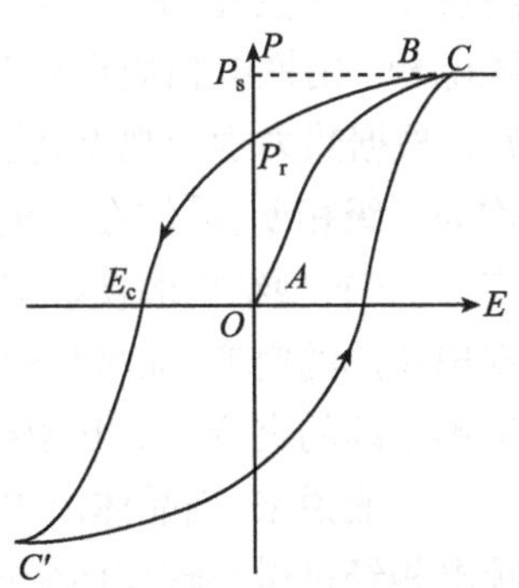

图 8.12 电滞回线

铁电体内部的自发极化强度的方向有两个或多个取向,类似于孪晶的区域. 在每一个区域内,自发极化方向是一致的,这些小区域称为铁电畴或简称铁畴(domain). 铁电体的极化随电场的变化而变化,但当电场较强时,极化与电场间呈非线性关系,在电场作用下,新畴成核长大,畴壁移动,从而导致极化反向. 在电场很弱时,极化线性依赖于电场. 铁电体的一个重要特征是具有电滞回线.

现以 180°畴铁电体为例来说明电滞回的形成过程,每一个铁电畴的极化方向只能沿一个特定晶轴方向,假设极化的取向只能沿一个特定晶轴的正方向或负方向,即晶体中只有两种畴(正畴和负畴),两者极化方向互成 180°,具有这种特性的铁电体称为 180°铁电体,当不存在外电场 E 时,由于晶体的内能总要趋于最低,因此整个晶体的总极化强度也必然趋于零. 但当很弱电场 E 加到晶体上时,铁电体将作为普通电介质产生线性极化(图 8.12 中 OA 线段). 随着电场强度的增加,极化强度与电场方向一致的铁电畴变大,而与电场方向相反的铁电畴变小,这样总极化强度随外电场的增加而迅速增加(图 8.12 中 AB 曲线). 电场强度 E 继续增大,最后可使整个晶体成为只有一种取向的单畴,晶体的自发极化强度达到饱和(即曲线上 C 点). 继续增大外电场时,则极化强度 P 随外电场呈线性增加,这同一般电介质相同. 将线性部分外推到电场为零时,在纵轴上所得到的截距即为自发极化强度 P_s. 如果电场 E 由曲线上 C 点开始降低,晶体的极化强度亦随之减小. 在 $E=0$ 时,由于已转向电畴不能全部自动反转,P_s 不等于零,但晶体内可能有部分铁电畴因热运动等因素而自动反向,P-E 曲线并非直线下降,而交于纵轴上 P_r 点,P_r 称为剩余极化强度. 当电场反向达到 E_c 时,晶体内正、负电畴相等,剩余极化强度 P_r 全部消失($P=0$). 反向电场再增大时,极化强度就开始反向,E_c 称为矫顽电场强度. 当电场继续沿负方向增加时,极化强度又可达到反向饱和值,然后电场再由负值逐渐变为正值时,极化强度沿 $C'C$ 曲线回到 C 点,整个极化强度形成一个闭合回线,并称它为电滞回线,电滞回线是铁电体最重要的特征标志. 剩余极化 P_r 小于自发极化 P_s,两者相差越大,就表示该晶体越不易成为单畴晶体.

铁电晶体的电滞回线图形可通过示波器显示出来.

8.7.2　铁电晶体的居里温度 T_C

类似于铁磁体,铁电晶体也普遍存在着一个临界温度 T_c. 铁电晶体的结构是随着温度而变化的. 具有铁电性质的结构,称为铁电相,而无铁电性质的结构称为顺电相. 由铁电相变到顺电相所相应的温度,称为铁电相变温度,或称为居里温度 T_C. 根据热力学的观点,铁电相变可分为两类,一类是相变时伴随着潜热的发生,称为一级相变,晶体在一级相变时,自发极化在居里温度 T_C 时,发生不连续的改变,钙钛矿型结构的钛酸钡($BaTiO_3$)等晶体的相变属于此种类型. 另一类相变呈现出比热的突变,无潜热的发生,称为二级相变,晶体在二级相变时,自发极化不发生不连续的突变. KDP 型结构的晶体(ADP、KDP 等晶体)属于这种类型的相变.

一般说来,当晶体由顺电相(即非极性结构)转变到铁电相(即极化结构)时,顺电相经过微小畸变而变成铁电相. 因此,铁电相结构的对称性要比顺电相结构的对称性低. 这意味着晶体由顺电相经过居里点 T_C 转变到铁电相时,晶体的对称性降低. 有些晶体可能存在多个相变温度,然而只有由顺电相转变到铁电相所相应的温度才是铁电相变温度,而其他的温度仅能称为相变温度. 例如,$BaTiO_3$ 晶体具有三个相变 $3m \xrightarrow{-90℃} mm2 \xrightarrow{50℃} 4mm \xrightarrow{120℃} m3m$. $3m$,$mm2$ 和 $4mm$ 均为铁电相,$m3m$ 为顺电相,因此,120℃才是它的居里点 T_C. 有的晶体在某一温度区间为铁电相,因此这种晶体有上、下两个居里温度 T_C,例如,酒石酸钾钠($KNaC_4H_4O_6 \cdot 4H_2O$)晶体,温度在 24℃到 -18℃区间才是铁电相,24℃称为它的上居里温度,-18℃称为下居里温度. 另外,还有少数铁电晶体,在未达到铁电相变温度时就已分解或熔化,所以没有居里温度 T_C,即不存在顺电相. 例如,六水硫酸铝胍($C(NH_2)_3Al(SO_4)_2 \cdot 6H_2O$)等晶体即属于这种类型. 从铁电晶体的电滞回线中可以看出,它的极化强度随外电场的变化是非线性的,所以铁电晶体的介电常数随外加电场而变,因此介电常数要在不致引起畴反转的弱电场下测量. 铁电晶体的介电常数与温度的依赖关系是非线性的,在居里温度 T_C 附近具有一个极大值(其数量级可达 $10^4 \sim 10^5$),这一现象称为介电反常. 在高于 T_C 的温度范围内,介电常数 ε 的变化遵守居里-外斯定律,即

$$\varepsilon = \frac{C}{T - T_0} + \varepsilon_e \tag{8.76}$$

式中,C 为居里常数,T_0 为特征温度,一般低于或等于居里点 T_C,ε_e 代表电子位移极化时对介电常数的贡献. 由于 ε_e 的数量级比前一项小得多,故在居里点 T_C 附近可忽略不计,这样式(8.76)可改写成

$$\varepsilon = \frac{C}{T - T_0} \tag{8.77}$$

8.7.3 铁电相变(铁电体)的两种主要类型

根据晶体结构的测定结果和理论分析,可将铁电体分为两种类型,即位移(diplace)型和有序-无序(order-disorder)型.

(1)钙钛矿型的钛酸钡($BaTiO_3$)晶体属位移型相变的铁电体. 从晶体结构来看,钛酸钡晶体结构的氧(O)离子形成八面体,而钛(Ti)离子位于氧(O)八面体中央,钡离子由处于8个氧八面体的间隙中(如图8.13所示),钛酸钡晶体的居里温度T_C为120 ℃,在T_C以上时,晶体的对称性属于立方晶系,空间群为$Pm3m$,晶胞结构如图8.13所示

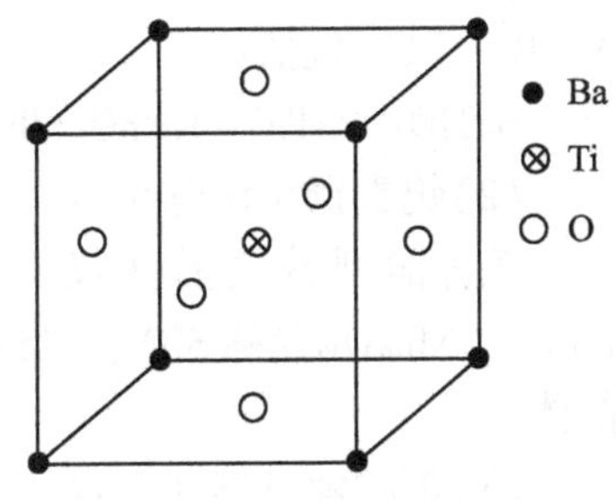

图8.13 $BaTiO_3$晶体晶胞结构模型

Ba^{2+}离子位于立方体顶角上,Ti^{4+}离子在立方体体心,O^{2-}离子在立方体面心,三种离子的数目满足ABO_3分子式,这时由于结构中存在着对称中心,因此晶体没有自发极化P_s,而不是铁电体. 当温度低于居里温度$T_C=120$ ℃时,钛酸钡的自发极化与晶胞中Ti^{4+}离子的位移有关,当温度高于居里温度120 ℃时,处于氧八面体空隙的Ti^{4+}的热运动能量比较大,向周围6个氧(O)离子靠近的概率是相等的,平均说来,Ti^{4+}仍位于氧八面体中央,它不会稳定地偏向某一氧(O)离子. 因此,不是呈现偶极矩,也就无自发极化产生. 然而,当温度低于居里温度120 ℃时,Ti^{4+}离子的热运动能量较小,由热起伏所形成的某些热运动能量特别低的Ti^{4+}就不足以克服Ti^4离子位移后,钛氧相互作用所形成的内电场. 因此,就向着某个氧(O)离子,如向C轴方向的氧离子靠近,从而就发生了Ti^{4+}离子自发位移,使整个晶体失去对称中心,降低晶体的对称性,产生了自发极化,而变为铁电体.

(2)KDP型晶体属无序-有序型相变铁电相(体),在室温下,KDP晶体属于正(四)晶系,空间群为$D_{2d}^{12}-I42d$,点群为D_{2d}-42 m,它具有压电性. 在低于123K时,相转变到点群为mm 2的铁电相.

铁电相的出现与$(PO_4)^{3-}$和质子H^+有关,而K^+在相变过程中,其所在的晶格位置没有变化,每个$(PO_4)^{3-}$平均每两个质子接近,而形成$(H_2PO_4)^-$基团,当温度低于123K时,晶体的对称性降低,由正方晶系转变到斜方晶系,由于两个质子H^+的分布不均匀,而且出现的概率较大,而使晶体由压电性转变为铁电性,而成为铁电体(相).

除了KDP型晶体属于这种相转变类型外,还有一些包含氢键的水溶性晶体,诸如TGS、硫酸盐、氟铍酸盐、亚硒酸盐,也属于这种相变类型,这些晶体的铁电性的起因,是由于某些离子的位移而产生偶极矩. 在这些晶体中,SO_4^{2-},PO_4^{3-},

SeO_3^{3-}, AsO_4^{3-} 等络合集团发生形变,居于正中的 S, P, Se, As 等原子从"分子"的中心位移到偏离中心位置,从而产生了偶极矩,而氢键起着协调作用,而使偶极子自发地有序排列,显示出自发极化,而使晶体成为铁电体.

8.7.4　铁电晶体的主要类型

已经发现的铁电体有上千种,而且它们的分布范围很广,以掺质取代改变成分者更多,很难将铁电体进行恰当的分类. 现仅就几种主要的铁电晶体来简要的叙述.

(1)钙钛矿(perovskite)型铁电晶体.

钙钛矿型是为数最多的铁电晶体,其通式为 ABO_3, A, B 的价态可为 $A^{2+}B^{4+}$ 或 $A^{1+}B^{5+}$,其中包括:

$BaTiO_3$, $PbTiO_3$, $KNbO_3$, $Bi_2M_0O_6$, $Bi_4Ti_3O_{12}$, $SrBi_2Te_2O_9$ 等晶体.

(2)钨青铜型铁电晶体.

钨青铜型铁电晶体仅次于钙钛矿型的第二大类铁电体晶体,其中包括 $Ba_xSr_{5-x}Nb_{10}O_{30}$ 简称 SBN, $1.25 < x < 3.75$, $Ba_2NaNb_5O_{15}$, K_xWO_3 ($x < 1$), $PbNb_2O_6$ 等晶体.

(3)铌酸锂($LiNbO_3$)晶体类型.

铌酸锂($LiNbO_3$)晶体类型包括 $LiNbO_3$(LN), $LiTaO_3$(LT), $BiFeO_3$ 等晶体.

(4)含氢键的铁电晶体.

含氢键的铁电晶体,其中包含 KDP, TGS, $NaKC_4H_4O_6 \cdot 4H_2O$, $PbHPO_4$, DTGS, $PbDPO_4$ 等晶体.

(5)含氟八面体的铁电晶体.

例如:$BaMnF_4$、$SrAlF_6$、$Pb_5Cr_3F_{19}$ 等晶体.

(6)含 Bi 氧化物薄膜铁电体.

例如:$Bi_4Ti_3O_{12}$、$PbBi_2Nb_2O_9$ 等薄膜铁电体.

铁电体除上述各种晶体与氧化物薄膜外,还有应用最为广泛陶瓷铁电体材料. 诸如:锆钛酸铅陶瓷(PZT)、锆钛酸镧铅(PLZT)、铌酸镁铅(PMN)等. 还有铁电有机聚合物,如:聚偏氟乙烯(PVDF)等以及引人注目的铁电液晶.

8.7.5　介电晶体、压电晶体、热释电晶体和铁电晶体四者间对称性的相互联系

概括起来,如图 8.14 所示.

在图 8.14 中标明了介电晶类为 32 种、压电晶类为 20 种、热释电晶类为 10 种,而铁电晶类为热释电晶类中一亚类.

压电晶体、热释电晶体和铁电晶体之间具有如下关系,在没有对称中心的 21 种晶类中,除 432 晶类外,其余 20 种晶类具有压电性,即只要晶体的宏观对称性属于这 20 种晶类之一,就可能具有压电性. 在此 20 种具有压电性的晶类中,其中只

有 10 种具有单向极轴的晶类,可能具有热释电性质,铁电晶类是热释电晶体中的一亚类. 铁电晶体必然具有热释电效应和压电效应,但热释电晶体、压电晶体未必都是铁电晶体. 从图 8.14 可见,从晶体的对称性角度来看,铁电晶体所占有的范围是最小的,但它处于电介质的中心部位,这样对研究晶体结构与其性能间相互关系更有价值.

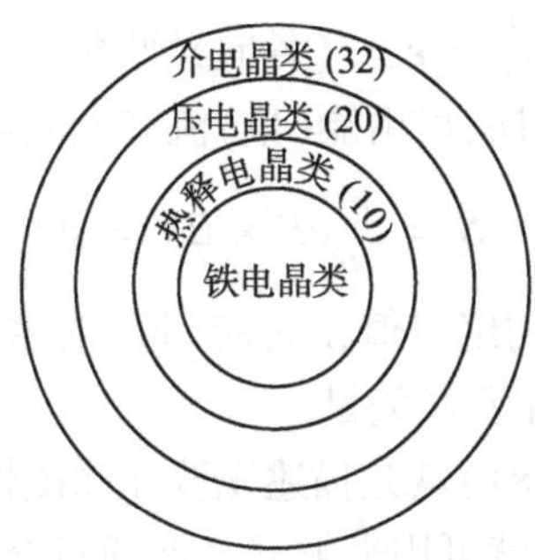

图 8.14　介电、压电、热释电和铁电晶体四者之间对称性的相互联系示意图

§8.8　晶体的线性光学性质[29-35,50]

晶体的光学性质,主要可分为两类:一类为线性光学性质;另一类为非线性光学性质. 本节简要地阐述晶体的线性光学性质,以便为进一步阐述晶体的非线性光学性质奠定光学基础.

8.8.1　晶体光学基础

光是由无数具有极小能量的微粒即光子所组成的能流,同时光以电磁波的形式向前传播,因此,光具有微粒和波动的双重特性. 根据经典电磁理论,光波在介质中传播时,可用麦克斯韦方程组和物质方程来表征.

当光波在非磁性透明光学介质中传播时,麦克斯韦方程组可写成如下形式:

$$
\begin{aligned}
\Delta \times H &= \frac{1}{c}\frac{\partial D}{\partial t} \\
\Delta \times \boldsymbol{E} &= -\frac{1}{c}\frac{\partial \boldsymbol{H}}{\partial \boldsymbol{t}} \\
\Delta \cdot \boldsymbol{D} &= 0 \\
\Delta \cdot \boldsymbol{H} &= 0
\end{aligned}
\tag{8.78}
$$

式中, $\boldsymbol{H}$,$\boldsymbol{E}$,$\boldsymbol{D}$ 分别表示光波的磁场矢量、电场矢量和电位移矢量,c 为光波在真空中的光速,$\boldsymbol{t}$ 为时间,Δ 为算符.

物质方程为

$$\begin{aligned} \boldsymbol{D} &= \varepsilon \boldsymbol{E} \quad (\text{各向同性介质}) \\ \boldsymbol{D}_i &= \varepsilon_{ij} \boldsymbol{E}_j \quad (\text{各向异性介质}) \end{aligned} \tag{8.79}$$

式中，ε，ε_{ij}分别为各向同性与各向异性介质的介电常数.

对于非磁性光学介质而言，其折射率(n)与介电常数(ε)的关系为

$$\begin{aligned} n^2 &= \varepsilon \quad (\text{各向同性介质}) \\ n_{ij}^2 &= \varepsilon_{ij} \quad (\text{各向异性介质}) \end{aligned} \tag{8.80}$$

光波在介质中能量的传播，可由能(量)流密度矢量($\boldsymbol{s}$)来表示

$$\boldsymbol{S} = \frac{c}{4n}(E \times H) = st \tag{8.81}$$

式中，s 为能(量)流密度 S 的绝对值，$\boldsymbol{t}$ 为能(量)流密度的单位矢量，同时 $\boldsymbol{S}$ 为光线传播方向，而且 $\boldsymbol{t}$ 矢量垂直于 $\boldsymbol{E}$ 矢量.

根据式(8.78) ~ 式(8.81)就是描述光波在非磁性透明介质中传播行为的基本方程式，利用这些方程式，就可用来解释光波通过介质时，所产生的一些线性光学现象，诸如光的反射、折射、双折射、衍射、偏振和干涉等.

8.8.2　光波在晶体中的传播特性

根据式(8.78)和式(8.79)，当光波在非磁性透明介质中传播时，光的波动方程可写为

$$\begin{aligned} \Delta^2 \boldsymbol{H} - \frac{\varepsilon}{c^2}\frac{\mathrm{d}^2 \boldsymbol{H}}{\mathrm{d}t^2} &= 0 \\ \Delta^2 \boldsymbol{E} - \frac{\varepsilon}{c^2}\frac{\mathrm{d}^2 \boldsymbol{E}}{\mathrm{d}t^2} &= 0 \end{aligned} \tag{8.82}$$

对于单色平面波，该方程式的特解为

$$\boldsymbol{E},\boldsymbol{D},\boldsymbol{H} = (\boldsymbol{E}_0,\boldsymbol{D}_0,\boldsymbol{H}_0)\exp\left[\mathrm{i}\omega\left(t - \frac{\sqrt{\varepsilon}}{c}(\boldsymbol{k} \cdot \boldsymbol{r})\right)\right] \tag{8.83}$$

式中，$\boldsymbol{E}_0$，$\boldsymbol{D}_0$，$\boldsymbol{H}_0$ 分别为光的各振动矢量的振幅；ω 为光波的角频率，$\omega = 2\pi\upsilon$(υ 为光波的振动频率)；$\boldsymbol{k}$ 为单位波矢量，它代表单色平面波的法线方向；r 为光波振动的空间坐标. 如果将式(8.83)分别代入式(8.78)中的两个旋度方程，则为

$$\sqrt{\varepsilon}\boldsymbol{H} \times \boldsymbol{K} = D$$

$$\sqrt{\varepsilon}\boldsymbol{E} \times \boldsymbol{K} = -\boldsymbol{H}$$

代入两个散度方程，则

$$\boldsymbol{K} \cdot \boldsymbol{D} = 0$$

$$\boldsymbol{K} \cdot \boldsymbol{H} = 0$$

由此可见，$\boldsymbol{D}$，$\boldsymbol{H}$，$\boldsymbol{K}$ 组成一组正交的三矢量组. 再由式(8.82)可知，$\boldsymbol{E}$，$\boldsymbol{H}$，$\boldsymbol{t}$ 组成另一组正交的三矢量组. 由于 $\boldsymbol{D}$，$\boldsymbol{E}$，$\boldsymbol{K}$，$\boldsymbol{t}$ 同时垂直于 $\boldsymbol{H}$，因此它们必然位于一个

平面内. 对于各向异性介质而言,**D** 和 **E** 的方向一般不一致,从而导致 **K** 与 **t** 的方向也不一致,它们之间的夹角 α 称为离散角. 上述各矢量之间的相互关系如图 8.15所示. 因此,在晶体光学中,常常将沿 **K** 方向传播的光称为光波. 而沿 t 方向传播的光称为光线或射线. 光沿 **K** 方向传播的速度称为相速度 v_K,而沿 **t** 方向的速度称为光线速度 v_t,它们之间的关系可表示为

$$v_K = v_t \cos \alpha \tag{8.84}$$

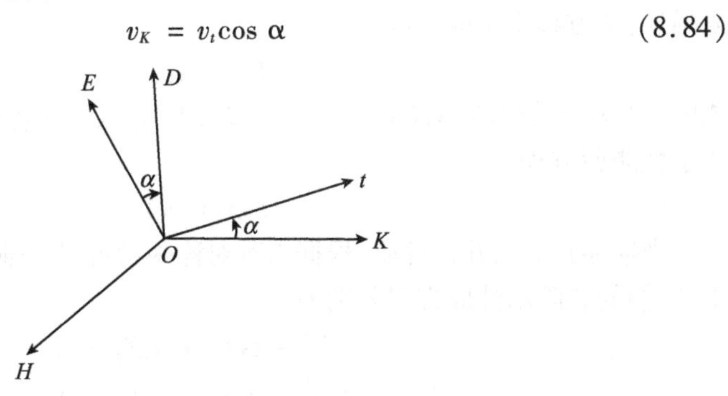

图 8.15 光波各矢量之间的关系

电位移 **D** 的振动方向常称为光的振动方向,**D** 与 **K** 所组成的平面称为振动面;而 **H** 振动方向常称为光的偏振方向,**H** 与 **K** 所组成的平面为偏振面. 如果光波的振动方向始终保持在一个平面内,这种光则称为平面偏振光,又称为线偏振光(因为迎着光看上去,光波始终在一条直线上振动). 如果将光振动轨迹的末端投影在垂直于传播方向的平面内,形成圆的光称为圆偏振光,形成椭圆的光称为椭圆偏振光. 那么,其他形式的光就称为自然光或无规偏光.

8.8.3 晶体中的双折射现象

一束自然光射入晶体之后分为两束光的现象,称为双折射现象. 例如,垂直于方解石晶体(属 $3m$ 点群)的自然面入射一束自然光,就可看到晶体中有两束光同时存在,其中的一束遵守一般的折射定律,称为常光(o 光),另一束不遵守一般的折射定律,称为异常光(e 光). 它们虽然具有共同的波法线方向,但折射率不同,相速度也不同,而且能量传播方向和偏振方向也不相同. 如果用 n_o 和 n_e 分别表示 o 光和 e 光的折射率,则这两种光的相速度分别为:$v_o = \dfrac{c}{n_o}$ 和 $v_e = \dfrac{c}{n_e}$. o 光和 e 光都是线偏振光,而且振动方向相互垂直,e 光的振动方向(即 D 的方向)总是在 3 次对称轴(即光轴)与波法线方向组成的平面内,而 o 光的振动方向总是垂直于该平面. 所有上述现象的根本原因是由于晶体的光频介电常数是各向异性的,因此晶体的折射率也是各向异性的,并且受晶体对称性的制约. 下面我们来研究晶体的对称性对折射率的影响以及晶体折射率的几何表达方式.

8.8.4　光率体和折射率面

(1)光率体及其性质.

当光在晶体中传播时,它的振动矢量 $\boldsymbol{E}$ 和 $\boldsymbol{D}$ 之间的关系是由物质方程

$$D_i = \varepsilon_{ij}E_j$$

来描述,该方程也可改写成

$$E_i = \beta_{ij}D_j \tag{8.85}$$

式中, β_{ij} 为介质隔离率张量. 由于 ε_{ij} 和 β_{ij} 皆为二阶对称张量,因此可用一般的二阶示性曲面方程

$$S_{ij}X_iX_i = 1$$

来描述它们的几何性质,根据二阶对称张量可以主轴化的性质,在主轴坐标系中,它们的二阶示性面方程分别为

$$\varepsilon_1X_1^2 + \varepsilon_2X_2^2 + \varepsilon_3X_3^2 = 1 \tag{8.86}$$

$$\beta_1X_1^2 + \beta_2X_2^2 + \beta_3X_3^2 = 1 \tag{8.87}$$

由于折射率 $n^2 = \varepsilon = \dfrac{1}{\beta}$,式(8.86)和式(8.87)可改写为

$$n_1^2X_1^2 + n_2^2X_2^2 + n_3^2X_3^2 = 1 \tag{8.88}$$

$$\frac{X_1^2}{n_1^2} + \frac{X_2^2}{n_2^2} + \frac{X_3^2}{n_3^2} = 1 \tag{8.89}$$

式中, n_1,n_2,n_3 为晶体的三个主折射率,式(8.88)所描述的示性面称为菲涅耳(Fresnel)椭球,式(8.89)所描述的示性面称为光率体或折射率椭球. 光率体是描述晶体光学各向异性的最重要的, 也是最常用的示性面. 光率体具有下列重要的性质:

(i)根据二阶示性面的性质,光率体的任意矢径方向表示矢量 $\boldsymbol{D}$ 的振动方向,矢径长度则表示在该方向振动的光波折射率;

(ii)光率体可以形象地给出同一波法线方向 $\boldsymbol{K}$ 所相应的两个光波的振动方向和折射率,即通过光率体的中心波法线 $\boldsymbol{K}$ 的垂直截面,截得光率体为一椭圆,椭圆的长、短半轴方向即为两个光波的振动方向,长、短半轴的长度即为相应光波的折射率.

(iii)由于 $\boldsymbol{D},\boldsymbol{E},\boldsymbol{K},\boldsymbol{t}$ 位于同一个平面内,已知其中的一个矢量,就可根据二阶示性面的性质求出其他三个矢量的方向. 例如已知 $\boldsymbol{D}$ 的方向,过 $\boldsymbol{D}$ 与光率体的交点作一切面,则切面的法线方向即为电振动 $\boldsymbol{E}$ 的方向,又由于 $\boldsymbol{K}\perp\boldsymbol{D},\boldsymbol{t}\perp\boldsymbol{E}$,因此 $\boldsymbol{K}$ 和 $\boldsymbol{t}$ 的方向也就确定.

综上所述,光率体是将折射率与振动方向相互联系起来的光学示性体,利用它可以直观地表示出光波各矢量之间的相互关系,解释晶体的双折射现象等.

(2)晶体对称性对光率体的影响.

各晶类的介质隔离张量 β_{ij} 的独立分量与介电常数 ε_{ij} 的分量完全一致,由于 β_{ij} 也是二阶对称张量,因此它可以主轴化,主轴化后张量形式变为

$$\text{高级晶族:}\begin{pmatrix} \beta_1 & 0 & 0 \\ 0 & \beta_1 & 0 \\ 0 & 0 & \beta_1 \end{pmatrix}$$

即具有三个相等的独立分量;

$$\text{中级晶族:}\begin{pmatrix} \beta_1 & 0 & 0 \\ 0 & \beta_1 & 0 \\ 0 & 0 & \beta_3 \end{pmatrix}$$

即在三个不为零的分量中有两个是相等的;

$$\text{低级晶族:}\begin{pmatrix} \beta_1 & 0 & 0 \\ 0 & \beta_2 & 0 \\ 0 & 0 & \beta_3 \end{pmatrix}$$

即具有三个不相等的主分量.

根据 $\beta_{ij} = \frac{1}{n_{ij}^2}$ 对于高级晶族,$n_1 = n_2 = n_3 = n_o$(常光折射率),式(8.89)就可改写成为

$$\frac{X_1^2 + X_2^2 + X_3^2}{n_o^2} = 1 \tag{8.90}$$

显然,光率体是以 n_o 半径的球体,这就意味着,高级晶族(即立方晶系)的晶体是光学各向同性体,$\boldsymbol{D}$ 与 $\boldsymbol{E}$ 的方向一致,$\boldsymbol{K}$ 与 $\boldsymbol{t}$ 的方向也一致,于是也就不会产生双折射现象.

对于中级晶族,$\beta_1 = \beta_2 \neq \beta_3$,因此,$n_1 = n_2 = n_o$,$n_3 = n_e$,式(8.89)就可改写为

$$\frac{X_1^2 + X_2^2}{n_o^2} + \frac{X_3^2}{n_e^2} = 1 \tag{8.91}$$

这是一个旋转椭球方程,并意味着,中级晶族晶体的光率体是一个以 X_3 轴为旋转轴的旋转椭球体. 如果光的波法线方向 $\boldsymbol{K} /\!/ X_3$,则垂直于 $\boldsymbol{K}$ 的光率体中心截面为一个圆,其半径为 n_o,那么当一束光沿 X_3 轴方向传播时就不会发生双折射,在晶体光学中,这一方向称为光轴. 根据晶体物理轴的定向规则,X_3 轴平行于该晶族中各晶类的唯一高次轴方向,因此凡属于该晶族的晶体的光轴永远平行于唯一的高次轴,又因为高次轴只有一个,所以这类晶体在晶体光学中称为单轴晶. 单轴晶的两个主折射率的大小因晶体而异,如果 $n_e > n_o$,称为正单轴晶(或正轴晶),光率

体是沿 $\boldsymbol{X}_3$ 轴稍微拉长的旋转椭球体(图 8.16(a));如果 $n_e < n_o$,称为负单轴晶(或负轴晶),光率体是沿 X_3 轴稍微压偏的旋转椭球体(图 8.16(b)).

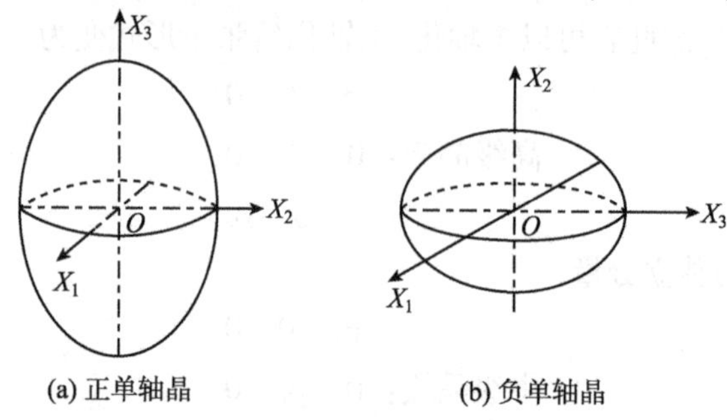

图 8.16　正、负单轴晶的光率体

除光轴方向之外,沿其他任何方向通光,都将发生双折射,现以正单轴晶为例来分析光在晶体中的传播情况.

(i)$\boldsymbol{K}$ 垂直于光轴. 当光波法线垂直于光轴的任意方向上传播时,光率体的中心截面是一个椭圆,其长半轴为 n_e,短半轴为 n_o. 根据光率体的性质,沿此方向传播的光分为两束,一束的折射率为 n_e,相速度 $v_e = \dfrac{c}{n_e}$,振动方向平行于光轴;另一束光的折射率为 n_o,相速度 $v_o = \dfrac{c}{n_o}$,其振动方向垂直于光轴. 根据示性面的性质,可以求得这两束光的能流密度传播方向 $\boldsymbol{t}$ 是一致的,并平行于 $\boldsymbol{K}$,因此,这两束光是以不同相速度在同一光路上传播的线偏振光.

(ii)$\boldsymbol{K}$ 与光轴成任意角度 θ. 在这种情况下,垂直于 $\boldsymbol{K}$ 的光率体中心截面仍为一个椭圆(图 8.17),其短半轴仍为 n_o,长半轴 n'_e 介于 n_o 与 n_e 之间,用几何方法即可解得

$$n'_e = \frac{n_o}{\left[1 + \left(\dfrac{n_o^2}{n_e^2} - 1\right)\sin^2\theta\right]^{1/2}} \tag{8.92}$$

这意味着沿此方向传播的光将发生双折射,其中一束光的折射率为 n_o,振动方向垂直于光轴,相速度 $v_o = \dfrac{c}{n_o}$;另一束光的折射率为 n'_e,相速度 $v'_e = \dfrac{c}{n'_e}$,振动方向位于 $\boldsymbol{K}$ 与光轴组成的平面内,根据二阶示性面的性质,可以求得这两束光的能流密度传播方向,对于折射率为 n_o 的光,能流方向 $\boldsymbol{t}_o$ 仍平行于波法线方向 $\boldsymbol{K}$;而对折射率为 n'_e 的光,能流方向 t'_e 将偏离 $\boldsymbol{K}$,离散角(即 $\boldsymbol{t}'_e$ 与 $\boldsymbol{K}$ 之间的夹角)α 可由下式计算出来:

$$\tan\alpha = \frac{1}{2}n^2\left(\frac{1}{n_o^2} - \frac{1}{n_e^2}\right)\sin 2\theta \tag{8.93}$$

式中

$$n^2 = \left(\frac{\sin^2\theta}{n_e^2} + \frac{\cos^2\theta}{n_o^2}\right)^{-1} = \left(\frac{n_o^2\sin^2\theta + n_e^2\cos^2\theta}{n_e^2 n_o^2}\right)^{-1}$$

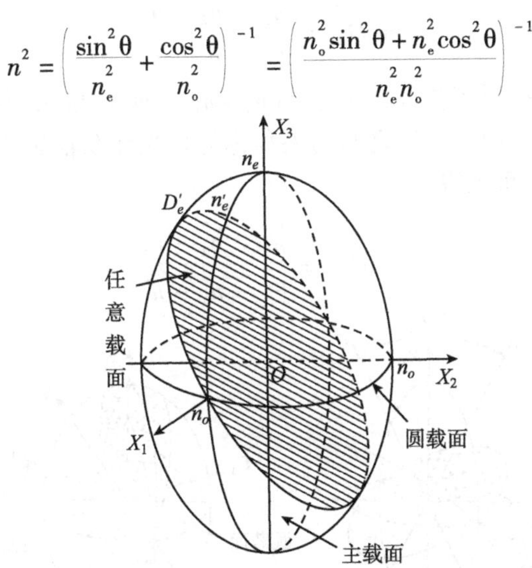

图 8.17 单轴晶光率体的三种中心截面

由于 $\boldsymbol{t}_o$ 与 $\boldsymbol{t}'_e$ 不同向，因此在晶体中将出现在不同光路上传播两束光．这就是我们前面述及的在方解石晶体中所发生的双折射现象．从上述分析中我们还可以知道，无论波法线方向 $\boldsymbol{K}$ 取任何方向，总产生一束折射率为 n_o 的光，而且能流方向始终与 $\boldsymbol{K}$ 方向是一致的，这一束光就是常光（即 o 光），而另一束光的折射率 n'_e 随波法线方向 K 的改变而变化，$n_o \leqslant n'_e \leqslant n_e$（对于正单轴晶），$n_o \geqslant n'_e \geqslant n_e$（对于负单轴晶），而且它的能流方向一般不与 $\boldsymbol{K}$ 一致，只有 $\boldsymbol{K}$ 平行于光轴或垂直于光轴这两种特殊情况下才可能一致，这就是异常光（即 e 光）．

对于低级晶族，$\beta_1 \neq \beta_2 \neq \beta_3$，因此，三个主折射率 $n_1 \neq n_2 \neq n_3$．根据式（8.89），光率体是一个三轴椭球体，其三个半轴长分别为 n_1, n_2, n_3，而它们的大小则因晶体的种类而异，为研究的方便，在晶体光学中常常规定 $n_3 > n_2 > n_1$．因此，晶体物理轴的轴序（即 x 的下标）要根据折射率的大小顺序而定．当然，由于晶体对称性的影响，主轴在晶体中的位置是不变的．

由几何学可以证明，式（8.89）所描述的光学示性体有两个半径为 n_2 的圆中心截面，如果光垂直于该圆截面方向传播，则不发生双折射，这两个方向就是这类晶体的光轴，因此，凡属于低级晶族的晶体都具有两个光轴，在晶体光学中称它们为双轴晶（或二轴晶）．如果双轴晶的折射率差 $(n_3 - n_2) > (n_2 - n_1)$，即 n_2 与 n_1 比较接近，则称这类晶体为正光性双轴晶，光轴与 X_3 轴之间的夹角称为正光性双轴晶的光轴角，用 $Q_{正}$ 表示，用几何的方法不难求得

$$\tan Q_{正} = \frac{n_3}{n_1}\sqrt{\frac{n_2^2 - n_1^2}{n_3^2 - n_2^2}} \tag{8.94}$$

如果双轴晶的折射率差$(n_3 - n_2) < (n_2 - n_1)$,即$n_2$与$n_3$接近,则称这类晶体为负光性双轴晶,光轴与$X_1$轴之间的夹角称为负光性双轴晶的光轴角,用$Q_{负}$表示,同样用几何方法可求得

$$\tan Q_{负} = \frac{n_1}{n_3}\sqrt{\frac{n_3^2 - n_2^2}{n_2^2 - n_1^2}} \tag{8.95}$$

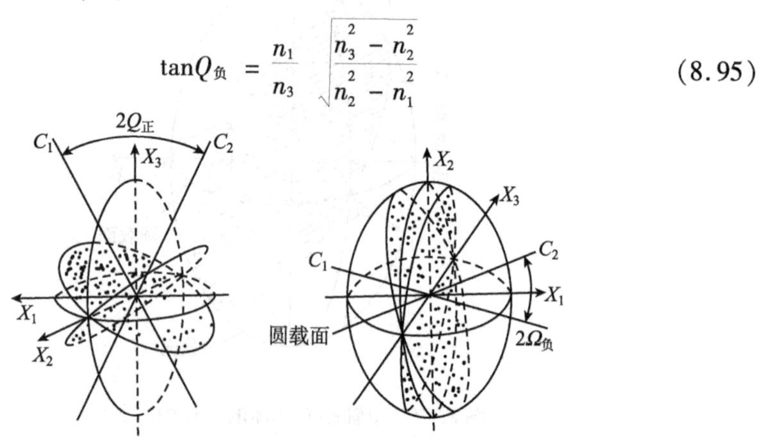

图 8.18　正、负双轴晶的光轴角

正光性和负光性的双轴晶的光轴角如图 8.18 所示. 图 8.18 中C_1,C_2为光轴. 两个光轴所组成的平面称为光轴面,显然光轴面包含折射率最大的和最小的两个主轴,或者说光轴面永远垂直于n_2所相应的主轴.

现在,我们来研究光在双轴晶的不同方向上传播的情况.

(i)波法线$\boldsymbol{K}$平行于光轴. 当波法线$\boldsymbol{K}$平行于光轴时,双轴晶光率体的中心截面是以n_2为半径的圆,光的振动方向不受限制,入射的光为自然光,在晶体中仍为自然光,入射的光为偏振光,在晶体中仍为偏振光. 根据光率体的性质可以导出,晶体中光的能流方向$\boldsymbol{t}$与波法线方向$\boldsymbol{K}$一致. 因此,在此方向上永远不发生双折射现象.

(ii)波法线方向$\boldsymbol{K}$平行于主轴. 当波法线方向$\boldsymbol{K}$平行于任意一个主轴时,例如平行于X_2轴,则光率体的中心截面是以n_3和n_1为长、短半轴的椭圆,在这种情况下,在晶体中传播的光将发生双折射,其中一束光的振动方向平行于$\boldsymbol{X}_1$轴,折射率为n_1,相速度为$v_1 = \frac{c}{n_1}$. 根据二阶示性面的性质,可以推导出这束光的能流方向$\boldsymbol{t}_1$将与波法线方向$\boldsymbol{K}$一致;另一束光平行于X_3轴振动,折射率为n_3,相速度$v_3 = \frac{c}{n_3}$,其能流方向t_3也与$\boldsymbol{K}$方向一致. 因此,当波法线方向平行于主轴方向传播时,在晶体中将出现相速度不同而能量传播方向一致(与$\boldsymbol{K}$也一致)的两束偏振光.

(iii)波法线方向 $\boldsymbol{K}$ 仅垂直于一个主轴. 当波法线方向 $\boldsymbol{K}$ 仅垂直于主轴之一,例如 $\boldsymbol{X}_1$ 轴,而与另两个主轴斜交时,光率体的中心截面为椭圆,椭圆的一个半轴为 n_1,而另一个半轴 n' 介于 n_2 和 n_3 之间. 因此,光在晶体中也将产生双折射,其中一束光的折射率为 n_1,相速度 $v_1=\dfrac{c}{n_1}$,振动方向平行于 $\boldsymbol{X}_1$ 轴;而另一束光的折射率为 n',即

$$n'=\frac{n_2n_3}{(n_3\cos^2\theta+n_2\sin^2\theta)^{1/2}} \tag{8.96}$$

式中,θ 为 $\boldsymbol{K}$ 与 X_3 轴之间的夹角,相速度 $v'=\dfrac{c}{n'}$,振动方向位于 X_2X_3 所组成的平面内,并与 X_3 轴的角度 $\theta'=90°-\theta$. 根据示性面的性质可以导出,该束光的能流方向 $\boldsymbol{t}'$ 位于 X_2X_3 平面内,但偏离 $\boldsymbol{K}$ 一个角度,即离散角 α'

$$\tan\alpha'=\left(1-\frac{n_2}{n_3}\right)\frac{\tan\theta}{1+\left(\dfrac{n_2^2}{n_3^2}\right)\tan^2\theta} \tag{8.97}$$

由此可见,发生双折射的两束光将不在同一光路上传播.

同理可以分析 $\boldsymbol{K}$ 垂直于另外两个主轴的情况.

(iv)波法线 $\boldsymbol{K}$ 为任意方向. 在这种情况下,光率体的中心截面仍为一个椭圆,其短半轴长 n' 介于 n_1 和 n_2 之间. 而长半轴长 n'' 介于 n_2 和 n_3 之间. 在光沿 $\boldsymbol{K}$ 方向进入晶体之后,必然分为振动方向相互垂直的两束光,其中一束的折射率为 n',另一束为 n'',而且这两束光的能量传播方向不相同,也不与 $\boldsymbol{K}$ 方向一致.

(3)折射率面及其性质.

折射率面是另一种表征晶体光学各向异性的几何示性面,它是将折射率值以一定长度的线段直接表示在波法线 $\boldsymbol{K}$ 的方向上,由于双折射,在同一个 $\boldsymbol{K}$ 方向上,一般相应有两个不同的折射率值,如果把表征折射率大小的线段的末端都分别连起来,那么在三维空间就形成双层壳面,这个双层壳面就是折射率面. 在主轴坐标系中,折射率面的方程为

$$\begin{aligned}&(n_1^2X_1^2+n_2^2X_2^2+n_3^2X_3^2)(X_1^2+X_2^2+X_3^2)\\&-[n_1^2(n_2^2+n_3^2)X_1^2+n_2^2(n_1^2+n_3^2)X_2^2+n_3^2(n_1^2+n_2^2)X_3^2]\\&+n_1^2n_2^2n_3^2\\&=0.\end{aligned} \tag{8.98}$$

现在来分析各种类型的折射率面. 与光率体的类型相同,折射率面也分为如下三类:

(i) 高级晶族的折射率面——球面. 对于高级晶族的晶体:$n_1=n_2=n_3=n_o$代入方程(8.98)化简后,则得

$$X_1^2+X_2^2+X_3^2=n_o^2 \tag{8.99}$$

该方程描述一个球面，因此高级晶族的晶体的折射率面是一个以 n_o 为半径的球面. 由此也可以说明高级晶族的晶体在光学上是各向同性的.

(ii) 中级晶族晶体的折射率面——旋转椭球面和球面组成的双层壳面. 对于这类晶体，$n_1 = n_2 = n_o$，$n_3 = n_e$，代入式(8.98)，并化简后则得到

$$
\begin{aligned}
& X_1^2 + X_2^2 + X_3^2 = n_o^2 \\
& \frac{X_1^2 + X_2^2}{n_e^2} + \frac{X_3^2}{n_o^2} = 1
\end{aligned}
\tag{8.100}
$$

第一个方程为球面，第二个方程是以 X_3 轴为旋转轴的旋转椭球面，组成双层壳面，并与 X_3 轴相切. 显然，X_3 轴为不发生双折射的方向（只有一个折射率 n_o），亦即光轴方向. 正光性（$n_e > n_o$）和负光性（$n_e < n_o$）的折射率面如图 8.19 所示. 从图中可看出，除光轴方向之外，其他任何方向都相应有两个折射率，也就是说，都要发生双折射.

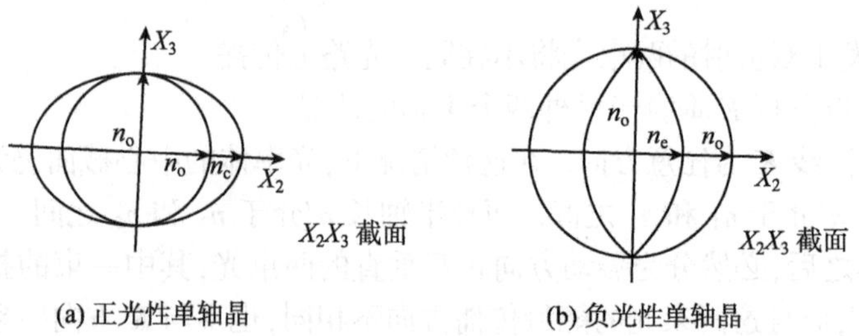

图 8.19　正、负单轴晶的折射率面

(iii) 低级晶族晶体的折射率面——有四个颊窝的复杂双层壳面. 由于低级晶族晶体的主折射率 $n_1 \neq n_2 \neq n_3$，因此，折射率面是一个比较复杂的四阶曲面. 该曲面是具有四个"颊窝"的双层壳面，立体图解如图 8.20 所示该四阶曲面的三个主截面（即包含有两个主轴的截面）的方程为

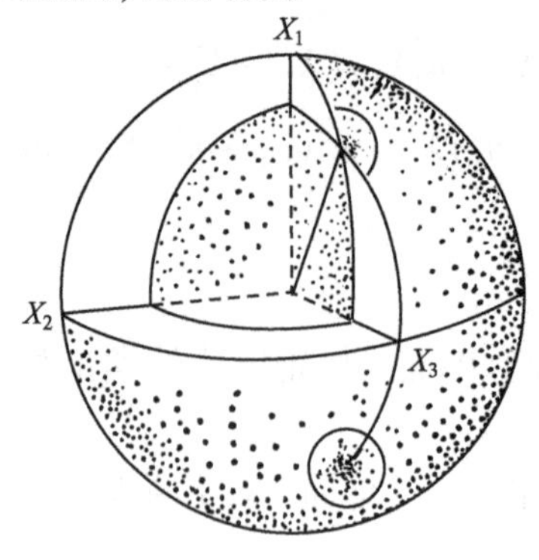

图 8.20　双轴晶的折射率面

$$
\begin{aligned}
&(X_2^2 + X_3^2 - n_1^2)\left(\frac{X_2^2}{n_3^2} + \frac{X_3^2}{n_2^2} - 1\right) = 0 \\
&(X_1^2 + X_3^2 - n_2^2)\left(\frac{X_1^2}{n_3^2} + \frac{X_3^2}{n_1^2} - 1\right) = 0 \\
&(X_1^2 + X_2^2 - n_3^2)\left(\frac{X_1^2}{n_2^2} + \frac{X_2^2}{n_1^2} - 1\right) = 0
\end{aligned}
\tag{8.101}
$$

式(8.101)中每一个方程都包含着两个曲线方程,前一个为圆,后一个为椭圆.三个主截面的图形如图 8.21 所示. 图 8.21 中 C_1,C_2 为双轴晶的两个光轴方向.

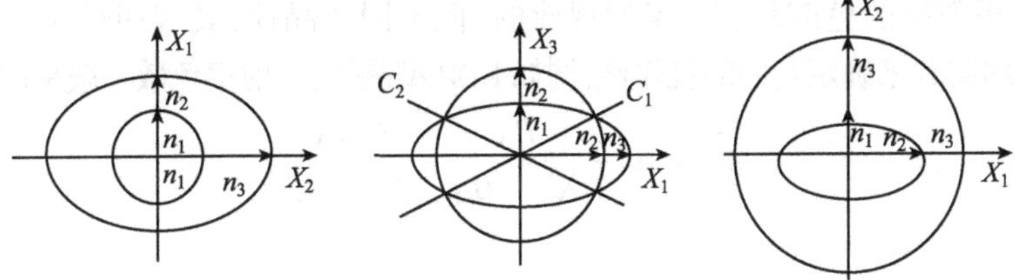

图 8.21　双轴晶折射率面的三个主截面

折射率面在晶体中的取向与光率体的相同,即它们的主轴必然一致. 折射率面在非线性光学中研究相位匹配方向时特别方便,但它不能表示出光波的振动方向以及矢量 $\boldsymbol{D}$,$\boldsymbol{E}$,$\boldsymbol{K}$,$\boldsymbol{t}$ 的相互关系,因此,在研究晶体的光学各向异性时经常利用光率体而不用折射率面.

表征晶体光学各向异性的示性面还有许多种,例如菲涅耳椭球,光波法线面,光线速度面等,在这里就不再一一介绍了.

8.8.5　晶体折射率的色散

晶体的折射率是光波波长(或频率)的函数,这一现象称为折射率色散,同时晶体各方向上的折射率随光波波长的变化可能是非等比例的,因此可用以描述晶体光学各向异性的示性面(或示性体)的大小和形状,甚至在晶体中的方位都可能发生变化. 对于高级晶族,由于受对称性的影响,色散不会使光率体的形状发生改变,但因色散可形成大小不等的同心球体. 对于中级晶族,由于晶体对称性的影响,色散不能改变光轴的位置,而 n_o 和 n_e 的改变将形成以光轴为旋转轴的大小不等的旋转椭球体(光率体). 对于折射率面而言,将形成许多大小不等的共轴双层壳面,在这种情况下,一种波长的 o 光折射率面可能与另一种波长的 e 光折射率面相交. 由中心到相交处的连线方向就是我们将要在 §8.9 中讲到的相位匹配方向. 当然,不同波长的 o 光与 o 光、e 光与 e 光的折射率面是不会相交的. 对于低级晶族,光率体和折射率面的色散比较复杂,而且低级晶族所包含的三个晶系所属晶体,它们的色散情况也还有所不同,例如斜方晶系的晶体,由于受晶体对称性的影响,三个主轴方向将不因色散而变,光轴面一般也不会改变,然而光轴角往往要发生改变,这一现象称为光轴角色散.对于单斜晶系,除了与 2 次对称轴(或二次对称反轴)一致的主轴不因色散而改变外,另外两个主轴将发生改变,这一现象称为主轴色散,同时光轴角和光轴面都可能产生色散.对于三斜晶体,不具有对称轴,因此折射率,光轴角,光轴面以及三个主轴都可能同时发生色散.

晶体的折射率除随波长变化外,还随晶体的温度而变化,因此,在测量晶体折射率时应将温度恒定.正因为存在这一现象,在非线性光学中,常常利用这一现象来改变晶体的折射率,从而实现最优化相位匹配(见§8.9)

晶体折射率的色散是有一定的规律的,但不同的晶体,其规律性略有差异,一般都是利用实验来确定它们的规律性,例如 KDP 型晶体,折射率色散一般采用公式

$$n_i^2 = A_i + \frac{B_{i1}}{\lambda^2 - B_{i2}} - \frac{C'_{i1}\lambda^2}{C_{i2} - \lambda^2} \tag{8.102}$$

来计算.

对于 $LiNbO_3$ 型晶体,色散公式为

$$n_i^2 = A_i + \frac{B_{i1}}{\lambda^2 - B_{i2}} - C''_{i1}\lambda^2 \tag{8.103}$$

在这两个色散公式中,λ 为光波波长;i 代表 o 光或 e 光;A_i,B_{i1},B_{i2},C'_{i1},C_{i2},C''_{i1}等都是通过实验曲线来确定的待定常数.

§8.9　晶体的非线性光学性质[8-15,34,52,53]

1961 年弗兰肯(Franken)等利用红宝石($Cr^{3+}:Al_2O_3$)激光器发生的激光束,其波长为 6943 Å,入射到石英(α-SiO_2)晶体中,实验过程中发现两束出射光,一束是原来入射的红宝石激光,其波长未变;而另一束是新产生的紫外光,其波长为 3472 Å,频率恰好为红宝激光频率的两倍,从而确认了它是原来入射光的二次谐波,这就是国际上首次发现的激光倍频效应实验,此后,便开辟了非线光学及其材料发展的新纪元,并促进了高强度激光的应用与发展.

8.9.1　晶体的非线性电极化

光在晶体介质中传播时,介质相应地要发生极化,当光频电场 E 较弱时,所产生的电极化强度 P 可表示为

$$P = \chi E \tag{8.104}$$

式中,χ 为介质线性极化率,它与介质的折射率(n)的关系为

$$\chi = n^2 - 1$$

式(8.104)可用来描述各向同性介质所产生的线性光学现象，如光的折射、反射和吸收等现象.

激光的光频电场极强，这时，光频电场的高次项便对晶体的电极化强度 P_i 起到了重要作用，晶体的电极化强度 P_i 与光频电场 E_j 之间的相互关系成幂级数关系，即

$$\begin{aligned} P_i = & \sum X_{ij}^{(1)} E_j(\omega_1) + \sum X_{ijk}^{(2)} E_j(\omega_1) E_k(\omega) \\ & + \sum X_{ijkl}^{(3)} E_i(\omega_1) E_k(\omega_2) E_l(\omega_3) + \cdots \end{aligned} \tag{8.105}$$

式中，X_{ij}为晶体的线性极化系数（或称线性极化率；$X_{ijk}^{(2)}$，$X_{ijkl}^{(3)}$ …，分别为二次项、三次项……为非线性极化系数（或称非线性极化率），各项系数的数值逐项下降几个数量级；ω_1，ω_2，ω_3……为不同光频电场的角频率.

通常，一般光源的光频电场强度 E_j 较小，式(8.105)中第一项就足以描述晶体介质的线性光学性质.

由于激光是一种具有极强光频电场的光，式(8.105)中第二项、第三项等非线性项就产生了重要作用，从而观测到不同的非线性光学现象，在这种情况下，晶体的极化率将不再是个常数，而是光频电场 E 的函数，将晶体的电极化强度 P_i 以光频电场 E 取一阶导数，可得出

$$\frac{\mathrm{d}P_i}{\mathrm{d}E} = \sum_j X_{ij}^{(1)} + \sum_{j,k} X_{ijk}^{(2)} E + \sum_{j,k,l} X_{ijkl}^{(3)} EE + \cdots \tag{8.106}$$

由式(8.106)可知，晶体的线性光学性质只是与 $X_{ij}^{(1)}$ 有关，而高于 $X_{ijk}^{(2)}$ 以上的非线性高次极化项，便引起晶体的非线性光学效应. 在非线性高次极化项中，二次项 $X_{ijk}^{(2)}$ 所引起的非线性光学效应最为显著，应用也最广泛，式(8.106)二次项可写为

$$P_i^{(2)}(\omega_3) = \sum_{j,k} x_{ijk}^{(2)}(\omega_1, \omega_2, \omega_3) E_j(\omega_1) E_k(\omega_2) \tag{8.107}$$

式中，$P_i^{(2)}$ 为二次极化项所产生的非线性电极化强度分量，$X_{ijk}^{(2)}$ 为二阶非线性极化系数，ω_1，ω_2 分别为基频光的角频率，$\omega_3 = \omega_1 \pm \omega_2$，$E_j$，$E_k$ 分别为入射光的光频电场分量.

当 $\omega_3 = \omega_1 + \omega_2$ 时，所产生的二次谐波为和频；当 $\omega_3 = \omega_1 - \omega_2$ 时，所产生的二次谐波为差频. 和频和差频统称为混频.

当 $\omega_1 = \omega_2 = \omega$ 时，$\omega_3 = \omega_1 + \omega_2 = 2\omega$ 则产生倍频光. 当 $\omega_3 = \omega_1 - \omega_2 = 0$ 时，激光通过晶体产生直流电极化，称为光整流.

上述这些所产生的光学现象，都属于非线性光学效应，它们均不服从线性光学的一般规律.

8.9.2　晶体的二阶非线性光学系数(倍频系数)

晶体的二阶电极化强度 $P_i^{(2)}$ 正比于非线性极化系数 $X_{ijk}^{(2)}$，当 $\omega_1=\omega_2=\omega,\omega_3=\omega_1+\omega_2=2\omega$ 时，则有

$$P_i(2\omega) = \sum_{j,k} X_{ijk}^{(2)} E_j(\omega) E_k(\omega) \tag{8.108}$$

式中，$X_{ijk}^{(2)} \equiv X_{ijk}(2\omega)$，称为二阶非线性光学系数，通常又称为倍频系数，并用 d_{ijk} 表示.

倍频系数 d_{ijk}，它是三种频率($\omega_3,\omega_1,\omega_2$)的函数，根据三阶张量的性质，共有 27 个独立分量，只能存在于 20 种没有对称中心的压电晶类中，也只有这样，它们的倍频系数的所有分量才有可能不全部为零.

在非线性光学晶体中两个光频电场分量的作用，两者先后排列顺序对二阶电极化强度应无影响，因此，$E_j(\omega)$ 与 $E_k(\omega)$ 和 $E_k(\omega)$ 与 $E_j(\omega)$ 应该与 $P_i(2\omega)$ 对应，因此，$X_{ijk}(2\omega)$ 的后两个下标应该是对称的，即

$$X_{ijk}(2\omega) \equiv X_{ikj} \tag{8.109}$$

只有这样，$E_j(\omega)$ 与 $E_k(\omega)$ 才能够与同一个 $P_i(2\omega)$ 相对应，由于 $X_{ijk}(2\omega)$ 的本征对称性，便可引用简化下标，即将双下标 $jk=kj$ 改用单下标 n 来表示. 即

$$X_{ijk}(2\omega) = X_{ikj} = X_{in} \tag{8.110}$$

n	1	2	3	4	5	6
$jk=kj$	11	22	33	23 = 32	31 = 13	12 = 21

式中，$i,j,k=1,2,3;n=1,2,3,4,5,6$ 这样，X_{in} 的独立分量数目由 27 个减少到 18 个，通常用 d_{in}.

X_{in} 的矩阵可表示为

$$X_{in} = \begin{bmatrix} X_{11} & X_{12} & X_{13} & X_{14} & X_{15} & X_{16} \\ X_{21} & X_{22} & X_{23} & X_{24} & X_{25} & X_{26} \\ X_{31} & X_{32} & X_{33} & X_{34} & X_{35} & X_{36} \end{bmatrix}_{18} \tag{8.111}$$

这样式(8.108)的矩阵可表示为

$$\begin{bmatrix} P_1^{2\omega} \\ P_2^{2\omega} \\ P_3^{2\omega} \end{bmatrix} = \begin{bmatrix} X_{11} & X_{12} & X_{13} & X_{14} & X_{15} & X_{16} \\ X_{21} & X_{22} & X_{23} & X_{24} & X_{25} & X_{26} \\ X_{31} & X_{32} & X_{33} & X_{34} & X_{35} & X_{36} \end{bmatrix} \begin{bmatrix} E_1^2 \\ E_2^2 \\ E_3^2 \\ 2E_2E_3 \\ 2E_3E_1 \\ 2E_1E_2 \end{bmatrix} \tag{8.112}$$

在式(8.112)中,(1×6)矩阵中出现了2的因子,这是由于$E_{jk}=E_{kj}$,而将$E_{jk}+E_{kj}$写成$2E_{jk}$的缘故.

后来,克雷曼(Kleinman)认为,在中近红外区和可见光区波段范围内,当强光照射晶体时,晶体中离子的位移跟不上光频电场的周期运动,因此它对晶体的极化几乎没有什么贡献,而晶体的极化主要是电子极化的作用. 此时晶体的非线性极化的自由能函数G可写为

$$G=-\frac{1}{3}X_{ijk}^{(2)}E_iE_jE_k \tag{8.113}$$

如果忽略色散的影响,将G对E交换取导数,与E的下标及频率的顺序无关,则有

$$\frac{\partial^3 G}{\partial E_i\partial E_j\partial E_k}=\frac{\partial^3 G}{\partial E_j\partial E_k\partial E_i}=\frac{\partial^3 G}{\partial E_k\partial E_i\partial E_j} \tag{8.114}$$

将式(8.113)的G代入式(8.114),并考虑式(8.109)的关系,便可得到

$$X_{ijk}=X_{jki}=X_{kij}=X_{ikj}=X_{jik}=X_{kji} \tag{8.115}$$

式(8.115)中的关系被称为克莱门全交换对称性,由于全交换对称性的存在,使得X_{ijk}的18个独立分量数目减少到10个,此时X_{in}的矩阵表示为

$$\begin{bmatrix} X_{11} & X_{12} & X_{13} & X_{14} & X_{15} & X_{16} \\ X_{16} & X_{22} & X_{23} & X_{24} & X_{14} & X_{12} \\ X_{15} & X_{24} & X_{33} & X_{23} & X_{13} & X_{14} \end{bmatrix}_{(10)} \tag{8.116}$$

并使20种没有对称中心的压电晶类中的两种晶类D_4-422和D_6-622的倍频系数为零,这样以来,在32种晶类中只有18种晶类,才能具有倍频效应.

在实际工作中,由于精确地测定晶体的倍频系数较为困难,故在实际应用中,多以磷酸二氢钾(KDP)晶体的倍频系数d_{36}(绝对值为0.53×10^{-2} cm/V)为基准,对其他晶体进行相对测量,而取其相对值,其实例列入表8.9.

表8.9 几种晶体的相对非线性光学系数(相对倍频系数)

晶体	波长 λ/μm	折射率		d_{in}/d_{36}^{KDP}
		n_o	n_e	
Te	5.3 10.6	4.86 4.80	6.30 6.25	$d_{11}=1298$
ADP	1.06	1.51	1.47	$d_{36}=1.21$ $d_{15}=12.5$
$LiNbO_3$	1.06	2.24	2.16	$d_{31}=10$ $d_{33}=75$
$AgGaSe_2$	10.6	2.59	2.56	$d_{36}=76$
$ZnGeP_2$	10.6	3.07	3.11	$d_{36}=173$
$CdGeAs_2$	10.6	3.50	3.59	$d_{36}=492$

8.9.3　晶体的相位匹配

用做激光倍频材料的晶体,除了要有比较大的倍频系数外,还必须能够实现相位匹配(phase matching, PM). 在激光倍频过程中,基频光一旦射入非线性光学晶体,在光路上的每一位置,都将产生二次极化波,这些极化波都发射出与之相同频率的二次谐波,或称为倍频光波,这些二次谐波在晶体中传播速度与入射基频光波在晶体中的传播速度相同,因为光频电场在晶体中传播到那里,就会在那里产生二次极化波,但由于受晶体折射率色散的影响,由二次极化波发射的二次谐波的传播速度与入射基频光波的传播速度就不同了. 在正常色散范围内,频率增高,折射率变大,故晶体中的二次谐波总是跟不上二次极化波的传播. 二次谐波相互干涉的结果,决定了在实验中观察到的二次谐波的强度,这个强度与二次谐波的相位差有关,相位差为零时即相位匹配,则二次谐波便得到不断的加强. 如果相位差不一致,则二次谐波相互抵消. 当相位差为 180°时,不会有二次谐波输出,因此要想得到较强的二次谐波输出,就要求不同时刻在晶体中不同部位所发射出的二次谐波的相位一致. 因为有了相位匹配技术的应用,可使晶体的非线性光学效应大幅度提高,从而为非线性光学晶体材料的应用奠定了理论基础.

实现晶体的相位匹配多借用于晶体的折射率(曲)面(见 8.8.4 节). 立方(等轴)晶系晶体只有一个折射率 n,其折射率面为一球面,无论如何都不能实现相位匹配. 三方、正方、六方晶系晶体有两个折射率 n_o 和 n_e. 其折射率面为旋转椭球面和球面组成的双层曲面为单轴晶. 斜方、单斜、三斜晶系晶体有三个折射率,即:$n_1 \neq n_2 \neq n_3$,其折射平面是一个比较复杂的四阶曲面,该曲面是具有四个"颊窝"的双层曲面,为双轴晶.

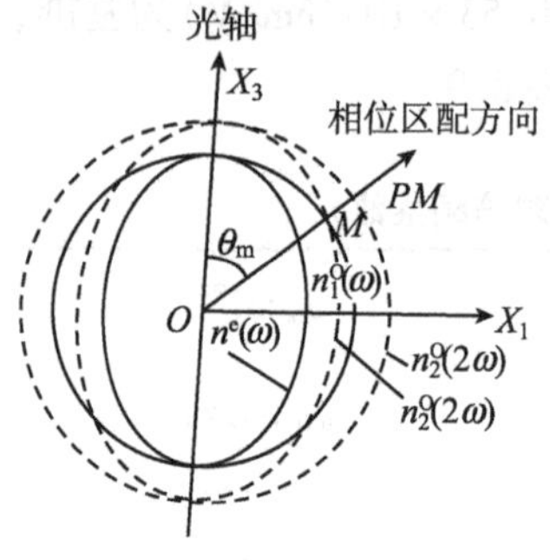

图 8.22　负单轴晶满足相位匹配条件示意图

实现晶体相位匹配的途径.

(i)角度相位匹配:角度相位匹配是控制激光束在晶体中某一特定方向(φ,θ)上传播,使在该方面上满足

$$n_2(2\omega) = n_1(\omega) \tag{8.117}$$

为了寻找这一特定方向,利用晶体的折射率面最为方便,现以负单轴晶($n_o > n_e$)为例进行说明:

负单轴晶的折射率曲面为双层曲面,它是由一个球面和一个旋转椭球面组合而成的. 此两种曲面在光轴方向上相切,其截面如图 8.22 所示.

由曲面中心(原点)向曲面上任一点相连的矢径,就是波矢的方向,矢径到双层曲面中球面的距离,就是常光(o 光)的折射率,与双层曲面中的椭球面交点的长度,就是该方上的非常光(e 光)折射率. 由于色散的缘故,基频光与倍频光的折射率曲面不同,可以把它们画成两组图形,图中实线表示基频光的折射率曲面,而虚线表示倍频光的折射率曲面. 这样,倍频光的 e 光折射率曲面与基频光的 o 光折射率曲面相交于 M 点,显然,相交于 M 点的 o 光与 e 光的折射率相等,从而便满足了晶体的相位匹配条件,从曲面中心 o 点到 o 光与 e 光相交的 M 点的矢径方向,就是相位匹配方向,称为 PM. OM 与光轴(X_3)间的夹角 θ_m,称为相位匹配角,以 OM 为母线绕光轴 X_3 旋转 θ_m 一周,可构成锥面(顶角为 $2\theta_m$),该锥面上任一母线方向,都能满足相位匹配条件,即

$$n_1^o = n_2^e(\theta_m) \tag{8.118′a}$$

同理,利用正单轴晶($n_e > n_o$)的折射率曲面,可以得出正单轴晶的相位匹配条件

$$n_1^e(\theta_m) = n_2^o \tag{8.118′b}$$

(ii)温度相位匹配:对于某些非线性光学晶体,诸如铌酸锂(LN)、磷酸二氢钾(KDP)等晶体,它们的 e 光折射率(n_e)随温度的变化比其 o 光的折射率快得多,利用这一特性,在 $\theta_m = 90°$条件下就可能通过适当地调节温度来实现晶体的相位匹配,$\theta_m = 90°$的相位匹配有着特殊的优点,其优点是,一方面可以避免因 o 光与 e 光的离散角而影响到倍频光的转换效率;另一方面又可以使因光束发散度而引起的相位失配大为减小. 当 $\theta_m \neq 90°$时,则光束的发散度 $\Delta\theta$ 将立即引起相位失配,因此,通常把 $\theta_m = 90°$的相位匹配称为非临界相位匹配,而把 $\theta_m \neq 90°$的相位匹配,称为临界相位匹配.

实验证明,不是所有的非线性光学晶体都可能实现 90°相位匹配,只有 3,3m,4,6,6mm,4mm,$\bar{4}$,$\bar{4}2m$ 等晶类晶体才有可能实现 90°相位匹配.

(iii)双轴晶的相位匹配:双轴晶具有 3 个互不相等的主折射率,它的折射率曲面是一个复杂的双层曲面,不存在旋转对称轴,因而不像单轴晶体那样是以光轴为 X_3(中轴)、半角为 θ_m 的圆锥面作为相位匹配条件. 双轴晶体的相位匹配面比较复杂,它是一个由 θ 和 φ 共同决定的曲面,该曲面一般用函数 $f_m(\theta,\varphi) = 0$ 表示. 理论上计算相位匹配角必须求助于电子计算机,以求得基频光与倍频光折射率曲面交截的地方.

当前已有不少的重要的倍频晶体材料,例如铌酸钡钠($Ba_2NaNb_5O_{15}$)、磷酸钛氧钾($KTiOPO_4$)、三硼酸铋(BiB_3O_6)等晶体均属于双轴晶体,今后还可能出现属于双轴晶体材料,因此进一步研究双轴晶体的相位匹配的问题仍很有必要.

8.9.4　非线性光学晶体材料

非线性光学晶体是发展非线性光学的关键材料. 为了使激光技术得到充分应用,首先要研究和探索新型的高效的非线性光学晶体材料,这是获得新激光光源的重要手段,实现激光波长的高效率转换的问题是否能获得高质量,性能优良的非线性光学晶体材料至关重要. 优良的非线性光学晶体(主要指倍频晶体)应具备的性质:

(1)要有较大的非线性光学系数;

(2)能够实现相位匹配,最好能够实现90°最佳相位匹配,要求具有适当大小的双折射率(Δn)和合适的折射率的色散关系.

(3)透光波段要宽,透过率要高;

(4)晶体的激光转换效率要高,有良好的抗激光损伤的能力;

(5)物化性能稳定、硬度大,不潮解,温度变化带来的影响要小;

(6)可获得光学均匀性好的大尺寸单晶或大面积薄膜晶体.

评价和选用非线性光学晶体材料时,对晶体性能要进行综合分析.

全面符合上述各项条件的晶体很少,要根据制作非线性光学器件的具体要求加以优选,尽量满足器件要求的某些最基本的性质.

将近半个世纪期间,非线性光学晶体得到极大的发展,从当前的情况来看,非线性光学材料大致可分为三个方面,即无机晶体、有机晶体和非线性光学聚合物.

(1)无机晶体是当前得到广泛应用的非线性光学晶体材料,若按其透光波段范围来划分时,可分为下述三类晶体.

(i)红外波段用的非线性光学晶体,现有的性能优良的倍频晶体,大多适用于可见光,近红外和紫外波段的范围,红外波段,尤其是波段在5μm以上的频率转换晶体,得到实际应用的较少,研究过的红外波段的晶体,主要是黄铜矿结构的晶体,诸如$AgGaS_2$,AgGaSe,$CdGeAS_2$,Tl_3AsSe_3以及近年来研究较多的$ZnGeP_2$晶体,这些晶体的倍频系数较大,但其能量转换效应大多受到晶体光学质量等因素的影响,从而影响到广泛的应用. 因此,这类晶体有待进一步研究与探讨.

(ii)从可见光到红外波段的倍频晶体,在此波段内,现已有相当多的备选用晶体材料,其中包括磷酸盐、碘酸盐、铌酸盐等非线性光学晶体中,均有从可见光到红外波段的性能良好的倍频晶体材料.

在磷酸盐中典型的代表有:磷酸二氢钾(KH_2PO_4、KDP)型晶体和磷酸钛氧钾($KTiOPO_4$,KTP)型晶体. 当前,尤其是KTP型晶体,人们仍在不断地研究新的晶体与其结构间相互关系.

碘酸盐晶体包括α碘酸锂(α-$LiIO_3$)、碘酸钾(KIO_3)、碘酸(HIO_3)等晶体,在这类晶体中以α-$LiIO_3$晶体将1.06μm近红外激光转换为0.53μm绿光应用最多.

铌酸盐晶体主要包括铌酸锂($LiNbO_3$)、铌酸钾($KNbO_3$)、铌酸钡钠($Ba_2NaNb_5O_{15}$)、钽酸锂($LiTaO_3$)、铌酸锶钡($Sr_{1-x}Ba_xNb_2O_6$)等晶体,其中以铌酸锂(LN)和钽酸锂(LT)晶体应用的最多.

(iii)紫外波段的倍频晶体,有实用价值的晶体为偏硼酸钡(β-BaB_2O_4)晶体,简称BBO晶体、三硼酸锂(LiB_3O_5)晶体,简称LBO晶体、三硼酸铯(CsB_3O_5)晶体,简称CBO晶体,三硼酸铯锂($CsLiB_6O_{10}$)晶体,简称CLBO晶体、三硼酸铋(BiB_3O_6)晶体,简称BIBO晶体等,在这些硼酸盐晶体中最常使用的晶体为BBO

和 LBO 晶体,而且是中国牌的晶体,发现最早,也是最早进入产业化的晶体.

现在提出的:

氟硼酸铍钾($KBe_2BO_3F_2$ KBBF)晶体,此种晶体为深紫外倍频晶体,对 1064nm 基频光具有 6 倍频谐波发生,可应用于激光高分辨率光电子谱仪和激光高分辨、角分辨光电子能谱仪等,对开拓深紫外倍频光的应用和支持科学前沿等具有十分重要的意义. KBBF 晶体具有强烈地层状生长习性,生长成体块大晶体十分困难. 中科院理化所和物理所研究组人员,对 KBBF 晶体生长研究,已取得了重大突破,生长出 20mm×20mm×3.7mm 全透明的单晶体.

(2)有机晶体.

有实用价值的有机倍频晶体有尿素[$CO(NH_2)$]及其衍生物晶体、L-精氨酸磷酸盐[$CNH_2CNH(CH_3)COOH_2PO_4$]晶体,简称 LAP 晶体,它是一种性能优良的非线性光学晶体,氘化后,变成 DLAP 晶体,采用水溶液法,可生长出优质大尺寸 LAP 和 DLAP 单晶体.

(3)非线性光学聚合物.

非线性光学聚合物是在高分子功能材料的研究范畴之内,此关系到聚合物的设计与创新,备受人们的关注,请参阅有关综述性文章.

§8.10 晶体在外场作用下的光学性质[15,36,41-49]

在 8.8 节和 8.9 节所讨论的晶体的线性与非线性光学性质,都是晶体只在受到光场的照射下,而未受到其他外场的作用,而产生的光学性质. 当晶体在受到光照的同时,还有另外的外场作用,而使晶体的光学性质发生变化. 能使晶体的光学性质发生变化的外场有电场、磁场、应力场或应变场、温场还有外加光场等. 外场对晶体的光学性质的影响,均反映在晶体的折射率的变化上.

8.10.1 晶体的电光效应

晶体在受到光入射的同时,若再受到外加电场的作用,而引起的晶体折射率变化现象,称为电光效应,这时,晶体的折射率可用外加电场 $E(\Omega)$ 的幂级数表示,即

$$n = n_0 + \gamma E(\Omega) + kE^2(\Omega) + \cdots \tag{8.119}$$

式中,n_0 为未加电场时晶体的折射率,γ 为晶体的线性电光系数,k 为晶体的二次电光系数.

从晶体的线性电光效应的发光机制来看,晶体的电光效应可归属于非线性光学研究的范畴,其二阶非线性电极化强度 $P_i^{(2)}$ 可表示为

$$P_i^{(2)} = \chi_{ijk}^{(2)}(\omega' = \omega + \Omega)E_j(\omega)E_k(\omega) \tag{8.120}$$

式中，ω 为光频电场的频率，Ω 为外加电场的频率（$\Omega \ll \omega$），χ_{ijk}^2 为二阶电极化率，是一个三阶张量.

晶体的电光效应，通常采用 Pockels 方法来描述，即将晶体的光学性质用介电隔离率张量$[\beta_{ij}]$来表示，在介电主轴坐标系中，介电常数张量 $\varepsilon_{ij} = \beta_{ij}^{-1} = n_{ij}^2$. 若把未加外电场的晶体的介电隔离率张量表示为 β_{ij}^0，施加外电场后的用 β_{ij} 表示，则介电隔离率张量的变化量可表示为

$$\Delta\beta_{ij} = \beta_{ij} - \beta_{ij}^0$$

晶体的电光效应可表示为

$$\Delta\beta_{ij} = \Delta\left(\frac{1}{\varepsilon_{ij}}\right) = \Delta\left(\frac{1}{n_{ij}^2}\right) = \gamma_{ijk}E_k(\Omega) + h_{ijkl}E_kE_l + \cdots \tag{8.121}$$

式中，γ_{ijk} 为晶体的线性电光系数，或称为 Pockels 系数，单位为 m/V 或 cm/V；h_{ijkl} 为晶体的二次电光系数，或称为 Kerr 系数，单位为 $\mathrm{cm}^2/\mathrm{V}^2$.

介质隔离率张量的变量（$\Delta\beta_{ij}$）与外加电场一次项 E_k 成正比的变化现象，称为线性电光效应，或称 Pockels 效应；与外加电场的二次项 E^2（E_kE_l）成正比的变化现象，称为二次电光效应，或称为 Kerr 效应.

（1）线性电光效应.

具有线性电光效应的晶体，一般的其二次电光效应都比较弱，故可忽略不计. 因此，线性电光效应可表示为

$$\Delta\beta_{ij} = \beta_{ij} - \beta_{ij}^0 = \Delta\left(\frac{1}{n_{ij}^2}\right) = \gamma_{ijk}\boldsymbol{E}_k(\Omega) \tag{8.122}$$

式中，β^0 为未加外电场的介质隔离率张量，β_{ij} 为加外场后介质隔离率张量，$\Delta\beta_{ij}$ 为外电场所引起的变化量，由于它们都是对称的二阶张量，$\boldsymbol{E}_k$ 为矢量，那么根据张量的定义，γ_{ijk} 形成三阶张量，称为线性电光系数张量，共有 27 个独立分量，由于 β_{ij} 是对称的二阶张量，因此 γ_{ijk} 的前两个下标也是对称的，即 $\gamma_{ijk} = r_{jik}$，故独立分量数目减少到 18 个.

类似于压电系数张量，电光系数张量也可写成矩阵形式，于是式（8.122）可写成

$$\Delta\beta_m = \Delta\left(\frac{1}{n_{ij}^2}\right)_m = \gamma_{mk}\boldsymbol{E}_k, \quad m = 1,2,3,4,5,6; k = 1,2,3$$

或写成

$$\begin{bmatrix}\Delta\beta_1\\\Delta\beta_2\\\Delta\beta_3\\\Delta\beta_4\\\Delta\beta_5\\\Delta\beta_6\end{bmatrix}=\begin{bmatrix}\gamma_{11}&\gamma_{12}&\gamma_{13}\\\gamma_{21}&\gamma_{22}&\gamma_{23}\\\gamma_{31}&\gamma_{32}&\gamma_{33}\\\gamma_{41}&\gamma_{42}&\gamma_{43}\\\gamma_{51}&\gamma_{52}&\gamma_{53}\\\gamma_{61}&\gamma_{62}&\gamma_{63}\end{bmatrix}\begin{bmatrix}E_1\\E_2\\E_3\end{bmatrix} \tag{8.123}$$

式中，γ_{mk}为电光系数矩阵.

由于受晶体对称性的影响，γ_{mk}的独立分量数目还要进一步减少. 凡是有对称中心的晶体以及 432 晶类都没有由三阶张量所描述的物理性质，因此只有 20 种晶类具有线性电光效应，各晶类的 γ_{mk} 的矩阵形式与反压电矩阵完成相同（见本书附录Ⅲ）.

（2）二次电光效应.

二次电光效应所引起的折射率变化可表示为

$$\Delta\beta_{ij}=\Delta\left(\frac{1}{n_{ij}^2}\right)=h_{ijkl}E_kE_l \tag{8.124}$$

式中，h_{ijkl}称为二次电光系数，它是4 阶张量，应具有81 个分量，但由于它的前后两对（ij,kl）下标分别具有对称性，独立分量数目减少到 36 个，根据晶类对称性的不同，其独分量数目还要分别加以减少.

二次是光效应可存在于所有 32 种晶类晶体以及各种状态的各向同性物质，这些物质可以是固体，也可以是液体或气体.

由于电光晶体所产生的线性电光效应比其所产生的二次电光效应强得多，因此，由电光晶体所产生的二次电光效应就不重要了，已很少使用.

（3）电光效应所引起的光率体的畸变.

对电光晶体施加外电场，由于电光效应，晶体的折射率发生改变，从而使光率体发生畸变. 如果求得三个主折射率，那么光率体的形状和方位也就确定了. 因此，根据加外电场后的光率体，就可分析在不同方向上通光时，发生双折射的情况以及双折射光的偏振态，而且能量的传播方向等也就可以确定. 现在，举几例来说明主折射率的求解过程.

例1 T_d-$\bar{4}3m$ 点群所属晶体. 该晶类属于高级晶族，在未加电场前，光率体为球体，其半径为 n_o，光率体方程为

$$\beta_1^o(X_1^2+X_2^2+X_3^2)=1$$

或$\dfrac{X_1^2+X_2^2+X_3^2}{n_o^2}=1$. 该晶类的电光系数矩阵形式为

$$\gamma_{mk} = \begin{pmatrix} 0 & 0 & 0 \\ 0 & 0 & 0 \\ 0 & 0 & 0 \\ \gamma_{41} & 0 & 0 \\ 0 & \gamma_{41} & 0 \\ 0 & 0 & \gamma_{41} \end{pmatrix}$$

根据式(8.123)可以得出

$$\begin{aligned} &\Delta\beta_1 = \beta_1 - \beta_1^0 = 0, \beta_1 = \beta_1^0, \\ &\Delta\beta_2 = \beta_2 - \beta_1^0 = 0, \beta_2 = \beta_1^0, \\ &\Delta\beta_3 = \beta_3 - \beta_1^0 = 0, \beta_3 = \beta_1^0, \\ &\Delta\beta_4 = \beta_4 = \gamma_{41} E_1 \\ &\Delta\beta_5 = \beta_5 = \gamma_{41} E_2 \\ &\Delta\beta_6 = \beta_6 = \gamma_{41} E_3 \end{aligned}$$

当加电场后,光率体方程为

$$\beta_{ij} X_i X_j = 1$$

将此式展开后,得

$$\beta_1 X_1^2 + \beta_2 X_2^2 + \beta_3 X_3^2 + 2\beta_4 X_2 X_3 + 2\beta_5 X_1 X_3 + 2\beta_6 X_1 X_2 = 1 \cdots \quad (8.125)$$

或写成

$$\frac{X_1^2 + X_2^2 + X_3^2}{n_o^2} + 2\gamma_{41}(E_1 X_2 X_3 + E_1 X_1 X_3 + E_3 X_1 X_2) = 1 \cdots \quad (8.125')$$

由此可见,在加上电场后,T_d-43m,晶类的球形光率体畸变为三轴椭球体,而且主轴位置发生改变,三个主轴长度将与电场的三个分量和 γ_{41} 有关,利用主轴化的方法可以求得三个主轴的大小和方位,现在来分析几种特殊的电场.

如果外加电场 $E_1 = E_2 = 0, E_3 = E$,则方程式(8.125′)可改写为

$$\frac{X_1^2 + X_2^2 + X_3^2}{n_o^2} + 2\gamma_{41} E X_1 X_2 = 1$$

对该方程进行主轴化,则可求得加上电场 E_3 后三个主折射率为

$$\begin{aligned} n_1' &= n_o - \frac{1}{2} n_o^3 r_{41} E \\ n_2' &= n_o + \frac{1}{2} n_o^3 r_{41} E \\ n_3' &= n_o \end{aligned} \quad (8.126)$$

由此可见,主轴 X_3 保持不变,而另外两个主轴将绕 X_3,轴转动了 45°.

如果加电场 $E_1=E_2=E_3=\frac{E}{\sqrt{3}}$，即沿[111]方向加电场，则方程(8.125′)变为

$$\frac{X_1^2+X_2^2+X_3^2}{n_o^2}+\frac{2}{\sqrt{3}}\gamma_{41}E(X_2X_1+X_3X_1+X_1X_2)=1$$

经主轴化后，三个主折射率为

$$\begin{aligned} n'_1 &= n_o+\frac{1}{2\sqrt{3}}n_o^3\gamma_{41}E \\ n'_2 &= n_o+\frac{1}{2\sqrt{3}}n_o^3\gamma_{41}E \\ n'_3 &= n_o-\frac{1}{\sqrt{3}}n_o^3\gamma_{41}E \end{aligned} \tag{8.127}$$

由此可见，在加上电场后，不仅三个主轴的方位发生改变，而且三个主折射率都与电场 E 和 γ_{41} 有关.

例 2 D_{2d}–$\bar{4}2m$ 点群的晶体. 对于该晶类，电光系数的矩阵形式为

$$\gamma_{mk}=\begin{pmatrix} 0 & 0 & 0 \\ 0 & 0 & 0 \\ 0 & 0 & 0 \\ \gamma_{41} & 0 & 0 \\ 0 & \gamma_{41} & 0 \\ 0 & 0 & \gamma_{63} \end{pmatrix}$$

代入式(8.123)，并考虑到 $n_1=n_2=n_o, n_3=n_e$，则光率体方程变为

$$\frac{X_1^2+X_2^2}{n_o^2}+\frac{X_3^2}{n_e^2}+2\gamma_{41}E_1X_2X_3+2\gamma_{41}E_2X_1X_3+2\gamma_{63}E_3X_1X_2=1 \tag{8.128}$$

由此可见，光率体的主轴和主值都发生改变. 现在来分析几种特殊的电场方向对光率体的影响.

如果 $E_1=E_2=0, E_3=E$，即沿 x_3 方向加电场，则式(8.128)简化为

$$\frac{X_1^2+X_2^2}{n_o^2}+\frac{X_3^2}{n_e^2}+2\gamma_{63}E_3X_1X_2=1 \tag{8.129}$$

该方程的交叉项不包含 X_3 轴，因此该主轴将保持不变，仍为加电场后新光率体的主轴之一. 另外两个主轴将绕 X_3 轴转 45°. 经主轴化，三个主折射率分别为

$$\begin{aligned} n'_1 &= n_o-\frac{1}{2}n_o^3\gamma_{63}E_3 \\ n'_2 &= n_o+\frac{1}{2}n_o^3\gamma_{63}E_3 \\ n'_3 &= n_e \end{aligned} \tag{8.130}$$

由此可见，$\bar{4}2m$ 晶类的晶体(例如 KDP 型晶体)的光率体由旋转椭球体变为三轴椭球体，即由单轴晶变为双轴晶. 光率体的两个主截面如图 8.23 所示.

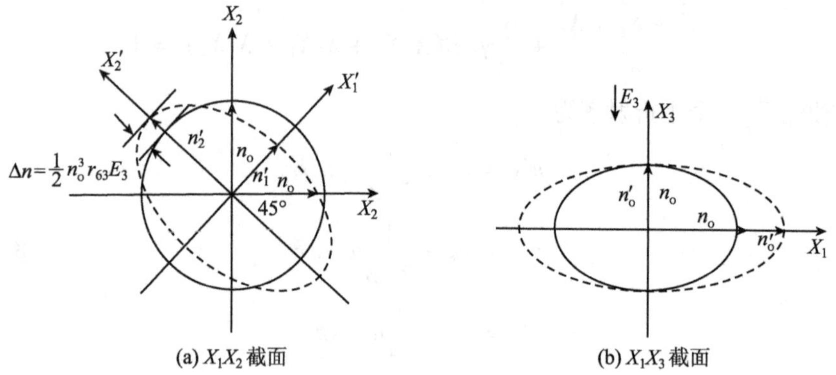

(a) X_1X_2 截面　　(b) X_1X_3 截面

图 8.23　KDP 型晶体的光率体主截面

如果沿 X_2 轴方向加电场 E_2，而 $E_1=E_3=0$，则光率体方程为

$$\frac{X_1^2+X_2^2}{n_o^2}+\frac{X_3^2}{n_e^2}+2\gamma_{41}E_2X_3X_1=1 \tag{8.131}$$

该式表明不含有 X_2 的交叉项，因此主轴绕 X_2 轴转动了很小一个角度，经主轴化求解得到加电场后新光率体的三个主折射率为

$$\begin{aligned} n_1' &= n_o+\frac{1}{2}\frac{n_o^5 n_e^2}{n_o^2-n_e^2}(\gamma_{41}E_2)^2 \\ n_2' &= n_o \\ n_3' &= n_e-\frac{1}{2}\frac{n_o^2 n_e^5}{n_o^2-n_e^2}(\gamma_{41}E_2)^2 \end{aligned} \tag{8.132}$$

如果加任意电场 $\boldsymbol{E}=[E_1,E_2,E_3]$ 时，则情况就变得比较复杂，但都能够主轴化，从而可求得新光率体的三个主折射率和三个主轴方向，它们与 $\boldsymbol{E}$ 的三个分量值的大小有关，对此这里就不作进一步讨论了.

(4)电光晶体的半波电压.

半波电压是反映电光晶体性能优劣的一个重要参数，而且测得晶体的半波电压后，就可直接计算出其电光系数，因此精确地测定半波电压后，对研究新型电光晶体极为重要.

从晶体光学中可知，当一束光射入晶体后将发生双折射，产生偏振方向相互垂直而相速度不同的两束光，在入射面处，这两束光的相位相同，但在出射面处，由于在晶体中的相速度不同，因而产生相位差. 假定一束光的折射率为 n'，另一束光的折射率为 n''，当两束光同时透过厚度为 l 的晶片时，则相位差为

$$\Delta\varphi = \frac{2\pi}{\lambda}(n' - n'')l \tag{8.133}$$

式中，λ 为光波波长，如果晶体为电光晶体，对晶体加电场后，n' 和 n'' 将与电场有关，当改变外电场的强度时，折射率差 $n' - n''$ 亦即改变，使相位差 $\Delta\varphi = \pi$，此时对晶体所加的电压定义为半波电压，用 v_π 或 $v_{\lambda/2}$ 表示. 现以 KDP 型晶体为例来推导出在某些特殊情况下的半波电压表达式.

如果沿 KDP 型晶体的光轴方向加电场 E_3，并沿 X_3 方向（即光轴方向）通光，则由于电光效应，使得沿 X_3 方向发生双折射的两束光的折射率变为 n' 和 n''（见式(8.130)），代入式(8.133)则

$$\Delta\varphi = \frac{2\pi}{\lambda}(n'_1 - n''_2)l = \frac{2\pi}{\lambda}n_0^3\gamma_{63}E_3 l \tag{8.134}$$

由于电场方向与通光方向相同，因此 $E_3 l$ 即为外加电压 V_3，当外加电压 V_3 使 $\Delta\varphi = \pi$ 时，$V_3 = V_\pi$，根据式(8.134)，得到

$$V_\pi = \frac{\lambda}{2n_o^3\gamma_{63}} \tag{8.135}$$

由式(8.135)可看出，晶体的电光系数 r_{63} 越大，所需要的半波电压就越低. 半波电压可以通过实验直接测量出来，折射率 n_o 也可以直接测量. 因此，根据式(8.135)就可确定电光系数 γ_{63}.

将式(8.135)代入式(8.134)，则 $\Delta\varphi$ 可表示为

$$\Delta\varphi = \pi\frac{E_3 l}{V_\pi} = \pi\frac{V_3}{V_\pi} \tag{8.136}$$

在上述情况下，由于电场方向一致以及电光效应与电光系数 γ_{63} 有关等原因，KDP 型晶体这种方式的电光效应，称为 γ_{63} 的纵向电光效应. 如果通光方向垂直于 E_3，并沿 X_1X_2 轴的 45°方向（即 X_1^1 轴方向）通光，则称为 γ_{63} 的横向电光效应.

在这种情况下，双折射的两束光的相位差为

$$\begin{aligned}\Delta\varphi_{横} &= \frac{2\pi}{\lambda}(n'_2 - n'_3)l = \frac{2\pi}{\lambda}\left(n_o - n_e + \frac{1}{2}n_o^3\gamma_{63}E_3\right)l \\ &= \frac{2\pi}{\lambda}(n_o - n_e)l + \frac{\pi n_o^3}{\lambda}\gamma_{63}E_3 l\end{aligned} \tag{8.137}$$

式中，前一项为自然相位差，后一项才是由电光效应所引起的相位差，式中 l 为通光方向的晶体厚度，如果电场方向的厚度为 d，则式(8.137)可改写为

$$\begin{aligned}\Delta\varphi_{横} &= \frac{2\pi}{\lambda}(n_o - n_e)l + \frac{\pi n_o^3}{\lambda}\gamma_{63}\frac{E_3 d}{d}l \\ &= \frac{2\pi}{\lambda}(n_o - n_e)l + \frac{\pi n_o^3}{\lambda}\gamma_{63}V_3\frac{l}{d}\end{aligned} \tag{8.138}$$

如果暂时不考虑在此方向上通光而由自然双折射所引起的相位差，则改变 V_3 使 $\Delta\varphi_{横} = \pi$ 所需要的电压称为横向半波电压，那么

$$V_{\pi横} = \frac{\lambda}{n_o^3 \gamma_{63}} \frac{d}{l} \tag{8.139}$$

如果将式(8.135)定义为 $V_{\pi纵}$，那么式(8.139)可改写为

$$V_{\pi横} = 2V_{\pi纵} \frac{d}{l} \tag{8.140}$$

由此可见，γ_{63} 的横向半波电压不仅与 γ_{63} 的值有关，而且与 d/l 的比值有关，d/l 称为纵横比，显然纵横比越小，所需要的半波电压也就越低. 这样在实际应用中就可以利用减小纵横比而使半波电压大大降低，这是横向电光效应的最大优点. 然而，在横向效应中还包含由于自然双折射所引起的相位差，而自然相位差往往是温度的函数，因而在实际工作中要想得到稳定的相位差，就需要设法消除自然相位差或使晶体的温度保持恒定，这就给实际应用带来不少麻烦.

同理，我们可以推导 γ_{41} 的横向和纵向电光效应及半波电压.

利用上述方法可以分析其他晶类的线性电光效应. 常用的 KDP 型晶体电光效应的一些参数列于表 8.10，电光系数所附带的符号 σ 和 s 分别表示在恒应力和恒应变条件下的值，横向半波电压表示纵横比为 9∶1 时的值.

表 8.10　KDP 型电光晶体的电光效应的一些参数

晶体	线性电光系数/(10^{-12}m/V)	半波电压/kV		波长/μm	折射率
		纵向	横向		
KH_2PO_4 (KDP)	γ_{63}^{σ} −10.5 γ_{63}^{s} 9.7 γ_{41}^{σ} 8.6	8.8 9.6 11.2	17.6 19.1 22.4	0.656	$n_o = 1.5064$ $n_e = 1.4664$
KD_2PO_4 (DKDP)	γ_{63}^{σ} −26.4 γ_{63}^{s} 17.2 γ_{41}^{σ} 8.8	3.6 5.6 12.0	7.2 11.1 23.9	0.546	$n_o = 1.5099$ $n_e = 1.4683$
$NH_4H_2PO_4$ (ADP)	γ_{63}^{σ} −8.5 γ_{63}^{s} 5.5 γ_{41}^{σ} 24.5	10.6 10.4	21.2 32.8 7.74	0.656	$n_o = 1.5209$ $n_e = 1.4763$
KH_2AsO_4 (KDA)	γ_{63}^{σ} −10.9 γ_{41}^{σ} 12.5	18.5 7.8	17.0 15.5	0.656	$n_o = 1.5632$ $n_e = 1.5721$
RbH_2AsO_4 (RDA)	γ_{63}^{σ} 13.0	7.2	14.3	0.656	$n_o = 1.56$ $n_e = 1.52$

(5)电光晶体材料.

晶体的电光效应早在18世纪就发现了,然而真正广泛地应用却是在激光发现之后才开始的.电光晶体在激光技术中主要用作高速光快门、Q开关、光强度和光相位调制器、光偏转器、激光锁模以及大屏幕显示的耙面等等,综合起来,对电光晶体材料有如下基本要求:

(i)电光系数要大,半波电压要低;

(ii)折射率要大,光学均匀性要好;

(iii)透明波段范围要宽,透过率要高;

(iv)介质损耗要小,导热性质要好,温度效应越小越好;

(v)抗光伤能力要强;

(vi)晶体的物理化学稳定性要好,容易加工成合适的器件;

(vii)容易生长出大尺寸、高光学优质量的单晶.

长期以来,在光电子技术领域中,比较常用的电光晶体材料有下列几种类型:

(i)KDP型晶体.这类晶体比较容易从水溶液生长出优质大尺寸晶体,透过波段一般在0.2~1.5μm,电阻率大于$10^{10}\Omega\cdot$ cm,其中较突出的是氘化KDP晶(DK-DP),电光系数(γ_{63})较大,半波电压较低,介质常数小,在激光技术中得到广泛应用,这类晶体的缺点是易于潮解.

(ii)ABO_3型晶体.这类晶体多从熔体中生长,居里温度(T_c)高,机械性能优良,有较大的介电常数ε和折射率n,透过波段范围在0.4~6.0 μm,晶体结构多属于氧八面体或畸变八面体结构,具有氧八面体结构的典型代表是钙钛矿型晶体.在T_c以上,多属于立方晶系,点群为O_h-$m3m$,如:$KTaO_3$,KTN,$BaTiO_3$等晶体,它们大多具有较强的二次电光效应.在T_c以下时,则具有较显著的线性电光效应和压电效应.具有畸变氧八面体结构的典型代表是$LiNbO_3$和$LiTaO_3$晶体.$LiNbO_3$(LN)晶体透过波段为0.5~2.0μm,而$LiTaO_3$(LT)晶体的透过波段为0.4~1.1 μm.这两种晶体均属于常有的电光晶体材料,而且具有多功能性,其用途广泛,实属经久不衰的晶体,已成为产业化的晶体材料.

铌酸锶钡($Sr_{1-x}Ba_xNb_2O_6$),铌酸钡钠($Ba_2Na_2Nb_5O_{15}$)等晶体具有氧八面体结构的钨青铜型晶体,这类晶体具有较大的横向电光效应,半波电压较低,而且抗光损伤能力强,是一种较好的电光晶体,但这类晶体的成分都较为复杂,难以生长出高光学质量的单晶体.

具有氧八面结构的晶体大都是属于铁电体,在居里温度T_c以下,都具有较强的线性电光效应,并与铁电体的自发极化强度P_i密切相关.如晶体的半波电压V_π主要取决于自然极化强度P_s和介电常数ε即

$$V_\pi \propto \frac{1}{P_s\varepsilon} \tag{8.141}$$

由此可见,电光效应的强弱与 P_s 和 ε 的乘积成反比,然而电光晶体要求有较大的折射率($n^2=\varepsilon$),因此,这就在某种程度上降低了这类晶体的优越性.

(iii)AB 型化合物晶体. 这类晶体的典型代表有 ZnS、CdS、GaAs、CdTe、ZnO 等晶体,这些晶体大多数用于中远红外的电光器件,并具有半导体和压电性质. 另外还有 CuCe 晶体,它的透光范围在 0.01 ~20.5μm,但难以获得高质量大尺寸的单晶,在实际应用中受到限制.

(iv)杂类晶体凡不属于上述三种类型的晶体,都归为杂类晶体,其品种较多,不胜枚举,如 $C_6H_{12}N_4$(六甲基四氨),$C(CH_2OH)_4$,CsCl,$Gd_2(M_0O_4)_3$,$K_2Mg_2(SO_4)_3$,$Bi_4(GeO_4)_3$,$LiNaSO_4$,La_2TiO_3,$LaNb_3O_{14}$,$Bi_{12}(M_oO_4)_3$,$K_3LiNb_5O_{15}$ 等均归于此类晶体,它们都有不同程度的线性电光效应.

8.10.2 晶体的弹光效应

当晶体介质受到弹性应力或应变的作用时,介质的光学性质发生改变,亦即介质的折射率 n 发生变化,这种由于应力或应变而使其折射率发生变化的现象,称为弹光效应或压光效应. 例如, 原来为光学各向同性立方晶系晶体,如果受到应力或拉伸应变的作用,会具有单轴晶或双轴晶的性质. 当具有单轴晶的光学性质时,若加于介质晶体应力会表现出负单轴的性质,若加拉伸张力时,则表现出正单轴晶的性质,有的单轴晶受到应力作用时,将表现出双轴晶光学性质.

在工程技术中,早已广泛地利用弹光效应来研究材料的应力分布状态以及承受外力的能力等. 在激光技术中,当晶体作为激光基质或光学透镜时,由于弹光效应可使光的相位、强度分布发生畸变,故要求晶体材料的弹光效应越小越好. 同时,可以利用晶体的弹光效应来制作光强或相位调制器件,光开关、滤波器、光偏转器等,要求晶体的弹光效应越大越好.

当晶体介质受到弹性应力或应变的作用时,所产生的折射率的变化,可用晶体折射率椭球来描述,即

$$B_{ij}X_iX_j = 1 \tag{8.142}$$

式中,$\boldsymbol{B}_{ij}$称为介质隔离率张量,它的定义为

$$\boldsymbol{B}_{ij} = (\varepsilon^{-1}) = \left(\frac{1}{n^2}\right)_{ij}$$

式中, ε 为光频介电常数,n 为晶体的折射率.

式(8.142)可改写为

$$B_{11}X_1^2 + B_{22}X_2^2 + B_{33}X_3^2 + 2B_{23}X_2X_3 + 2B_{31}X_3X_1 + 2B_{12}X_1X_2 = 1$$

应力 σ 可使折射率椭球的大小、形状和取向发生变化,这一变化可用 $\Delta\boldsymbol{B}_{ij}$来描述,即

$$\Delta \boldsymbol{B}_{ij} = \Delta\left(\frac{1}{n^2}\right)_{ij} = \pi_{ijkl}\sigma_{kl}, \quad i,j,k,l = 1,2,3 \tag{8.143}$$

式中，π_{ijkl}为四阶张量，称为弹光系数，或称压光系数，单位为$10^{-12}\mathrm{m}^2/\mathrm{N}$，由于$\pi_{ijkl}$是一个四阶张量，因此，它应用$3^4=81$个分量，但由于四阶对称张量受晶体的对称性的影响，其独立分量的数目将会减少很多. 可以证明：

$$\pi_{ijkl} = \pi_{ijlk}$$

$$\pi_{ijkl} = \pi_{jikl}$$

这样，π_{ijkl}的独立分量的数目将由81个减少到36个，同弹性常数一样（见8.4.2节）当用矩阵元素代替张量元素时，下标可以简化，即

$$\begin{matrix} B_{11} & B_{22} & B_{33} & B_{32,23} & B_{31,13} & B_{21,12} \\ B_1 & B_2 & B_3 & B_4 & B_5 & B_6 \end{matrix}$$

这样，式(8.143)可改写为

$$\Delta \boldsymbol{B}_{mn} = \pi_{mn}\sigma_n \tag{8.144}$$

式中，当$n=1,2,3$时，则$\pi_{mn}=\pi_{ijkl}$；当$n=4,5,6$时，则$\pi_{mn}=2\pi_{ijkl}$. 因子2的出现是由于式(8.144)中的切应力总是成对出现. 由于受晶体对称性的影响，π_{mn}的独立分量数目还将进一步减少.

例如：立方晶系晶类T_d-$\bar{4}3m$，O-432，O_h-$m3m$的弹光系数（压光系数）矩阵共有3个分量，其矩阵形式可表示为

$$\begin{bmatrix} \pi_{11} & \pi_{12} & \pi_{12} & 0 & 0 & 0 \\ \pi_{12} & \pi_{11} & \pi_{12} & 0 & 0 & 0 \\ \pi_{12} & \pi_{12} & \pi_{11} & 0 & 0 & 0 \\ 0 & 0 & 0 & \pi_{44} & 0 & 0 \\ 0 & 0 & 0 & 0 & \pi_{44} & 0 \\ 0 & 0 & 0 & 0 & 0 & \pi_{44} \end{bmatrix}(3)$$

弹光效应也可用应变s为变量来表示，即

$$\Delta_{ij} = P_{ijkl}S_{kl}, \quad i,j,k,l = 1,2,3 \tag{8.145}$$

同样，使用简化下标后，式(8.145)的矩阵表示形式为

$$\Delta B_m = P_{mn}S_n, \quad m,n = 1,2,3,4,5,6 \tag{8.146}$$

在应变下标中，切应变$S_4=2S_{23}$，$S_5=2S_{31}$，$S_6=2S_{12}$，因而，$P_{mn}=P_{ijkl}$，对所有m,n值都适用，即因子2是不出现的，与π_{mn}一样，在一般情况下，$P_{mn}\neq P_{nm}$，各晶系晶类的应变弹光矩阵P_{mn}与应力弹光矩阵π_{mn}相似.

8.10.3 晶体的声光效应

当声波和光波同时射入晶体时，它们将发生相互作用. 当晶体有声波传播时，

晶体中存在着周期性变化的应力和应变场，从而使晶体的折射率受到周期性的扰动，这种效应，称为声光效应，或者说由于声波的作用而引起晶体的光学性质变化的现象，称为声光效应，声光效应是弹光效应的一种类型. 对声光效应进一步研究表明，超声场所引起的晶体(介质)折射率在声波矢方向上的周期性变化实际上等效于一个光学的相位光栅，光栅常数等于超声波波长 λ_s，光束通过这样的光栅便产生衍射，由于实验条件的不同，这种衍射有两种类型.

(1)拉曼-奈斯(Raman-Nath)衍射.

当入射光(波长为 λ)与声波波振面平行时，且 $l \ll \frac{\lambda_s^2}{\lambda}$ 时，即在声、光相互作用长度 l 比较短，超声频率 f_s ($f_s = \frac{V_s}{\lambda_s}$，$V_s$ 为超声速度)比较低的情况下，出现正常衍射现象，即在中心未衍射的入射光束两侧出现若干个对称的一级，二级和更高级的衍射光束，如图 8.24 所示，各级衍射光的衍射方向可按公式计算：

$$\lambda_s \sin\theta_n = n\lambda, \quad n = 1,2,3,\cdots \tag{8.147}$$

式中，θ_n 为第 n 级衍射角，λ 为入射光的波长. 在一般的情况下，超声场越强，衍射光的强度越强，所出现的衍射波也越多. 如果入射光速与声波阵面成一倾斜角 ϕ 时，在未衍射光束两侧仍然出现对称的各级衍射光束，如图 8.25 所示衍射光束方向仍满足

$$\lambda_s \sin\beta_n = n\lambda, \quad n = 1,2,3,\cdots \tag{8.148}$$

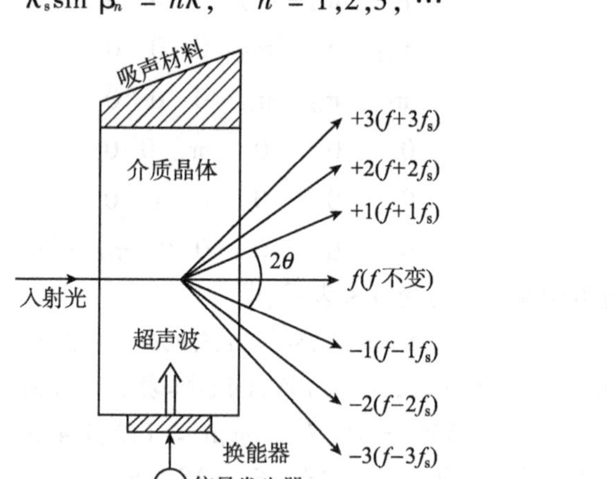

图 8.24　拉曼－奈斯衍射示意图

式中，β_n 为第 n 级衍射角.

当入射光束倾斜入射时，各级超声衍射光的强度随入射角 ϕ 改变而变化，在未衍射光束两侧的同级衍射线的光强度一般也不一样.

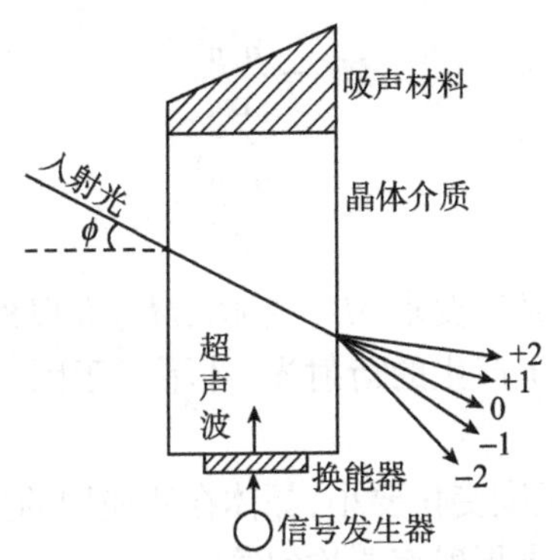

图 8.25 入射光与声波波阵面成一斜角 ϕ 时的拉曼-奈斯衍射示意图

(2)布拉格衍射.

如果 $l \gg \frac{\lambda_s^2}{\lambda}$,即当超声波频率比较高(一般在 20MHz 以上)时,声光相互作用长度 l 比较大的情况下,除 0 级衍射外,只产生一级衍射光. 光束的入射角等于衍射角,并满足布拉格条件

$$2\lambda_s \sin\theta = \lambda \tag{8.149}$$

式中, θ 为光束的衍射角. 这是正常衍射的一种特殊情况,在这种情况下的衍射可以看做是反射,如图 8.26 所示.

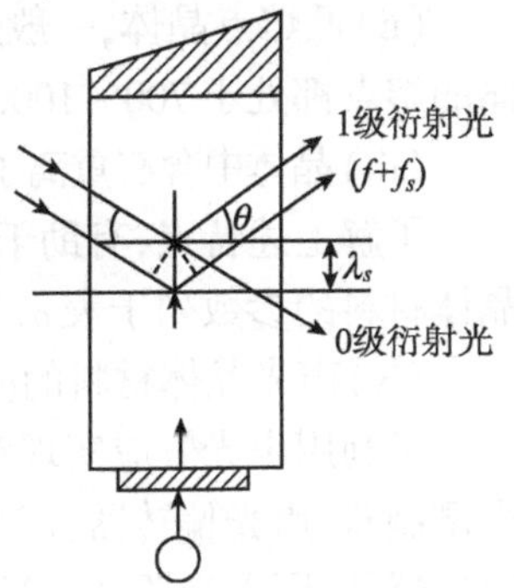

图 8.26 布拉格衍射示意图

利用晶体的弹光效应,可以制作出多种声光器件,例如利用衍射光强度随超声波强度成正比的性质,可以制作出光强度调制器;利用衍射光频移的特性可以产生调频光等.

(3)声光晶体.

在声光技术中,选择声光晶体材料是一个重要问题,近些年来对声光晶体材料进行了大量的研究工作.

一种声光晶体材料的好坏大多采用声光品质因子的大小来衡量,一般要求品质因子要大. 品质因子可表示为

$$M_2 = \frac{n^6 p^2}{\rho v_s^3} \tag{8.150}$$

式中, n 为晶体的折射率, p 为弹光系数, ρ 为晶体密度, v_s 为声速.

从式(8.150)可看出,要想得到 M_2 值大的晶体材料就要求该晶体的弹光系数要大、折射率要高,密度要小和声速要低等. 当考虑到超声波频带宽度的因素时,在某些特殊的器件设计中,品质因子有时采用另外两个定义,即

$$M_1 = \frac{n^7 p^2}{\rho v_s}$$

$$M_3 = \frac{n^7 p^2}{\rho v_s^2} \tag{8.151}$$

优良的声光晶体材料除了必须要求 M_2(或 M_1,M_3)大以外,还要求声衰减低,以便在声传播方向的不同位置上产生的衍射光,才不至于因声功率的衰减而使光强发生明显的改变.

另外还要求:声速随温度变化要小,晶体在所使用的光波波长范围内要求透光率高,光学均匀性好,即要求折射率要均匀等.

目前,最好的声光晶体材料为钼酸铅($PbMoO_4$)和氧化碲(TeO_2)这两种晶体材料. 钼酸铅晶体具有高的声光品质因子,低的声损耗(即声衰减系数小),在0.42~3.9μm 光波段范围内透光率高,易于获得大而均匀的单晶. 因此,它是一种优良的声光晶体材料.

氧化碲晶体具有极好的声光特性. 这种晶体的声速小,折射率和对可见光的透光率都高,声光品质因子也大,故它是很好的声光传输介质,易于从熔体中生长出大单晶,并可用来制作高性能的声光偏转器等. 对于探索与选择声光晶体来说,下列共同规律可作为重要参数:

(i)晶体中含有高极化率的离子,如含有 Pb^{2+},Te^{4+},I^{5-} 等离子,它的折射率高.

(ii)低熔点晶体,一般熔点低的晶体较软,声速慢. 目前找到的大多数声光晶体的熔点都处于700~1000℃低温区.

(iii)晶体中含有重离子. 例如, Pb^{2+},Te^{4+},I^{5-} 重离子的晶体密度大,声速就慢.

了解上述特点,有助于探索新的性能优异的声光介质材料. 一些常用的声光晶体材料的参数列于表8.11.

(iv)声光晶体材料的应用:

可利用声光效应实现对光波参数进行有效控制,声光晶体材料可用来制成声光调制器、声光偏转器、声光 Q 开关,声光可调谐滤波器和声光频谱分析器等多种声光器件,同电光器件一样,有同等重要的用途.

8.10.4　晶体的热光效应

由于晶体温度的变化,晶体的折射率也要发生变化,晶体的折射率随温度改变而改变的现象,称为晶体的热光效应(thermo-optic effect). 由于温度是标量,不致影响晶体的对称性(相变例外),因此,一般来讲,温度只能改变晶体折射率椭球的大小,而不致于改变它的形状和取向. 但在晶体相变温度附近,温度的变化有可能使折射率或双折射率发生显著的变化,这种情况可看做是晶体的热光效应的特殊状况.

表 8.11 几种声光晶体性能表

晶体	透过光波波长范围 /μm	测量波长 /μm	密度 /(g/cm³)	声模式及传播方向	声速 V_s /(1×10⁵ cm/s)	光的偏振	折射率 n	品质因数*		
								M_1	M_2	M_3
熔凝石英	0.2~4.5	0.633	2.2	纵向	5.96	⊥	1.46	1.0	1.0	1.0
α-HIO_3	0.3~1.8	0.633	5.0	纵[001]	2.44	[100]	1.98	13.6	55	32
$PbMoO_4$	0.42~5.5	0.633	6.95	纵[001]	3.636	//或⊥[100]	2.261	15.3	23.7	24.9
TeO_2	0.35~5.0	0.633	6.00	纵[001]	4.20	⊥[100]	2.274	18.5	22.8	25.6
$Pb(GeO_4)(VO_4)_2$	0.52~5.5	0.633	7.15	纵[001]	3.45	//[001]	2.275	18.4	34.2	26.7
Tl_3AsS_4	0.6~12	0.633	6.20	纵[001]	2.15	//[001]	2.825	138	230	
Ge	2~20	10.6	5.33	纵[111]	5.50	//	4.00	182	190	308
GaAs	1~11	1.53	5.34	纵[110]	5.15	//	3.37	125	68	
$LiNbO_3$	0.5~4.5	0.633		纵[$11\bar{2}0$]	6.57	//	2.20	8.3	4.6	7.5
水	0.2~0.9	0.633	0.997	纵	1.49	任意	1.330	6.1	106	24

* 表中所列品质因数为对熔凝石英最大值的相对值.

热光效应可用下式表示：

$$n = n_0 + \frac{dn}{dT}\Delta T \tag{8.152}$$

式中，n 为热光效应变化后的晶体的折射率；n_0 为无热光效应时，晶体的折射率；ΔT 为变化的温度为$\frac{dn}{dT}$为折射率随温度的变化率，为热光系数.

晶体的热光效应也可用张量表示.

$$\Delta\beta = \boldsymbol{b}\Delta\theta \tag{8.153}$$

式中，$\Delta\beta=\beta-\beta^{\circ}$，β，β°分别为温度变化前后的逆介电张量，$\boldsymbol{b}$ 热光系数，Δθ 为温度的变化量.

由于温度为标量，因此 $\boldsymbol{b}$ 和 Δβ 为相同阶的同类张量，β 为对称的二阶张量，因而 $\Delta\beta_{ij}$也将是二阶对称张量，因此，$\boldsymbol{b}_{ij}$也是二阶对称张量，它是热光效应的重要参数，通常多用各种干涉仪法来测定热光系数.

晶体的热光效应，对大多数光学器件来说是有害的. 由于晶体温度变化或晶体中存在着温度分布不均匀，将会使光波发生畸变，或使透射光的强度分布不均匀，会使光的相位或光的强度出现不规整的变化，从而影响晶体所制成的光学器件的工作特性，因此，一般情况下，总是希望晶体材料的热光效应要小. 但在某些特殊应用中，要求晶体具有较大的热光效应. 例如，当单轴晶的相位匹配角接近 90°

时,可利晶体的热光效应,适当地改变晶体的温度,以便达到最佳相位匹配. 又如,利用晶体热光效应来进行红外辐射的折射等.

最近几年来,有关材料的热光效应,较广泛地引起人们研究的兴趣,出现了不同测量方法来测量材料的热光系数,如外差干涉测量法、双干涉仪测量法等. 不仅确定晶体的热光系数,而且扩大地研究单模纤维的热光系数,提出了连续波 Raman 激光的定态热光模型. 动态控制聚合物的折射率来增强其热光效应,利用聚合物的热光效应制造波导开关等.

8.10.5　晶体的光折变效应

晶体的折射率随着激光照射下的作用,而发生变化的现象,称为光折变效应(Photorefractive effect). 通常光学晶体的折射率是不会随着光照射而改变,这是传统光学的一个基本概念. 但在激光照射下,有许多晶体的折射率就会改变的,这类晶体不仅能在通常光照射下发生折射率的改变,而且还能产生一些强光非线性光学所无法产生的非线性光学效应,这类晶体被称为光折变晶体,并发现大部分光折变晶体是电光晶体.

光折变效应可总结为以下三个过程:①光频电场作用于光折射变晶体时,光激发电荷并使之转移和分离. ②电荷在晶体内的转移和分离,引起了电荷分布的改变,建立起空间电荷场,强度约为 10^5 V/m. ③空间电荷场,通过晶体的线性电光效应,致使晶体的折射率 n 发生变化. 因此,光折变效应是一种更复杂的非线性光学效应,而不同于一般非线性电极化所导致的晶体折射率的变化.

光折变晶体同时又是光电导晶体,其电导率会随着光照射而明显地增加,光折变晶体集电光效应和光电导效应于一身,从而表现出令人惊异的许多奇妙的光学现象. 这是 20 世纪 60 年代中期发现的一种奇妙的光学现象,从而诞生了光折变非线性光学这门新兴的学科,而且发展得很快.

(1)光折变晶体.

从当前光折变晶体发展的情况来看,大致可分以下几种类型:

(i)钙钛矿结构型:诸如:$BaTiO_3$,$KNbO_3$,KTN(钽铌酸钾)等晶体.

(ii)钨青铜结构型:铌酸钡钠(BNN),钾钠铌酸锶钡(KNSBN))等晶体.

(iii)铌酸锂(LN)、钽酸锂(LT)、Fe:$KNbO_3$ 等晶体.

(iv)锗酸铋($Bi_{12}GeO_{20}$,BGO)、硅酸铋($Bi_{12}SiO_{20}$、BSO)钛酸铋($Bi_{12}TiO_{20}$,BTO)等晶体.

(v)半导体光折变晶体:诸如:Cr:GaAs、Fe:InP 和 GdTe 等晶体.

(vi)有机光折变晶体:如:COANP 晶体、MNBA 晶体等.

(vii)聚合物光折变材料:近几年来光折变聚合物材料有较快的发展.

(2)光折变晶体的应用.

光折变晶体可作为全息记忆系统的存储介质,如光学图像存储,光图像增强,光学相位共轭、光学图像处理、光计算技术等. 在光控制、光通信、光计算三个领域中展现出有独特的应用前景.

另外,还有磁光效应,将在本书第十一章磁晶与磁群做出阐述.

最后,还要指出:一般来讲晶体的物理性质是由两种可测物理量之间的关系来描述的,其中的一种物理量可以看成是作用在晶体上的"力",而另一种物理量可看成是这种"力"作用的直接"结果". 例如, 温度、应力、电场强度、磁场强度等,就是作用在晶体上的"力";而出现的熵、应变、电位移、磁化强度等,就是"力"的作用"结果". 这些物理量之间的关系,就决定了晶体的物理性质,由"力"到产生某种"结果"所发生的现象称为效应. 在晶体的物理性质中,一种"力"的作用可能产生多种"结果",一种"结果"也可能由多种"力"的综合作用所致,而且往往是多种"力"同时存在. 因此搞清它们之间的相互关系,须要运用张量这个强有力的教学工具来进行阐明的,因此可以说,研究或应用晶体的物理性质离不开张量、矢量等数学,这是由于晶体结构具有各向异性与其对称性所决定的.

参 考 文 献

[1] 方俊鑫, 陆栋. 固体物理学. 上册. 上海科学技术出版社, 1980.
[2] 蒋民华. 晶体物理. 山东科技出版社, 1980.
[3] 哈克富. 金属力学性质的微观理论. 科学出版社, 1983.
[4] 温克勒 H G F. 晶体构造和晶体性质. 邵克忠译. 科学出版社, 1979.
[5] 陈纲, 廖理几. 晶体物理学基础. 科学出版社, 1992.
[6] 殷之文. 电介质物理学. 第二版. 科学出版社, 2003.
[7] 钟维烈. 铁电体物理学. 科学出版社, 1996.
[8] 干福熹. 信息材料. 天津大学出版社, 2000.
[9] 张克从, 王希敏. 非线性光学晶体材料科学. 第二版. 科学出版社, 2005.
[10] 熊家炯. 材料设计. 第四章. 天津大学出版社, 2000.
[11] 吴月华, 杨杰. 材料的结构与性能. 中国科学技术大学出版社, 2001.
[12] 郭培源, 梁丽. 光电子技术基础教程. 北京航空航天大学出版社, 2005.
[13] 刘光华. 稀土材料与应用. 化学工业出版社, 2005.
[14] 阿雷克 F T, 舒尔茨杜波依斯 E O. 非线性光学和材料《激光手册》第四分册. 《激光手册》翻译组. 科学出版社, 1998.
[15] 闵乃本. 探索新晶体—光电功能材料的结构、性能、分子设计及制备过程的研究. 湖南科学技术出版社, 1998.
[16] Nye J F. Physical Properties of Crystal. Oxford University Press, 1985, 3 - 5: 33 - 41.
[17] Warren P Mason. Crystal Physics of Interaction Processes. Academic Press, 1966.
[18] Nye J F. Physical Properties of Crystals. Oxford University. Press, 1957.
[19] Cady W G. Piezoelectricity. Dover, 1964.
[20] Mason W P. Piezoelectric Crystals and Their Applications to Ultrasonics. Van Nostrand, 1950.

[21] Megaw H D. Ferroelectricity in Crysals. Methuen and Co. Ltd., 1957.
[22] Känzig W. Ferroelectrics and Antiferroelectrics. Academic Press, 1957.
[23] Wooster W A. The Text Book On Crystal Physics. Cambridge University. Press, 1949.
[24] Juretschke H J. Crystal Physics. Wiley, 1974.
[25] Jona F, Shirane G. Ferroelectric Crystals. Pergamon Press, 1962.
[26] Juretsche H J. Crystal Physics, 1974.
[27] Bhagavantam S. Crystal Symmetry and Physical Properties. 1966.
[28] Van Sterkenbury S W P et al. J. Phys. D., 1974, 25: 843 – 852.
[29] Born M, Wolf E. Principle of Optics. 4th ed. John Wiley & Sons, 1972.
[30] Wahlstron E E. Optical Crystallography. 5th ed. John Wiley & Sons, 1979.
[31] Wood E A. Crystal and Light. Nostrand Princetion, 1964.
[32] Mason W P. Crystal Physics of Interaction Processes. Academic Press, 1966.
[33] Pressley R J. Handbook of Lasers. The Chemical Rubber CO., 1971.
[34] Bloembergen N. Nonlinear Optics. Academic Press, 1977.
[35] Born M, Wolf E. Principles of Optics. Butterworths, 1975.
[36] Narasimhamurty T S. Photoelastic and Electro – Optic Properties of Crystals. McGraw – Hill, 1981.
[37] Riffenmyer K M, Ting R Y. Ferroelectrics, 1990, 110:171.
[38] Geulher J A, Danon Y. Electron and positive ion acceleration with pyroelect ric crystals. J. of Applied Physics, 2005, 97: 074109.
[39] Shaw T M, Suo Z, Liniger E et al. The effect of stress on the dielectric properties of barium strontium titanate. Applied Physics Letters, 1990, 75(14).
[40] Cho N I, Poplavko Y M, Noh S J et al. Pyroelectric – like respone of Ⅲ – V Semiconductors for microelectronic sensor applications. J. of Korean Plysical Society, 2003, 42(6): 803 – 807.
[41] Lmtrock J, Baumer C, Hesse H et al. Photorefractive properties of iron – doped lithium tantaeate crystals. Appl. Phys B., 2004, 78: 615 – 622.
[42] Chang S, Hsu C C, Huang T H et al. Chinese Journal of Physics, 2000, 38(3): 1 437 – 1 440.
[43] Bienfang J C, Rudolph W, Perter A et al. Carlsken Steady – State Thermo – Optic Model of Continuous – Wave Raman Laser. J. Opt. Soc. Am. B, 2002, 19(6).
[44] Li J, Lin A Q, Zhang X M et al. Light switching via thermo – optic effect of micromachine silicon prism. Appl Physic Letters, 2006, 88: 243501.
[45] Williams P A, Rose A H, Lee K S et al. Optical thermo – optic, electro – optic, and photoelastic properties of bismuth germanite ($Bi_4Ge_3O_{12}$). Applied Optics, 1996, 35(9): 19.
[46] Ducharme S, Scott J C, Twieg R J et al. Observation of the photorefractive effect in a polymer. Phys. Rev. Lett., 1991, 66: 1849.
[47] Moerner W E, Silence S M. Polymeric photorefractive materials. Chem. Revs., 1994, 94: 127.

[48] Qiao H, Xu J, Wu Q et al. An increase of photorefractive sensitivity in $LiNbO_3$ crystal. Opt, Mater, 2003, 23: 269 – 272.

[49] 福尔斯 G R. 现代光学导论. 陈时胜, 林礼煌译. 人民教育出版社, 1980.

[50] Novotny J, Zelinka J, Podvalova Z. Crowth and characterization of TGS single crystals doped with D-phenylalanine and Pt(IV) ions. Ferroelectrics, 2004, 313: 1-6.

[51] Hofmann D M et al. Optically detected magnetic resonance experiments on native defects in ZnGePz. PhysicaB, 2003, 340(392): 978.

[52] Verozubova G A, Gribenyukov AI Korotkova V V et al. $ZnGeP_2$ synthesis and growth from melt. Materials Science and Engineering B, 1997, 48(3): 191-197.

第九章 晶 体 生 长

晶体生长是近代晶体学中既古老而又正在发展的分支学科,它的学科基础是物理化学.凝聚态物理、电子学与光学等学科,它的发展是化学家、物理学家、晶体学家和光电子工程学家等通力合作的结果. 晶体生长研究范围越来越广,不仅要研究生长各种体块状功能单晶与晶体薄膜材料,而且还要进一步通过分子设计与晶体工程生长自然界没有的新型晶体材料,现在晶体材料这个涵义已拓宽到磁晶、准晶、纳米晶和液晶等材料,而将晶体生长这一分支学科的学科交叉性增强了[1-54].

晶体材料的应用涉及电子学、光学、光电子学、声学、磁学、医学等许多重要学科领域,当今人类已进入了以电子计算机为先导的信息科学时代,更显示出发展晶体生长科学与技术的重要性.

晶体生长是一种相变过程,它是各种复杂物理现象相互作用的结果,它受晶体生长热力学与动力学等各种因素相互作用的影响,加之人们对熔体或溶液的结构细节仍缺少充分认识,因此,至今仍很难为真实晶体生长过程提出一个完善的理论模型,致使晶体生长理论与其实践仍存有一定的差距.

晶体生长是一个动态过程,不可能在平衡状态下进行,而热力学理论一般都是属于平衡状态问题,但物体的相变离不开相平衡的问题,因此,在研究任何过程中的动力学问题之前,对其中所包含的平衡热力学问题要有所理解,才能够提供解决动力学过程中所出现问题的线索,可以说晶体生长过程是在一定的热力学条件下相变过程,晶体生长的驱动力来源于热力学的不平衡,如温度、过饱和度等.

晶体生长过程大致可分为两个主要阶段,首先是晶核的形成(三维或二维成核)然后是围绕着晶核的成长.

晶体生长是一项严谨、周密、工艺技术性很强的工作,所要求的育晶设备精密度高. 近些年来,计算机的高速发展,大大地促进了育晶设备与其相关仪器设备的现代化,正因为这样,部分的体块状晶体和晶体薄膜均已走向产业化了,同时,人们不仅能够生长出各种各样的无机物、有机物以及聚合物晶体,而且已朝向生长生物大分子晶体的方向发展. 例如,生长蛋白质晶体、核酸等有关的报道日益增多,从而显现出晶体生长的跨学科性明显地增强[10-12].

§9.1　相变与相图

9.1.1　相变

相(phase)在物理化学领域内,定义为体系内任一均匀部分. 所谓均匀部分,指的是同样化学成分(composition)、结构(structure)和性能(property). 它可以是固体、液体和气体. 在一个物质体系中,可以存在一个、两个或更多个相,若在物质体系中存在着两个相,则在此两个相的化学成分、结构和性能是不同的. 两个相的分界面,称为相界面,在相界面上,两相间的化学成分、结构与性能要发生变化,相与相之间的转变,称为相变(phase transformation). 一般的相变过程包含有三个方面的变化,即① 晶体结构的变化; ②化学成分的变化; ③物理性能的变化,在此三种变化中,只要发生了任一种变化,就可认为是发生了相变.

物质体系的相变是材料科学中的一个十分重要的研究课题,在晶体生长中占有突出地位,生长各种各样晶体,它是首先要考虑的一个理论问题. 相变理论要解决的三个方面的问题是:其一为相变为什么发生,朝向那个方面进行,此属于相变热力学问题,其二为相变是如何进行的,它进行的途径与速度如何,此属于相变动力学问题,第三是相变后的产物结构变化如何,此属于相变晶体学(crystallography of phase transformation)问题,此提供了相变时晶体结构的变化过程,揭示出相变的物理本质. 相变晶体学与晶体生长机制密切相关,它是晶体生长理论研究重要课题,同时与晶体的物理性质密切相关,也是研究金属合金结构与性能相互联系的重要课题[1,22,23].

9.1.2　相图

任何一个物质体系总是由不同元素或化合物构成的,每一种元素或化合物为一种类型的分子时,称为一种组分. 在物质体系内可以独立地变化,而且决定着各相成分的组分,称为组元. 在没有组分间关系的限制条件时,物质体系的组元数就等于它的组分数. 若物质体系内是有化学反应或存在其他的组分间关系的限制条件时,则体系的组元数就不等于它的组分数,而是等于组分数减去组分间关系的限制条件数. 若在一个物质体系中只存在一种组元,便称此体系为单元体系,单元体系在特定的温度、压强下,可存在一个相、两个相或三个相共存的状态,存在两个或三个相共存状态的单元体系,称为单元复相体系,若在一个物质体系中,包含两种以上的组元,则称该体系为多元体系,诸如二元、三元和四元等体系.

在多元体系中,到底会有多少相以及这些相是属于哪些类型的相,这不仅取决于该体系的温度和压强，而且还与该体系的物质成分有关. 所谓成分是指体系中组分间的相对数量关系.

在单元复相体系中，两相平衡的条件是：两相的克分子吉布斯（Gibbs）自由能或化学势必须相等，吉布斯自由能是热力学函数之一.

在多元复相体系中，多相平衡的条件是：在恒温、恒压条件下，物质体系中任一组元在所有相中的化学势必须相等. 如果某组元在某相中的化学势较高，则该组元将从该相中朝向化学势较低的各相中输运，直到该组元在所有相中的化学势完全相等为止.

在多元复相物质体系中，若有 c 个组元，相平衡后，存在 p 个相时，则该物质体系的独立变量数可表示为

$$F = c - p + 2 \tag{9.1}$$

式(9.1)被称为物质体系的吉布斯相律，在该式中，F 称为物理体系的自由度，即可任意改变而不破坏相平衡变量的个数，但它不能为负数. 在一个物质体系中，可同时存在若干个相，根据实验测定的结果，相平衡的关系可归纳成各种图形，这种图形，被称为相图.

现仅仅扼要地阐明最常见的几种类型的二元体系的二维相图，在二维相图中，压强是不变的.

(1) 固溶体相图.

当两种组元在熔融的液态中是完成互溶，而且在晶态中也是无限互溶，这样便可形成了组成可变的连续固溶体，能完全互溶的两种物质固溶体的相图，如图 9.1 所示，生长激光红宝石（Cr^{3+}-Al_2O_3）晶体的 Al_2O_3-Cr_2O_3 体系的二维相图，属于这一类型的.

从图 9.1 中可以看出，当把 B 组元加入 A 组元形成固溶时，A 的熔点有所提高；而 A 加入到 B 中，会使 B 的熔点有所降低. T_ADT_B 为固相线，T_ACT_B 为液相线，$L+S$ 为固液两相平衡共存的区域，在两相平衡区中，任意一条平行于成分轴 AB 的直线，一般与两相的液相线与固相线相交于两点，如图中 CE 或 DF，称为结线. 结线的两个端点的代表的成分，是平衡共存的两个相的成分，只要温度确定后，平衡共存的两个相的成分也就随之确定下来，这可用吉布斯相律加以说明，由于 $F = c - p + 1$（压力恒定），在二元体系中组元数为 2，相数为 2，因此在二维固溶体的自由度为 1，这个变数就是温度.

(2) 二元共晶体系相图.

具有共晶点的二元体系，称为共晶体系，在这种体系中，共晶点即三相点，共晶点的温度低于 A 和 B 纯组元的凝固点，在此体系中存有 A 与 B 两个固相，再加上液相，根据相律，当三个相同时存在时，此种二元相图的自由度，根据相律为

$$F = c - p + 1\text{（压力恒定）} = 2 - 3 + 1 = 0$$

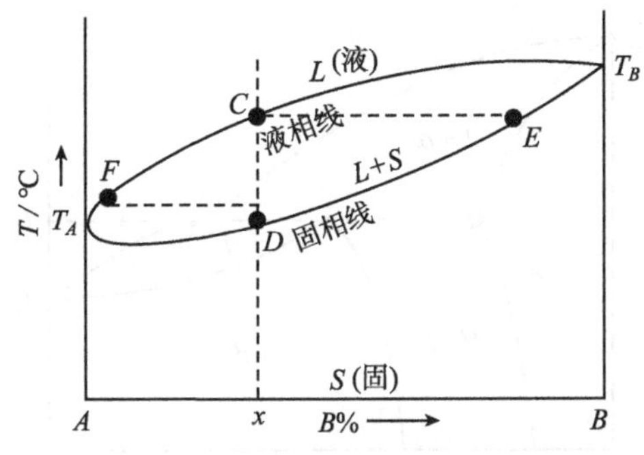

图 9.1 连续固溶体的二维相图

因此二元体系当三相共存时,其自由度为零,意即这种体系只存在某一恒温时,且三个相的成分均为一定的条件下存在. 在这种体系中,液相完全互溶,而固相 A 和 B 则完成不互溶,因而凝固后,将分解为 A 组元与 B 组元. 其相图如图 9.2 所示.

生长红外材料:InSb-NiSb、Pb-Sb、Al-Si 等的相图属一种类型的相图,另一方面,这种体系还表现出在液相中完全互溶,但在固相中两者有限的互溶,因而凝固后,将形成 B 在 A 中的固溶体 α 和 A 在 B 中的固溶体 β,其典型相图如图 9.3 所示.

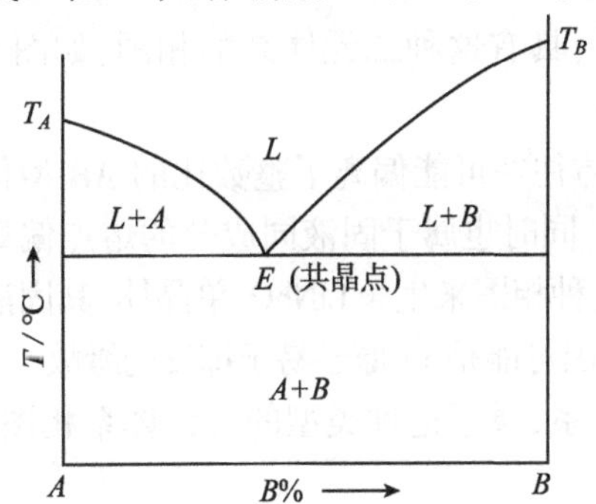

图 9.2 液相完全互溶、固相完全不互溶二元共晶体系相图

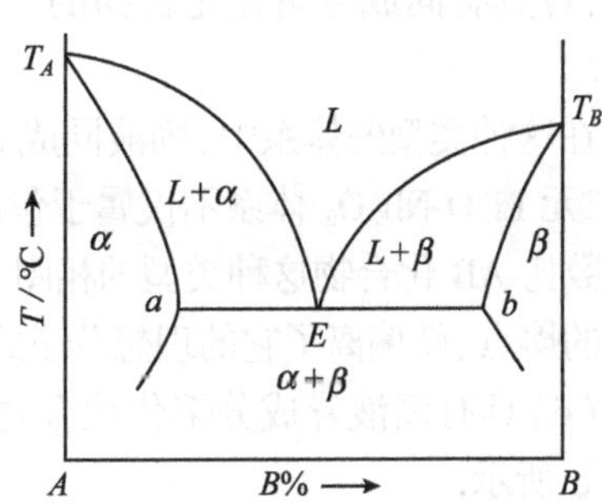

图 9.3 液相完全互溶、固相有限互溶的二元共晶体系相图

属于这种类型的相图的有 Al_2O_3-Ti_2O_3、$NaNbO_3$-$LiNbO_3$ 等体系.

(3)二元包晶体系相图.

若 A 和 B 两种组元在高温相时,两者完全互溶,在低温时部分互溶,而三相点温度介于 A 与 B 两种纯组元的凝固点之间,此三相点称为包晶点,在包晶点存在着如下的包晶反应:溶液(L) + 固溶体(α) $\underset{\text{加热}}{\overset{\text{冷却}}{\rightleftharpoons}}$ 固溶体(β). 具有包晶反应的二维相图如图 9.4 所示.

在这种类型的相图体系中,两种固溶体 α 和 β 是没有共晶点,图中 qps 直线代

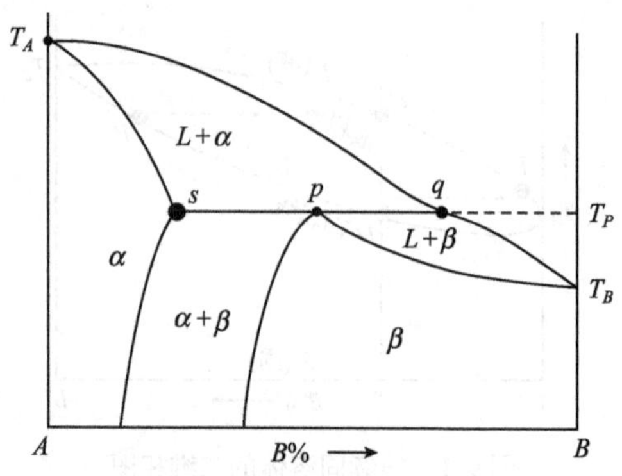

图 9.4　包晶体系的相图

表包晶反应所处的位置，T_p 为包晶反应的温度. 在具有包晶反应的体系中，进行晶体生长，原料配比时，要避开出现包晶配比的范围，晶体生长温度，根据具体情况要高于 T_p 或低于 T_p 温度，以便消除包晶反应的出现. 这种类型的体系中的两种固溶体 α 和 β 没有共晶点. K_2O-Nb_2O_5，Li_2O-Nb_2O_5 等体系均属于包晶体系.

(4) 两组元形成化合物的相图.

一般来讲，两组元形成的化合物可分为两类

(i) 具有同成分熔化化合物的二元体系，具有这种二元体系的相图，如图 9.5 所示.

在这种类型的体系中，固液同成分的熔体往往可能偏离了整数比的 AB 型化合物，二元 Li_2O-Nb_2O_5 体系不仅属于包晶体系，同时也属于固液同成分的熔点偏离了的整数比 AB 化合物这种类型的相图，利用此种相图来生长 $LiNbO_3$ 单晶体，其固液同成分的熔点，就偏离了它的理想分子式，其原因可能是 Li 原子易于挥发的缘故.

(ii) 具有固液异成分熔化化合物二元体系，属于这种类型的二元体系相图，如图 9.6 所示.

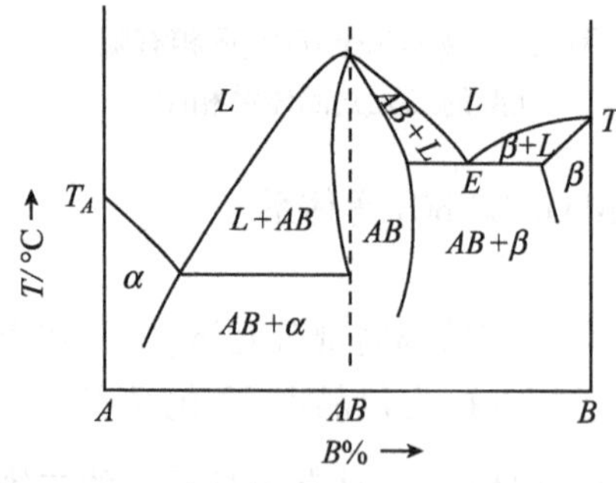

图 9.5　同成分熔化化合物二元体系的相图

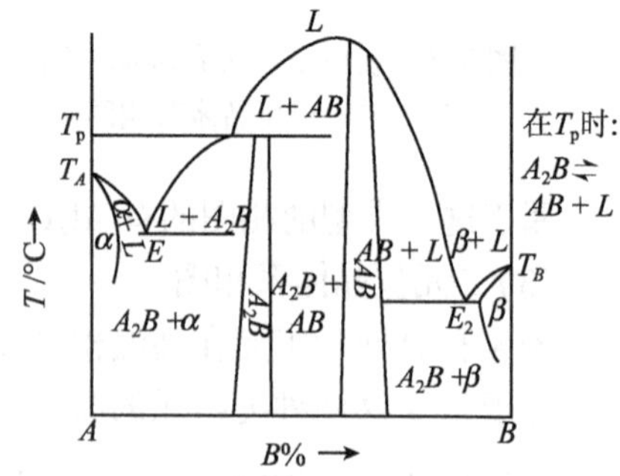

图 9.6　具有固液异成分熔化化合物二元体系相图

单从以上几种类型二元相图来看,晶体从熔体或溶液中生长时,就需要用到相图方面的许多知识来指导实践,因此,晶体生长与相图的关系是十分密切的,它是晶体生长工作者的很好的参谋.

§9.2 相变的驱动力

晶体生长是相变过程. 根据热力学法则,不论晶体从气相中生长、从溶液中生长或从熔体中生长,所有的相变均使物质体系的吉布斯自由能 G 随之降低,因而相变的驱动力是相变热力学中极其重要的问题,现分成以下几种情况,简要地加以阐述[1-4,7,8].

9.2.1 气体-晶体体系

在气体-晶体两相平衡体系中,两相平衡温度为 T_0,其相应的饱和蒸气压为 P_0,若在相同温度 T_0 下,当气相的蒸气压 P_1 大于 P_0 时,此时蒸气便处于亚稳态,蒸气有结晶(凝固)的趋势,而 P_1 为过饱和蒸气的蒸气压.

根据热力学原理,吉布斯自由能(G)的微分表达式可写为

$$\mathrm{d}G = -S\mathrm{d}T + V\mathrm{d}p \tag{9.2}$$

式中, S 为体系的熵,V 为体系的体积

若将蒸气在 T_0 不变的条件下,从 P_1 转变为 P_0,即蒸气从亚稳相转变为稳定相时,其体系的吉布斯自由能 G 便随之降低

$$\Delta G = \int_{P_0}^{P_1} V\mathrm{d}p \tag{9.3}$$

假设蒸气为埋想气体,$V = \frac{RT_0}{p}$,并代入式(9.3)中,则得到

$$\Delta G = \int_{P_0}^{P_1} RT_0 \frac{\mathrm{d}p}{p} = RT_0 \ln \frac{P_1}{P_0} \tag{9.4}$$

式中, R 为气体常数.

式(9.4)表示 1mol(1g 分子)的蒸气在温度 T_0 时转变成 1mol 晶体时,其体系的吉布斯自由能 G 降低的数量. 在 1mol 晶体中有 N(阿伏伽德罗常量)个原子,若单个原子由蒸气态转变为晶态时,所引起体系的吉布斯自由能 G 的降低以 Δg_v 表示时,则有

$$\Delta G = N\Delta g_v \tag{9.5}$$

而 $\Delta G = RT_0 \ln \frac{P_1}{P_0}$,由此

$$\Delta g_v = \frac{R}{N} T_0 \ln\alpha = kT_0\sigma \tag{9.6}$$

式中，$k=\dfrac{R}{N}$，称为玻尔兹曼常量，$\alpha=\dfrac{P_1}{P_0}$称为体系蒸气压的饱和比.

$\sigma=\alpha-1$ 称为体系蒸气的过饱和度，一般地称 Δg_v 为从单个蒸气原子转变为单个晶体原子的相变驱动力．可以说晶体从气相中生长的驱动力来源于蒸气的过饱和度 σ.

9.2.2　溶液－晶体体系

在溶液－晶体两相平衡体系中，溶液的饱和浓度为 C_0，在同温等压条件下，当溶液的浓度 C_1 大于 C_0 时，则 C_1 为过饱和溶液的浓度，此时溶液处于亚稳状态．当晶体处在亚稳状态的溶液中时，晶体便生长.

根据热力学原理，理想溶液溶质 i 的化学势为

$$\mu_i^l=\mu_i^0(P_1T)+RT\ln C \tag{9.7}$$

式中，μ^0 为纯溶质 i 的化学势，C 为溶液的溶质浓度.

在过饱和溶液体系中，其浓度为 C_1，当体系的压力为 P_0，温度为 T_0 时，溶质 i 的化学势为

$$\mu_i^1=\mu_i^0(P_0T_0)+RT_0\ln C_1 \tag{9.8}$$

多元体系相平衡条件是：溶质在晶体中和在溶液中的化学势必须相等，即 $\mu_i^c=\mu_i^l$，当溶液－晶体两相平衡时，由式(9.7)可得

$$\mu_i^c=\mu_i^1(C_0)=\mu_i^0(P_0T_0)+RT_0\ln C_0 \tag{9.9}$$

式中，T_0,P_0,C_0 分别为溶液－晶体两相平衡时的温度、压强和溶液的饱和浓度.

综合式(9.8)、式(9.9)，由浓度为 C_1 过饱和溶液中生长 1mol 晶体时，其体系的吉布斯自由能 G 的降低为

$$\Delta G=RT_0\ln\frac{C_1}{C_0} \tag{9.10}$$

类似于式(9.6)，同样可求得

$$\Delta g_v=kT_0\ln\frac{C_1}{C_0}=kT_0\ln\alpha=kT_0\sigma \tag{9.11}$$

式(9.6)和式(9.11)的形式是完全一致的，两者均是单个蒸气原子或单个溶液原子转变为单个晶体原子的驱动力．因此，可以说晶体从溶液中生长的驱动力来源于溶液的过饱和度 σ.

9.2.3　熔体-晶体体系

结晶物质在熔点 T_m 时，熔体与晶体两相是热力学平衡状态．这时晶体处于既不生长也不熔化的状态．当熔体发生向晶体相转变过程中，熔体必须具有一定的过冷度，即 $\Delta T=T_m-T$，T 为熔体的实际温度，这时熔体处于亚稳状态，晶体与熔体中克分子自由能不等，这样便产生相变的驱动力，晶体便生长.

当熔体与晶体相处于平衡状态时，熔体的和晶体的克分子自由能 G 相等，即

$$G_1(T_m)=G_c(T_m) \tag{9.12}$$

根据吉布斯自由能的定义

$$G=H-TS \tag{9.13}$$

式中，$H=U+PV$，H 称为体系的焓，U 为体系的内能，S 为体系的熵，这样，式(9.12)可改写为

$$H_1(T_m)-T_mS_1(T_m)=H_c(T_m)-T_mS_c(T_m) \tag{9.12′}$$

或者为

$$H_c(T_m)-H_1(T_m)=T_m[S_c(T_m)-S_1(T_m)] \tag{9.12″}$$

令 $\Delta H(T_m)$，$\Delta S(T_m)$ 分别代表温度为 T_m 时，晶体与熔体两相中克分子焓和克分子熵的差值，于是式(9.12″)可改写为

$$\Delta H(T_m)=T_m\Delta S(T_m) \tag{9.13′}$$

克分子相变潜热 L_{cl} 等于两相克分子熵的差值乘以相变发生时的温度，同时考虑到晶体在生长过程中释放出的相变潜热等于体系中焓 H 的减少，故有

$$L_{cl}=\Delta H(T_m) \tag{9.14}$$

当结晶物体处在熔点 T_m 时，熔体与晶体的克分子熵的差值为

$$\Delta S(T_m)=\frac{L_{cl}}{T_m} \tag{9.15}$$

在熔体-晶体生长体系中，当体系的温度 T 低于 T_m 时，晶体便生长，而两相的吉布斯自由能 G 不等，而所减少的差值为

$$\Delta G=G_c(T)-G_1(T)=\Delta H(T)-T\Delta S(T) \tag{9.16}$$

式中，ΔH、ΔS 应是温度为 T 时，两相中克分子焓和克分子熵的差值，在通常情况下，$\Delta H(T)$ 和 $\Delta S(T)$ 都是温度 T 的函数，但晶体在熔体中生长时，一般使其 $\Delta T=T_m-T$ 较小，因而可近似地认为 $\Delta H(T)\approx\Delta H(T_m)$，$\Delta S(T)\approx S(T_m)$，于是可将式(9.14)、式(9.15)的 $\Delta H(T_m)$、$\Delta S(T_m)$ 值代入式(9.16)中，可得

$$\begin{aligned}\Delta G(T)&=\Delta H(T)-T\Delta S(T)=\Delta H(T_m)-T\Delta S(T_m)=L_{cl}-T\frac{L_{cl}}{T_m}\\&=L_{cl}\frac{T_m-T}{T_m}=L_{cl}\frac{\Delta T}{T_m}\end{aligned} \tag{9.17}$$

类似于式(9.6)可求得

$$\Delta g_v=\frac{\Delta G(T)}{N}=\frac{L_{cl}}{N}\cdot\frac{\Delta T}{T_m}=l_{cl}\frac{\Delta T}{T_m} \tag{9.18}$$

式中，$l_{cl}=\frac{L_{cl}}{N}$ 称为单个原子的熔化潜热，$\Delta T=T_m-T$ 称为体系的过冷度，因此可以说晶体从熔体中生长的驱动力来源于熔体的过冷度.

§9.3　晶体的成核理论[5, 6,9,17-19]

对于结晶物质体系,在相变驱动力的推动下,亚稳相终究要转变成稳定相,也就是说,在一定的环境条件下,过饱和蒸气,过饱和溶液或过冷的熔体结晶(凝固)成晶体.

在相变过程或晶体生长过程中,新相核的发生和长大称为成核过程. 晶体成核是指晶核在母相中开始形成,在新相和母相之间有比较清晰的相界面. 若在物质体系中所占有的空间各点出现新相的概率都是相同的,则在晶核形成的涨落过程中,不考虑外来杂质或容器壁等存在的影响作用,这种过程称之为均匀成核,否则称之为非均匀成核. 均匀成核可以说很难发生,因此,实际的成核过程多为非均匀成核,但为了理解相变过程的基本因素,常以均匀成核的原理作为基础,以便加深理解非均匀成核.

9.3.1　均匀成核的经典理论

(1)成核的临界半径及其形成功.

均匀成核的经典理论的基本思想是,当晶体在亚稳相中成核时,可把体系的吉布斯自由能的变化看成两项组成,第一项是物质体系的体自由能的减少,第二项是新相形成时所伴随的表面自由能的增加,现列举出此两方面的例子来加以说明.

例1　在亚稳流体相中,半径为 r 的球形晶核的形成,在 §9.2 中已指出,Δg_v 代表在亚稳流体相中单个原子或分子转变为稳定相-晶相中单个原子或分子所引起的吉布斯自由能的降低,若晶体相中单个原子或分子的体积为 Ω,晶相-液相的比表面自由能为 γ_{sf},则在亚稳流体相中形成一个半径为 r 的球形晶核,所引起的吉布斯自由能的改变为

$$\Delta G(r) = -\frac{4}{3}\cdot\frac{\pi r^3}{\Omega}\cdot\Delta g_v + 4\pi r^2\gamma_{sf} \tag{9.19}$$

将式(9.19)对 r 求导数,可得到临界球形晶核的半径 r_c 为

$$r_c = \frac{2\gamma_{sf}\Omega}{\Delta g_v} \tag{9.20}$$

将式(9.20)中 r_c 值代入式(9.19),即可求得形成临界球形晶核所需要的形成功

$$\Delta G_c(r_c) = \frac{16\pi\Omega^2\gamma_{sf}^3}{3\Delta g_v^2} = \frac{1}{3}(4\pi r_c^3\gamma_{sf}) \tag{9.21}$$

上述 ΔG 与 r 的关系示意图如图 9.7 所示.

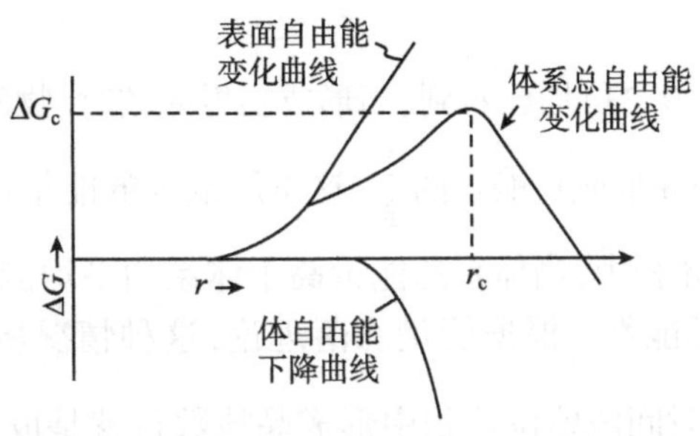

图9.7 晶核形成时,ΔG 与 r 的关系示意图

从图9.7中可以看出,凡半径 $r<r_c$ 的晶核均应趋向于收缩以至消失,因为凡属这类大小的晶核生长会引起物理体系自由能的升高,只有当半径大小超过临界值的晶核($r>r_c$)时,才能稳定地长大,这样大小的晶核生长,才能导致体系自由能的下降,因此把半径 $r=r_c$ 时的晶核称为临界晶核.

例2 晶体从熔体中成核,因为 $\Delta g_v = l_{cl}\dfrac{\Delta T}{T_m}$, 即式(9.18),若仍把晶核看做圆球,可以求得晶核的临界半径 r_c 为

$$r_c = \frac{2\gamma_{sf}\Omega T_m}{l_{cl}\Delta T} \tag{9.22}$$

此所形成的临界晶核所需要的形成功 ΔG_c 为

$$\Delta G_c = \frac{16\pi\Omega^2\gamma_{sf}^3 T_m}{3l_{cl}^2\Delta T^2} = \frac{1}{3}(4\pi r_c\gamma_{sf}) \tag{9.23}$$

若晶核外形不是各向同性的圆球体,而是各向异性的多面体时,则情况就变得较复杂了.

对于具有立方体外形的晶核,并设此晶核的边长为 a,那么

$$\Delta G = 6a^2\gamma_{sf} - a^3\Delta g_v/\Omega \tag{9.24}$$

式中, $\Delta g_v = \dfrac{l_{cl}\Delta T}{T_m}$,$\gamma_{sf}$为立方体晶核的比表面能.

ΔG 对 a 求导数,可以得到临界晶核的半径 r_c

$$r_c = \frac{4\gamma_{sf}\Omega T_m}{l_{cl}\Delta T} \tag{9.25}$$

由 r_c 值可求得形成临界晶核所需要的形成功为

$$\Delta G_c = \frac{32\Omega^2\gamma_{sf}^3 T_m}{l_{cl}^2\Delta T^2} \tag{9.26}$$

均匀成核的经典理论只把晶核形成能表示为体自由能和表面能两项,而忽略了其他方面的作用. 例如, 所形成的集团(胚芽)可以自由地在母相中平移和转动,结果减少了形成新相晶核所需要的形成功等.

(2)成核速率.

从式(9.21)、式(9.23)均已看到,当形成临界晶核时,物质体系的吉布斯自由能的变化等于成核相界形成功能量的$\frac{1}{3}$,这里所缺少的能量可依靠体系的能量起伏来补偿,在某一个体积中,当体系的能量高于体系的平均能量时,则在这一体积中就有形成晶核的可能性. 根据能量涨落理论,这种情况所出现的几率正比于$\exp\left(-\frac{\Delta G_c}{kT}\right)$,在单位时间内单位体积中形成晶核数目就是成核速率,成核速率正比于成核概率,因此,成核速率J可表示为

$$J = B\exp\left(\frac{-\Delta G_c}{kT}\right) \tag{9.27}$$

式中, B为成核速率的动力学常数,k为玻尔兹曼常量,T为绝对温度. 对于晶体从气相中成核,并将蒸气作为理想气体来处理时,式(9.27)中的B可表示为

$$B = \frac{4\pi r_c P n}{(2\pi m k T)^{\frac{1}{2}}} \tag{9.28}$$

式中, P为蒸气压,n为蒸气密度,m为原子或分子的质量.

对于晶体从溶液中成核,式(9.27)中的指数前的因子B与溶质密度n、临界晶核半径r_c、进入晶核的质点大小等因素有关,一般B可表示为

$$B \approx 4\pi r_c^2 n^2 a\nu\exp(-E/kT) \tag{9.29}$$

式中,a为质点大小尺度(3×10^{-8} cm), ν为质点振动频率($3\times10^{12}\mathrm{s}^{-1}$),$E$为活化能(对于从水热法生长的石英晶体的(0001)面的活化能约为20卡/摩尔),r_c为临界晶核的半径(3×10^{-7} cm),n为溶质密度($3\times10^{20}\mathrm{cm}^{-3}$).

在熔体中不存在把质点(原子或分子等)输运给晶核的问题,仅存在质点进入晶核而要克服势垒的问题,势垒大小与质点的重新排列有关,重新排列的特点表现在黏滞流动与活化能上. 对于熔体成核来说,式(9.27)中指数前的因子B具有同式(9.29)同样的形式,但在熔体中活化能的数值E比其在溶液中的显著地降低,整个数值为几卡/摩尔,有时采用熔化热的1/2 ~ 1/3的值.

对于从熔体中成核的情况来说,当同时考虑热力学和动力学两种因素时,晶核形成的速率可表示为

$$J = B\exp(-\Delta G_c/kT)\exp(-\Delta E/kT) \tag{9.30}$$

从式(9.30)中可以看出,晶核形成速率取决于结晶物质本身活化能(ΔE)和温度条件等. 当温度降低时,晶核形成速率开始增大,因为过冷度增大,晶核形成功ΔG_c减少,但由于过冷度增大,而质点在熔体中的迁移率$\left(\text{它与}\exp\left(-\frac{\Delta E}{kT}\right)\text{成正比}\right)$降低,因此,在晶核形成速率$J$与温度$T$的关系曲线上,就会出现极大值,

如图9.8所示.

图9.8中α区是过冷熔体的亚稳相区,在这个区域内,晶核形成速率等于零.

在温度为T_m时,晶核形成速率达到极大值. T_0为结晶物质的熔点.

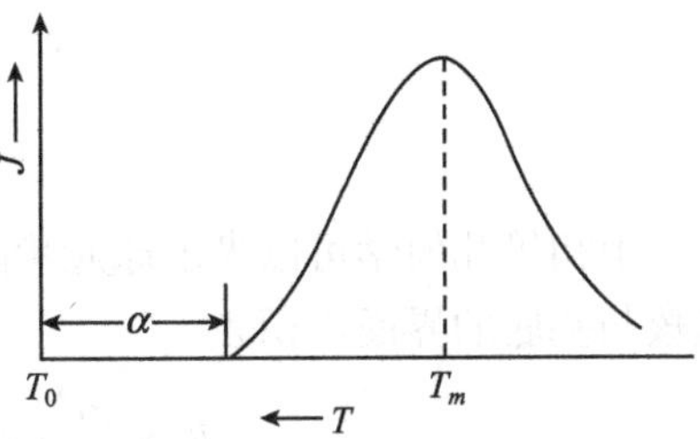

图9.8 晶核形成速率J与温度T的关系

(3)研究均匀成核的局限性.

研究均匀成核的定量实验甚为困难,这是由许多原因造成的,诸如:

(i)由于一个新相晶核尺寸很小,故在不透明的物质体系中,测定新相晶核的存在是困难的.

(ii)很难排除非均匀成核,结晶物质很易于污染,很难排除外来杂质,如灰尘、氧化物微粒、容器壁等对成核影响等.

(iii)成核过程与生长过程难以分割开来,晶核快速地生长后,必然要改变物质体系的能量状态.

综上所述,经典成核理论的一个最大不足之处,是把宏观热力学量(如表面能等)用于微观、亚微观体系,这只能在低过饱和度及临界晶核尺寸较大的情况下才能是近似的描述,也只能作为研究非均匀成核过程中理论上的参考.

9.3.2 非均匀成核理论

非均匀成核理论是在均匀成核的经典理论基础上发展起来的. 在外来固体基底表面上成核是非均匀成核. 诸如在外来质点、容器壁以及原有晶体表面上形成晶核,均称为非均匀成核,在非均匀成核的物质体系中,在空间各点成核的几率自然地也就不同了. 在自然界里,如:雨、雪、冰雹等的形成都是属于非均匀成核,在钢铁工业中铸锭、机械工业中铸件、制盐、制糖工业结晶等等都是属于非均匀成核,在单晶生长,特别是薄膜外延生长等,一般都是非均匀成核.

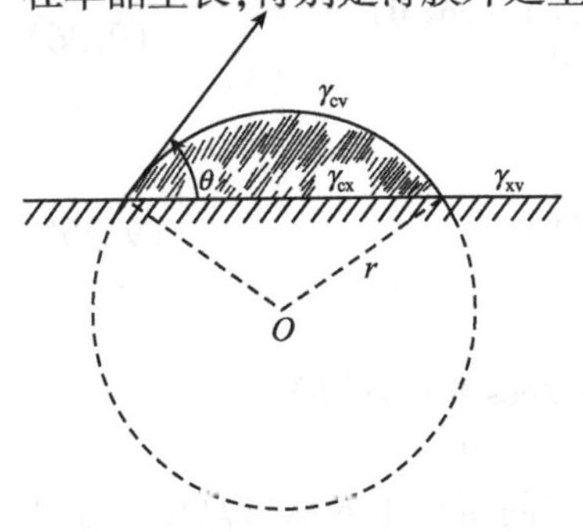

图9.9 基底上球冠状晶核的形成

(1)非均匀成核的形成功及其临界晶核.

在外来固体基底表面上成核概率比在物质体系中的自由空间的成核几率要大,基底表面对成核起到了催化作用. 在基底表面上成核,常把基底作为一平面,并将晶核形状作为球冠状,它的表面与基底表面形成浸润角θ,如图9.9所示.

在图9.9中γ_{cv}为晶核与流体介质相间的比表面能,γ_{cx}为晶核与基底间的比表面能,γ_{xv}

为基底与流体介质相间的比表面能，r 为球冠状晶核的曲率半径，从图 9.9 中可以看出，球冠状晶核的界面能必须满足力学平衡的条件，即

$$\gamma_{cv}\cos\theta=\gamma_{xv}-\gamma_{cx}$$

$$\cos\theta=\frac{\gamma_{xv}-\gamma_{cx}}{\gamma_{cv}} \tag{9.31}$$

由初等几何学可以求出球冠状晶核体积 V_c、晶核与流体介质的界面面积 A_{cv} 和晶核与基底的界面面积 A_{cx}

$$V_c=\frac{\pi r^3}{3}(2+\cos\theta)(1-\cos\theta)^2$$

$$A_{cv}=2\pi r^2(1-\cos\theta)$$

$$A_{cx}=\pi r^2(1-\cos^2\theta) \tag{9.32}$$

当球冠状晶核在基底上形成后，体系中吉布斯自由能的变化为

$$\Delta G'(r)=\frac{V_c}{\Omega}\Delta g_v+(A_{cv}\gamma_{cv}+A_{cx}\gamma_{cx}-A_{cx}\gamma_{xv}) \tag{9.33}$$

式(9.33)即球冠状晶核的形成功.

现将式(9.32)代入式(9.33)，并利用式(9.31)的关系，化简后可得到

$$\Delta G'(r)=\left(\frac{4\pi r^3}{3\Omega}\Delta g_v+4\pi r^2\gamma_{cv}\right)(2+\cos\theta)(1-\cos\theta)^2/4 \tag{9.34}$$

将式(9.34)对 r 求微商，并令

$$\frac{\partial G'(r)}{\partial r}=0$$

则可求得球冠状晶核的临界曲率半径 r_c

$$r_c=\frac{2\gamma_{cv}\Omega}{\Delta g_v} \tag{9.35}$$

将式(9.35)中的 r_c 值代入式(9.34)，则可求得形成临界晶核所需要的形成功

$$\Delta G_c'(r_c)=\frac{16\pi\Omega^2\gamma_{cv}^3}{3\Delta g_v^2}\cdot\frac{(2+\cos\theta)(1-\cos\theta)^2}{4} \tag{9.36}$$

或写成

$$\Delta G_c'(r_c)=\frac{16\pi\Omega^2 r_{cv}^3}{3\Delta g_v^2}\cdot f(\theta) \tag{9.36'}$$

式中

$$f(\theta)=\frac{(1-\cos\theta)^2(2+\cos\theta)}{4}=\frac{(2-3\cos\theta+\cos^3\theta)}{4}$$

在相同相变驱动力的作用条件下，对于在自由空间所产生的球形晶核和在外来基底平面上所产生的晶核相比，两者的临界核半径 r_c 的大小应该是一样的. 当球状晶核形成时，该体系中的吉布斯自由能的变化，即临界晶核的形成功应为

$$\Delta G_c = \frac{16\pi\Omega^2\gamma_{cv}^3}{3\Delta g_v^2}$$

由此可得到

$$\Delta G_c' = \Delta G_c f(\theta) \tag{9.37}$$

由(9.37)式可见：

当$\theta = 180°, \cos\theta = -1$时，$f(\theta) = 1, \Delta G_c' = \Delta G_c$，意即当流体介质与基底平面完全不浸润时，基底对成核不起任何催化作用.

当$\theta = 0°$时，$\cos\theta = 1, f(\theta) = 0, \Delta G_c' = 0$，流体介质与基底平面是完全浸润的，即在基底平面上形成晶核所需要的形成功为零.

当$\theta < 180°, -1 < \cos\theta < 1$时，$\Delta G_c' < \Delta G_c$，这意味着在基底平面上，形成晶核时，所需要的形成功小于在自由空间形成球状晶核所需要的形成功. 从而可以看出，不溶性固体基底平面的存在直接影响晶核的比表面能，从而影响到晶核的形成.

(2)非均匀成核速率.

非均匀成核速率的计算方法与均匀成核的成核速率的处理方法类同. 若流体相为蒸气时，在基底平面上所得到的成核速率，可用下式表示：

$$J = B\exp\left[\frac{-16\pi\Omega^2\gamma_{cv}^2}{3kT\Delta g_v^2} f(\theta)\right] \tag{9.38}$$

式中：$B = \pi\left(\frac{2\gamma_{cv}\Omega}{\Delta g_v}\right)^2 n_v P(2\pi mkT)^{-\frac{1}{2}}$. 其中，$n_v$为蒸气的密度. 若流体相为熔体时，在基底平面上的成核速率，可用下式表示：

$$J = n_l \nu\exp\left(\frac{-\Delta E}{kT}\right)\exp\left[\frac{-16\pi\Omega^2\gamma_{cl}^3}{3kT\Delta g_v^2}\cdot f(\theta)\right] \tag{9.39}$$

式中，n_l为在熔体单位体积中的原子数，ν为原子的振动频率，E为激活能.

非均匀成核，除了在现在的固体杂质作为基底来促进成核外，各种外加力场，诸如：电场、磁场、辐射场以及超声波等对晶核形成均有影响作用.

(3)非均匀成核的应用.

实际上在所有的物质体系中都会发生非均匀成核，在生长单晶时，为了提高生长体系的稳定性，常常采用过热处理的方法，使其溶液或熔体过热，以清除杂质及其表面的活性，这样已存在的成核中心就被消除或破坏，从而消除了杂质促使成核的作用.

人工降雨、雾和雹的消除等都是一个非均匀成核问题，如果物态的变化只能通过均匀成核过程，那么人工降雨就无法进行. 在天空撒入碘化银(AgI)粉末作为成核中心，就能得到人工降雨的良好效果. 在钢铁工业中，当铸铁中加入点镁(Mg)时，就能促使铸铁中的碳(C)在沉淀时起到成核作用，使碳以球状石墨而不是以片状石墨的形式沉淀出来,结果便形成球墨铸铁,从而能改善铸铁的机械性能. 在半导体工业中,外延生长的衬底就是起到了成核催化剂的作用,在单晶生长中,石墨作为制造坩埚的材料,这是由于石墨与熔体不相浸润,而能使熔体的过冷度提高与其稳定,在制盐(NaCl)工业,制糖工业中,为了提高产品的质量,亦存在着非均匀成核问题,同样,在化学工业中,各种固体试剂的生产,为了降低成本,提高产品的质量、纯度以及颗粒大小均匀性等,也存在着非均匀成核问题. 研究晶体的非均匀成核的理论当前已从原子尺寸的微观角度出发,利用当代先进的测微技术,例如,利用原子力显微镜、扫描隧道显微镜等,分析研究晶核形成的规律,有助于材料设计与提高产品质量等.

§9.4　晶体生长的输运过程与边界层理论[1,6,13-16,24]

9.4.1　晶体生长的输运过程

晶体生长过程,从宏观观点来看,实际上是一个热量、质量和动量等的输运过程. 晶体生长输运过程,对晶体生长速率起到限制作用,并影响生长界面的稳定性.

(1)热量输运.

从熔体中生长单晶,主要靠热量输运来实现,而这种热量输运过程,还起到限制单晶生长的速率的作用. 结晶作用靠生长体系中的温度梯度所造成的局部熔体过冷来驱动,只要体系中存在着温度梯度,就会产生热量输运,温度梯度的方向是从低温到高温,而热量输运总是由高温传递至低温,即热量总是沿着温度梯度相反的方向输运、控制热量输运的过程,提供一个合适而稳定的温度场,显然地是从熔体中生长高质量单晶的一个关键性因素.

为了保证单晶的稳定和正常生长,就必须严格地控制生长环境相的条件,使来自熔体的热量与结晶潜热从固-液界面连续不断地输运出去,使固液(熔)界面处稳定地朝向熔体方向移动.

晶体的熔体生长过程中的热量输运,主要通过三种方式来进行,即辐射、传导和对流. 在晶体生长的不同阶段中,究竟哪一种热传递起主要作用,必须根据具体的生长工艺条件才能确定. 一般来说,在高温时,界面处传递出去的热量是从晶体表面辐射出去的,而传导与对流则起次要的作用,在低温时,热量输运主要靠传导来进行.

假若熔体的热量输运纯属于热传导作用,其相应的热传导方程式为

$$\frac{\partial T}{\partial t}=K\Delta T=K\left(\frac{\partial^2 T}{\partial x^2}+\frac{\partial^2 T}{\partial y^2}+\frac{\partial^2 T}{\partial z^2}\right)\tag{9.40}$$

式中，K 为热传导系数，T 为温度，t 为时间，Δ 为算符.

(2)质量输运.

当晶体从溶液中生长时，溶液各部分之间存在有相对浓度差，溶液"分子"在无序运动中较多地由较浓部分进入较稀部分，因而输运了质量，使溶液浓度逐渐趋于均匀，表现为溶液的扩散现象.

扩散的驱动力来源于溶液的浓度梯度. 通常把溶质在溶液中浓度的空间分布，称为溶液的浓度场，若浓度场记为(x,y,z)，则浓度梯度可表示为

$$\Delta C_i = \frac{\partial c_i}{\partial x} i + \frac{\partial c_i}{\partial y} j + \frac{\partial c_i}{\partial z} k \tag{9.41}$$

在恒稳状态下，描述溶质扩散过程的数学基础是斐克(Fick)方程：

$$\frac{\partial c}{\partial t} = D\Delta C = D\left(\frac{\partial^2 c_i}{\partial x^2} + \frac{\partial^2 c_i}{\partial y^2} + \frac{\partial^2 c_i}{\partial z^2}\right) \tag{9.42}$$

当斐克方程用于一维扩散时，可简化为

$$\frac{\partial c}{\partial t} = D\frac{\partial^2 c}{\partial x^2} \tag{9.43}$$

式中，D 为扩散系数，D 的单位为 cm^2/s，t 为时间.

(3)动量输运.

晶体生长体系中流体的各部分的运动速度可能彼此不同，于是流体各部分之间存在有相对运动，这种相对运动，通常称为对流，对流可分为自然对流和强迫对流. 完全由地球的重力场引起的流体流动，称为自然对流. 生长晶体时，晶体的驱动或包围晶体的流体的旋转过程，均可产生强迫对流.

动量输运表现为流体的内部摩擦作用，又称黏滞性，可用黏滞系数 μ 表示. 对于定常流体的运动方程式，可写成如下矢量形式：

$$\frac{\partial v}{\partial t} + (v\cdot\Delta)v = -1/\rho\Delta p + \eta\Delta v + f/p \tag{9.44}$$

式中，v 为流体速度，ρ 为流体密度，η 为流体的运动黏滞系数，而 $\eta = \frac{\mu}{\rho}$，μ 为流体的黏滞系数，p 为压强，f 为作用在流体基元上的体积力，即重力.

(4)对流扩散.

影响质量输运有各种因素，在输运过程往往是相互联系的，运动流体中质量输运有两种完全不同的机制，一种为流体中存在的浓度差时发生的分子扩散；另一种为溶解于流体中的物体质点在流体宏观运动过程中，被流体带动并一起输运，此两种过程之总和，称为流体中物质的对流扩散.

对于不同压缩的定常流体，物体的对流扩散方程式为

$$\frac{\partial c}{\partial t} + v\cdot\Delta c = D\Delta c \tag{9.45}$$

如用分量表示，可将式(9.45)写成如下形式：

$$\frac{\partial c}{\partial t}+v_x\frac{\partial c}{\partial x}+v_y\frac{\partial c}{\partial y}+v_z\frac{\partial c}{\partial z}=D\left(\frac{\partial^2 c}{\partial x^2}+\frac{\partial^2 c}{\partial y^2}+\frac{\partial^2 c}{\partial z^2}\right) \tag{9.46}$$

式中，c 为溶质浓度，v 为流体的流动速度. 一般说来，v 为坐标函数，如果流体中溶体浓度 c 的分布不随时间 t 而变化，即流体如在恒稳状态下，这时$\frac{\partial c}{\partial t}=0$，那么，式(9.45)便变为

$$v\cdot \Delta c=D\Delta c \tag{9.47}$$

如果流体处于静止状态，即 $v=0$，因而式(9.45)就变成斐克方程式，即式(9.42).

(5) 对流传热.

运动流体的热量输运在许多方向与对流扩散相类似，热量和扩散物质一样，可以看做是供对流和分子扩散传输的某些实体，要确定流体中温度分布的方程式是很复杂的，但如果忽略物理常数(密度、比热容、导热系数等)随温度的变化关系，而视为常数，并且不考虑对流传热所引起的能量耗散，那么流体的对流传热方程式可写为

$$\frac{\partial T}{\partial t}+\rho C_p v\cdot \Delta T=k\Delta T \tag{9.48}$$

式中，C_p 为流体的定压热容.

将式(9.48)与对流扩散方程式(9.45)相比较时，可以看出，这两个方程式是非常相似的. 在恒稳状态下，即$\frac{\partial T}{\partial t}=0$，那么，式(9.48)就变成普通的热传导方程式，即变成式(9.40).

9.4.2 边界层理论

当运动的流体接近于固体表面时，流体总是要粘附于固体表面或随着固体表面而运动，这样可以设想在固体表面上形成了一薄的边界层，在边界层内流体的运动速度有较大的变化，其速度从零增加到整体的速度，流体的黏滞性越小，边界层就越薄.

根据晶体生长输运的方式及其效应的不同，而存在着不同类型的边界层，现简要地加以阐述.

(1) Noyes-Nernst 扩散层.

当晶体从溶液中生长或溶解时，单位时间内生长或溶解的物质量 Q 可用下式表示：

当晶体生长时为

$$Q = D\frac{(c - c_0)}{\delta}S, \quad c > c_0 \tag{9.49}$$

当晶体溶解时为

$$Q = D\frac{(c_0 - c)}{\delta}S, \quad c_0 > c \tag{9.50}$$

这里,c 为给定时间内溶液的实际浓度,c_0 为相应条件下的溶液饱和浓度,D 为结晶物质的扩散系数,S 为生长或溶解的晶体面积,δ 为溶质扩散层厚度.

当晶体生长或溶解时,如果 Q, c, c_0 和 D 值均为已知,从式(9.49)或式(9.50)便可求出 δ 值. 同时,实验测定表明,δ 值与溶液运动速度的关系,可用下式表示:

$$\delta \approx \frac{1}{v^n} \tag{9.51}$$

式中,v 为溶液的运动速度,n 为幂指数,它与实验条件有关,其变化范围为$\frac{1}{2} \sim 1$,在一般的搅拌条件下,δ 的数量级为 $10^{-2} \sim 10^{-4}$ cm.

(2)速度边界层.

速度边界层 δ_v 亦称流体动力学边界层 δ_m,当固体在正常流体中运动时,固体表面上便形成了一个薄的边界层,在边界层内的切向速度分量发生急剧的变化,流动速度从零增加到主流的数值 v_0,如图 9.10 所示.

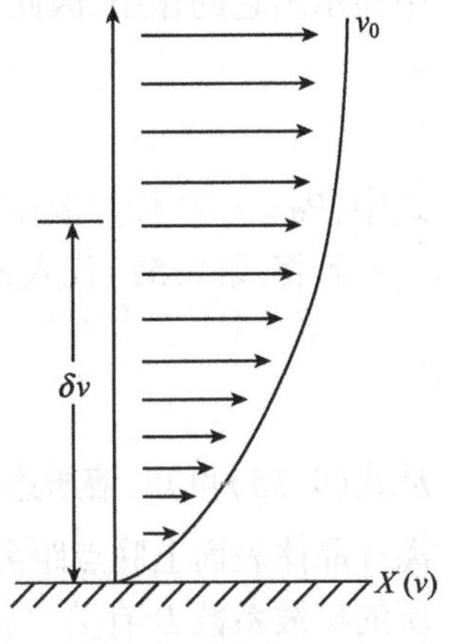

图 9.10 边界层邻近的速度分布

在层内之所以发生流体的阻滞,主要是因黏滞力所起的作用.

在固体表面附近,边界层内的流动可视为平面流动. 令 Y 轴垂直于固体表面,而 X 轴沿着表面流动的方向(图 9.10),利用流体动力学理论,可求得平板的速度边界层 δ_v 为

$$\delta_v = 5.2\sqrt{\frac{\eta x}{v_0}} \tag{9.52}$$

式中,η 为流体的运动黏滞系数,v_0 为流体的主流速度,x 为在平板上坐标.

式(9.52)可定性地适用于具有较小曲率的任意形状的物体.

若圆盘物体绕着垂直于其表面的轴旋转时带动流体运动,其速度边界层厚度 δ_v 可用下式表示:

$$\delta_v = 3.6\sqrt{\eta/\omega} \tag{9.53}$$

式中,ω 为旋转圆盘物体的转速,η 为流体的运动黏滞系数.

当旋转圆盘物体在流体中旋转时,远离旋转圆盘处,流体垂直地流向圆盘,而

在紧靠表面的薄层中，流体具有旋转运动，其角速度随着靠近圆盘的程度而增加，直到等于圆盘物体的角速度，随着圆盘旋转的那一层流体称为速度边界层，从式(9.53)可以看出，$\delta_v \backsim \omega^{-1/2}$，即旋转速度 ω 越大，$\delta_v$ 值就越小，在边界层内，径向及切向速度分量均异于零，在该层之外，只有轴向运动.

用提拉法生长晶体，近似于上述旋转圆盘物质的情况. 旋转晶体引起熔体的强迫对流，通过强迫对流而迫使热量输运，改变了晶体－熔体生长体系的温度场，借此可以控制界面的形状，通过对流所产生的质量输运可改变熔体中和界面附近的溶质浓度的分布，从而影响到界面的溶质分凝效应，借此可以控制晶体中溶质的浓度分布. 因此，熔体中温度和溶质浓度的分布与晶体的转速有关. 从式(9.53)可见，转速对晶体生长的影响可归结为转速 ω 对速度边界层厚度 δ_v 的影响，当 η 越大，而 ω 越小时，则速度边界层 δ_v 值就越大.

(3)溶质边界层.

当溶液的浓度分布主要是由对流传输决定时，整个溶液可以有条件地分成两个区域，即远离晶体表面溶质浓度不变的区域及紧靠晶体表面溶质浓度剧变的区域. 后一区域是一极薄的液体层，而结晶质点(原子或分子等)的扩散在此液体层中显示出它的作用，因此，我们称此液体层为溶质边界层 δ_c，并可用下式表示：

$$\delta_c \approx \left(\frac{D}{\eta}\right)^{1/3}\delta_v = \delta_v / Pe^{1/3} \tag{9.54}$$

式中，$Pe = \eta/D$ 称为佩克莱数(Peclet number).

若将式(9.52)代入式(9.54)，可近似地求得

$$\delta_c \approx D^{1/3}\eta^{1/6}\sqrt{\frac{x}{v_0}} \tag{9.55}$$

从式(9.55)可知，溶质边界层厚度 δ_c 与溶液迎面主流速度 v_0 的平方根成反比，与离开晶体表面上驻点距离的平方根$\sqrt{x}$成正比，并且与溶液的运动黏滞系数 η 及溶质的扩散系数 D 有关，当 $Pe \approx 10^3$ 时，溶质边界层的厚度 δ_c 大约为 δ_v 的1/10.

对于旋转圆盘状晶体的溶质边界层厚度 δ_c 可表示为

$$\delta_c \approx 1.6(D/\eta)^{\frac{1}{3}}\sqrt{\eta/\omega} \approx 0.5(D/\eta)^{\frac{1}{3}}\delta_v \tag{9.56}$$

其中，

$$\delta_v = 3.6\sqrt{\eta/\omega}$$

式(9.56)与式(9.55)完全一致，所不同的地方是它包含了一个确定的数值系数，溶液浓度的变化主要发生在这种边界层内. 在水中，一般的扩散系数值 D 约 $10^{-5}\mathrm{cm}^2 \cdot \mathrm{s}$，而 η 约 $10^{-2}\mathrm{cm}^2 \cdot \mathrm{s}$，这时溶质边界的厚度 δ_c 大约为速度边界层厚度 δ_v 的 5%. 提拉法生长晶体的溶质边界层，近似于旋转圆盘物体的溶质边界层的情况.

这里要特别指出的是,溶质边界层 δ_c 与 Noyes-Nernst 的扩散层(δ)有原则的区别. 例如:

(i)在溶质边界层 δ_c 中,考虑到液体运动及其因对流所引起的质量输运,但在 Noyes-Nernst 的扩散层(δ)中认为液体是静止的.

(ii)在溶质边界层(δ_c)内,考虑了横穿该层的对流和分子扩散,但在 Noyes-Nernst 的扩散层 δ 中完全忽略了切向扩散,并假定该层的厚度在整个固体表面上是相同的,实际上由于质点的切向输运,扩散层在表面各点的厚度是大不相同的.

(iii) Noyes-Nernst 扩散层(δ)在给定的液体运动状态下,被认为是固定不变的,但溶质边界层(δ_c)不具有明显的边界,它代表的是溶液浓度有剧变的区域,而且从式(9.55)可见,溶质边界层(δ_c)的厚度不仅依赖于溶液性质及其流动速度,而且还依赖于扩散系数. 这表明溶质边界层(δ_c)的厚度是依赖于扩散物质的性质,每一种物质都有一定的扩散系数,因而它也就有与其相当的溶质边界层(δ_c). 在给定的搅拌条件下,当几种物质同时扩散时,应该相应地有几种溶质边界层(δ_c)同时存在.

(4)温度边界层.

对于黏滞性很小的液体,在远离固液界面处的温度分布是均匀的区域,而在靠近界面处为温度剧变的区域. 这个温度剧变的区域称为温度边界层(δ_T),在层外,热量输运主要依靠热对流,但在层内,热量输运是通过热扩散的作用.

对于 Pr 数(普朗特数 Prandtl number) $=\eta/K>1$ 的液体,并通过对流搅拌的竖直的固液界面的温度边界层 δ_T,可用下式表示:

$$\delta_T = 1.83\ h[(Gr)(Pr)]^{-1/4} \tag{9.57}$$

式中, Gr 为格拉斯霍夫数(Grashof number),且

$$Gr = ga^3\beta\Delta T\rho^2/\mu^2$$

g 为重力加速度,a 为维度,$\beta=\left(\dfrac{1}{\rho}\right)\mathrm{d}\rho/\mathrm{d}T$,$\Delta T$ 为界面与整体溶液间的温度差, ρ 为密度,μ 为黏度,$Pr=\eta/K$,h 为竖直的界面高度.

对于水平的布里奇曼(Bridgman)晶体-熔体生长体系,温度边界层的厚度 δ_T 为

$$\delta_T = \left\{\frac{203K^2}{\rho^2c^2g\beta G}\left[1+1.58(Pr)-\frac{f\delta_T\rho c}{K}\right]+\frac{203f^2L^2}{c^2g\beta G^3}\right.$$
$$\left.+\frac{406fLK}{\rho c^2g\beta G^2}\cdot\left(1-\frac{f\delta_T\rho c}{2K}\right)\right\}^{1/5}H^{1/5} \tag{9.58}$$

式中, G 是在界面处液体中的温度梯度,H 为界面的整体高度,L 为结晶潜热,K 为热导率,c 为比热,f 为生长速率.

对于用提拉法生长晶体,温度边界层 δ_T 与晶体转速的关系可用下式表示:

$$\delta_T \backsim \omega^{-1/2} \tag{9.59}$$

式(9.59)表明晶体的转速越快,温度边界层 δ_T 越薄. 在导出温度边界层 δ_T 概念之后,固液界面处熔体内的轴向温度梯度可用下式表示:

$$\frac{\delta_T}{\partial z} = \frac{T_B - T_0}{\delta_T} \tag{9.60}$$

式中, T_B 为整个熔体的平均温度, T_0 为凝固点温度.

上面简要地介绍了 δ_v, δ_c 和 δ_T 三种边界层,其彼此间的相互关系可近似地表示为

$$\delta_T = \delta_v (Pr)^{-n}$$

$$\delta_c = \delta_v (Sc)^{-n}$$

$$\frac{\delta_c}{\delta_T} = \left[\frac{(Pr)}{(Sc)} \right]^{1/2} \tag{9.61}$$

式中, n 的数值在 1/3 ~ 1/2, Sc 为施密特(Schmidt)数,而 $Sc = \mu/\rho D_L$, D_L 为溶质的扩散系数.

(5)湍流和强迫对流.

上已所述,在速度边界层内,流体速率随着接近界面而连续减小,在离界面距离相同的流体薄层内,流体的流速是相同的,而各流体薄层间作相对滑动,这种流动称作层流,如图 9.11(a)所示. 另外,在给定条件下,还存在着另一种类型的流动,这种流体的迹线是纷乱而瞬变的,其流动速度是在某一平均值附近做不规则脉动,称这种流动为湍流,如图 9.11(b)所示.

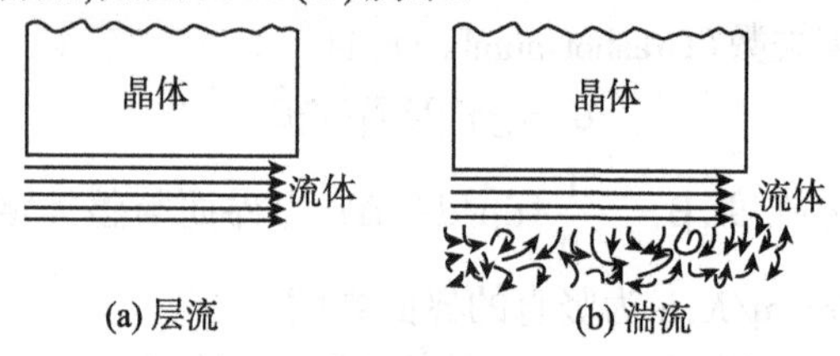

图 9.11　固液界面邻近的液流

流体流动的同时,必然携带着热量,因而在湍流发生时,必然引起温度的无规则的起伏,这种起伏对晶体生长是不利的因素. 湍流状态起源的研究指出,当流体的雷诺数 Re(Reynolds number)超过某一临界值时,流体的流动状态便由层流转变为湍流. 雷诺数 Re 是一个量纲为一的组合,可表示为

$$Re = \frac{lv}{\eta} \tag{9.62}$$

式中, l 为物体几何形状的线度, v 为流体的流速, η 为流体的运动黏滞系数.

用提拉法生长晶体时，通常采用旋转晶体来搅拌熔体，以加速晶体生长的输运过程，借以控制生长界面的分凝效应及其生长速率等．当晶体转动时，界面附近的熔体被带着一起转动，由于离心力的作用而且引起强迫对流，强迫对流的强弱与其雷诺数 Re 大小有关，若单独地旋转晶体或坩埚时，熔体的雷诺数 Re 可用下式表示：

$$Re=\frac{\pi d^2\omega}{\eta} \tag{9.63}$$

式中，ω 为晶体或坩埚的转速，d 为晶体的直径．

当熔体的雷诺数 Re 超过某一临界值时，熔体的强迫对流便由稳定的状态变为不稳定的．从式(9.63)中可以看出，晶体的转速可影响熔体强迫对流的稳定性，有时能引起生长界面翻转．最大允许的晶体或熔体的旋转速度可由下式给出：

$$\omega_c<\frac{(Re)_c\eta}{\pi d^2} \tag{9.64}$$

式中，$(Re)_c$ 为临界雷诺数，ω_c 为晶体允许的最大转速．

(6) 晶体生长界面的有效分凝效应．

在固－液两相平衡时，溶质在固相与液相中的分布情况，可用平衡分凝系数 k_0 表示．

平衡分凝系数 k_0 的定义为

$$k_0=\frac{c_s}{c_l} \tag{9.65}$$

式中，c_s 为在固相中溶质浓度，c_l 为在液相中溶质浓度．严格地讲，c_s，c_l 分别应为在固相和液相中的溶质活度．

根据溶质边界层理论，当晶体生长时，对于平衡分凝系数 $k_0<1$ 的溶质，离开界面的扩散速率应等于因生长而聚集的速率，这样

$$c_l(1-k^*)f=D_l\left(\frac{\partial c}{\partial x}\right)_{x=0}=D_l\left(\frac{c_l-c_{B_l}}{\delta_c}\right) \tag{9.66}$$

式中，c_l 为界面的溶质浓度，k^* 为界面的分凝系数 $\left[k^*=\frac{c_s}{c_l(0)}\right]$，$D_l$ 为溶液溶质的扩散系数，f 为晶体生长速率，c_{B_l} 为整体溶液的浓度，δ_c 为溶质边界层厚度．有效分凝系数 $k_{有效}$ 应为 $\frac{c_s}{c_{B_l}}$ 的比值，利用式(9.65)，可求得

$$k_{有效}=\frac{c_s}{c_{B_l}}=\frac{k^*c_l}{c_{B_l}}=\frac{k^*}{1-f(\delta_c/D_l)(1-k^*)} \tag{9.67}$$

晶体中溶值浓度 c_s 分布为

$$c_s=k_{有效}\cdot c_{B_l} \tag{9.68}$$

由此就可将 c_s 与 $k_{有效}$、工艺参数 f 和 δ_c 联系起来了．

§9.5 晶体生长界面结构理论模型

晶体生长过程实际上就是生长基元,从晶体周围环境相中不断地通过固——液界面进入晶格座位的过程,但周围环境中的生长基元,如何通过固——液界面而进入长程有序的晶格座位,在进入晶格座位过程中又为何受界面结构的制约等问题需要回答,因此,要理解晶体生长过程,就首先要了解生长界面的热力学性质及其结构等问题.

从原子尺寸的出发,多少年来,不少科学家为了解决晶体生长机制问题,曾先后相继提出了一些晶体生长界面结构理论模型,随后在这些理论模型的基础上,不断地发展了晶体生长界面动力学,近年来利用电子计算机模拟发展了聚合物(晶体)材料与蛋白质晶体学.

晶体生长界面存在不同类型,如光滑面、位错面、粗糙面、有吸附层界面等. 针对这些不同类型的界面,相应地提出了各种界面结构理论模型,现仅举几例说明[1-2,17-19,21,24-28].

9.5.1 光滑界面理论模型

此种模型首先是由考塞尔于1927年提出来的,后来由Stranski和Kaischew等加以发展,现称为考塞尔界面理论模型. 如图9.12所示.

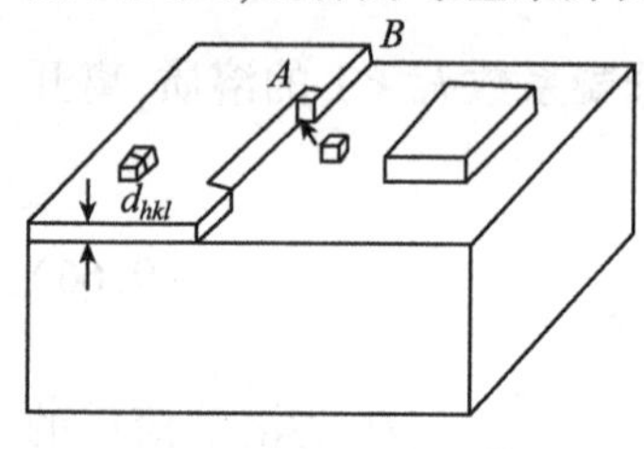

图9.12 考塞尔结构模型

图9.12显示出了正在生长过程中的一个晶面,生长时,在光滑面上首先形成二维晶核,一旦二维晶核形成后,在生长晶面上就出现台阶,在台阶上就会出现三面角位置,此称为扭折(kink),该位置的束缚能最强,因而也最能归并生长基元(原子、分子). 这种位置为晶体生长最佳的生长位置,当原子或分子由稀薄环境相(气相或液相)被吸附在生长晶面上,以一定的概率扩散至扭折上,扭折的延伸使台阶AB得以发展,随着台阶的发展,晶面逐步铺开,当一层铺完以后,在新的完整晶面上需要再形成二维晶核,再出现台阶与扭折,生长基元又相继地堆砌起来,晶体以一层又一层的原子厚度d_{hkl}生长,循环往复,晶体便逐渐长大. 考塞尔晶体生长机制包括一系列过程,例如:原子从稀薄环境向扭折处作三维扩散、吸附原子从生长晶面向扭折处作二维扩散,扭折的延伸,台阶的扩展,未铺满原子层的扩展和光滑面上二维成核等,晶体生长速率取决于扭折密度和扭折归并原子的能力等. 但在光滑面上形成二维晶核,实验证明比较困难.

考塞尔晶体生长机制,后来经过不少人的修正,最后形成了甚为完整的 Burton-Cabcera-Frank 晶体生长理论,简称 BCF 理论,时至今日,人们仍经常引用此理论模型来说明晶体生长所出现的现象.

9.5.2 螺旋位错理论模型

此种晶体生长理论模型,通常称为非完整光滑面模型,这一理论模型是在 1949 年由弗兰克(Frank)首先提出来的.

在光滑的生长界面上开始的台阶源是从何而来,这曾经是一个引人注意的研究课题. 在光滑的界面上形成二维临界晶核后,就可出现台阶源,但根据理论计算得出,在光滑界面上形成二维临界晶核时,若从气相或溶液中生长时,所需要的过饱和度为 25% ~50%,但是在实验上观察得出,晶体在很低的过饱和度的情况下(不到 1%)就能生长,而且生长出来的晶体质量与光滑界面生长的晶体相比,几乎没有什么区别,为了解决这一理论与实际的矛盾,当时弗兰克考虑晶体结构的不完整性,认为晶体生长界面上的螺旋位错露头点可作为晶体生长台阶源,这样便可成功地解释晶体在很低的过饱和度下,就能够生长的实验现象,后来在实验上完全证实了这种螺旋位错生长的存在,并可影印出螺旋位错生长运动的实验现象.

最简单的螺旋位错生长模型,如图 9.13 所示.

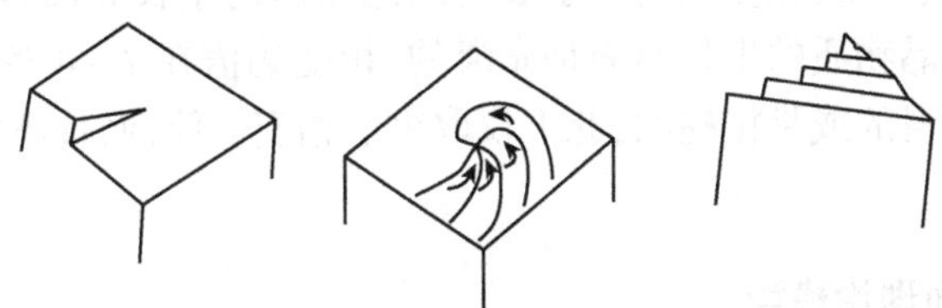

图 9.13 螺旋位错生长模型

根据螺旋位错生长模型,晶体生长过程中,就不再需要形成二维临界晶核,而在螺旋位错露头点处使可提供一个永不消失的台阶源,晶体将围绕螺旋位错露头点旋转生长,而螺旋式的台阶源将不随着原子或分子面网一层又一层铺设而消失,而是存在螺旋式的连续生长,晶体的这种生长方式称为螺旋线生长.

虽然弗兰克当时就指出,能提供永不消失的台阶源的位错,不一定是螺旋位错,然而迄今人们只对螺旋位错生长机制有较深刻的理解,故一提到位错生长机制时,都笼统地称为螺旋位错生长,近些年来实验观察结果表明,除了螺旋位错外,刃型位错、层错、孪晶界以及重入角等都可成为生长台阶源,而位错缺陷是晶体普遍存在的现象.

9.5.3 粗糙界面理论模型

粗糙界面理论模型是杰克逊(Jackson)于 1958 年提出来的,通常又称为双层界面模型,该模型只考虑晶体表层与界面层两层间的相互作用. 所设想的简单双层界面模型是针对简单立方结构晶体而言的,吸附原子进入到界面上是随机的,环境相为连续流体,并设想流体原子与流体原子以及晶相原子与流体相原子均无相互作用,表面键能只考虑吸附原子之间最近邻的相互作用. 杰克逊所设想的粗糙界面理论模型如图 9.14 所示.

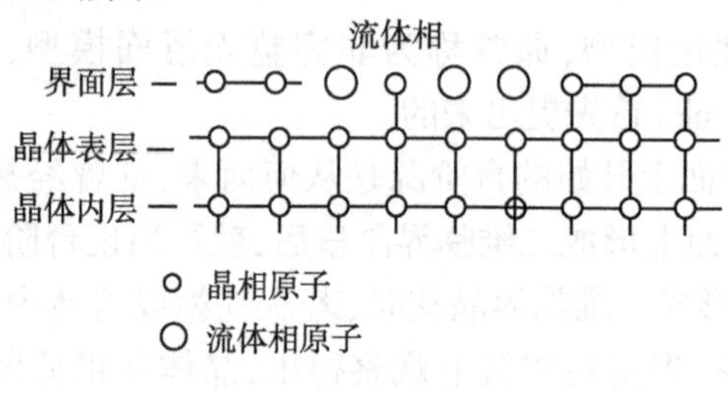

图 9.14 粗糙界面理论模型

单原子层内所包含的全部晶相与流体相原子都位于晶格座位上.

设想这种模型根据的理论基础是在恒温恒压条件下,在界面层(单原子层)中流体相原子转变为晶相原子所引起的界面层中吉布斯自由能的变化. 最终所要解决的主要问题是什么样的物质的晶体生长界面是粗糙的,什么样的物质的生长界面是光滑的,一般来讲,相变熵值小于 2 的结晶物质的生长界面是粗糙的,而相变熵值大于 4 的结晶物质的生长界面是光滑的,相变熵值在 2 ~ 4 的结晶物质,其晶体生长界面是光滑的或是粗糙的,此不仅取决于相变熵值,而且还取决于界面的取向因素等.

9.5.4 扩散界面理论模型

在实际晶体生长体系中,单层界面模型与实际晶体的生长界面相比是有很大差异的. 1966 年特姆金(Temkin)提出了扩散界面理论模型,又称为多层界面模型,如图 9.15 所示.

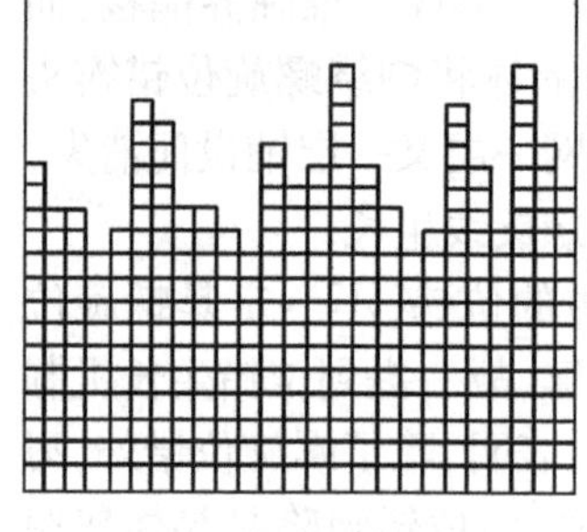

图 9.15 扩散界面模型

特姆金的设想的晶体属于正(四)方晶系,晶—流界面由无数层组成,每个生长基元看做正方块,界面晶格座位由晶相原子和流体相原子所占据,在整个界面上,正方晶相块与连续流体相接触,在整个生长过程中,晶相块仅能在晶相块上堆积,再则,虽然把流体相视为分离的流体块,但仍把流体空间视为均匀的连续流体,界面形状仅由晶相块形状决定. 晶—流块、晶—晶块、流—流块之间仅计其最邻近的相互作用.

此种模型所根据的理论基础为平衡热力学,当相界面由光滑面变为粗糙面时,所引起的体系的吉布斯自由能 G 的变化 ΔG 是可以估算的. 所要解决的主要问题是在热平衡状态下来确定固——流界面的扩散度,意即界面是锐变的还是弥散的界面等问题.

9.5.5 蛋白质晶体生长的微观模型[25,26,37,40]

蛋白质是所有生物体的主要组装单位,人们在日常生活中,从提供人类的滋养品到抵抗疾病等都离不开蛋白质,而蛋白质的功能取决于它的结构. 自 20 世纪中期以来,由于电子计算机的迅速发展,大大地增强了人们对蛋白质晶体结构分析的能力,但要测定蛋白质晶体结构,首先遇到的一个问题,就是能够生长出符合 X 射线衍射分析要求的晶体样品,但由于蛋白质晶体结构的复杂性、蛋白质单体多样性和多变性,致使生长蛋白质晶体生长条件难以控制,因而生长出优质完整符合 X 射线衍射测定的晶体样品,长期以来成为确定蛋白质结构的瓶颈. 为了减少地球重力对晶体生长的影响,自 1973 年起,人们开始在宇宙空间中微重力条件下生长晶体,同时,在地面上进行了大量实验和理论模拟,探索了从光电子晶体和蛋白质生物大分子晶体生长,生长出几十种蛋白质晶体,其中有半数以上符合 X 射线衍射的要求,晶体的尺寸,其边长为 2.0mm 以上.

蛋白质种类繁多,现已测定出结构的仍为极小数. 从当前根据文献报道来看,有人认为先进的晶体生长研究——蛋白质结晶是关键.

新近 A. M. Kierzek 较全面地总结了蛋白质晶体生长和理论研究成果,提出了蛋白质晶体生长的微观模型. 该模型以四方晶系的溶菌酶晶体(tetragonal lysozyme crystal)为具体对象. 以电子计算机为运算工具,将此可逆的模型用于研究晶体成核和生长,假定单体连接到生长晶体的概率与蛋白质体积百分率(%)和表示蛋白质分子的各向异性取向因子成正比,脱离速率依赖于晶格中给定单体的结合自由能,此由掩盖的表面积算起,提出的算法能够使晶体生长过程,由自由单体到含有 10^5 分子的络合物, 即具有已形成面的微晶,此模拟正确地复制出选定模型体系——四方溶菌酶晶体的形态,预期了微晶的临界尺寸,当超过此临界尺寸后,晶体生长速率迅速地增大. 决定蛋白质结晶动力学的主要因素是蛋白质分子的几何形状和所产生在生长通道上的动力学陷阱的数目,模拟结果表明,蛋白质晶体生长困难,不仅因为寻找适宜的生长条件的困难,甚至在理想的生长条件下,蛋白质晶体也不易于生长,这是因为蛋白质分子具有高度的各向异性.

四方溶菌酶晶体形成的计算机模拟表明,四聚体不含有任何好的生长位置,10 个分子形成的络合体(物)含有少量生长位置. 100 个分子形成的络合体含有更多的生长位置,当由 1000 个分子形成的络合体已出现(110)面,两个(110)面闭合成棱,类似于台阶结构,台阶的棱具有好的生长位置. 1000 个溶菌酶分子形成的单体(类似于微观晶体)如图 9.16 所示.

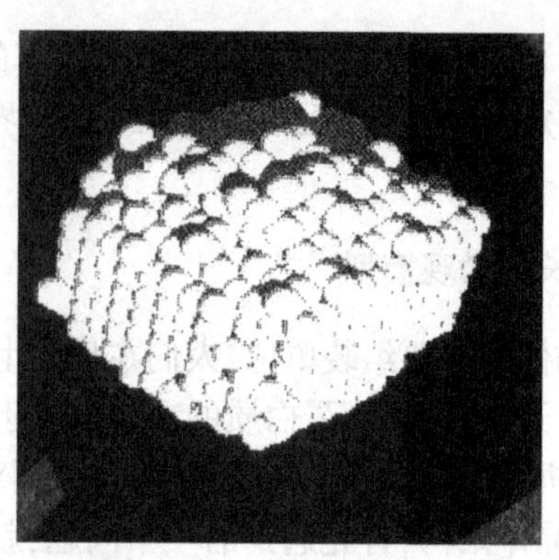

图 9.16　计算机模拟的 1000 个溶菌酶分子所构成络合体(物)

模型的表达程序:

(1)随机行走模拟(random walk simulation)

(2)点阵几何(学)和能量计算(lattice geometry and energy calculation)

(3)拆开(分离)的概率(probability of detachment)

(4)模型参数(parameters of the model)

(5)晶体生长模拟的快速计算法(fast algorithm of crystal growth simulation)

(6)开始的络合体(物)的发生(generation of the initial complex)

§9.6　晶体生长动力学[5,22,24,25－30,37,40－42]

晶体生长动力学研究的最终目的是探索在各种生长条件下晶体的生长机制,以便为生长优质完整晶体提供理论依据. 晶体生长动力学的研究内容是基于生长基元(原子、分子、络合基团)微观运动规律,寻求晶体生长速率与其生长驱动力之间的有机联系.

晶体生长界面动力学规律决定于生长机制,而生长机制又决定于生长过程中的界面结构. 因此,生长(界面)动力学与界面结构密切相关. 晶体的最终形态是由晶体的各个晶面的相对生长速率所决定的. 晶体生长的外界环境,诸如:杂质、掺质、温度、溶液浓度或熔体的过冷度等均能改变晶体的形态,因此晶体生长机制与其环境相有着密切的关系.

晶体生长理论问题很多,并日益向有关学科渗透. 现仅就以光滑面、螺型位错面、粗糙面、扩散面和蛋白质晶体生长等的生长机制及其动力学规律,简要地加以论述.

9.6.1 光滑界面的生长

晶体从气相中生长,或从溶液中生长,当其生长界面为原子级光滑面时,原子或分子被吸附在界面上,这时被吸附的原子通过扩散、聚集而形成二维晶核,二维晶核在界面上一旦出现,生长体系就增加了棱边能,此种棱边能的效应与三维晶核的界面能效应完全类似,它构成了二维晶核的热力学势垒. 因此,只有当二维晶核尺寸达到临界大小时,才能自发地生长.

现在,从能量的观点出发,估计一下,在一定的生长驱动力作用下,二维晶核的临界尺寸 r_c 与其相应的形成功 $\Delta G_c(r_c)$ 的大小,为了简便起见,并假定所形成的二维晶核是半径为 r 的圆形台阶,如图 9.17 所示.

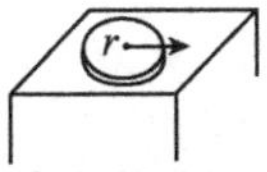

若单位长度台阶的棱边能为 γ,单个原子所占据的面积为 a,生长驱动力为 Δg_v,当二维晶核形成时,所引起的生长体系中的吉布斯自由能 $G(r)$ 的变化 $\Delta G(r)$ 为

图 9.17 光滑面上二维成核示意图

$$\Delta G(r) = -\frac{\pi r^2}{a}\Delta g_v + 2\pi r\gamma \tag{9.69}$$

式(9.69)右边第一项表示有$\frac{\pi r^2}{a}$个原子从流体相进入晶相后,体系的吉布斯自由的减少,第二项表示由于二维晶核的形成,所引起的棱边能,使体系的吉布斯自由能的增加,这项能量的存在导致光滑面难以成核. 但如果二维晶核的直径较大时,式(9.69)中的能量与 r^2 成比例的负值项占优势,即 $\Delta G(r)<0$,因而晶核可自发地生长. 若二维晶核的直径较小时,体系的能量变化与 r 成比例的正值项占优势,即 $\Delta G(r)>0$,晶核便自发地溶解. 令$\frac{\partial G}{\partial r}=0$,可求得二维晶核临界半径 r_c 大小为

$$r_c = \frac{r_a}{\Delta g_v} \tag{9.70}$$

将式(9.70)代入式(9.69),求得 $\Delta G(r_c)$值

$$\Delta G(r_c) = \frac{\pi a r^2}{\Delta g_v} = \frac{1}{2}(2\pi r_c\gamma) \tag{9.71}$$

事实上,棱边能 γ 应是各向异性的,但在这里为处理问题简便起见,将它视为各向同性.

若流体原子或分子在光滑界面上碰撞的频率为 ν_0,可近似地求得在单位时间内单位面积上形成的二维晶核数目,即成核概率为

$$J = \nu_0\exp(-\Delta G(r_c)/kT) \tag{9.72}$$

若光滑面的面积为 S,在该面积上单位时间内的成核数目显然应为 $J\cdot S$. 连续两次成核的周期(间隔)可近似地表示为

$$t_n \approx 1/(J \cdot S) \tag{9.73}$$

二维晶核一旦形成,所出现的台阶在生长驱动力作用下,沿晶面运动,当台阶扫过整个晶面 S 时,则晶体生长一层原子或分子厚度. 一个二维临界晶核的台阶扫过整个晶面所需要的时间 t_s,约为

$$t_s \approx \sqrt{S}/\nu_\infty \tag{9.74}$$

式中, ν_∞ 为单个直台阶的运动速率.

若 $t_n \gg t_s$ 时,表明二维晶核形成后,在新的二维晶核再次形成以前,有足够时间让该晶核的台阶扫过整个晶面,于是下一次二维晶核将在新的晶面上形成,这时每隔时间 t_n,晶面就生长一层原子或分子层,因此晶面法线方向上的生长速率 R_n,可近似地写为

$$R_n \approx a/t_n = aJ \cdot S = aS\nu_0 \exp\left(-\frac{\pi a \gamma^2}{kT\Delta g_v}\right) \tag{9.75}$$

上述这种生长方式称为单二维晶核生长,单二维晶核生长的特点是生长速率 R_n 正比于生长界面的面积 S.

若 $t_n \ll t_s$ 时,表明单二维晶核的台阶扫过整个生长界面所需要的时间远远超过连续两次成核的时间间隔,因而晶面每增长一个原子层,需要两个以上的二维晶核,这样的生长方式,称为多二维核生长. 在多二维核生长的情况下,生长界面的各个生长位置上均可产生二维晶核,其生长二维图像如图 9.18 所示.

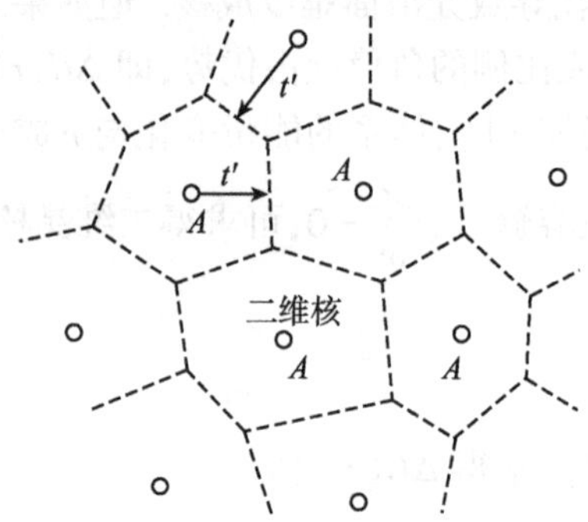

图 9.18　多二维晶核生长

当所相邻的二维晶核台阶相遇时,台阶自然消失,而不留任何痕迹,这是因为生长方位相同的缘故,这样晶面便生长了一层原子间隔(a). 若在光滑面上出现二维晶核到所有相邻二维晶核的台阶相遇而消失,其平均的时间间隔为 t',并且假定平均来说,一个二维晶核所扫过界面面积为 A,则 $t' \approx \sqrt{A}/v_\infty$. 根据 t' 与 A 的定义可知,在时间间隔 t' 内,在面积为 A 的界面上,只能出现一个晶核,即 $J \cdot A \cdot t' = 1$,从而求得

$$t' \simeq \sqrt{A}/v_\infty = \frac{1}{J \cdot A} \tag{9.76}$$

由式(9.76)可得

$$\sqrt{A} = (v_\infty/J)^{1/3},\quad t' = v_\infty^{-2/3} \cdot J^{-1/3}$$

在二维晶核平均时间间隔内，由于晶面生长一个原子的厚度 a，故晶体的法向生长速率为

$$R_n \approx a/t' = a v_\infty^{2/3} J^{1/3} \tag{9.77}$$

9.6.2　螺旋位错生长

在有螺旋位错露头点的生长界面上，其晶体生长机制与二维成核机制是不同的. 晶体生长起源于生长界面上螺旋位错露头点的台阶，在生长过程中台阶永不消失，露头点提供了一个连续起作用的台阶源，生长界面为一连续的螺旋面，这样当晶体生长时就不再需要二维成核. 螺旋位错露头点周围台阶的发展阶段如图 9.19所示.

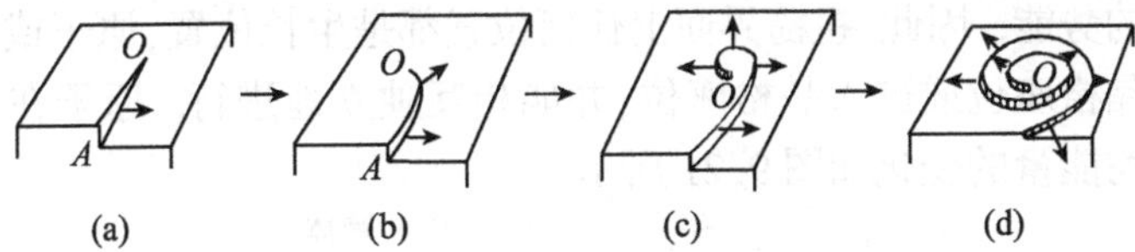

图 9.19　螺旋状台阶的发展阶段

当螺旋位错露出于生长界面的初始阶段时，所形成的台阶 OA 为一直线，速度为垂直于台阶本身，台阶的一端固定于位错露头点 O，见图 9.19(a)，台阶运动后，在露头点 O 附近台阶必然变成弯曲，见图 9.19(b). 由于台阶不同部分运动的线速度相同，而其角速度随着离开露头点 O 距离的增加而减小，所以当台阶的各部分绕露头点 O 旋转的角度不等时，其形状将一直发生变化，见图 9.19(b) ~ (d)，而且此弯曲台阶愈接近位错露头点 O，其曲率半径愈小，台阶的运动速率亦愈小. 在露头点 O 处台阶速率为零，故其曲率半径为临界半径 r_c. 随着台阶运动的轨迹，就形成了螺旋线花纹，见图 9.19(d)，当螺旋线达到稳定形状后，晶体将是以整个螺旋线台阶等角速度旋转生长，并在光滑界面上形成螺旋线式的生长丘，如图 9.20所示. 在具有一定的过饱和度条件下，螺旋线旋转的稳定条件为

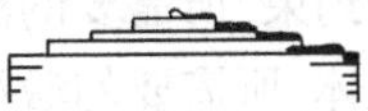

$$v_\varphi / r = \omega = \text{常数} \tag{9.78}$$

图 9.20　螺旋状生长丘

式中，v_φ 为螺旋线的切向速度，r 为螺旋线的半径，ω 为螺旋线的角速度.

若光滑界面的面网间距为 a，则晶体的法向生长速度为

$$R = (\omega/2\pi) a \tag{9.79}$$

螺旋线状台阶运动速度 $v(\rho)$ 与其曲率半径 ρ 间的关系为

$$v(\rho) = v_\infty (1 - r_c/\rho) \tag{9.80}$$

式中，v_∞ 为直线台阶的运动速度，r_c 为二维临界晶核的半径．在 $v(\rho) = 0$ 的位错露头点 O 处，应当有 $\rho = r_c$．相邻螺旋之间的距离 λ 应为

$$\lambda = 2\pi r_c \tag{9.81}$$

更精确的计算所得的结果为

$$\lambda = 19 r_c \tag{9.82}$$

晶体的法向生长速率为

$$R_n = \left(\frac{a}{\lambda}\right) v = \left(\frac{a}{19 r_c}\right) v = a \cdot v \cdot \Delta g_v / 19\Omega\gamma \tag{9.83}$$

式中，γ 为比界面自由能，Ω 为单个原子或分子的体积，v 为台阶运动速度．

9.6.3　粗糙界面的生长

大多数晶体的熔体生长是在粗糙面上生长．粗糙界面上的任何原子或分子都是具有相同的势能．因此，粗糙界面上任何位置都是生长位置，原子或分子可同时离开界面上晶格座位或进入晶格座位，并能相互独立地进行．原子在界面上晶格座位附近平均能量的变化如图 9.21 所示．

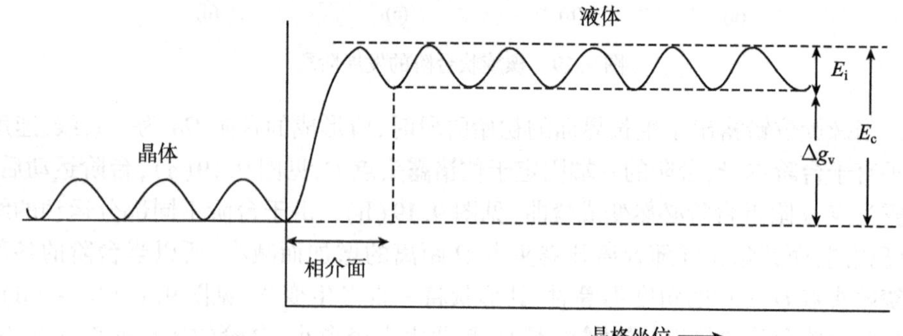

图 9.21　原子在界面晶格座位附近的平均能量变化

在温度 T(K)时，流体原子欲穿越界面进入晶格座位，必须克服其近邻流体原子的约束，所需要的激活能为 E_l．同样，处于界面晶格座位上的原子欲穿越界面进入流体，所需要的激活能为 E_c，此二者的激活能之差 $E_c - E_l = \Delta g_v$，这正是一个流体原子转变为晶体原子时的吉布斯自由能的降低值，即生长驱动力 Δg_v．若界面上原子座位总数为 N_0，界面的原子间距为 a，原子在晶体和流体中的热振动频率为 γ，这样界面上进入晶格座位的流体原子总数为

$$N_l = N_0 \exp(-E_l/kT) \tag{9.84}$$

单位时间内，界面上离开晶格座位而进入流体的原子总数为

$$N_c = N_0\exp(-E_c/kT) = N_0\exp[-(E_l+\Delta g_v)/kT] \tag{9.85}$$

于是在单位时间内界面上进入晶格座位的净原子总数为

$$N = N_l - N_c = N_0\gamma\exp(-E_l/kT)\left[1-\exp\left(-\frac{\Delta g_v}{kT}\right)\right] \tag{9.86}$$

当进入界面的净原子总数 N 等于界面座位总数 N_0，晶体就生长了一个原子间距 a，故晶体的法向生长速率为

$$R_n = \frac{N}{N_0}\cdot a = a\cdot\gamma\exp(-E_l/kT)[1-\exp(-\Delta g_v/kT)] \tag{9.87}$$

当熔体生长体系温度接近于熔体熔点 T_0 时，则

$$\Delta g_v \ll kT,$$

而 $\exp(-\Delta g_v/kT)\approx 1-\Delta g_v/kT$，将它代入式(9.87)，即可求得

$$R_n = a\gamma\exp(-E_l/kT)\left[1-1+\frac{\Delta g_v}{kT}\right]$$

$$= a\gamma\exp(-E_l/kT)\cdot\frac{\Delta g_v}{kT}，\text{而 } \Delta g_v$$

$$= l_{cl}\frac{\Delta T}{T_0}$$

于是

$$R_n = \frac{a\gamma l_{cl}}{kT\cdot T_0}\exp(-E_l/kT)\Delta T \tag{9.88}$$

或者

$$R_n = c\cdot\Delta T \tag{9.88$'$}$$

式中

$$c = \frac{a\gamma l_{cl}}{kT\cdot T_0}\exp(-E_l/kT)$$

称为动力学常数.

式(9.88′)表明晶体的法向生长速率与熔体的过冷度 ΔT 成线性关系，并预言，即使 ΔT 很小，相应的生长速率也是很大的.

9.6.4 扩散界面的生长

扩散界面是一液相缓慢地转为晶相的空间区域，这一区域具有许多原子层厚度. 考虑到具有这种界面的晶体生长，不是一个原子或分子的单独进入晶相的，而是在扩散界面范围内，许多原子团协调地从液相转变为晶相的，就像铁磁体的磁畴壁的转移一样，如果把界面作为一系列原了层来考虑，而层与层间相互反应的反应常数是无法计算的.

卡恩(Cahn)为了讨论一般固相内发生相变时两相界面的稳定形态参数，把晶体作为完全有序态，把液体作为无序态，而中间界面视为局部有序，因此容许有局部能量的差值，卡恩还假定了存在有同局部无序变化成比例的能量差值，使界面发生扩散作用，称为梯度能，根据连续体模型处理的结果，界面自由能是界面位置的周期性函数. 意即

$$\sigma(x) = \sigma_0[1 + g(x)] \tag{9.89}$$

式中，σ_0 为界面自由能 σ 的最小值. 经理论计算表明

界面自由能 σ 在固液界面连续移动时的变化，如图 9.22 所示

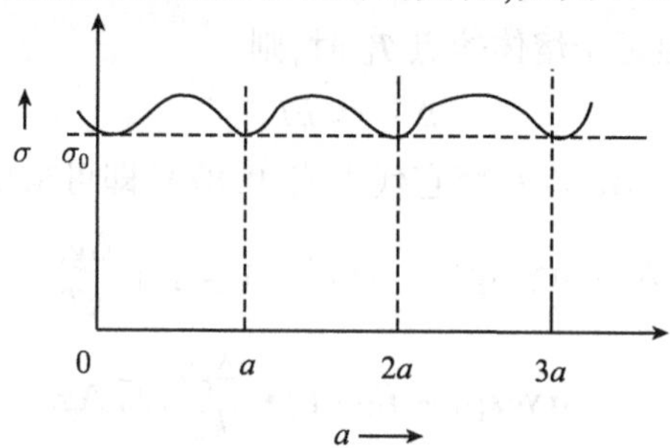

图 9.22　界面自由能在界面连续移动时的变化示意图

从图 9.22 中可以看出，随着界面的平行移动，界面自由能的极大和极小的变化，表现为晶格常数 a 的周期性特征.

9.6.5　蛋白质晶体生长

研究蛋白质(Protein)晶体生长、结构与生物功能等问题，不仅为了人们日常生活所需要的营养物质，而且从长远的角度来看，人们为了认识生命及其揭开生命起源的奥秘，显然这一研究领域具有重大意义. 近半个世纪以来，人们从研究蛋白质和核酸开始，正在一步又一步地探索着前进，而且这一研究课题具有综合性多学科交叉的性质，其中包括分子生物细胞学、生物物理、生物化学、生物医学、药学和病理学等多种学科的交叉.

当前人们对蛋白质结晶理论与实践，对蛋白质的合成(生长)、结构及其功能的研究，虽然已积累了大量的文献资料，但单就对蛋白质晶体结构测定出的结果来看，据文献资料统计还不到 1%，对蛋白质在人体的功能研究仍是初步的，均有大量的研究工作要做.

为了对蛋白质具体的精细结构有所认识，现已有多种研究工具来测定其结构，诸如核磁共振、X 射线衍射、电子衍射、中子衍射和原子力显微镜等，其中最常用的测定工具为 X 射线衍射，在测定其结构时，首先遇到的一个关键性问题是蛋白质晶体的质量和尺寸大小的问题，意即如何才能生长出符合衍射精密测定结构的蛋

白质晶体样品. 蛋白质分子属于一种复杂多变而具有折叠型的生物大分子,分子与分子间相互作用力甚弱. 采用通常的溶液法生长蛋白质晶体,由于地球的重力场作用,所引起自然对流,很难生长出符合 X 射线衍射法精确测定其结构要求的单晶样品.

从 20 世纪 80 年代初期,随着空间科学的发展,人们便开始在太空微重力的条件下来生长蛋白质单晶体,由于在太空中生长晶体,消除了自然对流对晶体生长的影响,确实地生长出一批符合 X 射线衍射法精确测定其结构要求的蛋白质晶体样品,30 多年来大大地推动了蛋白质晶体学的发展.

当蛋白质晶体在微重力条件下生长,由于在那里没有对流对晶体生长的影响,生物大分子主要通过缓慢地扩散的途径来进行质量输运,从而使晶体生长边界形成了一个耗尽带(depletion zone),晶体生长速度显著地降低,较大的杂质较少地进入晶体,有利于保证生物大分子在晶体结构中排列的有序,因此在微重力条件下生长晶体的质量优于在地面上生长的.

当前,在太空中生长“难生长”的晶体的工作,人们仍在继续地研究如何控制在微重力条件下,进行最佳的蛋白质晶体生长,进一步探索蛋白质晶体生长动力学等问题. 同时,研究在地面上如何利用强磁场产生微重力场,以便生长生物大分子晶体. 从经济方面考虑,在太空宇宙飞船上生长蛋白质晶体,其造价十分昂贵,而且不易控制.

9.6.6 蒙特卡罗法模拟晶体生长

20 世纪 70 年代初期,人们就开始利用蒙特卡罗法(Monte Carlo method)模拟晶体生长过程,首先对晶体生长界面平衡结构进行计算机模拟,这种方法是以概率论和数理统计为理论基础,将随机数(random numbers)或者准随机数(pseudo-random numbers)应用于晶体生长过程的计算机模拟.

计算机模拟(computer simulation),最初从研究处于热平衡的界面结构和界面生长速率开始的,后来发展到研究二维成核、螺旋位错和周期键链(periodic bond chain,PBC)等理论,并考虑到吸附原子在生长界面上迁移等各种运动状态,研究晶体生长速率与晶体生长形态等. 最初用计算机精细地计算了晶相与流体相处于热平衡界面结构的稳定形态,所得到的界面形态与温度 T 变化的关系,如图 9.23 所示.

在图 9.23 中, 由下往上温度越来越高,从图中所显示的界面形态表明,温度越高,界面也越粗糙,此种情况与实验事实相符合.

近半个多世纪以来,由于计算机科学与技术的迅速发展,可以说全面地推动了整个近代科学与技术的发展,计算机技术应用范围日益扩大. 单仅就蒙特卡罗法在研究分子计算范围内,通常遇到的应用就有五种不同类型.

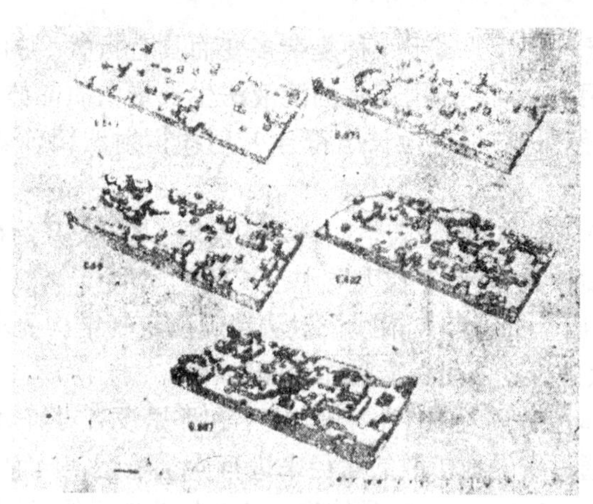

图 9.23　蒙特卡罗模拟的界面形态与温度 T 的关系

(1)经典性蒙特卡罗法,简称 CMC,可用于计算物质体系玻尔兹曼(Boltzmann)分布,以便求得其热力学性质、最小能量结构或速率系数等.

(2)量子化的蒙特卡罗法,简称 QMC,可用于计算物质体系的量子力学能量和波函数,以便解决电子结构方面的问题,计算时,以 schröedinger 方程为出发点.

(3)路径积分(path integral)蒙特卡罗法,简称 PMC,运用量子统计力学积分来计算,以便获得物质体系热力学性质,以至速率系数等计算时,以 Feynman 的路径积分作为出发点.

(4) 容量的蒙特卡罗法,简称 VMC,以随机和准随机数(random and quasirandom number)发生器(generators)被用于产生分子体积和样品分子相空间表面积.

(5)模拟蒙特卡罗法,简称 SMC,以随机算法用于产生样品的初始条件和实际上的模拟过程. 常用于晶体生长的动力学蒙特卡罗(kinetic Monte Carlo)法只是 SMC 法中的一种实例.

当前,利用计算机模拟晶体生长,不仅仅利用现成的理论模型来模拟晶体生长界面结构与形态、晶体台阶面的生长等,而且已用来模拟各种不同类型的具体的晶体生长及其所出现的物理现象,所采用的模拟方法多为动力学蒙特卡罗法,诸如:聚合物晶体生长和结晶过程,蛋白质晶体折叠和非折叠型生长、钙钛矿晶体生长、铁电合金晶体生长、化学气相沉积金刚石薄膜生长、多晶薄膜生长、溶液法生长脲素单晶生长等. 总之,从分子、原子的角度采用动力学蒙特卡罗方法模拟晶体生长的文章日益增多,说明了模拟生长晶体与真实生长晶体两者已密切地结合起来.

关于动力学蒙特卡罗法模拟晶体生长,所涉及的具体方法、理论依据、模拟程序等有的已编制成晶体生长模拟软件(crystal growth simulation software),可参阅所属的具体文献的研究成果与综述性文献,看来计算机理论与技术,在研究晶体生长,已获得一定的成效,已有效地推动了晶体生长科学与技术的发展.

§9.7 单晶体生长方法

人工生长单晶体的种类甚多,有各种不同的生长方法,采用哪一种方法更为适宜,可根据结晶物质的物理化学性质来加以选择,现仅就根据结晶物质的熔体、溶液、气相和高温高压等较典型的生长单晶体的方法,简要地作介绍[1,22,37-39,43-48,51,52].

9.7.1 从熔体中生长单晶体

从熔体中生长单晶体的研究已有百多年的历史,也是研究得最为广泛的一种工艺和技术,它对现代科学技术发展起着重要的作用,光学、半导体、激光技术、闪烁体,非线性光学等所需要的单晶材料,大多数是从熔体中生长出来的,诸如:Si,Ge,GaAs、Nd:$Y_3Al_5O_{12}$(Nd:YAG),$Bi_4Ge_3O_{12}$,$LiNbO_3$,$LiTaO_3$ 等大单晶体. 从熔体中生长晶体的工艺和技术已发展到相当成熟的程度,对批量生产过程的了解也日益深入,高质量、大直径的硅(Si)、Nd:YAG、$Bi_4G_3O_{12}$、$LiNbO_3$ 等单晶都已走向产业化的道路,而且经久不衰,就是实例.

当结晶物质的温度高于熔点时,它就熔化为熔体. 当熔体的温度低于凝固点时,熔体就转变为结晶固体,因此晶体从熔体中生长,只涉及固-液相变过程,这里的熔体是在受控制条件下的定向凝固过程,在该过程中,生长基元(原子或分子)随机堆积的阵列转变为有序阵列,这种从无对称性结构到有对称性结构的转变,不是一个整体效应,而是通过固-液界面的移动而逐渐完成的. 从熔体中生长单晶,首先要在熔体中引入籽晶,控制熔体中无晶核发生,然后在籽晶与熔体相界面处进行相变,使籽晶逐渐长大. 为了促成晶体不断长大,相界面处的熔体必须处于过冷状态,而熔体的其余部位则必处于过热状态,使其避免出现新的晶核,并保持生长界面的稳定性,而晶体生长的驱动力来源于熔体的局部过冷. 晶体生长时所释放出的潜热必须从界面附近输运出去,而保持生长界面的稳定性,以便促成晶体生长的均匀性.

从熔体中生长单晶体的最大优点在于:晶体生长速率大多数快于溶液中生长晶体,同时从溶体中生长晶体大多无溶剂的干扰及其脱溶剂化等问题. 从溶体中生长晶体的过程中,生长体系的温度分布与热量输运将起着支配作用. 另外,杂质的分凝效应、生长边界层(生长界面)的稳定性、流体动力学效应等问题对晶体生长质量的好坏均有重要的影响.

从熔体中生长单晶体的典型方法,大致有下述几种.

(1)提拉法. 提拉法又称丘克拉斯基(Czochralski)方法,这种方法是在熔体中生长晶体应用最为广泛的方法,研究的也比较深入和比较成熟. 大多数激光晶体(如 Nd:YAG)、半导体晶体(Si,Ge,GaAs)都是用提拉生长的. 该方法的原理如图 9.24 所示.

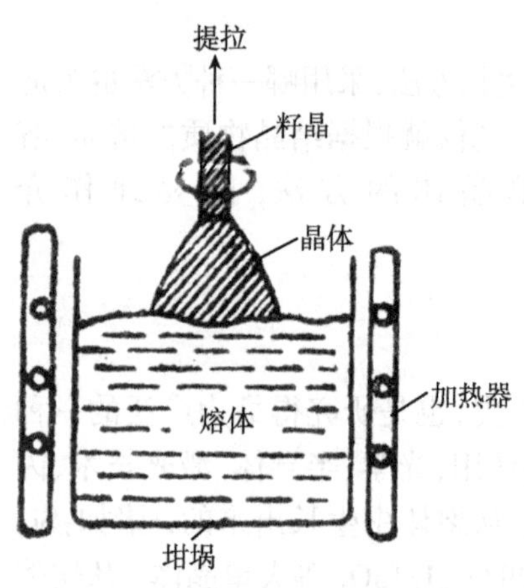

图 9.24　提拉法原理示意图

提拉法技术操作要点如下:

(i)晶体要同成分地熔化而不分解. 熔体要适当经过热处理. 结晶物质不得与周围环境气氛起反应.

(ii)籽晶预热,然后将旋转着的籽晶引入熔体,微熔,再缓慢地提拉.

(iii)降低坩埚温度,不断提拉,使籽晶直径变大(即放肩阶段). 当坩埚温度达到恒定时,晶体直径不变(等径生长阶段),要建立起满足提拉速度与生长体系的温度梯度及合理的组合条件.

(iv)当晶体已经生长达到所需的长度后,升高坩埚温度,使晶体直径减小,直到晶体与液体拉脱为止,或者将晶体提出,脱离熔体界面.

(v)晶体退失. 近些年来,由于科学技术迅速地发展,对晶体的质量要求越来越高,从而促进了提拉法的改进. 例如, 晶体等径生长的自动控制技术、液封技术和导模等技术的应用. 这些技术的应用对改善晶体质量和提高晶体的有效利用率都是有帮助的.

(2)泡生法. 泡生法又称凯罗普洛斯(Kyropoulos)法,如图 9.25 所示.

这种方法的技术操作要点如下:

(i)将籽晶浸入盛放于合适坩埚内的熔体中,当籽晶微熔后,然后降低炉温,或者通过冷却籽晶杆的办法,使籽晶附近熔体过冷,晶体开始生长.

(ii)熔体保持一定的温度,晶体继续生长,当晶体生长到一定大小后,熔体已将耗尽,将晶体提起液面,然后再缓慢降温,使晶体退火.

一般常用这种方法生长碱卤化合物光学晶体、光折射晶体、铌酸钾($KNbO_3$,KN)晶体等.

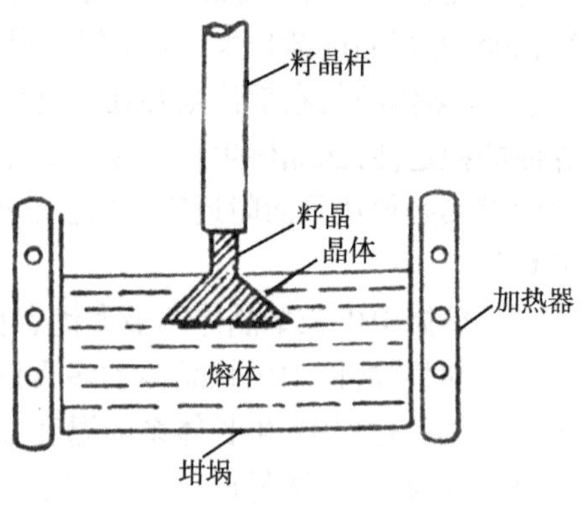

图 9.25　晶体泡生法原理示意图

(3)坩埚下降法. 坩埚下降法又称布里奇曼-斯托克巴杰(Bridgman-Stockbarger)法,如图9.26所示.

用这种方法生长晶体的要求如下:

(i)要有与生长晶体、生长气氛和温度相适应的具有一定几何形状的坩埚容器.

(ii)加热器能够满足所严格要求的温度梯度.

(iii)要有符合要求的测温和控温以及坩埚下降设备,有时还需要温度程序化的设备.

(iv)熔体要事先进行过热处理,然后将温度降低到稍高于晶体熔化温度,使下降坩埚的尖端进入低温区,此刻晶体生长开始,经过坩埚尖端的多晶体生长淘汰,使在坩埚尖端部分,变为单晶体. 然后以维持单晶体的正常生长,随着坩埚通过挡板到低温度区,晶体长大,熔体逐渐减少,直到熔体耗尽,晶体生长结束. 晶体在炉内退火后,即可从坩埚中取出.

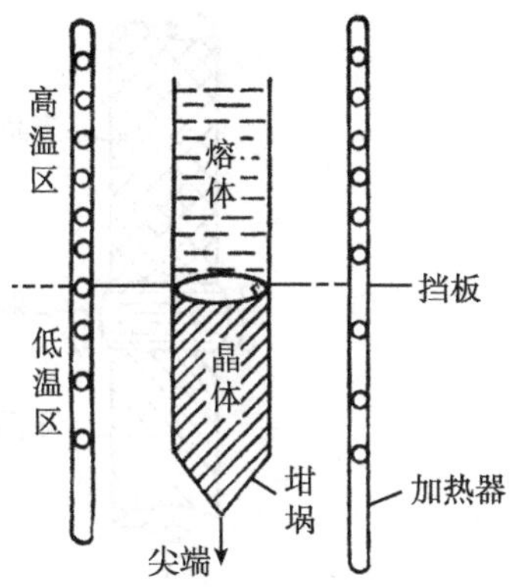

图9.26 坩埚下降法示意图

这种方法操作简便,生长的晶体尺寸也可很大,生长的晶体品种也很多,同时也是培育籽晶的一种常用的方法. 闪烁大晶体都是由此种方法生长的.

(4)浮区熔化法. 这种方法的装置原理如图9.27所示.

这种方法最大的优点是不需要坩埚,从而避免了坩埚对晶体造成的污染.

由于该方法加热温度不受坩埚熔点的限制,因此可用来生长高熔点的晶体,如钨单晶(3400℃)等. 一般常用来生长硅单晶.

这种方法的技术操作要点如下:

(i)将多晶料棒靠紧籽晶.

(ii)射频感应加热,使造成一个熔化区,开始使籽晶微熔,而后移动感应加热器.

(iii)将熔化区缓慢地向下移动,单晶逐渐长大,稳定的熔区依靠其表面张力与地心重力来维持.

(5)焰熔法. 这种方法又称为维尔纳叶(Verneuil)法,这种方法的示意图如图9.28所示. 这种方法的设备以及技术上的安排如下:

(i)火焰器的精密设计.

(ii)粉末料的制备与输运.

(iii)籽晶的制备和选择.

(iv)晶体生长下降装置.

这种方法不需要坩埚,可广泛地用来生长宝石和一些其他高熔点氧化物晶体. 晶体生长速度较快(10~20mm/h),在较短时间内,即可生长出较大的晶体,适用于产业化生产,宝石晶体大多用此种方法来生产的.

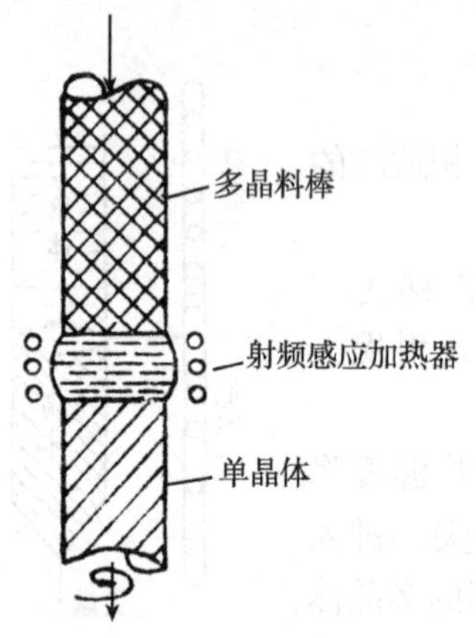

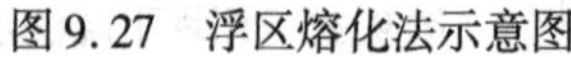
图 9.27　浮区熔化法示意图

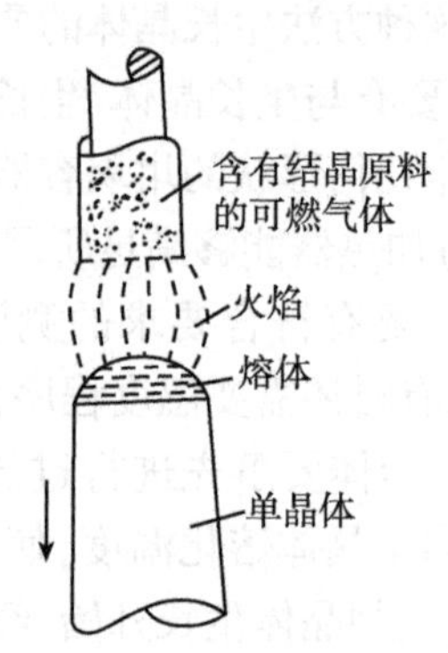

图 9.28　焰熔法示意图

9.7.2　从溶液中生长单晶体

由两种或两种以上的物质组成的均匀混合物称为溶液,溶液是由溶质和溶剂组成. 在这里,我们所指的溶液生长,其中包括低温溶液(如水和重水溶液、凝胶溶液、有机溶剂溶液等);高温熔液(即熔盐)与热液等生长方法.

低温溶液生长. 从低温溶液(从室温到 75℃左右)中生长晶体是一种最古老的方法.

在工业结晶中,从海盐、食糖到各种固体化学试剂等的生产,都采用了这一技术. 工业结晶大多希望能长成具有高纯度和颗粒均匀的晶体,生长是靠自发成核或放入粉末状晶种促进生长的.

由于近代科学技术发展的需要,要求从低温溶液中培育出各种高完整性的大单晶. 例如:KDP 型晶体就是一个特别突出的实例:

KDP 型晶体能生长出高光学质量特大尺寸的晶体,这是自 20 世纪 40 年代以来任何非线性光学晶体所无法企及的,因而成为目前可用于惯性约束(inertial confinement fusion,ICF)核聚变工程无可替代的非线性光学晶体材料,近些年来,随着高功率激光系统在受控热核反应、核爆模拟等重大技术上的应用,KDP 型晶体作为 ICF 中变频与电光开关的首选材料,其生长和性能研究,再次成为世界性的研究热点,在晶体生长中一直是在好中求快,快中求大的思路指导下,生长出高质量大尺寸的 KDP/DKDP 晶体.

从低温溶液中培育单晶的最显著的优点在于如下几点:

(i)晶体可以在远低于熔点温度的条件下生长,所用加热器和培育容器易于选择.

(ii)容易生成大块的均匀性好的晶体.

(iii)所生长出的晶体外形完整,同时可用肉眼观察晶体生长全过程,这对研究晶体生长形态与动力学提供了方便的条件.

当然,从低温溶液中培育单晶,也存在着如下的主要缺点:

(i)溶液的组成较多,溶液中的杂质总是不可避免,因此影响晶体生长的因素较复杂.

(ii)晶体生长速度慢,单晶生长的周期长,当前有较大的改进.

(iii)从水或重水溶液中生长出的晶体易于潮解,而且使用温度范围亦窄. 在高科技领域中,能够实际应用的水溶性单晶体为数较少.

从低温溶液中生长单晶的最关键因素是控制溶液的过饱和度,晶体只有在稳定的过饱和溶液中生长才能确保晶体质量.

单晶生长方法与生长温度区间的选择是根据结晶物质的溶解度及其温度系数来决定的. 例如, 若结晶物质的溶解度及其温度系数均较大时,就可采用降温法. 若结晶物质的溶解度大小为一般,但其温度系数很小或为负值,则要采用恒温蒸发法. 若结晶物质的溶解度很小(难溶盐),就可采用凝胶法.

1. 降温法

降温法是从溶液中培育单晶的一种最常用的方法. 降温法的关键问题是在晶体生长的全过程中要求严格控制温度,并按照一定程序降温,使其溶液始终处在亚稳相,并维持适宜的过饱和度来促成晶体的正常生长.

通常的降温法生长晶体装置如图 9.29 所示. 降温法生长晶体的操作技术要点如下:

(1)配制适量溶液,测定溶液的饱和点与 pH.

(2)将溶液过热处理 2 ~3h,以便提高溶液的稳定性.

(3)预热晶种,在装槽下种时,使晶种微溶.

(4)根据溶解度曲线,按照降温程序降温,逐步使晶种恢复几何外形,然后使晶体正常生长.

(5)当晶体生长到一定温度时,抽出溶液,再缓慢地将温度降至室温,取出晶体,放进干燥器中保存.

2. 蒸发法

蒸发法生长晶体的基本原理是将溶剂不断地蒸发移出,以保持溶液处于过饱和状态,用控制蒸发量的多少来维持溶液的过饱和度. 蒸发法生长晶体的装置与降温法近似,只不过增加了冷凝回收溶剂的部分装置,见图 9.30.

这种方法的技术操作要点大致与降温法的相同,不同之处在于:根据流出的冷凝水量(蒸发量)来观测晶体正常生长的情况,随着晶体的长大,要求取水量逐渐增多,通过调整晶体生长温度来达到这个目的.

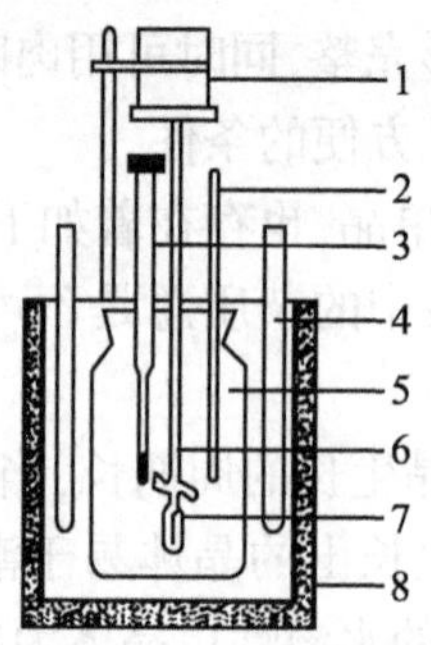

图 9.29 降温法生长晶体装置示意图

1. 搅拌马达;2. 温度计;3. 接触温度计(控温);4. 加热器;
5. 育晶器;6. 掣晶杆;7. 晶体;8. 绝缘层外壳

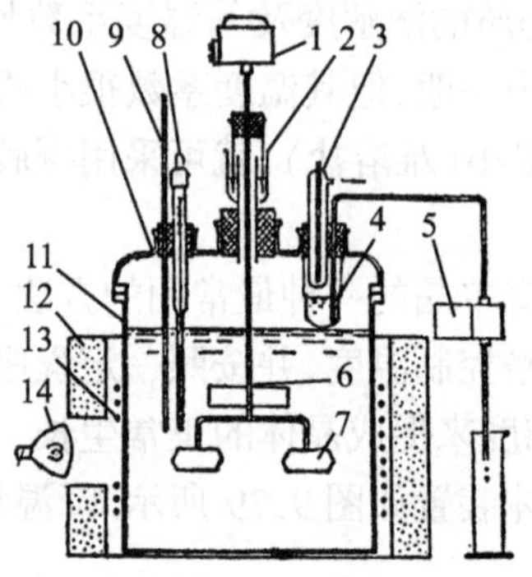

图 9.30 蒸发法生长晶体的装置示意图

1. 转晶电机;2. 水封;3. 冷凝管;4. 冷凝水收集器;5. 自动取水器;6. 掣晶杆;
7. 晶体;8. 导电表;9. 温度计;10. 育晶器盖;11. 育晶器;12. 保温层;13. 炉丝;14. 自控加热器

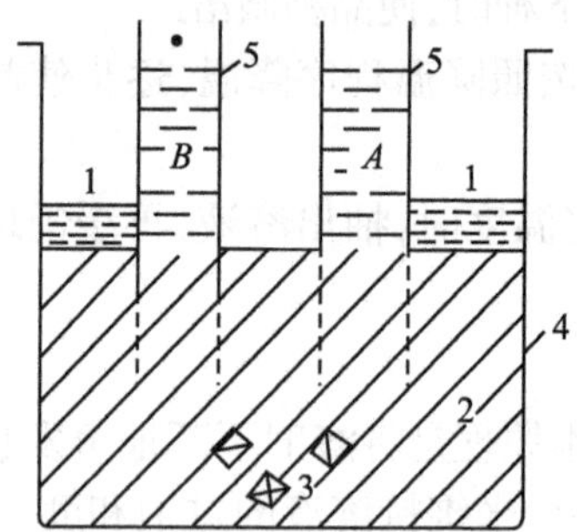

图 9.31 凝胶法育晶装置示意图

1. 水;2. 凝胶;3. 晶体;4. 容器;5. 玻璃管 A,B 为两种不同的生长液

3. 凝胶法

凝胶法生长晶体就是以凝胶作为扩散和支持介质,晶体借助在水溶液(或有机溶剂)中的化学反应生长. 凝胶法生长装置见图 9.31.

凝胶法生长晶体的特点如下：

(i)凝胶的配制,凝胶的密度大小和稳定性对生长晶体起到关键的作用.

(ii)当 A,B 两种生长液同时向凝胶介质中扩散时,扩散的结果,进行复分解反应或其他类型的反应,自发成核,多核生长.

(iii)晶体是在柔软而多孔的凝胶骨架中生长,有自由发育的适宜条件,有利于研究晶体生长形态与其结构间的联系.

(iv)晶体是在静止环境中扩散生长,没有对流与湍流的影响,这有利于完整性好的晶体生长.

(v)晶体在室温或近室温条件下生长,温度易于控制,副反应减少. 如欲生长出较大尺寸的晶体(厘米级),则必须严格控制成核.

(vi)用凝胶法研究新晶体材料和培育籽晶及 X 射线衍射的晶体样品,是一种理想的简便方法.

(vii)这种方法设备简单,可根据不同类型反应来采用不同的设备.

9.7.3 高温溶液法生长单晶体

高温溶液法又称为助熔法,是晶体生长的一种重要方法,也是最早的炼丹术之一,已有 100 多年的历史,曾有人利用这种方法来生长装饰宝石,如金红石等.

这种方法十分类似于低温溶液法生长晶体,它是将晶体的原料在高温下溶解于助熔剂中,以形成均匀的饱和溶液,晶体是在过饱和溶液中生长,晶体生长的驱动力,来源于过饱和度.

高温溶(熔)液法和其他生长方法相比,具有如下优点. 例如：

(1)适用性强,几乎对所有晶体材料,都能找到一些适当的助熔剂来进行晶体生长.

(2)许多难溶化合物或在熔点极易挥发或由于在高温时变价,或有相变的材料,都不能直接从其熔体中生长,或不能生长出完整的优质单晶,可选取适当的助熔剂来进行单晶生长. 选择助熔剂是重要的关键,要求它不与生长晶体原料起化合反应.

(3)设备较简便,易于实现计算机化. 许多重要的技术晶体. 例如, YIG,KTP,GaAs,BBO,$BaTiO_3$ 等晶体都是采用高温溶液法生长的.

高温溶液生长晶体的缺点如下：

(1)晶体生长速率较慢,晶体生长周期较长；

(2)在晶体生长过程中,不易全面地观察生长现象；

(3)许多助溶剂往往带有毒性,有害于人们的健康；

(4)助熔剂的主要成分以离子或原子形式有可能进入晶体或助熔剂, 所含有的杂质也可能进入生长的晶体.

现简要地阐述几种较常应用的高温溶液生长晶体的方法.

(1)缓慢降温法.

缓慢降温法生长装置如图 9.32 所示.

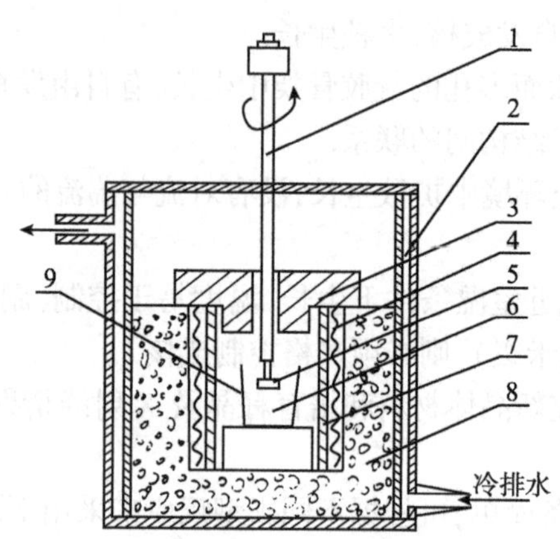

图 9.32　缓慢降温法生长装置示意图

1. 籽晶杆；2. 冷却水；3. 炉盖；4. 镍铬丝加热器；5. 籽晶；6. 高温溶液
7. 氧化铝管；8. 保温材料；9. 铂坩埚

采用缓慢降温法生长晶体，例如生长 KTP($KTiOPO_4$)单晶体，在晶体生长过程中，降温速度的选择至关重要，优质晶体生长应是一个恒稳生长过程，同时，也是晶体由小变大的过程，而坩埚中的结晶原料是由多变少的过程. 开始晶体生长时，由于籽晶较小，更要精确地控制降温速率，以免籽晶产生缺陷或溶液中出现杂晶，为了使晶体保持一个稳定生长速率，就必须根据溶液量的多少、饱和点温度的高低，晶体生长的大小等因素来设定一个合理的自动降温程序，由计算机控制降温，同时为了改变溶液的流动状态，减少晶面上及溶液的过饱和度的不均匀性，晶体作正—停—反方向转动，以利于晶体较快而均匀地生长. 采用此种方法可生长 KTP 单晶体.

(2)蒸发法.

蒸发法晶体生长装置如图 9.33 所示.

现以激光自倍频晶体——五磷酸钕晶体生长为例，来说明此种方法的应用：

五磷酸钕(NdP_5O_{14})晶体是从高温磷酸溶液中生长. 磷酸体系在高温下的反应较为复杂，其聚合反应为：$nH_3PO_4 \xrightarrow{\text{加热}} H_{n+2}P_nO_{3n+1} + (n-1)H_2O\uparrow$，各种聚合酸的比例是随温度和脱水速率的变化而变化.

五磷酸钕(NdP_5O_{14}简称 NdPP)晶体生长的化学反应机制，可能是：

$$nH_4P_2O_7 + NdP_5O_{14} \xrightarrow{>260℃} 2(HPO_3)_n + NdP_5O_{14} + nH_2O\uparrow$$

五磷酸钕(NdPP)在焦磷酸($H_4P_2O_7$)中有较大的溶解度，因此不会从溶液中析出 NdPP 晶体,只有当温度升高或等温蒸发,使其水分不断蒸发,焦磷酸发生聚合而降低其含量时,才有可能导致溶液的过饱和,进而使晶体生长,因此在晶体生长时,严格地控制水的蒸发速率,将是整个晶体生长过程的关键问题所在.

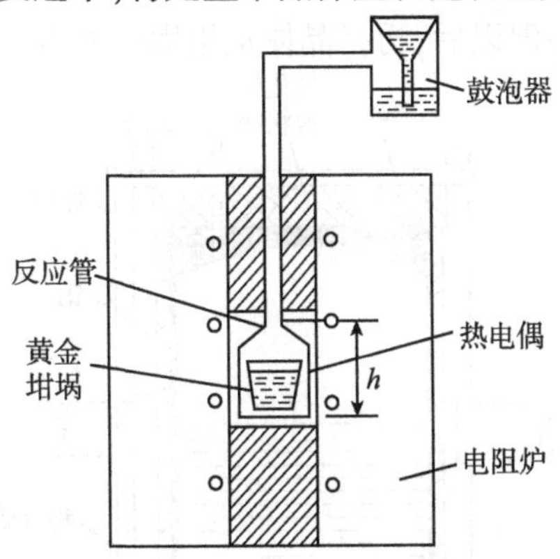

图 9.33 高温溶液蒸发法晶体生长装置示意图

(3)温度梯度传输法梯度传输法晶体生长装置,如图 9.34 所示

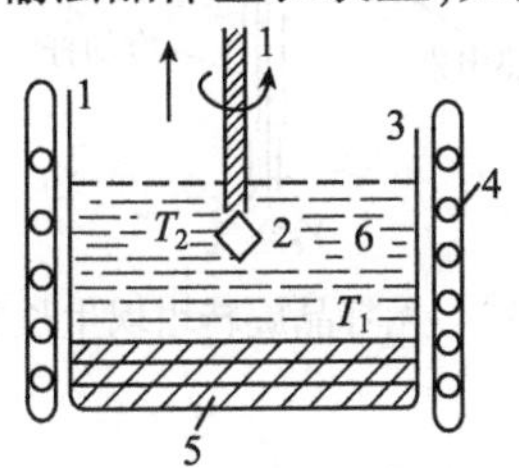

图 9.34 温度梯度传输法晶体生长装置示意图

1. 籽晶杆;2. 晶体;3. 坩埚;4. 加热器;5. 多晶原料;6. 溶液 $T_1 > T_2$(温度)

这种晶体生长方法的操作技术要点如下:

(i)选择适当的助熔剂.

(ii)引入一优质的籽晶于多晶原料相接触的饱和溶液中,并使籽晶作正—反两向转动.

(iii)调整温度,使结晶原料处在坩埚底部高温区 T_1,溶解于助熔剂中,使成为饱和溶液,再通过对流传热输运到坩埚顶(上)部的溶液低温区 T_2,成为过饱和溶液,籽晶开始生长,同时要求在晶体生长过程中,晶体的提拉速度始终使晶体保持在溶液界面恒定位置,并利用计算机加以控制.

(4)无籽晶旋转坩埚生长法(图 9.35).

这种方法的操作技术要点如下:

(i)配制溶液;

(ii)用不同速率来旋转坩埚,坩埚作双向旋转;

(iii)通水冷却或通气冷却；

(iv)晶体在坩埚底部自发成核，然后使其生长；

(v)晶体生长结束时，通过炉外框轴来翻转坩埚，将溶液倒出；

(vi)炉温冷却到室温以后，再把晶体从坩埚中取出.

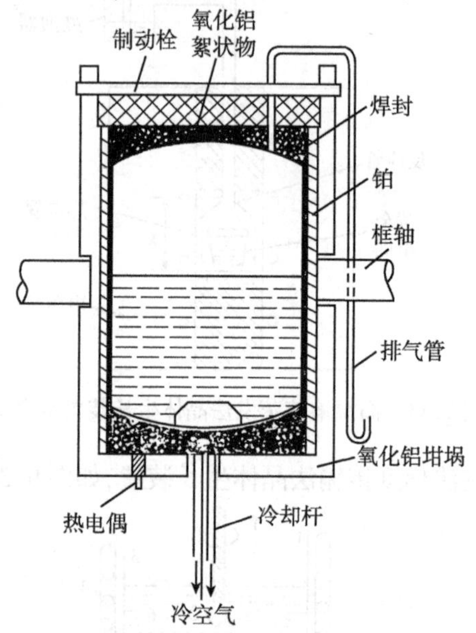

图 9.35　无籽晶旋转坩埚生长装置示意图

9.7.4　热液法晶体生长

热液法晶体生长可分为两种. 其一为水热法，其二为溶剂热法. 此两种方法的主要区别在于所采用的溶剂不同，前者所采用的溶剂为某种矿化剂水，而后者以有机溶剂代替水为媒介.

(1)水热法.

它是一种在高温高压下过饱和水溶液中进行晶体生长的方法. 关于水热法生长晶体的开创性工作，当属 1905 年 Spezia 生长石英晶体的成功的尝试，这被公认为水热生长历史上的巨大成就. 第二次世界大战后，用水热法培育水晶得到成功，从而使水热法得到肯定与发展，在世界范围内，一些科学技术先进的国家已采用这种方法进行产业化批量生产水晶(α-SiO_2)，该方法还可以生长刚玉、方解石、磷酸铝(α-$AlPO_4$)、磷酸钛氧钾($KTiOPO_4$，KTP)以及一系列硅酸盐、钨酸盐等晶体. 用水热法生长晶体的关键设备是高压釜，如图 9.36 所示，晶体生长效果与高压釜设计直接有关.

由于高压釜是在高温高压下工作，并同酸、碱等腐蚀溶剂相接触，所以要求制造高压釜的材料抗腐蚀，具有良好的高温机械性能，釜体密封结构要严紧、可靠、简单,便于启拆等.

晶体在高压釜中的生长温度区间为 150～1100℃,压力从几十个大气压到10 000个大气压,因此根据所要生长晶体的情况,而选用制造高压釜用的合金钢材. 高压釜中的压力取决于矿化剂水溶液的装满度,釜内的温度等.

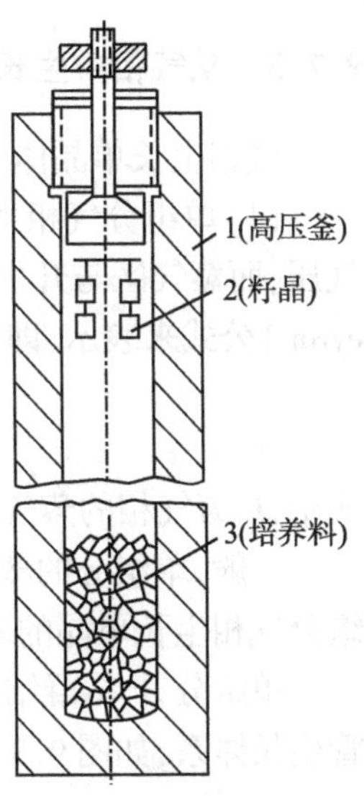

图 9.36 高压釜装置示意图

水热法晶体生长操作要点如下:

(i)装釜:将结晶培养料放在高压釜温度较高的底部(溶解区),而籽晶悬挂在温度较低的高压釜的上部(生长区),釜内一定装满矿化剂和水——溶剂介质.

(ii)晶体生长. 由于釜内上、下部分的溶液之间存在着一定的温度差,所以釜内溶液产生强烈的对流,将高温区的饱和溶液带到籽晶生长区后,便形成了过饱和溶液,导致籽晶生长,溶液过饱和度大小取决于溶解区与籽晶生长区间的温度差以及结晶物质的溶解度的温度系数等因素,因釜内过饱和溶液浓度的分布主要取决于对流强烈的程度. 同时,通过冷却析出部分溶质的溶液又流向釜的下部,变成不饱和,又溶解培养料,如此循环往复,使晶体连续不断的生长.

(iii)拆釜,当晶体长成后,缓慢地将温度降至室温,拆开高压釜,然后将晶体取出.

水热法生长晶体的主要特点:

(i)晶体生长过程是在压力与气氛受控制的封闭系统中进行的.

(ii)晶体生长温度较熔体生长等方法低得多.

(iii)晶体生长区基本上是处在恒温和恒浓度状态,而且温度梯度很小.

(iv)水热法生长可以看做稀薄相生长, 溶液浓度低,有利于质量输运.

基于上述这些生长特点,生长出来的晶体热应力小,宏、微观缺陷少,光学均匀性与其纯度高等,大大地有利于生产产业化.

(2)溶剂热法[50].

溶剂热法是在水热法基础上发展起来的,以有机溶剂取代水为媒介的一种新型的晶体生长技术,此种技术除具有水热法的优点外,还弥补了水热法的不足之处,扩大了水热法技术的应用范围,水热法只适用于氧化物或对水不敏感的硫化物等. 而溶剂热法可生长碳化物、硼化物、氮化物、磷属化合物等.

溶剂热法生长晶体(包括纳米晶),所采用的有机溶剂,可根据所要生长的晶体,而加以选择,例如:生长氮化镓(GaN)晶体可采用苯(C_6H_6)作溶剂体系,生长InAs 晶体可选用二甲基苯作溶剂等,其所采用的设备、工艺等与水热法类同.

近些年来,对非水体系的相平衡,*P-T* 关系,反应过程热力学等基础理论研究,也越来越受到人们的重视,这些都是合成新型材料的理论基础.

9.7.5 从气相中生长单晶体

气相生长单晶体可分为单组分体系和多组分体系生长两种.

(1)单组分气相生长. 单组分气相生长的必要条件是,气相要具备足够高的蒸气压,而蒸气区与升华热的关系可近似地利用克劳修斯-克拉珀龙(Clausius-Clapeyron)公式来表示,即

$$\frac{\mathrm{d}\ln P}{\mathrm{d}T}=\frac{\Delta H}{RT^2} \tag{9.90}$$

式中,P 为气相的蒸气压,ΔH 为升华热,T 为绝对温度,R 为理想气体常数.

一般,单组分的蒸气压不够大,生长较大尺寸的晶体存在着困难,因此,利用单组分气相生长单晶的应用范围有限.

单组分升华-凝结生长,一般所采用的生长设备有两种,即闭管生长体系与开管生长体系,如图 9.37 所示.

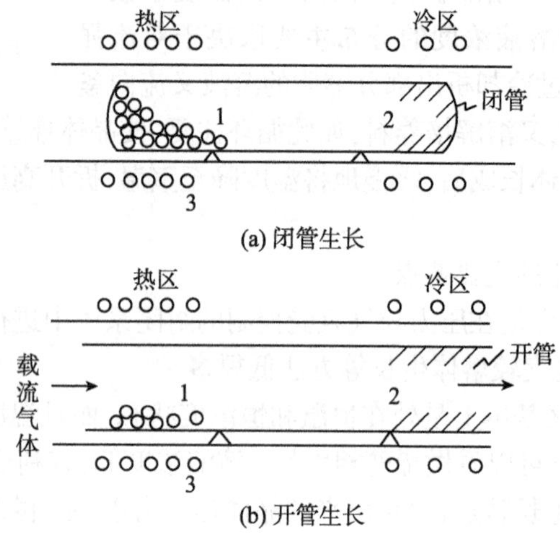

图 9.37　升华-凝结生长装置示意图

1. 结晶原料;2. 晶体;3. 加热器

利用单组分气相生长所生长出来的晶体,其中有工艺价值的晶体是:碳化硅(SiC)、硫化镉(CdS)、硫化锌(ZnS)等晶体,所生长的晶体大多为针状、片状的单晶体.

(2)多组分气相生长. 多组分气相生长一般多用于外延薄膜生长. 外延生长是指一种晶体浮生在另一种晶体上,浮生晶体与衬底晶体存在结构相似的晶体学低指数面,晶体是在结构匹配的界面上生长的,称为配向浮生. 外延生长可分为同质外延与异质外延两种. 单晶硅片在被还原分解的硅化物蒸气中生长,称为同质

外延. 钆镓石榴石(GGG)等作衬底在被还原分解的硅化物蒸气中生长,称为异质外延.

多组分气相生长装置,一般也分为两种生长体系,即开管生长体系与闭管生长体系. 硅外延生长一般多用开管生长体系,常用纯氢气还原硅的卤化物进行生长,即

$$SiH_{4-x}Y_x + (x-2)H_2 \xrightarrow[\text{加热}]{} Si\,(\text{晶})\downarrow + xHY(\text{气})\uparrow$$

这里,Y 为卤族元素,x 值为 1 ~4.

生长砷化镓(GaAs)、磷砷化镓($GaAs_xP_{1-x}$)、磷化镓(GaP)等外延薄膜,可用闭管生长体系,例如:生长砷化镓外延薄膜,在生长体系中的主要反应为

$$3GaY_3 + 2As(\text{气}) \underset{T_2}{\overset{T_1}{\rightleftharpoons}} GaY_3(\text{气}) + 2GaAs(\text{晶})\downarrow$$

这里,Y 为卤族元素,$T_2 > T_1$.

一般来讲,在开管生长体系中的化学反应多是不可逆的,但在闭管生长体系中的化学反应则大多为可逆的.

外延单晶薄膜不仅可从气相中生长,也可以从液相中生长. 气相和液相外延薄膜现已广泛地用于电子仪器、磁性记忆装置和集成光学等方面的工作元件上,并日益发挥出重要作用.

9.7.6　高温高压法

金刚石与石墨属于碳的两种同素异构体. 晶体结构决定其性质,由于金刚石与石墨的结构不同,性质亦大不相同. 金刚石是超硬材料,而石墨极软,因此两者的用途大不相同. 通过相变可使石墨转变为金刚石.

金刚石分为天然金刚石与人造金刚石两类. 天然金刚石矿床和储量并不丰富,富矿中金刚石的含量最多也只不过是几万分之一,而且开采又十分困难.

自从 1954 年美国通用电气公司人工合成金刚石成功以后,半个多世纪以来,人工合成金刚石发展十分迅速,产量持续上升,质量也不断提高,逐步形成了产业化,但人造金刚石要全面代替天然金刚石,必须解决大颗粒金刚石生长问题.

人造金刚石的方法,主要随所使用的压力、温度条件不同而异,一般分为静压法、动压法和低压法等三种.

静压法是采用特制的容器,使非金刚石结构碳直接转变或通过熔煤反应得到金刚石,一般工作压力为 60 ~70kbar,温度为 2000 ~2500℃. 动压法是利用动态冲击波技术,可使石墨直接转变成金刚石,动态冲击波由烈性炸药、强放电和高速碰撞等瞬时产生的,一般可达到几百千巴到几千巴. 低压法是在金刚石相图的亚稳区进行外延生长的一种方法,这种方法是以气态含碳物质作碳源的生长金刚石技

术,是把甲烷、乙烷、丙烷、丙酮等气体为1000℃左右和分压在0.1～1mm水银柱高的范围内,使分解出的碳沉淀在金刚石晶体上,并外延生长金刚石.

用高温高压法,还可生长其他类型的超硬材料,典型的例子是立方氮化硼(BN),它的性质与C元素构成的金刚石类似. 根据电子结构的相似性,有可能人工合成出 BeB_2, B_3F, B_4C_5, B_9N, LiBC, BC_2N, BCN, BeB_3N, $Li_2B_5N_3$, $Li_3B_3C_5$, …等超硬晶体.

§9.8　晶 体 薄 膜[20,31-36]

晶体薄膜是材料科学的一个重要组成部分,它对当代高新科技的发展起着重要作用,也是目前高新科技研究的前沿和热点之一,直接关系到信息技术、微电子技术、光电子技术,计算机科学技术以及潜在的微光子技术等的发展与提高,当前晶体薄膜仍在向多种类、高性能、新工艺方向发展.

从晶体结构的观点来看,晶体薄膜可区分为单晶薄膜,多晶薄膜,纳米结构薄膜、复合多层结晶膜等. 单晶薄膜是晶体生长的一种特殊形态,它是在一种特定的生长条件下生长的晶体材料. 生长单晶薄膜与其他类型的薄膜相比,生长高质量的单晶膜的难度较大. 生长单晶薄膜,不仅要求超纯结晶原料,严格地监控生长工艺条件及其操作,而且还要特别注意其他材料和生长环境对单晶薄膜质量的影响.

从使用的角度来看,晶体薄膜可区分为光学薄膜、铁电薄膜、半导体薄膜等. 晶体薄膜的最显著的特点是生长工艺与其制作器件工艺兼容.

9.8.1　晶体薄膜生长方法

制备薄膜的方法甚多,并随着高新科技的发展,不断地增多. 例如, 蒸发法、化学溶液法、溅射法、离子镀、电弧镀、物理气相沉积、化学气相沉积,射频磁控溅射、金属有机物气相外延、分子束外延、液相外延以及不同择优取向技术等.

现仅就最常用的几种晶体薄膜生长方法,简单地加以阐述.

(1)单晶衬底材料的选择.

外延法生长单晶薄膜时,由于所采用的单晶衬底(基片)材料的不同,可区分为同质外延和异质外延两类,同质外延是在单晶衬底上生长同种元素组成的单晶薄膜,或微量掺质单晶薄膜,例如,在Si单晶衬底上生长不同导电类型的微量掺质Si单晶薄膜. 在单晶衬底上生长不同组成的单晶薄膜,称为异质外延. 例如, 在非磁性石榴石单晶衬底上生长磁性钇铁石榴石(YIG)薄膜等.

在异质外延生长时,如何选择单晶衬底材料,此不仅关系到所生长的单晶薄膜质量,而且更重要的是关系到能否生长出单晶薄膜,因此,选择什么样的材料作为外延衬底,这是异质外延生长单晶薄膜时,首先要考虑的关键性问题.

对单晶衬底材料的选择要求如下:

(i)衬底与薄膜两者间的晶格失配应为3% ~6%;

(ii)在薄膜生长温度区间,不发生热分解现象;

(iii)不易受反应气氛或溶液(液相外延时)侵蚀或污染;

(iv)衬底的热膨胀系数尽可能的与外延薄膜相容;

(v)适中的热导率,并能抗热冲击;

(vi)衬底单晶易于采用一般生长技术生长出大块晶体;

(vii)衬底单晶具有与单晶薄膜平行的解理面;

(viii)切、磨、抛、化学清洗等加工处理易于进行,适合于大量生产与应用.

在异质外延生长时,要想完全满足上述各项条件的要求,很难找到这样的衬底材料. 因此,在实际工作中,只能酌情而细心地加以挑选,现已有大量文献与资料提供参考.

(2)化学气相沉积(CVD).

化学气相沉积(CVD)是20世纪60年代初期最早发展起来的晶体薄膜生长技术,人们对这种方法研究的最为成熟,也是最早地从实验室研究走向产业化生产半导体薄膜的技术,从单一生长晶体薄膜到成为半导体器件制备工艺,两者兼容,现已成为一门专门技术,这种方法已广泛地应用于晶体原料的提纯、生长Ⅲ-Ⅴ、Ⅱ-Ⅵ、Ⅳ-Ⅳ族二元或多元化合物、单质(Si、Ge等),氧化物,硫化物和氮化物,碳化物等晶体薄膜.

将含有组成晶体薄膜成分的化合物作为源物质,把这种源物质的气体输运到具有适当温度的反应室内,使它在加热的单晶衬底上发生化学反应,在反应过程中所产生的固相在衬底上形成外延层,所产生的副产物排放出反应室,这种生长技术称为化学气相沉积.

根据化学气相沉积所采用的化学反应,人们可自行设计最佳化的化学气相沉积法的生长晶体薄膜装置及其工艺技术. 化学气相沉积法的不论采用什么样的化学反应条件与相应的装置,气态源物质的输运是必不可少的共同过程,气体输运的驱动力是物质体系中的各部分之间存在的压力差、分压或浓度梯度和温度梯度,这种差异驱使气体分子定向流动、对流或扩散,实现了气态反应物或生成物的输运,气体输运决定了外延薄膜的完整性.

化学气相沉积的理论基础是物理化学的内涵,其中包括真实气体的气态方程、源物质的气态输运性质、沉积过程中的热力学与动力学分析,外延膜的形成机制,外延层的生长速率、外延膜的质量与沉积参数(温度、分压)等.

最近对CVD设备又有所报道. 例如,利用低温CVD来生长AlN、GaN、InN以及它们的合金,利用实时光学监控来生长$Ga_{1-x}In_xP$等薄膜晶体……

(3)金属有机物气相外延(MOVPE).

金属有机物气相外延,又称为金属有机物气相沉积(MOVPD),此种方法是在CVD基础上发展起来的生长单晶薄膜的新技术,基于金属有机化合物的热分解温度较低,具有生长多种高纯单晶薄膜广泛的适用性. 利用氢化物和金属有机化合物热分解体系,可在各种单晶衬底上生长出各种用于光电子器件的单晶薄膜,用途十分广泛,现在不仅可以生长Ⅲ-Ⅴ族和Ⅱ-Ⅵ族氧化物和氮化物等单晶薄膜,而且可以进行多台阶、多层次、低压下、低温下Ⅲ-Ⅴ族化合物薄膜生长,并实现了金属有机物分子束外延(MOMBE)来生长 $BaTiO_3$(100)//MgO(100)//Si(001)和 $BaTiO_3$[011]//MgO[011]//Si[110]薄膜. X射线衍射实验和透射电镜均指明 $BaTiO_3$ 和 MgO 薄膜所形成的这种取向关系.

MOVPE的生长设备一般包括气体处理系统、薄膜生长(反应)室、尾气处理系统和计算机控制系统,如图9.38所示.

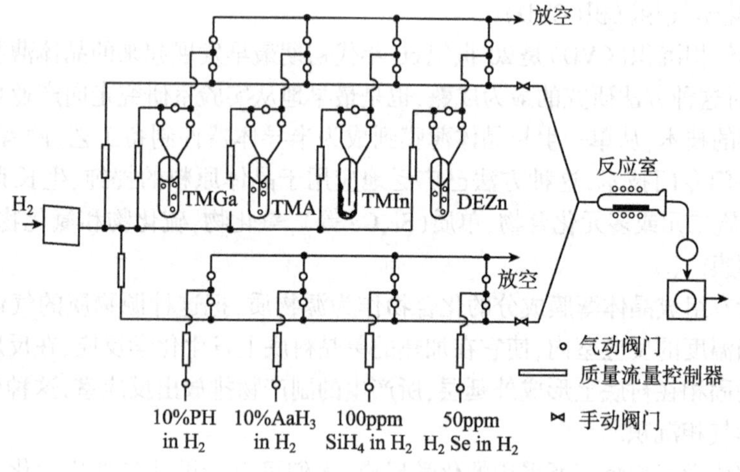

图9.38　MOVPE生长装置示意图

(i)气体处理系统的功能是向反应室输送反应剂,并精确地控制反应剂的浓度. 输入的时间和顺序以及流向反应室的总气体流速,以求达到生长指定成分与结构的外延膜的目的.

(ii)反应室的设计对外延层厚度和组分均匀性,异质界面梯度,本征杂质浓度以及产量均有极大的影响,最常用的反应室为水平式或旋转圆盘式反应室. 在通常情况下,反应室由石英玻璃制成,单晶衬底置于石墨基座上,基座可由射频感应,红外线辐射等方式加热,反应室内的气体流动方式为层流流动.

(iii)尾气处理系统的功能是在尾气排放前去除有毒、自燃的未反应的源物质和反应剂的副产物,以避免对环境的污染,为了保证MOVPE设备的安全运行,备有危险气体探测器等监测仪器与系统联接.

(iv)控制系统的动能是控制气体流量、压力、衬底温度和气路中的各种阀门等,控制系统中的安全连锁装置可以防止人工控制时的失误操作,能在事故发生时自动使整个装置进入保护状态. 利用微型计算机可使 MOVPE 装置按事先设计的程序运行.

(4)分子束外延(MBE).

分子束外延(MBE)是生长多层单晶薄膜的外延技术,对当代微电子、光电子等技术发展起到巨大的推动作用,它是最先进的外延薄膜生长技术,现已广泛地应用于半导体、超导体、电介质薄膜和多层复合膜等多种材料体系.

分子束外延与其他气相与液相外延技术相比,它的先进性主要体现在原子尺度上能够精确地控制外延层厚度、组分、掺质及异质结界面平整度. 它是当前研究 GaN、GaAs 以及其他族化合物薄膜材料最锐利的工具.

分子束外延是指在极清洁的超高真空系统中,使具有一定热能的两种或两种以上的分子或原子束,在加热的单晶衬底表面进行反应,然后进行生长单晶薄膜的过程,分子束温度与衬底温度分别严格地加以控制.

分子束外延技术,多年来对基础物理和器件的应用,所产生的巨大作用是与分子束外延设备及技术的不断发展和日益完善密切相关,外延设备的制作体现出多项高技术,多种学科发展的综合.

分子束外延设备由 3 个主要部分组成,即进样室、制备室和生长室. 进样室的主要作用是:使制备室特别是生长室尽可能少地直接受外界气氛的干扰. 制备室的主要部件为样品传递装置、样品储存台、样品预处理加热台. 制备室与生长室之间由超高真空门阀隔开,以减少制备室与进样室连通导致真空度下降时对生长室的干扰.

生长室的基本组成部分如图 9.39 所示.

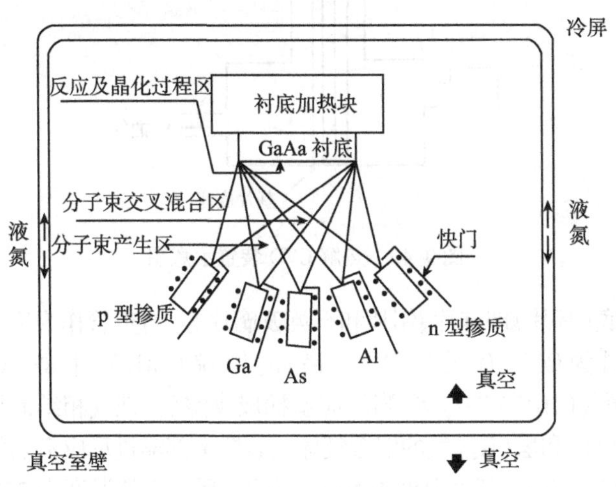

图 9.39 分子束外延生长室基本构成部分示意图

3 个室均有各自的无油真空泵维持真空，以确保外延晶体薄膜生长时清洁的真空环境.

分子束外延设备的多室结构，不但保证了生长室长期处于高度清洁真空环境，提高了外延晶体薄膜的产额，而且改善了外延晶体薄膜生长的重复性和稳定性.

从图中不难看出，分子束外延生长是由喷射嘴、快门和热单晶衬底三个基本部分组成

分子束外延设备的详细说明请参阅周均铭著《分子束外延及相关的单晶薄膜生长技术》一文[22].

(5) 金刚石多晶薄膜生长.

自 20 世纪 50 年代中期采用低压化学气相沉积(CVD)外延生长多晶薄膜金刚石成功以后，对生长金刚石多晶薄膜，备受人们的高度重视，金刚石薄膜硬度高、热导率高、抗腐蚀等. 对于超高速计算机用大规模集成基片和其他高新科技的基片具有卓越而潜在的功能，现已有多种化学气相沉积和物理气相沉积，用于生长金刚石多晶薄膜. 现仅就较简便的方法——热解化学气相沉积来说明金刚石多晶薄膜如何生长的，所用的生长装置如图 9.40 所示.

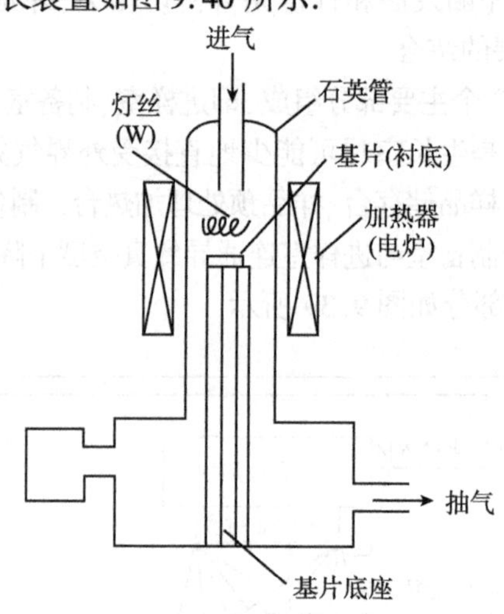

图 9.40　热解 CVD 装置示意图

采用的衬底(基片)即硅片、钼片和石英玻璃片等，石英管作为反应室，所采用的气相结晶原料为碳氢有机化合物，诸如：甲烷(CH_4)、甲醇(CH_3OH)、乙醇(C_2H_5OH)、丙酮(CH_3COCH_3)等，当反应室抽成真空后，把气相结晶原料，如浓度为 0.5% ~5% 的 CH_4 和氢(H_2)气的混合气体从装置上部输进反应室，钨丝经直流稳压电源加热到 2000℃以上，基片温度为 500 ~900℃，反应室的温度为 700 ~900℃，气压为 $1 \sim 10^2$ kPa. 在这种条件下，在基片(衬底)上便可生长出金刚石多晶薄膜.

9.8.2 晶体薄膜的形成、结构与其性质[20, 31-36]

(1) 晶体薄膜的形成.

晶体薄膜形成与体块状晶体生长有些不同,晶体薄膜是在单晶衬底上形成的,而衬底具有表面效应,最终促成了晶体薄膜的二维生长. 但不论是气相生长或液相生长,晶体薄膜生长的驱动力,虽然都是过饱和度,但生长方式有所不同,从溶液中生长单晶薄膜,生长基元首先要脱溶剂化,然后它(原子、分子或团簇)才能进入晶格座位,而气相生长的源物质要发生气相反应,产生成膜前驱体,而后经过衬底表面吸附、凝结、团聚等过程,而后生长基元才能进入薄膜的晶格格位.

在高分辨率透射电子显微镜视场中,可以直接观察研究晶体薄膜形成的过程,大致可分为 3 个阶段:

(i) 临界晶核的形成. 具有一定能量的原子、分子或原子团被吸附到衬底表面,被吸附的原子、分子或原子团在表面上移动,在移动过程中,它们可以相互结合,便逐渐地形成了晶核,当晶核继续长大,在衬底表面就形成了临界晶核.

(ii) 岛的形成. 临界晶核形成后,随着沉积原子的增加,临界晶核将稳定地生长变大,而在衬底上形成岛,同时可形成许多岛.

(iii) 岛与岛之间的聚接,在衬底表面生成的许多岛,岛与岛生长聚接,就形成了具有许多走向的通道,在通道之间裸露着衬底的空间,通道生长,空间逐渐被填充,就形成了连续的薄膜,结晶物质继续不断地沉积,薄膜也就逐渐地变成平滑的平面了.

(2) 晶体薄膜的微观结构与其性质.

晶体薄膜包括单晶薄膜和多晶薄膜,而且普遍常用的薄膜为多晶薄膜. 薄膜作为材料的一种特殊形态,其制备——结构——性质三者的关系与对应的块体材料之间有较大的差异,因而使其获得新的应用. 当材料的种类确定后,薄膜的组分通常也可以确定下来,此时,晶体薄膜的制备——结构——性质——应用关系中,最为关注的问题,就是薄膜的微结构,微观结构的差异,将使得薄膜的物理特性有所差异,影响薄膜微观结构的因素,除了薄膜的化学组成以外,重要是其制备的工艺技术以及薄膜中存在的各种缺陷等. 当薄膜的制备条件的不同,可以获得非晶态结构的材料,多晶态结构的材料和单晶结构材料,在单晶薄膜不可避免地或多或少地产生点缺陷(空位、间隙原子)、线缺陷(位错)、面缺陷(晶粒间界、层错). 在多晶薄膜中存在着大量的晶粒间界,其影响超过表面效应. 上述这些结构缺陷,对晶体薄膜的力学、电学、光学特性等将产生显著的影响.

9.8.3 薄膜材料的主要类型与其应用

常用的薄膜材料有光学薄膜和铁电薄膜等.

(1)光学薄膜材料.

(i)金属薄膜:常见的金属薄膜有铝(Al)、银(Ag)、金(Au)和铬(Cr)这些金属薄膜,各有性能特点,如铝薄膜对玻璃衬底的附着力较好,机械强度和化学稳定性相对也较好,可广泛地用于外反射膜.

(ii)介质薄膜:介质薄膜的种类繁多,常见的有氟化物、硫化物、氧化物等介质薄膜.

氟化物:如氟化镁(MgF_2)、冰晶石(Na_3AlF_6)等;

硫化物:如:硫化锌(ZnS)等;

氧化物:如氧化钛(TiO_2)、氧化锆(ZrO_2)、二氧化硅(SiO_2)等.

(iii)特殊应用的介质膜

红外波段用的介质膜:红外波段覆盖一个很宽的波段范围,常用的波长从0.75~50μm,没有一种材料能覆盖如此宽的区域. 常用的红外薄膜组合材料如:Ge-SiO_2组合,PbTe-ZnSe 组合、PbTe-CdSe 组合等材料. 紫外波段用的介质膜:紫外波段可细分为近紫外(200~400nm)、真空紫外(30~200nm)、软 X 射线(1~30nm)等.

近紫外波段用的介质膜:如具有高折射率的材料——ZrO_2、MgO 等, 具有低折射率的材料——LiF、MgF_2 等.

真空紫外波段:只有少数低折射率材料, 常使用 Al-MgF_2组合材料.

软 X 射线区域:常用金属超晶格薄膜组合材料,如 In/Be, Ag/Be, Rb/Be, Mo/Be, Au/C 等.

抗激光损伤薄膜,如 SiO_3/TiO_2 组合材料.

总之,由于近代光学的迅速地发展,对于光学薄膜的研究与开发显得日益重要.

(2)铁电薄膜材料.

具有铁电性,且薄膜的厚度在数十纳米(nm)至数微米(μm)的薄膜材料,称为铁电薄膜. 由于铁电薄膜具有一系列重要特性, 诸如介电性、压电效应、热释电效应、电光效应、光折变效应和非性光学效应等,可以利用上述诸效应制造不同的功能器件,也可以利用两个或两个以上的效应制造多功能器件、集成器件或智能(smart)器件. 人们可以采用各种不同方法来制备铁电薄膜,诸如:溅射法、激光脉冲沉积法(PLD). 化学溶液法等,能在低温(LT)下沉积高质量的外延薄膜等. 因此,铁电薄膜材料具有广阔的应用领域,对微电子技术、光电子技术和传感技术等发展起着越来越重要的作用,利用铁电薄膜制成的新型铁电薄膜器件不断地涌现出来.

现将几种有代表性的铁电薄膜光电子器件和集成光学器件列入表 9.1.

表 9.1 几种有代表性的铁电薄膜光电子器件和集成光学器件

器件名称	对薄膜的性能要求	首选的薄膜材料	膜的厚度/μm
铁电随机存取存储器(FRAM)	1. 剩余极化率大 2. 矫顽场低 3. 耐疲劳性优良 4. P-E 回线矩形度高	1. 锆钛酸铅 2. 钛酸铋镧	0.1~0.3
高容量动态随机存取存储器	1. 介电常数大 2. 耐击穿场强高	1. 钛酸钡 2. 钛酸锶钡	0.2~0.5
薄膜电容器	1. 介电常数大 2. 介电损耗小 3. 介电性随温度变化小,耐击穿场强高	1. 锆钛酸铅 2. 钛酸锶钡	0.1~0.5
微型压电驱动器	1. 压电系数大 2. 机械损耗小	锆钛酸铅	1~10
热释电红外单元探测器与阵列探测器	1. 热释电系数大 2. 介电常数小 3. 介电损耗小电阻率高	钛酸铅 钽铌酸钾	1~3
光波导	电光系数大	铌酸锂 铌酸钾	0.2~2.0
空间光调制器	光折变性能优异	锆钛酸铅镧	0.5~5.0
光学倍频器	SHG 系数大	偏硼酸钡 三硼酸锂	0.2~2.0

§9.9 有机功能晶体与其生长[49,53,54]

随着近代的物理学、化学、生物学、生命科学以及计算机科学与技术的迅速发展,有机功能晶体日益引起人们的注意与研究的兴趣. 在世界上存在的数以百万计的化合物中,有机化合物约占 90% 以上,加之有机化合物分子具有可剪裁的性质,有助于功能晶体的设计,而衍生出新型的有机功能晶体,从今后长远的角度来看,有机功能晶体显现出了强大的生命力,可涉及的研究范围甚为广泛的.

有机化合物分子内原子与原子间是以共价键相结合的,甚为牢固,但分子与分子间相结合而形成晶体时,其结合多为氢键或范氏键,键合力很弱,因此有机晶体的热稳定性较差,熔点和沸点低等弱点. 但随着现代科学与技术的发展,经过聚合处理,可形成高分子化合物,能大大地提高了有机固体(有的部分结晶)的热稳定性、熔点和沸点,扩大了有机材料的应用范围.

有机物质性软,更加接近人们生活所需要的物质,因此,有人称当代材料科学向软科学方向发展,与人们日常生活更为密切. 有机物体本身就是动、植物体内的重要组成部分,起着调节生理功能,促进新陈代谢的作用,研究生物有机晶体的组成、结构与功能以及三者相互关系,面向生命科学,以便揭示人类的生命起源的奥秘,其研究意义更为深远.

近年来,人们已开始重视有机功能晶体的研究,每年都有大量有机功能晶体的文献发表,其中包括有机非线性光学晶体,有机电学晶体、有机光导体、有机光折变晶体、有机半导体、有机超导体、有机压电、热释电和铁电晶体、有机闪烁晶体、有机导电晶体以及即将实现的有机激光等,当前这些类型的功能晶体中,所出现的有机非线性光学晶体所占有的数量最多. 上述这些类型的有机功能晶体在国际计算机网络上均有所报道. 并有待进一步研究与挖掘.

人们在研究各类新型有机功能晶体的组成、结构、性能及其应用过程中首先遇到的一个问题,就是如何生长(制备)出这些晶体. 关于有机功能晶体生长方法与原理,与生长无机功能晶体类同,主要方法有

(1)溶液法:溶液法可分为降温法、蒸发法和温差法等,但这些生长方法与无机晶体不同之处,在于大多数有机化合物不溶于水. 因此,有机晶体生长,首先遇到的一个问题就是选择有机溶剂的问题,通常所采用的有机溶剂有甲醇、乙醇、丙酮、乙酸、甲苯、二甲苯等或混合有机溶剂等. 总之,要根据所要生长的有机功能晶体的不同,加以优选有机溶剂,同时,要制定优异的生长条件,以便生长出优质大尺寸的晶体.

(2)熔体法:熔体法生长有机功能晶体,有熔体提拉法、熔体下降法和熔体泡生法等,一般的来讲,有机功能晶体的生长温度较无机晶体的生长温度低,熔体的粘度大,晶体生长速率小,因此所要求的生长设备精度要高些.

(3)气相输运法:气相输运法生长有机功能晶体,一般多在真空条件下进行,污染源少,因此易于生长高纯度和结构完美的有机功能晶体,但生长速率小,晶体生长周期长. 例如,2-甲基-4 硝基苯胺(MNA)高质量的非线光学晶体,就是采用气相输运法生长的. 同时,采用气相输运法,可用来长生有机薄膜晶体,并且可将生长薄膜晶体与制造功能晶体器件两者紧密结合起来,更有利于功能晶体的推广应用,易于获得经济效益.

当前,所应用功能晶体材料,大多还是无机功能晶体,但有机功能晶体所涉及的研究范围甚广,大有挖掘潜力. 而且联系到生命科学,显现出更大的发展前景.

展望

令人兴奋的是第十六届国际晶体生长会议(ICCG-16)已于 2010 年 8 月 8 ~ 15 日在中国首都北京召开. 此标志着我国的晶体生长不仅在国际范围内已占有

一席之地，而且已成为国际会议的主办国，这必将影响到全世界，可喜可贺. 今后我国的晶体生长这一分支学科发展前景更加美好，而且发展得更快更好. 总之，晶体作为一种新型功能材料，将为人类的物质文明的建设发挥出更大的作用；将为我们的伟大祖国争得的荣誉更大更多.

参 考 文 献

[1] 张克从，张乐潓. 晶体生长. 科学出版社，1981.

[2] 闵乃本. 晶体生长的物理基础. 上海科技出版社，1982.

[3] 仲维卓等. 人工水晶. 科学出版社，1983.

[4] R· A 劳迪斯. 单晶生长. 刘光照译. 科学出版社，1979.

[5]《人工晶体》编辑部主编. 晶体生长理论专集.《人工晶体》编辑部出版，1981.

[6] 大川章哉. 结晶成长. 应用物理学选书 2. 表华房，1977.

[7] Brice J C. The Growth of Crystals from Liquids. North - Holland Publishing Company, 1973.

[8] Pamplin B R. Crystal Growth. 2nd edition. Pergamon Press, 1980.

[9] Mullin J W. Crystallization. Butterworthr, 1961.

[10] Goodman C H L. Crystal Growth Theory and Techniques. Vol 1 - 2. Plenum Press, 1974, 1978.

[11] Hartman P. Crystals Growth: An Introduction. North - Holland, 1973.

[12] Gilman J J. The Art and Science of Growing Crystals. Wiley, 1963.

[13] Doremus R H, Roberts B W, Turnbull D. Growth and Perfection of Crystals. Wiley, 1958.

[14] Buckley H E. Crystal Growth. Wiley, 1951.

[15] Ueda R, Mullin J B. Crystal Growth and Characterization. North - Holland Publishing Company, 1975.

[16] Tritton D J. Physical Fluid Dynamics. Van Nostrand Reinhold, 1977.

[17] Jackson K A. Liquid Metals and Solidification. ASM, 1958.

[18] Proceedings of ICCC - 5, J. Crystal Growth, 1977: 42.

[19] Chalmers B. Principles of Solidification. Wiley, 1964.

[20] Mathews J W. Epitaxial Growth. Academic, 1975.

[21] Вайнштейи В К. Современная Кристэллоярасрия 3тоМ Образоьачия Кристаллов Издательстьо. НАУКА МОСКВА, 1979.

[22] 张克从，张乐潓. 晶体生长科学与技术（上册、下册）. 科学出版社，1997.

[23] 宫秀敏. 相变理论基础及应用. 武汉理工大学出版社，2004.

[24] 张克从，王希敏. 人工晶体学报，2002，31(3)：35 - 40.

[25] Vekilov P G, Alexander J I. Dynamics of layer growth in protein crystallization. Chem. Rev., 2000, 100(6): 2061 - 2090.

[26] Berry M B, Keck W M. Protein Crystallization: Theory and Practice. Center for Computational Biology, Rice University, 1995.

[27] DeMattei R C, Feigelson R S, Weber P C. Factors affecting the morphology of isocitrate lyase

crystals. J. Cryst. Growth, 1992, 122(1-4): 152-160.

[28] Lima D, De Wit A. Convective instability in protein crystal growth. Phys. Rev. E, 2004, 70, 021603.

[29] Doye J P K, Frenkel D. Kinetic Monte Carlo simulations of the growth of polymer crystals. J. of Chemical Physics, 1999, 110(5): 2692-2702.

[30] Battaile C C, Srolovitz D J, Butler J E. A Kinetic Monte Carlo method for the atomic-scale simulation of chemical vapor deposition: Application to diamond. J. Appl. Phys., 1997, 82 (12): 6293-6300.

[31] 卢进军, 刘卫国. 光学薄膜技术. 西北工业大学出版社, 2005.

[32] 王根水. 钙铁矿结构铁电薄膜及其异质结构. 中国科学院上海技术物理研究所博士学位论文, 2003.

[33] Headrick R L, Kycia S, Woll A R et al. Ion-assisted nucleation and growth of GaN on Sapphire(0001). Physical Review B, 1998, 58(8).

[34] Ma K, Urata R, Miller D A B, et al. Low-Temperature growth of GaAs on Si used for ultrafast photoconductive switches. IEEE Journal of Quantum Electronics, 2004, 40(6).

[35] Mikulics M, Zheng X M, Adam R et al. High-speed photoconductive switch based on low-temperature GaAs transferred on SiO_2-Si substrate. IEEE Photonics Technology Letters, 2003, 15(4): 528-530.

[36] Xu X P, Vaudo R P. Flynn J, et al. MOVPE homoepitaxial growth on vicinal GaN (0001) Substrates. Physica Status Solidi (a), 2005, 202(5): 727-731.

[37] Rosenberger F. Proteins as a key to advanced crystal growth studies. Cryst. Res. Technol., 1999, 34(2):163-165.

[38] Chani V I, Shimamura K, Fukuda T. Flux growth of $KNbO_3$ Crystals by Pulling-Down method. Cryst. Res. Technol, 1999, 34(4): 519-525.

[39] Dejmek M, Ward C A. A statistical rate theory study of interface concentration during crystal growth or dissolution. J. of Chemical Physics, 1998, 108(20): 8698-8704.

[40] Kierzek A M, Pokarowski Zielenkiewicz P. Microscopic model of protein crystal growth. Biophysical chemistry, 2000, 87(1): 43-61.

[41] Chen C M, Higgs P G. Monte-Carlo simulations of polymer crystallization in dilute solution. J. Chem. Phys., 1998, 108(10): 4305-4314.

[42] Makarov D E, Metiu H. Kinetic Monte Carlo simulations of protein folding and unfolding. Department of Chemstry and Biochemistry, University of Texas at Austin. Department of Chemistry and Biochemistry, Department of Physics, University of California.

[43] Why grow crystals in space. NASA/MSL-1.

[44] 胰岛素结构研究组. 2.5 埃分辨率胰岛素晶体结构的研究. 物理, 1972, 1(1): 1-18.

[45] 肖谧, 刘家正, 王宁等. 压电与声光, 2007, 29(5).

[46] 陆液, 李勇强, 朱兴文. 压电与声光, 2007, 29(2).

[47] 杜红亮, 张孟, 苏晓磊. 无机材料学报, 2008, 23(1).

[48] 王波,房昌水,王圣来等. KDP/DKDP 晶体生长的研究进展. 人工晶体学报, 2008.
[49] [美]丁马奇. 高等有机化学. 陶慎熹, 越景旻合译. 人民教育出版社, 1981.
[50] 钱雪峰. 过渡金属非氧化化物纳米材料溶剂热合成. 中国科学技术大学博士学位论文, 1998.
[51] 苏根博,曾金波,贺友平等. 大截面 KDP 晶体在激光核聚变研究中的应用. 硅酸盐学报, 1997, 25:717 ~719.
[52] Burnham A K, Robey H F, Zaitseva N P et al. Producing KDP and DKDP Crytals for the NIF Laser. Lawrence Livermore National Laboratory, 1999:1 -15.
[53] Kemp D S. Frank Vellaccio Organiz Chemistry Worth Publishers ,INC 1980.
[54] Streitwieser Jr A, Heathcock C H. Introduction to Organic Chemistry. 2nd ed. Macmillan Publishing Co. ,Inc, 1981.

第十章 晶体缺陷

根据晶体点阵结构理论,晶体最基本的特征是结构基元作点阵式的周期性排列. 但实际上,晶体总是或多或少地偏离了严格的周期性,而存在着各种各样的缺陷[1-38].

晶体缺陷的产生总是与晶体生长条件密切相关. 晶体是否存在缺陷以及缺陷的多少,常常作为晶体质量优劣的重要标志. 人工生长晶体总是希望缺陷越少越好,为此,人们为了生长出优质完整晶体,也总是千方百计寻找晶体生长最佳化条件. 同时,人们可通过晶体缺陷的观察和分析来获得有关晶体缺陷形成的某些重要信息,以便对晶体缺陷的产生作有效控制.

晶体缺陷对其电、磁、光、声、热等物理性质都会产生影响,因此,晶体结构、晶体缺陷、晶体的物性与晶体生长间的相互关系的研究,无疑过去是, 现在仍然是一个重要研究领域.

本章仅就晶体缺陷的基本类型及其观测方法和技术简要地加以阐述.

§10.1 晶体缺陷的基本类型

晶体缺陷的种类繁多,形态各异,但人们在习惯上,多根据晶体缺陷在空间延伸的线度来进行分类,概括性地将晶体缺陷分为点、线、面、体四种类型,现分别扼要地加以说明.

10.1.1 晶体的点缺陷[5,6,14,16,18]

晶体中原子尺寸大小的缺陷称为点缺陷,或者说在点阵结构中阵点位置失去原子或变得不规则,也称为零维缺陷. 点缺陷包括点阵空位,自填隙原子,取代杂质原子,填隙杂质原子等. 在离子晶体中,点缺陷还常常伴随电子结构缺陷,如点缺陷俘获电子或空穴造成色心(colour center). 点缺陷间交互作用还可能造成更复杂的缺陷,如点缺陷对、点缺陷群等.

(1) 热缺陷.

晶体中由于温度的起伏而产生的点阵空位和填隙原子或离子称为热缺陷,热缺陷又分为弗仑克尔(Frenkel)缺陷和肖特基(Schottky)缺陷,现以 AX 型离子晶体为例来说明这两种缺陷.

(i)弗仑克尔缺陷:当一个理想完整 AX 型离子晶体的温度高于 0K 时,晶体的正、负离子处于不停的热运动状态，当温度继续升高时，原子的平均动能随之增加，振动的幅度增大，离子间的能量分布遵循麦克斯韦分布规律，当某些具有比平均能量大的离子能量增加到足够大时，就可能离开原来所占据的阵点平衡位置，而转移到晶格的间隙位置，结果便造成了一个离子空位和一个邻近的间隙离子，在晶体中这种同时产生的一个间隙离子和一个离子空位(一对)，称为弗仑克尔缺陷，如图 10.1 所示.

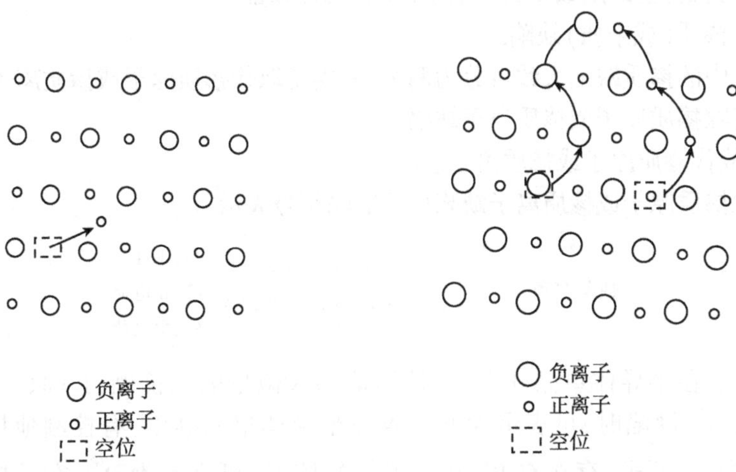

图 10.1　AX 型离子晶体中的弗仑克尔缺陷

图 10.2　AX 型离子晶体中的肖特基缺陷

(ii) 肖特基缺陷：当在 AX 型离子晶体表面上的离子受热激发，而离开晶体表面，那么在离位离子的座位上，就产生了空位，而晶体内部的一个离子就会跑到晶体表面接替该空位，从而在晶体内部就产生了离子空位. 若是一个正离子跑到晶体表面接替该空位，在晶体内部将形成一个正离子空位，若是一个负离子跑到晶体表面接替该空位，在晶体内部将形成一个负离子空位. 另外，由于晶体本身电中性的要求，晶体中的正、负离子空位，应具有基本上相同的数目，总体来看，就好像离子空位从晶体表面向其内部迁移一样，这种空位称之为肖特基缺陷，如图 10.2 所示.

点缺陷的存在，将使晶体的内能有所增加，但晶体结构的无序度也随着增大，这样便导致晶体的熵增大，根据热力学体系吉布斯自由能表达式：

$$G = U - TS \tag{10.1}$$

式中，U 为晶体的内能，T 为绝对温度，S 为晶体的熵，一定量的点缺陷，有可能使晶体的自由能 G 反而下降. 根据体系自由能极小的条件，可以求出热力学平衡状态下的点缺陷浓度.

晶体中弗仑克尔缺陷的浓度 C_F 随温度变化的关系可表示为

$$C_F = \frac{n_F}{(N \cdot N_i)^{1/2}} = \exp\left(\frac{-\varepsilon_F}{2kT}\right) \tag{10.2}$$

式中，n_F 作为弗伦克尔缺陷的数目，N 为阵点数目，N_i 为间隙离子，ε_F 为形成一对离子空位和间隙离子所需要的能量，k 为玻耳兹曼常量，T 为绝对温度. 晶体中肖特基缺陷的浓度 C_S 随温度变化的关系可表示为

$$C_S = \frac{n_t}{N} = \exp\left(\frac{-\varepsilon_s}{2kT}\right) \tag{10.3}$$

式中，n_t 为肖特基缺陷数目，ε_s 为离子空位的形成能.

(2) 掺质(或杂质)缺陷.

晶体中的掺质缺陷大致可分为两类：一类是取代掺质原子或掺质离子缺陷，另一类是间隙掺质原子或掺质离子缺陷.

(i) 取代掺质原子或掺质离子缺陷.

取代掺质原子或掺质离子缺陷可用缺陷符号表示：

缺陷名称 → □ ○←缺陷的有效电荷（○:中性；⊕:正电荷；⊖:负电荷）
□←缺陷在晶体中占有位置

例如，在半导体单晶硅中，有控制地掺入微量的三价硼(B)原子，存在有 B^{3+} 取代 Si^{4+} 缺陷时，可表示为 $B_{Si}^{\ominus}$，若在半导体单晶硅中，有控制地掺入微量的五价磷(P)原子，存在有 P^{5+} 取代 Si^{4+} 缺陷时，可表示为 $P_{Si}^{\oplus}$，在硅单晶中掺入三价掺质原子和五价掺质原子，所引起的作用是有所不同的，每一个三价掺质原子比硅原子少一个电子，称为受主掺质，但每一个五价掺质原子比硅原子多一个电子，称为施主掺质，施主掺质与受主掺质在硅单晶中可构成的导电类型是不同的. 在半导体单晶硅中，若形成 $P_{Si}^{\oplus}$ 缺陷，有一个额外电子比较疏松地束缚在 P 原子上，因此容易被激发到能带的导带中，构成电子导电半导体，此种类型的半导体称为 n 型半导体. 当 B^{3+} 取代 Si^{4+} 的位置后，形成 $B_{Si}^{\ominus}$ 缺陷，其周围少了一个成键电子，从而构成了一个空穴，这个空穴松弛地束缚在 B 原子上，这个空穴可被激发而下降到能带的价带中，空穴的运动相当于反向电子运动，构成了 p 型(空穴导电)半导体. 实验证明，ⅢA 族元素(硼、铝、镓、铟和铊等)和 VA 族元素(磷、砷、锑等)在硅、锗单晶中形成取代式掺质缺陷，取代了晶体点体中原来硅、锗原子所占据阵点位置.

(ii) 间隙掺质原子或掺质离子缺陷.

有些掺质原子或离子不是取代阵点位置上的原子或离子，而是进入晶体点阵的间隙中，成为间隙掺质原子或掺质离子缺陷，间隙掺质原子缺陷的符号，可在缺陷符号的右下角注上字母 i(interstitial)来表征. 例如，在 ZnO 晶体中，在点阵间隙中填入 Li^+ 离子，其缺陷符号为 $Li_i^{\oplus}$. 在 ZnO 晶体点阵间隙中掺入 H 原子，其缺陷符号为 H_i^0.

掺质与杂质这两个名词,其意义是不同的,掺质是为了改进晶体的性能. 而杂质对晶体的性能往往起有害的作用,在单晶生长中力求消除杂质,而提高单晶的纯度,硅锗半导体单晶,除掺质外,力求高纯度. 但掺质与杂质两者所占有晶格位置可能是一样的.

(iii)色心.

在晶体中,吸收光波的基本单位,通称为色心. 一个色心是一个吸收光波的点阵缺陷,如点阵空位俘获一个自由电子或一个自由空穴时,它才是一个吸收光的基团,最简单的色心是 $F_{心}$,它是一个负离子空位和一个受此空位电场束缚的电子所构成的. 将碱卤晶体置于碱金属蒸气中加热,而后骤冷,这个过程称为增色过程. 由于晶体产生了 $F_{心}$,故使晶体着色,由于 $F_{心}$ 本身是电中性的,所以一般来说,它在电场作用下不发生移动,但在一定温度下,其中的部分 $F_{心}$ 发生解离,解离了的电子和留下的空位分别带有负电荷和正电荷. 因此,在电场作用下,将向正、负电极移动,会引起离子导电,同时晶体逐渐退色. 由于 $F_{心}$ 的电子组态和氢原子的很相似,所以 $F_{心}$ 的电子能态可以近似地采用类氢模型来处理,$F_{心}$ 吸收带是由于电子从基态(1s 态)到第一激发态(2p 态)的跃迁而形成的.

捕获电子的色心还有许多种方法. 如果当一个点阵空位俘获两个电子时,便形成 $F'_{心}$,两个近邻的 $F_{心}$ 便构成了 $F_{2心}$,三个近邻的 $F_{心}$ 便构成了 $F_{3心}$ 两个相邻负离子空位俘获一个电子便构成了一个 $R_{心}$,两个相邻的负离子空位和一个近邻的正离子空位俘获一个电子形成一个 $M_{心}$,各种色心均为点缺陷缔合体,如图 10.3 所示.

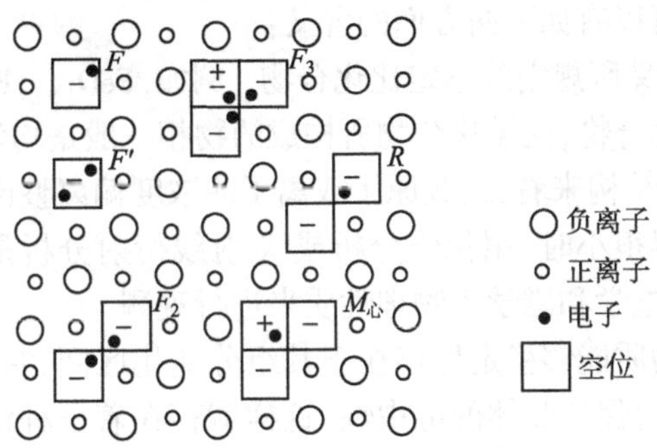

图 10.3　碱卤(A^+X^-)晶体中各种空位俘获电子中心所形成的色心

若把碱卤晶体,如溴化钾、碘化钾等晶体,在卤素蒸气中加热而后骤冷,则晶体中将出现一些 $V_{心}$,含溴过量的溴化钾晶体在紫外区出现 $V_{心}$ 吸收带. $V_{心}$ 是一个正离子空位俘获一个空穴构成,它是 $F_{心}$ 的反型体,此外尚有 $V_{2心}$、$V_{3心}$、$V_{4心}$ 等分别为 $F_{2心}$、$R_{心}$、$M_{心}$ 等的反型体,这些缔合体分别表示于图 10.4 中.

多年来,研究较多的色心晶体,多属于碱卤化合物晶体,其中氟化锂(LiF)晶体占有很大的比重,此种晶体可用于室温条件下调频的激光器材料,调频输出波长在0.62～1.50μm范围. 现$F_{2心}$连续可调谐激光输出可达瓦级.

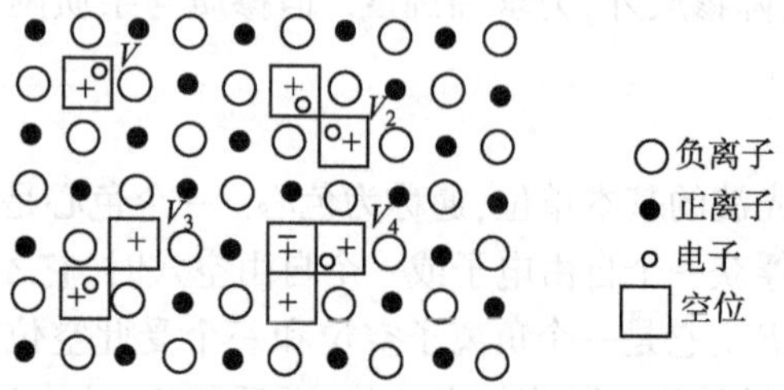

图10.4　碱卤(A^+X^-)晶体中各种空位俘获空穴中心所形成的色心

另一方面,还有一些激光晶体,由于存在着色心,反而使其激光性能降低,如Nd^{3+}: YAG晶体,在晶体生长过程中经常产生色心,使晶体呈黄棕色,由于色心对光的吸收作用,在晶体中将产生大量热能,致使其激光性能逐渐衰退,甚至发生炸裂.

关于色心形成机制有待进一步研究.

(iv) 不定比化合物中的缺陷.

道尔顿(Dalton)把化合物组成的定比定律作为肯定化合物性质的依据,诚然,它可以较圆满地解释许多有机化合物的性质,但用于解释原子或离子晶体化合物时,就遇到了困难,典型离子晶体,如NaCl晶体等,都能合成出不定比化合物. 另一方面,在固溶体晶体中,其组成的不定比性是广泛存在的.

不定比化合物可以有如下两方面的含义:

(a)纯粹化学定义所规定的不定比化合物. 例如,FeO_{1+x},FeS_{1+x},PdH_x等化学式中的x是可变的化合物,这类化合物所构成的物相一般是均匀的.

(b)从晶体点阵结构来看,组成原子或离子的浓度偏离整比性的化合物.

当其组成偏离得很小时,用化学分析或X射线衍射分析是难于判断的,但可以通过测量其光学、电学和磁学等物理性质来进行观测.

如果某一结晶物质能够稳定地存在于其组分变化区间,它必须能够得到或失去原子或离子,并同时保持晶体的电中性,这样就存在着三种情况,即原子或离子取代、原子或离子间隙和原子或离子空位. 原子或离子取代可形成组分可变的固溶体,而间隙原子或离子和原子或离子空位缺陷均可形成不定比化合物.

在离子晶体中,取代、间隙和空位,它可以是阴离子,也可以是阳离子. 当阳离子较小,阴离子较大,因而易于发生极化作用时,易形成$M_{1+x}X$型(M为金属离子)不定比化合物,在一般情况下,x的变化范围为10^{-4}～10^{-7},因为阴离子比阳离子大,可以形成阴离子间隙的可能性是比较少的.

在阳子缺位时,要求阳离子电价增加,这只限于过渡金属和少数其他金属,但其不定比性较大. 例如, $Fe_{0.8}S$ 晶体即属于这种类型. 过渡金属元素的不定比性,总是与其标准氧化态有关,例如:在 Cu_2O 晶体中是金属原子缺位,部分 Cu 原子由 1 价变为 2 价,但在 CuO 晶体中,则无金属原子缺位,因为没有更高价态的 Cu,又如:在 Fe_2O_3 晶体中会产生金属原子间隙缺陷,部分的三价 Fe 可变到二价 Fe,还有时遇到较复杂的情况,如在 TiO_{2+x} 晶体中,x 既可大于 1,也可以小于 1,不管组分变化如何,阳、阴离子都有缺位,当 $x<1$ 时,阳离子空位数多于阴离子空位数;当 $x>1$ 时,阳离子空位数小于阴离子空位数.

(v) 不定比化合物的分类.

不定比化合物有许多不同的类型,每一种类型都有它合理的结构基础,从化合物组成的不定比性来进行分类,则可分为如下几种类型.

(a) 缺负离子不定比化合物,化学式可写为 MY_{1-x}. 其中, x 为一个小的分数.

NaCl 晶体在 Na 蒸气中加热变为黄色,KCl 晶体在 K 蒸气中加热变为蓝紫色,这是因为它们均都形成了缺负离子的不定比化合物.

(b) 缺金属离子不定比化合物,化学式为 $M_{1-x}Y$· Cu_2O, FeO, NiO, FeS 和 CuI 等化合物晶体都容易形成缺金属离子的不定比化合物晶体.

(c) 间隙型不定比化合物,化学式为 $M_{1+x}Y$. 许多离子化合物会形成间隙型不定比化合物,如 ZnO、CdO(<650 ℃)、Cr_2O_3 和 Fe_2O_3 等化合物晶体易形成这种类型的不定比化合物.

(d) 替换型不定比化合物,化学式为 $M_{1-2x}M'_{2x}Y$ 或 $MY_{1-2x}Y'_{2x}$.

有些化合物晶体,它们具有相同的负离子,当混入不同金属离子时,这些化合物就会变成固溶体. 例如, 在 AgCl 晶体中混入少量 $CdCl_2$ 时,AgCl 晶体就会成为固溶体 $Ag_{1-2x}Cd_{2x}Cl$. 有些化合物具有相同的金属原子,但由于它的负离子的价态不同,因此,当混入不同的负离子时,这些化合物也会变成固溶体,例如在 AgBr 晶体中掺入少量 Ag_2S 时,则 AgBr 晶体就会形成 $AgBr_{1-2x}S_x$ 固溶体.

以化合物的类型而论,不定比化合物晶体多数为氧化物,硫属化合物和卤素化合物等晶体,从晶体结构的类型来看,不定比化合物晶体多数为 NaCl 型、TiO_2 型、ZnS(闪锌矿)型、NiAs 型、$CaTiO_3$ 型、$CaWO_4$(白钨矿)型等,在这些晶体结构型中,负离子都形成一定的紧密堆积,正离子处在负离子的形成的配位多面体间隙中,在晶体生长过程中,这些配位多面体发生畸变,改变了共面、共棱或共顶点等关系,使负离子数目相对减少,从而形成不定比化合物.

不定比化合物的化学性质与定比化合物相比没有多大差别,但不定化合物的某些物理性质对原子组成是非常敏感的,其中比较典型的代表为锡石(SnO_2)晶体材料,这种晶体的薄膜是一种有效的气敏半导体材料,利用它所制成的气敏元件可以检测空气中易燃易爆的气体,以防止灾难性事故的发生,按照严格化学计量比的 SnO_2 薄膜晶体为绝缘体,只有当其组成偏离化学计量比时,才会具有导电性,偏离的程度越大,导电性能也就越好,引起锡石晶体导电的可能性有如下两种:一种是过量的Sn原子填充到点阵间隙中;另一种是Sn原子按点阵的规律排列,其中部分阵点上的Sn原子缺位,这两种情况都会使晶体中电子过剩,成为n型半导体. 一些不定比化合物晶体列入表10.1.

表10.1 一些不定比化合物晶体

类型	不定比化合物晶体
金属原子过剩	ZnO, Fe_2O_3, $NaCl$, …
非金属原子过剩	UO_2, SmF_2, …
金属原子缺少	CuO, FeS, MnO, PbO, TiO_2, SnO_2, …
非金属原子缺少	$NaCl$, CdO, TiO_2, CaO_1, …

(vi)晶体点缺陷与化合物的不定比性.

在二元化合物晶体中,其化学组成为A和X两种原子,组成比为$X:A=n:m$,其化学式以A_mX_n表示,这种化合物具有一定的晶体结构,根据晶胞中同类原子的数目和晶胞体积,可以求出相应阵点浓度的比值,

$$\gamma_1=\frac{[X]}{[A]}=\frac{n}{m} \tag{10.4}$$

在实际晶体中,$X:A$的比值或多或少的偏离$n:m$,即

$$X:A\neq n:m$$

这样的化合物称为不定比化合物,它的组成可用化学式$A_mX_{n(1+\delta)}$来表示,δ是一个很小的正值或负值,其X原子和A原子的浓度比为

$$\gamma_c=\frac{[X]}{[A]}=\frac{n(1+\delta)}{m} \tag{10.5}$$

那么,偏离于整数比的值,可由式(10.4)、式(10.5)中γ_1与γ_c之差求得,即

$$\Delta=\gamma_c-\gamma_1=\frac{n(1+\delta)}{m}-\frac{n}{m}=\frac{n}{m}\delta \tag{10.6}$$

偏离值Δ与晶体点缺陷的浓度有关系. 例如, 当晶体的热缺陷为肖特基缺陷时,即晶体点阵除主要为A和X原子占据之外,还存在少量的空位V_X和V_A.

$$\begin{aligned}[L_X]&=[X]+[V_X]\\ [L_A]&=[A]+[V_A]\end{aligned} \tag{10.7}$$

由式(10.5)、式(10.6)、式(10.7)可求得偏离值Δ:

$$\Delta=\frac{[L_X]-[V_X]}{[L_A]-[V_A]}-\frac{n}{m} \tag{10.8}$$

当化合物的组成符合定比定律时,$\Delta=0$,从而由式(10.8)可求得

$$\frac{[L_X]-[V_X]}{[L_A]-[V_A]}=\frac{n}{m} \tag{10.9}$$

即 $m(V_X)=n(V_A)$. 式(10.9)说明晶体结构中虽然存在有空位缺陷,但是其组成仍然符合化学定比定律.

对于弗仑克尔缺陷,用同样的处理方法,可以求出空位 V_A 与间隙离子 A_i 或空位 V_X 和间隙离子 X_i 的电中性关系.

(vii)不定比化合物的电学性质.

大多数离子键和共价键晶体都是绝缘体,而不定比化合物的电子导电却介于金属和绝缘体之间,因此这类化合物具有半导体的性质,而且是掺质型半导体,这是因为存在着不定比化合物的不定比性的空位,起到同硅、锗半导体掺磷的效果.

(viii)晶体结构中点缺陷的实验测定.

研究晶体中点缺陷的种类浓度和存在形式等,比较常用的几种方法有:

(a)热天平微重量法,这种方法可用来测定不定比化合物中组成的相对含量的变化.

(b)晶体密度和晶胞常数的 X 射线衍射法精密测定.

(c)化学分析法,测定多组分固溶体中非正常态原子的价态的变化.

(d)电导率法,当 A_xX_n 型化合物中的金属离子过剩时,由间隙离子 M_i 和空位 V_x 提供施主能级,当 A_mX_n 型化合物中的金属离子不足时,由间隙离子 X_i 和空位 V_M 提供受主能级.

还可利用波谱法(其中包括红外光谱,紫外光谱和可见光谱)、核磁共振、低电子能谱、顺磁共振等波谱学来研究点缺陷.

晶体中点缺陷的存在,对晶体生长的影响是相当重要的,因为它会改变杂质掺入和影响相平衡关系,而且它还可形成一些二次缺陷,如位错、层错等.

晶体中的点缺陷也可以由非热的方式产生. 例如,冷加工、高能辐射等都能产生点缺陷,但与理论上不能用处理热缺陷的方式来阐明此种缺陷的成因. 不定比化合物与非公度复合晶体有着密切联系,非公度复合晶体属于非周期性晶体,在此种非周期性晶体中至少有一个方向的原子或分子是非定比的,亦即非化学计量的.

10.1.2 晶体的线缺陷[1-6,9,11,13,15,17,19]

线缺陷是一群原子在不规则的位置上,这种线性缺陷通常叫做位错,晶体中的位错是一种常见的一维(线型)缺陷.

位错概念的发端可追溯至 20 世纪初,自从把这个概念模型引入固体物理领域,已经历了近百年之久,早已从比较直观粗略的观念发展到非常抽象精致的理论. 关于位错的诸多方面的研究成果和现有文献,专著数量之多,可以说是浩若烟海,不胜枚举.

位错理论早已相当完善,位错理论的发展与晶体的力学性质的微观理论有着密切联系,特别是对金属材料中的研究得甚为透彻. 位错作为一种实际存在晶体之中的结构缺陷,这种缺陷在晶体生长中起着相当重要的作用,早在1949年弗兰克(Frank)首次把位错的存在及相应的原子组态与晶体生长机制联系起来,合理地解释了实际晶体生长速度大于完整晶体模型理论计算生长速度,大大推动了晶体生长这门分支学科的发展,至今仍在应用的晶体生长BCF理论就是一个有力的证明.

位错对于材料的物理性质具有重要影响,对晶体材料的力学性质,如范性、机械强度和一系列物理化学性质,如表面吸附、催化、扩散、脱溶沉积等会产生明显的影响. 位错是一种结构缺陷,势必会影响到晶体的电、磁、光、声、热等物理性质,所以在研究晶体器件时,首先要选出位错少的晶体材料,这样才利于提高器件的性能.

位错与其他晶体缺陷之间的关系密切,在某种意义上,位错理论在有些方面是晶体中其他缺陷的核心,因为常常用它来解释其他晶体缺陷的形成,对单晶完整性的评价,往往以晶体中位错密度大小作为度量的标准.

(1) 位错的类型.

晶体中的位错,一般存在两种基本类型:一种为刃型位错,另一种为螺型位错. 同时并存以上两种位错成分的,称为混合型位错.

理想完整晶体是由一层一层原子或离子面紧密堆积而成的,但如果原子面在堆积过程中,一个原子面中断在晶体内部,这样在此原子面的中断处,就出现了一个位错缺陷,由于它处于该中断原子面的刃边处,故称此种位错为刃型位错. 如果原子面在堆积过程中,它围绕着螺旋轴旋转一周,就增加一个面网间距,于是就在螺旋轴处出现了另一种类型的线缺陷,由于此线缺陷相应于原子螺蜷面的螺旋轴线,所以称这种螺旋轴线为螺型位错.

晶体中的理想完整的原子面,含有刃型或螺型位错原子面的堆积情况如图10.5所示.

(a) 理想晶体原子面堆积　(b) 含有刃型位错晶体原子面堆积　(c) 含有螺型位错晶体原子面堆积

图10.5　晶体中的理想完整原子面, 含有刃型和螺型位错原子面的堆积示意图

刃型位错和螺型位错周围原子排列的情况如图10.6所示, 刃型位错和螺型位错是晶体中线缺陷的两种基本类型,刃型位错的位错线与它的伯格斯矢量相垂直,而螺型位错的位错线与它的伯格斯矢量相平行.

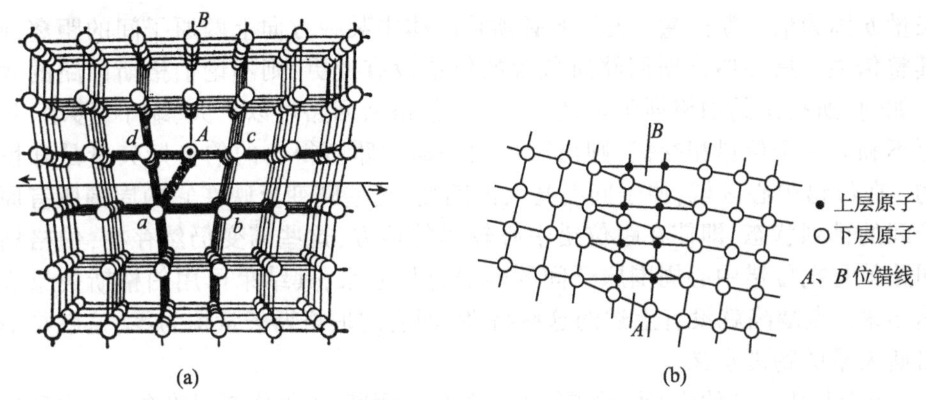

图 10.6 刃型位错(a)和螺型位错(b)周围原子排列的情况示意图

关于晶体中位错的形成机制,其理论与实际两者间已得到很好的吻合,特别是高分辨率透射电子显微镜和原子力显微镜问世以来,通过对晶体薄膜的观察,已直接看到晶体中的阵点平面和位错的存在. 在气相或溶液中生长出的晶体表面,常常显露出螺旋式的生长台阶,晶体生长时,由于螺旋位错的存在,其周围的原子螺蜷面在晶体表面上必定有一个螺蜷线终止的台阶,原子或分子沿台阶填充上去,而台阶永不会消失,晶体继续生长,故位错对晶体生长的作用是不言而喻的. 晶体生长螺蜷面的显露对晶体生长机制与位错理论的发展都起了很大的促进作用.

(2) 伯格斯矢量.

为了进一步阐明晶体中位错与点阵畸变之间的关系,需要引入一个矢量,这个矢量称为伯格斯矢量,简称为 $\boldsymbol{b}$,它是描述位错引起的点阵畸变程度的重要物理量. 设在晶体中取三个基矢 $\boldsymbol{a},\boldsymbol{b},\boldsymbol{c}$,用这三个基矢做成的平行六面体,在 $\boldsymbol{a},\boldsymbol{b},\boldsymbol{c}$ 三个方向顺次地堆积,便可得到一个完整的晶体. 若从晶体中某一阵点出发,以一个基矢为一步,沿着基矢方向逐步延伸,最终回到原来的出发阵点,称这样的闭路为伯格斯回路.

设在伯格斯回路中,在 x 方向走了 n_α 步,在 β 方向走了 n_β 步,在 γ 方向走了 n_γ 步,若伯格斯回路本身没有在中途遇到破坏区域(即在此区域内每个原子与它周围原子之间失去了正常关系),而且回路所围绕的区域也都是完整区域(即每个原子的周围环境是相同的),则必然有下列关系:

$$n_\alpha\alpha + n_p\beta + n_\gamma r = 0 \tag{10.10}$$

式中,$n_\alpha,n_\beta,n_\gamma$ 都是整数.

但若伯格斯回路所围绕的是个位错缺陷区域,则存在下列关系:

$$n_\alpha\alpha + n_\beta\beta + n_\gamma\gamma = \boldsymbol{b} \tag{10.11}$$

矢量 $\boldsymbol{b}$ 称为伯格斯矢量. 矢量 $\boldsymbol{b}$ 必须是晶体中某一方向上两原子间的距离或其整倍数. 只要伯格斯回路所包含的位错没有变更,则不论伯格斯回路的大小如何,所得出的伯格斯矢量是不变的. 伯格斯回路可以扩大、缩小、移动,只要不和另一个位错相交截,则由这个伯格斯回路所得出的伯格斯矢量是守恒的. 在位错中心区域,原子间有甚大的畸变,这些畸变反映在它的周围所有原子间的排列状态,即使在距位错中心较远的地方,这些畸变仍然存在,伯格斯回路就是把位错中心周围原子间的畸变叠加起来,其结果可用伯格斯矢量表达出来. 点缺陷就没有上述的这些特性,即它的伯格斯矢量恒为零,这就是伯格斯矢量的物理意义.

在晶体中一个伯格斯回路围绕着缺陷作一闭路,沿伯格斯回路在各方向所走的步数矢量和不为零,这种晶体缺陷就称为位错. 这个矢量和就称为伯格斯矢量. 环绕刃型和螺型位错的伯格斯回路,如图 10.7 所示.

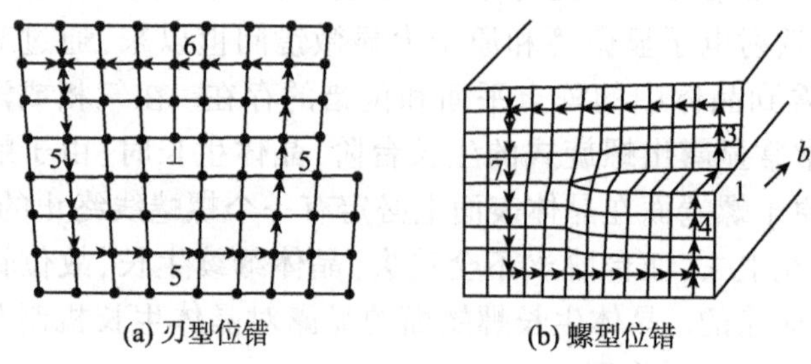

图 10.7　刃型和螺型位错的伯格斯回路

显然,位错在晶体中可以形成一个封闭的环,称为位错环,或者可以终止在晶体表面及晶粒间界上,但不能终止在晶体内部.

伯格斯矢量为代表位错环基本性质的一个物理量. 一个位错环的伯格斯矢量赋有守恒性,它的守恒反映在以下几个方面:

(i)如果三条位错线相交于一点 O,则称这一点为结点,如图 10.8 所示. 它们的伯格斯矢量分别为 $\boldsymbol{b}_1,\boldsymbol{b}_2,\boldsymbol{b}_3$. 若将伯格斯回路 B_1 由 $\boldsymbol{b}_1$ 沿位错线位移而穿过结点 O 到达 B_{2+3} 位置,只要位移时不与其他位错线相交截,这两个回路是守恒的,它们的伯格斯矢量应当相同,即

$$\boldsymbol{b}_1=\boldsymbol{b}_2+\boldsymbol{b}_3 \tag{10.12}$$

(ii)一个位错环只有一个伯格斯矢量 $\boldsymbol{b}$.

(iii)几条位错线相交于一点 O(结点),则这些位错线的伯格斯矢量之和应为零,即

$$\sum_i \boldsymbol{b}_i=0 \tag{10.13}$$

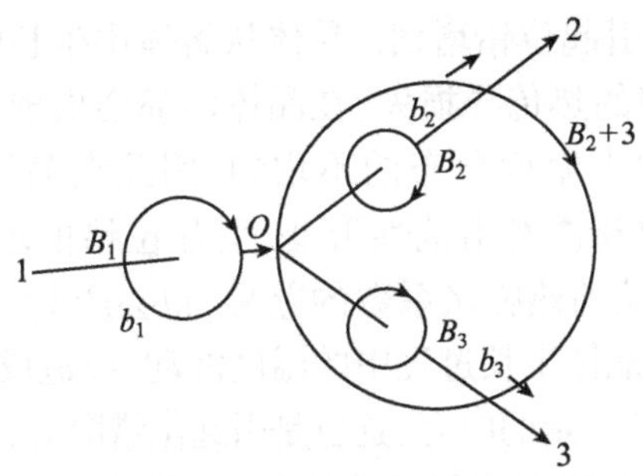

图 10.8　三条位错线相交于一点

(iv)刃型位错的位错线与其伯格斯矢量互相垂直. 螺型位错的位错线与其伯格斯矢量相平行. 位错线与伯格斯矢量所成的平面,称为滑移面.

(v)在混合型位错中(如图 10.9 所示),既有刃型位错成分又有螺型位错成分. 若混合位错的伯格斯矢量为 $\boldsymbol{b}$,则它可分解成纯刃型和纯螺型位错的伯格斯矢量($\boldsymbol{b}_c,\boldsymbol{b}_s$),如图 10.9(b)所示. AB 为混合型位错,其方向为由 A 到 B,θ 为混合型位错 AB 与其伯格斯矢量 $\boldsymbol{b}$ 两者之间的夹角. 晶体中的混合位错如图 10.9(a)所示.

$$b_c = b\sin\theta$$

$$b_s = b\cos\theta$$

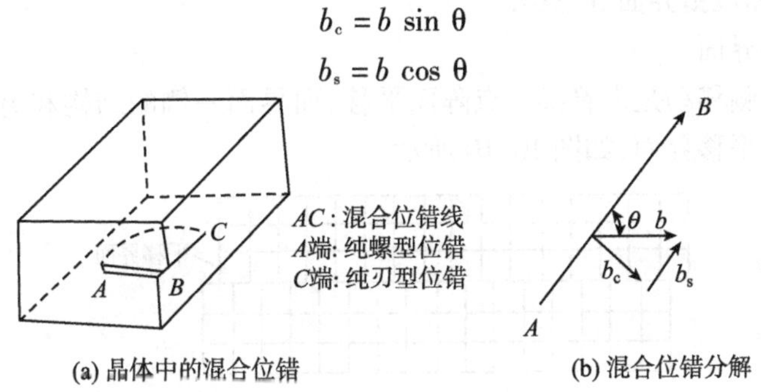

图 10.9　混合型位错

(3) 位错的起源.

晶体中的位错缺陷,究竟是如何引入到晶体中的,即所谓位错起源问题,直到目前尚无十分完善的理论.

一般认为,晶体中产生位错的原因是多方面的. 例如, 有下述几个方面的原因:

(i)由籽晶引入的位错. 籽晶中的位错一般要延伸到晶体中,例如:当采用提拉法生长晶体时,籽晶中的位错露出于固–液界面时,这些位错即使没有空位的凝聚,通常多以层状延伸到新生长出的固相中,位错线的延伸方向与固–液界面形状有关,一般是垂直于固–液界面. 采用提拉法生长晶体时,为了减少晶体中的位错密度,在晶体生长初期进行缩颈,其目的就是为了减少位错的延伸.

(ii) 由于热应力而引起位错增殖. 晶体从熔体中生长时,由于晶体表面的热量辐射损失或因坩埚壁的热传导损失,在晶体内部会出现等温面的弯曲,其结果会导致垂直生长轴截面上温度分布的不均匀,因此在晶体生长中产生热应力. 热应力的产生使晶体内部诱发出范性形变,引起位错的增殖. 在使用坩埚作容器时,还由于坩埚和样品的热膨胀系数的差异,也会产生应力,这也是促使位错增殖的一个因素. 另外,在晶体生长过程中的温度波动,会造成晶体生长条纹缺陷,这些生长条纹的边界存在着一定的应力,这也是引起位错增殖的一个重要原因.

(iii) 晶体中的杂质出现不均匀的偏析时,局部晶胞常数将会发生变化,由于晶胞常数变化的差异而产生的应力也是形成位错增殖的一个因素.

(iv) 晶体生长后,在冷却过程中,由于局部热应力集中,往往也产生位错.

(v) 晶体机械加工时,晶体局部受机械应力的作用,这也会引入位错.

(vi) 晶体中的面缺陷和体缺陷等都会造成应力集中而引入位错.

10.1.3 晶体的面缺陷[4-6,10,11,13,14]

晶体中的面缺陷,按照面缺陷两侧晶体间的几何关系,可分为三类,即平移界面、孪晶界面和位错界面等三类.

(1) 平移界面.

界面的两侧移动是沿着某一点阵面平移,而界面一侧的结构和另一侧界面的结构为非点阵平移界面,如图 10.10 所示.

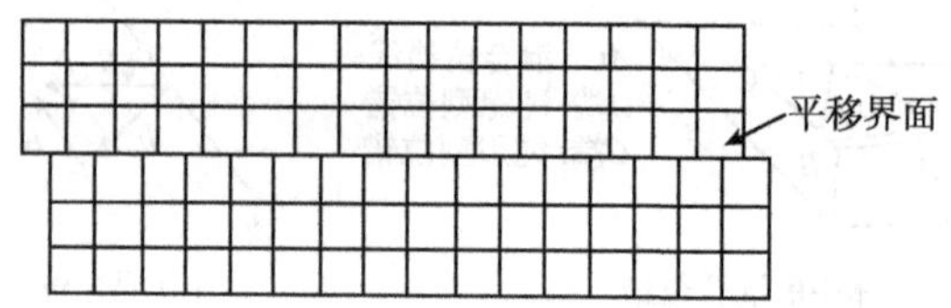

图 10.10　平移界面示意图

原子的堆垛层错是平移界面. 从形式上来看,任何一个晶体结构都可以认为是一层层原子按一定方式堆积而成的,密集面内原子间的键合较强,相邻密集面间原子的键合一般较弱,因而人们经常习惯于把晶体看做是由原子密集面一层层堆积而成的. 在简单立方晶体结构中,密集面是{100}面,在面心立方晶体结构中是{111}面,在体心立方晶体结构中是{110}面,但在密集六方晶体结构中则是{0001}面.

面心立方与密集六方是两种最紧密的堆积结构,这两种结构,不仅密集面内原子排列是密集的,而且密集面的堆积方式也是密集的. 根据本书第六章所述,面心立方结构正常的堆积顺序为

$$ABC\quad ABC\quad ABC\quad \cdots$$

密集六方结构的正常堆积顺序为 *AB*　*AB*　*AB*　…. 如果沿用弗兰克符号顺序堆积,即 *AB*,*BC*,*CA* 均用△表示,而其逆顺序堆积,即 *BA*,*CB*,*AC* 均用▽表示. 这样,面心立方和密集六方结构的正常堆积可分别表示为…△△△△△△…和…△▽△▽△▽…

这种表示方式简单明了,堆积方式与结构的关系也十分清晰,而且不需要考虑原子层的参考原点,只需要考虑堆积方向就可以了.

所谓堆垛层错,就是指对正常堆积顺序的差错,以面心立方结构为例,当其中任何一层堆积变为▽时,就产生一片层错. 层错分为两种基本类型. 当在堆积正常层序中抽去一层时,称为抽出型层错. 在堆积的正常层序中多加一层,则称为插入型层错. 正常堆积、抽出型层错与插入型层错如图 10.11 所示,以资对比.

显然地,在一片层晶体的层错处,当面心立方结构转变为六方最紧密堆积结构时,这种结构的变化并不改变原子的配位数及其面间距,而只改变了原子次邻关系,因而晶格几乎是不产生畸变的.

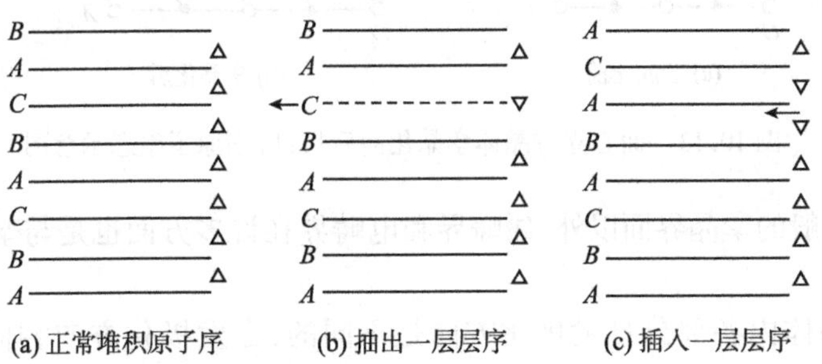

(a) 正常堆积原子序　　(b) 抽出一层层序　　(c) 插入一层层序

图 10.11　面心立方晶体结构的堆积示意图

(2) 孪晶界面.

孪晶界面两侧的结构,对于某一特征的公共点阵平面来说,互成反映对称关系,或是绕某一特定的公共点、列(晶轴)相对旋转,以表征孪晶关系的位移不是单一的位移矢量,而是一个位移场. 位移矢量随其距孪晶界面的距离而发生线性变化,如图 10.12 所示.

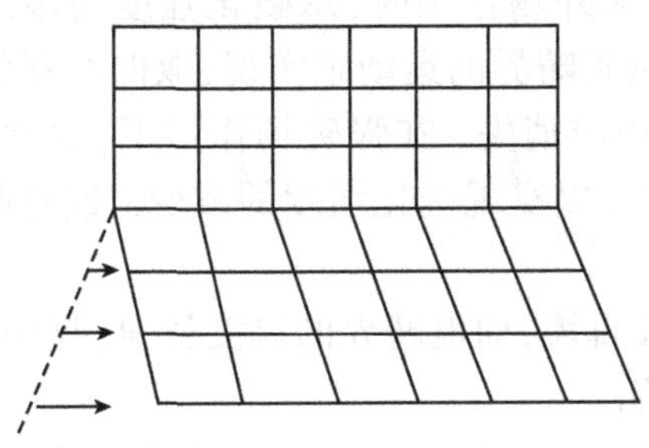

图 10.12　孪晶界面

现以面心立方晶体为例来说明孪晶界面的特征. 在面心立方晶体中,{111}面的正常堆积顺序为…△△△△…,如图10.13(a)所示. 若堆积顺序从某一层起颠倒过来进行堆积, 如图10.13(b)所示,则其堆积顺序为…△△△▽▽▽…,这就构成了以{111}面为孪晶界面的孪晶,这种孪晶相当于连续许多层的堆垛层错,在孪晶界面上,所有原子的第一近邻关系(配位数及其距离)均未改变,只是第二近邻关系改变了,因而,以便具有较低的界面能.

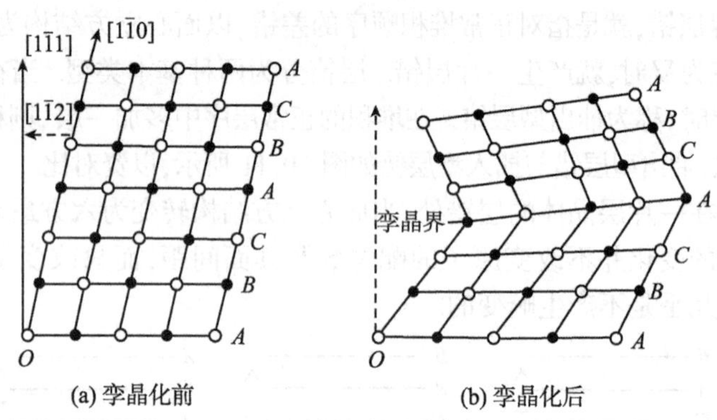

(a) 孪晶化前　　(b) 孪晶化后

图10.13　面心立方晶体孪晶化前后{111}面原子组态示意图

除了一般的孪晶界面以外,磁畴界和电畴界在许多方面也是与孪晶界面相类似的.

铁电晶体内各部分自发极化方向是不同的,自发极化方向相同的区域,称为铁电畴,而铁电畴间的界面,称为电畴界. 例如, 钛酸钡($BaTiO_3$)晶体的铁电畴有两种基本类型,一种是反平行铁电畴;另一种是极化方向成90°的铁电畴,它们分别如图10.14(a)、(b)所示. 此两种铁电畴都是孪晶,只不过孪晶界不同而已,前者为[100]方向,后者为[110],因而孪晶界面的取向不同,铁电畴结构也就不相同.

与铁电体相类似,铁磁晶体在居里点以下时,也将具有许多自发磁化方向不同的铁磁畴组成,当无外场作用时,总磁化强度为零. 在弱磁场作用下,磁化强度的改变主要通过磁畴界的运动来实现,取向有利的磁畴体积增大,而取向不利的磁畴体积减小或消失. 在强磁场作用下,通常是由磁畴内磁化方向的直接旋转到有利方向,以实现磁化强度的改变. 铁磁晶体的磁畴变化情况,如图10.15所示.

磁畴界的厚度约几百埃,而电畴界的厚度较薄,仅约几个埃.

(3) 亚晶界和相界.

(i)亚晶界. 在单晶体中,常常存在着一些取向差很小的晶粒,单晶与多晶的区别在于多晶体中颗粒之间的取向差一般是很大的. 我们称取向差很小

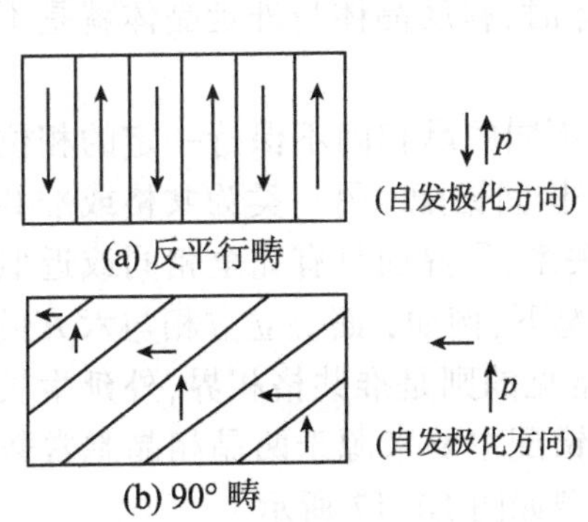

图 10.14　$BaTiO_3$ 晶体的两种基本类型的铁电畴示意图

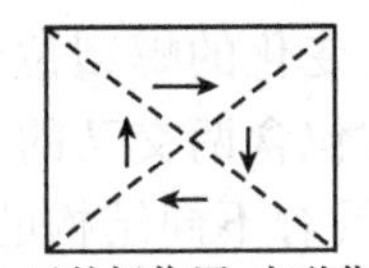

(a) 无外场作用,未磁化时,总磁化强度为零

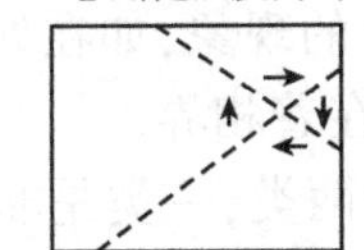

(b) 在弱磁场作用下,取向有利的磁畴增大

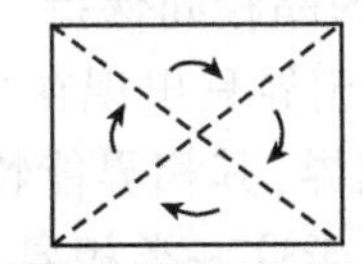

(c) 在弱磁场作用下,磁畴内磁化方向旋转到有利方向

图 10.15　铁磁晶体的磁畴变化情况示意图

的晶粒间的界面为亚晶界,它是由一系列位错所构成的,这是较普遍地存在于单晶体中的一种重要的面缺陷. 简单的亚晶界是对称倾侧亚晶界,它由一系列等间距排列的同号刃型位错构成,这个取向差可以用几个倒写的 T 表示,如图 10.16 所示.

这一类亚晶界的几何特征是,相邻两晶粒对于亚晶界作对称的旋转,旋转轴在亚晶界面上,并与位错线平行,旋转角为 θ,位错间距 D 及位错的伯格斯矢量 $\boldsymbol{b}$ 的数值 b,三者之间的关系,应满足下式:

$$D = \frac{b}{2\sin(\theta/2)} \tag{10.14}$$

当 θ 角很小时,式(10.14)可简化为

$$D = \frac{b}{\theta} \tag{10.15}$$

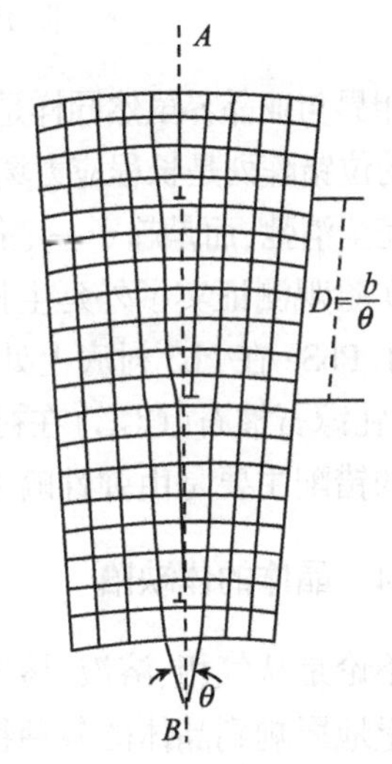

图 10.16　对称倾侧亚晶界 AB 的二维图像

与此类亚晶界相类似的是非对称倾侧晶界,它是由相互平行、但伯格斯矢量不同的两类或三类刃型位错组成的亚晶界. 一般简单的倾侧晶界不包含螺型位错,但在某些晶体结构中,如体心立方结构当转轴为[001]时,必

须包含符号交替变化的螺型位错，当然，这一组螺型位错的平均效果仍为零. 扭转亚晶界常常包含两交叉的螺型位错阵列.

(ii) 相界. 具有不同结构的两相的界面称为相界，虽然这也不属于单晶体的范畴，但在晶体生长及其以后的处理过程中，常伴随着相变的发生，经常会出现不同相共存的现象，如在处延生长晶体时，衬底晶体与外延晶体就是不同的两种相，而存在着相界.

相界可分为两类，一类是非共格相界，不同的晶相间不保持一定的相位关系，因而类似于大角度晶界，造成严重的结构间错配. 另一类为共格或准共格相界，界面两侧的晶相间保持一定的相位关系，沿界面具有完全相同或近似的原子排列. 共格相界只出现在少数特定情况下，例如，面心立方相与六方最紧密堆积相间的相界，其相界能特别低. 更常见的则是准共格相界，外延生长的外延界面就是属于这一类相界. 相界处的错配主要来源于两晶相晶胞常数及其夹角之间的微小差异. 相界处的位错模型如图 10.17 所示.

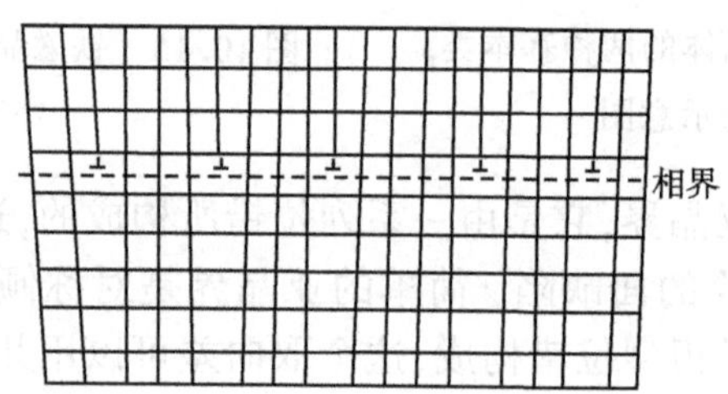

图 10.17　共格相界处的位错模型

相界与亚晶界虽然同样是由位错阵列所组成的，但它们的性质却是不同的. 亚晶界的位错阵列是长程应力场完全消弛了的组态，而相界的位错阵列的长程应力场并不完全消弛，而是趋于一定值，此值正好补偿共格所要求的弹性畸变.

实验观测证实了外延生长晶体中错配位错的存在. 例如，在电子显微镜下观察到了 PbSe 在 PbS 衬底上处延生长时相界的位错阵列，但也存在着例外的情况，例如，钆镓石榴石(GGG)在衬底生长磁性外延单晶时，由于位错的形成能高，外延生长的错配主要是由弹性畸变来协调，所以不产生错配位错.

10.1.4　晶体的体缺陷

不论是从气相、溶液、熔体或从熔盐等中生长晶体，往往都存着体缺陷，这些缺陷严重地影响到晶体的各种物理性能.

体缺陷即三维缺陷，现扼要地介绍几种晶体的体缺陷.

(1) 包裹体.

包裹体是一种宏观缺陷，在晶体中，包裹体与晶体有着相界的关系，按其存在的形式,通常可分为气体包裹体,液体包裹体和固体包裹体、气、液包裹体属于光学均质包裹体,多呈现为球体或椭球体,这种包裹体由于光折射的原因,在显微镜下观察,包裹体中央亮而边缘暗,在强光暗场下观察,光散射明显. 固体包裹体多为胶凝体或微晶体. 胶凝体在显微镜下呈无规则堆积的光学均质体,在强光暗场下观察时,无明显的光散射现象,而微晶包裹体的光散射较强,当包裹体体积小到一定程度时,称为散射颗粒. 散射颗粒在人工晶体中是比较常见的,特别是在熔体法生长的晶体中更为明显. 例如,在铌酸锂(LN)、氧化碲(TeO_2)掺钕钇铝石榴石(Nd:YAG)等晶体中,经常发现有散射颗粒的存在,严重地影响到晶体的光学均匀性. 固体微晶包裹体多呈柱状,针状以及一些不规则的形状. 包裹体在晶体生长时共生于晶体中,其形态与分布多与晶体生长过程中的环境条件有关,如:气氛、温度波动以及原料纯度和坩埚材料被熔融等因素所造成的结果.

(2) 胞状组织.

胞状组织又称网络结构. 采用熔体法生长晶体时,由于组分变化而产生的过冷现象称为组分过冷,在出现组分过冷后,晶体生长的平坦界面的稳定性遭到破坏,从而转变为胞状界面. 胞状界面是由网状的沟槽分割开来的胞,沟槽中的杂质浓度较大,而胞状体突出的顶部部分,杂质浓度则较低. 这种在晶体中由浓集杂质所划分出来的亚组织也称为胞状组织,它的显微形态很像蜂窝,故又称为蜂窝状组织. 胞状界面的显露是产生胞状组织的开始,胞状组织的形成是胞状界面在晶体中留下的轨迹. 当晶体生长条件发生周期性或间歇式的变化时,这就造成了间歇性的组分过冷,于是就会相应地在晶体中出现间歇性的胞状组织. 在具有胞状组织的晶体中,显然杂质偏聚十分严重,这就明显地降低了晶体的质量. 如欲生长出高质量的晶体,则必须改进工艺条件,严格控制组分过冷,因为这些措施对提高晶体质量是十分重要的.

(3) 晶体的生长条纹.

生长条纹是晶体中经常见到的一种宏观缺陷,它的存在,严重地破坏了晶体的均匀性. 生长条纹形成的主要原因是由于温度起伏或生长速率起伏而引起溶质浓度的起伏所造成的. 若溶质浓度交替地呈薄层状而出现在晶体中,这种缺陷称为生长条纹或称为生长层. 生长条纹的形状和固液界面的形状是互相吻合的. 从熔体中提拉晶体时,如果固液界面是凸形的,那么,沿提拉方向剖析生长条纹则呈弯曲形状,但在垂直于提拉方向的截面(横截面)内则表现为年轮状(同心圆)如图 10.18 所示. 如果固液界面为凹形,则在纵截面上仍为弯曲条纹,但其弯曲方向相反,在横截面内仍为年轮状. 若固液界面是平面,则纵截面内的生长条纹是直的,而横截面内见不到生长条纹. 由此可见,生长条纹的形态特征记录了晶体生长过程中温度和溶质浓度的变化情况. 例如,当固液界面为凸形或凹形时,由于生长速率的变化,在晶体的轴向和径向都会引起溶质浓度的起伏,它将进一步促使生长速率的改变,两者相辅相成;

平的固液界面,可以避免溶质浓度的径向起伏,这对生长优质单晶是有益的.

图 10.18　沿[100]提拉锗单晶的纵截面与横截面上的生长条纹

(4) 开裂.

开裂是人工晶体中常见的一种宏观缺陷. 按其形成,可分为原生和次生两种开裂. 原生开裂是在晶体生长过程中形成的,且往往有一定方位,常与某组晶面或晶轴相平行. 这种开裂与晶体结构缺陷有关,开裂面一般是沿着一组比较发育的晶面. 譬如,人工水晶沿(0001)面的开裂,和铌酸锂晶体沿 c 轴和{012},{113}面方向开裂,这种开裂主要是由于溶质供不应求或溶质的局部浓集造成的,或者是籽晶缺陷的延伸等原因引起的. 次生开裂主要是由于杂质的凝聚或者是晶体在降温过程中由于局部应力集中而造成的,这类开裂往往是不规则的. 晶体中的开裂严重地破坏了晶体的完整性,而且它又会促使位错、包裹体和多晶等缺陷的形成,故应力求避免晶体开裂的发生.

(5) 晶体楔化.

磷酸二氢钾(KDP)型水溶性晶体在生长过程中,随着[001]方向的增长,柱面向内弯曲,正方横截面减少的现象,称之为楔化. 在碘酸锂(LI)晶体的生长过程中,随着[0001]方向的增长,六方横截面逐渐收缩,即在出现柱面向内弯曲或倾斜的过程中,亦产生楔化.

根据实验观察,影响晶体楔化的因素有溶液中的杂质、晶体缺陷和生长温度等. 同时,溶液的 pH 大小也有一定影响,一般来看,pH 越小,晶体越易楔化. KDP 晶体楔化外形如图 10.19 所示.

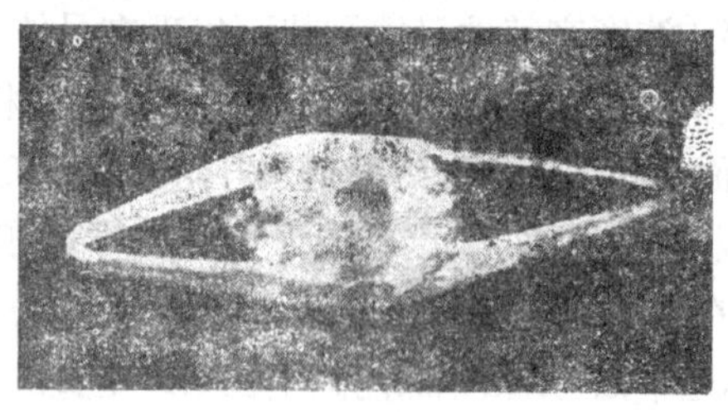

图 10.19　磷酸二氢钾(KDP)晶体的楔化外形

晶体楔化表面是逐渐弯曲的，但不是平整光滑的，在楔化面上存在着一些条纹，若将其划分为许多大小不等的小区域时，则呈台阶状. 在人工生长单晶时，为了提高晶体的利用率及其完整性，要设法避免晶体楔化现象的发生.

(6) 晶体生长扇形界缺陷.

晶体生长是以晶核为中心、逐渐沿着晶核的顶、棱和面不断地向外推移. 晶顶推移的轨迹为一直线或曲线. 晶棱向外推移的轨迹将为一平面或曲面. 晶面向外推移的轨迹则为一个锥体，称为生长锥. 每一个晶体都可看做是沿着各族晶面不同的生长锥构成的，每一个生长锥的生长速率及其物理化学性质是各不相同的，不同生长锥的生长速率是不等的. 因此，各族晶面生长锥之间的结构容易失配，从而造成生长锥界面，即生长扇形界，有利于杂质的富集，这就不可避免地形成生长扇形界缺陷，它严重地影响到晶体的均匀性. 在人工生长晶体时，为了提高晶体生长的均匀性，故常采用定向生长晶体.

晶体完整性的观测与研究，对其生长与利用均十分重要. 晶体中缺陷的多少是晶体质量优劣的重要标志，而且通过对其缺陷的观察和分析，可以获得晶体生长过程中的某些重要信息，这对研究晶体生长机制是十分有益的. 随着现代科学技术的迅速发展，各种晶体器件对晶体的质量要求越来越高，从而推动了对晶体缺陷研究的发展.

§ 10.2 晶体缺陷的观测方法与技术

近半个世纪以来，随着半导体、激光、非线性光学技术的迅猛发展，对用来制作各种器件的晶体材料，提出了越来越高的质量要求，这就必然推动了晶体缺陷观测技术的发展，其中包括晶体成分分析、位错的光学观察、X 射线形貌术、透射电子显微术、扫描电子显微术、原子力显微镜等观测技术.

10.2.1 晶体成分分析[6]

晶体中含有那些组分及其含量，显然地对研究晶体的结构、组成和性能三者之间关系起着极其重要作用. 现代分析化学发展了许多方法，制造了各种成分分析仪器，晶体主要成分的测定一般采用分析化学的重量法、容量法和 X 射线荧光光谱等方法. 含量成分的测定一般采用原子吸收光谱和激光光谱等方法. 分析化学是化学学科中四大分支学科之一，对人类认识物体的组成，起着巨大的作用，就可采用的分析手段与技术而言，历年来均有许多专著论述，每年均有大量论文发表.

(1) 重量法和容量法.

重量法和容量法是两种古老的化学分析方法，重量法是根据称量反应生成物的重量来测定物质含量的方法. 容量法是将一种已知明确浓度的标准溶液，滴加到被测物质溶液中去，与被测组分发生化学反应，根据所用标准溶液的浓度和消耗的体积来计算被测量组分的含量,这两种方法的主要优点是所需要的仪器设备简单易于掌握,但分析速度慢,精确度差,随着分析仪器的发展与更新,这两种方法逐渐被仪器分析所代替.

(2) X 射线荧光光谱法.

当元素受高能辐射激发时,其内层电子产生能级跃迁,发射出特征 X 射线,称为荧光 X 射线. 根据物质荧光 X 射线光谱测定物质组成的方法,称为 X 射线荧光光谱法,通过测量其 X 射线的波长,可以对有关元素进行定性分析,测量 X 射线荧光强度,可以进行物质的定量分析.

X 射线荧光光谱可进行晶体的主要成分或次要成分以及晶体所含有的杂质含量分析,对稀土元素的测定比较灵敏等,此种方法的优点是:①谱线简单,干扰少;②灵敏度高,再现性良好;③同时可进行多元素的测量等,其缺点是:对轻元素的分析不够灵敏.

(3) 原子吸收光谱法.

此种方法是基于蒸气相中被测元素的基态原子对其共轭辐射的吸收强度来测定晶体样品中被测元素含量的方法,原子吸收光谱的优点是:①灵敏度高;②准确度高;③应用范围广泛,可测定的元素数目可达 70 多种,不仅可以测定金属元素,也可以用间接法测定非金属元素和有机化合物晶体;④操作简便,分析速度快、样品溶液制备比较容易.

(4) 激光光谱法.

激光光谱分析是 20 世纪 60 年代随着激光的发现与应用,而产生的一种光谱分析方法、激光光谱是以激光作为发射光谱的激光光源,由于激光具有高亮度,单色性优异、方向性强以及相干性优良等特点,在激光聚焦处产生近万度的高温,使晶体样品气化、蒸发,再经辅助电极高压火花放电,使蒸发出的晶体样品进一步激发发射出高强度光谱,由摄谱仪或光电倍增管记录,进行定性和定量分析.

激光光谱法的优点是:①灵敏度高,一般相对灵敏度为 $10^{-2}\% \sim 10^{-4}\%$,绝对灵敏度为 $10^{-9} \sim 10^{-12}$ g;②可对晶体样品进行定点定位的微区分析;③分析速度快,操作简便;④晶体样品损伤少等.

在晶体生长中,激光光谱主要用来测量晶体成分的变化和激光晶体中激活离子含量的分布,测量晶体中气泡、云层及生长条纹附近处的组成、杂质含量与完整性的差异等,这对研究缺陷形成原因,改进晶体生长工艺,提高晶体质量等均具有指导意义.

10.2.2　位错的光学观察[1-6]

(1) 侵蚀法观察位错.

在光学显微镜下直接观察位错的方法中,侵蚀法最为简便,应用也最为广泛,同时也是比较古老的方法,这种方法既可应用于金属合金,又可应用于非金属单晶等. 在一定的侵蚀剂和侵蚀条件下,被侵蚀的晶体表面会出现具有规则形状的蚀坑,实验观察证明,晶体表面的位错露头点与蚀坑相对应.

由于晶体被侵蚀时,产生蚀坑的机理还未得到完全的了解,寻找晶体中显示位错的侵蚀剂,与其确定侵蚀条件是一项较为繁琐的工作,主要依靠实验来探索,如果对晶体的侵蚀剂和侵蚀条件选择不当,晶体表面就不会出现与位错露头点相对应的侵蚀坑,但经过人们长期积累的许多成功的实验成果,关于某种晶体选择某种侵蚀剂和侵蚀条件,已有大量文献资料可供参考.

有些方法可在晶体表面形成侵蚀坑,但最常用的方法,多为热侵蚀和化学侵蚀这两种方法.

热侵蚀法是利用高温加热样品,使位错处的物质蒸发而形成侵蚀坑,这是显示金属合金中的位错最为常用的方法,如 Ag 的热侵蚀、Fe-Ni 合金的热侵蚀等.

化学侵蚀法是利用侵蚀剂与位错处的物质起化学反应形成的侵蚀坑,如 LiF 晶体,一般用 Cp-4 为侵蚀剂,这种试剂是由浓硝酸、浓氢氟酸、冰醋酸和溴水配制而成的. 侵蚀的结果:在显微镜下观察,蚀坑与位错露头点之间相对应,测量位错坑的数目就可以得到晶体中位错的密度以及其分布情况,位错蚀坑一般都是尖底的坑,研究蚀坑的尖端的指向,就可了解位错线的走向. 仔细地研究蚀坑的形状可获得晶体学方面的一些信息. 晶体在侵蚀前,要经过机械研磨和抛光,以便将晶体完整区与位错局部区分开来,这样处理后,再进行侵蚀. 另外,侵蚀的效果会受到一些因素的影响,诸如晶体中的杂质,侵蚀剂中的杂质,侵蚀温度的高低、侵蚀时间的长短,晶体表面的取向等都会影响到侵蚀的效果及其蚀坑的形状.

(2)缀饰法观察位错.

侵蚀法可得到的蚀坑,只显示了位错在晶体表面的露头点处,不能直接地把位错在晶体中的走向显示出来,而用缀饰法则可以在较大的范围内显示出位错线的空间形态.

晶体中位错线周围存在着应力场,杂质原子受力的作用,则在适当的处理条件下,杂质原子会在位错线周围聚集起来,当聚集的杂质颗粒足够大时,便可用显微镜进行观察,因为杂质颗粒是沿着位错线分布的,所看到的杂质颗粒的分布,就反映了位错线所占有的位置,因为这种方法是通过在位错线上缀饰可见颗粒,而后才观察到位错线的,因此称为缀饰法.

缀饰法是研究晶体中位错几何学的有效方法之一. 位错线得到缀饰的方法很多,不同类型的晶体,要用不同的缀饰和不同的缀饰工艺. 例如, 氧化银和溴化银晶体在室温下进行曝光时,就出现银粒子沿着位错线形成,而聚集在位错线附近. 硅单晶表面上涂上一层铜,然后在 900℃加热,使铜原子向晶体中位错线处扩散,便可获得硅单晶中位错线的缀饰,有什么方法对晶体位错线进行缀饰,这要根据具体的晶体而定.

10.2.3　X 射线衍射形貌术,简称 X 射线形貌术[5,6]

晶体对 X 射线的衍射而成像的技术,称为 X 射线衍射形貌术,它是采用 X 射线对单晶材料及其器件的表面和内部的缺陷进行观测的一种有效方法. 当一束单色 X 射线入射到晶体内,所产生的衍射强度都随着晶体内各阵点完整性不同,而有明显的差异,从而在衍射强度中产生了衬度(contrast),X 射线衍射形貌术就是通过观察与记录这种衬度的变化,利用 X 射线在晶体中衍射的运动学或动力学原理,以揭示晶体中缺陷的存在及其组态. X 射线形貌术最早始于 20 世纪 40 年代初,但从 50 年代后期以来,随着半导体、激光技术的迅速发展,对单晶材料的完整性的要求,也越来越高,为了检测单晶的完整性,从而也就促使了形貌术的发展. 关于形貌术历史发展详细说明,请参阅了 J. F. Kelly"A brief history X-ray diffraction Topography"一文,形貌术的最初期的应用,主要地是在冶金学领域,以便控制各种金属合金晶体较完整地生长,随后形貌术的应用又扩展到半导体和激光晶体材料,由于这两类材料具有近完整晶体,与其他观测晶体缺陷的方法相比,采用 X 射线形貌法更为适宜.

X 射线衍射形貌术具有的主要优点:

(1)它对单晶样品及其所含有缺陷状态都是非破坏性的,而且对制备样品无特殊要求.

(2)能够拍摄晶体表面和晶体中的缺陷,并能分层拍摄照片,以确定缺陷在晶体中的位置.

(3)能够确定晶体位错的类型和走向,特别是能够测定位错伯格斯(Burgers)矢量等.

X 射线衍射形貌术存在不足处:

(1)分辨率低,只能用光学放大来研究缺陷的细微之处.

(2)拍摄形貌图所用的曝光时间较长,有时要用几十个小时的时间.

1970 年前后出现了同步辐射加速器 X 射线源,它提供了显著地很强的 X 射线束,可以大大地缩短曝光时间,但是那要用到庞大的设备,在一般性的实验室中很难实现.

为了适应各种实验的目的,X 射线形貌术已发展了各种实验方法而且新的方法仍在不断出现. 但多数方法中的共同实验设备大致可以分为三个部分:① X 射线源:X 射线束来源于两种 X 射线源,其一为由 X 射线管(固定的或旋转的)发出 X 射线束,此种 X 射线束易于取得. 其二为同步辐射加速器所发生 X 射线束,此种 X 射线束具有高强度,低发散度,连续波段谱. 一般来讲,白色(多色)X 射线束通常不常用,而常用的为单色 X 射线束. ② 样品台:将样品置于样品台上,对于白色 X 射线束需要一个简单的固定的支架,而对单色 X 射线,将样品置于衍射仪上,并具有一维或更多的旋转自由度,以便使样品沿着一、二或三个轴取向,另外还需要平移自由度. ③ 探测器:经典的"探测器"是 X 射线敏感照相胶(底)片,以便记录形貌相.

现在仍在应用的一些经典性的 X 射线衍射形貌术方法有:

(1)伯格-巴雷特(Berg-Barrett)反射形貌术,简称 B-B 法. 这种方法的实验装置简单,照相时间短,特别是在下述两种情况下,更需要采用这种方法. 一种是研究晶体表面的情况, 如研究半导体外延层中的缺陷; 另一种是当晶体吸收系数很大,制备适合透射形貌术所求的薄膜晶很困难,或希望保留原晶体而不予破坏时,便可采用这种方法. 该形貌术的衍射几何关系如图 10.20 所示.

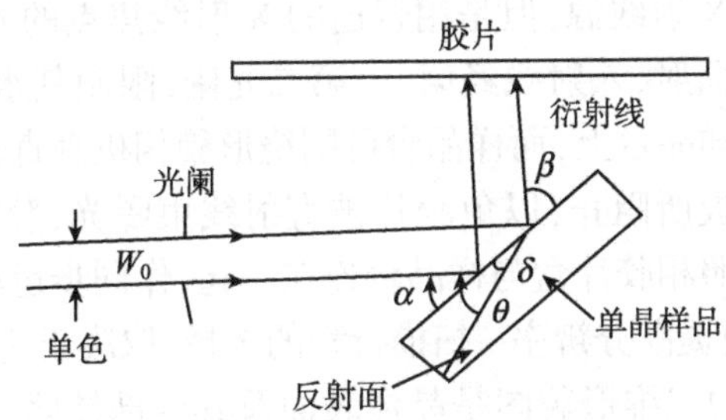

图 10.20　B-B 反射形貌术几何关系示意图

在图 10.20 中,设 X 射线入射线,衍射线及反射面与晶体表面的夹角分别为 $\alpha,\beta,\delta,\theta$ 为反射面衍射角,显然地

$$\alpha = \theta - \delta, \quad \beta = \theta + \delta$$

因此,$\alpha+\beta=2\theta$. 若入射线束的宽度为 W_0,照相胶片垂直于衍射线束,则晶体表面受照宽度为

$$P = \frac{W_0}{\sin\alpha} \tag{10.16}$$

从图 10.20 中可看出,所得形貌图垂直方向没有畸变,水平方向是一个缩小图像,形貌图宽度为

$$W = P\sin\beta$$

从衍射几何关系,推导出穿透的深度为

$$T = \frac{\ln\dfrac{I_0}{I}}{(\csc\alpha + \csc\beta)\mu} \tag{10.17}$$

式中, I_0 为入射线强度,I 为衍射线强度,μ 为线吸收系数.

(2)朗(Lang)透射形貌术[29]. 1957 年朗发展了透射形貌术,由于这种技术对晶体的点阵参数的变化很灵敏,因而它是研究晶体内部结构缺陷的一种有效的方法,同时也是目前应用最广的一种形貌术.

朗透射形貌术的衍射几何示意图如图 10.21 所示.

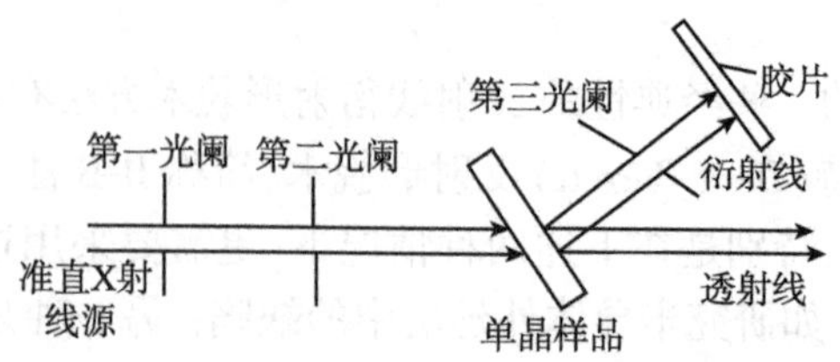

图 10.21　透射形貌术衍射几何示意图

朗法要求细焦点 X 射线源,但是用普遍的 X 射线焦点的光源,灵敏度也可达到一定要求. 用单色辐射,入射线经第一、第二光阑,限制其水平发散度. 单晶样品装在带有测角头的样品台上,而样品台可围绕形貌相机垂直轴旋转,穿过单晶的入射线束被第三光阑板所阻止,以免胶片被直射线束曝光,胶片置于第三光阑后面,与衍射线束垂直,照相胶片盒与样品台连在一起,作同步运动,样品与胶片间的距离尽可能靠近,以便提高分辨率. 扫描行程的选择,取决于所需摄取形貌图的晶体部位. 胶片上出现的二维形貌图是晶体表面及其内部缺陷,沿衍射方向在胶片上的投影,在垂直方向上的图像和晶体相对应,与原来晶体的大小相当,水平方向上图像的放大率为 $\cos\psi$,ψ 为晶体表面与胶片的夹角,$\psi=\theta+\varphi$,φ 为衍射晶面法线与晶体表面所夹的锐角;θ 为晶面的掠(衍)射角.

(3) 双晶形貌术. 双晶形貌术能够很精确地测定晶体点阵常数的微小变化,如位错缺陷周围的应力场,晶体中成分或杂质分布梯度所引起的晶格微小的均匀膨胀和倾斜以及其曲率半径很大的微小的弹性弯曲等.

双晶形貌术是用一块高度完整的参考晶体,使入射线单色化,以提高对样品分析的精度,一般常选择与样品晶片晶面指数和衍射面指数均相同的晶体作为参考晶体.

双晶形貌术中参考晶体与被分析的晶体有各种排列方式. 根据两者所用的衍射面之间的关系,可作如下分类:

(i) 平行和非平行排列. 按照两个晶体衍射面之间的关系,可分为平行排列和非平行排列,如图 10.22(a)、(b)所示.

(ii) 对称和非对称型. 按照衍射面相对该晶体表面是否平行或垂直,分为对称型和非对称型,如图 10.22(c)、(d)所示.

(iii) 同向和反向. 按照两晶体衍射面法线正向(即与衍射线夹角为锐角方向)是同向或反向,可分为同向排列和反向排列,如图 10.22(e)、(f)所示.

(iv) 透射和反射. 按照两晶体衍射关系是劳厄几何还是布拉格几何,可分为透射和反射等,如图 10.22(g)、(h)所示.

双晶形貌术的仪器装置比较复杂,两个载晶台都必须能沿三个相互垂直的轴旋转及沿晶片法线方向作微量平移,以便调节两个晶体,使入射线、两晶体衍射及计数管都处在同一水平面上，并使两晶体均精确地处于衍射位置上，胶片垂直于衍射线.

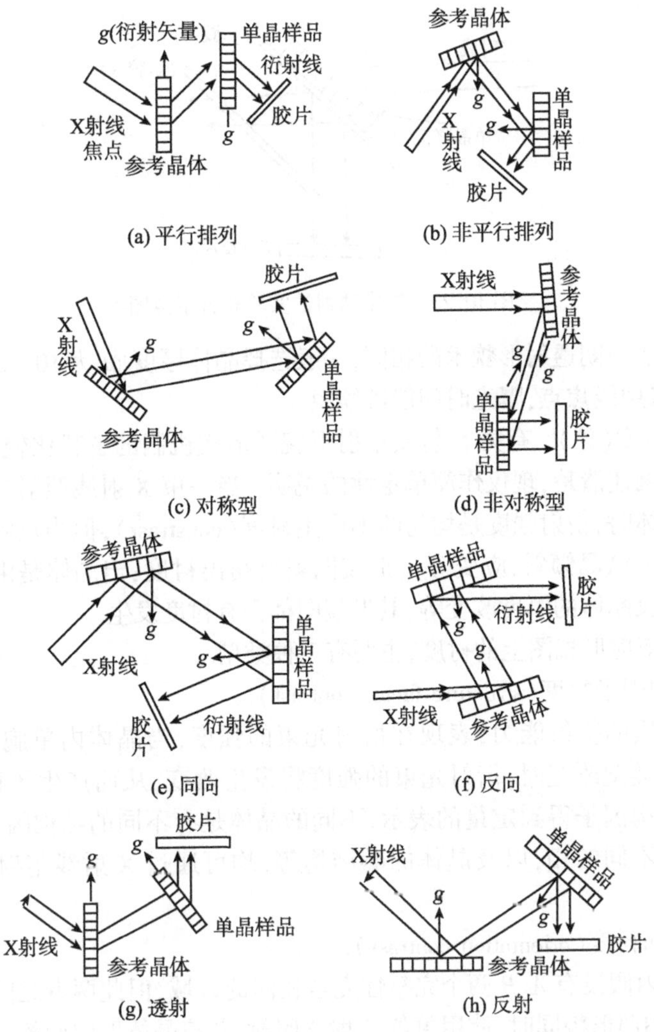

图 10.22 双晶形貌术的分类

(4) 异常透射形貌术早在 20 世纪 50 年代博曼(Borrmann)发现了 X 射线异常透射现象. 当 X 射线入射线束和衍射束通过 $\mu t>10$ 的厚晶体样品时，其透过的 X 射线强度不遵循 $I=I_0e^{-\mu t}$ 公式，I_0 为入射 X 射线束的强度，μ 为晶体的线吸收系数，t 为 X 射线穿透行程.

该方法是用来研究吸收系数较大的单晶样品中的结构缺陷，对许多重要的技术晶体，如锗(Ge)、砷化镓(GaAs)，钽酸锂($LiTaO_3$)，钼酸铅($PbMoO_4$)，锗酸铋($Bi_{12}GeO_{20}$)等晶体，这些晶体即使用银(Ag)靶，也只有穿过约 30 μ厚的晶体，但利用异常透射效应来获得形貌图是比较方便的. 异常透射形貌术的衍射几何原理,如图 10.23 所示.

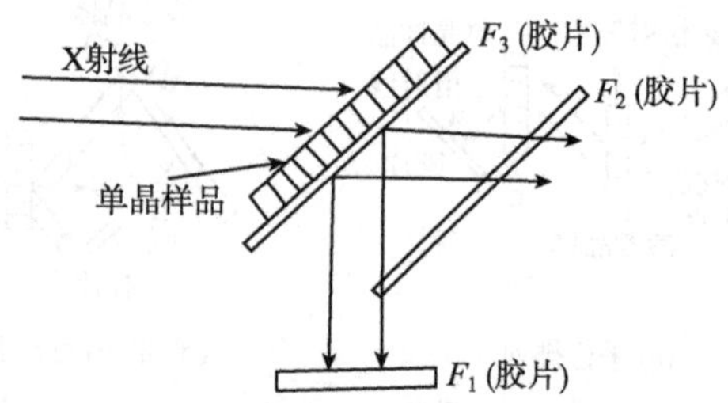

图 10.23　异常透射法实验布置示意图

实验方法与朗透射形貌术的相同,一般选择晶体厚度 μt 为 10 ~ 20 时,曝光时间较长,若采用线焦点,曝光时间能够缩短.

(5)衍衬度(象). 有关 X 射线衍射形貌图形成机制的解释比较复杂,难以简单而明确地阐述清楚,现仅作简单定性的说明. 当一束 X 射线照射到具有完整点阵结构的晶体时,衍射强度是均匀的不产生衬度(constrast),但当点阵结构发生畸变(点阵缺陷,微晶倾斜、应变等),形貌图就显露出衬度;当晶体是由不同物质组成或多相以及晶体的厚度改变等,其形貌图都会有衬度发生.

X 射线衍射形貌图上的衬度,主要有三种类型.

(i)结构因子衬度(structure factor contrast).

结晶物质的衍射能力,表现在衍射光束的强度,当晶体内单胞(晶胞)中原子与数目和类型改变时,衍射光束的强度将发生改变,从而产生了衬度,这个事实可通过结构因子得到定量的表示,不同的晶体是有不同的结构因子,相同的结晶物质具有不同的相,以及晶体的畴结构等,均可通过 X 射线衍射形貌图来加以辨别的.

(ii)取向衬度(orientation contrast).

在晶体内假设有 A、B 两个完整性完全相同的区域,但此两者之间存在着取向差(畴),在拍照形貌同时,使用单色 X 射线照射,若将晶体取向调整到仅满足 A 区域的衍射,从而 A 区的衍射强度达到最大值时,则 B 区域的衍射强度必然会低于 A 区域,从而便导致产生取向衬度. 反之亦然.

(iii)消光衬度(extinction contrast).

当 X 射线透过楔形单晶样品,即线性地改变样品的厚度,由于样品的厚度不同,而使 X 射线消光长度不同,便产生了消光衬度,此可根据 X 射线衍射动力学理论(dynamical theory)得到合理的解释.

凡是晶体缺陷,诸如位错、层错、点缺陷群、孪晶、亚晶界以及各种应力场等都可能在形貌图形成衬度,因此对形貌图的分析应包括下列主要内容:

(i)衍衬度(象)的识别,根据衍衬度的形态和方位来判断缺陷的类型.

(ii)缺陷的组态、分布和伯格斯矢量 $\boldsymbol{b}$ 的观测以及缺陷间的交互作用.

(iii)缺陷与晶体各族晶面的发育以及生长工艺之间的关系.

位错线周围的点阵畸变是各向异性的. 对于螺型位错而言,伯格斯矢量 $\boldsymbol{b}$ 所处的点阵平面是具有最小的畸变,而垂直于伯格斯矢量 $\boldsymbol{b}$ 的那些点阵平面的畸变量大. 刃型位错也具有类似的情况,位错线的柏格斯矢量 $\boldsymbol{b}$ 方向表示最大应变的方向. 根据衍射矢量 $\boldsymbol{g}$,最大应变矢量 $\boldsymbol{s}$ 与衍衬度的关系,可得到

$$\begin{aligned} &\boldsymbol{g}\cdot \boldsymbol{s} = 1, \quad \text{衍衬度最大} \\ &\boldsymbol{g}\cdot \boldsymbol{s} = 0, \quad \text{衍射度最小} \end{aligned} \tag{10.18}$$

根据衍射矢量 $\boldsymbol{g}$,伯格斯矢量 $\boldsymbol{b}$ 或位错线矢量 $\boldsymbol{I}$ 间的关系,可得出:

$$\begin{aligned} &\boldsymbol{g}\cdot \boldsymbol{b} = 1, \quad \text{衍衬度最大} \\ &\left.\begin{aligned} \boldsymbol{g}\cdot \boldsymbol{b} = 0 \\ \boldsymbol{g}\cdot \boldsymbol{I} = 0 \end{aligned}\right\}, \quad \text{衍射度最小或消光} \end{aligned} \tag{10.19}$$

螺型位错的消光条件为

$$\boldsymbol{g}\cdot \boldsymbol{b} = 0$$

刃型位错的消光条件为

$$\begin{aligned} &\boldsymbol{g}\cdot \boldsymbol{b} = 0 \\ &\boldsymbol{g}\cdot (\boldsymbol{b}\times \boldsymbol{I}) = 0 \end{aligned} \tag{10.20}$$

衍衬像的分辨率受许多条件的影响,例如:朗法直接像的分辨率主要受下列因素的影响:

(i)缺陷衍衬像的固有宽度;

(ii)完整晶体的布拉格反射的角宽度;

(iii)单色 X 射线的波长发散度引起的角发散;

(iv)入射 X 射线的水平发散度;

(v)入射 X 射线的垂直发散度;

(vi)胶片或其他记录系统的分辨率等.

(6)X 射线衍射形貌术新进展. X 射线形貌术"经典"应用于无机晶体,如金属、半导体和无机化合物晶体,然而,现在也越来越多地应用于有机晶体. 其中最可贵的是蛋白质晶体.

(i)形貌术用于蛋白质晶体的研究.

蛋白质晶体的形貌术的研究,能够有助于理解蛋白质结构和寻找其最佳化的晶体生长过程. 近十多年来,采用 X 射线白色光束和平面波形貌术(plane-wave topography),众多的研究均已表明在一些情况下,对蛋白质晶体已报道了单位错的成像. 由于蛋白质晶体具有大的单胞、小的结构因子和无序性衍射强度很弱,形貌成像需要长的曝光时间,这样便会导致晶体的辐射损伤,形成第一

位缺陷,然后成像,另外,低的结构因子导致小的 Darwin 宽度,因此出现宽的位错成像. 从而降低了空间分辨率. 这些问题能否妥善地获得解决,有待进一步研究探讨.

(ii)形貌术对薄层结构的研究.

形貌术不仅能对体块状晶体成像,而且也能对生长在异质衬底的结晶薄层成像. 对于很薄的薄层,散射体积和由此而来的衍射强度都是低度的,在这种情况下,形貌成像是颇重要的研究工作. 另外,具有高强度的入射光束是适宜的.

(iii) X 射线形貌术的新进展.

为了研究多晶体,无定形固体和聚合物纤维等形貌图,有些科学家们正在研究宽角度 X 射线散射(WAXS)和小角度 X 射线散射(SAXS)形貌术,这两种形貌术都是单晶 X 射线形貌的延伸与发展.

10.2.4　电子显微术[7, 8, 12, 20]

高分辨率电子显微术是人们认识物质的微观世界的重要桥梁,电子显微镜中样品散射的电子可以成像. 电子显微镜最重要的性能指标是确定图像清晰度的三维空间分辨率. 当前高分辨率电子显微镜的分辨率已突破了 1Å(10^{-10}m),电子束斑点尺寸可以小于 0.5Å,这种高分辨率衬度,不仅可以分辨晶体结构中的空间原子分布,而且还可以直接显示出晶体中原子种类的分布等. 显然地,这种高分辨率电子显微镜的新进展对近代晶体学、材料科学、物理学、化学、生命科学以及纳米科技必将产生重大影响,会大大地促进这些相关学科的发展.

(1)透射电子显微镜.

透射电子显微镜(transmission electron microscope, TEM)主要是利用高速电子同晶体样品作用时,所产生的信息成像. 当一束电子射到晶体样品上时,一部分电子受样品中原子的静电场作用,改变了运动方向,但保持原有能量而离开样品,形成了弹性散射电子. 透射电子显微镜主要利用弹性散射电子,类似光学显微镜的原理成像,也就是利用样品对入射电子波的衍射效应成像,这种电子显微镜的分辨本领甚高(可达 0.2nm 左右),适于作晶体样品高分辨率的直接观察. 同时,又由于成像时包含着衍射过程,因此可兼用电子衍射作晶体结构分析和应用衍衬法研究晶体缺陷.

透射电子显微镜要求晶体样品很薄,通常在几十纳米,直径一般不超过3mm. 关于透射电子显微镜的结构及其成像原理请参阅大量的有关文献.

此种显微镜对晶体样品可形成两种像. 当两束或多束的衍射电子通过物镜光阑,可以获得直接反映晶体周期性结构的显微像,这种像称为直接像或称晶格像. 如果只让一个衍射束通过物镜光阑,当样品是理想完整的晶体时,像的亮度是完全均匀的. 但当样品晶体含有缺陷而引起晶格畸变时,则晶体各部位的衍射效果,则有所差别,因而所得的显微像就会有明暗不均匀的衬度,这种像称为衍衬像.

晶格像所提供的信息直观细微,而衍衬像中所表现出的衬度,即形成缺陷的像. 当前人们采用透射电镜来观测 MOCVD 生长的晶体质量,如:观测在 GaN 晶体中所含的不同类型的缺陷,很有成效.

(2)扫描电子显微镜[28,35].

扫描电子显微镜(scanning electron microscope,SEM)是利用电子代替光(线)而成像的显微镜,早在20世纪60年代初期,SEM 就逐步成为医学和物理学研究的新领域,以便检验样品很多较大的变化.

早期的扫描(式)电子显微镜的成像原理同电视相仿,装置中的电子束和显像管中的电子束分别对样品和荧光屏作同步扫描,从样品发出的信号由探测器收集,经过放大和处理,用来调制显像管中电子束的强度,就可以在显像的荧光屏上看到样品的扫描电子显微像.

当前的 SEM 装置,产生放大成像是通过利用电子取代光(线)成像,电子束是通过安装在显微镜顶部的电子枪产生的,此电子束随后垂直穿过显微镜,并持续在真空中传播通过电磁场和透镜,聚焦后电子束朝向样品,一经击中样品,电子和 X 射线从样品射出.

探测器收集这些 X 射线,初级背散射电子和二次电子,当入射电子束击中样品后,发射的情况如图 10.24 所示.

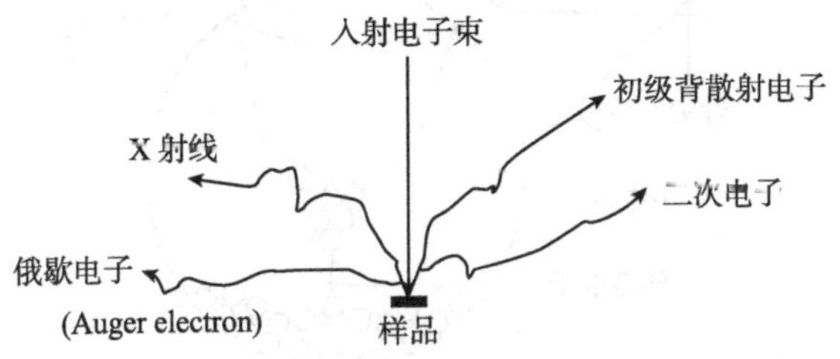

图 10.24 入射电子束击中样品后发射的情况示意图

随后将这些击中样品后所发出 X 射线和电子转变成信号,而送入类似于电视屏幕的屏幕.

SEM 有很大的景深,对晶体样品粗糙的表面立体感很强,是一种研究晶体样品的表面的强有力的工具.

现代扫描电子显微镜已经脱离了只能观察表面形貌的工具,而配备上能探测入射电子束发出的各种讯号的仪器配件,SEM 已成为一种综合性分析装置,不仅可以观察样品的形貌,还可以对样品进行成分、结构等分析.

(3)扫描隧道显微镜[34].

扫描隧道显微镜(scanning tunneling microscope,STM)是电子显微镜的一种类型,它能显示出样品的三维成像,它是非光学显微技术,而是建立在量子力学的隧道效应的基础上的.

STM是利用一个极锐利的导电探针在样品上方扫描,探针保持接近样品,由于场的作用,样品与探针之间就形成了隧道电流. 隧道电流的强弱依赖于探针与样品之间的距离,为了保持隧道电流恒定,探针就要随着样品表面起伏而上下波动,因此探针高度的变化,就反映了样品表面高度的变化,意即反映了样品表面的形貌. 如果探针沿样品表面扫描时的高度不变,则隧道电流将随表面起伏而变化,这种变化同样也反映出样品表面的形貌.

当前,由扫描隧道显微镜可能得到的样品表面形貌图,横向的分辨率可达0.01nm,纵向的分辨率为0.05~0.01nm. 用扫描隧道显微镜可拍摄到单个原子图像.

STM可用来研究金属、半导体、超导体、化学中的表面反应,如:催化剂等,STM工作对象最好为导电材料,但它也能够研究定位在表面上有机分子和它们的结构,例如,这种技术可用来研究脱氧核糖核酸(DNA)分子的结构.

扫描隧道显微镜简要的工作原理如图10.25所示.

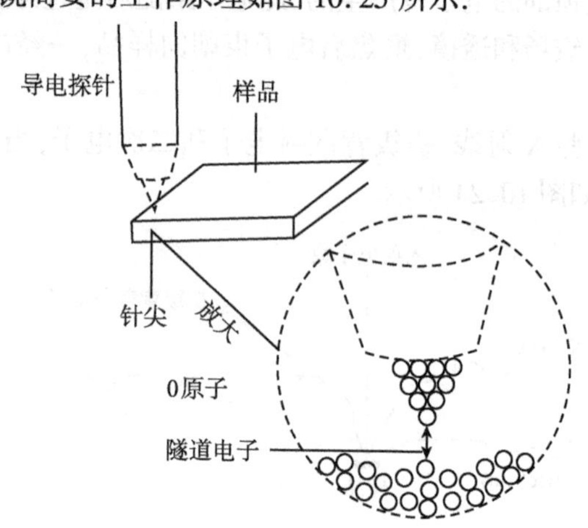

图10.25　STM简要工作原理示意图

(4)原子力显微镜[30-33].

上述扫描隧道显微镜的特点是用隧道电流来成像, 与扫描隧道显微镜类同的原理,利用探针和样品表面原子之间微弱的相互作用,制成了原子力显微镜(atomic force microscope,AFM).

原子力显微镜(AFM)于1986年由Binnig等发明的,它是扫描探针显微镜很高分辨率一种类型,用于测量、控制纳米尺寸物质成像最佳化的工具,原子力显微镜方块图,如图 10.26 所示.

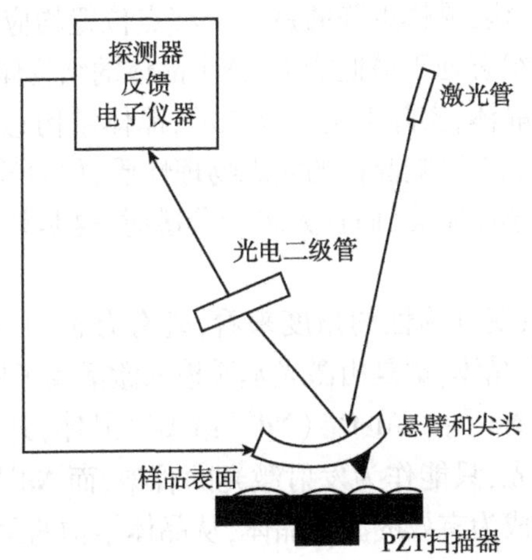

图 10.26 原子力显微镜方块示意图

AFM 包括具有锐利尖头微量刻度悬臂,它的末端用以扫描样品表面,当尖头接近样品表面时,样品和尖头之间的力,导致悬臂偏转,依赖这种情况,AFM 能测量的力,包括机械接触力,van der Waals 力,表面张力(毛细管力),化学键合,静电力,磁力,溶剂化力等,典型地,偏转是由激光斑反射由悬臂的顶点进入光电二管阵列.

AFM 有许多操作方式,依靠应用来确定,通常,成像方式分为两种,一种为静态的方式(也称为接触方式),另一种是多样的动力学方式.

AFM 是测量物体表面形貌的一种方法,测量范围从埃级至微米. 它是三维成像,样品不需要特殊处理,样品的周围环境可以是空气或液体环境,这样促成了可用于研究生物大分子甚至是活的有机体,AFM 能够提供比扫描电子显微镜、透射电子显微镜都高的分辨率,但传统的 AFM 扫描成像不如 SEM,而成像面积的大小也不如 SEM.

AFM 可用于区分合金表面上硅、锡、铅等原子间的差别,可用于观察氯化钠晶体的原子排布,可短暂地观看晶体是如何生长的,在材料科学有许多重要应用,其中包括:薄膜和厚膜涂层、陶瓷、复合材料、玻璃,人工的和生物的膜片、金属、聚合物和半导体等. AFM 可用于现象的研究有磨损、黏着、净化、腐蚀、蚀刻、磨擦、润滑、电镀和抛光等,自 AFM 出现起,其出版物迅速地增长 .

另外,利用探针和样品原子之间的摩擦力,可制成摩擦力显微镜;利用探针与磁性原子之间的磁力,制成了磁力显微镜(MFM);用静电力制成了静电力显微镜;用吸引力制成了吸引力显微镜, 还有扫描热显微镜,光吸收显微镜,扫描声学显微镜等在扫描探针显微镜这个研究领域中,已发展得相当完备. 有力地推动了材料科学,生物高分子科学,物理和化学等学科的发展与提高.

最后,还要说明一点:

理想完整的晶体结构,晶体点阵的每一个阵点位置均应将特定原子有规律地占据着,而原子的电子组态处于最低能级,整个晶体的结构体系处于相应的稳定状态,但这样的理想完整晶体,实际上是不存在的,晶体结构总是或多或少的存在着各种缺陷,而晶体缺陷总会影响晶体的宏观物理性质,如力学性质、电学性质、磁学性质、光学性质及其化学性质等,而且大多十分敏感,这是材料科学和凝聚态物理研究中的重要课题.

从缺陷可使晶体改变其物性的角度来看,既有有害的一面,也存在着有益之处. 所有掺杂(质)激光晶体,都是由激光基质掺入激活离子后,才能成为激光晶体材料,例如用途甚广的 Nd^{3+} : $Y_3Al_5O_{12}$ (Nd^{3+} : YAG) 晶体,其中 $Y_3Al_5O_{12}$ 为激光基质晶体,它本身不会发光,只能作为发射激光的骨架,而 Nd^{3+} 为发光的激活离子,两者结合在一起,才能成为有效的激光晶体,从晶体结构的角度来看,而 Nd^{3+} 离子是以杂质(掺质)而进入 YAG 晶格中去的. 又如掺杂(掺质)半导体(SiGe 晶体)有两类杂质,一类为浅能级杂质,在这一类杂质中,比它所取代的晶体原子多一个价电子或少一个价电子,多一个价电子的杂质称为施主,而少一个价电子的杂质原子,称为受主. 另一类为深能级杂质. 例如, 在 GaP 晶体中掺入微量浓度的等电子杂质氮(N)取代磷(P)原子,原来不发光,但当掺入氮(N)后,就能够有效地发光, N 对 Gap 晶体而言称为深能级杂质[38].

由于晶体的许多性质是由晶格缺陷所引起的,改变晶体结构缺陷的形式和数量就可造成人们所需要性能的晶体材料,因此,晶体结构缺陷既有有害的一面,也有可利用之处,因此,对晶体缺陷应做具体分析与全面研究.

参 考 文 献

[1] 杨顺华. 晶体位错理论基础. 科学出版社, 1988.
[2] 丁· 弗里埃德尔. 位错. 王煜译. 科学出版社, 1984.
[3] 哈宽高. 金属力学性质的微观理论. 科学出版社, 1983.
[4] 闵乃本. 晶体生长的物理基础. 上海科技出版社, 1982.
[5] 张克从, 张乐潓. 晶体生长. 科学出版社, 1981.
[6] 张克从, 张乐潓. 晶体生长科学与技术. 科学出版社,1997.
[7] 赵伯麟. 薄晶体电子显微象的衬度理论. 上海科技出版社, 1980.
[8] 郭可信,叶恒强,吴玉琨. 电子衍射图在晶体学中的应用. 科学出版社, 1983.
[9] 冯端, 丘第荣. 结构与缺陷(第一卷). 见:金属物理学. 科学出版社,1989.
[10] 余焜. 材料结构分析基础. 科学出版社(第二次印刷), 2002.
[11] 刘孝敏. 工程材料的微细观结构和力学性能. 中国科学技术大学出版社, 2003.
[12] 李建奇. 高分辨电子显微学的新进展. 物理, 2006, 35(2): 147 - 150.
[13] 钱临照,杨顺华. 晶体缺陷与金属强度(上册). 科学出版社, 1962. 147 - 150.

[14] 仲维卓等. 人工水晶. 科学出版社, 1983.
[15] Read W T. Dislocation in Crystals. McGraw - Hill,1953.
[16] Kroger F A. The Chemistry of Imperfect Crystals. North - Holland Publishing Company Amsterdam, 1964.
[17] Kelly A, Groves G W. Crystallography and Crystal Defects. Longman Group Limited,1970.
[18] Girafalco L A. Atomic Migration in Crystals. Blaisdell,1964.
[19] Hirth J P, Lothe J. Theory of Dislocations. McGraw - Hill,1968.
[20] Loretto M H, Smallman R E. Defect Analysis in Electron Microscopy. Chapmum - Hall,1975.
[21] Ueda R, Mullin J B. Crystal Growth and Gharacterization. NorthHolland - Amsterdam, 1975.
[22] Pamplin B R. Crystal Growth. Second Edition. Pergamon Press,1980.
[23] Lzumi K, Sawamura S, Ataka M. X-ray topography of lysozyme crystals. J. Crystal Growth, 1996, 168: 106 - 11.
[24] Capelle B, Epelloin Y, Hartwig J et al. Characterization of dislocation in protein by means of Synchrotron double-crystal topography. J Appl Cryst, 2004, 37: 67 - 91.
[25] Lorber B, Sauter C et al. Characterization of protein and virus crystals by quasi-planar wave X-topography. J. Cryst. Growth, 1999, 204: 357 - 368.
[26] Young R D. Physics Today. 1971, 24: 42.
[27] Young R, Ward J, Scire F. Rev. Sci. Instrum, 1972, 43: 999.
[28] Danilatos G D. Foundations of envionmental scanning electron microscopy. Advances in Electronics and Electron Physics, 1988, 71:109 - 250.
[29] Lang A R. Topography, X-ray diffraction. *In*: Clark G L, ed. The Encyclopedia of X-rays and Gamma Rays. Reinhold Publishing Corporation, 1963: 1053.
[30] Giessibe F. Advances in Atomic Force Microscopy. Reviews of Modern Physics, 2003, 75(3): 949 - 983.
[31] Wiesendanger R. Scanning Probe Microscopy. Cambridge University Press, 1994.
[32] Morris V J, Kirby A R, Gunning A P. Atomic Force Microscopy for Biologists. Imperial College Press, 1999.
[33] Weisenhorn A L, Hansma P K, Albrecht T R et al. Forces in a Atomic force microscopy in air and water. Appl. Phys. Lett., 1989, 54(26): 2651 - 2653.
[34] Snow E S, Campbell P M, Shanabrook B V. Fabrication of GaAs nanostructures with a scanning tunneling micoscope. Appl. Phys. Lett., 1993, 63(25): 3488 - 3490.
[35] Reimer L. Scanning Electron Microscopy. Springer-Verlag, 1981.
[36] 王文魁等. 晶体形貌学. 中国地质大学出版社, 2001.
[37] 彭晶,包生祥,马丽丽. 压电与声光, 2007, 29(3).
[38] 夏建白. 半导体应用中的材料设计问题. 见: 熊家炯主编. 材料设计——第八章. 天津大学出版社, 2000.

第十一章　磁晶与磁群

从物质存在的状态来区别,当前所有的磁性材料,大多属于晶态物质,其中包括单晶,多晶,微米(μm)晶和纳米(nm)晶材料,只有少数为非晶态物质. 凡是有磁性的晶体,简称磁晶. 磁晶可分为天然磁晶和人工磁晶两种类型. 天然磁晶的发现已有悠久的历史年代. 人工磁晶是一个新兴的并令人注目的研究领域,以便于解决磁晶的磁结构与新型磁晶材料的应用. 磁群是研究磁晶的磁结构的理论基础. 磁群包括磁点群,磁布拉维点阵和磁空间群,研究磁晶的磁结构与其磁性能,离不开磁群. 磁群是晶体学的点群,布拉维点阵和空间群相应理论的进一步的延伸. 因此,磁群与晶体学群密切相关,但此两者又有所不同[1-57].

§11.1　磁　　晶

人类对物体磁性(magnetism)的发现已有几千年的悠久历史,中国在2000多年前,就利用天然磁晶(磁石)材料发明了指南针,我国劳动人民在3000多年前已发现了磁石的相互吸引和磁石吸铁的现象. 古称“磁”字作“慈”,据传说是取“磁石吸铁”有如“母之引子”之义.

磁性是一种力,物体在这种力的作用下,被此间相互吸引或排斥. 通常所说的这些物体是某些天然磁晶(如磁铁矿)或某些金属或合金.

磁性是物体普遍存在的现象,人类赖以生存的地球,就存在着磁性,在宇宙中的火星上已证明存在着磁性晶体,天体生物学家已判断在火星上的磁晶(magnetic crystals)的磁链,它是生物已存在的象征.

物质的磁性来源于原子的磁性,而原子的磁性又来源于电子的自旋运动,原子壳层具有未填满电子,是物质具有磁性的必要条件,电子壳层中的电子与电子间交互作用是原子具有磁性的主要源泉. 两种电子的交互运动是物质的宏观磁现象的来源.

综观当前人们对磁性晶体材料的研究概况,不论是技术方面的研究,还是对理论方面的探讨,均日益增多,并向综深层次方向发展,这是历史发展的必然. 首先是磁群方面的理论,已发展得相当成熟. 其中包括自旋群,二色群,磁群和磁有序性等. 现在人们可以根据这些理论,有条件来探讨和解决磁晶的磁结构及其与磁性能间的关系,以便寻求合成或生长各种新型的磁晶. 其次是研究磁晶的磁结构的实验工具,如中子衍射仪,磁力显微镜,非线性光谱仪等设备,日益更新,已有条件来解决磁结构细节等难题. 第三是以铁,钴,镍和锰为主要成分的金属合金材料,在发展航天和航空工程技术中,占有极其重要的地位,这些金属合金材料大都是具有强磁性,正因为如此,当前人们研究准晶(quasi-crystals)的磁结构更加活跃起来. 另外,由于磁晶材料可用来研制传感器,消声器,存储器和控制器等一系列小型器件,并有日益增长的需求,有显著的经济效益,更加引起人们的重视与研究的兴趣.

现仅就以下各个问题作扼要阐述.

11.1.1 常用的磁学名词和单位[1-3]

常用的磁学名词和单位(names and units of commonly used magnetic quantities)包括以下内容.

(1)磁场(magnetic field).

产生在回路中心的磁场强度(H):

$$H = \frac{i}{2r}(\text{A/m}) \tag{11.1}$$

式中,i 为电流,$2r$ 为回路直径,A 为安培(ampere),m 为米(meter).

H,i,$2r$,三者间相互关系. 如图 11.1 所示.

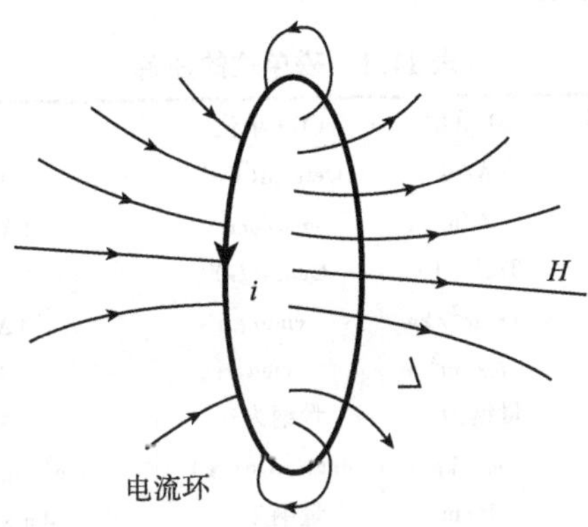

图 11.1　H,i,2r 三者相互关系示意图

磁矩(magnetic moment).

$$m = i \times \text{回路面积}(\text{A·m}^2)$$

(2)磁化强度(magnetization,M).

每单位体积 V 的磁矩(m).

$$M = m/V(\text{A/m}) \tag{11.2}$$

H 与 M 两者具有相同单位.

$$\sigma(\text{质量磁化强度}) = m/\text{mass}(\text{A·m}^2/\text{kg}) \tag{11.3}$$

$$K(\text{磁化率}) = M/H \text{ 量纲为一} \tag{11.4}$$

$$\chi(\text{质量磁化率}) = \sigma/H = K/D(\text{density})(\text{m}^2/\text{kg}) \tag{11.5}$$

磁化率可用来测量物质在磁场 H 存在情况下，能够产生磁性的能力，也可用来描述磁晶的分类.

(3)磁感应强度(magnetic induction，B).

在国际单位制(SI)中，B,H,M 三者的关系为

$$B = \mu_0(H + M)\text{(特斯拉,T)} \tag{11.6}$$

特斯拉(Tesla)为磁通密度单位. 在式(11.6)中的 μ_0 称为自由空间的磁导率. 在SI单位制中：

$$\mu_0 = 4\pi \times 10^{-7}\quad \text{(H/m)} \tag{11.7}$$

亨利(Henry，H)为电感单位.

然而，在CGS[厘米(cm)，克(g)，秒(s)]单位制中，μ_0 被指定为一，这样一来，对 B,H,M 也各定为一个单位，并给予不同的名称，分别叫做高斯(Gauss). 奥斯特(Oersted)和 emu/cm^3；emu 为电磁单位(electro-magnetic unit).

CGS 方程可写成：

$$B = H + 4\pi M \tag{11.8}$$

现将上述磁单位的注解列入表 11.1.

表 11.1　磁单位的注解

磁学名称	符号	SI 单位	CGS 单位	交换因子
磁场强度	H	A/m	Oersted(Oe)	$1A/m = 4\pi/10^3 Oe$
磁化强度	M	A/m	emu/cm^3	$1A/m = 10^{-3} emu/cm^3$
磁感应强度	B	Tesla(T)	Gauss(G)	$1T = 10^4 G$
质量磁化强度	σ	$A\cdot m^2/kg$	emu/g	$1A\cdot m^2/kg = 1emu/g$
磁矩	m	$A\cdot m^2$	emu	$1A\cdot m^2 = 10^3 emu$
体积磁化率	K	量纲为一	量纲为一	4π(SI) = 1(CGS)
质量磁化率	x	m^3/kg	emu/(Oe·g)	$1m^3/kg = 10^3/4\pi emu/(Oe\cdot g)$
自由空间磁导率	μ_0	H/m	量纲为一	$4\pi\times10^{-7} H/m = 1$(CGS)

11.1.2　磁晶的分类[1,4-6]

按照历来传统的习惯，物质的磁性，均以它对外加磁场的反应行为来进行分类，即以它的磁化的特点来进行分类，显然，这一分类方法完全可适应于对磁晶的分类.

磁晶的分类(class of magnetic crystal)主要有 5 种：

(1)抗磁性晶体(diamagnetism crystals)：

在抗磁性晶体中，原子的轨道电子无协同行为，即原子的电子轨道壳层中电子是填满的，而没有不成对的电子，因此原子无净磁矩. 然而当抗磁性晶体置于外加磁场中，将产生负(-)的磁性，即磁化率 χ 为负值. 当磁场强度为零时，抗磁性晶体的磁性也为零.

抗磁性晶体的显著特点是它的磁化率 χ 不受温度 T 的影响，当温度(T)升高时，x 仍保持为一个常数值.

在晶体的世界中，几乎绝大多数晶体均具有抗磁性.

(2)顺磁性晶体(paramagnetism crystals)：

顺磁性晶体中原子的部分轨道层填满了电子，而另一些轨道层具有不成对的电子，因此，此种类型的磁晶，具有净磁矩. 顺磁性晶体的共同特点是当外加磁场强度为零时，由于热运动的作用，使原子的磁矩的取向是无规律的，致使晶体的磁性为零. 当外加磁场存在时，在外加磁场作用下，原子磁矩有沿磁场方向取向的趋势，从而导致磁化率 χ 为正(+)值. 即磁化强度 $M=\chi H$, $\chi>0$.

顺磁性晶体的磁化率 χ 与温度 T 的关系为 $\chi\propto 1/T$. 即温度 T 越高，磁化率 χ 越小.

(3)铁磁性晶体(ferromagnetism crystals)：

铁磁性晶体中原子与原子的磁矩间存在着很强的相互作用，这种相互作用是由于电子间相互交换力(场)产生的，这种交换力等价于场强 1000T 或近似于地球场强的 100 兆倍.

铁磁性晶体存在着成平行直线排列的原子磁矩(m)，结果导致甚至没有外加磁场(H)存在的情况下，仍具有显著的净磁化强度(M). 铁磁性晶体的原子磁矩(m)在三维空间成平行直线排列的现象，如图 11.2 所示.

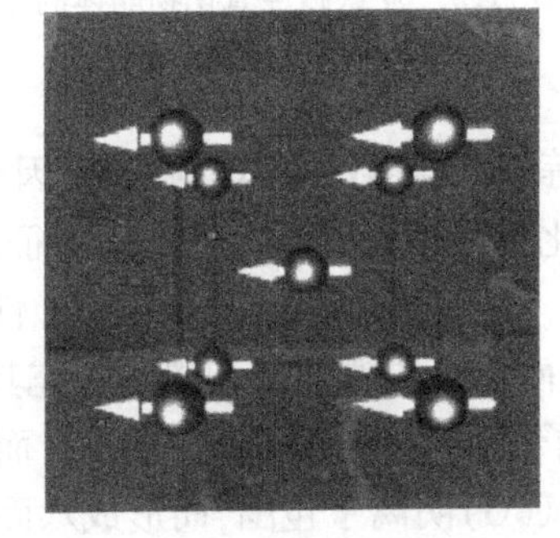

图 11.2　铁磁性晶体的原子磁矩在三维空间中成平行直线排列的示意图

铁磁性晶体具有两个最显著的特征，其一为具有自发磁化强度 M. 其二为具有磁化有序温度.

(i)自发磁化强度是净磁化强度，此种磁化强度是在没有外加磁场存在的情况下，磁晶内部已存在着均匀地磁化微观体积，此种磁化强度 M 的数量，在 0K 温度时，依赖于电子自旋磁矩.

(ii)居里(Curies)温度(T_c)，虽然铁磁性晶体的电子交换力很强，但热能终究能够克服这种交换力，而使其产生混乱效应(randomizing effect)，这种特殊的温度，称为居里温度(T_c). 铁磁性晶体在 T_c 温度以下，其原子的磁矩是有序的. 但在 T_c 以上，铁磁性晶体的原子的磁矩是无序的. 在 T_c 时，而磁晶的饱和磁化强度趋于零. 三氧化二铁磁晶，就是铁磁性晶体中一个典型实例.

铁磁性晶体，又称永磁性晶体，也叫硬磁性晶体. 永磁性的含义是指晶体经过磁化后，能够长期保留其剩余磁性. 并能抵抗外磁场和其他环境因素(如温度和振动等). 硬磁性的含义是指能抵抗磁和非磁干扰的高矫顽力等.

铁磁性晶体是当前种类较多,应用甚广的一大类磁性晶体材料,其中包括稀土永磁性晶体材料,金属永磁晶体材料,铁氧体永磁晶体材料等.

当前研究较多的铁磁晶体有:

Fe,Co,Ni,Gd,Dy,MnAs,MnBi,MnSb,CrO_2,$MnOFe_2O_3$,$FeOFe_2O_3$,$NiOFe_2O_3$,$CuOFe_2O_3$,$MgOFe_2O_3$,$Y_3Fe_3O_{12}$等铁磁性晶体.

(4)亚铁磁性晶体(ferrimagnetism crystals):

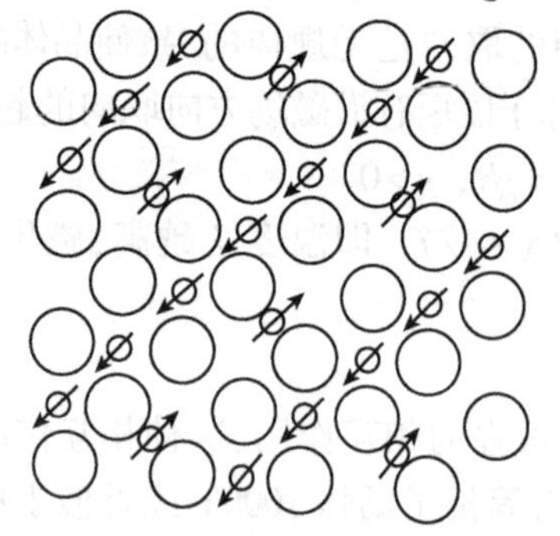

图 11.3　亚铁磁性氧化物晶体的原子磁矩排列方式示意图

磁有序的另一种类型是亚铁磁性晶体,亚铁磁性氧化物晶体的原子的磁矩排列方式,如图 11.3 所示.

亚铁磁性氧化物晶体的结构是由两种磁的次晶格(A,B)所组成的,在 A 与 B 两个阳离子之间,由氧(O)阴子隔离,通过氧(O)阴离子调整 A 与 B 两个阳离子间的交换相互作用,此种交换作用是间接的,称为超交换相互作用,这种很强的超交换作用,导致 A 与 B 两种次晶格间磁矩成直线反平行排列.

亚铁磁性晶体,A 与 B 次晶格的磁矩不等,从而导致净磁矩的产生,因此亚铁磁性晶体同铁磁性晶体类似,也存在着净磁化强度和居里温度(T_C)等特征.

磁铁矿(Fe_3O_4)属于亚铁磁性晶体,晶体结构是以氧(O)阴离子作立方紧密堆积,而较小的铁(Fe)阳离子填充其间隙,有两种可取的间隙位置:一种是铁(Fe)阳离子被 4 个氧(O)阴离子包围,而形成四面体配位. 另一种是铁(Fe)阳离子被 6 个氧(O)阴离子包围,而形成八面体配位. 四面体和八面体配位位置不同,从而形成了两种不同的次晶格,各自为 A 或 B,自旋在 A 次晶格与在 B 次晶格成平行排列,但此两种次晶格的格位是不同的,从而导致 Fe 阳离子之间在两种不同格位中交换相互作用的复杂形式.

磁铁矿(Fe_3O_4)的化学结构式可写成:$[Fe^{2+}]A[Fe^{3+}Fe^{2+}]BO_4$ 的形式.

Fe 阳离子在两种不同的 A 与 B 次晶格上的特殊排列,称为逆向尖晶石型结构,具有负(-)性的 A 与 B 次晶格间交换相互作用. 磁铁矿(Fe_3O_4)磁晶的净磁矩,一般认为是由 B 次晶格位的 Fe^{2+} 所产生的.

亚铁磁性晶体与铁磁性晶体相似,具有很强的磁性,特别是技术磁化过程的许多特性,众多铁氧体晶体是很明显的例子. 在铁氧体晶体中,有一些是属于软磁性晶体,软磁性晶体的矫顽力很低,因而既容易受外加磁场磁化,又容易退磁. 铁磁性晶体的基本特性在亚铁磁性晶体中也存在. 亚铁磁性晶体材料在无线电通信,自动控制,微波技术,磁记录和计算机等重要工业领域已得到广泛的应用,特别是在雷达,微波通信和计算机发展上起着重要作用.

(5)反铁磁性晶体(antiferromagnetism crystals):

反铁磁性晶体的近邻原子磁矩的排列是反平行的,如图 11.4 所示.

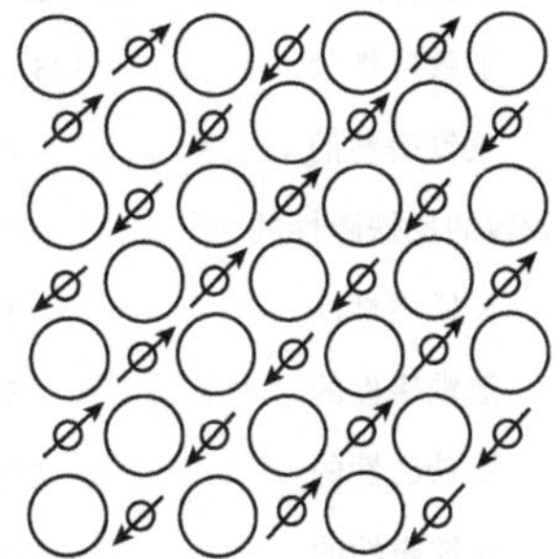

图 11.4　反铁磁性晶体的近邻原子磁矩排列成反平行示意图

对于反铁磁性晶体的有序温度,即奈耳温度(Neel temperature, T_N). 在 T_N 温度时,反铁磁性将发生转变,高于 T_N 时,晶体将转变为顺磁性,在 T_N 处,晶体的磁化率 χ 达到极大值. χ-T 曲线有明显的转折,这个转折在比热容和热膨胀系数的温度曲线上所出现的峰显示出来, χ 与 T 的关系如图 11.5 所示

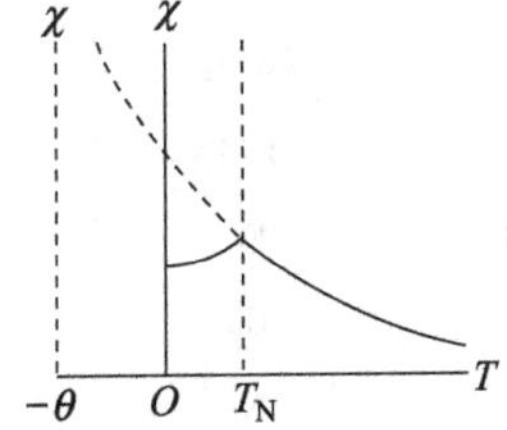

图 11.5　反铁磁性晶体的磁化率 χ 与温度 T 的关系示意图

如果在反铁磁性晶体的磁结构中 A 与 B 两种次晶格的原子磁矩严格地相等,但两者的方向相反,如图 11.4 所示,晶体的净磁矩为零,这种磁有序类型的磁晶,称为反铁磁性晶体. 部分反铁磁体列入表 11.2.

表 11.2　部分反铁磁体属性

晶体物质	顺磁离子晶格	T_N/K(转变温度)
MnO	立方面心	116
MnS	立方面心	160
MnTe	六方分层	307
MnF_2	正方体心	67
FeF_2	正方体心	79
$FeCl_2$	六方分层	24
FeO	立方面心	198
$CoCl_2$	六方分层	25
CoO	立方面心	291
$NiCl_2$	六方分层	50
NiO	立方面心	525
Cr	立方体心	308

一些较典型的氧化物、硫化物、金属和合金的磁晶及其属性列入表 11.3.

表 11.3　部分较典型的氧化物、硫化物、金属和合金的磁晶及其属性

晶体所属类型	化学组成	磁有序性	居里温度(T_C)	饱和磁化强度(O_5)
氧化物	Fe_3O_4	亚铁磁性的	575 ~ 585	90 ~ 92
	$Fe_2O_2TiO_2$	反铁磁性的	-153	
	α-Fe_2O_3	翻转的反铁磁性的	675	0.4
	$FeOTiO_2$	反铁磁性的	-233	
	γ-Fe_2O_3	亚铁磁性的	~600	~80
	$MnFe_2O_4$	亚铁磁性的	300	77
	$NiFe_2O_4$	亚铁磁性的	585	51
	$MgFe_2O_4$	亚铁磁性的	440	21
硫化物	Fe_7S_8	亚铁磁性的	320	~20
	Fe_3S_4	亚铁磁性的	~333	~25
	FeS	反铁磁性的	305	
金属和合金	Fe	铁磁性的	770	
	Co	铁磁性的	1131	161
	Ni	铁磁性的	358	55
	Ni_3Fe	铁磁性的	620	120
	CoFe	铁磁性的	986	235

11.1.3　强磁性晶体的磁的各向异性[1,7-9]

强磁性单晶的磁化强度指向某些特定的晶体学轴,这些轴向称为易磁性化的方向,这项能量称为磁晶能,或各向异性能. 磁性单晶的磁化能随方向而不同,并符合晶体对称性的要求,称为磁晶的各向异性. 磁的各向异性(magnetic anisotropy)强烈地影响磁晶的磁滞回线的形状和支配矫顽性以及剩磁.

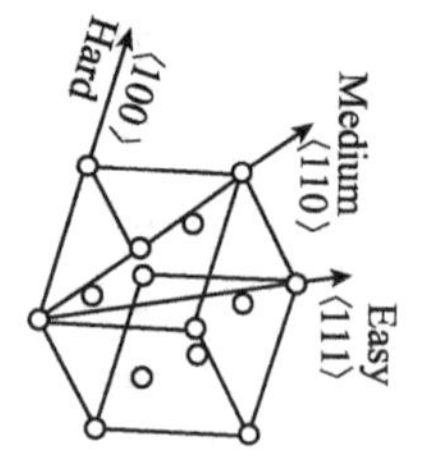

图 11.6　磁铁矿晶体磁化方向的难易程度示意图

磁晶的各向异性具有显著的实际应用价值,它可开拓商业上有经济效益的新型磁性材料的设计.

磁晶的各向异性表现出 3 种不同的类型:

(1) 磁晶的各向异性.

磁晶的各向异性是铁磁性和亚铁磁性晶体的本征性质,不依赖于磁晶颗粒的大小和形状,它是由于磁晶的磁结构所引起的,沿着磁晶的不同方向测量磁化强度,对于磁铁矿晶体来说,当温度在 130K 以上时,磁化方向的难易程度如图 11.6 所示.

晶体的:[111]方向是易于磁化的方向;[100]方向是难于磁化的方向;[110]方向的磁化难易程度居于[111]和[100]方向两者之间.

磁化难与易的方向起因,在于晶格间自旋磁矩交互作用的强与弱的结果.

(2)应力各向异性(stress anisotropy).

应力各向异性起因,关系到电子自旋轨道耦合. 铁磁性和亚铁磁性晶体磁化时,磁化强度变化伴随着磁晶长度的变化;

$$\lambda = dl/l \tag{11.9}$$

式中,dl 为磁晶的伸缩长度,l 为磁晶的原有长度,λ 为伸长比或缩短比,又称为磁化伸缩系数.

此种现象的出现,称为磁致伸缩. 磁致伸缩来源于应变与各向异性常数之间的关系,作为沿着晶体学主轴的函数,应变可以测量.

磁致伸缩具有明显的方向性,不但在磁化方向上会伸长或缩短,而在偏离磁化方向的其他方向,也会同时伸长或缩短,但偏离磁化方向越大,伸长比 λ 或缩短比 λ 也逐渐减小,到了接近垂直磁化方向时,磁晶便反向缩短或反向伸长,因此,磁致伸缩可分为正磁致伸缩和负磁致伸缩. 正磁致伸缩时,磁晶在磁化方向上伸长,在垂直磁化方向是缩短. 负磁致伸缩时,磁晶在磁化方向上缩短,而在垂直磁化方向上伸长. 应力的各向异性的数量,可通过两个磁致伸缩常数 λ_{111} 和 λ_{100} 应力水平来衡量.

磁致伸缩的测量方法主要有:应变电阻法、光干涉法、机械杠杆法、铁磁共振法等.

(3)形状各向异性(shape anisotropy).

此种类型的磁的各向异性是由磁晶颗粒的形状而产生的,磁晶颗粒作为绝缘体会产生电荷或偶极,此为颗粒本身另外的一个磁场,由于这一磁场的功能与磁化外场是对立的,故称为退磁化场.

取一个长而薄的椭圆形的磁晶颗粒,如图 11.7 所示.

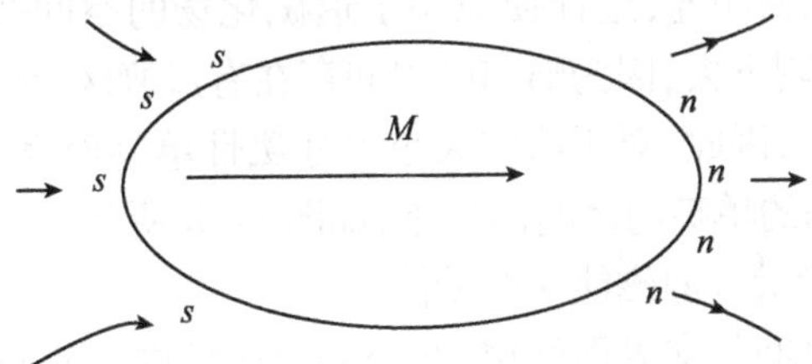

图 11.7　磁晶颗粒在磁化方向上所引起的表面电荷分布示意图

如果磁化方向是沿着磁晶颗粒的长轴方向,所产生的表面电荷较少,退磁化场也较小,因此颗粒长轴方向为易于磁化的方向.

一个球形的磁晶颗料,无形状各向异性. 形状各向异性的数量大小,依赖于磁晶的饱和磁化强度. 例如,磁铁矿,因为它的饱和磁化强度很小,形状各向异性,通常所显示的作用就不重要了. 另外,磁的各向异性受温度和磁晶中所存在的杂质的影响. 当温度达到居里温度(T_C)时,磁的各向异性便消失了. 磁晶中的杂质能起到抑制磁的各向异性的作用.

11.1.4　磁畴[1,10-18]

在强磁性晶体中,存在着许多个微小区域,此种微小区域称为磁畴(magnetic domain). 铁磁性晶体最显著特征之一是具有磁畴,大块磁晶可看做是大量磁畴的集合体. 在同一磁畴中,自旋磁矩同向排列,每个磁畴内的磁化强度是饱和的,磁畴的大小为 1 ~ 100μm 量级,远大于磁晶中原子与原子间的距离,但磁晶中相邻的磁畴的自旋磁矩并非同向排列,这就导致磁晶体系中总的磁化强度为零,从而降低了磁晶体系的总能量,但在外加磁场作用下,强磁性晶体也会发生磁化.

通过观测表明磁晶中磁畴的存在,涉及到磁晶的某些磁性质,特别是磁晶的矫顽性(coercivity)和剩磁(remanence magnetism)是随着磁晶颗粒大小而变化的.

当磁晶已磁化到饱和时,矫顽性的值决定磁晶的性质. 应用磁晶材料时,要消除剩余的磁性,这种反磁性的强度,称为磁晶的矫顽性. 对于给定磁晶,最大的矫顽性发生在单畴(single domain,SD)内,对于较大尺寸磁晶粒又分成单畴. 对于较小的晶粒,矫顽性降低,但这是由于热混乱效应所致.

(1)畴的形成(formation of domain).

考虑一个强磁性单晶,假若它是均匀磁化,因而便形成了单畴(SD),由于磁化,磁性单晶表面将出现电荷,成为第二磁场,称为退磁化场,表面电荷分布的能量称为静磁能,它是磁性单晶的整个空间场的整个体积的能量. 如果磁化时分裂为两个畴,静磁能便近似的平分为二等量,但两个畴的磁力线方向相反,从而引起正(+),负(-)电荷紧密相连,这样便减小了退磁化场的空间范围. 再分为更多的畴,但不能无限地分割下去,因为畴与畴之间存在有过渡区,称为畴壁,而畴壁的产生与其维持需要能量,因此,对于给定大小尺寸磁性单晶而言,畴的数目只能达到平衡数目为止. 磁晶的单畴与多畴的形象,如图 11.8 所示.

形成磁畴的总能量 = 静磁能 + 畴壁能

畴壁是畴与畴之间的交界面区域,在交界面区域内,磁矩有不同的方向,从一个畴转变到另一个畴,磁矩必然要逐步改变方向,畴壁具有有限的宽度,此主要由于畴与畴之间的相互作用和磁晶所具有的能量.

现考虑按照 180°磁化时,畴壁形成的两种极端的情况,如图 11.9 所示.

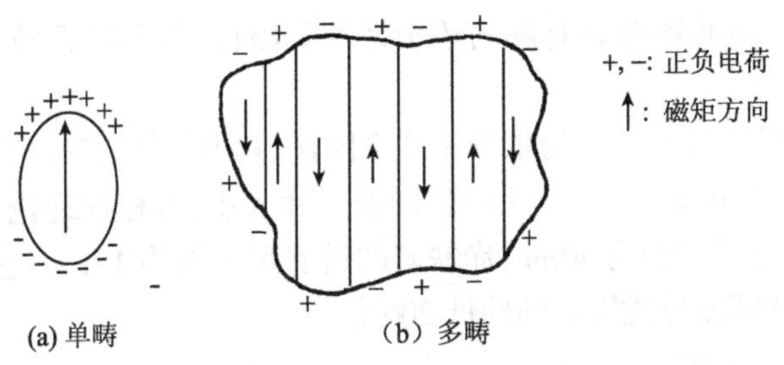

图 11.8　单畴和多畴的形象示意图

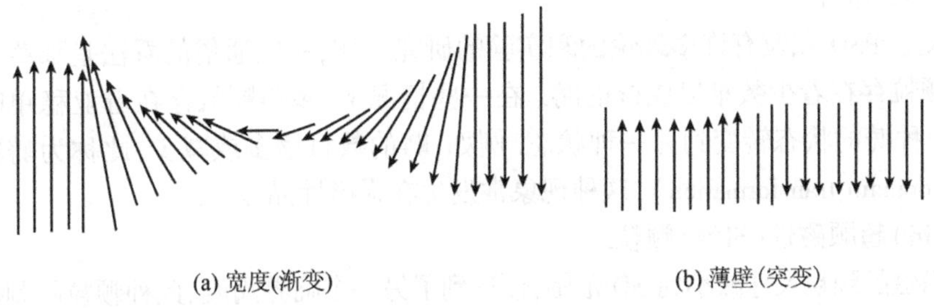

图 11.9　畴壁形成的两种极端情况的示意图

如果畴壁形成时作 180°旋转,磁矩的方向发生渐变,越过一些原子单元,交换能作为保持自旋平衡所需要的能量,在此情况下,宽壁所需要的交换能小,而薄壁所需要的交换能大. 然而在宽壁的情况,畴壁内的自旋不再沿着易磁化轴成一直线,这样便产生了磁晶的各向异性能,而在薄壁的情况下所需要的能量低. 交换能倾向使畴壁尽可能的宽,而各向异性能倾向使畴壁尽可能的薄. 两者相互竞争的结果,促成了畴壁具有一定限度的宽度[数量级约为 100nm]和一定限度的表面能.

磁畴的长程和短程效应之间的相互作用,导致了畴状态依从于磁晶颗粒尺寸大小. 畴状态在不同的磁晶中,例如磁铁矿和赤铁矿等,有不同颗粒大小的依赖性,一般来说,较大尺寸磁晶颗粒含有较多的磁畴.

(2)磁性.

根据磁晶颗粒大小,磁性可分为超顺磁性(superparamagnetism, SPM)颗粒、单畴(single domain, SD)、赝单畴(pseudo-single domain, PSD)和多畴(multi-domain, MD)四个范围.

(i)单畴(SD).

磁晶颗粒磁化时,当颗粒尺寸减小到临界尺寸时,原有的多畴(MD)磁壁将发生变化,在临界尺寸以下,磁晶颗粒仅含有一个单畴(SD),SD 颗粒均匀地磁化到饱和磁化强度. 单畴颗粒具有高的矫顽性和剩磁性,与多畴颗粒相比,磁化是困难的.

单畴(SD)的临界尺寸行为依赖于几个因素,其中包括饱和磁化强度与颗粒形状等因素. 从单畴转变到多畴(MD)的颗粒尺寸大小,可根据理论计算来估计,例如:磁铁矿的转变尺寸约为80nm,赤铁矿的转变尺寸约为15μm,这主要是因为赤铁矿的饱和磁化强度比磁铁矿的约低200倍.

(ii)膺单畴(PSD).

小的多畴(MD)颗粒往往存在着SD类似物(具有高剩磁性)和MD类似物(具有类似矫顽性)行为的混合物,磁铁矿的这种行为,发生的尺寸区间为0.1~20μm.

关于PSD颗粒有许多理论的和实验的研究工作,一些通俗的看法是那些小的多畴颗粒存在着少数难以成核的畴. 在一些情况下,多畴颗粒存在着亚稳单畴状态. 一种畴的状态转变到另一种状态. 例如,畴的数目增多或减少,此称为畴转移变换(domain transformation),这种现象常发生在强磁性晶体中.

(iii)超顺磁性(SPM)颗粒.

当磁晶颗粒尺寸减小到SD范围,便达到了另一个临界阈值,此种颗粒的剩磁与矫顽性趋于零,这时,此种颗粒就变成超顺磁性的. 体积为V的单畴颗粒,直接沿着易磁化轴有个均匀磁化强度. 如体积V足够小,或者温度足够高,热能(KT)将足以克服各向异性能,颗粒便分离成正(+)和负(-)磁化状态,导致磁化的自发反向.

超顺磁性颗粒在零磁场和温度$T>0$K时,净磁矩的平均值为零. 在应用磁场中会有一统计性的成直线排列的磁矩,此类似于顺磁性晶体,但现在所说的磁矩不是单个原子的,而是包含有10^3原子的单畴颗粒,因此超顺磁性与简单的顺磁性相比,意味着超顺磁性颗粒具有更高的磁化率.

根据响应应用场或温度T的变化,超顺磁性颗粒的总效果趋于具有特征的弛豫时间t的磁化强度的平均值,奈耳首先推导出下列公式:

$$1/t = f_0 \exp(-K_u V/kT) \tag{11.10}$$

式中,t为弛豫时间,f_0为频率因子($10^9 s^{-1}$),K_u为各向异性常数,V为颗粒体积,k为Boltzmann常数,T为绝对温度.

利用式(11.10),在一定体积情况下,可以用来确定磁化颗粒的阻塞温度(blocking temperature, T_B). 或在一定温度下,用来确定阻塞体积(blocking volume, V_B). 此时,超顺磁颗粒磁化进行过程,由不稳定条件($\tau \ll t$)到稳定条件($\tau \gg t$).

计算表明:

当$K_u V/kT=21$时,$t=1$s,$K_u V/kT=60$时,$t=10^7$s,球形磁铁矿晶体在室温下,能量的变化符合颗粒尺寸由22~33nm的增大.

(3)畴壁的精细结构的测量.

采用高分辨度的磁力显微镜(MFM)成像技术,可用来描绘磁畴壁的精细结构,这是一项系统而精密的研究工作,其中包括磁性单晶或磁性薄膜的生长,MFM的响应原理的应用,MFM的数据分析与处理,磁晶表面退磁化效应的防止,磁畴壁宽度的计算,磁晶磁结构的测量,中子衍射数据的处理,高灵敏度成像技术等.

现正在发展中的高分辨度的磁探针,其中包括磁力显微镜的性能改进等. 当前有关磁畴形成理论,尚还不能够圆满地解释磁畴形成过程中,所出现的一些复杂现象,这有待进一步研究.

11.1.5 磁晶的磁滞性质[1,19-21]

强磁性磁晶,当应用场排除后,能够保持应用场的记忆,这一行为称为磁滞(hysteresis), 即磁晶的磁滞性质(hysteresis properties of magnetic crystals). 利用磁化强度与磁场强度作图,可获得磁滞回线(hysteresis loop)(即磁化曲线), 如图 11.10 所示.

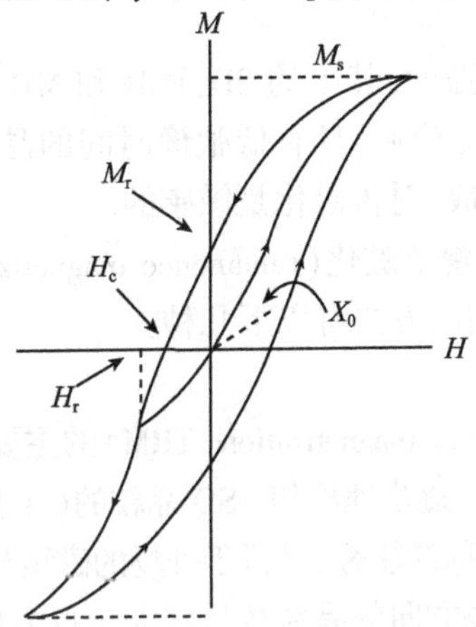

图 11.10　磁滞回线示意图

H,磁场强度; M,磁化强度; M_r,剩余磁化强度; M_s,饱和磁化强度;
H_c,矫顽场; H_r,剩磁场; X_0,初始磁化率,定义为 M/H 的比值

磁滞回线的形状部分地取决于畴的状态,SD 磁晶颗粒的磁滞回线较 MD 磁晶颗粒的宽些,这正是反映出 SD 晶粒的矫顽性和剩磁性较强的证明.

磁滞回线参数 M_r/M_s, H_r/H_c 可用来区别磁畴的状态,尤其是 M_r/M_s 对于区别 SD 和非 SD 晶粒能起到决定性的作用.

(1)SD 的磁滞性质.

对于混乱取向的 SD 晶粒的集合,依靠晶粒的各向异性类型,可以计算出 M_r/M_s, H_r/H_c 的比值.

例如, 各向异性的类型为单轴晶,各向异性的来源为磁晶形状,应力:$M_r/M_s=0.5$.

(2) MD 和 PSD 的磁滞性质.

对于 MD 和 PSD 晶粒,计算 M_r/M_s, H_r/H_c 的比值是比较困难的. 根据易移动的畴壁位移模型计算和合成样品的实验结果,其典型值为

参数	PSD	MD
M_r/M_s	0.1 = 0.5	<0.1
H_r/H_c	2 – 4	>4
H_c	10 – 15mT	<10mT

(3) SPM 的磁滞性质.

SPM 晶粒不存在剩磁或矫顽力,因而它的磁滞回线极薄. SPM 晶粒用磁场磁化初期,其磁化曲线非常陡峭,然而较快地逐步上升到饱和. 而 SPM 晶粒大部分为混合晶粒,而且具有一些 SD 和 MD 晶粒. 其磁滞参数的典型值为: $M_r/M_s \ll 0.01$, $H_r/H_c > 10$.

11.1.6　磁晶的剩余磁化[1,22-25]

岩石带有自然剩余的磁化强度,其中的 SD, PSD 和 MD 晶粒对这一现象都有贡献. 这些晶粒最初获得原始磁化后,具有低弛豫时间的晶粒,通过时间、温度或化学变化以及产生磁化再生组成,对再磁化是敏感的.

磁晶颗粒磁化——磁晶的剩余磁化(remanence magnetization of magnetic crys-tals)有一些不同的途径,最常用的方法有以下几种:

(1) 热剩余磁化.

热剩余磁化(thermal remament magnetization, TRM)的主要工艺:在外场作用下,磁晶颗粒在居里点温度(T_C)以上逐步地冷却. SD 晶粒的(+)和(−)状态的能级在外场作用下出现分裂,产生不对称的能叠,平行于外场的磁矩与其相反方向的磁矩相比,具有较低的能量,因此在外场方向的晶粒数目将大于反方向的数目,结果在外场方向获得了净磁矩.

(2) 化学剩余磁化(chemical remanent magnetization, CRM).

磁晶颗粒在外场作用下,发生化学变化而获得的磁化. 任何类型的化学变化都可导致晶粒磁化,如低温氧化、去溶液、岩化作用、脱水等.

CRM 有两种主要类型:CRM 纯生长:新矿物通过临界体积生长;CRM 再结晶、重结晶或预先存在的矿物颗粒的变更.

(3) 等温剩余磁化.

晶粒在外场作用下,瞬时地获得的磁化. 等温剩余磁化(isothermal remanent magnetization, IRM)是剩磁保留在样品中后,应用短时间(100s)的稳定外场(1 ~ 1000mT),而后关掉外场. 例如,当场强近似在 50mT 以上,IRM 通过 MD 晶粒单向磁畴旋转或 SD 晶粒磁矩旋转产生磁铁矿.

(4)无磁滞的剩余磁化.

无磁滞的剩余磁化(anhysteretic remanent magnetization,ARM)是通过大的交流(AF)和较小的直流(DC)场的组合作用而产生的,当ARM时,缓慢地减小AF的峰值到零,同时应用直流(DC)场. ARM对鉴别磁性颗粒是一种有用的实验技术.

(5)热激活磁化(thermally activated Magnetization,TAM).

早在1949年奈耳基于热起伏,对SD晶粒发展了剩磁理论,这个理论模型对岩石磁性,形成了许多理论基础,提供了考察时间,温度和场效应对晶粒磁化,和退磁化过程的简单途径.

将一组具有单轴的各向异性均匀地磁化过的颗粒置于磁场中,每个颗粒对磁化仅有两个稳定的磁状态,即平行场(+)或反平行场(-),对于大多数恒等的,无相互作用的颗粒,在两个稳定态间热激化跃迁,将产生平均平衡磁矩:

$$m_{eq} = M_s \tanh[V_M she/kT] \tag{11.11}$$

当移去外场时,m_{eq}成指数式的衰减到零,其衰减速度由弛豫时间决定,弛豫时间τ的长短正比于横截能的概率,此能叠是由单轴各向异性产生的,在外场存在的情况下,弛豫时间(τ)可由下式表示:

$$1/\tau = f_0\exp - E_B/kT = f_0\exp VM_s(1 - h_e/H_c)^2/2kT \tag{11.12}$$

式中,H_c为矫顽场,h_e为外场,M_s为饱和磁化强度,f_0为频率常数,V为颗粒体积,k为Boltzmann常数,T为绝对温度.

当磁晶颗粒的弛豫时间τ小于典型实验时间τ_0时,颗粒由任何初始的磁化状态在时间τ时达到平衡,并存在着无剩磁(超顺磁性的). 当具有的时间τ大于时间t的颗粒,在t时后,将保持着初始状态,它们的磁化是有效地阻塞(blocked). 阻塞的条件决定于$\tau = t$.

(6)退磁化技术(demagnetization techniques).

磁晶退磁化的目的是除去具有短弛豫时间τ的磁化成分,有助于二次磁化. 同时,退磁化对鉴别磁晶的矫顽性分布也是有用途的.

退磁化有两种主要方法:

一是热退磁化:磁晶样品在零场下,作升温与降温的一系列实验,每一步升温再降温过程后,在室温下,用磁力计测量剩余的剩磁强度,仅有那些具有阻塞温度以下的晶粒,退磁化温度是退磁化的.

二是交变场(AF)退磁化:磁晶样品受交变场的支配,通过暴露在交变场的磁晶样品,测量一系列上升AF的峰值(5mT,10mT,20mT,…mT)的磁化曲线,每一步后,测量剩余的剩磁强度,具有低矫顽性的晶粒的剩磁首先易于磁化. 具有较高的矫顽性的晶粒剩磁保持不变.

11.1.7 磁晶的磁结构[27]

磁晶有两种结构:一种是通常所说的晶体结构,这种结构确定了晶胞中原子、离子或分子的坐标位置及其坐标位置间的关系，这种位置对称性，通过所属的平移群（布拉维点阵），可代表晶体结构的整体．另一种是由于磁晶胞中原子的不成对电子自旋磁矩指向规律形成的结构．此种结构决定了磁晶的磁性质，称为磁晶的磁结构（magnetic structures of magnetic crystals）．现列举几个较简单的磁结构的例子，以便说明磁结构中磁矩是如何排列的．

例 1　同一种晶体的晶胞与其磁晶胞大小是不同的．现以四方晶系 NdSiMn 合金为例来说明之．如图 11.11（a）、（b）所示．[26]

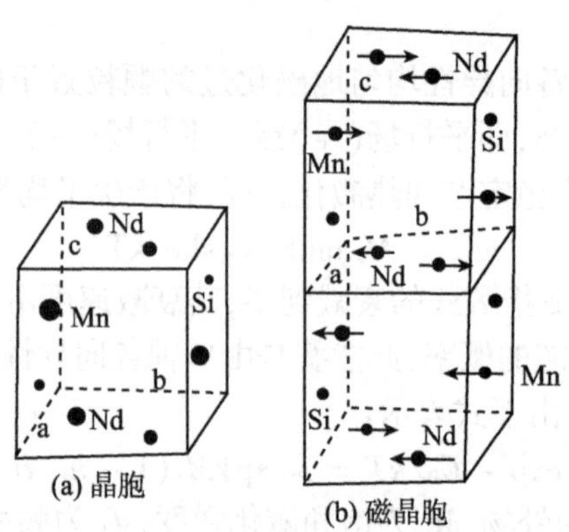

图 11.11　NdSiMn 合金的晶胞与磁晶胞示意图

例 2　CoPt 磁晶

四方简单晶格，当 CoPt 为铁磁性时，磁矩在晶胞中排列的方向为[001]方向，如图 11.12 所示．

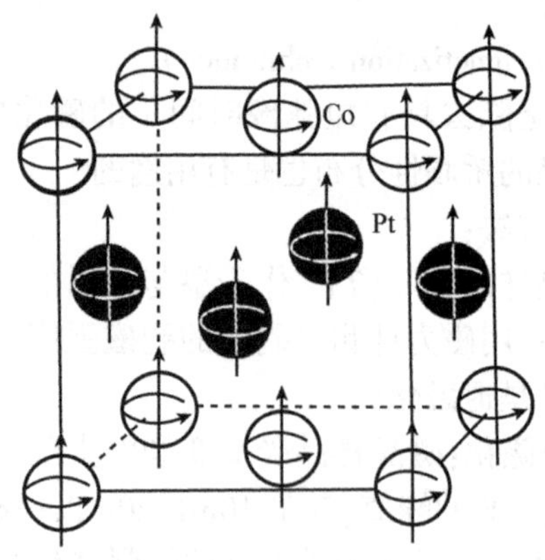

图 11.12　当 CoPt 为铁磁性时，磁矩在晶胞中排列的示意图

例 3　RM_nO_3（R = Sc, Y, In, Ho, Er, Tm, Yb, Lu）磁晶

此一系列晶体为六方简单晶格．采用非线性光谱测定其非线性光学系数，来确定此一系列磁晶在铁电顺磁性相的磁结构，共获得 6 种主要的磁结构，如

图 11.13所示[28].

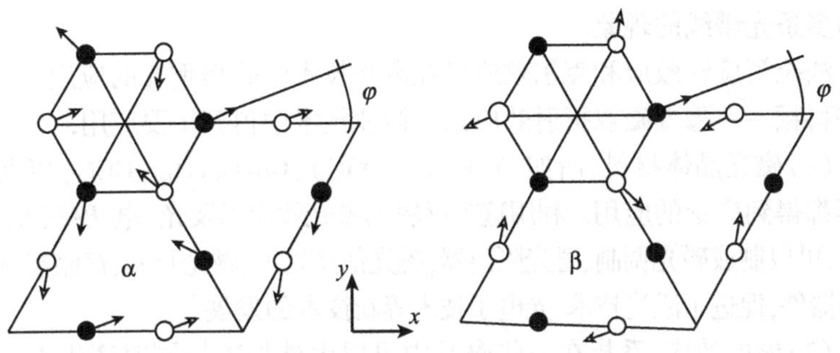

图 11.13　Mn 自旋磁晶胞中在 *XY* 平面上的投影图

当 $Z=0$ 时以 ♁ 表示,当 $Z=1/2$ 时,以 ♁ 表示,在此 *XY* 平面上能表示出在一条线上的相邻自旋平行(α 型)或反平行(β 型). 根据 Mn 自旋与 *X* 轴的夹角,可获得 6 种不同的磁空间对称性.

例 4　U_2T_2In 磁晶(T = Ni,Pd,Pt)

四方简单晶胞. 采用中子衍射技术测定此种晶体的磁结构,实验结果表明,此种晶体可能存在着 8 种不同的磁结构.

近几年来,人们对磁结构的研究,已获得显著的成就,现已在波兰克拉考(Krakow)城建立起中子衍射测定磁结构数据库[28],所存有关磁结构的数据,已相当齐全,如磁晶的稳定温度区间、磁结构测定方法、磁畴的数据、磁单胞的尺寸大小、磁对称性的参数等,通过计算机进行查阅,更有利于磁晶这一研究领域向更深层次方向发展.

11.1.8　磁效应[29,30]

当外加磁场或磁晶的磁性发生改变时,所引起其他物性的变化,称为磁效应(magnetic effect). 主要的磁效应有磁光效应,磁电效应,磁场效应,磁致温差效应和 11.1.3 节已谈过的由于磁晶的应力各向异性所引起的磁致伸缩效应等,现分别而简要加以说明.

(1)磁光效应:磁晶在外加磁场作用下或磁状态变化时,对在该晶体材料中传输或发射的光的特性的影响,称为磁光效应. 最常用的磁光效应有以下几种:

(i)法拉第(Faraday)旋转效应,系指平面偏振光透过与传播方向平行的方向磁化晶体时,发生偏振面旋转的现象. 这种现象,称为法拉第旋转效应.

(ii)克尔(Kerr)磁光效应,系指平面偏振光在受磁化不透明材料上反射时,发生偏振面旋转的现象.

(iii)科顿-穆顿(Cotton-Mouton)磁双折射效应,系指光通过垂直于光传输方向时,磁化强磁性晶体和顺磁性晶体时所产生的双折射现象.

(iv)塞曼(Zeeman)效应,系指原子单色光源在外加磁场中发光时,单色光分裂为多条光谱线的现象.

法拉第旋转效应和克尔效应已在激光技术中获得重要的应用. 法拉第旋转效应和科顿——穆顿磁双折射效应已在微波技术中得到重要应用.

(v)磁光晶体材料,诸如:$Y_3Fe_5O_{12}$(YIG)、$Gd_3Ga_5O_{12}$(GGG)以及磁光单晶薄膜等都得到广泛的应用. 利用这类材料的磁光效应以及光、电、磁三者间的相互作用转换,可以制成磁光调制、磁光隔离器,磁光信息处理、磁光开关、存储器,磁光传感器等光学器件,促进了激光技术、光电子技术等新技术的发展.

(2)磁电效应:系指在一些磁晶中可以由外加磁场同时产生电极化强度和磁化强度,也可以由外电场产生电极化强度和磁化强度. 目前已在 Cr_2O_3,$GaFeO_3$,$Fe_3O_4Y_3Fe_5O_{12}$,$TbAlO_3$ 等磁性晶体中观测到磁电效应,这为磁控和电控的新型的计算机和微波器件等,开辟了新的应用前景.

(3)磁声效应:系指由外加磁场引起磁性晶体的声振动或声振动的变化,可以看成是一种广义的磁致伸缩效应. 广义的磁声效应还包括声频以外的由外磁场引起的次声频,超声频直到微波频率的机械振动. 这一效应在声换能器等方面已得到应用.

(4)磁致温差效应:顺磁性晶体和强磁性晶体在受到外加磁场作用作而发生状态变化时,伴随所产生的可逆温度变化的现象,称为磁致温差效应. 利用强磁性晶体材料的绝热退磁效应,可获得室温区或低温区的磁致冷却,利用顺磁性晶体材料绝热退磁效应,已得到毫开级的超低温. 例如:利用 $Fe_2NH_4(SO_4)_2 \cdot 12H_2O$ 的绝热退磁已达到38mK.

11.1.9　天然磁晶和人工磁晶

(1)天然磁晶(natural magnetic crystals)[31].

天然磁晶一般是指含有 Fe,Co,Ni 和 Mn 等元素的天然矿物,其中最重要的为铁磁性和亚铁磁性矿物,这些天然资源的发现已有很长的历史年代,这类矿物在地球上分布很广,为钢铁工业的主要原料,在国民经济中占有极其重要的地位. 磁铁矿的化学式可写成 $Fe^{2+}Fe_2^{3+}O_4$,此种矿物的组成,含有许多杂质,部分地取代了铁(Fe)离子,取代后的化学式可写成:$(Fe,Mn,Mg,Zn,Ni)^{2+}(Fe,Al,Cr,Mn,V)_2^{3+}O_4$. 这些矿物的显著特征是强烈地被磁场所吸引,人们对这些矿物的特性,较早的研究甚为透彻,如矿物的颜色、硬度、透明性、光泽、比重、解理性、韧性等. 这类天然磁性晶体,多属于立方晶系,晶体形态大多为八面体,少数为十二面体,也有的成为八面体与十二面体聚合成的聚形,完美的铁矿石晶体是著名的矿物标本. 矿物学家,地质学家等,对这类矿物晶体从形态、物性、产地和应用等早已研究得十分细致和全面,文献资料比较齐全,不必再作较详细的叙述.

(2)人工磁晶.

近些年来,由于磁晶材料在电子,磁光,磁记忆和在纳米科技等方面的需求,人们对人工磁晶方面的研究日益增多,研究的内容范围越来越广,根据新近的发展,大约有以下几个方面,并列举实例说明.

(i)磁晶的制备和生长:研究新型的人工磁晶的磁性能及其结构,首先遇到的问题就是磁晶样品,例如:采用高温溶液法生长 $Sr_6Rb_5O_6$ 单晶,将生长的高质量定向单晶,用于确定此种磁晶的经典晶体学空间群与磁空间群,并定量地测定出磁晶的磁性能[32].

利用外延发生长 FeTaN 薄膜,MgO/Fe(001)双层膜和 Fe/MgO(001)三层膜,将生长出的优质薄膜、双层膜和三层膜来研究这些膜的结构与其磁性质,电子性质[33,34].

利用激光分子束外延方法制备磁性半导体 $Co_xTi_{1-x}O$ 薄膜,研究其结构和磁性质,磁性半导体是一类同时具有强磁性和半导体电性能的晶体材料,可以同时实现信息存储和处理. 自旋电子学也称为磁电子学,是当代一支重要的交叉磁学. 现还要着重指出:近些年来,由于固态电子学的快速发展,出现了三种类型的半导体(晶体)材料,即无(非)磁性半导体材料. 磁性半导体材料. 稀释磁性半导体(diluted magnetic semiconductor,DMS)材料.

将少量的磁性离子如 Mn^{2+}. Fe^{2+}. Co^{2+} 等加入 III-V,II-VI 化合物半导体,就可成为 DMS 材料. 这类材料是一种同时具有强的磁性和半导体电性的功能材料. 它是当前人们极关注的自旋电子学新型材料,这类材料多用分子束外延方法来生成薄膜材料①.

(ii)研究一系列磁性有序晶体,其中包括铁磁性晶体,反铁磁性晶体和亚铁磁性晶体的磁有序. 如例:研究 $PrBa_2Cu_3O_{7-x}$ 系列单晶的磁有序等[36].

(iii)研究纳米晶软磁材料和纳米晶复合硬磁材料[37]. 纳米晶材料通常采用非晶晶化工艺来制备,例如将非晶软磁材料 FeSiB 在晶化温度吋进行退火,可获得晶粒分布不均匀的纳米晶,通常要添加 Nb,Cu 元素,有利于微晶成核和细化晶粒. 当前纳米晶软磁材料沿着高频方向发展,其应用领域将遍及功率变压器、脉冲变压器、高频变压器、可饱和电抗器、互感器、磁屏蔽、磁头、磁开关、传感器等方面.

纳米晶复合硬磁材料是一种新型的硬磁材料,是 20 世纪 90 年代发展起来的. 纳米晶复合硬磁材料是由硬磁相(如 NdFeB 相)和软磁相(如 α-Fe 相)在纳米范围内交换耦合而成,这种材料是具有优异的综合永磁性能,表现在剩余磁化强度高,剩磁对温度的依赖性小和良好的磁性能等. 纳米晶复合硬磁材料可广泛地应用于传动装置、精密机械仪表、汽车步进电机、打印机、传真机、扬声器、寻呼机、移动电话、医疗仪器等.

①S. K. Kamilla,S,Basu. Bull Mater Sic, Vol. 25,No. 6, November 2002, 541-543 © Indian Academy of Sciences (iv)研究准晶的磁对称性和磁性质[27,38],例如研究$R_8Mg_{42}Zn_{50}$(R = Tb,Dy,Ho,Er 等)磁有序准晶的对称性、研究$FeTa_2O_6$晶体准二维反铁磁性等.

(v)研究磁晶的应用,研究较多的是磁光晶体应用及其不稳定性等. 例如,研究$NdBa_2Cu_3O_{7-\delta}$单晶的应用和在临界状态下的不稳定性等[39].

(vi)研究磁晶的磁结构的文章发表日益增多,很引人注目. 磁晶的磁性质是由于磁结构所引起的,研究磁晶的磁性质自然地会联系到磁结构,研究磁晶的磁对称性,必然地要从磁晶的磁结构开始寻求的. 例如,研究$NdCo_{12-x}V_x$晶体的磁结构和磁化过程[40]. 采用中子衍射研究$U_2T_2I_n$(T = Ni,Pd,Pt)晶体的磁结构[41]和$ZnCr_2O_4$晶体的磁结构[42]. 采用磁力显微镜研究$Fe_{60}B_{16}Si_4$无定形的磁结构等[43].

总之,关于研究磁晶的磁结构例子较多,不再枚举.

(vii)另外,还有较多篇幅研究纳米复合磁性材料,如磁性无机物/高分子磁功能材料[44]、有机-无机杂化铁磁材料[45]、纳米磁性颗粒膜[46]、纳米复合硬磁材料[47]等.

§11.2　磁　　群[48-59]

磁晶的磁性对称群,简称磁群,磁群(magnetic groups)不仅具有位置对称性,而且还有状态对称性. 在磁晶结构中由于电子自旋的方向性质不同,便产生了磁晶的状态对称性,即所谓磁晶的反对称性,此种反对称性可看做是在晶体的三维(3D)空间的位置对称性,又加上的四维空间对称,这个第四维空间参数(E),其数值仅取正(+1)或负(-1),取正值(+)时,磁晶的状态不变,但当取负值(-)时,磁晶的状态就发生了变化,最终结果便形成了磁晶的磁有序性,即所谓的磁群.

磁群又称反对称群、舒布尼科夫群、二色群(two-color groups)、黑白群(black-white groups)等名称.

磁群可分为磁点群(magnetic point groups),磁布拉维点阵(magnetic Bravis lattice)和磁空间群(magnetic space groups). 磁群的来历,可以说是晶体学群理论的进一步延伸.

11.2.1　反对称要素

反对称要素(antisymmetrical elements)包括以下内容.

(1)反对称心(i').

反对称心(i')的对称操作为反倒反i'(i'),即在倒反操作后,再改变状态或改变颜色. 通常用黑,白二色表示. 黑,白两种不同颜色,可概括地表示出各种物体的正(+)和负(-)两种相反的状态.

反倒反 $i'(i')$ 操作的效果如图11.14所示：

(2) 反对称面(m').

反对称面(m')对称操作为反反映 $m'(m')$，施行反映后再改变状态或改变颜色. 反反映操作效果如图11.15所示.

(3) 反对称轴($C_n'(\alpha)$).

反对称轴($C_n'(\alpha)$)相应的对称操作为反旋转 $C'_n(\alpha)$，$\alpha=2\pi/n, n=1,2,3,4,6$. 施行旋转基转角($\alpha$)后，再改变状态或改变颜色，如图11.16所示.

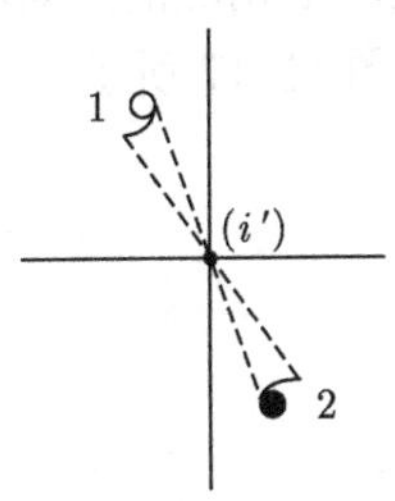

图 11.14　反倒反 $i'(i')$ 操作的效果示意图

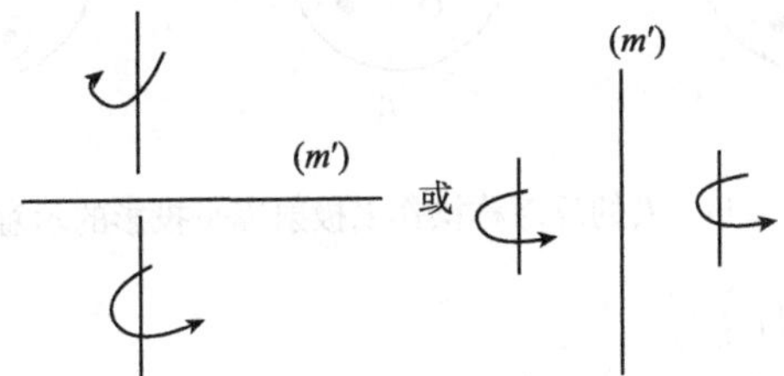

图 11.15　反反映 $m'(m')$ 操作效果的示意图

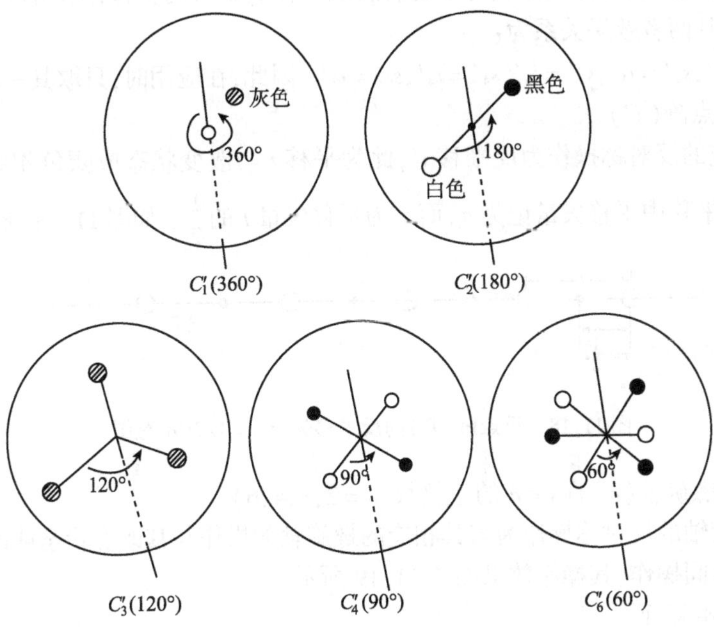

图 11.16　反对称轴 $C_n'(\alpha)$ 的反对称操作(C_n')后效果示意图

(4) 反反轴(I_n').

反反轴相应的反对称操作为 i''_n,即施行旋转加倒反后,再改变状态或改变颜色. 如图 11.17 所示.

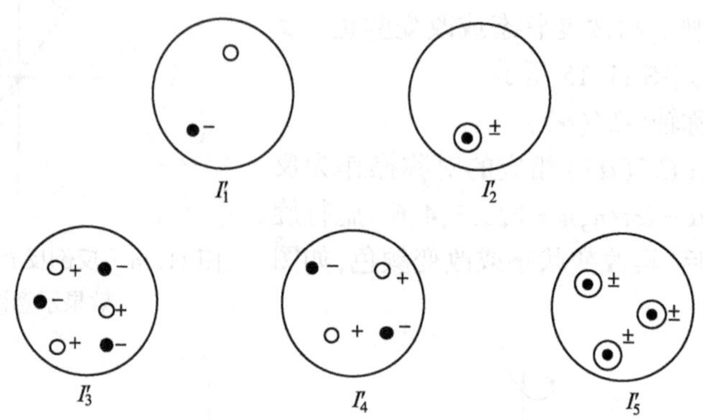

图 11.17　I_n'的反对称操作 i_n'极射赤平投影的示意图

(5) 反旋转反映轴(S_n').

其相应的反对称操作(S_n')为旋转反映轴 S_n 的对称操作(旋转加上反映操作)加上改变状态或颜色,而且两者不可分割开来.

反反轴 I_n'的反对称操作 I_n'与反旋转反映轴(S_n')的反对称操作 S_n'的效果,两者是互通的,其两者效果关系为:

$s_1'=i_2'$, $s_2'=i_1'$, $s_3'=i_6'$, $s_4'=i_4'$, $s_6'=i_3'$. 因此,在应用时,只取其一即可.

(6) 反点阵(T').

其相应的反对称操作为反平移 t',此为平移 t 与改变状态或颜色相结合的空间操作,反平移中平移矢量记为 τ,而 τ 为平移矢量 t 的 $\frac{1}{2}$, 如图 11.18 所示.

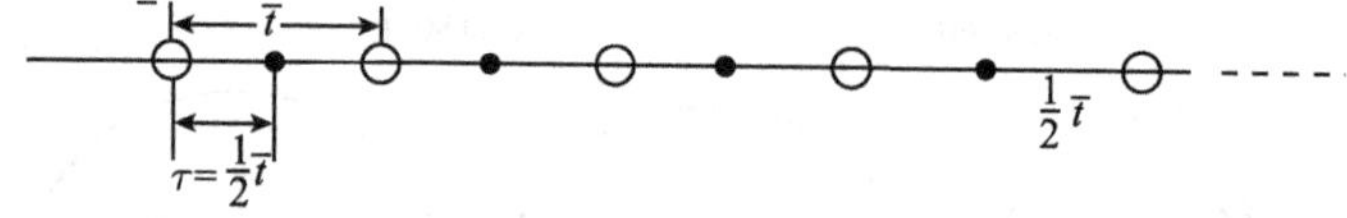

图 11.18　反点阵(T')的反平移矢量 $\tau=1/2\bar{t}$ 示意图

(7) 反螺旋轴(n_s')($s<n$ 的正整数,$n=2,3,4,6$).

反螺旋轴的反对称操作为与其相应的螺旋轴的操作与其改变状态或改变颜色相结合的空间操作,其操作效果如图 11.19 所示.

(8) 反滑移面.

反滑移面的反对称操作为相应滑移面的滑移操作与改变状态或改变颜色相结合的空间操作. 与滑移面 a,b,c,n 和 d 相对应的反滑移面为 a',b',c',n',和 d'的反对称操作的效果,如图 11.20 所示.

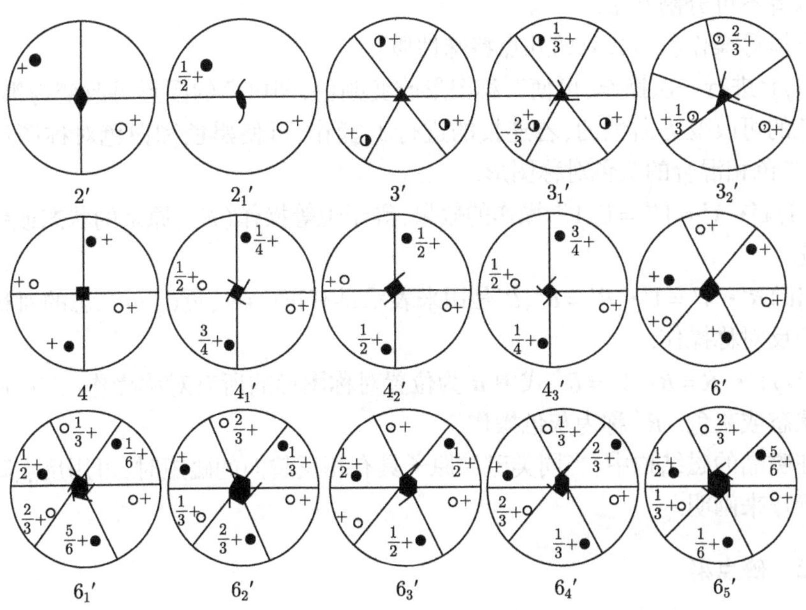

图 11.19　反螺旋轴相应的反对称操作效果在平面上的投影图

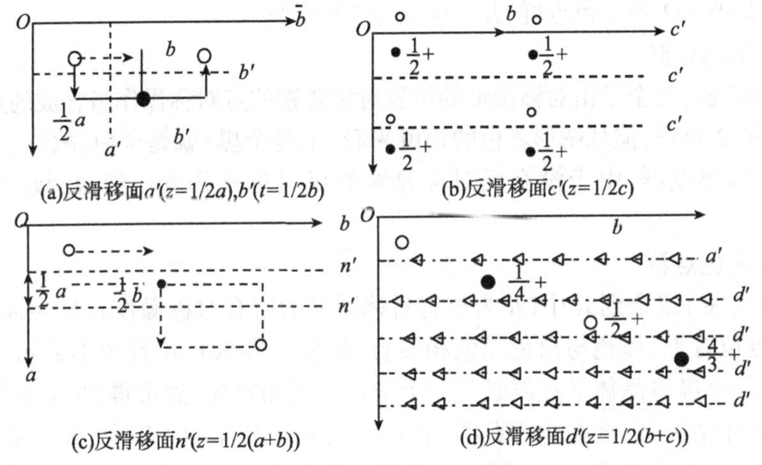

图 11.20　不同类型的反滑移面及其反对称操作效果在水平面上的投影示意图

在反对称操作中,值得注意的是:

旋转 360°(等于没有旋转)与改变状态或改变颜色相结合的反旋转 $C'(0)$,和平移 $\tau=0$ 与改变状态或改变颜色相结合的反点阵 T_0',此二者均是反对称操作中的特殊情况,成为反恒等的对称操作,一般记为 $1'(\pm 1)$. 除此反恒等操作外,所有其他的反对称操作都是反恒等操作与位置对称操作结合在一起的复合对称操作，而且两者不可分割开来.

反恒等操作(1′)具有的几点特殊性质：

(i)1′进行一次操作,可使对称图形改变颜色,即白色的图形可改变为黑色的,而黑色的可改变为白色的,若连接的进行1′操作,可使黑色和白色对称图形变为黑,白二色相混合的灰色对称图形.

(ii)$1'\cdot 1'=1'^2=E$,$1'^2$ 操作的效果,等于恒等操作(E),原来的状态或颜色没有变化.

(iii)$R'\cdot 1'=1'\cdot R'=R'$,R'是用来表示具有正(+),负(—)二态的对称图形的一切反对称操作.

(iv)$1'\cdot R=R\cdot 1'=R^*$ 式中 R 为位置对称图形的所有对称操作. $1'\cdot R$ 产生中性状态或灰色. R^* 称为灰色操作.

在磁晶的磁结构中,当同类磁性原子具有相反趋向的磁矩时,可用反点阵的反平移操作来阐明.

11.2.2　磁点群

为了便于理解磁点群(magnetic point groups)的来历,须要从推导出的二色群谈起. 位置对称要素的点对称操作与反对称要素的反对称点操作相互组合的最后结果,可获得122种二色点群,并且可分为3种类型.

(1)单色点群

此类点群,完全是由对称图形的位置对称要素的点对称操作组合成的点群,即晶体学的32点群,但从图形着色的角度来看,不是全黑,就是全白,故称它们为单色点群. 这类点群,由于没有反对称要素的反对称操作参与组合,故为无磁性点群.

(2)灰色点群

将1′(±)组合到 R 中(R 为位置对称图形的所有对称操作),即在晶胞中每个等效点位置上,黑色与白色二色相混合,故整个等效点位置图形显示出灰色,显然地,每个经典晶体学点群必与一个灰色点群相对应,故可得32个灰色点群. 在磁性晶体情况下,这些灰色点群,表示为顺磁性晶体的点对称,每个原子的磁矩不是正(+),就是负(-),因此有两种可能状态存在,原子的磁矩在正(+),负(-)方向上是相互独立的,顺磁性晶体的总的磁矩为零,在无外场作用下,晶体无磁性. 因此,顺磁性晶体的磁点群,属于灰色点群.

(3)黑白共存点群

在这类点群中,黑色与白色异色相等部分之间的对称性,用反对称点对称操作来描述,黑色与黑色或白色与白色同色相等部分间的对称性,用位置对称点操作来阐明.

黑白共存点群相应的晶体学点群,不再是 1∶1 的对应关系,而是一个晶体学点群往往对应几个黑白共存点群. 现举例说明.

例 1　晶体学点群 $C_{2h}-2/m$ 对称阶数为 4.

当 C_{2h}-$2/m$ 点群组合 $1'(\pm)$后,对称阶数为 8,变为 $2/m$ 的黑白共存点群,如图 11.21 所示

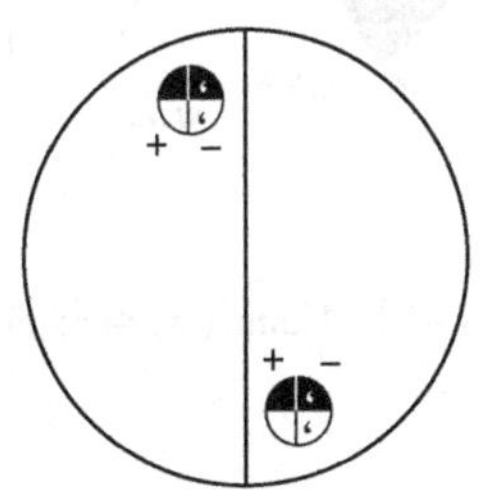

图 11.21　$2/m$ 点群的黑白共存点群的极射赤平投影图

在投影图上的等效点系的坐标位置为

$xyz+1E$　$xyz-1E'$　$xyz+1m$　$xyz-1m'$

$\bar{x}\bar{y}\bar{z}+1C_2$　$\bar{x}\bar{y}\bar{z}-1C_2'$

$\bar{x}\bar{y}\bar{z}+1i$　$\bar{x}\bar{y}\bar{z}-1i'$

另外,由于 $2/m$ 的黑白共存点群具有 C_2', $m'i'$反对称要素,产生了三个子群: C_2'/m, C_2/m', C_2/m,如图 11.22 所示.

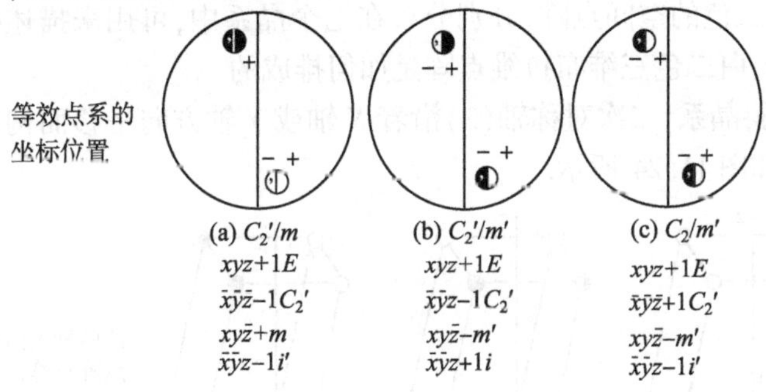

图 11.22　C_2'/m, C_2'/m', C_2/m',磁点群的极射赤平投影图

铁磁性晶体属于 C_2'/m'点群,如果晶体的磁化轴垂直于 C_2 轴,这样的磁晶属于 C_2'/m 或 C_2/m'点群,为反铁磁性的晶体.

例 2　晶体学点群 C_{4v}–$4mm$,对称阶数为 8,能产生 $4m'm'$和 $4'mm'$两种黑白共存点群,其相应的极射赤平投影分别如图 11.23(a)、(b)所示

将磁晶所有反对称要素组合的结果,共产生出 58 个黑白共存点群,这 58 个点群所属的磁晶,均具有磁性,即晶体的总的自旋磁矩均大于零. 通常称这58 个点

群为磁点群.

将 32 个单色点群,加上 32 个灰色点群,再加上 58 个黑白共存点群,共有 122 个二色点群.

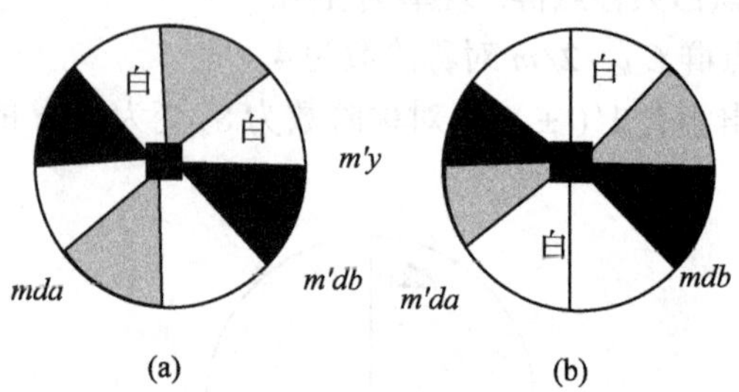

图 11.23　$4m'm'$(a)和 $4'mm'$(b)点群的极射赤平投影图

11.2.3　三维二色布拉维点阵

三维二色布拉维点阵(3-D two colour Bravis lattices)是在 14 种布拉维点阵的面中心,棱中点和体中心加入二色阵点所组成. 兼有黑、白二色的空间点阵(晶格)共 22 种,连同 14 种布拉维点阵,(单色)总共是 36 种三维二色布拉维点阵.

22 种黑、白二色空间点阵,实际上是由白色布拉维点阵与黑色布拉维点阵平行穿插而成. 白色点阵经过平行操作 $T\left(\frac{1}{n}t\right)$ 而移到黑色点阵的位置上. 在黑、白二色二维布拉维点阵中,仅是取向不同,而形态完全相同的两种点阵,只算为一种. 这 22 种黑、白二色的空间点阵,分别分布在七个晶系中,可用来描述磁性空间群. 今举例说明黑、白二色三维布拉维点阵是如何排成的.

例 1　单斜晶系,二次对称轴(2)沿着 X 轴或 Y 轴方向平移而构成的黑、白二色三维点阵,如图 11.24 所示.

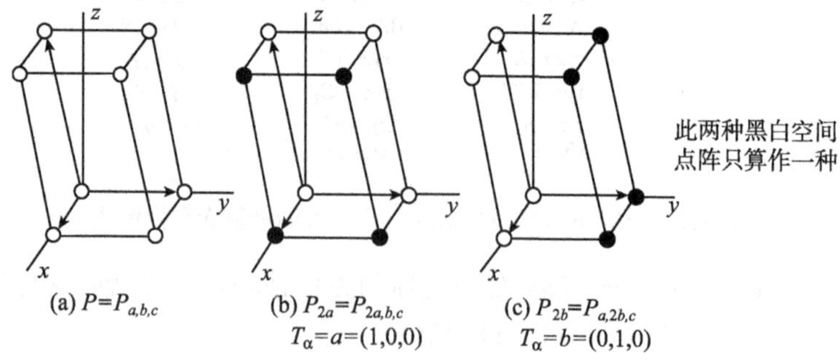

图 11.24　单斜晶系 P 晶格与两种取向不同而形态相同黑、白二色三维布拉维点阵(晶格)示意图

例 2　斜方晶系晶格与其三种黑,白二色三维布拉维点阵,如图 11.25 所示.

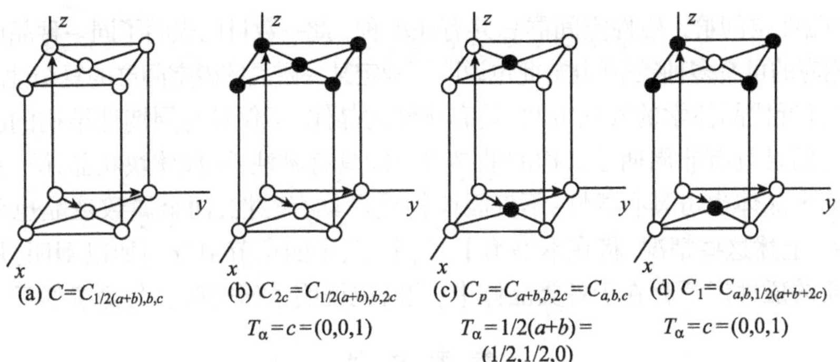

(a) $C=C_{1/2(a+b),b,c}$ (b) $C_{2c}=C_{1/2(a+b),b,2c}$ $T_\alpha=c=(0,0,1)$ (c) $C_p=C_{a+b,b,2c}=C_{a,b,c}$ $T_\alpha=1/2(a+b)=(1/2,1/2,0)$ (d) $C_1=C_{a,b,1/2(a+b+2c)}$ $T_\alpha=c=(0,0,1)$

图 11.25 斜方晶系 C 晶格与其三种黑,白三维布拉维点阵

11.2.4 三维二色空间群

为了便于理解磁空间群的来历,同论述磁点群,磁点阵类似,也要从三维二色空间群(3-D two colour space groups)谈起.

三维二色空间群是以三维二色布拉维点阵为平移群再与三维空间对称操作及其三维反对称操作相组合而成.

三维二色空间群可分为三种类型:

(1)单色空间群:这类空间群,完全是由三维对称要素的位置对称操作相组合而成,即晶体学空间群,共 230 种,为无磁性空间群.

(2)灰色空间群:灰色空间群 $=G$(晶体学空间群· I'). I' 包含有 $+1$ 和 -1 两种状态或黑,白两种颜色. 显然,每一个灰色空间必定与一个晶体学空间群相对应. 因此灰色空间群的数目,也只能仅有 230 种.

(3)第三种类型为黑白二色兼容的空间群:简称为黑,白空间群,此类空间群又可分为两类:一类为不具有反平移操作的黑白兼容空间群,共 674 种;另一类为具有反平移操作的黑白兼容空间群,此类空间群是以三维黑白布拉维点阵为平移群的基础上,再与三维对称和反对称操作组合,而推导出来的黑白空间群,共 517 种.

将以上(1),(2),(3)三种类型的空间群相加起来,总共有 1651 种三维二色空间群,这个数目之多,可以说相当惊人.

同时,也可以说同一个晶体学空间群,相应的同形的三维二色空间群有多种.

例 1 $P222$ 空间群有 5 个同形的二色空间群: $P2221'$, $P2'2'2$, P_a222, P_c222, P_I222.

例 2 $Fm3\,m$ 空间群有 5 个同形的二色空间群: $Fm3'm$, $Fm'3\,m$, $Fm3\,m'$, $Fm'3\,m'$, $F_gm3\,m$.

将 1651 种三维二色空间群减去单色空间群和灰色空间群的数目,便可获得三维二色磁性空间群．磁性空间群总共有1191种．此一数目已表明了同一种晶体学空间群，相应的可有多种磁空间群，此也说明了确定某一磁晶的磁空间群的复杂性．

随着近代晶体学的发展可知，具有磁性的晶体，不仅具有周期性结构的晶体可有磁性，而且具有非周期性结构的准晶也可能具有磁性；不仅体块状晶体可具有磁性，而纳米晶体也可具有磁性；不仅固体物质可具有磁性，而金属致液晶也可能具有磁性．上述这些情况，将在本书第十二、十三、十四章节中分别加以阐明，从而可知，物质的磁性广泛存在于各类晶体中，同时也说明了研究磁晶与磁群的重要性．

参 考 文 献

[1] Moskowitz B M. Hitchhiker's guide to magnetism. http://www. geo. umn. edu/orgs/irm/hg2m/hg2m _a/hg2m _a. html.

[2] Collinson D W. Methods in Rock Magnetism and Palaeomagnetism : Techniques and Instrumentations. Chapman and hall, 1983: 503.

[3] Cullity B D. Introduction to Magnetic Minerals. Addison-Wesley, Reading Massachusetts, 1972: 666.

[4] Banerjee S K. Experimental Methods of Rock Magnetism and Paleomagnetism . *In*: Advanced in Geophysics. vol. 23. Academic press, 1981. 25 – 99.

[5] Banerjee S K. Physics of rock magnetism. *In*: Geomagnetism. vol. 3. Jacobs J A, Academic Press, 1989. 1 – 30.

[6] Argyle K S. Dunlop D J. Low-temperature and high-temperature hysteresis of small multidomain magnetites(215-540 nm). J. Geophys Res., 1990, 95B: 7069 – 7083.

[7] O'Reilly W. Rock and Mineral. Blackie Glasgow, 1984. 230.

[8] Banerjee S K, Moskowitz B M. Ferrimagnetic properties of magnetite. *In*: Magnetite Biomineralization and Magnetoreception in Organisms : A New Magnetism. Plenum Publishing Corporation, 1985. 17 – 41.

[9] Weller D et al. Phys. Rev. Lett., 1995, 75: 3752.

[10] Stacey F D. Banerjee S K. The Physical Principles of Rock Magnetism. Elsevier, Amsterdam, 1974.

[11] Dunlop D J. The rock magnetism of fine particles. Phys. Earth Planet. Inter., 1981, 26: 1 – 26.

[12] Dunlop D J. Developments in rock magnetism. Rep. Prog., Phys., 1990, 53: 707 – 792.

[13] Butler R F. Magnetic mineralogy of continental deposits, San Jaun Basin, New Mexico, and Clark's Fork Basin, Wyoming. J. Geophys. Res., 1987, 87: 7843 – 7852.

[14] Butler R F, Banerjee S K. Theoretical single-domain grain size range in magnetite and titanomagnetite. J. Geophys. Res., 1975, 80: 4049 – 4058.

[15] Day R, Fuller M, Schmidt V A. Hysteresis properties of titanomagnetites: grain size and compositional dependence. Phys. Earth Planet. Inter., 1977, 13: 260 – 266.

[16] Dunlop D J. Magnetic properties of fine-particle hematite. Ann. Geophys., 1971, 27:

269 –293.

[17] Dunlop D J. The rock magnetism of fine particles. Phys,Earth Planet. Inter., 1981, 26:1 –26.

[18] Roger B P, Foss S, Dahlbery E D. High Resolution magnetic force microscopy of Domain Wall fine Structures(Invited. http//groups,Physics. Umn. Edu/mmc/papers/High Res. Html)..

[19] Dunlop D J. Hysteresis properties of magnetite and their dependence on particle size :A test of pseudo-single domain remanence models. J. Geophys,Res., 1986, 19B:9569 –9584.

[20] Thompson R, Oldfield F. Environmental Magnetism. Allen and Unwin,1986. 227.

[21] Neel L. Some theoretical aspects of rock magnetism. Adv. Phys., 1955, 4:191 –243.

[22] Kirschvink J L, et al. Magnetite Biomineralization and Magnetoreception in Organisms. Plenum Publishing Corporation,1985.

[23] Fuller M. Experimental methods in rock magnetism and paleomagnetism. *In*:Methods of Experimental Physics. Sammis C G, Henyey T L, eds. Academic Press, 1987, 24:303 –471.

[24] Neel L. Theorie du trainage magnetique des ferromagnetiques en grains fins avec application aux terres,cuites. Ann Geophys. 1949, 5: 99 –136.

[25] Dunlop D J. Developments in rock magnetism. Rep. Prog. Phys., 1990, 53:707 –792.

[26] DuL M, Lesniewskca B, Oles A et al. Faculty of Physics and Nuclear Techniques,University of Mining and Metallurgy,at Michiewicza 30,30 –59,Krakov,Potand. 2005.

[27] Li H S, Coey J M D. *In*: Handbook of Magnetic Materials. Vol. 6. North Holland, Amsterdam: 1991.

[28] Manfred. Fiebig,Mad –Born Institute,Max-Born-strabe 2A. 12489 Berlin Germany fiebig @ mbi-berlin. de.

[29] 吴月华,杨杰. 材料的结构与性能. 中国科学技术大学出版社,2001:118 –133.

[30] (美)基泰尔 C(C. Kittel). 固体物理导论. 项金钟,吴兴惠译. 化学工业出版社,2005:223 –245.

[31] Copyright © 1997 –2000 Hershel Friedman,all rights reserved The mineral and Gemstone kingdon. The mineral magnetite.

[32] Stitzer K E, Abed A E, Darriet J et al. J. Am. Chem. Soc., 2001,123:8790 –8796.

[33] Varga L, Jiang H, Klemmer T J. J. of Aplied phys. 1998, 83(11):5955 –5966.

[34] Klaua M, Ullmann D, Barthel J, et al. Physical Review B, 64: 134411.

[35] 李国栋. 功能材料. 2005,8(36):1139 –1141.

[36] Uma S, Schnelle W, Gmelin E et al. J. Phys. Condens. Mether., 1998, 10:L33 –L39.

[37] 李言荣,谢孟贤,恽正中. 纳米电子材料与器件. 电子工业出版社,2005. 150 –159.

[38] Charrier B, Ouladdiaf B, Schmitt D. Phys. Rev. Lett., 1997, 78:4637.

[39] Koblischak M R, Murakami M, Koishikawa S et al. SRL/ISTEC, 1 – 16 – 25, Shibaura, Minato –ku,Tokyo 105 Japan,Department of Physics,University of Oslo,N –0136 Oslo Norway.

[40] Rao G H, Liu W F, Huang Q et al. Physical Review, 2005, B71:144430.

[41] Martin-Martin A, Pereira L C J, Lander G H et al. Physical Review, 1998, 59B(18):11818 –11825.

[42] Ratcliff W, Lee S H. Department of Physics. University of Maryland, College Park, Maryland 20742. Email: ylem @ nist. gov.
[43] Brown G W, Hawley M E, Markiewicz D J et al. J. of Applied Physics, 85(8):4415 - 4417.
[44] 曹渊,陶长元,刘作华,等. 压电与声光. 2006, 28(1):56 - 59.
[45] 吴壁耀,张超灿,章文贡等. 有机杂化材料及其应用. 化学工业出版社,2005. 274 - 285.
[46] 冯则坤,何华耀. 磁性材料及器件. 2005, 36 (5):17 - 21.
[47] 陈令允,李凤生,姜炜　等. 材料科学与工程学报,2005, 23(5):556 - 559.
[48] 肖序则. 晶体结构几何理论. 第二版. 高等教育出版社,1993. 第三章 78 - 230.
[49] Shubnikov A V, Belov N V. Colored Symmetry. Pergamon Press, 1964.
[50] Shubnikov A V, Koptsik V A. Symmetry in Science and Art. Plenum Press, 1974.
[51] Joshua S J. Acta Cryst., 1974, A30: 353.
[52] Jaswon M A, Rose M A. Crystal Symmetry: Theory of Color Crystallography. Ellis Horwood Limited; John Wiley & Sons. Inc., 1983.
[53] Lockwood E H, Macmillan R H. Geometric Symmetry. Cambridge University Press, 1983.
[54] Evarestov R A, Smirnov V P. Site Symmetry in Crystals: Theory and Applications. Springer-Verlag, 1993.
[55] Mirman R. Point groups, Space groups, Crystals, Molecules. World Scientific Pubishing Co. Pte Ltd., 1999. 411 - 433.
[56] Arthur S. Nowick Crystal Properties Via Group Theory. Combridge University Press, 1995.
[57] Ron L. Theory of color symmetry for periodic and quasi -periodic crystals. Rev. mod. Pyhs, 1997, 69: 41181 - 41218.

第十二章 准 晶 体

准晶体(quasicrystal),简称准晶. 准晶是非周期性晶体(aperiodic crystal),但它是准周期性晶体(quasiperiodic crystal),自1984年Shechtman等[1]发现了具有五重(次)对称轴的二十面体Al-Mn合金准晶以来,近20多年来,准晶的存在,在国际范围内,不仅为广大的晶体学工作者所接受,而且得到了很大的发展,受到了人们的高度重视[1-76].

从2005年在美国Ames-Scheman Building召开的第九次准晶国际学术会议[2]所发表的大量论文来看,所论述的研究内容十分广泛,其中包括所发现的准晶的类型、准(晶)点阵,准晶的对称性,准晶的形态与其结构,准晶生长,准晶性能与其应用等,大大地丰富了晶体学的内涵,扩大了晶体学的研究领域,可以说已形成了准晶体学这一新生的学科分支.

准晶是具有与晶体、非晶态玻璃不同结构的新的凝聚态物质,它是一种新型的固态材料,即准晶材料.

晶体的最基本特征是原子排列具有三维周期性,因而具有长程平移序,由于受到具有周期性的限制,晶体的长程平移序只允许具有一、二、三、四和六重(次)旋转对称轴,不允许五重(次)或大于六重(次)以上的旋转对称轴存在.

自1912年劳厄首次成功地进行了晶体的X射线衍射实验以来,人们应用X射线衍射和中子衍射等技术,测定了成千上万的晶体结构,毫无例外地无一违反这一晶体对称性定律.

非晶态固体的基本特征是原子排列只具有短程有序,长程则是无序的,准晶不同于非晶态固体物质,它具有长程平移序和取向序,在这一方面准晶同晶体是一样的,但准晶与晶体的差别在于晶体具有周期性,而准晶则没有周期性,准晶具有准周期性,正因为准晶没有周期性,而具有准周期性,其旋转对称性也就不限于一、二、三、四和六重(次)旋转对称性,确切地可以有五、十、八和十二重(次)等旋转对称性.

晶体结构的周期性与准晶结构的非周期性,看来似乎是两种不相容物质的具体体现,但从晶体学的意义来讲,晶体与准晶两者之间存在共同的学科基础,具有类同的学科内涵与类同的实验基础.

现仅就准晶的基本知识,基本概念和基础理论,扼要地加以阐述,以便为进一步学习、研究与应用准晶材料打下基础.

§ 12.1　准晶的类型[3,4]

根据准晶所具有的准周期性空间维数,可分为三维(3D)准晶,二维(2D)准晶和一维(1D)准晶. 根据准晶在热力学上的稳定性,可将准晶区分为稳定性准晶和亚稳定性准晶两类.

从1984年到现在,20多年来已发现近200种组成不同的准晶,其中有90多种三维二十面体准晶,60多种二维十重(次)准晶. 在90多种三维20面体准晶中约有40多种为稳定性准晶;在60多种二维十重准晶中有20多种为稳定性准晶. 另外,还有三维立方准晶,二维五重,八重和十二重准晶和一维准晶多种,这些不同维数及其不同轴次的准晶约为40种.

12.1.1　三维准晶[5-12,3,4]

三维准晶的结构基元(原子或原子团)在三维空间坐标系的 X、Y、Z 三个方向上的排布都是非周期性,但三者均具有长程位置序,亦即在三个方向上排列均是准周期性的. 实验中已发现的三维准晶主要是二十面体准晶,二十面体准晶发现的最早,同时也是发现最多的一类准晶.

二十面体准晶(icosahedron quasicrystal)最基本的特征是在三维空间中原子的排布均无周期性,但均具有准周期性,正因为二十面体准晶具有完全的长程位置序,而无三维平移周期性,因此,前者能显示出锐利的对称的衍射斑点,而后者表现出非晶体学的旋转对称性,标准的20面体准晶的电子衍射图,如图12.1所示.

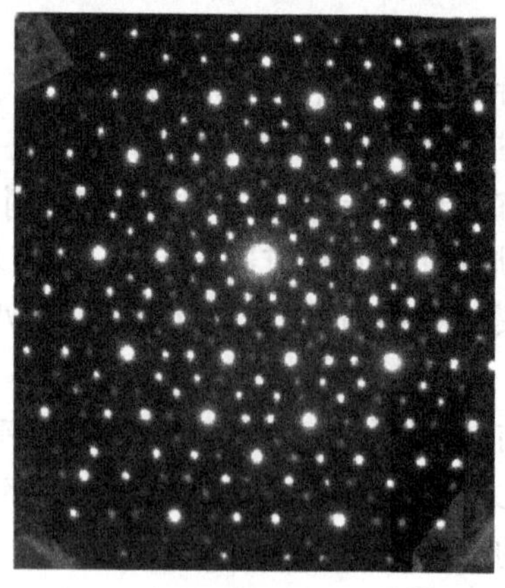

图12.1　具有五重(次)旋转对称性的二十面体准晶的电子衍射图

自 1984 年发现 Al-Mn 二十面体准晶以来,先后采用急冷凝固或缓冷凝固等实验技术,先后制备出:Al-Cr,Al-Mo,Al-Ru,…,Al-Mn-Si,Al-Li-Cu,Al-Pd-Mn,Al-Cu-Fe,Al-Mg-Zn,Zn-Mg-Re(Re = La,Ce,Nd,Sm,Gd,Dy,Y,…),Ti-Fe,Ti-Mn,Ti-Co,Ti-Ni-Si,Ti-Zr-Ni,Nd-Fe,V-Ni-Si,Cd-Cu,Cd-Mg,Cd-Mg-Tb,Cd-Mg-Ho,Cd-Mg-Lu,Ag-In-Ca,Mg-In-Yb 等系列三维二十面体准晶. 其中 Al-Li-Cu,Al-Pd-Mn,Zn-Mg-Re,Al-Cu-Mn,Ti-Zr-Ni,Zn-Mg-Ga,Cd-Mg-Y 等系列为稳定性准晶.

另外,在三维准晶中存在的立方准晶,在学术上有所争论.

现在的问题是为什么在三维准晶中,出现二十面体准晶的概率怎么大呢,现简要地作以下几点讨论.

(1)二十面体点对称群(非晶体学点群)[3,13].

二十面体的点对称群含有 6 个五重对称轴($6C_5$),10 个三重对称轴($10C_3$),15 个二重对称轴($15C_2$),另外还对称面(m),对称面(m)与二重对称轴正交产生对称心(i),记为 $2/m$. 因此二十面体的点对称群符号可写成 $\frac{2}{m}\bar{3}\bar{5}$. 对称阶数为 120,远大于立方体的对称阶数 48(O_h),阶数越大,结构基元(原子)间连接的方式越多,有利于形成多种不同的晶体形态,但并不改变二十面体所属的点对称群,尤其是当金属合金单晶的颗粒尺寸小于纳米尺寸时,易出现二十面体的结晶形态. 现举例说明:三角二十面体与五角十二面体,前者具有三角形面五重顶点,而后者具有五角形面三重顶点,这种面、顶点相对应的关系称此二者具有对偶(dual)关系. 很明显,从形态上来看,三角二十面体与五角十二面体是不同的,但从两者的点对称性来看,两者均属于一个二十面体点对称群$\left(\frac{2}{m}\bar{3}\bar{5}\right)$. 三角二十面体和五角十二面体的对称外形,分别如图 12.2(a)、(b)所示.

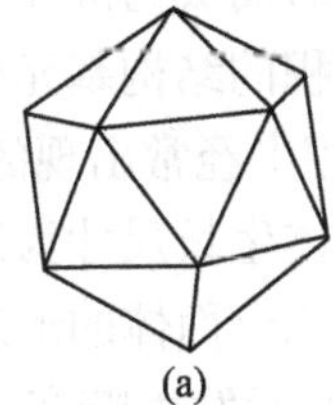

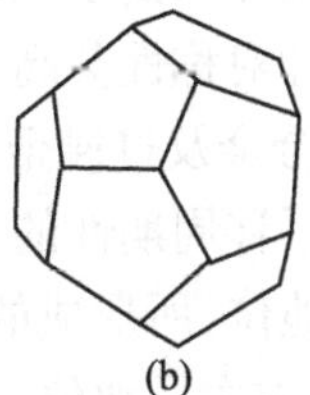

图 12.2 三角二十面体(a)和五角十二面体(b)对称形态示意图

两者间的对偶关系:

	三角二十面体	五角十二面体
表面数:	20个等边三角面	12个正五边面
顶点数:	12个	20个
棱边数:	30个	30个

(2)二十面体最紧密堆积[14, 15].

金属合金单晶结构的键合,大多为无方向性和无饱和性的金属键,因此,金属合金的单晶结构可视为金属原子、金属阳离子和自由电子三者共存的体系,原子或金属阳离子靠自由电子来连接. 金属原子或金属阳离子可视为成球形对称,对于纯金属晶体结构来讲,可用等径球体作紧密堆积来描述,每个金属原子或阳离子的配位数均为 12. 但对金属合金晶体结构来讲,存在着两种或多种大小不等径的金属原子或阳离子球,更不会受无方向性和无饱和性的金属键的限制,易于更灵活地调整金属原子或阳离子球与球间的接触的几何关系,以便更充分地利用空间利用率,这样一来,原子间的配位数,不仅只限于 12,还可以是 14,15,16,…,二十面体的结构,就属于这种类型的结构,它只有四面体空隙,而无较大的八面体空隙,形成最紧密最稳定的球体堆积,因此,易于出现二十面体三维准晶体.

(3)二十面骨架[16].

在三维空间中二十面体骨架对外连接的方式较多,既可沿五重对称轴共顶点相连接,又可沿二重对称轴共棱相连接,也可沿 3 重对称轴共面相连接等,而且连接的位置较多,因此在金属合金熔体中易于形成为数众多的二十面体集团(即金属原子簇),当这些金属原子簇集团遇到了熔体急骤凝固时,大有可能相互连接,从而促成了二十面体准晶的出现.

(4)稳定的二十面体准晶[17].

已发现的二十面体准晶可分为两类:一类为亚稳定性准晶,此类准晶易于发生相变,而形成正常晶体;另一类为稳定性准晶,此类准晶可用来研究准晶的结构、性能、应用与其三者或两者间的相互关系.

当前所发现的二十面体准晶,不稳定的准晶占多数,可借此说明,大多数二十面体准晶是由正常晶体失去了三维周期性,蜕变后而成为准晶.

二十面体是一种对称性甚高,而且是紧密堆积的结构基元(即原子簇). 因此,它是在众多铝(Al)合金及过渡金属合金的合金相中经常出现的现象. 此可认为局部点对称性与长程平移周期性的一种协调,当晶体生长尺寸为纳米量级时,二十面体点对称性占主导地位,所形成的纳米晶经常以二十面体的形态出现,但当纳米晶长大时,平移周期性占主导地位,二十面体结构基元发生畸变,而易于生成正常晶体. 从而也可以理解,二十面体准晶生长成为大尺寸(厘米级)甚为困难的原因. 同时也不难理解,小尺寸纳米级二十面体准晶,在一些急骤冷却的合金熔体中经常出现,甚至有的在高稳定相中出现,这也是一种较正常的现象. 例如,Al-Li-Cu,Al-Pd-Mn 等二十面体准晶的出现,就是些较典型的实例.

稳定完整的二十面体准晶的出现,使得研究二十面体准晶的结构和物性以及两者的相互关系,才得以实现. 当前,人们借鉴生长大尺寸优质完整的人工晶体的方法与技术,来生长大尺寸(厘米级)二十面体准晶,已有报道,更有利于研究准晶结构与其能性,使准晶能变为珍贵的准晶材料.

12.1.2 二维准晶[18]

二维准晶是在一个原子平面的两个方向,显示出结构基元(原子)排列的非周期性,而在其法线方向上显示出结构基元排列具有周期性,二维非周期性的原子平面的特征,可用这个具有周期性的旋转对称轴来表征,并借此旋转对称轴来区分二维准晶的类型.

二维准晶可区分为五重、十重、八重和十二重准晶,其旋转对称轴的基转角分别为72°,36°,45°和30°.

在四种类型的二维准晶中,实验中所发现的大多为十重准晶,从热力学的稳定性来看,也只有十重准晶出现了许多稳定性的二维准晶.

此外,有人在 Al_4Mn 和 Al_4Cr 合金中观察到二维六重准晶,沿着周期性方向具有六重旋转对称轴,垂直于六重旋转对称轴的二维平面内原子的排列是准周期性分布的.

(1)十重准晶(decagonal quasicrystals)[19-22].

沿着十重准晶的周期性方向是十重旋转对称轴(C_{10})或是十重倒反对称轴(C_{5h}),即十重准晶的准周期性原子面具有十重旋转对称性.

最早发现的十重准晶是 Al-Mn 十重准晶,此种二维准晶与二十面体 Al-Mn 三维准晶共生,二十面体准晶的五重旋转对称轴与十重准晶的十重旋转对称轴平行.十重准晶的结构特点,大多是由 A、B 和 C 三种原子层按不同的顺序堆积而成,例如 Al-Co-Cu 类型的十重准晶是由两个平面的原子层按照顺序 Aa 堆积而成的,其中 A 原子层具有五重旋转对称性,原子层 a 是把原子层 A 旋转 36°而得到的,这样获得的十重二维准晶具有十重螺旋轴对称性(10_5). 早期发现的十重准晶大多是 Al 基合金,诸如:Al-Tm(Tm = Ir,Pd,Pt,Os,Ru,Rh,Mn,Fe,Co,Ni,Cr)二元合金和 Al-Ni-Co,Al-Cu-Mn,Al-Cu-Fe. Al-Cu-Ni,Al-Cu-Co 等系列三元合金以及少些 Al-Cu-Co-Si 等四元十重准晶. 随后,又发现了 Zn 基合金,如 Zn-Mg-Dy,Zn-Mg-Re(Re = Y. Gd,Tb,Dy,Ho,Lu)和 Ga 基合金,如 Ga-Mn,Ga-Fe-Cu-Si,Ga-Co-Cu,Ga-V-Ni-Si 等系列十重准晶.

在发现的十重准晶中,其中有些是稳定性的十重准晶,诸如:Al-Ni-Co,Al-Co-Cu,Al-Mn-Pd,Al-Pd-TM 和 Zn-Mg-Re 系列等十重准晶.

现在人们能够生长出厘米级完整性优良的二维十重准晶,可用来研究十重准晶的结构与其性能,通过 X 射线衍射或电子衍射实验证明,大多数十重准晶的点群为 $10/mmm$,空间群为 $P\frac{10_5}{mmc}$(10_5 为十重螺旋轴,P 为简单晶格).

电子计算机模拟的十重准晶电子衍射图,如图 12.3 所示.

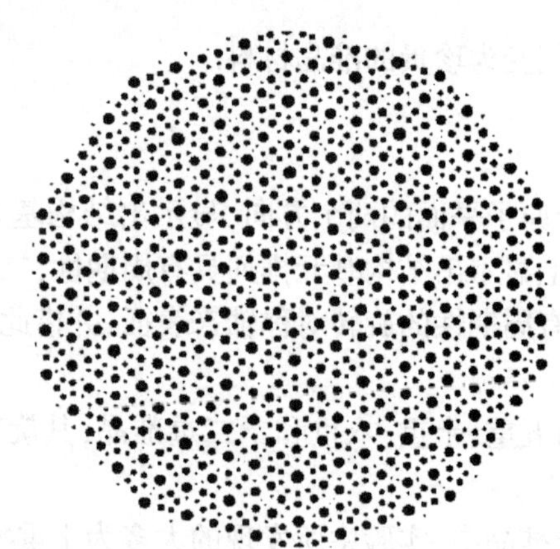

图 12.3　电子计算机模拟的十重准晶电子衍射图

利用电子计算机模拟出的十重准晶的衍射图,可用来表示 X 射线衍射旋进式的零层照片或使电子衍射所出现的衍射斑点的分布规律更清晰.

(2)八重准晶(octagonal quasicrystals)[23-25].

从急骤冷却的 Cr-Ni-Si,V-Ni-Si,Mn-Si-Al 等合金相熔体中,发现了八重旋转对称的八重准晶. 随后又发现了 Mn-Si,Mn-Fe-Si,Mn-Cr-Ni 等八重准晶.

八重准晶结构可看做是由二维准晶层,沿八重对称轴成周期性排列的原子层堆积起来的. 实验上发现的八重准晶都是亚稳态的.

电子计算机模拟的八重准晶电子衍射图,为图 12.4 所示.

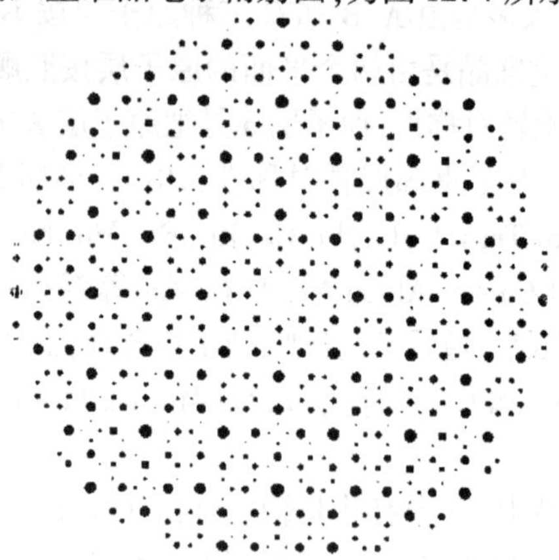

图 12.4　电子计算机模拟的八重准晶电子衍射图

所模拟出的八重准晶的电子衍射图,使其衍射斑点的八重对称排列的图像显得更加清晰.

(3)十二重准晶(dodecagonal quasicrystals)[26-29].

实验上已发现的十二重准晶有 Cr-Ni,Mn-Si,Ta-Te,Ta-V,Cr-Ni-Si,V-Ni-Si,

Mn-Si-Al, Mn-Fe-Si, Mn-Cr-Ni, Ta-V-Te 等,其中 Ta_xTe 相可能是稳定的十二重二维准晶外,其他已发现的十二重准晶都处于亚稳态.

电子计算机模拟的十二重准晶的电子衍射图,如图 12.5 所示.

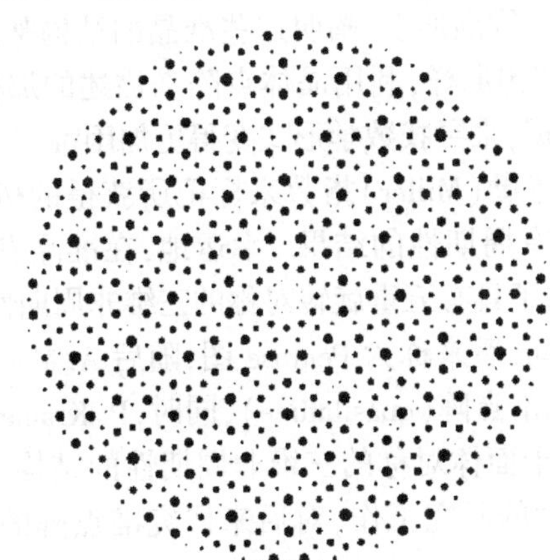

图 12.5 电子计算机模拟的十二重准晶的电子衍射图

从图 12.5 所模拟出电子衍射图来看,所有的衍射斑点都围绕着衍射图中心成十二重对称分布,而且在最外一层的衍射斑点中,每一个衍射斑点都出现十二个卫星斑点.

(4) 五重准晶(five fold quasicrystal)[30, 31]

实验上已经发现的五重准晶有利用高温退火方法可获 Al-Co-Ni, Al-Cu-Fe 等系列五重准晶.

12.1.3 一维准晶

一维准晶(one dimension quasicrystals)[32]是在三维空间中,其中的原子排列规律在两个方向具有周期性,与此两个方向的正交方向上没有周期性,但具有准周期性.

一维准晶属于不稳定状态,易于向晶体相转变. 但有些合金相,利用急冷凝固方法,而出现一维准晶,如 Al-Mn-Cu, Al-Ni-Si 等系列一维准晶.

一维准晶也可以采用分子束外延方法,使两种不同的晶体薄膜按照一定的顺序叠加起来,而成为一维准晶,如 GaAs-AlAs, Mn-V 等一维准晶.

§12.2 准 点 阵[3]

晶体点阵是将晶体结构基元(原子、分子等)抽象为一个相应的几何点(阵点),以便阐明晶体结构基元在三维空间排列的周期性. 晶体点阵可区分为直线

(一维)点阵、平面(二维)点阵、空间(三维)点阵,这些无限延伸的几何图像,能够概括而完整地描述晶体结构基元在一维、二维和三维空间排布的周期性. 类似的道理,准点阵可用来阐明准晶的结构基元排布的准周期性.

鉴于准晶至少失去一维周期性,阐明这些准晶的结构基元在三维空间排列的规律,不像(正常)晶体结构那样,利用晶体点阵来描述的那样容易,因此,对于解读与分析准晶的衍射数据,来寻找数学形式变得更加困难. 对于(正常)晶体,人们能够确定三个整数——米勒(Miller)指数来标记所获得的衍射图像,这是由于晶体结构在三维空间中具有周期性的结果. 幸运地,在准晶发现以前,数学家 R·Penrose[33, 34]就研究成功了具有五重旋转对称的三维非周期性拼图,这一拼图无间隙的布满了整个二维空间,后来称为 Penrose 图,随后 A. Mackay[35]考虑到 Penrose 图的晶体学的意义,称为准点阵(quasilattice),同时,P. Kramer[36]分析了由七种拼块(tiles)构成的具有二十面体对称的三维非周期性的结构,显然地,当二十面体准晶发现后,这些开创性的研究工作,对后来研究准点阵的存在,奠定了些理论基础.

在衍射实验中,为了研究准晶衍射强度的整数指数,对一维准晶需要 4 个整数指数,对二维准晶需要 5 个整数指数,对三维准晶需要 6 个整数指数,称这些高数位整数指数为高维空间的米勒(Miller)指数,只有在此高维空间中才能描述准周期性(quasiperiodic)的准晶结构,此意味着准晶的准周期性结构提升到高维空间($n>3$)作周期性的结构来处理,这样便可使得对准周期性变得易于理解了.

在三维空间中的实际的准周期性结构,可通过准点阵的切割或投影法描述,以便确定 $n(4\sim6)$-D 空间结构的单个的单胞,n-D 单胞由多个原子组成,正如(正常)晶体单胞中原子组成那样,以便用来描述具有一组确定单胞参数的准晶结构[37-40].

12.2.1 一维准点阵[41]

一维准点阵(one dimension quasilattices)可用来阐明一维准晶的结构基元排列的准周期性.

(1) Fibonacci 数列[3].

一维准点阵可利用 Fibonacci 数列所形成的规律来说明.

早在 13 世纪,Fibonacci 研究兔子繁殖规律时,假定一对公、母大兔子(L)每月生一对公、母小兔子(S),即 $L\rightarrow LS$,再过一个月,这对公、母大兔又生一对公母小兔子($L\rightarrow LS$),而原来的一对公、母小兔子已长成了一对公、母大兔子($S\rightarrow L$),即 LSL. 再过一个月后,一对公、母大兔子又生一对小兔子,即 LSLLS,现将连续繁殖的结果列入表 12.1.

表 12.1 Fibonacci 数列

L数	S数	$(L+S)$数	数列
1	0	1	*L*
1	1	2	*LS*
2	1	3	*LSL*
3	2	5	*LSLLS*
5	3	8	*LSLLSLSL*
8	5	13	*LSLLSLSLLSLLS*
13	8	21	*LSLLSLSLLSLLSLSLLSLSL*
…	…	…	…

L• S和$L+S$的个数都满足：$F_n=F_{n-1}+F_{n-2}$的递增关系．即每个数都是前两个数的和．

如令前两个数为$F_0=0$，$F_1=1$，则可得到：0，1，1，2，3，5，8，13，21，34，55，85…数列，此数列称为 Fibonacci 数列．

而两个相邻数之比：F_n/F_{n-1}为 1/0，1/1，2/1，3/2，5/3，8/5，13/8，21/13，34/21，…

当$n\to\infty$（无穷大）时：

$F_n/F_{n-1}\to\tau=(1+\sqrt{5})/2=1.61803\cdots$为一无理数．

若以长线段代表L，短线段代表S，可得出一维准点阵示意图．如图 12.6 所示．

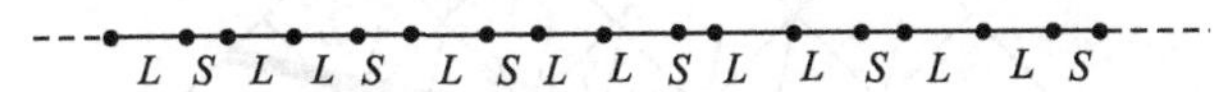

图 12.6 Fibonacci 数列示意的一维准点阵图

(2)一维准周期性序列产生的方法．

为了阐明高维($n>3$)空间的概念与其应用，现列举两种简便的方法，阐明一维准周期性序列的产生[3]．

其一为二维空间投影法：一维准晶具有两个特征长度L和S(Fibonacci 数列)，我们可以将它描绘为由二维晶体向一维空间投影，而得到一维准周期序列．

当二维空间点阵为正方点阵时，在此正方点阵中，坐标轴表示两个正交取向的子空间V_I和V_e，如果平行取向的子空间V_e与二维(2-D)正方点阵（点阵常数为a）的斜率为无理数，即$\tan\alpha=\dfrac{1}{\tau}$，把窗口内具有一确定的条带内所有阵点均投影到外空间V_e上，便可得到一维准周期性序列，如图 12.7 所示．

其二为二维空间切割法：结构为 Fibonacci 数列的一维空间的准周期性序列，也可以用二维空间切割法得到，如图 12.8 所示．

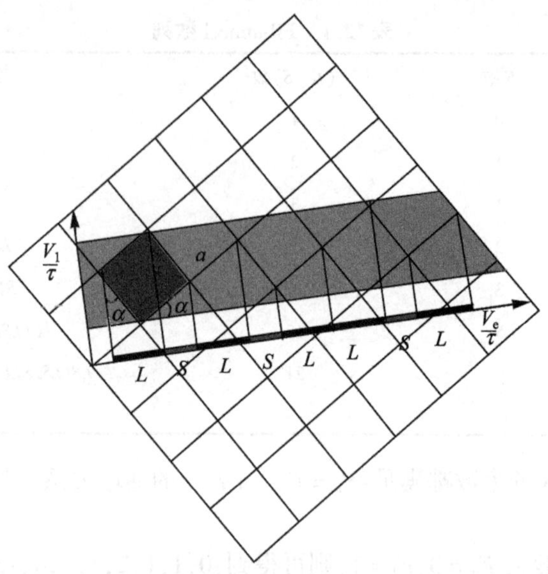

图 12.7　二维空间投影法,产生的一维准周期性序列示意图

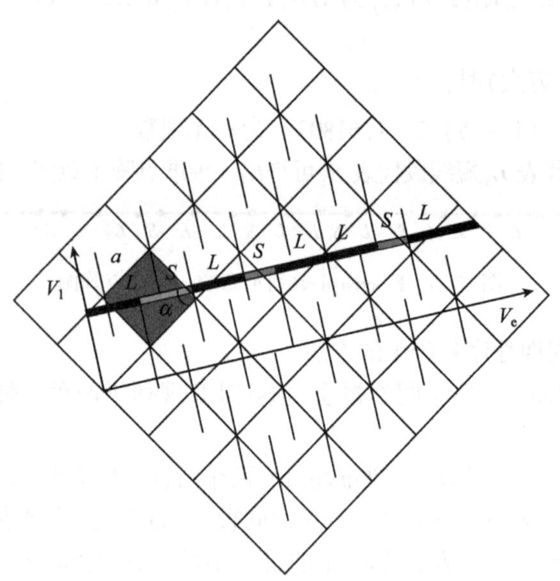

图 12.8　二维空间切割法,产生的一维准周期性序列示意图

当二维空间点阵为正方点阵时,在此正方点阵中的超平面(hyperplane)(此为1D 线段)平行于 V_e 切割二维(2D)空间,附属于每一个阵点的占有区域(棒)相交于超平面,假若平行于 V_e 的超平面与二维正方点阵(点阵常数为 a)相交的斜率为

无理数,例如 $\tan\alpha = \frac{1}{\tau}$($\alpha$ 为超平面与正方点阵相交的角度),则得到如图 12.7 相同的一维准周期性的序列见图 12.8.

一维准晶在 xy 平面内是有周期性的,在 Z 方向上是准周期性的,因而它可能有简单的 P 或 $C_{心}$ 两种点阵类型.

12.2.2 二维准点阵[42-43]

二维准晶具有四种不同类型,而相应的二维准点阵(two dimension quasilattic-es)也能有四种类型,即五重、十重、八重和十二重准点阵. 利用二维准点阵可用来描述二维准晶的准周期性.

二维准点阵与一维准点阵不同. 二维准点阵不仅在两个方向上具有准周期性的长程位置序,而且还有垂直于二维准点阵平面的旋转对称轴. 五重或十重旋转对称轴与具有五重和十重旋转对称性的二维点阵共存,这个准点阵的几何特征是由平方根无理数 $\sqrt{5}$ 或 $\tau = (1+\sqrt{5})$ 确定的. 这样的二维准点阵可用 Penrose 拼图排列的规律来阐明,这种拼图,后来称为 P_3 型 Penrose 图.

P_3 型 Penrose 图是由锐角为 72°和锐角为 36°两种菱形拼块的非周期性排列所构成的,此种拼块能够无间隙地填满二维空间,如图 12.9 所示.

图 12.9 P_3 型 Penrose 拼图示意图

P_3 型 Penrose[44] 拼图,可用来解析五重或十重准点阵的准周期性规律性. 后来 R. Penrose 又研究成功了 P_1 型和 P_2 型 Penrose 图,并探讨了拼图的匹配法则(matching rules)和非周期拼图的自相似性以及 P_1 型、P_2 型和 P_3 型拼图相互转换等的创新工作,对推动准点阵理论的发展起到重要作用.

12.2.3 三维准点阵

三维准点阵主要是二十面体准晶的准点阵,它是六维(6D)空间中超立方点阵,其中有简单(P),体心(I)和面心(F)三种不同类的六维超立方点阵,显然地,使人们不易想像这些六维超立方点阵具体排布的实际图像,但可运用高维空间(4~6D)晶体几何学与线性坐标变换以及高维空间的切割或投影等方法来分析与阐明,可阅读有关专著来解读之[45, 46].

§12.3　准晶的对称性——点群与空间群[4]

对称性是晶体最基本也是最重要的属性,它渗透在整个晶体学中,晶体的对称性涉及两个最基本的概念,即对称元素与其对称操作,此二者有着不可分割的联系,对称操作只有与其对称元素相联系才能被定义,同时对称元素只有通过相应的对称操作才能证明它的存在.

观察对称性,就意味着物体在空间中的坐标变换,对称操作可用矩阵表示,同一对称操作在不同的坐标系中有不同的矩阵表示,同时对称操作也可用线性方程组来表示.

对称元素间相互组合,可用来分析晶体的外部形态(外形)以及晶体内部结构基元(原子,分子等)分布的对称规律,可用于推导出晶体的点群和空间群.

重温上述这些概念与原理,对推导准晶的对称性——点群与空间群,类似地可以适用,同时也借以说明了晶体学的对称性与准晶的对称性具有共同的学科理论基础. 近年来王仁卉等[4]根据高维($n>3$)空间的点对称操作矩阵的约化,即将整系数多项式分解成有理系数的既约多项式,由此出发,求出高维空间的所有可能的点对称操作,然后再按照 Janssen-T. 的方法[47]来判断所求出的这些点对称操作中哪些可以用于准周期性结构. 在高维($n=4,5,6$)空间中点对称操作中,前三维的操作属于物理空间,后一维($n=4$,一维准晶),后两维($n=5$,二维准晶)或后三维($n=6$,三维准晶),则属于补空间,最后,通过综合分析与归纳,推导出与阐明了准周期性的点群与空间群. 现将其所推导出的结论作一简要介绍.

12.3.1　一维准晶的点群与空间群

(1)点群.

一维准晶可能的点对称操作可以分为两类:一类是普通的二维晶体学点群具有的6个,即1,2,3,4,6和m,由它们可以组成10个平面点群,即:1,2,3,4,6,m,$2mm$,$3m$,$4mm$和$6mm$. 另一类是三维的点对称操作共6个,即:T、m_h、2_h、$\bar{3}$、$\bar{4}$、$\bar{6}$. 10个平面点群与它们相组合,就可得到21个一维准晶点群(去掉重复的,如:$\bar{3}=3\otimes\bar{1}$,$3\otimes m_h=\bar{6}$). 两类相加起来,共有31个一维准晶的点群. 所采用的点群符号为国际上惯用的 Hermann-Mauguin 符号.

(2)空间群[48].

由于一维准晶在xy平面内具有周期性,而在垂直于xy平面的Z方向是准周期性的,因而一维准晶的点阵只有简单P和C心两种点阵类型. 从晶体学的230种空间群出发不可能有任何包含Z方向的平移操作,这样一来,便可去掉所有的立方晶体系所属空间群，同时还要去掉具有 A 心、B 心、体心、面心(F)和菱面体(R)点阵的空间群，另外还有对于单斜和斜方的空间群，还要依次考虑对称元素对称配置不同所产生的空间群类同．通过全面分析与综合，共可推导出 80 个可能的一维准晶的空间群．此 80 个空间群，分别属于 6 个晶系中．例如，

三斜晶系属空间群：$P1$，$P\bar{1}$.

单斜晶系所属空间群：$P112$，$P11m$，$P121$，$P121/m1$，$P12/m1$ 等.

斜方晶系所属空间群：$P222$，$P2_12_12$，$Pba2$，$Cmm2$，$Pmmm$，$Pbaa$ 等.

四方晶系所属空间群：$P4$，$P4/m$，$P422$，$P4mm$，$P\bar{4}b2$，$P4/mbm$ 等.

三角晶系所属空间群：$P3$，$P\bar{3}$，$P312$，$P321$，$P3m1$，$P\bar{3}1m$ 等.

六方晶系所属空间群：$P6$，$P\bar{6}$，$P6/m$，$P622$，$P\bar{6}m2$ 等.

当然，一维准晶的点群也属上述 6 个晶系．综上所述，一维准晶的点群和空间群均属于晶体学的对称群.

12.3.2　二维准晶的点群与空间群

(1) 点群.

二维准晶可能的点对称操作分为两类.

一类是晶体学允许的，与一维准晶的点对称操作在形式上是一样的，不同之处在于：一维准晶的 xy 平面是周期性的，Z 方向是准周期性的．但二维准晶的 xy 平面是准周期性的，而 Z 方向是周期性的，这些对称元素相互组合的结果，共得到 31 个二维准晶的点群，这些点群分别属于三斜、单斜、斜方、四方、三角和六角晶系．另一类是描述准周期性的 xy 平面上的对称性为 5 重，8 重，10 重和 12 重旋转对称操作．采用推导晶体学点群常用的方法——Schöenflies 推导法，推导出 26 个含有非晶体学对称轴(5，8，10，12 重对称轴)二维准晶的点群共 26 个．这 26 个点群分别在 5 角，8 角，10 角和 12 角四个晶系中．两项加起来，共可获得 57 个可能的二维点群.

举例：

晶体学允许的二维准晶点群：

$$\left.\begin{array}{l} 1,\bar{1},2,m,2/m \\ mm2,2_hmm_h,mmm_h \\ 4,\bar{4},4/m \\ 42_h2_h,\bar{4}2_hm,4/m_hmm \\ 3,\bar{3},3m,\bar{3}m \\ 6,\bar{6},6/m_h,62_h2_h,6mm \end{array}\right\}\text{等}$$

非晶体学二维准晶点群：

$$5, \bar{5}, 52, 5m \quad \bar{5}m$$

$$8, \bar{8}, 8/m \quad 822, 8m2$$

$$10, \overline{10}, 10mm, \overline{10}m2 \quad 10/mmm$$

$$12, \overline{12}, Cmm \quad \overline{12}m2 \text{ 等}$$

(2)空间群.

1991 年 Rabson 等[49]系统地推导了二维准晶体的空间群，共推导出 111 个可能的非晶体学二维准晶的空间群，这些二维准晶的空间群，分别分布在五角、八角、十角和十二角晶系中，诸如：

五角晶系的空间群：$P5$，$P\bar{5}$，$P5m1$，$P52/m1$ 等.

八角晶系的空间群：$P8$，$P\bar{8}$，$P8mm$，$P822$，$P8/m\ 2/m\ 2/m$ 等.

十角晶系的空间群：$P10$，$P\ \overline{10}$，$P10mm$，$P\ \overline{10}2m$ 等.

十二角晶系的空间群：$P12$，$P\ \overline{12}$，$PC\mathrm{mm}$，$PC22$，$P12/m\ 2/m\ 2/m$ 等.

12.3.3　三维二十面体的点群与空间群[4,50]

理论上已表明二十面体准晶有三种点阵类型，即简单、面心与体心二十面体准晶，现在已发现了大量的简单二十面体准晶和面心二十面体准晶，但还没有有关体心二十面体准晶的报道，从理论来讲，二十面体准晶的点群应有 235，$2/m\ \bar{3}\ \bar{5}$ 两种点群，而对应的空间群应有：

属于简单 P 点阵的空间群有 $P235$，$P235_1$，$P2/m\ \bar{3}\ \bar{5}$，$P2/q\ \bar{3}\ \bar{5}$；

属于面心点阵的空间群有 $F235$，$F235_1$，$F2/m\ \bar{3}\ \bar{5}$，$F2/q\bar{3}\ \bar{5}$；

属于体心点阵的空间群有 $I235$，$I235_1$，$I2/\mathrm{m}\ \bar{3}\ \bar{5}$（尚末见报道）.

空间群（$F2/q\bar{3}\ \bar{5}$）中的 $2/q$ 表示滑移面垂直于二重对称轴.

12.3.4　准晶的点群与空间群实验测定的研究[51,52]

采用单晶 X 射线衍射法结构分析、透射电镜、扫描电镜、原子力显微镜与会聚束电子衍射等实际技术，均可提供准晶结构中有关原子排列的信息，有助于准晶的点群与空间群的测定.

测定准晶所属的点群与空间群，首要的实验条件应有结构稳定的测试样品，综观已发现的 200 种左右成分不同的准晶，除了三维二十面体准晶和二维十重准晶外，其他的一维准晶和二维准晶均多处于亚稳状态，很难确切地确定这些处于亚稳态的准晶所属的点群与空间群，其结构只能说是晶体近似相而已.

当前人们测定准晶的点群与空间群的研究，仅限于二维十重准晶和三维二十面体准晶范围,现可例举实例说明.

(1)二维十重准晶.

这些年来,单晶 X 射线衍射法,用于准晶结构的测定,Steurer 等人[51]研究了十重准晶结构,$Al_{65}Co_{15}Cu_{20}$,$Al_{70}Co_{20}Ni_{10}$,$Al_{70}Co_{15}Ni_{15}$等发现这些十重准晶的点群均为 $10/mmm$,空间群均为 $P10_5/mmc$.

(2)三维二十面体准晶.

采用会聚束电子衍射技术等确定了 $Al_{73}Mn_{21}Si_6$,Al_6CuLi_3,$Gd_{24.4}Mg_{36.7}Zn_{42.9}$等三维二十面体准晶的点群为 $m\bar{3}\bar{5}$,空间群均为 $Pm\bar{3}\bar{5}$;而 Al-Cu-Me(Me = Fe,Ru,Os)和 Al-Me-Pd(Me = Mn,Re)系列三维二十面体准晶的空间群为 $Fm\bar{3}\bar{5}$,而是点群为 $m\bar{3}\bar{5}$,从理论上来说,三维二十面体准晶还可能有体心的空间群:I235,$Im\bar{3}\bar{5}$,但迄今还未见在实验中测定出这类空间群的报道.

准晶的对称性(点群和空间群)理应类同于晶体学群,准晶的点群与空间群,应属于准晶的最基本的属性,但从当前测定准晶的点群与空间群实验鉴定效果来看,虽然有些进展,而从学科发展的角度来评价,所获得的规律性的研究成果仍属于初步阶段,有待进一步探讨与发展.

§12.4 准 晶 生 长

在准晶发现的初期,人们多用急骤冷凝法,从合金熔体中发现准晶,诸如:二十面体 Al-Mn 准晶,十重 Al-TM(TM = 过渡金属元素)准晶,八重 Cr-Ni-Si,V-Ni-Si 和十二重准晶等. 对于薄膜状准晶多采用熔体的快速凝固、溅射或气相共沉积等方法来制备. 随着对准晶研究的逐步深入与发展,生长(制备)准晶不仅为了研究准晶结构的需要,要求完整性优良的准晶测试样品,而且为了使准晶成为珍贵的准晶材料,需要研究准晶的物性以及其与结构的关系,均需要生长或制备出完整优良和较大尺寸(厘米级)的准晶,就是在这种情况下,近些年来,人们对准晶生长或制备做了大量的研究工作,发表了许多论文. 现在生长或制备准晶不仅仅从合金熔体中通过急冷或缓冷等特殊的冶金技术来制备三维或二维准晶,现已出现了采用人工晶体生长大单晶的技术来生长较大尺寸(cm 级)的准晶,现列举几种方法来说明.

12.4.1 高温溶液法[53-57]

助熔剂法生长大单晶,已有 100 多年的发展历史,适用性强,与熔体法生长大单晶相比,生长温度较低,助溶剂的选择是此种方法生长优质完整大单晶的关键性问题之一. 现已有一些文献报道,采用助熔剂法来生长准晶,已出现了几种类型的大颗粒准晶是通过助熔剂法生长的,如二十面体系列准晶 R-Mg-Zn(R:Y,Gd,Tb,

Dy,Ho 和 Eo 等)、Al-Cu-Fe,Al-Pd-Mo 等,十重系列准晶 Al-Ni-Co、Al-Cu-Co 和晶体近似相等,实践已证明,采用高温溶液法来生长较大尺寸的准晶是一种有效的技术途径,并有待进一步开发应用.

12.4.2　熔体坩埚下降法[58]

熔体坩埚下降法,又称 Bridgman-Stockbarger 法,是从熔体中生长大单晶的一种方法. 将晶体原料放入特定形状的坩埚内,在晶体生长炉内加热熔体,然后使坩埚缓慢地下降,当通过生长炉温度梯度较大区域时,晶体从坩埚底部开始生长,并逐渐地向上推移,直到晶体生长完毕为止,这种方法现已证明,可用来生长准晶,如 Al-Li-Cu 合金准晶体系等,所生长的准晶尺寸可达厘米级,利用光学和电子显微术以及同步辐射 X 射线形貌术等先进技术监别,证明所生长的准晶品质是完整优良的.

12.4.3　提拉法[59-60]

提拉法,又称 Czochraeski 方法,是从熔体中生长优质大尺寸单晶常用的方法之一,此种方法已有 100 多年的发展历史,生长设备日益自动化,很多重要的实际应用的晶体材料,都是用此种方法生长出来的,它对推动人工晶体的发展起到了重要作用. 现已将提拉法用于生长准晶,如:采用提拉法可重复地生长高完整性的二十面体 Al-Co-Ni 系列准晶和十重 Al-Co-Cu 系列准晶,实践证明,采用提拉法生长技术,从非化学计量比熔体中生长完整性优良较大尺寸的准晶为一适宜有效的途径.

12.4.4　气相蒸发法[61]

从气相中生长薄膜晶体. 例如,气相外延法是 20 世纪 60 年代蓬勃发展起来的重要技术,因为气相生长的温度远低于生长的晶体材料的熔点,因此有利于获得高纯度的晶体,而且具有高解离压,而对于从熔体中生长的薄膜晶体,采用气相生长更为有利.

采用先进的气流蒸发法(GFEM)来制备二元准晶,例如:Al-Mn,Al-Cr和 Al-V 等纳米级准晶球状颗粒,直径 50~250nm,实验结果表明是非常有效的.

现已证明,利用生长人工大晶体(厘米级)的原理及其改进的工艺技术来制备各种类型的准晶是一种有效的途径,此也说明晶体与准晶在生长方法与技术上是一脉相通的,两者的热力学理论基础均为相变与相图,在技术上是传统的单晶生长方法的改进.

12.4.5 准晶的生长形态[3]

晶体的外部形态是晶体内部结构的外在反映. 对于稳定性的准晶,能够观察到与其对称性相适应的外形,因此,可以说准晶的外部生长形态也是其内部结构的外在反映.

自 1984 年 D. Shechtman 等发现 Al-Mn 三维二十面体准晶以来,对准晶的生长形态的研究,就引起了人们的注意. 对准晶的生长形态研究最多的是三维二十面体和二维十重准晶,现仅举实例说明:

三维二十面体准晶 Al-Cu-Li 生长基元,可看做具有三十面体的外形,此种三十面体显示出 30 个菱形面分别垂直于二重对称轴. 三维准晶 Al-Cu-Fe 的生长基元可视为五角十二面体形态,此种五角十二面体的 12 个面分别垂直于五重对称轴.

二维十重准晶 Al-Ni-Co 或 Al-Mn-Pd,均具有十棱柱面和十重旋转对称轴,其生长外形,如图 12.10 所示.

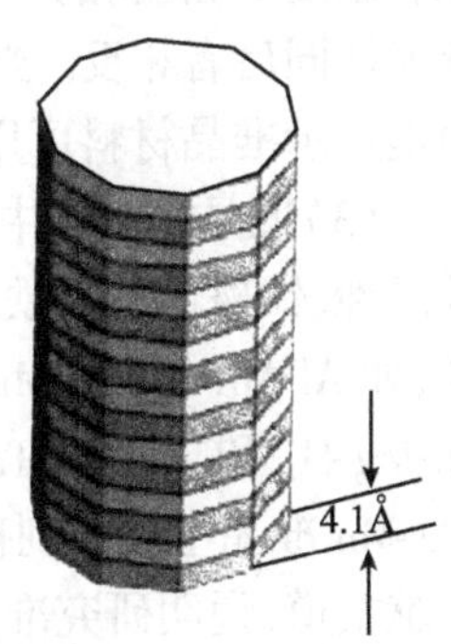

图 12.10 Al-Ni-Co 二维十重准晶生长形态示意图

12.4.6 准晶的生长缺陷[4]

不管是天然晶体或人工晶体,无缺陷的晶体是不存在的,只是所包含的缺陷种类与程度不同而已,而准晶也同晶体一样,也存在着线缺陷(位错)、面缺陷(小角度晶界、孪晶和畴壁等)等,利用聚束电子衍射(CBED)和 X 射线形貌术等设备与技术,可用来研究准晶的结构缺陷. 从文献的报道来看,研究准晶的结构缺陷多集中在三维二十面体准晶和二维十重准晶的位错缺陷方面,准晶的结构缺陷对它的物理性能会产生显著的影响. 例如,位错能影响准晶的力学性能等.

§ 12.5 准晶的物理性能和准晶材料的应用[62]

人们研究准晶的最终目的,是将准晶作为一种新型材料来应用,能否预期获得广泛而重要的应用,关键在于准晶有那些可获得广泛应用的物理等方面的性能.

12.5.1 准晶的物理性能[63, 64]

准晶的最初发现是 D. Shechtman 等在研究高强度重量轻的 Al 合金体系时,采用电子显微镜观测中发现的,这种合金材料对航空航天技术的发展有着重要的作用. 因此,准晶的发展,从一开始就备受人们的重视,这也是准晶近些年来快速发展的重要原因.

从当前人们对准晶的物性研究结果来看,准晶最显著的物性特点有下列几点:

(1)准晶大多是由金属元素构成的合金,通常由金属元素形成的金属晶体,它们的导电性能优异,是电的良导体,电阻率(ρ)低. 金属的电阻率是温度的函数,电阻率(ρ)随温度的升高而增大. 而准晶与金属晶体的电学性质相比,准晶显示出惊人的差异,准晶的电阻率特别高,一般显示出负(-)的温度系数,即温度 T 升高,电阻率 ρ 降低,在同样的合金体系,三维二十面维晶的电阻率 ρ 与其无定形相相比,而准晶的电阻率 ρ 高得多,但随着准晶样品的质量的降低而降低. 准晶的这种异常的导电行为,反映出体系的准周期性结构对其物理性能的影响,它可以从准晶的准周期性体系中电子结构的异常性得到解释.

(2)准晶的传热能力,如同它的导电性一样不高,即它的导热系数 K 小,且 K 也和温度 T 密切相关,准晶的热扩散系数(α),一般低于通常的晶态 Al 合金,温度依赖性同后者相反. 当准晶加热到高温时,显示出增加了热扩散性,这一特性强有力地启示准晶材料可用作热绝缘屏障.

(3)准晶在磁场中的行为,同一般物质在磁场中的行为一样,也具有抗磁性、顺磁性、铁磁性和反铁磁性等. 例如, Al 和过渡金属元素组成的准晶都具有顺磁性,如 Al-Mn-Ge、Al-Mn-Si 等,三维二十面体维晶具有铁磁性,三维二十面体准晶 Zn-Mg-H_6 和二维 Fe-Ta_2-O_6准晶都具有反铁磁性,在三维二十面体低浓度 Mn 的 Al-Pd-Mn 准晶中观察到抗磁性,当前人们对准晶的磁有序及其所属的自旋群有不少文献报道,说明研究准晶的磁性能已引起了人们的重视.

(4)热力学上稳定的大块准晶样品,显示出极高的硬度值,这些准晶样品并不特别脆,其力学性能可与陶瓷(多晶)相比.

(5)准晶材料综合的物理性能特点有高硬度、低磨损系数,低的热导系数(α),优良的抗氧化和抗腐蚀性能,优异的不粘性能等.

12.5.2 准晶材料的应用

自 1987 年 Tsai 等[65]发现了稳定的三维二十面体 Al-Cu-Fe 系列准晶后,准晶的应用变成现实. 当今研究准晶的形成不再仅仅是科学研究工作者的令人向往的领域,而准晶已成为真实的材料,有待工业上的应用. 具体表现在下述各个方面:

(1)重量轻、高强度的三维二十面体,Al-合金体系的准晶,高温度二十面体的 Ti-Ni 合金准晶,均已成为发展航空航天高技术领域中的优选材料之一,如研制宇宙飞船用的材料等.

(2)表面涂层[66]:准晶可用作高硬度,低传热、耐磨损的表面涂层材料. 例如在家庭中已获得广泛应用的不粘锅的硬度约为不锈钢的 10 倍,耐磨损,在国际上已有几项专利来制造不粘锅,法国制造的不粘锅专利商标为 Cybernox.

(3)氢(H)存储材料[67]:准晶可作为氢(H)的存储材料. 例如Zr基体系的准晶可作为氢(H)存储介质,存储容量几乎是每一个金属原子可存储两个氢(H)原子.

(4)准晶与聚合物可构成复合材料[68],此种复合材料具有高硬度、低磨损的性能,如聚乙烯—准晶复合材料(Polyethylence – quasicrystal materials),可用于生物学方面的研究及其应用.

(5)块状三维二十面体Ti-Zr-Ni准晶体系,具有优良的机械性能,可用于钢铁工业方面[69].

当前对于各种准晶的应用,仍处于初始开发阶段,由于制造大量(工业化)的准晶材料,在工艺技术等方面还存在着不少困难,因此,还有待进一步研究与发展.

最后,再简要地说明一下磁有序准晶的对称性问题.

自1997年Charrier等[70]观测到热力学稳定性的Zn – Mg – Re(Re = Y, Gd, Tb, Ho, Er)二十面体准晶具有长程磁有序现象以来,激起了人们对磁有序准晶的对称性研究的兴趣. 现从理论上,有两种途径可用来阐明磁有序准晶的对称性[71].

其一,为通过色对称来研究磁有序准晶的对称性,此种方法可以说是扩大了黑、白二色群的传统理论,即从具有周期性的二色对称性发展到具有准周期性二色对称性.

其二,利用自选群来描述磁有序准晶的对称性,关于此一问题于2004年Ron Lifshitz和Shahar Even-Dar Mander已作了较全面的论述,其中包括自选群的分类;自选群枚举:其中包括自选点群的结构,磁点阵L和点阵自选群(Fe)间的关系,自选空间的类型;磁选规则的计算,二维八角自选群举例等[72.73].

根据2008年7月6 – 11日在瑞士(Switzerland)苏黎世(Zurich)召开的第十届国际准晶会议和近年来在国际上所发表的论文倾向,当前人们对准晶的研究概括起来,大致有以下诸多方面[73 – 76]:

· 多元金属合金,例如:R-M-Zn. (R = Y, Er, Ho, Dy等)准晶.

· 超出金属的准晶,例如:Al基和Zr基金属结晶.

· 准晶的合成、生长、相变和准晶的稳定性研究 .

· 准晶的物理性质和应用,其中包括力学的、电学的和磁学性质及其应用前景.

· 准晶的表面、薄膜和涂层.

· 准晶生长动力学和输运.

· 准晶结构和计算机模拟.

· 准晶的表征.

· 准晶的数学处理和理论研究.

关于准晶的热稳定性有三种不同生长类型：

(i)稳定的准晶可通过缓慢冷却法来生长；

(ii)亚稳准晶可通过熔化自选来制备；

(iii)亚稳的准晶可通过无定形相的结晶来形成.

· 磁有序准晶的研究,其中包括磁有序准晶的对称性、磁有序准晶自选群以及具有周期和准周期晶体的色对称性理论等.

最后还要指出,自 1984 年 Shechtman 等首次发现了具有五重对称轴的二十面体 Al-Mn 合金准晶以来,近 20 多年以来,这一新型材料发展得很快,具体地表现在两个方面.

其一, 磁性准晶的发展.

磁性准晶大致可分为两种类型：

(1) 3d 电子系统(过渡金属元素)i-Al-Mn,i-Al-Si-Mn,i-Al-Pa-Mn,i-Al-Ga,i-Zn-Mn-Se 等. 磁性准晶.

(2) 4f 电子系统(稀土金属元素)i-Zn-Mg-RE,i-cd-Mg-RE 等,磁性准晶.

其二, 发现了天然生成的准晶.

2009 年美国普林斯顿大学科学家 Paul J. Steinhardt 以计算机与 X 粉末衍射为研究工具,实验样品来自俄罗斯 Roryak 山脉,通过 20 多年的探索,于 2009 年 6 月 4 日第一个发现了自然界存在的准晶,从而在地球上弥补了新的物种.

参 考 文 献

[1] Shechtman D, Blech I, Gratias D et al. Phys. Rev. Lett., 1984, 53(20):1951 – 1953.

[2] 9th International Conferece on Quasicrystals (ICQ9),May 22 – 26(2005) Scheman Building 1Wa State University Ames,1A 5002 USA.

[3] 周公度,郭可信. 晶体和准晶体的衍射. 北京大学出版社,1999.

[4] 王仁卉,胡承正,桂嘉年. 准晶物理学. 科学出版社,2004. 8.

[5] Kuo K H. Struc. Chem.,2002a(13):211 – 230.

[6] Kuo K H. Acta Cryst. A, 2002b (58):209.

[7] Tsai A P,Inoue A, Masumoto T. Jpn J. Appl Phys, 1987a (26):1505 – 1507.

[8] Tsai A P,Inoue A, Masumoto T. Jpn J. Appl Phys, 1988 C (27):L5 – L8.

[9] TsaiA P,GuoJ Q, Abe E et al. Nature, 2000, 408: 537 – 538.

[10] Kancko Y,Arichika Y,Ishimasa T. Phil Mag Lett,2001, 81: 777 – 787.

[11] Guo J Q,Tsai A P. PhiL. Mag,Lett, 2002, 82: 349 – 352.

[12] Senechal M. Quasicystals and Geometry. Cambridge university Press, 1995.

[13] Cotton, 1990. 50: 436.

[14] 肖序刚. 晶体结构几何理论(第二版). 高等教育出版社,1993.

[15] Pauling L, Amer J. Chem Soc., 1947, 69:542.

[16] Shoemaker D P, Shaemaker C B. Acta Cryst., B42,3 1986, Mater Sci. Forum, 1987:22 – 24, 67.
[17] Sainfort P, Dobost B. J. Phys., 1986, 47 – C_3, C_3 – 321.
[18] Bendersky L. Phys. Rev. Lett., 1985, 55: 1461.
[19] Kuo K H. J. Non – Cryst. Solids., 1993, 40: 153 – 154.
[20] He L X. Wu Y K, Kuo K H. J Mater Sci. Lett, 1986, 7: 1284.
[21] Kortan A R, Thiel F A, Chen H S et al. Phs Rev., 1989, 40: 9397.
[22] Ranganhan S, Subramanlan A. Bull Mater. Sci., 2003, 26(6):627 – 631.
[23] Wang N, Chem H, Kuo K H. Phys Rev. Lett., 1987, 59:1010.
[24] Jiang J C, Fung K K, Kuo K H. Phy. Rev. Lett., 1992, 68:616.
[25] Ben – Abraham S I, Gahler F. Phys. Rev. B., 1999, 60(2):860 – 864.
[26] Ishimasa T, Nissend H U, Fukano Y. Phys Rev. Lett., 1985, 55: 511.
[27] Chen H, Li D X, Kuo K H. Phys. Rev. Lett., 1988, 60:1645.
[28] Krumeich F, Conrad M, Nissen H, et al. Phil. Mag. Lett., 1998, 78:357 – 367.
[29] Reich C, Conrad M, Krumeich F et al. Mat. Rev. Soc. Symp. Proc. Quasicrystals, 1999, 553: 83 – 94.
[30] Ritsch S, Beelic, Nissen H U, Goedeche T et al. Phie. Mag. Lett., 1998, (78):67 – 75.
[31] Quiquandon M, Quivy A, Derand J et al. J. Phys: Condens Matter, 1996(8):2487 – 2515.
[32] Kadning M, Keh S, Krane H G et al. Phys Rev, 1997, B55:187.
[33] Penrose R, Bull. lnst. math. Appl., 1974, 10:266.
[34] Penrose R, Math. Intel, 1977, 2:32.
[35] Mackay A. Physica, 1982, A114:609.
[36] Kramer P, Acta cryst, 1982, A38:257.
[37] Duneau M, Katz A. Phys. Rev. Lett., 1985, 54:2688.
[38] Elser V, Phys. Rer. B., 1985, 32:4892.
[39] Janssen. Act Cryst. A., 1986, 42: 261.
[40] Yamamoto A, Ishihara K N. Acta Cryst, A., 1998, 44:707.
[41] Janot C. Quas: Crystals. Apriner. Clarendon Press, 1992.
[42] Fujiwara T, Ogawa T. Quasicrystals. Springer Vertay, 1990.
[43] Yamamoto A. Acta Cryst. A. 1996, 52:509.
[44] Penrose R. Bull Inst Math Appl, 1974, 10: 266. Math Intel, 1997, 2:32.
[45] Xamanoto A, Crystallography of quasiperiodic crystals. Acta Cryst. A., 1996, 52: 509 – 560.
[46] Stearer W. The Structure of Quosicrystales. Zeit. F. Krist., 1990.
[47] Janssen T, Kristall Z. 1992, 198:17 – 32.
[48] Wang Renhui et al. J. Phys. Condens. Matter, 1997, 9: 2411 – 2422.
[49] Rabson D A, Nermin N D, Rokhsan D S et al. Rev. Mod Phys., 1991, 63.
[50] Rokhsar D S, Wright D C, Nermin N D. Phys Rev B., 1988, (37):8145 – 8149.
[51] Steurer W, Haibach T. Physical Properties of Quasicgstals. Springer, 1999.

[52] Tanakam, Teranchim, Tsudak et al. Convergent - Beam Electron Diffraction. JEOL, 2002.
[53] Huie T, Fisher L R, Sebastian S J. 2003, 8(1):1 - 15.
[54] Fishes L R, Wiener J A, Kramer M J et al. Ames Labortory and Department of Physic and As - tronomy lown state university ICQ9 Abstracts, 2005, 65.
[55] Canfied P C, Fisher I R. J. Cryst. Growth, 2001, 225:155 - 161.
[56] Fisher I R, Kramer M J, Islan Z et al. Mat sci. Growth Eng. A., 2000, 10: 294 - 296.
[57] Fisher I R, lslan Z, Panchula A F et al. Phil. Mag. B., 1998, 77:1601 - 1615.
[58] Parsey Tr J M, Chen H S, Kortan A R et al. J. Mater Res., 1996, 3(2):233.
[59] Meisterecnst G, Zhang L, Gille P. ICQ9 Abstracts. 2005, 102.
[60] Bauer B, Meisterernst G, Hartwig J et al. ICQ9. 2005, 78.
[61] Kido O, Kumamofo A, Saito Y et al. ICQ9 Abstracts. 2005, 230.
[62] Stadnik Z. Physical Prokerties of Quasicrysrals. Springer, 1999.
[63] Ishimosa T, Mori M. Philo. Mag. Lett., 1990, 62:357.
[64] Wittmann R, Urban K, Schande M et al. J. Mater Res., 1991, 6: 1165.
[65] Tsai A P, Inoue A, Masumoto T. Jap. J. Appl. Phys., 1987, 26:1505.
[66] Dubais J M, Kang S, Vanstebut S. J. T. Mat Salett., 1991, 10:573.
[67] Coddens G et al. Solid State Commun, 1997, 104:179 - 182.
[68] Iie Y, Bloom P D, Sheares V V et al. Mater Res. Soc. Symp. Proc., 2002, 702:33 - 344.
[69] Qiang J, Wang Y, Huang H et al. ICQ9 Abstracts. 2005, 87.
[70] Charrier B, Ouladdiaf B, Schmitt D. Phys. Rev. Lett., 1997, 78:4637.
[71] Litshitz R. Reviews of modern physics. 1997, 69(4):1181 - 1296.
[72] Litshitz R, Even - Dar S. Mandel Acta Cryst. 1997, A., 2004, 60: 167 - 178.
[73] 10th in fernational Conference on Quasicrystals July 6 - 11 2008 ETH Zurich, SuritzerLand.
[74] Lishitz R. Rev Mod. Phys, 1997, 69:1181.
[75] Lifshitz R. Mater Sci, Eng. A, 2000, 294:508 - 511.
[76] Lifshitz R. Magnetic quasicrystals: what can we expect to see in their neutron diffraction data? Materials Science and Engineering, 2000, 294 - 296: 508 - 511.

第十三章　纳 米 晶 体

纳米晶体(nanocrystals)简称纳米晶.纳米是一种尺寸的度量单位,纳米晶(通常叫做纳米微粒)尺寸为1~100nm,它是在一定环境条件下生成的,并具有特殊形态和含有特殊原子数目的微小晶体,纳米晶与通常体块状晶体相比,具有独特的物理和化学性质,其根源来自纳米晶的尺寸、结构与其形态等因素[1-81].

纳米晶所涉及的研究范围甚广,而且发展很快,本章仅就纳米晶效应、纳米晶生长(合成或制备)、纳米晶表征、纳米晶物理、化学特性以及其应用,简要地加以阐述,以便为进一步学习、研究纳米材料与纳米结构奠定些基础理论知识.

§13.1　纳米晶效应

纳米晶中原子排列仍是有序的,而具有周期性的结构,但由于纳米晶的尺寸、形态和结构的奇异,不同一般晶体结构的长程有序,从而促成了纳米晶具有一系列特殊效应,现简要地加以说明[1-8].

13.1.1　表面效应

在纳米晶粒中,位于晶粒表面的原子数占晶粒全部原子数的比例相当高.根据估算,纳米晶粒尺寸与表面原子数的关系,列入表13.1中.

表13.1　纳米晶粒尺寸与表面原子数的关系

纳米晶粒尺寸 d/nm	纳米晶粒具有的原子总数	表面原子所占有的比例/%
10	3×10^4	20
4	4×10^3	40
2	2.5×10^2	80
1	30	99

从表13-1明显地看出,随着纳米晶粒的粒径的减小,表面原子所占的比例迅速地增大.

由于纳米晶粒的表面原子数的增多,显然,在表面上的原子的配位数不足以及大的表面能,致使这些表面原子具有高的活性,而且极不稳定,很容易与外来原子相结合.例如,金属纳米晶粒在空气中易于燃烧.无机物纳米晶粒暴露在大气中吸收气体,并与气体进行反应.纳米晶粒活性高的原子通常可用简单立方结构的纳米晶粒的二维平面模型图来说明,如图 13.1 所示.

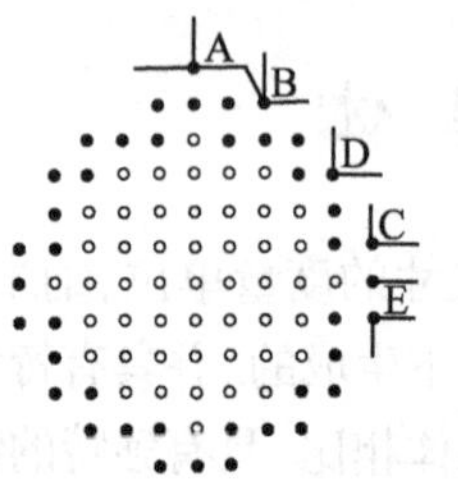

图 13.1　简单立方结构晶粒的二维平面模型示意图

在图 13.1 中,假定纳米晶粒为圆形,实心圆"•"代表位于表面的原子,空心圆"◦"代表晶粒内部原子,晶粒尺寸为 3nm,原子间距约为 0.3nm.很明显,实心圆的原子近邻配位不完全.例如,存在缺一个近邻配位的"E"原子,缺少两个近邻"D"的原子和缺少三个近邻配位的"A".像"A"这样的表面原子极不稳定,很快地就会位移到"B"原子位置处,这些表面原子一旦迁移到其他原子位置,便很快地结合起来,使其稳定下来,这就是纳米晶颗粒所以能够具有高活性的原因.这种表面原子的活性,不仅引起纳米晶粒表面原子输运和构型的变化,同时,也将引起表面电子自旋构象和电子能谱的变化.

13.1.2　小尺寸效应

当超细晶粒尺寸减小到光波波长(100nm 以下)、德布罗意波长、超导态相干长度(几纳米以下)或透射深度(约 100nm)等物理特征尺寸相当或更小时,晶体内部结构周期性的边界条件被破坏,将导致特征光谱位移,磁有序态向磁无序态转变,超导相向正常相转变、声子谱发生改变、热力学结构相变等,从而将引起宏观的电、磁、光、声、热等物理性质的变化.例如,磁性晶粒随着颗粒的变小,强磁性颗粒的磁畴将会由多畴状态转变为单畴状态,使反转磁化的模式从畴壁位移转变为磁畴转动,从而使矫顽力显著增强.

晶粒尺寸的变化导致比表面积的改变,因而改变了颗粒的化学势,导致一系列热力学性质的改变,如熔点随颗粒尺寸的减小而降低.

有人曾用高分辨率电子显微镜对超细金属晶粒(2nm)结构的非稳定性进行观察,实时地记录晶粒形态的变化,发现晶粒形态能够在单晶、多晶和孪晶之间进行连续地转变,此与通常的熔化相不同,并提出了准熔化相的概念,准熔化相的温度低于熔化温度,准熔化相既不同于熔化后的液相,也不同于稳定的晶粒结构、多晶和孪晶颗粒,仅存在于颗粒较小,温度较底的情况下.在较高温度下,准熔化相与单晶相较接近.

13.1.3　量子尺寸效应

当纳米晶某一维度的尺寸降低到纳米量级时,其费米能级附近的电子能级由准连续变为离散能级,表面结构和电子态急剧变化,能隙展宽,处于分离的量子化能级中的电子由于波动性,使其产生一系列反常,如场致发光、光吸收带蓝移、载流子的量子约束和量子输运等,这样会导致纳米晶微粒的磁、光、声、热、电以及超导电性与宏观特性有着显著的不同.例如,量子尺寸效应带来的能级变化,能隙变宽,使纳米晶粒的发射能量增加,光学吸收向短波长方向移动,直观上表现为晶粒颜色的变化,如CdS 晶粒由黄色转变为浅黄色,金(Au)的微粒失去金属光泽变为黑色,当 Cd_3P_2 微粒的尺寸降至 1.5nm 时,其颜色从黑色变到红、橙、黄色,最后变为无色.

量子尺寸效应带来的能级改变,可使半导体纳米晶粒产生大的三阶非线性光学效应.此外,量子尺寸效应带来的能隙变宽,可使半导体纳米晶粒的氧化还原能力增强,具有更优异的光、电以及催化活性.

13.1.4 宏观量子隧道效应

微观粒子具有贯穿势垒的能力,称为隧道效应.近年来,人们发现一些宏观量,例如:微粒的磁化强度等也具有隧道效应,称之为宏观量子隧道效应,早期,量子隧道效应曾用来解释超细镍(Ni)微粒在低温时能继续保持超顺磁性.后来通过扫描隧道显微镜和量子相干磁强计等技术,证明在低温时确实存在着宏观量子隧道效应.

宏观量子隧道效应对基础研究和应用研究都有着重要意义,它能使纳米微晶和纳米固体呈现出奇异的物理、化学性质.量子尺寸效应和隧道效应是未来微电子器件的理论基础.

13.1.5 库仑堵塞效应

当一个物质体系的尺寸进入纳米级(金属晶粒、半导体晶粒)时,这个体系的充电和放电过程是不连续的,即是量子化的.此时,充入一个电子所需要的能量称为库仑堵塞能,它是电子在进入或离开体系中,前一个电子对后一个电子的库仑排斥能,对一个纳米晶体系的充、放电过程,电子不能连续地集体传输,而是一个一个单电子输运,通常把这种纳米晶体系中的单个输运的特性,称为库仑堵塞效应,由于纳米晶体系存在着库仑堵塞效应,电流随电压上升不再是直线关系,而是电流和电压(I-V)曲线上呈现出锯齿状台阶.单电子晶体管,就是基于库仑堵塞效应而研制成功的实例.

13.1.6 介电限域效应

当纳米晶粒分散在异质介质中时,由于界面引起的体系介电增强的现象,这种局域的增强,称为介电限域,一般说来,过渡金属氧化物和半导体纳米晶微粒都可能产生介电限域效应,纳米晶的介电限域对光吸收、光化学、光学非线性效应等都会有重要的影响,因此在分析纳米材料的,即要考虑量子尺寸效应,也要考虑介电限域效应的影响.

过渡金属氧化物,诸如:Fe_2O_3、Co_2O_3、Cr_2O_3 和 Mn_2O_3 等纳米晶微粒分散在十二烷基苯磺酸钠(DBS)中出现了光学三阶非线性增强效应,这种光学三阶非线性增强现象,归结为介电限域效应而产生的.

§13.2　纳米晶体生长

这些年来，由于纳米科技（nano-ST）的迅速发展，对纳米晶体生长的合成研究，日益受到人们的重视，所研究的范围日益扩大，遍及金属、半导体、磁晶、陶瓷以及其复合材料等领域. 纳米晶体生长方法日益增多，不断地涌现出一些新方法，新工艺和新的纳米晶体.

纳米晶是纳米结构和纳米材料的结构基元中最重要的一员，因此纳米晶的尺寸、结构、形态和均匀性等直接关系到可构建的纳米材料的性能，可以说纳米晶生长（合成）是制备纳米材料和构筑纳米结构过程中关键性问题之一.

现仅简要地就金属纳米晶、半导体纳米晶、磁性纳米晶、氧化物纳米晶，量子化纳米晶和胶体纳米晶生长，并列举实例，简要地加以阐明.

13.2.1　金属纳米晶[9-15]

从元素周期表中可知，约有 2/3 的化学元素属于金属，金属元素都倾向丢失电子，从而便形成正离子，所释放出来的电子，可游移于正离子之间，而且其流动性与活动范围是很大的，因此这些电子可称为自由电子气，这些自由电子将金属的全部正离子“胶合”在一起，这种键合力称为金属键，因此，金属物质一般可看做是自由电子气和沉浸在其中的正离子所构成的物质体系，所以金属键是没有饱和性和方向性的. 因此，金属原子可视为球形对称的，较易于凝聚成纳米晶粒，通常叫作团簇.

金属纳米晶可通过气相沉积（PVD）、化学气相沉积（CVD）、微波等离子体、胶束法、反胶束法等方法来生长（制备）.

较早时，人们采用惰性气体蒸发-冷凝法来生长多种金属纳米晶体. 例如，生长出 Mg、Mn、Fe、Co、Ni、Cu、Zn、Ag、Cd 等金属纳米晶体. 生长设备如图 13.2 所示.

待蒸发的金属经电加热的器皿中蒸发出与惰性气体相碰撞后，动能降低，便成核、长大，最后便凝聚在真空的指状冷阱上，形成疏松的粒状纳米晶的聚集体，其中单个晶粒尺寸为 5 ~ 6nm. 然后将生长体系抽至高真空，采用可移动的特种刮刀，将粒状纳米晶收入到收集器中，或进入冷压装置（压力通常为 1 ~ 5GPa）中，压成块状纳米材料.

尽管金属纳米晶，可以通过气相法生长，但从溶液中还原胶体的金属纳米颗粒来制备金属纳米晶体，是当前更普遍和更有效的工艺技术. 早在 19 世纪中期，法拉第采用两相法，首次制备出稳定的胶体金属纳米晶体，经过相变和还原等化学反应过程，获得了金（Au）纳米晶.

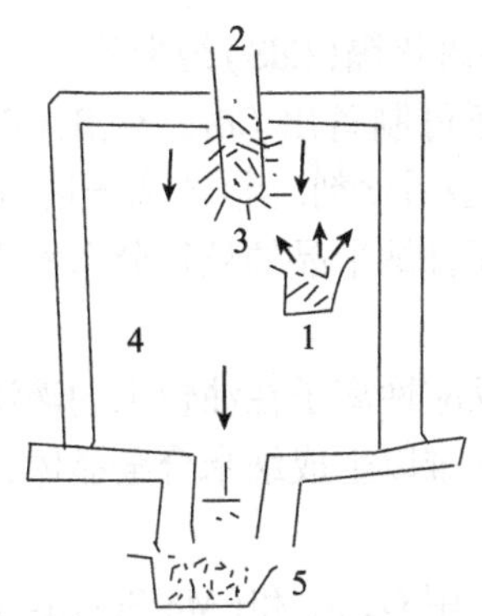

图 13.2 惰性气体蒸发-冷凝法生长金属纳米晶设备示意图

1. 金属蒸发源;2. 液氮冷却的冷阱;3. 粉晶;

4. 惰性气体室(压力为 1 ~ 5GPa);5. 粉晶收集器和压缩装置

胶体的纳米晶是从溶液中生长出的纳米尺寸的无机物颗粒,此种颗粒的表面覆盖层为表面活性剂,颗粒的核心为无机物,如金属原子簇或金属化合物,核心物质具有有用的性质,其性质受物质的组成、尺寸、结构和形态的支配. 表面覆盖层的作用保证了胶体的纳米晶结构易于形成. 表面活性剂与核心无机物物质相结合,便构成了胶体的纳米晶体. 当胶体的纳米晶经过相转变、还原等过程,脱去表面活性剂外壳,便变成了金属纳米晶体,如钴(Co)纳米晶,就是首先经过形成胶体的钴(Co)纳米晶,再经过注射还原剂等过程,便生成了钴(Co)纳米晶. 同时,还要说明,人们在研究单原子金属纳米晶体的基础上,生长(合成)出各种合金纳米晶体,(alloy nanocrystals),从而进一步扩大了金属纳米晶的应用范围[14,15].

13.2.2 半导体纳米晶[16-26]

由于硅纳米晶的表面氧化作用,不易于应用. 更广泛地研究半导体纳米晶多集中在Ⅲ-Ⅴ族和Ⅱ-Ⅵ族化合物半导体纳米晶方面. 早在 1988 年,布拉史(L. E. Brus)等采用反向胶束法合成出纯净而稳定的有包覆的硒化镉(CdSe)纳米晶,反胶束是油包水型液滴,水极易溶于极性内核中,形成所谓的“蓄水池”,含水量可用 W 来表征,W 为水与表面活性剂 S 的摩尔比,即 $W=\frac{[H_2O]}{[S]}$,并将含水量较高的物质为微乳液,而把含水量较低($W\leqslant 15$)的物质称为反胶束(antimicell). CdSe 是最广泛研究的半导体纳米晶之一,将二甲基镉[$(CH_3)_2Cd$]和硒(Se)粉共同溶解到三烷基(丁烷、辛烷)膦中,并将此溶液注入温度为 340 ~ 360℃ 的三辛氧化磷(trioctyl phophine oxid, TOPO),瞬时成核,并在 280 ~ 300℃ 区间生长成 CdSe 纳米晶.

将稳定剂磷酸钠(Na_3PO_4)和 $Cd(CeO_4)_2$ 注入去离子水,引入 H_2S,并用 NaOH

调节溶液的 pH 值,能生长出硫化镉(CdS)纳米晶.

利用混合的反胶束法,还可制备出 $Cd_{1-x}Zn_xS$,$Cd_{1-x}Mn_xS$ 和 Ag_2S 等纳米晶. 需要注意的是必须采用功能型活化剂. 当 Cd 离子溶解在油包水的液滴中时,产生的颗粒状的结晶性相当低,而且纳米晶的粒径分布相当宽,因此很难获得粒径均匀的纳米晶体.

对于合金纳米晶而言,反应性离子在油包水的液滴中的溶解,会导致各种各样的纳米晶的混合物的形成,而难以生成纳米合金晶体,这是研究半导体纳米晶形成的难点之一.

采用液相脱卤化硅烷法,用 $GaCl_3$ 和($Me_3Si)_3As$ 在甲苯中回流,可获得 10nm GaAs 纳米晶. 用脱卤化硅烷法也可制备 GaP 纳米晶,在此过程中,主要是形成中间体有机二聚体或加成化合物,通过中间体热分解可得到 GaP 纳米晶体,其反应过程为

$$GaX_3 + (Me_3Si)_3P \xrightarrow{-MeSiX} \frac{1}{2}[X_2GaP(SiMe_3)_2] \xrightarrow{-2Me_3SiX} GaP$$

式中,X = Cl,Br,I.

同样,用 $GaCl_3$、$InCl_3$ 和($Me_3Si)_3P$ 在液相中反应,可得到淡黄色粉末,在 400℃退火,可获得 Ga_xIn_yP($x=0.65$,$y=0.24$)纳米晶体.

还有,将半导体纳米晶中小%比的阳离子被磁性离子(Mn、Co、Fe 等)所取代,便可形成稀释磁性半导体纳米晶体(nanocrystal of a dilute magnetic semiconductor),此种类型的半导体,既具有电学性质,又具有磁学性质,而且对这种类型的半导体可将其电学性质和磁学性质两者结合起来进行探索性的研究,从而扩大了半导体纳米晶的研究范围. 研究 $Zn_{1-x}Mn_xO$ 纳米晶的生长与其物理性质,就是一个实例[26].

13.2.3　磁性纳米晶[1,2,27-31]

磁性纳米晶在信息存储、微电子、通信、磁记录和磁致冷等方面具有潜在应用,因此人们对磁性纳米晶的研究备受关注.

在有机溶液中分解金属羰基化合物可以获得铁(Fe)、钴(Co)、镍(Ni)这样的磁性纳米晶体.

采用反胶束技术,选取阳离子表面活性剂十二碳烯基溴化氨(didodecnyl ammonium bromide,DDAB)和甲基的二元体系,DDAB 作还原剂,在包覆 PR($R=n-C_4H_9$,$n=C_8H_{17}$)的辅助下,可将 $CoCl_2$ 中的 Co 还原成 Co 纳米晶. 采用水热法可制备软磁性 MFe_2O_6 纳米晶体($M=Mn^{2+}$,Ni^{2+},Zn^{2+}, …),纳米晶结构为尖晶石型,属于立方晶系,空间群为 O_h^2-Fd3m,这类软磁性铁氧体纳米晶的合成,有不少方法,如溶胶-凝胶法、燃烧合成法、湿化学共沉淀法和水热法等. 与其他法相比,水热法具有操作程序简便,所生成的纳米晶粒均匀程度高等优点,现已广泛地应用于软

磁性纳米晶体生长. 纳米晶复合永磁材料于20世纪90年代发展起来,这种材料具有优异的综合永磁性能. 纳米晶复合永磁材料是由软磁性晶相(如 α-Fe 相)与硬磁性晶相(如 NaFeB 相),两相在纳米范围内复合组成的永磁材料,如图13.3所示.

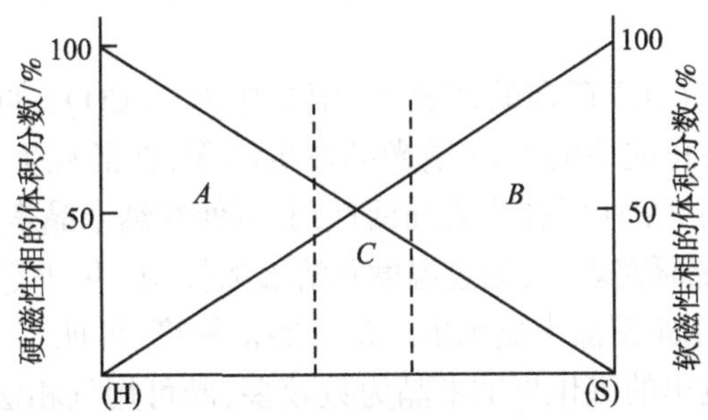

图13.3 双相纳米晶复合永磁材料两相体积分数比例示意图

此种纳米晶复合体,其基体可以硬磁性晶相,也可是软磁性晶相,两相的数量可以成连续地变化. 图13.3中 *A* 区为基体为硬磁性相,第二相是软磁性相. *B* 区的基本相为软磁性相,硬磁性相为第二相,与 *C* 区硬磁相与软磁性相以数量大体相等.

纳米晶复合永磁体最突出的特征:剩余磁化强度高,剩磁对温度的依赖性小,磁化特性良好, 等等.

常见的纳米晶复合磁性材料有:

$(Nd,Pr,Dy)_2Fe_{14}$-β/α-Fe 基纳米晶复合磁体,强磁性纳米晶 Fe_3O_4/SiO_2 复合晶粒材料、磁性微晶粒——导电高分子纳米复合材料,纳米无机物/聚合物复合磁功能材料等. 总之,随着纳米技术在航空航天、电子信息,生物医药等各领域的应用,纳米晶复合磁性材料发展很快. 具体表现在磁性纳米晶的生长,晶质鉴定,各种因素对纳米磁晶性能的影响等.

生长纳米磁性晶体与生长一般功能晶体相比,由于磁性晶体(包括复合磁性纳米晶)具有磁性,从结构来看,不仅有位置对称性,还存在着磁对称性(状态对称性),磁晶的磁结构,具有异常的各向异性,因此研究磁性纳米晶生长,又多了磁结构影响的这一重要因素,纳米磁晶一般指铁磁性和亚铁磁性纳米晶.

13.2.4 氧化物纳米晶[32-38]

氧化物纳米晶体有许多重要应用,如可用于传感器,催化剂和表面涂层等,现已得到的氧化物纳米晶为数众多,其中 MgO 和 TiO_2 两种类型的纳米晶研究得比较透彻.

MgO 纳米晶体是由改进的气凝胶方法来制备的,平均纳米粒径约4nm,单颗晶粒的高分辨率的 TEM 图像,显示出此种的纳米晶具有多面体的形态,所显露出的晶面有{002}、{001}和{111}等.

控制二氧化钛(TiO_2)纳米晶生长的简便方法是基于对烷氧基钛水解和缩合的控制.改变钛(Ti)正离子比率,可以获得具有不同尺寸和形态锐钛矿结构的 TiO_2 纳米晶.

另外,通过氧气(O_2)存在的情况下,用苯中 $Co_2(CO)_8$ 的热分解,可以获得 CoO 纳米晶,为了防止成核的 CoO 纳米晶发生团聚,在晶粒生长初期加入琥珀酸乙基己酸磺酸钠[Na(AOT)]作为表面活性剂,以便在纳米晶表面形成单分子钝化层,Papiper 等的系统研究表明,通过温度和溶液的控制,可以优化纳米晶的生长尺寸.CoO 纳米晶在 TEM 图像中显示出三角形的衍衬度,证明了 CoO 纳米晶具有四面体外形,现已合成出的氧化物纳米晶为数较多,既可用气相法、又可用液相法来制备氧化物纳米晶,所合成的氧化物纳米晶既有单一氧化物,又有复合金属氧化物.这方面的内容有大量文献可供查阅.

13.2.5　量子化纳米晶[39-50]

量子化纳米晶体可分为三种不同类型,即量子点纳米晶,量子线纳米晶和量子阱纳米晶.

量子点指的是三维空间中均具有纳米尺寸,又称零维度纳米晶.量子线指的是在三维空间中有两维处在纳米尺寸,又称一维纳米晶.量子阱在三维空间中只有一维属于纳米尺寸,又称二维纳米晶.因为这三种纳米晶均具有量子效应,所以均称为"量子化"的纳米晶.

体块状晶体、量子点、量子线和量子阱纳米晶体的能量状态与空间维数的关系示意图,如图 13.4 所示.

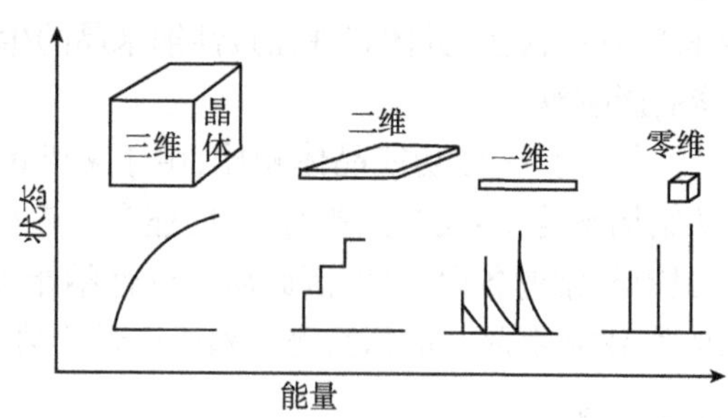

图 13.4　体块晶体、量子化的二维、一维和零维晶体的能量状态与空间维数的关系示意图

量子阱(quantum wells)能够通过常规的物理气相沉积(PVD)或化学气相沉积(CVD)技术来生长.在 PVD 生长方法中,来自气相的原子能够逐个原子和逐层地

沉积在选定的衬底上生长.在CVD生长方法中,所选用的前驱化合物在高温衬底上被蒸发和分解,所选用的化合物除金属原子外,其他的化学成分是易于挥发的原子,最有效的生长方法,多采用分子束外延(molecular beam epitaxy,MBE)方法,来生长单晶量子阱薄膜材料.

量子线(quantum wires,QW)与量子阱相比,所要求的生长条件更为严格,至今尚无常规的生长方法.可通过衬底材料的选择的化学气相沉积或溶液电镀法来生长量子线纳米晶体.各种纳米管均属于量子线纳米晶体.

近些年来,人们对碳纳管的螺旋多壳层结构和对称性及其电学、光学、弹性、振动、电子输运和拉曼散射等性能进行了全面而深入的研究,为进一步开发应用奠定了基础.

近些年来,人们对量子点的研究,尤其是对半导体纳米量子点晶体,备受关注,通常利用表面活性剂,采用高温溶液相来制备,其中对Ⅲ-V族、Ⅱ-VI族化合物半导体量子点纳米晶体的研究,最为活跃,并且将生长、性能和应用三者有机地结合起来进行研究,现已取得了显著成效,已制成半导体量子点激光器,但距工业的产品化,还有待进一步研究.

13.2.6　胶体纳米晶

胶体纳米晶(colloidal nanocrystals)是从溶液中生长的,它的大小为纳米尺寸,为无机物微粒,此种微粒通过附加的表面活化剂而稳定存在,无机核具有可应用的性质.此种性质通过它们的组成.尺寸大小和形状来支配,表面活性剂涂层确保易于制造和具有复杂的结构,此种特性的组合,促成了胶体纳米晶具有诱人的和有望地成为先进的纳米晶材料和器件的建筑块.

胶体的Ⅱ-Ⅵ族和Ⅲ-Ⅴ族半导体量子点(QD)已引起人们的注意,因为它们具有有趣的电子和光学的性质和潜在的广泛的应用前景.例如,胶体cdse纳米晶已显示出潜在的作为优异的生物标记.改进的有机-无机物混合太阳电池.白色光激光:光源和隧道二极管等.

生成胶体纳米晶的一般程序,大致可分为三部分:首先制作前驱物,其次制作有机表面活物剂,最后选取溶剂.同时,在一些情况下,表面活性剂也可用作溶剂.

另外,通过溶胶-凝胶法可制看出具有光生物学效应溶胶状TiO_2纳米晶、溶胶状中TiO_2颗粒的结晶型为锐钛矿型.TiO_2溶胶状材料可在植物叶片等固体表面形成抗菌薄膜,具有很强的光氧化活性,对植物病原菌的生长具有强烈的抑制作用,这种光生物学效应,在发展农业科学技术方面,提供了重要的应用前景[51-53].

总之,当前人们对纳米晶体生长的研究范围日益扩大,并开始注意生长机制的研究.例如,纳米晶共轭聚合物复合材料,多元素纳米晶飞秒(femtosecond)激光合成,室温下沸石中纳米胶体晶体生长机制的研究等.此标志着纳米晶生长技术与其理论研究，仍在日新月异的发展过程之中.

§13.3　纳米晶的表征

纳米晶体与通常的体块状晶体相比，最显著的不同是尺寸大小的差异. 因而纳米晶产生了表面效应，小尺寸效应等，致使纳米晶体作周期性紧密堆积与球状单个原子的三维紧密堆积是不同的. 纳米晶在三维作紧密堆积时，可形成有角、有棱和有面的多面体，而原子是一个近似的球体，因此纳米晶体生长时要受到形状和尺寸限制；其次，单个原子的尺寸是一定的，而纳米晶的尺寸可以变化，而且纳米晶的表面是不稳定的，表面原子比体内原子成键的数目少，倾向于占据新的平衡位置，以达到能量的平衡，还有在通常晶体中，原子间的键合是通过外层电子，以离子键，共价键，金属键或混合键来实现. 并且在大多数情况下，原子或离子间距是一定的，而纳米晶中的原子间距受表面效应，小尺寸效应等的影响，这些因素（参数）可能决定纳米晶的堆积方式与通常晶体的有所不同.

纳米晶作为纳米材料的结构基元，对纳米材料的性能，将会产生不同程度的影响.

回顾近几十年来，纳米科技发展得如此迅速，关键之一在于表征纳米晶所用的观测设备精益求精地向前发展，体现出“没有测量就没有科学”这一英明的论断，主要表现在高分辨率电子显微术的新发展. 现仅就表征纳米晶所涉及的主要表征方法，简要地加以陈述[6-8,54-63].

13.3.1　高分辨率透射电子显微镜

高分辨率透射电子显微镜（high resolution transmission electron microscope，HRTEM）是人类认识微观世界的主要桥梁，它是研究微观世界的有力工具. 对于纳米晶的表征，具有重要的应用，可以直接反映出纳米晶样品中的原子结构，分辨率现已达到 1 ~ 2Å 量级，这使人们对纳米晶尺寸和形状易于成像.

HRTEM 的一个重要应用是确定纳米晶的形状. 运用高分辨率的晶格像和可能的电子衍射，可以确定出纳米晶结构和纳米晶的晶面以及纳米晶的三维形状. 在观测中，至少需要沿两个不同向取来记录 TEM 图像. TEM 图像近似为纳米晶粒的之二维投影. 一些简单的纳米晶形状可以直接地由 TEM 图像确定下来. 例如，Ag、Au、Co 等纳米晶体，可以直接由 TEM 图像确定下来.

关于 HRTEM 成像原理，如通常的光学显微镜相似，只考虑单个物镜成像，省去了中间镜和投影镜，这是因为 HRTEM 的分辨率主要取于物镜. 单物镜 TEM 成像的阿贝（Abbe）原理，如图 13.5 所示.

采用 HRTEM 也可用来确定胶体半导体纳米晶体的形状及其堆垛缺陷，如

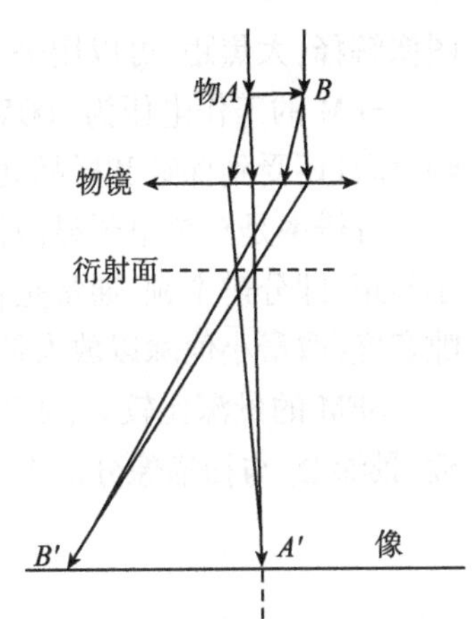

图 13.5　单物镜 TEM 成像的 Abbe 原理

CdSe 纳米晶体的形状为截切的六方棱柱体，对称性为 C_{3v}-$3m$ 点群. CdS 纳米晶体具有{111}小面四面体形状，属于闪锌矿结构. InP 和 InAs 纳米晶体均属于这种类型，其对称性属于 T_d^2-$F\bar{4}3m$ 空间群，其主要结构缺陷是旋转孪晶，此种旋转孪晶大大地影响纳米颗粒的形态，导致与没有缺陷纳米晶的形态不同.

13.3.2　扫描探针显微镜

扫描探针显微镜(scanning probe microscope，SPM)体现出多种微观观测技术，如扫描隧道显微镜(scanning tunneling microscope，STM)、原子力显微镜(atomic force microscope，AFM)、磁力显微镜(magnetic force microscope，MFM)等，这些电镜极大地丰富了电子显微术的功能，这些显微术已广泛应用于纳米晶的表征. 这些显微镜的共同特点是非常锐利，用针状探针扫描过测试样品表面，通过测量流过的电流或作用于针尖的力来形成图像. SPM 的适用范围甚广，可直接反映出无机物表面和有机分子的特点. SPM 不仅提供了观察表征纳米尺寸晶体，而且还是操纵和制造纳米尺寸的晶体手段，SPM 发明于 20 世纪 80 年代，也是 20 世纪最重要的科学发明之一. 对推动纳米科技的发展已起到了巨大的作用.

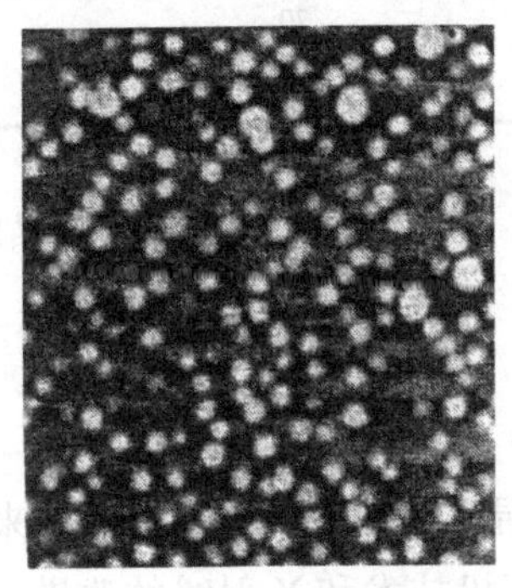
图 13.6　生长在 GaAs 晶体表面的 InAs 量子点的 AFM 图像

扫描隧道显微镜(STM)是以量子力学的真空隧道效应为理论基础. 通过检测探针尖端与固体表面所产生的隧道电流，而获得 STM 图像，但 STM 仅适用于导体纳米晶样品的观测；而原子力显微镜可表征绝缘体纳米晶的最佳选择，因而弥补了 STM 的用途不足. AFM 可普遍地适用于纳米晶粒的磁力、静电力、摩擦力、分子间作用力和半导体纳米晶的表面图像. 例如，测量生长在 GaAs 晶体表面的 InAs 量子点的 AFM 图像是清晰可见的，如图 13.6 所示. AFM 是研究磁性纳米晶粒的形态与其物性最有力的工具.

13.3.3　扫描电子显微镜

扫描电子显微镜(scanning electron microscope，SEM)技术可广泛地应用于表征固体表面的工具，常用的 SEM 是有 1nm 的分辨率，它的优点是具有相对简单的图像解释,大焦距,可以用来直接反映纳米晶的三维结构.

SEM 的工作电压为 100V ~ 30kV. SEM 图像分辨率,不仅受电子探针性能的影响,而且还受到探针和样品间相互作用的影响.

分辨率是扫描电子显微镜主要性能指标之一,一般认为扫描电镜能分辨的最小间距,即分辨本领,通常是在特定的条件下拍摄的图像上测量两亮区之间暗区间隙宽度,取最小值除以放大倍数.

SEM 的景深比较大,成像富有立体感,这是由于扫描电子束发散度 β 很小所致,景深 D_f 与扫描像分辨率 δ 的关系为

$$D_f = \frac{\delta}{\tan\beta} \tag{13.1}$$

现将在不同放大倍数下,SEM 像分辨率(δ)和相应的景深值($\beta = 10^{-3}$ rad)列入表 13.2.

表 13.2　不同放大倍数下 SEM 像分辨率(δ)和相应的景深值

放大倍数(M)	分辨率 δ/μm	景深 D_f/μm	
		扫描电镜	光学显微镜
20	5	5000	5
100	1	1000	2
1000	0.1	100	0.7
5000	0.02	20	
10000	0.01	10	

沉积在碳薄膜上的金(Au)纳米晶粒的 SEM 图形,可以分辨出两个晶粒间相隔几纳米,分辨率可达到 1nm.

13.3.4　X 射线衍射

X 射线衍射(X-ray diffraction, XRD)效应对晶体学的发展,从历史上来看,可以说起到无可类比的作用. 当今由于电子学,计算机技术和 X 射线的改进,促成了 X 射线衍射已成为识别纳米晶体及其结构缺陷不可缺少的工具,大角度衍射谱与纳米晶结构直接相关,而小角度衍射谱则与纳米晶的有序自组装直接相关. 通过检测纳米晶粒衍射谱中所消失的衍射峰,可以确定纳米晶结构堆积的几何学.

XRD 是估测纳米晶粒平均间距以及纳米团簇原子结构强有力技术. 衍射线的宽度和纳米晶的尺寸分布以及其缺陷有关,纳米晶的尺寸减小,衍射线变宽. 从理论上计算出不同晶体模型的衍射谱图与实验得到的谱图相比较,能够推断纳米晶的结构,例如金(Au)的纳米晶是 bcc 堆积.

13.3.5 磁力显微镜

磁力显微镜(magnetic force microscope, MFM)是原子力显微镜(AFM)的变形体. 通过锐利的磁性尖头来扫描磁性样品,使其尖头与磁性样品相互作用,便产生磁的偶极-偶极间交互作用.

MFM 扫描为非接触 AFM 方式. MFM 测量装置的工作原理如图 13.7 所示.

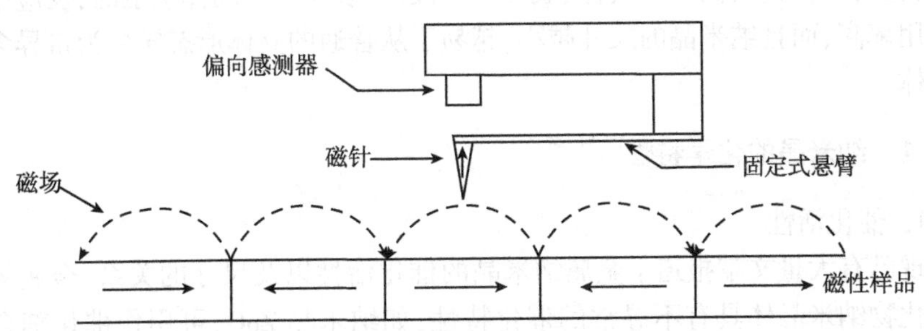

图 13.7 MFM 测量装置工作原理示意图

13.3.6 超导量子相干磁力测定仪

对于磁性晶粒,可采用超导量子相干磁力测定仪(superconducting quantum interference magnetic force meter, SQIMFM)来测定矫顽力、饱和磁化强度. 铁磁性和超顺磁性方面的性能,这种设备用来测定磁晶粒样品,要在低温近液氦温度条件下进行.

13.3.7 拉曼散射法

拉曼散射法(Raman scattering method, RSM)可用来测量纳米晶粒的平均粒径,可由下式计算出来:

$$d(\text{粒径}) = 2\pi(B/\Delta\omega)^{1/2} \tag{13.2}$$

式中,B 为一常数. $\Delta\omega$ 为纳米晶粒的拉曼谱中某一晶峰的峰位与同样材料的常规晶粒的相对应的晶峰峰位的偏移量. 另外还有差热扫描量热计(differential scanning calorimetry, DSC),当纳米晶粒在某些基因配位时,如包覆金(Au)的硫醇,当发生化学反应和配位体取代时,可能是放热或吸热的,这种变化可采用 DSC 进行监控,根据测定出的放热或吸热的程度对表征纳米晶可提供间接的信息.

随着纳米材料和纳米结构研究工作的逐步深入,先进的光电子设备设计与制造以及测量数据、摄取图像等方法的不断改进,必将对纳米晶体的表征越来越提供更精密更形象化的处理,表征的方法也将越来越多样化.

§13.4　纳米晶的性能特点

由于纳米晶的尺寸、形态、结构与其体块状晶体相比的差异，产生出许多奇异的性能. 纳米晶在表面化学方面显示出新的发展前景. 纳米晶在其表面上占有的原子数目多，使得其表面——气体、表面——液体、表面——固体接触时，反应中的原子利用率高，而且纳米晶的尺寸越小，越易于从普通的立体形态转变为奇异多变的多面体.

13.4.1　纳米晶的化学特性[7,64-67]

1. 催化活性

现已有大量文献报道了金属纳米晶的催化活性以及尺寸的关系. 金属氧化物和硫化物纳米晶体具有不寻常的催化特性，如纳米晶 ZnO，可用作催化剂合成甲醇，可大大地提高了转化率，反应式为：$CO_2 + 3H_2 \xrightarrow{ZnO} CH_3OH + H_2O$.

2. 纳米晶的吸附性质

由于纳米晶具有巨大的表面能和特殊的结构特征，如孔道、空腔或孪晶界面等，因此当外来的被吸附物质接近其表面时，它有足够多的接受点等，从而在吸附过程中显示出优异的空间效应，因此，纳米晶作为吸附剂有广泛的应用前景.

3. 新型化学试剂的特性

大表面积和高表面活性，使得纳米晶体的表面反应接近化学计量转化的水准，大量的纳米金属晶体均具有活性增强的特性，这都有利于有机化合物的合成反应. 金属纳米晶可作为由金属原子直接参与有机或金属化合物合成的一种新型试剂.

13.4.2　纳米晶异常的热力学性质[66,67]

(1) 比热容.

比热容是任何固体最基本的热力学性质，比热容 C 是固体物质升高一定温度所需要的热量，定义为

$$C = \Delta Q/(\Delta T \cdot m) \tag{13.3}$$

式中，ΔQ 为物质升高温度 ΔT 所需要的总热量，m 为样品的质量，最早用的计量单位为 $J \cdot kg^{-1} \cdot K^{-1}$ 和 $Cal \cdot g^{-1} \cdot K^{-1}$，而习惯上常用的比热容单位为 $J \cdot mol^{-1} \cdot K^{-1}$.

实际测量结果表明：纳米晶体比体块状晶体具有更高的比热容. 例如，对于尺寸分别为 8nm 和 6nm 的晶体铜(Cu)和钯(Pd)，测量温度范围为 150～300K，此两种纳米晶体的比热容都大于其多晶的比热容. 在不同的温度下，钯(Pd)的比热容提高了 39%～53%；铜(Cu)的比热容提高了 9%～11%，其他纳米晶体，如 Ru、Sc

等纳米晶体,其比热容与其多晶相比,都有不同程度的提高.甚至在非常低的温度下(25K以下),纳米晶体的比热容与其多晶相比,其比热容也有所提高,例如:铁(Fe)纳米晶体的比热容与其多晶相比,其比热容也有所提高. 例如,铁(Fe)纳米晶的比热容比普通铁的比热容大.

(2)纳米晶体的熔点.

对于晶体而言,熔点是指固体和液体间的转变温度,当高于此温度时,晶体点阵结构消失,而转变成为液体或熔体. 1954年,M. Takagi首次发现纳米晶粒的熔点低于其相应的体块状晶体的熔点. 例如,金(Au)的熔点原来是1064℃,但生成10nm晶粒后,其熔点降低到940℃;当Au的纳米晶粒的直径为5nm时,其熔点降低到830℃. 晶粒的直径越小,其熔点就越低,这种现象在纳米晶中是普遍存在的.

13.4.3 纳米晶粒的异常物理性质[68-71]

(1)纳米晶具有特殊的电荷分布特性.

金属单晶原来是电的良导体,但生成纳米晶粒后,当晶粒直径小到某一临界值以下时,它就成了绝缘体,这是由于体积效应所引起的,由于纳米晶粒体积小,所含有的原子数目很有限,相应的质量极小,这是金属的电子状态受到尺寸限制的结果.随着晶粒直径的减小,能级间隔增大,电子移动迁移困难,电阻率增大,从而使能带隙变宽,导致金属导体变成了绝缘体了.但如果将纳米晶粒镶嵌在一固体基片上,其熔融温度可能升高,也可能降低,此取决于纳米晶粒与固体基片间的相互作用强弱的结果.

(2)纳米晶的磁性.

磁性对纳米晶粒尺寸的依赖性是小尺寸效应最直观的实例.过渡金属铑(Rh)的块体材料是非磁性材料,但实际上观察到铑(Rh)纳米原子簇具有超顺磁性.

纳米晶粒存在的磁性是较普遍的现象. 例如,生长在$SrTio_3$衬底上的Cu_2O纳米晶,当大小为40nm时,存在着软磁性.强磁性纳米颗粒随着尺寸的变小,可由多畴变为单畴纳米晶.

(3)半导体纳米晶粒最显著的特征.

在许多半导体纳米晶都观察到吸收谱蓝移的现象,这是由于量子尺寸限域效应所造成的.其中CdSe最受人关注.CdSe纳米晶粒的吸收谱随尺寸减小,显示出显著的蓝移,人们对高质量的CdSe纳米晶样品作了很多研究,测量其依赖尺寸的光学谱.与CdSe相似,人们也较广泛地研究了CdS纳米晶粒的吸收性质,并观察到蓝移现象.GaN纳米晶粒作为一种有发展前途的蓝光二极管材料已受到人们的重视.金属氧化物是另一类重要的纳米晶体,如TiO_2、SnO_2、Fe_2O_3、ZnO等纳米晶体,这些金属氧化物纳米晶体在光催化,催化和作为颜料方面扮演了重要角色,在可见光区没有吸收,通常为白色,这些纳米晶粒一般地可从相应的水解方法来制备,在这些氧化物纳米晶体中,TiO_2 纳米晶最受人们的关注.

(4)纳米晶粒具有非线性光学性质.

在高激发强度下,纳米晶体具有显著的非线性光学性质,其中包括二次或三次谐波发生,上转换发光以及饱和吸收等.在半导体纳米晶粒中观察到的非线性光学性质是在高强度下的吸收饱和瞬时褪色转变中发现的,已观察到 CdSe 纳米晶体的二次谐波发生.对于半导体纳米晶粒或具有三维(3D)限域的量子点,已报道了lnP、InAs/GaAs 等的发光上转换现象.对于 Bi_2S_3 纳米复合材料,利用单色束 Z 扫描技术,测定了不同热处理条件下表面包覆纳米 Bi_2S_3 掺质有机改性硅酸盐材料的三阶非线性光学性质等,总之,由于纳米晶体尺寸的关系,所发现的新的非线性光学性质日益增多,均有待进一步深入研究,以便扩大这些新发现的用途.

§13.5　纳米晶的应用[72]

纳米科学与其技术现正在日新月异的发展过程中,纳米晶是纳米材料的结构基元中的主要成员,直接关系到纳米材料所呈现出的性能.

现仅就纳米晶已探明和展现出的显著应用,列举数例说明:

13.5.1　在医疗药物方面的应用[73-75]

大量的纳米晶应用于人身健康和生物体系,当药物制成纳米晶(粉)悬浮液后,可以直接进行注射,这样的纳米晶粒药物,可以顺利地进入微血管,由于纳米晶粒有高的表面积,有利于药物与血液加快反应.利用纳米晶的磁性能,通过从血样中分离和浓缩产生的物质,可以检验抗体/激素复合体.还可以将药物负载到磁性纳米晶体上,通过施加磁场,可以将纳米晶粒导向到身体中所需要的部位.例如,恶性肿瘤可以黏附靶向药物,并通过磁场实现富集,在肿瘤恶化前,便可将病毒从血液中清除出去.

13.5.2　纳米晶作为高效催化剂和吸收剂[64,65]

纳米晶体具有独特而显著的表面积,所呈现出的催化性能和吸收性能,所带来的经济效益和科学价值是难以估算的,这无疑将会开拓大量的新技术和新应用领域,而对催化、吸附、医药、酸碱反应、中和反应及其固体参与的期望发生的新反应,将产生巨大的影响作用.

大量文献已报道了金属纳米晶粒的催化活性、吸附性与晶粒尺寸的关系.小的金属纳米晶粒负载在 SiO_2、MgO、Al_2O_3 或碳(C)上后,确实显示出奇特的催化特性.部分的金属纳米晶体的特性,有助于储氢气(H_2).随着燃料电池驱动汽车的开发,这种具有高储氢能力的材料变得愈发重要.铝硅酸盐(沸石)构成了一大类.孔径可控性,孔体积较大的自组装催化剂,利用这种沸石催化剂,可用来生产大量石油,沸石催化剂的孔道维数取决于沸石环中氧的个数.

13.5.3 保护生态环境方面的应用

半导体纳米晶粒具有光催化效应,这种效应在环境保护、水质处理,有机物降解等方面有重要应用,所谓半导体的光催化效应是指在光的照射下价电子跃迁到导带,价带的孔穴把周围环境中的羟基电子夺过来,在化学反应中起着重要作用.光催化反应依赖于光催化作用物质的性质,其中包括溶液的 pH、晶粒尺寸和表面特性,光催化有机物降解材料和保洁抗菌涂层材料,对处理有害气体,特别是在水处理方面,可除去废水中主要污染物和有毒物质等.

常用的光催化半导体纳米晶粒有 TiO_2(锐钛矿相)、Fe_2O_3、CdS、ZnS、PbS、PbSe、$ZnFe_2O_4$ 等.

13.5.4 能源材料

能源材料包括新型光电转换、热电转换材料.

现以纳米晶体制造的太阳能电池为例,说明新型能源材料.将 TiO_2 纳米晶与染料敏感剂的结合,即可成为一个太阳能电池.在纳米晶 TiO_2 太阳能电池里,染料分子被吸收在纳米晶粒表面,染料分子受太阳光激发导致电子注入 TiO_2 纳米晶粒子的导带,氧化态分子通过电子输运,从还原态被还原,恢复到原来的状态,电荷输运通过晶粒发生,并由电极收集和连接.这种电池在满光照射条件下,可达到 7%~10% 的太阳能功率转化效率.

13.5.5 磁性纳米晶的应用[27-30]

磁性纳米晶体,类别较多,用途甚为广泛.

(1)巨磁电阻材料.

在磁性金属和合金纳米多层膜(如 Fe/Cu、Fe/Ag、Fe/Al、Fe/Au、Fe/Cu 等纳米结构多层膜)中都有巨磁电阻效应,所谓磁电阻,是指在一定磁场下电阻改变的现象.所谓巨磁电阻,是指在一定磁场下,电阻急剧减小.

利用巨磁电阻效应在不同的磁化状态下具有不同电阻值的特点,可以制成随机存储器(MRAM)和微弱磁场探测器等.

(2)磁性液体(magnetic liquid).

磁性液体主要特点是在磁场作用下,可以被磁化,能在磁场作用下运动,同时又是液体,具有流动性、磁性颗粒能沿着外磁场方向作有序排列,具有各向异性,磁性液体可作为新型的润滑剂,旋转轴的动态密封与阻尼器件等多种用途.

(3)纳米晶软磁材料.

纳米晶软磁材料目前沿着高频,多功能方向发展. 其应用领域将遍及软磁材料应用的各方面,诸如:功率变压器,脉冲变压器、高频变压器,可饱和电抗器、磁头、磁开关和传感器等.

实验证明 $Fe_{73.5}Cu_1Nb_3Si_{13.5}B_9$ 为纳米软磁材料,其性能优于铁氧体材料.

(4)纳米晶稀土永磁材料和复合永磁材料.

NdFeB 属于纳米晶稀土永磁材料. 永磁材料的磁晶的各向异性远高于软磁材料,而通常软磁材料的饱和磁性强度高于永磁材料. 如果将软磁相与永磁相在纳米尺度范围内进行复合,就有可能获得兼备高饱和磁化强度,高矫顽力二者优点的新型永磁材料.

常见的纳米晶复合永磁材料有 R_2(稀土元素)$Fe_{14}B/\alpha$-Fe 系、Fe_3B/α-Fe + $Nd_2Fe_{14}B$ 系的纳米晶复合材料以及纳米晶复合永磁薄膜材料等.

纳米晶复合永磁材料可应用于传动装置,精密机械仪表、光盘驱动,传真机、寻呼机、移动电话,摄/录像机,打印机,医疗仪器等方面,优点是:重量轻, 能加工成各种特殊的形状, 等等.

13.5.6　半导体纳米晶的应用[16-26]

半导体纳米晶的应用,最引人注目的领域之一,是半导体纳米晶量子点激光器,已实现 InGaAs、InAs、AlInAs 和 InP 等量子点激光器. 利用光学泵浦已观察到 GaN 量子点的受激发射. 大多数情况下受激发射是在低温下观察到的,也有些在室温激发条件下也能实现的. ZnO 纳米线(量子线)阵列的室温紫外激发已得了实现. 利用简单的气相输运在蓝宝石衬底上可以生长出 ZnO 纳米线.

一些半导体金属氧化物纳米晶薄膜通过平版印刷术可制成高敏感和高选择性的环境传感器.

纳米晶技术可用于电致发光器件,电致发光是由于被注入半导体内的电子和空穴光学复合的结果,发射光波长完全根据半导体内能带隙大小来决定的能带隙的调整,可通过如 CdSe 或其他Ⅱ-Ⅵ化合物半导体的纳米晶粒的尺寸效应来获得,这种纳米晶材料可用于各种平板显示,如光信号,计算机显示器和电视屏幕等.

13.5.7　纳米晶的光学性质方面的应用[32-38]

利用纳米晶材料特有的光吸收、光发射、光学非线性的特性,使其在未来的人们的日常生活和高技术领域内具有广泛的应用前景. 例如,纳米氧化物晶体对紫外光具有强的吸收能力,可以改善日用照明设备,提高照明寿命,减少对人体的损害. 纳米晶 SiO_2 材料在光传输中的低损耗,可以大大地提高光传导效率,使其在光存储等方面将有应用前景.

纳米晶粒的量子尺寸效应等使其对某种波长的吸收带有蓝移的现象.

Fe_2O_3 纳米微粒的聚固醇树脂膜对 600nm 以下的光有良好的吸收能力,可用做半导体器件的紫外线过滤器. 纳米级的硼化物,碳化物、纳米碳管等在隐身材料方面的应用将有所作用等.

另外,高熔点陶瓷制品烧结温度甚高,对所要制造的复杂多样的零件不易制造,但当陶瓷原料生成纳米晶粉料,成形烧结温度将会明显降低,故可用来制造高温陶瓷零件,从而扩大了陶瓷制品的应用范围与应用价值. 从当前各种学科发展的情况来看,纳米晶科学与技术属于当代迅速发展的一种新兴的交叉学科,所涉及的研究领域甚广,并正在一步一步地向更深入的方向发展,现仅举几个方面的实例加以说明之[76-81]:

(1)科学家们采用纳米晶体作为掺质,此类同经典半导体掺杂的概念. 例如,由 PbTe 和 Ag_2Te 两种不同的纳米晶薄膜,各自测定出电性能,然后将此两种纳米晶薄膜以不同的比例组成的纳米薄膜,随后所测定的电导率比任一单个纳米晶薄膜的电导率高出 3 个数量级.

当前采用纳米晶掺杂的策略,意图来提高其纳米晶的电学的、磁学的和光学等性质的文章在国际范围内可以说已形成了高潮,尤其是对掺杂的半导体纳米晶. 例如,Mn:GaAs、Mn:Ge、P:Si:Zn:LnP 等研究成果更令人注目,并注意到对纳米晶掺杂机制的研究,意即掺质是如何才能进入纳米晶结构中去的.

(2)由于对纳米晶生长的研究日益深入,人们对纳米晶结构的研究已提到了日程上来,以高分辨率透射电镜(HRTEM)和高能 X 射线衍射等为锐利的研究武器,对纳米晶体结构已开始系统地进行研究,研究的具体对象首先是Ⅲ-Ⅴ族和Ⅱ-Ⅵ半导体纳米晶,如 GaAs、GaSb、InN 等和 ZnS、ZnSe、CdTe 等半导体纳米晶. 研究结果表明,这些半导体纳米晶的结构组成为晶格,其周期间隔为 200 ~ 500nm,形成层状结构等. 而且表面壳层结构与其核心结构是有区别的.

(3)纳米晶缺陷:纳米晶同正常晶体一样,也存在着缺陷,而缺陷的产生同纳米晶形成的条件密切相关,众多研究表明所形成的缺陷有量子点缺陷,其中包括量子点空位、量子点间隙缺陷;在硅(Si)纳米晶中存在氧缺陷,在 ZnO 纳米晶结构中存在着四锥体、壳体、棒、小面化棒;在纳米晶结构中存在着刃型位错、晶粒边界、位错堆积、位错吸收和位错传播等.

这些纳米缺陷有的通过动力学蒙特卡罗生长模拟,有的运用准连续模拟来验证以及采用高分辨率透射电镜来探索等.

参 考 文 献

[1] 李言荣, 谢孟贤, 恽正中等. 纳米电子材料与器件. 电子工业出版社,2005.

[2] 张立德, 牟季美. 纳米材料科学. 辽宁科学技术出版社,1994.

[3] Li Q,Zeng G K,Xi S Q. Chinese Chemical Bulletin,1995,6:129.
[4] Weller H,Eychmuller A et al. Advances in Photochemistry. Vol. 20. John Wiley & Sons,1995, 20.
[5] Zhu Y,Birringer R,Herv U et al. Phys. Rev., 1987,B35:9085.
[6] [美]张金中, 王中林, 刘俊等. Self - Assembled Nanostructures(自组装纳米结构). 曹茂盛, 曹传宝译. 化学工业出版社, 2005.
[7] [美]克莱邦德 K J. Nanoscale Materials in Chemistry(纳米材料化学). 陈建峰, 邵磊, 刘晓林等译. 化学工业出版社,2004.
[8] 张立德,解思深. 纳米材料和纳米结构. 科学出版社,2001.
[9] Gleiter H, Marquardt P. Metall Kunde 2. 1984,75:263.
[10] Faraday M. Experimental relations of gold (and other metals) to light. Philos Trans B. Soc., 1857,147:145 - 187.
[11] Whdten R L, Khoury J T, Alraey M M et al. Mater., 1996, 81: 428 - 933.
[12] Petit C, Wang Z L, Pilenl M P. J. Phys. Chem. B., 2005,109:15316.
[13] Piteni M P. Pure Appl. Chem., 2000, 72(1 - 2):53 - 65.
[14] Turgut Z, Huang M Q, Gallagher K et al. Magnetic evidence for structural - phase transformations in Fe-Co alloy nanocrystals produced by a carbon arc. J. Appl. Phys., 1997. 81(18): 4039 - 4041.
[15] Turgut Z, Scoott J H, Huang M Q et al. J. of Applied Physics. 1998, 83(11).
[16] Nirmal M,Dabbousi B O,Bawendi M G et al. Fluorescence intermittency in single cadmium selenide nanocrystals. Nature,1996, 383:802 - 804.
[17] Bruchey M,Moronne M,Gin P et al. Semiconductor nanocrystal as fluorescent biological labels. Science, 1998, 281:2013 - 2016.
[18] Reich S, Thomsen C, Maultzsch J. Carbon Nanotubes - Basic Concepts and Physical Properties. Wiley - VCH Verlag GmbH & Co. KGaA, 2004: 55.
[19] Colvin V L, Goldstein A N, Aeivisa A P Veivisatos. J. Am. Chem. Soc., 1992,114(13): 5221 - 5230.
[20] Vossmeger T, Katsikas L, Giersig M et al. J. Phys Chem.,1994,98(31): 7665 - 7673.
[21] Du M H,Erwin S C, Efros A L. Trapped - Dopant model of doping in semiconductor nanocrystals. Nano Letters, 2008,8(9):2878 - 2882.
[22] Du M H,Erwin S C, Norris D J et al. Commet on self - purification in semiconductor nanocrystals. Physical Review Letters, 2008.
[23] Pi X D, Gresback R, Liptak R W et al. Doping efficiency, dopant location and dividation of Si nanocrystals. Appl Phys. Lett., 2008, 92: 123120.
[24] Wilcoxon J, Krans J M, Abrams B L. Isandia National Laboratories,P. O. Box 5800.
[25] Yang H,Santra S, Paul H. Holloway synthesis and Applications of Mn - doped Ⅱ - Ⅵ semiconductor nanocrystals. J. Nanoscience and Nano Technology, 2005, 5: 1364 - 1375.
[26] Chattopadhyay S, kelly S O, Shibata T et al. XAFs studies of nanocrystals of a Dilute magnetic semiconductor $Zn_{1-x}Mn_xO$. SRMS - 5 conference,Chicago,July 30 - August 2. 2006.

[27] 冯则坤,何华耀. 纳米磁性能颗粒膜研究进展. 磁性材料及器件,2005, 26:17 –21.

[28] 陈令允、李凤生、姜炜等. 强磁性纳米 Fe_3O_4/SiO_2复合粒子的制备及其性能研究. 材料科学与工程学报,2005, 23(5):556 –559.

[29] 刘献明,黄传军,张书峰等. 纳米晶 $MnFe_2O_4$ 的水热法合成及其磁性能. 功能材料与器件学报,2005,11(2):155.

[30] 曹渊、陶长元、刘作华等. 纳米无机物/高分子磁功能复合材料研究进展. 压电与声光,2006, 28(1):55 –56.

[31] Pedro. Maria del Puerto Morales. The preparation of magnetic nanoparticles for applications in biomedicine. J. Phys. D:Appl. Phys., 2003,36: 182 –199.

[32] O'Regan B, Gřatzèl M. A low –cost,high –efficiency solar cell based on dye –sensitized colloidal TiO_2 films. J. Am. Chem. Soc.,1992,114(13): 5221 –5230.

[33] Kavich D W, Dickerson J H. Magnetization Measurements of multi –layer shirt films of Fe_3O_4 nanocrystals. National High Magnetic Field Laborafory 2007 Research Report.

[34] Yi W, Moberlychan W, Narayanamurti V et al. Characterization of spinel iron –oxide nanocrystals grown on Fe whiskers. J. Applied Physics, 2004,95(11): 7136 –7138.

[35] Wilson K, Gai P L, Montero J M et al. Structure activity relations in solid base catalysed biodie –sel synthesis. Department of Chemistry, university of York, Heslington, York,YO10 500(UK). kw 13 @ york. ac. uk.

[36] Bianchi C L, Capelletti G, Ardizzone S. Growth of TiO_2 nanocrystals in the presence of alkyl –pyridinium seats. The Interplay Between Tail –Tail and Surfactant –owde. Depatment of Physical chemistry and Electron chemistry,University of Milan,Via Golgi 19,20130 Milan,Italy.

[37] Yin J S, Wang Z L. In situ structural evolution of self –assemble oxide nanocrystals. J. Phys. Chem. B, 1997,101:8979 –8983.

[38] Wang D H, Ma X L, Wang Y G et al. Shape control of CoO and $LiCoO_2$ nanocrystals. Nano Res, DOI 10.1007/s 12274 –010 –1001 –9. Research Article.

[39] Wilson W L, Szajowsk P F, Brus L E. Quantum confinement in size –selected, surface –oxidized silicon nanocrystals. Science, 1993, 262:1242 –1244.

[40] 周均铭. 分子束外延及相关单晶落膜生长技术. 见:张克从, 张乐潓. 晶体生长科学与技术. 科学出版社, 1997.

[41] Reich S, Thomsen C, Maultzsch J. Carbon Nanotubes—Basic Concepts and Physical Proper –ties. Wiley –VCH Verlag GmbH & Co. KGaA, 2004: 87.

[42] McGarry S. Semicanductor Nanocrystal Quantam Dots. Corleton Unicersity Department of Elec –fronies, Sept. 23,2004.

[43] Dinh L N, Trelenbery T, Torralva B et al. Femtosecond Laser Synthesis of Multi –Element Nanocrystals. U S Department of Energy,Lawrence Livermore National Laboratory. January 8, 2003: 293.

[44] Alivisatos A P. Semiconductor clusters,nanocrystals and quantum dots. Science, 1996, 271 (5251): 933 –939.

[45] Norris D J, Sacra A, Murray C B et al. Measurement of the size dependent hole spectrum in

CdSe quantum dots. 1994, 72(16): 2612 - 1615.

[46] Klimov V, Hunsche S, Kurz H. Biexciton effects in femtosecond nonlinear transmission of semi - conductor quantum dots. Phys. Rev., 1994, B50: 8110 - 8113.

[47] Jacobsohn M, Banin U. Size dependence of second harmonic generation in CdSe nanocrystal quantum dots. J. Phys. Chem. B, 2000, 104(1): 1 - 5.

[48] Piester D, Ivanov A A, Bakin A S et al. Semicondutor nanostructures for Quantum Wire Lasers ICoNo 2001: Fundamental Aspects of Laser - Matter Interaction and Physics of Nanostructures. Proc. SPIE, 2002, 4748: 476 - 485.

[49] Wu H, Schaff W J, Koley G et al. Molecular beam epitaxial growth of AIN/GaN multiple quan - tum wells. Materials Reseasch Society, 2003, 743.

[50] Dinh L N, Trelenbery T, Torralva B et al. Femtosecond Laser Synthesis of Multi - Element Nanocrystals. U S Department of Energy, Lawrence Livermore National Laboratory. January 8, 2003: 295.

[51] Yin YO, Alivisafos A P. Colloidal nanocrystal synthesis and the organic - inorganic interface. Nature, 2005, 437: 664 - 670.

[52] Jun Y W, Lee J H, Choi J S et al. Symmetry - controlled colloidal nanocrystals: nonhydrolytic chemical synthesis and shape determining parameters. J. Phys. Chem. B, 2005, 109(31): 14795 - 14806.

[53] 张萍，崔海信，李玲玲. 纳米 TiO_2 半导体液胶的光生物学效应. 无机材料科学报，2008, 23(1): 55 - 60.

[54] Wang Z L. Characterization of Nanophase Materials. Wiley - VCHL, 1999.

[55] Yi W, Moberlychan W, Narayanmurti V. Characterization of spinel iron - oxide nanocrystals grown on Fe whiskers. J. Applied Physics, 2004, 95(11).

[56] Wang Z L. Transmission electron microscopy of shape - Controlled nanocrystals and their assem - blies. J. Phys. Chem. B, 2000, 104: 1153 - 1157.

[57] Buseck P, Cowley J, Eyring L. High Resolution Transimission Electron Microscopy Theory and Application. Oxford University Press, 1989.

[58] Wiesendanger R. Scanning Poke Microscopy and Spectroscopy Method and Application. Cambridge University Press, 1994.

[59] Binning G, Rohrer H, Gerber C et al. Surface studies by scanning tunneling microscopy. Phys. Rev. Lett., 1982, 49(1): 57 - 60.

[60] Binning G, Quat C F, Gerher Ch. Atomic force microscopy. Phys. Rev. Lett., 1986, 56: 930 - 933.

[61] 全焜. 材料结构分析基础. 科学出版社，2002.

[62] Wang Z L. Transmission elcetron microscopy of shape - controlled nanocrystals and their assemblies. J. Phys. chem. B, 2000, 104: 1164 - 1175.

[63] Moler K A, Dai H, Kenny T W et al. Migration of Carbon Nanotubes, Magnetic nanocrystals, and Silicon Microstructures for Ultra - High - Resolution Magnetic Force Microscopy NSF. Nanoscale Science and Engneering Grantees conference. 2002 - 11: 11 - 13.

[64] Wang D S, Xie T, Li Y D. Nanocrystals:Solution – based synthesis and applications as nanocat – alysts. Nano Res, 2009, 2:30 –46.

[65] Wang J, He S S, Li Z S et al. Synthesis of chrysalis – like CuO nanocrystals and their catalytic activity in the thermal decomposition of ammonium perchlorate. J. Chem. Sci., 2009, 121(6): 1077 –1081.

[66] Rupp J, Birrnges R. Enhanced specific – heat – capacity (Cp) measarements (150 –300K) of nanometersized crystalling materials. Phys. Rev. B, 1979, 36:7888 –9890.

[67] Sun N X, Lu K. Heat – Capacity comparison among the nanocrystalline, amorphous, and coarse – grained polycrystalline sates in element selenium. Phys. Rev. B, 1996, 54:6058 –6061.

[68] Rabani E, Hetenyi B, Berne B J. Electronic properties of CdSe nanocrystals in the absence and presence of a dielectric medium. J. of chemical Physics, 1999, 110: 5355.

[69] Turgut Z, Scott J H, Huang M Q et al. Magnetic properties and ordering in C – Coated $Fe_x Co_{1-x}$ alloy nanocrystals. J. of Applied Physics, 1998, 83(11).

[70] Alivisatos A P. Perspectives on the physical chemistry of semiconductor nanocrystals. J. Phys. Chem., 1996,100:13226 –13239.

[71] Hernandez S, Pellegrino P, Martinez A et al. Linear and nonlinear optical properties of Si nano – crystals in SiO_2 deposited by plasma enhanced chemical – vapor deposition. J. of Applied Phys– ics, 2008, 103: 064309.

[72] 李德胜, 关佳亮. 石照耀等微纳米技术及应用. 科学出版社, 2005.

[73] Magnetic Nanocrystals Carry Tumor – Killing Drugs. Nano News, 2007.

[74] Tartaj P. The preparation of magnetic nanoparticles for applications in biomedicine. J. Phys. D: App. Phys., 2003,36: R182 – R199.

[75] Mo Imani, Alexander M. Serfalion biological applications of quantum dots. Biomaterials, 2007, 28:4717 –4732.

[76] Nanocrystal Structures. Document Type and Number:United Ststes Patent 7150910.

[77] Norris D J, Efros A L, Erwin S C. Doped Nanocrystals. Science, 2008, 319 (5871): 1776 –1779.

[78] Kiravittaya S, Schmidt O G. Quantum – dot crystal defect. Appl. Phys. Lett., 2008, 93:173109.

[79] Moeck P. Identification of individual nanocrystal structures and morphologies by TEM. Affilia– tion:Portland State University, 912 –915 18 BN 978 –1 –4200 –8503 –7.

[80] Djurii B, Leung Y H, Chan W K et al. Time – resolved photoluminescence from ZnO nanostruc – tures. Appl. Phys. Lett., 2005, 87:223111.

[81] Shimokawa T, Kinari T, Shintaku S. Interaction mechanism between edge dislocations and a – symmetrical Pill grain boundaries investigated via quasicontinuum simulations. Phys. Rev., 2007, 144108.

第十四章　液　　晶

早在1888年，奥地利植物学家埃尼采尔[1]就观察注意到，当胆甾醇苯酸酯(cholesteryol benzoate，$C_6H_5CO_2C_{27}H_{45}$)晶体加热到145.5℃时，会变成混浊的液体，继续加热到178.5℃时，此种混浊液体会突然地转变为清亮的液体；当此种清亮的液体降温到178.5℃之后，又变成混浊的液体，继续地降温至145.5℃之后，此混浊的液体便生成了晶体，清楚地表明上述所发生的变化是可逆的. 随后，埃尼采尔将此种晶体赠送给德国物理学家莱曼(O. Lehmann)[2]，经过系统的研究，雷曼发现了许多有机化合物都具有双重熔融或凝固的性质. 从晶态(固态)到各向同性液态之间还存在着中间态. 并具有较宽的相变温度范围：

$$\Delta T = T_e - T_c \cdots\cdots \tag{14.1}$$

式中，T_e 为中间态与各向同性液体间的转变温度，T_c 为晶体的熔点温度，ΔT 为中间态存在的温度范围[1-32].

研究结果表明，此种混浊的液体(中间态)具有双重性质，它的机械性能和流动性如同各向同性的普通液体；它的光学、电学等性质具有显著的各向异性，类同晶体. 当莱曼完成了晶体学方面的研究后，将此种混浊不清的液体定名为液晶. 那些出现液晶相的物质，并不总是处于液晶相，只有在一定的物理化学条件下，才能显示出液晶相的物理特征.

后来，为了更形象化地描述液晶，有人把液晶称为"软晶体"、"浮动晶体"或"结晶的流体"，这些名称的含义是类同的，说明这种中介相具有晶体和液体的双重性质，同时也说明了液晶的发现，打破了人们关于物质的固、液、气三态的常规传统概念. 在固-液两态之间，还可以有一个或多个中间过渡态. 液晶的发现已有100多年的历史，但在未找到液晶的实际应用之前，较长期地停留在少数科学家们在实验室里作些有趣的探索性的研究，未能引起人们的广泛注意，直到20世纪60年代末期，有人利用液晶的光学性质来测定物体的温度和压力，并相继地将液晶用于显示器件和存储器件等后，才引起人们的注意. 液晶显示器件本身并不发光，而是借助于周围的入射光以达到显示的目的. 因此，可以在明亮的环境中使用，而且液晶显示器件具有消耗功率很小等优点，从而出现了广阔的发展前景，对液晶全方位的研究便日益受到人们的重视. 几十年过去了，现就液晶显示在工业方面的应用，在全世界范围内所获得的经济效益，每年以百亿美元计. 2003年全球的液晶显示的产值约为550亿美元，年年都有较大幅度的增长. 并相继不断地发现新型液晶，现在液晶态已发展成为一个颇大的物质家族体系,液晶材料的种类越来越多,每年所发表论文和专利均以千篇计. 液晶这一门既古老而又新兴的学科,仍处在蓬蓬勃勃的发展时期,如何将新型液晶转变为实际应用的液晶材料,液晶的物理特性,还有很多问题,需要进行深入探讨. 液晶的微观结构理论,需要得到完善的答案,相变是液晶的中心研究课题,更要系统而深入地进行研究,以便使人们深入理解液晶结构与其特性间的关系,以求液晶具有更多的用途.

现仅将液晶作为近代晶体学中的一员,对液晶具有的特点、类型、结构、性能等作一简要介绍,为进一步学习液晶、研究液晶奠定些初步理论基础.

§14.1　液 晶　分 子

许多有机分子都可以形成液晶,此种有机分子的特征必须是各向异性的分子. 用在液晶显示器件的液晶材料大多都是具有长棒状有机分子的液晶,此种长棒状液晶分子的基本结构,一般可表示为如图 14.1 所示.

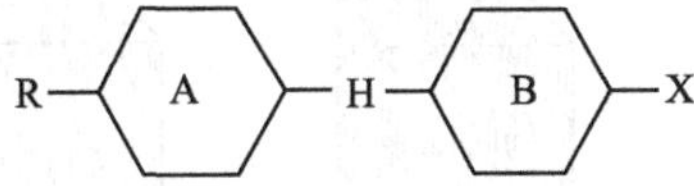

图 14.1　长棒状液晶分子的化学结构

长棒状液晶分子的中心部位　AHB 是一个刚性内核. 在有的核中有一桥键—H—,如—CH ═N—,—N ═N—,—N ═N(O)—, —COO—…,两侧由苯环、酯环或杂环组成,形成一共轭体系. 分子的尾端含有较柔顺的极性或可极化的基团—R,—X,如酯基、氨基、硝基、氰基和卤素等.

大量实验结果表明,长棒状液晶分子的长宽比,至少要大于 4,才能组成液晶相,液晶分子是形成液晶相的最小结构基元.

盘状液晶相的最小结构基元是盘状分子(　),盘状分子是指具有大环,平面环状堆积结构的分子,其轴向垂直于分子平面,该分子的特殊形状决定了其可能形成液晶相的基本类型.

双亲性分子,也可以形成液晶相,双亲性分子溶于水时,其极性头互相接近,而另一头非极性基团与水相接触,在水中的双亲分子,如图 14.2 所示.

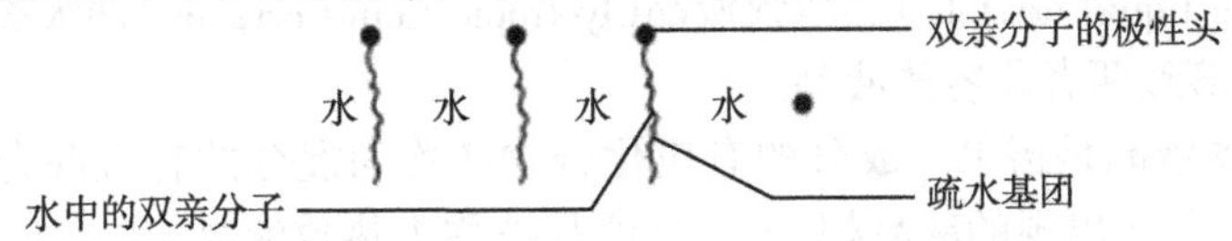

图 14.2　双亲性分子在水中的示意图

除此以外,聚合物材料也可形成液晶,这些聚合物液晶,它们大量应用于高强度高模量纤维复合材料等领域.

§14.2　液晶相与液晶类型[5]

14.2.1　液晶相

液晶相又称中介相(mesophase).

液晶是介于晶体与液体间的中间过渡态的物质,而把这种物质的相称为液晶相或称中介相.同一种液晶分子由于温度不同可以形成不同中介相:对于热致液晶来讲,晶体、液晶相和普通液体之间的关系,如图 14.3 所示.

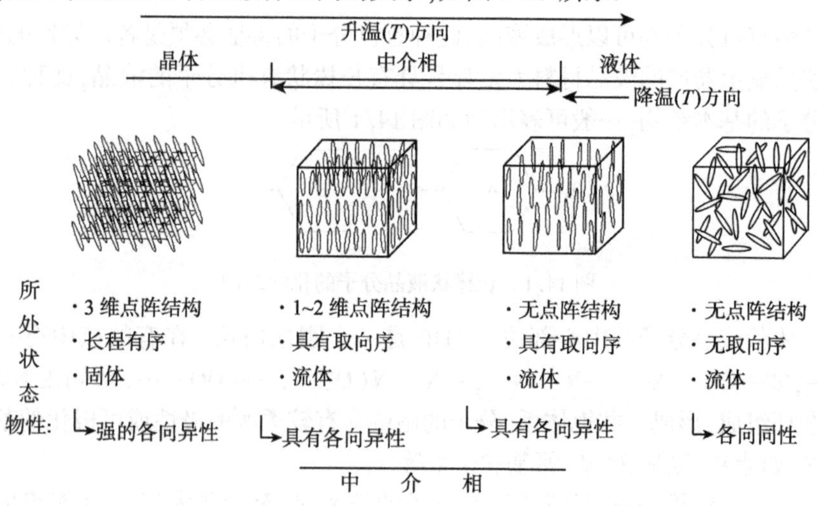

图 14.3　中介相处于晶体和普通液体中间状态示意图

在图 14.3 中这四种凝聚态物质之间的相变关系,依赖温度 T 的变化,其中存在的热力学与动力学等因素都会影响有机棒状分子的有序化(ordering)的.

14.2.2　液晶的类型[4]

根据液晶组成和出现液晶相的物理化学条件,液晶大体上可分为热致液晶(thermotropic liquid crystals)和溶致液晶(lyotropic liquid crystals)两大类;只有极少数为热致与溶致两者兼容的液晶.

(1)热致液晶是指单一成分的有机化合物或均匀混合的有机混合物,在温度变化的条件下,所出现的液晶相,这一类液晶被称为热致液晶,其有机分子的形状大多为棒状,如 N-(4-甲氧基苄叉)-4′-正丁基苯胺(MBBA),此种有机分子的化学分子式为

$$\overset{25\,\text{Å}}{\longleftrightarrow}$$

$$5\,\text{Å}\ \updownarrow\ CH_3-O-\langle\bigcirc\rangle-CH=N-\langle\ \rangle-C_4H_9$$

此种有机分子的形状为长棒状,晶体的熔点为21℃,清亮点为47℃,此种液晶属于热致液晶. 又如,由盘状有机分子组成的盘状液晶,它也为热致液晶.

(2)溶致液晶是指两种或两种以上组分所形成的液晶. 溶致液晶大都是由双亲分子(amphiphilic molecules)化合物和表面活化剂(sulfactant)或极性溶剂两种组分组成,最常遇到的溶剂是水. 最常见的双亲分子是月桂酸钠(钾)[肥皂,$CH_3(CH_2)_8(COO)^-Na^+(K^+)$],此种化合物,溶解在水中时,在一定的浓度条件下呈现出液晶性质,因此此种液晶被称为溶致液晶. 溶致液晶对生物体系很重要,在生物体系中大量存在. 例如, 生物膜就具有溶致液晶的特性.

§14.3 热致液晶[6-9]

根据液晶相中有机分子的排列情况来区分,热致液晶大致可分为四种不同类型,作为液晶显示用的材料几乎全是热致液晶. 现简要地一一加以阐明.

14.3.1 向列型液晶[4]

“nematic”一词来源于希腊语,意为丝状物,因此向列型液晶(nematic liquidcrystals)又称丝状液晶. 当有机分子处于液晶相时,液晶的每一个有机分子(结构基元)的排列位置是无序的,但从液晶的整体分子排列规律来看是有一定取向的,即具有一定方向性的(取向有序),其分子的排列形式,如图14.4所示.

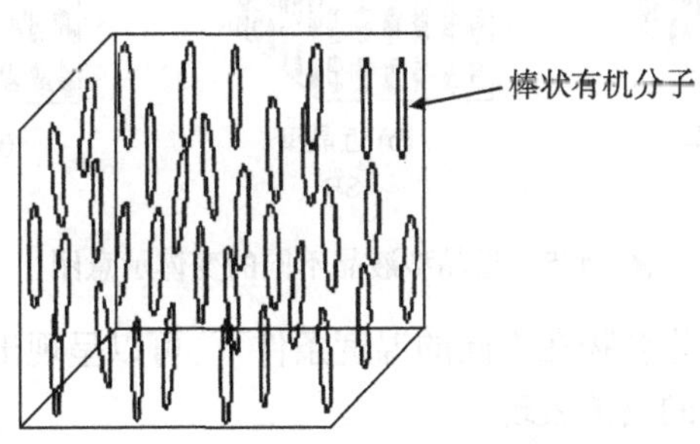

图14.4 向列型液晶结构中有机分子排列方式示意图

向列型液晶所属相,被称为向列相,简称N相,N相是没有平移有序的液晶,它是液晶家庭中最重要的成员,在液晶显示中已得到最广泛的应用.

向列型液晶相中,液晶分子彼此间倾向平行排列,平行排列的择优方向称为指向矢(director),常用一单位矢量($\boldsymbol{n}$)表示.

此种液晶相可以围绕指向矢 $\boldsymbol{n}$ 旋转而不发生任何改变,从而具有无限次旋转对称轴 C_∞,它还具有与 C_∞ 垂直对称面 m_h 以及通过 C_∞ 的 m_v,含有对称心,因此向列型相的局域的对称性为 $D_{\infty h}$点群.

在向列型液晶中:MBBA(CH_3—O—⟨○⟩—CH═N—⟨○⟩—C_4H_9),晶体的熔点为 21℃;清亮点:47℃ 和 EBBA(C_2H_5O—⟨○⟩—CH═N—⟨○⟩—C_4H_9),晶体的熔点为 37℃;清亮点为 80℃,这两种液晶混合的液晶,可得到宽温度范围的向列型液晶,而且实用特性优良,在液晶显示中已获得了广泛的应用.

14.3.2　近晶型液晶[4]

近晶型液晶(smectic liquid crystals)相中的棒状分子呈层状排列,在层平面中分子排列位置是无规律的,但在垂直于层的方向上是有规律的,即这些分子在同一方向上保持位置有序(positional order),而且从液晶相的整体分子来看,分子的轴向指向同一方向,即具有方向有序.此种类型的液晶与向列型液晶相比,多了一维位置有序,其分子侧面之间的相互作用比其层与层间的相互作用性强.这是近晶型液晶的黏度比向列型液晶的黏度高的一个重要原因.

近晶型液晶相中,由于分子的排列取向不同,可有 A、B、C 等多种近晶型液晶,如图 14.5(a)~(c)所示.

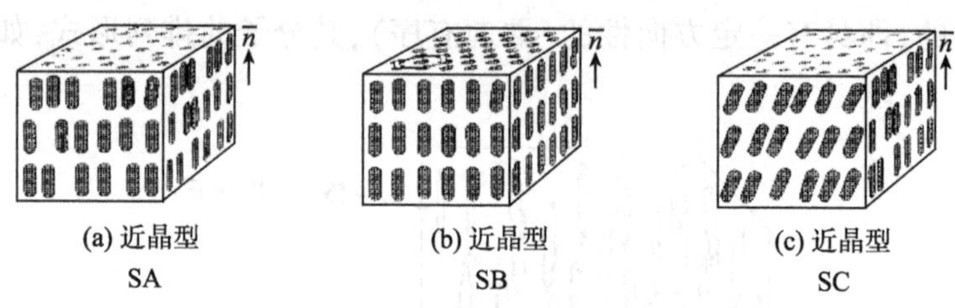

(a) 近晶型 SA　　(b) 近晶型 SB　　(c) 近晶型 SC

图 14.5　近晶型液晶不同的变体示意图

同一种液晶有机化合物在不同的温度条件下,可以呈现出多种不同的液晶相,这就是液晶的多相性的具体表现.

例如,有机化合物 TBPA(化学结构式为:C_5H_{11}—⟨○⟩—N═CH—⟨○⟩—C_4H_9)可以出现多个不同的液晶相. TBPA 晶体相(固相)随着温度的升高,可出现的物相:

$$(\text{晶体相})\mathrm{Cr} \longrightarrow \mathrm{CrH} \xrightarrow{61℃} \mathrm{GrG} \xrightarrow{140℃} \mathrm{SF} \xrightarrow{149℃} \mathrm{SC} \xrightarrow{179℃} \mathrm{SA} \xrightarrow{212℃} \mathrm{N} \xrightarrow{233℃} \mathrm{I}(\text{液相})$$

升温度(T)方向 ⟶

|←—— 中　　介　　相 ——→|　⟵ 降温(T)方向

GrH 和 GrG 分别代表软晶体 H 相和 G 相, SF 代表 F 相,SC 和 SA 分别代表近晶型 C 相和 A 相, N 代表向列型液晶相,Gr 代表各向异性晶体相, I 代表各向同性液体相.

液晶存在着多相性问题,这对研究液晶结构及其与物性的关系增加了复杂性,这是液晶理论需要逐步解决的科学难题,以便使液晶材料向更深入的方向发展.

14.3.3 胆甾型液晶

许多胆甾型液晶(cholesteric liquid crystals)都是胆甾醇($C_{27}H_{45}OH$)衍生物,第一个被发现的就是胆甾醇苯酸酯液晶. 胆甾醇苯酸酯分子的化学结构式如图 14.6 所示.

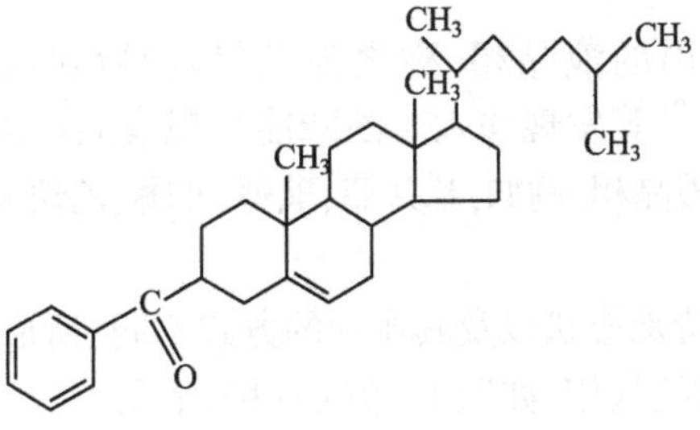

图 14.6　胆甾醇苯酸酯分子化学结构式

整个一类新的物质状态(液晶态)就是从它身上发现的.

或者将手征性分子掺入向列型液晶相时,向列型液晶相的指向矢 $\bar{\boldsymbol{n}}$ 变成扭曲状态,这种有机分子排列的液晶,称为胆甾型液晶. 胆甾型液晶中有机分子排列形式,如图 14.7 所示.

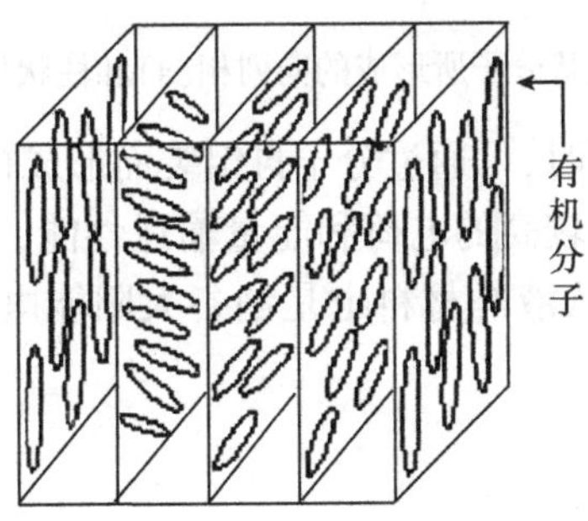

图 14.7　胆甾型液晶有机分子排列形式示意图

最显著的手征性液晶是胆甾相,简称为 ch 相. ch 相具有奇特的光学性质,它具有圆偏振光的选择反射,强烈的旋光性以及圆二色性等.

ch 相的有机分子分层排列,沿着法线方向的分子的指向矢 $\bar{\boldsymbol{n}}$ 基本上是连续地均匀扭曲,扭曲的尺寸远比分子间距大. 一般螺距为光波长数量级,数千埃,螺旋旋转一个螺距(pitch length),如图 14.8 所示.

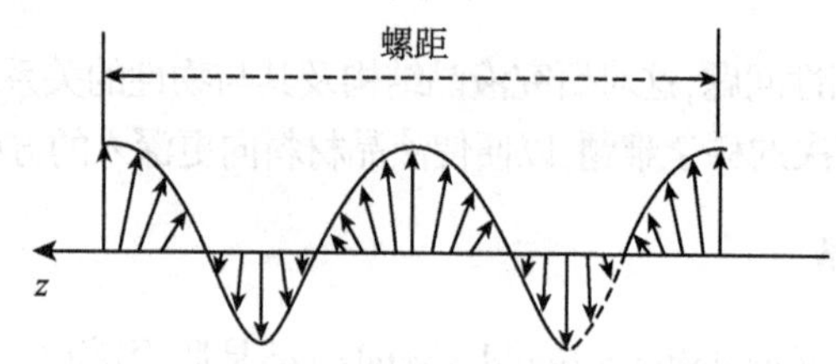

图 14.8　胆甾型(相)液晶螺旋螺距示意图

14.3.4　盘状液晶[10-12]

由盘状分子呈现出的液晶相,称之为盘状液晶(discotic liquid crystals). 自 1977 年 Chandrasekhar[7] 等发现均六苯酚酯能呈现液晶相以来,现有 1000 多种有机化合物呈现出盘状液晶相. 例如,苯并菲、酞菁、卟啉、乙炔苯、萘并萘、蒽醌、六苯并冠及其衍生物等.

由于盘状分子的特殊形状以及其排列的方式不同,所形成的液晶相,基本上有两种类型,即向列相和柱状相. 如图 14.9(a)(b)所示.

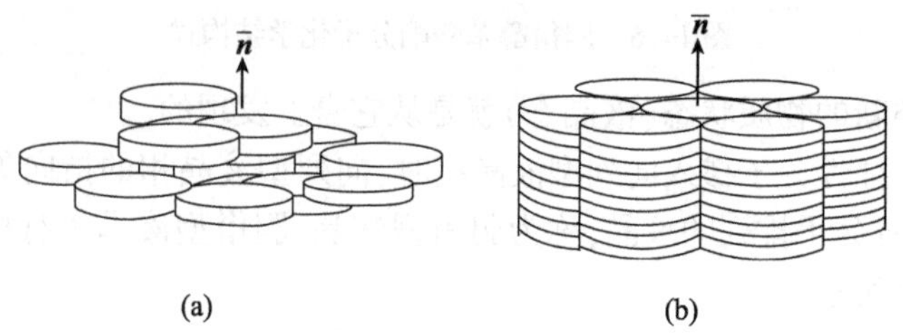

图 14.9　盘状分子所形成的向列相(a)和柱状相(b)示意图

盘状分子呈现液晶相时,可通过分子自组装而形成柱状相,从而具有沿柱轴取向的电子云交叠和一维的较高的电荷和能量输运性能,有利于使盘状液晶材料用于各种电光器件. 同时盘状液晶材料也是制备太阳能电池较理想材料,应用前景美好.

14.3.5　有序参数[6]

从向列型液晶相或近晶型液晶相长棒状有机分子的整体来看,存在着一个平均取向,但是每一个有机分子的取向又是杂乱的.这些液晶即使有相同的指向矢 $\bar{\boldsymbol{n}}$,但它们各自的物理各向异性却有很大的差别,为了定量地表示这种取向程度的差别,通常采用几何学定义的有序参数(order parameter)来表达.

$$P_{LS}(\text{有序参数}) = 1/2[3(\cos\theta)^2 - 1] \tag{14.2}$$

有序参数(P_{LS})的几何学定义,如图 14.10 所示.

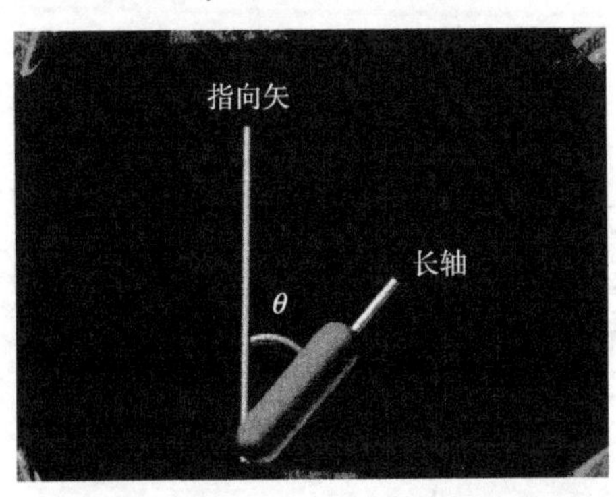

图 14.10 有序参数 P_{LS}的几何学图解表示

θ 为长棒状有机分子的长轴方向与指向矢 $\bar{n}$ 间的夹角

当液晶相中长棒状有机分子杂乱取向时,θ 角的可能值为 0°~360°,具有同样的概率,这样便导致了 $P_{LS}=0$.

当液晶相中,所有长棒状有机分子的排列方向同指向矢 $\bar{\boldsymbol{n}}$ 完全一致,这时 θ = 0,而 $P_{LS}=1$,此时液晶相变成晶体.

一般来说,对于向列型或近晶型液晶相,P_{LS}的标准值的变化在 0.3~0.9,此值的大小,主要依赖于特定的温度(T)值.

有序参数 P_{LS}实验测定有几种不同的方法,如核磁共振(NMR)法、折射率法和磁化率法等,但在这些方法中以 NMR 法为最精确的测定方法[12].

14.3.6 液晶的向错缺陷[3,4]

向列型液晶在偏光显微镜的观测下,会出现丝状条纹的现象.早在 20 世纪 20 年代初期,G. Friedel 就认识到,这些丝状条纹并不是由液晶中的杂质引起的,而是液晶本身中有机分子排列的不连续性所引起的结果.在这些奇异线上的指向矢($\bar{\boldsymbol{n}}$)的方向具有不连续的变化,意即指向矢的方向是不确定的.也可以说液晶分子的取向有序性被破坏的结果,这种与取向有序有关而产生的缺陷,被称为向错,如同与平移有序有关而产生位错相比拟的.

液晶中的向错是容易观察到的,如向列型液晶可以在偏光显微镜下看到以一个中心点辐射出数条逐渐变宽的黑线,其条数 N 与其向错的强度 m 有关,此两者的关系,可简单地表示为

$$N = 4m \tag{14.3}$$

将这些向错线组合起来,就变成丝状条纹结构了.向错在向列型液晶和螺旋状液晶是经常出现的现象.

在向列型液晶中,当 $m = \frac{1}{2}$ 和 $m = -\frac{1}{2}$ 向错的弛豫图形如图 14.11 所示.

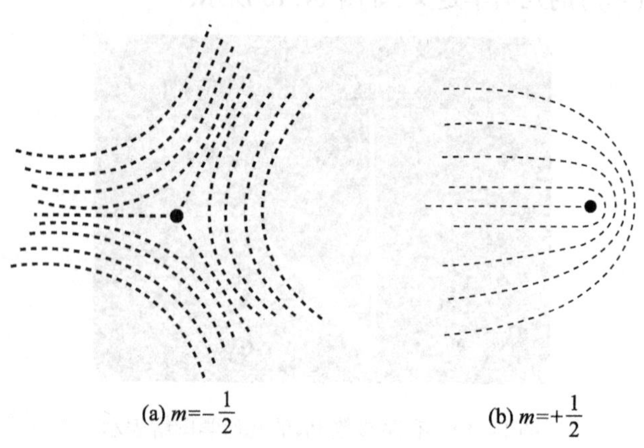

图 14.11　向列型液晶中 $\pm\frac{1}{2}$ 向错线示意图中折线表示指向矢($\bar{\boldsymbol{n}}$)的取向

胆甾相液晶中的向错缺陷如图 14.12 所示,胆甾型液晶的向错有三种类型:χ 型,λ 型,τ 型向错.

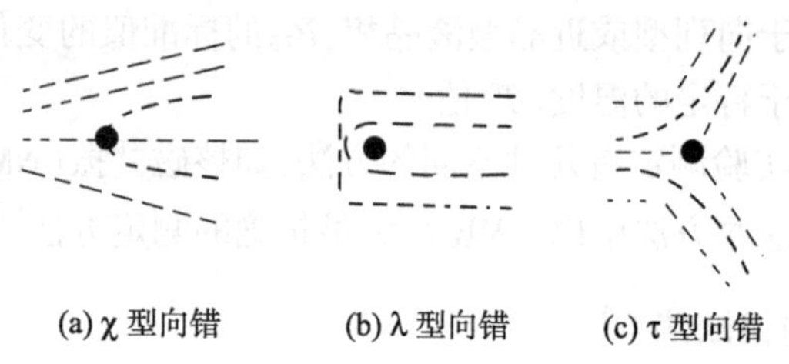

图 14.12　胆甾型液晶的向错缺陷示意图

向列型液晶只存在取向有序 ,因而只能出现向错,而其他类型液晶,还可能出现位错等缺陷.

14.3.7　液晶显示用的液晶材料[4,13]

液晶是液晶显示器件的心脏,液晶所具有的性能参数直接决定液晶显示器件的性能的优劣.液晶显示用的液晶材料,迄今为止,绝大多数是热致液晶.作为显示器件所用的液晶材料,不仅要求宽的工作温度范围,低的工作电压,快的响应时间,化学和光化学稳定性好,寿命长,黏度要低,介电各向异性较高,液晶分子的有序参数比较高等,而且还要考虑合成此种液晶的难易与其成本高低以及经济效益方面的因素等.

经过人们一个多世纪的研究工作,迄今为止已发现有8万多种化合物可显示出液晶相,液晶数目之多真是惊人,但作为液晶材料,单就热致液晶而言,可作为液晶显示器件用的液晶数目,并不太多.

根据上述液晶显示器件对液晶材料的要求,单体液晶材料很难满足其全面的要求,因此,人们多采用液晶混合物加以补偿,不同的应用,采用不同液晶混合物,以求液晶与液晶间的性能取长补短,一般的液晶材料大都是由多种单体液晶均匀地混合而成的,几乎没有一种单体液晶能够满足所有参数的要求.这些要求有热力学方面的,其中包括熔点、清亮点、液晶间的相转变温度等,也包括物理性能方面的,其中包括:介电各向异性、黏滞系数、弹性常数、电阻率和双折射率等物理参数.一种混合性液晶大多由数种单一液晶混合而成.从混合性液晶的性质来看,只能当拥有大量的合适的单一液晶,才有可能混配出多种多样,多姿多彩的混合性液晶.

§14.4 溶致液晶[3,14]

溶致液晶(lyotropic liquid crystals)[3,14]分子大都属双亲化合物(amphiphilic compounds),这种化合物的化学式,可看做是头部为极性的或亲水的,而尾部为非极性或亲脂的,典型的头部有—OH,—COOH,—COONa,—SO_3K,—$O(CH_2—CH_2—O)_nH$,…,典型的尾部有—C_nH_{2n+1},—C_6H_4—C_nH_{2n+1},…和含有长烃链的基因.例如,月桂酸钠(sodium laurate)就属于双亲分子,它的化学结构式如图14.13所示.

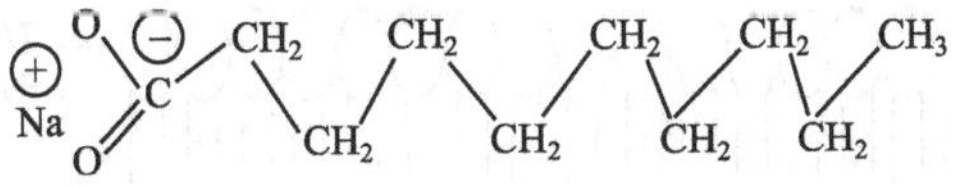

图14.13 月桂酸钠分子化学结构式

双亲分子对水有高的可溶性,而亲脂的尾部对碳氢化合物或其他非极性溶剂具有高的可溶性.溶致液晶分子,一般要比构成热致液晶的棒状分子大得多、分子的长宽比(轴比)约15.

溶致液晶是由两种或两种以上组分形成的,其中一种是水或其他的极性溶剂.双亲分子(作为溶质)的极性一头溶解在水或其他极性溶剂,非极性一头溶解在非极性溶剂中,当溶液中双亲分子的浓度增大时,这些分子具有不同的排列组合,或成不同的相.

最常见的溶致液晶是通常使用的肥皂水、洗衣粉溶液和表面活性剂溶液等.双亲分子是溶于水的,分子的极性一端与水相接触.在确定的温度 T 条件下,当双亲分子的溶液在低浓度时,溶质颗粒在溶剂水中成紊乱的分布,然而当溶液浓度提高到足够高时,分子开始在空心球状物内成有序排列,形成分子组缨(micelle),或称微胞,又叫胶束,胶束的表面是一层溶解在水中的极性头,其里面部分由疏水尾组成,其屏蔽来自水通过亲水头.当双亲溶液的浓度继续增大时,微胞变得愈来愈能够溶解非极性物质,从而使微胞变大和膨胀,当微胞达到足够大的尺寸时,溶液变成混浊状态,称此种混浊溶液为乳浊液.当溶液浓度继续增大时,微胞开始自组装成松散型式,这些型式均是具有分子行为的实际液晶,最初由微胞形成的液晶相类似于面心或体心立方晶格,立方液晶相具有三维周期性,是各向同性的.棒状微胞通常形成六方排列的,由六棒环绕中心一棒的七根六方液晶相,亦称为六方(角)液晶相,六角相具有二维周期结构,上述这些立方液晶相、六角相都是由球形分子组缨为基元按点阵结构排列而成.由于分子组缨间存在着溶剂,因此还保持着足够的流动性,而所形成的点阵结构不是刚性的,而是可以位移的点阵.

单个的分子微胞是不足于使溶液成为液晶相,只有提高溶液中双亲分子的浓度,才能出现立方液晶相和六方液晶相的.

当双亲分子在溶液中的浓度再继续增大时,可以出现双层溶致液晶相,此种相又称片状相,这种相结构是由双层双亲分子排列所构成的,有点像夹心面包片,极性头作为面包皮,非极性尾作为填料(馅),这种组合模式类似于热致液晶中的近晶型液晶相,因为它像纸张一样的薄层,彼此间易于滑动,因此,这种液晶相的黏滞性小于六方柱液晶相的.双层液晶中的双层结构,如图 14.14 所示.

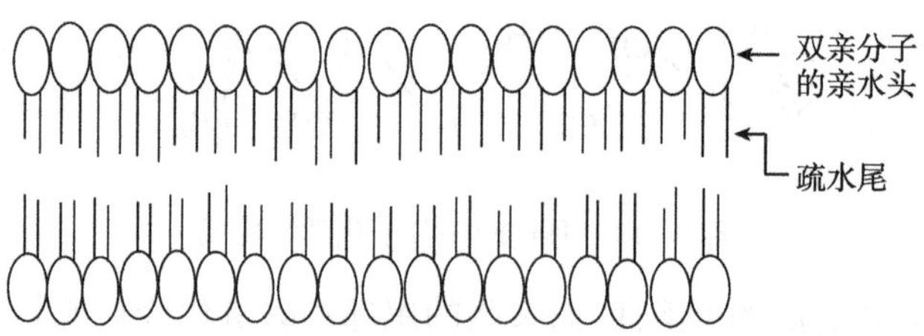

图 14.14　双层液晶的双层结构示意图

在双层液晶相中,层与层之间具有一维周期性,片层之间充满了液体溶剂,促使液晶相具有流动性.在溶致液晶中双层液晶与生物膜相似,因此研究双层液晶的形成机制,具有更现实的意义,从而倍受生物学家的重视.

典型的溶致液晶的相图,如图 14.15 所示.

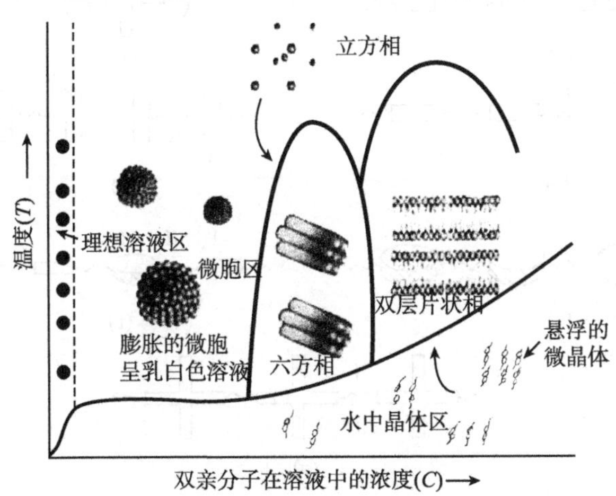

图 14.15 溶致液晶的相图示意图

T_C 为 Krafft 温度, 它是固相与液相或液晶相之间的相变温度

另外,溶致液晶的纳米结构在活的生物体系中是丰富的,因此溶致液晶在仿生化学中特别引人注目,特别是生动膜是液晶的一种形式,这些生物膜液晶相属于蛋白质基质. 例如,脱氧核糖核酸和多肽等均能形成液晶相,因此,人们研究溶致液晶联系到生命科学,其意义显得更加重要.

§14.5 聚合物液晶[5,3]

聚合物材料在适当的温度、压力或浓度条件下,存在着液晶中介相,聚合物液晶(polymer liquid crystal,PLC)的中介物的单位(单体)(mesogenic units or monomer)可以是双亲性的,也可以是非双亲的. 聚合物的结构有两种基本类型:一种是主链型的聚合物(main chain polymer),另一种是侧链型的聚合物(side chain polymer). 不论哪一种类型聚合物都是由某些结构基元(单体)重复排列而成. 按照引起相变的主要物理化学条件(温度、溶液浓度),可将聚合物液晶分为溶致液晶和热致液晶两种最基本的类型.

14.5.1 主链型聚合物液晶

聚合物所含有的中介相的单体只在主链中,而不在侧链中,这样所形成的液晶,称为主链型聚合物液晶(main chain polymer liquid crystals,MCPLC),如图 14.16 所示.

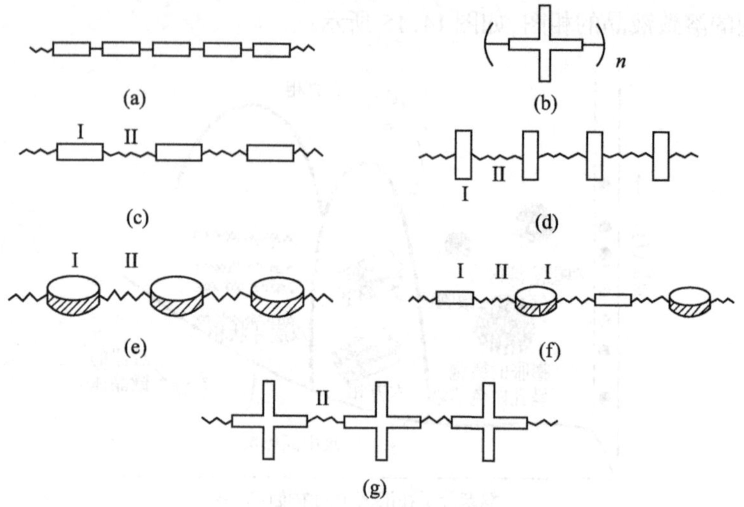

图 14.16　主链型聚合物液晶示意图

I. 中介物基团(单体)；II. 隔离基团

图 14.16 的注释：

(1) MCPLC 是通过适当相关的刚性单元，或通过适当的功能基团连接在一起而形成的.

(2) 刚性单元(Ⅰ)间可直接地键合在一起(a)或者经过可伸缩的隔离基(团) Ⅱ连接在一起($b-g$).

(3) 具有十字形中介物的基团的 MCPLC(b 或 g)是已知的作为柔顺的聚合物液晶.

(4) 有的刚性单元(Ⅰ)具有液晶相的本征特性，但通常的情况不是这样.

14.5.2　侧链型聚合物液晶

聚合物的所有中介物基团(单体)悬挂在主链(骨架)上. 侧链型聚合物液晶(side chain polymer liquid crystals，SCPLC)如图 14.17 所示.

对图 14.17 有如下说明.

(1) 在 SCPLC 中的中介物基团(Ⅰ)，如图 14.17(a)不仅可以直接键合在骨架(主链)上，而且还可以通过柔性的隔离基连接到骨架上，如图 14.17(b)、(c)的情况.

(2) 中介物基团，通过隔离基成串的连接到骨架上，如 14.17(d)的情况.

(3) 作为聚合物骨架的化合物有聚丙烯酸酯(polyacrylates)、聚甲基丙烯酸酯(polymethacrylates)、聚硅酸烷(polysiloxanes)、隔离基通常是聚亚甲烯(polymethylene)、聚氧乙烯(polycoxyethylene)或聚硅氧烷碎片(polysiloxane fragments).

(4) 在这些聚合物中的悬挂基团，具有同形的液晶相容的结构，即它们是中介物的，但不是本征性的中介相.

(5)如果中介物的侧链基团是棒状的. 所得到的聚合物,依赖于它的详细结构,存在一些普通形式棒状中介相:向列的手性向列的或者近晶型的中介相. 类似地,盘状侧链基团倾向于形成盘状向列的或柱状的中介相. 两性的侧链倾向促成两性的或溶致液晶相.

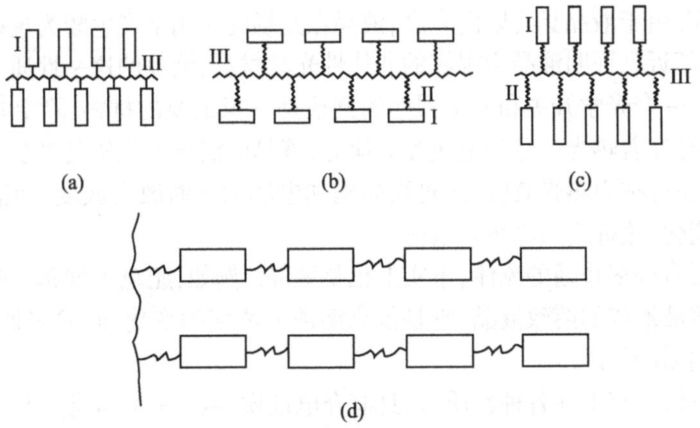

图 14.17 侧链型聚合物液晶示意图

I. 中介物基团; II. 隔离基(团); III. 聚合物骨架(主链)

当前,主链型聚合物液晶主要用于液晶纺纱——以便形成高强度和高弹性纤维表面取向材料等. 侧链型聚合物液晶,在外加电场作用下,能够改变聚合物分子排列取向的响应时间. 此种类型的聚合物液晶能否在显示器件,电光器件等方面的应用,有待进一步研究.

§14.6 液晶的物理性质与其应用

1888 年 Reinitzer 发现了胆甾醇苯酸酯液晶相以来,100 多年过去了,据有关报道,到 1990 年,人们已发现液晶相的数目已达到 50000 多种[8]. 迄今为止,已发现的液晶相的数目 80000 有余[4]. 这一庞大数目的液晶相,绝大多数是热致液晶,而溶致液晶和聚合物液晶只占少数,因此,人们对热致液晶的的物理性能与其应用,理解得比较全面与深刻,应用最广的是向列型液晶.

14.6.1 液晶的物理性能[6,15,16]

由于热致液晶分子具有取向有序的结果,促成了这一类液晶的物理性能具有各向异性. 例如,液晶的热扩散系数、磁化率、电导率、介电常数,光学双折射等这些性能必须通过二阶张量来描述. 另外还有一些新的性能,如液晶的弹性,摩擦扭矩(旋转黏性)等.

液晶最显著的特性是易于受外场(电场、磁场和光场)的影响,而产生电光效应、磁光效应和光-光效应(opto-optical effects),其中研究最多的是电光效应.电光效应又可分为电流效应和电场效应.电流效应是指当液晶产生电光效应时,将伴随着电荷的流动.电场效应是指液晶响应电场而产生的效应.利用液晶显示大多数都是电光效应.由于液晶具有取向有序,液晶在光场的作用下产生颇为灵敏的非线性光学效应,新近已证明液晶为很好的非线性光学材料,液晶的这一性质在将来的光通信技术——全光学开关和光学器件的制造是一很重要的材料.除上述各种效应外,液晶还存在着热光效应和电热光效应等,液晶的温度变化使其光学性质发生变化,这种现象有称为热光效应.当对液晶施加电场的同时改变温度,使液晶的光学性质发生变化,这称之为电热光效应.

另外还有许多普通的流体,事实上也是液晶. 例如,肥皂水就是一例. 它是依靠肥皂水溶液形成的溶致液晶,它是依靠溶液的浓度的变化,而成多种相变的,它具有去除油垢的作用.

液晶不仅具有上述各种性质,还具有介电性质,液晶的介电常数是一个二阶张量,对于轴对称的向列相液晶,它的两个主介电常数分别为 $\varepsilon_{/\!/}$,$\varepsilon_{\perp}$,测量介电常数的方法较多,一般都是测量电容来间接地测量介电常数.液晶的相变温度是液晶最重要的参数,一般多采用热分析法来测定相变温度,相变必然伴随着材料热力学参数的变化,了解相变前后热力学参数的变化规律,对理解相变性质及液晶变化的性质很有启迪作用.

14.6.2　液晶的应用[17-19]

当前已获得广泛应用的液晶材料是热致液晶,液晶的应用涉及许多学科领域,诸如:电子光学、热光学、电热光学和医学等学科领域,具体表现在液晶显示方面,诸如:医疗设备显示、电子计算机显示、计量仪器显示、钟表显示、电视图像显示、光电子元件、计量、测试仪表显示、家用电器显示、交通指示显示、办公设备和教学显示等,在全世界范围内,每年所获得的经济效益将以千百万亿美元计,并在日益增长中.

现仅就以下几点应用,简要地加以说明:

(1)液晶温度计(liquid crystal thermometers).

以液晶的颜色变化来显示温度的变化,以测定物体的温度.不是所有的液晶都能改变颜色,只有胆甾型或手征向列型液晶才能由于分子排列的改变,而引起颜色的变化的.因为手征向列型或胆甾型液晶的反射光的波长等于螺距,而螺距的长短依赖于温度,反射光的颜色也依赖于温度,因此可以用颜色来精确地识别温度.

(2)光学成像(optical imaging).

液晶光学成像记录是一种新技术,将液晶盒置于两层光导体中间,使光作用于光导体,增大物质的传导率.在液晶中相应的光强度引起电场的形成,电场的图像通过电极来传送,也能够将图像记录下来. 这一技术一直在发展,而且是液晶研究最有发展前途的领域之一.

(3)液晶在其他方面的应用.

(i)液晶可用于在应力状态下,物质的无损伤性力学试验.

(ii)液晶可用于医疗方面,如通过原地踏步走传送,利用液晶来测量人的瞬时血压.

(iii)低摩尔质量(LMM)液晶可用于擦除光盘等.

(iv)掺杂液晶可用于实时全息照相. 复合液晶为研究物质的光折变效应的敏感材料.

(v)液晶可用来制造电光和非线性光学器件.

(vi)液晶可用来制造计算机辅助绘图用的全色电子滑动器件等.

(vii)采用表面活性剂自组装液晶,可以作为模板支撑陶瓷合成.

液晶显示是热致液晶最主要最广泛的应用.

总之,液晶材料的应用,仍在不断的发展过程中,新的液晶器件也在不断地出现的.

§14.7 液晶的理论和新型液晶

由于液晶结构及其相变的复杂性,所出现的液晶理论与液晶技术相比,液晶理论的发展是缓慢的,随着近代纳米(nm)科技的迅速发展,出现了新型无机液晶.

14.7.1 液晶的理论[3,19-21]

现已存在的液晶理论,大都从液晶有机分子的形状及其在液晶相中排列的规律出发,并在一定的假设条件所提出的理论. 例如,弹性连续理论(elastic continuum theory)将液晶作为连续的物质,分子的细节完全被忽略,昂萨格(Onsager)提示的硬棒模型理论(hard-rod model theory),假设棒状分子是硬的(刚性的)不能彼此相互穿透,意即在一个分子各占有的空间体积内,不能有任何其他分子的任何部分所占有,把分子看做是静止不动的. 梅尔(W. Maier)-绍珀(A. Saupe)平均场理论(mean field theory),这个统计性理论包括来自有引力的分子间势能的贡献,这个微观模型假设每个分子都是处在它周围所有分子的平均场中,而不考虑该分子与周围各分子之间的单独联系等. 上述这些理论模型对液晶相变在概念上都有一定的说服力,但这些理论都是在一些假设的条件下提出的理论模型,所得出的结论就限制了对真实液晶相体系的应用. 对这些理论的详细论证,请查阅专著与相关论文.

最近几年来出现了胆甾型液晶的量子理论(quantum theory of cholesteric crytals),此一理论是在两个假设条件下进行论证的,假设相邻分子间双轴取向关系,可以忽略不计;其次在基态以上分子的激发态所形成的带宽小于激发态的平均能量.最后所求得的胆甾型液晶(如 poly-γ-henzyl-l-ylutamate)的螺距 P 与实验所得的结果是一致的,但此一量子理论能否获得广泛应用,有待进一步证明.液晶相是介于晶体相与各向同性液体相之间的中介相,具有不稳定性与流动性,以及相变的复杂性.当前,人们利用 X 射线衍射和中子衍射来确定液晶相及其结构,采用概念性方式来形象化的说明其相的特征,已取得了许多重要成就,但要严格而真实地落实到液晶结构,确实是非常困难的.但随着现代科学技术的迅速发展,从长远的角度来看,对液晶理论的研究,可以说正在开始,真实问题的解决还在后头,这是一个重要的研究领域,关系到许多不同的学科,使其将液晶的结构、性能、应用以及三者的相互关系,从理论上搞得清清楚楚,需要物理学家,有机化学家、生物学家、药学家、医学家和液晶工程师共同来探讨来解决.

14.7.2　新型液晶[22-33]

(1) 半导体纳米棒液晶.

在过去相当长的历史阶段,不管是热致液晶还是溶致液晶,不管是棒状液晶还是盘状液晶,都是由有机化合物分子组成的. 也可以说, 多少年来从未见到由无机化合物组成的无机液晶.2002 年 Li Liang-Shi 等[22]报道了半导体纳米棒液晶的生成.此种液晶是由无机化合物硒化镉(CdSe)纳米棒的构成,CdSe 钠米棒是由 Cd 和 Se 在表面活性剂中所形成的金属有机前驱物,通过热解的方法而构成的.通过改变表面活性剂组成,能够合成出不同宽度和长度的棒状 CdSe 纳米晶.典型的棒状 CdSe 纳米晶的宽度为 3 ~ 7nm,长度为 3 ~ 70nm.棒状 CdSe 纳米晶的光学性质强烈地依赖于棒的直径的长度,此来自于量子尺寸效应.通过透射电子显微镜可观测到棒状 CdSe 纳米晶的宽度和长度.采用偏光显微镜检验棒状 CdSe 纳米晶溶液的双折射率,可以验证其液晶相的形成.

棒状 CdSe 纳米液晶相的形成,纳米棒间的相互吸引起着重要作用[23].

当硒化镉(CdSe)棒状纳米晶(直径 7nm,长度为 40nm)均匀地分散在向列型液晶体系中时,实验结果表明[24],此种掺入棒状 CdSe 液晶体系的电光开关器件的阈值电压,与未掺的液晶体系相比,显著地有所降低,这是由于棒状 CdSe 掺质的液晶体系具有较大的介电各向异性所致.测量掺质和未掺质液晶的电容相比,同样获得上述解释.掺入棒状纳米晶的液晶的非线性光学系数与未掺质的液晶相比,提高 10 倍有余.掺入棒状 CdSe 纳米晶的液晶体系可用于实时全息照相,也是研究物质的光折变效应的敏感材料等[25].总之,将棒状 CdSe 纳米液晶与其他液晶混合起来,增强了液晶的使用效率与扩大了液晶的应用范围.

(2) 金属致液晶(metallotropic liquid crystal).

2006 年马丁(J. D. Martin)等首次报道金属致液晶,此种类型的液晶的特点是具有高的金属含量,通过在熔融金属卤化物中的表面活性剂样板设计来形成此种类型的液晶,采用变温 X 射线衍射仪(VTXRD)连同微分扫描量热计(DSC)和偏光显微镜(POM)等,用于确定金属致液晶的结构变化,此作为无机块体相关体积分数的变化.

所应用的阳离子表面活性剂为 C_nTACl(C_n = 烷基链,$n = 8 \sim 18$,TA = 三甲基铵(trimethylammonium)和二价金属卤化物(包括 Zn、Cd、Cu、Ni、Co、Fe 和 Mn),在熔融的金属卤化物所产生的表面活性剂的作用是诱导有序,CnTACl 与二价金属卤化物相结合,便产生了多样化的液晶相. 无机物/有机的杂化两性特征和无机阴离子的电荷密度的各自谐调性,均担负着观察到的结构变化.

液晶相是由各向异性分子所组成,最多地是有机分子. 当金属离子进入液晶相的有机分子后,此说成是金属的中间体"metallomesogens". 大多数文献报道:[表面活性剂]$_2MCl_4$(M 为二价金属离子)呈现层状结晶结构,然而通过减小表面活性剂末端的长度,当 $C_n = C_8$($n = 8$)时,亦即减小了有机块体的相对体积,有效地提供了有机的和无机的块体交界面间增大的曲率,导致[C_8TA]$_2ZnCl_4$ 成圆柱状结晶结构.

金属致液晶的出现,显然拓宽了液晶的研究范畴,由于金属离子进入液晶相的有机分子结构,这样就为寻找具有磁性的,电性的,光学的,氧化还原的,催化的,…金属单质或化合物与液晶的流体性质结合在一起的新型材料找到了实验依据. 因此,研究成果,备受人们的关注. 同时,有待进一步广泛、深入的研究.

当前,国际范围内有关液晶研究的概况如下:

综合 2006 年 9 月 27 日在美国科罗拉多州(Colorado)基斯通(Keystone)第 21 届国际液晶会议内容以及近期在国际范围内所发表的论文等,当前人们对液晶的研讨,仍是不断向前发展,而且使其学科交义性更强,所涉及的研究范围大致有:

- 设计合成新型液晶;
- 奇异的软性材料;
- 铁电、反铁电和曲核液晶;
- 液晶生物科学及其生物技术;
- 金属致液晶;
- 液晶纳米科学;
- 造型和模拟;
- 液晶光学和液晶光子学;
- 聚合物液晶和弹性体;
- 液晶流变学和液晶弹性性质;
- 液晶结构、有序性和液晶缺陷;
- 超分子自组装;

- 液晶相研究；
- 液晶有机半导体及其螺旋结构；
- 生物液晶以及在生物医学方面的应用；
- 液晶的动力学性质研究；
- 液晶器件研究；
- 液晶理论；
- 光响应材料；
- 溶致液晶；
- 胶体和复合体系研究；
- 液晶激光；
- 液晶生物传感器；
- 纳米结构液晶等[26-33]．

参 考 文 献

[1] Reinitzer F. Monatsh Chem., 1888, 9:421 -430.

[2] Lehmann O Z. Physical Chem., 1889, 4:462.

[3] 谢毓章. 液晶物理学. 科学出版社, 1988.

[4] 王新久. 液晶光学和液晶显示. 科学出版社, 2006.

[5] Baron M. Pure Appl Chem., 2001, 73(5):845 -895.

[6] [日]佐佐木昭夫等. 液晶电子学基础和应用. 赵静安,郑仁元,杨青基译. 科学出版社, 1985.

[7] Chandrasekhar S. Liquid crystals. Cambridge University Press, 1922.

[8] de Genmes P G, Prost J. The Physics of Liquid Crystals. Clarendon Press,1993.

[9] Madhsudana N V. Current Science, 2001, 80(8):25.

[10] Chandrasekhar S,Sadashiva B K,Suresh K A. Pramana, 1977, 9:471 -480.

[11] 郑效盼,何志群,张春秀等. 功能材料, 2005, 38(3):321 -324.

[12] Stevensson B. Avdelningen for fysi kalisk. Universitet Stockholm. ISBN 91 -7265 -732 -4. 2003.

[13] 中田一郎,掘文一. 液晶制法与应用. 赖耿阳译. 复汉出版社,1997.

[14] http://plc.cwru.edu/tutorial/enhanced/Files//lc/ln/intro/intro.htm. 2005 -9 -19.

[15] Wiederrecht G P. Photorefractive Liquid crystals (Invited Artice). Annu. Rev. Mater. Res., 2001, 31:139.

[16] Marrucci L,Paparo D,Abbate G et al. Phys. Rev. A., 1998, 58:4926.

[17] Chigrinov V. Liquid Crystal Devices:Physics and Application. Artech House, 1999.

[18] 张金中, 王中林, 刘俊等. 自组装纳米结构. 曹茂盛,曹传宝译. 化学工业出版社, 2005.

[19] de Gennes P G, Prost J. The Physics of Liquid Crystals. Oxford University Press, 1993.

[20] Weinan E. Nonlinear continuum theory of smectic —A liquid crystals. Arch. Rat. Mech. Anal.,

1997, 137:159 - 175.

[21] Issaenko S A. Quantum theory of cholesteric liquid crystals. University of Pennsylvania Penn Li - brary, 1998.

[22] Li Liang - Shi, Walda J, Manna L et al. Nano Letters, 2002, 2(6):557 - 560.

[23] Li Liang - Shi, Marjanska M, Gregory H et al. J. Chcmical Physics, 2004, 120 (3): 1149 - 1152.

[24] Yana Williams, Yana Williams, Kan Chen et al., Applications of liquid crystals in nanoscale science. http://www.engr.psu.edu/symposium 2006/abstracts/Abstract.85.htm l.

[25] Horsch M A, Iacovella C R, Zhang Z L et al. Self - organization of nanoscopic building blocks in - to ordered assemblies. Mat. Res. Soc. Symp. proc. Vol 818 ©2004 Materials Reseach Society. M10.5.1 - M10.5.3

[26] Martin J D, Keary C L, Thornton J A et al. Nature Materials. 2008, 5:991 - 275.

[27] Martin J D, Keary C L, Thornton J A et al. NSLs Science Highlights. 2006.

[28] Martin J D. News RELEASE: NC State Scientist Creates Liquid Crystals with High Metal Co - tent. March 31, 2006.

[29] 25 th International Liquid Crystal Conference Keystone, Colorado, USA. July 2 - 7, 2006.

[30] Sluckin T J, Dunmur D A, Stegemeyer H. Crystals That Flow-Classic Papers from the History of Liquid Crystals. London: Taylor and Francis, 2004.

[31] Martin J D, Keary C L, Thornton T A et al. Metallotropie Liquid Crystals Fromed by Surfactant templating of molten metal halides. Nature Materials, 2006, 5:271 - 275.

[32] Yamamoto J, Nishiyama I, Inoue M et al. Optical isotropy and iridescence in a smectic "blue phase". Nature, 2005, 437:525 - 528.

附录 I　点群及其同形空间群

晶系	点群		空间群	
	国际符号	申弗利斯符号	国际符号	申弗利斯符号
三斜	1	C_1	$P1$	C_1^1
	$\bar{1}$	C_i	$P\bar{1}$	C_i^1
单斜	2	C_2	P_2	C_2^1
			$P2_1$	C_2^2
			C_2	C_2^3
	m	c_s	P_m	C_s^1
			P_c	C_s^2
			C_m	C_s^3
			C_c	C_s^4
	$2/m$	C_{2h}	$P2/m$	C_{2h}^1
			$P2_1/m$	C_{2h}^2
			$C2/m$	C_{2h}^3
			$P2/c$	C_{2h}^4
			$P2_1/c$	C_{2h}^5
			$C2/c$	C_{2h}^6
斜方	222	D_2	$P222$	$D_2^1 = V^1$
			$P222_1$	$D_2^2 = V^2$
			$P2_12_12$	$D_2^3 = V^3$
			$P2_12_12_1$	$D_2^4 = V^4$
			$C222_1$	$D_2^5 = V^5$
			$C222$	$D_2^6 = V^6$
			$F222$	$D_2^7 = V^7$
			$I222$	$D_2^8 = V^8$
			$I2_12_12_1$	$D_2^9 = V^9$
	$mm2$	C_{2v}	$Pmm2$	C_{2v}^1
			$Pmc2_1$	C_{2v}^2

续表

晶系	点群		空间群	
	国际符号	申弗利斯符号	国际符号	申弗利斯符号
斜方			*Pcc*2	C_{2v}^{3}
			*Pma*2	C_{2v}^{4}
			$Pca2_1$	C_{2v}^{5}
			*Pnc*2	C_{2v}^{6}
			$Pmn2_1$	C_{2v}^{7}
			*Pba*2	C_{2v}^{8}
			$Pna2_1$	C_{2v}^{9}
			*Pnn*2	C_{2v}^{10}
			*Cmm*2	C_{2v}^{11}
			$Cmc2_1$	C_{2v}^{12}
			*Ccc*2	C_{2v}^{13}
			*Amm*2	C_{2v}^{14}
			*Abm*2	C_{2v}^{15}
			*Ama*2	C_{2v}^{16}
			*Aba*2	C_{2v}^{17}
			*Fmm*2	C_{2v}^{18}
			*Fdd*2	C_{2v}^{19}
			*Imm*2	C_{2v}^{20}
			*Iba*2	C_{2v}^{21}
			*Ima*2	C_{2v}^{22}
	$mmm = \frac{2}{m}\ \frac{2}{m}\ \frac{2}{m}$	D_{2h}	*Pmmm*	$D_{2h}^{1}=V_{h}^{1}$
			Pnnn	$D_{2h}^{2}=V_{h}^{2}$
			Pccm	$D_{2h}^{3}=V_{h}^{3}$
			Pban	$D_{2h}^{4}=V_{h}^{4}$
			Pmma	$D_{2h}^{5}=V_{h}^{5}$
			Pnna	$D_{2h}^{6}=V_{h}^{6}$
			Pmna	$D_{2h}^{7}=V_{h}^{7}$
			Pcca	$D_{2h}^{8}=V_{h}^{8}$
			Pbam	$D_{2h}^{9}=V_{h}^{9}$
			Pccn	$D_{2h}^{10}=V_{h}^{10}$
			Pbcm	$D_{2h}^{11}=V_{h}^{11}$
			Pnnm	$D_{2h}^{12}=V_{h}^{12}$
			Pmmn	$D_{2h}^{13}=V_{h}^{13}$
			Pbcn	$D_{2h}^{14}=V_{h}^{14}$

续表

<table>
<tr><th rowspan="2">晶系</th><th colspan="2">点　群</th><th colspan="2">空间群</th></tr>
<tr><th>国际符号</th><th>申弗利斯符号</th><th>国际符号</th><th>申弗利斯符号</th></tr>
<tr><td rowspan="14">斜方</td><td rowspan="14"></td><td rowspan="14"></td><td>$Pbca$</td><td>$d_{2h}^{15}=V_h^{15}$</td></tr>
<tr><td>$Pnma$</td><td>$d_{2h}^{16}=V_h^{16}$</td></tr>
<tr><td>$Cmcm$</td><td>$d_{2h}^{17}=V_h^{17}$</td></tr>
<tr><td>$Cmca$</td><td>$d_{2h}^{18}=V_h^{18}$</td></tr>
<tr><td>$Cmmm$</td><td>$d_{2h}^{19}=V_h^{19}$</td></tr>
<tr><td>$Cccm$</td><td>$d_{2h}^{20}=V_h^{20}$</td></tr>
<tr><td>$Cmma$</td><td>$d_{2h}^{21}=V_h^{21}$</td></tr>
<tr><td>$Ccca$</td><td>$d_{2h}^{22}=V_h^{22}$</td></tr>
<tr><td>$Fmmm$</td><td>$d_{2h}^{23}=V_h^{23}$</td></tr>
<tr><td>$Fddd$</td><td>$d_{2h}^{24}=V_h^{24}$</td></tr>
<tr><td>$Immm$</td><td>$d_{2h}^{25}=V_h^{25}$</td></tr>
<tr><td>$Ibam$</td><td>$d_{2h}^{26}=V_h^{26}$</td></tr>
<tr><td>$Ibca$</td><td>$d_{2h}^{27}=V_h^{27}$</td></tr>
<tr><td>$Imma$</td><td>$d_{2h}^{28}=V_h^{28}$</td></tr>
<tr><td rowspan="19">正方</td><td rowspan="6">4</td><td rowspan="6">C_4</td><td>$P4$</td><td>C_4^1</td></tr>
<tr><td>$P4_1$</td><td>C_4^2</td></tr>
<tr><td>$P4_2$</td><td>C_4^3</td></tr>
<tr><td>$P4_3$</td><td>C_4^4</td></tr>
<tr><td>$I4$</td><td>C_4^5</td></tr>
<tr><td>$I4_1$</td><td>C_4^6</td></tr>
<tr><td rowspan="2">$\bar{4}$</td><td rowspan="2">S_4</td><td>$P\bar{4}$</td><td>S_4^1</td></tr>
<tr><td>$I\bar{4}$</td><td>S_4^2</td></tr>
<tr><td rowspan="6">$4/m$</td><td rowspan="6">C_{4h}</td><td>$P4/m$</td><td>C_{4h}^1</td></tr>
<tr><td>$P4_2/m$</td><td>C_{4h}^2</td></tr>
<tr><td>$P4/n$</td><td>C_{4h}^3</td></tr>
<tr><td>$P4_2/n$</td><td>C_{4h}^4</td></tr>
<tr><td>$I4/m$</td><td>C_{4h}^5</td></tr>
<tr><td>$I4_1/a$</td><td>C_{4h}^6</td></tr>
<tr><td rowspan="5">422</td><td rowspan="5">D_4</td><td>$P422$</td><td>D_4^1</td></tr>
<tr><td>$P42_12$</td><td>D_4^2</td></tr>
<tr><td>$P4_122$</td><td>D_4^3</td></tr>
<tr><td>$P4_12_12$</td><td>D_4^4</td></tr>
<tr><td>$P4_222$</td><td>D_4^5</td></tr>
</table>

续表

晶系	点群		空间群	
	国际符号	申弗利斯符号	国际符号	申弗利斯符号
正方			$P4_22_12$	D_4^6
			$P4_322$	D_4^7
			$P4_32_12$	D_4^8
			$I422$	D_4^9
			$I4_122$	D_4^{10}
	$4mm$	C_{4v}	$P4mm$	C_{4v}^1
			$P4bm$	C_{4v}^2
			$P4_2cm$	C_{4v}^3
			$P4_2mnm$	C_{4v}^4
			$P4cc$	C_{4v}^5
			$P4nc$	C_{4v}^6
			$P4_2mc$	C_{4v}^7
			$P4_2bc$	C_{4v}^8
			$I4mm$	C_{4v}^9
			$I4cm$	C_{4v}^{10}
			$I4_1md$	C_{4v}^{11}
			$I4_1cd$	C_{4v}^{12}
	$\bar{4}2m$	D_{2d}	$P\bar{4}2m$	$D_{2d}^1=V_d^1$
			$P\bar{4}2c$	$D_{2d}^2=V_d^2$
			$P\bar{4}2_1m$	$D_{2d}^3=V_d^3$
			$P\bar{4}2_1c$	$D_{2d}^4=V_d^4$
			$P\bar{4}m2$	$D_{2d}^5=V_d^5$
			$P\bar{4}c2$	$D_{2d}^6=V_d^6$
			$P\bar{4}b2$	$D_{2d}^7=V_d^7$
			$P\bar{4}n2$	$D_{2d}^8=V_d^8$
			$I\bar{4}m2$	$D_{2d}^9=V_d^9$
			$I\bar{4}c2$	$D_{2d}^{10}=V_d^{10}$
			$I\bar{4}2m$	$D_{2d}^{11}=V_d^{11}$
			$I\bar{4}2d$	$D_{2d}^{12}=V_d^{12}$
	$4/mmm$	D_{4h}	$P4/mmm$	D_{4h}^1
			$P4/mcc$	D_{4h}^2
			$P4/nbm$	D_{4h}^3
			$P4/nnc$	D_{4h}^4

续表

晶系	点　群		空间群	
	国际符号	申弗利斯符号	国际符号	申弗利斯符号
正方			$P4/mbm$	D_{4h}^{5}
			$P4/mnc$	D_{4h}^{6}
			$P4/nmm$	D_{4h}^{7}
			$P4/ncc$	D_{4h}^{8}
			$P4/mmc$	D_{4h}^{9}
			$P4/mcm$	D_{4h}^{10}
			$P4/nbc$	D_{4h}^{11}
			$P4/nnm$	D_{4h}^{12}
			$P4/mbc$	D_{4h}^{13}
			$P4/mnm$	D_{4h}^{14}
			$P4/nmc$	D_{4h}^{15}
			$P4/ncm$	D_{4h}^{16}
			$I4/mmm$	D_{4h}^{17}
			$I4/mcm$	D_{4h}^{18}
			$I4/amd$	D_{4h}^{19}
			$I4/acd$	D_{4h}^{20}
三方	3	C_3	$P3$	C_3^1
			$P3_1$	C_3^2
			$P3_2$	C_3^3
			$R3$	C_3^4
	$\bar{3}$	C_{3_i}	$P\bar{3}$	C_{3i}^1
			$R3$	C_{3i}^2
	32	D_3	$P312$	D_3^1
			$P321$	D_4^2
			$P3_112$	D_4^3
			$P3_121$	D_4^4
			$P3_212$	D_4^5
			$P3_221$	D_4^6
			$R32$	D_4^7
	$3m$	C_{3_v}	$P3m1$	C_{3v}^1
			$P31m$	C_{3v}^2
			$P3c1$	C_{3v}^3
			$P31c$	C_{3v}^4

续表

晶系	点群		空间群	
	国际符号	申弗利斯符号	国际符号	申弗利斯符号
三方			$R3m$	C_{3v}^5
			$R3c$	C_{3v}^6
	$\bar{3}m$	D_{3d}	$P\bar{3}1m$	D_{3d}^1
			$P\bar{3}1c$	D_{3d}^2
			$P\bar{3}m$	D_{3d}^3
			$P\bar{3}c$	D_{3d}^4
			$R\bar{3}m$	D_{3d}^5
			$R\bar{3}c$	D_{3d}^6
六方	6	C_6	$P6$	C_6^1
			$P6_1$	C_6^2
			$P6_2$	C_6^3
			$P6_3$	C_6^4
			$P6_4$	C_6^5
			$P6_5$	C_6^6
	$\bar{6}$	C_{3h}	$P\bar{6}$	C_{3h}^1
	$6/m$	C_{6h}	$P6/m$	C_{6h}^1
			$P6_3/m$	C_{6h}^2
	622	D_6	$P622$	D_6^1
			$P6_122$	D_6^2
			$P6_222$	D_6^3
			$P6_322$	D_6^4
			$P6_422$	D_6^5
			$P6_522$	D_6^6
	$6mm$	C_{6v}	$P6mm$	C_{6v}^1
			$P6cc$	C_{6v}^2
			$P6_3cm$	C_{6v}^3
			$P6_3mc$	C_{6v}^4
	$\bar{6}m2$	D_{3h}	$P\bar{6}m2$	D_{3h}^1
			$P\bar{6}c2$	D_{3h}^2
			$P\bar{6}2m$	D_{3h}^3
			$P\bar{6}2c$	D_{3h}^4

续表

晶系	点群		空间群	
	国际符号	申弗利斯符号	国际符号	申弗利斯符号
六方	$6/mmm$	D_{6h}	$P6/mmm$ $P6/mcc$ $P6/mcm$ $P6/mmc$	D_{6h}^1 D_{6h}^2 D_{6h}^3 D_{6h}^4
立方	23	T	$P23$ $F23$ $I23$ $P2_13$ $I2_13$	T^1 T^2 T^3 T^4 T^5
	$m\bar{3}$	T_h	$Pm\bar{3}$ $Pn\bar{3}$ $Fm\bar{3}$ $Fd\bar{3}$ $Im\bar{3}$ $Pa\bar{3}$ $Ia\bar{3}$	T_h^1 T_h^2 T_h^3 T_h^4 T_h^5 T_h^6 T_h^7
	432	O	$P432$ $P4_232$ $F432$ $F4_132$ $I432$ $P4_332$ $P4_132$ $I4_132$	O^1 O^2 O^3 O^4 O^5 O^6 O^7 O^8
	$\bar{4}3m$	T_d	$P\bar{4}3m$ $F\bar{4}3m$ $I\bar{4}3m$ $P\bar{4}3n$ $F\bar{4}3c$ $I\bar{4}3d$	T_d^1 T_d^2 T_d^3 T_d^4 T_d^5 T_d^6
	$m3m$	O_h	$pm3m$ $pn3n$	O_h^1 O_h^2

续表

晶系	点群		空间群	
	国际符号	申弗利斯符号	国际符号	申弗利斯符号
立方			$Pm3n$	O_h^3
			$Pn3m$	O_h^4
			$Fm3m$	O_h^5
			$Fm3c$	O_h^6
			$Fd3m$	O_h^7
			$Fd3c$	O_h^8
			$Im3m$	O_h^9
			$Ia3d$	O_h^{10}

附录 II　晶体物理坐标轴的定向规则

大多数晶体物理性质都是各向异性的，描述晶体物理性质的各向异性最简便的方法是张量方法，而采用张量方法时，必须首先选定坐标系，一般都采用直角坐标系，并规定为右手坐标系，即三个坐标轴 X_1, X_2, X_3 符合右手螺旋规则，这就是晶体物理坐标系. 此外，晶体都具有对称性，其对称性必然对晶体的物理性质产生一定的限制和影响，即对描述晶体物理性质的各阶张量产生影响，这种影响表现在张量的某些分量为零、相等或全部分量都为零（见本书第八章）. 当晶体物理坐标轴相对于晶体选择不同的定向时，虽然晶体物理性质本身不发生任何改变，然而张量的分量值都大不相同，为使大家都有一个统一的表示方法，因此必须使晶体物理坐标轴有一个统一的选择规律. 对这些规则概述如下：

（1）高级晶族.　该晶族必须具有三个相互垂直的四次对称轴（包括四次对称反轴）或三个相互垂直的二次对称轴，因此选这三个为晶体物理坐标轴.

（2）中级晶族.　凡中级晶族都有一个高级对称轴（$n>2$），因此规定该高次对称轴为 X_3 轴；如果垂直于高次对称轴的平面内存在二次对称反轴（即对称面的法线方向），则首先选择该方向为 X_1 轴（在垂直于高次对称轴方向的二次对称反轴都等效）；如果无二次对称反轴，则选择二次对称轴为 X_1 轴；如果既无二次对称反轴，又无二次对称轴，则 X_1 轴的选择具有任意性，但一般要指明所选择的 X_1 轴与某一晶面或晶棱间的相互关系. X_3 和 X_1 轴确定之后，显然与之垂直的方向便为 X_2 轴，但需要明确指出的是，$\bar{4}2m$ 晶类的 X_1 轴选择例外，规定它平行于二次对称轴，而不是二次对称反轴.

（3）低级晶族.　斜方晶系：该晶系具有三个相互垂直的二次对称轴或一个二次对称轴或一个二次对称轴与两个相互垂直的对称面. 单斜晶系：该晶系具有一个二次对称轴或二次对称反轴，一般选择该方向为 X_2 轴，X_1 轴（或 X_3 轴）的选择具有一定的任意性；三斜晶系：该晶系无对称轴，因此晶体物理坐标轴选择具有任意性.

晶体物理坐标轴与晶体学所采用的一般坐标轴是不同的. 为了更清楚地表述，我们把用 X_1, X_2, X_3 表示的晶体物理坐标轴和晶体学中常用的 $X(a), Y(b), Z(c), u(d)$ 坐标轴一并画在 32 种点群的极射赤平投影图中，见附表 1.

附表 1 32 种点群的极射赤平投影图和两种坐标轴的选票

晶系 对称名称	三斜	单斜 斜方	正方	三方	六方	立方 （等轴）
原始式 X	 c_1-1	 C_2-2	 C_4-4	 C_{3h}-3	 C_{6h}-6	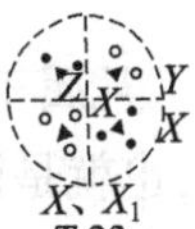 T-23
倒转原始式 X	—	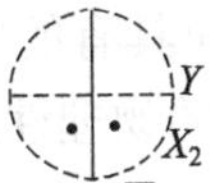 C_1-$m(\bar{2})$	 S_4-$\bar{4}$		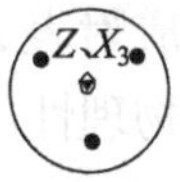 C_{3A}-$\bar{6}$	
心式 X/m	 C_i-$\bar{1}$	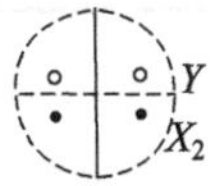 C_{2h}-2/m	 C_{4h}-4/m	 C_{3h}-$\bar{3}$	 C_{6h}-6/m	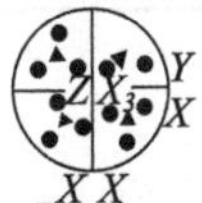 T_h-m3
面式 Xm		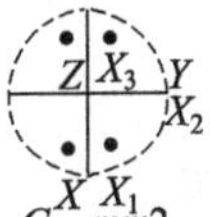 C_{2h}-mm2	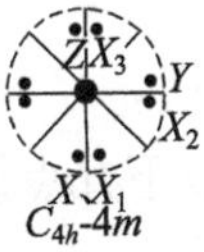 C_{4h}-4m	 C_{3h}-3m	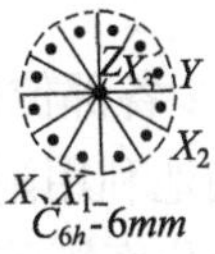 C_{6h}-6mm	
倒转面式 Xm			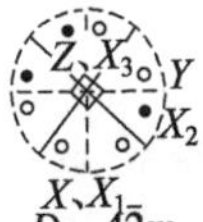 D_{2d}-$\bar{4}$2m	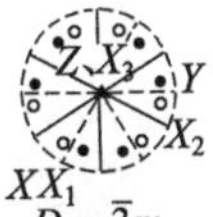 D_{2d}-$\bar{3}$m	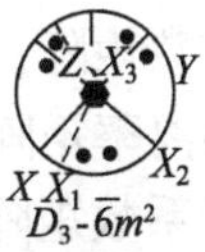 D_3-$\bar{6}m^2$	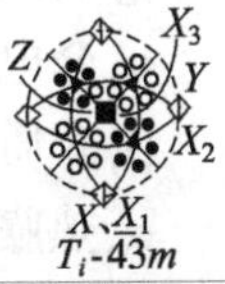 T_i-$\bar{4}$3m
轴式 X2		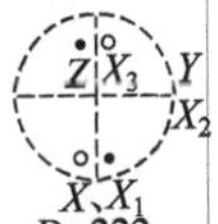 经. D_2-222	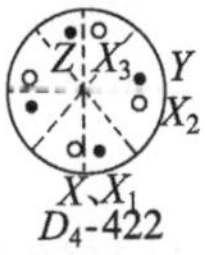 D_4-422	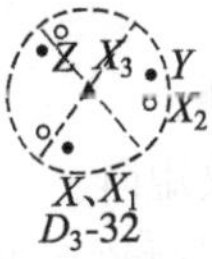 D_3-32	 D_6-622	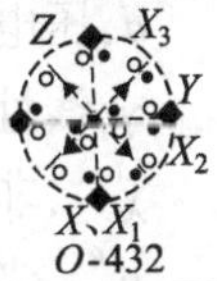 O-432
面轴式 X/mm		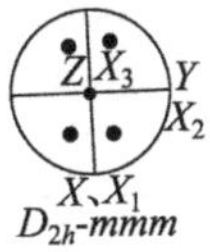 D_{2h}-mmm	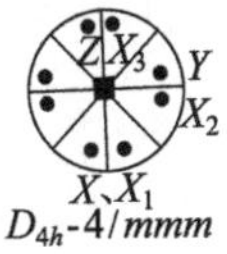 D_{4h}-4/mmm		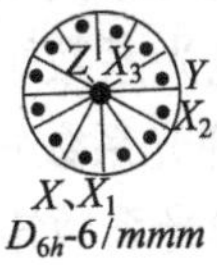 D_{6h}-6/mmm	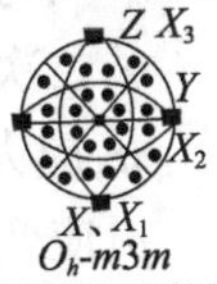 O_h-m3m

附录 III　晶体物理性质矩阵表

凡属于同一点群的晶体,由于受其对称性的制约,它们具有的物理性质可能相同,也就是说,描述它们的物理性质的各阶张量形式或矩阵形式完全相同,差别仅仅在于各分量数值大小的不同而已. 因此,每一个点群可能具有的各类物理性质可用矩阵形式列成附表 2,由此就可查得各晶类所应具有的物理性质. 表 2 除包含本附录讨论过的物理性质外,还列出各向同性介质的物理性质矩阵.

附表 2

g　π　p	c　σ	γ
d　$\chi^{(A)}$	$\chi^{(B)}$	χ　ε β　α

(1)附表 2 各部位代表的物理性质:

为了正确地利用附表 2,需要做以下几点说明:

χ,线性极化率矩阵;

ε,介电常数矩阵;

β,介质隔离率矩阵;

α,热膨胀系数矩阵;

d,压电常数矩阵;

γ,线性电光系数矩阵;

$\chi^{(A)}$,非线性光学系数矩阵;

$\chi^{(B)}$,考虑克莱门近似对称后非线性光学系数矩阵;

g,二次电光系数矩阵;

π,应力弹光系数矩阵;

p,应变弹光系数矩阵;

σ,弹性柔顺系数矩阵;

c,弹性刚度系数矩阵.

(2)附图 1 中符号的意义:

· 表示等于零的分量. ●表示不为零的分量. · –· 表示相等的分量. · –○表示数值相等但符号相反的分量. ⊙表示数值为与之相连的“· ”分量数值的 2 倍,但对于 $\chi^{(A)}$ 和 p 矩阵而言,两者相等. ⊙表示数值与之相连的“· ”分最数值的 2

倍,但对于 $\chi^{(A)}$ 和 p 矩阵,则二者相等,而符号相反. χ 表示:$\pi_{66}=\pi_{11}-\pi_{12}$, $p_{66}=\frac{1}{2}\cdot(p_{11}-p_{12})$, $\sigma_{66}=2(\sigma_{11}-\sigma_{12})$, $C_{66}=\frac{1}{2}(C_{11}-C_{12})$, $g_{66}=g_{11}-g_{12}$.

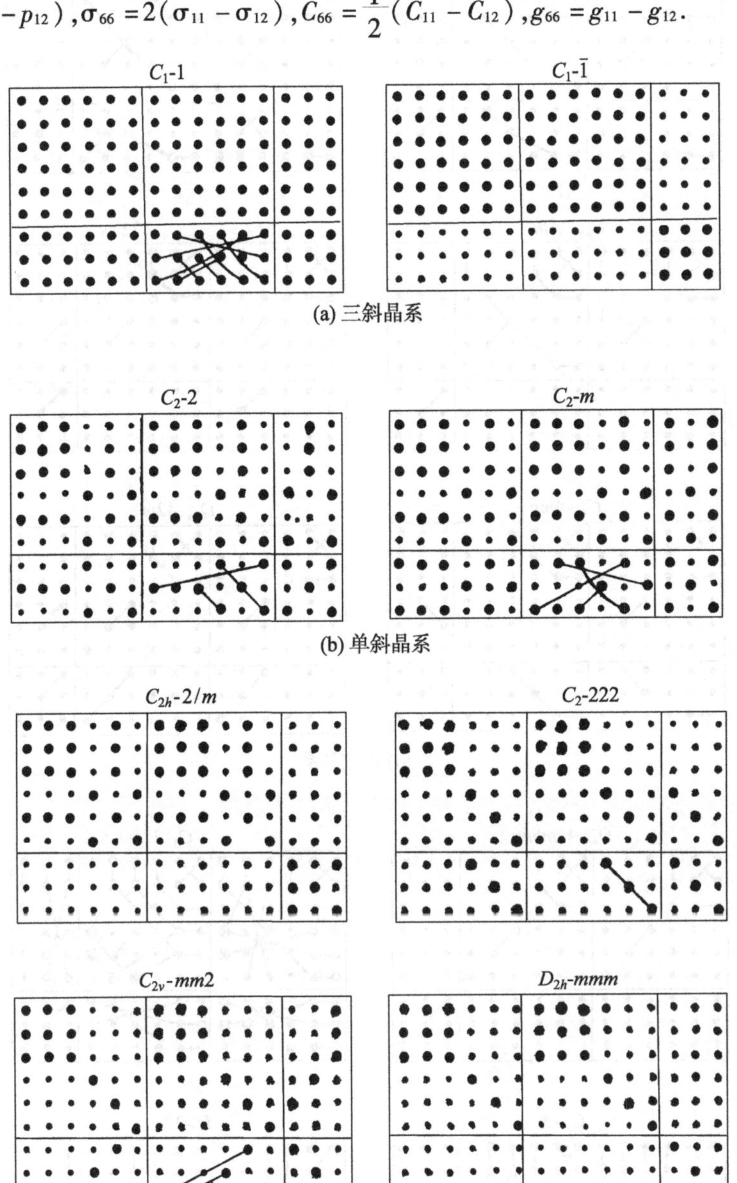

(c) 斜方晶系

C_4-4
S_4-$\bar{4}$
C_{4h}-4/m
D_4-422
C_{4v}-4mn
D_{2d}-$\bar{4}$2m
D_{4h}-4/mmm
C_3-3
C_{3i}-$\bar{3}$
D_3-32

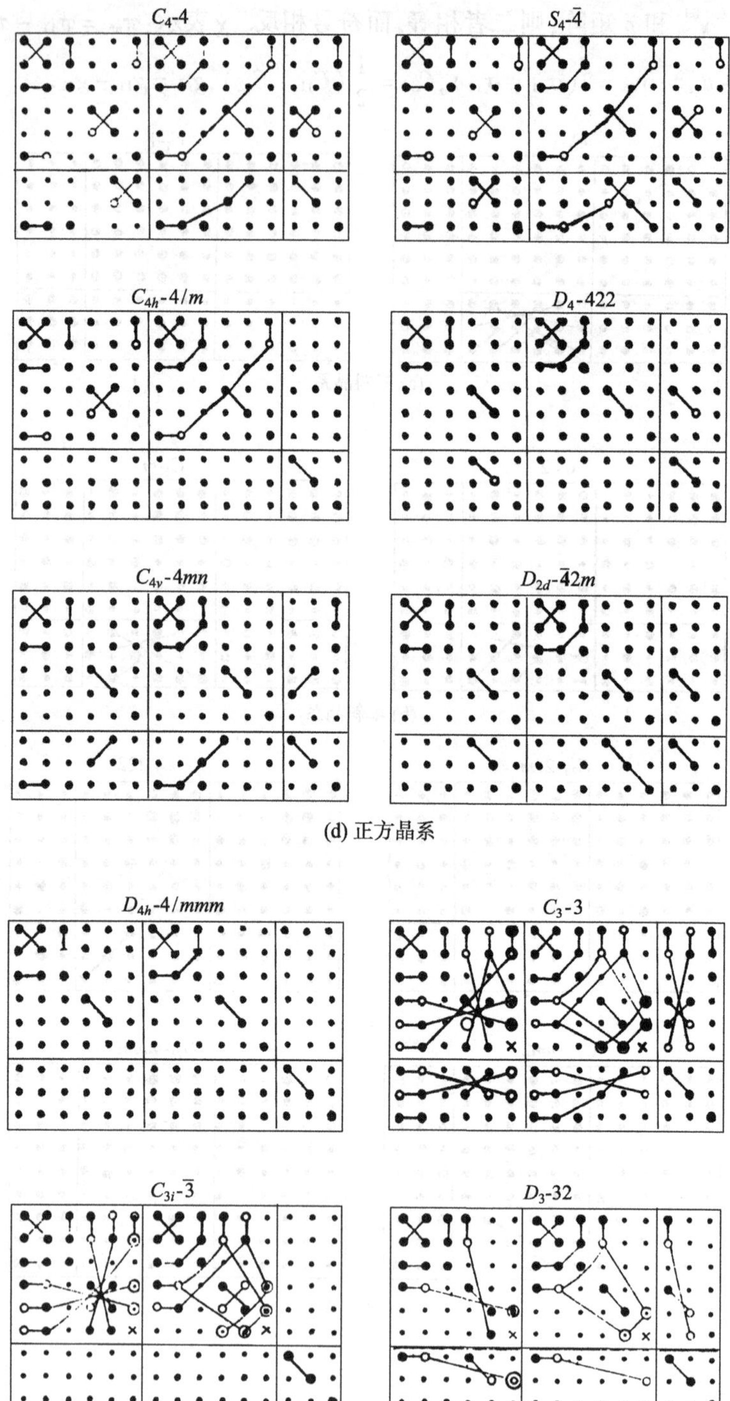

(d) 正方晶系

C_{3v}-3m
D_{3d}-$\bar{3}$m
C_b-6
C_{3h}-$\bar{6}$
C_{6h}-6/m
D_6-622
C_{6h}-6mm
D_{6h}-6/mm
D_{3h}-$\bar{6}$m2
T-23

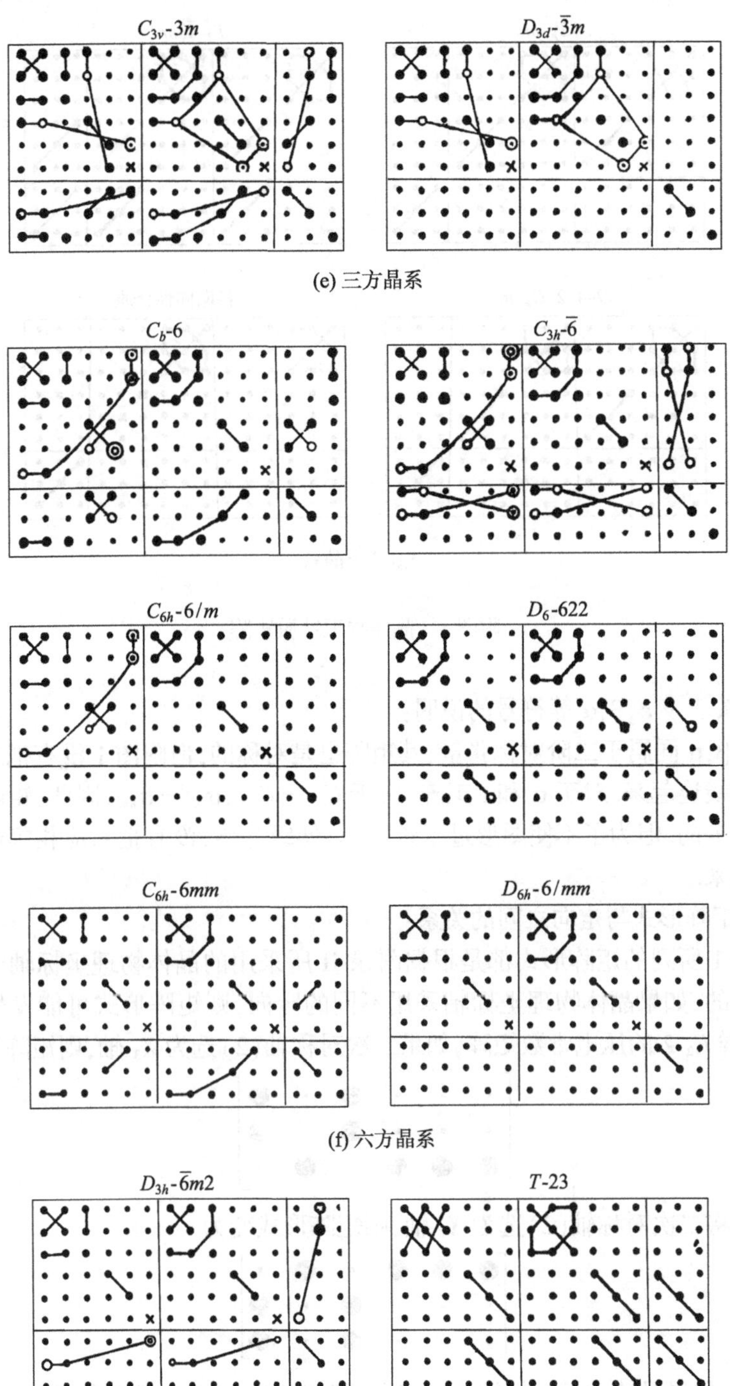

(e) 三方晶系

(f) 六方晶系

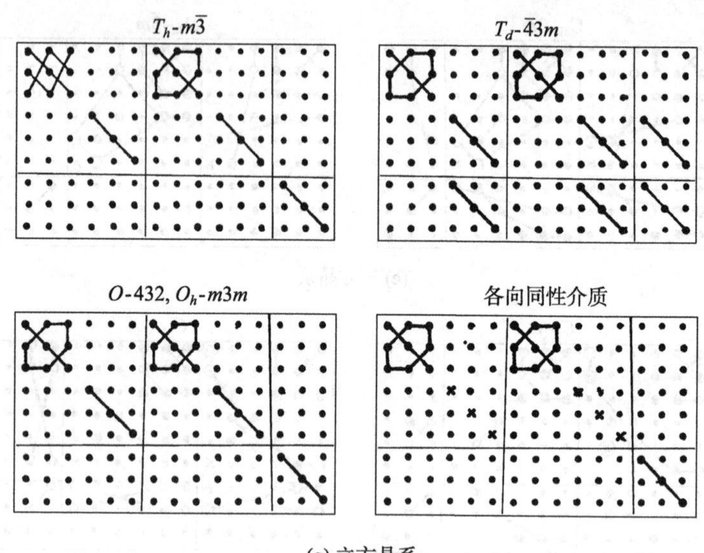

(g) 立方晶系

附图 1　晶体物理性质矩阵

(3) 关于 χ, ε, β, α 等符号的说明：

χ, ε, β, α 同属于二阶对称张量，其矩阵也是对称的，但附图 1 没有把对应相等的分量用线连起来. 对于 σ 和 s 矩阵，由于 $C_{mn}=C_{nm}$, $\sigma_{mn}=\sigma_{nm}$，因此，矩阵中对应项都是相等的. 但为了不使图形过于紊乱，对低级晶族，没有把对应相等的分量都用线连起来.

(4) 矩阵形式与定向之间的关系：

附图 1 所列的矩阵形式都是根据附录 II 所采用的晶体物理坐标轴定向规则推导出来的，如果晶体物理坐标轴采用不同的定向，则矩阵形式可能发生很大变化，如点群 C_2-2 的压电常数矩阵，如果二次对称轴(2)选为 X_3 轴，则矩阵形式变为

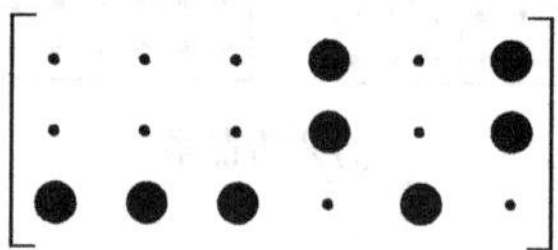

如果将二次对称轴(2)选为 X_1 轴，则矩阵形式变为

甚至，如果晶体物理坐标轴任意定向，则矩阵的 18 个分量可能都不为零.

后　　记

本书的出版发行应为我们的伟大祖国培养出具有国际先进科技水平并勇于创新的近代晶体学方面的青年群体发挥应有的作用. 为此,深谢科学出版社的大力支持与有关同志的辛勤劳动. 本书若有不妥之处,欢迎同志们多多指正.

《现代物理基础丛书·典藏版》书目

1. 现代声学理论基础　　马大猷　著
2. 物理学家用微分几何（第二版）　　侯伯元　侯伯宇　著
3. 计算物理学　　马文淦　编著
4. 相互作用的规范理论（第二版）　　戴元本　著
5. 理论力学　　张建树　等　编著
6. 微分几何入门与广义相对论（上册·第二版）　　梁灿彬　周　彬　著
7. 微分几何入门与广义相对论（中册·第二版）　　梁灿彬　周　彬　著
8. 微分几何入门与广义相对论（下册·第二版）　　梁灿彬　周　彬　著
9. 辐射和光场的量子统计理论　　曹昌祺　著
10. 实验物理中的概率和统计（第二版）　　朱永生　著
11. 声学理论与工程应用　　何　琳　等　编著
12. 高等原子分子物理学（第二版）　　徐克尊　著
13. 大气声学（第二版）　　杨训仁　陈　宇　著
14. 输运理论（第二版）　　黄祖洽　丁鄂江　著
15. 量子统计力学（第二版）　　张先蔚　编著
16. 凝聚态物理的格林函数理论　　王怀玉　著
17. 激光光散射谱学　　张明生　著
18. 量子非阿贝尔规范场论　　曹昌祺　著
19. 狭义相对论（第二版）　　刘　辽　等　编著
20. 经典黑洞和量子黑洞　　王永久　著
21. 路径积分与量子物理导引　　侯伯元　等　编著
22. 全息干涉计量——原理和方法　　熊秉衡　李俊昌　编著
23. 实验数据多元统计分析　　朱永生　编著
24. 工程电磁理论　　张善杰　著
25. 经典电动力学　　曹昌祺　著
26. 经典宇宙和量子宇宙　　王永久　著
27. 高等结构动力学（第二版）　　李东旭　编著
28. 粉末衍射法测定晶体结构（第二版·上、下册）　　梁敬魁　编著
29. 量子计算与量子信息原理　　Giuliano Benenti　等　著
　　——第一卷：基本概念　　王文阁　李保文　译

30. 近代晶体学（第二版） 张克从 著
31. 引力理论（上、下册） 王永久 著
32. 低温等离子体 B. M. 弗尔曼 И. M. 扎什京 编著
——等离子体的产生、工艺、问题及前景 邱励俭 译
33. 量子物理新进展 梁九卿 韦联福 著
34. 电磁波理论 葛德彪 魏 兵 著
35. 激光光谱学 W. 戴姆特瑞德 著
——第 1 卷：基础理论 姬 扬 译
36. 激光光谱学 W. 戴姆特瑞德 著
——第 2 卷：实验技术 姬 扬 译
37. 量子光学导论（第二版） 谭维翰 著
38. 中子衍射技术及其应用 姜传海 杨传铮 编著
39. 凝聚态、电磁学和引力中的多值场论 H. 克莱纳特 著 姜 颖 译
40. 反常统计动力学导论 包景东 著
41. 实验数据分析（上册） 朱永生 著
42. 实验数据分析（下册） 朱永生 著
43. 有机固体物理 解士杰 等 著
44. 磁性物理 金汉民 著
45. 自旋电子学 翟宏如 等 编著
46. 同步辐射光源及其应用（上册） 麦振洪 等 著
47. 同步辐射光源及其应用（下册） 麦振洪 等 著
48. 高等量子力学 汪克林 著
49. 量子多体理论与运动模式动力学 王顺金 著
50. 薄膜生长（第二版） 吴自勤 等 著
51. 物理学中的数学方法 王怀玉 著
52. 物理学前沿——问题与基础 王顺金 著
53. 弯曲时空量子场论与量子宇宙学 刘 辽 黄超光 编著
54. 经典电动力学 张锡珍 张焕乔 著
55. 内应力衍射分析 姜传海 杨传铮 编著
56. 宇宙学基本原理 龚云贵 编著
57. B介子物理学 肖振军 著